Kosten=Berechnungen für Ingenieurbauten

Begründet von

Georg Osthoff

weiland Stadtbaurat a. D. und Reg.-Baumeister

7. neu durchgesehene und vermehrte Auflage

Herausgegeben

von

Regierungs- und Geheimen Baurat Scheck

unter Mitwirkung der Herren

Landrichter Brüll-Beuthen; Prof. M. Buhle-Dresden; M. Busch-Düsseldorf; Stadtbauinspektor a. D. und Hochschuldozent Max Knauff-Charlottenburg; Reg.-Baumeister O. Kohlmorgen-Berlin; Reg.-Baumeister Leschinsky-Berlin; Geh. Hofrat Prof. Lucas-Dresden; Regierungs- und Baurat A. W. Meyer-Allenstein; Reg.-Baumeister Przygode-Charlottenburg; Oberingenieur Rühle-Friedenau; Zivilingenieur Ernst Walther-Berlin; Baurat Wichmann-Erfurt; Baurat Ziegler-Clausthal.

Springer-Verlag Berlin Heidelberg GmbH

1913

ISBN 978-3-662-23422-8   ISBN 978-3-662-25474-5 (eBook)
DOI 10.1007/978-3-662-25474-5

Vorwort

zur 6. Auflage der „Kostenberechnungen für Ingenieurbauten".

Die vorliegende Auflage hat mit ihren Vorgängern nur dem Namen nach Ähnlichkeit, sie erscheint als ein vollständig neues Werk, das demselben Zweck dienen soll, aber den heutigen Stand der Technik, soweit dies im Rahmen des Werkes möglich war, berücksichtigt.

Die Notwendigkeit dieser Änderung soll im folgenden kurz begründet werden. Die bisherigen Auflagen schlossen sich alle eng an den allgemein üblichen Kostenanschlag für den Eisenbahnbau an, die ganze Gliederung des Teils war darauf aufgebaut und das Schwergewicht aller Angaben lag im Eisenbahnbau. Die übrigen Ausführungen des Bauingenieurs, der Wasser-, Wege- und Brückenbau wurden in der Hauptsache auch nur so weit behandelt, als sie mit dem Eisenbahnbau in mehr oder minder engem Zusammenhange standen. Nur einzelnen, in sich abgeschlossenen Ausführungen der genannten Art war ein sehr beschränkter Raum angewiesen. Diese Art der Gruppierung und Behandlung der Stoffe hatte ihre geschichtliche Bedeutung darin, daß noch bei dem Erscheinen der ersten Auflagen der Eisenbahnbau die gesamte Technik beherrschte und fast jeder Ingenieur bei derartigen Bauausführungen tätig gewesen sein mußte.

Das hat sich inzwischen nahezu in das Gegenteil umgewandelt: der Eisenbahnbau beherrscht nicht mehr das Ingenieurwesen, sondern teilt seine Wichtigkeit für die Technik mit den anderen Ingenieurbauten, die sich zum Teil wieder jedes für sich mehr oder minder als Sonderfach selbständig ausgebildet haben. Dementsprechend mußte eine grundlegende Änderung der Disposition für die neue Auflage eintreten.

Die Neuauflage verfolgt den Zweck, dem Bauingenieur die Unterlagen zu verschaffen, nach denen er selbständig die Selbstkosten einer Unternehmung berechnen kann. Die angegebenen Beispiele, namentlich die Ausführungen im VI. Abschnitt, sollen ihm die Möglichkeit geben, hiernach seine Berechnungen nachzuprüfen. Auch in diesem Abschnitte sind überall da, wo zuverlässige Unterlagen zu erlangen waren, die Selbstkosten mit berücksichtigt.

Es lag auf der Hand, daß diese Angaben sich auf die wesentlichsten Bauausführungen beschränken mußten, wenn das Buch ein Nachschlagewerk für die Kosten bleiben und die zum Gebrauch unbedingt notwendige handliche Form überhaupt noch behalten sollte. Hierin ist der Grund zu suchen, daß die eine oder andere Angabe unterblieb, die vielleicht im Einzelfalle dem Ingenieur sehr willkommen wäre. Ein „Universum" der Kosten für Ingenieurbauten zu schaffen, ist nicht beabsichtigt, würde auch dem Zwecke des Buches widersprechen.

So wurde z. B. der Bau der Hauptbahnen von vornherein von der Aufnahme ausgeschlossen, mit Rücksicht darauf, daß in Deutschland mit verschwindenden Ausnahmen diese Bauten nur vom Staate ausgeführt werden, der für die verschiedenen Direktionsbezirke feste Grundsätze für die Veranschlagung herausgegeben hat. Ähnlich liegen die Verhältnisse bei den außerdeutschen Bahnen, wo an Stelle der Staatsbahndirektionen diejenigen der Gesellschaft treten.

Das schließt nicht aus, daß der Ingenieur sehr wohl in der Lage ist, Angebote auf Bauten für diesen Zweck auf Grund des vorliegenden Buches aufzustellen, denn dafür geben die Angaben in den einzelnen Teilen genügende Unterlagen. Nur die Ausführungen, welche den Hauptbahnen allein eigentümlich sind und kaum irgendwo anders wiederkehren, sind in den Angaben in Abschnitt VI fortgelassen, z. B. die Kostenangaben über Brücken, Stellwerke, Bahnhofs- und Werkstattanlagen für die Hauptbahnen.

Demgegenüber ist den Bauten für Anschluß- und Nebenbahnen, deren Veranschlagung sich auch der außerhalb des Staatseisenbahndienstes stehende Ingenieur häufiger zu unterziehen hat, ein breiter Raum gelassen.

Die, wie eingangs erwähnt, in den früheren Auflagen nur sehr wenig beachteten anderen Bauausführungen sind als selbständige Bauten im vorliegenden Werke ausführlich behandelt. Dahin gehört 1. Erdbau, 2. Uferbau, 3. Gründungen, 4. Brückenbau, 5. Städtischer Straßenbau, 6. Bau der Landstraßen, 7. Fluß- und Kanalbau, 8. Melioration, 9. Talsperren, 10. Städtischer Tiefbau (Gaswerke, Wasserwerke, Stadtentwässerungen, 11. A. Klein- und Nebenbahnen, B. Straßenbahnen (elektrisch betriebene), 12. Bauausführungen in Beton und Eisenbeton, 13. Hebe-, Förder- und Lagermittel, 14. Tunnelbauten, 15. Elektrotechnik.

Hiervon sind ganz neu aufgenommen die Kosten für Gründungen, Flußbau, Talsperren, Kleinbahnen in den deutschen Kolonien, elektrische Straßenbahnen, Bauausführungen in Beton usw., Hebe- und Fördermittel usw.

Die Kostenangaben für Straßenbahn mit Pferdebetrieb sind dagegen nicht wieder mit aufgenommen, weil sich hierfür neuere Angaben nicht beibringen ließen und derartige Anlagen in der Neuzeit nur noch in besonderen Fällen ausgeführt werden.

Der Erweiterung des Inhalts entsprechend mußten auch die Angaben derjenigen Abschnitte, welche die Einzelberechnung der obengenannten wesentlichsten Bauausführungen begründen, ganz erheblich erweitert werden. Das ist bei dem Abschnitte III Tabellen, IV Preisentwicklungen für Löhne, Material, Geräte, Maschinen usw. und besonders bei dem wichtigen Abschnitt V, Kostenermittlungen der einzelnen Arbeitspreise nach Arbeitszeit der Fall.

Die Neubearbeitung dieser Abschnitte muß besonders erwähnt werden: sie gibt zunächst die Arbeitszeiten, dann die Löhne in den verschiedenen deutschen Orten wieder, so daß sich danach, unter Berücksichtigung des für die einzelnen Bauausführungen weiter angegebenen Arbeitsaufwandes und des Transportes der Materialien und Geräte ohne weiteres für jeden Ort der Preis des Baues berechnen läßt.

In dem neu aufgenommenen Abschnitt I, Allgemeines über Veranschlagen, und Abschnitt II, Anweisung für die Entwurfsbearbeitung und Veranschlagung nebst technischen und wirtschaftlichen Bestimmungen sind die Grundsätze für die rechnerische und formale Behandlung der Anschläge wiedergegeben. Die Vorschriften der Staatsbauverwaltung werden hierbei gewiß nicht unwillkommen sein, weil sie einmal die Abgabe richtiger Angebote für Staatsausführungen wesentlich erleichtern und ferner,

z. B. wegen ihren Angaben über Festigkeits= und Standsicherungsberechnungen, Be=
stimmungen über Winddruck usw., auch für Privatzwecke zur raschen Erledigung der
baupolizeilichen Genehmigung führen können. Neben den staatlichen Vorschriften für
Vertrags=, Verdingungs= und Ausführungsbedingungen sind Muster einiger häufiger
wiederkehrender Ausführungsbedingungen angegeben, die sich in der Praxis bewährt
haben und dem bauleitenden Ingenieur als Anhalt dienen werden. Endlich wurden
außer der Gebührenordnung des Architekten= und Ingenieurvereinverbandes, der zivil=
rechtlichen Verantwortlichkeit des Ingenieurs auch die Kosten der Arbeiterfürsorge und
die Gerichts=, Notariats= und Stempelkosten mit den wesentlichsten Angaben des Pro=
zeßverfahrens aufgenommen, worauf hier besonders hingewiesen wird.

Selbstverständlich konnten alle diese Angaben, deren Inhalt im vorstehenden nur
auszüglich wiedergegeben ist, nicht von e i n e r Person bearbeitet werden. Es sind Sonder=
gebiete, und die Anforderungen, die die Technik heute an den Ingenieur stellt, lassen
sich auch nur in bestimmten Sondergebieten von einem erfüllen. Es wurde deshalb
die Bearbeitung der einzelnen Abschnitte und Bauausführungen selbständig den Herren
Mitarbeitern überlassen, die auf den diesbezüglichen Gebieten Erfahrungen gesammelt
haben und somit für die Richtigkeit der gemachten Angaben bürgen können. Aber auch
trotz der Arbeitsteilung erforderte die gewissenhafte Bearbeitung der einzelnen Teile
den Herren Mitarbeitern viel Zeit und Mühe: es ist mir eine angenehme Pflicht,
den Herren auch an dieser Stelle meinen Dank dafür auszusprechen, daß sie
mich so tatkräftig unterstützt und somit die Herausgabe des Werkes überhaupt
ermöglicht haben.

Diese Art der Arbeitsteilung, die Sonderbearbeitung der einzelnen wesentlichsten
Bauausführungen, bedingt, daß über einige Arbeiten verschiedene Angaben gemacht
sind, je nach ihrem Vorkommen bei den diesbezüglichen Bauten. Ich habe mit voller
Absicht davon Abstand genommen, diese verschiedenen Preise nach einer einheitlichen
Schablone zu berichtigen, habe sie unter Umständen dort stehen lassen, wo sie scheinbar
in Widerspruch stehen mit den Angaben bei anderen Bauausführungen (z. B. Erd=
aushub): sie können und sollen dem veranschlagenden Ingenieur ein Fingerzeig sein,
daß der Wert jeder Arbeit, auch der scheinbar einfachsten, abhängig ist von der Art der
Bauausführung. Ebenso ließ sich dabei eine Wiederholung der Materialpreise nicht
überall gut vermeiden; sie hat auch ihre Berechtigung, denn für die Veranschlagung
von Rohrlieferungen z. B. findet man ohne weiteres die Art und Form, welche bei
bestimmten Bauausführungen gebräuchlich sind, in dem Teil des Abschnittes VI, der
den entsprechenden Bau behandelt — so bei Röhren für Wasserschöpfarbeiten, Dampf=
leitungen, Wasserleitungen, Stadtentwässerungen, Durchlässen usw. Dasselbe gilt u. a.
für Baueisenteile. Alle diese Angaben sind trotz ihrer Wiederkehr bei Abschnitt VI
in der allgemeinen Übersicht der Tabellen des Abschnittes IV enthalten.

Die Bearbeitung der einzelnen Bauausführungen durch Spezialisten ermöglichte
es aber auch, praktische Anleitungen für die Sonderausführungen auf Grund eingehender
Erfahrung zu geben, die für eine genaue Veranschlagung besonders wertvoll sind. Das
vorliegende Werk will somit nicht allein ein mechanisch zu benutzendes Nachschlagebuch
für Preiszusammenstellungen sein, sondern macht Anspruch darauf, auch als Lehrbuch
für die Bauausführungen zu dienen, deren Kosten veranschlagt werden sollen. Selbst=
verständlich konnten und mußten sich auch diese Angaben für jedes Gebiet nur auf all=
gemein übliche Ausführungen beschränken.

Ob die neue Einteilung des Werkes und die getroffene Auswahl des Stoffes die richtige ist, muß die Erfahrung lehren, ebenso wie sich erst bei dem Gebrauch des Werkes zeigen wird, ob und inwieweit die Raumeinteilung für die einzelnen Abschnitte zweckmäßig gewählt ist. Den Herren Fachgenossen würde ich für gütige Übermittlung ihrer Ausstellungen und Wünsche recht dankbar sein.

Ich kann das Vorwort nicht schließen, ohne des Begründers des Werkes zu gedenken! Eingangs habe ich die Mängel der von ihm im großen und ganzen selbst bewirkten Ausgaben erwähnt. Gewiß das sind Mängel, die unleugbar die Benutzung des Werkes heute beeinträchtigen. Seit der letzten Ausgabe von 1902 sind aber sieben Jahre verflossen! Welche Änderungen in der Technik, welche Änderung in den Preisen seit jener Zeit aufgetreten sind, weiß jeder Ingenieur. Mit Unrecht aber behauptet man, „der Osthoff ist veraltet". Nein, das ist er nicht und wird es niemals werden!

Nur ein Mann von so großem Wissen und praktischem Verständnis konnte es unternehmen, allein aus sich ein Werk zu schreiben und seiner Zeit den Fachgenossen anzubieten, das Anspruch auf praktische Benutzung hatte. Daß dieser Anspruch im Werte des Werkes selbst begründet war, geht daraus hervor, daß seine Angaben überall angezogen wurden, es beweist das auch — von allem anderen abgesehen — der Umstand, daß jede Auflage bald nach dem Erscheinen vergriffen war. Bedenkt man nun, daß damals statistische Nachweise über Baupreise kaum vorhanden waren, alle Angaben also aus den verschiedensten Zeitschriften gesammelt und peinlich geprüft werden mußten, so staunt man über den Fleiß, der auf das Werk verwandt sein muß, und man wird zugeben müssen, daß das Werk einen den Tod seines Verfassers weit überdauernden Wert deshalb behalten wird, weil die geprüften Angaben den Stand der Technik beleuchten für den Zeitabschnitt, in dem Osthoff lebte und wirkte.

Fürstenwalde, im März 1909.

R. Scheck.

Vorwort zur 7. Auflage.

Die Freunde des Buches werden sicherlich dem Verlage von Otto Spamer in Leipzig — an den das Verlagsrecht inzwischen übergegangen ist — Dank dafür wissen, daß er die vorliegende Auflage nicht ohne weiteres als Abdruck der vorhergehenden erscheinen ließ, sondern in eine gründliche Durchsicht und Ergänzung willigte.

So erscheint denn diese Auflage, wenn auch im alten Gewande, doch eigentlich als neues Werk insofern, als darin die neuesten Fortschritte der Technik, soweit sie bis Ende des Jahres 1912 veröffentlicht waren, berücksichtigt wurden. Das gilt auch von den Bedingungen und Vorschriften für Leistungen und Lieferungen, den Kosten der Arbeiterfürsorge, den Notariats- und Stempelkosten und den Eisenbahnfrachten. Wesentlich vervollständigt wurden die Abschnitte über Preisentwicklungen (Löhne) und bei der Preisentwicklung für Bauausführungen die Angaben über Wasserhaltungs- und Mörtelmischmaschinen.

In dem Abschnitte „Kostenangaben für die wesentlichsten Bauausführungen" sind fast alle Teile ergänzt, zum Teil unter Fortlassen von unwesentlicheren Angaben. Es mögen hier als besonders interessant angeführt werden: Angaben über eiserne Spund= wände und Grundwassersenkung (bisher kaum in der technischen Literatur zu finden!), über Wiesenkulturen, neue Erfahrungen beim Bau von Kleinbahnen, Hebe= und Förder= mittel usw. Die am Schluß des Kapitels „Bauausführungen in Beton und Eisenbeton" gebrachte Zusammenstellung von ausgeführten Bauwerken dürfte bei knappster Form wohl Anspruch auf größte Vollständigkeit machen.

Im übrigen ist an den Grundsätzen, die für die Bearbeitung der sechsten Auflage maßgebend waren, auch bei der vorliegenden festgehalten: Jedem der Herren Mit= arbeiter wurde bei der Sonderbearbeitung freie Hand gelassen, soweit das im Rahmen des Werks nur zulässig war; es darf daher nicht auffallen, daß u. U. über ein und die= selbe Lieferungs= oder Ausführungsart verschiedene Angaben in den einzelnen Kapiteln enthalten sind. Ich weise hierfür auf die Vorrede zur sechsten Auflage hin: „Der= artige scheinbare Widersprüche können und sollen dem veranschlagenden Ingenieur ein Fingerzeig sein, daß der Wert jeder Arbeit, auch der scheinbar einfachsten, abhängig ist von der Art der Ausführung."

Fürstenwalde, im Januar 1913.

R. Scheck.

Inhaltsverzeichnis.

I. Abschnitt.

Allgemeines über Veranschlagen.

Von Regierungs- und Geheimen Baurat Scheck.

A. Der Vorentwurf und der Kostenüberschlag.

Die Grundlage für ein dauerndes freundschaftliches Verhältnis zwischen dem Bauherrn und dem veranschlagenden oder bauausführenden Techniker ist die genaue Feststellung dessen, was der Bauherr will. In den meisten Fällen wird dem Techniker eine Reihe von Wünschen vorgeschrieben, aus denen den eigentlichen Kern herauszufinden nicht überall leicht ist.

Der Auftraggeber weiß wohl den Endzweck, wofür er zu Geldausgaben bereit ist, es ist ihm aber unbekannt, daß zu dessen Erfüllung eine Reihe von Vorbedingungen zu erledigen ist, die unter Umständen die Verwirklichung seiner Absicht erschweren, wenn nicht unmöglich machen.

Hat schon der Architekt damit zu kämpfen, die vom Bauherrn gewünschte Disposition der Räume dem Äußeren entsprechend durchzuführen, so tritt für den Ingenieur sehr häufig die Frage auf, ob der gewollte Zweck — selbst bei Bereitstellung höherer Geldausgaben — überhaupt erreichbar ist.

So wird es z. B. schwer halten, den neben einer Bahn Gelände besitzenden Bauherrn davon zu überzeugen, daß gerade die unmittelbare Nähe des Bahngleises den erwünschten Bahnanschluß wegen mangelnder Entwicklungslänge unmöglich macht, oder daß die vor seinen Augen scheinbar nutzbar vorüberfließenden Wassermenge sich nicht nutzbringend für ihn verwerten läßt.

In diesen als Beispiel angegebenen Fällen wird der gewissenhafte und erfahrene Techniker eben einfach auf die Mitarbeit verzichten müssen auf die Gefahr hin, daß der Bauherr von anderer Seite her einen Entwurf erhält, der manchmal durchaus ausführbar erscheint, hinterher sich jedoch gar nicht oder mit nicht vorherzusehenden Mehrkosten verwirklichen läßt.

Zur Klärung dieser Dinge ist der Vorentwurf und Kostenüberschlag nach einem vorher genau vereinbarten Programm ungemein wichtig, wichtiger oft wie die Sonderentwürfe. Er stellt aber auch an den Ingenieur die höchsten Ansprüche: gerade in diesem Vorentwurf legt er seine eigensten Ideen nieder, gerade hier kann er unter Umständen sein ganzes Können offenbaren. Demgegenüber sind die Sonderentwürfe vielfach im Umfang und Inhalt durch allgemein gültige technische Grundsätze festgelegt.

Man soll daher zunächst ein festes Programm mit dem Bauherrn vereinbaren, daraufhin den Vorentwurf nebst Kostenüberschlag ihm zur Genehmigung vorlegen und an diesem so lange herummodeln lassen, bis über die Weiterbearbeitung vollständige Klarheit besteht. Die wichtigsten Änderungen können hierbei zur beiderseitigen Zu= friedenheit vorgenommen werden gegenüber späteren Änderungen bei dem eigentlichen Entwurf und dem Kostenanschlage. Hier rächen sich Abweichungen vom Programm schwer: der verantwortliche Ingenieur will und muß dem Bauherrn in den meisten Fällen zu Willen sein, und der Bauherr ist selten einsichtig genug, anzuerkennen, wieviel Arbeit und Mühe die Änderung oft nur einer Türlage verlangt, weil dadurch unter Umständen die ganze Beheizung des Baues geändert werden muß.

Mit den Nachrechnungen für Veränderungen ist keinem Teile gedient: der Ingenieur rechnet meistens seine Mühe und Arbeit geringer an, um dem Auftraggeber entgegenzu= kommen, und letzterer begreift nicht, wie die kleine Änderung so enorm teuer werden konnte. Verdruß und Ärger auf beiden Seiten!

Im einzelnen anzugeben, was von dem Vorentwurf und dem Kostenüberschlag verlangt werden kann und muß, ist wegen der verschiedenen Forderungen nicht möglich; auch die hierfür als Anhalt bewährten Vorschriften der Staatsbauverwaltung, die in Abschnitt II wiedergegeben sind, geben keine engbegrenzte Fassung.

In den Abschnitten V und VI sind für die häufig wiederkehrenden Ausführungen Preise angegeben, die zum großen Teil auf langjährige Erfahrungen bei Staats= und Privatbauten sich stützen.

Im Gegensatz zu den Hochbauausführungen können wegen der Verschiedenheit der Ausführungsarten diese statistischen Zusammenstellungen nur einen sehr bedingten Wert haben. Es ist einfach nicht möglich, diese Angaben auf eine bestimmte Einheit von allgemeinem Wert zusammenzudrücken! Selbst im Vorentwurf und Kostenüberschlag wird der Ingenieur gezwungen sein, sich über Flächen und Massen sowie über die Be= wegungsarten, Kraftbedürfnisse und über die Art der Kraftbesorgung und Kraftverteilung eingehender zu unterrichten, wie das im allgemeinen bei Hochbauten der Fall ist.

Auch über den Maßstab, in dem die Vorentwürfe zu bearbeiten sind, lassen sich all= gemein gültige Angaben nicht machen. Bei größeren, räumlich ausgedehnten Vor= entwürfen wird das Maßtischblatt 1 : 25 000 als Lageplan, bei kleinerer Ausdehnung des Entwurfs ein Maßstab von 1 : 5000 und bei örtlich begrenzten — Stauanlagen, Brücken= usw. Anlagen — der Lageplan 1 : 1000 meistens genügen.

Etwa notwendig werdende Einzelbauwerke sind selbst zur überschläglichen Kosten= ermittlung zweckmäßig nicht in einem kleineren Maßstabe wie 1 : 200 zu skizzieren.

B. Der Entwurf und Kostenanschlag.

Der durchgearbeitete Entwurf und Kostenanschlag hat für den Bauherrn nur insofern eine Bedeutung, als dadurch über die Endsumme Gewißheit erlangt wird. Von wesent= licher Bedeutung ist er für den Bauleitenden als Unterlage für die Vergebung und Aus= führung der Leistungen und Lieferungen sowie zur Feststellung der Ausführbarkeit bez. Ergänzung der im Vorentwurfe gemachten Vorschläge.

In dem Entwurfe muß mindestens vorhanden sein:

1. Der Lageplan mit eingezeichneten Höhenschichten, benachbarten Bauwerken, Wegen, Wasserläufen und allem anderen, das den Bau beeinflussen kann.

Die Wahl des Maßstabes richtet sich nach der räumlichen Ausdehnung des Bau= werkes und dürfte zwischen 1 : 5000 bis 1 : 500 schwanken. In sehr vielen Fällen wird

der Maßstab 1 : 2500 genügen, namentlich dort, wo die Höhenunterschiede nicht be=
deutend sind.

Neben dem Bauwerke — das unter Umständen verschiedenfarbig als Um= und
Neubau zu bezeichnen ist — sollten auch die am Festpunkte angeschlossenen Querschnitts=
linien, Festpunkte u. a. eingetragen werden, damit man leicht beim Bau z. B. den Um=
fang der Bodenmassen kontrollieren kann.

2. Grundrisse, Quer= und Längenschnitte der Bauwerke im Maßstabe von 1 : 100,
(z. B. ausgedehnter Wehr= und Schleusenanlagen).

3. Ansichten im Maßstabe wie zu 2.

Die Anzahl der Darstellungen ist dadurch bedingt, daß alle zur genauen Ermittlung
der Massen notwendigen Maße in den Darstellungen vorhanden sein müssen.

4. Sonderdarstellungen in einem alle wesentlichen Einzelheiten leicht erkenntlich
machenden Maßstabe, soweit das für besondere Ausführungen nötig ist, um festzustellen,
ob eine derartige Anlage zweckmäßig angeordnet werden kann.

(Nicht zu verwechseln mit sogenannten Werkstattzeichnungen, die vor oder während
der eigentlichen Bauausführung angefertigt werden.)

5. Die Massenberechnung für alle diejenigen Leistungen und Lieferungen, für die
im Kostenanschlage besondere Preise ausgeworfen werden.

6. Der auf Grund der Massenberechnung auszuarbeitende Kostenanschlag, in dem
diejenigen Preise für die Lieferungen und Leistungen anzusetzen sind, die entweder
ortsüblich sind oder unter Berücksichtigung etwaiger besonderer Umstände bei der Lage
des Baues berechnet werden.

Hierher sind namentlich zu rechnen: Art der Beschaffung der Baustoffe, ungünstige
Zufahrten, Abgelegenheit der Baustelle und deren Wirkung auf die Arbeiterverhältnisse,
Beschleunigung der Arbeit durch Nachtarbeit, Anziehen der Löhne bei ausgedehnten
Baustrecken und schwieriger Arbeit im Nassen oder bei kalter Jahreszeit, erhöhte Löhne
für solche Arbeiten, die besonders geübte Arbeiter erfordern u. a. m. Der Kostenanschlag
ist so vorsichtig aufzustellen, daß die dafür ausgesetzten Mittel auch voraussichtlich aus=
reichen. Nicht allein die Gesamtsumme ist durch Einschalten einer den Umständen an=
gemessenen Sicherheitssumme für Unvorhergesehenes und Insgemein vor Überschreitungen
zu wahren, sondern auch die einzelnen Hauptabschnitte des Kostenanschlages müssen eine
feste Grundlage für die spätere Vergebung an Lieferanten und Unternehmer bieten.

7. Der Erläuterungsbericht, in dem alle den Bau berührenden Umstände an=
gegeben, auch die Wahl der Baustelle, Bauart und Preise begründet werden.

Der Bauherr muß dadurch die Überzeugung gewinnen, daß der Bau in seinen
wesentlichen Teilen eben nur so, wie es der Entwurf zeigt und nicht in anderer Weise
wirtschaftlich bei voller Gewähr für das Geforderte und den Mindestbedarf an Kosten
hergestellt werden kann.

In dem folgenden Abschnitt II sind die Vorschriften der Staatsbauverwaltung für
die Aufstellung und Behandlung der Entwürfe sowohl für den Tiefbau als auch auszugs=
weise für den Hochbau wiedergegeben, letzteres unter Berücksichtigung des Umstandes,
daß der Ingenieur in sehr vielen Fällen auch die zum Betriebe nötigen Hochbauten mit
veranschlagen muß.

Wenn diese Vorschriften auch zunächst unmittelbar für Staatsbauten unter Be=
rücksichtigung der bestehenden Gesetze für Geldbewilligungen usw. aufgestellt sind, werden
sie doch in fast allen Fällen auch für Privatbauten entsprechende Geltung behalten.

1*

C. Der Prüfungsanschlag.

Er soll, wo er überhaupt notwendig ist, den Nachweis führen, daß die verwendeten Mittel nach den Vorschriften des Anschlags verausgabt sind. In den meisten Fällen wird er sich als eine Zusammenstellung der Abrechnungen der Unternehmer und Lieferanten sowie der außerdem geleisteten Mehrarbeiten oder Lieferungen darstellen.

Für Staatsbauten vgl. darüber näheres unter Abschn. II.

D. Der Wertanschlag oder die Taxe.

Wo Unterlagen im Kostenanschlag und Bauzeichnungen vorhanden sind, geben diese den besten Anhalt für die Taxe, die sich dann darauf beschränken wird, einzelne wichtige Bauteile gruppenweise zusammenzufassen und deren Wert nach den zurzeit geltenden Preisen zu ermitteln.

Wo diese Unterlagen nicht zu erlangen, ähnlich geartete, nahegelegene, in den Ausführungskosten bekannte Bauten nicht vorhanden oder Unterlagen aus statistischen Angaben nicht zu beschaffen sind, müssen die wichtigsten Maße aufgenommen und zu einem Kostenüberschlage verwendet werden.

Die Taxe soll den augenblicklichen Wert darstellen, es wird daher das Alter des Gebäudes, seine bauliche Unterhaltung neben der auf die Verwertung etwa einwirkenden Lage zu berücksichtigen sein. Unter Umständen kann die Amortisation des aufgewandten Baukapitals verlangt werden; in den Fällen, wo die Summe der jährlichen regelrechten Unterhaltung aus den Einnahmen des Baues nicht mindestens gedeckt wird, sind diese Summen zu kapitalisieren.

Vgl. Zinseszins= und Rentenrechnung.

E. Zinseszins= und Rentenrechnung.

a) Ein Kapital K steht zu p% jährlich auf Zinsen, diese Zinsen werden nicht abgehoben, sondern jährlich zum Kapital geschlagen, so daß der Wert dieses Kapitals sich nach n Jahren auf W stellt.

Es ist dann:

$$W = K \left(\frac{100 + p}{100} \right)^n; \quad \frac{100 + p}{100} = a$$

gesetzt, so ergibt sich: $W = K \cdot a^n$.

1. Beispiel. Ein Kapital von 1500 M. steht bei 4% zu Zinseszinsen aus, wie groß ist das Kapital nach 30 Jahren geworden?

$$W = 1500 \left(\frac{100 + 4}{100} \right)^{30} = 1500 \cdot 1{,}04^{30}$$

$$1{,}04^{30} = 30 \log 1{,}04 = 30 \cdot 0{,}170333 = 0{,}5109990$$
$$+ \log 1500 = 3{,}1760913$$
$$\overline{\text{Num } 3{,}6870903 = 4865{,}08 \text{ M.}}$$

2. Beispiel. Ein Kapital hat zu 5% in 60 Jahren einen Wert von 7470 M. erreicht, wie groß ist das Kapital am Anfang gewesen?

$$W = K a^n; \quad K = \frac{W}{a^n}$$

$$\log K = \log W - n \log a = \log W - n \log \left(\frac{100 + p}{100}\right)$$

$$\log K = \log 7470 - 60 \cdot \log 1,05$$
$$60 \log 1,05 = 60 \cdot 0,0211893 = 1,2713580$$
$$\log 7470 = 3,8733206$$
$$- 1,2713580$$
$$K = \text{Num } 2,6019626 = 399,91 \text{ M.}$$

3. **Beispiel.** Ein Kapital von 2400 M. zu $4\frac{3}{4}\%$ muß wie lange zu Zinseszins ausstehen, wenn es zu 8400 M. anwachsen soll?

$$W = K a^n; \quad a^n = \frac{W}{K}; \quad n \log a = \log W - \log K$$

$$n = \frac{\log W - \log K}{\log a}$$

$$n = \frac{\log 8400 - \log 2400}{\log \left(\frac{100 + 4\frac{3}{4}}{100}\right)} = \frac{\log 8400 - \log 2400}{\log 1,0475}$$

$$\log 8400 = \quad 3,9242793$$
$$- \log 2400 = - 3,3802112$$
$$0,5440681 \text{ dividiert durch}$$
$$\log 1,0475 = 0,0201540 = \text{rd. 27 Jahre.}$$

4. **Beispiel.** Zu wieviel Prozent ist ein Kapital von 400 M. auszuleihen, wenn es nach 60 Jahren den Wert von 7470 M. erreichen soll?

$$W = K \left(1 + \frac{p}{100}\right)^n; \quad \frac{W}{K} = \left(1 + \frac{p}{100}\right)^n; \quad \sqrt[n]{\frac{W}{K}} = 1 + \frac{p}{100}$$

$$100 \left(\sqrt[n]{\frac{W}{K}} - 1\right) = p$$

$$100 \left(\sqrt[60]{\frac{7470}{400}} - 1\right) = p$$

$$p = 100 \left(\sqrt[60]{18,675} - 1\right)$$

$$\sqrt[60]{18,675} = \frac{\log 18,675}{60} = \frac{1,2712606}{60} = \text{Num } 0,02102101 = 1,0495$$

$$p = 100 (1,0495 - 1,0000) = 4,95 = \text{rd. } 5\%.$$

b) Ein Kapital K steht zu p% jährlich auf Zinsen, diese werden nicht abgehoben, sondern zum Kapital geschlagen, außerdem wird jährlich noch ein Betrag B hinzu- oder abgezahlt; der Wert des Kapitals ist dann nach n Jahren auf W gestiegen.

$$W = K \left(\frac{100 + p}{100}\right)^n \pm \frac{B \left[\left(\frac{100 + p}{100}\right)^n - 1\right]}{\frac{100 + p}{100} - 1}$$

oder wenn $\frac{100 + p}{100} = a$ gesetzt wird

$$W = K a^n \pm B \frac{a^n - 1}{a - 1}.$$

1. Beispiel. 2500 M. werden zu 5% verzinst, jährlich wird außerdem ein Be=
trag von 200 M. abgetragen, wie groß ist das Kapital nach 12 Jahren?

$$a = \frac{100 + 5}{100} = 1,05$$

$$W = 2500 \cdot 1,05^{12} - 200 \frac{1,05^{12} - 1}{1,05 - 1}$$

$$1,05^{12} = 12 \log 1,05 = 12 \cdot 0,0211893 = 0,2542716$$

$$\text{Num } 0,2542716 = 1,79585$$

$$200 \cdot \frac{1,05^{12} - 1}{1,05 - 1} = 200 \cdot \frac{1,79585 - 1}{0,05} = \frac{200 \cdot 0,79585}{0,05} = 3183,4$$

$$2500 \cdot 1,05^{12} = 12 \log 1,05 + \log 2500 ;$$

$$\log 2500 = 3,3979400 = 0,2542716 + 3,3979400 = 3,6522116$$

$$\text{Num } 3,6522116 = 4489,65$$

$$W = 4489,65 - 3183,40 = 1306,25 .$$

2. Beispiel. Ein Kapital von 35 000 M. wird mit 4% verzinst, jährlich werden
4500 M. davon verbraucht, nach wieviel Jahren ist das Kapital aufgezehrt?

$$0 = K a^n - B \frac{a^n - 1}{a - 1}$$

$$n = \frac{\log\left(B \frac{100}{p}\right) - \log\left(\frac{100\,B}{p} - K\right)}{\log a} ; \quad a = \frac{100 + 4}{100}$$

$$n = \frac{\log\left(4500 \cdot \frac{100}{4}\right) - \log\left(4500 \cdot \frac{100}{4} - 35000\right)}{\log 1,04}$$

$$= \frac{\log 112500 - \log(112500 - 35000)}{\log 1,04} = \log 112500 = 5,0511525$$

$$\log(112500 - 35000) = \log 77500 = 4,8893017$$

$$\begin{array}{l} 5,0511525 \\ -\ 4,8893017 \\ \hline 0,1618508 : (\log 1,04 = 0,0170333) = 9\tfrac{1}{2} \text{ Jahre.} \end{array}$$

3. Beispiel. Ein Kapital K zu p% Zinsen, welche nicht abgehoben werden, wird
jährlich um einen Betrag B vermehrt oder vermindert; nach wieviel Jahren hat ersteres
den Wert W erreicht?

$$n = \frac{\log\left(W \pm \frac{100}{p} B\right) - \log\left(K \pm \frac{100}{p} B\right)}{\log(1 + 0,01\,p)}$$

c) Eine Rente B, die auf n Jahre zu beziehen ist, hat bei p% Zinsen heute den
Wert K.

$$K = \frac{B (a^n - 1)}{a^n (a - 1)}$$

1. Beispiel. Eine Rente von 1000 M. ist auf 20 Jahre zu beziehen, bei 5% Zinsen,
wie groß ist ihr heutiger Wert?

$$K = \frac{1000 \left[\left(\frac{100 + 5}{100}\right)^{20} - 1\right]}{\left(\frac{100 + 5}{100}\right)^{20} \left(\frac{100 + 5}{100} - 1\right)} = 1000 \frac{1,05^{20} - 1}{1,05^{20} \cdot 0,05} .$$

$1,05^{20} = 20 \cdot \log 1,05 = 20 \cdot 0,0211893 = $ Num $0,4237860 = 2,6533$

$1,05^{20} - 1 = 2,6533 - 1,0000 = 1,6533$

$1,05^{20} \cdot 0,05 = 2,6533 \cdot 0,05 = 0,132665$

$$K = 1000 \cdot \frac{1,6533}{0,132665} = \frac{1653,3}{0,132665} = 12462,22 \text{ M.}$$

2. Beispiel. Wie lange ist eine Jahresrente von 1000 M. zu genießen, wenn ihr Wert, der zu 5% zu verzinsen ist, den baren Wert 12462 M. hat?

$$n = \frac{\log (100\,B) - \log (100\,B - p\,K)}{\log \left(\frac{100 + p}{100}\right)};$$

$$n = \frac{\log (100 \cdot 1000) - \log (100 \cdot 1000 - 5 \cdot 12462)}{\log (1,05)} = \frac{\log (100000) - \log (37690)}{\log (1,05)}$$

$\log 100000 = 5,0000000$

$-\log \;\; 37690 = 4,5762291$

$\qquad\qquad 0,4237709$ dividiert durch $\log 1,05 = 0,0211893 = $ rd. 20 Jahre.

II. Abschnitt.

Anweisung für die Entwurfsbearbeitung und Veranschlagung sowie technische und wirtschaftliche Bestimmungen.

(Bearbeitet von Regierungs- und Geheimen Baurat Scheck.)

A. Vorschriften der Staatsbauverwaltung für Tiefbauten.

Ministerium der öffentlichen Arbeiten.

Berlin, den 26. März 1908.

I. Allgemeines.

1. Die Vorschriften dieser Verfügung gelten für alle staatlichen Neu-, Um-, Aus-, Wiederherstellungs- und Unterhaltungsbauten im Bereich der Wasserbauverwaltung. Sie finden auch auf die Beschaffung von Fahrzeugen und Geräten Anwendung, soweit hier nicht die Bestimmungen in Abschnitt III, Abs. 4 der Allgemeinen Verfügung Nr. 4 Platz greifen.

2. Für Interessentenbauten — d. s. Bauten, bei denen die Interessenten allein oder unter Beteiligung des Staats die Kosten tragen — kommen nur die Vorschriften in Abschnitt XV, Abs. 3 und Abschnitt XXIII, Abs. 1 am Schluße in Betracht. In dieser Beziehung gehören zu den Interessentenbauten auch die Bauausführungen der Kommunalverbände.

II. Arten der Entwürfe.

1. Allgemeine Entwürfe, zu denen Kostenüberschläge, und ausführliche Entwürfe, zu denen Kostenanschläge gehören, unterscheiden sich voneinander durch den Grad der Durcharbeitung. Insbesondere sind bei den Kostenanschlägen die Berechnungen bis ins einzelne zu bewirken, während bei den Kostenüberschlägen eine mehr zusammengefaßte Ermittelung der Massen und der Kosten, geeignetenfalls unter Benutzung der Ergebnisse der Baustatistik, statthaft ist.

2. Wie weit bei Aufstellung der allgemeinen Entwürfe mit der Durcharbeitung zu gehen ist, richtet sich nach den vorliegenden jeweiligen Verhältnissen und Anforderungen; in jedem Falle ist danach zu streben, daß die geplante Anlage in den Hauptzügen klargestellt wird.

3. Die Aufstellung der ausführlichen Entwürfe ist in den Abschnitten III bis XII geregelt. Soweit angängig, sind diese Vorschriften auch bei der Bearbeitung der allgemeinen Entwürfe sinngemäß anzuwenden.

4. Zu den Anmeldungen für das Extraordinarium des Staatshaushalts sind ausführliche Entwürfe nach den Vorschriften in Abschnitt III und zu den Anmeldungen für das Ordinarium Kostenüberschläge nach Vorschriften in Abschnitt IV der Allgemeinen

Verfügung Nr. 4 aufzustellen und vorzulegen. Die den Anmeldungen zugleich beizufügenden Kostenüberschläge über die infolge der geplanten Bauausführungen, Beschaffungen usw. erwachsenden Mehraufwendungen an Betriebs= und Unterhaltungskosten haben außer den laufenden Betriebs= und Unterhaltungsarbeiten auch die in bestimmten Zeiten nötig werdenden Haupreparaturen und kleineren Neubauten zu berücksichtigen, die nach Abschnitt I, Abs. 2 und Abschnitt IV, Abs. 1 a. a. O. dem Ordinarium zufallen; insbesondere ist bei neu zu beschaffenden Schiffen, Baggern und dgl. für die wiederkehrenden größeren Ausbesserungsarbeiten an Kesseln und Maschinen ein entsprechender Betrag — etwa 3% der Neubaukosten — von den übrigen Unterhaltungskosten getrennt vorzusehen.

5. Die zum regelmäßigen Betriebe und zur gewöhnlichen Unterhaltung erforderlichen Summen sind durch Kostenüberschläge nachzuweisen. Soweit es sich jedoch um einzelne in sich abgeschlossene, aus den Mitteln des Ordinariums zu bestreitende Um= oder Neubauten handelt, sind bei Beträgen von 10 000 M. und darüber Kostenanschläge aufzustellen, während es bei Beträgen unter 10 000 M. dem Ermessen der Provinzialbehörde überlassen bleibt, ob und in welcher Form (Kostenanschläge oder Kostenüberschläge) eine Veranschlagung stattfinden soll.

III. Ausführliche Entwürfe.

1. Ein ausführlicher Entwurf besteht aus
    a) den die Lage, Bauart, Bodenverhältnisse usw. darstellenden Plänen und Zeichnungen,
    b) dem Erläuterungsberichte,
    c) der Festigkeits= und Standsicherheitsberechnung und
    d) dem Kostenanschlage.

2. Bei großen und besonders schwierigen Bauten sowie bei eigenartigen, bisher nicht erprobten Ausführungsweisen empfiehlt es sich, zunächst die Pläne und Zeichnungen nebst Erläuterungsbericht vorzulegen, bevor zur Anfertigung der Kostenanschläge geschritten wird.

IV. Pläne, Zeichnungen usw.

1. Die zu den Entwürfen gehörigen Pläne, Zeichnungen, Längs= und Querschnitte müssen in solcher Ausdehnung hergestellt werden, daß alle für die Bauausführung in Betracht kommenden Verhältnisse geprüft werden können.

2. Die Lagepläne sind:
    a) wenn es auf die Darstellung eines Strom= oder Flußlaufes usw. ankommt, im Maßstabe von 1 : 2500, bei einfacheren Verhältnissen oder größeren Strömen im Maßstabe von 1 : 5000 der natürlichen Größe anzufertigen, sofern nicht bereits vorhandene Pläne, wenn auch in etwas abweichendem Maßstabe, dazu benutzt werden können;
    b) wenn sie als Enteignungskarten dienen sollen, in einem den Flurkarten oder Katasteraufnahmen entsprechenden Maßstabe zu zeichnen;
    c) bei Darstellung von Kanalanlagen oder, wenn die Lage von Brücken, Schleusen, Wehren, Dienstwohnungen usw. verdeutlicht werden soll, in der Regel im Maßstabe von 1 : 1000 oder, wenn entsprechende Pläne vorhanden sind, im Maßstabe von 1 : 500 bis 1 : 1250 der natürlichen Größe anzufertigen.

3. Für die Längen der Höhenpläne ist in der Regel der Maßstab der Lagepläne zu wählen; die Höhen sind im allgemeinen im zehnfachen Maßstabe der Längen, aber nicht kleiner als im Maßstabe von 1 : 200 aufzutragen.

4. In den Plänen ist alles Bestehende schwarz, alles auf den Entwurf bezügliche zinnoberrot einzutragen und ebenso zu beschreiben. Im übrigen sind die durch die Bestimmungen des Zentraldirektoriums der Vermessungen vom 20. Dezember 1879 und durch die dazu ergangenen Nachträge vorgeschriebenen Farben und Zeichen, bei nicht farbiger Darstellung die Ausführungsweise der Meßtischblätter der Preußischen Landesaufnahme anzuwenden.

5. In die Lage= und Peilungspläne sind, soweit es für die Beurteilung der örtlichen Verhältnisse zweckmäßig ist, Tiefenlinien einzutragen, die je nach den Umständen als Höhenlinien auf das Seitengelände auszudehnen sind. Auf jedem Plane sind die Nordlinie, der Maßstab, sowie etwaige Festpunkte mit ihrer Höhenlage anzugeben.

6. Bei den Entwurfszeichnungen von Bauwerken, wie Schleusen, Brücken, Wehren, Futtermauern und dgl., ist in der Regel ein Maßstab von 1 : 100 der natürlichen Größe, bei Bauten von erheblicherem Umfange ein solcher von 1 : 200 anzuwenden. Für eiserne Bauwerke (Bauteile) und wichtigere Einzelheiten ist ein angemessen größerer Maßstab zu wählen. In die Zeichnungen sind die Maße in Metern, die Holzstärken in Zentimetern und die Eisenstärken in Millimetern einzutragen. Die durchschnittenen Teile sind je nach dem Baustoffe mit kennzeichnenden Farben unter Vermeidung der für die Prüfungsvermerke vorbehaltenen anzulegen. Die Linien, nach welchen die Durchschnitte gelegt sind, müssen an ihren Endpunkten mit Buchstaben bezeichnet werden.

7. Zu den Plänen und Zeichnungen muß in der Regel, namentlich wenn es auf scharfe und genaue Darstellungen ankommt, oder wenn die Anwendung verschiedener Farbentöne geboten ist, dauerhaftes, Radierungen gestattendes Zeichenpapier verwendet werden, das erforderlichenfalls vorher auf Leinwand aufzuziehen ist. Nur ausnahmsweise darf bei einfachen Verhältnissen zu Plänen Pausleinwand benutzt werden.

8. Für die Querschnittzeichnungen bei Strom=, Kanal= und dergleichen Wasserbauten kann Netzpapier in Größe des amtlichen Schreibpapieres benutzt werden. Die Querschnitte sind stets so zu zeichnen, daß das linke Ufer auf der Zeichnung links, das rechte Ufer rechts liegt. Bei der Auftragung ist von der Anwendung der für die Prüfungsvermerke vorbehaltenen Farbentöne abzusehen.

9. Die Höhenangaben dürfen überall da, wo ein Anschluß an den Normal=Nullpunkt der Höhen im Preußischen Staate (N. N.) ausgeführt ist, nur auf diesen bezogen werden. In Querschnitten und Höhenplänen sind die höchsten, mittleren und niedrigsten sowie sonstige bezeichnende Wasserstände einzutragen, ferner die Ergebnisse etwaiger Bodenuntersuchungen nach Höhenlage und Beschaffenheit des Untergrundes, ebenso, falls erforderlich, die Höhenlage des Grundwasserstandes. Im übrigen wird wegen Auftragung der Höhenpläne auf die Bestimmungen unter Nr. 12 der Beschlüsse des Zentraldirektoriums der Vermessungen vom 20. Dezember 1879 und auf die dazu nachträglich ergangenen Bestimmungen, insbesondere diejenigen vom 12. Januar 1895 (Zentralbl. d. Bauverw. 1896 S. 9) verwiesen. Bei wichtigen Höhenanschlüssen ist stets auf die von der Königlich Preußischen Landesaufnahme und die von dem Bureau für die Hauptnivellements veröffentlichten Höhenbestimmungen zurückzugehen.

10. Die Zeichnungen, Lagepläne usw. sollen in der Regel eine Blatthöhe von 33 cm erhalten und in der Breite des amtlichen Schreibpapiers (21 cm) zusammengefaltet

werden. Sind mit Rücksicht auf den Entwurfsgegenstand diese Maße ausnahmsweise nicht einzuhalten, so ist die Blattgröße möglichst nicht über 0,70 m Länge und 0,50 m Breite zu steigern. Zeichnungen usw. in einer Blattgröße unter 33 zu 21 cm sind zu vermeiden. Die Pläne und Zeichnungen sind in Mappen vorzulegen, ein Aufrollen ist nicht zulässig.

11. Die Pläne und Zeichnungen oder, falls sie zusammengeklappt vorgelegt werden, die erste Klappe müssen oben links die Bezeichnung der Provinzialbehörde und der entwerfenden Dienststelle, in der Mitte die Bezeichnung des Baues und Bauwerkes enthalten. Gehören mehrere Pläne usw. zu einem Entwurfe, so ist jeder mit einer Blattnummer zu versehen. Maßstäbe, Bemerkungen und Unterschriften sind unten anzubringen; außerdem ist hier der nötige Raum für die Prüfungs= und Genehmigungsvermerke freizulassen.

12. Die im Aktenformat gehaltenen Pläne und Zeichnungen sind nebst den sonstigen aktenmäßig hergerichteten Entwurfstücken in einem festen Umschlage (Aktendeckel oder Mappe) vorzulegen. Auf diesem Umschlage sind der Verwaltungsbezirk, der Bau nebst Anschlagsnummer sowie die Entwurfstücke nach Gattung und Zahl aufzuführen. Außerdem ist auf dem Umschlage das Datum der Aufstellung zu vermerken.

V. Erläuterungsbericht.

1. Der Erläuterungsbericht hat alle Verhältnisse des Bauentwurfes zu beleuchten. Er ist auf gebrochenem Bogen mit mindestens 1 cm breitem Zwischenraume der Zeilen kurz aber erschöpfend abzufassen und muß folgende Punkte berücksichtigen, soweit dies nach der Art des Entwurfes und den sonstigen Umständen angezeigt ist:

a) die technische Begründung der Notwendigkeit der Bauausführung sowie des Umfanges und der gewählten Art der Anlage;

b) die Beschreibung der Bauanlage, Mitteilung über die Boden= und Grundwasserverhältnisse usw. auf Grund sorgfältiger und umfassender Untersuchungen (Bohrungen, Schürflöcher, Probepfähle);

c) die eingehende Erläuterung ungewöhnlicher Anordnungen und besonderer Vorrichtungen;

d) die allgemeine Darstellung der Bauart nebst Angabe der zur Verwendung bestimmten Baustoffe unter Begründung der getroffenen Wahl;

e) den Arbeitsplan;

f) die Begründung der Notwendigkeit und Dauer einer örtlichen Bauleitung sowie Angabe, ob mit dieser ein Regierungsbaumeister betraut werden muß, welche technischen und sonstigen Hilfskräfte für die Bauleitung erforderlich sind, ob ein besonderes Baubureau einzurichten ist usw.;

g) die Angabe, ob die Bauarbeiten im Eigenbetriebe — in Zeit= oder Stücklohn — oder durch Unternehmer ausgeführt werden sollen;

h) die Angabe der Unterlagen, für die angesetzten wichtigsten Einheitspreise, unter Darlegung insbesondere der Lohnverhältnisse[1]);

i) eine Äußerung über die Stellung der Beteiligten zu dem Entwurfe (vgl. auch Abschnitt XIX);

k) die Angabe über Beitragsleistungen Dritter und sonstige Einnahmen

---

[1]) Hierbei wird insbesondere auf die laufenden Aufzeichnungen über gezahlte Preise (Preisbücher) zurückzugreifen sein, deren ausgiebige Führung, soweit sie bisher nicht schon besteht, dringend empfohlen wird.

2. Die in Absatz 1 erforderten Angaben dürfen nicht lediglich durch eine Bezug= nahme auf die Verfügung, mit welcher von der vorgesetzten Behörde der Auftrag zur Aufstellung des Entwurfes erteilt wurde, ersetzt werden.

3. Wegen der Begründung des Baubedürfnisses vom wirtschaftlichen Standpunkte aus vergleiche die allgemeine Verfügung Nr. 4 Abschnitt III.

VI. Festigkeits= und Standsicherheitsberechnung.

1. Festigkeits= und Standsicherheitsberechnungen sind für alle Bauwerke und Bau= teile erforderlich, deren Abmessungen nicht auf Grund von Erfahrungssätzen bestimmt werden können.

2. Die Berechnungen — einschließlich der Begründungen und Erläuterungen — sind auf gebrochenem Bogen zu schreiben. Die rechte Hälfte ist für den Wortlaut, die linke für etwa erforderliche Skizzen zu benutzen. Die Berechnungen sind in knapper und übersichtlicher Form aufzustellen, soweit dies ohne Beeinträchtigung der Deutlichkeit geschehen kann. In geeigneten Fällen kann der Nachweis der Festigkeit oder Stand= sicherheit — teilweise oder ganz — auch graphisch geliefert werden.

3. Bei Formeln, deren Entstehung und Zusammensetzung sich nicht unmittelbar aus dem Gange der Rechnung ergibt, sind die Quellen anzugeben, aus denen sie ent= nommen sind; anderenfalls ist ihre Ableitung beizufügen. Die für ein schnelles Ver= ständnis erforderlichen Zwischenrechnungen sind aufzunehmen.

4. Für die Berechnung der Standfestigkeit hoher Bauwerke (Schornsteine usw.)
Anlagen 1 u. 2. auf geringer Grundfläche sind die in der Anlage abgedruckten, von der Königlichen Akademie des Bauwesens festgestellten Grundsätze zu beachten.

5. Für die Eigengewichte können, falls sie nicht durch besondere Versuche ermittelt
Anlage 3. werden, die Angaben der beifolgenden Zusammenstellung als Anhalt dienen. Die rechnungsmäßig nachzuweisenden Beanspruchungen, bei deren Feststellung auf die
Anlage 4. Benutzungsart des Bauwerkes zu rücksichtigen ist, dürfen in der Regel die in der bei= gefügten Zusammenstellung aufgeführten Werte nicht überschreiten.

Bei Vorentwürfen und kleineren Bauten sind die Beanspruchungen für Mauer= werkskörper je nach der Güte und Verarbeitungsweise der Baustoffe innerhalb der an= gegebenen Grenzen zweckmäßig zu wählen. Werden bei größeren Bauten oder bei be= sonders vorteilhaft gestaltetem Gefüge des Mauerwerks ähnlich wie beim Beton Druck= versuche vorgenommen, so kann die zulässige Beanspruchung gleich einem gewissen, je nach den Umständen zu bestimmenden Bruchteile der ermittelten Druckfestigkeit gesetzt werden. Sie darf jedoch höchstens ein Sechstel der Druckfestigkeit betragen und selbst in den günstigsten Fällen nicht über 60 kg für das Quadratzentimeter hinausgehen. Zugspannungen sollen in den Mauerwerkskörpern in der Regel nicht auftreten. Da, wo solche zulässig erscheinen, dürfen sie die angegebenen Grenzen nicht überschreiten und bei der außerdem vorzunehmenden Berechnung der Druckspannungen nicht in Ansatz gebracht werden.

VII. Kostenanschlag.

1. Der Kostenanschlag setzt sich zusammen aus
     a) der Massenberechnung,
     b) der Berechnung des Bedarfs an Baustoffen und
     c) der Kostenberechnung.

2. Bei Bauten einfacher Art bleibt es dem Aufsteller überlassen, die Massenberech=
nung und diejenige des Bedarfs an Baustoffen mit der Kostenberechnung zu vereinigen,
also, die einzelnen Ansätze den Vordersätzen voranzustellen.

VIII. Massenberechnung.

1. Die einzelnen Posten der Massenberechnung sind mit fortlaufenden Nummern zu
bezeichnen, welche in der Kostenberechnung anzuziehen sind.

2. Um die rechnerische Prüfung zu erleichtern, sind die einzelnen Ansätze kurz und,
wenn tunlich, nicht über eine Zeile reichend, untereinander aufzuführen, während das
Ergebnis entsprechend zur Seite zu schreiben ist. Wiederholungen von Rechnungs=
ansätzen sind zu vermeiden, es genügt ein Hinweis auf diejenige Nummer, bei welcher
die Ansätze bereits vorkommen.

3. Die in den Ansätzen der Massenberechnung vorkommenden Maße müssen aus
den Zeichnungen mit Hilfe der eingeschriebenen Zahlen zu entnehmen sein oder besonders
nachgewiesen werden.

4. Die Massenberechnung für größere Erdarbeiten erfolgt auf Grund der Quer=
und Höhenschnitte, wobei Ab= und Aufträge besonders zu ermitteln sind. Bei Berechnung
der Bodenmassen ist die Auflockerung der Abtragsmassen, das Setzen der Auftrags=
massen, der etwaige Vertrieb durch Stromangriff sowie die Zusammendrückbarkeit des
Untergrundes zu berücksichtigen. Gegebenenfalls ist ein Verteilungsplan (rechnerisch)
oder zeichnerisch) aufzustellen.

5. Die Inhaltsberechnung für Bauteile erfolgt nach Anlage 5 auf Grund der aus _Anlage 5._
den Zeichnungen entnommenen Maße. Die Stärken der Mauerkörper aus Bruchsteinen
sowie der Betonkörper sind gewöhnlich in vollen Dezimetern anzunehmen.

6. Für die im Mauerwerk zu verwendenden Werksteine (Anlage 6) ist, und zwar _Anlage 6._
für jeden Stein, der Inhalt des umschriebenen Parallelepipedons zu berechnen. Bei
Ermittelung der Mauermasse ist hiervon ein nach den Umständen zu bemessender Prozent=
satz in Abzug zu bringen.

7. Die Massenberechnung für Faschinenbauten (Anlage 7) erfolgt auf Grund von _Anlage 7._
Einzelmaßen, falls die Massen nicht einfacher nach der Bauhöhe der Werke an der Hand
von Tafeln bestimmt werden können, die für einzelne Ströme der dort üblichen Bau=
weise entsprechend aufgestellt sind.

IX. Berechnung des Bedarfs an Baustoffen.

1. Die Berechnung des Bedarfs an Baustoffen hat in der Weise zu erfolgen, daß
die in Betracht kommenden Massen aus der Massenberechnung entnommen und die
dafür erforderlichen Baustoffmengen auf Grund von Einheitssätzen ermittelt werden.
Ein Muster zur Berechnung der Baustoffe für Maurerarbeiten ist beigefügt (Anlage 8). _Anlage 8._

2. Bei Berechnung der Baustoffe für Maurerarbeiten sind die in Anlage 9 und bei _Anlage 9._
Berechnung des Bedarfs zu Faschinenbauten die in der Anlage 10 angegebenen Einheiten _Anlage 10._
zu benutzen. Die Wahl anderer Einheiten ist, wenn ausreichend begründet, zulässig.

3. Zement ist nur nach Gewicht zu veranschlagen. Die Berechnung erfolgt nach
der Mörteltafel, Anlage 9.

4. Bei Berechnung des Bauholzes, welches für jede Holzart gesondert nach Rund=
holz, Kantholz, Bohlen, Brettern und Latten zu unterscheiden ist, sind die Abmessungen
einschließlich der Zapfen, Blättern und Federn einzusetzen.

5. Die aus Metallen (Schweiß=, Guß=, Flußeisen, Stahl, Kupfer, Blei usw.) herzu=
stellenden Gegenstände sind in der Regel nach Gewicht, geeignetenfalls auch nach Stück=
zahl zu berechnen. Wenn erforderlich, sind Maßskizzen zur Seite beizufügen. Gegen=
stände von schwer zu berechnender Form sind überschläglich zu ermitteln.

<h3 style="text-align:center">X. Kostenberechnung.</h3>

1. Die Vordersätze sind aus der Massen= und Baustoffberechnung zu entnehmen und
die Kosten unter Zugrundelegung von Einheitssätzen zu berechnen. (Vgl. Abschnitt XII.)

2. Die Berechnung kann jedoch auch, insbesondere bei Kostenüberschlägen, in der
Weise erfolgen, daß die Kosten für bezeichnende Einheiten, z. B. 1 cbm Mauerwerk,
Beton, Packwerk, Sinkstück, 1 m Spundwand, Ufermauer, Bohlwerk usw., einschließlich
der Baustoffmengen und der Insgemeinkosten in einer „Herleitung der Einheitspreise"
ermittelt und diese Einzelpreise mit den aus der Massenberechnung oder der Zeichnung
zu entnehmenden Vordersätzen multipliziert werden.

3. In der Kostenberechnung sind die Ausgabeposten gattungsweise nach Titeln zu
ordnen. Drei Muster zu Veranschlagungsplänen sind beigefügt.

Anlage 11, 12 und 13.

4. In der Kostenberechnung ist der Umfang der Arbeiten sowie deren Art genau
erkennbar zu machen, auch sind diejenigen Nebenleistungen besonders zu bezeichnen, welche
in dem Preise einbegriffen sein sollen. Demgemäß ist dem Wortlaute eine solche Fassung
zu geben, daß daraus alle auf die Bemessung des Einheitspreises Einfluß übenden Einzel=
heiten ersichtlich werden. Kommen Nebenleistungen allgemeiner Natur in Betracht, so sind
sie am Kopfe des Titels so ausführlich zu vermerken, daß Zweifel darüber nicht entstehen
können, was in den angesetzten Preisen im ganzen und im einzelnen einbegriffen sein soll.

5. Die Kosten der Anfuhr der Baustoffe sind in der Regel in die für ihre Beschaffung
anzusetzenden Preise mit einzuschließen. Jedenfalls muß aus dem Wortlaute der Kosten=
berechnung zu entnehmen sein, ob die Anfuhr bis zur Baustelle ein= oder ausgeschlossen ist.

6. Am Schlusse der Kostenberechnung ist eine nach Titeln geordnete Kostenzusammen=
stellung zu geben.

<h3 style="text-align:center">XI. Bezeichnung der Maße und Gewichte.</h3>

1. Für die bei den Veranschlagungen und Berechnungen vorkommenden Maße und
Gewichte sind die nachstehend bezeichneten Abkürzungen anzuwenden:

A. Längenmaße:

Kilometer	= km
Meter	= m
Zentimeter	= cm
Millimeter	= mm

B. Flächenmaße:

Quadratkilometer	= qkm
Hektar	= ha
Ar	= a
Quadratmeter	= qm
Quadratzentimeter	= qcm
Quadratmillimeter	= qmm

C. Körpermaße:

Kubikmeter	= cbm
Hektoliter	= hl
Liter	= l
Kubikzentimeter	= ccm
Kubikmillimeter	= cmm

D. Gewichte:

Tonne	= t
Doppelzentner	= dz
Kilogramm	= kg
Gramm	= g
Milligramm	= mg

Den Buchstaben dürfen Schlußpunkte nicht beigefügt werden. Die Buchstaben sind an
das Ende der vollständigen Zahlenausdrücke zu setzen, mithin ist z. B. zu schreiben 5,37 m.

2. Zur Trennung der Einerstellen von den Dezimalstellen dient das Komma, nicht der Punkt. Sonst ist das Komma bei Maß- und Gewichtszahlen nicht anzuwenden, insbesondere nicht zur Abteilung mehrstelliger Zahlenausdrücke. Solche Abteilung ist vielmehr durch Anordnung der Zahlen in Gruppen zu je drei Ziffern, vom Komma aus gerechnet, mit angemessenem Zwischenraume zwischen den Gruppen zu bewirken.

XII. Verfahren bei den Berechnungen und Geldbezeichnungen.

1. Hinsichtlich der Berechnungen in den Kostenanschlägen ist folgendes zu beachten:

a) Sind drei oder mehr Zahlenangaben zu vervielfachen, so ist in der Regel die Rechnung zunächst mit den beiden größten Zahlen auszuführen alsdann ist die dritte Zahl heranzuziehen. Sofern durch den Vordruck der Massenberech= nungen eine bestimmte Reihenfolge der Berechnung vorgeschrieben wird, ist diese, abweichend von dem vorstehend aufgestellten Grundsatze, beizubehalten. Bei Ausführung der Berechnung ist zunächst das Ergebnis aus den beiden ersten Zahlen auf vier Dezimalstellen zu ermitteln. Die beiden letzten Stellen werden sodann abgestrichen und die verbleibende letzte Stelle wird um 1 er= höht, wenn die weggestrichene dritte Stelle gleich oder größer als 5 ist. Dem= nächst wird das so ermittelte zweistellige Ergebnis mit der dritten Zahl ver= vielfacht, das Ergebnis wiederum auf zwei Dezimalstellen wie vor gekürzt und in dieser Form in die Massenberechnung eingestellt. Ist die dritte Zahl (bei Metallstärken) dreistellig, so wird das Ergebnis zunächst mit fünf Dezimal= stellen ermittelt, jedoch ebenfalls auf zwei Dezimalstellen gekürzt. Kommen bei den Berechnungen feststehende Zahlen einer mathematischen Formel zur Anwendung, so haben die Kürzungen nicht nach jeder durch Zwischenrech= nungen bedingten Vervielfachung, sondern erst nach Ermittelung des zu= sammengesetzten Wertes zu erfolgen.

b) Das Ergebnis der Massenberechnung ist mit einer der Art der Arbeit oder Lieferung entsprechenden Abrundung in die Kostenberechnung zu übernehmen.

2. Bei Abkürzung des Wortes „Mark" ist das Zeichen „$\mathscr{M}$" zu gebrauchen. Die Pfennige sind in ihrer Spalte als Dezimalen der Mark aufzuführen, so daß den Zahlen 1 bis 9 eine 0 vorzusetzen ist.

XIII. Veranschlagung von Hochbauten.

1. Für die Bearbeitung der Entwürfe zu den Hochbauten der Wasserbauverwaltung ist die Anweisung für die Behandlung der Entwürfe und Kostenanschläge zu Hochbauten zu beachten.

2. Hinsichtlich der bei der Aufstellung von Entwürfen für Dienstgebäude zum Zwecke der Sicherung der Gebäude gegen Feuergefahr zu beachtenden Vorschriften wird auf die bau- und feuerpolizeilichen Verordnungen sowie auf die „Bestimmungen über die Bauart der von der Staatsbauverwaltung auszuführenden Gebäude unter besonderer Berücksichtigung der Verkehrssicherheit" vom 19. September 1910 (Erlaß vom 19. September 1910 — Zentralbl. d. Bauverw. S. 545) verwiesen.

XIV. Veranschlagung größerer Umbauten und Ausbesserungen.

Bei der Veranschlagung größerer Umbauten und Ausbesserungen ist mit besonderer Vorsicht zu verfahren, da der Umfang der einzelnen Leistungen vorher in der Regel

nicht mit Sicherheit erkannt werden kann. Zur Deckung der Kosten für die nicht vorher=
zusehenden Herstellungen ist in den Titel „Insgemein" eine reichlich zu bemessende
Pauschsumme einzusetzen.

XV. Bauleitungskosten.

1. Ob und in welchem Umfange besondere Kosten für die Leitung und Beaufsich=
tigung des Baues zu veranschlagen sind, richtet sich nach der Bedeutung der Bauaus=
führung, nach den örtlichen Verhältnissen, der Art der Ausführung — ob im Eigen=
betriebe oder durch Unternehmer — und nach den sonstigen Umständen.

usw.

XVI. Kosten für Versuche auf dem Gebiete des Bauwesens.

In allen Kostenanschlägen, deren Gesamtsumme den Betrag von 100 000 Mk. über=
steigt, ist im Titel „Insgemein" ein angemessener Betrag für die Ausführung von Ver=
suchen auf dem Gebiete des Bauwesens vorzusehen.

XVII. Beschaffung von Büchern usw.

1. In Fällen, in denen die Bearbeitung von Bauentwürfen schwieriger und eigen=
tümlicher Art besondere Vorstudien notwendig macht, ist die Anschaffung der hierzu
erforderlichen geeigneten Werke, wenn sie in der Bücherei der Provinzialbehörde nicht
vorhanden sind, bei dem Minister der öffentlichen Arbeiten unter eingehender Begründung
zu beantragen. In besonders dringlichen Fällen ist es zulässig, die Genehmigung nach=
träglich einzuholen. (Bezieht sich auf die Beschaffung von Büchern usw. vor Be=
willigung der Baufonds. Gegebenenfalls können die benötigten Werke auch in den
Anträgen auf Überweisung von Vorarbeitskosten aufgeführt werden, deren Bereit=
stellung dann die Genehmigung zur Beschaffung der Werke in sich schließt. Min.=Erl.
vom 10. Juli 1911—III. 1192. A. C.)

2. Wird die Beschaffung derartiger Werke für die Bauausführung selbst notwendig,
so sind die Kosten bei dem Titel „Insgemein" vorzusehen. Hinsichtlich der Aufbewahrung
oder anderweiten Verwendung der angeschafften Bücher usw. nach Beendigung des
Baues ist stets die Entscheidung der Provinzialbehörde einzuholen. (Gilt für die Be=
schaffung von Büchern usw. nach Bewilligung der Baufonds auch in den Fällen, in
denen es sich um die Bearbeitung von Spezialentwürfen handelt. Sind Beschaffungs=
kosten in dem genehmigten Anschlage vorgesehen, so bedarf es keiner weiteren Geneh=
migung zur Beschaffung der Werke. Min.=Erl. vom 10. Juli 1911—III. 1192. A. C.)

XVIII. Verantwortlichkeit der Baubeamten bei Aufstellung von Entwürfen.

1. Jeder an der Aufstellung eines Entwurfes beteiligte Baubeamte hat am Schlusse
eines jeden Entwurfstückes den Aufstellungsvermerk zu vollziehen und ist für diejenigen
Teile verantwortlich, welche von ihm herrühren. Entspringt der Entwurf gemeinschaft=
licher Arbeit, so hat jeder Beteiligte für die gesamte Vorlage einzutreten. Zulässig ist
es jedoch, daß der Ortsbaubeamte, dem für die Ausarbeitung des Entwurfes ein
Regierungsbaumeister beigegeben ist, diesem die selbständige Bearbeitung der Festigkeits=
und Standsicherheitsberechnung, der Massenberechnung, der Berechnung des Bedarfs an
Baustoffen und sonstiger Unterlagen überläßt. Dies ist dadurch zum Ausdruck zu bringen,
daß er die Mitvollziehung des Aufstellungsvermerkes auf den ohne seine Mitwirkung

zustande gekommenen Teilen des Entwurfes unterläßt und die betreffenden Stücke nach Durchsicht nur mit dem Vermerke „Gesehen" versieht.

2. Glaubt ein Regierungsbaumeister, der einen Entwurf unter Leitung des Orts= baubeamten aufzustellen hat, den Weisungen des letzteren in betreff der Entwurfs= gestaltung gewichtige Bedenken entgegensetzen zu müssen und die Verantwortung für eine diesen Weisungen entsprechende Gestaltung des Entwurfes nicht übernehmen zu können, so ist er befugt, seine abweichende Meinung in einer besonderen Anlage des Erläuterungsberichtes, auf welche in letzterem hinzuweisen ist, darzulegen.

XIX. Anhörung der Uferbesitzer bei Strombauten.

Bei denjenigen Wasserbauten, welche unter das Gesetz vom 20. August 1883, be= treffend die Befugnisse der Strombauverwaltung gegenüber den Uferbesitzern an öffent= lichen Flüssen (Gesetzsammlung S. 333), fallen, hat die durch dieses Gesetz vorgeschriebene Anhörung der beteiligten Uferbesitzer vor Einreichung der Entwürfe zur Prüfung zu erfolgen. Die über die Auslegung der Pläne aufgenommene Verhandlung, die Belege über die Veröffentlichung der Einladung, die Bescheinigung des Ablaufes der in der Bekanntmachung festgesetzten Frist, etwaige Einwendungen der Beteiligten und eine gutachtliche Äußerung darüber sind den Entwürfen beizufügen. (Ausführungsanweisung vom 7. September 1883.)

usw. bis Abschnitt XXV.

Anlagen zur Anweisung.

Anlage 1.

Gutachten der Königlichen Akademie des Bauwesens.

(Standfestigkeit hoher Bauwerke.)

Berlin, den 13. Juli 1889.

Die Akademie des Bauwesens hat in den Sitzungen am 13. Mai und 24. Juni d. J. die Grundsätze beraten, nach welchen bei der Berechnung der Standfestigkeit hoher Bau= werke auf geringer Grundfläche in bezug auf die Bemessung des Winddruckes und der Festigkeit des Mauerwerkes im öffentlichen Sicherheitsinteresse zu verfahren sei. Die Beratungen haben zu folgendem Ergebnisse geführt.

Den Berechnungen der Stabilität und Festigkeit der Bauwerke ist bisher ein Wind= druck von 125 kg für das Quadratmeter einer der Windrichtung normal entgegenstehenden Ebene zugrunde gelegt worden. Trifft der Wind die Ebene nicht normal, so ist der Normal= druck auf die Einheit der Ebene nach dem Quadrate des Kosinus des Richtungswinkels verringert worden. Von diesen Regeln abzugehen, liegt, obwohl in verschiedenen tech= nischen Zeitschriften einzelne Mitteilungen über größere Windpressungen gemacht worden sind, ein Anlaß nicht vor. Der Druck von 125 kg für das Quadratmeter ist größer, als solcher bei den stärksten Stürmen im deutschen Binnenlande beobachtet worden ist, und es ist bisher nicht bekannt geworden, daß Bauwerke, deren Standfestigkeit unter Zu= grundelegung eines solchen Winddruckes richtig bemessen worden ist, vom Winde um= gestürzt worden wären. Es ist indes nicht ausgeschlossen, daß an gewissen Orten, an denen durch lokale Hindernisse eine Zusammenziehung des Windstromes bedingt wird, größere Pressungen entstehen können. Auch sind in den Küstengebieten, namentlich in Schottland, Windpressungen beobachtet worden, welche die bei uns ermittelten weit überschreiten. Dieselben würden indes nur an den Beobachtungsorten Berücksichtigung verdienen, dagegen für die Aufstellung allgemein gültiger Regeln wohl nicht in Betracht kommen können.

Die Akademie des Bauwesens ist daher der Ansicht, daß im Sicherheitsinteresse die Pressung des Windes unter gewöhnlichen Verhältnissen nicht unter 125 kg für das Quadratmeter einer normal zur Windrichtung gerichteten ebenen Fläche anzunehmen ist, und nur, soweit nach den örtlichen Verhältnissen erfahrungsmäßig größere Wind= pressungen auftreten, diese bei Ermittelung der dem Bauwerke zu gebenden Abmessungen in Rechnung zu stellen sind.

In bezug auf die Berechnung der Standfestigkeit von hohen Bauwerken auf kleiner Grundfläche, wie etwa Schornsteine, freistehende Mauern, Türme usw., soweit dieselben als einheitliche Mauerkörper betrachtet werden können, bei denen der Winddruck allein die umstürzende Kraft bildet, ist im Sicherheitsinteresse der Nachweis zu führen, daß die Mittelkraft aus dem Eigengewichte des über dem gefährlichen Querschnitte liegenden Teiles des Bauwerkes und dem darauf wirkenden, am ungünstigsten gerichteten stärksten Winddrucke noch innerhalb des Mauerwerkes verbleibt und dem äußeren Rande desselben nicht so nahe tritt, daß eine Zerstörung des Materials durch Druck herbeigeführt wird. Diese Voraussetzung muß selbst in dem Falle zutreffen, daß eine Adhäsion des Mörtels an den Steinen nicht vorhanden ist und die Lagerfugen windseitig sich ungehindert öffnen können.

Anlage 2.

Der Minister der öffentlichen Arbeiten.

    III. 5269 }
    I D. 5533 } M. d. ö. A.
    III a. 3567 M. f. H. pp.

(Bestimmungen über Winddruck.)

Berlin, den 30. April 1902.

Auf Grund der über die Stärke des Winddruckes in neuerer Zeit gemachten Beobach= tungen und der Erfahrungen, welche hinsichtlich der zulässigen Beanspruchung der Baustoffe und des Baugrundes gesammelt worden sind, hat die Akademie des Bauwesens die in ihrem Gutachten vom 13. Juli 1889, mitgeteilt durch Erlaß vom 25. Juli 1889 (III. 13597 M. d. ö. A.) niedergelegten Grundsätze für die Berechnung der Standfestigkeit hoher Bauwerke auf geringer Grundfläche einer erneuten Prüfung unterzogen und für die Berechnung der Standfestigkeit von Schornsteinen folgende Bestimmungen in Vorschlag gebracht:

I. Als maßgebender Winddruck — W — gegen eine zur Windrichtung senkrechte ebene Fläche sollen bei Schornsteinen in der Regel 125 kg auf 1 qm in Rechnung gestellt werden. Etwaiger Einfluß der Saugwirkung auf der Leeseite ist in diesem Werte ent= halten. Der durch benachbarte oder umschließende Gebäude gewährte Schutz des Schorn= steins gegen Winddruck soll in der Regel unberücksichtigt bleiben. Als Angriffspunkt des gegen eine Schornsteinsäule ausgeübten Winddruckes ist der Schwerpunkt des lot= rechten Schnittes dieser Säule anzusehen. Bedeutet F den Flächeninhalt dieses Schnittes, bei eckigen Schornsteinen rechtwinklig zu zwei gegenüberliegenden Flächen gemessen, so ist die Größe des Winddruckes anzunehmen:

$$\text{bei runden} \quad \text{Schornsteinen zu } 0{,}67 \text{ } WF \text{ ,}$$
$$\text{„ achteckigen} \quad \text{„} \quad \text{„ } 0{,}71 \text{ } WF \text{ ,}$$
$$\text{„ rechteckigen} \quad \text{„} \quad \text{„ } 1{,}00 \text{ } WF \text{ .}$$

Diese Werte des Winddruckes gelten auch dann, wenn der Wind über Eck weht. Letztere Windrichtung ist maßgebend für die Bestimmung der größten Kantenpressung bei eckigen Schornsteinen.

II. Die Druckspannungen im Mauerwerk sind sowohl für den Winddruck von 125 kg/qm als auch für einen solchen von 150 kg/qm zu berechnen, in beiden Fällen unter Vernachlässigung der Zugspannungen. Die Querschnitte sind außerdem so zu bemessen, daß auf der Windseite die Fugen sich bei dem Winddrucke von 125 kg/qm nicht weiter als höchstens bis zur Schwerpunktsachse öffnen.

Bei der Berechnung der Standfestigkeit muß das Gewicht des Schornsteines nach dem wirklichen Einheitsgewicht des zu verwendenden Mauerwerks ermittelt werden.

III. Der Unternehmer der baulichen Ausführung eines Schornsteines hat die volle Verantwortung dafür zu übernehmen, daß die in die Berechnung der Standfestigkeit eingesetzten Gewichte mit der Wirklichkeit übereinstimmen, sowie dafür, daß die von ihm verwendeten Baustoffe (Steine, Mörtel usw.) bezüglich ihrer Güte und Festigkeit seinen Angaben entsprechen und technisch richtig verwendet werden. Der Aufsichtsbehörde bleibt es überlassen, den Nachweis der Richtigkeit des eingesetzten Einheitsgewichtes und der übrigen Angaben zu verlangen oder selbst die Richtigkeit zu prüfen.

IV. Die zulässige Beanspruchung der Baustoffe und des Baugrundes wird, wie folgt, festgesetzt:

Unter der Voraussetzung kunstgerechter und sorgfältiger Ausführung sowie ausreichender Erhärtung des Mörtels ist als Druckbeanspruchung zu rechnen:

a) Für gewöhnliches Ziegelmauerwerk in Kalkmörtel mit dem Mischungsverhältnis von 1 Raumteil Kalk und 3 Raumteilen Sand bis zu 7 kg auf 1 qcm.

b) Für Mauerwerk aus Hartbrandsteinen in Kalkzementmörtel: 12 bis 15 kg für 1 qcm.

Unter Hartbrandsteinen sind dabei Ziegel verstanden, die eine nachgewiesene Druckfestigkeit von mindestens 250 kg auf 1 qcm besitzen; und unter Kalkzementmörtel wird verstanden eine Mischung von 1 Raumteil Zement, 2 Raumteilen Kalk und 6 bis 8 Raumteilen Sand. Wenn die Verwendung von festeren Steinen und zementreicheren Mörtels nachgewiesen wird, können auf Grund einwandfreier Festigkeitsprüfungen an ganzen Mauerkörpern auch höhere Beanspruchungen zugelassen werden. Dabei ist aber mindestens mit einer zehnfachen Sicherheit und auf keinen Fall mit mehr als 25 kg auf 1 qcm bei Annahme des Winddrucks von 150 kg auf 1 qm zu rechnen.

c) Falls für die Fundamente Schütt- oder Stampfbeton verwendet wird, sind

für geschütteten Beton   6 bis   8 kg auf 1 qcm,
für gestampften Beton 10 bis 15 kg auf 1 qcm

Druckbeanspruchung zulässig.

Schüttungsweisen, bei denen der vorausgesetzte Zusammenhang der ganzen Fundamentplatte nicht sicher steht, sind mit Rücksicht auf die entstehenden Biegungsspannungen unzulässig.

d) Guter Baugrund darf bei Annahme des Winddruckes von 125 bis 150 kg auf 1 qm in der Regel bis zu 3 kg, in Ausnahmefällen bis zu 4 kg, auf 1 qcm beansprucht werden.

Ew. pp. (bzw. die pp.) ersuchen wir, diese Grundsätze durch die Amtsblätter zur allgemeinen Kenntnis zu bringen und die nachgeordneten Staatsbaubeamten

2*

sowie die Polizeibehörden Ihres Bezirks anzuweisen, bei der Prüfung der Ge=
suche um Genehmigung hoher Schornsteinanlagen nach diesen Grundsätzen zu
verfahren.

Die zur Genehmigung der in den §§ 16 und 24 der Gewerbeordnung be=
zeichneten Anlagen berufenen Behörden sind auf die Beachtung der von der
Akademie des Bauwesens für die Berechnung der Standfestigkeit von Schorn=
steinen aufgestellten Grundsätze hinzuweisen. Soweit diesen die Bestimmungen
der Baupolizeiverordnungen über die Beanspruchung der Baumaterialien und
der Belastung des Baugrundes entgegenstehen, sind die Bauordnungen zu
ändern.

Der Minister   Der Minister
der öffentlichen Arbeiten.   für Handel und Gewerbe.

An sämtliche Herren Regierungspräsidenten, den Herrn Polizeipräsidenten und die
Königliche Ministerial=Baukommission, hier.

Anlage 3.

Zusammenstellung der Eigengewichte der gebräuchlichsten Baustoffe.

Lfd. Nr.	Gegenstand	Gewicht für 1 cbm kg
1	Erde, Lehm, Sand in trockenem Zustande	1400—1600
2	Kies und Ton in trockenem Zustande	1800
3	Wie vor zu 1 und 2 mit Wasser gesättigt	2000
4	Sandstein	1900—2400
5	Kalkstein	2400
6	Granit, Porphyr, Gneis	2600
7	Basalt	2700—3200
8	Ziegelmauerwerk aus vollen Steinen	1600
9	Ziegelmauerwerk aus porigen Steinen je nach der Beschaffenheit	1000—1200
10	Mauerwerk aus leichten Gesteinsarten (Sandstein)	2200—2400
11	„ „ mittelschweren Gesteinsarten (Kalkstein)	2600
12	„ „ schweren Gesteinsarten (Granit)	2700
13	Beton je nach dem Gewicht der verwendeten Zusätze	1800—2200
14	Glas	2600
15	Nadelholz (Kiefer, Lärche, Fichte, Tanne) lufttrocken	550
16	Eichen= und Buchenholz lufttrocken	750
17	Nadelholz feucht	800
18	Eichen= und Buchenholz feucht	1000
19	Gußeisen	7250
20	Schweißeisen	7800
21	Flußeisen, Martinformstahl, Tiegelgußstahl	7850
22	Gewalzter Stahl und Flußstahl	7860
23	Blei	11400
24	Bronze	8600
25	Kupfer	8900
26	Zink, gegossen	6860
27	Zink, gewalzt	7200

Anlage 4.

Zusammenstellung
von zulässigen Beanspruchungen des Baugrundes und einzelner Baustoffe.

Lfd. Nr.	Benennung des Baugrundes oder Baustoffes	Art der Beanspruchung	Für das qcm kg	Bemerkungen
1	Mäßiger Baugrund, feiner oder unreiner Sand	Druck	2—3	Für größere Bauausführungen empfehlen sich Probebelastungen.
2	Guter Baugrund, festgelagerter Kies, grober Sand, fester Ton	"	3—5	
3	Granit	"	45	
4	Niedermendiger Basaltlava	"	40	Auflagersteine, Quadermauerwerk u. dgl.
5	Basalt	"	60	
6	Sandstein	"	15—35	
7	Kalkstein	"	15—30	
8	Gewöhnliches Bruchsteinmauerwerk in Kaltmörtel	"	5	
9	Bruchsteinmauerwerk in Zementmörtel	"	8—15	
10	Ziegelmauerwerk in Kaltmörtel (Ziegelfestigkeit > 125 kg/qcm)	"	7	Vgl. Allgem. Verf.Abschn.VI, Abs. 5.
11	Ziegelmauerwerk in Zementmörtel	"	12	
12	Bestes Klinkermauerwerk (Klinkerfestigkeit > 600 kg/qcm) . .	"	25	
13	Schüttbeton	"	3—8	
14	Stampfbeton geringerer Mischung, etwa 1:4:8	"	10—20	
15	Stampfbeton besserer Mischung, etwa 1:2½:5	"	20—35	
16	Schüttbeton bester Ausführung, auf Biegung (Fundamentvorsprünge, Schleusenböden u. dgl.)	Zug	0,5—1	
17	Stampfbeton, desgl.	"	2—5	
18	Eichenholz, dauernde Anlagen	"	100	
19	" " "	Druck	80	
20	Nadelholz, " "	Zug	100	
21	" " "	Druck	60	
22	Eichenholz, zeitweilige Anlagen	Zug	120	
23	" " "	Druck	90	
24	Nadelholz, " "	Zug	120	
25	" " "	Druck	70	
26	Eichenholz für dauernde und zeitweilige Anlagen	Schub	20	Mit der Faser.
27	" " " " " "	"	20	Quer zur Faser.
28	Nadelholz " " " " "	"	10	Mit der Faser.
29	" " " " " "	"	15	Quer zur Faser.

Bem.: Für Eisenbeton sind bis zum Erlaß besonderer Vorschriften die „Bestimmungen für die Ausführung von Konstruktionen aus Eisenbeton bei Hochbauten" sinngemäß anzuwenden.

Anlage 5.

Schema für die Inhaltsberechnung von Bauteilen.

Pos.	Raum-Nr.	Stück-zahl	Gegenstand	Länge m	Breite m	Fläche qm	Höhe m	Inhalt obm	Abzug

Schema für die Berechnung der Werksteine. Anlage 6.

Lfd. Nr.	Nr. der Steine	Anzahl	Umschriebenes Parallelepipedon						Bemerkungen
			Länge m	Breite m	Fläche qm	Höhe m	Inhalt im einzelnen cbm	im ganzen cbm	

Schema für die Massenberechnung für Faschinenbauten. Anlage 7.
(Siehe die Tafel.)[1]

Lfd. Nr.	Gegenstand	Packwerk cbm	Sinkstücke cbm	Sent-faschinen Stck.	Spreitlagen qm	Sinklagen qm	Pflaster qm	Stein-schüttung cbm
	Werk Nr......, ...m lang.							
1	Die Auspackung des Ufereinschnittes							
2	Die Auspackung der beiden Winkel an der Wurzel bei .....m Bauhöhe							
3	Die Auspackung des Werkes selbst							

Lfd. Nr.	Länge m	mittlere Bauhöhe m	Inhalt für 1 m cbm	Inhalt cbm

4	Die Auspackung des Kopfes bei ..... m Bauhöhe . .							
5	Die Sinkstücke des Kopfes							
	Die übrigen Sinkstücke							
6	Die Spreitlage auf ..... m Länge							
	. . . .							
7	Spreitlage auf dem Ufereinschnitte und den beiden Winkeln							
8	Spreit- und Sinklage mit Steinpackung:							
	um den Kopf							
	auf der Krone							
9	Randwürste							
10	Das Pflaster des Kopfes bei ..... m Länge							
	Das Pflaster der Krone bei ..... m Länge							
	Das Pflaster der Böschung bei .....m Länge . . .							
11	Die Steinschüttung auf der Kopfböschung bei ..... m Bauhöhe							
	zusammen für das Werk Nr.							

Schema für die Berechnung der Maurermaterialien. Anlage 8.

Posten der Massen- oder Kosten- berech- nung	Stück- zahl	Gegenstand	Bruch- steine cbm	Werk- steine cbm	Hinter- mauerungs- steine Stck.	Ver- blend- steine Stck.	Klinker Stck.	Form- steine Stck.	Kalk- mörtel cbm	Zement- mörtel cbm
			(Diese Liniierung ist in jedem Falle den zur Verwendung kommenden Materialien entsprechend einzurichten.)							

[1] Die Tafel ist, entsprechend der Bauweise der Werke, für jeden Fluß besonders aufzustellen.

Zusammenstellung

Anlage 9.

1. des Bedarfs an Maurerbaustoffen.

(Die Zusammenstellung soll nur als Anhalt dienen, die Wahl anderer Mengen ist, wenn ausreichend begründet, zulässig.)

Lfd. Nr.	Ein= heit	Gegenstand	Bruch= steine obm	Ziegel= (Normal= format) Stck.	Stein= schlag obm	Mörtel obm	Bemer= kungen
1	1 obm	Beton	—	—	0,90	0,460	
2	1 obm	Stampfbeton	—	—	0,80	0,460	
3	1 obm	Bruchsteinfundamentmauerwerk	1,25—1,30	—	—	0,333	
4	1 obm	Bruchsteinfreimauerwerk	1,25—1,30	—	—	0,300	
5	1 obm	Werksteinmauerwerk	—	—	—	0,100	
6	1 obm	Werksteingewölbe	—	—	—	0,120	
7	1 obm	Ziegelmauerwerk	—	400	—	0,280	
8	1 obm	Ziegelgewölbe	—	400	—	0,280	
9	1 qm	Ziegelmauerwerk (½ Stein starke Fachwerks= wand)	—	35	—	0,025	
10	1 qm	Ziegelmauerwerk in Kreuzverband zu verblenden	—	75	—	0,052	
11	1 qm	Bruchstein=Herdpflaster	—	—	—	0,063	
12	1 qm	Werksteinplatten zu verlegen	—	—	—	0,028	
13	1 obm	Ziegelsteinabdeckung (Rollschicht)	—	—	—	0,250	
14	1 qm	Ziegelpflaster flach mit vergossenen Fugen	—	32	—	0,008	
15	1 qm	Ziegelpflaster hochkantig wie vor	—	56	—	0,015	
16	1 qm	Bruchsteinmauerwerk zu fugen	—	—	—	0,018	
17	1 qm	Werksteinmauerwerk zu fugen	—	—	—	0,004	
18	1 qm	Ziegelmauerwerk zu fugen	—	—	—	0,007	
19	1 qm	Bruchsteinmauerwerk zu berappen	—	—	—	0,025	
20	1 qm	Ziegelmauerwerk zu berappen	—	—	—	0,015	
21	1 qm	Ziegelmauerwerk zu putzen	—	—	—	0,020	

2. des Mörtelbedarfs.

Lfd. Nr.	Zusammensetzung nach Raumteilen (R. T.)				Er= giebig= keit R. T.	Bedarf für 1 obm Mörtel an				Verwendbarkeit des Mörtels zu
	Portland= Zement	Traß= mehl	Kalk= teig	Sand		Portland= Zement	Traß= mehl	Kalk= teig	Sand	
A. Traßmörtel.										
1	—	1	0,50		1,10	—	0,91	0,46	—	Fugen.
2	—	1	0,75	0,50	1,60	—	0,63	0,47	0,31	Beton) je nachdem dauernd
3	—	1	1,00	1,00	2,10	—	0,48	0,48	0,48	" } oder zeitweise unter
4	—	1	1,50	2,00	2,50	—	0,40	0,60	0,80	" } Wasser oder im Trockenen.
5	—	1	2,00	3,00	4,00	—	0,25	0,50	0,75	Gew. Mauerwerk Rappuß.
B. Zementmörtel.										
6	1	—	—	1,00	1,30	0,77	—	—	0,77	Fugen, Vergießen.
7	1	—	—	1,50	1,70	0,59	—	—	0,88	Puß, Gewölben.
8	1	—	—	2,00	2,20	0,45	—	—	0,91	Pflaster, Rappuß.
9	1	—	—	3,00	3,00	0,33	—	—	1,00	Mauerwerk, Beton
10	1	—	—	4,00	3,80	0,26	—	—	1,05	" " } siehe
11	1	—	—	5,00	4,60	0,22	—	—	1,09	" " } lfd. Nr.
12	1	—	0,50	3,00	3,50	0,29	—	0,14	0,86	" " } 2—4.
13	1	—	1,00	5,00	5,00	0,20	—	0,20	1,00	" "
14	1	—	1,00	7,00	6,80	0,15	—	0,15	1,03	" "
15	1	—	2,00	10,00	9,40	0,11	—	0,21	1,06	Füllbeton, Gußmauerwerk.
C. Wasserkalkmörtel.										
16	—	—	1,00	2,00	2,40	—	—	0,42	0,83	Mauerwerk.

Anstatt des Kalkteiges kann zum Mörtel 1—15 bei Verwendung von Wasserkalk Kalkpulver in gleicher Menge wie Kalkteig genommen werden, da 1 hl Kalkteig, der etwa 140 kg wiegt, durchschnittlich 63 kg trockenes Kalkhydrat enthält, welches Gewicht nahezu auch 1 hl zu Pulver gelöschter Wasserkalk hat.

Zur Umrechnung nach Gewicht dienen nachstehende Verhältniszahlen:
Portland-Zement 1 hl = 140 kg; 1,25 hl = 1 Faß; 1 Faß = 170 kg netto, 180 kg brutto.
Roman-Zement 1 hl = 115—135 kg; 1 hl = 1 Faß; Traß 1 hl = 95 kg.
1 hl Kalkteig (Fettkalk) erfordert 40 kg (0,5 hl) gebrannten Stückkalk.
1 hl Kalkpulver (Wasserkalk) erfordert 55 kg (0,7 hl) gebrannten Stückkalk.

Zusammenstellung des Bedarfs an Baustoffen zu Faschinenbauten.

Lfd. Nr.	Zahl	Gegenstand	Wald-Faschinen cbm	Grüne Weiden-Faschinen cbm	Buhnen-Pfähle 1,25 m lang, 4-6 cm stark Stk.	Spreitlage-Pfähle 1 m lang, 4-6 cm stark Stk.	Pflaster-Pfähle 1 m lang, 10 cm stark Stk.	Binde-weiden Stk.	1,2 mm starker Eisendraht, geglüht kg	2 mm kg	Schütt-Steine cbm	Pflaster-Steine cbm	Kies oder Ziegelbrocken oder Kalksteingrus cbm
1	1	cbm Packwerk . .	1,25	—	0,06	—	—	kleine 0,25	0,04 oder 0,08	—	—	—	—
2	1	cbm Sinkstück . .	1,25	—	0,04	—	—	kleine 0,20	0,06 oder 0,15	0,20 0,20	0,20	—	—
3	1	Stück Senkfaschine	1,00	—	—	—	—	große 0,15	—	—	0,50	0,30	—
4	1	qm Spreitlage . .	—	0,20	0,02	0,03	—	große 0,05	0,02	—	—	—	—
5	1	qm Sinklage . . . (Spreitlage mit Steinpackung)	—	0,20	0,02	0,03	—	—	0,02	—	0,10	—	—
6	1	m Randwurst . .	—	0,05	0,04	—	—	—	0,01	—	—	—	—
7	1	qm Pflaster . . .	—	—	—	—	—	—	—	—	—	0,30 bis 0,40	0,20 bis 0,30
8	1	cbm Steinschüttung	—	—	—	—	—	—	—	—	1,00	—	—
9	1	m Pfahlwand . .	—	—	—	—	0,06	—	—	—	—	—	—

Veranschlagungsplan für Kanalbauten (Gesamtanschlag).

Titel I. Grunderwerb und Nutzungsentschädigung.

Erwerbung der erforderlichen Grundstücke, Abfindung von Nebenberechtigten und Anliegern; Entschädigung für Wirtschaftserschwernisse, Verwässerungen, Beeinträchtigung der Fischerei, für Umwege und sonstige Nachteile, für abzubrechende, zu versetzende und umzubauende Bauwerke, für vorübergehende Benutzung von Bauplätzen, Lagerplätzen usw.; persönliche durch den Grunderwerb entstehende Kosten und dgl.

Titel II. Erd- und Rodungsarbeiten.

Gangbarmachung der Linie und Rodungsarbeiten; Gewinnung, Bewegung und Verbauung der Bodenmassen; gewöhnliches Schlichten und Abgleichen der Böschungen und Flächen einschließlich der Arbeiten zur Herbeiführung einer Begrünung, bei Eigenbetrieb Beschaffung der für die Ausführung der Erdarbeiten erforderlichen Maschinen, Geräte und sonstigen Beförderungsmittel.

Titel III. Befestigung der Uferböschungen und der Sohle.

Befestigung der Böschungen durch Rohr-, Schilf- und Weidepflanzungen, Rauhwehr, Packwerk, Abpflasterungen, Bohlwerke, Futtermauern, Stützmauern usw.; Dichtungsarbeiten.

Titel IV. Bauwerke.

Schleusen, Hebewerke, geneigte Ebenen, Wehre, Durchlässe, Düker, Sicherheitstore, Eisenbahn- und Wegebrücken, Tunnel, Hafenbecken, Kaimauern, Molen, sonstige Bauwerke; Beschaffung der für die Herstellung der Bauwerke erforderlichen Maschinen, Geräte, Schuppen, Gerüste usw.

Titel V. Nebenanlagen.

Flußverlegungen, Verlegung von Eisenbahnen und Wegen, Anlagen in fortifikatorischer Hinsicht; Befestigung der Leinpfade und der Kronen neuer Wege und Rampen einschließlich Schutzgeländer, Prellsteine, Warnungstafeln usw.

Titel VI. Einfriedigungen.

Einfriedigungen, Zäune usw., soweit sie nicht als Zubehör eines Bauwerkes anzusehen sind.

Titel VII. Gebäude.

Gehöfte für Schleusenmeister, Hafenmeister, Strommeister usw.

Titel VIII. Bauhöfe.

Bauhöfe und deren Ausstattung.

Titel IX. Sonstige Anlagen.

Telegraphen- und Fernsprechanlagen; Ausbau und Ausstattung der Häfen mit Lagerhäusern, Kranen, Gleis- und Wegeanlagen usw., soweit die Herstellung vom Staate übernommen wird.

Titel X. Speisungsanlagen.

Erdarbeiten, Bauwerke und maschinelle Anlagen, Gebäude, Einfriedigungen, Kosten des Wassers und alle zugehörigen Nebenanlagen.

Titel XI. Unterhaltung während der Bauzeit.

Unterhaltung der unter Titel II bis X aufgeführten Anlagen nach ihrer Fertigstellung.

Titel XII. Bauleitung.

Bezüge der Beamten und Angestellten (einschließlich der Versicherungsbeiträge); Geschäftsräume, deren Ausstattung, Heizung, Beleuchtung, Reinigung und Unterhaltung; Beschaffung des Schreib- und Zeichenbedarfs; Bekanntmachungen zur Erlangung von Hilfskräften.

Titel XIII. Arbeiterschutzaufwendungen.

Besoldung von Streckenärzten; Arbeiterunterkunfts= und Speiseanstalten sowie sonstige Wohlfahrtseinrichtungen usw. (Kosten der gesetzlichen Unfallversicherung; Unter= stützungen für Arbeiter, Hilfskräfte usw. — bei den aus Anleihefonds zu bestreitenden Bauausführungen).

Bemerkung: Die staatlichen Beiträge zur Kranken= und Invalidenversicherung der Arbeiter kommen bei denjenigen Titeln zur Verrechnung, in welchen die Arbeits= löhne angesetzt sind.

Titel XIV. Insgemein.

Versuche und Prüfungen auf dem Gebiete des Bauwesens, Untersuchung der Bau= stoffe; Beschaffung der wissenschaftlichen Hilfsmittel und Meßinstrumente; Vergütung für die Rendanten der Baukassen; Frachtkosten, Kosten der photographischen Aufnahmen von Bauwerken und der Vervielfältigung von Bestandszeichnungen; Kosten der Neu= vermessungen einschließlich der Anfertigung der Karten; Beschaffung, Unterhaltung und Betrieb von Fahrzeugen (soweit die Kosten nicht unter die vorangehenden Titel fallen); Abhaltung von Hochwassergefahren, Wiederherstellung von Beschädigungen durch Natur= ereignisse; Kosten der Rechtsstreite, soweit sie nicht beim Grunderwerb entstehen; für Ausschmückung usw. bei besonderen Feierlichkeiten und sonstige unvorhergesehene Aus= gaben.

Anlage 12.

Veranschlagungsplan für Bauwerke (Sonderanschläge).

Titel   I. Grunderwerb und Nutzungsentschädigung (soweit nicht ein Gesamt= anschlag vorliegt und die Kosten hierin berücksichtigt sind).

Titel   II. Fangedämme.
        a) Lieferungen.
        b) Arbeitslohn.

Titel   III. Erdarbeiten.

Titel   IV. Wasserhaltung.

Titel   V. Grundbau (Spundwände, Roste, Betonschüttungen).
        a) Lieferungen.
        b) Arbeitslohn.

Titel   VI. Maurer= und Steinmetzarbeiten.
        a) Lieferungen.
        b) Arbeitslohn.

Titel   VII. Zimmererarbeiten.
        a) Lieferungen.
        b) Arbeitslohn.

Titel VIII. Metallarbeiten.

Titel   IX. Anstreicherarbeiten.

Titel   X. Pflasterarbeiten, Steinschüttungen u. dgl.
        a) Lieferungen.
        b) Arbeitslohn.

Titel XI.   Faschinenarbeiten.
        a) Lieferungen.
        b) Arbeitslohn.
Titel XII.   Maschinen, Rüstungen, Geräte, Schuppen für Baustoffe, Bau=
        zäune usw.
Titel XIII.   Bauleitung (soweit nicht ein Gesamtanschlag vorliegt und die Kosten
        hierin berücksichtigt sind).
Titel XIV.   Insgemein.

Anlage 13.

Kostenanschlag für Stromregulierungen mit Faschinenbauten.

(Entsprechend auch zu verwenden für andere Stromregulierungen.)

Lfd. Nr.	Anzahl	Gegenstand	Ein= heits= satz M.	Geldbetrag M.	Pf.
		Titel I. Lieferungen.			
1		cbm Waldfaschinen einschließlich Wurstfaschinen in vorgeschriebenen Ab= messungen zur Bau= oder Lagerstelle zu liefern . . das cbm			
2		cbm grüne Weidenfaschinen wie vor anzuliefern oder in den staat= lichen Weidenhägern zu schneiden, zu binden und an das Ufer zu rücken . . . . das cbm			
3		Hundert Buhnenpfähle 1,25 m lang, 4—6 cm stark zur Bau= oder Lagerstelle zu liefern . . . . das Hdt.			
4		Hundert Spreitlagepfähle 1 m lang, 4—6 cm stark wie vor zu liefern das Hdt.			
5		Hundert Pflasterpfähle 1 m lang, 10 cm stark wie vor zu liefern das Hdt.			
6		Hundert Bindeweiden wie vor zu liefern oder in staatlichen Weiden= hägern zu schneiden, zu binden und zur Baustelle zu schaffen das Hdt.			
7		kg geglühten Eisendraht 1,2 mm stark zur Bau= oder Lagerstelle zu liefern . . . . 100 kg			
8		kg geglühten Eisendraht 2 mm stark wie vor . . . . . . 100 kg			
9		cbm Pflastersteine wie vor . . . . das cbm			
10		cbm Schüttsteine wie vor . . . . das cbm			
11		cbm Kies, Ziegel= oder Kalksteingrus wie vor . . . . das cbm			
12		Summe Titel I			
		Titel II. Arbeitslohn.			
		.... + ... =			
13		cbm Faschinen zur Abnahme aufzusetzen . . . . das cbm			
14		cbm Faschinen von den Lagerstellen nach den einzelnen Bau= und Verwendungsstellen zu schaffen . . . durchschnittlich das cbm			
15		Hundert Buhnen= und Spreitlagepfähle zur Abnahme aufzusetzen das Hdt.			
		zu übertragen			

Lfd. Nr.	Anzahl	Gegenstand	Ein- heits- satz M.	Geldbetrag M.	Pf.
		Übertrag			
16		Hundert Pflasterpfähle wie vor . . . . das Hdt.			
17		cbm Pflastersteine, Schüttsteine, Kies, Grus usw. zur Abnahme auf= zusetzen . . . . durchschnittlich das cbm			
18		cbm desgl. von den Lagerstellen nach den Bau= und Verwendungs= stellen zu schaffen . . . . durchschnittlich das cbm			
19		cbm Faschinen nach Nr. 1 der Baustoffberechnung zu Packwerk zu verarbeiten, die erforderlichen Würste zu binden, die Faschinen, Pfähle und Würste usw. anzutragen, die Belastungserde zu ge= winnen, nach Bedürfnis in Schiffen zu verfahren, aufzubringen und in einzelnen Lagen abzurammen . . . . . das cbm			
20		cbm Sinkstücke mit Ober= und Unterwürstung abzubinden, mit Steinen zu belasten und zu versenken einschließlich aller Nebenarbeiten das cbm			
21		Stück Senkfaschinen zu binden und vorschriftsmäßig zu versenken einschließlich wie vor . . . . das Stück			
22		qm Spreitlage anzufertigen, zu bewürsten und zu beerden einschließ= lich Antragens des Busches usw. wie vor . . . . das qm			
23		qm Spreit= und Sinklagen mit Steinpackung anzufertigen, die Würste zu binden, die Belastungserde und die Steine heranzuschaffen und aufzubringen usw. wie vor . . . . das qm			
24		m Randwürste nach Vorschrift zu binden und aufzunageln das m			
25		m Pfahlwände nach den vorgeschriebenen Linien einzuschlagen das m			
26		qm Steinpflaster auf 0,25 m starker Kies=, Ziegelgrus= oder Kalfstein= grus=Unterbettung mit engen Fugen zu setzen, zu verzwicken, abzurammen und mit Kies auszufugen . . . . . das qm			
27		cbm Steinschüttung auf den Böschungen nach Vorschrift herzustellen einschließlich Herbeischaffung der Steine . . . . das cbm			
28		Tagelöhne beim Messen und Peilen, sowie beim Einrichten und Abräumen der Baustelle, Boten= und Wächterlöhne, Beiträge zur Kranken= und Invalidenversicherung der Arbeiter			
		Summe Titel II			
		Titel III. Insgemein.			
29		Entschädigung für Hergabe von Lagerplätzen für Baustoffe und Ent= nahme von Belastungsboden			
30		Für Beseitigung etwaiger Hochwasserschäden, Sicherung der Bau= stoffe usw. bei Hochwasser			
31		Für Fahrzeuge und Geräte, Bau= und Lagerhütten, deren An= und Abfuhr			
32		Für Bauleitung, einschließlich der Bureaubedürfnisse			
33		Gebühren und Reisekosten der Baukassenrendanten			
34		Lieferung von Lagerstroh für die Arbeiter auf den Baustellen, für unvorhergesehene Fälle und zur Abrundung			
		Summe Titel III			
		Hierzu „ „ II			
		„ „ „ I			
		Gesamtsumme			

B. Auszug aus den Vorſchriften der Staatsbauverwaltung für Hochbauten.

§ 1.

Umfaßt die Bauanlage verſchiedene Baulichkeiten, ſo müſſen:
a) für Hauptgebäude,
b) für Nebengebäude,
c) für Nebenanlagen (äußere Gas- und Waſſerleitungen, Anlagen für elektriſche Beleuchtung, Umwehrungen, Entwäſſerung, Pflaſterung und ſonſtige Befeſtigung der Höfe und der Zufuhrwege, Gartenanlagen, Brunnen uſw.),
d) für Bauleitungskoſten
geſonderte Anſchläge aufgeſtellt werden. Ebenſo ſind die Koſten für Einrichtungsgegen-ſtände geſondert zu veranſchlagen.

§ 2.

Die ausführlichen Ausarbeitungen zu Hochbauten beſtehen aus:
A. den Bauzeichnungen nebſt den etwa erforderlichen Einzelzeichnungen ſowie den Lage- und Höhenplänen,
B. dem Erläuterungsberichte,
C. dem Anſchlage mit Berechnung der Maſſen, Bauſtoffe und Koſten.

§ 3.

a) Zeichnungen.

1. Lage- und Höhenpläne.

Die Lage- und Höhenpläne ſollen die Geſtalt und die nächſte Umgebung der Bau-ſtelle ſowie deren Oberfläche veranſchaulichen; die Längen müſſen darin in der Regel nach dem Maßſtabe von 1 : 500, die Höhen in zehnfachem Maßſtabe der Längen auf-getragen werden. Die verſchiedene Höhenlage der einzelnen Teile der Bauſtelle iſt nur bei ſehr unregelmäßiger Geſtaltung der Oberfläche in beſonderen Plänen darzuſtellen; im allgemeinen genügt ein Höhennetz oder die Eintragung der wichtigſten Höhenzahlen in den Lageplan. In den etwa beizufügenden Höhenplänen iſt der bekannte niedrigſte und höchſte Stand des Grundwaſſers ſowie benachbarter Gewäſſer zu vermerken.

In den Lageplan iſt die Nordrichtung einzutragen.

2. Entwurfszeichnungen.

Die Entwurfszeichnungen ſind bei Bauten von großem Umfange ſowie bei Bau-anlagen mit einer größeren Zahl von Einzelgebäuden in der Regel im Maßſtabe 1 : 150, bei Bauten mittleren und kleinen Umfanges jedoch im Maßſtab 1 : 100 aufzutragen. Sie ſollen das Bauwerk durch die Grundriſſe aller Geſchoſſe und der Grundmauern, durch Anſichten, Durchſchnitte, Balken- und Sparrenlagen vollſtändig zur Anſchauung bringen. Soweit die Deutlichkeit nicht darunter leidet, können Balken- und Sparren-lagen in die Grundriſſe der Geſchoſſe mit blaſſen Farben eingetragen werden.

Hinſichtlich der Behandlung der Zeichnungen dient das beigegebene Blatt Z als Anhalt. Unnötiges Schraffieren oder Kolorieren ſowie überhaupt alles dekorative Bei-werk und zeitraubende Schriftarten ſind zu vermeiden.

Das unterſte, teilweiſe unter der Erdoberfläche liegende Geſchoß iſt mit „Keller=
geſchoß" zu bezeichnen; während die darauffolgenden Geſchoſſe mit „Erdgeſchoß",
„erſtes, zweites, drittes uſw. Stockwerk" und „Dachgeſchoß" zu benennen ſind.

Die der Bauausführung zugrunde zu legenden Maße ſind in Metern mit 2 Stellen
hinter dem Komma, z. B. 5,24 — die Mauerſtärken jedoch in Zentimetern, z. B. 25,
38 uſw. — anzugeben.

Die Stärken der Bauhölzer ſind in Zentimetern, und zwar in Form eines Bruches
auszudrücken, z. B. $^{16}/_{20}$.

Die durchſchnittenen Teile ſind mit hellen, den Bauſtoff kennzeichnenden Farben
unter Vermeidung von dunkelblauen und karminroten Tönen anzulegen.

Die Grundriſſe müſſen die Zweckbeſtimmung, den Flächeninhalt und Umfang
jedes einzelnen Raumes ergeben. Bei Feſtſtellung des Flächeninhaltes und des Um=
fanges werden die in demſelben Geſchoß durch Gurtbögen verbundenen Vorlagen und
überwölbten Niſchen wie volle Mauerteile behandelt.

In jedem Raum iſt zur ſchnellen Auffindung eine Nummer mit Zinnober ein=
zuſchreiben, wobei mit dem Grundriß des unterſten Grundmauerabſatzes anzufangen
und bis zum Dachgeſchoß fortzuſchreiten iſt. Die Nummern müſſen in jedem Geſchoſſe
von links nach rechts und von oben nach unten fortlaufen. In den Grundriſſen ſind
die Linien, nach denen die Durchſchnitte dargeſtellt ſind, anzugeben und an ihren End=
punkten mit Buchſtaben zu bezeichnen.

Für die zur Verdeutlichung wichtiger Verbands= oder Architekturteile erforder=
lichen Zeichnungen iſt ein größerer Maßſtab (1 : 50, 1 : 20 oder 1 : 10) zu wählen.

In den Zeichnungen ſind:

a) die in Stein und Holz, ſowie die durch einfache Eiſenverbindungen — Träger
   und Stützen — herzuſtellenden Bauteile deutlich anzugeben;

b) zuſammengeſetzte Eiſenverbindungen im einzelnen nur ſoweit darzuſtellen, daß
   die gewählte Bauweiſe klar erkennbar iſt.

Die für die Verbindungen zu a) erforderlichen Stärken ſind, ſoweit ſie ſich nicht
nach allgemeinen Erfahrungsſätzen beſtimmen laſſen, durch graphoſtatiſche Unterſuchungen
oder ſtatiſche Berechnungen zu ermitteln. Bei den Verbindungen zu b) iſt nach den
Beſtimmungen zu § 11 zu verfahren.

3. Größe und Verpackung der Zeichnungen.

Die Größe der Zeichnungen ſoll in der Regel eine Länge von 65 cm und eine
Breite von 50 cm nicht überſchreiten. Für die Zeichnungen iſt dauerhaftes und Radie=
rungen geſtattendes Papier von der Beſchaffenheit des ſogenannten „Whatmann" zu
verwenden.

Die Zeichnungen ſind in Mappen zu verſenden; ein Aufrollen der Zeichnungen
iſt nicht geſtattet.

§ 4.

b) Erläuterungsbericht.

Im Erläuterungsbericht ſind unter Hinweis auf die Zeichnungen und den Koſten=
anſchlag alle den Bau betreffenden Verhältniſſe eingehend zu behandeln. Der Bericht
iſt auf gebrochenen Bogen zu ſchreiben und muß folgende Mitteilungen enthalten:

1. Dienstliche Veranlassung zur Aufstellung des Entwurfs.

Angabe der Verfügung, durch welche der Auftrag zu den Ausarbeitungen erteilt ist, sowie der sonstigen in Betracht kommenden Vorgänge.

2. Bauprogramm.

Angabe der Gründe, welche die Bauausführung nötig machen, sowie des Bedarfes an Räumen und der sonst verlangten Einrichtungen.

3. Beschaffenheit der Baustelle und des Baugrundes.

Beschreibung der Baustelle, Gründe für deren Wahl und für die Stellung der Gebäude, Mitteilungen über die Zugänglichkeit des Grundstückes und die etwa in Frage kommenden privatrechtlichen Beziehungen zu den Nachbargrundstücken, über etwaige Fluchtlinienbeschränkungen und voraussichtliche Veränderungen an vorbeiführenden öffentlichen Straßen, Beschreibung der etwa erforderlichen Umgestaltung der Erdoberfläche, sowie der für die Entwässerung nötigen Anlagen.

Angaben über die Beschaffenheit des Baugrundes und seine Tragfähigkeit; Beschreibung der Vorkehrungen, welche zu seiner Befestigung erforderlich sind; Angaben über die Höhe des Grundwasserstandes und über die Möglichkeit, gutes Trink- und Gebrauchswasser zu beschaffen.

4. Bauentwurf.

Begründung der Grundrißanordnung und der Raumverteilung, Angabe der Geschoßhöhen zwischen den Oberkanten der Fußböden, sowie der Höhenlage des untersten Fußbodens zur Erdoberfläche und zum höchsten Grundwasserstande.

5. Bauart.

Bezeichnung der wichtigeren Baustoffe unter Begründung der getroffenen Wahl mit Rücksicht auf Festigkeit, Wetterbeständigkeit, Preisangemessenheit und Anfuhrverhältnisse. Beschreibung der Bauanlage unter Hinweis auf die Zeichnungen und die bezüglichen Ansätze des Kostenanschlages in nachstehender Reihenfolge:

a) Architektur,
b) Mauerwerk, Mauerstärken,
c) Schutz gegen Erdfeuchtigkeit und Schwammbildung, Vorsichtsmaßregeln gegen klimatische Einwirkungen,
d) Decken,
e) Fußböden,
f) Treppen,
g) Dächer,
h) Fenster und Türen,
i) Innerer Ausbau,
k) Heizung und Lüftung (vgl. § 29),
l) Beleuchtung.

6. Zeit der Herstellung.

Angabe des Zeitraumes, welcher für die Vollendung der einzelnen Bauteile und des ganzen Baues in Aussicht genommen ist, ferner des voraussichtlichen Zeitpunktes der Bauabnahme und der Fertigstellung der Abrechnung.

7. Bauleitung.

Mitteilung der Umstände, welche die Verwendung technischer Hilfskräfte für die örtliche Bauleitung notwendig machen, und Angabe der voraussichtlichen Dauer ihrer Verwendung.

8. Baukosten.

Angabe der Kosten des Bauwerks; Ermittlung des Betrages für die Einheit der zu bebauenden Fläche nach Quadratmetern und für die Einheit des Rauminhalts nach Kubikmetern. Berechnung der Kosten für eine Nutzeinheit (z. B. Sitzplatz in Kirchen, Krankenbett in Kliniken usw.).

§ 5.

e) Anschlag.

Der Kostenanschlag besteht:
1. aus der Massenberechnung mit Vorberechnung,
2. aus der Baustoffberechnung und
3. aus der Kostenberechnung.

Bei Bauten, deren Kosten 10000 Mk. nicht übersteigen, kann die Massen= und Baustoffberechnung mit der Kostenberechnung vereinigt, d. h. den einzelnen Vorder= sätzen vorangestellt werden.

§ 6.

1. Massenberechnung.

Allgemeines.

Die Massenberechnung erstreckt sich in der Regel:
a) auf die Erdarbeiten,
b) auf die Arbeiten des Maurers,
c) auf die Arbeiten des Steinmetzen,
d) auf die Arbeiten des Zimmermanns,
e) auf die Eisenarbeiten.

Der Massenberechnung ist lose beizufügen eine Vorberechnung nach Vordruck A, aus der ersichtlich sein sollen:
1. der äußere Umfang des Gebäudes in jedem Geschosse;
2. die Gesamtfläche des Gebäudes in jedem Geschosse und in den Grundmauern;
3. die Flächeninhalte sämtlicher Räume (vgl. die in § 3 vorgeschriebene Reihenfolge);
4. der Umfang sämtlicher Räume (in der Reihenfolge wie bei 3);
5. ein Verzeichnis aller Gurtbögen, Tür= und Fensteröffnungen, Nischen usw., deren Inhalt bei der Baustoffberechnung in Abzug kommt.

Zur Aufstellung der Massenberechnungen für die Erd=, Maurer= und Steinmetz= arbeiten ist der Vordruck B, für die Zimmerarbeiten der Vordruck C zu benutzen.

Die einzelnen Ansätze der Massenberechnung sind mit einer Nummer zu be= zeichnen, die mit der entsprechenden Nummer der Kostenberechnung übereinstimmt, gleichviel ob dabei Lücken in der Reihenfolge entstehen oder nicht.

Um die rechnerische Prüfung zu erleichtern, sollen lange Zahlenreihen, die sich über mehrere Zeilen erstrecken, vermieden werden. Die einzelnen Ansätze sind vielmehr möglichst kurz untereinander aufzuführen. Wiederholungen von Rechnungsansätzen sind zu unterlassen, es genügt ein Hinweis auf die Nummer, bei der die betreffenden Ansätze bereits vorkommen.

§ 7.
a) Massenberechnung der Erdarbeiten.

Für schwierige Gründungen sind besondere Anschläge anzufertigen.

Liegt der gute Baugrund bereits in geringer Tiefe unter der Erdoberfläche und bietet die Gründung demnach keine Schwierigkeiten, so sind die Erdarbeiten unter Tit. I zu veranschlagen. In der Berechnung sind die Ausschachtung der Baugrube und der Grundmauerabsätze, ferner die zur Einebnung der Baustelle und zur Abfuhr bestimmten Massen gesondert zu berücksichtigen.

Zur Ermittlung des Rauminhalts der Baugrube sind die Tiefe bis zu den Grundmauern und die Außenmaße des untersten Grundmauerabsatzes unter Hinzurechnung eines der Tiefe der Ausschachtung und der Standfähigkeit des Bodens entsprechenden Arbeits= und Böschungsraumes in den Grenzen von 0,30 bis 1,00 m einzustellen. Bei der Berechnung des Erdaushubes für die Grundmauern (unterhalb der Sohle der Baugrube) ist der Rauminhalt des Grundmauerwerkes gegebenen Falls unter Zuschlag eines nach der Bodenart zu bestimmenden Bruchteiles für Arbeitsraum in Ansatz zu bringen.

§ 8.
b) Massenberechnung der Maurerarbeiten.

Die Mauermassen sind in der Weise zu berechnen, daß von der in der „Vorberechnung" angegebenen Gesamtfläche eines jeden Geschosses und der Grundmauern die Flächen der darin vorhandenen Räume abgezogen werden und der Rest mit der Geschoßhöhe (der Höhe des Grundmauerabsatzes) vervielfacht wird.

In Ausnahmefällen, wie bei der Ausmauerung von Senkkasten und Brunnen, bei kleinen Vorbauten, alleinstehenden Pfeilern, Treppenwangen u. dgl., sind die Massen durch Vervielfachung der einzelnen Längen, Breiten und Höhen zu ermitteln. Ebenso ist zu verfahren bei Bauten, deren Kosten 10 000 M. nicht übersteigen, und bei Bauten, in denen die Höhe der Räume stark wechselt oder die Wände verschiedenartig sind.

Die Geschoßhöhen sind zwischen den Oberkanten der Fußböden zu rechnen.

Für Bruchsteinmauerwerk sind die Stärken auf ganze oder halbe Dezimeter abzurunden; für die Stärke des Ziegelmauerwerkes gelten die Maße, welche bei Normalformat der Ziegel von 6,5 : 12 : 25 cm bei 1 cm starken Stoßfugen und 13 Schichten auf 1 m Höhe betragen:

$$\frac{1}{2} \text{ Stein stark} = 12 \text{ cm}$$
$$1 \quad \text{\textquotedbl} \quad \text{\textquotedbl} = 25 \text{ \textquotedbl}$$
$$1\frac{1}{2} \quad \text{\textquotedbl} \quad \text{\textquotedbl} = 38 \text{ \textquotedbl}$$
$$2 \quad \text{\textquotedbl} \quad \text{\textquotedbl} = 51 \text{ \textquotedbl}$$
$$2\frac{1}{2} \quad \text{\textquotedbl} \quad \text{\textquotedbl} = 64 \text{ \textquotedbl usw.}$$

Von den Mauermassen sind für die Baustoffberechnung Türen, Fenster, Gurtbögen, Nischen usw. in Abzug zu bringen, während Schornstein= und Lüftungsrohre nicht abgezogen werden. Bei ausgemauerten Fachwerkwänden sind zur Baustoffberechnung Abzüge für die Öffnungen zu machen.

Besonders zu berechnen sind:

a) die Massen des Zement= und Klinkermauerwerkes sowie des Mauerwerkes aus porigen oder Lochsteinen;

b) die Massen der Mauersteinverblendung;

c) die Massen der aus Haustein hergestellten Teile, unter Annahme von mittleren Abmessungen für das Einbinden der Werksteine.

Freistehende Schornsteine sind unter Angabe der Rohrzahl nach Metern ihrer Höhe zu berechnen. Gewölbe sind nach den in die Zeichnungen eingeschriebenen Flächenmaßen zu berechnen, und zwar einschl. der Hintermauerung. Für Pflasterungen gilt dieselbe Flächenberechnung unter Zusatz der Gurtbogenöffnungen und größeren Nischen.

Bei Ermittlung der Putz= und Fugungsflächen sind die Fenster= und Türöffnungen, deren Leibungen ebenfalls geputzt oder gefugt werden, nicht abzuziehen, während bei Gurtbogenöffnungen e i n e Seite sowohl für die Berechnung der Arbeit wie der Baustoffe in Abzug kommt. Letzteres gilt auch für Türen, deren Futterbreite nicht die ganze Stärke der Mauer einnimmt, während Türen mit vollen Futtern auf beiden Seiten beim Putz in Abzug zu bringen sind.

§ 9.
c) Massenberechnung der Steinmetzarbeiten.

Die Steinmetzarbeiten sind wie folgt zu berechnen:

a) die Quader= und glatte Verblendung nach Quadratmetern ihrer Fläche unter Abzug der Gesimse, Säulen, Pfeiler, Fenstergewände und Verdachungen, sowie der Öffnungen usw.;

b) die durchlaufenden Gesimse, Gebälke u. dgl. nach ihrer (in der größten Ausladung abgewickelten) Länge mit Hinzurechnung der etwaigen Verkröpfungen;

c) alle einzeln auftretenden Bauteile, wie Säulen, Pfeiler, Fenstergewände, Verdachungen, Sohlbänke u. dgl. nach der Stückzahl.

Es sind hierbei die wesentlichsten Abmessungen der Werkstücke, sowie die Tiefe ihrer Einbindung in das Mauerwerk anzugeben.

Sofern es aus besonderen Gründen erwünscht ist, hat neben der Berechnung nach Flächen, Längen und Stückzahl eine Ermittlung des kubischen Inhalts einzutreten, welcher zur Erläuterung in Klammern hinter den Vordersätzen anzugeben ist.

Bei Treppen sind die Podeste nach Quadratmetern und die Treppenstufen nach der Stückzahl unter Angabe ihrer freien Länge zu ermitteln. Bei beiden ist die Tiefe der Einbindung in das Mauerwerk zu berücksichtigen. In ähnlicher Weise ist bei Türschwellen, Abdeckungsplatten usw. zu verfahren.

§ 10.
d) Massenberechnung der Zimmererarbeiten.

Für die Massenberechnung der Zimmererarbeiten sind im Vordruck C die Längen der Balken= und Verbandhölzer gruppenweise zusammenzufassen. Die Längen der einzelnen Hölzer müssen aus den Zeichnungen unmittelbar zu entnehmen sein. Stöße und Blätter bleiben bei Ermittelung der Längen unberücksichtigt. Es ist darauf zu achten, daß nur handelsübliche Holzstärken in die Berechnung eingestellt werden[1]).

Dielungen, Schalungen, Verschläge sind nach ihrer Fläche, Bohlenunterlagen für Öfen und Kochherde, Kreuzholz- und Bohlenzargen nach der Stückzahl unter Angabe ihrer Größe, Dübel- und Überlagsbohlen nach der Stückzahl, unter Angabe der Abmessungen der Türöffnungen und der zugehörigen Wandstärke in Ansatz zu bringen.

Für die Flächenberechnung der Deckenschalungen und Dielungen gelten die für Gewölbe und Pflasterungen getroffenen Bestimmungen. Bei Dachschalungen sind nur die mehr als ein Quadratmeter großen Oberlichte, Schornsteine, Aussteigeluken usw. abzuziehen.

Hölzerne Treppen sind nach der Anzahl der Stufen, die dazugehörigen Podeste nach Quadratmetern zu berechnen, und zwar einschließlich der Podestbalken, Schalungen, des Eisenzeuges und des Geländers.

§ 11.
e) Massenberechnung der Eisenarbeiten.

Für die größeren Eisenverbindungen (gewalzte und genietete Träger, Säulen, eiserne Dachbinder usw.) sind die Abmessungen der einzelnen Teile durch graphostatische Untersuchungen oder statische, in überschläglicher Weise unter Benutzung von Tafeln angestellte Berechnungen zu ermitteln. Diese Ausarbeitungen dienen zunächst nur dazu, die in die Massenberechnungen aufzunehmenden Ansätze zu ermitteln und die Unterlagen für die Feststellung der Baukosten zu gewähren.

§ 12.
2. Baustoffberechnungen.

Baustoffberechnungen sind je nach Bedarf aufzustellen, und zwar in der Regel:
a) für die Maurerarbeiten,
b) für die Zimmerarbeiten; außerdem
c) bei Patronatsbauten: für die Steinmetz- und Dachdeckerarbeiten.

§ 13.
a) Baustoffberechnung zu den Maurerarbeiten.

Die Baustoffe für die Maurerarbeiten sind unter Verwendung des Vordrucks D zu berechnen.

Der Bedarf an Ziegeln, Formsteinen, Mörtel usw. zur Herstellung von Gesimsen, Fenstereinfassungen u. dgl. ist nach Metern oder stückweise besonders zu ermitteln.

Mörtel zum Verputzen der Türen, Fenster, Fußleisten usw., sowie zum Ausbessern beschädigten Putzes wird nicht besonders berechnet, sondern aus dem mit 3 bis 5 v. H. zu bemessenden Zuschlage für Bruch und Verlust gedeckt. Rohr, Rohrnägel, Draht, Gips usw., sind von der Baustoffberechnung auszuschließen (§ 17).

---

[1]) Im Berliner Wirtschaftsgebiet sind handelsüblich:
1. für kieferne Kanthölzer (bis 8 m Länge) $8/8$, $10/10$, $10/13$, $13/13$, $13/18$, $13/18$, $16/16$, $16/18$, $18/21$, $21/21$, $13/24$, $21/24$, $13/26$, $21/26$ und $24/29$ cm;
2. für kieferne Bohlen: 5 cm stark, 18—30 cm breit, 6 cm stark, 18 und 21 cm breit, 8 cm stark, 18 und 21 cm breit;
3. für kieferne besäumte Bretter: 20, 25, 30, 33 und 40 mm stark;
4. für kieferne Stammbretter zu Fußböden: 30, 35 und 42 mm stark, gehobelt 26—27, 33 und 40 mm stark.

§ 14.
b) Baustoffberechnung zu den Zimmererarbeiten.

Die Baustoffe für die Zimmererarbeiten sind im Anschluß an die Massenberechnung unter Benutzung desselben Vordrucks zu berechnen. Die Ermittlung des kubischen Inhalts ist auf die Balken, Lagerhölzer, Fachwerks= und Dachverbandhölzer usw. zu beschränken, während alle übrigen Baustoffe nach Quadratmetern oder nach Stückzahl zu berechnen sind. Für die nach Kubikmetern berechneten Hölzer ist ein Zuschlag von 2 bis 3 v. H., für Bohlen und Bretter von 3 bis 5 v. H. als Verschnitt in Ansatz zu bringen.

§ 15.
3. Kostenberechnung.

In der Kostenberechnung sind die einzelnen Bauarbeiten nach Titeln zu ordnen. Der Umfang der Arbeiten und ihre Art ist genau erkennbar zu machen; auch sind alle Nebenleistungen hervorzuheben, die auf die Höhe der Einzelpreise von Einfluß sein können, z. B. bei Fußböden, ob „gespundet, mit verdeckter Nagelung, aus Brettern von höchstens 20 cm Breite usw." Kommen Nebenleistungen allgemeiner Natur in Betracht, so sind diese am Kopfe des betreffenden Titels zu vermerken.

Soweit die Baustoffe nicht gesondert berechnet werden, sind die einzelnen Leistungen einschl. der Baustoffe zu veranschlagen.

Bei den Kostenberechnungen ist das aus den Massenberechnungen zu entnehmende Ergebnis unverändert (also mit 2 Dezimalstellen) als Vordersatz zu verwenden. In der Spalte für den Geldbetrag sind auch die Pfennige zu berücksichtigen.

Für die Kostenberechnung ist der Vordruck E zu benutzen.

Am Schlusse des Anschlages ist ohne Rücksicht auf den Umfang des Baues eine nach Titeln geordnete Übersicht der Gesamtkosten zu geben.

§ 16.
Tit. I. Erdarbeiten.

Die in der Massenberechnung ermittelte Menge der auszuhebenden Erde ist einschl. der Fortbewegung und des Einebnens in Ansatz zu bringen. In den Anschlagspreis ist einzuschließen die Vorhaltung sämtlicher Geräte, Karrdielen usw. Überflüssige, da= her abzufahrende Bodenmassen sind besonders zu veranschlagen.

Bei schwierigen Gründungen und bei künstlicher Befestigung des Baugrundes tritt an die Stelle des Tit. I. des Hauptanschlages der im § 7 erwähnte Sonderanschlag, welcher sämtliche auf die Gründung bezüglichen Ausführungen einschl. der Erdarbeiten, des Wasserschöpfens usw. umfassen muß.

§ 17.
Tit. II. Maurerarbeiten.
a) Arbeitslohn.

Die Ausführung des in der Massenberechnung ermittelten Mauerwerkes ist beim Arbeitslohn, ohne Abzug der Öffnungen, für jedes Geschoß gesondert zu veranschlagen.

Die im Geschoßmauerwerk liegenden Rauch= und Lüftungsrohre sind besonders zu berechnen, wenn ihr lichter Querschnitt das gewöhnliche Maß überschreitet oder die An= lagen besondere Arbeit verursachen (vortretende Rohrkasten, schwierigere Herstellung bei Luftheizung usw.).

Nicht besonders entschädigt wird die Herstellung von Mauerwerk in Zement-mörtel statt in Kalkmörtel, die Anlage von Bogen im Mauerwerk usw.

Die Verblendung mit Ziegelsteinen ist auch dann, wenn sie gleichzeitig mit der Hintermauerung erfolgen soll, besonders zu berechnen und zwar nach dem Flächeninhalt der Ansichten ohne Abzug der Öffnungen, Gesimse usw. Der Preis für die Verblen-dung ist so zu bemessen, daß darin die Herstellung von einfach gegliederten Pfeilern, Fenstereinfassungen usw., ferner die Reinigung und Ausfugung der Flächen, sowie die Be-rüstung einbegriffen ist. Für das Einfügen der aus Verblendsteinen, Formsteinen usw. bestehenden Gesimse und Friese ist eine Zulage für jedes Meter, für das Herstellen von reich gegliederten Fenstergewänden, Verdachungen sowie von einzelnen Architektur-teilen dagegen eine Zulage für jedes Stück anzunehmen.

Sollen einzelne Teile der Mauerflächen aus anderem Baustoffe, wie Haustein usw., hergestellt werden, so sind diese einschl. der zugehörigen Öffnungen von den verblendeten Flächen in Absatz zu bringen.

Glatte Putzarbeiten kommen nach den Bestimmungen in § 8 (also zutreffenden Falles unter Abzug von Öffnungen) zur Veranschlagung und zwar einschl. des Ver-putzens der Türen, Fenster, Fußleisten, Ofenrohre, der Lieferung des Rohres, Drahtes und Gipses, sowie des Nachputzens, des Schlemmens und Weißens.

Die Beteiligung der Maurer bei dem Verlegen von eisernen Trägern usw. ist im § 23 angegeben.

Für den Schutz des Mauerwerks gegen Frostschäden ist ein entsprechender Betrag vorzusehen.

§ 18.
b) Maurerbaustoffe.

Die Preise der Baustoffe für die Maurerarbeiten sind einschl. der Anfuhr bis zu den Lagerplätzen auf der Baustelle zu bemessen. Gewöhnlicher Kalk ist in gelöschtem, Was-serkalk in gebranntem Zustande zu veranschlagen.

§ 19.
Tit. III. Asphaltarbeiten.

Die Asphaltarbeiten sind einschl. der Baustofflieferung in Rechnung zu stellen. Trennschichten sind tunlichst aus Gußasphalt auszuführen. Die Unterlage für den Asphaltbelag ist abzuglätten.

§ 20.
Tit. IV. Steinmetzarbeiten.

Die Steinmetzarbeiten sind in der Regel einschl. der Lieferung der Werkstücke und der Beihilfe beim Versetzen zu veranschlagen. In Gegenden, wo die Bearbeitung und Lieferung, sowie das Versetzen der Werkstücke nicht von demselben Unternehmer bewirkt zu werden pflegt, sind die Einheitspreise bei jeder Position getrennt nach dem im Formular E gegebenen Beispiele zu berechnen, damit erforderlichenfalls eine ge-sonderte Vergebung erfolgen kann.

Nachstehende Leistungen und Lieferungen werden nicht besonders entschädigt und sind daher bei Bemessung der Preise für die Steinmetzarbeiten zu berücksichtigen: Das Vorhalten und die Instandhaltung der Steinmetzwerkzeuge, das Einarbeiten von Dübel-, Wolf- und Klammerlöchern, soweit sie für Verankerungen aller Art und für das Ver-setzen der Steine notwendig sind; Ausklinkungen an Werksteinen für Träger, Einar-beiten von Dübellöchern für Abdeckungen, Durchbohrungen für Leitungen und Regen-

rohre u. dgl., sofern sie aus den Zeichnungen ersichtlich sind und bereits auf dem Werk=
platz angebracht werden können. Die Anfertigung der Versetzpläne, sowie das Nach=
putzen und Nacharbeiten der Werkstücke nach dem Versetzen beim Abrüsten.

Die Kosten für die zum Heben und Versetzen der Werkstücke erforderlichen Rüstungen
sowie für die Verstärkung bereits vorhandener Rüstungen sind bei diesem Titel zu be=
rechnen; ebenso etwaige Modellkosten.

Die zum Versetzen der Werkstücke erforderlichen Baustoffe, als Ziegel, Dachsteine,
hydraulischer Kalk usw. sind in der Baustoffberechnung für die Maurerarbeiten zu berück=
sichtigen.

§ 21.
Tit. V. Zimmererarbeiten und Baustoffe.

Die Hölzer zu den Balkendecken, Fußbodenlagern, Fachwerkswänden, Dach=
verbänden usw. sind besonders zu berechnen und zwar für die Arbeiten nach Metern
der Länge, für die Lieferung nach Kubikmetern. Alle übrigen Zimmererarbeiten sind
einschl. des Holzwertes zu berechnen.

In den Preis für das Zurichten und Verlegen der Balken ist das Ausfalzen für
die Stakung oder, wo zu diesem Zwecke Latten zur Anwendung kommen, die Liefe=
rung und Anbringung der letzteren mit einzubegreifen.

Ebenso ist in die Preise für das Verbinden und Aufstellen der Bauhölzer zu
Dachverbänden, Hänge= und Sprengewerken usw. das Anbringen des erforderlichen
Eisenzeuges (der Schienen, Klammern, Hängeeisen, Bolzen) einzuschließen.

Holztreppen sind nach den Bestimmungen im § 10 Abs. 5 einschl. des Geländers
und des Eisenzeuges zu veranschlagen.

Nägel für Dielungen usw. sind nicht besonders zu berechnen.

Hinsichtlich der Rüstungen wird auf § 17 hingewiesen.

§ 22.
Tit. VI. Stakerarbeiten.

Die auszustakende Fläche setzt sich aus der Summe der Flächeninhalte der mit
Balken zu überdeckenden Räume zusammen, wobei ein Abzug für Balken nicht zu
machen ist. In die Preise für das Staken ist das Einbringen der Stakhölzer oder Bretter,
die Umwicklung oder der Verstrich mit Strohlehm, sowie die Ausfüllung der Balken=
fache — einschl. der Lieferung aller Baustoffe — einzuschließen.

§ 23.
Tit. VII. Schmiede= und Eisenarbeiten.

Anker, Bolzen, Schienen, Fenstergitter u. dgl. sind gewöhnlich nach der Stück=
zahl, Treppengeländer, Einfriedigungsgitter dagegen nach Metern ihrer Länge unter
Angabe der Abmessungen und der Gewichte in Ansatz zu bringen. Eiserne Treppen
sind, wie hölzerne, nach der Anzahl der Stufen, die zugehörigen Treppenabsätze nach
Quadratmetern zu berechnen.

Größere Eisenverbindungen (Dächer, Träger, Säulen u. dgl.) sind mit Preisen für
je 100 kg zu veranschlagen (vgl. § 11).

Bei zusammengesetzten und genieteten Verbindungen (eiserne Dächer, genietete
Träger usw.) ist das Aufstellen einschl. der erforderlichen Rüstungen in die Einheits=
preise für je 100 kg mit einzubegreifen.

Dagegen ist das Versetzen und Verlegen einzelner Säulen, Träger usw. Sache des Maurers und in dem betreffenden Titel gesondert zu veranschlagen.

Die gründliche Reinigung der Eisenteile von Rost, sowie der Grundanstrich mit Mennige ist bei Bemessung der Preise zu berücksichtigen.

§ 24.
Tit. VIII. Dachdeckerarbeiten.

Die einzudeckenden Flächen ergeben sich aus der Berechnung der Dachschalung, vgl. § 10. Die Eindeckung der Firste, Grate, Kehlen, der Schornstein= und Dachfenster=Einfassungen usw., ist, sofern dazu derselbe Baustoff wie zur Eindeckung des Daches verwendet werden soll, in der Regel nicht besonders zu berechnen, vielmehr in den Preis für das Quadratmeter Dachfläche einzuschließen. Wird dagegen zur Eindeckung der genannten Dachteile oder Anschlüsse ein anderer Baustoff verwendet, wie Zink, Kupfer oder Blei, so können hierfür besondere Preise berechnet werden. Dabei muß das Gewicht und die Fabriknummer der Metalle angegeben werden.

In die Preise für das Eindecken der Dachflächen sind auch die etwa erforderlichen Nägel, Leiterhaken u. dgl. einzubegreifen. Die Kosten metallener Dachfenster und Aussteigeluken sind einschl. der Eindeckung, Verglasung und des Anstrichs, stückweise zu berechnen, Schneefänge und Laufbretter sind einschl. des Anstrichs, mit einem Preise für die Längeneinheit in Ansatz zu bringen.

§ 25.
Tit. IX. Klempnerarbeiten.

Bei den Klempnerarbeiten sind alle Abdeckungen der Gesimse, die Verkleidungen der Stirnbretter und Rinnen, die Rinnen, Abfallrohre usw. nach Metern der Länge oder nach Quadratmetern unter Angabe der Abmessungen, zu berechnen; Abdeckungen der Fenstersohlbänke und Verdachungen, Wasserkästen u. dgl. sind stückweise ebenfalls unter Angabe der Abmessungen zu veranschlagen. Die Fabriknummer des Bleches und das Gewicht ist für die Flächeneinheit bei jeder Position anzugeben. Für die Dachrinnen ist eine zweckmäßige und dauerhafte Herstellungsart zu wählen; letztere ist zum Verständnis des in Ansatz gebrachten Preises durch eine Randskizze zu erläutern.

§ 26.
Tit. X., XI. und XII. Tischler=, Schlosser=, Glaserarbeiten.

Tischler=, Schlosser=, Glaserarbeiten sind getrennt zu veranschlagen.

Fenster, Glaswände, Türen und Türfutter sind nicht nach der Stückzahl, sondern nach dem Flächeninhalte, unter Zugrundelegung der kleinsten Lichtmaße, in Ansatz zu bringen. Unter kleinsten Lichtmaßen werden diejenigen Abmessungen verstanden, welche sich nach der Vollendung des Baues für die einzelnen Öffnungen als die geringsten ergeben. Bei den Fenstern sind die Lattebretter und die Futter in den Preis für das Quadratmeter einzubegreifen.

Türverkleidungen sind nach Metern, Türverdachungen nach der Stückzahl zu veranschlagen.

Bei Wandtäfelungen, Parkettfußböden und ähnlichen Arbeiten erfolgt die Berechnung nach Quadratmetern.

Etwaige Modellkosten sind gesondert anzusetzen. Unter Titel X. sind auch die Kosten für Rohpappe zum Schutz der Fußböden bis zur Übergabe vorzusehen.

Die Schlosserarbeiten (Beschläge zu Türen und Fenstern) sind nach der Stückzahl zu veranschlagen, Stücke, welche gleiche Beschläge erhalten, sind zusammenzufassen.

Die Glaserarbeiten sind nach Quadratmetern zu veranschlagen, die Vordersätze sind aus der Berechnung der Fenster bei den Tischlerarbeiten zu entnehmen, erforderlichen= falls wie bei den Glastüren und =wänden unter Berücksichtigung eines entsprechenden Abzuges für die Holzteile.

§ 27.

Tit. XIII. Anstreicher= und Tapeziererarbeiten.

Die Anstreicherarbeiten sind je nach der Art und Bedeutung der einzelnen Leistungen entweder nach der Fläche oder nach der Länge zu berechnen. Für die Fenster, Türen, Türfutter usw. sind die Vordersätze aus dem Titel „Tischlerarbeiten" zu entnehmen. Einfache Fenster sind auf einer Seite, Doppelfenster auf zwei Seiten voll zu rechnen. Die gründliche Reinigung der Gegenstände und die Verkittung der Fugen vor Auf= bringung des Anstriches wird nicht besonders entschädigt.

Die Tapeziererarbeiten sind nach der Fläche, meist einschl. der Borden, Einfassungs= streifen und der Papierunterlage zu veranschlagen. Für die Massenermittlung gelten die bei den Maurer=, Zimmerer= usw. Arbeiten angegebenen Vorschriften; in der Regel werden die dort berechneten Vordersätze hierher übernommen werden können.

In diesem Titel sind auch Linoleumbeläge zu veranschlagen.

§ 28.

Tit. XIV. Stuckarbeiten.

Die Stuckarbeiten sind einschl. der sicheren Befestigung und je nach ihrer Art und Bedeutung, entweder stückweise oder nach der Flächen= und Längeneinheit in Rechnung zu stellen. Die zur Befestigung dienenden Eisen sind in sorgfältigster Weise gegen Rosten zu sichern.

§ 29.

Tit. XV. Ofenarbeiten, Zentralheizungs= und Lüftungsanlagen.

Kachelöfen, eiserne Füllöfen, Kochherde u. dgl. sind stückweise, einschl. aller er= forderlichen Eisenteile und Baustoffe, zu berechnen.

Zentralheizungsanlagen sind nach der „Anweisung zur Herstellung und Unter= haltung von Zentralheizungs= und Lüftungsanlagen" vom Jahre 1909 in der Weise zu berücksichtigen, daß im Erläuterungsbericht die Wahl der Heizungsart zu begründen und die Gesamtanlage kurz zu beschreiben ist. Im Anschlage ist der Kostenbetrag nach dem Rauminhalt der zu heizenden Räume, nötigenfalls nach Heizarten getrennt, über= schläglich zu ermitteln. Hierbei ist auf etwaige besondere Lüftungsanlagen Rücksicht zu nehmen. Zugleich ist für alle mit der Herstellung verbundenen Nebenarbeiten ein entsprechender Zuschlag v. H. der überschläglich berechneten Kosten der Heizanlage einzusetzen. Unter Titel XV sind auch die Kosten für Heizung zwecks Austrocknens des Baues vorzusehen.

§ 30.

Tit. XVI. Kraft=, Beleuchtungs= und Wasseranlagen.

In diesen Titel sind außer den Aufwendungen für Beleuchtungs= und Wasser= anlagen auch die Kosten für betriebstechnische Einrichtungen, wie Aufzüge, Maschinen für Krafterzeugung, elektrische Klingelleitungen, Fernsprechanschluß, Blitzableiter usw.

einzustellen, soweit nicht für die außerhalb des Gebäudes liegenden Leitungen und Anlagen nach § 1 besondere Anschläge erforderlich sind.

Der Geldberechnung sind Erläuterungen vorauszuschicken, aus denen zu ersehen ist, welchen Umfang die beabsichtigten Anlagen erhalten sollen. Die Auslässe für die Licht- und Wasserleitung sind getrennt zu ermitteln, und hiernach die Kosten der einzelnen Leitungen innerhalb des Gebäudes auf Grund eines Durchschnittspreises für jeden Auslaß zu veranschlagen.

Wasch- und Abortseinrichtungen, Ausgüsse usw. sind stückweise in Ansatz zu bringen.

Es sind auch die Kosten der Beleuchtungs- und Wasserbeschaffung für die Zeit der Bauausführung zu berücksichtigen.

§ 31.
Tit. XVII. Bauleitungskosten.

Kostenbeträge für die Bauleitung sind nach Maßgabe der Bestimmungen im § 136 der Dienstanweisung für die Ortsbaubeamten der Staatshochbauverwaltung aufzunehmen. Werden die Bauleitungskosten gemäß § 1 dieser Anweisung besonders veranschlagt, so ist im Titel XVII nur auf den Sonderanschlag zu verweisen.

§ 32.
Tit. XVIII. Insgemein.

In diesem Titel sind unter Bezugnahme auf die Bestimmungen dieses Paragraphen alle Kosten vorzusehen, welche bei den übrigen Titeln nicht berücksichtigt worden sind und auch nicht gemäß § 1 in Sonderanschlägen nachgewiesen werden; gegebenenfalls sind also in besonderen Positionen die Ausgaben einzustellen für Bauzäune, Lagerschuppen, Fahnenstangen usw., für Versuche und Prüfungen auf dem Gebiete des Bauwesens, Untersuchung von Baustoffen, für Bücher und andere wissenschaftliche Hilfsmittel, für Meßgeräte, Absteckung der Baufluchtlinien, für Bekanntmachungen (ausgenommen solche zur Erlangung von Technikern usw. und zur Beschaffung von Diensträumen, die auf Titel XVII entfallen), Ausschmückung der Baustelle bei besonderen Feierlichkeiten, Richtegelder, Fernsprechanschluß, ferner Frachtkosten, Gebühren des Baukassenrendanten, die Kosten der Lichtbildaufnahmen, der Vervielfältigung von Bestandszeichnungen, Reinigungsarbeiten, außerdem bei Verwendung von Gefangenen zu Gerichts- und Gefängnisbauten die Löhne der Hilfsgefangenaufseher. Falls für Richtegelder ein höherer Betrag als 150 M. in Aussicht genommen wird, ist der Ansatz zu begründen. Die Kranken- und Invalidenversicherungsbeiträge für die im Eigenbetriebe beschäftigten Arbeiter usw. sind zugleich mit den Lohnbeträgen zu veranschlagen.

Bei Gebäuden mit Zentralheizung sind angemessene Beträge vorzusehen für die Aufstellung der Wärmeverlustberechnung, für die Entschädigung von Bewerbern, deren Heizentwürfe nicht zur Ausführung gewählt werden, und für den etwa notwendigen Betrieb der Heizanlage im Winter vor der Übergabe des Gebäudes an die nutznießende Behörde.

Ebenso sind auch die Kosten für andere von Unternehmern auf dem Gebiete des Ingenieurbaues zu liefernde Entwürfe zu berücksichtigen.

Die Kosten für Gartenanlagen — Beschaffung von Obstbäumen, Sträuchern, Bekiesen von Wegen usw. — sind in der Regel gemäß § 1 im Sonderanschlage vorzusehen.

Am Schlusse des Titels ist für unvorhergesehene Arbeiten und zur Abrundung ein nach Hunderten der bis dahin ermittelten Kostensumme zu berechnender Geldbetrag auszuwerfen.

Muſter A. **Vorberechnung** und B. **Maſſenberechnung.**

Poſ.	Raum-Nr.	Stück-zahl	Gegenſtand	Länge m	Breite m	Fläche qm	Höhe m	Inhalt cbm	Abzug
			A. Vorberechnung.						
			1. Umfang des Gebäudes.						
			Erdgeſchoß.						
			Vorder= und Hinterfront 2·12,40 =	24 | 80					
			Seitenfronten 2·14,28 =	28 | 56					
			Sa.	53 | 36					
1		53 | 36	m Umfang im Erdgeſchoß.						
			2. Geſamtfläche des Gebäudes.						
			Erdgeſchoß.						
			Der Vorderbau	7 | 02	14 | 28	100 | 25			
			Der Seitenbau	5 | 38	12 | 47	67 | 09			
			Sa.			167 | 34			
2		167 | 34	qm Fläche des Gebäudes im Erdgeſchoß.						
			3. Flächeninhalt der einzelnen Räume.						
			Erdgeſchoß.						
	25			2 | 40	1 | 38	3 | 31			
	26		1,00 · 1,38 − 0,13 · 0,26 =			1 | 35			
	27		3,52 · 3,75 − 0,13 · 0,96 =			13 | 08			
	28			2 | 10	5 | 25	11 | 03			
	29			5 | 00	5 | 00	25 | 00			
	30			3 | 00	2 | 00	6 | 00			
	31			2 | 75	2 | 00	5 | 50			
	32			6 | 00	5 | 25	31 | 50			
	33			5 | 00	6 | 20	31 | 00			
					Sa.	127 | 77			
3		127 | 77	qm Flächeninhalt der Räume im Erdgeſchoß.						
			4. Umfang der Räume.						
			Erdgeſchoß.						
	25		2 · (2,40 + 1,38) =	7 | 56					
	26		2 · (1,00 + 1,38) =	4 | 76					
	27		2 · (3,52 + 3,75) =	14 | 54					
	28		2 · (2,10 + 5,25) =	14 | 70					
	29		2 · (5,00 + 5,00) =	20 | 00					
	30		2 · (3,00 + 2,00) =	10 | 00					
	31		2 · (2,75 + 2,00) =	9 | 50					
	32		2 · (6,00 + 5,25) =	22 | 50					
	33		2 · (5,00 + 6,20) =	22 | 40					
			Sa.	125 | 96					
4		125 | 96	m Umfang der Räume im Erdgeſchoß.						
			A. reſp. B.						

Pos.	Raum-Nr.	Stück-zahl	Gegenstand	Länge m	Breite m	Fläche qm	Höhe m	Inhalt cbm	Abzug
			5. Abzug der Öffnungen (für die Baustoffberechnung).						
			Erdgeschoß.						
			Gurtbögen.						
	28, 31			1 84	0 38	0 70	2 70	1 89	
			Türen.						
	30		Haupteingangstür	1 30	0 51	0 66			
	30, 31		Glastür	1 74	0 25	0 44			
			Sa.			1 10	2 70	2 97	
	31, 32, 33		3 Sechsfüllungstüren zu 1,10	3 30	0 38	1 25			
	29, 33		1 desgl.	1 10	0 25	0 28			
	28, 29		1 desgl.	1 00	0 38	0 38			
			Sa.			1 91	2 20	4 20	
	27, 28		1 Vierfüllungstür	1 00	0 38	0 38			
	26, 28		1 desgl.	0 75	0 38	0 29			
	25, 27		1 desgl.	0 80	0 12	0 10			
			Sa.			0 77	2 00	1 54	
			Fenster.						
			8 äußere . . . . 8 · 1,10	8 80	0 51	4 49	2 00	8 98	
			1 desgl. unter dem Treppen-podest	1 00	0 51	0 51	1 45	0 74	
			1 desgl. über dem Treppen-podest (der im Erdgeschoß gelegene Teil)	1 30	0 51	0 66	0 88	0 58	
			2 desgl. . . . . 2 · 0,50	1 00	0 51	0 51	1 00	0 51	
			Sa.					21 41	
5		21 41	cbm Öffnungen im Mauer-werk des Erdgeschosses.						
			B. Massenberechnung.						
			Mauerwerk des Erdgeschosses.						
			Gesamtflächen nach A. 2 .			167 34			
	25—33		Davon ab: Flächeninhalt der einzelnen Räume lt. A. 3			127 77			
						39 57	3 50	138 50	
6		138 50	cbm Ziegelmauerwerk des Erdgeschosses.						

Pos.	Raum-Nr.	Stück-zahl	Gegenstand	Länge m	Breite m	Fläche qm	Höhe m	Inhalt cbm	Abzug
			Verblendungsmauer-werk.						
			Umfang des Erdgeschosses vgl. A. 1	53 | 36	3 | 50	186 | 76			
7		186 | 76	qm Verblendungsmauer-werk.						
			Brüstungsgesims.						
			Umfang des Erdgeschosses nach A. 1	53 | 36					
			Davon ab:						
			Eingangstür						1 | 30
			Treppenhausfenster . . .						1 | 00
			ab	2 | 30					
			bleiben	51 | 06					
10		51 | 06	m Brüstungsgesims.						
			Glatter Wandputz.						
			Erdgeschoß.						
	28		Vgl. A. 4	125 | 96	3 | 20	403 | 07			
			Treppenhaus	14 | 70	0 | 30	4 | 41			
	28, 31		Hiervon ab an Öffnungen: Gurtbogen im Flur . . .	1 | 84					
	30, 31		Glastür	1 | 74					
			Sa.	3 | 58	2 | 70				9 | 67
			4 Türen . . . 2 · 4 · 1,10	8 | 80					
			1 desgl. . . . . 2 · 1,00	2 | 00					
			Sa.	10 | 80	2 | 20				23 | 76
			1 desgl. . . . . 2 · 1,00	2 | 00					
			1 desgl. . . . . 2 · 0,75	1 | 50					
			1 desgl. . . . . 2 · 0,80	1 | 60					
			Sa.	5 | 10	2 | 00				10 | 20
						407 | 48			43 | 63
			ab			43 | 63			
			bleiben			363 | 85			
29		363 | 85	qm glatter Wandputz.						
			Deckenputz.						
			Erdgeschoß.						
	28		Nach A. 3			127 | 77			11 | 03
			Davon ab das Treppenhaus						
						127 | 77			11 | 03
			ab			11 | 03			
			bleiben			116 | 74			
31		116 | 74	qm Deckenputz auf Schalung						
			usw.						

Muster C.

Holzberechnung (erforderlichen Falls über zwei Seiten reichend).

Pos. der Balken- bzw. Rosten-berechnung	Anzahl der m, qm, cbm für die Kosten-berechnung	Anzahl der Hölzer	Gegenstand	Länge im ganzen m	Verbandhölzer m					Bohlen qm			Bretter qm		Latten m
					21/26	18/26	13/24	16/16	13/18	8 cm	5 cm	3,3 cm	2,5 cm	2 cm	
					Diese Spalten sind in jedem Falle den zur Verwendung gelangenden Holzstärken entsprechend einzurichten.										
56		10	Balken . . . . . zu 5,60	56 00	56,00										
		2	besgl. . . . . . zu 4,60	9 20		9,20									
	65,20		=	65 20											
			m Balkenanlage												
57		8	Stiele . . . . . zu 2,00	16 00				16,00							
		24	Sparren . . . . zu 4,50	108 00					108,00						
		16	Kopfbänder . . . zu 1,00	16 00					16,00						
	140,00		=	140 00											
			m Dachverband												
			usw.												
			zusammen oder cbm		56,00	9,20		16,00	124,00						
					3,06	0,43		0,41	2,90						
					= 6,80 cbm										
			Hierzu Verschnitt rund 2—3% =		0,20 cbm										
			Summa		7,00 cbm										
58	7,00		cbm Kiefern-Verbandholz												

Muster D.

Baustoffberechnung für die Maurerarbeiten (erforderlichen Falls über zwei Seiten reichend).

Pos. der Massen- bzw. Kosten-berechnung	Stückzahl	Gegenstand	Bruch-steine	Hinter-maue-rungs-steine	Verblend-steine	Form-steine	Klinker	usw.	Kalk-mörtel	Zement-mörtel
			obm	Stückzahl						verlängert
			Diese Spalten sind in jedem Falle den zur Verwendung kommenden Baustoffen entsprechend einzurichten.							
6	117,09	obm volles Ziegelmauerwerk nach Abzug der Öffnungen: zu 400 Mauersteinen und 280 l Kalkmörtel		46 836					32 785	
29	363,85	qm glatter Wandputz, 1,5 cm stark zu 17 l Kalkmörtel							6 185	
31	116,74	qm Deckenputz auf einfach gerohrter Schalung, ohne Gipszusatz, zu 20 l Kalkmörtel . . .							2 335	
		usw.								
		Zusammen		46 836					41 305	
		Hierzu Bruch und Verlust 2—5%		2 164					1 695	
		Summa		49 000					43 000 Mischung 1:2	
		Daher Gesamtbedarf:								
46	—	obm Bruchsteine								
47	49,0	Tausend Hintermauerungssteine $\dfrac{43\,000}{2,4 \cdot 100} = \mathrm{rd}$								
55	180,0	hl gelöschter Kalk $\dfrac{180 \cdot 2}{10} =$								
57	36,0	obm Mauersand								
		usw.								

Muster E. **Steinmetzarbeiten.**

Pos.	Stückzahl	Gegenstand	Einheitspreis		Geldbetrag	
			Mark	Pf.	Mark	Pf.
43	1650,20	Steinmetzarbeiten qm Quaderverblendung von festem Sandstein, genau nach Zeichnung, die Binderschichten durchschnittlich 30 cm hoch und 25 cm tief, die Läuferschichten 45 cm hoch und 13 cm tief, anzuliefern, zu bearbeiten, zu versetzen und zu vergießen einschl. der Lieferung der Dübel, Vorhaltung der Rüstungen usw.				
		für Lieferung	30	00		
		„ Bearbeitung . . .	15	00		
		„ Versetzen usw. . .	5	50		
		Summa	50	50	83 335	10

Muster F. **Zusammenstellung.**

Tit.	Zusammenstellung	Mark	Pf.
I.	Erdarbeiten		
II.	Maurerarbeiten a) Arbeitslohn		
	b) Baustoffe		
III.	Asphaltarbeiten		
IV.	Steinmetzarbeiten		
V.	Zimmerarbeiten und Baustoffe		
VI.	Stakerarbeiten		
VII.	Schmiede- und Eisenarbeiten		
VIII.	Dachdeckerarbeiten		
IX.	Klempnerarbeiten		
X.	Tischlerarbeiten		
XI.	Schlosserarbeiten		
XII.	Glaserarbeiten		
XIII.	Anstreicher- und Tapezierarbeiten		
XIV.	Stuckarbeiten		
XV.	Ofenarbeiten, Zentralheizungs- und Lüftungsanlagen		
XVI.	Kraft-, Beleuchtungs- und Wasseranlagen		
XVII.	Bauleitungskosten		
XVIII.	Insgemein		
	(Absetzung von Einnahmen.)	Im ganzen	

Aufgestellt.
den ᵗᵉⁿ 19

Geprüft.
den ᵗᵉⁿ 19

Festgestellt.
den ᵗᵉⁿ 19

Name:

Name:

Name:

(Dienstbezeichnung.)

(Dienstbezeichnung.)

(Dienstbezeichnung.)

Zur Anlage B gehörig.   Blatt Z.

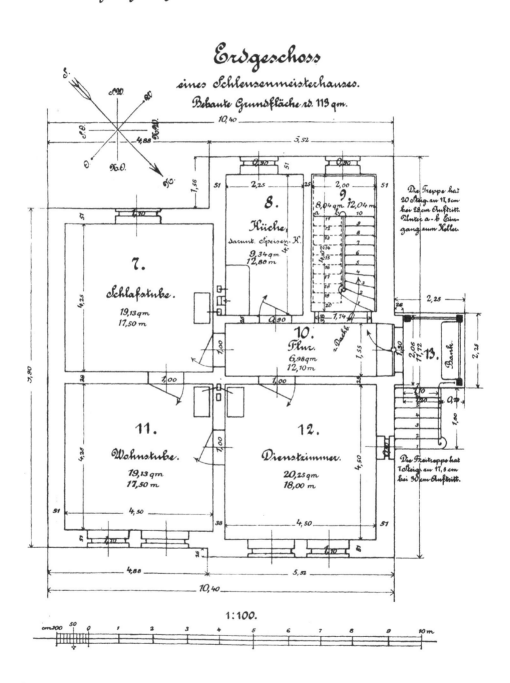

C. Auszug aus den technischen Grundsätzen für die Aufstellung von Entwürfen und Kostenanschlägen.

Titel I und II.   Erd= und Maurerarbeiten.

Für eine möglichst gleichmäßige Beanspruchung des Baugrundes — in der Regel bis zu 3,0 kg auf das Quadratzentimeter — ist durch entsprechende Breite der Grund= mauern Sorge zu tragen. Eine höhere Beanspruchung als mit 3,0 kg ist ausnahmsweise zulässig, wenn dies durch die Beschaffenheit des Baugrundes gerechtfertigt ist. Die er= forderliche Breite der Grundmauern ist nötigenfalls durch Rechnung zu ermitteln. Be= sonderer rechnerischer Untersuchung bedürfen stets die Gründungen von stark belasteten Pfeilern, Säulen, Mauerecken, Türmen und dgl., sowie alle künstlichen Gründungen.

Die Grundmauern sind stets bis zur frostfreien Tiefe unter die Erdoberfläche hin= abzuführen.

Alle Mauern, Pfeiler, Säulen usw., die ungewöhnlich stark beansprucht werden, sind unter den ungünstigsten Belastungsannahmen statisch zu berechnen.

Mauerteile unter eisernen Stützen sind aus Werkstein oder besten Ziegeln unter Zusatz von Zement zum Kalkmörtel herzustellen.

Das aufgehende Mauerwerk ist durch Asphalttrennschichten, die in der Regel aus Gußasphalt herzustellen sind, gegen das Aufsteigen von Feuchtigkeit zu sichern.

Die Trennschicht ist, wenn der Fußboden im Kellergeschoß oder — wenn eine Unterkellerung nicht vorhanden — im Erdgeschoß massiv hergestellt werden soll, in Höhe der Oberkante dieses Fußbodens anzuordnen. Wenn der Fußboden aus Holz hergestellt wird, ist die Trennschicht unterhalb der Holzteile anzubringen.

Ehe die Trennschicht aufgebracht wird, ist das Grundmauerwerk, wenn es aus Bruchsteinen oder Beton hergestellt ist, durch eine Lage von Zementmörtel oder durch Ziegelflachschichten in Zementmörtel abzugleichen.

Die Umfassungsmauern des Kellergeschosses sind, soweit sie in der Erde liegen, gegen das Eindringen von Feuchtigkeit außen mit Zementmörtel von etwa 2 cm Stärke zu putzen; bei sehr starkem Wasserandrange sind sie außerdem mit einer etwa 50 cm starken Schicht von fettem Ton und mit einer Kiespackung zu umgeben, auf deren Sohle Drainröhren zu legen sind.

Damit die Umfassungsmauern des Kellergeschosses während der Bauzeit nicht durch Schnee= oder Regenwasser leiden, sind Vorkehrungen zur Abhaltung der Nässe durch Abzugsgräben, provisorische Rinnen und Abfallrohre zu treffen.

Zur dauernden Abhaltung des Regen= und Schneewassers von den Umfassungs= mauern ist ein Traufpflaster herzustellen.

Liegt der Erdboden des Nachbargrundstückes höher als die Baustelle, so ist das Mauerwerk innerhalb des Erdreiches außen mit Zementmörtel zu putzen. Umfassungs= mauern an der Grenze sind, wenn die Nachbarwände feucht sind, in einer Stärke von 25 cm von der Nachbargrenze ab aus Hartbrandziegeln mit Zementmörtel herzustellen.

In beiden Fällen, sowie stets, wenn im Kellergeschosse Wohnungen eingerichtet werden sollen, ist vor dem tragenden Mauerwerke im Abstand von etwa 5 cm nachträglich eine innere Wand von ½ Stein Stärke aufzuführen. Dabei ist zu beachten, daß diese inneren Wände erst hergestellt werden dürfen, nachdem das Umfassungsmauerwerk einigermaßen ausgetrocknet ist, und daß Öffnungen angelegt werden müssen, welche den

Luftraum zwischen der Außenmauer und der vorgemauerten Innenwand mit den Innen=
räumen in Verbindung setzen.

In den Umfassungsmauern der übrigen Geschosse ist die Anlage von Luftschichten,
falls diese nicht besonderer örtlicher Verhältnisse wegen zweckmäßig erscheinen, im all=
gemeinen zu unterlassen, weil die Hohlräume den Verband des Mauerwerkes beein=
trächtigen und zur Bildung schädlichen Schwitzwassers Veranlassung geben können.

Zum Schutze gegen Witterungseinflüsse müssen die Umfassungsmauern eine aus=
reichende Stärke erhalten. Bei besonders ungünstigen klimatischen Verhältnissen ist eine
äußere Bekleidung der Mauern mit Schiefer oder sonst geeignetem Baustoff nicht aus=
geschlossen.

Fensterbrüstungen sind bei allen Mauern, welche weniger als zwei Stein stark sind,
voll auszumauern.

In Kellerräumen sind die Wände möglichst spät zu putzen, damit das Mauerwerk
vorher gut austrocknen kann.

Die Kellersohle soll in der Regel mindestens 30 cm über dem höchsten bekannten
Grundwasserstande liegen.

Die Gurtbogen= und Gewölbeanfänger sind gleich bei der Aufführung des Geschoß=
mauerwerkes im Verbande mit diesem, in wagerechten Schichten und, soweit erforderlich,
unter Zusatz von Zement zum Kalkmörtel auszutragen. Bei Aufmauerung der Schild=
bogenwände kann durch entsprechende Aussparungen — falls die Mauerstärke dies zuläßt
— für einen sicheren Anschluß der Gewölbekappen gesorgt werden.

Die für die Widerlager der Gewölbe erforderlichen Stärken sind — soweit nötig —
durch Rechnung zu ermitteln. Lassen sich die Widerlager nicht in solcher Stärke an=
ordnen, daß die bis zur Grundmauersohle zu verfolgende Drucklinie von der Außenkante
des Mauerwerks ausreichend entfernt bleibt, so ist die Anbringung von Verankerungen,
deren Stärke und Zahl rechnerisch zu ermitteln ist, erforderlich.

Weit gespannte Gurtbogen, welche zusammen mit dem aufgehenden Mauerwerk
aufgeführt werden, sind, auch wenn die Drucklinie rechnungsgemäß innerhalb des Mauer=
werkes verbleibt, mit schnell abbindendem Mörtel einzuwölben und durch geeignete Maß=
nahmen (Stehenlassen der Lehrbogen, Absteifungen, Verankerungen) gegen Seiten=
schub zu sichern, weil die Lasten, welche den Verlauf der Drucklinie bestimmen, erst nach
und nach aufgebracht werden.

Fehlt jede Auflast auf den Widerlagern, so sind die Kappen gegen eiserne,
längs den Widerlagern zu verlegende und untereinander zu verankernde Träger zu
wölben. Ruht eine größere Zahl von Kappen nebeneinander auf Trägern, so sind die
letzten Träger untereinander und außerdem noch die Ecken des Raumes zu verankern.

Flache Kappen von ½ Stein Stärke sollen in der Regel nicht unter ein Achtel der
Spannweite als Pfeilhöhe und nicht über 2,5 m Spannweite erhalten. Bei größeren
Spannweiten ist eine stärkere Anwölbung oder durchgängig eine größere Gewölbestärke
zu wählen. Außerdem ist hierbei wie auch bei Unterwölbungen von Treppenläufen
und Podesten ein besonders guter Wölbstoff und ein schnell abbindender Mörtel zu ver=
wenden, wenn besondere Belastungen der Gewölbe auftreten. Ist letzteres nicht der Fall,
so können leichtere Stoffe, wie porige Loch= oder Schwemmsteine Verwendung finden.

Gewölbe zur unmittelbaren Aufnahme der Dachdeckung und sonstige Gewölbe,
deren Ausführung nur unter freiem Himmel bewirkt werden kann, sind tunlichst zu ver=
meiden. Abgesehen von Ausnahmen, bei denen wegen des geringen Umfanges der Ge=

wölbe oder aus anderen Gründen die Anwendung einer derartigen Bauweise unbedenklich erscheint, ist daher in der Regel ein besonderer Dachstuhl vorzusehen. Die Einwölbung der unter dem Dache befindlichen Räume ist erst in Angriff zu nehmen, nachdem die Eindeckung erfolgt ist.

Bei Gebäuden, welche in allen Geschossen zu wölben oder mit feuersicheren Decken auszustatten sind, müssen die ausspringenden Ecken zur Sicherung gegen das Eintreten von Rissen in allen Geschossen mit langen Ankern versehen werden, welche über naheliegende Öffnungen im Mauerwerk hinwegreichen.

Stark durchbrochene Vorbauten, Erker und dgl. sind stets zu verankern.

In besonderen Fällen, wie bei nicht zuverlässigem Baugrunde oder bei künstlicher Gründung sind Verankerungen der Gebäudeecken oder Eiseneinlagen in den Grundmauern erforderlich.

Damit die Dachflächen möglichst wenig von Schornsteinkästen durchbrochen werden, sind die Rauch= und Lüftungsrohre so anzulegen, daß sie innerhalb des Dachbodens tunlichst zusammengezogen werden können. Bei freistehenden Gebäuden ist zugleich auf eine schickliche äußere Erscheinung der Schornsteinkästen oberhalb der Dachflächen Rücksicht zu nehmen.

Den Rauchrohren ist ein in sich gleichbleibender quadratischer, rechteckiger oder kreisrunder Querschnitt von mindestens 250 qcm im Lichten zu geben. Besteigbare Schornsteine müssen einen rechteckigen Querschnitt von mindestens 0,42 zu 0,47 m Weite erhalten. Bei den Rauchrohren sind an den Übergangsstellen von einer Richtung in eine andere Reinigungstüren anzubringen, wenn die Neigung weniger als 60° gegen die Wagerechte beträgt.

An ein Rauchrohr von 250 qcm lichtem Querschnitte dürfen höchstens drei gewöhnliche Zimmeröfen angeschlossen werden. Jeder hinzutretende Ofen dieser Art bedingt eine Vergrößerung des Querschnittes um 80 qcm. Für jede Kochherdfeuerung, die nicht an ein besteigbares Schornsteinrohr angeschlossen ist, muß ein besonderes Rauchrohr angelegt werden.

Zur Erlangung genügender Dichtigkeit gegen das Durchdringen von Gasen sind die Rauchrohre aus besten Ziegeln vollfugig und besonders sorgfältig in Kalkmörtel mit Zementzusatz herzustellen. Dabei sind die inneren Fugen der Rauchrohre auszustreichen, die Außenseiten zu putzen.

Gemeinschaftliche Luft= oder Wrasen=Abführungsrohre für verschiedene Stockwerke sind zu vermeiden.

Von Türbogen müssen Rauch= oder Lüftungsrohre mindestens 1½ Stein entfernt bleiben.

Falls die Reinigung der Schornsteine vom Dach aus erfolgen soll, ist für Aussteigeöffnungen in der Dachfläche zu sorgen.

Reinigungsöffnungen in den Dachböden müssen vom freien Dachraum aus unmittelbar zugänglich sein.

Rauchrohre in Außenmauern sind mit einer äußeren Wange von mindestens 1 Stein Stärke zu versehen. Bei stark befeuerten Rauchrohren für große Wasch= oder Kochküchen, Zentralheizungen und dgl. sind die Wangen mindestens 1 Stein stark zu machen.

Schornsteine, welche unter oder über der Dachfläche in erheblicher Höhe freistehen, sind mindestens an einer Längsseite mit 1 Stein starken Wangen zu versehen und nötigenfalls zu verankern.

4*

Verblendmauerwerk ist unter tunlichster Verwendung von ganzen Steinen in der Regel gleichzeitig mit der Hintermauerung im Verbande auszuführen. Erforderlich ist die gleichzeitige Verblendung jedenfalls, wenn sie einen Teil der statisch notwendigen Mauerstärke ausmacht.

Verblendsteine müssen in erster Linie wetterbeständig sein; weniger Gewicht ist auf durchweg scharfe Kanten und eine durchaus ebene Ansichtsfläche, sowie auf eine völlig gleichmäßige Färbung zu legen.

Die Stärke der Lagerfugen der Verblendung ist mit der Hintermauerung, bei der (gewöhnliche Normalform) 13 Ziegelschichten auf 1 m Höhe zu rechnen sind, in Übereinstimmung zu bringen.

Für Türöffnungen in Mauern von 1 Stein Stärke und darunter sind Bohlenzargen, in Mauern von 1½ Stein Stärke und darüber in der Regel Kreuzholzzargen zu verwenden.

Türdübel sollen im allgemeinen nur dann in Mauern von 1½ Stein Stärke und darüber angewendet werden, wenn es sich um Räume handelt, bei denen auf eine starke Benutzung der Türen nicht zu rechnen ist.

Die Türdübel sind keilförmig zuzuschneiden und im Mauerwerk sorgfältig zu befestigen.

Bei besonders starken Mauern kann zur Vermeidung zu breiter Türfutter nur ein Teil der Türlaibung mit einem Futter versehen werden.

In ländlichen Gebäuden und solchen, welche gewerblichen Zwecken dienen, sowie in allen Kellerräumen, sind, ohne Rücksicht auf eine größere Stärke der Mauern, nur 25 cm tiefe Bohlenzargen unter Vermeidung besonderer Futter zu verwenden. Bei Öffnungen, welche mit Latten- oder Brettertüren verschlossen werden, sind Futter überhaupt entbehrlich.

Fensterbänke müssen eine ausreichende Abwässerung erhalten. Sollen an den Fenstern eiserne Rolläden oder dgl. angebracht werden, so ist über deren Einrichtung und Befestigung, sowie über die Breite des Fensteranschlages, die Lage der Fensterbogen usw. so frühzeitig Bestimmung zu treffen, daß spätere Änderungen am Mauerwerk vermieden werden.

In Treppenhäusern und Fluren sind Mauerabsätze, Vorsprünge und Wandpfeiler zu vermeiden. Bei Anwendung von Kreuzgewölben sind die Gurtbögen auf schwach vortretende Kragsteine zu setzen.

Besonders gefährdete Mauerecken sind durch Verkleidung gegen Beschädigung zu schützen.

Die Wände der untergeordneten Räume im Keller und Dachboden sind glatt zu fugen und mit Weißkalk zu schlemmen, nicht mit Rappuh zu versehen.

Lichteinfallschächte sind so zu ummanteln, daß die schnelle Übertragung eines im Dachboden entstandenen Feuers nach unten verhütet wird. Es empfiehlt sich hierfür die Rabitz- oder Monierbauweise, falls massive Mauern nicht ausgeführt werden können.

Soll zur Vermehrung der Feuersicherheit auf Balkenlagen ein Gipsestrich ausgeführt werden, so ist dieser auf eine Schicht reinen Sandes aufzubringen. Zur ungehinderten Ausdehnung des Gipses ist dabei ein Spielraum längs der umschließenden Wände zu lassen, welcher erst später mit der Estrichmasse geschlossen wird. Der Gipsestrich darf stets erst aufgebracht werden, nachdem die Balken und deren Stakung vollständig ausgetrocknet sind. Es ist deshalb in jedem einzelnen Falle sorgfältig zu prüfen, ob die zur Fertigstellung des Gebäudes verfügbare Zeit ausreicht, um ein vollständiges Austrocknen der Dachbalken abzuwarten. Anderenfalls sind die Fußböden in Dachräumen so, wie im Titel VI angegeben, herzustellen.

Titel III. Asphaltarbeiten.

Trennschichten aus Gußasphalt sind in einer Stärke von mindestens 1 cm auszuführen.

Bodenbeläge aus Gußasphalt sollen im Innern von Gebäuden 1,5 bis 2 cm stark, in Höfen bis 3 cm stark hergestellt werden. Als Unterlage für den Asphaltbelag empfiehlt sich eine Betonschicht von 15 cm Stärke.

Befahrbare Asphaltbeläge in Höfen und Durchfahrten werden zweckmäßig aus Stampfasphalt 5 cm stark auf einer mindestens 20 cm starken Betonunterlage hergestellt.

Titel IV. Steinmetzarbeiten.

Alle äußeren Gesimse aus Werkstein sind mit Abwässerungsschrägen zu versehen. Vortretende Platten müssen Wassernasen oder Unterschneidungen erhalten.

Das Versetzen der in den Fassaden vorkommenden Werksteine ist in der Regel gleichzeitig mit dem Aufführen des Mauerwerkes zu bewirken; Ausnahmen sind bei vortretenden Toren, Erkern und dgl. zulässig.

Werksteine werden am zweckmäßigsten mit Kalkmörtel oder hydraulischem Kalkmörtel versetzt. Die Verwendung von reinem Zement oder Gips ist ausgeschlossen.

Bei Werksteinen, welche erfahrungsmäßig wetterbeständig sind und kein Wasser aufnehmen, ist eine Abdeckung der Gesimse mit Kupfer-, Blei- oder Zinkblech entbehrlich, wenn die Oberfläche der Gesimse eine ausreichende Neigung erhalten kann. Anderenfalls sind Abdeckungen vorzusehen.

Bei Abdeckungen von äußeren Tür- und Fensterverdachungen ist durch geeignete Maßnahmen zu verhüten, daß das Wasser an der Wand herunterfließt.

Eiserne Klammern und Dübel zur Verbindung der Werkstücke sind mit einem rostschützenden Überzuge zu versehen und durch Vergießen mit Blei oder hydraulischem Kalkmörtel (nicht Zement, Gips oder Schwefel) in den Steinen zu befestigen. Bleiverguß muß verstemmt werden. Bei wertvollen Steinarbeiten sind Verankerungen und Verdübelungen aus Kupfer oder Bronze anzuwenden.

Sohlbänke aus Werkstein sind zur Vermeidung von Brüchen innerhalb der Lichtweite der Öffnung mit hohler Lagerfuge zu versetzen.

Aus gleichem Grunde ist darauf zu achten, daß wagerechte Fensterstürze bei der Ausführung der Mauern nicht gleich voll belastet werden, vielmehr die Ausmauerung des über den Sturzen anzuordnenden Entlastungsbogens erst nachträglich erfolgt.

Bei der Verbindung von Werksteinbauteilen mit Ziegelverblendung empfiehlt es sich, die Höhe der Werksteine gleich einem Vielfachen der Ziegelschichten zu machen und den Werksteinen eine senkrechte Stoßfläche gegen die Ziegelverblendung hin zu geben, d. h. so zu verfahren, als wenn Werkstein neben Werkstein zu verlegen wäre.

Falls nur eine gewöhnliche Stangenrüstung zum Versetzen der Werksteine benutzt werden soll, ist diese an den Stellen, wo schwere Werkstücke aufgezogen und bewegt werden, entsprechend zu verstärken. Für alle größeren Werksteinbauten ist eine verbundene Rüstung oder ein Versetzkran erforderlich.

Die Standfestigkeit verbundener Gerüste von mehr als 10 m Höhe gegen Winddruck ist durch statische Berechnung nachzuweisen. Die Gerüste sind durch Verankerung oder Versteifung gegen Umkippen zu sichern.

Freitragende Werksteinstufen sind bei Treppen bis zu 1,0 m Breite mindestens 12 cm tief in das Mauerwerk einzubinden. Die Antrittsstufe eines jeden Treppenlaufes muß ein festes Auflager haben oder — wie auch ein bis zwei Stufen jeden Laufes — 18 bis 25 cm tief eingreifen. Freitragende Werksteinstufen bei Treppen von mehr als 1,0 m Breite müssen durchgängig 18 bis 25 cm tief in das Mauerwerk eingreifen.

Für Treppen, die dem Hauptverkehr dienen, empfiehlt sich eine Steigung von 16,5 cm bei 30 cm Auftritt. Steigungen von geringerer Höhe und Auftritte von größerer Breite sind für Treppen, deren Breite mehr als 2,0 m beträgt, und für solche Treppen, bei welchen mehr als 15 Steigungen in einem Laufe ohne Podest angeordnet werden müssen, zweckmäßig. Für Freitreppen, bei denen im übrigen für ausreichendes Gefälle der Stufen und Podeste zu sorgen ist, empfiehlt sich eine Steigung von 15,5 cm bei einem Auftritt von 33 cm.

Für wenig benutzte, untergeordnete Treppen genügt eine Steigung von 19 cm bei 25 cm Auftritt.

Bei Treppen mit eingelegten Wendelstufen ist Wert darauf zu legen, daß der gekrümmte Lauf allmählich in den geraden übergeht. Die Wendelstufen dürfen am spitzen Ende nicht schmäler als 10 cm sein. Zwischen je zwei Treppenabsätzen sollen in der Regel nicht weniger als 3 und nicht mehr als 18 Steigungen angeordnet werden. Das einmal gewählte Steigungsverhältnis ist bei derselben Treppe möglichst für alle Stockwerke beizubehalten.

Ausnahmen von obigen Regeln sind bei Boden-, Turm- und selten benutzten Nebentreppen zulässig.

Schwellen und Podeste vor Haustüren sind etwa 50 cm breit, bei Gebäuden mit größerem Verkehr oder nach außen aufschlagenden Haustüren aber mindestens so breit wie der aufschlagende Türflügel zu machen.

Bei Pendeltüren ist sowohl vor wie hinter denselben ein Podest anzuordnen, dessen Breite die des aufschlagenden Flügels tunlichst um 50 cm übersteigt.

Bei Kellerhälsen ist die Schwelle so breit zu machen, daß sich hinter der Eingangstür ein Auftritt von mindestens 30 cm ergibt.

Titel V. Zimmerarbeiten.

Die Balkenköpfe sind zum Schutze gegen Fäulnis der Luft zugänglich zu machen und trocken zu ummauern.

Die Tragfähigkeit von über 6,0 m freitragenden Balken ist rechnerisch festzustellen. Zur Erlangung ausreichender Steifigkeit der Balkenlagen ist nötigenfalls auf besondere Verstärkungen Bedacht zu nehmen.

Für die Auswechselung der Balken sind Ganzhölzer zu verwenden. Wenn die Wechsel Feuerungsanlagen oder mehr als einen Balken zu tragen haben, empfiehlt es sich, die Wechsel und Balken an den eingezapften Enden durch Trageisen von den Wänden aus zu unterstützen.

Aus Holz hergestellte Turmhelme sind stets auf Umsturz durch Winddruck zu berechnen. Das Standfestigkeitsmoment ist dabei unter der Annahme zu ermitteln, daß nur die Lattung oder Schalung aufgebracht ist, die eigentliche Dachdeckung aber noch fehlt. Der Überschuß des Kippmomentes über das Standfestigkeitsmoment ist durch Anker aufzuheben.

Sollen Kellerräume oder nicht unterkellerte Räume des Erdgeschosses Holzfußböden erhalten, so sind zur Vermeidung von Schwammbildung entweder die Lagerhölzer auf Ziegelunterlagen, die mit Asphaltpappe abgedeckt sind, hohl zu verlegen, oder es ist ein Stabfußboden zu wählen, welcher auf einer Betonschicht in Asphalt eingebettet wird. Bei der ersterwähnten Art ist ein flaches Ziegelpflaster, oder eine etwa 10 cm starke Betonschicht, die nötigenfalls noch mit einer Asphaltschicht zu überdecken ist, anzubringen. Die Wandflächen sind von der Oberkante der Unterlagen bis zur Oberkante des Fuß= bodens ringsum zweimal mit Goudron zu streichen. Es ist dafür zu sorgen, daß Holzteile — abgesehen von den Fußleisten — mit dem Mauerwerk nicht in unmittelbare Be= rührung kommen.

Zur Austrocknung und Trockenhaltung der Lagerhölzer und der Dielung sind Schlitze in den Fußleisten anzubringen, welche den Hohlraum mit dem darüberliegenden Zimmer= raum verbinden.

Die bei Titel IV über die Steigungsverhältnisse usw. der Steintreppen gemachten Bemerkungen gelten auch für Holztreppen.

Bei den Treppengeländern ist darauf zu achten, daß die Handleisten einen möglichst gleichmäßigen Verlauf ohne Knicke erhalten.

Titel VI. Stakerarbeiten.

Bei Windelböden ist zur Ausfüllung der Balkenfache reiner Lehm, trockener ge= glühter Sand, frische Koksasche oder dgl. — niemals alter Bauschutt oder abgelagerte Koksasche — zu verwenden.

Zur Aufnahme der Stakhölzer sind die Balken, der örtlichen Bauweise entsprechend, entweder zu falzen oder mit Latten zu benageln.

Bei Balkenlagen in Dachräumen, welche nur einer beschränkten Benutzung unter= liegen, sind zur Erhöhung der Feuersicherheit die Balkenfache bis zur Oberkante mit glatt gestrichenem Lehm auszufüllen. In Dachräumen, welche zu wirtschaftlichen Zwecken benutzt werden, ist über dieser Lehmausfüllung der Fußboden mit Brettern zu dielen.

Tit. VII. Schmiede= und Eisenarbeiten.

Eiserne Dach= und Deckenverbindungen, Säulen, größere eiserne Träger und deren Auflagerplatten usw. sind statisch zu berechnen.

Aus Eisen hergestellte Turmhelme sind stets in der im Titel V für hölzerne Turm= helme angegebenen Weise auf Umsturz durch Winddruck zu berechnen und entsprechend zu verankern.

Bei Eisenverbindungen über größeren Räumen mit massiven Decken empfiehlt es sich, die Deckenträger nicht über, sondern zwischen den Unterzügen derart anzuordnen, daß die Stege der Träger durch die massive Deckenmasse möglichst bedeckt werden.

Eiserne Unterzüge, welche Haupttrageteile des Gebäudes bilden, sind glutsicher zu ummanteln.

Alle Eisenteile sind mit einem rostschützenden Überzuge zu versehen.

Titel VIII. Dachdeckerarbeiten.

Die Dachneigungen sind unter Zugrundelegung der ganzen Tiefe eines Sattel=
daches so zu bemessen, daß als Höhe H die nachstehend aufgeführten Bruchteile der
Tiefe T angenommen werden.

1. Ziegeldächer

Falzziegeldach: H/T   im allgemeinen nicht unter $1/3$

Biberschwanzdach: "   "   "   " $2/5$

Holländisches Pfannendach)   "   "   "   " $1/2$

2. Schieferdächer in deutscher Art gedeckt   "   "   "   " $1/2$

in englischer Art gedeckt   "   "   "   " $1/4$

3. Holzzementdächer   "   "   "   " $1/36$—$1/40$

4. Pappdächer   "   "   "   " $1/15$

5. Metalldächer   "   "   "   " $1/15$

Bei Verwendung von Schiefer ist dem deutschen der Vorzug zu geben. Bei deutscher
Eindeckung kann auf die Schalung eine Lage von Dachpappe aufgebracht werden, um dem
Durchdringen von Schnee, Staub und Ruß vorzubeugen.

Zur Befestigung der Schiefer sind verzinkte oder verkupferte Eisennägel und Halter
aus gleichem Metall zu verwenden.

Laufbretter werden am zweckmäßigsten aus zwei schmalen Teilen mit Zwischenfuge
hergestellt. Sie sind gegen Fäulnis auf allen Seiten durch Anstrich zu schützen.

Für die Anbringung einer genügenden Zahl von Leiterhaken ist zu sorgen.

Titel IX. Klempnerarbeiten.

Bei Zinkeindeckungen sind im allgemeinen die Nummern 11—15 zu verwenden.
In besonderen Fällen und an schwer zugänglichen Stellen empfiehlt sich Blei oder
Kupfer.

Verbindungen von Kupfer und Zink sind nicht statthaft.

Auf zweckmäßige Verteilung und zugängliche Lage der Abfallrohre ist schon bei der
Ausarbeitung der ausführlichen Entwurfszeichnungen Bedacht zu nehmen; sie müssen
in den Grundrissen und Ansichten dargestellt werden.

Die Gewichte der für Bauzwecke verwendbaren Kupfer=, Zink= und Bleitafeln sind
folgende:

Gewicht des qm Kupfertafel:

von 0,3 mm Stärke = 2,70 kg   von 0,75 mm Stärke = 6,75 kg

von 0,4 mm Stärke = 3,60 kg   von 0,8 mm Stärke = 7,20 kg

von 0,5 mm Stärke = 4,50 kg   von 0,9 mm Stärke = 8,10 kg

von 0,6 mm Stärke = 5,40 kg   von 1,0 mm Stärke = 9,00 kg

Drei beliebig ausgewählte ganze Tafeln dürfen höchstens 2 v. H. Mindergewicht
haben.

Gewicht des qm Zinktafel:

Nr. 11   4,06 kg   Nr. 14   5,74 kg

Nr. 12   4,62 kg   Nr. 15   6,65 kg

Nr. 13   5,18 kg

Gewicht des qm Bleitafel:

von 1,0 mm Stärke	11,5 kg	von 3,0 mm Stärke	34,5 kg
von 2,0 mm Stärke	23,0 kg	von 4,0 mm Stärke	46,0 kg
von 2,5 mm Stärke	28,7 kg	von 5,0 mm Stärke	57,5 kg

Titel X. Tischlerarbeiten.

An äußeren Türen und Fenstern sind angeleimte Gliederungen und angeschraubte Zierteile aus Zink zu vermeiden. Bei Gehrungen ist durch geeignete Mittel zu verhindern, daß beim Schwinden des Holzes durch die Fuge hindurchgesehen werden kann.

Auf guten Anschluß der Fensterrahmen an die Sohlbänke und sorgfältige Dichtung der Fugen zwischen Rahmen, Sohlbank und Maueranschlag ist Bedacht zu nehmen. Wandtäfelungen sind auf massiven Wänden so anzubringen, daß die Zimmerluft sie an den Mauern reichlich umspülen kann. Die nach den Außenmauern gerichtete Holzseite ist durch Tränkung mit geeignetem Stoffe gegen Fäulnis zu schützen.

Beim Einstemmen von Dübeln zur Befestigung von Wandleisten, Täfelungen und dgl. ist besondere Vorsicht anzuwenden, damit die in den Mauern liegenden Rauchrohre, Bleirohrleitungen usw. nicht beschädigt werden.

Die Treppenhäuser sind gegen den Keller durch Türen oder Glaswände abzuschließen.

Titel XI. Schlosserarbeiten.

Eiserne Vergitterungen von Öffnungen sind möglichst gleich bei der Ausführung des Mauerwerks einzusetzen.

Beschlagteile auf hölzernen Türen sind, abgesehen von solchen Fällen, wo der Baustil ein anderes erfordert, aufzuschrauben, nicht aufzunageln.

Türen zum Abschlusse der feuersicheren Treppenhäuser im Dachboden sowie Türen in Brandmauern müssen, falls sie aus Holz gefertigt sind, auf beiden Seiten mit Eisenblech beschlagen werden. An besonders gefährdeten Stellen empfiehlt sich die Verwendung rauch- und feuersicherer Metalltüren.

Türen zum feuersicheren Abschlusse des Dachbodens sollen nach dem Treppenhause zu aufschlagen und selbsttätig zufallend hergerichtet werden; sie erhalten keine Schlösser. Soll der Zugang zum Dachboden unter Verschluß gehalten werden, ist vor oder hinter der feuersicheren Tür ein verschließbarer leichter Lattenverschlag herzustellen.

Titel XII. Glaserarbeiten.

Zur Verminderung der Unterhaltungskosten sind die Fenster- oder Türflügel derart durch Sprossen zu teilen, daß Scheiben von mehr als 50 zu 70 cm tunlichst vermieden werden.

Für Scheiben bis zu einer Größe von 80 zu 100 cm empfiehlt sich die Verwendung von ⁴/₄-Glas mit einer Durchschnittsstärke von 2 bis 2¼ mm. Für größere Scheiben ist ⁶/₄-Glas mit einer Stärke von mindestens 3 mm zu verwenden. Je nach der Bestimmung der Räume ist Glas erster Güte (sog. rheinisches) oder zweiter Güte (sog. halbweißes) zu wählen. Zu besonderen Zwecken kann auch ⁸/₄-Glas mit einer Durchschnittsstärke von 4 mm sowie Spiegelglas verwendet werden, letzteres jedoch nur, wenn es bei der Nachprüfung des Anschlages genehmigt worden ist.

Bei Oberlichtern ist für eine zweckmäßige Ableitung des Schwitzwassers zu sorgen.

Innere Windfangtüren sind tunlichst mit durchsichtigem Glase zu versehen.

Titel XIII. Anstreicher= und Tapezierarbeiten.

Billige Tapeten (bis zum Preise von 50 Pf. für die Rolle) sind im allgemeinen ohne Papierunterlage unmittelbar auf die Putzfläche zu kleben, nachdem die Wände gut geleimt worden ist. Bei allen teureren Tapeten ist eine Papierunterlage zu ver= wenden. An den Wänden oben und unten sowie an allen Ecken und Vorsprüngen sind Bandstreifen anzuleimen und mit Nägeln zu befestigen.

Titel XIV. Stuckarbeiten.

Die Verwendung von Stuck ist im allgemeinen möglichst zu beschränken. Stuck= gesimse sind tunlichst durch Ziehen, nicht durch Anschrauben gegossener Platten herzustellen.

Titel XV. Ofenarbeiten, Zentralheizungs= und Lüftungsanlagen.

Bei Bemessung der Größe der Öfen nach wärmeabgebender Fläche ist neben dem Inhalte des zu heizenden Raumes auch dessen Lage (ob an einer oder an zwei Seiten freiliegend, ob den herrschenden Winden ausgesetzt usw.) zu berücksichtigen.

Öfen und Kochherde aus Kacheln sind entweder mit Ziegeln, $\frac{1}{4}$ Stein stark, oder mit Dachsteinen in doppelter Lage auszufuttern. Der Feuerungsraum ist mit Schamotte= steinen in Schamottemörtel zu umkleiden. Kachelöfen für Wohnräume mit starken Wärmeverlusten müssen mit eisernen Füllregeliereinsätzen versehen werden.

Die Anbringung von Klappen in den Rauchröhren der Öfen ist untersagt; es sind luftdicht schließende Ofentüren anzuwenden.

Der Fuß der aus Kacheln herzustellenden Öfen und Kochherde ist mit eingelegten Luftschichten derart zu versehen, daß ein Durchbrennen nach unten und ein Übergreifen des Feuers auf die Balkenlagen verhütet wird.

Werden eiserne Öfen gewählt, so sind in der Regel Füllregulieröfen zu verwenden, die in den vom Feuer berührten Teilen mit Schamottesteinen ausgefuttert sein müssen. Bei Mantelöfen müssen die Mäntel derart hergestellt sein, daß der Ofenkörper überall auf Dichtheit untersucht werden und eine Reinigung der Heizflächen leicht erfolgen kann.

Wenn mit eisernen Öfen eine Frischluftzuführung zu den Räumen verbunden werden soll, ist darauf zu achten, daß Kohlen oder Asche nicht in den Luftkanal gelangen können.

Unter Öfen und Kochherde dürfen die Dielenbeläge nicht durchgeführt werden; es sind vielmehr besondere von der Dielung unabhängige Unterbauten zu schaffen. Hierzu empfehlen sich in Räumen mit Balkenlagen starke Ausbohlungen, auch Gewölbe oder betonierte Wellbleche auf eisernen, in den Umfassungsmauern vermauerten Trägern. In unterwölbten sowie in solchen Räumen, unter denen eine feuersichere Decke anderer Art oder unmittelbar der Erdboden liegt, sind besondere Fußmauern herzustellen.

Kachelöfen oder Kochherde aus Kacheln sind auf die so geschaffenen Unterlagen — und zwar in gedielten Räumen unter Anwendung eines hölzernen Rahmens, gegen welchen der später zu verlegende Fußboden anstößt — unmittelbar aufzustellen. Für eiserne Öfen und Kochherde sind dagegen auf die Ausbohlungen usw. zunächst Stein= platten oder Fliesen — in Räumen mit Balkenlagen unter Einbringung eines entsprechend starken Lehmschlages über den Balken — zu legen. Eine Bekleidung der unter den Öfen befindlichen Holzteile mit Blech genügt nicht.

Über die Behandlung von Zentralheizungs= und Lüftungsanlagen vgl. die An=
weisung vom Jahre 1909 (Zentralblatt der Bauverw. Seite 297/302).

Titel XVI. Kraft=, Beleuchtungs= und Wasseranlagen.

Bei Einrichtung elektrischer Anlagen sind die vom Verbande Deutscher Elektro=
techniker herausgegebenen „Sicherheitsvorschriften für die Errichtung elektrischer Stark=
stromanlagen" zu beachten.

Für die Berechnung der Gas= und Glühlichtbeleuchtung ist die Zahl der Flammen
maßgebend. Bogenlampen sind besonders zu berechnen.

Die für die Zuführung von Gas=, Wasser=, elektrischen und Dampfleitungen, sowie
für die Abführung von Verbrauchswasser und menschlichen Auswurfsstoffen dienenden
Rohrleitungen sind im allgemeinen nicht zu vermauern, sondern tunlichst auf der ganzen
Länge, für Ausbesserungen zugänglich, frei an den Wänden und Decken entlang zu
führen. In besseren Räumen und da, wo Beschädigungen zu befürchten sind, empfiehlt
es sich, für die Rohrleitungen Schlitze im Mauerwerk herzustellen und diese erforderlichen=
falls mit leicht abnehmbaren Verkleidungen zu versehen.

Der Haupthahn der Wasserleitung ist innerhalb des Kellergeschosses in frostfreier
Lage so anzuordnen, daß er leicht zugänglich ist. Für die auf den Fluren belegenen
Zapfstellen sind zur schnellen Bekämpfung eines Brandes mehrere Löscheimer bereit
zu stellen.

Hydranten sind innerhalb der Gebäude in der Regel nicht anzulegen. Es genügt
meist je eine etwa auf dem Mittelpodest der Dachbodentreppe über einem Ausguß
anzuordnende Zapfstelle, die mit Eimerspritze und zwei Feuereimern auszustatten ist
Die Zapfstelle ist entweder 60 cm über dem Ausgußbecken anzubringen, oder mit einem
kurzen Schlauch zur Füllung des Feuereimers zu versehen. Ist eine frostsichere An=
lage in Treppenhäusern nicht ausführbar, so kann unter Umständen die unmittelbare
Benutzung einer Steigeleitung unten zum Anschluß der Spritze und oben zum An=
setzen von Schläuchen in Aussicht genommen werden. In diesem Falle ist die Steige=
leitung unten mit einem leicht auffindbaren Absperrschieber mit Entwässerungsvor=
richtung zu versehen.

Bei ausgedehnten Anlagen sind für die Feuerwehr äußere Leitergänge auf den
Hofseiten für solche Dachbodenabteilungen vorzusehen, die nicht unmittelbar von einem
Treppenhause zugänglich sind. Dabei ist einer der Holme als Rohrleitung auszubilden,
an die unten die Spritze und oben die Schläuche angesetzt werden können. Die Leiter=
gänge müssen auf ein etwa 90 cm unter der Brüstung einer Aussteigeluke liegendes
Podest münden, daß mit einem 1,10 m hohen Geländer zu umgeben ist.

Hydranten auf Höfen oder Straßen sind so anzuordnen, daß die Schlauchleitungen
zu den Spritzen nicht länger als 45 m werden.

Aborte in Wohn= und Geschäftsgebäuden dürfen nur durch Vorräume oder Flure
zugänglich sein.

Titel XVIII. Insgemein.

Die für unvorhergesehene Fälle und zur Abrundung der Bausumme einzustellenden
Beträge sollen in der Regel 3 bis 5% der Bausumme betragen, können aber bei Instand=
setzungs oder Umbauten bis auf 20% erhöht werden.

D. Staatliche Vertrags=, Verdingungs= und Ausführungsbedingungen.

Im Nachstehenden sind neben den bei Staatsbauten vorgeschriebenen allgemeinen Vertragsbedingungen für einzelne häufig wiederkehrende Bauausführungen Sonder= bedingungen wiedergegeben, die entweder den diesbezüglichen staatlichen Vorschriften unmittelbar entnommen sind oder sich bei der Herausgabe bekannter Ausführungen so bewährt haben, daß sie als Anhalt für ähnliche Fälle gelten können. Auch das staatliche Vertragsformular ist beigefügt.

1. Allgemeine Vertragsbedingungen für die Ausführung von Leistungen und Lieferungen.

Nach dem Erlaß des Herrn Ministers der öffentlichen Arbeiten vom 17. Januar 1900, III b 601.

§ 1. Gegenstand des Vertrages.

Den Gegenstand des Unternehmens bildet die Ausführung der im Vertrage be= zeichneten Leistung oder Lieferung.

Im einzelnen bestimmt sich Art und Umfang der dem Unternehmer obliegenden Leistung oder Lieferung nach dem Vertrage, den Zeichnungen und sonstigen als zum Vertrage gehörig bezeichneten Unterlagen.

Nachträgliche Abänderungen der Beschaffenheit des Lieferungsgegenstandes oder der Leistung anzuordnen, bleibt der Verwaltung vorbehalten. Wird dadurch eine Ände= rung des Preises bedingt, so erfolgt die Entschädigung hierfür im billigen Verhältnis zu dem vertragsmäßig vereinbarten Preise. Die Entschädigungssätze sind rechtzeitig schriftlich zu vereinbaren. Leistungen oder Lieferungen, welche in dem Vertrage oder in den dazu gehörigen Unterlagen nicht vorgesehen sind, können dem Unternehmer nur mit seiner Zustimmung übertragen werden.

§ 2. Berechnung der Vergütung.

Die dem Unternehmer zukommende Vergütung wird nach den wirklichen Leistungen oder Lieferungen unter Zugrundelegung der vertragsmäßigen Einheitspreise berechnet.

Insoweit für Nebenleistungen, insbesondere für das Vorhalten von Werkzeug und Geräten, nicht besondere Preisansätze vorgesehen sind, umfassen die vereinbarten Preise zugleich die Vergütung für Nebenleistungen aller Art. Auch die Gestellung der zu den Güteprüfungen erforderlichen Arbeitskräfte, Maschinen und Geräte liegt dem Unter= nehmer ohne besondere Entschädigung ob.

Etwaige auf den Lieferungsgegenständen beruhende Patentgebühren trägt der Unternehmer. Er hat die Verwaltung gegen Patentansprüche Dritter zu vertreten.

Für Fässer und Verpackungsmaterial wird weder eine Vergütung geleistet noch eine Gewähr für gute Aufbewahrung übernommen. Sie gehen in das Eigentum der Ver= waltung über, sofern nicht abweichende Vereinbarungen getroffen sind.

§ 3. Mehrleistungen oder Mehrlieferungen.

Einseitig oder ohne vorherige Bestellung (Auftrag) von dem Unternehmer bewirkte Leistungen oder Lieferungen brauchen nicht angenommen zu werden; auch ist die Ver= waltung befugt, solche Leistungen auf Gefahr und Kosten des Unternehmers wieder beseitigen zu lassen. Dieser hat bei Nichtannahme nicht nur keinerlei Vergütung für derartige Leistungen oder Lieferungen zu beanspruchen, sondern muß auch für allen Schaden aufkommen, welcher etwa durch die Abweichungen vom Vertrage für die Verwaltung entstanden ist.

§ 4. Beginn, Fortführung und Vollendung der Leistungen oder Lieferungen.

Der Beginn, die Fortführung und Vollendung der Leistungen oder Lieferungen hat innerhalb der im Vertrage festgesetzten Fristen zu erfolgen. Ist im Vertrage über den Beginn der Leistungen oder Lieferungen eine Vereinbarung nicht enthalten, so hat der Unternehmer spätestens 14 Tage nach schriftlicher Aufforderung seitens der Verwaltung zu beginnen. Die Leistung oder Lieferung muß im Verhältnis zu den bedungenen Vollendungsfristen fortgesetzt angemessen gefördert werden (§ 11).

Die Vorräte an Materialien müssen allezeit den übernommenen Leistungen oder Lieferungen entsprechen.

§ 5. Vertragsstrafe.

Die Berechtigung der Verwaltung, eine Vertragsstrafe von dem Guthaben des Unternehmers einzubehalten, richtet sich nach §§ 339 bis 341 BGB.

Die Vertragsstrafe gilt nicht als erlassen, wenn die Verwaltung verspätete oder ungenügende Leistungen oder Lieferungen vorbehaltlos angenommen hat.

Für die Berechnung einer Vertragsstrafe bei Leistungen oder Lieferungen ist der Zeitpunkt maßgebend, zu welchem die Leistung nach dem Vertrage fertiggestellt oder die Anlieferung an dem im Vertrage bezeichneten Anlieferungsorte stattfinden sollte.

Eine tageweise zu berechnende Vertragsstrafe für verspätete Ausführung von Leistungen oder Lieferungen bleibt für die in die Zeit einer Verzögerung fallenden Sonntage und allgemeine Feiertage außer Ansatz.

§ 6. Behinderung der Leistungen oder Lieferungen.

Glaubt der Unternehmer sich in der ordnungsmäßigen Fortführung der übernommenen Leistungen oder Lieferungen durch Anordnungen der Verwaltung oder höhere Gewalt behindert, so hat er der Verwaltung hiervon sofort Anzeige zu erstatten.

Unterläßt der Unternehmer diese Anzeige, so steht ihm ein Anspruch auf Berücksichtigung der angeblich hindernden Umstände nicht zu.

Der Verwaltung bleibt vorbehalten, falls die bezüglichen Angaben des Unternehmers für begründet zu erachten sind, eine angemessene Verlängerung der im Vertrage festgesetzten Leistungs= oder Lieferungsfristen zu bewilligen.

Nach Beseitigung der Hinderungen sind die Leistungen oder Lieferungen ohne weitere Aufforderung ungesäumt wieder aufzunehmen.

§ 7. Güte der Leistungen oder Lieferungen.

Die Leistungen oder Lieferungen müssen den besten Regeln der Technik und den besonderen Bestimmungen des Vertrages entsprechen.

Behufs Überwachung der Ausführung der Leistungen oder Lieferungen, sowie Vornahme von Materialprüfungen steht den Beauftragten der Verwaltung jederzeit während der Arbeitsstunden der Zutritt zu den Arbeitsplätzen und Werkstätten frei, in welchen zu dem Unternehmen gehörige Gegenstände angefertigt werden. Auf Verlangen hat Unternehmer den Beginn der Herstellungsarbeiten rechtzeitig der Verwaltung anzuzeigen. Müssen einzelne Leistungen oder Teillieferungen sofort nach ihrer Ausführung geprüft werden, so bedarf es einer besonderen Benachrichtigung des Unternehmers hiervon nicht, vielmehr ist es dessen Sache, für seine Anwesenheit oder Vertretung bei der Prüfung Sorge zu tragen.

Entstehen zwischen der Verwaltung und dem Unternehmer Meinungsverschiedenheiten über die Zuverlässigkeit der hierbei angewendeten Maschinen oder Untersuchungsarten, so kann der Unternehmer eine weitere Prüfung seitens des Königlichen Materialprüfungsamts zu Groß-Lichterfelde verlangen, dessen Festsetzungen endgültig entscheidend sind. Die hierbei entstehenden Kosten trägt der unterliegende Teil.

Die bei der Güteprüfung nicht bedingungsgemäß befundenen Gegenstände hat Unternehmer unentgeltlich und, falls die Güteprüfung nicht in der Werkstatt, Fabrik usw. des Unternehmers stattgefunden hat, auch frei Anlieferungsort zu ersetzen (§ 11).

Für die durch Zurückweisung nicht bedingungsgemäßer Gegenstände entstehenden Kosten und Verluste an Materialien hat der Unternehmer die Verwaltung schadlos zu halten.

§ 8. Ort der Anlieferung und Versand.

Die Anlieferung der Leistungs- und Lieferungsgegenstände hat nach den Bestimmungen des Vertrages zu erfolgen.

Ist Anlieferung frei Waggon vereinbart, so ist Unternehmer verpflichtet, die Materialien unter tunlichster Ausnutzung der Tragfähigkeit der Eisenbahnwagen aufzugeben und die hierbei entstehenden Nebenkosten, wie z. B. für die Ausfertigung der Frachtbriefe und die etwa verlangte bahnamtliche Feststellung des Gewichts der Sendung zu tragen.

In die Frachtbriefe sind seitens des Unternehmers die zu versendenden Materialien nach deren Benennung, Stückzahl, Gewicht und zutreffendenfalls Länge aufzunehmen.

Unterlassung der Gewichtsangabe im Frachtbriefe seitens des Absenders soll dem Antrage auf bahnamtliche Feststellung des Gewichts gleich geachtet werden.

§ 9. Abnahme und Gewährleistung.

Die Abnahme des Gegenstandes der Leistung oder Lieferung erfolgt an den von der Verwaltung zu bezeichnenden Empfangs(Erfüllungs)orten. Erst mit dem Zeitpunkte der Abnahme geht das Eigentum und die Gefahr auf die Verwaltung über.

Sollen die Arbeiten oder Lieferungen zu einem vertraglich bestimmten Zeitpunkte erfolgen, so ist der Unternehmer nicht berechtigt, die Abnahme vor jenem Zeitpunkte zu verlangen.

Ist die im § 7 vorgesehene Güteprüfung bereits vorher vorgenommen und ihr Ergebnis als bedingungsgemäß anerkannt worden, so findet eine Wiederholung bei der Abnahme in der Regel nicht statt.

Mit der Abnahme beginnt die in den besonderen Bedingungen des Vertrages vorgesehene, in Ermangelung solcher nach den allgemeinen gesetzlichen Vorschriften (vgl. §§ 477, 638 BGB. sich bestimmende Frist für die dem Unternehmer obliegende Gewährleistung für die Güte der Leistung oder Lieferung.

Der Einwand nicht rechtzeitiger Anzeige von Mängeln gelieferter Waren (§ 377 des Handelsgesetzbuches) ist nicht statthaft.

Bezüglich der bei der Abnahme zurückgewiesenen Gegenstände liegt dem Unter= nehmer die gleiche Ersatzverpflichtung ob, wie bezüglich der bei der Güteprüfung nicht bedingungsgemäß befundenen Gegenstände (§ 7).

Für alle Gegenstände dagegen, welche sich während der Dauer der Gewährleistung als nicht bedingungsgemäß erweisen, oder für solche, welche infolge schlechten Materials oder mangelhafter Herstellung bei gewöhnlicher Betriebsnutzung, d. h. mit Ausschluß nachweisbarer Unfälle, betriebsunbrauchbar werden, oder bei der Bearbeitung sich als fehlerhaft herausstellen, ist Unternehmer verpflichtet,

a) sofern nach den besonderen Bedingungen Naturalersatz stattfindet:
neue, den Bedingungen entsprechende Stücke frei Empfangs(Erfüllungs)ort zu liefern (§ 11);

b) sofern nach den besonderen Bedingungen Geldausgleich eintritt:
1. den vertragsmäßigen Lieferpreis,
2. die Frachtkosten von dem Anlieferungsorte oder der demselben zunächst ge= legenen Station nach dem Erfüllungsorte zu vergüten.

Bei Berechnung der Frachtkosten wird der zur Zeit der Ersatzforderung gültige Tarif für Wagenladungen von 10 000 kg zugrunde gelegt. Die bezüglichen Beträge sind innerhalb 4 Wochen nach ergangener Aufforderung einzuzahlen.

§ 10. Gemeinsame Bestimmungen für die Güteprüfung, Abnahme und Gewährleistung.

Unbeschadet des Rechtes, seine Ansprüche im schiedsrichterlichen Verfahren (§ 20) geltend zu machen, ist Unternehmer verpflichtet, sich zunächst dem Urteile des mit der Güteprüfung oder Abnahme betrauten Beamten zu unterwerfen. Etwa erforderliche Nacharbeiten an einzelnen, den Bedingungen nicht voll entsprechenden Leistungs= oder Lieferungsgegenständen hat der Unternehmer ungesäumt auszuführen, widrigenfalls dies seitens der Verwaltung auf seine Kosten geschehen kann.

Der Unternehmer ist verpflichtet, auf der Verwaltung gehörigen Lagerplätzen be= findliche, zurückgewiesene oder während der Garantiezeit schadhaft gewordene Gegen= stände, welche letztere auch auf der der Verwendungsstelle zunächst belegenen Station von der Verwaltung zur Verfügung gestellt werden können, alsbald von der Lagerstelle zu entfernen. Geschieht dies innerhalb der gesetzten Frist nicht, so können diese Gegen= stände seitens der Verwaltung auf Kosten und für Rechnung des Unternehmers beliebig veräußert werden (§§ 383, 384 und 386 BGB.).

§ 11. Fristen für Nachlieferungen oder Beseitigung von Mängeln.

Zum Ersatz der bei der Güteprüfung (§ 7), bei der Abnahme (§ 9) und — soweit Naturalersatz stattfindet — auch der nach der Abnahme (§ 9) zurückgewiesenen Leistungen oder Lieferungen ist dem Unternehmer eine angemessene Frist zu bestimmen. Das gleiche gilt, wenn die Leistungen oder Lieferungen untüchtig oder nach Maßgabe der verlaufenen Zeit nicht genügend gefördert sind, von der Beseitigung dieser Mängel. Die Fristbestimmung erfolgt unbeschadet der der Verwaltung schon vor Ablauf der Frist zustehenden Rechte, insbesondere des Rechtes auf Einziehung verwirkter Vertrags= strafen (§ 5).

§ 12. Entziehung der Leistungen oder Lieferungen.

Kommt der Unternehmer innerhalb der Frist den Anordnungen der Verwaltung nicht nach, sind seine Ersatzleistungen oder -lieferungen nicht bedingungsgemäß, oder wird die Sicherheitsleistung (§ 17) nicht spätestens binnen 14 Tagen nach Aufforderung bewirkt, so ist die Verwaltung berechtigt, nach ihrer Wahl entweder

a) gänzlich vom Vertrage zurückzutreten und Schadenersatz wegen Nichterfüllung zu verlangen oder

b) dem Unternehmer die weitere Ausführung der Leistungen oder Lieferungen ganz oder teilweise zu entziehen und Schadenersatz wegen nicht genügender oder verspäteter Erfüllung zu verlangen oder

c) auf der Erfüllung der dem Unternehmer obliegenden Verpflichtungen vorbehaltlich aller Schadenersatzansprüche zu bestehen. Entscheidet sie sich gemäß a) oder b), so teilt sie dies dem Unternehmer mittels eingeschriebenen Briefes mit. Erfolgt keine Mitteilung, so ist anzunehmen, daß sie sich gemäß c) entschieden habe.

Werden dem Unternehmer die Leistungen oder Lieferungen ganz oder teilweise entzogen, so kann die Verwaltung, unbeschadet ihrer Schadenersatzansprüche, den noch nicht vollendeten Teil auf seine Kosten ausführen lassen oder selbst für seine Rechnung ausführen.

Nach beendeter Leistung oder Lieferung wird dem Unternehmer eine Abrechnung mitgeteilt.

Abschlagszahlungen (§ 14) können im Falle der Entziehung der Leistung oder Lieferung dem Unternehmer nur innerhalb desjenigen Betrages gewährt werden, welcher für ihn als sicheres Guthaben unter Berücksichtigung der entstandenen Gegenansprüche ermittelt ist.

§ 13. Rechnungsaufstellung.

Bezüglich der förmlichen Aufstellung der Rechnung, welche in der Form, Ausdrucksweise und Reihenfolge der Posten genau nach dem Vertrage und dessen Unterlagen einzurichten ist, hat der Unternehmer den von der Verwaltung gestellten Anforderungen zu entsprechen.

Etwaige Mehrleistungen und Mehrlieferungen sind in besonderer Rechnung nachzuweisen, unter deutlichem Hinweis auf die schriftlichen Vereinbarungen, welche darüber getroffen worden sind.

§ 14. Abschlagszahlungen.

Abschlagszahlungen werden dem Unternehmer in angemessenen Fristen auf Antrag nach Maßgabe des jeweilig Geleisteten oder Gelieferten bis zu der von der Verwaltung mit Sicherheit vertretbaren Höhe gewährt (vgl. § 12, Absatz 3).

Hiervon können noch nicht hinterlegte Sicherheitsbeträge (§ 17), sowie anderweitige auf dem Vertrage beruhende Forderungen der Verwaltung gegen den Unternehmer in Abzug gebracht werden.

§ 15. Schlußzahlung.

Die Schlußzahlung erfolgt alsbald nach vollendeter Prüfung und Feststellung der vom Unternehmer einzureichenden Rechnung (§ 13).

Bleiben bei der Schlußabrechnung Meinungsverschiedenheiten zwischen der Verwaltung und dem Unternehmer bestehen, so soll diesem gleichwohl das ihm unbestritten zustehende Guthaben nicht vorenthalten werden.

Vor Empfangnahme des von der Verwaltung als Restguthaben zur Auszahlung angebotenen Betrages muß der Unternehmer alle Ansprüche, welche er aus dem Vertragsverhältnisse über die behördlicherseits anerkannten hinaus etwa noch zu haben vermeint, bestimmt bezeichnen und sich schriftlich vorbehalten, widrigenfalls die Geltendmachung dieser Ansprüche später ausgeschlossen ist.

§ 16. Zahlende Kasse.

Alle Zahlungen erfolgen, sofern nicht in den besonderen Bedingungen oder im Vertrage etwas anderes festgesetzt ist, auf der Kasse der Verwaltung, für welche die Leistung oder Lieferung ausgeführt wird.

§ 17. Sicherheitsleistung[1]).

Die Sicherheit für die vollständige Vertragserfüllung kann durch Bürgen oder Pfänder bestellt werden; durch Bürgen jedoch nur mit Einwilligung der Verwaltung. Der Bürge hat einen Bürgschein nach Vorschrift der Verwaltung auszustellen.

Die Höhe der zu bestellenden Pfänder beträgt fünf (5) vom Hundert der Vertragssumme, soweit nicht ein anderes bestimmt ist.

Die Verwaltung kann die Hinterlegung eines Generalpfandes zulassen, das für alle von dem Unternehmer im Bereiche der Verwaltung vertragsmäßig übernommenen Verpflichtungen haftet. Die Höhe des Generalpfandes wird verwaltungsseitig nach dem Durchschnittswert sämtlicher von dem Unternehmer auszuführenden oder in den letzten drei Jahren ausgeführten Lieferungen oder Leistungen bemessen und festgesetzt.

Die Verwaltung behält sich das Recht vor, das Generalpfand jederzeit bis höchstens zum Gesamtbetrage der Einzelpfänder, an deren Stelle es bestellt ist, zu erhöhen, sofern es zur Sicherstellung der Verbindlichkeiten des Unternehmers nach ihrem Ermessen nicht genügt. Sie ist berechtigt, ihr Einverständnis mit der Bestellung eines Generalpfandes jederzeit zurückzuziehen und zu verlangen, daß an dessen Stelle innerhalb der von ihr zu bestimmenden Frist die erforderlichen Einzelpfänder hinterlegt werden. Die Freigabe des Generalpfandes erfolgt in diesem Falle nicht vor Stellung sämtlicher Einzelpfänder.

Zum Pfande können bestellt werden entweder Forderungen, die in das Reichsschuldbuch oder in das Staatsschuldbuch eines Bundesstaats eingetragen sind, oder bares Geld, Wertpapiere, Depotscheine der Reichsbank, Sparkassenbücher oder Wechsel.

Hinterlegtes bares Geld geht in das Eigentum der Verwaltung über. Es wird nicht verzinst. Dem Unternehmer steht ein Anspruch auf Rückerstattung nur dann zu, wenn er aus dem Vertrage nichts mehr zu vertreten hat.

Als Wertpapiere werden angenommen die Schuldverschreibungen der Deutschen Reichsanleihe und der Preußischen Staatsanleihe zum Nennwerte, sofern jedoch der Kurswert höher ist, zum Kurswerte, die Schuldverschreibungen der anderen deutschen Bundesstaaten sowie die Stamm= und Stamm=Prioritätsaktien und Prioritätsobligationen derjenigen Eisenbahnen, deren Erwerb durch den Preußischen Staat gesetzlich genehmigt ist, zum Kurswerte, die übrigen bei der Deutschen Reichsbank beleihbaren Effekten zu dem daselbst beleihbaren Bruchteil des Kurswertes.

---

[1]) Bezugsquellen: Erste Berliner Kautionsgesellschaft, Berlin W 57.

Depotscheine der Reichsbank oder der Königlichen Seehandlung (Preußische Staats=
bank) über hinterlegte verpfändungsfähige (vgl. zu 7) Wertpapiere werden angenommen,
wenn gleichzeitig eine Verpfändungsurkunde des Unternehmers und eine Aushändigungs=
bescheinigung der Reichsbank oder der Königlichen Seehandlung (Preußische Staats=
bank) nach Anordnung der Verwaltung überreicht wird.

Sparkassenbücher werden nach dem Ermessen der Verwaltung angenommen. Gleich=
zeitig ist über das Sparkassenguthaben eine Verpfändungsurkunde nach Anordnung der
Verwaltung auszustellen.

Wechsel werden nach dem Ermessen der Verwaltung angenommen, wenn sie an den
durch die zuständige Verwaltungsbehörde vertretenen Königlichen Fiskus bei Sicht zahl=
bar, gezogen und akzeptiert sind, eigene Wechsel nur, wenn sie bei Sicht zahlbar und
avaliert sind und wenn als Wechselnehmer der Fiskus bezeichnet ist.

Die Ergänzung einer Pfandbestellung kann gefordert werden, falls diese infolge
teilweiser Inanspruchnahme oder bei den gemäß Absatz 7 lediglich zum Kurswerte,
nicht aber auch zum Nennwerte anzunehmenden Wertpapieren infolge eines Kurs=
rückganges nicht mehr genügend Deckung bietet.

Die Befriedigung aus den verpfändeten Schuldbuchforderungen, Wertpapieren,
Depotscheinen, Sparkassenbüchern und Wechseln erfolgt nach den gesetzlichen Bestim=
mungen. Die Verwaltung behält sich das Recht vor, jederzeit an Stelle einer in Wechseln
oder Bürgschaften bestellten Sicherheit anderweit Sicherheit zu fordern.

Wertpapieren sind stets die Erneuerungsscheine beizufügen.

Zins=, Renten= und Gewinnanteilscheine können dem Unternehmer auf Grund
des Vertrages belassen werden. Andernfalls werden sie, so lange als nicht eine Ver=
äußerung der Wertpapiere zur Deckung entstandener Verbindlichkeiten in Aussicht ge=
nommen werden muß, an den Fälligkeitstagen dem Unternehmer ausgehändigt.

Die Verwaltung überwacht nicht, ob die ihr verpfändeten Wertpapiere, Depot=
scheine, Sparkassenbücher und Wechsel zur Auszahlung aufgerufen, ausgelost oder ge=
kündigt werden, oder ob sonst eine Veränderung betreffs ihrer eintritt. Hierauf zu
achten und das Geeignete zu veranlassen, ist lediglich Sache des Verpfänders, den
auch allein die nachteiligen Folgen treffen, wenn die nötigen Maßregeln unter=
bleiben.

Die Rückgabe der Pfänder, soweit sie für Verbindlichkeiten des Unternehmers
nicht in Anspruch zu nehmen sind, erfolgt, falls sie nicht als Generalpfand bestellt sind,
zu drei Fünfteln (³/₅) des Gesamtbetrages, nachdem der Unternehmer die bedingungs=
gemäße Ausführung der Leistung oder Lieferung bewirkt hat. Die Rückgabe der übrigen
zwei Fünftel (²/₅) findet statt, wenn die Zeit der etwa vorgesehenen Gewährleistung ab=
gelaufen ist und die Ersatzansprüche erledigt sind. In Ermangelung anderweiter Ver=
abredung gilt als bedungen, daß die Pfänder in ganzer Höhe zur Deckung der aus der
Gewährleistung sich ergebenden Verbindlichkeiten einzuhalten sind.

§ 18. Übertragbarkeit des Vertrages.

Ohne Genehmigung der Verwaltung darf der Unternehmer seine vertragsmäßigen
Verpflichtungen nicht auf andere übertragen.

Verfällt der Unternehmer vor Erfüllung des Vertrages in Konkurs, so ist die Ver=
waltung berechtigt, den Vertrag mit dem Tage der Konkurseröffnung aufzuheben. Auch

kann die Verwaltung den Vertrag sofort auflösen, wenn das Guthaben des Unternehmers ganz oder teilweise mit Arrest belegt oder gepfändet wird.

Bezüglich der in diesen Fällen zu gewährenden Vergütung sowie der Gewährung von Abschlagszahlungen finden die Bestimmungen des § 12 sinngemäß Anwendung.

Für den Fall, daß der Unternehmer mit Tode abgehen sollte, bevor der Vertrag vollständig erfüllt ist, hat die Verwaltung die Wahl, ob sie das Vertragsverhältnis mit seinen Erben fortsetzen oder es als aufgelöst betrachten will.

Macht die Verwaltung von den ihr nach Absatz 2 und 4 zustehenden Rechten Gebrauch, so teilt sie dies dem Konkursverwalter oder dem Unternehmer oder seinen Erben mittels eingeschriebenen Briefes mit. Erfolgt keine Mitteilung, so ist anzunehmen, daß sie auf der Erfüllung oder Fortsetzung des Vertrages besteht.

§ 19. Gerichtsstand.

Für die aus dem Vertrage entspringenden Rechtsstreitigkeiten hat der Unternehmer — unbeschadet der im § 20 vorgesehenen Zuständigkeit eines Schiedsgerichts — bei dem zuständigen Gerichte, in dessen Bezirk die den Vertrag abschließende Behörde ihren Sitz hat, Recht zu nehmen.

§ 20. Schiedsgericht.

1. Über alle streitigen Rechtsansprüche, die aus Anlaß und in Ausführung des Vertrags von einer Partei gegen die andere erhoben werden, wird unter Ausschluß des Rechtswegs auf der Grundlage des Vertrags und nach Maßgabe des geltenden Rechts durch ein Schiedsgericht entschieden, sofern nicht die Verwaltung und der Unternehmer im vorkommenden einzelnen Streitfall vereinbaren, daß der Austrag der Rechtsstreitigkeit im ordentlichen Rechtsweg erfolgen soll.

2. Über die von dem Unternehmer erhobenen Rechtsansprüche hat die Behörde, welche vor den ordentlichen Gerichten zur Vertretung der Verwaltung berufen wäre, dem Unternehmer einen schriftlichen Bescheid zu erteilen. Diese Entscheidung gilt als anerkannt, falls der Unternehmer nicht binnen 4 Wochen vom Tage der Zustellung ab der Behörde anzeigt, daß er auf schiedsrichterliche Entscheidung über seine Rechtsansprüche antrage. Auf diese Rechtsfolgen ist in dem Bescheide der Behörde, soll dieser die bezeichnete Rechtswirkung haben, ausdrücklich hinzuweisen.

3. Das Schiedsgericht besteht aus einem Obmann und zwei Beisitzern. Die Behörde (Absatz 2) und der Unternehmer ernennen je einen Schiedsrichter. Der Obmann wird auf Ersuchen der Behörde von dem Präsidenten des Landgerichts bezeichnet, bei welchem die Behörde ihren allgemeinen Gerichtsstand hat. Dieser Obmann muß die Befähigung zum Richteramt besitzen. Die Parteien dürfen zu Schiedsrichtern nur solche Personen ernennen, die an dem Ausgang der Sache ganz unbeteiligt sind und von denen eine durchaus unbefangene Würdigung der Angelegenheit erwartet werden kann. Es dürfen insbesondere von den Parteien solche Personen nicht zu Schiedsrichtern ernannt werden, die mit der Sache bereits befaßt waren oder die gewerbsmäßig die Beratung oder Vertretung von Unternehmern bei schiedsgerichtlichen Verfahren betreiben. Das Ablehnungsrecht nach § 1032 der Zivilprozeßordnung gegenüber dem Obmann und den Beisitzern bleibt unberührt.

4. Der Obmann hat das ganze Verfahren zu leiten, insbesondere auch allein den zur Vorbereitung der Angelegenheit bis zur Verhandlung des Schiedsgerichts erforder-

5*

lichen Verkehr mit den Parteien zu führen. Die Entscheidung des Schiedsgerichts erfolgt nach Stimmenmehrheit. Bestehen wegen der Summen, über welche zu entscheiden ist, mehr als zwei Meinungen, so wird die für die größte Summe abgegebene Stimme der für die zunächst geringere abgegebenen zugerechnet.

5. Der Behörde und dem Unternehmer bleibt es vorbehalten, im einzelnen vorkommenden Streitfall eine andere Besetzung des Schiedsgerichts, als vorstehend in Absatz 3 bestimmt ist, zu vereinbaren.

6. Jedem Beisitzer steht ein Anspruch auf Vergütung nur gegenüber der Partei zu, die ihn zum Schiedsrichter ernannt hat. Hiervon ist ihm bei der Ernennung Kenntnis zu geben. Für die dem Obmann zu gewährende Vergütung haften beide Parteien als Gesamtschuldner. Der Landgerichtspräsident wird dem von ihm bezeichneten Obmann bei der Ernennung mitteilen, daß ihm eine unter billiger Berücksichtigung des Umfangs und der Schwierigkeit seiner Arbeit sowie seiner persönlichen Verhältnisse zu bemessende Vergütung, höchstens aber ein Stundensatz für die auf die Arbeit verwendete Zeit, und zwar für die erste Stunde 20 M., für jede weitere Stunde 5 M. (unter Zusammenrechnung der einzelnen, auf die Tätigkeit verwendeten Zeitabschnitte zu einem Zeitraum), dazu bei Reisen eine besondere Reisevergütung in Höhe der gesetzlichen Tagegelder und Fahrkosten der Beamten der 4. und 5. Rangklasse von den Parteien gewährt werden würde. Wird die von dem Obmann nach Erlassung des Schiedsspruchs als angemessen bezeichnete Vergütung von einer der Parteien beanstandet, so hat der Landgerichtspräsident die nach Maßgabe des vorhergehenden Satzes zu bemessende Vergütung nach freiem Ermessen festzusetzen. Durch diese Festsetzung wird die Höhe der Vergütung endgültig bestimmt. Der Obmann ist bei der Mitteilung von seiner Ernennung durch den Landgerichtspräsidenten zu ersuchen, sich bei Annahme des Amtes ausdrücklich damit einverstanden zu erklären, daß seine Vergütung in Gemäßheit der in diesem Absatz getroffenen Bestimmungen festgesetzt werde.

7. Über die Kosten des schiedsgerichtlichen Verfahrens, und zwar zunächst über die Verteilung der Kosten zwischen der Verwaltung und dem Unternehmer dem Grundsatze nach, demnächst auf besonderen Antrag einer Partei auch über die Festsetzung der Kosten einer Partei zu Lasten des Gegners, entscheidet das Schiedsgericht. Die als Schiedsrichtervergütung hierbei von der obsiegenden Partei dem unterliegenden Gegner in Rechnung zu stellenden Beträge sind nach Maßgabe der im Satz 4 des Absatzes 6 für die Höhe der Vergütung des Obmanns getroffenen Bestimmungen zu bemessen. Für die Höhe der Vergütung des Obmanns ist auch in diesem Verfahren deren Festsetzung durch den Landgerichtspräsidenten maßgebend.

8. Wird der Schiedsspruch in den in § 1041 der Zivilprozeßordnung bezeichneten Fällen aufgehoben, so hat die Entscheidung des Streitfalls im ordentlichen Rechtswege zu erfolgen.

9. Die Fortführung der Leistungen oder Lieferungen nach Maßgabe der von der Verwaltung getroffenen Anordnungen darf durch das schiedsgerichtliche Verfahren nicht aufgehalten werden.

§ 21. Kosten und Stempel.

Briefe und Depeschen, welche den Abschluß und die Ausführung des Vertrages betreffen, werden beiderseits frei gemacht.

Die Portokosten für Geld- und sonstige Sendungen, welche im ausschließlichen Interesse des Unternehmers erfolgen, trägt dieser.

Die Stempelsteuer trägt der Unternehmer nach Maßgabe der gesetzlichen Bestimmungen. Auch diejenigen Stempelbeträge sind von dem Unternehmer zu zahlen, die von der Steuerbehörde etwa nachträglich gefordert werden.

Die übrigen Kosten des Vertragsabschlusses fallen jedem Teile zur Hälfte zur Last.

Anerkannt..., den...............ten .... 19............

(Der Unternehmer) ....

2. Besondere Bedingungen
für
die Verdingung und Ausführung von ....

....

zum Bau des ....

....

(für Generalunternehmung.)

§ 1. Gegenstand des Vertrages.

Gegenstand des Unternehmens ist die Ausführung der ....

Arbeiten...

(die Lieferung der ....

....

....)

für den Bau des ....

....

§ 2. Umfang der Leistungen des Unternehmers.

Die zu übernehmenden Arbeiten und Lieferungen ergeben sich aus dem Anschlage (Verdingungsanschlage, Angebote). Die Ausführung hat hiernach sowie auf Grund der zugehörigen Zeichnungen und sonstigen technischen Ausarbeitungen (der Massen=, statischen und Gewichtsberechnungen) zu erfolgen. Dem Hauptexemplare des Vertrages, welches als Grundlage für die Ausführung und Abrechnung der Bauverwaltung verbleibt, sind die erwähnten, durch beiderseitige Namensunterschrift anzuerkennenden Unterlagen urschriftlich oder in beglaubigter Abschrift beizufügen.

Im übrigen gelten für den Umfang und die Art der Leistungen des Unternehmers die angefügten technischen Vorschriften.

§ 3. Nebenleistungen.

Hinsichtlich der Nebenleistungen wird auf die unter a) der technischen Vorschriften enthaltenen Bestimmungen verwiesen. Eine besondere Vergütung für die dort und im Verdingungsanschlage ausdrücklich aufgeführten Nebenleistungen findet nicht statt.

Nebenleistungen, welche weder im Verdingungsanschlage noch in den technischen Vorschriften vorgesehen sind, fallen nicht unter diesen Vertrag und können von dem Unternehmer unentgeltlich nicht gefordert werden.

§ 4. Beginn, Fortführung und Vollendung der Arbeiten und Lieferungen.

Mit der Ausführung der Arbeiten (Lieferungen) ist am .... zu beginnen.

Die Arbeiten und Lieferungen sind im einzelnen so zu fördern, daß ....

....

....

....

....

Die Fertigstellung sämtlicher im Verdingungsanschlage vorgesehenen Leistungen einschließlich aller Nebenarbeiten muß bis zum .... erfolgt sein.

§ 5. Berechnung der dem Unternehmer zustehenden Vergütung, ein= schließlich der Vergütung für Tagelohnarbeiten.

Die Höhe der dem Unternehmer im ganzen zustehenden Vergütung wird nach den wirklichen Leistungen und Lieferungen unter Zugrundelegung der im Verdingungsan= schlage oder in sonstiger Weise vereinbarten Einheitspreise berechnet.

Für alle mit Zustimmung oder auf Anordnung des bauleitenden Beamten zur Aus= führung gelangenden, vom Vertrage abweichenden oder in diesem nicht vorgesehenen Leistungen und Lieferungen sind unter dem Vorbehalte der Genehmigung derjenigen Behörde, welche den Vertrag bestätigt hat, vor der Ausführung angemessene Entschä= digung schriftlich zu vereinbaren. Dafür, daß eine solche Vereinbarung rechtzeitig er= folgt, hat sowohl der leitende Baubeamte wie der Unternehmer zu sorgen.

Ist die Feststellung einer Vergütung für Mehrarbeiten verabsäumt worden, so muß der Unternehmer sich eine Entschädigung nach ortsüblichen, der Güte der Leistungen ent= sprechenden Preisen gefallen lassen.

Werden mit Zustimmung oder auf Anordnung der Bauverwaltung einzelne nicht vertragsmäßige Arbeiten im Tagelohn zur Ausführung gebracht, so kommen hierfür die vom Unternehmer bei Abgabe seines Angebotes anzumeldenden Lohnforderungen zur Berechnung. Diese betragen für die Arbeitsstunde:

a) eines Poliers, Werkführers oder Monteurs . . . . Pf.
b) eines Gesellen . . . . „
c) eines Lehrlings . . . . „
d) eines Arbeiters . . . . „

In diesen Lohnsätzen ist das sogenannte Meistergeld sowie das Vorhalten brauch= barer Geräte und Rüstungen mit enthalten.

Ob und wieweit bei Tagelohnarbeiten zur Beaufsichtigung ein Polier verwendet und in Anrechnung gebracht werden darf, entscheidet der leitende Baubeamte auf An= trag des Unternehmers vor Jnangriffnahme der Arbeiten.

Werden die Tagelohnarbeiten zu einer Zeit ausgeführt, in welcher zur Beaufsichtigung der vertragsmäßigen Leistungen Poliere auf der Baustelle tätig sind, so haben diese in der Regel auch die im Tagelohn beschäftigten Gesellen und Arbeiter anzuleiten und zu überwachen. In diesem Falle können besondere Entschädigungen für Poliere nur ausnahmsweise, wenn dies durch bestimmte Umstände gerechtfertigt erscheint, zugebilligt werden.

§ 6. Zahlungen.

Die Zahlungen an den Unternehmer erfolgen durch die Königliche.................... in .... oder die ....Kasse in ....

Die Bestimmung darüber, welche Zahlungen aus der einen oder der anderen Kasse geleistet werden, bleibt der bauleitenden Behörde vorbehalten.

§ 7. Höhe der Konventionalstrafe.

Hält der Unternehmer die in § 4 festgesetzten Fristen durch eigenes Verschulden nicht ein, so verfällt derselbe für jeden Tag der Verspätung in eine Konventionalstrafe von .... Mark.

§ 8. Sicherheitsstellung.

Die Sicherheitsstellung der übernommenen Verbindlichkeiten soll durch eine Kaution erfolgen. Die Höhe derselben wird auf 5% der Vertragssumme, und zwar auf .... M. festgesetzt.

Die Kaution ist 14 Tage nach Erteilung des Zuschlages bei der Königlichen............ .... Kasse in .... zu hinterlegen (wird durch Einbehaltung von den Abschlagszahlungen eingezogen).

Die Rückgabe der Kaution erfolgt, sobald die Verpflichtungen, zu deren Sicherstellung sie dienen soll, vollständig erfüllt sind, zu drei Fünftel des Gesamtbetrages mit .... Mark nach Beendigung der Arbeiten und Lieferungen und der Rest von zwei Fünftel mit .... Mark unmittelbar nach Ablauf der vereinbarten Gewährleistungszeit (§ 9). Ist eine solche nicht vereinbart, so erfolgt die Rückgabe der ganzen Kaution unmittelbar nach Beendigung der Arbeiten und Lieferungen.

Stellen sich vor Ablauf der Haftpflicht an den von dem Unternehmer ausgeführten Arbeiten und Lieferungen Mängel heraus, so wird die Kaution so lange einbehalten, bis diese Mängel vollständig beseitigt sind.

Die Rückgabe der Kaution wird der Baubeamte seinerzeit unter Beifügung einer entsprechenden Bescheinigung rechtzeitig in Anregung bringen.

§ 9. Gewährleistung.

Der Unternehmer bleibt für die Güte der von ihm gelieferten Arbeiten und Materialien nach erfolgter Schlußabnahme noch .... Jahre lang verhaftet und ist verpflichtet, während dieser Zeit alle hervortretenden Mängel auf seine Kosten zu beseitigen.

Zeigt der Unternehmer sich hierin derart säumig und unzuverlässig, daß eine wiederholte Besichtigung der fraglichen Arbeiten durch den Baubeamten notwendig wird, so hat er die hierdurch entstehenden Unkosten zu tragen. Die Entscheidung darüber, was in jedem Einzelfalle zu geschehen hat, insbesondere die Feststellung und Einziehung der bezeichneten Unkosten bleibt der vorgesetzten Dienstbehörde vorbehalten.

§ 10. Bezeichnung der Schiedsrichter und des Obmannes.

Hierfür sind bei staatlichen Ausführungen die Vorschriften des § 20 der allgemeinen Vertragsbedingungen für die Ausführung von Leistungen oder Lieferungen maßgebend (siehe vorstehend D. 1).

§ 11. Rechnungsaufstellung.

Die vom Unternehmer einzureichenden Rechnungen sind doppelt unter Benutzung des vom Baubeamten vorzuschreibenden Formulars auszufertigen.

Die Rechnungen müssen frei von Berichtigungen und Rasuren bleiben, von dem Unternehmer unterschrieben sein, auch den Wohnort des letzteren und das Datum der Ausfertigung enthalten.

Zu den Rechnungen ist Papier von 21 cm Breite und 33 cm Höhe zu verwenden. Damit ein Teil der Schrift und der Zahlen bei dem Zusammenheften der Beläge nicht verdeckt wird, ist der innere Rand beiderseitig 1 cm breit freizulassen.

Die Rechnungen sind in der Form, Ausdrucksweise, Bezeichnung der Räume und Reihenfolge der Positionsnummern genau dem Verdingungsanschlage entsprechend auf= zustellen.

Tagelohn= und Mehrarbeiten sind in besonderer Rechnung nachzuweisen unter Beifügung der getroffenen Vereinbarungen.

Der Unternehmer hat die Schlußrechnung spätestens .... Wochen nach erfolgter Schlußabnahme zur Prüfung einzureichen.

Im übrigen wird auf die technischen Vorschriften Bezug genommen.

3. Besondere Bedingungen für die Herstellung einer Kanalisation und einer Wasserversorgungsanlage (Ent= und Bewässerungsanlage nach Vorschriften einer Stadtverwaltung).

§ 1.

Bei sämtlichen Erdarbeiten der einzelnen Bauteile werden Hindernisse, welche sich bei dem Aushub vorfinden, von der Unternehmerin ohne jede besondere Entschädigung beseitigt.

Die bei den Ausschachtungen und Baggerungen gewonnenen Materialien, welche auf der Baustelle nicht zur Wiederverwendung gelangen sollen, werden nach Angabe des Bauleiters ohne besondere Entschädigung abgefahren. Die bei den Erd= und Bagger= arbeiten freigelegten Rohrleitungen, Kabel usw. sind gut und sicher zu unterstützen und gegen jede Beschädigung zu schützen. Etwa entstandene Schäden sind von der Unterneh= merin zu ersetzen. Bei den vorzunehmenden Tiefbohrungen sind die in der Bekannt= machung der Direktion der Königlichen Geologischen Landesanstalt und Bergakademie gewünschten Bohrproben nach Vorschrift in zweifacher Zahl von jeder Bohrung zu entnehmen und vorschriftsmäßig verpackt und bezeichnet dem Magistrate zu übergeben.

§ 2.

Die Baugruben sind durch Ausschalungen, Bohlwände und Aussteifungen gehörig zu schützen, so daß Unglücksfälle vermieden werden.

Für alle etwa vorkommenden Unglücksfälle bei sämtlichen Bauausführungen haftet die Unternehmerin allein.

Dieselbe ist verpflichtet, auch die angrenzenden Grundstücke und Gebäude gegen Beschädigungen zu schützen und allen Schaden zu ersetzen, welcher mit den Ausführungen der Unternehmerin im Zusammenhang steht.

§ 3.

Für die Unterbringung des Zementes hat Unternehmerin einen wasserdichten, verschließbaren Zementschuppen vorzuhalten.

§ 4.

Für die Güte des gelieferten Zementes gelten die Normen für die einheitliche Lieferung und Prüfung von Portlandzement, welche von dem Minister für Handel usw. unter dem 10. November 1878 aufgestellt sind.

Die zu liefernde Zementmarke von nur anerkannt guten Zementfabriken bedarf der Genehmigung des Bauleiters.

Tonnen oder Säcke mit unbrauchbarem Zement, abgebundenen Krusten usw. werden zurückgewiesen und eine Konventionalstrafe von 10 Mk. für jede vertragswidrig gelieferte Menge von 170 l erhoben.

§ 5.

Über die Güte der von der Unternehmerin gelieferten Materialien und Arbeiten entscheidet der Bauleiter. Nichttauglich befundene Materialien sind innerhalb 24 Stunden von der Baustelle zu entfernen und durch brauchbares Material zu ersetzen.

Mangelhafte Arbeiten sind unverzüglich auf Anordnung des Bauleiters zu beseitigen und auf Kosten der Unternehmerin ordnungsmäßig herzustellen.

Die Materialien dürfen erst verarbeitet werden, wenn dieselben von einem Beauftragten des Magistrats besichtigt und als brauchbar bezeichnet sind.

Diese Abnahme ändert jedoch nichts in den Verpflichtungen der Unternehmerin, alle etwa später auftretenden Mängel der Ausführung wie der Materialien auf ihre alleinigen Kosten zu beseitigen.

§ 6.

Für Rüstungen und sonstige Nebenarbeiten, welche zu der Fertigstellung der verdungenen Arbeiten notwendig sind, wird eine besondere Entschädigung nicht geleistet, auch wenn dieselben in den Anschlagspositionen nicht besonders vermerkt sind.

§ 7.

Die Reihenfolge der Ausführungen der einzelnen Arbeiten, der Zeitpunkt des Aufbruches der einzelnen Straßen zum Zwecke der Rohrverlegungen ist mit dem Magistrate besonders zu vereinbaren.

§ 8.

Bei diesen Ausführungen in den Straßen der Stadt ist auf den Verkehr nach den einzelnen Grundstücken Rücksicht zu nehmen. Auf Erfordern ist die Baugrube auf Kosten der Unternehmerin zu überbrücken, so daß der Verkehr nach dem Grundstücke nicht abgeschnitten wird, oder es hat die Unternehmerin auf andere Weise für die Aufrechterhaltung des Verkehrs Sorge zu tragen.

Auch bei Lagerung von Materialien in den Straßen, bei der Abfuhr des übrigbleibenden Bodens ist Rücksicht auf den Verkehr zu nehmen.

Den Anordnungen des Bauleiters hat sich die Unternehmerin zu fügen, andern=
falls der Bauleiter auf Kosten der letzteren die erforderlichen Maßnahmen ohne weiteres
zu treffen berechtigt ist.

Die Unternehmerin hat sich auch allen polizeilichen Anordnungen zu fügen, ohne
besondere Entschädigung verlangen zu können.

§ 9.

Die Unternehmerin hat stets einen Vertreter auf der Baustelle zu halten, welcher
die Anordnungen des Bauleiters entgegennimmt. Derselbe ist auch verpflichtet, untüchtige
oder widerspenstige Arbeiter auf Verlangen sofort von der Baustelle zu entfernen.

§ 10.

Die Klinker und Hintermauerungssteine sollen rechteckig und sauber, aus durch=
gearbeiteter Tonmasse (25 cm lang, 12 cm breit, 6,5 cm dick), vollständig durchgebrannt
sein, frei von Mergel und sonstigen Salzen, welche zu Ausschwitzungen Veranlassung
geben können, sowie frei von Rissen, angeliefert werden.

Die Verblendklinker von gelber Farbe müssen hell klingen und mindestens einen
fehlerfreien, ebenen Kopf mit scharfer Kante zeigen.

§ 11.

Die Tonröhren und Sohlschalen müssen aus den Fabriken Münsterberg i. Schl.
oder Friedrichsfeld in Baden als erstklassige Ware frei von jeder Beschädigung, Rissen
oder Unebenheiten angeliefert werden.

Die Muffen dürfen nicht nachträglich angepreßt sein. Die Glasur (Salzglasur) muß
innen und außen tadellos sein.

Unrunde Rohre oder verzogene Sohlplatten müssen auf Anordnung des Bauleiters
beseitigt und dürfen nicht verwendet werden.

Bei Meinungsverschiedenheiten ist der Ausspruch der Oberleitung maßgebend,
dem sich die Unternehmerin zu unterwerfen hat. Sollten wiederholt nicht erstklassige
Waren angeliefert werden, so erfolgt die Beschaffung derselben durch den Bauleiter
anderwärts auf Kosten und Gefahr der Unternehmerin.

§ 12.

Die Dichtungsmaterialien müssen den Anforderungen entsprechen, welche an gute
Leitungen gestellt werden müssen. Namentlich darf der Asphalt nicht Beimengungen
enthalten, welche denselben hart und spröde, oder zu leicht flüssig machen. In heißem
Wasser von 50° C darf der Kitt nicht so weich werden, daß die Dichtigkeit der Leitung
in irgendeiner Weise leidet. Auch darf der Kitt nicht so hart werden, daß er spröde wird.

§ 13.

Dem Bauleiter bleibt vorbehalten, jederzeit die Tonrohrleitungen auf ihre Dichtig=
keit mit einem Druck von 3 m Wassersäule bezw. bis zum Niveau des Straßenkörpers
zu prüfen, auch während die Baugrube noch offen ist. Die zur Anlieferung des Wassers
zu einer solchen Prüfung erforderlichen, im Besitze der Stadt befindlichen Apparate
stellt die Stadtgemeinde unentgeltlich.

Die Baugrube ist sorgfältig mit Boden, unter Stampfen desselben in Höhenlagen von nicht über 30 cm Stärke wieder zu verfüllen.

§ 14.

Bei der Wiederherstellung des Straßenkörpers in den früheren Zustand sind Zusatz= materialien von der Unternehmerin ohne besondere Entschädigung in vorschriftsmäßiger Güte, dem alten Material mindestens gleichwertig, anzuliefern.

Für die Straßenbefestigungen ist im Vertrage eine dreijährige Garantiefrist nach Fertigstellung der Gesamtanlage festgesetzt. Während dieser Zeit hat Unternehmerin alle Versackungen über und neben den Baugruben auf eigene Kosten zu beseitigen.

§ 15.

Die gußeisernen Röhren müssen die in den deutschen Rohr=Normalien (gemein= schaftlich aufgestellt von dem Vereine deutscher Ingenieure und dem deutschen Vereine von Gas= und Wasserfachmännern) und im Projekt vorgeschriebenen Maße besitzen und gerade sein, die Erdflächen senkrecht zur Achse stehen.

Für die Lieferung der gußeisernen Röhren und Formstücke wird bestimmt, daß ein feinkörniges, zähes, im Kupolofen ungeschmolzenes Roheisen von bekannt guten Marken, möglichst frei von Phosphor, Silizium und Schwefel verwendet wird. Direkt aus dem Hochofen gegossenes Eisen ist ausdrücklich ausgeschlossen. Das Eisen soll mög= lichst hart, aber so gegossen werden, daß es mit dem Meißel bearbeitet, auch gebohrt und das Bohrloch mit Gewinde versehen werden kann. Das Eisen soll jedoch beim Bruch keine weißen, glatten Flächen (Spiegel) zeigen, sondern möglichst fein und dichtkörnig sein. Die Zugfestigkeit des Eisens soll mindestens 1200 kg pro qcm betragen, welche durch Zerreißproben nachzuweisen ist.

Die Röhren müssen stehend in trockenem Formsand, die Fassonstücke in trockenem Lehm oder Sand gegossen sein.

Die geraden Röhren müssen einen verlorenen Kopf am oberen Ende erhalten, wel= cher bei großen Röhren auf der Drehbank senkrecht zur Rohrachse abgestoßen wird. Auf der Muffe jeden Rohres ist das Fabrikzeichen und der lichte Rohrdurchmesser in arabischen Ziffern einzugießen.

Im übrigen sind bei dem Gießen und Formen die besten Regeln der Technik zu be= folgen. Die Röhren und Formstücke müssen, nachdem die inneren und äußeren Flächen von Sand gereinigt worden sind, sich frei von Schlacken, Sandlöchern, Luftblasen und sonstigen Gußunvollkommenheiten zeigen. Die Wandungen müssen überall gleiche Stärke zeigen. Ungleichwandige Rohre werden zurückgewiesen.

Sämtliche Abmessungen, Wandstärken, Rohr= und Muffendurchmesser, innere und äußere Formen müssen den oben erwähnten Vorschriften der deutschen Rohr=Normalien entsprechen. Die Rohre müssen zylindrisch sein, die Achsen senkrecht zu den Erdflächen stehen.

Um festzustellen, ob die Muffe überall gleich tief und kreisrund ist, soll eine eiserne Leere, bzw. eine abgedrehte, eiserne Scheibe in jedes eingesetzt werden.

Zur Prüfung der Form und des Durchmessers des muffenlosen Endes soll ein ab= gedrehter, eiserner Ring auf das letztere geschoben werden.

Die Muffe muß konzentrisch zu dem Rohre sitzen.

Nicht den Bedingungen entsprechende Röhren werden von der Abnahme ausgeschlossen.

Röhren, welche nicht ganz kreisrund ſind und deren äußerer Durchmeſſer und innere Muffenabmeſſungen von den vorgeſchriebenen Maßen ſo weit abweichen, daß bei dem Ineinanderſchieben beliebiger Röhren die in den Zeichnungen zu den deutſchen Rohr=Normalien vorgeſchriebene Fugenweite (Bleidichtungsſtärke) um mehr als $\frac{\text{plus}}{\text{minus}}$ 15% ſich ändert, werden zurückgewieſen; desgleichen alle Röhren, deren Wandſtärke mehr als $\frac{\text{plus}}{\text{minus}}$ 5% von der vorgeſchriebenen Stärke abweichend ſind.

Die Rohrſtärke wird mittels Rohrtaſter, Leeren und anderer geeigneter Werkzeuge geprüft. Durch Rollen der Rohre auf wagerechter Bahn ſoll die Gleichmäßigkeit der Wandſtärke, die Rundung des Querprofils und Achſenlage geprüft werden.

Die für die Kanaliſation anzuwendenden, gußeiſernen Druckrohre werden auf 12 Atm. Druck, jedes Normalrohr wird auf 20 Atm. Druck, jedes Formſtück und Rohre mit geringerer Wandſtärke als die Normalſtärke werden auf 10 Atm. Druck in üblicher Weiſe geprüft.

Fehlerhafte Rohre dürfen nicht ausgebeſſert werden, die Abnahme wird vielmehr verweigert.

Die in der Fabrik abgenommenen Rohre werden nach der Druckprobe auf 150 bis 190°C erhitzt und mit einer faſt bis zum Siedepunkt erhitzten Anſtrichmaſſe von Bi=tumen überzogen, ſo daß dieſelben einen gleichmäßigen, dünnen, ſchwarzglänzenden Überzug erhalten, welcher ſich nach der Erkaltung durch Reiben oder Schläge nicht ent=fernen laſſen darf. Die innere Muffe und das Spitzende werden nicht aſphaltiert.

Die Unternehmerin übernimmt die Verpflichtung für die ſorgfältige Prüfung und Abnahme der Rohre, iſt aber auch verpflichtet, auf Verlangen des Bauleiters den Nach=weis der Güte der Röhren auf der Bauſtelle zu liefern, mit Ausnahme von Druckproben, über welche ein amtliches Druckprobeatteſt von der Fabrik beigebracht werden muß. An jedem Rohr iſt das Gewicht mit weißer Ölfarbe deutlich und ſichtbar anzuſchreiben.

§ 16.

Diejenigen Bauwerke, welche, wie die großen Sammelbrunnen an der Pump=ſtation, in das Grundwaſſer eintauchen, in die der Eintritt des Grundwaſſers aber aus=geſchloſſen ſein ſoll, werden nach Fertigſtellung einer Dichtigkeitsprobe unterworfen. Nachdem die Baſſins mit Waſſer gefüllt 72 Stunden lang geſtanden haben, ſoll gemeſſen werden, wieviel der Waſſerſpiegel in den Baſſins ſinkt. Sinkt der Waſſerſpiegel in 24 Stun=den mehr als 1% des Überdrucks, ſo werden die Baſſins nicht abgenommen, ſondern müſſen abgeändert und gedichtet werden, bis die verlangte Dichtigkeit nachgewieſen iſt.

§ 17.

Nach Fertigſtellung und Füllung des Druckrohrnetzes und des Hochreſervoirs wird feſtgeſtellt, ob die Anlagen waſſerdicht hergeſtellt ſind. Die Undichtigkeiten ſind durch die Unternehmerin zu beſeitigen. Betragen dieſelben mehr als ein Zehntel Prozent in 24 Stunden, ſo kann der Bauleiter eine Freilegung und Dichtung der Rohrleitungen, Reſervoire und Zubehör verlangen. Die Koſten trägt die Unternehmerin.

§ 18.

Außer der üblichen Garantie für Konſtruktion, Arbeit und Material iſt zu garan=tieren, daß die Pumpmaſchinen bei normalem Betrieb und Verwendung einer Kohle von 7500 Kalorien nicht mehr als 1,6 kg solcher Kohle pro Stunde und Pferdekraft, nach gehobenem Wasser und manometrischer Förderhöhe bemessen, gebrauchen.

Für die Enteisenungsanlage (Patent Dr. Heß u. v. d. Linde) ist zu garantieren, daß sie das Wasser so weit vom Eisen befreit, wie es mit den besten anderen Enteisenungs= methoden (Rieseler mit Kiesfilter) möglich ist, auch daß durch die Enteisenung keine neuen Keime ins Wasser gelangen und daß die Betriebskosten geringer ausfallen als bei den vorgenannten anderen Methoden, daß der Wasserverlust für die tägliche, mehr= malige Spülung der Enteisenungskessel nicht mehr als zirka 2% der Förderung beträgt; und daß der Stadtgemeinde aus den Rechten der Patentinhaber keine Kosten und Wei= terungen entstehen, daß die die patentierten Apparate liefernde Firma verpflichtet ist, der Stadtgemeinde während der Dauer des deutschen Patents die Filtermasse zu Mk. 20,50 pro 100 kg ab Urdingen zu liefern und daß, sollte sie dazu nicht mehr imstande sein, der Stadtgemeinde das Recht der Benutzung des Patents zur Herstellung der Masse ohne weitere Vergütung zufällt und daß die Firma alsdann die Verpflichtung hat, der Stadtgemeinde genaue Anweisung zur Herstellung der Späne zu geben, die jedoch streng geheim zu halten ist.

Die Abnahme der Maschinen= und Kesselanlage erfolgt nach betriebsfähiger Her= stellung der Anlage. Bei der Abnahme wird der Heizeffekt der Kessel, der Kohlenver= brauch, Dampfverbrauch und die Leistungsfähigkeit der Maschinen durch den technischen Beirat des Magistrats unter Zuziehung des Lieferanten festgestellt. Die zu den anzu= stellenden Versuchen erforderlichen Veranstaltungen hat Unternehmerin auf eigene Kosten vorzunehmen.

In gleicher Weise werden die Rohrtiefbrunnen und die Anlage der Enteisenung des Brunnenwassers auf ihre Leistungsfähigkeit geprüft werden.

Werden die durch das Angebot gewährleisteten Leistungen nicht voll erfüllt, so muß die Unternehmerin alle die Änderungen auf eigene Kosten vornehmen, welche von dem Oberleitenden als notwendig erachtet, auf Grund des Gutachtens eines Spezial= sachverständigen verlangt werden.

§ 19.

Die in den Bauprojekten und Anschlägen vorgesehenen Hochbauten, Maschinen=, Kessel= und Beamtenhäuser, Wasserturm und Hochreservoir müssen mit besten Materia= lien in sauberster Ausführung hergestellt werden und zwar nach den speziellen Be= dingungen, welche die Stadt Burg für ihre Hochbauten vorschreibt.

Von sämtlichen Materialien sind vor deren Beschaffung bzw. Verwendung Proben zur Genehmigung vorzulegen.

4. Besondere Vertragsbedingungen für die Anfertigung, Lieferung und Aufstellung von Eisenbauwerken.

§ 1. Gegenstand der Unternehmung.

Gegenstand des Unternehmens ist die Anfertigung, Anlieferung und Aufstel= lung d ....

§ 2. Ausführungsunterlagen.

Art und Umfang der Arbeiten und Lieferungen sind im Verdingungsanschlag be= schrieben. Die Ausführung hat hiernach und auf Grund der genehmigten Zeichnungen

(§ 14) der Festigkeits= und Gewichtsberechnungen sowie der sonstigen Entwurfsanlagen zu erfolgen.

Im übrigen gelten

a) die allgemeinen Vertragsbedingungen für die Ausführung von Staatsbauten,

b) die in den nachstehenden §§ 3 bis 27 enthaltenen besonderen Bedingungen.

§ 3. Nebenleistungen des Unternehmers und Beihilfen der Eisenbahn=
verwaltung.

1. Zu den im § 3 der allgemeinen Vertragsbedingungen für die Ausführung von Staatsbauten erwähnten Nebenleistungen, für die der Unternehmer keine besondere Vergütung erhält, gehören:

a) Die Anlieferung sämtlicher Bauteile sowie der Stoffe, Rüstungen, Werkzeuge, Geräte, Winden, Krane und Maschinen, die zum Aufstellen und zum Anstrich erforderlich sind, auf der zum Werk des Unternehmers am günstigsten gelegenen preußisch=hessischen Eisenbahnstation und die Beförderung von der im Verdingungsanschlag angegebenen Entladestelle bis zur Baustelle einschließlich Auf= und Abladen.

b) Die Aufstellung und Wiederbeseitigung der Rüstungen, Winden, Krane und Maschinen.

c) Die Lieferung und Bearbeitung der Probestäbe zu den Baustoffprüfungen und die Gestellung der zu den Güteprüfungen und Gewichtsermittlungen erforderlichen Arbeitskräfte und Geräte.

d) Die Grundanstriche und der erste Deckanstrich der Bauteile einschließlich Lieferung der Farben.

e) Das Herrichten der Auflagersteine für die Aufnahme der Lager, Schrauben und Anker.

f) Das Untergießen der Auflagerplatten und Vergießen der Schrauben und Anker.

g) Das Bohren der Löcher in die Schwellen zur Befestigung der Geländer.

h) Die Erfüllung aller Anforderungen der Eisenbahnverwaltung wegen Frei= haltung des lichten Raumes, der Straßenpolizei wegen Freihaltung der Wege und der Wasserbauverwaltung wegen der Wasserläufe (vgl. auch § 27).

i) Alle Vorkehrungen zum Schuße der Arbeiter nach den Unfallverhütungsvor= schriften, auch gegen die Gefahren des Eisenbahnbetriebes.

k) Das Aufstellen, Vorhalten und Abbrechen der Bauzäune, Baubuden, Lager= schuppen und Aborte, die Beleuchtung der Baustelle, die Beschaffung, Anbrin= gung und Beleuchtung von Warnungstafeln, das ordnungsmäßige Räumen und Reinigen der Baustelle nach Beendigung der Arbeit (vgl. § 27).

2. Die Eisenbahnverwaltung stellt auf ihre Kosten die bahnpolizeiliche Aufsicht und gewährt dem Unternehmer folgende Beihilfen:

a) Auf den preußisch=hessischen Staatsbahnen die frachtfreie Beförderung der Bau= teile, Stoffe, eisernen Rüstungen, Werkzeuge, Geräte, Winden, Krane und Maschinen von der für die Werkstatt des Unternehmers am günstigsten gelegenen und vom Unternehmer in seinem Angebot bezeichneten preußisch=hessischen Eisenbahnstation bis zu der im Verdingungsanschlag von der Eisenbahnverwal= tung angegebenen Station oder Entladestelle.

b) Die frachtfreie Rückbeförderung der unter 2a bezeichneten Gegenstände nach der Auflieferungsstation oder einer anderen vom Unternehmer im Angebot angegebenen nicht weiter entfernten Station der preußisch-hessischen Staatsbahnen.

c) Die frachtfreie Beförderung der von Unterlieferern unmittelbar zur Baustelle angelieferten Bauteile bis zu der sich aus 2a ergebenden Beförderungsweite.

d) Die kostenfreie Entnahme von Wasser aus ihren in der Nähe der Baustelle vorhandenen Brunnen und Wasserpfosten, sofern keine besonderen Umstände oder Betriebsrücksichten dagegen sprechen.

e) Die unentgeltliche Abgabe der Stoffe zum Vergießen der Auflager, Anker und Steinschrauben, wie Zement und Blei.

3. Für andere Gegenstände als die unter 2 genannten wird Frachtfreiheit nicht gewährt, insbesondere also nicht für die Beförderung

a) der Eisenteile und Baustoffe von den Bezugsquellen nach den Werkstätten des Unternehmers,

b) der hölzernen Gerüste, der Holzteile zu den eisernen Rüstungen und der Brennstoffe.

§ 4. Vorschriften für die frachtfreie Beförderung auf den preußisch-hessischen Staatsbahnen.

1. Der Unternehmer hat die zur Verladung nötigen Wagen zu bestellen, und zwar — soweit die Eisenbahnverwaltung nichts anderes bestimmt hat —, in der für Sendungen des öffentlichen Verkehrs vorgesehenen Weise unter Bezeichnung der zu verladenden Gegenstände und mit der ausdrücklichen Angabe, daß es sich um Dienstgutsendungen handelt.

2. Das Ladegewicht der Wagen ist nach Möglichkeit auszunutzen.

3. Als Ladefristen gelten, soweit es sich um die Verladung und Entladung auf Freiladegleisen handelt, die für den öffentlichen Verkehr festgesetzten Fristen; soweit Anschlüsse oder Lagerplätze in Frage kommen, gelten die für diese festgesetzten verkürzten Fristen.

Wenn auf Betriebsgleisen der Bahnhöfe oder der freien Strecke verladen oder entladen werden muß, sind die Ladefristen nach den verfügbaren Zugpausen besonders zu vereinbaren.

Nach Ablauf der Ladefrist wird Standgeld nach Maßgabe der bestehenden Vorschriften erhoben.

4. Werden Sendungen, die nach dem Vertrage als Dienstgut zu befördern sind, von den Unternehmern nicht als Dienstgut aufgegeben, so ist die Eisenbahnverwaltung berechtigt, die tarifmäßige Fracht ganz oder teilweise einzuziehen oder einzubehalten.

§ 5. Ordnungsvorschriften.

1. Der Unternehmer und seine Beamten und Arbeiter dürfen den Bahnkörper der im Betrieb befindlichen Gleise ohne Begleitung oder Aufsicht eines Bahnpolizeibeamten nicht betreten. Muß der Bahnkörper betreten werden, so hat der Unternehmer dies so zeitig dem bauleitenden Beamten anzuzeigen, daß die bahnpolizeiliche Aufsicht gestellt werden kann.

2. Ob eine Arbeit ohne Betreten des Bahnkörpers ausgeführt werden kann, entscheidet allein der bauleitende Beamte. Für seine Entscheidung wird in erster Linie die

Sicherheit des Betriebes und der Arbeiter bestimmend sein. Der Umstand, daß eine andere Art der Ausführung für den Unternehmer vorteilhafter oder bequemer ist, wird erst in zweiter Linie berücksichtigt werden.

3. Die bahnpolizeiliche Aufsicht entbindet den Unternehmer nicht von der Verpflichtung zur Sicherung der Arbeiter nach § 3, 1 i.

4. Die Betriebsbeamten sind im Sinne des § 14, 1 der im § 2 genannten allgemeinen Vertragsbedingungen berechtigt, Arbeiter oder Angestellte des Unternehmers, die diesen Ordnungsvorschriften zuwiderhandeln, von der Baustelle zu verweisen.

§ 6. Bau- und Lagerplätze.

1. Der Unternehmer muß sich vor Abgabe seines Angebotes von der Lage und Zugänglichkeit der ihm von der Verwaltung zu überweisenden Bau- und Lagerplätze überzeugen.

2. Er hat die polizeiliche Genehmigung zum Aufstellen der Bauzäune, Baubuden, Lagerschuppen, Aborte usw. einzuholen.

3. Er hat anderen Unternehmern das Lagern von Baustoffen auf den Lagerplätzen zu gestatten, wenn der bauleitende Beamte es für zulässig erachtet.

4. Die Plätze sind sofort nach beendeter Bauausführung zu säubern und ordnungsmäßig zurückzugeben.

§ 7. Liefer- und Vollendungsfristen.

1. Alle Bauwerke, die den Gegenstand der Unternehmung bilden, einschließlich aller Nebenarbeiten, müssen spätestens .... Wochen nach Zuschlag vollendet sein.

2. Die weiteren für die sichere Beurteilung des Fortschritts der Bauarbeiten notwendig erscheinenden Zwischenfristen (für Lieferung der Gerüst- oder Werkstattzeichnungen, der Bauwerkseisen und Gußstücke, Beginn der Werkstattarbeiten, Aufstellung der Gerüste usw.) werden im Rahmen der Gesamtfrist mit dem Unternehmer wie folgt besonders vereinbart:

3. Herstellung der Bauwerke in mehreren getrennten Bauabschnitten.

§ 8. Verzugsstrafen.

1. Überschreitet der Unternehmer die im § 7 Absatz 1 oder 3 festgesetzte Frist, so verfällt er für jeden Werktag der Überschreitung in eine Verzugsstrafe von (wörtlich) .... Mark, auch wenn die Überschreitung von Unterlieferern verursacht ist.

2. Der Unternehmer kann aus der Verpflichtung, mangelhafte Bauteile durch bedingungsmäßige zu ersetzen, keinen Anspruch auf Verlängerung der Vollendungsfrist herleiten; auch kann er einen solchen Anspruch nicht erheben, wenn ihm mangelhafte Zeichnungen oder Berechnungen zur Umarbeitung zurückgegeben werden.

3. Sollte für einzelne Teillieferungen und Leistungen gemäß § 7 Absatz 2 oder 3 Fristverlängerung zugestanden werden, so bleibt die Verpflichtung zur Zahlung der Verzugsstrafe bei Überschreiten der im § 7 Absatz 1 (3) festgesetzten Hauptfrist bestehen.

§ 9. Zahlungen.

Die Zahlungen erfolgen durch die Königliche ....
Kasse zu ....

§ 10. Sicherheitsleistung.

Das nach § 26 der allgemeinen Vertragsbedingungen für die Ausführung von Staatsbauten zu stellende Pfand ist innerhalb 14 Tagen nach Erteilung des Zuschlages bei der Hauptkasse der Königlichen Eisenbahndirektion zu hinterlegen.

§ 11. Prüfung und Abnahme der Baustoffe und Bauwerksteile.

1. Vor der Zusammensetzung der einzelnen Bauteile müssen die Bauwerkseisen und Gußstücke durch einen Beamten der Eisenbahnverwaltung auf ihre Abmessungen und Güte geprüft und abgenommen sein. Die Prüfung und Abnahme der Baustoffe geschieht, auch wenn sie auf den Werken von Unterlieferern stattfindet, auf Kosten der Verwaltung (vgl. jedoch § 3, 1c).

2. Während der Zusammensetzung und vor der Aufstellung der Bauwerksteile läßt die Eisenbahnverwaltung durch ihre Beamten die Güte der Arbeiten und den kunst= gerechten Zusammenbau der Bauteile auf eigene Kosten prüfen.

3. Auf rechtzeitigen Antrag des Unternehmers läßt die Eisenbahnverwaltung zu= sammengesetzte Bauteile auf ihre Kosten vor der Absendung vorläufig abnehmen. End= gültig wird das fertige Bauwerk jedoch erst auf der Baustelle abgenommen.

4. Der Unternehmer kann sich bei allen Prüfungen und Abnahmen selbst beteiligen oder vertreten lassen.

5. Bei Rückgabe der genehmigten Werkzeichnungen wird dem Unternehmer mit= geteilt, ob der ständige Abnahmebeamte des Eisenbahn=Zentralamts oder ein anderer Beamter abnehmen wird.

§ 12. Gewährleistung.

1. Der Unternehmer haftet vom Tage der Abnahme des ganzen Bauwerks an noch $1\frac{1}{2}$ Jahre für die Güte der Baustoffe, der Arbeiten und des Anstriches.

2. Er hat innerhalb dieses Zeitraumes an den Bauwerken auftretende Mängel baldigst zu beseitigen. Kommt er der Aufforderung dazu nicht nach, so ist die Verwaltung berechtigt, die Mängel auf seine Kosten beseitigen zu lassen.

Technische Vorschriften.

§ 13. Prüfung der Unterlagen. Änderungsvorschläge.

1. Der Unternehmer hat die ihm übergebenen Entwurfstücke (Zeichnungen, Festig= keitsberechnungen usw.) zu prüfen und bei Unklarheiten die Ergänzung schriftlich zu beantragen.

2. Etwaige Änderungsvorschläge sind schriftlich anzubringen. Namentlich steht es dem Unternehmer frei, begründeten Antrag zu stellen, wenn die Beschaffung der Bau= stoffe in den vorgeschriebenen Abmessungen auf Schwierigkeiten stößt.

3. Über die angeregten Änderungen entscheidet die Verwaltung endgültig.

§ 14. Werkzeichnungen und Gewichtsberechnung.

1. Wenn dem Verdingungsanschlag keine Werkzeichnungen beigefügt sind, so hat der Unternehmer sie anzufertigen. Sie sind zunächst in drei unterschriebenen Ausfer= tigungen — davon eine auf Leinen aufgezogen für die Baustelle — zur Genehmigung einzureichen. Nach Fertigstellung des Bauwerks ist sodann für das Brückenbuch eine

vierte Ausfertigung auf Pausleinen oder Lichtpausleinwand in der Größe von höchstens einem ganzen Whatmannbogen zu liefern.

2. Die Werkzeichnungen müssen alle für die Ausführung der Bauteile und ihrer Verbindungen erforderlichen Maße enthalten.

3. Bedürfen einzelne Zeichnungen der Abänderung, so hat der Unternehmer sie zu berichtigen.

4. Der Unternehmer hat mit den Werkzeichnungen eine genaue Gewichtsberech= nung nach anliegendem Muster in drei Ausfertigungen einzusenden, die geschäftlich wie die Zeichnungen behandelt wird. (Muster je nach Art der Ausführung wechselnd.)

5. Der Unternehmer erhält eine Ausfertigung der geprüften und genehmigten Zeichnungen und Berechnungen mit Genehmigungsvermerk zurück.

6. Als Einheitsgewichte sind anzunehmen:

für 1 cbm Gußeisen . . . . 7250 kg,
für 1 cbm Flußeisen und Flußstahl . . . . . . 7850 kg.

§ 15. Gewichtsprüfung. Abrechnung.

1. Die Eisenbauwerke werden bis auf die unter 4 bezeichneten Gußteile nach dem Rechnungsgewicht abgerechnet. Mehr= oder Mindergewicht wird nicht berücksichtigt.

2. Das wirkliche Gewicht der Bauteile wird von einem Beamten der Verwaltung stichweise festgestellt.

3. Verbandsteile, deren Gewicht um mehr als 2 vom Hundert hinter dem berechneten zurückbleibt, ferner

Teile aus Flußeisen ⎫
Teile aus Flußstahl ⎬ deren Gewicht um mehr als 6%
und Teile aus Gußeisen, deren Gewicht um mehr als 10%

größer ist als das berechnete, können zurückgewiesen werden.

4. Gußteile, deren Gewicht umständlich zu berechnen ist, werden nach Stückzahl oder nach dem wirklichen Gewicht bezahlt. Das wirkliche Gewicht wird durch einen vereideten Wiegemeister des Werkes oder auf einer öffentlichen Wage ermittelt.

§ 16. Beschaffenheit der Bauwerkseisen.

1. Das Flußeisen soll glatt gewalzt sein und darf keine Schiefer, Blasen oder Kantenrisse haben.

2. Der Flußstahl soll gleichmäßiges Gefüge haben, rein, zäh und ohne Blasen oder Poren sein, die die Verwendung beeinträchtigen.

3. Die Gußstücke sollen, wenn nicht Hartguß oder andere Eisengußsorten vor= geschrieben sind, aus grauem, weichem Roheisen sauber und fehlerfrei gegossen und lang= sam abgekühlt sein. Das Gußeisen soll zäh und so weich sein, daß es sich mit Meißel und Feile bearbeiten läßt. Bei gußeisernen Säulen bis zu 400 mm mittlerem Durchmesser und 4 m Länge darf die Wandstärke eines Querschnittes höchstens um 5 mm verschieden sein. Der Querschnitt muß dabei stets mindestens den vorgeschriebenen Flächeninhalt haben. Bei Säulen von größerem Durchmesser und größerer Länge darf der zulässige Unterschied für je 100 mm Mehrdurchmesser und je 1 m Mehrlänge um ¾ mm zunehmen. Die Wandstärke soll jedoch in keinem Falle unter 10 mm sein. Säulen sind auf= recht zu gießen, wenn dies der Verdingungsanschlag vorschreibt.

§ 17. Prüfung der Baustoffe.

I. Prüfungsregeln.

1. Die Zugfestigkeit wird durch Zerreißproben, die Zähigkeit durch Biege= und Bearbeitungsproben festgestellt.

2. Die Probestäbe und Streifen sind kalt abzutrennen und kalt zu bearbeiten.

3. Die Probestäbe werden von dem Abnahmebeamten nach freiem Ermessen aus= gewählt. Zur Prüfung von Walzeisen werden nach Möglichkeit Abfallenden — die aber erst nach der Stempelung abgetrennt werden dürfen — verwendet. Für die Prüfung von Gußstücken sind Angußstäbe zu verwenden, die mit dem Gußstück zusammen aus= zuglühen sind und erst nach der Abstempelung abgetrennt werden.

4. Mit sichtbaren Fehlern behaftete Stäbe oder Streifen werden von der Prüfung ausgeschlossen.

5. Die Probestäbe für Zerreißproben sollen eine Versuchslänge von 200 mm und einen Querschnitt von 300 bis 500 qmm haben.

Bei geringerem Querschnitt (f) ist die Versuchslänge (1) nach der Formel $1 = 11,3\sqrt{f}$ zu bestimmen. Für Rundeisen von weniger als 20 mm Durchmesser ergibt sich hiernach die Versuchslänge gleich dem zehnfachen Durchmesser. Über die Versuchslänge hinaus erhalten die Probestäbe nach beiden Seiten noch auf je 10 mm Länge den gleichen Quer= schnitt.

6. Reißt der Probestab nicht im mittleren Drittel seiner Versuchslänge, so ist der Versuch zu wiederholen, wenn der Versuchsstab die vorgeschriebene Drehung nicht erreichte.

7. Die Zerreißmaschinen müssen leicht und sicher auf ihre Richtigkeit geprüft werden können.

8. Zu Biegeproben sind Probestreifen von 30 bis 50 mm Breite oder Rundstäbe von einer der Verwendung entsprechenden Dicke zu benutzen. Querproben werden nur von solchen Eisen gemacht, die auch quer beansprucht sind.

9. An Stäben und Streifen zu Biege= und Bearbeitungsproben ist die Walzhaut möglichst zu belassen. Die Kanten sind abzurunden.

10. Bleche von weniger als 5 mm Stärke, Riffel= und Warzenbleche werden nur auf Biegung geprüft.

11. Bei gußeisernen Säulen wird die Wandstärke durch Anbohren an geeigneten Stellen, jedesmal an zwei einander gegenüberliegenden Punkten, die bei liegend ge= gossenen in der Biegungsebene des Kerns liegen, geprüft.

12. Die zu den Stoffproben vom Prüfungsbeamten ausgewählten Eisen, Abfall= enden und Angüsse werden gestempelt. Neben dem Stempelzeichen ist eine Zahl und bei Blechen ein Zeichen für die Walzrichtung einzustempeln.

13. Vorschriftsmäßig befundene Bauwerkseisen werden mit dem Abnahmestempel gezeichnet. Nicht bedingungsmäßige werden so gezeichnet, daß ihre Verwerfung leicht erkannt werden kann, sie selbst aber dadurch nicht für andere Zwecke unbrauchbar werden.

II. Umfang der Stoffprüfungen. Ausschluß der Bauwerkseisen aus nicht bedingungsmäßigem Stoff.

A. Flußeisen.

1. Wird satzweise geprüft, so muß jedes zur Abnahme vorgelegte Stück die Satz= nummer tragen. Aus jedem Satz werden 3 Stück, höchstens aber von je 20 oder an= fangenen 20 Stück ein Stück entnommen.

2. Wird nicht satzweise geprüft, so werden von je 100 Stück 5 Stück, höchstens aber von je 2000 kg oder angefangenen 2000 kg derselben Querschnittsform 1 Stück ent=
nommen.

3. Entspricht mehr als die Hälfte der vorgenommenen Proben den Gütevorschriften nicht, so kann die Teillieferung ohne weiteres verworfen werden. Sonst werden für jede nicht genügende Probe 2 weitere Stücke geprobt. Entspricht eins davon den Vor=
schriften nicht, so kann die Abnahme der übrigen Stücke abgelehnt werden.

B. Flußstahl.

1. Die Prüfung und Abnahme erfolgt satzweise. Jedes Stück muß die Satznummer tragen.

2. Von jedem Satz werden 3 Proben, höchstens aber von je 1000 kg oder angefange=
nen 1000 kg 1 Probe entnommen.

3. Bei ungenügendem Ausfall der Prüfungen wird, wie unter A. Flußeisen, an=
gegeben, verfahren.

III. Gütevorschriften.

A. Flußeisen.

a) Zerreißproben.

Art des Baustoffes		Walz=richtung	Grenzwerte der Zugfestigkeit in kg/qmm	Kleinste Dehnung in % der Versuchslänge
Formeisen und Bleche	von 4 bis unter 7 mm Dicke	längs	37—46	18
		quer	36—47	15
	von 7 bis 28 mm Dicke	längs	37—44	20
		quer	36—45	17
Nieteisen		längs	36—42	22
Schraubeneisen			38—45	20

b) Biege= und Bearbeitungsproben.

1. Flacheisen, Formeisen, Bleche.

α) Biegeproben:

Kaltprobe. Die Probestäbe sollen, kalt gebogen, eine Schleife mit einem lichten Durchmesser gleich der halben Dicke des Versuchsstückes bilden können, ohne irgendwelche Risse zu zeigen.

Härtungsbiegeprobe. Sowohl Längs= als auch Querproben — so=
weit letztere nach § 17 I. 8 in Frage kommen — sind hellrotwarm in Wasser von 28° C abzuschrecken und dann so zusammenzubiegen, daß sie eine Schleife mit einem lichten Durchmesser gleich der Dicke des Versuchstückes bilden. Hierbei dürfen keine Risse entstehen.

β) Rotbruchprobe:

Ein in rotwarmem Zustande auf 6 mm Dicke und etwa 40 mm Breite abgeschmiedeter Probestreifen soll mit einem sich verjüngenden Lochstempel, der 80 mm lang ist und 20 mm Durchmesser am dünnen, 30 mm am dicken Ende hat, im rotwarmen Zustande gelocht werden. Das 20 mm weite Loch soll dann auf 30 mm erweitert werden können, ohne daß ein Einriß entsteht.

2. Nieteisen.

α) Biegeproben:

Rundeisenstäbe sind hellrotwarm in Wasser von etwa 28° C abzuschrecken und dann so zusammenzubiegen, daß sie eine Schleife bilden, deren Durchmesser an der Biegestelle gleich der halben Dicke des Versuchstückes ist. Hierbei dürfen keine Risse entstehen.

β) Stauchproben:

Ein Stück Nieteisen, dessen Länge gleich dem doppelten Durchmesser ist, soll sich im warmen der Verwendung entsprechenden Zustande bis auf ein Drittel seiner Länge zusammenstauchen lassen, ohne Risse zu zeigen.

3. Schraubeneisen.

Biegeproben:

Rundeisenstäbe sind hellrotwarm in Wasser von etwa 28 C abzuschrecken und dann so zusammenzubiegen, daß sie eine Schleife bilden, deren Durchmesser an der Biegestelle gleich der Dicke des Versuchsstückes ist. Hierbei dürfen keine Risse entstehen.

B. Flußstahl, geschmiedet, gewalzt oder gegossen.

Zerreißproben:

Die Zugfestigkeit soll 45 bis 60 kg/qmm, die Dehnung bei geschmiedetem oder gewalztem Stoff mindestens 16% und bei gegossenem Stoff mindestens 10% der Versuchslänge betragen.

C. Gußeisen.

Biegeproben:

Der Probstab muß unbearbeitet und aus dem Abstich hergestellt sein, der zur Anfertigung der Gußstücke verwendet ist. Er muß bei einem Kreisquerschnitt von 30 mm Durchmesser und 650 mm Länge auf zwei 600 mm voneinander entfernten Stützen liegend, in der Mitte eine allmählich bis auf 460 kg zunehmende Belastung ertragen, bevor er bricht. Die Durchbiegung darf hierbei nicht weniger als 6 mm betragen.

§ 18. Bearbeitung der Bauteile.

1. Die durch Niete oder Schrauben zu verbindenden Teile müssen genau aufeinander passen und in den Fugen dicht schließen. Die Längskanten von Teilen gleicher Breite müssen sich genau decken. Die Stehbleche müssen mit den Gurtwinkeln bündig abschließen.

2. Der Grat an Walzeisen und Gußstücken ist zu beseitigen.

3. Biegungen und Kröpfungen sind ohne Verdrehung, Buckel, Risse, Anbrüche oder verbrannte Stellen herzustellen. Hinter den Kröpfungen oder Biegungen sollen die Teile schon vor dem Vernieten richtig anliegen. Sie dürfen nicht erst durch die erkaltenden Niete herangezogen werden.

4. Formeisen über 160 mm Höhe dürfen nicht mit der Schere geschnitten werden. Im übrigen sind die durch Scherenschnitt beschädigten Kanten durch volles Abarbeiten zu beseitigen.

5. Die Kanten der Steh= und Anschlußbleche, die Stirnflächen aller Flach=, Winkel=, Form= und Trägereisen sowie zusammengesetzter Träger sind auf genaues Maß zu bearbeiten. Sämtliche Stoßfugen müssen so genau gearbeitet sein, daß die Stoßflächen sich berühren.

6. Aussparungen an Formeisen von 300 mm Höhe und darüber müssen auf kaltem Wege hergestellt werden. Werden dazu Ausklinkmaschinen oder Scheren benutzt, so ist die Schnittfläche 5 mm dick abzuarbeiten. Bei Formeisen unter 300 mm Höhe genügt eine Abarbeitung von 3 mm. Bei diesen Formeisen dürfen die Aussparungen mit der Warmsäge hergestellt werden. Die einspringenden Ecken sind gut auszurunden.

7. Einspringende Ecken bei Blechen dürfen nur dann mit der Schere geschnitten werden, wenn an dem Endpunkt eine genügende Zahl von Löchern vorgebohrt ist, um das Einreißen mit Sicherheit zu verhindern.

8. Beim Brennschneideverfahren sind die Schnittflächen nachzuarbeiten. Will der Unternehmer andere neuartige Arbeitsverfahren anwenden, so hat er dies vorher schrift=lich mitzuteilen und den Nachweis zu führen, daß sie unschädlich sind.

9. Die Buckelplatten, Tonnen= oder Wellbleche und sonstigen Belageisen für Fahr=bahnabdeckungen sind zu verzinken, wenn im Verdingungsanschlag nichts anderes be=stimmt ist. Das Verzinken wird besonders vergütet (vgl. § 27).

10. Der Zinküberzug soll auf das Quadratmeter jeder Seite mindestens 0,5 kg be=tragen, dem Mehrbedarf bei stärkeren Blechen und Walzeisen entsprechend wird in der Gewichtsberechnung ein Durchschnittsverbrauch von 0,6 kg/qm angenommen. Es darf nur Tauch= oder Feuerverzinkung (Handverzinkung) angewendet und nur bestes deutsches Hüttenzink verwendet werden.

11. Die Berührungs=, Gleit= und Rollflächen der Auflager und der Auflagerollen, sowie der Zapfen der Säulenköpfe sollen mit Maschinen genau nach Zeichnung bearbeitet werden.

12. Für Gußstücke mit künstlerischer Ausbildung sind Modelle zur Genehmigung vorzulegen.

§ 19. Herstellung der Niet= und Schraubenlöcher.

1. Niet= und Schraubenlöcher in den Stäben und Knotenblechen sind zu bohren. Nur die Löcher in Futterplatten dürfen gestanzt werden. Der an den Löchern ent=stehende Grat ist sorgfältig zu entfernen.

2. Alle Löcher in Teilen, die einzeln gebohrt werden, sind zunächst mit einem etwas kleineren Durchmesser herzustellen und erst nach dem Zusammenbau der Teile mit der Reibahle auf die vorgeschriebene Lochweite glatt aufzuweiten. Die Verwendung der Rundfeile ist hierbei verboten. Meßbare Versetzungen der Eisenlagen gegeneinander dürfen in den aufgeriebenen Löchern nicht vorhanden sein.

3. Der Abstand der Lochmitten von den Kanten der Stäbe und Bleche soll in der Regel gleich dem doppelten Lochdurchmesser sein. Senkrecht zur Kraftrichtung kann der Abstand bis auf das anderthalbfache des Lochdurchmessers verringert werden.

4. Die Lochkanten dürfen keine Risse zeigen. Zur Versenkung der Nietköpfe dürfen sie nur mit Versenkbohrern (Fräsern) gebrochen werden, deren Schnittwinkel der Zeich=nung in § 21 entspricht.

§ 20. Reinigung und Anstrich der Bauteile vor der Zusammensetzung.

1. Die Eisenteile sind vor der Zusammensetzung gründlich entweder trocken durch Scheuern mit Bürsten, oder naß durch Beizen mit Salzsäurelösung von Staub, Schmutz, Glühspan und Rost zu reinigen.

2. Gebeizte Teile sind zunächst in Kaltwasser zu tauchen, um die anhaftende Säure unschädlich zu machen, darauf sind sie in reinem Wasser abzuspülen und weiterhin in kochendem Wasser bis zur Siedehitze zu erwärmen und dann zu trocknen.

3. Die gereinigten Teile sind mit dünnflüssigem, schnell trocknendem wasser- und säurefreiem Leinölfirnis allseitig satt zu streichen und sodann zum Abtrocknen zu lagern.

4. In diesem Zustande sind sie dem Prüfungsbeamten vorzulegen.

§ 21. Verbinden und Vernieten der Bauteile.

1. Die Bauteile müssen auf einer Zulage, die die richtige Form des Bauteils sichert, ohne die Untersuchung zu behindern, zusammengepaßt und durch Dorne und Schrauben verbunden werden. Dabei darf kein Stück in eine einseitige Spannung gezwängt werden. Die einzelnen Verbindungen müssen sich lösen lassen, ohne daß die Stücke federn oder sich verziehen.

2. Vor dem Vernieten sind die Berührungsflächen der einzelnen Teile nochmals zu reinigen und mit Leinölfirnis zu streichen. Sodann sind sie so fest miteinander zu verschrauben und zu verdornen, daß sie während des Nietens ihre Lage nicht ändern. Geschieht dies in einzelnen Fällen dennoch, so bestimmt der Abnahmebeamte, ob die Stücke durch neue zu ersetzen sind, oder ob der Fehler auf andere Weise beseitigt werden darf.

3. In tragenden Teilen sind in der Regel nur Niete für
16 — 20 — 23 — 26 mm Lochweite
zu verwenden. Die Nietköpfe müssen nach einer der nachstehenden Formen gebildet werden.

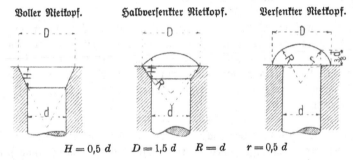

Voller Nietkopf.   Halbversenkter Nietkopf.   Versenkter Nietkopf.

$$H = 0,5\,d \qquad D = 1,5\,d \qquad R = d \qquad r = 0,5\,d$$

4. Die Niete sind in hellrotwarmem Zustande nach Beseitigung des Glühspans in die gehörig gereinigten Nietlöcher unter gutem Vorhalten einzuschlagen. Sie müssen die Löcher bei der Stauchung vollständig ausfüllen.

5. Bei Anwendung von Nietpressen darf der Druck erst nach dem Schwinden der Glühhitze, etwa nach 10 bis 15 Sekunden, abgestellt werden.

6. Setz- und Schließkopf müssen in der Achse des Nietschaftes sitzen. Der Schließkopf ist gut auszuschlagen. Beide Nietköpfe müssen gut anliegen. Neben den Nietköpfen dürfen keine schädlichen Eindrücke entstehen. Der Bart ist zu beseitigen. Die Köpfe dürfen keinerlei Risse zeigen.

7. Die Niete dürfen nicht verstemmt werden.

8. Nach dem Vernieten ist zu prüfen, ob die Niete festsitzen. Lose Niete sind herauszuschlagen und durch vorschriftsmäßige zu ersetzen. In keinem Fall dürfen lose Niete kalt nachgetrieben werden. Nach dem Vernieten sind die Köpfe sofort mit Leinölfirnis zu streichen.

9. Bei Reihennieten ist die Arbeit in der Mitte des Stabes zu beginnen und nach den Enden fortzusetzen. Umgekehrt darf nicht verfahren werden.

10. Nebeneinanderstehende Nietreihen sollen in derselben Weise gleichzeitig in Längsabschnitten von höchstens 2 m geschlagen werden.

11. Die Schraubengewinde sind nach Whitworthscher Vorschrift rein auszuschneiden. Die Muttern dürfen weder schlottern, noch zu festen Gang haben.

12. Die Schraubenköpfe und Muttern müssen mit der ganzen Anlagefläche aufliegen. Bei schiefen Anlageflächen sind schräge Unterlagscheiben zu verwenden.

13. Sind nach dem Verdingungsanschlage oder den Zeichnungen abgedrehte Schrau=ben zu verwenden, so müssen sie in die Bohrlöcher schließend passen.

14. Die vorstehenden Bestimmungen gelten auch für die Arbeiten auf der Baustelle.

15. Unbeschadet ihrer Versandfähigkeit sind die Bauteile in der Werkstatt so weit zu verbinden, daß an Nietarbeit auf der Baustelle möglichst wenig übrig bleibt.

§ 22. Aufbau.

1. Vor Beginn der Aufstellung hat der Unternehmer genaue Stichmaße der Abstände der Auflagermauern zu nehmen und die für die Auflagerung und den Aufbau wichtigen Höhenpunkte abzuwiegen.

2. Hierbei sowie bei Festlegung der Hauptmittellinien und Punkte leistet die Ver=waltung auf Antrag des Unternehmers Hilfe.

3. Ergeben sich Abweichungen gegen die Angaben in den Zeichnungen, so bestimmt die Verwaltung, wie sie ausgeglichen werden sollen.

4. Alle Auflager sowie die Säulen und Stützen sind so auszurichten und einzustellen, daß der Druck sich auf das Auflager und von diesem auf das Mauerwerk möglichst gleich=mäßig verteilt. Um das zu erreichen, ist zwischen der Grundplatte und den Auflagersteinen durch Eintreiben von schlanken Keilen eine Fuge von mindestens 15 mm Dicke herzustellen und durch den Füllstoff zu schließen. Nach dem Erhärten dieses Stoffes müssen die Keile entfernt und die von ihm herrührenden Höhlungen nachträglich mit demselben Füllstoff ausgefüllt werden.

§ 23. Gerüste.

1. Unter Gerüsten sind in den nachstehenden Vorschriften alle diejenigen Hilfsbauten verstanden, die zur vorübergehenden Unterstützung oder Zugänglichmachung der zu=sammenzubauenden Teile eines neuen, eines zu verstärkenden oder eines auszuwechselnden oder abzubrechenden Bauwerks oder der zur Bauausführung erforderlichen Hilfskon=struktionen dienen. Es gehören also dazu insbesondere auch alle Arten von Hilfsbrücken und Stegen, Arbeitsbühnen, Fachwerkkrane, Kranbahnträger u. dgl.

2. Die Bauart der Gerüste bleibt, soweit nicht bei der Ausschreibung oder in dem Verdingungsanschlage besondere Vorschriften gegeben sind, im allgemeinen dem Unter=nehmer überlassen. Dieser ist auch für die Verwendung guten Baustoffs, für die Herstellung fester Verbindungen und für die Beachtung ausreichender Vorsicht beim Aufbau, bei der Benutzung und beim Abtragen der Gerüste allein verantwortlich.

3. Für solche Gerüste, die nicht nach feststehenden Handwerksregeln hergestellt werden können, sind der Verwaltung Zeichnungen und Festigkeitsberechnungen in doppelter Ausfertigung zur Prüfung einzureichen. Der Unternehmer erhält die eine Aus=fertigung mit den Prüfungsbemerkungen der Verwaltung zurück und ist verpflichtet, diese Bemerkungen und alle darin etwa vorgeschriebenen Ergänzungen und Änderungen

des Entwurfes bei der Ausführung zu berücksichtigen. Das gleiche gilt für etwaige Verstärkungen und Ergänzungen, die bei oder nach der Aufstellung erforderlich werden. Die Zeichnungen müssen in einem solchen Maßstabe angefertigt sein, daß alle für die Tragfähigkeit wesentlichen Teile daraus sicher erkannt werden können. Der Festigkeitsberechnung ist eine genaue Beschreibung der Art und Weise voranzuschicken, wie das Gerüst aufgebaut und benutzt werden soll. Den daraus folgenden Belastungsannahmen sind dann die in der Berechnung für die verwendeten Baustoffe zugelassenen größten Beanspruchungen gegenüberzustellen.

4. Bei Pfahlstützen sind Abmessungen und Anordnung der Rammpfähle dem Baugrund anzupassen. Für wichtige Rammpfähle, z. B. solche, die Verkehrs- oder andere schwere Lasten zu tragen haben, ist ein Rammregister zu führen und das Ziehen der Pfähle während der letzten Hitze festzustellen. Verlangt die Eisenbahnverwaltung eine Probebelastung, so trägt sie die Kosten.

5. Für Gerüste, die auf öffentlichen Verkehrsstraßen oder in öffentlichen Wasserläufen hergestellt werden müssen, ist unter Vermittlung der Eisenbahnverwaltung die Genehmigung der zuständigen Behörden einzuholen. Bei Aufstellung der Entwürfe hat der Unternehmer die unter und über der Rüstung liegenden Kanäle, Rohr-, Kabel-, Draht- und sonstigen Leitungen zu berücksichtigen. Er ist verpflichtet, alle Feststellungen im Benehmen mit den zuständigen Behörden und Anstalten rechtzeitig vorzunehmen und die besonderen Verhältnisse bei Aufstellung der Entwürfe zu beachten. Die Verwaltung wird den Unternehmer bei der Ausschreibung über die in dieser Hinsicht bestehenden Verhältnisse insoweit unterrichten, daß er ohne zeitraubende und kostspielige Feststellungen seine Preise abgeben kann.

6. Der Unternehmer hat alle Anforderungen, die ihm im öffentlichen Interesse auferlegt werden, innerhalb der gestellten Fristen zu erfüllen.

7. Werden keine anderen Vereinbarungen getroffen, so hat der Unternehmer die Gerüste sogleich nach Beendigung der Arbeiten zu beseitigen und alle Veränderungen und Beschädigungen an Bauwerken oder angrenzenden Verkehrswegen, soweit sie durch den Bau oder den Abbruch der Gerüste veranlaßt sind, gleich nach Abbruch der Gerüste auf eigene Kosten zu beseitigen.

8. Soweit nachstehend nicht anderweite Bestimmungen getroffen sind, sind die Gerüste nach den gleichen Grundsätzen auszubilden, wie die Brücken und Hochbauten.

9. Zulässige Beanspruchungen. Durchbildung im einzelnen.

a) Bei Verwendung neuer und ungeschwächter Gerüstteile von bester Beschaffenheit sind bei größeren Gerüstbrücken folgende Beanspruchungen zulässig:

α) Flußeisen.

	der Hauptträger und der Fahrbahn kg/qcm	der sonstigen Teile kg/qcm
Ohne Berücksichtigung des Winddrucks . .	1300	1400
Mit „ „ „ . .	1500	1600

Die Scherspannung darf 1000 kg/qcm, der Lochleibungsdruck 2000 kg/qcm betragen.

Für die auf Druck beanspruchten Glieder ist nach der Eulerschen Formel bei Berücksichtigung der Windkräfte mindestens eine vierfache, sonst mindestens fünffache Knicksicherheit nachzuweisen.

Als Länge dieser Glieder ist die ganze Stablänge einzuführen.

Sind gedrückte Stäbe aus mehreren Walzeisen zusammengesetzt, so sollen diese auf ihre ganze Länge durch Stege oder Vergitterung verbunden werden. Einzelne Binde=platten werden im allgemeinen nicht als ausreichende Versteifung angesehen. Für Druckstäbe einwandiger Träger, die aus Winkelbündeln bestehen, sind Bindeflacheisen in genügender Zahl mit mindestens je zwei Nieten an jedem Flacheisenrande zulässig.

Anker dürfen nur mit 800 kg/qcm beansprucht werden. Abgedrehte Schrauben dürfen ebenso hoch beansprucht werden wie Niete. Für Gelenkbolzen ist die Biegungs=sicherheit nachzuweisen.

Schwarze Schrauben dürfen nur bei Windverbänden und in nebensächlichen Teilen angewendet und nur $^2/_3$ so hoch beansprucht werden wie Niete.

Die Schrauben in Hauptkonstruktionen sollen möglichst zweischnittig sein.

β) Holz.

Das Holz muß gesund und gerade gewachsen sein. Querschnittsschwächungen sind in der Rechnung zu berücksichtigen.

Zulässige Beanspruchungen.

Kiefernholz.

Biegung, Zug und Druck parallel zur Faser . . . . 100 kg/qcm
Biegung, Zug und Druck senkrecht zur Faser . . . . 30 „
Abscherung parallel zur Faser . . . . 10 „

Eichen= und Buchenholz.

Zug und Biegung . . . . 150 kg/qcm
Druck parallel zur Faser . . . . 110 „
Druck senkrecht zur Faser . . . . 45 „
Abscherung parallel zur Faser . . . . 15 „

Die Sicherheit gegen Knicken soll nach der Eulerschen Formel mit $E = 100000$ kg/qcm mindestens achtfach sein, wobei als Länge der Druckglieder die ganze Stablänge einzu=führen ist.

Für verdübelte Balken kann im allgemeinen bei guter Ausführung die Tragfähigkeit zu 75% der eines vollen Balkens von dem Gesamtquerschnitt der verdübelten Balken angenommen werden. Die baulichen Einzelheiten sind in jedem Falle besonders zu berechnen. Die Dübel müssen aus Hartholz oder Eisen hergestellt sein. Haben verdübelte Balken wandernde Lasten aufzunehmen (z. B. Krane), so sind die Dübel nicht schräg zu stellen, sondern so, daß sie in Ober= und Unterholz gleichmäßig eingreifen.

Bei allen Holzverbindungen, namentlich an den Kopfenden der Balken und bei den Zangen und Verstrebungen, ist besonders auf die Gefahr des Abscherens zu achten.

Alle Verbandsteile sollen entsprechend den auftretenden Kräften angeschlossen werden.

Die Schraubenbolzen sollen die verbundenen Teile nur zusammenhalten, nicht aber auf Abscheren oder Biegung beansprucht werden.

Der Bohlenbelag der Gerüste und Arbeitsbühnen ist für gleichmäßig verteilte Last und für die größten Einzellasten zu berechnen.

b) Für Gerüstteile, die bereits bei anderen Bauwerken gebraucht wurden, ist nur eine geringere Beanspruchung zulässig. Die nötigen Angaben hierüber hat der Unternehmer in der Festigkeitsberechnung zu machen.

10. Bodenpressung. Der Druck hölzerner Stützen ist durch untergelegte Schwellen so zu verteilen, daß ein Einsinken in den Boden nicht eintritt. Gewachsener Boden darf je nach seiner Beschaffenheit, höchstens mit 1 bis 5 kg/qcm, aufgeschütteter Boden höchstens mit 0,6 bis 0,8 kg/qcm belastet werden.

11. Rammpfähle für schwere Lasten. Die Tragfähigkeit der Rammpfähle ist nach der Brixschen Formel zu berechnen.

Diese Formel lautet:

$$P = \frac{h}{m \cdot e} \cdot \frac{Q^2 \cdot g}{(Q + g)^2}.$$

Hierin bedeutet:

P die zulässige Belastung des Pfahles in kg,

Q das Bärgewicht in kg,

g das Pfahlgewicht in kg,

h die Fallhöhe in cm,

e das durchschnittliche Ziehen des Pfahles für jeden Schlag der letzten Hitze (meist 10 Schläge) in cm,

m den Sicherheitsgrad. Er ist nicht kleiner als 2 anzunehmen. Die Verwaltung darf höhere Werte vorschreiben.

Die Holzpfähle müssen mindestens eine achtfache Sicherheit gegen Knicken besitzen. Gestatten in besonderen Fällen, worüber die Verwaltung allein zu entscheiden hat, die Bodenverhältnisse die Annahme, daß der Pfahl an einem Ende eingespannt, am anderen gelenkig geführt ist, so darf die freie Länge zu 0,7 l gewählt werden.

Bei einer Probebelastung dürfen die Rammpfähle bei 1,5facher Belastung nicht merkbar einsinken.

12. Belastungsannahmen. Alle Kräfte sind in ihrer Zusammensetzung und Zerlegung sowohl für die unbelastete wie auch für die belastete Rüstung bis in den Boden zu verfolgen. Unter allen Umständen sollen die Gerüste mindestens 1½fache Sicherheit gegen Umstürzen haben.

Für die Berechnung kommen folgende Belastungen in Betracht:

a) das Eigengewicht der Gerüste und Hilfskonstruktionen. Hierbei ist das Gewicht bei

Flußeisen . . . . zu 7850 kg

Kiefernholz . . . . zu 700 „

Eichen= und Buchenholz . . . . zu 1000 „

für das Kubikmeter anzunehmen.

b) das Gewicht der Brückenkonstruktion nebst Zubehör für den jeweilig ungünstigsten Fall,

c) die zufällige Belastung durch die Bauteile, Menschengedränge, Krane, Flaschenzüge usw.,

d) der Winddruck. Er ist mit 150 kg auf das Quadratmeter anzunehmen. In besonderen Fällen kann diese Annahme bis auf 100 kg/qm ermäßigt werden.

Als windgetroffene Fläche wird gerechnet die Vorderfläche der Gerüste und Brückenteile, beide um die Hälfte erhöht, wenn Hinterflächen in Frage

kommen. Die Angriffsfläche der Gerüst= und Brückenteile ist nach den wirt=
lichen Abmessungen der Teile schätzungsweise zu bestimmen.

Außerdem muß der Winddruck auf die zufälligen Lasten, wie Fahrzeuge,
Krane usw. berücksichtigt werden, wenn nicht diese Windkräfte von dem Bauwerk
selbst, wie z. B. bei einer Brückenverstärkung aufgenommen werden können.

e) der Stoß des fließenden Wassers.

Bei den Verstärkungen der Eisenbahnbrücken, bei denen die Rüstungen außer der
Eigenlast der Brücke auch noch die Verkehrslast aufzunehmen haben, kann, wenn bei der
Ausschreibung nichts anderes bestimmt ist, der Lastenzug der Vorschriften für die Berech=
nung eiserner Brücken vom September 1895 der Berechnung der Gerüste zugrunde gelegt
werden.

§ 24. Anstrich.

1. Nachdem der Abnahmebeamte die einzelnen oder verbundenen Bauteile geprüft
hat (§ 20), sind die Fugen zwischen den Berührungsflächen sorgfältig auszukitten und die
Teile allseits mit ....farbe zu streichen. Dieser Grundanstrich darf
nur dünn aufgetragen werden und muß gut trocknen.

2. Nach beendigter Aufstellung und Verbindung der Bauteile auf der Baustelle
sind zunächst alle Räume zwischen den Verbandsteilen, in denen sich Wasser ansammeln
kann, mit Kitt vollständig auszufüllen und sorgfältig zu verstreichen. Sodann ist der
Grundanstrich auszubessern und an den auf der Baustelle geschlagenen Nieten nachzuholen.

3. Hierauf hat der Unternehmer dem ganzen Eisenbahnwerk den ersten Farbanstrich
mit der in seinem Angebote bezeichneten, als guter Rostschutz anerkannten Ölfarbe zu
geben.

4. Alle Flächen des Eisenwerkes, die mit Erde, Steinen, Kies, Sand, Mörtel oder
Mauerwerk in Berührung treten, sind nicht mit Ölfarbe, sondern mit gutem angewärmten
Asphaltlack zu streichen.

§ 25. Wasserdichtigkeit einzelner Bauteile.

Soweit für einzelne Bauteile Wasserdichtigkeit verlangt wird, kann die Verwaltung
auf ihre Kosten diese Dichtigkeit durch eine Wasserprobe feststellen lassen.

§ 26. Probebelastung.

1. Die Verwaltung behält sich vor, die Bauwerke nach den Annahmen der Festig=
keitsberechnung zur Probe zu belasten.

2. Zur Teilnahme an diesen Prüfungen wird der Unternehmer rechtzeitig einge=
laden.

3. Zeigt ein Bauwerk bei diesen Belastungen größere Spannungen, Durchbie=
gungen oder Schwankungen, die auf Mängel der Baustoffe oder der Arbeit zurückzuführen
sind, so hat der Unternehmer nach Anweisung der Verwaltung Abhilfe zu schaffen.

4. Die Kosten der Belastungsprobe trägt die Verwaltung.

§ 27. Ergänzende Bestimmungen örtlicher Art.

(Bestimmungen über Verzinkungs= und Asphaltierungsarbeiten, Schonung von
Kanälen, von Rohr=, Kabel= und Drahtleitungen, Rücksicht auf Schiffahrt, Eisenbahn=
und Straßenverkehr, Abschluß der Baustellen u. dgl.)

5. Besondere Bedingungen

für

die Lieferung der Baustoffe zur Pflasterung des ....

.... Straßenzuges ....

§ 1. Gegenstand des Vertrages.

Gegenstand des Unternehmens ist die Lieferung der Pflastermaterialien zur Befestigung des .... Straßenzuges ....

§ 2. Umfang und Art der Leistungen des Unternehmers.

Der Umfang und die Art der zu übernehmenden Lieferungen ergeben sich aus dem zum Vertrage gehörigen Preisverzeichnis.

§ 3. Beschaffenheit der Baustoffe.

Die Reihenpflastersteine müssen 19 bis 20 cm hoch sein, aus bestem schwedischen Granit bestehen und eine möglichst ebene Oberfläche von 12—14 × 20—24 cm haben. Die Fußfläche der Steine muß mindestens zwei Drittel der Kopffläche betragen. Die Güte der Steine muß dem angelieferten Probestein entsprechen und bezeichnet dieser die untere Grenze der Abnahmefähigkeit.

Die Kleinpflastersteine für die Brückenbahn müssen 8 bis 10 cm hoch sein und ebenfalls aus bestem schwedischen Granit bestehen. Die Mosaiksteine sollen 4 bis 5 cm im Quadrat groß, 7 cm hoch sein, aus festem scharfkantig gespaltenem schwedischen Granit bestehen und möglichst glatte Kopfflächen haben. Die Bordschwellen müssen aus bestem schwedischen Granit bestehen, 28 cm stark, 30 cm hoch, vollkantig und sauber, in den Ansichtsflächen gestockt, bearbeitet sein.

§ 4. Beginn, Fortführung und Vollendung der Lieferungen.

Mit den Lieferungen ist 14 Tage nach erteiltem Zuschlage zu beginnen; sie sind so zu fördern, daß innerhalb von 4 Wochen die sämtlichen Pflastermaterialien angeliefert sind.

§ 5. Berechnung der dem Unternehmer zustehenden Vergütung.

Die Höhe der dem Unternehmer im ganzen zustehenden Vergütung wird nach der wirklich ausgeführten Lieferung unter Zugrundelegung der im Preisverzeichnis oder in sonstiger Weise vereinbarten Einheitspreise berechnet. Für etwa mit Zustimmung der Bauverwaltung zur Ausführung kommende, vom Vertrage abweichende Lieferungen sind vorher die erforderlichen schriftlichen Vereinbarungen zu treffen. Ist die Feststellung einer Vereinbarung verabsäumt worden, so wird der Unternehmer nach den ortsüblichen der Güte der Lieferung entsprechenden Preisen entschädigt.

§ 6. Zahlungen.

Die Zahlungen erfolgen durch die .... kasse in.........................
oder auf Antrag des Unternehmers durch eine andere seinem Wohnsitz zunächstgelegene Kasse.

Die Bestimmung darüber, welche Zahlungen aus der einen oder anderen Kasse geleistet werden, bleibt der Bauverwaltung vorbehalten.

§ 7. Höhe der Verzugsstrafe.

Hält der Unternehmer die in § 4 festgesetzten Fristen durch eigenes Verschulden nicht ein, so verfällt derselbe für jeden Tag der Verspätung in eine Verzugsstrafe von .... M.

§ 8. Sicherheitsstellung.

Die für die übernommenen Verbindlichkeiten zu stellende Sicherheit wird auf 5% der Vertragssumme und zwar auf .... M. festgesetzt.

Die Sicherheit ist 14 Tage nach erteiltem Zuschlage bei der ....kasse in .... zu hinterlegen. Die Rückgabe der Sicherheit erfolgt nach Beendigung der übernommenen Lieferungen zu drei Fünftel des Gesamtbetrages mit .... M. Der Rest von zwei Fünftel mit .... M. wird unmittelbar nach Ablauf der in § 9 vereinbarten Gewährleistungszeit zurückgezahlt. Stellen sich vor Ablauf der Haftpflicht an den gelieferten Baustoffen Mängel heraus, so wird die Sicherheit bis zur Beseitigung dieser Mängel einbehalten.

§ 9. Gewährleistung.

Der Unternehmer bleibt für die Güte der von ihm gelieferten Baustoffe nach erfolgter Schlußabnahme noch ein halbes Jahr lang haftbar und ist verpflichtet, alle während dieser Zeit hervortretenden Mängel auf seine Kosten zu beseitigen.

§ 10. Bezeichnung der Schiedsrichter und des Obmannes.

Im Anschluß an die in den allgemeinen Vertragsbedingungen enthaltenen Bestimmungen soll das Schiedsgericht, welches bei Streitigkeiten über die durch den Vertrag begründeten Rechte und Pflichten, sowie über die Ausführung des Vertrages anzurufen ist, mit Zustimmung beider Parteien gebildet werden aus:

1. (Vertreter der Bauverwaltung) ....
2. (Vertreter des Lieferanten) ....

Können sich im Notfalle der Heranziehung eines Obmannes die Schiedsrichter über die Wahl eines solchen nicht einigen, so erfolgt dessen Ernennung durch ....

§ 11. Rechnungsaufstellung.

Die vom Unternehmer einzureichenden Rechnungen sind unter Benutzung des von der Bauverwaltung vorgeschriebenen Formulars doppelt auszufertigen. Die Rechnungen müssen frei von Berichtigungen und Rasuren bleiben, die eigenhändige Unterschrift des Unternehmers, seinen Wohnsitz und das Datum der Aufstellung enthalten.

Zu den Rechnungen ist Papier von 21 × 33 cm Größe zu verwenden, dessen innere Ränder auf 1 cm Breite von Schrift und Zahlen frei bleiben müssen.

Die Rechnungen sind in Form, Ausdrucksweise und Reihenfolge der Positionsnummern genau dem Preisverzeichnis des Vertrages entsprechend aufzustellen. Mehrlieferungen sind in besonderer Rechnung unter Beifügung der getroffenen Vereinbarungen nachzuweisen.

Die Einreichung der Schlußrechnung hat spätestens 4 Wochen nach erfolgter Schlußabnahme zu erfolgen.

...., den .... 190 .

(Vertreter der Bauverwaltung.)

Anerkannt:

...., den .... 190 .

Der Unternehmer.

6. Besondere Bedingungen
für
die Verdingung und Ausführung der Steinsetzerarbeiten, ausschließlich Lieferung
der Baustoffe, zur Regelung des Straßenzuges ....
....

§ 1. Gegenstand des Vertrages.
Gegenstand des Unternehmens ist die Ausführung der Steinsetzarbeiten ausschließlich Lieferung der Baustoffe zur Regelung des Straßenzuges ....

§ 2. Umfang der Leistungen des Unternehmers.
Die zu übernehmenden Arbeiten ergeben sich aus dem anliegenden Preisverzeichnis
Die Ausführung hat hiernach, sowie auf Grund der zugehörigen Zeichnungen und sonstigen
technischen Ausarbeitungen und Massenberechnungen zu erfolgen. Im übrigen gelten
für den Umfang und die Art der Leistungen des Unternehmers die untenstehenden technischen Vorschriften.

§ 3. Nebenleistungen.
Eine besondere Vergütung für die im Verdingungsanschlage und unter a) der
technischen Vorschriften ausdrücklich aufgeführten Nebenleistungen findet nicht statt.
Andere Nebenleistungen sind vom Unternehmer nur auf schriftliche Anordnung der Bauverwaltung auszuführen, ohne welche eine Entschädigung nicht gewährt wird.

§ 4. Beginn, Fortführung und Vollendung der Arbeiten.
Mit der Ausführung der Arbeiten ist spätestens ..... Tage nach ergangener Aufforderung
zu beginnen, die Arbeiten sind so zu fördern, daß die gesamten Pflasterungen innerhalb
6 Wochen nach erfolgter Aufforderung fertiggestellt sind. Werden die Arbeiten durch
(den Bau der .... brücke) unterbrochen, so wird der Termin um die Dauer
der Unterbrechung verlängert.

§ 5. Berechnung der dem Unternehmer zustehenden Vergütung einschließlich der Vergütung für Tagelohnarbeiten.
Die Höhe der dem Unternehmer im ganzen zustehenden Vergütung wird nach den
wirklichen Leistungen unter Zugrundelegung der im Preisverzeichnis oder in sonstiger
Weise vereinbarten Einheitspreise berechnet. Alle Maße sind vom Unternehmer unter
Zuziehung des von der Bauverwaltung bestellten Aufsichtsbeamten sofort nach der Aus-
führung zu nehmen und durch eine Richtigkeitsbescheinigung nachzuweisen. Für alle

mit Zustimmung oder auf Anordnung der Bauverwaltung zur Ausführung gelangenden, vom Vertrage abweichenden oder in diesem nicht vorgesehenen Leistungen und Lieferungen sind vor der Ausführung die erforderlichen schriftlichen Vereinbarungen zu treffen. Ist die Feststellung einer Vergütung für Mehrarbeiten verabsäumt worden, so erhält der Unternehmer eine Entschädigung nach den ortsüblichen, der Güte der Leistungen und Lieferungen entsprechenden Preisen.

Werden auf Anordnung oder mit Zustimmung der Bauverwaltung einzelne nicht vertragsmäßige Arbeiten im Tagelohn zur Ausführung gebracht, so kommen hierfür die vom Unternehmer nachstehend in Buchstaben angegebenen Lohnforderungen zur Berechnung.

Diese betragen für die Arbeitsstunde:

a) eines Steinsetzers . . . . Pf.

b) eines Rammers . . . . „

c) eines Lehrlings . . . . „

In diesen Lohnsätzen ist das sogenannte Meistergeld, sowie das Vorhalten von Geräten mit enthalten. Der die Ausführung der vertragsmäßigen Arbeiten beaufsichtigende Steinsetzmeister hat ebenfalls die Tagelohnarbeiten zu überwachen und werden daher besondere Entschädigungen für Meisterstunden nicht gewährt.

§ 6. Zahlungen.

Die Zahlungen an den Unternehmer erfolgen durch die . . . . kasse in . . . . oder auf Antrag des Unternehmers durch eine andere seinem Wohnsitz zunächstgelegene . . . . kasse, soweit dies bestimmungsgemäß zulässig ist.

Die Bestimmungen darüber, welche Zahlungen aus den einzelnen Kassen zu leisten sind, bleibt der Bauverwaltung vorbehalten.

§ 7. Höhe der Verzugsstrafe.

Hält der Unternehmer die im § 4 festgesetzten Fristen durch eigenes Verschulden nicht ein, so verfällt derselbe für jeden Tag der Verspätung in eine Verzugsstrafe von . . . . M.

§ 8. Sicherheitsstellung.

Die für die übernommenen Verbindlichkeiten zu stellende Sicherheit wird auf 5% der Vertragssumme und zwar auf . . . . M. festgesetzt.

Die Sicherheit ist 14 Tage nach Erteilung des Zuschlages bei der . . . . kasse in . . . . zu hinterlegen.

Die Rückgabe der Sicherheit erfolgt nach Ablauf der im § 9 vereinbarten Gewährleistungszeit.

Stellen sich vor Ablauf der Haftpflicht an den vom Unternehmer ausgeführten Arbeiten Mängel heraus, so wird die Sicherheit bis zur vollständigen Beseitigung derselben einbehalten.

§ 9. Gewährleistung.

Der Unternehmer bleibt für die Güte der von ihm geleisteten Arbeiten nach erfolgter Schlußabnahme noch 1 Jahr lang haftbar und ist verpflichtet, während dieser Zeit alle auftretenden Mängel auf seine Kosten zu beseitigen.

§ 10. Bezeichnung der Schiedsrichter und des Obmannes.

Im Anschlusse an die in den allgemeinen Vertragsbedingungen enthaltenen Be=
stimmungen soll das Schiedsgericht, welches bei Streitigkeiten über die durch den Vertrag
begründeten Rechte und Pflichten, sowie über die Ausführung des Vertrages anzurufen
ist, mit Zustimmung beider Parteien gebildet werden aus:

1. (Vertreter der Bauverwaltung) ....
2. (Vertreter des Lieferanten) ....

Können sich im Notfalle der Heranziehung eines Obmannes die Schiedsrichter über
die Wahl eines solchen nicht einigen, so erfolgt dessen Ernennung durch ....

§ 11. Rechnungsaufstellung.

Die vom Unternehmer einzureichenden Rechnungen sind unter Benutzung des von
der Bauverwaltung vorgeschriebenen Formulars doppelt auszufertigen. Die Rechnungen
müssen frei von Berichtigungen und Rasuren bleiben, die eigenhändige Unterschrift des
Unternehmers, seinen Wohnsitz und das Datum der Ausfertigung enthalten. Zu den
Rechnungen ist Papier von 21 × 33 cm Größe zu verwenden, dessen innere Ränder auf
1 cm Breite von Schrift und Zahlen frei bleiben müssen. Die Rechnungen sind in Form,
Ausdrucksweise und Bezeichnung der Positionsnummern genau dem Preisverzeichnis
entsprechend aufzustellen. Tagelohn und Mehrarbeiten sind in besonderer Rechnung
unter Beifügung der getroffenen Vereinbarungen nachzuweisen.

Die Einreichung der Schlußrechnung durch den Unternehmer hat spätestens 4 Wochen
nach erfolgter Schlußabnahme zu erfolgen.

Technische Vorschriften.

a) Nebenleistungen.

Sofern im Verdingungsanschlage nicht ausdrücklich anders bestimmt ist, werden
sämtliche zur vollständigen und ordnungsmäßigen Herstellung der ausgeschriebenen Ar=
beiten erforderlichen Nebenleistungen nicht besonders vergütet, z. B. die Bewegung von
Bodenmassen bis zu 10 cm Auftrag oder Abtrag, die Verteilung des von der Bauver=
waltung anzuliefernden Kieses auf der Verwendungsstelle, das profilmäßige Einebnen
desselben, Feststampfen, Herstellen der Längs= und Quergefälle nach Angabe, das Be=
kiesen der gepflasterten Flächen, Füllen der Fugen und Begießen, Nachregulierung
und Nachrammung, Aussparen aller in der Straßenfläche befindlichen Gegenstände der
Be= und Entwässerung, die Beleuchtung und Herstellung der Einfriedigungen zur Ab=
sperrung der im Bau befindlichen Straßenteile, das Heranschaffen bzw. die Anlieferung
des Wassers, das Einschlämmen und Feststampfen des Planums, sowie alle sonstigen
zur fertigen Arbeit gehörenden Nebenleistungen.

b) Art und Umfang der Ausführung.

Falls die Straße dem Verkehr nicht entzogen werden kann, haben die Arbeiten derart
zu erfolgen, daß zunächst die eine Hälfte der Straße gepflastert wird, während die andere
Hälfte dem Straßenverkehr dient. Nach Fertigstellung wird alsdann der Verkehr auf die
neugepflasterte Seite umgeleitet und die andere Hälfte der Straße in Angriff genommen.
Die zur Aufhöhung des Straßenzuges nötigen Bodenmassen werden durch die Bau=
verwaltung angeliefert und eingeebnet, die genaue profilmäßige Einebnung hat dagegen

der Unternehmer vorzunehmen. Das Planum ist gut vorzubereiten, zu stampfen und zu schlämmen; vorher sind genaue Absteckungen nach Anordnung der Bauverwaltung vorzunehmen. Die Arbeiten sind den Regeln der Technik entsprechend sauber und durchaus solide herzustellen, insbesondere sind die Steine der verschiedenen Pflasterarten mit engen Fugen und mit den geeigneten Flächen aneinanderzusetzen, gut zu verfüllen, fest einzuschlagen und zu rammen, so daß Gewähr für eine feste Lage der Steine vorhanden ist. Die Kiesbettung ist in einer Stärke von mindestens 20 cm aufzubringen und muß beiderseits 15 cm über das Pflaster hinausreichen.

Jeden Abend muß eine Fläche, welche dem Fortschreiten der Pflasterarbeiten am nächsten Tage entspricht, derart unter Wasser gesetzt werden, daß dasselbe stehen bleibt und während der Nacht versickern kann. Damit infolge dieser Maßnahmen Unglücksfälle nicht entstehen können, hat der Unternehmer für die nötigen Absperrungen zu sorgen.

Die Bettung ist der Wölbung entsprechend festzustampfen und das Pflaster mit möglichst dichten Fugen in gleichmäßigen Reihen zu setzen. Jeder Stein ist fest zu unterstopfen, an die bereits gesetzten fest anzutreiben, die Spitze (kleinere Fläche) des Steines nach unten zu setzen und die unten entstehenden Höhlungen während des Versetzens mit Keilzwickern fest auszufüllen. Zu den Randschichten sind stets die größten Steine zu verwenden, auch ist das Pflaster wegen des Setzens beim Rammen um mindestens 5 cm höher zu setzen.

Nach dem Setzen ist so viel Kies, als zum Füllen der Fugen nötig ist, aufzubringen und einzuschlämmen, sowie dann das Pflaster mit einer mindestens 25 kg schweren Handramme abzurammen. Alle beim Rammen zersprungenen oder versenkten Steine sind herauszunehmen und durch neue zu ersetzen. Bei starkem Regen darf nicht gerammt werden.

Die Bordschwellen sind mit scharfschließenden Stoßfugen zu verlegen. Die obere Fläche der Bordschwellen muß in der durch das Quergefälle der Bürgersteige bestimmten Neigung verlegt werden.

Das Mosaikpflaster der Bürgersteige ist auf einer 15 cm starken Lage von Kies fest und dicht schließend herzustellen und muß nach mindestens dreimaligem Abrammen eine durchaus ebene Oberfläche mit dem vorgeschriebenen Quergefälle haben.

c) Abnahme.

Die Abnahme der Pflasterarbeiten erfolgt nach Quadratmetern, das Verlegen der Bordschwellen nach laufenden Metern. Schachtdeckel und Regeneinfallschächte werden nicht in Abzug gebracht.

d) Aufsicht.

Der Unternehmer hat während der Ausführung der Vertragsarbeiten, falls er selbst die Aufsicht nicht übernimmt, für eine geeignete sachverständige Vertretung zu sorgen.

..................., den .... 190 .

(Vertreter der Bauverwaltung.)

Anerkannt:

..................., den .... 190 .

Der Unternehmer.

7. Besondere Bedingungen für Erd= und Baggerarbeiten nebst Vertragsformular.

Erdarbeiten zum Ausbau der Lünne=Wasserstraße.

Besondere Bedingungen für die Ausführung der Erdarbeiten für die Verbreiterung und Vertiefung der Lünne=Wasserstraße auf der Strecke von Warren bis Große=Brücke (km 80 bis 100) und für die Vorhäfen an den Schleusen Große=Brücke.

§ 1. Form und Wirkung des Angebotes.

Der unterzeichnete Unternehmer verpflichtet sich durch Namensunterschrift, die unter Beifügung der genauen Wohnungsangabe deutlich zu schreiben ist, zur Anerkennung und Innehaltung der in den nachstehenden Paragraphen getroffenen Bestimmungen.

Als Grundlage für die Abrechnung dient der mit Ziffern und Buchstaben deutlich einzutragende Einheitspreis des vorstehenden Angebotes auch dann, wenn die endgültige Feststellung der örtlichen Aufnahmen eine Änderung der in dem vorliegenden Verdingungsanschlage überschläglich angegebenen Massen ergeben sollte. Ebenso sind etwaige Abänderungen in der Wahl der Strecken mit flacher oder steiler Uferbefestigung ohne Einfluß auf den abgegebenen Einheitspreis.

§ 2. Gegenstand des Vertrages.

Gegenstand des Vertrages ist:

1. die Verbreiterung und Vertiefung der Lünne=Wasserstraße auf der Strecke Warren bis Große=Brücke (km 80,0 bis 100,0);
2. die Erweiterung der Vorhäfen an den Schleusen bei Große=Brücke.

Der Umfang der Erdarbeiten und Baggerungen ist aus der beigefügten Übersicht ersichtlich. Die Querschnitte liegen zur Einsicht bei der Neubauabteilung zu Lünnewalde aus.

§ 3. Arbeitsweise und Arbeitsplan.

Der Unternehmer hat mit seinem Angebote einen von ihm als maßgebend für seinen Betrieb anzuerkennenden vollständigen Arbeitsplan einzureichen, in welchem namentlich die zu verwendenden Betriebsmittel, die ungefähre Anzahl der in den verschiedenen Arbeitsperioden zu beschäftigenden Arbeiter, die Größe der täglichen und jährlichen Leistung, die Art der von ihm beabsichtigten Bodenförderung und der Gang der Arbeiten darzulegen sind. Abweichungen von dem Arbeitsplan bzw. Abänderungen desselben bedürfen der vorherigen Genehmigung der Bauverwaltung.

Die Bauverwaltung prüft den eingereichten Arbeitsplan bzw. die Abänderungen desselben lediglich mit Rücksicht auf ihre eigenen Interessen und übernimmt durch die Billigung derselben keine Gewährleistung dafür, daß der Plan ausführbar oder zweckmäßig ist.

Sofern die nach dem Arbeitsplan in gewissen Zeiträumen zu bewirkenden Leistungen mit den in demselben in Aussicht genommenen Betriebsmitteln nicht ausgeführt werden können, hat der Unternehmer letztere zu vermehren oder durch andere zweckentsprechende zu ersetzen.

Um die Bauverwaltung in den Stand zu setzen, sich von dem planmäßigen Fortgange der Arbeiten zu überzeugen, hat der Unternehmer außerdem regelmäßig nach vorzuschreibendem Muster abzufassende Monatsberichte an die Bauverwaltung einzureichen, welche die in Tätigkeit gewesenen Arbeitskräfte und Betriebsmittel nachweisen und eine Übersicht der geleisteten Arbeitsmengen enthalten.

7*

§ 4. Allgemeine Anordnung der Arbeiten.

Die Arbeiten sind auf der Strecke km 80 bis 85 und km 90 bis 100,7 zugleich zu beginnen und nach näherer Weisung so weiterzuführen, daß auf der erstgenannten Strecke mindestens 16 m Kanallänge, auf der zweiten mindestens 32 m Kanallänge je Tag fertiggestellt werden. Die Arbeiten auf der Strecke km 85 bis 90 sind erst nach Ausführung der an dieser Strecke angeordneten Brücken- und Wegeverlegungen etwa 15 Monate später zu beginnen, so daß gegebenenfalls die auf den beiden anderen Strecken freiwerdenden Bagger usw. dann hier weiter benutzt werden können.

Die Bauverwaltung ist berechtigt, von dem Unternehmer jederzeit die Inangriff-nahme und vorzugsweise Förderung derjenigen Arbeiten zu fordern, welche sie für dring-lich hält. Da der Verkehr auf dem Kanal nicht gesperrt werden darf, ist die nördliche Hälfte des Querschnitts gesondert von der südlichen Hälfte herzustellen und zwar muß mindestens 1,2 km Entfernung zwischen zwei Baustellen vorhanden sein. Die Arbeiten an den Vor-häfen bei der Schleuse Große-Brücke sind streckenweise nach näherer Anordnung auszu-führen und müssen insgesamt bis zum 1. Juli 1910 fertiggestellt sein.

Die Arbeiten sind so einzurichten, daß die Ausführung der in unmittelbarem An-schluß daran auszuführenden Uferbefestigungs-, Böschungs- und Dichtungsarbeiten, sowie auch sonstigen von der Bauverwaltung angeordneten Arbeiten nicht gehindert wird. Während auf den Strecken mit flacher Uferbefestigung die Herstellung der Böschung bis zum Übergang in Sohlenform ohne Unterbrechung erfolgen kann, ist bei den Strecken mit steiler Uferbefestigung eine Trennung der Arbeiten notwendig, und muß zunächst der Querschnitt über Wasser bis zum Wasserspiegel für sich hergestellt werden, sodann wird von der Bauverwaltung das Bohlwerk einschließlich Hinterbettung eingebracht, wobei der überschüssige Boden in den Kanal geworfen wird. Erst dann kann mit dem Ausbaggern des Kanalquerschnittes vorgegangen werden. Für die Berechnung der Bodenmassen wird die Unterseite der Hinterbettung, also der wirklich ausgehobene Querschnitt zu-grunde gelegt.

Für die Unterbringung der Bodenmassen, soweit sie nicht an der Südseite des Kanals zur Einschüttung des 2 m über dem Wasserspiegel angeordneten, 2 m breiten Lein-pfades Verwendung finden, werden dem Unternehmer seitens der Bauverwaltung Ablagerungsplätze angewiesen, die in dem Lageplan bereits besonders angegeben sind. Nähere Angaben über die Verteilung der Ablagerungsmassen sind in dem anliegenden Massenverteilungsplan angegeben. Für den Transport des Bodens aus den Prähmen nach den Ablagestellen dürfte sich zum Teil die Einrichtung eines Spülbetriebes empfehlen, da sich der leichte Sandboden des Kanals für diese Förderungsart zu eignen scheint. Die aufzuhöhenden Flächen liegen in der Nähe des Ufers, so daß vom Spülschiff aus höchstens 400 m weit landeinwärts gespült zu werden braucht. Die Ausführung etwaiger Durch-stiche durch die schon bestehenden Leinpfaddämme am Kanalufer, um den Weg zu den Ablagerungsplätzen zu verringern, ist Sache des Unternehmers und wird nicht besonders vergütet. Dem Unternehmer bleibt es jedoch unbenommen, auch eine andere Förderungs-art des Bodens in Vorschlag zu bringen.

Wünscht der Unternehmer den gewonnenen Boden anderweitig als auf den ihm über-wiesenen Ablagerungsflächen unterzubringen, oder an Gemeinden oder Private abzugeben, so hat er dieses der Bauverwaltung anzuzeigen und ihre Genehmigung nachzusuchen.

Für die Ausführung der Arbeiten sind die angehefteten Normalquerschnitte maß-gebend. Aus der Massenverteilung ist zu ersehen, an welchen Strecken steile oder flache

Uferbefestigung vorgesehen ist. Abänderungen in der Wahl des Querschnitts bleiben vorbehalten.

Die Ausführung der Arbeiten an den in der Nähe der die Wasserstraße kreuzenden fünf Wegebrücken mit einer Länge von je 50 bis 100 m wird nicht immer im Zusammenhange mit den anschließenden Strecken möglich sein. Die Bauverwaltung behält sich in dieser Beziehung besondere Anordnungen vor. Soweit Boden zur Anlage der neuen Anrampungen benötigt wird, ist der Unternehmer zum Einbau desselben in die Rampen verpflichtet. Der Abbruch bzw. die Ausbaggerung etwa gesprengter Brückenpfeiler oder Widerlager ist nicht mit einbegriffen.

§ 5. Ausführung der Erdarbeiten.

Dem Unternehmer werden die künftigen Uferlinien bzw. die Kanalachse abgesteckt und die Querschnitte angegeben. Für Innehaltung der richtigen Abmessungen, wie Tiefe usw. bleibt derselbe verantwortlich. Insbesondere hat der Unternehmer die Böschungen mit richtiger Neigung herzustellen, so daß die Uferbefestigungen unmittelbar darauf seitens der Bauverwaltung verlegt werden können. Von den auszuhebenden Flächen ist der Rasen und Mutterboden abzunehmen und nach Anordnung der Bauverwaltung zur späteren Wiederverwendung beiseite zu setzen.

Für die vorstehend aufgeführten Nebenarbeiten wird eine besondere Vergütung nicht gewährt, diese ist vielmehr in dem geforderten Einheitspreis mit enthalten.

Die auf den dazu bestimmten Ablagerungsplätzen abzulagernden Bodenmassen sind einzuebnen. Die Böschungen der Anschüttungen sind in der Regel 1 : 1½ anzulegen und dürfen eine flachere Neigung als 1 : 2 nicht erhalten. Auch die Anlegung etwaiger Wegerampen zu den Anschüttungsflächen ist mit im Einheitspreis einbegriffen.

Der Unternehmer darf fremdes Eigentum nicht betreten; er haftet für alle Schäden, die auf fremden Grundstücken durch seine Arbeiten und Arbeiter verursacht werden. Dies gilt besonders bei Anwendung eines Spülbetriebes, wobei der Unternehmer durch Anlage von Gräben usw. für eine genügend sichere und rasche Abführung der mitgespülten Wassermassen zu sorgen hat und durch Dämme gegebenenfalls bei der Ablagerung nicht beteiligte Flächen zu sichern hat.

Ferner hat der Unternehmer mit allen Mitteln und geeigneten Maßnahmen dafür Sorge zu tragen, daß durch den Baggerbetrieb der Schiffsverkehr auf dem Kanal möglichst wenig gestört wird. Aus Störungen, welche der Baggerbetrieb etwa durch die seitens der Bauverwaltung zur Aufrechterhaltung der Schiffahrt angeordneten Maßregeln erleidet, kann der Unternehmer Entschädigungsansprüche nicht herleiten. Die Bauverwaltung wird Maßregeln treffen, daß Begegnungen und Überholungen von Schiffszügen nach Möglichkeit an den Baustellen vermieden werden.

§ 6. Berechnung der Vergütung.

Vor Beginn der Erd- und Baggerarbeiten werden die für die Abrechnung gültigen Querschnitte in der Regel in Abständen von 50 m von der Bauverwaltung im Beisein des Unternehmers aufgenommen. Die Aufnahme der Profile erfolgt streckenweise auf die Länge von mindestens 1 km für jede Baustelle.

Die Ermittelung der zu vergütenden Baggermassen erfolgt im Abtrage gemessen nach den Querschnitten, welche vor Beginn der Baggerung und unmittelbar nach Beendigung derselben vor Inangriffnahme anderer Arbeiten insbesondere der Uferbefestigungs= und Dichtungsarbeiten von den Beamten der Bauverwaltung und zwar im Beisein des Unternehmers aufgenommen werden, widrigenfalls das Ergebnis auch ohne Anwesenheit des Unternehmers oder seines Vertreters für letzteren so verbindlich ist, daß er daraufhin die Richtigkeit der Ermittelungen durch Unterschrift anerkennen muß.

Erst mit der Abnahme geht die Gefahr auf die Bauverwaltung über und hat der Unternehmer demgemäß bis dahin alle von ihm übernommenen und fertigen Arbeiten auf seine Kosten instand zu halten.

Der auszuhebende Boden besteht nach den im Allgemeinen alle 500 m aufgenommenen Bohrquerschnitten, in denen die Ergebnisse aus den in 10 m Abstand vorgenommenen Bohrungen eingetragen sind, zum größten Teil aus mehr oder weniger feinem Sande mit Ausnahme der je in 50 m Querschnittsentfernung abgebohrten, muränenartigen Steinablagerung in km 97,3 bis 97,9 und der anschließenden ebenso abgebohrten groben Riesschicht von km 97,9 bis 99.

Die Bohrproben liegen im Geschäftszimmer der Bauverwaltung zur Besichtigung aus. Sie sollen als Unterlage für die Preisstellung dienen.

Der Bauverwaltung steht die Wahl frei, entweder dem Unternehmer die gewonnenen Stein= und Riesmassen kostenlos zu überlassen, oder sie neben dem Kanal in Entfernungen bis zu 50 m von der Uferbegrenzungslinie durch den Unternehmer aussetzen zu lassen.

Im ersten Falle muß Unternehmer die erforderlichen Lagerplätze auf seine Kosten selbst sich beschaffen, im letzteren Falle sind die Massen in meßbaren Haufen zu dem im Verdingungsanschlage als Nebenarbeiten in Pos. . . . . . einzusetzenden Einheitspreisen der Bauverwaltung unterzubringen.

Der abgegebene Einheitspreis soll aber als Durchschnittssatz für die ganze aus dem Querschnitt auszuhebende Bodenmenge gelten und es wird danach für etwa schwerer zu fördernde Bodenarten keine Entschädigung gewährt, ebenso nicht für die Beseitigung von Hindernissen wie Baumstämmen, Sträuchern, einzelnen Steinen, alten Pfählen usw.

§ 7. Mehrleistungen.

Treten bei dem Erdaushub Nachtreibungen, Rutschungen oder Aufquellungen ein, so bestimmt die Bauverwaltung, ob die Böschungen zur dauernden Offenhaltung des Kanalquerschnitts mehr als vorgesehen abgeflacht werden sollen. Der Unternehmer darf derartige Abflachungen, bei Vermeidung seines Anspruches auf Entschädigung für die Mehrleistung, nach den vertraglichen Preisen nicht vornehmen, ohne dazu vorher die schriftliche Genehmigung der Bauverwaltung eingeholt zu haben[1]).

§ 8. Nebenarbeiten und Tagelohnarbeiten.

Der Unternehmer ist verpflichtet, die im Verdingungsanschlag vorgesehenen Neben= arbeiten auf Verlangen der Bauverwaltung auszuführen, auch jederzeit tüchtige Vor= arbeiter und Arbeiter im Tagelohn zu den im Angebote angeführten Preise zu stellen.

Über die im Tagelohn gestellten Leute hat der Unternehmer an den aufsichtsführenden Beamten täglich Nachweise einzureichen, und zwar bis zum Mittag des nächsten Tages, auf welchen Namen und Stundenzahl angeführt sind. Diese Nachweise, welche von dem genannten Beamten zu bescheinigen sind, hat der Unternehmer den alle 14 Tage einzu= reichenden Rechnungen über Tagelöhne beizufügen.

---

[1]) Anmerkung. Bei Torf= und Moorboden empfiehlt sich der in der Bemerkung am Schluß vor= geschlagene Zusatz.

Die Kosten der Aufnahme der Querschnitte vor Beginn und nach Beendigung der Arbeiten trägt die Bauverwaltung.

§ 9. Behandlung von Funden.

Alle bei dem Ausheben des Bodens aufgefundenen Gegenstände von geschicht= lichem, naturgeschichtlichem, künstlerischem oder sonstigem Werte hat der Unternehmer an den bauleitenden Beamten abzuliefern. Der Unternehmer entsagt zugunsten der Bauverwaltung allen Ansprüchen an solchen Gegenständen und verpflichtet sich, den gleichen Verzicht jedem von ihm beschäftigten Angestellten und Arbeiter aufzuerlegen.

Stößt der Unternehmer auf vorhistorische Anlagen, auf Erd= oder Steindenkmäler, so hat er, auch wenn sie bereits bekannt gewesen sein sollten, der Bauleitung vor deren weiterer Aufdeckung Kenntnis zu geben.

§ 10. Beginn der Arbeiten und Vollendungsfrist.

Mit den Arbeiten ist 3 Wochen nach dem erfolgten Zuschlage zu beginnen; sie sind derart zu fördern, daß sie bis zum 1. Mai 1911 fertiggestellt sind.

§ 11. Verzögerung der Bauausführung.

Der Unternehmer kann aus Verzögerungen bei dem Bezuge seiner Materialien und Geräte oder aus Arbeitermangel einen Anspruch auf Verlängerung der Arbeits= frist nicht herleiten. Ob sie bei länger als 3 Wochen dauerndem, allgemeinem Arbeiter= ausstand anzurechnen ist, entscheidet allein der zuständige Regierungspräsident.

§ 12. Verzugsstrafe.

Bei Überschreitung der im § 10 gestellten Fristen verfällt der Unternehmer für jeden Tag in eine Verzugsstrafe von 50 Mk.

§ 13. Bauleitung, Vertretung des Unternehmers.

Leitende Behörde ist die Königliche Regierung in X. Die Bauausführung unter= steht einem Königlichen Wasserbauinspektor, welcher durch einen Regierungsbaumeister in jeder Hinsicht vertreten werden kann. Der Unternehmer und seine Angestellten sind gebunden, die Anweisungen zu befolgen, welche seitens des Regierungsbaumeisters oder der von dem Wasserbauinspektor sonst benannten Regierungsbauführer, Ingenieure und Bauaufseher in bezug auf die getroffenen Anordnungen ergehen.

Der Unternehmer hat für alle Fälle der Abwesenheit von der Strecke einen mit Vollmacht versehenen Vertreter zu stellen.

Ist auch ein solcher nicht anzutreffen, so gelten Mitteilungen und Zustellungen, soweit für solche nicht besondere gesetzliche Vorschriften zu beachten sind, seitens der Bauverwaltung als an den Unternehmer bewirkt, wenn die Schriftstücke auf dem Ge= schäftszimmer des Wasserbauinspektors niedergelegt und die Niederlegung durch An= schlag auf der Baustelle oder, soweit möglich, durch Mitteilung an einen Bediensteten des Unternehmers bekannt gemacht ist.

§ 14. Entziehung der Arbeit oder Lieferung.

Macht die Bauverwaltung von dem ihr nach § 13 der allgemeinen Bedingungen für die Ausführung von Staatsbauten zustehenden Rechte der gänzlichen oder teilweisen

Entziehung der Arbeit Gebrauch, so verpflichtet sich der Unternehmer noch ausdrücklich, der Bauverwaltung die bis dahin benutzten Maschinen, Wagen, Gerüste, Gerätschaften, Gleise, Bauhütten, Baracken und dergleichen zur Benutzung für die Fortführung der Arbeiten zu überlassen.

§ 15. Abschlags- und Schlußzahlung. Zahlende Kasse.

Dem Unternehmer können auf seinen Antrag nach Maßgabe der von ihm geleisteten Arbeiten Abschlagszahlungen, aber nicht unter 5000 M., gewährt werden.

Die Schlußzahlung erfolgt nach vollständiger Beendigung sämtlicher Arbeiten und nach Erfüllung aller übernommenen Verpflichtungen durch die Königliche Regierungshauptkasse zu X., durch welche auch die Abschlagszahlungen geleistet werden.

Sonstige Zahlungen können auch durch die Baukasse zu Y. erledigt werden.

§ 16. Sicherstellung.

Als Sicherheit für die rechtzeitige und vertragsmäßige Ausführung der übernommenen Arbeiten hat der Unternehmer binnen 14 Tagen nach Genehmigung des Vertrages ein Haftgeld von 10 000 M. bei der Regierungshauptkasse in X. zu hinterlegen. Die Rückzahlung des Haftgeldes erfolgt nach der Schlußzahlung.

§ 17. Gerichtsstand.

Für die aus diesem Vertrage entspringenden Rechtsstreitigkeiten hat der Unternehmer — unbeschadet der im § 29 der allgemeinen Bedingungen vorgesehenen Zuständigkeit eines Schiedsgerichts — bei dem für den Sitz der Bauverwaltung zuständigen Gericht Recht zu nehmen.

§ 18. Schiedsgericht.

Falls die Schiedsrichter sich über die Wahl eines Obmannes nicht einigen können, wird letzterer von dem Regierungspräsidenten in Z. auf Ersuchen des Regierungspräsidenten in X. ernannt.

§ 19. Zuschlagsfrist.

Die Zuschlagsfrist beträgt 4 Wochen, vom Tage der Eröffnung der Angebote gerechnet.

Lünneberg, den .... 190 .

Für die Bauverwaltung: Anerkannt:

....   Der Unternehmer:

                                                         ....

Bemerkung.

Bei torfigem und moorigem Boden treten häufig größer ausgedehnte Auftreibungen in dem ausgehobenen Querschnitt ein, die meistens zu erheblichen Differenzen zwischen Bauverwaltung und Unternehmer führen. Es ist dann unerläßlich, in der Beschreibung des Arbeitsvorganges die Art der Ausführung möglichst genau vorzuschreiben und auch in den Bedingungen diesen Fall vorzusehen. Jede Unklarheit in der Beschreibung des Arbeitsvorganges oder den Sonderbedingungen rächt sich insofern, als der solide rechnende, leistungsfähige Unternehmer das Risiko für diese zweifelhaften Arbeiten in den Preis einrechnen muß, während nicht leistungsfähige oder in der Berechnung unbewanderte Unternehmer in der Regel zur Klage drängen werden.

Es wird folgender Nachtrag zu § 7 vorgeschlagen: Bei Torf, Moor und sonstigen trotz Verflachung der Böschungen zum Nachrutschen in den Querschnitt neigenden Boden-arten kann auf Antrag des Unternehmers die Feststellung der Massen statt nach dem wirklichen Aushubquerschnitt nach den geförderten Massen (in Prähmen oder Auf-schüttung gemessen) ermittelt werden.

Auch hierbei soll der abgegebene Einheitspreis mit der Änderung maßgebend sein, daß der Preis als Quotient $\dfrac{\text{Einheitspreis}}{\text{Auflockerungskoeffizient}}$ eingesetzt wird. Der Auflockerungs-koeffizient ist an Ort und Stelle gemeinsam von der Bauverwaltung und dem Unter-nehmer durch Probebaggerung auf Kosten des Unternehmers festzustellen.

Unternehmer ist aber dann verpflichtet, die zur Probebaggerung eingerichtete Be-triebsart (Verdünnungsgrad bei Spülung, Form der Baggereimer usw.) während dieser Art der Berechnung unverändert beizubehalten. Bei Änderungen gilt die Feststellung durch die Bauverwaltung so lange, bis Unternehmer den Beweis der Unrichtigkeit erbringt.

Die Bauverwaltung ist befugt, nach ihrem Ermessen ohne besondere Entschädigung die Probebaggerungen zu wiederholen; dasselbe Recht steht dem Unternehmer zu, wenn einwandsfrei eine weitere ungünstige Bodenlagerung festgestellt wird.

Vertragsmuster.
Haupt= (oder Neben=) Exemplar.

Vertrag
über Herstellung einer 40 m langen Futtermauer bei X.

Zwischen dem Vorstand des Kgl. ..... Bauamtes zu N, namens (und vorbehalt-lich der Genehmigung)[1]) des die Staatsbauverwaltung vertretenden Regierungs-Präsi-denten zu N einerseits und dem Maurermeister Georg Y. zu N wird nachstehender Vertrag geschlossen.

§ 1.

Der Maurermeister Georg Y. zu N übernimmt die Herstellung einer 40 m langen Futtermauer bei X einschließlich Lieferung der Baustoffe, jedoch ausschließlich der Zementlieferung, zu den in dem angehefteten Preisverzeichnisse enthaltenen Einheits-preisen. Der Gesamtpreis beläuft sich hiernach auf

21 226,25 M.,

in Worten „Einundzwanzigtausend zweihundert sechsundzwanzig Mark 25 Pfennige".

Für die Ausführung sind die bei der Verdingung eingereichten Proben für Ziegel-steine und Mauersand maßgebend.

Der Preis der zu liefernden Baustoffe in demjenigen Zustande, in welchem sie mit dem Grund und Boden in dauernde Verbindung gebracht werden sollen, beträgt gemäß der am Schlusse des Preisverzeichnisses befindlichen besonderen Berechnung

17 653,25 M.

---

[1]) Die in Klammern angegebenen Worte bleiben in den Fällen fort, in welchen der Ortsbau-beamte zur selbständigen Vergebung befugt ist.

Davon werden als nicht zu versteuernde Mengen, d. h. in mindestens 3 Stücken, von dem Unternehmer im Eigenbetriebe im Deutschen Reiche erzeugt oder hergestellt, Materialien im Werte von schätzungsweise

7000,00 M.

Die Vergütung für die auf der Baustelle auszuführenden Arbeiten beträgt

3573,00 M.

§ 2.

Für die Ausführung sind die hier beigehefteten allgemeinen Vertragsbedingungen für die Ausführung von Staatsbauten, sowie die besonderen Bedingungen für die Herstellung einer 40 m langen Futtermauer bei X nebst 2 Blatt Zeichnungen maß= gebend.

§ 3.

Die nach den besonderen Bedingungen zu bestellende Sicherheit wird auf

1000,00 M.,

buchstäblich „Eintausend Mark" festgesetzt.

Dieser Vertrag ist zweimal ausgefertigt und von beiden Teilen unterzeichnet worden.

Ort und Datum.   Ort und Datum.
Unterschrift des Baubeamten.   Unterschrift des Unternehmers.

Stempel = Berechnung.

Der Gesamtwert des Vertrages beträgt . . . . 21 226,25 M.
Darunter stempelpflichtiger Materialwert nach § 1 des Vertrages
17 653,25 — 7000,00 = ... 10 653,25 „
Hiervon $1/3\%$ Wertstempel. . . . . 36,00 M.
Allgemeiner Vertragsstempel (in der darstellbaren Hälfte) 1,50 „
           Zur Hauptausfertigung   37,50 M.
           Zur Nebenausfertigung   3,00 „
           Rechnerisch richtig.
           N. N.

E. Die Aufstellung der Kostenanschläge seitens des Unternehmers.

Vorbemerkung.

In den vorhergehenden Abschnitten sind die Bestimmungen mitgeteilt worden, welche von den betreffenden Behörden für die Veranschlagung von Staatsbauten maß= gebend sind. Wenn auch in den meisten Fällen der Unternehmer für Arbeiten im eigenen Betriebe zur Abgabe von Angeboten hierin genügende Unterlagen finden wird, erscheint es doch angebracht, die wesentlichsten Merkmale für eine sichere Kostenermittelung für diese Fälle hier nachstehend noch einmal zusammenzufassen. Allgemein gültige Gesetze lassen sich natürlich hier nicht geben, und die nachfolgende Zusammenstellung will auch nur den Anspruch darauf machen, als Leitfaden für die Berechnung angesehen zu werden.

1. Kosten der Lieferungen.

Sie wechseln je nach der Entfernung des Ursprungsortes von der Verwendungsstelle, nach den Lohnverhältnissen, der Arbeitseinteilung und den Betriebsarten in der
Erzeugung bzw. Bearbeitung der Lieferungsgegenstände. Wenn bestimmte Baustoffe
mit Angabe der Bezugsquellen vorgeschrieben sind, können die Kosten für die Lieferungen zum Bau für jeden Bewerber nahezu gleich bleiben. Bei anderen Lieferungs-
arten, namentlich bei Holzlieferungen, wird der Einkaufspreis, die Lage des Zimmer-
platzes zur Verkehrsstraße und die Transportart ganz wesentlich die Preise beeinflussen.

Einige Angaben hierüber finden sich in den Abschnitten III und IV.

2. Kosten der Ausführungsarbeiten.

Sie sind abhängig von den je nach der Gegend wechselnden Lohnsätzen, nach der
Arbeitsleistung, dem Arbeiterangebot, der bezüglichen Ausbildung der Arbeiter für
die fraglichen Arbeiten und der verfügbaren Arbeitszeit. Die Leistungen können erheblich gehoben und die Preise infolgedessen erniedrigt werden durch ausgedehnten maschinellen Betrieb, für den andrerseits aber das Vorhandensein eines hinreichenden Geräte-
parkes und die eventuell an den Bau sich gleich anschließende Wiederverwendung dieses
Parkes maßgebend sein wird. Auch hier werden die Abschnitte III und IV verwertbare
Unterlagen geben.

3. Instandhaltungs- und Abnutzungskosten der Geräte.

Diese Kosten werden je nach dem Zustande der Geräte sich innerhalb der Grenzen
von 4 bis 6% fast überall halten lassen. Der in die Berechnung einzuführende Prozentsatz kann sich aber wesentlich zugunsten einer billigeren Preisstellung ändern, wenn alte,
für den bezüglichen Bau noch vollständig ausreichende Maschinen zwar vorhanden,
aber bereits erheblich abgeschrieben sind und nur noch durchgeführt werden, weil sie
den Betrieb gerade noch aushalten. Auch der Gesamtbestand der Unternehmer an
Geräten spielt eine wesentliche Rolle, weil nötigenfalls leichter ein Austausch von Geräten je nach der zweckmäßigeren Verwendung möglich ist. Die Abschreibungen von
den Geräten müssen unter allen Umständen neben den Unterhaltungskosten berücksichtigt
werden, und man wird gut tun, die Abschreibungshöhe bei der Bilanzaufstellung jährlich
nicht unter 10% zu bemessen. Welcher Anteil hieran auf den bezüglichen Bau entfällt,
läßt sich nicht ohne weiteres angeben. Er wird von der Betriebsart und Dauer sowie
von der eventuell raschen Weiterverwendung wesentlich abhängen und zweckmäßig
in der weiter unten angegebenen Berechnung des sogenannten Unternehmergewinns
einzurechnen sein.

4. Unvorhergesehene Arbeiten

wie Nachbesserungen, Frostschäden, Hochwasserschäden, Schäden durch Arbeiteraus-
stände und Anziehen der Löhne bei größeren, auf einer kurzen Strecke zusammen-
liegenden Bauten, namentlich bei kurzen Fristen, erfordern besondere Sorgfalt bei der
Berechnung. Es mag dahingestellt bleiben, wo dieser Mehraufwand am besten einzurechnen ist; er erstreckt sich auf alle vorgenannten Positionen, kann unter Umständen

auch die Bauleitungskosten erheblich beeinflussen und ist, je nach der Art des Baues und dem Sicherheitsgrade der Berechnung, in den Einzelpreisen mit 3 bis 10% an= zusetzen.

5. Bauleitungskosten.

Sie richten sich nach der Art der Bauten, namentlich nach deren örtlicher Lage und räumlichem Umfange. Sie können bei schwierigen und hoch bezahlten Arbeiten, z. B. schwierigen Fundierungen, unter Umständen prozentual geringer werden, wie bei langgestreckten Erdarbeiten mit billigen Preisen. Zu berücksichtigen ist auch, welche Leistungen für die Beschaffung der Einzelunterlagen von dem Unternehmer gefordert werden. Von wesentlichem Einfluß ist ferner der Umstand, ob langgeschultes Personal von einem Bau zum andern zu verwenden ist, oder ob bei gleichzeitiger starker Inanspruch= nahme des Unternehmers neues Personal eingestellt werden muß.

Große Firmen können daher den Prozentsatz hierfür verhältnismäßig niedrig halten; dasselbe kann bei kleinen Unternehmern eintreten, die bei entsprechend kleinen Bauten die örtliche Bauleitung selbst übernehmen. In letzterem Falle werden jedoch diese Kosten meistens ganz erheblich unterschätzt. Die Preußische Wasserbauverwaltung rechnet alles in allem, einschließlich Titel „Insgemein" und der Abrechnung usw., mit einem Durchschnittssatze von 6%. Im allgemeinen wird ein Mittelsatz von 3% der Ausführungsarbeiten hierfür ausreichen.

6. Insgemein.

Hierhin gehören alle Geschäftsunkosten, Stempel= und Gerichtskosten und die Aus= gaben für Beiträge an Krankenkassen, Unfall= und Invaliditätsversicherung, sowie Wohlfahrtseinrichtungen usw. Sie sind wie die Kosten zu 5. Bauleitungskosten von den Betriebseinrichtungen abhängig. Bei ausgedehnten maschinellen Einrichtungen können sie verhältnismäßig gering und bei größeren Tagelohnarbeiten dagegen sehr hoch angesetzt werden. Als Durchschnittssätze mögen 2 bis 4% der Kostensummen für 2 und 4 genügen. Es mag besonders darauf hingewiesen werden, daß die neuen Vorschriften für Wohlfahrtseinrichtungen erhebliche Kostenansprüche stellen, die mit 3 bis 4% der reinen Arbeitslöhne durchschnittlich anzusetzen sind.

7. Unternehmergewinn.

Wenn schon die vorigen Angaben verhältnismäßig weit schwanken, so ist das noch viel mehr beim Unternehmergewinn der Fall. Die Berechnung ist zum Teil indi= viduell; mindestens ist aber bei der Aufstellung zu beachten die Art der Geldbeschaffung und des Zahlungseinganges. Der Geschäftsbetrieb, namentlich aber die Rücksicht= nahme auf das in den Gerätepark hineingesteckte Kapital, welches unter Umständen bei Nichtgebrauch totliegt und trotzdem amortisiert werden muß, kann unter Umständen dahin führen, daß der Unternehmer eine Arbeit mit ganz niedrigem Gewinn ausführt. Ähnlich wird es der Fall sein, wenn der Unternehmer „ins Geschäft hineinkommen" will. Im allgemeinen wird bei eingehender und aufs äußerste durchgeführter Berech= nung der vorgenannten Positionen ein Gewinn von 7% der Lieferungs= und Aus= führungskosten als Mittelsatz gelten können.

F. Gebührenordnung der Architekten und Ingenieure

aufgestellt vom Verband deutscher Architekten- und Ingenieur-Vereine, Verband deutscher Zentralheizungs-Industrieller, Verband deutscher Elektrotechniker, Deutscher Verein von Gas- und Wasser-Fachmännern, Verein deutscher Ingenieure, Verein deutscher Maschinen-Ingenieure. 1901.

I. Allgemeine Bestimmungen.

§ 1. Grundsätze für die Bemessung der Gebühren.

1. Die Gebühren werden im allgemeinen nach der Bausumme in Rechnung gestellt, und zwar für Vorarbeiten und Ausführungsarbeiten[1]) gesondert. Für erstere ist die Summe des Kostenanschlages oder — falls oder solange ein Kostenanschlag nicht aufgestellt ist — die Kostenschätzung maßgebend, für letztere die Summe der Baukosten.

2. Vorarbeiten sind:

    a) der Vorentwurf in Skizzen nebst Kostenschätzung und gebotenen Falles Erläuterungsbericht,

    b) der Entwurf in solcher Durcharbeitung, daß danach der Kostenanschlag c) aufgestellt werden kann,

    c) der Kostenanschlag zur genauen Ermittelung der Baukosten,

    d) die Bauvorlagen, bestehend in den zur Nachsuchung der behördlichen Genehmigungen nötigen Zeichnungen und Schriftstücken.

Ausführungsarbeiten sind:

    e) die Bau- und Werkzeichnungen in einem für die Ausführung genügenden Maßstabe,

    f) die Oberleitung. Diese umfaßt die Vorbereitung der Ausschreibungen, den Entwurf der Verträge über Arbeiten und Lieferungen, die Verhandlungen über die Verträge mit den Lieferanten und Unternehmern bis zum Vertragsabschlusse; die Bestimmung der Fristen für den Beginn, die Fortführung und die Fertigstellung der Bauarbeiten; die Überwachung der Bauausführung; den Schriftwechsel in den bei der Ausführung vorkommenden Verhandlungen mit Behörden und dritten Personen; die Prüfung und Feststellung der Baurechnungen.

3. Die für die Berechnung der Gebühren in Betracht zu ziehende Gesamtbausumme umfaßt sämtliche Kosten, welche für den Bau angewandt werden, mit Ausschluß der Kosten des Grunderwerbes und der Bauleitung sowie der Gebühren für den Architekten und Ingenieur. Übernimmt der Bauherr selbst Materiallieferungen und Arbeitsleistungen, so werden deren Kosten bei der Berechnung der Gebühr nach ortsüblichen Preisen zu den übrigen Baukosten hinzugerechnet.

4. Die Zahlung der Gebühr berechtigt den Auftraggeber nur zu einmaliger Ausführung des gelieferten Entwurfes; Benutzung zu wiederholter Ausführung ist von neuem gebührenpflichtig.

5. Umfaßt ein Auftrag mehrere Bauwerke nach demselben Entwurfe, so sind die Gebühren, vorausgesetzt, daß diese Bauwerke auf einmal ausgeführt werden, für Vorentwurf und Oberleitung nach der Gesamtsumme, für die übrigen Arbeiten den erforderlichen Leistungen entsprechend zu berechnen. Umfaßt ein Auftrag mehrere gleichartige Bauwerke nach verschiedenen Entwürfen, so sind die Gebühren für jedes Bauwerk einzeln zu berechnen.

6. Umfaßt ein Bauauftrag mehrere verschiedenen Gebieten, Gruppen oder Bauklassen angehörende Bauwerke, so darf die Gebühr für jedes getrennt berechnet werden.

---

[1]) Unter „Bauausführung" ist nicht die „Bauunternehmung" zu verstehen.

7. Wird auf Veranlassung oder unter Zustimmung des Auftraggebers durch Ver=
änderung des Entwurfes eine Vermehrung der vorbereitenden Arbeiten erforderlich,
so ist dafür eine der Mehrleistung entsprechende Gebühr zu zahlen.

8. Wird nur der Vorentwurf als eine in sich abgeschlossene Leistung geliefert,
so erhöht sich die Gebühr um die Hälfte.

9. Werden für eine Baustelle mehrere Vorentwürfe nach verschiedenen
Bauprogrammen verlangt, so ist jeder Vorentwurf besonders zu berechnen. Sind nach
demselben Bauprogramme und für dieselbe Baustelle mehrere Vorentwürfe auf
Verlangen des Bauherrn aufgestellt, so wird die Gebühr für den ersten voll, für alle
weiteren nach Verhältnis der Mehrleistung berechnet.

10. Für den Entwurf sind die Teilbeträge aus § 1, 2a) und b) zusammen zu
berechnen, auch wenn ein Vorentwurf nicht geliefert worden ist.

11. Sind im Auftrage des Auftraggebers mehrere Entwürfe für dieselbe Bau=
aufgabe angefertigt worden, so sind die Gebühren für den ersten Entwurf aus § 1,
2a) und b), für jeden der weiteren Entwürfe nach Verhältnis der Mehrleistung, jedoch
mindestens mit der Hälfte der Gebühren aus § 1, 2a) und b) zu berechnen.

12. Die Gebühren für die Oberleitung gelten unter der Voraussetzung, daß
die Bauausführung durch Einzel= oder Gesamtunternehmer erfolgt. Für solche Lei=
stungen, welche ohne Zuziehung von Unternehmern ausgeführt werden, verdoppelt
sich die Gebühr für § 1, 2f) bezüglich des von dieser Ausführungsart betroffenen Teiles
der Bausumme. Die Gebühr für § 1, 2e) kommt auf alle Fälle auch dann zur Ver=
rechnung, wenn die Pläne des Entwurfes ganz oder zum Teil als Bau= und Werk=
zeichnungen verwendet werden können.

13. Erstreckt sich der Auftrag nur auf die Ausführungsarbeiten, so erhöht sich die
Gebühr für § 1, 2e) und f) um ein Viertel.

14. Für Umbauten erhöhen sich die Gebühren den erforderlichen Leistungen ent=
sprechend, mindestens aber um die Hälfte.

15. Werden seitens eines Lieferanten oder Unternehmers Provisionen oder
Rabatte auf Bestellungen gewährt, so fallen diese dem Bauherrn zu.

16. Dem Auftraggeber ist auf Verlangen eine Ausfertigung des Entwurfes ohne
besondere Vergütung zu übergeben.

§ 2. Nebenkosten.

In die festgesetzten Gebühren sind nicht eingeschlossen und daher vom Auftrag=
geber besonders zu vergüten:

17. Die Kosten aller für die Aufstellung des Entwurfes notwendigen Unterlagen,
als: Katasterauszüge, Lage= und Höhenpläne[1]); Bauaufnahmen, Bodenuntersuchungen,
Bohrungen, Wassermessungen, Analysen, statistische Erhebungen u. dgl.; die Bau=
skizzen und Bauzeichnungen des zu bearbeitenden Gebäudes für Entwürfe zu Heizungs=,
Lüftungs=, Beleuchtungs=, Be= und Entwässerungs= sowie elektrischen Anlagen.

18. Die Kosten der besonderen Bauleitung, d. h. die Gehaltsbezüge der Bau=
führer, Bauaufseher, Bauwächter usw.; die Kosten für die Beschaffung und Unter=
haltung eines besonderen Baubureaus, für die Vervielfältigung der Unterlagen und

---

[1]) Bezüglich der Kosten der Arbeiten des Landmessers wird auf die Gebührenordnung des deutschen
Geometer=Vereins vom 21./7. 1902, Verlag von Konrad Wittwer, Stuttgart, sowie auf die damit über=
einstimmende Gebührenordnung der „Vereinigung selbständiger in Preußen vereid. Landmesser zu Berlin,
E. B." vom Jahre 1901, Verlag von C. Seyffarth, Liegnitz, verwiesen.

für die Ausschreibung und Vergebung der Arbeiten, Lieferungen u. dgl., sowie für die zur Abrechnung erforderlichen Vermessungen. Die Gehaltsbezüge eines zur besondern Bauleitung erforderlichen Bauführers sind auch dann — und zwar nach Verhältnis des Zeitaufwandes — zu erstatten, wenn der Bauführer zur Leitung mehrerer Bauten vom Architekten oder Ingenieur bestellt ist.

19. Bei Hochbauten die Gebühren der mit statischen Berechnungen, Konstruktionen, maschinellen Anlagen u. dgl. betrauten Ingenieure, bei Ingenieurbauten diejenigen des mit der künstlerischen Ausbildung des Entwurfes betrauten Architekten und der zugezogenen Spezialisten.

20. Die Mühewaltung bei Auswahl, Erwerb, Veräußerung, Benutzung und Belastung von Grundstücken, Baulichkeiten usw. sowie bei Ordnung der Rechtsverhältnisse.

21. Die aus Anlaß des Baues erforderlichen Reisen.

22. Etwa geforderte Revisions- und Inventarzeichnungen sowie bei Straßen, Eisenbahnen und Kanälen die Schlußvermessungen.

§ 3. Zahlungen.

23. Abschlagszahlungen auf die Gebühren sind auf Verlangen bis zu ¾ der nach dieser Gebührenordnung zu bewertenden, bereits bewirkten Leistungen zu gewähren. Insbesondere sind die Gebühren für die Vorarbeiten zu ¾ sofort nach deren Ablieferung fällig. Die Restzahlungen sind, gesondert nach Vorarbeiten und Ausführungsarbeiten, längstens 3 Monate nach Erfüllung des Auftrages zu leisten.

§ 4. Besondere Gebühren.

24. Gutachten, Schätzungen, schiedsgerichtliche Arbeiten, statische Berechnungen, künstlerische Darstellungen u. dgl. stehen außerhalb dieser Gebührenordnung und sind nach der darauf verwendeten geistigen Arbeit, nach der fachlichen Stellung des Beauftragten und nach der wirtschaftlichen Bedeutung der Frage zu bewerten.

25. Für nach der Zeit zu vergütende Arbeiten sind zu berechnen:

für die erste Stunde   20 M.,
für jede fernere Stunde 5 M.

26. Für Reisen im Inlande sind außer den im § 4, 24 und 25 oder § 6 und § 8 bis 10 aufgeführten Gebühren 30 M. für den Tag zu vergüten. Dieser Satz kommt auch für Teile eines Tages voll in Ansatz; jedoch kann er für einen Tag nur einmal angesetzt und soll nach Verhältnis verteilt werden, wenn gleichzeitig mehrere Auftraggeber beteiligt sind. Neben diesem Tagesatze sind die Auslagen für Fahrten, Gepäckbeförderung und Arbeiter zu erstatten.

27. Die Leistungen von Gehilfen werden deren Stellung entsprechend in Rechnung gestellt.

II. Gebühren der Architekten.

§ 5. Grundlagen der Berechnung.

28. Die Gebühren für die Leistungen der Architekten bei der Vorbereitung und Ausführung von Bauten werden

sowohl nach der Bausumme
als nach der Art
als nach der Ausbausumme

der Bauwerke bemessen.

29. Die **Bausumme** umfaßt die sämtlichen Baukosten. Sie ist bei Berechnung der Gebühren für die Vorarbeiten dem Kostenanschlage und für die Ausführungs= arbeiten der Bauabrechnung zu entnehmen. Wenn und solange die Bauabrechnung nicht vorliegt, tritt an deren Stelle der Kostenanschlag, und solange auch dieser fehlt, an dessen Stelle die Kostenschätzung.

30. Nach der Art der Bauwerke werden unterschieden:

Gruppe I: Schuppen, Scheunen, Ställe, Remisen, Gewächshäuser, Lagerhäuser, Speicher, Schlacht= und Viehhöfe; Werkstätten, Betriebsanlagen, Fabriken; Aborts= und Barackenbauten;

Gruppe II: Wohn=, Gast=, Kaufhäuser, Banken; Schulen, Kasernen, Gefängnisse, Bade=, Heil= und Pflegeanstalten, Markt= und provisorische Hallenbauten, Ge= schäfts=, Bureau=, Verwaltungs=, Verkehrs= sowie alle solche Gebäude, welche nicht unter den Gruppen I und III besonders benannt sind;

Gruppe III: Kirchen aller Art, Friedhofsbauten, Gedenkhallen; Hochschulen, Aka= demien, Bibliotheken, Museen, Theater, Konzerthäuser; Börsen, Parlaments= und Rathäuser;

Gruppe IV: Denkmäler, Brunnen, Grotten, Lauben, Bänke; Raumausstattungen; Fest= und Trauerdekorationen, bauliche Ausstattungsgegenstände (Altäre, Kanzeln usw.);

Gruppe V: Möbel und kunstgewerbliche Gegenstände (Lichtträger, Geräte, Schmuck= sachen usw.).

31. Die **Ausbausumme** umfaßt den auf den Ausbau und die Ausschmückung des Bauwerkes fallenden Teil der Bausumme, welcher in Kostenanschlägen und Bau= abrechnungen im einzelnen nachzuweisen ist. Dabei werden die Bauarbeiten wie folgt geschieden:

Rohbau	Ausbau:
Ausschachtungsarbeiten	—
Maurerarbeiten	Putzarbeiten und Mehrkosten für Ziegel= verblendung.
Steinmetzarbeiten: Lieferung und Versetzen des Materials in einfacher glatter Bearbeitung (durch= schnittlich zu $^2/_3$ der Gesamtkosten an= zunehmen).	Mehrkosten für Profilierung und Ver= zierung (durchschnittlich zu $^1/_3$ der Ge= samtkosten anzunehmen).
Asphalt= und Isolierarbeiten.	—
Zimmerarbeiten: Balken, Fachwände, Dachverband.	Zulagen für Verzierung und Verkleidung sichtbarer Holzteile, Fußböden, hölzerne Treppen.
Eisenkonstruktionen	Kunstschmiedearbeiten.
Dachdecker= und Klempnerarbeiten . . .	Metallverzierungen.
—	Putz= und Stuckarbeiten.
—	Bildhauerarbeiten mit Modellen.
—	Bekleidungen aus Stuckmarmor, Terrazzo, Mosaik, Steinplatten, Fliesen, Kacheln, Formsteinen, Terrakotten usw.
	Tischler=, Glaser= und Schlosserarbeiten.
	Maler= und Tapezierarbeiten.

—	Heizungs= und Lüftungsanlagen, Ofen=ſetzerarbeiten.
—	Waſſer= und Gasleitungen, Abortsanlagen.
—	Elektriſche und Maſchinenanlagen.
Pflaſterungen, Wege und Gartenanlagen	—
Insgemein	Unvorhergeſehene Arbeiten des Ausbaues.

§ 6. Berechnung der Gebühren.

32. Die Gesamtgebühren werden nach Maßgabe der beigefügten Tabelle in Hun=dertſteln der Bauſumme berechnet, welche mit den Gruppen und mit ſteigendem Aus=baue wachſen, dagegen mit ſteigenden Bauſummen abnehmen.

33. Die Grundgebühren der Tabelle in den Gruppen I bis IV entſprechen den am Kopfe der Spalten 2 bis 5 bezeichneten Mindeſtſätzen für das Verhältnis der Ausbauſumme zur Bauſumme und werden für jedes weitere Hundertſtel dieſes aus dem Koſtenanſchlage bzw. aus der Bauabrechnung nachzuweiſenden Verhältniſſes um den in Spalte 6 angegebenen Zuſchlag erhöht.

34. Solange die Ausbauſumme nicht nachgewieſen iſt, wird das Ausbauverhältnis zu den Mindeſtſätzen der Tabelle angenommen. Nach geſchehener Lieferung des Ent=wurfes ſteht es dem Architekten jedoch zu, den Nachweis durch Vorlage eines Koſten=anſchlages zu führen.

35. An Einzelgebühren werden berechnet

$$
\begin{array}{ll}
\text{für} & \left.\begin{array}{ll} \text{a) Vorentwurf . . .} & 10 \\ \text{b) Entwurf . . . .} & 20 \end{array}\right\}30 \\
\text{Vorarbeiten} & \left.\begin{array}{ll} \text{c) Koſtenanſchlag . .} & 7 \\ \text{d) Bauvorlagen . . .} & 3 \end{array}\right\}10
\end{array}\right\}40
$$

für Ausführungs=arbeiten

$$
\left.\begin{array}{ll} \text{e) Bauzeichnungen .} & 20 \\ \text{u. Werkzeichnungen} & 20 \\ \text{f) Bauleitung . . .} & 20 \end{array}\right\} \, 60
$$

Hundertſtel der in der Tabelle an=gegebenen Sätze.

Beispiele der Gebührenberechnung.

Beiſpiel 1. Villa. Gebühren für Vorentwurf und Entwurf. Nach der Koſten=ſchätzung: Bauſumme 100 000 M.

$$\text{Gruppe II:} \ \frac{100\,000}{100} \cdot 4{,}95 \cdot 0{,}30 = 1485 \text{ M.}$$

Beiſpiel 2. Dieselbe Villa. Gebühren für alle Vorarbeiten. Nach dem Koſten=anſchlage: Bauſumme 100 000 M., Ausbauſumme 50 000 M., Ausbauverhältnis = $^{50}/_{100}$.

$$\text{Gruppe II:} \ \frac{100\,000}{100} \cdot [4{,}95 + (50 - 30)\, 0{,}074] \cdot 0{,}40 = 2572 \text{ M.}$$

Beiſpiel 3. Dieselbe Villa. Gebühren für alle Arbeiten.

Nach dem Koſtenanſchlage: Bauſumme 100 000 M., Ausbauſumme 50 000 M., Ausbauverhältnis = $^{50}/_{100}$.

Nach der Bauabrechnung: Bauſumme 120 000 M., Ausbauſumme 66 000 M., Ausbauverhältnis = $^{55}/_{100}$.

$$\text{Gruppe II:} \ \frac{100\,000}{100} \cdot (4{,}95 + 20 \cdot 0{,}074)\, 0{,}40 +$$

$$\frac{120\,000}{100} \cdot (4{,}70 + 25 \cdot 0{,}070) \cdot 0{,}60 = 7216 \text{ M.}$$

Gebühren der Architekten in Prozenten der Bausumme.

Die Bausumme wird nach der nächst untern Stufe abgerundet, solange die Gebühr dadurch höher ausfällt.

1	2	3	4	5	6	7
Für Bausummen bis Mark	I	II	III In den Gruppen	IV	I—IV Zuschlag	V
	Grundgebühr beim Verhältnisse der Ausbausumme zur Bausumme bis					
	$\frac{20}{100}$	$\frac{30}{100}$	$\frac{40}{100}$	$\frac{50}{100}$	je $\frac{1}{100}$ mehr	
1 000	6,00	9,00	12,00	15,00	0,135	21,00
2 000	5,60	8,40	11,20	14,00	0,125	19,60
3 000	5,30	8,00	10,60	13,30	0,120	18,60
4 000	5,10	7,70	10,20	12,80	0,115	17,90
5 000	4,90	7,40	9,80	12,30	0,110	17,20
6 000	4,80	7,20	9,60	12,00	0,108	16,80
7 000	4,70	7,00	9,40	11,70	0,106	16,40
8 000	4,60	6,90	9,20	11,50	0,104	16,10
9 000	4,55	6,85	9,10	11,40	0,103	15,95
10 000	4,50	6,80	9,00	11,30	0,102	15,80
15 000	4,30	6,50	8,60	10,80	0,097	15,10
20 000	4,10	6,20	8,20	10,30	0,093	14,50
25 000	4,00	6,00	8,00	10,00	0,090	14,00
30 000	3,90	5,85	7,80	9,70	0,088	13,60
35 000	3,80	5,70	7,60	9,50	0,086	13,30
40 000	3,70	5,55	7,40	9,30	0,084	13,00
50 000	3,60	5,40	7,20	9,00	0,081	12,60
60 000	3,50	5,25	7,00	8,70	0,079	12,20
70 000	3,40	5,10	6,80	8,50	0,077	11,90
80 000	3,35	5,05	6,70	8,40	0,076	11,75
90 000	3,30	5,00	6,60	8,30	0,075	11,60
100 000	3,25	4,95	6,50	8,20	0,074	11,45
150 000	3,10	4,70	6,20	7,80	0,070	10,90
200 000	3,00	4,50	6,00	7,50	0,067	10,50
250 000	2,90	4,30	5,80	7,20	0,065	10,10
300 000	2,80	4,20	5,60	7,00	0,063	9,80
350 000	2,75	4,10	5,50	6,90	0,062	9,65
400 000	2,70	4,00	5,40	6,80	0,061	9,50
500 000	2,65	3,90	5,30	6,60	0,059	9,25
600 000	2,60	3,80	5,20	6,40	0,058	9,00
700 000	2,55	3,75	5,10	6,30	0,057	8,85
800 000	2,50	3,70	5,00	6,20	0,056	8,70
900 000	2,45	3,65	4,90	6,10	0,055	8,55
1 000 000	2,40	3,60	4,80	6,00	0,054	8,40
1 250 000	2,30	3,45	4,60	5,80	0,052	8,10
1 500 000	2,20	3,30	4,45	5,60	0,050	7,80
2 000 000	2,10	3,20	4,30	5,40	0,049	7,50
2 500 000	2,05	3,10	4,15	5,20	0,047	7,25
3 000 000	2,00	3,00	4,00	5,00	0,045	7,00
4 000 000	1,95	2,95	3,90	4,90	0,044	6,85
5 000 000	1,90	2,90	3,80	4,80	0,043	6,70
6 000 000	1,85	2,85	3,70	4,70	0,042	6,55
7 000 000	1,80	2,80	3,65	4,60	0,041	6,40
10 000 000	1,75	2,70	3,55	4,50	0,040	6,30

III. Gebühren der Ingenieure.

§ 7. Art der Berechnung.

36. Für die Gebührenberechnung werden die Ingenieurarbeiten, sofern sie nicht als Hochbauten nach II zu verrechnen sind, in drei Gruppen geteilt, und zwar in solche, die

A. nach Hundertsteln der Baukosten (§ 8),
B. nach der Länge der Linie (§ 9),
C. nach der Größe der Fläche vergütet werden (§ 10).

Die Gruppe A zerfällt in vier Bauklassen 1, 2, 3 und 4.

37. Für die Arbeiten der Gruppen B und C werden Gebührengrenzen für einfache und schwierige Verhältnisse angegeben. Die zu zahlenden Gebühren sind in jedem Falle vertragsmäßig zwischen diesen Grenzen mit dem Bauherrn zu vereinbaren.

38. Die Frage, ob einfache oder schwierige Verhältnisse vorliegen, wird gleichzeitig nach der Geländegestaltung, nach den wirtschaftlichen Umständen und nach technischen Gesichtspunkten entschieden.

39. Alle Arbeiten, deren Baukosten den Betrag von 5000 M. nicht erreichen, dürfen nach den Sätzen für Zeitgebühren (§ 4, 25) verrechnet werden.

40. Die Anteile der Einzelleistungen an der Gesamtgebühr werden für Ingenieurarbeiten folgendermaßen festgesetzt.

Bezeichnung der Einzelleistung	Teilbeträge in Hundertsteln
a) Vorentwurf und Kostenschätzung	25
b) Entwurf	}30
c) Kostenanschlag	
d) Bauvorlagen	5
e) Bau- und Werkzeichnungen	10
f) Oberleitung der Bauausführung	30

§ 8.

A. Gebührensätze für Arbeiten, welche nach der Bausumme vergütet werden.

41. Hierher gehören alle Bauwerke, welche nicht nach den Bestimmungen für die Gruppen B § 9 und C § 10 zu berechnen sind, nämlich:

Bauklasse 1.

Bohlwerke, Brücken, gerade feste bis 10 m Spannweite; einfache Deichsiele; einfache Durchlässe; Erdarbeiten jeder Art; Anlagen zur Fortleitung und Verteilung der Elektrizität; Faschinenbauten; Felssprengungen; Futtermauern; Gerinne für Wasserleitungen ohne Kunstbauten; Gräben für Wasserleitungen ohne Kunstbauten; einfache Hafenanlagen ohne Kunstbauten; Pflasterungen als Uferdeckung; Rohrleitungen ohne Abzweige; einfache Straßenanlagen, Straßenbefestigungen; Stützmauern mit einfacher Gründung; Trockenmauern; einfache Uferdeckungen; einfache feste Wehre.

8*

Bauklasse 2.

Einfache Anschlußgleise und Bahnhöfe mit mehr als 2 Nebengleisen für jedes Hauptgleis (kleinere Bahnhöfe werden mit den Strecken-km nach B § 9 verrechnet), unterirdische Behälter für Flüssigkeiten; feste Brücken von 10—30 m Spannweite; Anlagen zur Entwässerung von Städten; schwierigere Deichsiele; Düker; schwierigere Durchlässe; Fabrikgebäude mit maschineller Einrichtung; kleine Fähren für Fußgänger und Wagen; Flußkanalisierungen; Flußregelungen; Anlagen zur Gewinnung, Reinigung, Aufbewahrung und Verteilung von Gas; Gründungen ausschließlich der Luftdruck- und Gefrier-Gründungen; schwierigere Hafenanlagen; Heizungsanlagen; Hellinge; Installationen für Elektrizität, Gas und Wasser; einfache Konstruktionen für Hochbauten; Lüftungsanlagen; Schöpfwerksanlagen; einfache Schiffsschleusen; Speicher mit maschineller Einrichtung; schwierige Straßenanlagen; kleine Talsperren; einfache Tunnel; Ufermauern mit schwieriger Gründung; Anlagen zur Gewinnung, Reinigung, Aufbewahrung und Verteilung von Wasser; Wasserbauten für Kraftgewinnungsanlagen; einfache bewegliche Wehre; schwierige feste Wehre.

Bauklasse 3.

Schwierige Anschlußgleise und Bahnhöfe; oberirdische Behälter für Gase und Flüssigkeiten; hohe Wasserleitungsbrücken; bewegliche Brücken; schwierige Konstruktionen für Hochbauten; Doppelbrücken; schiefe Hausteinbrücken (falls der Steinschnitt ausgetragen wird); schwierige und große Brücken über 30 m Spannweite; Fähranstalten für Eisenbahnen; Gefriergründungen; geneigte Ebenen; Luftdruckgründungen; Schiffshebewerke; schwierige Schiffsschleusen; Schiffswerften; Schwimmdocks; große Talsperren; hohe Talübergänge; Trockendocks; schwierige Tunnel; schwierige bewegliche Wehre.

Bauklasse 4.

Maschinentechnische Anlagen aller Art, insbesondere: Azetylenanlagen; Anlagen zur Verarbeitung von Abfallstoffen; Appreturanstalten; Aufbereitungen; Aufzüge; Badeanstalten; Bagger; Bergwerks-Maschinenanlagen; Brauereien; Brennereien; chemische Fabriken; Kompressoren für Luft und Gase; Dampfanlagen, Dampfkessel, Dampfmaschinen, Dampfleitungen, Dampfüberhitzer usw.; Destillieranlagen; Druckluftanlagen; Eiserzeugungsanlagen; Anlagen zur Erzeugung, Aufspeicherung und Umformung des elektrischen Stromes; Färbereien; Feuerlöschanlagen; Gebläse; Gerbereien; Gesteinbohranlagen; Gießereien; Glashütten; Hammerwerke; Hebewerke; Hochöfen; Holzbearbeitungsanlagen; Holzschleifereien; Hüttenwerke; hydraulische Kraftanlagen; Kälteerzeugungsanlagen; Karbidfabriken; Kesselschmieden; Koch- und Waschküchen; Kokereien; Kondensationen; Kühlanlagen; Ladevorrichtungen; landwirtschaftliche mechanische Einrichtungen; Lederbearbeitungsanlagen; Mälzereien; Maschinenfabriken; Molkereien; Mühlen; Ofen für technische Zwecke; Papierfabriken; Pressen; Pumpwerke; Sägewerke; Schachtanlagen; Schiffe; Separationsanlagen; Spinnereien; Transmissionen; Transportvorrichtungen; Trockenanstalten; Walzwerke; Waschanstalten; Wasserdruckwerke; Wasserkraftanlagen; Webereien; Werkzeugmaschinen; Windkraftmaschinen; Zementfabriken, Zuckerfabriken usw.

42. Die Gebührensätze für diese vier Bauklassen sind nach der folgenden Zusammenstellung in Hundertsteln der Bausumme zu berechnen. Die Bausumme wird nach der nächst unteren Stufe abgerundet, solange die Gebühr dadurch höher ausfällt.

Gebühren der Ingenieure in Hundertsteln der Bausumme.

Bausumme M.	Bauklasse				Bausumme M.	Bauklasse			
	1	2	3	4		1	2	3	4
5 000	8,0	12,0	16,0	16,0	200 000	3,4	5,2	7,5	5,5
10 000	6,7	10,5	13,4	13,4	300 000	3,2	4,8	6,8	4,9
20 000	5,8	8,7	11,7	11,7	400 000	3,2	4,6	6,4	4,6
30 000	5,3	7,9	10,6	10,6	500 000	3,2	4,4	6,0	4,4
40 000	4,9	7,4	9,9	9,9	600 000	3,2	4,3	5,6	4,3
50 000	4,7	7,0	9,5	9,3	700 000	3,1	4,2	5,3	4,2
60 000	4,5	6,8	9,2	8,8	800 000	3,1	4,1	5,2	4,1
70 000	4,3	6,5	9,0	8,4	900 000	3,0	4,1	5,1	4,1
80 000	4,1	6,3	8,8	8,0	1 000 000	3,0	4,0	5,0	4,0
90 000	4,0	6,2	8,6	7,7	2 000 000	2,7	3,6	4,5	3,6
100 000	3,9	6,0	8,5	7,3	3 000 000	2,4	3,2	4,0	3,2
150 000	3,5	5,6	7,9	6,2					

§ 9.

B. **Gebührensätze für Arbeiten, welche nach der Länge der Linie vergütet werden.**

43. Die Leistungen des Ingenieurs sind die folgenden:

Allgemeine Vorarbeiten (§ 1, 2a); Bereisung der Linie, Eintragung der Linie in Abzeichnungen vorhandener Karten, Anfertigung eines Höhenplanes auf Grund von Höhenaufnahmen: Erläuterungsbericht, Kostenschätzung.

Ausführliche Vorarbeiten (§ 1, 2b), c), d); Aufstellung der besonderen Vorarbeiten unter Benutzung vorhandener, nach Bedarf zu ergänzender Karten; Auftragung des Höhenplanes und etwa erforderlicher Querschnitte; Aufstellung der Regelentwürfe für wiederkehrende Bauten und Bauteile; Eintragung der Streckenbauwerke; Erläuterungsbericht, Kostenanschlag. Alle Einzelbauwerke, welche nicht nach Regelentwürfen hergestellt werden können, werden nach § 8 nach Maßgabe ihrer Bausumme besonders vergütet.

Bauausführung; alle in § 1 unter e) und f) aufgeführten Arbeiten.

44. Deichanlagen, Straßenanlagen. Die Gebühren betragen für 1 km Länge bei einfachen Verhältnissen 800 M., bei schwierigen Verhältnissen 2400 M.

45. Haupteisenbahnen, Neben=, Klein= und Straßenbahnen aller Betriebsarten, Leitungs= und Schiffahrtskanäle. Die Gebühren betragen für 1 km Länge bei einfachen Verhältnissen 1200 M., bei schwierigen Verhältnissen 3600 M.

§ 10.

C. **Gebührensätze für Arbeiten, welche nach der Fläche vergütet werden.**

46. Die Leistungen des Ingenieurs sind in dieser Gruppe die folgenden:

Allgemeine Vorarbeiten (§ 1, 2a); Begehung der Fläche, Eintragung des Vorentwurfes in vorhandene Lage= und Höhenpläne, Darstellung der allgemeinen Anordnungen der beabsichtigten Anlage, Erläuterungsbericht, Kostenschätzung.

Ausführliche Vorarbeiten (§ 1, 2b), c), d); Beschaffung aller Unterlagen für die Bauausführung unter Benutzung vorhandener Lage= und Höhenpläne; Aufstellung der Regelentwürfe für wiederkehrende Bauten und Bauteile; Eintragung der Haupt=

maße der nicht nach Regelentwürfen herzustellenden Einzelbauwerke, welche nach § 8 vergütet werden; Erläuterungsbericht, Kostenanschlag.

Bauausführung; alle in § 1 unter e) und f) aufgeführten Arbeiten.

47. Bebauungspläne. Die Gebühren, welche den Teilleistungen a) und b) in § 7, 40 entsprechen und eintretendenfalles nach dem Verhältnisse 1 : 1 zu teilen sind, betragen für 1 ha Fläche bei einfachen Verhältnissen 20 M., bei schwierigen Verhältnissen 60 M.

48. Bewässerungs= und Entwässerungsanlagen für landwirtschaftliche Zwecke. Die Gebühren betragen für 1 ha Fläche bei einfachen Verhältnissen 30 M., bei schwierigen Verhältnissen 90 M.

G. Bestimmungen über die zivilrechtliche Verantwortlichkeit für Leistungen der Architekten und Ingenieure.

Aufgestellt vom Verbande Deutscher Architekten= und Ingenieur=Vereine 1886.
(Revidiert durch die 32. Abgeordneten=Versammlung des Verbandes in Dresden 1903.)

Vorbemerkung.

Die nachfolgenden Bestimmungen regeln die Verantwortlichkeit desjenigen Architekten (Ingenieurs), welcher, ohne die Ausführung eines Bauobjekts im Wege der Werkverdingung selbst zu übernehmen, dem Auftraggeber behufs Herstellung desselben seinen Beistand gewährt.

Diese Verantwortlichkeit wird nach den bestehenden Gesetzen verschieden beurteilt, kann aber durch Vertrag in jedem einzelnen Falle begrenzt werden.

Zur Geltendmachung dieser Bestimmungen genügt die Bezugnahme auf dieselben in den nach Maßgabe der besonderen Verhältnisse abzuschließenden mündlichen oder schriftlichen Vereinbarungen.

Allgemeine Bestimmungen.

§ 1.

Der Architekt (Ingenieur) haftet dafür, daß die technischen Leistungen, welche er übernommen hat, den allgemein anerkannten Regeln der Baukunst entsprechen.

Er haftet nicht dafür, daß seine technischen Leistungen Regeln der Ästhetik entsprechen.

§ 2.

Der Architekt (Ingenieur) haftet für Schäden, welche durch Verschulden seiner Angestellten bei Ausübung ihrer dienstlichen Pflichten entstehen, in demselben Maße, als wäre das Verschulden von ihm selbst begangen.

§ 3.

Der Architekt (Ingenieur) haftet nur im Falle besonderer Vereinbarung für Schäden, welche aus einer Verzögerung der Ausführung einer übernommenen Arbeit entstehen.

§ 4.

Der Architekt (Ingenieur) haftet nicht für Schäden, welche daraus entstehen, daß Gesetze und Verordnungen unbeachtet blieben, welche an seinem Wohnorte nicht gelten und ihm vom Auftraggeber nicht zur Kenntnis gebracht oder nachweislich anderweitig bekannt geworden sind.

Auch haftet er nicht für Nachteile, welche dem Auftraggeber daraus erwachsen, daß ein von diesem mit dem Auftrag verfolgter, dem Architekten (Ingenieur) bei Erteilung des Auftrages jedoch nicht erkennbar gemachter Zweck unerrreicht bleibt.

§ 5.

Ist der Architekt (Ingenieur) für Fehler an ausgeführten Bauten oder sonstigen Lieferungsobjekten verantwortlich, so beschränkt sich seine Haftbarkeit auf den Ersatz des Schadens an dem Bau oder sonstigen Lieferungsobjekt selbst.

§ 6.

Ist dem Architekten (Ingenieur) nicht mindestens die generelle Bauaufsicht übertragen, so werden Schäden infolge fehlerhafter Leistungen desselben, welche bei Leitung der Ausführung des Objektes durch den Architekten (Ingenieur) selbst vermieden sein würden, nicht ersetzt.

§ 7.

Zieht der Auftraggeber Handwerker oder Lieferanten zur Ausführung des von einem Architekten (Ingenieur) gelieferten Entwurfes hinzu, deren Wahl der Architekt (Ingenieur) nicht gebilligt hat, so hat der Auftraggeber, um den Architekten (Ingenieur) für einen Schaden am Bauobjekt haftbar machen zu können, zuvor zu beweisen, daß er Handwerker, bzw. Lieferanten hinzugezogen hat, die eine für die Aufgabe genügende technische oder künstlerische Befähigung besitzen.

§ 8.

Wird der Architekt (Ingenieur) infolge ungenügender Aufsicht und Prüfung (§§ 13 und 14) für fehlerhafte Bauausführung verantwortlich, so haftet er nur im Falle des Unvermögens des Ausführenden.

Hat der Architekt (Ingenieur) die Wahl des Ausführenden nicht gebilligt, so ist im Unvermögensfall des letzteren von dem Auftraggeber der Beweis zu führen, daß er bei der Auswahl desselben sorgsam verfahren sei.

§ 9.

Die Haftpflicht des Architekten (Ingenieurs) für Leistungen, welche sich auf ein von ihm entworfenes oder geleitetes Bauobjekt beziehen, überdauert in keinem Falle die des Ausführenden. Sie erlischt jedenfalls mit dem Ablauf von 3 Jahren nach Ingebrauchnahme des Objekts bzw. nach der Aufforderung zur Übernahme desselben. Die Haftpflicht des Architekten (Ingenieurs) für alle sonstigen Leistungen erlischt mit dem Ablauf von einem Jahr nach Beschaffung derselben. Soll die Verantwortlichkeit des Architekten (Ingenieurs) auf Grund hervorgetretener Schäden in Anspruch genommen werden, so muß — bei Verlust des Anspruches — ihm vor Ablauf dieser Fristen davon Anzeige gemacht und, falls eine Einigung nicht erzielt wird, die gerichtliche Klage zugestellt sein.

Spezielle Bestimmungen.

§ 10. Zeichnungen. Baubedingungen und Verträge.

Skizzen sind probeweise Versuche zur Lösung einer technischen Aufgabe. Fehler derselben begründen eine Verantwortlichkeit des Architekten (Ingenieurs) nicht.

Entwürfe, Detailzeichnungen, Beschreibungen, Baubedingungen und Verträge müssen in einer dem angegebenen Zwecke entsprechenden Deutlichkeit, Ausführlichkeit bzw. Größe des Maßstabes ausgeführt werden und so beschaffen sein, daß auf Grund derselben das Bauobjekt ausgeführt werden kann.

In bezug auf Zeichnungen haftet der Architekt (Ingenieur) nur für eingeschriebene Maße, falls nicht der Gegenstand in natürlicher Größe dargestellt ist.

Für Schäden, welche dem Auftraggeber aus Versehen oder Nichtbeachtung gesetzlicher Vorschriften in Zeichnungen sowie in dem technischen Teil von Verträgen und Baubedingungen erwachsen, haftet der Architekt (Ingenieur) nur insoweit, als er die Mehrkosten ersetzen muß, welche dem Auftraggeber daraus erwachsen, daß er das Objekt teurer bezahlen muß, als er bei Nichtvorhandensein solcher Fehler dasselbe zu bezahlen gehabt haben würde.

Der Architekt (Ingenieur) kann beanspruchen, daß durch seine Fehler entstandene Schäden durch ihn beseitigt werden.

§ 11. Kosten und Wertschätzungen.

Bei generellen Kostenschätzungen und bei Taxen ist der Architekt (Ingenieur) — in Ermangelung entgegenstehender Vereinbarung — für begangene Irrtümer und Rechenfehler nicht verantwortlich.

Bei detaillierten Kostenanschlägen haftet der Architekt (Ingenieur) dafür, daß in denselben die Ausmaße und die zur ordnungsmäßigen Ausführung des Baues erforderlichen Gegenstände und Arbeiten — innerhalb des erfahrungsmäßig zulässigen Spielraumes — richtig enthalten sind. Diese seine Haftung beschränkt sich aber auf den Ersatz der Mehrkosten, welche dem Auftraggeber daraus erwachsen, daß der übersehene Gegenstände teurer anschaffen muß, als er dieselben hätte anschaffen können, wenn sie nicht übersehen worden wären, bzw. zu viel beschaffte Gegenstände mit Verlust verkaufen muß. Für die Richtigkeit der Preisansätze und der Verrechnung derselben haftet der Techniker nicht.

§ 12. Gutachten und Berichte.

Für Schäden infolge begangener Versehen bei Erstattung von Gutachten und Berichten haftet der Techniker in Ermangelung entgegenstehender Vereinbarung nicht.

§ 13. Bauleitung.

a) Allgemeines.

Der mit der Bauleitung beauftragte Architekt (Ingenieur) hat dem Bauausführenden die zum Verständnis der Zeichnungen und Vertragsbestimmungen gewünschten Erläuterungen zu geben.

Er ist nicht berechtigt, Abweichungen von den der Bauausführung zugrunde gelegten, durch Zeichnungen bzw. Verträge festgesetzten Vorschriften anzuordnen, es sei denn, daß ihm zur Vornahme solcher Änderungen die allgemeine Ermächtigung erteilt ist, oder daß dieselben bei der Durcharbeitung des Projektes bzw. bei der Detaillierung aus künstlerischen oder konstruktiven Rücksichten erforderlich werden.

Abweichungen, welche Mehrkosten verursachen, bedürfen der speziellen Ermächtigung seitens des Auftraggebers.

Eingriffe des Auftraggebers in die Befugnisse des Architekten (Ingenieurs) entheben den letzteren von seiner Verantwortlichkeit in bezug auf die betroffenen Punkte.

b) Generelle Bauaufsicht.

Der mit der generellen Bauaufsicht beauftragte Architekt (Ingenieur) hat die Bau= bzw. Werkstelle in seinem Ermessen überlassenen Zwischenräumen periodisch zu besuchen bzw. durch seine Angestellten besuchen zu lassen, die Förderung der Bau= arbeiten zweckmäßig zu leiten sowie die Beseitigung von Fehlern anzuordnen, welche bei diesen Besuchen wahrgenommen sind.

Seine Haftpflicht in betreff der Fehler von Materialien oder Arbeiten beschränkt sich auf die von ihm bzw. seinen Angestellten bei seinen Besuchen wahrgenommenen Fehler, deren Beseitigung anzuordnen und mit den ihm zu Gebote stehenden Mitteln zu erwirken, er unterlassen hat.

c) Spezielle Bauaufsicht.

Der mit der speziellen Bauaufsicht beauftragte Architekt (Ingenieur) hat die Mate= rialien und Arbeiten auf ihre Vertragsmäßigkeit oder Angemessenheit zu prüfen und haftet für Fehler, welche bei genauer Prüfung hätten erkannt werden können — es sei denn, daß er solche bereits formell gerügt und, falls diese Rüge erfolglos geblieben ist, dem Auftraggeber zur Kenntnis gebracht hat — insoweit, aber auch nicht weiter, als er auf seine Kosten das ungenügend Gelieferte durch Genügendes zu ersetzen hat.

In Ermangelung ausdrücklicher Übernahme der speziellen Bauaufsicht hat der mit der Bauaufsicht beauftragte Architekt (Ingenieur) nur die Pflichten eines mit der generellen Bauaufsicht Beauftragten.

§ 14. Bauabnahme.

Der mit der Bauabnahme beauftragte Architekt (Ingenieur) hat die zu Gesicht tretenden Teile des Bau= oder Lieferungsobjekts durch Stichproben auf das Vorhanden= sein von Fehlern zu prüfen. Er haftet für Fehler, welche er wahrgenommen, aber nicht zur Kenntnis des Auftraggebers gebracht hat, mit der Beschränkung, daß er nur die Kosten zu ersetzen hat, welche der Auftraggeber zur Zeit der späteren Entdeckung der Fehler behufs Beseitigung derselben infolge von Preissteigerung der Materialien oder Arbeiten mehr hat aufwenden müssen, als er zur Zeit der Bauabnahme aufzuwenden gehabt hätte.

Wird vom Auftraggeber eine spezielle Prüfung und Abnahme einzelner Liefe= rungsobjekte gewünscht und dafür eine weitergehende Verantwortlichkeit des Architekten (Ingenieurs) beansprucht, so ist dies durch besondere Vereinbarung festzustellen.

§ 15. Rechnungsrevision.

Der mit der Revision von Baurechnungen beauftragte Architekt (Ingenieur) hat die Berechnung auf die Vertragsmäßigkeit bzw., wenn eine vertragsmäßige Festsetzung nicht stattgefunden hat, auf die Angemessenheit der angesetzten Preise zu prüfen. Auf die Richtigkeit bzw. Vollständigkeit und Güte der in Rechnung gestellten Objekte er= streckt sich die Rechnungsrevision nur im Falle besonderer Vereinbarung.

Der Architekt (Ingenieur) haftet im Falle des Unvermögens des Rechnungs= ausstellers für Fehler in der Rechnung, welche richtigzustellen bzw. zur Kenntnis des Auftraggebers zu bringen, er versäumt hat.

§ 16. Schlußbestimmung.

Alle in den speziellen Bestimmungen (10—16) enthaltenen Normen unterliegen den Vorschriften der allgemeinen Bestimmungen (1—9).

H. Kosten der Angestellten= und Arbeiterfürsorge.

Von M. Busch=Düsseldorf.

I. Kosten der Angestellten Versicherung.

Mit dem 1. Januar 1913 tritt das Versicherungsgesetz für Angestellte in Kraft. Zu den Kosten der Versicherung hat der Arbeitgeber die Hälfte zu tragen. Versicherungs= pflichtig sind die Angestellten bis zu 5000 M. Jahreseinkommen. Der vom Arbeit= geber zu tragende Teil der Beiträge beläuft sich auf etwa 3—3$\frac{1}{2}$% der Gehälter. Für die Kosten der Kranken= und Invalidenversicherung der Angestellten gelten die unter II 1 und 2 angegebenen Beträge.

II. An Kosten der Arbeiterfürsorge kommen in Betracht:

1. Beiträge zur Krankenversicherung.

Versicherungspflichtig sind: Arbeiter, Gehilfen, Lehrlinge, Dienstboten allgemein, Betriebsbeamte, Werkmeister und andere. Angestellte, sowie Handlungsgehilfen und =Lehrlinge, wenn nicht ihr regelmäßiger Jahresarbeitsverdienst 2500 M. an Entgelt übersteigt.

Ein Drittel der Krankenkassenbeiträge ist vom Unternehmer zu tragen. Dieses Drittel beträgt etwa 1—1$\frac{1}{2}$% der Löhne. Durch die voraussichtlich am 1. Januar 1914 für die Krankenversicherung in Kraft tretende Reichsversicherungsordnung sind die Leistungen erhöht. Es ist also künftighin vorsorglich mit einem vom Unternehmer zu leistenden Anteil von etwa 1$\frac{1}{2}$—2% der Löhne zu rechnen.

2. Beiträge zur Invaliden= und Hinterbliebenenversicherung.

Versicherungspflichtig sind die zuerst genannten Personen, wenn nicht ihr regel= mäßiger Jahresarbeitsverdienst 2000 M. übersteigt.

Vom Arbeitgeber ist die Hälfte der Beiträge zu tragen. Dieser Teil beträgt etwa 1$\frac{1}{4}$% der Löhne.

3. Beiträge zur Unfallversicherung.

Die Kosten der Unfallversicherung sind vom Unternehmer allein zu tragen. Die= selben berechnen sich nach dem Jahresbedarf der Berufsgenossenschaft, der der Be= trieb des Unternehmers angehört und werden unter Berücksichtigung der von dem Unter= nehmer gezahlten Löhne und Gehälter und der Gefährlichkeit des Betriebs berechnet. Die Höhe der Unfallversicherungsbeiträge ist demnach an sich schwankend und nach der Gefährlichkeit des Betriebs abgestuft.

Unter Zugrundelegung der Rechnungsergebnisse und Jahresberichte der Berufs= genossenschaften für das Jahr 1910 ergeben sich für 1000 M. gezahlte Löhne und Ge= hälter bei den nachstehend angeführten Betriebszweigen die daneben vermerkten Bei= träge. Mit Rücksicht darauf, daß für eine Reihe von Jahren noch mit einem Steigen der Entschädigungsleistungen der Berufsgenossenschaften zu rechnen ist und nach In= krafttreten der Reichsversicherungsordnung — 1. Januar 1913 — die vorgesehenen Mehrleistungen eine Erhöhung der Beiträge um etwa 10% voraussehen lassen, ist auch hier bei den Kalkulationen vorsorglicherweise ein Aufschlag von etwa 15—20% auf die unten angegebenen Belastungsziffern anzunehmen.

Im Jahre 1910 betrugen die Unfallversicherungsbeiträge für 1000 M. gezahlte Löhne und Gehälter

für Steinbruchsarbeiten . . . . etwa 40,00 M.
„ Steinbearbeitung . . . . „ 18,50 „
„ Ziegeleibetriebe . . . . „ 15,90 „
„ Kalkbrennereien . . . . „ 17,20 „
„ Zementwarenfabriken . . . . „ 7,50 „
„ Kiesgrubenbetriebe . . . . „ 20,15 „
„ Erdarbeiten mit Schubkarrentransport . . . . „ 9,75 „
„ Erdarbeiten mit Kippkarrenbetrieb auf Gleisen bei Hand= oder
  Pferdebetrieb . . . . „ 17,00 „
„ Erdarbeiten mit Kippkarrenbetrieb bei Lokomotivbetrieb oder son=
  stigen maschinellen Einrichtungen . . . . „ 19,50 „
„ Fels= und Sprengarbeiten . . . . „ 30,60 „
„ Baggerarbeiten . . . . „ 30,00 „
„ Rammarbeiten . . . . ⎫   ⎧ etwa 12,00—24,00 „
„ Zimmererarbeiten . . . . ⎬ Je nach der Zugehörig= ⎨ „ 12,00—24,00 „
„ Bauschlosser= u. Schmiedearbeiten ⎪ keit zur örtlich zustän= ⎪ „ 10,00—20,00 „
„ Steinmetzarbeiten . . . . ⎪ digen Baugewerbs= ⎪ „ 11,00—20,00 „
„ Maurerarbeiten . . . . ⎪ Berufsgenossenschaft ⎪ „ 15,00—30,00 „
„ Anstreicherarbeiten . . . . . . ⎭   ⎩ „ 6,00—12,00 „
„ Straßenbau= und Pflasterarbeiten . . . . etwa 7,20 „
„ Oberbauarbeiten . . . . „ 17,00 „
„ Tunnel=, Stollen= und Schachtbauten . . . . „ 28,60 „
„ Gas= und Wasserleitungsarbeiten . . . . „ 13,00 „
„ Kanalisationsarbeiten . . . . „ 15,60 „
„ Dränagearbeiten . . . . „ 2,60 „
„ Straßenbahnbetrieb mit Pferden . . . . „ 12,80 „
„ Straßenbahnen mit elektrischem Betrieb . . . . „ 9,80 „
„ Kosten der Bauleitung (Betriebsbeamte) . . . . „ 3,90 „

4. Die Kosten für Unterkunfts=, Speise= und Schlafräume, sowie für Aborte für die Arbeiter.

a) Unterkunftsräume.

Zum Aufenthalt für die Arbeiter bei schlechtem Wetter und in den Ruhepausen ist auf jeder Baustelle, auf welcher mit mindestens 10 Mann länger als eine Woche gearbeitet wird, ein Unterkunftsraum, eine sog. Baubude, zu errichten. Die Beschaffenheit dieses Unterkunftsraumes ist für jeden Bezirk durch besondere Polizei=Verordnungen bestimmt.

Im allgemeinen wird verlangt:

2,2 m Mindestmaß für die lichte Höhe des Raumes und 0,75 qm Grundfläche für jeden der durchschnittlich beschäftigten Arbeiter. Der Unterkunftsraum muß mit dichtem Dach, festen Wänden und verschließbarer Tür versehen sein, er muß trockenen gedielten Fußboden haben, genügend erhellt und vom 15. Oktober bis 15. März heizbar sein. In dem Unterkunftsraum sind genügend Sitzplätze und ein Tisch zur Verfügung zu stellen; für tägliche Reinigung muß Sorge ge= tragen werden. Baumaterialien, Geräte oder gar Sprengmittel dürfen in dem Unterkunftsraum, der auch als Speiseraum benützt werden darf, nicht untergebracht werden. Die Entfernung des Unterkunftsraumes von den Arbeitsstellen darf 500 m, nach einigen Verordnungen auch 750—1000 m nicht übersteigen.

Die Kosten eines solchen Unterkunftsraumes sind je Quadratmeter Grundfläche mit 30—35 M. zu veranschlagen[1]).

b) Schlafräume (Arbeiterbaracken).

In abgelegenen Gegenden wird oft die Errichtung von Baracken, in denen die Arbeiter wohnen und essen, erforderlich. Diese Baracken werden von der Bauver= waltung oder vom Unternehmer gebaut und verwaltet. Sie enthalten meist eine ge= räumige Küche, Keller= und Vorratsräume, zuweilen auch ein kleines Schlachthaus, ein Gastzimmer, einen Speisesaal und die Schlafräume für die Arbeiter.

Zweckmäßig sind auch transportable Baracken, und zwar entweder zerlegbare, transportable Holzhäuser[1]) oder die Doeckerschen Baracken.

Die Preise sind je nach Art der Ausführung und der Ausstattung verschieden und bewegen sich zwischen

35 bis 60 M. für eingeschossige Baracken $\Big\}$ je Quadratmeter Grundfläche.
50 bis 100 M. für zweigeschossige Baracken

Bei Wasser= und Strombauten empfiehlt sich die Verwendung von Wohnschiffen. Die Kosten eines solchen sollen unter Berücksichtigung der neuen Raumvorschriften für die preußischen Bauten nach Angabe des Herausgebers etwa 330 bis 360 M. für jeden Wohn= und Schlafplatz betragen bei vollständiger Bettausrüstung, Speiseraum mit Küche und Wohnraum mit Schlafstelle für den Bauaufseher.

Die Kosten für Beschaffung der Lagerstelle einschließlich Decken, Schemel, Tisch, Waschgeräte usw. betragen etwa 20 M. für jeden Arbeiter. Meist werden besondere gemeinsame Waschräume, in denen 10—12 Personen sich gleichzeitig waschen können, eingerichtet.

Die allgemeinen polizeilichen Vorschriften für die Arbeiter=Schlafräume in Baracken sind folgende:

Es genügen Holzbaracken aus gehobelten, festgefügten Brettern mit wasserdichtem Dach. Der Fußboden soll von Holz, Zement, Asphalt oder von Ziegelsteinpflaster, das in Zementmörtel verlegt ist, hergestellt sein. Der Holzfußboden muß 25 cm über dem Erdboden liegen. Die beweglichen Fenster sollen mindestens $1/12$ der Fußbodenfläche groß sein. Bei 30 qm Grundfläche müssen mindestens 2 Fenster vorhanden sein. Die Höhe des Raumes soll mindestens $2\frac{1}{2}$ m, bei schrägem Dach im Mittel $2\frac{1}{2}$ m betragen. Für jeden Bewohner sind 10 cbm Luftraum und 3 qm Grundfläche, für das Kranken= zimmer 20 cbm und 6 qm für jeden Kranken zu rechnen. Die Bettstellen müssen vom Erdboden durch eine Luftschicht von 30 cm getrennt und die Dachräume mittels einer Treppe zugänglich sein. Die Schlafräume für männliche Personen sind von denen für weibliche Personen getrennt zu halten und müssen je einen besonderen Eingang haben.

---

[1]) Bezugsquellen: Deutscher Holzhausbau H. & F. Dickmann, Berlin W. 57.
  Prüß'sche Patentwände G. m. b. H., Berlin SW. 11.
  A. Siebel, Bauartikelfabrik, Düsseldorf=Rath und Metz.

c) Abortanlagen.

Für je 25 Arbeiter ist auf der Baustelle mindestens ein Abort anzulegen. Die Aborte müssen Wände, Tür und Blenden haben, damit nicht hineingesehen werden kann, und vor Regen und Zug geschützt sein. Die Sitze müssen Sitz= und Stoßbretter haben und stets sauber gehalten werden. Die Aborte sind tunlichst 6 m von dem Unterkunftsraum bzw. der Baracke entfernt aufzustellen.

Die Kosten der Abortanlagen belaufen sich auf etwa 30—40 M. für den Sitz.

I. Gerichts=, Notariats= und Stempelkosten.
Bearbeitet von Gerichtsassessor Brüll=Neiße.

I. Abschnitt.
Gerichtskosten.

§ 1.
Einleitung.

Die Angelegenheiten, welche die Tätigkeit der Gerichte in Anspruch nehmen, werden geschieden in Angelegenheiten der freiwilligen und solche der streitigen Gerichtsbarkeit. Während zu der letzteren vor allem die große Zahl der bürgerlichen Rechtsstreitigkeiten gehört, gehören zu der ersteren alle anderen gerichtlichen Angelegenheiten mit Aus=nahme der reinen Justizverwaltungssachen, insbesondere also die hier am meisten inter=essierenden Grundbuchsachen, die Aufnahme gerichtlicher Urkunden usw. Entsprechend der verschiedenartigen Natur dieser Angelegenheiten, der Verschiedenartigkeit der In=anspruchnahme des Gerichts durch sie, ist auch die Regelung des gerichtlichen Kosten=wesens für diese beiden Zweige der Gerichtsbarkeit eine grundsätzlich verschiedene. Für die gerichtliche Kostenberechnung in Angelegenheiten der freiwilligen Gerichtsbarkeit ist das preußische Gerichtskostengesetz (PrGKG.) vom 25. Juli 1910 in der Fassung der Bekanntmachung vom 6. August 1910 maßgebend, für die streitige Gerichtsbarkeit ist das Kostenwesen geregelt in dem deutschen Gerichtskostengesetz (DGKG.) vom 18. Juni 1878 in der Fassung der Bekanntmachung vom 20. Mai 1898, abgeändert durch die Gesetze vom 1. Juni 1909 und 22. Mai 1910, wozu jedoch noch ergänzend das vorerwähnte preußische Gerichtskostengesetz tritt. Nur eine geringe Anzahl von Bestimmungen gilt gleichmäßig für beide Arten der Gerichtsbarkeit.

Der Laie, der die Tätigkeit des Gerichts in Anspruch nimmt und sich über die un=gefähre Höhe der Gerichtskosten informieren will, muß deshalb zunächst sich über diese verschiedenartige Regelung des gerichtlichen Kostenwesens klar sein. Die Frage, ob eine konkrete Angelegenheit sich als ein Akt der streitigen oder der freiwilligen Gerichtsbar=keit darstellt, wird in der Regel Schwierigkeiten nicht verursachen.

Im folgenden sollen nun die wesentlichsten und für das vorliegende Buch am meisten interessierenden Bestimmungen der bereits genannten beiden Gesetze in übersichtlicher Zusammenstellung angegeben werden, soweit erforderlich mit einer kurzen Erläuterung. Da es im Zweck und Rahmen dieser Abhandlung liegt, nur einen Überblick über die ungefähre Höhe der Gerichtskosten usw. zu geben, so sind detaillierte Bestimmungen oft überhaupt außer Betracht gelassen, oft nur in ihren Grundzügen wiedergegeben worden.

§ 2.
Allgemeine Bestimmungen.

Für jede gerichtliche Kostenberechnung, mag sie im Rahmen der streitigen oder der freiwilligen Gerichtsbarkeit erfolgen, ist maßgebend der Wert des Streitgegen= standes, bzw. für die freiwillige Gerichtsbarkeit der Wert des Gegenstandes des Geschäfts, für welches die Tätigkeit des Gerichts in Anspruch genommen wird. Nach seiner Höhe bestimmt sich die vom Gericht zu erhebende Gebühr. Was als Streitgegen= stand, bzw. als Gegenstand des Geschäfts anzusehen ist, muß der konkrete Fall ergeben. Entscheidend ist hinsichtlich des Streitgegenstandes das in dem Klageantrag zum Aus= druck gebrachte Begehren des Klägers; die Einwendungen des Beklagten kommen nicht in Betracht. Für die Frage, was Gegenstand des Geschäfts ist, ist einzig und allein maßgebend der Gegenstand, auf welchen sich das Geschäft bezieht, nicht etwa, worauf auch höchstrichterliche Entscheidungen bereits wiederholt hingewiesen haben, das Interesse der Beteiligten an der Vornahme des Geschäfts.

Für die Berechnung des Wertes des Streitgegenstandes sind in den §§ 3—9 der Zivilprozeßordnung (ZPO.) für die Prüfung der sachlichen Zuständigkeit der Gerichte eingehende Bestimmungen aufgestellt, welche auch für das DGKG. maßgebend sind; § 9 DGKG; vgl. jedoch auch die besonderen Bestimmungen der §§ 9a ff. DGKG. Das PrGKG. gibt selbst eine Reihe von Bestimmungen für die Berechnung des Wertes einzelner Gegenstände und Rechte; §§ 19 ff. a. a. O. Hervorzuheben ist, daß der Wert= berechnung, stets nur der Hauptgegenstand zugrunde zu legen ist; Nebenansprüche, wie Früchte, Nutzungen, Schäden und Kosten kommen nur dann in Betracht, wenn sie, für sich allein betrachtet, den Gegenstand eines besonderen Verfahrens oder Geschäfts bilden.

Die Festsetzung des Wertes erfolgt durch das Gericht, und zwar, soweit das Gesetz nicht besondere Anweisungen hierfür gibt, nach freiem Ermessen. Ein beson= derer Gerichtsbeschluß über die Wertfestsetzung ist nur bei ausdrücklichem Antrag oder mit Rücksicht auf die besondere Natur des Gegenstandes erforderlich. Er erfolgt alsdann gebührenfrei, kann aber Kosten nach sich ziehen, wenn er eine Beweis= aufnahme erforderlich gemacht hat. Die Kosten treffen in diesem Falle ganz oder teil= weise denjenigen, welcher durch Unterlassung der ihm obliegenden Wertangabe oder durch unrichtige Angaben und dergleichen die Beweisaufnahme veranlaßt hat. Grund= sätzlich liegt die Prüfung der Höhe des für die Kostenberechnung maßgebenden Wertes dem Gerichtsschreiber ob. Sie wird in vielen Fällen einfacher Natur sein, namentlich dann, wenn der Wert eine bestimmte Geldsumme darstellt.

Gegen den Ansatz von Gebühren und Auslagen können seitens des Zahlungspflichtigen, sowie seitens der Staatskasse Erinnerungen erhoben werden. Über sie entscheidet das Gericht der Instanz (das Gericht, bei welchem der Ansatz gemacht worden ist) gebührenfrei. Gegen seine Entscheidung ist das Rechtsmittel der Beschwerde gegeben; hat jedoch ein Oberlandesgericht die Entscheidung über eine nach dem DGKG. erhobene Erinnerung gefällt, so ist eine Beschwerde gegen diese Ent= scheidung unzulässig; § 4 DGKG.; § 567, Abs. 2 ZPO. Im übrigen kommen für die Beschwerde die §§ 568—575 ZPO. zur Anwendung. Gegen die Entscheidung des Be= schwerdegerichts ist eine weitere Beschwerde nur zulässig, wenn in der Entscheidung ein neuer selbständiger Beschwerdegrund enthalten ist. Hierbei ist jedoch die Zulässigkeit der Beschwerde gegen eine von einem Landgericht als Beschwerdegericht erlassene Ent=

scheidung davon abhängig, daß die Beschwerdesumme den Betrag von 50 Mk. über=
steigt. Nur das PrGKG. läßt (§ 27) gegen die Entscheidung der Landgerichte als Be=
schwerdegerichte, auch wenn ein neuer selbständiger Beschwerdegrund nicht vorliegt oder
die Beschwerdesumme 50 Mk. nicht übersteigt, die weitere Beschwerde zu, wenn die
Entscheidung auf einer Verletzung des Gesetzes beruht. Es kommen in diesem Falle
die für die Revision geltenden §§ 550, 551 ZPO. zur Anwendung.

Die Kostenpflicht, d. h. die Verpflichtung zur Tragung der Kosten, ist für die
streitige Gerichtsbarkeit geregelt in den §§ 91ff. ZPO., und zwar nach dem Grundsatze,
daß der unterliegende Teil die Kosten zu tragen hat, und daß, wenn beide Teile teils
obsiegen, teils unterliegen, die Kosten gegeneinander aufgehoben oder nach dem Ver=
hältnis des zuerkannten Teils zu dem aberkannten Teil der Forderung geteilt werden.
Erfolgt eine Aufhebung oder Abänderung der die Kostenpflicht feststellenden Entscheid=
ung, so findet eine Zurückzahlung bereits bezahlter Beträge, insoweit der Gebührenan=
satz bestehen bleibt, aus der Kasse nicht statt.

Zur Zahlung der Kosten innerhalb der freiwilligen Gerichtsbarkeit ist grundsätzlich
derjenige verpflichtet, durch dessen Antrag die Tätigkeit des Gerichts veranlaßt worden
ist und bei von Amts wegen betriebenen Geschäften derjenige, dessen Interesse dabei
wahrgenommen wird. Sind mehrere Kostenschuldner vorhanden, haben also ins=
besondere mehrere Personen dieselbe Tätigkeit des Gerichts beantragt, so haften sie
als Gesamtschuldner, d. h. jeder Schuldner ist zur Bewirkung der ganzen Leistung ver=
pflichtet, der Gläubiger aber die Leistung nur einmal zu fordern berechtigt. Mehr=
kosten, die durch einen besonderen Antrag eines Beteiligten entstehen, fallen natürlich
nur diesem zur Last. Besteht eine Partei aus mehreren in Rechtsgemeinschaft stehenden
Personen (z. B. Miteigentümern), so haften diese für die Kosten nach dem Verhältnis
ihres Anteils, und wenn dieser sich in bestimmter Weise nicht ermitteln läßt, nach Kopf=
teilen.

Zu erwähnen ist noch, daß die Gerichte nach § 6 DGKG. und § 10 PrGKG. befugt
sind, Gerichtsgebühren, welche durch unrichtige Behandlung der Sache ohne Schuld
der Beteiligten entstanden sind, niederzuschlagen, und für abweisende Bescheide, wenn
der Antrag auf nicht anzurechnender Unkenntnis der Verhältnisse oder auf Unwissenheit
beruht, Gebührenfreiheit zu gewähren.

Kap. I.
Kosten in Angelegenheiten der streitigen Gerichtsbarkeit.

In allen vor die ordentlichen Gerichte gehörigen Rechtssachen, auf welche die Zivil=
prozeßordnung Anwendung findet, d. h. in bürgerlichen Rechtsstreitigkeiten, werden
Gebühren und Auslagen der Gerichte nur nach Maßgabe des deutschen Gerichtskosten=
gesetzes erhoben.

Vor die ordentlichen Gerichte, d. h. die Amts=, Land= und Oberlandesgerichte, das
Reichsgericht und in München das oberste Landesgericht, gehören alle diejenigen bürger=
lichen Rechtsstreitigkeiten (Zivilprozesse), für welche nicht Verwaltungsbehörden oder
Verwaltungsgerichte oder reichsgesetzlich bestellte oder zugelassene besondere Gerichte
zuständig sind. Da im folgenden von den Kosten gesprochen werden soll, welche durch
und in bezug auf einen Rechtsstreit einer Partei erwachsen, wird es sich der später vor=
kommenden technischen Ausdrücke und Begriffe wegen empfehlen, zunächst einen kurzen
Überblick über das Prozeßverfahren selbst zu geben.

§ 3.
Kurzer Überblick über das Prozeßverfahren.

Als grundlegendes Verfahren I. Instanz ist das **Prozeßverfahren vor den Land-gerichten** anzusehen. Jedes Zivilprozeßverfahren beginnt mit der Erhebung der Klage. Die Klageerhebung erfolgt regelmäßig durch Zustellung eines Schriftsatzes, der Klageschrift an den Beklagten. Die Klageschrift muß den Erfordernissen des § 253 ZPO. genügen. Der Anwalt des Klägers reicht sie zum Zwecke der Terminbestimmung beim Gericht ein und sorgt nach Anberaumung des Termins für ihre Zustellung an den Gegner. Mit der Zustellung ist die Klage erhoben und damit der Rechtsstreit anhängig, was sowohl materiellrechtliche, wie prozessual bedeutsame Folgen hat (z. B. vor allem Unterbrechung der Verjährung). Alsdann erfolgt regelmäßig ein Austausch von Schrift-sätzen, insbesondere die Klagebeantwortung, zuweilen auch die Erhebung einer Wider-klage. Der Beklagte ist nämlich nicht immer darauf angewiesen, sich auf seine Ver-teidigung gegen den Anspruch des Klägers zu beschränken, sondern kann mitunter durch Erhebung einer Widerklage auch zum Gegenangriff übergehen und mit der Widerklage einen neuen selbständigen Anspruch gegen den Kläger geltend machen, sofern sein Gegenanspruch mit dem in der Klage geltend gemachten Anspruch oder mit den gegen ihn vorgebrachten Verteidigungsmitteln in Zusammenhang steht. Auf die Widerklage finden die für die Klage geltenden Vorschriften entsprechende Anwendung, nur erfolgt ihre Erhebung nicht durch Zustellung eines Schriftsatzes an den Gegner, also etwa an den Kläger, sondern durch ihr Vorbringen in der mündlichen Verhandlung.

In dem auf der Klageschrift festgesetzten Termin erfolgt dann die mündliche Ver-handlung des Rechtsstreits vor dem Gericht. Sie führt regelmäßig entweder zur glat-ten Abweisung der Klage oder zum Beweisbeschluß, zur Vertagung zwecks Austausches weiterer Schriftsätze oder zur Entscheidung der Sache durch Urteil. Der Rechtsstreit kann auch zum Teil durch Urteil entschieden werden, zu einem Teil aber noch weiterer Ver-handlung bedürfen. Man unterscheidet demgemäß unter den Urteilen Endurteile, wel-che den Rechtsstreit für die Instanz endgültig entscheiden, Teilurteile, welche einen quantitativen Teil des Rechtsstreits für die Instanz endgültig entscheiden, insoweit also auch Endurteile sind, Zwischenurteile, welche einen qualitativen Teil des Rechts-streits erledigen, d. h. über ein selbständiges Angriffs- oder Verteidigungsmittel oder einen Zwischenstreit entscheiden, bedingte Endurteile, welche den endgültigen Aus-gang des Rechtsstreits von der Leistung bzw. Nichtleistung eines oder mehrerer einer Partei auferlegter Eide abhängig machen, und denen demnach nach erfolgter Eides-leistung oder -weigerung noch ein weiteres Urteil, das sogenannte Läuterungsurteil, folgen muß, in welchem die Folgen der Eidesleistung oder -weigerung ausgesprochen werden. Daneben ist noch zu erwähnen das gemäß dem Anerkenntnis einer Partei auf Antrag des Gegners zu erlassende Anerkenntnisurteil und das Versäum-nisurteil, welches auf Antrag gegen die nicht erschienene aber ordnungsmäßig ge-ladene Partei ergeht, sofern die gesetzlich vorgeschriebenen Voraussetzungen vorliegen, insbesondere der geltend gemachte Anspruch nach dem Vorbringen des Klägers rechtlich begründet erscheint. Durch das Versäumnisurteil wird der Rechtsstreit für die Instanz ebenfalls regelmäßig erledigt.

Von einer endgültigen Erledigung im Sinne von definitiver Beendigung eines Rechtsstreits kann freilich stets erst dann die Rede sein, wenn die den Rechtsstreit für die

Instanz erledigende Entscheidung rechtskräftig geworden ist, d. h. durch Rechtsmittel nicht mehr angefochten werden kann. Als solche kennt die ZPO. gegenüber Urteilen die Berufung und die Revision, wozu noch als Rechtsbehelf gegenüber einem Versäumnisurteil der Einspruch tritt, und gegenüber Beschlüssen die Beschwerde. Bei den Beschwerden unterscheidet man die einfache, an keine Frist gebundene Beschwerde, die weitere Beschwerde, welche sich gegen die Entscheidung des Beschwerdegerichts richtet, und die in gewissen vom Gesetz besonders hervorgehobenen Fällen zulässige und binnen einer Notfrist von 2 Wochen einzulegende sofortige Beschwerde. Die Berufung richtet sich gegen die in I. Instanz erlassenen Endurteile, die Revision gegen die von den Oberlandesgerichten in der Berufungsinstanz erlassenen Endurteile. Die Revision kann nur auf eine Gesetzesverletzung gestützt werden und ihre Zulässigkeit ist, abgesehen von den Fällen des § 547 ZPO., durch einen den Betrag von 4000 Mark übersteigenden Wert des Beschwerdegegenstandes bedingt. Gegen Urteile, durch welche über die Anordnung, Abänderung oder Aufhebung eines Arrestes oder einer einstweiligen Verfügung entschieden wird, ist sie überhaupt unzulässig. Die Frist für die Einlegung der Berufung wie der Revision beträgt einen Monat, sie sind Notfristen, d. h. sie können durch Vereinbarung der Parteien weder verlängert noch verkürzt werden und beginnen mit der Zustellung des anzufechtenden Urteils. Solange das Urteil dem Gegner noch nicht zugestellt worden ist, hat die Notfrist noch nicht zu laufen begonnen und kann die Rechtskraft des Urteils nicht eintreten, auch wenn Jahre seitdem vergangen sein sollten. Da nun jede Partei ein Interesse daran hat, zu wissen, ob es bei der ergangenen Entscheidung bleibt oder ob sie noch mit der Möglichkeit einer Abänderung durch die höhere Instanz rechnen muß, wird sie für eine möglichst schleunige Zustellung des Urteils an die Gegenpartei Sorge zu tragen haben. Der Eintritt der Rechtskraft des Urteils ist auch insofern von großer Bedeutung, als regelmäßig erst aus einem rechtskräftigen Urteil die Zwangsvollstreckung betrieben werden kann. Da dieser Umstand jedoch oft für die siegende Partei insofern erhebliche Nachteile nach sich ziehen kann, als der verurteilte Schuldner die Zwangsvollstreckung erst nach Ablauf eines Monats seit der Urteilszustellung zu befürchten braucht, hat das Gesetz die Einrichtung der vorläufigen Vollstreckbarkeit geschaffen. Gewisse Urteile, wie Anerkenntnis-, Läuterungsurteile, Urteile im Urkunden- und Wechselprozeß, Urteile der Oberlandesgerichte in vermögensrechtlichen Streitigkeiten mit Ausnahme der Versäumnisurteile sind nämlich von Amts wegen (§ 708 ZPO.), gewisse andere Urteile, wie vor allem alle über vermögensrechtliche Ansprüche ergehenden Urteile, bei denen der Gegenstand der Verurteilung an Geld oder Geldeswert die Summe von 300 Mark nicht übersteigt, sind auf Antrag für vorläufig vollstreckbar zu erklären; § 709 a. a. O. Desgleichen sind nach § 710 Urteile auf Antrag für vorläufig vollstreckbar zu erklären, wenn glaubhaft gemacht wird, daß die Aussetzung der Vollstreckung dem Gläubiger einen schwer zu ersetzenden oder schwer zu ermittelnden Nachteil bringen würde, oder wenn sich der Gläubiger erbietet, vor der Vollstreckung Sicherheit zu leisten. Die Erklärung der vorläufigen Vollstreckbarkeit wird gleichzeitig mit dem Erlaß des Urteils ausgesprochen und hat die Bedeutung, daß, sobald der Ausspruch erfolgt ist, also weit vor Eintritt der Rechtskraft des Urteils, der Gläubiger einen Anspruch auf Befriedigung gegen den Schuldner erhält und in die Lage versetzt wird, schon jetzt auf Grund einer vollstreckbaren Ausfertigung des für vorläufig vollstreckbar erklärten Urteils seinen Anspruch gegen den Schuldner zu verwirklichen und sich zwangsweise zu befriedigen. Freilich handelt es sich hierbei nur um eine einstweilige Befriedigung, denn wird gegen das so vollstreckte Urteil ein Rechtsmittel oder der Einspruch eingelegt, und hat das Rechtsmittel Erfolg, so ist der Kläger dem Beklagten zum Ersatze des Schadens verpflichtet, der diesen durch die Vollstreckung des Urteils oder durch eine zur Abwendung der Vollstreckung gemachte Leistung getroffen hat. Dem Schuldner stehen aber schon vor dem Ausspruch der vorläufigen Vollstreckbarkeit durch das Gericht gegen diesen etwaigen Ausspruch Schutzmittel zu Gebote. Vgl. hierüber die §§ 712 ff. ZPO.

Auf das **Verfahren vor den Amtsgerichten** finden nach § 495 ZPO. grundsätzlich die für das landgerichtliche Verfahren geltenden Vorschriften entsprechende Anwendung. Bestanden jedoch schon vor der Novelle vom 1. Juni 1909 eine Reihe wichtiger Ausnahmen, so ist das amtsgerichtliche Verfahren durch die Novelle vom 1. Juni 1909 wesentlich umgestaltet worden. Zu den wichtigsten schon früher geltenden Ausnahmen gehören die Befreiung vom Anwaltszwange, die Befugnis der Parteien, an ordentlichen Gerichtstagen zur Verhandlung des Rechtsstreits ohne Terminsbestimmung vor Gericht zu erscheinen und hier die Klage durch den mündlichen Vortrag zu erheben, kürzere Fristen u. a. Neu ist vor allem die Vorschrift, daß die Bestimmung der Termine, Bewirkung der Zustellungen mit Ausnahme der Urteile (wegen der Versäumnisurteile s. jedoch § 508 ZPO.), sowie die Ladung der Parteien von Amts wegen erfolgen. Auch dienen mehrere die Beweiserhebung betreffende Vorschriften einer Beschleunigung des Verfahrens.

Ein beschleunigtes Verfahren zeigen auch der Urkunden- und Wechselprozeß. Ersterer ist zulässig bei Ansprüchen, welche die Zahlung einer bestimmten Geldsumme oder die Leistung einer bestimmten Quantität anderer vertretbarer Sachen oder Wertpapiere zum Gegenstande haben, sofern die sämtlichen zur Begründung des Anspruchs erforderlichen Tatsachen durch Urkunden bewiesen werden können. Letzterer ist eine Unterart des Urkundenprozesses und kommt in Betracht für Ansprüche aus Wechseln im Sinne der Wechselordnung. Die Beschleunigung bei diesen beiden Prozeßarten liegt einmal in den für sie bestimmten kürzeren Ladungs- und Einlassungsfristen, vor allem aber in der Beschränkung des Beklagten hinsichtlich der von ihm geltend zu machenden Einwendungen. Einwendungen des Beklagten sind nämlich, wenn ihr Beweis nicht mit Urkunden oder Eideszuschiebung angetreten und durch sie geführt werden kann, als in dem Urkundenprozeß unstatthaft zurückzuweisen. Widerklagen sind überhaupt unstatthaft. Durch diese Bestimmungen gelangt der Kläger schneller zu einem Erkenntnis. Dieser Vorteil wird aber dadurch wieder gemindert, daß dem Beklagten, welcher dem Anspruch des Klägers widersprochen hat, in allen Fällen, in welchen er verurteilt wird, die Ausführung seiner Rechte im Wege des ordentlichen Verfahrens vorbehalten werden muß. In diesem Falle bleibt der Rechtsstreit trotz des zugunsten des Klägers bereits ergangenen Erkenntnisses noch in derselben Instanz anhängig, und der im Urkundenprozeß errungene Sieg des Klägers kann, wenn sich in dem nun betriebenen ordentlichen Verfahren, z. B. auf Grund bisher nicht zulässig gewesener Beweismittel, sein Anspruch als unbegründet erweist, noch in derselben Instanz zu seiner Niederlage werden. Dem Kläger ist es unbenommen, den Urkundenprozeß in das ordentliche Verfahren umzuleiten, was er stets dann sogar wird tun müssen, wenn es ihm mit den im Urkundenprozeß zulässigen Beweismitteln nicht gelingt, den Nachweis der Richtigkeit seiner Behauptungen zu führen.

Ein abgekürztes und in der Praxis, namentlich bei Kaufleuten, recht beliebtes Verfahren ist das **Mahnverfahren**. Der Gläubiger, welcher gegen seinen Schuldner

einen Anspruch auf Zahlung einer bestimmten Geldsumme oder Leistung einer be=
stimmten Quantität anderer vertretbarer Sachen oder Wertpapiere hat, reicht ein Gesuch
um Erlaß eines Zahlungsbefehls bei dem zuständigen Amtsgericht ein. Zuständig
ist dasjenige Amtsgericht, welches für die im ordentlichen Verfahren erhobene Klage
zuständig sein würde, wenn die Amtsgerichte in erster Instanz sachlich unbeschränkt zu=
ständig wären. Das Gesuch muß nach § 690 ZPO. enthalten:

1. die Bezeichnung der Parteien nach Name, Stand oder Gewerbe, Wohnort,
2. die Bezeichnung des Gerichts,
3. die bestimmte Angabe des Betrags oder Gegenstandes und des Grundes des
   Anspruchs,
4. das Gesuch um Erlassung des Zahlungsbefehls.

Das Mahnverfahren ist ausgeschlossen, sofern nach dem Inhalt des Gesuchs die
Geltendmachung des Anspruchs von einer noch nicht erfolgten Gegenleistung abhängig
ist oder wenn die Zustellung des Zahlungsbefehls im Auslande oder durch öffentliche
Bekanntmachung erfolgen müßte. Entspricht das eingereichte Gesuch den vorgeschrie=
benen Bestimmungen, so erläßt das Gericht an den Schuldner einen bedingten Zahlungs=
befehl, d. h. den Befehl, binnen einer Woche seit dem Tage der Zustellung bei Ver=
meidung sofortiger Zwangsvollstreckung den Gläubiger wegen seines Anspruchs nebst
den in dem Befehl anzugebenden Kosten des Verfahrens und den geforderten Zinsen
zu befriedigen oder, wenn er Einwendungen gegen den Anspruch habe, bei dem Gericht
Widerspruch zu erheben. Die Zustellung des Zahlungsbefehls an den Schuldner erfolgt
von Amtswegen. Mit der Zustellung wird der Anspruch rechtshängig, d. h. es treten
dieselben Wirkungen ein, wie bei der Klageerhebung. Soll durch die Zustellung eine
Frist gewahrt oder die Verjährung unterbrochen werden, so tritt die Wirkung, wenn
die Zustellung demnächst erfolgt, bereits mit der Einreichung oder Anbringung
des Gesuchs um Erlaß des Zahlungsbefehls ein. Nach der Zustellung des Zahl=
ungsbefehls, von welcher der Gläubiger durch den Gerichtsschreiber in Kenntnis ge=
setzt wird, hat der Schuldner die Wahl, entweder den Gläubiger zu befriedigen oder
Widerspruch zu erheben. Tut er innerhalb der Frist von einer Woche seit der Zustellung
keins von beiden, so ist der Gläubiger bis zum Ablauf einer sechsmonatigen Frist, nach
welcher der Zahlungsbefehl seine Kraft verliert und die Wirkungen der Rechtshängig=
keit erlöschen, berechtigt, den Zahlungsbefehl für vorläufig vollstreckbar erklären zu
lassen. Die Vollstreckbarkeitserklärung erfolgt durch einen von dem Gerichtsschreiber
auf den Zahlungsbefehl zu setzenden Vollstreckungsbefehl. Glaubt der Gerichts=
schreiber, dem Antrage auf Erlaß des Vollstreckungsbefehls nicht entsprechen zu können,
so hat er das Gesuch um Erlaß desselben dem Gericht zur Entscheidung vorzulegen.
Die Zustellung des Vollstreckungsbefehls erfolgt auf Betreiben des Gläubigers; jedoch
hat der Gerichtsschreiber die Zustellung zu vermitteln, sofern nicht der Gläubiger er=
klärt hat, selbst einen Gerichtsvollzieher mit der Zustellung beauftragen zu wollen.

Der Vollstreckungsbefehl steht einem für vorläufig vollstreckbar erklärten auf Ver=
säumnis ergangenen Endurteile gleich. In dem Vollstreckungsbefehl sind die vom
Gläubiger zu berechnenden Kosten des bisherigen Verfahrens aufzunehmen. Auf Grund
des Vollstreckungsbefehls kann sodann zur Zwangsvollstreckung geschritten werden.
Gegen den Vollstreckungsbefehl ist binnen einer Frist von 1 Woche seit seiner Zustellung
der Einspruch zulässig. Wird er eingelegt, wodurch die auf Grund des Vollstreckungs=
befehls vorzunehmende Zwangsvollstreckung grundsätzlich nicht gehemmt wird, so wird

9*

nun im ordentlichen Verfahren über den Anspruch verhandelt und durch Urteil ent=
schieden.

Erhebt der Schuldner gegen den Zahlungsbefehl Widerspruch, wozu er auch nach
Ablauf der gesetzlichen Frist von 1 Woche solange berechtigt ist, als ein Vollstreckungs=
befehl noch nicht erlassen ist, so verliert der Zahlungsbefehl seine Kraft, nur die Wirkungen
der Rechtshängigkeit bleiben bestehen, und es ist die Klage als mit der Zustellung des
Zahlungsbefehls bei dem Amtsgericht erhoben anzusehen, welches den Befehl erlassen
hat. Auf Antrag einer Partei, der seitens des Gläubigers schon in dem Gesuch um
Erlaß des Zahlungsbefehls gestellt werden kann, wird Termin zur mündlichen Verhand=
lung anberaumt und, eventuell unter Verweisung der Sache an das für die Verhand=
lung zuständige Landgericht, im ordentlichen Prozeßverfahren über den Anspruch ent=
schieden.

§ 4.

Prozeßkosten.

Unter Prozeßkosten schlechthin sind alle Kosten zu verstehen, welche einer Partei
durch die Führung eines Rechtsstreits erwachsen. Dies können gerichtliche wie außer=
gerichtliche Kosten sein.

I. Zu den gerichtlichen, d. h. der Staatskasse zu erstattenden Kosten gehören:
1. die für die Inanspruchnahme ihrer Tätigkeit von den Gerichten zu erhebenden Ge=
bühren. Als solche kennt das DGKG. drei Arten, welche, wie schon hier erwähnt
sei, in jeder Instanz nur einmal erhoben werden können und grundsätzlich, was ihre
Höhe anlangt, einander gleich sind, so daß die ungefähre Berechnung der gesamten
Gerichtsgebühren in einem Prozesse sehr einfach ist.
a) Die Verhandlungsgebühr: sie wird erhoben für die kontradiktorische münd=
liche Verhandlung, d. h. für die mündliche Verhandlung, in welcher von beiden
Parteien widersprechende Anträge gestellt worden sind. Die Verhandlung ist
also z. B. keine kontradiktorische, wenn der Beklagte im Termine nicht erschienen
ist und daher Versäumnisurteil gegen ihn ergeht oder, wenn er zwar erschienen
ist, aber den Anspruch anerkennt. Da jedoch die gesamte mündliche Verhandlung
in der Instanz als ein einziger Akt anzusehen ist, so gilt der Grundsatz, daß eine
Verhandlung eine kontradiktorische bleibt, selbst dann, wenn die zunächst kontra=
diktorische Verhandlung später in nicht kontradiktorischer Weise, z. B. durch Ver=
gleich, Klagerücknahme und dergleichen, erledigt wird. Immerhin hat das Gesetz
unter bestimmten Voraussetzungen in den zuletzt erwähnten Fällen von einer
Erhebung der Verhandlungsgebühr abgesehen, um einer friedlichen Erledigung
des Rechtsstreits durch die Parteien entgegenzukommen. Nach § 21 DGKG.
wird nämlich die Verhandlungsgebühr dann nicht erhoben, wenn, ohne daß die
Anordnung einer Beweisaufnahme oder eine andere gebührenpflichtige Ent=
scheidung vorangegangen ist, der zunächst kontradiktorisch verhandelte Rechts=
streit beendet worden ist, durch
α) einen vor Gericht aufgenommenen Vergleich oder
β) eine auf Grund eines Anerkenntnisses oder
γ) auf Grund eines Verzichts ergangene Entscheidung.
b) Die Beweisgebühr: sie wird erhoben für die Anordnung einer Beweisauf=
nahme; für die Beweisaufnahme selbst kommt eine besondere Gebühr nicht

zur Hebung. Der völlige Fortfall der Beweisaufnahme nach ihrer Anordnung hat jedoch (vgl. unten § 5) auf die Höhe der Beweisgebühr Einfluß, und hat das Amtsgericht auf Grund des § 501 ZPO. schon vor der mündlichen Verhandlung eine der Vorbereitung einer etwaigen Beweisaufnahme dienende Anordnung getroffen, z. B. Zeugen oder Sachverständige geladen, so wird die Beweisgebühr überhaupt nur dann erhoben, wenn auf Grund der Anordnung die Beweisaufnahme stattfindet.

c) Die Entscheidungsgebühr: für jede andere Entscheidung, d. h. im wesentlichen für Urteile und Beschlüsse. Jedoch ist hier zu beachten, daß eine Reihe von Entscheidungen nach ausdrücklicher Gesetzesvorschrift gebührenfrei sind, so insbesondere alle prozeß- und sachleitenden Entscheidungen und die sonst in § 47 DGKG. aufgeführten. Vgl. auch §§ 4, 16 a. a. O. Eine Besonderheit gilt für das bedingte Urteil. Dieses gilt nach § 24 für die Gebührenerhebung als Beweisanordnung (s. vorstehend zu b), und erst für das Urteil, durch welches das bedingte Urteil erledigt wird, das sogenannte Läuterungsurteil, wird die Entscheidungsgebühr erhoben. Wird aber das bedingte Urteil in der Instanz, in welcher es ergangen ist, nicht erledigt, d. h. wird von den Parteien das Läuterungsverfahren nicht betrieben, so wird beim Eintritt der Fälligkeit der Gerichtsgebühren für das bedingte Urteil die Entscheidungsgebühr erhoben, allerdings mit der Maßgabe, daß, falls demnächst ein Läuterungsurteil ergeht, eine Berichtigung des Gebührensatzes im Sinne der ersterwähnten Bestimmung erfolgt.

2. Die den Gerichten zu erstattenden Auslagen: Das DGKG. unterscheidet zwischen Auslagen, welche den Parteien im einzelnen in Rechnung gestellt und solchen, welche durch die Erhebung von Pauschalsätzen abgegolten werden. Zu den ersteren gehören u. a. die an Zeugen und Sachverständige zu zahlenden Gebühren, Tagegelder und Reisekosten der Gerichtsbeamten, Kosten öffentlicher Bekanntmachungen u. dgl., Schreibgebühren für Ausfertigungen und Abschriften, welche nur auf Antrag erteilt werden. Die Schreibgebühr beträgt hierbei für die Seite mit mindestens 20 Zeilen von durchschnittlich 12 Silben 20 Pf.

Zur Deckung der anderen Auslagen, wie Schreibwerk, Porto usw. wird von jeder zum Ansatz gelangenden Gebühr ein Pauschalsatz erhoben. Der einzelne Pauschalsatz beträgt nach § 80 b DGKG. 10 v. H. der zum Ansatz gelangenden Gebühr, jedoch nicht mehr als 50 M. Im Falle der Erhebung einer Klage beträgt die Summe der hiernach in einer Instanz anzusetzenden Pauschalsätze mindestens 50 Pf. und höchstens 100 M.

II. Die einer Partei erwachsenden außergerichtlichen Kosten. Sie umfassen:

1. Die Gebühren der Rechtsanwälte. Als solche kommen in Betracht:

a) die Prozeßgebühr: für den gesamten Geschäftsbetrieb einschließlich der Information. Sie ist verdient, sobald der mit der Führung des Prozesses beauftragte Anwalt eine zum Geschäftsbetrieb erforderliche Tätigkeit, wie Informationsaufnahme, Anfertigung eines Schriftsatzes und dergleichen vorgenommen hat.

b) Die Verhandlungsgebühr: für die mündliche Verhandlung. Sie ist verdient, sobald im Termin mündlich verhandelt worden ist, und das ist der Fall, sobald die Anträge verlesen worden sind. Sie steht dem Rechtsanwalt nicht zu, wenn er zur mündlichen Verhandlung geladen hat, ohne daß diese gesetzlich vorgeschrieben oder seitens des Gerichts angeordnet worden war.

c) Die Vergleichsgebühr: für die Mitwirkung bei einem zur Beilegung des Rechts=
streits abgeschlossenen Vergleiche. Ein Vergleich liegt nach § 779 BGB. nur
dann vor, wenn der Streit im Wege gegenseitigen Nachgebens der Parteien be=
seitigt wird.

d) Die Beweisgebühr: für die Vertretung in dem Termine zur Leistung des durch
ein Urteil auferlegten Eides, sowie in einem Beweisaufnahmeverfahren, wenn
die Beweisaufnahme nicht bloß in Vorlegung der in den Händen des Beweis=
führers oder des Gegners befindlichen Urkunden besteht.

e) Die weitere Verhandlungsgebühr, wenn sich die Vertretung auf eine
einem Beweisaufnahmeverfahren folgende Verhandlung erstreckt.

Über die Höhe der vorerwähnten Gebühren ist weiter unten (§ 7) gesprochen.

2. Die Auslagen der Rechtsanwälte, wie Tagegelder und Reisekosten bei Ge=
schäftsreisen. Vgl. §§ 78—83 GebO. Die Auslagen für Schreibwerk und Post=
gebühren für Sendungen werden nach § 76 GebO. grundsätzlich durch Pauschalsätze
abgegolten. Soweit Schreibwerk und Postsendung innerhalb des Rahmens einer
gebührenpflichtigen Tätigkeit vorkommen, beträgt der einzelne Pauschalsatz 20 v. H.
der zum Ansatz gelangenden Gebühr, jedoch höchstens 30 M. und mindestens 50 Pf.,
in der Zwangsvollstreckungsinstanz mindestens 2 M. Steht dem als Prozeßvoll=
mächtigten bestellten Rechtsanwalt die Prozeßgebühr zu, so beträgt grundsätzlich
die Summe der in einer Instanz anzusetzenden Pauschalsätze mindestens 4 M. und
höchstens 50 M. und, wenn dem Rechtsanwalt auch die Beweis= oder Vergleichsgebühr
zusteht, mindestens 6 M. und höchstens 60 M. Das Nähere s. in § 76 GebO. für RA.

3. Die sonstigen der Partei erwachsenden Kosten, wie Zustellungskosten, Voll=
machtsstempel, Zeitversäumnis durch Wahrnehmung von Terminen u. dergl.

Jede der von den Gerichten wie den Anwälten zu erhebenden Gebühren kann in
der Instanz nur einmal erhoben werden, und die Anzahl der Termine hat auf die Höhe
der Gebühren daher keinen Einfluß. Es wird also z. B. die Verhandlungsgebühr nur
einmal erhoben, auch wenn 20 Verhandlungstermine in der Instanz stattgefunden haben,
und es wird die Beweisgebühr nur einmal erhoben, auch wenn 10 Beweisaufnahmen in
der Instanz angeordnet und ausgeführt worden sind.

In den beiden folgenden Paragraphen soll nun die Höhe der Gerichtsgebühren und
der Gebühren der Rechtsanwälte bei Angelegenheiten der streitigen Gerichtsbarkeit,
soweit sie hier von Bedeutung ist, kurz angegeben werden.

§ 5.

Die Gerichtsgebühren.

Der Mindestbetrag einer Gebühr ist 20 Pfennig. Nach § 8 des DGKG. beträgt
in bürgerlichen Rechtsstreitigkeiten die volle Gebühr bei einem Werte des Streitgegen=
standes von

		bis	20 M.			1,00 M.
mehr als	20 „	bis	60 M. einschl.			2,40 „
„	„ 60 „	„	120 „	„		4,60 „
„	„ 120 „	„	200 „	„		7,50 „
„	„ 200 „	„	300 „	„		11,00 „
„	„ 300 „	„	450 „	„		15,00 „
„	„ 450 „	„	650 „	„		20,00 „

mehr als 650 M. bis 900 M. einschl. 26,00 M.

„ „ 900 „ „ 1200 „ „ 32,00 „
„ „ 1200 „ „ 1600 „ „ 38,00 „
„ „ 1600 „ „ 2100 „ „ 44,00 „
„ „ 2100 „ „ 2700 „ „ 50,00 „
„ „ 2700 „ „ 3400 „ „ 56,00 „
„ „ 3400 „ „ 4300 „ „ 62,00 „
„ „ 4300 „ „ 5400 „ „ 68,00 „
„ „ 5400 „ „ 6700 „ „ 74,00 „
„ „ 6700 „ „ 8200 „ „ 81,00 „
„ „ 8200 „ „ 10000 „ „ 90,00 „

Die ferneren Wertklassen steigen um je 2000 M. und die Gebühren um je 10 M. Es wird nun erhoben:

1. als Verhandlungsgebühr . . . . die volle Gebühr.
2. als Beweisgebühr grundsätzlich . . . . die volle Gebühr.
   a) Findet die Beweisaufnahme weder ganz noch teilweise statt die halbe Gebühr.
   b) Wird bezüglich des durch die Beweisanordnung betrof=
   fenen Gegenstandes ein zur Beilegung des Rechtsstreits ab=
   geschlossener Vergleich aufgenommen oder auf Grund eines
   Anerkenntnisses oder Verzichts eine Entscheidung erlassen die halbe Gebühr
3. Als Entscheidungsgebühr grundsätzlich . . . . die volle Gebühr.
   a) Für die auf Grund eines Anerkenntnisses oder Verzichts
   erlassene Entscheidung . . . . $^3/_{10}$ der Gebühr.
   b) Für die Aufnahme eines zur Beilegung des Rechtsstreits
   abgeschlossenen Vergleichs . . . . $^3/_{10}$ der Gebühr.
4. Für die Entscheidung einschließlich des Verfahrens über
   Anträge auf Sicherung des Beweises . . . . $^3/_{10}$ der Gebühr,
   und wenn die Beweisaufnahme stattfindet . . . . $^5/_{10}$ der Gebühr.
5. Im Urkunden= und Wechselprozesse für jede zu er=
   hebende Gebühr nur . . . . $^6/_{10}$ der Gebühr.
   sodaß z. B. die volle Gebühr $^6/_{10}$, die Gebühr im Falle Nr. 2a:
   $^3/_{10}$ betragen würde usw.
6. Im Mahnverfahren
   a) für die Entscheidung über das Gesuch um Erlaß des Zah=
   lungsbefehls . . . . $^2/_{10}$ der Gebühr.
   b) für die Entscheidung über das Gesuch um Erlaß des Voll=
   streckungsbefehls . . . . $^1/_{10}$ der Gebühr.
   Dabei ist zu beachten, daß, wenn das Gesuch um Erlaß des
   Zahlungsbefehls zurückgewiesen wird, weil der Zahlungs=
   befehl in Ansehung eines Teils des Anspruchs nicht erlassen
   werden kann, die Gebühr nur nach dem Werte dieses Teils
   zu berechnen ist.
7. Außerdem tritt in einer Reihe von Fällen eine wesentliche Ermäßigung der Ge=
   bühren auf $^5/_{10}$, $^3/_{10}$, $^2/_{10}$ und $^1/_{10}$ der Gebühr ein. Solche ermäßigte Gebühren
   werden z. B. dann erhoben, wenn es sich bei dem gebührenpflichtigen Akte nicht um
   den eigentlichen Anspruch selbst handelt, eine Verhandlung über diesen selbst nicht

stattfindet, der Akt vielmehr z. B. ausschließlich betrifft die in § 26 DGKG. be=
zeichneten Angelegenheiten, z. B. ausschließlich die Unzuständigkeit des Gerichts,
Unzulässigkeit des Rechtswegs, die Zulässigkeit der Berufung, Revision oder
Wiederaufnahme des Verfahrens oder die Zurücknahme eines Rechtsmittels (nicht
also die Entscheidung über das Rechtsmittel selbst), den Einspruch und die gegen ein
Versäumnisurteil eingelegten Rechtsmittel u. dgl. In den beispielsweise vor=
erwähnten Fällen werden nur $5/10$ der an sich zur Hebung gelangenden Gebühr
erhoben; für die Entscheidung über Anträge auf gerichtliche Handlungen der
Zwangsvollstreckung z. B. $2/10$.

8. Wird eine Klage, ein Antrag, Einspruch oder Rechtsmittel zurückgenom=
men, bevor ein gebührenpflichtiger Akt stattgefunden hat, so wird nur $1/10$ der
Gebühr erhoben, welche für die beantragte Entscheidung zu erheben gewesen wäre.
Betrifft die Zurücknahme aber nur einen Teil des Streitgegenstandes, während über
einen anderen Teil verhandelt, entschieden oder ein Vergleich aufgenommen wird,
so wird die Zurücknahmegebühr nur insoweit erhoben, als die Verhandlungs= oder
Entscheidungsgebühr sich erhöht haben würde, wenn die Verhandlung, die Entschei=
dung oder der Vergleich auf den zurückgenommenen Teil mit erstreckt worden wäre.

9. Beschwerdeinstanz: Für die Entscheidung einschl. des vorangegangenen Ver=
fahrens werden in der Beschwerdeinstanz erhoben (§ 45 DGKG):
   a) sofern die Beschwerde als unzulässig verworfen oder zurückgewiesen wird oder die
      Kosten des Verfahrens einem Gegner zur Last fallen $3/10$ der nach § 8 DGKG.
      (s. oben § 5 Anfang) zu erhebenden Gebühr;
   b) insoweit dies nicht der Fall ist, wird gar keine Gebühr erhoben.

10. Berufungs= und Revisionsinstanz: Es erhöhen sich die Gebührensätze
    a) in der Berufungsinstanz um $1/4$.
       Für eine Beweisanordnung, sowie Beweisaufnahme in der Berufungsinstanz,
       welche nur auf Grund der in der ersten Instanz vorgebrachten Tatsachen und Be=
       weismittel erfolgt, kommt jedoch eine Beweisgebühr nicht zur Erhebung, soweit
       eine solche rücksichtlich desselben Streitgegenstandes in der ersten Instanz zu
       erheben war;
    b) in der Revisionsinstanz auf das Doppelte.

11. Schließlich sei noch erwähnt, daß das Gericht von Amtswegen die besondere Er=
hebung einer Gebühr beschließen kann, wenn durch Verschulden einer Partei oder
ihres Vertreters Vertagung erforderlich geworden oder durch nachträgliches Vor=
bringen der Rechtsstreit verzögert worden ist. Die besondere Gebühr kann dann
sowohl für die verursachte weitere Verhandlung, als auch für die durch das neue
Vorbringen etwa erforderlich gewordene nochmalige Beweisanordnung festgesetzt
werden. Sie besteht in der vollen Gebühr, kann jedoch auf $2/10$ herabgesetzt werden.
Nach diesen Grundsätzen kann die ungefähre Höhe der Gerichtsgebühren in
bürgerlichen Rechtsstreitigkeiten leicht berechnet werden. Es ist grundsätzlich für jede
Instanz die volle Gebühr je einmal als Verhandlungs=, Beweis= und Entscheidungs=
gebühr einzusetzen (in der höheren Instanz mit der hier eintretenden Erhöhung).
Dabei ist zu beachten, daß im Falle der Verweisung eines Rechtsstreits von dem Amts=
gericht an ein anderes Gericht, sowie im Falle der Zurückverweisung einer Sache zur
anderweiten Verhandlung an das Gericht unterer Instanz das weitere Verfahren mit
dem früheren als eine Instanz gilt (§§ 30, 31 DGKG.). Dagegen bildet das Verfahren

infolge des Einspruchs gegen ein Versäumnisurteil, insoweit der Einspruch verworfen, zurückgenommen oder nicht verhandelt wird, im Sinne des DGKG. eine neue Instanz. Dasselbe gilt für das ordentliche Verfahren, welches nach der Abstandnahme vom Ur= kunden= oder Wechselprozesse oder nach einem in letzterem ergangenen Vorbehalts= urteile anhängig bleibt. Dem hiernach sich ergebenden Kostenbetrage ist alsdann noch eine den baren Auslagen des Gerichts entsprechende Summe hinzuzurechnen, wobei insbesondere die zu erhebenden Beweise, Pauschalsätze und Zeugen= und Sachverständigen= gebühren in Betracht zu ziehen sind. Von letzteren soll noch im folgenden Paragraphen gesprochen werden.

§ 6.
Die Gebühren der Zeugen und Sachverständigen.

Die maßgebenden Bestimmungen enthält die Gebührenordnung für Zeugen und Sachverständige in der Fassung der Bekanntmachung vom 20. Mai 1898.

I. Nach dieser erhält jeder Zeuge auf Verlangen:
1. eine Entschädigung für die erforderliche Zeitversäumnis unter Berücksichtigung des vom Zeugen versäumten Erwerbs, und zwar im Betrage von 0,10 M. bis 1,00 M. auf jede angefangene Stunde, jedoch auf den Tag nicht mehr als für höchstens 10 Stunden;
2. Reise= und Aufwandsentschädigung regelmäßig nur, sofern er außerhalb seines Aufenthaltsortes einen Weg bis zur Entfernung von mehr als 2 km zurücklegen mußte (vgl. jedoch unten zu b und c).
   a) Die Reiseentschädigung beträgt grundsätzlich für jedes angefangene Kilometer des Hin= und Rückwegs 5 Pf.
   b) Soweit jedoch nach den persönlichen Verhältnissen des Zeugen oder nach den äußeren Umständen die Benutzung von Transportmitteln angemessen erscheint, sind die im konkreten Falle nach billigem Ermessen erforderlichen Kosten zu gewähren. Dies gilt auch dann, wenn der Zeuge einen kürzeren Weg als 2 km zurückzulegen hatte, ohne Transportmittel aber ihn nicht zurückzulegen imstande war, z. B. infolge körperlicher Gebrechen u. dgl.
   c) Mußte der Zeuge innerhalb seines Aufenthaltsortes einen Weg bis zur Ent= fernung von mehr als 2 km zurücklegen, so ist ihm für den ganzen zurückgelegten Weg eine Reiseentschädigung nach den vorstehend angegebenen Grundsätzen zu gewähren.
   d) Die Aufwandsentschädigung richtet sich nach den persönlichen Verhältnissen des Zeugen, soll jedoch den Betrag von 5 M. für jeden Tag, an welchem der Zeuge vom Aufenthaltsort abwesend gewesen ist, und von 3 M. für jedes außerhalb genommene Nachtquartier nicht übersteigen.
   e) Bedarf ein Zeuge wegen seines jugendlichen Alters oder wegen Gebrechen eines Begleiters, so sind die bestimmten Entschädigungen beiden zu gewähren.

II. Jeder Sachverständige erhält auf Verlangen
1. eine Vergütung für seine Leistungen unter Berücksichtigung seiner Erwerbs= verhältnisse nach Maßgabe der erforderlichen Zeitversäumnis, und zwar bis zu 2 M. für die angefangene Stunde, jedoch auf den Tag nicht mehr als für höchstens 10 Stunden.
   Bei schwierigen Untersuchungen und Sachprüfungen ist ihm auf Verlangen eine Vergütung nach dem üblichen Preise der aufgetragenen Leistung zu gewähren und

die oben zunächst erwähnte Vergütung für seine außerdem stattfindende Teilnahme an Terminen.

Bestehen für gewisse Arten von Sachverständigen besondere Taxvorschriften, welche an dem Orte des Gerichts, vor welches die Ladung erfolgt, und an dem Aufenthaltsorte des Sachverständigen gelten, so kommen lediglich diese zur Anwendung. Gelten sie nur an einem dieser Orte oder gelten an diesem verschiedene Taxvorschriften, so kann der Sachverständige die Anwendung der ihm günstigeren Bestimmungen verlangen.

Ist ein Sachverständiger für die Erstattung von Gutachten im allgemeinen beeidigt, so können die Gebühren für die bei bestimmten Gerichten vorkommenden Geschäfte durch Übereinkommen bestimmt werden;

2. eine Vergütung für die auf die Vorbereitung des Gutachtens verwendeten Kosten, sowie für die auf eine Untersuchung verbrauchten Stoffe und Werkzeuge;

3. Reise- und Aufwandsentschädigung nach Maßgabe der für die Zeugen geltenden, oben unter I. 2. erwähnten Vorschriften.

III. Eine Besonderheit gilt für öffentliche Beamte. Diese erhalten Tagegelder und Erstattung von Reisekosten nach Maßgabe der für Dienstreisen geltenden Vorschriften, falls sie zugezogen werden

1. als Zeugen über Umstände, von denen sie in Ausübung ihres Amtes Kenntnis erhalten haben;

2. als Sachverständige, wenn sie aus Veranlassung ihres Amtes zugezogen werden, und die Ausübung der Wissenschaft, der Kunst oder des Gewerbes, deren Kenntnis Voraussetzung der Begutachtung ist, zu den Pflichten des von ihnen versehenen Amtes gehört.

Eine weitere Vergütung erhalten öffentliche Beamte als Zeugen oder Sachverständige in diesen Fällen dann nicht.

Der Anspruch der Zeugen und Sachverständigen erlischt, wenn ihr Verlangen nach den Gebühren nicht binnen 3 Monaten nach Beendigung ihrer Zuziehung oder Abgabe ihres Gutachtens beim zuständigen Gericht angebracht wird.

Gegen die Festsetzung der den Zeugen oder Sachverständigen zu gewährenden Beträge, welche durch das Gericht erfolgt, ist das Rechtsmittel der Beschwerde nach Maßgabe der §§ 567 Abs. 2, 568 bis 575 ZPO. zulässig.

§ 7.
Die Gebühren der Rechtsanwälte in bürgerlichen Rechtsstreitigkeiten.

Hinsichtlich der von den Rechtsanwälten zu erhebenden Gebühren sind die Bestimmungen der Gebührenordnung für Rechtsanwälte vom 7. Juli 1879 in der Fassung der Bekanntmachung vom 20. Mai 1898 mit ihren aus den Gesetzen vom 1. Juni 1909 und 22. Mai 1910 sich ergebenden Änderungen maßgebend.

Auch für die Berechnung der Gebühren der Rechtsanwälte in bürgerlichen Rechtsstreitigkeiten ist von dem Werte des Streitgegenstandes auszugehen, auf dessen Berechnung die vorerwähnten Bestimmungen des DGKG. Anwendung finden. Der vom Gericht festgesetzte Wert des Streitgegenstandes ist auch für die Berechnung der Gebühren der Rechtsanwälte maßgebend.

Der Mindestbetrag der von einem Rechtsanwalt in bürgerlichen Rechtsstreitigkeiten zu erhebenden Gebühr ist 1 M.

Nach § 9 d. Geb.-Ord. f. R.-A. beträgt der Gebührensatz bei Gegenständen im Wert von

			bis	20	M.	einschl.	2	M.
mehr als	20	M.	„	60	„	„	3	„
„	„	60	„	„	120	„	„	4	„
„	„	120	„	„	200	„	„	7	„
„	„	200	„	„	300	„	„	10	„
„	„	300	„	„	450	„	„	14	„
„	„	450	„	„	650	„	„	19	„
„	„	650	„	„	900	„	„	24	„
„	„	900	„	„	1200	„	„	28	„
„	„	1200	„	„	1600	„	„	32	„
„	„	1600	„	„	2100	„	„	36	„
„	„	2100	„	„	2700	„	„	40	„
„	„	2700	„	„	3400	„	„	44	„
„	„	3400	„	„	4300	„	„	48	„
„	„	4300	„	„	5400	„	„	52	„
„	„	5400	„	„	6700	„	„	56	„
„	„	6700	„	„	8200	„	„	60	„
„	„	8200	„	„	10000	„	„	64	„

Die ferneren Wertklassen steigen um je 2000 M. und die Gebührensätze in den Klassen bis 50 000 M. einschließlich um je 4 M., bis 100 000 M. einschließlich um je 3 M. und darüber hinaus um je 2 M.

Es kommt im einzelnen zur Hebung:

I. 1. als Prozeßgebühr . . . . die volle Gebühr.

    a) Soweit der Auftrag vor der mündlichen Verhandlung erledigt ist, ohne daß der Rechtsanwalt die Klage eingereicht oder einen Schriftsatz zugestellt hat, nur . (§ 14 d. Geb.-O.) $5/_{10}$ der Gebühr.

    b) Dasselbe gilt für einen vor Einreichung oder Stellung des Antrags bei Gericht erledigten Auftrag in einem Verfahren, welches eine mündliche Verhandlung gesetzlich nicht erfordert (§ 14 d. Geb.-O.) . . . . $5/_{10}$

    c) Betrifft die Tätigkeit des Rechtsanwalts (R.-A.) ausschließlich die Erledigung eines bedingten Urteils, so erhält er neben den ihm sonst etwa zustehenden Gebühren (Beweisgebühr, Verhandlungsgebühr, Vergleichsgebühr) als Prozeßgebühr (§ 21 a. a. O.) nur . . . . $5/_{10}$

    d) Wenn die Tätigkeit Anträge auf Sicherung des Beweises betrifft (§ 22 a. a. O.) . . . . $5/_{10}$

    e) Dem R.-A., welchem nur die Vertretung in der mündlichen Verhandlung übertragen ist, steht neben der Verhandlungsgebühr (auch wenn der Auftrag vor der mündlichen Verhandlung erledigt ist) die Prozeßgebühr zu (§ 43) in Höhe von . . . . $5/_{10}$

2. als Verhandlungsgebühr . . . . die volle Gebühr.

    a) Ist die Verhandlung nicht kontradiktorisch (§ 16) . . . . $5/_{10}$

    b) Betrifft die Tätigkeit des R.=A. Anträge auf Sicherung
des Beweises (§ 22) . . . . $^5/_{10}$

    c) Hat ein zum Prozeßbevollmächtigten bestellter R.=A. auf
Verlangen der Partei die Vertretung in der mündlichen
Verhandlung einem anderen R.=A. übertragen, so erhält
er neben den ihm an sich zustehenden Gebühren (§ 42) die
Verhandlungsgebühr in Höhe von . . . . $^5/_{10}$
Diese Gebühr wird auf eine ihm an sich zustehende Ver=
handlungsgebühr angerechnet.

    d) Im Falle der Zulassung des Einspruchs gegen ein Ver=
säumnisurteil steht dem R.=A. des Gegners der Partei,
welche Einspruch eingelegt hat, die Gebühr für die münd=
liche Verhandlung, auf welche das Versäumnisurteil er=
lassen ist, besonders zu. Sie beträgt, weil nicht kontra=
diktorisch verhandelt worden ist, ... $^5/_{10}$

3. als Vergleichsgebühr . . . .   die volle Gebühr.

4. als Beweisgebühr . . . . $^5/_{10}$
Diese erhält auch der R.=A., welchem nur die Vertretung in
der mündlichen Verhandlung übertragen ist, sofern sich die
Vertretung auf eine mit der mündlichen Verhandlung ver=
bundene Beweisaufnahme erstreckt.

5. als weitere Verhandlungsgebühr . . . .   erhöhte Gebühr.
Wenn sich in dem vorstehend zu 4. erwähnten Falle die Ver=
tretung nach erfolgtem Beweisaufnahmeverfahren auf die
weitere mündliche Verhandlung erstreckt, so erhöht sich die
Verhandlungsgebühr

    a) bei kontradiktorischer weiterer Verhandlung um . . . . $^5/_{10}$

    b) bei nicht kontradiktorischer weiterer Verhandlung um . . $^1/_2$ des zu a) berech=
neten Betrags.

    II. Für die Vertretung im Urkunden= und Wechselprozeß
erhält der zum Prozeßbevollmächtigten bestellte R.=A. grund=
sätzlich die Gebühren, welche er im ordentlichen Verfahren er=
halten würde. Findet jedoch keine kontradiktorische Verhandlung
statt, so ermäßigt sich die Prozeßgebühr auf . . . . $^6/_{10}$
die Verhandlungsgebühr auf . . . . $^3/_{10}$

    III. Im Mahnverfahren erhält der R.=A. für

1. die Vertretung des Gläubigers . . . .   die volle Gebühr.

2. die Erhebung des Widerspruchs . . . . $^2/_{10}$
Auf die in dem nachfolgenden Rechtsstreite dem R.=A. zu=
stehende Prozeßgebühr wird jedoch die zu 1. erwähnte Gebühr zu
die zu 2. erwähnte Gebühr voll angerechnet. $^7/_{10}$

    IV. In der Beschwerdeinstanz erhält der R.=A. grundsätzlich
der in den §§ 13—17 Geb.=O. bestimmten Gebühren. (§ 41.) $^3/_{10}$

    V. Führt ein R.=A. lediglich den Verkehr der Partei mit
dem Prozeßbevollmächtigten, so steht ihm eine Gebühr in Höhe der
Prozeßgebühr zu.

Stand ihm in unterer Instanz die vorbezeichnete Gebühr oder die Prozeßgebühr zu, so erhält er nur . . . . $^5/_{10}$
Jedoch begründen die mit der Aktenübersendung verbundenen gutachtlichen Äußerungen an den R.-A. höherer Instanz, zu denen ein Auftrag nicht erteilt ist, diese Gebühr nicht (§ 44).

VI. Wird ein R.-A., der nicht Prozeßbevollmächtigter ist, von diesem oder der Partei nur mit der Vertretung in einem zur Leistung des durch ein Urteil auferlegten Eides oder nur zur Beweisaufnahme bestimmten Termine beauftragt, so erhält er bei Erledigung des Auftrags neben der Beweisgebühr, auch dann, wenn der Auftrag sich vor dem Termine erledigt, die Prozeßgebühr in Höhe von . . . . $^5/_{10}$

VII. Beschränkt sich die Tätigkeit des R.-A. auf die Anfertigung eines Schriftsatzes, so erhält er eine Gebühr (§ 46) in Höhe von . . . . $^5/_{10}$ der Prozeßgeb.

VIII. Für einen erteilten Rat erhält der nicht zum Prozeßbevollmächtigten bestellte R.-A. eine Gebühr in Höhe von . . . $^3/_{10}$ „ „

Dem mit der Einlegung der Berufung oder Revision beauftragten R.-A. steht, wenn er von der Einlegung abrät und der Auftraggeber seinen Auftrag zurücknimmt, ebenfalls eine Gebühr zu in Höhe von . . . . $^5/_{10}$ „ „

IX. Die Gebührensätze erhöhen sich
a) in der Berufungsinstanz um . . . . $^3/_{10}$
b) in der Revisionsinstanz um . . . . $^5/_{10}$

Für die Unterzeichnung eines vom R.-A. selbst nicht angefertigten, sondern ihm z. B. fertig übergebenen Schriftsatzes erhält der R.-A. dieselbe Gebühr, wie für die Anfertigung des Schriftsatzes.

Nach § 48 Geb.-Ordn. für R.-A. erhält der nicht zum Prozeßbevollmächtigten bestellte R.-A. höchstens die für letzteren bestimmte Gebühr, falls seine Tätigkeit in den Kreis der die Gebühr des Prozeßbevollmächtigten bestimmenden Tätigkeit fällt. Der R.-A., welcher erst, nachdem er in einer Rechtssache tätig gewesen ist, zum Prozeßbevollmächtigten bestellt wird, erhält für die ihm vorher aufgetragenen Handlungen und als Prozeßbevollmächtigter nicht mehr an Gebühren, als ihm zustehen würden, wenn er vorher zum Prozeßbevollmächtigten bestellt worden wäre. Erfolgt eine Aufhebung des dem R.-A. erteilten Auftrags vor Beendigung der Instanz, so hat er dieselbe Gebühr zu beanspruchen, wie wenn zur Zeit der Aufhebung die Instanz durch Zurücknahme der gestellten Anträge erledigt wäre. Bei Vertretung mehrerer Streitgenossen dürfen die Gebühren nur einmal erhoben werden. Bei späterem Beitritt von Streitgenossen erhöht sich für jeden Beitritt die Prozeßgebühr um $^2/_{10}$.

Ebenso wie die Gerichtsgebühren werden auch die Gebühren der Rechtsanwälte in einer Reihe von Fällen ermäßigt auf $^5/_{10}$, $^3/_{10}$ (so z. B., wenn die Tätigkeit des R.-A. die Zwangsvollstreckung betrifft) und $^2/_{10}$.

Ist die Erledigung eines Auftrags mehreren R.-A. gemeinschaftlich übertragen, d. h. soll jeder der beauftragten R.-A. sich vollständig mit der ganzen Sache befassen, so steht jedem R.-A. die ganze Gebühr zu. Dies trifft nicht zu auf die sehr häufig vorkommenden Fälle, in denen mehreren zur gemeinsamen Ausübung des Anwaltsberufs verbundenen R.-A. ein Auftrag erteilt wird. Denn hier soll sich nur einer von ihnen mit der Sache befassen.

Wie bereits erwähnt, kann der RA. die Prozeß-, Verhandlungs-, Vergleichs- und Beweisgebühr in jeder Instanz rücksichtlich eines jeden Teils des Streitgegenstandes nur einmal beanspruchen. Hierbei ist noch folgendes zu beachten. Im Falle der Verweisung eines Rechtsstreits vom Amtsgericht an ein anderes Gericht gilt das Verfahren vor dem letzteren und das vor dem Amtsgericht als eine Instanz. Im Falle der Zurückverweisung einer Sache an das Gericht unterer Instanz gilt entgegen den Bestimmungen des DGRG. für die Gebühren der RA. das weitere Verfahren mit Ausnahme der Prozeßgebühr als neue Instanz. Das gleiche gilt im Falle der Zurücknahme oder Verwerfung des gegen ein Versäumnisurteil eingelegten Einspruchs für das Verfahren über den Einspruch. Wegen des Arrestverfahrens und des ordentlichen Verfahrens nach vorangegangenem Urkunden- und Wechselprozeß s. § 28 GebO.; wegen des Umfangs der zu einer Instanz gehörenden Tätigkeit s. §§ 29—36 GebO.

Kap. II.
Kosten in Angelegenheiten der freiwilligen Gerichtsbarkeit.

Von den mannigfaltigen Angelegenheiten der freiwilligen Gerichtsbarkeit interessieren hier hinsichtlich der Kostenfrage lediglich die vom Gericht aufgenommenen Urkunden und die Grundbuchsachen. Bevor auf diese im einzelnen eingegangen wird, seien einige ganz allgemein für Angelegenheiten der freiwilligen Gerichtsbarkeit geltende Bestimmungen, die hier von Interesse sind, erwähnt.

Nach § 108 PrGRG. ist die Auf- und Annahme von Gesuchen, Anträgen oder Beschwerden gebührenfrei, abgesehen von denjenigen Anträgen in Grundbuchsachen, welche zur Herbeiführung einer Eintragung oder Löschung in beglaubigter Form gestellt werden müssen. Wird ein Antrag zurückgenommen, bevor über ihn entschieden ist oder die beantragte Verhandlung stattgefunden hat, oder werden unbegründete oder unzulässige Anträge zurückgewiesen, so wird, wenn nicht besondere Vorschriften getroffen sind, eine Gebühr erhoben, deren Höhe sich nach der Gebühr richtet, welche für die beantragte Verhandlung oder Entscheidung zu erheben gewesen wäre. Und zwar werden erhoben

a) im Falle der Zurücknahme $^3/_{10}$ dieser Gebühr, jedoch höchstens 10 M.,

b) für die Zurückweisung $^5/_{10}$ dieser Gebühr, jedoch höchstens 20 M.

Für die Entscheidung in der Beschwerdeinstanz, einschl. des vorangegangenen Verfahrens werden, wenn die Beschwerde als unbegründet oder unzulässig verworfen wird, $^3/_{10}$ der Gebühr des § 8 DGRG. erhoben. Das nähere s. bei §§ 45, 46 DGRG., welche nach § 108 PrGRG. zur Anwendung gelangen (vgl. oben § 5, Nr. 8 und 9).

§ 8.
Gerichtliche Urkunden (§§ 33—56 PrGRG.).

Zu den Urkunden, welche von den Gerichten aufgenommen werden können, wenn sie auch regelmäßig nicht von diesen, sondern den Notaren aufgenommen zu werden pflegen (vgl. unten Abschnitt II), gehören vor allem die gerichtliche Beurkundung einseitiger Erklärungen und Verträge, die Anerkennung des Inhalts von Urkunden, Beglaubigung von Unterschriften und Handzeichen und die Beurkundung und Beglaubigung in Grundbuchsachen. Dagegen fallen hierunter nicht die zur Beilegung eines anhängigen

Rechtsstreits vor Gericht geschlossenen Vergleiche, für welche die in Kap. I, § 5, Nr. 3 erörterte Vergleichsgebühr erhoben wird.

Maßgebend für die Wertberechnung bei gerichtlichen Beurkundungen ist der Wert des Rechtsverhältnisses, auf welches sich die zu beurkundende Erklärung bezieht. Bei nicht ver= mögensrechtlichen Angelegenheiten ist der Wert des Gegenstandes zu 3000 M., ausnahms= weise niedriger oder höher, jedoch nicht unter 200 M. und nicht über 100 000 M. anzunehmen. Ist mit einer nicht vermögensrechtlichen Angelegenheit eine mit ihr zusammenhängende vermögensrechtliche verbunden, so ist nur ein Wert, und zwar der höhere maßgebend.

Nach § 33 PrGKG. beträgt die volle Gebühr bei einem Gegenstande im Werte von

				bis	20 M.	einschl.	0,40 M.
mehr als	20 M.	„	60	„	„	0,70	„
„	„	60	„	„	120	„	„	1,20	„
„	„	120	„	„	200	„	„	. 1,80	„
„	„	200	„	„	300	„	„	2,40	„
„	„	300	„	„	450	„	„	3,00	„
„	„	450	„	„	650	„	„	3,60	„
„	„	650	„	„	900	„	„	4,20	„
„	„	900	„	„	1 200	„	„	5,00	„
„	„	1 200	„	„	1 600	„	„	6,00	„
„	„	1 600	„	„	2 100	„	„	7,50	„
„	„	2 100	„	„	2 700	„	„	8,50	„
„	„	2 700	„	„	3 400	„	„	9,50	„
„	„	3 400	„	„	4 300	„	„	10,50	„
„	„	4 300	„	„	5 400	„	„	11,50	„
„	„	5 400	„	„	6 700	„	„	13,00	„
„	„	6 700	„	„	8 200	„	„	14,00	„
„	„	8 200	„	„	10 000	„	„	15,50	„
„	„	10 000	„	„	12 000	„	„	17,00	„
„	„	12 000	„	„	14 000	„	„	18,00	„
„	„	14 000	„	„	16 000	„	„	19,00	„
„	„	16 000	„	„	18 000	„	„	20,00	„
„	„	18 000	„	„	20 000	„	„	21,00	„
„	„	20 000	„	„	22 000	„	„	22,00	„
„	„	22 000	„	„	24 000	„	„	23,00	„
„	„	24 000	„	„	26 000	„	„	24,00	„
„	„	26 000	„	„	28 000	„	„	25,00	„
„	„	28 000	„	„	30 000	„	„	26,00	„
„	„	30 000	„	„	35 000	„	„	29,00	„
„	„	35 000	„	„	40 000	„	„	32,00	„
„	„	40 000	„	„	50 000	„	„	35,00	„
„	„	50 000	„	„	60 000	„	„	37,00	„
„	„	60 000	„	„	70 000	„	„	39,00	„
„	„	70 000	„	„	80 000	„	„	41,00	„
„	„	80 000	„	„	90 000	„	„	43,00	„
„	„	90 000	„	„	100 000	„	„	45,00	„

Die ferneren Wertklassen steigen um je 10 000 M. und die Gebühren um je 1,50 M.

Nach diesem Tarif wird nun im einzelnen erhoben für:

1. die Beurkundung einseitiger Erklärungen (z. B. Kündigung)
   oder einseitiger Verträge[1]) (z. B. Schuldverschreibungen)
   ohne Rücksicht auf die Anzahl der die Erklärung abgebenden
   Personen grundsätzlich . . . .   die volle Gebühr.
2. die Beurkundung zweiseitiger[1]) Verträge . . . .   die doppelte Gebühr.
   a) Wird zunächst der Vertragsantrag allein beurkundet (sofern
   er die Schließung eines zweiseitigen Vertrags bezweckt) $^{15}/_{10}$ d. vollen Gebühr.
   b) Für die Beurkundung der Vertragsannahme, auch bei
   einseitigen Verträgen . . . . $^5/_{10}$ „   „   „
3. jede besondere Urkunde, in welcher die Zustimmung einzelner
   Teilnehmer zu einer bereits beurkundeten Erklärung beurkundet wird, ohne Unterschied, ob letztere von derselben Behörde beurkundet ist oder nicht . . . . $^5/_{10}$ d. vollen Gebühr.
4. Vollmachten . . . . $^5/_{10}$ „   „   „
5. Beurkundung von Ergänzungen und Abänderungen einer
   beurkundeten Erklärung . . . .   d. volle   „
6. Beurkundung der Wiederaufhebung eines noch von keiner
   Seite erfüllten Vertrags . . . . $^5/_{10}$ d. vollen   „
7. Anerkennung des Inhalts einer schriftlich abgefaßten Erklärung einschließlich der Beurkundung ergänzender oder ab-
   ändernder Erklärungen . . . .   dieselbe Geb. wie für die Beurkundung der Erklä-rung, jedoch nicht mehr als die volle Gebühr.

8. Anerkennung oder Beglaubigung von Unterschriften oder
   Handzeichen
   a) grundsätzlich . . . . $^2/_{10}$
   b) werden an einem Tage die Unterschriften oder Handzeichen von mehr als 4 Personen unter einer Urkunde
   beglaubigt . . . . $^3/_{10}$
9. In Grundbuchsachen für:
   a) Beurkundung von Anträgen auf Eintragungen oder
   Löschungen im Grundbuche, von Eintragungs- oder
   Löschungsbewilligungen und dergleichen, sofern nicht
   gleichzeitig das zugrunde liegende Rechtsgeschäft beurkundet wird, ... $^4/_{10}$
   b) Beurkundung einer Auflassung, sofern nicht gleichzeitig
   das zugrunde liegende Rechtsgeschäft beurkundet wird
   oder nach § 58 PrGKG. Gebührenfreiheit eintritt, . . . $^4/_{10}$
   c) Beurkundung von Vollmachten zur Auflassung . . . . $^4/_{10}$
10. Erteilung von Bescheinigungen über Tatsachen oder Verhält-
    nisse, welche urkundlich nachgewiesen oder offenkundig sind,   die volle Gebühr.

---

[1]) Anmerkung. Einseitige Verträge sind solche, welche bloß für den einen Vertragsteil eine
Verpflichtung begründen (z. B. Darlehn, Bürgschaft), während die zweiseitigen Verträge (z. B. Kauf,
Miete) für beide Vertragsteile Verpflichtungen hervorrufen, z. B. beim Kauf einerseits die Verpflichtung
zur Übergabe der verkauften Sache, andererseits zur Zahlung des Kaufpreises.

11. Mitwirkung bei Abmarkungen . . . . die volle Gebühr.

12. Beglaubigung von Abschriften . . . . ²/₁₀ bis zu 10 M.

13. Erteilung von Ausfertigungen oder beglaubigten Abschriften der vom Gericht selbst aufgenommenen oder in seiner Verwahrung befindlichen Urkunden der Notare, einschließlich der Erteilung auszugsweiser Ausfertigungen oder beglaubigter Abschriften . . . . nur Schreibgeb.

14. Vornahme der Rechtshandlung außerhalb der Gerichtsstelle auf Verlangen der Partei oder mit Rücksicht auf die Art der Rechtshandlung: eine Zusatzgebühr von . . . . ⁵/₁₀, jedoch mindestens 1 M., höchstens 10 M.

für jeden Tag, an welchem das Gericht außerhalb der Gerichtsstelle tätig war, wobei die Gebührenstufe hierfür durch eine Teilung des Wertes des Gegenstandes nach der Zahl der Tage ermittelt wird. Tagegelder und Reisekosten der Gerichtspersonen werden auf die Zusatzgebühr angerechnet. Die Zusatzgebühr wird, wenn die Gerichtspersonen den Weg zur Vornahme des Geschäfts angetreten haben, auch dann in Ansatz gebracht, wenn das Geschäft aus einem in der Person der Beteiligten liegenden Grunde nicht zur Ausführung gelangt.

15. Bei Unterbleiben der beantragten Beurkundung einer Erklärung nach erfolgter Verhandlung des Gerichts mit den Beteiligten . . . . ⁵/₁₀ bis zu 20 M.

16. Wenn ein Beteiligter bei der Beurkundung des Rechtsgeschäfts sich in fremder Sprache erklärt, erhöht sich die Gebühr um . . . . ¼

Neben den vorstehend erwähnten Gebühren kommen noch die Stempelabgaben (s. unten Abschnitt III) zur Hebung.

§ 9.
Grundbuchsachen (§§ 57—70 PrGKG.).

Nach dem das heutige Liegenschaftsrecht beherrschenden Grundbuchsystem ist der Erwerb eines dinglichen Rechts an einem fremden Grundstücke (Hypothekenerwerb usw.), sowie der Eigentumserwerb regelmäßig von der Eintragung im Grundbuch abhängig, ebenso auch der Untergang des dinglichen Rechts von seiner Löschung im Grundbuche. Die im Grundbuche vorzunehmenden Eintragungen sind hiernach mannigfacher Art. Sie betreffen vor allem entsprechend der Einteilung des Grundbuches die Eintragung des Grundstückseigentümers, die Eintragung einer Grundstückslast oder -beschränkung, die Eintragung einer Hypothek, Grundschuld oder Rentenschuld, oder die Veränderung oder Löschung eines dieser Rechte. Die Kosten für diese gerichtlich vorzunehmenden Eintragungen werden mit wenigen Ausnahmen nach zwei in § 57 PrGKG. aufgestellten Gebührensätzen A. und B. berechnet.

Nach § 57 PrGKG. beträgt die volle Gebühr in Grundbuchsachen bei einem Werte des Gegenstandes von

						nach dem Satze A	nach dem Satze B
			bis	20 M.	einschl.	0,40 M.	0,20 M.
mehr als	20 M.	„	60	„	„	0,70 „	0,40 „
„	„ 60	„	120	„	„	1,00 „	0,60 „
„	„ 120	„	200	„	„	1,50 „	1,00 „
„	„ 200	„	300	„	„	2,00 „	1,40 „
„	„ 300	„	450	„	„	2,60 „	1,90 „
„	„ 450	„	650	„	„	3,20 „	2,40 „
„	„ 650	„	900	„	„	4,00 „	2,90 „
„	„ 900	„	1 200	„	„	4,80 „	3,40 „
„	„ 1 200	„	1 600	„	„	6,00 „	4,00 „
„	„ 1 600	„	2 100	„	„	7,50 „	4,80 „
„	„ 2 100	„	2 700	„	„	9,00 „	5,80 „
„	„ 2 700	„	3 400	„	„	10,50 „	6,80 „
„	„ 3 400	„	4 300	„	„	12,00 „	8,00 „
„	„ 4 300	„	5 400	„	„	13,50 „	9,20 „
„	„ 5 400	„	6 700	„	„	15,50 „	10,40 „
„	„ 6 700	„	8 200	„	„	17,50 „	11,60 „
„	„ 8 200	„	10 000	„	„	20,00 „	13,00 „
„	„ 10 000	„	12 000	„	„	22,50 „	15,00 „
„	„ 12 000	„	14 000	„	„	25,00 „	17,00 „
„	„ 14 000	„	16 000	„	„	27,50 „	19,00 „
„	„ 16 000	„	18 000	„	„	30,00 „	21,00 „
„	„ 18 000	„	20 000	„	„	32,50 „	23,00 „
„	„ 20 000	„	22 000	„	„	35,00 „	25,00 „
„	„ 22 000	„	24 000	„	„	37,50 „	27,00 „
„	„ 24 000	„	26 000	„	„	40,00 „	29,00 „
„	„ 26 000	„	28 000	„	„	42,50 „	31,00 „
„	„ 28 000	„	30 000	„	„	45,00 „	33,00 „
„	„ 30 000	„	35 000	„	„	51,00 „	38,00 „
„	„ 35 000	„	40 000	„	„	57,00 „	43,00 „
„	„ 40 000	„	50 000	„	„	65,00 „	50,00 „
„	„ 50 000	„	60 000	„	„	72,00 „	57,00 „
„	„ 60 000	„	70 000	„	„	79,00 „	64,00 „
„	„ 70 000	„	80 000	„	„	86,00 „	71,00 „
„	„ 80 000	„	90 000	„	„	93,00 „	78,00 „
„	„ 90 000	„	„ 100 000	„	„	100,00 „	85,00 „

Die ferneren Wertklassen steigen um je 10 000 M. und die Gebühren bei beiden Gebührensätzen um je 8 M.

Es werden erhoben, wobei im folgenden nur die wichtigsten Grundbuchsachen auf= geführt werden, für

1. die Eintragung des Eigentümers einschließlich der Ent= gegennahme der Auflassungserklärung oder der Beurkun=

dung des Antrags auf Eintragung, sowie einschließlich der hierbei vorkommenden Nebengeschäfte (der gleichzeitig be= antragten Eintragung des Erwerbsgrundes, =preises usw., der Übertragung des Grundstücks und seiner Eintragungen auf ein anderes Grundbuchblatt u. a.) nach § 58 PrGKG. grundsätzlich. . . . .   Gebührensatz A.

2. jede Eintragung der Belastung des Grundstücks mit einem Rechte einschließlich der dabei vorkommenden Nebengeschäfte nach § 59 . . . .   Gebührensatz B.

Erfolgt eine Belastung mehrerer Grundstücke mit demselben Rechte, so wird, wenn

a) sämtliche Grundstücke demselben Eigentümer gehören, . .

b) sämtliche Grundstücke in demselben Amtsgerichtsbezirk liegen und . . . .

c) die Eintragung auf Grund eines gleichzeitig gestellten An= trags erfolgt, ...

nur eine Gebühr und zwar nach dem Werte des Rechtes er= hoben. Trifft eine der unter a, b, c erwähnten Vorausset= zungen nicht zu, so wird der Gebührensatz B für die erste Eintragung nach dem Werte des Rechts erhoben und für jede folgende Eintragung $5/_{10}$ nach dem Werte des Rechts oder des Grundstücks, je nachdem der eine oder der andere der geringere ist.

3. Die Eintragung von Veränderungen aller Art, einschließlich der Verfügungsbeschränkungen nach dem Werte der Ver= änderungen . . . . $5/_{10}$ d. Geb.=Satzes B.

Beziehen sich mehrere Veränderungen auf dasselbe Recht und erfolgt ihre Eintragung auf Grund eines gleichzeitig ge= stellten Antrags, so wird die Gebühr nur einmal nach dem zusammenzurechnenden Werte der Veränderungen erhoben. Für die Eintragung von Vormerkungen und Widersprüchen werden $5/_{10}$ der Gebühr erhoben, welche für die endgültige Eintragung des durch die Vormerkung oder den Widerspruch gesicherten Rechtes zu erheben sein würde.

4. andere Eintragungen, wie insbesondere Vermerke, die durch eine spätere ohne Eigentumsveränderung stattfindende Teilung von Grundstücken oder Übertragung derselben auf ein anderes Grundbuchblatt veranlaßt werden, ... $3/_{10}$ d. Geb.=Satzes B.

5. jede Löschung, einschließlich der dabei vorkommenden Neben= geschäfte nach § 64 . . . . $5/_{10}$ der Eintragungs= gebühr.

6. die Erteilung eines Hypotheken=, Grundschuld= oder Rentenschuldbriefes, sowie eines Teilbriefes . $4/_{10}$ der im § 33 PrGKG. (s. oben § 8) bestimmten Gebühr.

7. die Erteilung eines neuen Briefes, sowie für Ergänzung des Auszugs aus dem Grundbuche . . . . $2/_{10}$ der im § 33 bestimm= ten Gebühr (s. vorstehend).

10*

8. die Erteilung beglaubigter Abschriften
    a) des vollständigen Grundbuchblattes . . . . $^3/_{10}$ wie vorstehend.
    b) eines Teils des Grundbuchblattes . . . . $^2/_{10}$ „   „
    Handelt es sich um Abschriften mehrerer Grundbuchblätter
    desselben Eigentümers auf Grund eines gleichzeitig gestellten
    Antrags, so wird die Gebühr nur einmal nach dem zusammen=
    zurechnenden Werte der Grundstücke erhoben.
9. Bescheinigungen des Grundbuchrichters über den Inhalt des
    Grundbuchs, Vermerke auf Hypothekenbriefen u. dgl. . . $^2/_{10}$ „   „
10. Vgl. im übrigen auch oben § 8, Nr. 9.

Erfolgt die Eintragung eines Eigentümers auf Grund eines gleichzeitig gestellten
Antrags bei mehreren Grundstücken, welche im Bezirke desselben Amtsgerichts belegen
sind, so wird die vorstehend (Nr. 1) bestimmte Gebühr nur einmal nach dem zusammen=
zurechnenden Werte der Grundstücke erhoben.

Eine kleine Besonderheit gilt für die im Geltungsbereich des rheinischen Rechts be=
legenen Grundstücke; s. hierüber § 58, Nr. 6, PrGKG.

Wenn einzelne Grundstücke in die Mithaft für eine Forderung eintreten oder aus
der Mithaft entlassen werden, so werden $^5/_{10}$ der Gebühr des § 59 bzw. 64 a. a. O. er=
hoben.

Auch nach dem PrGKG. werden zur Deckung derjenigen baren Auslagen, welche
den Parteien nicht (wie z. B. die Gebühren der Zeugen und Sachverständigen) einzeln
in Rechnung gestellt werden, Pauschsätze erhoben. Der Pauschsatz beträgt 10 v. H. der
zum Ansatz gelangenden Gebühr, jedoch mindestens 50 Pf. und höchstens 20 Mk.

Die Einsicht des Grundbuchs ist gebührenfrei.

II. Abschnitt.

Notariatskosten.

Die Vergütung für die Berufstätigkeit der Notare ist ausschließlich geregelt in der
Gebührenordnung für Notare vom 25. Juli 1910.

Grundlegend für die Berechnung der Gebührenhöhe ist auch hier der nach dem
PrGKG. zu berechnende Wert des Gegenstandes. Außer den Gebühren kann der Notar
nur den Betrag des erforderlichen Stempels, der von ihm in Marken entrichteten Ge=
richtskosten und Ersatz der notwendigen baren Auslagen berechnen. Der Mindestbetrag
einer Gebühr ist grundsätzlich 1,50 M.

„Volle Gebühr" im Sinne der Geb.=Ord. für Notare ist die in § 33 PrGKG. (oben
§ 8) für gerichtliche Urkunden festgesetzte Gebühr. Soweit die Notare für die unter
den Abschnitt „Gerichtliche Urkunden" des PrGKG. (oben § 8) fallenden Ge=
schäfte zuständig sind, erhalten sie nach § 5 d. Geb.=Ord. die für die Tätigkeit
des Richters festgesetzten Gebühren. Dieser Grundsatz beherrscht die Gebührenordnung
für Notare.

Im einzelnen sind dann noch folgende Bestimmungen der Geb.=Ord. f. Not. er=
wähnenswert.

1. Der Notar erhält die für die Beurkundung bestimmte Gebühr, auch wenn er auf
    Erfordern nur den Entwurf der Urkunde fertigt, jedoch mit der Maßgabe, daß,
    wenn demnächst auf Grund des Entwurfs die Beurkundung des Rechtsgeschäfts

oder die Anerkennung oder Beglaubigung von Unterschriften unter dem Entwurf durch den Notar erfolgt, eine Erhöhung der im Falle der Beurkundung zu erhebenden Gebühren nicht eintritt.

2. Bezieht der Notar für die Aufnahme oder den Entwurf einer Urkunde eine Gebühr, so ist für die Einsendung der Urkunde an das Gericht oder für die auf Grund der Urkunde einzureichenden Anträge zur Erwirkung einer Eintragung in das Grundbuch eine Gebühr nicht zu erheben.

3. Hat eine Tätigkeit des Notars stattgefunden, ohne daß das bezweckte Geschäft durch ihn vollzogen ist, so erhält er grundsätzlich $^5/_{10}$ der für das Geschäft bestimmten Gebühr bis zu 20 M.

4. Unterbleibt nach Fertigstellung des Entwurfs einer Beurkundung ihre Vollziehung, so gilt das unter 1. Gesagte.

5. Bei Vereitelung eines in der Amtsstube oder Wohnung des Notars anberaumten Termins durch Nichterscheinen, Handlungsunfähigkeit u. dgl. werden $^3/_{10}$ der vollen Gebühr bis zu 10 M. erhoben.

6. Ist eine Gebühr für ein Geschäft des Notars nicht bestimmt, so erhält er $^5/_{10}$ der vollen Gebühr neben Tagegeldern u. dgl.

7. Für Ausarbeitung eines juristisch begründeten Gutachtens hat der Notar angemessene Vergütung zu beanspruchen.

8. Bei Geschäftsreisen erhält der Notar Tagegelder und Reisekosten nach den Vorschriften der Geb.-Ordn. f. Rechtsanwälte §§ 78—81.

9. Für Beurkundungen am Krankenlager oder zur Nachtzeit tritt eine Zusatzgebühr von $^5/_{10}$ der vollen Gebühr ein, die jedoch, sofern beide Voraussetzungen zusammentreffen, nur einmal erhoben wird.

Zur Deckung der von den Beteiligten im einzelnen nicht zu ersetzenden baren Auslagen werden auch von dem Notar Pauschsätze erhoben. Der einzelne Pauschsatz beträgt 10 v. H. der zum Ansatz gelangenden Gebühr, jedoch mindestens 50 Pf. und höchstens 20 Mk.

III. Abschnitt.

Stempelkosten.

Die für die Zwecke des vorliegenden Buches einschlägigen Bestimmungen enthalten:

a) das preuß. Stempelsteuergesetz vom 31. Juli 1895 in der Fassung der Stempelnovelle vom 26. Juni 1909,

b) das Reichsstempelgesetz vom 15. Juli 1909 in der durch das Zuwachssteuergesetz vom 14. Februar 1911 geänderten Fassung.

Anhangsweise soll noch das Zuwachssteuergesetz vom 14. Februar 1911 kurz Erwähnung finden.

I.

Bevor auf die einzelnen nach dem Pr.St.St.G. zur Hebung gelangenden Stempelbeträge eingegangen werden kann, sind einige allgemeine Bestimmungen des Pr.St.St.G. voranzuschicken:

1. Stempelpflichtig sind grundsätzlich

a) Urkunden über einen im Stempeltarif bezeichneten Gegenstand, welche mit dem Namen oder der Firma des Ausstellers unterzeichnet sind, oder

bei denen der Name oder die Firma im Auftrage des Ausstellers unter=
schrieben oder mit seinem Wissen oder Willen auf mechanischem Wege her=
gestellt ist;

b) die in der Tarifstelle 48 I erwähnten mündlichen Verträge (Miet= und Pacht=
verträge über unbewegliche Sachen und ihnen gleichgeachtete Rechte); § 1
Abs. 1 u. 2 Pr.St.St.G.

2. Ergibt sich, was häufig vorkommt, die Einigung über ein Geschäft aus einem
Briefwechsel oder sonst ausgetauschten schriftlichen Mitteilungen, so wird in
der Regel hierfür ein Stempel nicht erhoben. Die Stempelpflichtigkeit tritt
jedoch ein, wenn nach der Verkehrssitte über das fragliche Geschäft ein förm=
licher schriftlicher Vertrag errichtet zu werden pflegt, und die Absicht der Par=
teien dahin ging, den förmlichen Vertragsschluß durch den Austausch der schrift=
lichen Mitteilungen oder den Briefwechsel zu ersetzen; § 1, Abs. 3 a. a. O.

3. Der Berechnung der Stempelhöhe wird der Wert des Gegenstandes des Ge=
schäfts zugrunde gelegt. Im einzelnen enthält § 6 genauere Bestimmungen
über die Wertberechnung. Ist eine Wertermittelung nach § 6 nicht möglich,
so wird, wo der Stempeltarif dies vorschreibt, der in ihm bei unschätzbarem
Gegenstande festgesetzte Stempel erhoben. Kann der Wert von vornherein
nicht festgestellt oder geschätzt werden, so ist die Urkunde von dem zur Entrich=
tung der Abgabe Verpflichteten in den in den §§ 15, 16 a. a. O. angegebenen
Fristen (meist 2 Wochen) der Zollbehörde vorzulegen, welche das Erforderliche
dann veranlaßt.

4. Bei mehreren über denselben Gegenstand ausgefertigten, inhaltlich gleichen
Urkunden wird die auf dem Gegenstand ruhende Stempelsteuer nur einmal
und zwar regelmäßig bei der Hauptausfertigung verwendet. Die übrigen Aus=
fertigungen sind mit dem Stempel für Duplikate (3 M.) belegt; § 9 a. a. O.

5. Wenn bei einem Rechtsgeschäft über mehrere Gegenstände, welche verschiedenen
Steuersätzen unterliegen, die Werte der betreffenden Gegenstände nicht ein=
zeln angegeben sind, sondern das Entgelt ungetrennt in einer Summe oder
Leistung verabredet ist, so kommt für die Berechnung des Stempels der höchste
Steuersatz zur Anwendung. Jedoch können die Einzelwerte innerhalb der im
§ 16 angegebenen Fristen nachträglich von den Ausstellern der Urkunde an=
gegeben werden; § 10 Abs. 1.

6. Sofern eine Urkunde verschiedene steuerpflichtige Geschäfte enthält, ist der
Stempel für jedes Geschäft besonders zu berechnen und die Urkunde mit der
Summe dieser Stempelbeträge zu belegen; § 10 Abs. 2. Sind die einzelnen
Geschäfte jedoch Bestandteile eines einheitlichen, steuerpflichtigen Rechts=
geschäfts, so ist nur der für das letztere vorgesehene Stempelbetrag zu ent=
richten.

7. Eine Reihe von Gegenständen sind nach § 4 von der Stempelsteuer befreit, so
insbesondere, soweit der Tarif nichts anderes bestimmt, Urkunden über nach Geld
abschätzbare Gegenstände, wenn ihr Wert 150 M. nicht übersteigt; desgleichen
Vollmachten, aus deren Inhalt der Wert des Gegenstandes nicht ersichtlich
ist, sofern nachgewiesen wird, daß der Wert 150 M. nicht übersteigt; ebenso
Abschriften, Auszüge und Bescheinigungen aus den bei der Katasterverwaltung
geführten oder aufbewahrten Karten und sonstigen Schriftstücken.

8. Verpflichtet zur Zahlung der Stempelsteuer sind nach § 12:
   a) bei den von Behörden und Beamten, einschließlich den Notaren aufgenommenen Verhandlungen, erteilten Ausfertigungen u. dgl. diejenigen, auf deren Veranlassung die Aufnahme oder Erteilung der Schriftstücke erfolgt ist;
   b) bei einseitigen Verpflichtungen und Erklärungen die Aussteller des Schriftstückes;
   c) bei Verträgen grundsätzlich alle Teilnehmer.
   Bei mehreren zur Zahlung der Stempelsteuer verpflichteten Personen haftet jeder als Gesamtschuldner.

9. Die Stempelabgabe beträgt, soweit der Tarif nicht abweichende Bestimmungen enthält, mindestens 0,50 M. Sie steigt in Abstufungen von je 0,50 M. Überschießende Beträge werden auf 0,50 M. abgerundet.

10. Die Stempelpflicht kann in verschiedener Weise erfüllt werden, insbesondere durch Niederschreiben der stempelpflichtigen Erklärung auf gestempeltes Papier, Verwendung von Stempelmarken u. a. Grundsätzlich ist der Stempel binnen 2 Wochen zu verwenden.

11. Zuwiderhandlungen gegen die Vorschriften über die Verpflichtung zur Entrichtung der Stempelsteuer werden mit erheblichen Geldstrafen bestraft; § 17. Hat eine Steuerhinterziehung nicht verübt werden können, oder ist sie nicht beabsichtigt worden, so tritt an die Stelle der Geldstrafen eine Ordnungsstrafe bis zu 300 M.

12. Wegen der Verpflichtung zur Entrichtung einer Stempelabgabe kann der Rechtsweg beschritten werden. Die Klage muß aber (§ 26 a. a. O.) bei Verlust des Klagerechts binnen 6 Monaten nach erfolgter Beitreibung oder geleisteter Zahlung gegen die Oberzolldirektion, in deren Verwaltungsbezirk die Steuer erfordert worden ist, gerichtet werden. Handelt es sich um Stempelbeträge, welche nach den für Gerichtskosten geltenden Vorschriften einzuziehen sind, so ist die Klage gegen die zur Vertretung des Fiskus in Justizverwaltungssachen bestimmte Behörde zu richten.

13. Wegen Verjährung der Stempelsteuer s. § 27, wegen Erstattung bereits verwendeter Stempel aus Billigkeitsgründen s. § 25 Pr.St.St.G.

14. Die Verhandlungen in Stempelsteuerangelegenheiten sind, abgesehen vom Strafverfahren, kostenfrei.

Was die Höhe der nach dem Pr. Stempeltarif zu erhebenden Stempel anlangt, so sind die wichtigsten der hier interessierenden Bestimmungen folgende:

Der Steuersatz beträgt bei:

1. in Privatsachen auf Antrag erteilten beglaubigten Abschriften, Ausfertigungen, Auszügen aus Akten u. dgl., soweit nicht Stempelfreiheit besteht . . . . 3,00 M.
   (vgl. Pr.St.Tarif, Nr. 1 u. 77; 10 u. 11). Stempelfreiheit besteht insbesondere für Beglaubigungen der Rechtsanwälte im Prozeßverfahren, Ausfertigungen von Genehmigungen der zuständigen Behörden in Bausachen, sowie für Beglaubigungen von Unterschriften unter Anträgen und Verhandlungen, die nach ihrem Inhalt ausschließlich zu einer Eintragung oder Löschung in öffentlichen, das Eigentum und

die Belastung von Grundstücken feststellenden Büchern er=
forderlich sind; desgl. die mit solchen Beglaubigungen ver=
bundenen Zeugnisse über die Vertretungsbefugnis der Be=
teiligten.

2. Beurkundungen über die Abtretung von Rechten . . . . . | ¹/₂₀ v. H. des Wertes der Gegenleistung oder, wenn diese in der Urkunde nicht enthalten ist, des Geldbe= trags oder des Wertes des abgetretenen Rechts,

mindestens aber . . . . | 1,50 M.
bei unschätzbarem Werte des abgetretenen Rechts (Nr. 2 Tar.) | 5,00 M.

3. dem Antrag auf Eintragung der Abtretung einer Hypothek
oder Grundschuld im Grundbuch, sofern die Eintragung erfolgt | ¹/₂₀ v. H. des Betrags der Hypothek oder Grund= schuld oder der Ablösungs= summe der Rentenschuld,

mindestens aber . . . . | 1,50 M.
Betrifft der Antrag eine Hypothek oder Grundschuld, für
welche mehrere Grundstücke haften, so wird die Abgabe nur
einmal erhoben. Wird die Abtretungsurkunde in an sich
stempelpflichtiger Form in Urschrift, Ausfertigung oder be=
glaubigter Abschrift vorgelegt, dann wird der Stempel
für den Eintragungsantrag nicht erhoben bzw. innerhalb
2 Jahren auf Antrag erstattet. Wird die Urkunde über das
der Eintragung zugrunde liegende Geschäft nach der Zah=
lung des Stempels für den Eintragungsantrag errichtet, so
wird dieser gezahlte Stempel auf den für die Errichtung
der Urkunde zu erhebenden regelmäßig angerechnet; Nr. 2
St.Tar., Abs. 8.

4. Auflassungen inländischer Grundstücke in den Fällen frei=
williger Veräußerung . . . . | 1 v. H. des Wertes des ver= äußerten Gegenstandes,
sofern die Eintragung des Eigentumsübergangs in das Grund=
buch erfolgt. Die oben unter 3 letzter Absatz erwähnten
Vorschriften gelten analog bei Vorlegung bzw. Errichtung
der das Veräußerungsgeschäft enthaltenden Urkunde hinsicht=
lich des Auflassungsstempels. Im übrigen s. Tar. Nr. 8, ins=
bes. Abs. 4.

5. Duplikaten stempelpflichtiger Urkunden . . . . | 3,00 M.
jedoch nicht über den zu der stempelpflichtigen Urkunde selbst
erforderlichen Stempel hinaus; Tar.Nr. 16.

6. Genehmigungen zur Errichtung der im § 16 der Reichs=
gewerbeordnung und den dazu ergangenen und ferner er=
gehenden Beschlüssen des Bundesrats bezeichneten Anlagen,
wenn die Kosten der Anlage

1 000 M. nicht übersteigen . . . . | 2,50 M.
5 000 „ „ „ . . . . | 10,00 „
10 000 „ „ „ . . . . | 20,00 „

    20 000 M. nicht übersteigen . . . . 40,00 M.

    50 000 „ „   „   . . . . 100,00 „

    75 000 „ „   „   . . . . 150,00 „

    100 000 „ „   „   . . . . 200,00 „

bei einem höheren Kostenbetrage für je 50 000 M. mehr . 100,00 „

7. Genehmigungen zu Veränderungen in der Betriebsstätte oder zu wesentlichen Veränderungen in dem Betriebe der Anlagen (§ 25 R.Gew.O.) . . . .   die Hälfte der Sätze zu 6.

8. Genehmigungen zur Anlegung von Dampfkesseln (§ 24 R. Gew.O.) oder Änderung der Dampfkesselanlagen . . . . . 5,00 M. soweit nicht oben Ziff. 6 und 7 zur Anwendung kommen. Wegen Genehmigung zum Betriebe von Privatanschluß= bahnen und zum Betriebe eines Eisenbahnunternehmens f. Tar. Nr. 22, Abf. k, l, m.

9. Kauf=, Tausch= und sonstigen lästige Veräußerungsgeschäfte enthaltenden Verträgen, wenn sie betreffen

    a) im Inland gelegene unbewegliche Sachen . . . . . .   1 v. H. bei Kauf= und Liefe= rungsverträgen vom Kauf= oder Lieferungspreise un= ter Hinzurechnung des Wertes der ausbedun= genen Leistungen und vor= behaltenen Nutzungen. Im übrigen f. Tar. Nr. 32.

    b) außerhalb Landes gelegene unbewegliche Sachen und daselbst befindliche bewegliche, insoweit sie Zubehör der ersteren sind und mit ihnen veräußert werden . . . . 3,00 M.

    c) andere Gegenstände aller Art . . . .   1/3 v. H. wie bei a.

    Der Stempel bei Tauschverträgen wird nach dem Werte der von einem der Vertragschließenden in Tausch gegebenen Gegenstände und zwar derjenigen, welche den höheren Wert haben, berechnet.

    Befreit sind Kauf= und Lieferungsverträge über Mengen von Sachen oder Waren, sofern diese entweder zum unmittel= baren Verbrauch in einem Gewerbe oder zur Wiederver= äußerung in derselben Beschaffenheit oder nach vorgängiger Bearbeitung oder Verarbeitung dienen sollen oder im Deut= schen Reiche im Betriebe eines der Vertragschließenden er= zeugt oder hergestellt sind. Wegen der Einzelheiten, auch wegen der vorgesehenen Ermäßigungen und Befreiungen f. im übrigen Tarif Nr. 32.

10. Notariatsurkunden, welche die Stelle einer in dem Tarif ver= steuerten Verhandlung vertreten, werden wie diese verstem= pelt; sonst und in allen Fällen mindestens mit (St.Tar. Nr. 45) 3,00 M.

11. Pacht= und Mietverträgen, schriftlichen wie mündlichen, über im Inland gelegene unbewegliche Sachen je nach der Höhe des jährlichen Pacht= oder Mietzinses . . . .   1/10 v. H. bis 2 v. H. des Pacht= oder Mietzinses.

wobei der Wert nicht in Geld bestehender Nebenleistungen
dem Zinse nicht hinzuzurechnen ist. Übersteigt der jährliche
Pacht= oder Mietzins nicht den Betrag von 360 M., so unter=
liegt der Vertrag der Stempelabgabe nicht. S. im übrigen
St.Tar. Nr. 48 I. Die Versteuerung erfolgt für jedes Kalender=
jahr. Schriftliche Miet= oder Pachtverträge über außerhalb
Landes gelegene Grundstücke unterliegen einem Steuersatze
von . . . . 1,50 M.
schriftliche Pacht= oder Mietverträge anderer als der bereits
erwähnten Arten einem Steuersatze von . . . . ³/₁₀ v. H. des Zinses,
mindestens aber dem Steuersatze von (St.Tar. Nr. 48 III) 1,50 M.

12. Taxen von Grundstücken, insofern sie wegen Privatinte=
resses unter Aufsicht einer öffentlichen Behörde aufgenommen
werden (St.Tar. Nr. 64). . . . . 3,00 „

13. bei Vergleichen regelmäßig . . . . 3,00 „
S. jedoch Tarif Nr. 67, Abf. 2 u. 3, wenn durch den Ver=
gleich ein unter den Parteien bisher nicht in stempelpflich=
tiger Form zustande gekommenes Rechtsgeschäft anerkannt,
im wesentlichen aufrecht erhalten oder ein anderweites Rechts=
geschäft neu begründet wird.

14. bei Verträgen über sonstige vermögensrechtliche Gegen=
stände, wenn keine andere Tarifstelle zur Anwendung kommt
(f. St.Tar. Nr. 71) . . . . 3,00 M.

15. bei Vollmachten, Ermächtigungen, Aufträgen zur Vor=
nahme von Geschäften rechtlicher Natur für den Vollmacht=
geber, wenn der Wert des Gegenstandes der Vollmacht
500 M. nicht übersteigt . . . . 0,50 „
1 000 „   „   „   . . . . 1,00 „
3 000 „   „   „   . . . . 1,50 „
6 000 „   „   „   . . . . 3,00 „
10 000 „   „   „   . . . . 5,00 „
15 000 „   „   „   . . . . 7,50 „
bei einem höheren Werte . . . . 10,00 „
bei Vollmachten, die zur Vornahme aller oder gewisser Gat=
tungen von Geschäften für den Vollmachtgeber ermächtigen,
und bei denen der Wert des Gegenstandes 50 000 M.
übersteigt . . . . 20,00 „
Steht der Bevollmächtigte in einem Dienstverhältnisse zu
dem Vollmachtgeber, dann höchstens . . . . 1,50 „
Ist der Wert des Gegenstandes der Vollmacht nicht schätzbar 1,50 „
Bei Prozeßvollmachten treten an die Stelle der vorer=
wähnten Sätze von 3, 5, 7,50 10 M. die von 2, 3, 4, 5 M.
Substitutionen bei einer Prozeßvollmacht sind bei vorschrifts=
mäßig versteuerter Ursprungsvollmacht stempelfrei (St.Tar.
Nr. 73).

16. Wertverdingungsverträge, inhalts deren der Übernehmer auch das Material für das übernommene Werk ganz oder teil= weise anzuschaffen hat, sind, falls letzteres in der Herstellung beweglicher Sachen besteht, wie Lieferungsverträge unter Zu= grundelegung des für das Werk bedungenen Gesamtpreises zu versteuern.

Handelt es sich bei dem verdungenen Werk um eine nicht bewegliche Sache, so ist der Wertverdingungsvertrag so zu versteuern, als wenn über die zu dem Werk erfor= derlichen, von dem Unternehmer anzuschaffenden beweg lichen Gegenstände in dem Zustande, in welchem sie mit dem Grund und Boden in dauernde Verbindung gebracht werden sollen, ein dem Steuersatz der Tarifstelle „Kauf= und Tausch= verträge", Buchstabe c (s. oben 9 c) oder der Ziffer 3, der „Ermäßigungen und Befreiungen" dieser Tarifstelle (s. oben 9 a. E.) unterliegender Lieferungsvertrag und außerdem hin= sichtlich des Wertes der Arbeitsleistung ein dem Steuersatz der Tarifstelle „Verträge", Ziffer 2 (vgl. oben Nr. 14), unter= liegender Arbeitsvertrag abgeschlossen wäre.

Insoweit eine Trennung des Gesamtpreises nicht vor= genommen ist, ist der höchste Steuersatz zu entrichten (Nr. 75 St.Tar.).

II.

Neben dem vorerwähnten, zur Hebung gelangenden Landesstempel wird bei Grund= stücksübertragungen noch eine Reichsstempelabgabe erhoben. Für die Zwecke dieses Buches interessiert nur der bei der Beurkundung entgeltlicher Veräußerungsgeschäfte zu ent= richtende Vertragsstempel und der Auflassungsstempel.

Nach Tarif=Nr. 11 des R.Stemp.Ges. unterliegen Beurkundungen der Über= tragung des Eigentums an inländischen Grundstücken, soweit sie zum Gegenstande haben:

a) Kaufverträge: einem Vertragsstempel von . . . . . 1/3 v. H. vom Kaufpreis unter Hinzurechnung der ausbedungenen Leistun= gen und vorbehaltenen Nutzungen.

b) Tauschverträge: einem Vertragsstempel von . . . . . 1/3 v. H. vom Werte der von einem der Vertrag= schließenden in Tausch ge= gebenen Gegenstände und zwar derjenigen, die den höheren Wert haben.

c) Andere entgeltliche Veräußerungsverträge: . . . . . . einem Vertragsstempel von 1/3 v. H. vom Gesamt= wert der Gegenleistung unter Hinzurechnung des Wertes der vorbehaltenen Nutzungen oder, wenn der Wert der Gegenleistung aus dem Vertrage nicht hervorgeht, vom Werte des veräußerten Gegen= standes.

Im übrigen siehe, insbesondere auch wegen Befreiung vom Stempel bei Erbschafts=
teilung u. dgl., Tarif Nr. 11 a.

Auflassungen unterliegen in Fällen der freiwilligen Veräußerung einem Stempel
von ¹/₃ v. H. des Wertes des veräußerten Gegenstandes. Die oben unter I. 4 bzw. 3
erörterten Bestimmungen des Pr.St.St.G. über die Nichterhebung bzw. Anrechnung
des Auflassungsstempels gelten auch hier; Tarif Nr. 11 d.

Zu beachten ist noch, daß auf Antrag Grundstücksübertragungen der erwähnten Art
von der Reichsstempelabgabe befreit werden, wenn der stempelpflichtige Betrag bei
bebauten Grundstücken 20 000 M., bei unbebauten 5000 M. nicht überschreitet, und
weder der Erwerber und sein Ehegatte im letzten Jahre ein Einkommen von mehr als
2000 M. gehabt haben, noch einer von ihnen den Grundstückshandel gewerbsmäßig
betreibt. Erwirbt dieselbe Person von demselben Veräußerer durch verschiedene Rechts=
vorgänge mehrere Grundstücke oder Grundstücksteile, so sind die Übertragungen steuer=
pflichtig, wenn der Wert zusammen die angegebenen Beträge übersteigt und die Um=
stände ergeben, daß der Erwerb zum Zwecke der Ersparung der Steuer in mehrere
Rechtsvorgänge zerlegt worden ist.

Nach § 90 R.Stemp.Ges. wird bei Veräußerungen, welche in die Zeit bis zum 30. Juni
1914 fallen, zu der erörterten in Tarif Nr. 11 vorgesehenen Abgabe von ¹/₃ v. H. des
Kaufpreises ein Zuschlag von 100 v. H. erhoben, der vom Erwerber zu tragen ist. Nach
dem 30. Juni 1914 wird der Steuersatz in Tarif Nr. 11 von 3 zu 3 Jahren durch den
Bundesrat einer Nachprüfung unterzogen; vgl. § 90 a. a. O.

Die Stempelabgabe ist binnen 2 Wochen nach Eintritt der Steuerpflicht zu entrichten.
Verpflichtet zur Entrichtung der Steuer sind bei den von Behörden oder Beamten,
einschl. den Notaren vorgenommenen Verhandlungen und Beurkundungen diejenigen,
auf deren Veranlassung die Schriftstücke aufgenommen sind, in den übrigen Fällen
die Teilnehmer am Rechtsgeschäft. Von mehreren über denselben Rechtsvorgang lauten=
den Urkunden ist nur eine stempelpflichtig. Enthält eine Urkunde mehrere steuerpflich=
tige Rechtsvorgänge der in Tarif Nr. 11 a—d erörterten Art, so wird die Urkunde mit
der Summe der für jeden Rechtsvorgang besonders berechneten Stempel belegt.

Auch nach dem R.Stemp.Ges. zieht die Nichterfüllung der Stempelpflicht Geldstrafen
nach sich. Über die Zulässigkeit des Rechtswegs in Beziehung auf die Verpflichtung
zur Entrichtung der Reichsstempelabgabe sind in § 94 R.St.Ges. dem Pr.St.St.Ges.
ähnliche Vorschriften erlassen.

III.

Durch das Zuwachssteuergesetz vom 14. Februar 1911 ist der Wertzuwachs, der
ohne Zutun des Eigentümers an inländischen Grundstücken entstanden ist, beim Eigen=
tumsübergange einer Abgabe, der Zuwachssteuer, unterworfen worden.

Beträgt der Veräußerungspreis und im Falle einer Teilveräußerung der Wert
des Gesamtgrundstücks bei bebauten Grundstücken nicht mehr als 20 000 M., bei un=
bebauten nicht mehr als 5000 M., so bleibt der Eigentumsübergang von der Zuwachs=
steuer frei, es sei denn, daß der Veräußerer oder sein Ehegatte im letzten Jahre ein
Einkommen von mehr als 2000 M. gehabt haben oder einer von ihnen den Grundstücks=
handel gewerbsmäßig betreibt; vgl. § 1 Zuw.St.Ges. Mit der Eintragung der Rechts=
änderung in das Grundbuch ist die Steuerpflicht begründet. Als steuerpflichtiger Wert=
zuwachs gilt nach § 8 Zuw.St.Ges. der Unterschied zwischen dem Erwerbspreis und dem

Veräußerungspreis; s. hierzu §§ 8—27 a. a. O. Die Steuer beträgt 10 v. H. bei einer Wertsteigerung von nicht mehr als 10 v. H. des Betrags, der sich aus dem Erwerbs= preis und den Zu= und Abrechnungen (§§ 14—16, 21 Zuw.St.Ges.) zusammensetzt. Mit der prozentualen Steigerung des Wertzuwachses steigt auch der Prozentsatz der Zu= wachssteuer und zwar bis auf 30 v. H. Die Steuer ermäßigt sich für jedes Jahr des für die Steuerberechnung maßgebenden Zeitraums (s. § 17 a. a. O.) um 1 v. H. ihres Betrags. Ist das Grundstück vor dem 1. Januar 1900 erworben, so beträgt die Er= mäßigung für die Zeit bis zum 1. Januar 1911 1½ v. H. jährlich. Steuerbeträge, welche im ganzen unter 20 M. bleiben, werden nicht erhoben. Das Nähere s. in § 28 a. a. O. Die Entrichtung der Zuwachssteuer liegt dem Veräußerer, als dem früheren Eigen= tümer, ob; im Falle ihrer Unbeitreiblichkeit haftet jedoch der Erwerber bis zum Be= trage von 2 v. H. des Veräußerungspreises. Jeder steuerpflichtige Rechtsvorgang ist binnen 1 Monat der nach § 35 a. a. O. zuständigen Steuerbehörde anzumelden; diese Pflicht liegt sowohl dem Veräußerer wie dem Erwerber ob. Die Nichterfüllung der gesetzlichen Pflicht zur Einreichung der Zuwachssteueranmeldung oder =erklärung hat erhebliche Geldstrafen zur Folge; §§ 50ff. Zuw.St.Ges.

III. Abschnitt.

Tabellen.

Von Regierungsbaumeister Kohlmorgen und Oberingenieur Rühle.

1. Maße des metrischen Systems.

Allgemein gültig mit Ausnahme von Großbritannien, Vereinigte Staaten von Nordamerika, Rußland, Dänemark und einigen kleineren Staaten.

Deutsche Maß= und Gewichtsordnung vom 30. Mai 1908.

a) Längenmaße.

Tabelle 1.

Kilometer	Meter	Dezimeter	Zentimeter	Millimeter
1 km	1000 m	10 000 dm	100 000 cm	1 000 000 mm
0,001 „	1 „	10 „	100 „	1000 „
0,0001 „	0,1 „	1 „	10 „	100 „
0,00001 „	0,01 „	0,1 „	1 „	10 „
0,000001 „	0,001 „	0,01 „	0,1 „	1 „

Das Meter ist der zehnmillionste Teil eines Meridianquadranten.

Einige Wegemaße.

1 deutsche Landmeile = 7,5 km = 7500 m. 1 engl. Meile, statute mile = 1,609 km = 1760 yards.

1 Seemeile = $^1/_{60}$ Meridiangrad = 1852 m.

1 geographische Meile = $^1/_{15}$ Äquatorgrad = 7420 m. 1 Werst, russisch) = 1,067 km.

1 englische Seemeile = $^1/_4$ geographische Meile = $^1/_{60}$ Äquatorgrad = 1855,1 m.

1 Knoten entspricht 1 Seemeile in der Stunde.

1 Kabellänge = $^1/_{10}$ Seemeile = 185 m.

1 Faden = 1,83 m = 2 yards = 6 Fuß engl.; 12 yards = 11 m.

b) Flächenmaße.

Tabelle 2.

Quadratkilometer	Hektar	Ar	Quadratmeter	Quadratdezimeter	Quadratzentimeter	Quadratmillimeter
1 qkm	100 ha	10 000 a	1 000 000 qm			
0,01 „	1 „	100 „	10 000 „			
0,0001 „	0,01 „	1 „	100 „			
0,000001 „	0,0001 „	0,01 „	1 „	100 qdm	10 000 qcm	1 000 000 qmm
—	—	—	0,01 „	1 „	100 „	10 000 „
—	—	—	0,0001 „	0,01 „	1 „	100 „

1 geographische Quadratmeile = 55,06291 qkm.

1 preußischer Morgen = 180 qRt = 0,2553 ha.

1 ha = 3,9166 Morgen = $2^1/_2$ acres engl.

c) Körper= und Hohlmaße.

Tabelle 3.

Kubikmeter	—	Kubikdezimeter	—	Kubikzentimeter		Kubikmillimeter	
—	Hektoliter	Liter	Deziliter	Zentiliter		—	—
1 cbm	—	1000 cdm	—	—		—	—
—	10 hl	1000 l	10 000 dl	100 000 cl		—	—
0,1 cbm	—	100 cdm	—	—		—	—
—	1 hl	100 l	1 000 dl	10 000 cl		—	—
0,001 cbm	—	1 cdm	—	—	1000 ccm	1 000 000 cmm	
—	0,01 hl	1 l	10 dl	100 cl		—	—
0,0001 cbm	—	0,1 cdm	—	—	100 ccm	100 000 cmm	
—	0,001 hl	0,1 l	1 dl	10 cl		—	—
0,00001 cbm	—	0,01 cdm	—	—	10 ccm	10 000 cmm	
—	0,0001 hl	0,01 l	0,1 dl	1 cl		—	—
—	—	0,001 cdm	—	—	1 ccm	1 000 cmm	
—	—	0,001 l	0,01 dl	0,1 cl		—	—
—	—	0,000001 cdm	—	—	0,001 ccm	1 cmm	
—	—	0,000001 l	0,00001 dl	0,0001 cl		—	—

1 Scheffel = 50 l; 1 Schoppen = 0,5 l.

1 Schachtrute = 144 Kubikfuß = 4,453 cbm.

1 Festmeter, fm = 1 cbm Festmasse.

1 Raummeter, rm, Ster = 1 cbm geschichtetes Material. 1 rm Nutz= und Brenn= holz=Scheite und Knüppel = 0,7 fm.

1 Klafter (Holz) = 6·6·3 = 108 Kubikfuß = 3,339 cbm.

1 Reg. Ton = 100 englische Kubikfuß = 2,832 cbm.

2. Gewichte.

a) Des metrischen Systems und einige sonstige.

Tabelle 4.

Tonne	Kilogramm	Gramm	Zentigramm	Milligramm
1 t	1000 kg	1 000 000 g	—	—
0,001 „	1 „	1 000 „	—	—
0,000001 „	0,001 „	1 „	100 cg	1000 mg
—	—	0,01 „	1 „	10 „
—	—	0,001 „	0,1 „	1 „

1 Zentner Ztr. = 50 kg; 1 Pfund = 0,50 kg. 1 Pud (russisch) = 16,38 kg = 36 lbs (pounds) engl.

1 Doppelzentner dz = 100 kg = dz. = 220½ pounds; 200 lbs = 91 kg.

1 kg ist das Gewicht eines Liters destillierten Wassers bei + 4° C im luftleeren Raum gewogen = 2,205 lbs.

b) Spezifische Gewichte.

Tabelle 5.

1. Feste Körper.

	von	bis	im Mittel		von	bis	im Mittel
Alabaster	2,3	2,8	—	Aluminiumbronze (Alumi=			
Alaun	1,7	1,8	—	nium und Kupfer) . .	—	—	7,8
Alaunschiefer	2,3	2,5	—	Amalgam (Mineral) . . .	13,7	14,1	—
Aluminium	—	—	2,5	Anthrazit	1,4	1,7	—

	von	bis	im Mittel
Antimon	—	—	6,7
Argentan	8,4	8,7	—
Arsenik	5,7	6,0	—
Arsenikkies	5,8	6,2	—
Asbest	2,1	2,8	—
Asphalt	1,1	1,2	—
Bausteine	—	—	2,5
Bergkristall	—	—	2,6
Bimsstein	0,4	0,9	—
Bittersalz	—	—	1,8
Blei	—	—	11,3
Bleiglätte, künstlich	9,3	9,4	—
„ natürlich	7,8	8,0	—
Bleiglanz	7,3	7,6	—
Bleiweiß	—	—	6,7
Bleizucker	—	—	2,4
Blende (Zinkblende)	3,9	4,2	—
Brauneisenstein	3,4	4,0	—
Braunkohle	1,2	1,5	—
Braunstein	3,7	4,6	—
Bronze (Kupfer, Zinn)	7,4	8,9	—
Butter	—	—	0,94
Chromeisenstein	—	—	4,4
Dachschiefer	—	—	2,7
Diorit	2,7	3,0	—
Dolomit	—	—	2,9
Eis	—	—	0,92
Eisen, geschmiedet	7,6	7,8	—
„ gegossen	7,0	7,5	—
„ zu Draht gezogen	7,6	7,75	—
Eisenerz	7,1	7,8	—
Eisenglanz	—	—	5,2
Eisenvitriol	—	—	1,9
Elfenbein	1,8	1,9	—
Erde, vegetabilische bis steinige	1,3	2,4	—
Feldspat	—	—	2,6
Fette	0,92	0,94	—
Glas, Fensterglas	2,4	2,6	—
„ Spiegelglas	—	—	2,46
„ Kristallglas	—	—	2,90
„ Flintglas	3,2	3,8	—
Glaubersalz	—	—	1,5
Glimmer	2,7	3,2	—
Glimmerschiefer	2,6	3,0	—
Glockenmetall, Kupfer und bis 25 v. H. Zinn	—	—	8,8
Gneis	2,4	2,7	—
Gold, gediegen	—	—	19,3
„ gegossen	—	—	19,25
„ gehämmert	—	—	19,3
„ zu Draht gezogen	—	—	19,4
Granat	3,4	4,3	—
Granit	2,5	3,0	—
Graphit	1,9	2,3	—

	von	bis	im Mittel
Grünstein	2,9	3,0	—
Guttapercha	—	—	0,98
Gips, roh	2,2	2,4	—
„ gebrannt	—	—	1,8
„ gegossen, trocken	—	—	1,0
Grauwacke	2,5	3,0	—
Harz von Fichte	—	—	1,1
Holz.			
Laubholz, lufttrocken	—	—	0,66
„ mit Wasser gesättigt	—	—	1,10
Nadelholz, lufttrocken	—	—	0,45
„ mit Wasser gesättigt	—	—	0,84

Holzarten:	lufttrocken	frisch im Mittel
Ahorn	0,67	0,84
Apfelbaum	0,73	—
Birke	0,74	0,90
Birnbaum	0,70	—
Buche, Rot-	0,75	0,98
„ Weiß-	0,73	1,00
Buchsbaum	0,97	1,03
Eiche	0,74	0,97
Erle	0,55	0,80
Esche	0,64	0,85
Fichte	0,47	0,90
Kiefer	0,55	0,91
Kirschbaum	0,65	0,93
Korkholz	0,24	—
Lärche	0,52	0,85
Linde	0,56	0,82
Mahagoni	0,8	—
Nußbaum	0,66	0,88
Pappel	0,36	0,78
Pflaumenbaum	0,79	1,0
Pitch pine	0,84	—
Pockholz (Guajak)	1,33	—
Roßkastanie	0,58	—
Steineiche	0,90	—
Tanne	0,56	0,89
Teakholz	0,9	—
Ulme	0,58	0,97
Weide	0,53	0,99
Zeder	0,75	—

	von	bis	im Mittel
Holzkohle von Nadelholz	0,28	0,44	—
„ „ Eichenholz	—	—	0,60
Hornblende	—	—	3,0
Kalisalpeter	—	—	2,08
Kalk, gebrannter	1,3	1,8	—
Kalkstein	2,5	2,8	—
Kalkmörtel	1,6	1,9	—
Kalkspat	—	—	2,7
Kalktuff	—	—	2,5

	von	bis	im Mittel
Kanonenmetall (Geschütz- bronze), Kupfer und bis 10 v. H. Zinn	—	—	8,8
Kautschuk, roh	—	—	0,93
Kieselgur	0,25	0,70	—
Kieselstein	2,3	2,7	—
Knochen	1,7	2,0	—
Kochsalz	2,1	2,2	—
Kreide, weiße	1,8	2,7	—
Kupfer, gegossen	8,6	8,9	—
„ gehämmert, und .			
Draht	8,8	9,0	—
Koks	—	—	1,4
Korkstein	0,25	0,56	—
Kolophonium	—	—	1,1
Kunstsandstein	—	—	2,0
Kupfererz, rotes	—	—	5,9
Kupferglanz	5,5	5,8	—
Kupferkies	4,1	4,3	—
Kupfervitriol	—	—	2,2
Linoleum	1,1	1,3	—
Lava, basaltisch	2,8	3,0	—
„ trachytisch	2,0	2,7	—
Lehm, grubenfeucht	1,1	1,3	—
„ trocken	—	—	—
Magnesia	—	—	3,2
Magneteisenstein	4,9	5,2	—
Magnetkies	—	—	4,5
Malachit	3,7	4,1	—
Manganerz	3,5	4,1	—
Marmor	2,5	2,9	—
Mauerwerk, Bruchstein	2,0	2,5	—
„ Ziegelstein	1,5	1,7	—
Meerschaum	—	—	1,2
Mehl	—	—	1,6
Mennige	—	—	8,6
Mergel	2,4	2,6	—
Messing, gegossen	8,4	8,7	—
„ gewalzt	8,5	8,6	—
„ gezogen	8,4	8,7	—
Mühlsteinquarz	2,2	2,6	—
Neusilber	8,4	8,7	—
Nickel, gegossen	—	—	8,3
„ gehämmert	—	—	8,7
Ocker	—	—	3,5
Papier	0,7	1,2	—
Paraffin	—	—	0,9
Pech	—	—	1,1
Phosphorbronze	—	—	8,8
Platin, gegossen	—	—	21,1
„ gehämmert	—	—	21,3
„ gewalzt	—	—	21,6
„ gezogen	—	—	21,4
Polierschiefer	—	—	2,1
Porphyr	2,6	2,9	—

	von	bis	im Mittel
Porzellan	2,3	2,5	—
Preßkohle	—	—	1,25
Quarz	2,5	2,8	—
Quarzsand, frisch	—	—	1,95
„ trocken	—	—	1,65
Raseneisenstein	—	—	2,75
Roggen	0,69	0,73	—
Roheisen	6,7	7,8	—
Roteisenstein	4,5	4,9	—
Rotgültierz	—	—	5,6
Salpeter	—	—	2,0
Sand	1,4	2,1	—
Sandstein	2,2	2,5	—
Schwefel	1,9	2,1	—
Schwefelkies	—	—	4,9
Schwerspat	—	—	4,5
Serpentin	2,4	2,7	—
Silber, gegossen	10,1	10,5	—
„ gehämmert	10,5	10,6	—
„ gewalzt	—	—	10,55
„ =Draht	—	—	10,5
Spateisenstein	—	—	3,75
Stahl, zementierter	7,3	7,8	—
„ gefrischter	7,5	7,8	—
„ =Guß	7,8	7,9	—
Stearin	—	—	0,97
Steinkohle	1,2	1,5	—
Steinsalz	—	—	2,3
Syenit	2,6	2,9	—
Talg	—	—	0,95
Talkerde	—	—	2,4
Ton, frischer	—	—	2,5
„ trockner	—	—	1,8
Tonschiefer	2,8	2,9	—
Torf	0,5	0,8	—
Tuffstein	—	—	1,3
Tuffsteinziegel	0,8	0,9	—
Wachs	—	—	0,97
Weißmetall (Lagermetall, Babbit, Delta, Magnolia)	—	—	7,1
Zement, Portland-, in Fässern	—	—	1,7
Zement, Roman-, in Säcken	—	—	1,25
Ziegelsteine	1,4	2,2	—
„ =Klinker	1,5	2,3	—
„ =Schamotte	—	—	2,1
Zink, gegossen	—	—	6,9
„ gewalzt	7,1	7,2	—
„ =Draht	—	—	7,1
Zinkoxyd	—	—	5,5
Zinkspat	—	—	4,4
Zinkvitriol	—	—	1,9
Zinn, gegossen	—	—	7,3
„ gewalzt	—	—	7,4
Zucker	—	—	1,6

O.-Sch.

2. Flüssigkeiten.

Bezogen auf Wasser bei + 4° C = 1.

Tabelle 6.

	von	bis	im Mittel		von	bis	im Mittel
Äther	—	—	0,74	Olivenöl	—	—	0,92
Alkohol, 100%	—	—	0,796	Rizinusöl	—	—	0,97
„ 95%	—	—	0,816	Rüböl	—	—	0,91
„ 50%	—	—	0,934	Salpetersäure	1,15	1,50	—
„ 10%	—	—	0,987	Salzsäure	1,05	1,20	—
Benzin	—	—	0,69	Petroleum	0,79	0,82	—
Bier	1,02	1,04	—	Teer, Steinkohlen	—	—	1,20
Glyzerin, wasserfrei	—	—	1,26	Terpentinöl	—	—	0,87
„ mit 50% Wasser	—	—	1,13	Tran	—	—	0,92
Leinöl	—	—	0,94	Weine, französische	0,991	0,994	—
Meerwasser	1,02	1,04	—	„ Rhein=	0,992	1,002	—
Milch	1,02	1,04	—				

Tabelle 7.

3. Gase und Dämpfe fester und flüssiger Körper.

Bezogen auf atmosphärische Luft bei 0° C und 760 mm Quecksilberdruck = 1. Auf Wasser bezogen ist das spezifische Gewicht der Luft 0,001293 und das des Wasserdampfes bei 100° C = 0,0005896.

	von	bis	im Mittel		von	bis	im Mittel
Ätherdampf	—	—	2,59	Kohlensäure	—	—	1,53
Alkoholdampf	—	—	1,61	Sauerstoff	—	—	1,11
Ammoniak	—	—	0,60	Steinkohlenleuchtgas	0,4	0,6	—
Kohlenoxyd	—	—	0,97	Wasserdampf bei 100° C	—	—	0,624

c) Kubische Gewichte

geschütteter oder geschichteter Körper für das Raummeter (Ster) in Tonnen t = 1000 kg.

Tabelle 8.

Baumaterialien:	von	bis	im Mittel	Brennmaterialien:	von	bis	im Mittel
Bruchsteine	1,600	2,100	1,900	Steinkohle, sächsische	0,77	—	—
Feldsteine	1,800	2,400	2,200	„ Ruhr=	—	0,88	—
Ziegelsteine	1,400	1,500	—	Koks	0,35	0,55	—
Klinker	1,600	1,800	—	Braunkohlen	0,65	0,78	—
Kalkmörtel	1,700	1,800	—	Holzkohlen	0,13	0,25	—
Zementmörtel	—	—	—	Torf	0,12	1,10	—
Beton aus Ziegelklein= schlag	—	—	1,800	Torfkoks	0,25	0,36	—
„ aus Kalksteinklein= schlag	—	—	2,000	Stroh	0,065	0,075	—
				Buchenholz	0,40	0,44	—
				Eichenholz	0,43	0,58	—
„ aus Granitklein= schlag	—	—	2,200	Fichtenholz	0,30	0,34	—
				Tannenholz	0,30	0,38	—
„ aus Kies mit Eisen= einlagen (Eisen= beton)	—	—	2,400	Preßkohlen	1,00	1,10	—
				Schnee, frisch	0,08	0,19	—
Gebrannter Kalk	—	—	1,000	Mist und Guano	0,75	0,95	—
Trockner Sand und Schutt	—	—	1,3	Mehl	—	—	1,56
Sand, Lehm, Erde, trocken	1,6	—	—	Kartoffeln	—	—	0,73
„ „ „ naß	—	2,0	—	Hafer	—	—	0,46
Gerölle	1,7	1,8	—	Zuckerrüben	0,5	0,7	0,67

d) Gewichte von Tieren, Pferdefuhrwerk, landwirtschaftlichen Fahrmaschinen.

Tabelle 9.

	von	bis	im Mittel	Landfuhrwerk		Lastfuhrwerk	
				leichtes	schweres	gewöhnl.	schweres
1 Pferd	400 kg	800 kg	600 kg				
1 Kuh	—	—	500 „	Einspänner 400 kg	—	700 kg	—
1 Stier	—	—	700 „	Zweispänner 600 „	900 kg	1200 „	2000 kg
1 Ochse	—	—	600 „	Dreispänner —	—	1400 „	2500 „
1 Rind	—	—	250 „	Vierspänner 800 kg	1200 kg	1600 „	3000 „
1 Schaf	25 kg	100 kg	60 „	Mehrspänner —	—	—	3500 „
1 Schwein	100 „	450 „	280 „				

	von	bis	im Mittel
1 Karrensämaschine	55 kg	60 kg	60 kg
1 Breitsämaschine	120 „	350 „	240 „
1 Drill- u. Dibbelmaschine	450 „	550 „	500 „
1 Düngerstreumaschine	750 „	850 „	800 „
1 Grasmähmaschine	260 „	340 „	300 „
1 Getreidemähmaschine	380 „	550 „	470 „
1 desgl. mit Garbenbinder	700 „	800 „	750 „
1 Kartoffelerntemaschine	200 „	400 „	300 „

e) Ladungen und Schiffslasten.

Hütte. Güldner, Kalender für Betriebsleitung.

Tabelle 10.

1 Ladung von 10 000 kg (200 Ztr.) enthält cbm:

	von	bis	im Mittel		von	bis	im Mittel
Brauneisenstein	3,0	3,5	—	Koks, Gas	21,3	27,8	—
Braunkohlen	12,8	15,4	—	„ Zechen	18,9	26,3	—
Buchenholz in Scheiten	—	—	25,0	Lehm, frisch gegraben	—	—	6,0
Eichenholz in Scheiten	—	—	23,8	Mörtel (Kalk und Sand)	5,6	5,9	—
Fichtenholz in Scheiten	—	—	31,3	Nadelholz in Scheiten	—	—	30,3
Flußkies, trocken	3,7	4,3	—	Preßkohlen	9,0	10,0	—
„ naß	3,5	4,0	—	Rüben	15,4	17,5	—
Flußsand, feucht	—	—	5,7	Schlacken und Rostasche	—	—	16,7
Formsand, aufgeschüttet	—	—	8,3	Schwefelkies	—	—	3,0
„ eingestampft	—	—	6,1	Schwemmsteine (rheinische)	—	—	11,8
Holzkohlen von weichem				Spateisenstein	3,0	3,3	—
Holz	—	—	66,7	Steinsalz (NaCl), gemahlen	—	—	9,8
Holzkohlen von hartem Holz	—	—	45,5	Teer, Steinkohlen	—	—	8,3
Kalk, gebrannt	7,7	8,4	—	Ton, trocken	—	—	5,6
Kalk- und Bruchsteine	—	—	5,0	„ naß	—	—	5,0
Kartoffeln	13,7	14,3	—	Torf, lufttrocken	24,4	30,8	—
Kohlen, Zwickauer	12,5	13,0	—	„ feucht	15,4	18,2	—
„ oberschlesische	12,5	13,2	—	Traß, gemahlen	—	—	10,5
„ niederschlesische	11,5	12,2	—	Weißtannenholz in Scheiten	—	—	29,4
„ Saar	12,5	13,9	—	Ziegelsteine, gewöhnliche	6,7	7,3	—
„ Ruhr	11,6	12,5	—	„ Klinker	5,6	6,3	—

44 englische Kubikfuß geschüttete Steinkohlen wiegen etwa 1000 kg, also 100 englische Kubikfuß rund 2270 kg, oder 1 cbm rund 803 kg. Nach Stevens & Döring gehen in 1 cbm Schiffsladeraum 896 kg Steinkohlen. 1 Reg. Ton = 100 engl. Kubikfuß = 2832 cbm.

Tabelle 11.

Normale Schiffslasten verschiedener Staaten.

Deutschland[1]) Tonne 1000 kg	England Ton 2240 Pfd.	Preußen Normallast 4000 Pfd.	Schweden Schwere Last 5760 Pfd.	Dänemark Komm.-Last 5200 Pfd.	Hamburg Komm.-Last 6000 Pfd.
1	0,984	0,500	0,408	0,385	0,333
1,016	1	0,508	0,415	0,391	0,339
2,000	1,968	1	0,815	0,769	0,667
2,450	2,411	1,225	1	0,942	0,817
2,600	2,559	1,300	1,061	1	0,867
3,000	2,953	1,500	1,225	1,154	1

3. Kraft- und Arbeitsgrößen.

Kraft = Masse × Beschleunigung.

1 kg Kraft = 1000 g Kraft = 981 000 Dyn.

Arbeit = Kraft × Weg.

1 mkg Arbeit = 100 000 gcm Arbeit = 98 100 000 Dyncm.

$$\text{Leistung} = \frac{\text{Arbeit}}{\text{Zeit}}.$$

1 Watt = 10 Million Dyncm.

1 mkg/Sekunde = 9,81 Watt/Sekunde, 1 Watt = 0,102 mkg.

1 Pferdestärke P.S. = 75 mkg/Sekunde = 75 · 9,81 Watt/Sekunde = 736 Watt-Sekunden.

1 Kilowattstunde = 1000 Wattstunden = 1,36 P.S.Stunden = 102 mkgStunden.

Die Muskelarbeit eines mittelkräftigen Arbeiters von rund 75 kg Körpergewicht kann bei 10stündiger wirklicher Arbeitszeit zu etwa 130 000 mkg angenommen werden, entsprechend $\frac{1}{20}$ P.S. oder 300 WE.

Die andauernde Zugkraft eines Pferdes beträgt etwa $\frac{1}{5}$ seines Körpergewichts; sie nimmt ab

an einem zweispännigen Wagen um rund . . . . 3 v. H.
   „   „   dreispännigen   „   „   „   . . . . 13 v. H.
   „   „   vierspännigen   „   „   „   . . . . 20 v. H.

Die Arbeit der Schwerkraft beträgt im herabfallenden Wasser am Wasserrad oder an der Turbine bei h_m Nutzgefälle A = 10 Q_{cbm} h_m in P.S., theoretisch.

Der Winddruck beträgt $P_{kg} = 0,122\ v_m^2$ kg/qm oder $\frac{1}{8}\ v_m^2$ kg/qm, v = Windgeschwindigkeit.

Danach ergibt   Tabelle 12.

Windgeschwindigkeit m/Sek. (km/St.) .	3,6 (14)	12,5 (45)	25 (90)	29,1 (104)	33,5 (120)	40,2 (144)	47 (170)
Windstärke nach der Beaufortschen Skala	1	5	9	10	11	12	—
Bezeichnung	Leiser Zug	Frische Brise	Sturm	starker	schwerer	Orkan	?
Berechneter Winddruck p in kg/qm	1,5	19	78	106	136	196	250

---

[1]) Deutschland wie Frankreich.

Der nach den ministeriellen Vorschriften den statischen Berechnungen zugrunde zu legenden Mindestwindbruck von 125 kg/qm entspricht demnach schon sehr starkem Sturm, der Wellen von 10—12 m Höhe erzeugt, während der ministeriell für die Untersuchung freistehender Gebäude vorgesehene Meistwindbruck von 250 kg/qm einer rechnerischen Windgeschwindigkeit von 47 m/Sekunde und 170 km/Stunde entsprechen würde.

4. Wärmewerte.

Spezifische Wärme ist die Wärmemenge (Anzahl der Wärmeeinheiten) eines Körpers, die erforderlich ist, um 1 kg dieses Körpers um 1° C zu erwärmen. G kg eines Körpers von der spezifischen Wärme c erfordern demnach zur Temperaturerhöhung um T° C an Wärmeeinheiten WE : c G; 1 WE = 427 mkg. Wasser = 1 gesetzt.

$$1 \text{ Wärmeeinheit} = \frac{102}{427} = 0{,}24 \text{ Kilowatt.}$$

Tabelle 13.

Atmosphärische Luft erfordert bei konstantem Druck 0,238, bei konstantem Vol. 0,169

Wasserdampf	„	„	„	„	0,475,	„	„	„ 0,334
Asche	„				0,200			
Eis	„				0,505			
Kupfer	„				0,095			
Schmiedeeisen	„				0,014			
Ziegelsteine	„			von	0,79—0,24			

der zur entsprechenden Erwärmung von Wasser benötigten Wärmemengen.

Zur Verdampfung einer Flüssigkeit ist ihre Erwärmung auf den Siedepunkt und ihre Überführung in den Gaszustand von derselben Temperatur erforderlich. Die dazu benötigte Wärme heißt die Verdampfungswärme, für Wasser beträgt sie 537 WE.

Tabelle 14.

1. Mittlere Heizkraft der Brennmaterialien.

Spalte 1—10 nach Güldner, Kalender für Betriebsleitung.

Brennmaterial	Die Verbrennung von 1 kg Brennmaterial									Erzielte Heizkraft Spalte 8 × Spalte 7 Spalte 6 WE	
	erfordert Luft				verdampft Wasser		erzeugt Wärme				
	theoretisch		praktisch höchstens		theoretisch	wirklich	theoretisch		auf dem Rost		
	cbm	kg	cbm	kg	kg	kg	Heizkraft WE	Temp. Grad	Temp. Grad		
1	2	3	4	5	6	7	8	9	10	11	12
Holz, lufttrocken . .	3,5	4,5	7,0	9,0	4,4	2 —3	2 800	1960	1100	1300	1900
Torf „ . .	4,2	5,4	8,5	11,0	5,6	2 —3,5	3 550	2150	1125	1300	2200
Braunkohlen, gute .	5,5	7,1	11,0	14,2	8,4	3 —5,5	5 350	2450	1250	1900	3500
Steinkohlen, beste . .	8,0	10,3	16,0	20,6	12,2	6,5—9	7 760	2680	1290	4200	5700
Koks	7,5	9,7	15,0	19,4	10,8	6 —7	6 860	2400	1275	3800	4400
Holzkohlen	8,0	10,3	16,0	20,6	12,1	5 —7,5	7 750	2100	1150	4100	6200
Anthrazit	8,5	11,0	17,0	22,0	12,7	7 —9,0	8 110	2750	1300	4400	5600
Leuchtgas	14,2	—	—	—	—	—	17 000	—	—	—	—
Petroleum	—	—	—	—	—	—	10 000	—	—	—	—
Benzin	—	—	—	—	—	—	11 000	—	—	—	—

Demnach sind an Heizkraft gleichwertig:

1 kg mittelgute Steinkohle = $1^1/_2$ kg bis 2 kg gute Braunkohle = $2^1/_2$ kg trocknes Holz = 2 kg trockener Torf = $3^1/_2$ bis 4 kg Weizen= oder Gerstenstroh = 0,80 l Petroleum.

Preise der Brennmaterialien:
1 kg Dampf 0,2—0,5 Pf.

2. Wärme=Isolierungen.

Nach Güldner, Kalender für Betriebsleitung I.

Kuhhaarfilz isoliert am besten. Wenn diese Isolierungsfähigkeit = 100 gesetzt wird, hat

Asbest in losen Schichten aufgebracht	87
„ in fester Wicklung	32
„ Wolle	83
„ als Hülle eines Luftraums um das Dampfgefäß . . .	100
Papiermasse	85
Kohlenasche . . . . 24—34	
Schamotte (Feuerziegel)	15
Sand	9

5. Elektrotechnische Werte.

Tabelle 15.

Spezifische elektrische Widerstände.

Material	Für 1 m Länge und 1 qmm Querschnitt in Ohm	Zunahme für 1^0 C in %	Material	Für 1 m Länge und 1 qm Querschnitt in Ohm	Zunahme für 1^0 C in %
Aluminium	0,0287	0,388	Messing, gezogen	0,065	0,1
Blei	0,2076	0,387		0,085	0,2
Bronze	0,12	0,1	Silber	0,017	0,377
Eisen	0,12—0,14	0,48	Stahl	0,184	—
Kupfer, weich	0,0172	0,4	Kruppin	0,8483	0,07
„ hart	0,0174	—	Neusilber	0,301	0,036

Quelle: Uppenborn, Kalender für Elektrotechniker. 1908.

Nach den Normalien des Verbandes Deutscher Elektrotechniker gilt als hart gezogener Kupferdraht nur der, dessen Spannung an der Streckgrenze mindestens 0,8 derjenigen an der Bruchgrenze erreicht; dabei muß die Dehnung, auf eine Meßlänge vom 35fachen des Drahtdurchmessers bezogen, mindestens 2% betragen.

Tabelle 16.

Durchschlagspannung in Volt für 10 mm Dicke.

Glas	285 000 [1]	Petroleum	101 000 [1]
Glimmer	2 000 000 [1]	Papier, paraffin.	360 000 [1]
Hartgummi	538 000 [1]	Paraffin	139 000 [1]
Luft	15 000 [1]	Porzellan	132 000 [2]
Öle	{ 28 000 130 000 [1]		

[1] Baur, Das elektrische Kabel. Berlin bei Springer.　[2] Friese, Das Porzellan.

6. Reibungswerte.

1. Reibung der Ruhe.

μ gibt den Anteil bzw. die Richtung der Last an, die zur Vermeidung des Gleitens auf der Unterlage nicht überschritten werden dürfen.

Bzw. μ = Tangente des Böschungswinkels ϱ.

Tabelle 17.

Bezeichnung	μ von	bis	ϱ im Mittel
Steine oder Ziegel auf Ziegel	$1/2$	$3/4$	$2/3$
Mauerwerk auf Beton . .	—	—	$3/4$
Mauerwerk auf gewachsenem trocknen Boden	—	—	$2/3$
desgl. naß und lettig . .	—	—	$1/3$
desgl. von mittl. Beschaffenheit	—	—	$1/2$

				ϱ	t/cbm
Damm-erde	ge-lockert	trocken	40°	1,42
		erdfeucht	45°	1,58
		mit Wasser gesättigt	30°	1,80
	ge-stampft	trocken	42°	1,68
		erdfeucht	65°	1,88
Lehm-erde	ge-lockert	trocken	40°	1,50
		erdfeucht . . .	45°	1,55
		mit Wasser gesättigt	30°	2,04
	ge-stampft	trocken	42°	1,79
		erdfeucht	70°	1,85
Sand		trocken	35°	1,64
		erdfeucht . . .	40°	1,77
		mit Wasser gesättigt	30°	2,00
Gerölle . . .		eckig	45°	1,77
		rundlich	30°	1,77

2. Gleitende Reibung.

Tabelle 18.

		μ
Unbeschlagene Holzkufen auf glatter Holz- oder Steinbahn	ungeschmiert	0,38
	geschmiert mit trockner Seife .	0,15
	geschmiert mit Talg	0,07
Unbeschlagene Holzkufen auf Schnee und Eis		$1/30$
Beschlagene Holzkufen auf Schnee und Eis		$1/50$

	μ
Bremsklötze aus Holz auf gußeiserne Radscheibe bei Buchenholz	$1/3$
bei Weidenholz	$1/2$
Bremsklötze aus Holz auf schmiedeeiserne Radscheibe bei Buchenholz	$1/2$
bei Weidenholz	$2/3$

3. Rollende Reibung.

Tabelle 19.

	μ
Rollendes Material auf Feld- und Forstbahn	0,006
desgl. auf Normalbahn	0,004
Gesamtreibung für Straßenfuhrwerke:	
Glatte Granitplattenbahn	0,006
Gleise der Straßenbahnen i. M. . . .	0,007
Gute Asphaltstraße	0,010
Vorzügliches Steinpflaster	0,015
Chaussierte Straße, gewöhnlicher Schotter in vorzüglichem Zustande	0,016

	μ
Gutes Holzpflaster	0,018
Gutes Steinpflaster	0,020
Chaussierte Straße in gutem Zustande .	0,023
desgl. mit Staub bedeckt	0,028
Geringes Steinpflaster	0,033
Chaussierte Straße mit Schlamm bedeckt, ausgefahren	0,035
Erdwege, sehr gute	0,045
Chaussierte Straße von sehr geringer Beschaffenheit	0,050
Erdwege, gute bis schlechte	0,08—0,16
Loser Sand	0,15—0,30

Trägheits- und Widerstandsmomente. Tabelle 20.

Nr. 1	Querschnitt 2	Trägheitsmoment, bezogen auf die horizont. Schwebeachse xx. J 3	Widerstandsmoment. $W = \dfrac{J}{a}$ 4	Abstand der äußersten Faser von der Achse. a 5	Querschnittsfläche F 6
1		$\dfrac{b\,h^3}{12}$	$\dfrac{b\,h^2}{6}$	$\dfrac{h}{2}$	$b\,h$
2		$\dfrac{b}{12}(h^3 - h_1^3)$	$\dfrac{b}{6h}(h^3 - h_1^3)$	$\dfrac{h}{2}$	$b(h - h_1)$
3		$\dfrac{b^4}{12}$	$\dfrac{b^3}{6}$	$\dfrac{b}{2}$	b^2
4		$\dfrac{1}{12}(b\,h^3 - b_1\,h_1^3)$	$\dfrac{1}{6h}(b\,h^3 - b_1\,h_1^3)$	$\dfrac{h}{2}$	$b\,h - b_1\,h_1$
5		$\dfrac{1}{12}(b\,h^3 + b_1\,h_1^3)$	$\dfrac{1}{6h}(b\,h^3 + b_1\,h_1^3)$	$\dfrac{h}{2}$	$b\,h + b_1\,h_1$
6		$\dfrac{\pi}{64}d^4 = \dfrac{\pi}{4}r^4$	$\dfrac{\pi}{32}d^3 = \dfrac{\pi}{4}r^3$	r	$\dfrac{\pi}{4}(D^2 - d^2)$
7		$\dfrac{\pi}{64}(D^4 - d^4)$ $= \dfrac{\pi}{4}(R^4 - r^4)$	$\dfrac{\pi}{32D}(D^4 - d^4)$ $= \dfrac{\pi}{4R}(R^4 - r^4)$	R	$\dfrac{\pi}{4}d^2$
8		$\dfrac{1}{12}(b\,h_1^3 - 2b_1\,h_2^3 - 2b_2\,h_3^3 - 2b_3\,h_4^3)$	$\dfrac{2J}{h_1}$	$\dfrac{h_1}{2}$	$b\,h_1 - 2(b_1\,h_2 + b_2\,h_3 + b_3\,h_4)$
9		$J = \dfrac{\delta}{4}\left(\dfrac{\pi B^3}{16} + B^2 h + \dfrac{\pi B h^2}{2} + \dfrac{2}{3}h^3\right)$ $W = \dfrac{2J}{H + \delta}$ $h = H - \dfrac{B}{2}$		$\dfrac{B}{2}$	$\left(\dfrac{\pi B}{2} + 2h\right)\delta$

8. Die hauptsächlichsten Belastungsfälle für Träger mit konstantem Querschnitt.

Tabelle 21.

Nr.	Belastungsfall A — B	Auflagerdrucke A und B und Maximalbiegungsmomente M $M = k \cdot W$ für Einzellasten	gleichmäßig verteilte Belastungen	Tragkraft P bzw. erforderliches Widerstandsmoment W bei gegebener zulässiger Beanspruchung k für Einzellasten	gleichmäßig verteilte Belastungen	Bemerkungen
1		$A = 0$ $B = P$ $M = P \cdot 1$	$A = 0$ $B = P$ $M = P \cdot \frac{1}{2}$	$P = k \dfrac{W}{1}$ $W = \dfrac{P}{k} 1$	$P = 2k \dfrac{W}{1}$ $W = \dfrac{P}{k} \dfrac{1}{2}$	Freiträger. Gefährlicher Querschnitt bei B.
2		$A = \dfrac{P}{2}$ $B = \dfrac{P}{2}$ $M = P \dfrac{1}{4}$	$A = \dfrac{P}{2}$ $B = \dfrac{P}{2}$ $M = P \dfrac{1}{8}$	$P = 4k \dfrac{W}{1}$ $W = \dfrac{P}{k} \cdot \dfrac{1}{4}$	$P = 8k \dfrac{W}{1}$ $W = \dfrac{P}{k} \dfrac{1}{8}$	Frei aufliegender Träger. Gefährlicher Querschnitt in der Mitte.
3		$A = \dfrac{5}{16} P$ $B = \dfrac{11}{16} P$ $M = \dfrac{3}{16} P \cdot 1$	$A = \dfrac{3}{8} P$ $B = \dfrac{5}{8} P$ $M = P \cdot \dfrac{1}{8}$	$P = \dfrac{16}{3} k \dfrac{W}{1}$ $W = \dfrac{P}{k} \dfrac{3}{16} 1$	$P = 8k \dfrac{W}{1}$ (wie in Nr. 2) $W = \dfrac{P}{k} \dfrac{1}{8}$	Halb eingespannter Träger. Gefährlicher Querschnitt bei B.
4		$A = \dfrac{P}{2}$ $B = \dfrac{P}{2}$ $M = P \cdot \dfrac{1}{8}$	$A = \dfrac{P}{2}$ $B = \dfrac{P}{2}$ $M = P \cdot \dfrac{1}{12}$	$P = 8k \dfrac{W}{1}$ $W = \dfrac{P}{k} \dfrac{1}{8}$	$P = 12k \dfrac{W}{1}$ $W = \dfrac{P}{k} \dfrac{1}{12}$	Eingespannter Träger. Gefährliche Querschnitte bei A u. bei B.
5		Trägheitsmoment $J_{em} = m 1_m^2 P_t$. Für Holz bei 10facher Sicherheit $m = 100$. „ Gußeisen „ 8 „ „ $m = 8$. „ Schmiedeeisen „ 5 „ „ $m = 2,33$.				

9. Festigkeit und Tragfähigkeit.

(Vgl. Minist.-Erlaß v. 31./1. 1910 bzw. Verh. d. Berl. Baupolizei v. 21./3. 1910 u. Abschn. II, A. VI.)

Tabelle 22.

1. Zulässige Spannungen von Flußeisen (Fl.) und Schweißeisen (Sch.) in kg/qcm.

A. Bei im wesentlichen ruhenden Belastungen:	Minist. d. öffentl. Arbeiten	Berliner Baupolizei	Deutsches Normal-Profilbuch
1. Hochbauwerke.			
a) Keine Erschütterungen, keine starken Belastungswechsel. (Wenn Material vor Abnahme geprüft)	—	1000	1000
b) Keine nennenswerte Erschütterungen	Fl. 1200 Sch. 1000	—	—
c) Zusammengesetzte genau berechnete Konstruktionen ..	—	Fl. 1000	—
d) In allen anderen Fällen	Fl. 875 Sch. 750	Fl. 875 Sch. 750	—
2. Bahnsteighallen und Dachbinder. Luftschiffhallen.			
a) In der statischen Berechnung Eigengewicht und Schnee mit 75 kg/qm	—	—	Fl. 1200 Sch. 1080
b) In der statischen Berechnung Eigengewicht Schnee und Winddruck mit 150 kg/qm	—	—	Fl. 1600 Sch. 1440

Knickfestigkeit gedrückter Stäbe nach Euler bei 4 facher Sicherheit.

B. Bei bewegten Belastungen:

Eisenbrücken.   Nach Minist. d. öffentl. Arb.

Stützweite bis zu m	10	20	40	80	120	160	200
1. a) Hauptträger, vollwandige und gegliederte, mit Ausnahme der Gegendiagonalen							
b) Fahrbahnträger unter Schotterbettung ...	Fl. 800	850	900	950	1000	1050	1100
c) Wind- und Eckverbände	Sch. 750	765	810	855	900	945	990
α) In der statischen Berechnung Winddruck nicht berücksichtigt	Fl. 800	1000	1050	1100	1150	1200	1250
β) In der statischen Berechnung Winddruck berücksichtigt	Sch. 750	900	945	990	1035	1080	1125
2. Fahrbahnträger, wenn Schwellen auf Längsträgern	Flußeisen 750; Schweißeisen 700.						
3. Fahrbahnträger, wenn Schienen auf Längsträgern	„ 700; „ 650.						
4. Fahrbahnträger, wenn Schienen auf Querträgern	„ 700; „ 650.						

Knickfestigkeit gedrückter Stäbe nach Euler bei 5 facher Sicherheit.

2. Zulässige Beanspruchung der hölzernen Bauteile in kg/qcm.

Auf Zug	Eichenholz 100—120 kg/qcm,	Kiefernholz 100—120 kg/qcm,
„ Druck	„ 80—100 „	„ 60—80 „
„ Biegung	„ 80—120 „	„ 100—120 „
„ Abscheerung ‖ Faser	„ 15—20 „	„ 10—15 „
„ „ ⊥ Faser	„ 80—90 „	„ 60—70 „

3. Zulässige Pressungen der natürlichen Bausteine in kg/qcm, wenn die beigeschriebenen Sicherheitsgrade n eingehalten werden.

Gesteinsart	Auflagersteine n = 10—15	Pfeiler und Gewölbe n = 15—20	Sehr schlanke Pfeiler und Säulen n = 25—30
Granit	60—90 kg/qcm	45—60 kg/qcm	25—30 kg/qcm
Sandstein	30—50 „	25—30 „	15—20 „
Kalkstein und Marmor	30—40 „	20—30 „	12—15 „

4. Zulässige Pressungen von Mauerwerk und Beton in kg/qcm.

Aus Schwachbrandziegelsteinen oder Kalksandsteinen mit 150—200 kg/qcm Druckfestigkeit.	In Kalkmörtel aus 1 Teil Kalk und 3 Teilen Sand.	} bis 7 kg/qcm
Aus Mittelbrandziegelsteinen oder Kalksandsteinen mit 200—300 kg/qcm Druckfestigkeit.	In Kalkzementmörtel aus 1 Teil Zement, 2 Teilen Kalk, 6—8 Teilen Sand.	} 12—15 kg/qcm
Aus Klinkern mit über 300 kg/qcm Druckfestigkeit.	In Zementmörtel aus 1 Teil Zement und 3 Teilen Sand mit etwas Kalkmilch.	} 20—30 kg/qcm

Bei Bauten für vorübergehende Zwecke (Ausstellungshallen u. dgl.) dürfen die Beanspruchungen um die Hälfte erhöht werden. Stützen müssen nach der Eulerschen Formel mit $E = 100000$ kg/qcm eine 6- bis 10fache Sicherheit gegen Knicken besitzen. ($J_{cm} = 60 \cdot P.l^2_{cm}$ bis 100 P.l²), diese untere Grenze gilt nur für Interimsbauten.

Aus Bruchsteinen	In Kalkmörtel	bis 5 kg/qcm
„ Beton, geschüttet	Mit Portlandzement	6—8 kg/qcm
„ „ gestampft	„ „	10—15 kg/qcm
„ „ mit Eiseneinlagen	„ „	¹/₆ der Druckfestigkeit.

5. Zulässige Pressung des Baugrundes in kg/qcm.

Tragfähiger Baugrund darf mit 3—4 kg/qcm beansprucht werden, darüber hinausgehende Beanspruchungen sind besonders zu begründen.

10. Ausländisches Geld.
Tabelle 23.

G. W. = Goldwährung; S. W. = Silberwährung; D. W. = Doppelwährung.

1. Gruppe: Die Frank=Einheit zu 0,81 M.
(* Lateinische Münzunion.)

* 1. Belgien . .	G.W.	1 Frank = 100 Centimes
2. Bulgarien .	D.W.	1 Lew = 100 Stotinki
* 3. Frankreich .	D.W.	1 Frank = 100 Centimes
* 4. Griechenland	D.W.	1 Drachme = 100 Lepta
* 5. Italien . .	D.W.	1 Lira = 100 Centesimi
6. Rumänien .	G.W.	1 Lei = 100 Bani
* 7. Schweiz . .	D.W.	1 Frank = 100 Rappen (centimes)
8. Serbien . .	D.W.	1 Dinar = 100 Para
9. Spanien .	D.W.	1 Peseta = 100 Centimos

2. Gruppe: Die Krone=Einheit zu 1,125 M.

1. Dänemark .	G. W.	1 Krone = 100 Öre
2. Norwegen .	G. W.	1 Krone = 100 Öre
3. Schweden .	G. W.	1 Krone = 100 Öre

3. Gruppe: Die Gulden=Einheit zu 1,68 bis 1,70 M.

1. Niederlande .	G.W.	1 Gulden = 100 Cents
2. Österreich= Ungarn . .	G.W.	1 Krone = 100 Heller, 2 Kronen = 1 Gulden

4. Gruppe: Die Schilling=Einheit zu 1,02 M.

1. Großbritannien	G. W.	1 Schilling = 12 Pence 20 Schilling = 1 Pfd. Sterling (Sovereign)

5. Gruppe: Die Rubel=Einheit zu 2,16 M.

1. Rußland . .	G.W.	1 Rubel Silber = 100 Kopeken, 1 Rubel Gold = 3,20 M.

6. Gruppe: Die Dollar=Einheit zu 4,20 M.

1. Vereinigte Staaten von Nord=Amerika	G.W.	1 Dollar = 100 Cents
2. Mexiko . . .	S.W.	1 Peso = 100 Centavos
3. Süd = Amerika ohne Brasilien, Argentinien .	G.W.	1 Peso = 100 Centavos

7. Gruppe: Die Milreis=Einheit.

1. Portugal . .	G.W.	1 Milreïs = 1000 Reïs = 4,54 M.
2. Brasilien . .	G.W.	1 Milreïs = 1000 Reïs = 1 M.

8. Gruppe.

China	S.W.	1 Haikuan=Taël = 3 M. = 1600—1700 Käsch

9. Gruppe.

Japan	G.W.	1 Zehngolddollarstück = 20,90 M. 1 Gold=Yen = 2,05 M., 20 Yen = 1 Kobu.

IV. Abschnitt.

Preisentwickelungen.

Von Regierungsbaumeister Kohlmorgen.

A. Löhne.

Allgemeines über das Tiefbaugewerbe.

Während im Baugewerbe die Arbeitslöhne und die Arbeitszeiten zwischen den Arbeit= gebern und Arbeitnehmern durch „Tarifverträge" festgelegt werden und der „Deutsche Arbeitgeberbund für das Baugewerbe" darüber Zusammenstellungen herausgibt, fehlt für die „Streckenarbeiter" eine solche Zusammenstellung.

Einen ungefähren Anhalt für die Beurteilung der Löhne in den verschiedenen Ge= genden dürften die für die einzelnen Verwaltungskreise jedes vierte Jahr festzusetzenden „ortsüblichen Tagelöhne" geben, doch stellen sich wegen der unter den gewerbsmäßigen Streckenarbeitern herrschenden Freizügigkeit die Löhne höher, zumal das Tiefbaugewerbe ein Wandersaisongewerbe und auch auf die sogenannten „Freiarbeiter" angewiesen ist, die bei aufsteigender Konjunktur in der Industrie festgehalten werden. Der Mangel an Arbeitskräften macht sich daher im Tiefbaugewerbe bei aufstrebender Konjunktur der Industrie erst recht fühlbar, obwohl die Anzahl der zum Tiefbaubetrieb erforderlichen Menschenkräfte durch immer weitere Verwendung von Baumaschinen, wie Bagger= maschinen, Bohrmaschinen, Transportmaschinen immer mehr eingeschränkt wird.

Arbeitsnachweis. Die Schwierigkeit der Beschaffung geeigneter Arbeitskräfte hat im Tiefbaugewerbe dieselben Gründe wie in der Landwirtschaft. Zu den robusten Arbeitsleistungen sind die inländischen Arbeiter weniger geeignet und auch nicht geneigt, solange sie in der Industrie besser bezahlte Arbeit finden und die im Tiefbau und in der Landwirtschaft gezahlten Löhne für die heutige Lebensführung der meisten Arbeiter nicht mehr ausreichen. Der Verband der Deutschen Tiefbauunternehmer E. V. Berlin=Wilmers= dorf, Berlinerstr. 6/7, hat daher mit der Deutschen Feldarbeiter=Zentrale, Berlin SW. 11, ein dahingehendes Abkommen getroffen, daß ihm, bzw. seiner Abteilung „Arbeitsnach= weis", von den auf den Grenzämtern sich meldenden Ausländern geeignete Leute über= wiesen werden. Durch ministerielle Verfügung vom 21. Dezember 1907 ist die Feldarbeiter= Zentrale zur rechtsgültigen Legitimierung der von ihr zur Arbeitsleistung in Preußen angenommenen Ausländer ermächtigt worden, und die meisten anderen Bundesstaaten haben inzwischen auch die entsprechenden Autorisierungen erteilt. Der Legitimierungs= zwang bietet den Arbeitgebern den ferneren Vorteil, daß kontraktbrüchige Arbeitnehmer festgestellt und von ferneren Arbeitsgelegenheiten ausgeschlossen werden können. Die Arbeitnehmer haben durch die Vermittlung der Zentrale den Vorteil, daß ihnen das Suchen von Arbeitsgelegenheiten erspart wird und sie der Gefahr entzogen sind, ge= wissenlosen Agenten in die Hände zu fallen. Aus dem Ausland kann der Arbeitsnachweis des Verbandes der deutschen Tiefbauunternehmer Arbeiter seinen Mitgliedern nur durch die Vermittelung der Deutschen Feldarbeiter=Zentrale besorgen, dagegen die im Inlande sich befindenden Arbeitsuchenden unmittelbar, gleichviel ob Deutsche oder Ausländer. Der Arbeitsnachweis unterhält neben der Arbeitervermittelung eine Stellenvermittelung für das Hilfspersonal der Unternehmer, worauf im Interesse der Sache hier hingewiesen sei.

Gerätezentrale. Der Verband der deutschen Tiefbauunternehmer E. V. hat zur weiteren Wahrnehmung der Interessen seiner Mitglieder seinem Geschäftsbetrieb inzwischen auch eine Gerätezentrale angegliedert, die als Treuhänderin im Auftrag und für Rechnung von Mitgliedern den Kauf und die Mietung von Feldbahnmaterial und Baugeräten besorgt, den Austausch von Geräten zwischen Mitgliedern vermittelt, bei den in Betracht kommenden Kauf= und Mietsverhandlungen mit Begutachtungen und Ratschlägen behilflich ist und auch Kauf= und Mietsverträge nachprüft. Die Tätigkeit der Gerätezentrale ist bei Geschäften mit Nichtmitgliedern für die Mitglieder kostenfrei, von den abschließenden Fabriken und Lieferanten wird eine mäßige Abschlußgebühr erhoben. Wenn Mitglieder untereinander Verkäufe oder Vermietungen durch die Vermittlung der Gerätezentrale abschließen, zahlt der Käufer 2% bzw. 3% der erzielten Preise. Die von Mitgliedern an die Gerätezentrale unter Angabe der genauen Preise, der Lagerorte und genauer Beschreibungen aufzugebenden Nachfragen und Angebote werden unter Weglassung der Preise in dem Organ des Verbandes, „Deutsche Tiefbau=Zeitung", in einem Beiblatt „Gerätetafel" veröffentlicht. Der durch die Gerätezentrale im Jahre 1911 vermittelte Umsatz belief sich auf 1½ Million M.; gegen das Vorjahr hat er sich mehr als verdoppelt. Außer der Gerätezentrale besteht eine besondere Gerätevereinigung von Tiefbauunternehmern der Rheinlande und Westfalens, die als Ein= und Verkaufsgenossenschaft für ihre Mitglieder Geräte und Feldbahnmaterial einkauft und verkauft und Reparaturen, auch von Lokomotiven, ausführt. Nach dem letzten Jahresbericht hatte die Genossenschaft einen Umsatz von mehr als ½ Million M. und zahlte 8% an die Genossenschafter.

Tiefbaukammern. Bei der großen Bedeutung, die das Tiefbaugewerbe mit seiner heutigen modernisierten Arbeitsweise durch die Ausführung der öffentlichen Arbeiten für die Beschäftigung der Handarbeiter, Handwerker, Techniker und der Bureauangestellten, die inländische Fabrikation und die Einfuhr von Baumaterialien, und Baumaschinen, auf Berg= und Hüttenwesen und auf das Transportwesen hat, sind auf Anregung des derzeitigen Verbandsvorsitzenden, Ingenieur Dr. Krause, Bestrebungen im Gange, die auf die Schaffung von Berufskammern hinzielen. Solche Tiefbaukammern, ähnlich den Handels= und den Handwerkskammern, sollen hauptsächlich Einfluß auf das Submissions= und das Schiedsgerichtswesen ausüben und dem Eindringen von ungeeigneten Elementen Schranken setzen.

Statistisches. Umfang, Entwickelung und volkswirtschaftliche Bedeutung des Tiefbaugewerbes spiegeln sich in den nachstehenden Zahlen wieder, die der „Deutschen Tiefbau=Zeitung" von 1908, Nr. 17 bzw. von 1910, Nr. 24, und dem Verwaltungsbericht der Tiefbau=Berufsgenossenschaft für 1910 entnommen sind. — Die Gewerbezählung von 1907 gibt in Deutschland für das Baugewerbe 204 783 Betriebe mit 1576804 beschäftigten Personen an, d. h. oder 2,6% der Bevölkerung, faßt aber leider den Hoch=, Eisenbahn=, Wege= und Wasserbau zusammen. Die Betriebe haben sich stetig vergrößert (Spalte 4, Tabelle 1), soweit sie nicht aufgegeben sind, was jährlich bei rund 15% bis 16% erfolgt ist, die aber durch neue hinzutretende ersetzt wurden. Das Tiefbaugewerbe entwickelt sich sichtlich aus dem handwerksmäßigen Kleinbetrieb zum kapitalistischen Großbetrieb, denn noch im Jahre 1905 hat fast ein Drittel sämtlicher Unternehmer weniger als 5000 M. Jahresgesamtlöhne bezahlt, während 1908 in 13 Betrieben der Jahreslohnumsatz zwischen 1 Million und 2 Millionen Mark betrug gegen nur 1 solchen Betrieb im Jahre 1899.

Tabelle 1.

Umfang und Entwickelung des Tiefbaugewerbes.

Zusammengestellt aus dem Verwaltungsbericht der Tiefbau-Berufsgenossenschaft für 1910 und aus der Deutschen Tiefbau-Zeitung.

Laufende Nr.	Jahr	Gewerbliche Betriebe: Anzahl der Betriebe	Gewerbliche: Anzahl der beschäftigten Personen. Im Ganzen und je Betrieb i. M.	Kommunale (Reichs=Staats=Gemeinde=u.a.) Betriebe: Anzahl der Betriebe	Kommunale: Anzahl der beschäftigten Personen. Im Ganzen und je Betrieb i. M.	Sämtliche Betriebe	Sämtliche: Anzahl der beschäftigten Personen. Im Ganzen und je Betrieb i. M.	Gezahlte Jahreslöhne in den gewerblichen Betrieben a) Im Ganzen i.M. b) je Betrieb i.M. c) je Person i.M.	in den kommunalen Betrieben a)/b)/c)	in den sämtlichen Betrieben a)/b)/c)	Gezahlte Durchschnittslöhne (für 300 M. Arbeitstage = 1 Volltag) gewerblichen M.	kommunalen M.	sämtlichen M.	Entstandene entschädigungspflichtige Unfälle	Auf 100000 M. Jahreslohn kamen Unfälle	Erhobener Jahresumlagebetrag je 1000 M. gezahlte Löhne — gewerbl. M.	kommun. M.	sämtl. M.
	2	3	4	5	6	7	8	9	10	11	12	13	14	15	16	17	18	19
	Beginn 1888																	
1	1890	3425	rb. 10400 / rb. 30	?	? / ?	?	? / ?	rb. 54000000 / rb. 15000 / rb. 520	? / ?	rb. 69548000 / ? / ?	?	?	696	1076	1,55			37,1
2	1900	3047	rb. 193000 / rb. 63	?	? / ?	?	? / ?	rb. 108000000 / rb. 35000 / rb. 560	? / ?	rb. 124077000 / ? / ?	1010	797	977	1668	1,34	23,3	12,2	21,9
3	1906	3156	rb. 248000 / rb. 79	?	? / ?	?	? / ?	rb. 151000000 / rb. 47000 / rb. 600	? / ?	rb. 170046000 / ? / ?	1137	949	1112	2071	1,22	19,3	10,8	18,4
4	1909	3300	rb. 292300 / rb. 90	1475	rb. 14200 / rb. 10	4775	rb. 306500 / rb. 65	? / ? / ?	? / ? / ?	rb. 197858000 / rb. 45300 / rb. 650	1229	1025	1205	2113	1,07	20,3	11,6	19,5
5	1910	3368	rb. 306700 / rb. 91	1483	rb. 14800 / rb. 10	4851	rb. 321500 / rb. 67	? / ? / ?	? / ? / ?	rb. 226999000 / rb. 46500 / rb. 185	1272	1042	1248	2088	0,92	19,1	10,9	18,3
6	1911 1. Dez.	3416	rb. 345300 / rb. 101	1483	rb. 15000 / rb. 11	4899	rb. 360000 / rb. 74	Seit 1888, d. h. in 23 Jahren zul. rb. 2742300000 d. h. i. M. jährlich 119249000		rb. 2742300000 / rb. 119249000				Im 1910 find gezahlt an 10789 Rentner 2033400 M., d.h.i.M. 188,5 M. u. an 1657 Partelen Hinterblieb. von tödlich Verletzten 571800 M., d.h. je Partel i. M. 345 M., jährlich		Seit 1888 zul. 63301000 d.h.i.M. jährlich 2752000		

Tabelle 2.

Zusammenstellung der in Berlin mit Vororten und in 458 anderen deut=
schen Orten für die Zeit vom 1. April 1912 bis 31. März 1913 verein=
barten Tariflöhne für die Maurer, Zimmerer und Hilfsarbeiter.

Bemerkungen. 1. Für die Stadtkreise Berlin, Charlottenburg, Lichtenberg,
Neukölln, Schöneberg, Wilmersdorf und 58 Vororte im Abstand bis 20 km vom Pots=
damer Platz gilt der zwischen dem Verband der Baugeschäfte von Berlin und den Vor=
orten, E. V. Berlin SW. 11, und den Arbeitnehmern vereinbarte Tarif A, für die übrigen
Orte der zwischen dem Deutschen Arbeitgeberbund für das Baugewerbe, E. V., Berlin
W. 9, und den Zentralverbänden der Bauarbeiter (Maurer, Zimmerer, Hilfsarbeiter)
geschlossene Tarif B.

2. In Spalte 4 ist durch die betr. römische Zahl, I bis XXVI, der zugehörige Bundes=
staat und durch die betr. arabische Zahl der zugehörige Verwaltungsbezirk bezeichnet,
wie es aus der folgenden Einteilung ersichtlich ist. Demnach bedeutet in Spalte 4 z.B.
II 7, daß der betr. Ort im Königreich Bayern, Verwaltungsbezirk Unterfranken, liegt.

Einteilung der Deutschen Bundesstaaten nach Verwaltungsbezirken.

I. Königreich Preußen.

37 Regierungsbezirke.

1. Königsberg.
2. Gumbinnen.
3. Allenstein.
4. Danzig.
5. Marienwerder.
6. Potsdam.
7. Berlin.
8. Frankfurt a. O.
9. Stettin.
10. Köslin.
11. Stralsund.
12. Posen.
13. Bromberg.
14. Breslau.
15. Liegnitz.
16. Oppeln.
17. Magdeburg.
18. Merseburg.
19. Erfurt.
20. Schleswig.
21. Hannover.
22. Hildesheim.
23. Lüneburg.
24. Stade.
25. Osnabrück.
26. Aurich.
27. Münster.
28. Minden.
29. Arnsberg.
30. Cassel.
31. Wiesbaden.
32. Coblenz.
33. Düsseldorf.
34. Cöln.
35. Trier.
36. Aachen.
37. Hohenzollern.

II. Königreich Bayern.

8 Regierungsbezirke.

1. Oberbayern.
2. Niederbayern.
3. Pfalz.
4. Oberpfalz.
5. Oberfranken.
6. Mittelfranken.
7. Unterfranken.
8. Schwaben.

III. Königreich Sachsen.

5 Amtshauptmann=
schaften.

1. Dresden.
2. Leipzig.
3. Zwickau.
4. Chemnitz.
5. Bautzen.

IV. Kgr. Württemberg.

64 Oberamtsbezirke.

V. Großherzt. Baden.

53 Amtsbezirke.

VI. Großherzt. Hessen.

3 Provinzen.

1. Starkenburg.
2. Oberhessen.
3. Rheinhessen.

VII. Großh. Mecklen=
burg=Schwerin.

VIII. Großh. Sachsen.

4 Verwaltungsbezirke.

IX. Großh. Mecklen=
burg = Strelitz.

X. Großh. Oldenburg.

1. Herzogtum Oldenburg.
2. Fürstentum Lübeck.
3. Fürstentum Birken=
feld.

XI. Herzogtum Braun=
schweig.

4 Kreise.

1. Braunschweig.
2. Gandersheim.
3. Holzminden.
4. Blankenburg.

XII. Herzogt. Sachsen=
Meiningen.

4 Kreise.

1. Meiningen.
2. Hildburghausen.
3. Sonneburg.
4. Saalfeld.

XIII. Herzogt. Sachsen=
Altenburg.

1. Ostkreis.
2. Westkreis.

XIV. Herzogt. Sachsen=
Coburg = Gotha.

1. Herzogtum Coburg.
2. Herzogtum Gotha.

XV. Herzogtum Anhalt.

5 Kreise.

1. Dessau.
2. Cöthen.
3. Zerbst.
4. Bernburg.
5. Ballenstedt.

XVI. Fürstent. Schwarz=
burg=Sondershausen.

4 Verwaltungsbezirke.

1. Sondershausen.
2. Ebeleben.
3. Arnstadt.
4. Gehren.

XVII. Fürstentum
Schwarzburg =
Rudolstadt.

3 Landratsamts=
bezirke.

1. Rudolstadt.
2. Königsee.
3. Frankenhausen.

| XVIII. Fürstent. Wal=
deck.

1. Waldeck.
2. Pyrmont.
XIX. Fürstentum Reuß
älterer Linie. | XX. Fürstentum Reuß
jüngerer Linie.

XXI. Fürstent. Schaum=
burg = Lippe.

XXII. Fürstent. Lippe. | XXIII. Freie Hansa=
stadt Lübeck.
XXIV. Freie Hansa=
stadt Bremen.
XXV. Freie u. Hanse=
stadt Hamburg. | XXVI. Reichsland El-
saß = Lothringen.

3 Bezirke.
1. Unter-Elsaß.
2. Ober-Elsaß.
3. Lothringen. |

3. In Spalte 5 sind die Einwohnerzahlen nach der Volkszählung vom 1. Dezember 1910 in Tausenden, abgerundet auf 2 Stellen, angegeben.

4. Die in Spalte 6 aufgeführten Servisklassen geben insofern einen Anhalt zur Beurteilung der Lohnverhältnisse, als durch sie die Bewertung der gesetzlichen Quartier= leistungen bemessen ist. So staffeln die für die Unterbringung der Mannschaften fest= gesetzten Quartiergelder in den Klassen IV, III, II, I, A etwa nach den Verhältniszahlen 1, $1^1/_3$, $1^2/_3$, $1^1/_2$, 2.

Tarif A.

Jahreszeit	Arbeits= anfang	Feier= abend	Pausen Std.	Wirkliche Arbeits= zeit Std.	Stundenlohn für			
					Maurer Pf.	Zim- merer Pf.	Hilfsarbeiter	
							geübte Pf.	ungeübte Pf.
vom 1. März bis 8. Oktober .	7^h	6^h	2	9	80	80	55	$52^1/_2$
„ 9. Oktober bis 30. November	$7^1/_2{}^h$	5^h	$1^1/_2$	8				
„ 1. Dezember bis 15. Januar	8^h	4^h	1	7				
„ 16. Januar bis 31. Januar .	$7^1/_2{}^h$	$4^1/_2{}^h$	$1^1/_2$	$7^1/_2$				
„ 1. Februar bis 28. Februar	7^h	$5^1/_2{}^h$	2	$8^1/_2$				

Tarif B.

1	2	3	4	5	6	7	8	9	10
Lfd. Nr.	Orte mit Lohntarifen	St. = Stadt G. = Gemeinde	Ver= waltungs= bezirk	Einwohner= zahl in Tausenden	Ser= vis= klasse	Stundenlohn für			Arbeitszeit im Sommer
						Maurer Pf.	Zimmerer Pf.	Hilfs- arbeiter Pf.	Std.
1	Aachen	St.	I, 36	156,01	I	52/56	54	42/46	10
2	Achim	St.	I, 24	3,63	—	49	49	41	10
3	Ahrensburg.	St.	I, 20	3,17	—	68	68	63	9
4	Allenstein	St.	I, 3	33,07	II	57	57	39	10
5	Altdorf.	St.	I, 6	2,90	—	50	50	36	10
6	Altena	St.	I, 29	14,58	II	55	55	45	$9^1/_2$
7	Altenburg	St.	XIII, 1	39,98	I	55	55	45	$9^1/_2$
8	Altenessen	G.	I, 33	40,68	II	61	61	51	10
9	Amberg	St.	II, 4	25,22	II	47	46	35	10
10	Angermund.	St.	I, 33	2,11	—	60	—	50	$9^1/_2$
11	Anklam	St.	I, 9	15,28	III	45	—	—	10
12	Annaberg	St.	III, 4	17,03	II	45	45	36	10
13	Ansbach	St.	II, 6	20,00	II	45/48	—	34/38	10
14	Apolda.	St.	VIII, 2	22,50	II	45	45	38	10
15	Arnsberg	St.	I, 29	10,26	II	50	50	43	10
16	Aschaffenburg	St.	II, 7	29,89	II	48	—	40	10
17	Aschersleben	St.	I, 17	28,97	II	48	48	—	10

1	2	3	4	5	6	7	8	9	10
						Stundenlohn für			
Lfd. Nr.	Orte mit Lohntarifen	St. = Stadt G. = Gemeinde	Ver- waltungs- bezirk	Einwohner- zahl in Tausenden	Ser- vis- klasse	Maurer	Zimmerer	Hilfs- arbeiter	Arbeitszeit im Sommer
						Pf.	Pf.	Pf.	Std.
18	Auerbach	St.	III, 3	12,72	—	50	—	40	10
19	Augsburg	St.	II, 8	122,98	I	54	54	42	10
20	Aurich	St.	I, 26	6,30	III	45	44	35½	10
21	Bamberg	St.	II, 5	42,99	III	45	45	35	10
22	Bargteheide	G.	I, 20	2,28	—	60	60	55	10
23	Barmen	St.	I, 33	169,10	I	62	65	52	9½
24	Bartenstein	St.	I, 1	7,34	III	47	47	—	10
25	Barth	St.	I, 9	7,51	III	47	47	—	10
26	Bautzen	St.	III, 5	32,76	—	40/50	40/50	32/42	10
27	Bayreuth	St.	II, 5	34,55	III	45	45	37	10
28	Beckum	St.	II, 27	8,06	—	55	55	50	10
29	Belgard	St.	XXV	14,88	III	60/75	60/75	50/70	9
30	Berghausen	St.	I, 29	11,48	—	48	48	42	10
31	Bernburg	St.	XV, 4	33,10	II	48	48	42	10
32	Bielefeld	St.	I, 28	78,33	I	60	60	50	10
33	Birnbaum	St.	I, 12	5,25	—	44	44	—	10
34	Bischofswerda	St.	III, 5	8,05	—	42/46	42/46	33/37	10
35	Bitterfeld	St.	I, 18	14,61	III	50	—	—	10
36	Blankenburg i. Th. . . .	St.	XI, 4	3,45	III	46	46	39	10
37	Bocholt	St.	I, 27	26,45	II	55	55	50	10
38	Bochum	St.	I, 29	136,92	I	60	60	50	10
39	Boizenburg	St.	VII	4,24	—	49	49	39	10
40	Bolkenhain	St.	I, 15	3,88	—	43	43	32	10
41	Bonn	St.	I, 34	87,97	I	54	—	44	10
42	Borbeck	G.	I, 33	71,13	I	59	59	54	9½
43	Borna bei Chemnitz . . .	G.	III, 4	3,50	I	50	50	40	10
44	Borna bei Leipzig . . .	St.	III, 2	9,20	III	50/57	50/57	40	10
45	Bramstedt	St.	I, 20	2,61	—	53	53	45	10
46	Brandenburg	St.	I, 6	53,46	I	50	50	40	10
47	Braunschweig	St.	XI, 1	143,33	I	60	60	50	9½
48	Bremen	St.	XXIV	246,83	A	71	71	57	9
49	Bremerhaven	St.	XXIV	24,14	I	61	61	53	10
50	Breslau	St.	I, 14	511,89	A	60	60	45	9½
51	Brieg	St.	I, 14	29,04	II	43	43	31	10
52	Bromberg	St.	I, 13	57,71	I	52	—	—	10
53	Brühl	St.	VII	1,82	—	44	44	—	10
54	Bunzlau	St.	I, 15	5,84	III	45	45	—	10
55	Burg bei Magdeburg . .	St.	I, 6	24,10	II	45	45	35	10
56	Burg i. Dithm.	St.	I, 20	2,31	—	48	50	35	10
57	Burgdorf	St.	I, 21	4,77	—	47	47	44	10
58	Burgwedel	G.	I, 21	1,31	—	49	49	—	10
59	Calbe a. Saale	St.	I, 17	12,09	III	47	47	—	10
60	Cassel	St.	I, 30	153,12	I	59	—	46	10
61	Castrop	St.	I, 29	18,51	III	60	60	50	10
62	Celle	St.	I, 23	23,27	II	57	57	48	10
63	Chemnitz	St.	III, 4	286,46	I	58	58	48	10
64	Cleve	St.	I, 33	18,05	III	49	—	39	10

O.-Sch.

| 1 | 2 | 3 | 4 | 5 | 6 | Stundenlohn für | | | 10 |
| | | | | | | 7 | 8 | 9 | |
Lfd. Nr.	Orte mit Lohntarifen	St. = Stadt G. = Gemeinde	Ver= waltungs= bezirk	Einwohner= zahl in Tausenden	Ser= vis= klasse	Maurer Pf.	Zimmerer Pf.	Hilfs= arbeiter Pf.	Arbeitszeit im Sommer Std.
65	Coblenz	St.	I, 32	56,48	I	50	50	35	10
66	Coburg	St.	XIV, 1	23,79	II	45	45	35	10
67	Cöln a. Rh.	St.	I, 34	513,49	A	—	71	—	9½
68	Cönnern	St.	I, 18	4,26	—	38	—	33	10
69	Colmar i. Els.	St.	XXVI, 2	43,81	—	55	55	45	10
70	Crefeld	St.	I, 33	129,41	I	60	62	50	10
71	Crimmitschau	St.	III, 3	28,80	II	50	50	42	10
72	Cüstrin	St.	I, 8	17,60	—	47	47	—	10
73	Culm a. W.	St.	I, 5	11,72	III	45	45	—	10
74	Culmsee	St.	I, 5	10,61	—	49	46	—	10
75	Cuxhaven	St.	XXV	14,62	—	66	66	56	10
76	Czarnikau	St.	I, 13	5,01	—	44	44	—	10
77	Dahlhausen	G.	I, 29	10,62	—	59	59	49	10
78	Danzig	St.	I, 4	170,35	I	60	59	44	10
79	Dargun	St.	VII	2,26	—	—	44	—	10
80	Dassow	St.	VII	1,44	—	47	47	—	10
81	Delitzsch	St.	I, 18	13,02	III	52	—	42	10
82	Delmenhorst	St.	X, 1	22,50	III	65	65	55	10
83	Demmin	St.	I, 9	12,38	III	43	—	—	10
84	Dessau	St.	XV, 1	56,61	I	50	50	35	10
85	Detmold	St.	XXII	14,30	II	—	—	—	—
86	Dt.-Eylau	St.	I, 5	10,15	—	50	48	—	10
87	Dt.-Lissa	St.	I, 14	4,52	—	41/46	41/46	36	10
88	Dippoldiswalde	St.	III, 1	4,25	—	41/54	49/55	32/43	10
89	Dirschau	St.	I, 4	16,90	III	—	—	—	10
90	Doberan	St.	VII	5,22	III	48	48	38	10
91	Döbeln	St.	III, 2	19,57	II	45	45	36	10
92	Dorsten	St.	I, 27	7,06	—	55	55	45	10
93	Dortmund	St.	I, 29	214,33	I	61	61	51	10
94	Dresden	St.	III, 1	546,88	A	60/67	60/67	48/56	9
95	Driesen	St.	I, 8	6,01	—	45	45	—	10
96	Dudweiler	G.	I, 35	21,93	III	—	—	—	—
97	Düren	St.	I, 36	32,46	II	50	50	40	10
98	Düsseldorf	St.	I, 33	358,30	I	61	61	51	10
99	Duisburg	St.	I, 33	229,46	I	60	60	50	10
100	Eckernförde	St.	I, 20	6,80	III	56	56	46	10
101	Eilenburg	St.	I, 18	17,40	III	53	53	43	10
102	Einbeck	St.	I, 22	9,43	III	44	44	36	10
103	Eisenach	St.	VIII, 3	38,35	II	50	50	40	10
104	Eisenberg (Pfalz)	St.	II, 3	3,24	—	50	—	—	10
105	Eisenberg a. S.	St.	XIII, 1	10,75	—	45/47	45/45	38/41	10
106	Eisleben	St.	I, 18	2,68	II	55	53	45	10
107	Elbing	St.	I, 4	58,52	I	53	51	39	10
108	Eldagsen	St.	I, 21	2,17	—	42/46	42/46	—	10
109	Elmshorn	St.	I, 20	14,79	III	66	66	56	9
110	Emden	St.	I, 26	24,03	II	57	57	47	10
111	Emmerich	St.	I, 33	13,42	III	45	43	36	10

1	2	3	4	5	6	Stundenlohn für			10
Lfd. Nr.	Orte mit Lohntarifen	St. = Stadt G. = Gemeinde	Verwaltungsbezirk	Einwohnerzahl in Tausenden	Servisklasse	Maurer	Zimmerer	Hilfsarbeiter	Arbeitszeit im Sommer
						Pf.	Pf.	Pf.	Std.
112	Erfurt	St.	I, 19	111,50	I	60	59	50	10
113	Erlangen	St.	II, 6	24,88	II	53	53	40	10
114	Eschwege	St.	I, 30	12,55	III	43	43	—	10
115	Esens	St.	I, 26	2,19	—	46	—	—	10
116	Essen a. Ruhr	St.	I, 33	294,63	I	61	61	51	10
117	Eßlingen	St.	IV	32,36	II	53	53	—	10
118	Fallersleben	St.	I, 22	2,25	—	40	40	—	10
119	Feldberg	G.	IX	1,39	—	44	44	—	10
120	Fellbach	G.	IV	6,80	—	—	57	—	10
121	Filehne	St.	I, 13	4,56	—	42	—	—	10
122	Finsterwalde	St.	I, 8	13,11	III	46	46	—	10
123	Flensburg	St.	I, 20	60,14	I	65	65	55	9¹₂
124	Flöha	G.	III, 4	3,88	—	41/51	47/51	37/41	10
125	Forchheim	St.	II, 5	9,15	—	43	40	35	10
126	Frankfurt a. M.	St.	I, 31	414,41	A	63	—	53	9¹₂
127	Frankfurt a. O.	St.	I, 8	68,23	I	50	50	35	10
128	Freiberg i. S.	St.	III, 1	36,24	II	44	44	32	10
129	Freiburg i. Br.	St.	V	83,04	I	47	47	35	10
130	Freienwalde a. O. . . .	St.	I, 6	8,64	III	53	53	—	10
131	Freistadt a. S.	St.	—	4,77	—	43	43	—	10
132	Freystadt i. Schl. . . .	St.	I, 15	4,76	—	43	43	—	10
133	Friedland i. Meckl. . .	St.	IX	7,87	III	45	45	—	10
134	Friedrichroda	St.	XIV, 1	7,71	—	50	—	40	10
135	Fulda	St.	I, 30	22,48	III	47¹/₂	—	35¹/₂	10
136	Fürstenberg i. Meckl. .	St.	VII	3,08	—	49	49	—	10
137	Fürstenwalde	St.	I, 8	22,60	II	60	—	—	9
138	Gadebusch	St.	VII	2,44	—	45	45	36	10
139	Gera	St.	XX	49,28	I	45	45	35	10
140	Glauchau	St.	III	25,19	II	48	48	38	10
141	Glogau	St.	I, 15	25,14	II	44	44	32	10
142	Gnesen	St.	I, 13	25,34	II	48¹/₂	48¹/₂	—	10
143	Gnoien i. Meckl. . . .	St.	VII	3,93	—	44	44	—	10
144	Görlitz	St.	I, 15	85,79	I	51	51	38	10
145	Göttingen	St.	I, 22	37,53	II	49	49	39	10
146	Goldberg i. Meckl. . .	St.	VII	3,01	—	45	45	—	10
147	Goslar	St.	I, 22	18,91	III	47	—	41	10
148	Gotha	St.	XIV, 1	39,58	II	52	50	41	10
149	Grabow	St.	VII	5,64	—	45	45	—	10
150	Graudenz	St.	I, 5	40,31	I	53	53	40	10
151	Greiz	St.	XIX	23,25	II	48/49	48/49	37/40	10
152	Grevensmühlen	St.	VII	4,69	—	47	47	34	10
153	Grimma	St.	III	11,44	III	47	47	36	10
154	Gronau i. Hann. . . .	St.	I, 22	2,72	—	43	43	—	10
155	Gronau i. Westf. . . .	St.	I, 27	10,08	—	48	43	36	10
156	Großenhain	St.	III, 1	12,22	III	45	45	37	10
157	Gr. Wartenburg	St.	I, 14	2,29	—	36	36	—	10
158	Grünberg	St.	I, 15	23,16	II	43	41	31	10

12*

1	2	3	4	5	6	Stundenlohn für			10
Lfd. Nr.	Orte mit Lohntarifen	St. = Stadt G. = Gemeinde	Verwaltungsbezirk	Einwohnerzahl in Tausenden	Servisklasse	Maurer Pf.	Zimmerer Pf.	Hilfsarbeiter Pf.	Arbeitszeit im Sommer Std.
159	Grünstadt	St.	II, 3	4,71	—	48	—	—	10
160	Guben	St.	I, 8	38,33	II	47	47	34	10
161	Gumbinnen	St.	I, 2	14,94	II	—	—	—	—
162	Gummersbach	St.	I, 34	16,05	III	57	57	47	10
163	Hadersleben	St.	I, 20	13,05	II	59	59	49	10
164	Hagen	St.	I, 29	88,63	I	56	56	46	10
165	Hagenau i. E.	St.	XXVI, 1	18,87	II	45	—	34	10
166	Hagenow	St.	VII	4,06	—	47	47	38	10
167	Hainichen	St.	III, 2	7,86	III	44	44	36	10
168	Halberstadt	St.	I, 17	46,40	I	55	55	45	10
169	Halle a. S.	St.	I, 18	180,50	I	62	62	52	10
170	Hamburg	St.	XXV	932,10	A	85	85	75	9
171	Hameln	St.	I, 21	22,05	—	51	51	41	10
172	Hamm	St.	I, 29	43,66	—	56	56	46	10
173	Hanau	St.	I, 30	34,41	II	—	50	—	10
174	Hannover	St.	I, 21	302,38	—	65	65	50	10
175	Haynau (Schl.)	St.	I, 15	10,46	II	45	45	34	10
176	Hecklingen	St.	XV, 4	5,09	—	50	—	40	10
177	Heide (Schl.-H.)	St.	I, 20	9,82	III	57	—	52	9¹⁄₂
178	Heidenheim	St.	IV	17,78	III	49/51	49/51	39/41	10
179	Heilbronn	St.	IV	47,71	I	56/58	54/56	40/42	10
180	Heiligenhafen	St.	I, 20	2,34	—	46	—	—	10
181	Heiligenstadt	St.	I, 19	8,22	—	40	40	31	10
182	Heilsberg	St.	I, 1	6,07	I	47	47	—	10
183	Helgoland	—	I, 20	3,42	II	80	—	65	10
184	Helmstedt	St.	XI, 11	16,42	III	49	49	—	10
185	Hemelingen	St.	I, 24	7,97	III	59	59	51¹⁄₂	9¹⁄₂
186	Herford	St.	I, 20	32,54	II	55	55	45	10
187	Herne	St.	I, 29	57,17	II	60	60	50	10
188	Hildesheim	St.	I, 23	50,25	I	41/53	51/53	36/45	10
189	Hirschberg	St.	I, 15	20,56	II	45	45	33	10
190	Höchst	St.	I, 31	17,22	II	—	54	43	10
191	Höhscheid	St.	I, 33	16,08	—	63	70	55	9¹⁄₂
192	Hörde	St.	VI, 29	32,79	II	59	59	49	10
193	Hof	St.	VI, 5	41,12	II	41/51	49/50	38/40	10
194	Hohensalza	St.	I, 13	25,70	—	43/49	43/49	—	10
195	Holzmünden	St.	XI, 3	10,25	—	45	43	37	10
196	Homburg v. d. H.	St.	I, 31	14,32	III	52	—	43	10
197	Hude	M.	X, 1	3,87	—	54	54	—	10
198	Husum	St.	I, 20	9,43	III	55	55	49	10
199	Jena	St.	VIII, 2	38,49	II	51	49	43	10
200	Jever	St.	X, 1	5,79	—	—	50	—	10
201	Jüterbog	St.	I, 6	7,63	III	50	50	40	10
202	Kaiserslautern	St.	II, 3	54,66	I	57	—	42	10
203	Kamenz	St.	III, 5	11,53	III	42/45	42/45	33/36	10
204	Kappeln	St.	I, 20	2,58	—	52	52	45	10
205	Karlsruhe	St.	V	133,95	I	55	55	45	10

Lfd. Nr.	Orte mit Lohntarifen	St. = Stadt G. = Gemeinde	Verwaltungsbezirk	Einwohnerzahl in Tausenden	Servisklasse	Stundenlohn für			Arbeitszeit im Sommer
						Maurer Pf.	Zimmerer Pf.	Hilfsarbeiter Pf.	Std.
206	Kattowitz	St.	I, 16	43,17	I	45	45	30	10
207	Kempten i. B.	St.	II, 8	21,00	II	49	49	39	10
208	Kiel	St.	—	208,85	I	73	73	50	10
209	Kissingen	St.	II, 7	5,83	I	47	—	—	10
210	Königsberg	St.	I, 1	245,96	I	61	60	44	10
211	Königshütte	St.	I, 16	72,64	I	45	45	30	10
212	Köslin	St.	I, 10	23,24	—	51	51	38	10
213	Kolberg	St.	I, 10	24,91	II	49/51	49/51	37	10
214	Kolmar a. Warthe	St.	I, 13	7,16	—	49	45	—	10
215	Konitz	St.	I, 5	12,01	III	51	51	37	10
216	Konstanz	St.	V	27,58	I	53	—	42	10
217	Krakow	St.	VII	2,03	—	44	44	34	10
218	Kreuznach	St.	I, 32	23,19	II	40	50	35	10
219	Krotoschin	St.	I, 12	13,06	III	44	44	—	10½
220	Lahr	St.	V	15,19	II	55	—	45	10
221	Landau (Pfalz)	St.	II, 2	17,76	III	52	—	37	10
222	Landeshut i. Schl.	St.	I, 15	13,57	III	43	43	33	10
223	Langendreer	M.	I, 29	26,40	III	60	60	50	10
224	Langensalza	M.	I, 19	12,67	III	43	43	35	10
225	Leer	St.	I, 26	12,67	III	49	47	40	10
226	Leipzig	St.	III, 2	585,74	A	57/72	57/72	44/57	9
227	Leisnig	St.	III, 2	7,99	III	44	44	35	10
228	Lennep	St.	I, 33	13,13	III	60	62	50	10
229	Liebenwerda	St.	I, 18	3,37	—	40	40	—	10
230	Liegnitz	St.	I, 15	66,56	I	49	49	35	10
231	Limbach	St.	III, 4	16,80	III	53	53	44	10
232	Linden	St.	I, 21	73,35	I	48/59	48/59	—	10
233	Lingen	St.	I, 25	8,02	III	47	47	39	10
234	Lippstadt	St.	I, 29	16,4	III	51	51	47	10
235	Lissa i. Pos.	St.	I, 12	17,16	II	43	43	—	10
236	Löbau	St.	III, 5	11,26	III	40/44	40/44	31/34	10
237	Lörrach i. Bd.	St	V	14,76	III	53	53	42	10
238	Luckenwalde	St.	I, 6	23,48	III	55	55	46	9½
239	Ludwigsburg	St.	IV	24,93	I	55	—	—	10
240	Ludwigshafen	St.	II, 3	83,31	I	—	66	—	9½
241	Ludwigslust	St.	VII	6,93	III	45	45	—	10
242	Lübbenau	St.	I, 8	4,04	—	44	44	—	10
243	Lübeck	St.	XXIII	98,62	I	67	67	54	9½
244	Lüdenscheid	St.	I, 29	32,30	II	57	57	48	10
245	Lüneburg	St.	I, 23	27,80	II	60	60	46	10
246	Lüttringhausen	St.	I, 33	13,56	III	60	62	50	10
247	Magdeburg	St.	I, 17	279,64	I	60	60	48	9½
248	Mainz	St.	VI, 3	110,62	I	55	56	43	10
249	Malchin	St.	VII	7,07	III	45	45	—	10
250	Malchow	St.	VII	4,18	—	44	44	34	10
251	Mannheim	St.	V	193,60	I	—	68	—	10
252	Marburg	St.	I, 30	21,87	II	48	—	37	10

1	2	3	4	5	6	7	8	9	10
						Stundenlohn für			
Lfd. Nr.	Orte mit Lohntarifen	St. = Stadt G. = Gemeinde	Ver= waltungs= bezirk	Einwohner= zahl in Tausenden	Ser= vis= klasse	Maurer Pf.	Zimmerer Pf.	Hilfs= arbeiter Pf.	Arbeitszeit im Sommer Std.
253	Marienburg	St.	I, 4	14,03	III	50	50	—	10
254	Marienwerder	St.	I, 5	12,98	III	55	54	39	10
255	Meerane	St.	III, 4	25,41	II	50	50	42	10
256	Meiningen	St.	XII, 1	17,18	II	43/45	—	—	10
257	Meißen	St.	III, 1	33,88	II	44/54	44/54	38/44	10
258	Melle	St.	I, 25	3,30	—	41	—	35	10
259	Memel	St.	I, 1	21,47	II	55	53	—	10
260	Memmingen	St.	II, 8	12,36	III	43	43	—	10
261	Merseburg	St.	I, 18	21,23	II	50	50	40	10
262	Metz	St.	XXXVI, 3	68,17	A	58	66	43	10
263	Meuselwitz	St.	XIII, 1	8,86	—	58	66	43	10
264	Minden	St.	I, 28	26,46	II	50	50	40	10
265	Mittweida	St.	III, 4	17,80	III	48	48	41	10
266	Montigny	St.	XXVI, 3	14,02	III	58	—	43	10
267	Mühlhausen i. Th. . . .	St.	I, 19	35,08	II	47	47	37	10
268	Mülhausen i. E.	St.	XXVI, 2	94,97	A	61	60	51	10
269	Mülheim a. Ruhr . . .	St.	I, 33	122,36	I	—	71	—	9½
270	Mülheim a. Rh.	St.	I, 34	53,55	I	60	60	50	10
271	München	St.	II, 1	595,05	A	67	67	55	9½
272	M.=Gladbach	St.	I, 3	66,41	III	56	56	46	10
273	Münden	St.	I, 22	11,46	III	52	52	43	10
274	Münster	St.	I, 27	90,28	III	56	56	47	10
275	Nakel	St.	I, 13	8,79	III	47	47	—	10
276	Naumburg	St.	I, 15	27,05	—	50	47	—	10
277	Neiße	St.	I, 16	25,94	II	43	43	—	10
278	Neu=Brandenburg	St.	IX	12,34	III	48	48	36	10
279	Neudamm	St.	I, 8	9,83	—	43	43	—	10
280	Neu=Haldensleben	St.	I, 17	10,77	III	45	45	—	10
281	Neuruppin	St.	I, 6	18,75	III	50	50	35	10
282	Neuß	St.	I, 33	37,30	II	60	—	50	10
283	Neustettin	St.	I, 10	11,83	III	48	—	33	10
284	Neustrelitz	St.	IX	11,98	II	48	48	37	10
285	Neuteich	St.	I, 4	2,65	—	46	46	—	10
286	Neuulm	St.	II, 8	12,39	I	49/51	48/50	39/41	10
287	Nienburg	St.	I, 21	10,30	III	52	50	42	10
288	Norden	St.	I, 26	6,90	III	49	47	39	10
289	Nordenham	St.	X, 1	7,84	III	60	60	51	10
290	Nordhausen	St.	I, 19	32,58	II	47	47	37	10
291	Nordheim	St.	I, 22	8,63	III	42	42	—	10
292	Nossen	St.	III, 1	5,10	—	44	44	35	10
293	Nürnberg=Fürth	St.	II, 6	332,65	I	47/63	54/63	35/51	10
294	Oberhausen	St.	I, 33	89,90	I	59	59	49	10
295	Ober=Roßau	G.	II, 5	3,11	—	50	49	38	10
296	Obornick	St.	I, 12	4,29	—	45	45	—	10½
297	Öls	St.	I, 14	11,72	III	47	47	—	10
298	Offenburg	St.	V	16,84	II	55	—	42	10
299	Ohligs	St.	I, 33	27,84	II	63	70	55	9½

1	2	3	4	5	6	7	8	9	10
						Stundenlohn für			
Lfd. Nr.	Orte mit Lohntarifen	St. = Stadt G. = Gemeinde	Ver= waltungs= bezirk	Einwohner= zahl in Tausenden	Ser= vis= klasse	Maurer Pf.	Zimmerer Pf.	Hilfs= arbeiter Pf.	Arbeitszeit im Sommer Std.
300	Ohra	St.	I, 4	11,04	III	60	59	44	10
301	Oldenburg	St.	X, 1	30,24	II	57	57	48	10
302	Oldenburg i. Holst . . .	St.	I, 20	2,52	III	49	49	—	10
303	Oppeln	St.	I, 16	33,91	II	39	39	—	10
304	Oschatz	St.	III, 2	10,75	III	43	43	35	10
305	Oschersleben	—	I, 17	13,13	III	47	47	—	10
306	Osnabrück	St.	I, 25	65,96	I	55	—	45	10
307	Osterode	St.	I, 1	14,36	III	41	41	—	10
308	Ostrowo	St.	I, 12	14,76	II	41/48	41/48	—	10
309	Paderborn	St.	I, 28	29,42	II	45	45	38	10
310	Pakosch	St.	I, 13	3,77	—	40/43	43/46	—	10
311	Parchim	St.	VII	10,61	III	50	50	36	10
312	Pasewalk	St.	I, 9	10,91	III	45	—	35	10
313	Passau	St.	II, 2	20,98	—	44	44	35	10
314	Peine	St.	I, 22	16,66	III	51	51	44	10
315	Pforzheim	St.	V	69,08	I	59	57	46	10
316	Pinne	St.	I, 12	2,95	—	41	41	—	10
317	Pirmasens	St.	II, 3	38,46	II	46/63	46/63	37/50	10
318	Plan	St	VII	4,03	—	44	44	—	10
319	Plauen	St.	III, 3	121,10	I	55	55	44	10
320	Pleschen	St.	I, 12	8,05	III	48	48	—	10
321	Pößneck	St.	XII, 4	12,43	III	54	54	47	10
322	Posen	St.	I, 12	156,70	I	58	58	36	10
323	Potsdam	St.	I, 6	62,16	I	72	72	53/55	9
324	Pyritz	St.	I, 9	8,68	III	45	45	—	10
325	Pyrmont	St.	XVIII	1,50	III	47	47	38	10
326	Quedlinburg	St.	I, 17	27,25	II	47/57	49/57	40/47	9½
327	Radevormwald	St.	I, 33	11,52	—	62	62	50	10
328	Ragnit	St.	I, 2	5,40	III	53	53	—	10
329	Rastenberg	St.	I, 1	11,95	III	50	50	35	10
330	Rathenow	St.	I, 6	24,91	II	53	53	45	10
331	Ratibor	St.	I, 16	38,44	II	32/39	32/39	—	10
332	Recklinghausen	St.	I, 27	53,69	II	59	59	49	10
333	Regensburg	St.	II, 4	52,63	I	53½	53½	44	9½
334	Reichenbach i. Vogtl. . .	St.	III, 3	29,65	III	48	48	39	10
335	Reichenhall	St.	II, 1	6,68	III	56	54	43	10
336	Reichenbach i. Schl. . . .	St.	I, 14	16,37	II	42	42	39	10
337	Remscheid	—	I, 33	72,16	I	60	62	50	10
338	Rendsburg	St.	I, 20	17,32	II	63	63	53	9½
339	Reutlingen	St.	IV	29,76	II	51/53	48/50	—	10
340	Rheine	St.	I, 27	14,42	III	52	52	42	10
341	Reydt	St.	I, 33	44,00	II	—	—	—	—
342	Riesa	St.	III, 1	15,25	A	47	47	41	10
343	Rinteln	St.	I, 30	5,72	—	45	—	39	10
344	Ronsdorf	St.	I, 33	15,38	III	62	65	52	9½
345	Roswein	St.	III, 2	9,25	III	44	44	—	10
346	Rostock	St.	VII	65,38	I	60	60	46	10

1	2	3	4	5	6	7	8	9	10
						Stundenlohn für			
Lfd. Nr.	Orte mit Lohntarifen	St. = Stadt G. = Gemeinde	Verwaltungsbezirk	Einwohnerzahl in Tausenden	Servisklasse	Maurer Pf.	Zimmerer Pf.	Hilfsarbeiter Pf.	Arbeitszeit im Sommer Std.
347	Saalfeld	St.	XII, 4	14,37	III	52	52	45	10
348	Saarbrücken	St.	I, 35	105,10	I	57	57	43	10
349	Sagan	St.	I, 15	15,08	III	41	41	31	10
350	Salzwedel	St.	I, 17	14,43	II	50	49	39	10
351	Samter	St.	I, 12	6,68	—	43/47	43/47	—	10
352	Schleswig	St.	I, 20	19,91	I	60	60	50	10
353	Schlettstadt	St.	XXVI, 1	10,60	III	48	—	38	10
354	Schmalkalden	St.	I, 30	10,02	III	44	—	—	10
355	Schneidemühl	St.	I, 13	26,13	II	50	49	35	10
356	Schönebeck	St.	I, 17	18,31	A	50	50	—	10
357	Schöningen	St.	XI, 1	9,77	—	45	45	37	10
358	Schönlanke	St.	I, 13	7,85	III	43	43	—	10
359	Schrimm	St.	I, 12	7,20	III	45	45	—	10
360	Schroda	St.	I, 12	7,23	—	43/48	46/48	—	10
361	Schwabach	St.	II, 6	11,19	III	52	47	40	10
362	Schweinfurt	St.	II, 7	22,20	III	53	51	42	10
363	Schwelm	St.	I, 29	20,43	III	58	58	46	10
364	Schwerin i. Meckl. . . .	St.	VII	42,50	I	60	60	50	9½
365	Schwerte	St.	I, 29	13,70	III	46	—	—	10
366	Schwiebus	St.	I, 5	9,33	—	40	40	—	10
367	Selb	St.	II, 5	11,40	—	45/48	45/48	36/39	10
368	Senftenberg	St.	I, 8	8,02	—	44/48	46/48	35/41	10
369	Siegen	St.	I, 29	27,42	II	55½	54½	45½	10
370	Soest	St.	I, 29	18,47	III	50	50	40	10
371	Solingen	St.	I, 33	50,20	I	63	70	55	9½
372	Soltau	St.	I, 21	5,16	—	—	48	—	10
373	Sommerfeld	St.	I, 8	11,88	III	45	45	—	10
374	Sonderburg	St.	I, 20	16,04	II	60	60	50	10
375	Sonneberg	St.	XII, 3	15,87	III	47	47	38	10
376	Speyer	St.	II, 3	23,05	II	56	—	46	10
377	Spremberg	St.	I, 8	10,70	III	50	50	38	10
378	Springe	St.	I, 21	3,15	—	48	48	—	10
379	Sprottau	St.	I, 15	7,74	III	41	41	—	10
380	Stade	St.	I, 24	11,08	II	62	62	50	9½
381	Stallupönen	St.	I, 2	5,65	III	47	—	—	10
382	Stargard	St.	I, 4	27,55	II	44	44	—	10
383	Staßfurt	St.	I, 17	16,79	II	51	50	41	10
384	Stavenhagen	St.	VII	3,50	—	44	44	—	10
385	Stendal	St.	I, 17	27,25	II	51	51	43	10
386	Stettin	St.	I, 9	236,11	I	60	60	44	9½
387	Stolpe	St.	I, 10	33,77	II	51	51	36	10
388	Stralsund	St.	I, 11	33,08	II	50	50	40	10
389	Strasburg (Westpr.) . . .	St.	I, 5	7,97	III	48	48	—	10
390	Straßburg i. E.	St.	XXVI, 1	178,29	A	58	58	50	10
391	Strelitz i. Meckl.	St.	IX	4,79	—	48	48	—	10
392	Stuttgart	St.	IV	285,59	A	61/63	61/63	47/49	10
393	Strehlen	St.	I, 14	9,47	III	38	38	—	10

1	2	3	4	5	6	Stundenlohn für			10
						7	8	9	
Lfd. Nr.	Orte mit Lohntarifen	St. = Stadt G. = Gemeinde	Ver= waltungs= bezirt	Einwohner= zahl in Tausenden	Ser= vis= klasse	Maurer	Zimmerer	Hilfs= arbeiter	Arbeitszeit im Sommer
						Pf.	Pf.	Pf.	Stb.
394	Suhl	St.	I, 19	14,42	III	47	45	37	10
395	Striegau	St.	I, 14	14,57	III	41	41	32	10
396	Tangermünde.	St.	I, 17	13,90	III	47	47	42½	10
397	Tarnowitz	St.	I, 16	13,58	III				10
398	Templin	St.	I, 6	5,67	—	48	48	40	
399	Teterow	St.	VII	7,31	—	45	45	34	10
400	Thorn	St.	I, 5	46,23	I	50	50	30	10
401	Ziegenhof	St.	I, 4	2,90	—	46	46	—	10
402	Tilsit	St.	I, 2	39,01	II	53	53	—	10
403	Tondern	St.	I, 20	4,81	—	56	56	49	10
404	Torgau	St.	I, 18	13,49	II				
405	Treffurt	St.	I, 19	4,41	—	43	43	—	10
406	Treptow a. Tollense. . .	St.	I, 9	4,50	—	44	44	—	10
407	Trier	St.	I, 35	48,96	I	55	55	40	10
408	Tübingen	St.	IV	19,09	III	46/48	46/48	—	10
409	Uzen	St.	I, 21	10,42	III	55	55	50	10
410	Ulm	St.	IV	56,11	I	49/51	48/50	39/41	10
411	Unna	St.	I, 29	17,38	III	55	55	47	10
412	Varel	St.	X, 1	6,57	—	55	55	42	10
413	Vegesack	St.	XXIV	4,29	III	57	57	48	10
414	Verden	St.	I, 24	10,06	III	53	53	43	10
415	Vetschau	St.	I, 8	2,54	—	42	—	—	10
416	Wald	St.	I, 33	25,31	II	63	70	55	9½
417	Waldenburg	St.	I, 14	16,43	II	40/45	40/45	30/35	10
418	Waldheim	St.	III, 2	12,35	III	45	45	36	10
419	Walsrode.	St.	I, 23	2,87	—	44/59	44/50	40	10
420	Waltershausen	St.	XIV, 2	7,53	III	42	42	—	10
421	Wansleben	G.	I, 17	2,52	—	45	—	38	10
422	Waren	St.	VII	9,13	III	45	45	38	10
423	Warin	St.	VII	2,01	—	44	44	—	10
424	Warnemünde	St.	VII	4,53	III	60	60	46	10
425	Wartenburg	St.	I, 1	4,40	—	50	—	—	10
426	Wattenscheid	St.	I, 29	27,66	II	59	59	49	10
427	Wedel	St.	I, 20	5,94	—	70	70	65	10
428	Weiden	St.	II, 4	14,92	III	45	44	35	10
429	Weimar	St.	VIII, 1	34,58	II	50	50	40	10
430	Werdau	St.	III, 3	20,82	II	49	49	39	10
431	Wermelskirchen	St.	I, 33	16,38	III	60	62	50	10
432	Werne	G.	I, 29	16,90	III	54	54	46	10
433	Wernigerode	St.	I, 17	18,37	III	48	48	39	10
434	Wesel	St.	I, 33	24,45	II	57½	57	47½	10
435	Wetzlar	St.	I, 32	13,39	III	—	49	—	10
436	Wiesbaden	St.	I, 31	109,04	I	56½	—	47½	9½
437	Wilhelmshaven	St.	I, 26	35,05	I	66	66	56	9
438	Winsen a. Luhe	St.	I, 23	4,71	—	59	59	—	10
439	Wismar	St.	VII	95,45	II	54	54	42	10
440	Witten (Ruhr)	St.	—	37,44	II	60	60	50	10

1	2	3	4	5	6	7	8	9	10
						Stundenlohn für			
Lfd. Nr.	Orte mit Lohntarifen	St. = Stadt G. = Gemeinde	Ver= waltungs= bezirk	Einwohner= zahl in Tausenden	Ser= vis= klasse	Maurer Pf.	Zimmerer Pf.	Hilfs= arbeiter Pf.	Arbeitszeit im Sommer Stb.
441	Wittenberg	St.	I, 29	22,41	II	49	49	39	10
442	Wittenburg	St.	VII	3,36	—	47	47	—	10
443	Woldegk	St.	IX	3,86	—	44	44	—	10
444	Wolfenbüttel	St.	XI, 1	18,93	II	47/57	47/57	37/45	9½
445	Wongrowitz	St.	I, 13	8,85	—	49	47	—	10
446	Worms	St.	VI, 3	46,82	—	—	53	—	10
447	Wreschen	St.	I, 12	7,25	III	49	49	33	10
448	Würzburg	St.	II, 7	84,49	I	52	—	42	10
449	Wunsdorf	St.	I, 21	4,67	—	39/48	39/48	—	10
450	Wurzen	St.	III, 2	18,58	II	58	56	45	9½
451	Zarrentin	G.	VII	1,78	—	47	47	—	10
452	Zeitz	St.	I, 18	32,97	II	52	52	43	10
453	Zittau	St.	III, 5	37,08	II	44/48	44/48	35/39	10
454	Zoppot	St.	I, 4	15,03	III	58	56	41	10
455	Zossen	St.	I, 6	4,68	—	53	53	—	10
456	Zuffenhausen	St.	IV	12,75	—	55/56	55/56	44/46	10
457	Zweibrücken	St.	II, 3	15,25	II	54	—	40	10
458	Zwickau	St.	III, 3	73,15	I	51	51	40	10

Tabelle 3.

Ortsübliche Tagelöhne (Ortslöhne) gewöhnlicher Tagearbeiter über 16 Jahre,

männlicher = m, weiblicher = f.

Auszug aus der Beilage zu Nr. 59 des Zentralblatts für das Deutsche Reich vom 30. Dezember 1910.

Nach der Reichsversicherungs=Ordnung vom 19. Juli 1911, § 151, werden die Ortslöhne gleichzeitig im ganzen Reich zunächst bis 31. Dezember 1914 und dann immer auf 4 Jahre vom Oberversicherungsamt nach Anhörung der Vorstände der beteiligten Versicherungsanstalten, Gemeindebehörden und Kranken= kassen festgesetzt und im Zentralblatt für das Deutsche Reich veröffentlicht.

Lfd. Nr.	Bundesstaat und Bezirk	Höchste, niedrigste, sonstige ortsübliche Tagelohnsätze						Bemerkungen. A. = Amt, AG. = Amtsgericht, Bz. = Bezirk, G. = Gemeinde, Kr. = Kreis, Lk. = Land= kreis, St. = Stadt, Stk. = Stadtkreis.
		m M.	f M.	m M.	f M.	m M.	f M.	
1	I. Königreich Preußen. Rgbz. Königsberg . .	2,75	1,50	1,60	1,00			Stk. Königsberg. Kr. Braunsberg (St. Br., St. Wormditt 1,80 M.), Kr. Eylau, Kr. Friedland (St. Bartenstein 1,80 M.), Kr. Gerdauen (St. G. 1,80 M.), Kr. Heiligenbeil (St. H. 2,00, St. Zinten 2,00), Kr. Heilsberg, Kr. Pr.=Holland (St. Pr.=H., St. Mühlhausen 1,80 M.), Kr. Rastenburg (St. R. 2,25 M.).
2	Rgbz. Gumbinnen .	2,00	1,20	1,40	0,80			St. Angerburg, Stk. Insterburg, Stk. Tilsit. Kr. Angerburg (St. A.), Kr. Darkehmen, Goldap, Oletzko.

Lfd. Nr.	Bundesstaat und Bezirk	Höchste, niedrigste, sonstige ortsübliche Tagelohnsätze						Bemerkungen. A. = Amt, AG. = Amtsgericht, Bz. = Bezirk, G. = Gemeinde, Kr. = Kreis, Lk. = Landkreis, St. = Stadt, Stk. = Stadtkreis.
		m M.	f M.	m M.	f M.	m M.	f M.	
3	Rgbzk. Allenstein . .	2,00	1,40					St. Allenstein, Lyck, Osterode.
				1,40	1,00			Kr. Lötzen (St. L. 1,80 M.), Kr. Lyck, Kr. Neidenburg (St. N., St. Soldau 1,70 M.), Kr. Ortelsburg (St. O., Passenheim, Wellenberg 1,50 M.), Kr. Rössel (St. Bischofsburg, Bischofstein, Seeburg 1,50 M.), Kr. Sensburg.
4	Rgbzk. Danzig	2,80	1,40					Stk. D.
				1,50	1,00			Kr. Karthaus.
5	Rgbzk. Marienwerder .	2,50	1,50					Stk. Graudenz, Thorn.
				1,80	1,10			Kr. Briesen (2,00 M.), Kr. Culm (St. C. 2,00 M.), Kr. Flatow (St. 2,00 M.), Kr. Konitz (St. K. 2,20 M., G. Czersk 2,00 M.), Kr. Dt.-Krone (St. 2,00 M.), Kr. Löbau (St. 2,00 M.), Kr. Rosenberg (St. 2,00 M.), Kr. Schlochau (St. 2,00 M.), Kr. Schwetz (St. 2,00 M.), Kr. Strasburg (St. 2,00 M.), Kr. Stuhm (St. 2,00 M.), Kr. Tuchel (St. T. 2,00 M.).
6	Stadtkr. Berlin . . .	3,60	2,20	3,60	2,20			
7	Rgbzk. Potsdam . . .	3,60	2,20					Stb. Lichtenberg, Stk. Charlottenburg, Stk. Neukölln, Stk. Schöneberg, Wilmersdorf.
				1,50	1,00			Kr. Beeskow-Storkow (bis 2,00 M.), Kr. Jüterbog-Luckenwalde (bis 2,50 M.), Kr. Zauch-Belzig (bis 2,00 M.).
8	Rgbzk. Frankfurt/Oder	2,20	1,50					Stk. Forst i. L., Frankfurt a. O., Kottbus.
				1,20	1,40		0,90	Kr. Arnswalde, Friedeberg (Nm.), Lk. Guben, Landsberg a. W., Kr. Luckau (bis 1,80 M.), Kr. Lübben, Soldin, Kr. Ost-Sternberg, West-Sternberg, Züllichau-Schwiebus.
9	Rgbzk. Stettin . . .	2,50	1,25					Stk. Stettin.
				1,50	0,90			Kr. Greifenhagen, Pyritz.
10	Rgbzk. Köslin	2,20	1,30					St. Köslin.
				1,20	0,80			St. Ratzebuhr.
11	Rgbzk. Stralsund . . .	2,00	1,00					St. Greifswald, Stralsund.
				1,70	1,00			Der übrige Teil.
12	Rgbzk. Posen	2,50	1,60					Stk. Posen.
				1,50	1,00			Kr. Kempen, Koschmin.
13	Rgbzk. Bromberg . .	2,25	1,30					St. B. u. Vororte, Gnesen, Schneidemühl.
				1,75	1,10			bis 2,00 M.
14	Rgbzk. Breslau . . .	3,00	1,70					Stk. Breslau.
				1,20	0,70			Kr. Nimptsch.
15	Rgbzk. Liegnitz. . . .	2,50	0,40					Stk. Görlitz.
				1,20	0,90			Kr. Bunzlau (bis 1,60 M.), Lk. Liegnitz, Kr. Löwenberg, Kr. Rothenburg (bis 1,70 M.).
					0,65			
16	Rgbzk. Oppeln. . . .	2,25	1,35					Lk. Stk. Beuthen, Kattowitz, Zabrze, Stk. Gleiwitz, Königshütte, Oppeln, Ratibor mit Plania.
				1,50	1,00			Die übrigen Kreise.

Lfd. Nr.	Bundesstaat und Bezirk	Höchste, niedrigste, sonstige ortsübliche Tagelohnsätze						Bemerkungen. A. = Amt, AG. = Amtsgericht, Bz. = Bezirk, G. = Gemeinde, Kr. = Kreis, Lk. = Landkreis, St. = Stadt, Stk. = Stadtkreis.
		m M.	f M.	m M.	f M.	m M.	f M.	
17	Rgbzk. Magdeburg . .	3,00	1,50					StG. Magdeburg m. Vororten.
				2,10	1,20			Kr. Gardelegen, Kr. Jerichow II (bis 2,40 M.), Kr. Osterburg, Kr. Salzwedel (bis 2,40 M.), Kr. Stendal (bis 2,50 M.).
18	Rgbzk. Merseburg . .	3,30	1,50					Stk. Halle a. S.
				1,50	0,85			Kr. Schweinitz.
19	Rgbzk. Erfurt	2,50	1,50					Stk. Erfurt, Ort Ilversgehofen.
				1,80	1,10			Kr. Heiligenstadt (St. 2,30 M.), Lk. Mühlhausen, Kr. Worbis, Ziegenrück.
20	Rgbzk. Schleswig . .	3,40	2,00					Stk. Altona, Wandsbeck.
				1,50	1,00			Kr.Segeberg(St.S.2,50,F.Bramstedt1,80M.).
21	Rgbzk. Hannover . .	3,00	2,00					Stk. H., Linden im Lk. Linden.
				1,50				G. Ahlem, Richlingen, Nienburg a. W., Kr. Syke (bis 2,25 M.).
				1,80	1,00			Lk. Linden (bis 2,30 M.).
22	Rgbzk. Hildesheim . .	2,80	1,80					StG. Göttingen, Goslar, Hildesheim, Peine.
				2,30	1,40			In einigen G. bis 2,50 M.
23	Rgbzk. Lüneburg . .	3,60	2,05					G. Wilhelmsburg, Eißendorf.
				1,90	1,35			A. Tosteat im Lk. Harburg.
24	Rgbzk. Stade	3,50	2,20					G. Lehe.
				2,00	1,50 1,60			Kr. Verden (St. V. 2,90 M.), Zeven.
25	Rgbzk. Osnabrück . .	2,80	1,80					Stk. O., G. Haste, Nahne, Schenkel.
				1,60	1,10			Kr. Hümmling.
26	Rgbzk. Aurich	3,00	1,80					Stk. Emden, G. Norderney, Juist, Baltrum, St. Wilhelmshaven.
			2,00					
				1,90	1,10			St. Esens.
27	Rgbzk. Münster . . .	3,30	2,00					Stk. Recklinghausen, Lk. R. (bis 2,30 M.).
				2,00	1,50			St. Anholt, A. Belen, Ramsdorf.
					1,00			A. Norup, Kr. Steinfurt (bis 2,50 M.).
28	Rgbzk. Minden . . .	3,00	2,00					Stk., Lk. Bielefeld.
				2,00	1,20 1,60			A. Atteln, Büren.
29	Rgbzk. Arnsberg . . .	3,40	2,00					Stk. Gelsenkirchen.
				2,30	1,50			Kr. Brilon.
30	Rgbzk. Cassel	3,25	2,00					Stk. Hanau.
				2,20	1,50			Kr. Frankenberg, Gersfeld, Hünfeld.
31	Rgbzk. Wiesbaden . .	3,40	2,50					Stk. Frankfurt a. M.
				2,60	1,80			Lk. Frankfurt a. M., Stk. Wiesbaden.
						3,20	2,20	Kr. Höchst, Obertaunuskreis, Lk. Wiesbaden.
						3,00	2,00	Bmstr. Betzdorf, Kirchen, Daaden, Stk. Coblenz, Andernach-St., St. Wetzlar.
32	Rgbzk. Coblenz. . . .	3,00	1,50					Bmstr. Becherbach.
			2,00					
				1,75	1,40			Stk. D.
33	Rgbzk. Düsseldorf . .	3,50	2,00					Kr. Grevenbroich Bmstr. Emmerich-Land.
				2,00	1,50			Stk. Cöln.
34	Rgbzk. Cöln	3,25	2,00					Bgm. Lommersum, Kr. Rheinbach.
				1,80	1,20			Stk. Trier.
35	Rgbzk. Trier	2,60	1,50					Kr. Bernkastel.
				1,80	1,40	2,20	1,50	Stk., Lk. Aachen, St. Düren.
36	Rgbzk. Aachen	2,80	1,50					Kr. Malmedy.
				1,90	1,20	2,00	1,50	
37	Rgbzk. Sigmaringen .	2,50	1,70	2,50	1,70			

Lfd. Nr.	Bundesstaat und Bezirk	m M.	f M.	m M.	f M.	m M.	f M.	Bemerkungen. A. = Amt, AG. = Amtsgericht, Bz. = Bezirk, G. = Gemeinde, Kr. = Kreis, Lk. = Landkreis, St. = Stadt, Stk. = Stadtkreis.
	II. Kgr. Bayern.							
38	1. Rgbzk. Oberbayern	3,70	2,20					St. München.
				2,00	1,50			BzA. Aichach, Altötting (Gmd.), Berchtesgaden (Gmd.) (2,30 M.), Dachau (2,50 M.), Laufen (2,40 M., 2,80 M.)., Mühldorf (2,20 M.), Pfaffenhofen (2,20 M.), Schrobenhausen.
39	2. Rgbzk. Niederbayern	2,70	1,80					St. Landshut.
				1,68	1,32			BzA. Regen, Gmd. (1,92 M., 2,16 M.), Viechtach (1,92 M.), Wegscheid (1,80 M., 2,16 M.), Wolfstein (1,80 M., 1,92 M.).
40	3. Rgbzk. Pfalz ...	3,20	2,00					St. St. Ingbert, St. Ludwigshafen a. Rh.
				2,00	1,20			BzA. Frankenthal (Gmd.) (2,30—3,00 M.), Kaiserslautern (Gmd.) (bis 3,00 M.), Rodenhausen, Zweibrücken (bis 2,70 M.).
41	4. Rgbzk. Oberpfalz .	2,70	1,70					St. Regensburg, BzA. Stadtamhof b. Städte.
				1,70	1,20			BzA. Oberviechtach.
42	5. Rgbzk. Oberfranken	2,90	1,70					St. Bamberg, Bayreuth, BzA. Tauschnitz, Preßig, Tettau.
				1,50	1,20			BzA. Berneck (bis 2,00 M.), Ebermannstadt (bis 2,00 M.), Forchheim (bis 2,20 M.), Höchstadt (bis 2,20 M.), Pegnitz (bis 2,10 M.).
43	6. Rgbzk. Mittelfranken	3,40	1,90					St. Nürnberg.
						2,50	1,50	St. Ansbach, Erlangen, Rothenburg a. T., Schwabach, Weißenburg i. B. u. Treuchtlingen, Schwabach (bis 2,00 M.).
				1,60	1,30			BzA. Neustadt a. A. (bis 1,90 M.).
44	7. Rgbzk Unterfranken	3,00	1,60					St. Aschaffenburg, Würzburg.
			1,80					Schweinfurt: G. Oberndorf.
				1,80	1,50			BzA. Königshofen (2,20 M.).
45	8. Rgbzk. Schwaben .	2,90	2,00					St. Kempten, Linden.
				1,90	1,60			BzA. Mindelheim (Wörrishofen 2,50 M.) bis 2,20 M.
	III. Kgr. Sachsen.							
46	1. Krhptmsch. Dresden	3,30	2,10					St. Dresden, AHptmsch. Dresden-N., Alberlit.
						2,90	1,80	Vororte v. Dresden.
				1,80	1,00			AHptmsch. Großenhain (bis 2,30 M.).
47	2. Krhptmsch. Leipzig.	3,50	2,00					AHptmsch. L.
				2,10	1,20			AHptmsch. Döbeln (die St. 2,60 M.).
48	3. Krhptmsch. Zwickau	3,00	2,00					St. Aue, Plauen.
				1,80	1,00			AHptmsch. Olsnitz (bis 2,00 M.), Plauen, AG. Elsterberg ohne St. E. (2,70 M.).
49	4. Krhptmsch. Chemnitz	3,00	2,20					St. Limbach.
		3,00	1,75					St. Chemnitz u. Vororte.
				1,80	1,20			St. Waldenburg, AHptmsch. Annaberg — AG. Johstadt (St. J. 2,20 M.).
50	5. Krhptmsch. Bautzen	2,80	1,80					St. Zittau.
				1,70	1,10			AHptmsch. Löbau (bis 2,50 M.).

Lfd. Nr.	Bundesstaat und Bezirk	Höchste, niedrigste, sonstige ortsübliche Tagelohnsätze						Bemerkungen. A. = Amt, AG. = Amtsgericht, Bz. = Bezirk, G. = Gemeinde, Kr. = Kreis, Lt. = Landkreis, St. = Stadt, Stk. = Stadtkreis.
		m M.	f M.	m M.	f M.	m M.	f M.	
	IV. Königreich Württemberg.							
51	Oberamtsbz. Stuttgart	3,50	2,30					St. Stuttgart.
52	Oberamtsbz. Cannstatt					3,20	2,00	G. Rommelshausen, Zasenhausen (2,80 M.),
53	Oberamtsbz. Bracken=heim			2,00	1,40			G. Schernbach (2,50 M.). bis 2,40 M.
54	Oberamtsbz. Gerabronn			2,00	1,40			
	V. Großherzogtum Baden.							
55	Amtsbezirk Heidelberg	3,00	2,20					bis 2,50 M.
56	Amtsbezirk Karlsruhe .	3,00	2,20					bis 2,20 M.
57	Amtsbezirk Mosbach .			1,80	1,30			bis 2,00 M.
58	Amtsbezirk Sinsheim .			1,80	1,30			
59	Amtsbezirk Wertheim .			1,80	1,40			bis 2,00 M.
	VI. Großherzogtum Hessen.							
60	1. Provinz Starkenburg	3,00	1,80					Kr. Darmstadt, Kr. Gräfenhausen, Kr. Groß-Gerau, Kr. Offenbach: Offenbach, Burgel.
			1,50					
				2,00	1,20			Kr. Dieburg zt.
61	2. Provinz Oberhessen	3,00	2,00					Kr. Gießen, St. G.
				1,80	1,20			Kr. Friedberg — Dorn, Assenheim, A. Erlenbach, Offenheim, Nichstadt.
62	3. Provinz Rheinhessen	3,10	1,80					Kr. Mainz, St. M. u. Umgegend.
				1,70	1,20			Kr. Worms: Bermersheim.
	VII. Großherzogtum Mecklenburg= Schwerin	2,00	1,16	2,00	1,16			Das ganze Staatsgebiet.
	VIII. Großherzog= tum Sachsen.							
63	I. Verwaltungsbezirk	2,80	1,60					St. Weimar, Ilmenau.
				2,00	1,40			Der übrige Teil.
64	II. Verwaltungsbezirk	3,00	1,80					St. Apolda, Jena.
				2,00	1,20			sonstige.
65	III. Verwaltungsbezirk	2,50	1,50					G. Eisenach, Rothenhof, Ruhla.
				1,80	1,20			
66	IV. Verwaltungsbezirk	2,20	1,50	2,20	1,50			
67	V. Verwaltungsbezirk	2,40	1,50					St. Weida, Neustadt.
				1,80	2,00	2,00	1,20	St. Auma, Triptis, Berga, Münsterbernatt.
	IX. Großh. Mecklen= burg Strelitz	2,00	1,16			2,00	1,16	
	X. Großherzogtum Oldenburg.							
68	1. Herzogt. Oldenburg	3,00	2,00					Wangeroog, A. Rüstingen, Budgabingen, Brake, Elsfleth, St. Oldenburg.
						2,10	1,70	A. Wildeshausen, Vechta, Cloppenburg, Friesoythe.

Lfd. Nr.	Bundesstaat und Bezirk	Höchste, niedrigste, sonstige ortsübliche Tagelohnsätze						Bemerkungen. A. = Amt, AG. = Amtsgericht, Bz. = Bezirk, G. = Gemeinde, Kr. = Kreis, Lt. = Landkreis, St. = Stadt, Stk. = Stadtkreis.
		m M.	f M.	m M.	f M.	m M.	f M.	
69	2. Fürstent. Lübeck ..	2,60	1,70					Der südl. Teil.
						2,00	1,40	sonstige.
70	3. Fürstent. Birkenfeld	2,60	1,80					St. Jdar, Oberstein.
						2,10	1,50	sonstige.
	XI. Herzogtum Braunschweig.							
71	1. Kreis Braunschweig	3,00	1,40					St. Wolfenbüttel.
72	2. Kreis Gandersheim	2,50	1,50			1,50	1,00	AG. Calvörde (bis 2,00 M.).
						2,50	1,50	
73	3. Kreis Holzminden .	2,50	1,40					AG. H., G. Derenthal, Dölme, AG. Stadt-oldendorf, G. Hellenthal, Braak, Mainholzen, Vorwohle.
						1,90	1,40	AG. Ottenstein (G. Kemnade 2,30 M.).
74	4. Kreis Blankenburg.	2,50	1,50					St. Bl.
						2,20	1,20	AG. Hasselfelde (St. H. 2,30 M., Braunlage 2,40 M.). AG. Walkenried.
	XII. Herzogtum Sachsen-Meiningen.							
75	1. Kreis Meiningen .	2,30	2,00					St. Meiningen, Salzungen.
			1,50					
						2,00	1,30	AG. Wasungen.
76	2. Kreis Hildburghausen	2,10	1,30					St. H.
				2,00	1,50			AG. Eisfeld.
						1,80	1,30	Der übrige Teil.
77	3. Kreis Sonneberg .	2,40	1,60					St. Sonneberg.
				2,20	1,40			AG. Steinach.
						2,00	1,50	Der übrige Teil.
78	4. Kreis Saalfeld ..	2,80	2,20			1,70	1,20	St. Saalfeld u. G. außer G. Kranichfeld, Stedten.
	XIII. Herzogtum Sachsen-Altenburg.							
79	1. Ostkreis......	3,00	1,80					St. Altenburg.
						2,00	1,20	Lt. A., Altenburg, LG., St.
	XIV. Herzogtum Sachsen-Coburg-Gotha.							
80	1. Herzogtum Coburg.	2,20	1,40					St. Coburg, Neustadt.
						1,90	1,20	Der übrige Teil.
81	2. Herzogtum Gotha .	2,50	1,50					St. Gotha, Ohrdruf, Waltershausen, Friedrichsroda, Ruhla, Mehlis, Zella.
						2,20	1,40	AG. Wangenheim.
	XV. Herzogtum Anhalt.							
82	1. Kreis Dessau ...	2,80	1,50					St. D.
				2,50	1,25	2,25	1,10	Die übrigen.
83	2. Kreis Cöthen ...	2,70	1,20					St. C.
						2,00	1,00	Die übrigen.
84	3. Kreis Zerbst ...	2,80	1,30					St. Roßlau.
				2,50	1,30			St. Zerbst, Coswig.
						1,90	1,20	Die übrigen.

Lfd. Nr.	Bundesstaat und Bezirk	Höchste, niedrigste, sonstige ortsübliche Tagelohnsätze						Bemerkungen. A. = Amt, AG. = Amtsgericht, Bz. = Bezirk, G. = Gemeinde, Kr. = Kreis, Lt. = Land- kreis, St. = Stadt, Stt. = Stadtkreis.
		m M.	f M.	m M.	f M.	m M.	f M.	
85	4. Kreis Bernburg . .	2,80	1,50					St. B.
86	5. Kreis Ballenstedt .			2,50	1,10	2,00	1,00	Die übrigen.
		2,10	1,20			2,10	1,20	
	XVI. Fürstentum Schwarzburg=Son= dershausen.							
87	1. Verw.=Bz. Sonders= hausen	2,50	1,25					St. Sondershausen, Greußen.
						1,80	1,20	Der übrige Teil.
88	2. Verw.=Bz. Ebeleben	1,80	1,20			1,80	1,20	
89	3. Verw.=Bz. Arnstadt	2,70	1,30					St. A.
						1,80	1,20	sonstige.
90	4. Verw.=Bz. Gehren .	2,50	1,20			2,50	1,20	
	XVII. Fürstentum Schwarzburg= Rudolstadt.							
91	1. Ldr. Abz. Rudolstadt	2,20	1,30					St. R.
						1,80	1,10	Der übrige Teil außer den St.
92	2. Ldr. Abz. Königsee	1,80	1,10			1,80	1,10	
93	3. Ldr. Abz. Franken= hausen	2,00	1,10					St. Fr.
						1,40	1,00	Der übrige Teil außer St. Schlotheim.
94	XVIII. Fürstentum Waldeck							
		2,00	1,40					Fürstentum Pyrmont.
						1,80	1,30	Fürstentum Waldeck.
95	XIX. Fürstentum Reuß ä. L.							
		2,20	1,70					StG. Greiz, Zeulenroda.
						1,60	1,10	AGb. Burgk.
96	XX. Fürstentum Reuß j. L.							
		2,70	1,70					St. Gera.
						1,60	1,10	AG. Lobenstein.
97	XXI. Fürstentum Schaumburg=Lippe							
		2,30	1,50					St. Bückeburg.
						1,75	1,25	LdRAbz. Stadthagen.
98	XXII. Fürstentum Lippe							
		2,80	1,80					St. Horn.
						1,60	1,20	St. Schwalenberg.
99	XXIII. Freie und Hansestadt Lübeck							
		3,20	1,80					St., L. u. Vororte, Travemünde.
				2,80	1,60			G. Schlatup, Siems, Kücknitz.
				2,50	1,60			G. Krempelself, Vorwerk, Moisberg.
						2,00	1,10	Die übrigen G.

Lfd. Nr.	Bundesstaat und Bezirk	Höchste, niedrigste, sonstige ortsübliche Tagelohnsätze						Bemerkungen. A. = Amt, AG. = Amtsgericht, Bz. = Bezirk, G. = Gemeinde, Kr. = Kreis, Lk. = Landkreis, St. = Stadt, Stk. = Stadtkreis.
		m M.	f M.	m M.	f M.	m M.	f M.	
100	XXIV. Freie und Hansestadt Bremen	3,60	2,40					St. Bremerhaven.
						3,00	1,90	St. Vegesack.
101	XXV. Freie u. Hansestadt Hamburg	3,40	2,00					St. H., Ritzebüttel, Marschlande (wo nicht Landgemeindeordnung), Cuxhaven, Gr. Borstel, St. Bergedorf.
				3,00	2,00			Langenhorn, Billwärder, Geesthacht.
				2,50	1,50			Geestlande, Billwärder.
						2,00	1,50	Kirchwärder u. a.
	XXVI. Reichsland Elsaß-Lothringen							
102	1. Bz. Unter-Elsaß . .	2,90	1,50					Stk. Straßburg.
						1,80	1,20	Kr. Schlettstadt (Markolsheim Weiler).
103	2. Bz. Ober-Elsaß . .	2,50	1,80					Kr. Rappoltsweiler, R. Katgenthal, Markirch, Rohrschweier, St. Pres, Urbach.
						1,80	1,20	Kr. Colmar (bis 2,00 M.), Kr. Gebweiler (bis 2,20 M.), Kr. Thann (bis 2,20 M.).
104	3. Bz. Lothringen . .	3,00	2,00					Stk. Metz.
						1,85	1,45	Kr. Bolchen.

B. Materialien.

I. Steine.

Härteskala nach Mohs.

1. Talk (Kieselsaure Magnesia); 2. Gips (Schwefelsaurer Kalk); 3. Kalkspat (Kohlensaurer Kalk); 4. Flußspat (Fluorkalzium); 5. Apatit (Basisch phosphorsaurer Kalk); 6. Feldspat (Kieselsaure Kalitonerde); 7. Quarz (Kieselsäure); 8. Topas (Fluoraluminium mit kieselsaurer Tonerde); 9. Korund (Kristallisierte Tonerde); 10. Diamant (Kristallisierter Kohlenstoff).

Tabelle 4.

Härte, Druckfestigkeit und Gewichte der Bausteine.

Kubische Gewichte vgl. III. Abschnitt 2c. Haufen aufgesetzter Bruchsteine bestehen zu $^7/_{10}$ aus Steinmaterial.

Lfd. Nr.	Benennung, Zusammensetzung des Gesteins		Härtegrad	Druckfestigkeit kg/qcm	Kubisches Gewicht	Raumgewicht
					t/cbm	t/rm
1	2	3	4	5	6	7
1.	Basalt	Augit und Labrador	—	$^{1300}/_{3600}$	3,00	2,1
2.	Diorit	Feldspat und Hornblende	—	$^{1200}/_{2200}$	2,80	2,0
3.	Dolomit	Kohlensaurer Kalk, kohlensaure Magnesia	3,5—4,5	—	2,90	2,0
4.	Glimmerschiefer	Glimmer und Quarz	—	—	2,80	2,0

Lfd. Nr.	Benennung,	Zusammensetzung des Gesteins	Härte- skala	Druck- festigkeit kg/qcm	Kubisches Gewicht t/cbm	Raum- gewicht t/rm
1	2	3	4	5	6	7
5.	Gneis	Schiefriger Granit	—	—	2,50	1,8
6.	Granit	Feldspat, Quarz, Glimmer	—	$1800/3000$	2,80	2,0
7.	Grauwacke	Quarz, Kieselschiefer, Tonschiefer	—	$500/1500$	2,70	1,9
8.	Grünstein (Diabas)	Feldstein und Augit	—	—	2,90	2,0
9.	Hornblende	Kieselsaure Kalk-Magnesia	5—6	—	3,00	2,1
10.	Kalkstein	Kohlensaurer Kalk	—	$400/2000$	2,60	1,8
11.	Kieselschiefer	Quarz mit Ton, Kalk	—	—	2,60	1,8
12.	Porphyr	Feldspat und Quarz	—	$1000/2600$	2,80	2,0
13.	Quarz	Kieselsäure	7	$1000/1500$	2,70	1,9
14.	Sandstein	Quarztrümmer mit Ton	—	$700/1600$	2,40	1,7
15.	Syenit	Feldspat und Hornblende	—	$1600/2100$	2,80	2,0
16.	Tonschiefer	Ton und Quarz	—	—	2,80	2,0

Gewichtsgrenzen: 3,0 t/cbm und 2,4 t/cbm.

a) Werksteine (Quader und Platten).

1. Weiches Gestein (weicher Sandstein u. a.).
2. Mittelhartes Gestein (harter Sandstein, Porphyr, Kalkstein, feinkörniger weicher Granit a. u.).
3. Hartes Gestein (Dolomit, Grünstein, Syenit, grobkörniger harter Granit, Granulit u. a.).

Die Gesamtkosten im Bruch setzen sich zusammen aus den Kosten des Steinbruchs, des Brechens, der Werkzeuge und dem Unternehmergewinn und betragen für mittelharte Steine rund das $1\frac{1}{2}$ fache und für harte Steine rund das 3 fache der Gesamtkosten für weiche Steine.

Die Preise frei Bau, d. h. die für den Lieferanten maßgebenden Preise, sind außer durch die Transportkosten auf Eisenbahnen und Wasserstraßen wesentlich durch die Anfuhrkosten zur Baustelle bedingt.

Auf der Eisenbahn betragen nach Spezialtarif III die Frachtkosten an Abfertigungsgebühr rund 3,5 Mk./cbm und an Streckengebühr rund 6 Mk./cbm für 100 km Bahnstrecke.

Die Submissionspreise schwankten für Sandsteine und Kalksteinwerkstücke nach Deutsches Baujahrbuch 1907 bei den 42 deutschen Städten mit mehr als 100 000 Einwohnern mit rund 40% um den Mittelpreis von rund 120 Mk./cbm für sauber aufgeschlagene Ware, indem 65 Mk. in Nürnberg, 100 Mk. in Karlsruhe, München, Stuttgart, 130 Mk. in Leipzig, im Elsaß, 150 Mk. in Berlin, 170 Mk. in Kiel, Hamburg, Königsberg notiert sind.

Für Granit stellen sich die entsprechenden Zahlen auf rund 150 Mk./cbm Mittelpreis bei rund 43% Schwankung. Mannheim ist mit 85 Mk./cbm, Dresden, Halle, Münster i. W. sind mit 125 Mk., Bremen und Breslau mit 165 Mk., Berlin ist mit 190 Mk. und Flensburg mit 210 Mk. notiert.

Hauptbezugsstellen sind:

Für Sandstein: Sachsen: Elbsandsteingebirge (Cotta, Postelwitz); Provinz Sachsen (Rackwitz, Friedersdorf), Schlesien (Alt-Warthau, Cudowa, Friedersdorf, Wünschelburg), Bayern, Unterfranken (Eltmann, Miltenberg).

Für Muschelkalk: Thüringen und Franken.

Für Granit: Sachsen (Lausitz), Bayern (Fichtelgebirge, Bayerischer Wald), Hessen (Odenwald), Württemberg (Schwarzwald), Preußen (Schlesien). Außerdem Granit aus Böhmen und aus Schweden-Norwegen.

Die Preise für Platten sind durchschnittlich höher als für Quader und höher für dünne Platten als für dicke, da erstere ein öfteres Schroten (Trennen) und wegen des Stehenlassens der bei der Reinarbeit wegzuschlagenden Massen (des sogenannten Bruch-zolls) mehr Massen erfordern. Es betragen die Kosten unbearbeiteter Platten im Vergleich mit dem Preis für Quader.

Tabelle 5.

Dicke der Platten in Zentimeter .	10	12	15	18	20	25
Verhältniszahl	1,50	1,45	1,40	1,35	1,30	1,20

Schocksteine (Grundstücke, Hackelsteine). Außer den Quadern, die nach cbm und den Platten, die nach qm berechnet werden, fertigt man aus den Abfällen noch kleine Werkstücke an, die in Sachsen Grundstücke, in Böhmen Hackelsteine oder Schocksteine genannt und gewöhnlich nach der Länge verkauft werden. Sie kosten etwa 10% weniger als Quader.

Anmerkung. Die oben angegebenen Plattenmaße beziehen sich auf rein bearbeitete Werkstücke und sind daher die unbearbeiteten Stücke noch um das Arbeitsmaß (Bruchzoll, Arbeitszoll), d. h. um diejenige Masse, die beim Bearbeiten des Steins weggeschlagen werden muß, um die gewünschten Abmessungen zu liefern, größer zu bestellen.

Tabelle 6.
Gewichte der Werksteine.

Lfd. Nr.	Bezeichnung der Werksteine	Mittleres Gewicht	Dicke der Platten in Zentimeter						Stärke und Breite der Schock-steine in Zentimeter				
			10	12	15	18	20	25	20/20	22/20	25/25	25/28	30/30
		kg/cbm	kg/qm						in kg				
1	2	3	4	5	6	7	8	9	10	11	12	13	14
1.	Dolomit	2900	290	350	430	490	580	720	120	130	180	200	260
2.	Granit, feinkörniger .	2600	260	310	390	440	520	650	100	110	160	180	230
3.	Granit, grobkörniger .	2800	280	330	420	470	560	700	110	120	170	190	250
4.	Grünstein	2900	290	350	430	490	580	720	120	130	180	200	260
5.	Kalkstein	2600	260	310	390	440	520	650	100	110	160	180	230
6.	Porphyr	2800	280	330	420	470	560	700	110	120	170	190	250
7.	Sandstein, weicher .	2100	210	250	320	360	420	520	80	90	130	150	190
8.	Sandstein, harter . .	2500	250	300	380	450	500	630	100	110	160	180	230
9.	Syenit	2800	280	330	420	470	560	700	110	120	170	190	250

b) Bruchsteine.

Mit Bruchsteinen werden die natürlichen unbearbeiteten Bausteine bezeichnet, die durch Zerkleinerung der Felsen oder massiver Blöcke mittels Werkzeuge oder Spreng-materialien gewonnen werden und höchstens eine solche Größe besitzen, daß sie noch von zwei Arbeitern fortgeschoben oder gerollt werden können. Größere Steine gehören noch zu den Blöcken, die fast nur im Wasserbau Verwendung finden. Bei der Zertrümmerung des Felsens entstehen entweder unregelmäßig geformte oder lagerhafte Bruchsteine, je

13*

nachdem der Felsen eine kompakte Masse bildete oder geschichtet, mit Lagern und Bänken behaftet war. Die lagerhaften Steine sind in der Regel billiger als die unregelmäßig geformten, da das Brechen weniger Arbeit und Sprengmaterial erfordert. 1 cbm Felsmasse gibt etwa 1,5 rm im aufgesetzten Haufen gemessen.

Tabelle 7.

1 cbm **Mauerwerk** erfordert

	aufgesetzte Steine	Felsmasse
1. Lagerhafte Steine	1,3 rm	etwa 0,87 cbm
2. Weniger lagerhafte Steine	1,4 „	„ 0,93 „
3. Unregelmäßige Steine	1,5 „	„ 1,00 „

Hier werden drei verschiedene Felsgattungen unterschieden.

1. Weiches klüftiges, etwa zur Hälfte mit Spitzhaue und Brechstange, sonst durch Sprengen mit Pulver zu gewinnendes Gestein (Sandstein, weicher Kalkstein, Grauwacke, Gneis, Tonschiefer u. a.)

2. Mittelhartes, weniger klüftiges, zum größeren Teil mit Sprengmaterial zu lösendes Gestein (harter Sandstein, fester Kalkstein, mittelfester Granit, fester Gneis, Porphyr, Diorit), wenig fester Basalt u. a.).

3. Hartes kompaktes oder mittelhartes zähes Gestein (fester Granit, Basalt, Grünstein, Glimmerschiefer, Kieselschiefer, Dolomit, fester Granulit u. a.).

Die Gesamtkosten in Haufen aufgesetzter Bruchsteine im Bruch setzen sich zusammen aus den Kosten des Steinbruchs, des Brechens, der Werkzeuge, der Sprengmaterialien und dem Unternehmergewinn und betragen für mittelharte Steine rund das $1\frac{1}{2}$fache und für harte Steine rund das Doppelte der Gesamtkosten für weiche Steine.

Die Gewichte der in Haufen aufgesetzten Bruchsteine sind in Tabelle 27, Spalte 7, angegeben.

Bruchsteine werden nur da verwendet, wo das aus ihnen hergestellte Mauerwerk billiger wird, als das aus Ziegelsteinen.

c) Pflastersteine.

Für die Güte der Pflastersteine kommt die Widerstandsfähigkeit gegen die Witterung und gegen die Fuhrwerke und die Zugtiere in Betracht.

Ein „guter" Pflasterstein muß mindestens 1000 kg/qcm Druckfestigkeit in jeder Richtung haben, während zur Beurteilung der Widerstandsfähigkeit die Wertziffer für die auf 1 km Pflasterlänge durch 100 Zugtiere im Jahr bewirkte Abnutzung dient, wenn für Basalt 15 cbm Abnutzung im Jahre und die Abnutzungsziffer zu 20, das Produkt also zu 300 angenommen wird. Die Wertziffer μ ist $\dfrac{300}{z}$, wobei

$$\mu \times z = 60 \times 5 = 50 \times 6 = 40 \times 7,5 = 30 \times 10$$
$$= 25 \times 12 = 20 \times 15 = 15 \times 20$$

für schlechtes, bzw. mittelmäßiges, bzw. genügendes, bzw. ziemlich gutes, bzw. gutes, bzw. sehr gutes, bzw. vorzügliches Pflaster gilt.

Es werden im allgemeinen drei Arten von Pflastersteinen unterschieden:

1. die Feldsteine;

2. die polygonalen Pflastersteine, die eine ebene Kopffläche besitzen, aber deren beliebig viele Seiten nur roh gespalten sind;

3. die prismatischen und schwach verjüngten Pflastersteine, Kopfsteine, die zum Reihenpflaster verwendet werden.

1. Steine zu Feldsteinpflaster

werden aus den erratischen Blöcken, soweit sie nicht Verwendung als Mauersteine (Bruchsteine) finden, bzw. aus deren Trümmern hergestellt. In den einzelnen Pflaster-strecken muß Material von gleichmäßiger Beschaffenheit verwendet werden.

Zu 1 qm Feldsteinpflaster von 15 cm Höhe sind 0,2 rm Feldsteine erforderlich.

Das Sprengen großer Blöcke erfordert einschließlich des Sprengmaterials die Kosten von rund 10 Arbeitsstunden für 1 rm Pflastersteine, das Zerschlagen etwa 2 Arbeitsstunden und das Aufsetzen in meßbare Haufen etwa auch 2 Arbeitsstunden. Gewichte s. Tabelle 27.

Die Preise für Feldsteine sind sehr verschieden und werden von Jahr zu Jahr teurer.

Es kosten die ungesprengten Feldsteine in verschiedener Größe für 1 rm aufgesetzte Steine je nach der Entfernung des Fundorts 8—18 M. und mehr.

2. Steine zu Polygonalpflaster.

Bei der Bearbeitung der Bruchsteine zu Polygonalpflastersteinen ist der Abfall nur etwa 15%. Die Zwischenräume der in Haufen gesetzten Steine betragen rund 20% des ganzen Raumes. Es ergibt 1 cbm Bruchsteine rund 1 rm Pflastersteine.

Die Gesamtkosten betragen im Steinbruch für 1 rm in Haufen gesetzte Steine, wenn der Stundenlohn eines Steinbearbeiters, der die Steine zu sortieren und zu bearbeiten hat, 50 Pf., der eines ungelernten Arbeiters, der die Steine aufzusetzen hat, 25 Pf. beträgt, und die Kosten des Bearbeitens bei weichem, mittelhartem und hartem Gestein sich verhalten wie 1 : 1½ : 2, nach

Tabelle 8.

Gesamtkosten für 1 rm in Haufen aufgesetzter Steine zu Polygonal-pflaster und Kosten für 1 qm fertigbearbeiteter Pflastersteine auf die Pflasterfläche mit rund ⅕ Fugenfläche bezogen. Im Steinbruch.

2	3	4	5	6	7	8	9	10	11	12
		Kosten des		Unternehmer-gewinn 10% v. Spalte 3+4+5	Gesamt-arbeitskosten Spalte 3+4+5+6	Material-kosten	Gesamt-kosten Spalte 7+8	Bei mittlerer Stärke von		
Gesteinsart	Sortie-rens	Be-arbeitens	Auf-setzens					15 cm	18 cm	20 cm
								gibt 1 rm Steine an Pflasterfläche		
								6⅔ qm	5½ qm	5 qm
	M.	M.	M.	M.	M.	M.	M.	M/qm	M/qm	M/qm
Weiche Steine . .	0,50	1,70	0,20	0,25	2,65	2,70	5,4	0,80	1,00	1,10
Mittelharte Steine	0,50	2,60	0,20	0,30	3,60	4,00	7,6	1,10	1,40	1,50
Harte Steine . .	0,50	3,40	0,20	0,40	4,50	5,50	10,0	1,50	1,80	2,00

Polygonale Pflastersteine werden gewöhnlich mit 15—22 cm Höhe und 160—350 qcm Kopffläche ausbedungen, wobei keine Seite unter 5 cm Länge haben darf und die Fuß-fläche mindestens zwei Drittel von der Kopffläche betragen muß; solche mit geringerer Fußfläche, bis ein Drittel der Kopffläche, heißen Spaltpflastersteine und kosten etwa die Hälfte der eigentlichen Polygonalpflastersteine.

Mosaikpflastersteine, 5—7 cm hoch, 25—40 qcm Kopffläche, werden zu Gangbahnen benutzt, 1 rm gibt 11—12 qm Pflaster; kosten etwa das 1½fache der Polygonalpflastersteine.

Kleinpflastersteine, 8—10 cm hoch, 70—120 qcm Kopffläche, mit Fuß=
fläche von rund zwei Drittel der Kopffläche. 1 rm gibt 7—8 qm Pflaster bei ungefähr
dem gleichen Preise wie von Mosaikpflastersteinen.

3. Steine zu Reihenpflaster.

Aus „Ortsgebräuche im Handel mit Steinmaterialien für den Wegebau", heraus=
gegeben von der Handelskammer zu Berlin, 1908, §§ 34, 35, 36.

Die Steine I. Klasse müssen regelmäßig voll und scharfkantig bearbeitet und an
allen Seiten mit ebenen rechtwinkligen Flächen und geraden Kanten versehen sein.
Die Fuß= (Satz=) Fläche der Steine muß bei sog. Steinen II. Klasse mindestens $^4/_5$,
bei sog. Steinen III. Klasse mindestens $^2/_3$ der Kopffläche betragen. Die Verjüngung
nach der Fußfläche zu braucht nicht an allen Seiten die gleiche zu sein, sie darf aber an
keiner Seite bei den Steinen II. Klasse mehr als 1 cm und bei den Steinen III. Klasse
mehr als 2 cm betragen. Die Seitenfußflächen brauchen nicht ganz eben, sondern nur
rauh bearbeitet zu sein. Die Fußfläche muß der Kopffläche parallel sein. Die Fugen
des aus den zu liefernden Steinen hergestellten Pflasters dürfen in keinem Falle stärker
als 1 cm werden. Deshalb dürfen die Kopfflächen der Steine in keiner Richtung von
der rechteckigen Form mehr als 0,5 cm abweichen, so daß 2 auf ebener Fläche neben=
einander oder mit den Kopfflächen aufeinander gestellte Steine keine weitere Fuge
als solche von 1 cm zwischen den Kanten gemessen ergeben. Sämtliche Steine müssen
aus den härtesten, zähesten und durchaus gesunden Bänken des betr. Steinbruchs ent=
nommen sein, aus durchweg gleichartigem, gleich hartem und gleich widerstandsfähigem
Material bestehen und dürfen keine Spur von beginnender Verwitterung zeigen. Steine,
bei denen der Verwitterungsprozeß teilweise begonnen hat, oder die einzelne weichere
Teile enthalten, werden unter allen Umständen von der Annahme ausgeschlossen.
Dasselbe gilt von Steinen, welche verwitterbare Steinrinde oder Fäden oder eine
weiche Schicht enthalten, oder welche als nicht gleich hart oder nicht als hinreichend
wetterbeständig erkannt werden, oder unter kräftigen Schlägen der Ramme leicht
spalten.

Die Steine I. bis III. Klasse messen 12—14 cm in der Breite, 15—30 cm in der
Länge und 15—16 oder 19—20 cm in der Höhe. Mindestens 15% der in Bestellung
gegebenen Steine sind in Längen von 24—30 cm zu liefern.

Die Steine IV. Klasse messen 15—18 cm in der Breite, 18—25 cm in der Länge,
18—21 cm in der Höhe, die Fußfläche muß mindestens $^2/_3$ der Kopffläche betragen.

Schwedische Granitsteine[1]).

Die Druckfestigkeit des guten schwedischen Westküstengranits beträgt zwischen
2500 kg/qcm und 3000 kg/qcm. Über Reihenpflaster s. nachstehende Tabelle.

Kleinpflastersteine von etwa $^8/_{10}$ Größe werden mit Maschinen hergestellt. Granit=
schotter, Packlage und Schüttsteine können in den großen, unmittelbar am Meere liegen=
den Granitwerken meistens schon für die bloßen Einladungskosten erhalten werden,
da man in den Brüchen für den Steinabfall fast immer keine andere Verwendung hat,
als ihn zur Schaffung von Vorland ins Meer zu stürzen. Die Seefracht nach einem
deutschen Ostseehafen beläuft sich auf etwa 5 M./t.

---

[1]) Strömer und Nilson. Berlin W. 15.

Tabelle 9.
Reihenpflastersteine.

Sorte	Breite cm	Höhe cm	Länge cm	Frei Bord Deutscher Ostseehafen: je qm. M.
geringere . . .	a) $^{10}/_{13}$, b) $^{10}/_{15}$	a) $^{14}/_{18}$, b) $^{15}/_{20}$	a) $^{17}/_{28}$, b) $^{15}/_{25}$	a und b rb. 6,—
	$^{11}/_{15}$	$^{16}/_{20}$	$^{15}/_{25}$	rb. 6,25
	$^{12}/_{15}$	$^{16}/_{20}$	$^{15}/_{25}$	rb. 6,50
mittlere . . .	a) $^{12}/_{15}$, b) $^{15}/_{18}$	a) $^{16}/_{18}$, b) $^{18}/_{20}$	a) $^{15}/_{25}$, b) $^{16}/_{25}$	a und b rb. 6,75
	a) $^{12}/_{14}$, b) $^{13}/_{15}$	a) $^{14}/_{16}$, b) $^{13}/_{15}$	a) $^{17}/_{20}$, b) $^{18}/_{22}$	a und b rb. 7,—
	$^{12}/_{15}$	$^{15}/_{17}$	$^{15}/_{30}$	rb. 7,75
bessere	a) $^{13}/_{14}$, b) $^{12}/_{15}$	a) $^{15}/_{16}$, b) $^{16}/_{18}$	a) $^{15}/_{30}$, b) $^{15}/_{25}$	a und b rb. 8,—
	$^{12}/_{14}$	$^{19}/_{20}$	$^{15}/_{30}$	rb. 9,—

Reihensteine Berliner Formats aus deutschem Granit, z. B. aus Schlesien, der Lausitz, dem Fichtelgebirge, kosten frei Bahnwagen der Versandstation etwa 7,50 M. bis 8 M. Durch die Bahnfracht werden die Pflastersteine erheblich verteuert. So würde die Bahnfracht für 1 Lore Pflastersteine von 15 t Tragfähigkeit, die im Mittel 43 qm Pflastersteine Berliner Formats ladet, von einem schlesischen Steinbruch in der Striegauer Gegend bis Berlin bei etwa 350 Tarifkilometern, da Pflastersteine nach Spezialtarif III für 2,2 Pf. das tkm (bei Entfernungen bis 100 km für 2,6 Pf. das tkm) und für 1,20 M./t Abfertigungsgebühr (bzw. 0,90 M./t) befördert werden, $15 \times 1,20$

$$+ \frac{350 \cdot 15 \cdot 2,2}{100} \text{ rb. 134 M. ausmachen, d. h. rb. 4 M./qm.}$$

Da im deutsch-schwedischen Handelsvertrag Zollschutz für Pflastersteine nicht erzielt wurde, wünschen die Hartsteinindustriellen Frachtermäßigung. Aus Österreich-Ungarn dürfen jährlich bis 350 000 dz Pflastersteine aus hellem grauen Granit zollfrei hier eingeführt werden.

4. Steinschlag

dient als Bettungsmaterial für Chausseen und städtische Straßen und für den Eisenbahnoberbau. Wo Feldsteine billig zu haben sind, werden diese mit dem Hammer von Hand geschlagen oder mit der Steinbrechmaschine gebrochen.

Die etwa 10—20 cm hohen keilförmigen Packlagesteine werden als die Grundlage der Straßenkörper hergestellt; Grobschlag von 6—10 cm Korngröße dient zum Ausschütten der Packlage und als Gleisbettung, Kleinschlag von 3—5 cm Korngröße als Decklage für Chausseen.

II. Ziegel und Klinker.

a) Sorten und Bedarfsmengen.

Je nach der Formung: Handsteine oder Maschinensteine, je nach dem Brennen: Feldbrandsteine oder Ofenbrandsteine. Nach der Stärke des Brennens:

Schwachbrandsteine mit etwa 150 bis 200 kg/qcm Druckfestigkeit,
Mittelbrandsteine   „   „   200 „ 300   „   „
Starkbrandsteine (Klinker) mit über   300   „   „

Bestimmungen im Berliner Ziegelsteinhandel.

Im (Berliner) Ziegelsteinhandel werden in der Hauptsache drei Gruppen von Ziegelsteinen unterschieden und unter folgenden Bezeichnungen in den Handel gebracht:

a) Hintermauerungssteine;

b) Hartbrandsteine, Klinker, Rathenower Steine;

c) Verblendsteine aller Art.

Hintermauerungssteine I. Klasse müssen das Normalformat von 25 cm Länge, 12 cm Breite und 6,5 cm Höhe haben. Abweichungen von diesem Format sind (als Schwindemaß) nur bis zu 1 cm in der Länge, ½ cm in der Breite und Höhe gestattet, jedoch dürfen nicht mehr als 12% solcher Ziegelsteine in den Lieferungen enthalten sein. Das Maß ist durch Messung von 4, nicht ausgesuchten, an- oder aufeinandergelegten Ziegeln zu ermitteln. Die Ziegelsteine müssen aus gutem Ton hergestellt, gut gebrannt und gut sortiert sein.

Hintermauerungssteine II. Klasse müssen ebenfalls dem Normalformat, mit den für die I. Klasse erwähnten Abweichungen, entsprechen. In diese Klasse fallen Ziegelsteine, die aus geringerem Ton hergestellt, aber gut gebrannt und sortiert sind. — Ziegelsteine, welche aus erstklassigem Ton fabriziert sind, jedoch das Normalformat im Durchschnitt nicht erreichen, gehören gleichfalls in die II. Klasse.

Alle Hintermauerungssteine, welche den Anforderungen der Klassen I und II nicht entsprechen, werden als Hintermauerungssteine III. Klasse bezeichnet.

Hintermauerungsklinker, d. h. solche Klinker, welche aus den Hintermauerungssteinen aussortiert sind, werden gleichfalls in zwei Klassen in den Handel gebracht. Die Ware der I. Klasse muß 24 cm lang, 11 cm breit und 6 cm hoch und darf nicht deformiert sein. Die Ware der II. Klasse muß ein Mindestmaß von 23 cm, 10 cm und 5½ cm haben und darf nicht mehr als 12% sogenannte Schmelzklinker enthalten.

Ziegelsteine, welche unter Gruppe b) der allgemeinen Qualitätsbezeichnung fallen (Hartbrandsteine, Klinker, Rathenower Steine), müssen das Normalformat haben, aus gut durchgearbeitetem Ton hergestellt, vollkantig gearbeitet, hart gebrannt und gut sortiert sein. Maßdifferenzen bis 5 mm Länge, 3 mm Breite und 2 mm Höhe sind zulässig, soweit solche in der Fabrikation unvermeidlich sind.

Bei Hintermauerungssteinen und Klinkern gelten verregnete Ziegelsteine als marktgängige Ware, wenn sie fest und gut gebrannt und nicht allzusehr deformiert sind.

In Ladungen von Hintermauerungssteinen I. oder II. Klasse dürfen nicht mehr als 25% verregneter Ziegelsteine enthalten sein.

Verblendsteine, 4/4 Voll- oder Lochsteine, müssen die Maße 25 × 12 × 6,5 cm haben; Maßdifferenz bis zu 2% ist zulässig. Bei erstklassigen Lochverblendsteinen gelten die Maße 252 × 122 mm, Stärke 68—70 mm. Zulässige Maßdifferenz 2%.

Erstklassige Verblendsteine müssen mindestens eine gute Läuferseite und eine gute Kopfseite haben, einfarbig und rissefrei sein.

Zweitklassige Verblendsteine müssen mindestens eine gute Seite haben, jedoch müssen zwei Drittel des Quantums eine gute Kopfseite und ein Drittel eine gute Läuferseite haben; d. h. diese Steine werden nach Kopf und Läufern sortiert geliefert. Schwache Farbennuancierungen, kleine Kühlrisse sind hierbei gestattet. Der höchstzulässige Bruch beträgt bei Hintermauerungssteinen 5%, bei Hartbrandsteinen, Klinkern und Rathenowersteinen 3%, bei Verblendsteinen 2%.

Hartgebrannte Klinker werden mit 22 cm Länge, 11 cm Breite und 5 cm Stärke angenommen.

Man rechnet eine Stoßfugenstärke von 1 cm, eine Lagerfugenstärke von 1,2 cm und somit auf 1 m Höhe des Mauerwerks 13 Schichten (s. Tabelle 10).
Ein Normalziegel enthält demnach:

mit Fugen $(25 + 1) \times (12 + 1) \times (6,5 + 1,2)$ cm rund 2600 ccm,

ohne Fugen $25 \times 12 \times 6,5$ cm rund 1950 „

Unterschied = Raum für Mörtel . . . . 550 ccm

d. h. im Mauerkörper sind rund 80% Ziegelsteine und rund 20% Mörtel.

Tabelle 10.
Schichtenhöhen in Meter.

Schichten Anzahl	Höhe m	Schichten Anzahl	Höhe m	Schichten Anzahl	Höhe m	Schichten Anzahl	Höhe m	Schichten Anzahl	Höhe m	Schichten Anzahl	Höhe m
1	0,077	12	0,924	23	1,771	34	2,618	45	3,465	56	4,312
2	0,154	13	1,001	24	1,848	35	2,695	46	3,542	57	4,389
3	0,231	14	1,078	25	1,925	36	2,772	47	3,619	58	4,466
4	0,308	15	1,155	26	2,002	37	2,849	48	3,696	59	4,543
5	0,385	16	1,232	27	2,070	38	2,926	49	3,773	60	4,620
6	0,462	17	1,309	28	2,156	39	3,003	50	3,850	61	4,697
7	0,539	18	1,386	29	2,222	40	3,080	51	3,927	62	4,774
8	0,616	19	1,463	30	2,310	41	3,157	52	4,004	63	4,851
9	0,693	20	1,540	31	2,384	42	3,234	53	4,081	64	4,929
10	0,770	21	1,617	32	2,464	43	3,311	54	4,158	65	5,005
11	0,847	22	1,694	33	2,541	44	3,338	55	4,235		

Bedarf an Ziegeln:

Für 1 cbm Mauerwerk ist der Ziegelbedarf $\dfrac{1\,000\,000}{2600} = 385$ Stück bei 1 m starker Mauer. Der Bedarf wird jedoch im allgemeinen zu 400 Stück Ziegelsteinen für 1 cbm Mauerwerk gerechnet.

Tabelle 11.
Es gehören zu einer Mauer

von ½ Stein = 12 cm Stärke für 1 qm Ansicht 50 Stück Ziegel, d. h. für 1 cbm Mauer 417 Stück
„ 1 „ = 25 „ „ „ 1 „ „ 100 „ „ „ „ „ 1 „ „ 400 „
„ 1½ „ = 38 „ „ „ 1 „ „ 150 „ „ „ „ „ 1 „ „ 395 „
„ 2 „ = 51 „ „ „ 1 „ „ 200 „ „ „ „ „ 1 „ „ 392 „
„ 2½ „ = 64 „ „ „ 1 „ „ 250 „ „ „ „ „ 1 „ „ 391 „
„ 3 „ = 77 „ „ „ 1 „ „ 300 „ „ „ „ „ 1 „ „ 390 „
„ 3½ „ = 90 „ „ „ 1 „ „ 350 „ „ „ „ „ 1 „ „ 389 „
„ 4 „ = 103 „ „ „ 1 „ „ 400 „ „ „ „ „ 1 „ „ 388 „

Für 1 qm Pflaster werden erforderlich:

Tabelle 12.

Lfd. Nr.	Pflasterart	bei 1 cm starken Fugen Ziegel von Normalformat	bei ½ cm starken Fugen Ziegel von Normalformat	bei 1 cm starken Fugen Klinker von 22 × 11 × 5 cm	bei ½ cm starken Fugen Klinker von 22 × 11 × 5 cm
1	Flaches Pflaster	30	32	40	40
2	Hochkantiges Pflaster	50	56	80	75

Für 1 qm Fachwerk aus $^{12}/_{12}$ cm starken Stielen und Riegeln werden erforderlich 2,5 m Holzlänge, mithin zur Ausmauerung 35 Stück Ziegel.

Für Brückengewölbe.

Ist die Bogenlänge = L, die Gewölbstärke = s und die Gewölbbreite = B in Meter, so erfordert das ganze Gewölbe L·s·B·400 Stück Ziegel.

Die Bogenlänge L ist bei der Lichtweite w und der Pfeilhöhe f angenähert:

$$L = w\left[1 + \frac{8}{3}\left(\frac{f}{w}\right)^2\right].$$

Für Dampfkesseleinmauerungen und Fundamente:

a) Für die Einmauerung für 1 qm Fundamentfläche . . . . 600 Stück Ziegel.

•b) Für das Fundament bei 1 m Tiefe für 1 qm Fundamentfläche 400   „   „

Für Verblendmauerwerk. Wird die Verblendung aus besseren Ziegeln gewöhnlicher Größe (Vollverblendern) hergestellt, so sind erforderlich zu 1 qm Verblendung 75 Stück Ziegel. Meistens werden besonders gepreßte Lochverblendsteine verwendet und nachträglich in die Verzahnung der Hintermauerung eingesetzt. Soll dabei Kreuzverband zur Ausführung gebracht werden, so ersetzt man, um die Hintermauerung nicht zu schwächen und zur Ersparnis die Bänder durch Viertelsteine.

Zu 1 qm Verblendung gehören dann 26 Stück ganze Steine und 52 Stück Viertelsteine, ausschl. Bruch.

Vorzugsweise geschieht jetzt die Verblendung aus halben und Viertelsteinen im sogenannten Schornsteinverband, wobei 1 qm Verblendung 52—55 Stück Halbverblender und ebensoviel Viertelverblender erfordert.

Die zu den Ecken erforderlichen Dreiviertelsteine sind besonders anzugeben.

b) Preise der Ziegel und Klinker.

Die Gesamtkosten ab Ziegelei setzen sich zusammen aus den Kosten für das Tonfeld (Lehmfeld) rund 2%, des Ziegelstreichens und Ziegelbrennens rund 27%, des Brennmaterials rund 36%, für den Ofen und die sonstigen Gebäude anteilig rund 5%, für Geräte rund 1%, für Aufsicht und Verdienst rund 13%; und weichen für die verschiedenen Ziegeleien hauptsächlich nach den Kosten des Brennmaterials voneinander ab.

Der Verkaufspreis der Steine wird wesentlich durch die Transportkosten bestimmt, über die Kapitel E dieses Abschnitts Aufschluß gibt.

Von den in den Ofen gesetzten Ziegeln werden erzielt etwa 75% Hintermauerungssteine mit etwa 3% Ausschuß (Bruch, Schwachbrandsteine und Mittelbrandsteine) und etwa 25% Starkbrandsteine mit rund 7% Ausschuß.

Die Jahresproduktion an gebrannten Ringofenziegelsteinen beträgt in Deutschland etwa 30—35 Milliarden Stück, geht aber durch die steigende Fabrikation von Kalksandsteinen stetig zurück.

Zum Vergleich der Preise der verschiedenen Ziegelsorten kann Tabelle 13 dienen, während über die in 36 deutschen Großstädten 1907 gezahlten Preise das Diagramm 1 vor Tabelle 41 Aufschluß gibt.

Tabelle 13.

Preise der verschiedenen Ziegelsorten in der Ziegelei:

1000 Stück gewöhnliche Ziegel . . . . 23 M.

1000   „   Klinker . . . . rund 35 „

a) Es kosten ferner in der Ziegelei:

1000 Stück Verblendklinker . . . . 45 bis 60 M.
1000 „ gelbe Verblendsteine . . . . 70 „ 80 „
1000 „ Profilsteine (Formsteine), rote . . . . 60 „ 90 „
1000 „ „ „ gelbe . . . . 90 „ 120 „
1000 „ Schamottesteine . . . . 90 „ 100 „

b) In Berlin kosteten:

1 Tausend gewöhnliche gute Mauersteine frei Baustelle . . . . . . 30 bis 40 M.
1 „ Hartbrandsteine und Rathenower Steine . . . . 40 „ 45 „
1 „ Klinker I. Sorte . . . . 60 „ 65 „
1 „ „ II. „ . . . . 50 „ 54 „
1 „ „ III. „ . . . . 36 „ 42 „

Verblendsteine:

1 Tausend Vollverblender (½ Steine) . . . . 50 „ 60 „
1 „ „ (³/₄ Steine) . . . . 60 „ 70 „
1 „ „ (⁴/₄ Steine) . . . . 70 „ 80 „
1 „ Lochverblender (¼ Steine sog. Riemchen) . . . . . . 36 „ 45 „
1 „ „ (½ Steine sog. Köpfe) . . . . . . 65 „ 75 „
1 „ „ (³/₄ Ecksteine) . . . . 90 „ 120 „
1 „ „ (⁴/₄ Ecksteine) . . . . 110 „ 130 „
1 „ „ (⁴/₄ Steine, Läufer) . . . . 110 „ 230 „
1 „ „ (³/₄ Keilsteine) . . . . 125 „ 140 „
1 „ „ (⁴/₄ Keilsteine) . . . . 150 „ 170 „
1 „ Stettiner Porzellanverblender, weiß (⅛ Steine) . . . . 75 „ 80 „
1 „ „ „ „ (¼ Steine) . . . . 110 „ 115 „

Glasierte Verblendsteine um das Doppelte bis Dreifache teurer.

1 Tausend poröse Steine (Loch- und Vollsteine) . . . . 40 bis 50 M.
1 „ keilförmige Brunnensteine . . . . 40 „ 50 „

c) Gewichte der Ziegel und Klinker.

Der Hintermauerungsziegel von $25 \times 12 \times 6,5$ cm und 2 l Inhalt wiegt im Mittel 3,5 kg, der Hintermauerungsklinker von $24 \times 11 \times 6$ cm mit 1,6 l Inhalt etwa 3,2 kg und der Klinker von $22 \times 11 \times 5$ cm mit 1,2 l Inhalt etwa 2,5 kg; der sogenannte Eisenklinker, Blaubrand von Normalformat, wiegt etwa 3,9 kg.

Tabelle 14.

1 qm Ziegelwand,	½	Stein stark, auf beiden Seiten verputzt,							wiegt rund	250	kg
1 „ „	1	„	„	„	„	„	„	„	„	460	„
1 „ „	1½	„	„	„	„	„	„	„	„	670	„
1 „ „	2	„	„	„	„	„	„	„	„	880	„
1 „ „	2½	„	„	„	„	„	„	„	„	1090	„
1 „ „	3	„	„	„	„	„	„	„	„	1300	„
1 „ „	3½	„	„	„	„	„	„	„	„	1510	„
1 „ „	4	„	„	„	„	„	„	„	„	1720	„
1 „ „	x	„	„	„	„	„	„	„	„	420 x + 40	kg.

III. Kalksandsteine.

Mischung von Kalk, gelöscht oder ungelöscht, und Sand im Verhältnis von rd. 1 : 10 wird feucht nach einigem Lagern in Formen gepreßt. Die Erhärtung geschieht durch die Einwirkung von gespanntem Wasserdampf, dem die Steine in besonderen Härtungs= kesseln etwa 10 Stunden unter 6—8 Atmosphären Druck ausgesetzt werden; es bilden sich wasserhaltige Kalksilikate.

Für 1000 Stück Kalksandsteine von Normalformat werden gebraucht etwa 250 kg, rund 2½ hl, gebrannter Kalk, etwa 12 hl Sand und etwa 150 kg Kohlen. Nach den technischen Vorschriften müssen Kalksandsteine bei 3,6 kg Gewicht als Hintermauerungs= steine mindestens 150 kg/qcm und als Klinker mindestens 200 kg/qcm Druckfestigkeit haben, an Wasser dürfen sie nicht mehr als 15 v. H. ihres Gewichts aufnehmen.

Die Fabrikation von Kalksandsteinen hat nach den Verfahren von Olschewsky u. a. einen stetigen Aufschwung genommen; es bestanden schon 1906 in allen Ländern zu= sammen etwa 400 Kalksandsteinfabriken mit einer Jahresproduktion von 1200 bis 1600 Mill. Steine, von denen mehr als 200 Fabriken allein auf Deutschland entfallen.

Vor den gebrannten Ziegeln haben die Kalksandsteine den durch die größere Form= regelmäßigkeit bedingten geringeren Bedarf an Mörtel und die kürzere Fabrikations= dauer voraus.

Die Preise frei Bau sind auf Diagramm 1 vor Tabelle 43, S. 241 zu ersehen, sie schwanken zwischen 21 M. für 1000 Stück in Frankfurt a. M. und 38 M. für 1000 Stück in Braunschweig.

Die Herstellungskosten von 1000 Steinen werden durchschnittlich zu 15 M. an= gegeben.

IV. Schwemmsteine (Tuffsteine).

Durch ihre Porosität und Leichtigkeit sind die aus Bimskies, Sand und gelöschtem Kalk hergestellten rheinischen Schwemmsteine für manche Zwecke einzig; ein Normal= stein von 25 × 12 × 9,5 cm mit 2,9 l Inhalt wiegt nur 2¼ kg, entsprechend etwa 0,8 t/cbm, Druckfestigkeit mindestens 20 kg/qcm, Mauerwerk höchstens mit 3 kg/qcm Belastung zulässig.

Die Herstellung der in Formen gestampften Steine erfordert 3—4 Monate und ist auf die vulkanische Gegend bei Neuwied beschränkt, wo 1901 280 Millionen Stück und 1905 schon 320 Millionen Stück angefertigt und mit rund 20 Mk. für 1000 Stück frei Waggon Neuwied gehandelt wurden. 1907 kosteten 1000 Stück 22 M., in 1911 21 M.

Das Absatzgebiet ist durch die Transportkosten begrenzt. Syndikat in Neuwied.

Die Beförderung auf der Bahn erfolgt nach Spezialtarif III. Bei dem geringen Gewicht ist der „Aktionsradius" beinahe der doppelte desjenigen für gebrannte Ziegel.

V. Feuerfeste Steine (Schamottesteine) und feuerfester Mörtel

werden aus feuerfestem Ton mit 2 Teilen Schamottemehl, das aus den Scherben ge= brauchter Porzellankapseln gewonnen wird, geformt und gebrannt. Die Steine und Platten finden bei Feuerungsanlagen Verwendung und haben außer hohen Tempera= turen von 1700—2000° C und mehr den chemischen Wirkungen der Dämpfe und Gase zu widerstehen. Die Vermauerung wird in Schamottemörtel mit möglichst engen Fugen ausgeführt.

Das deutsche Format ist 25 × 12 × 6,5 cm, wiegt 3,5 kg/Stück.

Das englische Format 23 × 11 × 6 cm, wiegt 2,7 kg/Stück.

Es werden fünf Sorten je nach der Anforderung an Feuerbeständigkeit, Festigkeit und chemische Eigenschaften gehandelt und kosten ab Werk:

deutsches Format . . . . . 55,00 bis 140,00 M. für 1000 Stück,

englisches Format . . . . 50,00 „ 100,00 „ „ 1000 „

Die Schamotteplatten sind gängig in 25 Abstufungen in den Abmessungen von 16 × 26 × 3 cm bis 63 × 94 × 7 cm und kosten ab Werk etwa 10 Pf. je cbdcm.

Zu 1000 Schamottesteinen werden erforderlich etwa 500 kg Schamottemörtel, der für 100 kg 2—4 M. kostet. Feuerfester Ton für 100 kg etwa 1 M., Schamotte= mehl für 100 kg etwa 3 M. Dinassteine sind aus reinem Quarzsand.

VI. Mörtelmaterialien.

1. Kalk.

a) Eigenschaften.

Kalke heißen die Gesteine, deren Hauptbestandteil kohlensaurer Kalk mit mehr oder weniger Kieselsäure und Beimengungen ist[1]).

Den zum Mörtel verwendbaren Ätzkalk gewinnt man durch Brennen des Kalk= steins in besonderen Kalköfen, wenn dem Gestein gerade alle Kohlensäure entzogen, die Hitze aber nicht so weit getrieben ist, daß die dem Kalk beigemengten Teile an Kiesel= erde und Tonerde chemische Verbindungen mit dem Kalk eingehen konnten. In diesem Falle wäre der Kalk „totgebrannt" und zur Mörtelbereitung nicht verwendbar.

Die rationellen Kalköfen, wie sie z. B. von Eckardt, Köln=Berlin, ausgeführt werden, sind Ringöfen, als Langringöfen oder Mehrschenkelringöfen, die mit Streufeuerung oder Rostfeuerung oder Gasfeuerung arbeiten.

Nach dem Gehalt an Kalziumoxyd, CaO, bzw. an kieselsaurer Tonerde unterscheidet man fette und magere bzw. hydraulische Kalke.

CaO	Beimengungen	Bezeichnung
wenn 100—90%	0—10%	fetter Kalk,
„ < 90%	> 10%	magerer Kalk (Wasser= kalk)

Wenn an kieselsaurer Tonerde

10—30% hydraulischer Kalk,
30—50% Zement.

Hydraulisch sind die Kalke durch den Gehalt an kieselsaurer Tonerde, indem diese mit Wasser Kalk=Kiesel=Ton=Verbindungen eingeht; also auch unter Wasser erhärten. Der fette Kalk und der nicht hydraulische magere Kalk erhärten nur an der Luft, aber sehr langsam, da sie nur durch Rückbildung zu kohlensaurem Kalk erhärten, die dazu erforderliche Kohlensäure aber nur durch die immer mehr erhärtende Mörtelrinde in das Mauerwerk hinein gelangen kann. Daher bietet Fettkalkmörtel nur in schwachem Mauerwerk die Garantie des Erhärtens.

Um den Ätzkalk zum Mörtel verwenden zu können, muß er zu Kalkhydrat gemacht, also gelöscht werden. Der fette Kalk erhitzt sich beim Löschen sehr stark; er kann in Kalk= gruben eingesumpft werden, da er sich nur sehr langsam mit der Kohlensäure der Luft chemisch verbindet. Der magere Kalk, mithin auch der hydraulische Kalk, dagegen erhitzt

---

[1]) „Zementkalk" ist eine Bezeichnung für hydraulische Kalke verschiedener Zusammensetzung und verschiedenen Ursprungs, in denen aber Zement nicht enthalten ist.

sich beim Löschen um so weniger, je größer die Menge der nicht kalkigen Bestandteile ist, ja, der Zement erhitzt sich gar nicht mehr. Je geringer die Erhitzung ist, desto weniger darf dem mageren Kalk beim Löschen an Wasser zugesetzt werden; nur so viel, daß er zu trocknem Pulver zerfällt. Wird er nasser gelöscht, so versumpft er und ist zum Mörtel unbrauchbar. Dabei tritt beim hydraulischen Kalk eine chemische Verbindung ein, welche ihn um so schneller zum Erhärten bringt, je hydraulischer er ist. Daher darf der Zement überhaupt nicht gelöscht werden, sondern muß als trockenes gemahlenes Pulver zur Verbrauchsstelle gelangen, denn schon die geringste Wassermenge bringt den Zement zum Erhärten. Über Mörtel Kap. VII dieses Abschnitts.

b) Berechnung der Kalke.

Der ungelöschte und der gelöschte Kalk wird nach Kubikmetern = 10 hl (Faß) = 1000 l berechnet. 1 t gebrannter Kalk bedeutet 1 alte preußische Tonne = 1 Wispel = 220 l.

Tabelle 15.
Ergiebigkeit von gebrannten Kalken.

Lfd. Nr.		1 hl gebrannter Kalk im Gewicht			gibt Kalkhydrat									Bemerkungen
					nach Hohlmaß			von spez. Gew.			im Gewicht			
		von kg	bis kg	i.M. kg	von hl	bis hl	i.M. hl	von	bis	i.M.	von kg	bis kg	i.M. kg	
1	2	3	4	5	6	7	8	9	10	11	12	13	14	15
1	Fettkalk mit mehr als 90% CaO	90	100	95	2,2	2,0	2,10	—	—	1,4	310	280	290	Bei Maschinenbetrieb
					2,0	1,7	1,85	—	—	1,4	280	240	260	Bei Handbetrieb
2	Magerer Kalk mit weniger als 90% CaO													
a	Nicht hydraulischer . .	80	90	85	1,7	1,6	1,65	0,80	1,00	0,9	140	160	150	
b	Hydraulischer mit kieselsaurer Tonerde . .	75	90	83	1,6	1,5	1,55	0,65	0,73	0,7	110	105	107	

Wie sehr die Grenzwerte nach den verschiedenen Angaben voneinander abweichen, zeigt die Tabelle 39, es ist daher für die Preisberechnungen wenig von Wert, sogenannte Mittelwerte anzunehmen, vielmehr müssen die Wertzahlen von Fall zu Fall ermittelt werden, um rationelle Ausnutzung der Kalke zu erzielen.

Entsprechend verhält es sich mit dem Sandzusatz.

Je nachdem der Kalk fett oder mager ist, braucht er mehr oder weniger Sandzusatz; man rechnet auf 1 hl gelöschten Kalk 1,5—3 hl Sand! In der Regel nimmt man in den Anschlägen das Verhältnis von Kalk zu Sand wie 1 : 2 an. Diese drei Raumteile Kalk und Sand geben aber nur 2,0—2,4 Raumteile Mörtel, da der Kalk die Zwischenräume des Sandes ausfüllt.

Der Weißkalk wird entweder gebrannt oder gelöscht verdungen. Das letztere Verfahren ist das vorteilhaftere und gebräuchlichere, der Unternehmer hat dabei den gelöschten Kalk in der Kalkgrube nach Aufmaß in Rechnung zu stellen. Die Abnahme erfolgt etwa 36 Stunden nach dem Einlöschen, wenn der Weißkalk lufttrocken geworden ist und 2—3 cm breite Trockenrisse zeigt.

Da die Lieferung fertigen Mörtels durch besondere Fabriken heute die Regel ist, kommt die Mörtelbereitung auf der Baustelle schon weniger in Betracht als früher.

Fetter Ätzkalk kann zu 1000 kg/cbm, magerer Ätzkalk (hydraulischer) zu 1200 kg/cbm angenommen werden.

c) Preise der Kalke.

Als Mittelwerte notiert das „Deutsche Baujahrbuch"[1]) für 1911 in 29 Großstädten Deutschlands für 1 cbm = 12,5 dz ungelöschten Kalk die in Tabelle 16 aufgeführten Preise. Ebenda ist auch die von der Kgl. Berginspektion Rüdersdorf bei Berlin auf= gestellte Anweisung zum Löschen von Kalk auf Bänken und in Haufen mitgeteilt.

2. Zement.

a) Eigenschaften.

Magere Kalke mit 30—50% Kieselsäure und Tonerde können entweder durch Brennen geeigneter Gesteine erhalten werden (Romanzemente) oder durch Mischen und Brennen der erforderlichen Bestandteile (Portlandzemente).

Wegen der Möglichkeit, die Mischung nach Wunsch regeln und somit ein sehr zu= verlässiges Material erzielen zu können, stehen die künstlichen Zemente den Naturzementen voran, doch sind diese wegen der einfacheren Gewinnung bedeutend billiger, etwa um die Hälfte.

Im Nachstehenden handelt es sich um Portlandzement und Eisen=Portlandzement.

Der Verein deutscher Portlandzement=Fabrikanten definiert den Begriff „Portland= zement" wie folgt:

„Portlandzement ist ein hydraulisches Bindemittel, nicht unter 3,1 spezifisches Gewicht, bezogen auf geglühten Zustand, und mit nicht weniger als 1,7 Gewichtsteilen Kalk auf 1 Gewichtsteil Kieselsäure + Tonerde + Eisenoxyd, hervorgegangen aus einer innigen Mischung der Rohstoffe durch Brennen bis zur Sinterung und darauffolgender Zerkleinerung bis zur Mahlfeinheit. Zulässig an Magnesia 5 v. H., Schwefelsäure 2½ v. H.

Die Hauptbestandteile des Portlandzements sind demnach etwa: Kalk 58—63%, Kieselsäure 20—25%, Tonerde 4—8%, Eisenoxyd 2%.

Die tonreicheren Rohmaterialien liefern den sogenannten rasch bindenden, die kieselsäurereicheren den sogenannten langsam bindenden Zement. Die Grenze zwischen beiden wird durch die Zeitlänge von 2 Stunden gegeben, bei schnell bindendem Zement tritt eine Temperaturerhöhung bis 10° C auf.

Für die Beurteilung des Zements sind die im Anhang mitgeteilten „Deutsche Normen" für einheitliche Lieferung und Prüfung von Portlandzement und von Eisen=Portland= zement, ministerieller Runderlaß vom 16. März 1910, maßgebend. Eisen=Portlandzement besteht aus mindestens 70 v. H. Portlandzement, zum Rest aus gekörnter Hochofenschlacke.

Die Hauptkriterien sind:

1. Die Mahlfeinheit.

Probe: Auf einem Drahtsieb mit 900 Maschen pro Quadratzentimeter sollen von der Siebprobe von 100 g Zement höchstens 5 g zurückbleiben — die Maschen sind hierbei rund ⅓ mm weit, der Draht rund ⅛ mm stark.

2. Die Volumbeständigkeit.

Probe: Ein auf Glasplatte hergestellter und vor Austrocknen geschützter Kuchen aus reinem Zement darf, nach 24 Stunden unter Wasser gelegt, auch nach längerer Zeit, bis 28 Tagen, keine Verkrümmungen oder Kantenrisse zeigen.

3. Die Bindezeit.

Probe: Rasch bindender Zement 1 Minute lang, langsam bindender 3 Minuten lang mit etwa ein Drittel Wasser zu einem steifen Brei anmachen, der als etwa 1,5 cm

---

[1]) Verlag von J. J. Arnd, Leipzig.

starker Kuchen dem leichten Druck mit dem Fingernagel widerstehen muß. Die Zeitlänge bis zu diesem Eintritt ist maßgebend.

4. Die Festigkeit.

Probe: Für die Bestimmung der Druckfestigkeit Würfel von 50 qcm Fläche, für die der Zugfestigkeit Bruchflächen von 5 qcm. Die Probekörper bestehen aus 1 Teil Zement und 3 Teilen Normalsand, der eine Siebfeinheit zwischen 60 und 120 Maschen per Quadratzentimeter hat bei ⅓ mm Drahtstärke.

Langsam bindender Zement soll nach 28 Tagen Alter des Probekuchens mindestens 160 kg Druck und mindestens 16 kg Zug per Quadratzentimeter zeigen. Bei schnell bindenden Portlandzementen ist die Festigkeit nach 28 Tagen im allgemeinen eine geringere als für langsam bindende Zemente. Es soll daher bei Nennung von Festigkeitszahlen stets auch die Bindezeit angegeben werden.

b) Gewichte und Preise der Zemente.

Bei der Veranschlagung, Verdingung und Abnahme von Portlandzement soll das Nettogewicht nach Kilogramm oder nach Tonnen = 1000 kg zugrunde gelegt werden.

Gehandelt wird der Portlandzement

	in 1/1 Faß	mit 0,12 cbm lose Masse von	170 kg	Gewicht netto, 180 kg brutto,
	„ 1/2 „	„ 0,060 „ „ „ „	83 „	Gewicht netto, 90 kg brutto,
	„ 1/4 „	„ 0,030 „ „ „ „	40 „	Gewicht netto, 45 kg brutto,
auch	„ 1/1 großes Faß	„ 0,130 „ „ „ „	185 „	Gewicht netto, rd. 200 kg brutto,
außerdem	„ Sack	„ 0,040 „ „ „ „	57 „	Gewicht.

1 cbm Zement wird zu 1420 kg gerechnet.

Tabelle 16.
Vergleich der Packungen, Inhalte und Gewichte.

Lfd. Nr.	Portlandzement: Packung: Sack	Faß: 1/1 großes	Faß: 1/1	Faß: 1/2	Faß: 1/4	Inhalt cbm	Gewicht netto kg	Gewicht brutto kg	Romanzemente Blaubeuren: Sack: 1. Sorte	Sack: 2. Sorte	cbm	netto kg	brutto kg
1	2	3	4	5	6	7	8	9	10	11	12	13	14
1	1	—	1/3	1/6	1/12	0,040	57	0,50	1	—	0,055	75	0,5
2	—	1	1 3/12	—	—	0,130	185	200	18	—	1,000	1350	—
3	3	—	1	2	4	0,120	170	180	13 1/3	—	0,740	1000	—
4	—	—	1/2	1	2	0,060	83	90	—	1	0,065	75	0,5
5	—	—	1/4	1/2	1	0,030	40	45	—	15 1/3	1,000	1150	—
6	25	7,7	8 1/3	16 2/3	33 1/3	1,000	1420	—	—	13 1/3	0,870	1000	—
7	17,4	5,4	5,8	11,7	23,3	0,700	1000	—	—	—	—	—	—

Der Konventionspreis ist 1910 bis 4,75 M. für 1 Faß = 3 Sack netto frei Kahn bzw. Waggon Berlin gesunken, Anfang 1912 auf 6 M. erhöht, steigt voraussichtlich weiter.

Auf Diagramm 1 ist der Preis für 1 Faß Zement = 170 kg netto = 120 l in 36 deutschen Großstädten angegeben; er schwankte 1911 zwischen 5,50 M. und 7,00 M., nur Mülhausen i. E. notiert 10 M., München sogar 12 M.

c) **Normen für einheitliche Lieferung und Prüfung von Portlandzement** siehe Anhang.

3. Traß.

Der Nettetaler Traß ist nach der jetzt fast vollständigen Erschöpfung der abbau= fähigen Lager im Brohltal das Handelsprodukt loko Andernach a. Rhein. Der Tuffstein enthält etwa 60% Kieselsäure, davon einen hohen Prozentsatz in löslicher Form, rund 20% Tonerde, i. M. Eisenoxyd, Kalk, etwas Alkalien und mindestens 7% Hydratwasser.

Traß hat Vorzüge vor dem Zement: geringes Raumgewicht, 0,94 bis 1,00, un= bedingte Widerstandsfähigkeit gegen Wasser und Witterung, gibt „dichten" Mörtel, bindet durch seine Kieselsäure den im Zement vorhandenen „freien" Kalk und macht dadurch den Traßzementmörtel widerstandsfähig gegen salz= und säurehaltige Wässer und Öle, die reine Zementmischungen zerstören.

Traßmörtel ist vollständig raumbeständig und für Gegenden, wo Traß nicht teurer als Zement zu stehen kommt, dem reinen oder Kalkzementmörtel unbedingt vorzuziehen.

Die Mahlfeinheit des handelsfähigen Trasses wird nach den Stuttgarter Normen vom 9. Oktober 1909 dadurch bestimmt, daß von ihm auf einem Sieb von 900 Maschen je Quadratzentimeter nicht mehr als 20% Rückstand bleiben darf. Die Zugfestigkeit der Probekörper aus 1 R.T. Traß, 1 R.T. Kalkteig, 1 R.T. Normensand muß nach 28 Tagen 14 kg/qcm, die Druckfestigkeit 70 kg/qcm erreicht haben. Traß kostet[1]) gemahlen in Leihsäcken frei Waggon Werk 140 M. für 10 t, dazu die Fracht bis Köln 31 M., — Trier 43 M., — Frankfurt a. M. 45 M., — Dortmund 53 M., — Karlsruhe 67 M., — Stutt= gart 82 M., — Nürnberg 98 M., — Bremen 102 M., — Leipzig 123 M., — Hamburg 124 M., — München 135 M., — Dresden 149 M., — Kiel 149 M., — Berlin 151 M.

4. Mauersand.

Der Sand dient im Mörtel zwar zur Bildung der Hauptmasse, muß aber doch so kantig, „scharf" sein, daß genügend große Zwischenräume für die Einlagerung des Bindemittels vorhanden sind; s. VII, Mörtel. Da der Preis des Sandes ganz von der Lage der Bezugsstelle abhängt und keine Marktware ist, läßt sich über den Preis des Mauersandes nur die Angabe machen, daß er in der Grube mindestens 50 Pf./cbm kosten wird.

Auf den Bauten der Großstädte hat 1907 der Mauersand 2,20 M./cbm bis 6,50 M./cbm, in Darmstadt, gekostet.

5. Betonkies.

Unter Betonkies wird ein Gemisch von etwa 2 Teilen Kies und etwa 1 Teil Sand in möglichst vielen Größenabstufungen verstanden, wobei unter Kies Kiessteine, Kiesel, Bimskies u. a. von 7—50 mm Durchmesser und unter Sand alles feine Gestein bis 7 mm Korngröße verstanden ist. Lehm und Ton sind nur dann als schädliche Bei= mischungen anzusehen, wenn sie an den Kieskörnern festhaften. Solcher Kies kann durch Waschen gut verwendbar gemacht werden. Dagegen ist der Verwendbarkeit von Kies mit feinzerteilten Beimischungen von Lehm und Ton das Waschen nur nachteilig.

Preise sind in der Tabelle aufgeführt.

Da Betonkies keine Marktware ist, hängt der Preis von den örtlichen Verhältnissen allein ab; er schwankte für das Kubikmeter frei Bau zwischen 3 M./cbm in Braun= schweig, Frankfurt a. M., Kiel, Mülhausen i. E. und 11 M./cbm in Nürnberg.

---

[1]) J. Meurin, Andernach.

O.=Sch. 14

VII. Mörtel.

1. Eigenschaften.

Nach dem Hauptzweck: Luftmörtel, Wassermörtel; schnell erhärtender oder langsam erhärtender, weniger oder mehr fester, weniger oder mehr wasserdichter; nach der Zusammensetzung: Kalkmörtel, Portlandzementmörtel, Portlandzementkalk= mörtel, sog. verlängter Zementmörtel, Zementtraßmörtel, Kalktraßmörtel. Erhärtungs= dauer, Festigkeit und Dichtigkeit sind durch Versuche von Fall zu Fall festzustellen, wenn man den Vorteil rationellen Mörtels ausnutzen will.

Einige Angaben:

Zementmörtel 1 : 4 nach   2 Tagen nur   5,5 kg/qcm Zugfestigkeit,

    „   1 : 3   „   2   „   schon   9   „   „

    „   1 : 4   „   14   „   ebenfalls 9   „   „

Kalktraßmörtel 1½ Tr., 1 K., 1 S. nach 4 Tagen rund   10 kg/qcm Zugfestigkeit.

    „   1 Tr., 1 K., 1 S.   „   7   „   „   10   „   „

Die Zugfestigkeit beträgt etwa den 10. Teil der Druckfestigkeit.

$$\text{Dichtigkeit} = \frac{\text{Kittmasse}}{\text{Hohlräume}} = \frac{\text{Bindemittel} + \text{Wasser}}{\text{Hohlräume}}.$$

Der Mörtel ist dicht, wenn der Quotient größer als 1 ist. Wasserzusatz für Zementmörtel im Mittel rund 22% der Zement= und der Sandmengen in Raum= teilen, für Traßzementmörtel im Mittel rund 20%, für Kalktraßmörtel im Mittel 8—10%.

Traßkalkmörtel sind stets dicht, selbst der magere Mörtel von 1 Traß, 2 Kalk, 5 Sand hat noch 1½fache Dichtigkeit. Zementmörtel magerer als 1 Zement + 2½ Sand sind nicht mehr dicht.

Über die Ergiebigkeit (Ausbeute) der Mörtelmaterialien sind die Angaben sehr schwankend. Unna, „Die Bestimmung rationeller Mischungen", gibt an für den Fettkalk 1,00, für den hydraulischen Kalk 0,28, für den Zement wie für den Traß 0,48, für den Sand 0,60.

In der letzten Auflage von Osthoff sind angegeben für den gelöschten Kalk, ohne Unterschied zwischen Luftkalk und hydraulischen Kalk, 1,00, für den Zement 0,75, für den Traß 0,60, für den Sand 0,50. Als Mittelwerte sind für die folgenden Tabellen angenommen: für den Luftkalk 1,0, für den hydraulischen Kalk 0,5, für den Zement wie für den Traß 0,6, für den Sand 0,5.

2. Kosten der hauptsächlichsten Mörtelarten.

Die Kostenentwicklungen in den folgenden Tabellen sind für Preisgrenzen der Mörtelmaterialien vorgenommen, nämlich an der Verwendungsstelle:

1. a) für Luftkalk   1 cbm = K 10 M. und 20 M.;

    b) für hydraulischen Kalk 1   „   = H 10   „   „   20   „

2. für Zement   1   „   = Z 50   „   „   80   „

3. „ Traß   1   „   = T 15   „   „   30   „

4. „ Sand   1   „   = S   2   „   „   7   „

5. „ Mörtelbereiten   1 cbm = M   3 M.

a) Reiner Luftkalkmörtel.

k Raumteile gelöschter Kalk geben mit s Teilen losem Sand $k \cdot 1,0 + s \cdot 0,5 = a$ cbm Mörtel. Es erfordert dann 1 cbm Mörtel an

gelöschtem Kalk: $\dfrac{k}{k + 0,5s} = \dfrac{k}{a}$ cbm,   losem Sand: $\dfrac{s}{k + 0,5s} = \dfrac{s}{a}$ cbm.

Tabelle 17.
Für reinen Luftkalkmörtel.

Lfd. Nr.	Mischungsverhältnis		Es ergeben			1 cbm Mörtel								
	gel. Kalk k	loser Sand s	gel. Kalk cbm	loser Sand cbm	an Mörtel cbm	erfordert an		kostet an					Mörtel	
						gel. Kalk cbm	losem Sand cbm	gel. Kalk, wenn 1 cbm 10 M. M.	20 M. M.	Sand, wenn 1 cbm 2 M. M.	7 M. M.	Mörtel bereiten M.	von M.	bis M.
1	2	3	4	5	6	7	8	9	10	11	12	13	14	15
1	1	2	1,0	2,0	2,00	0,50	1,0	5,0	—	2,0	—	3,0	10,0	—
								—	10,0	—	7,0	3,0	—	20,0
2	1	2½	1,0	2,5	2,25	0,45	1,1	4,5	—	2,2	—	3,0	9,7	—
								—	9,0	—	7,7	3,0	—	19,7
3	1	3	1,0	3,0	2,50	0,40	1,2	4,0	—	2,4	—	3,0	9,4	—
								—	8,0	—	8,4	3,0	—	19,4

Das Mischungsverhältnis beeinflußt den Mörtelpreis nur unwesentlich.

b) Reiner hydraulischer Kalkmörtel.

h Raumteile abgelöschter hydraulischer Kalk geben mit s Raumteilen losem Sand: $h \cdot 0,5 + s \cdot 0,5 = b$ cbm Mörtel. Es erfordert dann 1 cbm Mörtel

an abgelöschtem hydraulischen Kalk: $\dfrac{h}{0,5\,h + 0,5\,s} = \dfrac{2\,h}{h + s}$ cbm,

an losem Sand: $\dfrac{s}{0,5\,h + 0,5\,s} = \dfrac{2\,s}{h + s}$ cbm.

Tabelle 18.
Für reinen hydraulischen Kalkmörtel.

Lfd. Nr.	Mischungsverhältnis		Es ergeben			1 cbm Mörtel								
	gel. Kalk k	loser Sand s	gel. Kalk cbm	loser Sand cbm	an Mörtel cbm	erfordert an		kostet an					Mörtel	
						gel. Kalk cbm	losem Sand cbm	gel. Kalk, wenn 1 cbm 10 M. M.	20 M. M.	losem Sand, wenn 1 cbm 2 M. M.	7 M. M.	Mörtel bereiten M.	von M.	bis M.
1	2	3	4	5	6	7	8	9	10	11	12	13	14	15
1	1	2	1,0	2,0	1,5	$\frac{2}{3}$	$\frac{4}{3}$	6,7	—	2,7	—	3,0	12,4	—
								—	13,3	—	9,3	3,0	—	25,6
2	1	2½	1,0	2,5	1,8	0,6	1,5	6,0	—	3,0	—	3,0	12,0	—
								—	12,0	—	10,5	3,0	—	25,5
3	1	3	1,0	3,0	2,0	0,5	1,5	5,0	—	3,0	—	3,0	11,0	—
								—	10,0	—	10,5	3,0	—	23,5

Bei der geringen Ergiebigkeit des hydraulischen Kalks beeinflußt das Mischungsverhältnis den Mörtelpreis schon um etwa 10%.

c) Reiner Portlandzementmörtel.

z Raumteile loser Zement geben mit s Teilen losem Sand $z \cdot 0,6 + s \cdot 0,5 = c$ cbm Mörtel. Es erfordert dann 1 cbm Mörtel an

losem Zement: $\dfrac{z}{0,6\,z + 0,5\,s} = \dfrac{z}{c}$ cbm, losem Sande: $\dfrac{s}{0,6\,z + 0,5\,s} = \dfrac{s}{c}$ cbm.

Tabelle 19. Für reinen Portlandzementmörtel.

Lfd. Nr.	Mischungsverhältnis		Es ergeben			1 cbm Mörtel								
	loser Zement	loser Sand				erfordert an		kostet an						
	loser Zement	loser Sand	loser Zement cbm	loser Sand cbm	an Mörtel cbm	losem Zement cbm	losem Sand cbm	losem Zement, wenn 1 cbm 50 M. M.	80 M. M.	losem Sand, wenn 1 cbm 2 M. M.	7 M. M.	Mörtel bereiten M.	Mörtel von M.	bis M.
1	2	3	4	5	6	7	8	9	10	11	12	13	14	15
1	1	1	1,00	1,00	1,10	0,91	0,91	45,8	—	1,8	—	3,0	50,3	—
								—	72,8	—	6,4	3,0	—	82,2
2	1	2	1,00	2,00	1,60	0,62	1,25	31,0	—	2,5	—	3,0	36,5	—
								—	49,6	—	8,8	3,0	—	61,4
3	1	3	1,00	3,00	2,10	0,48	1,43	24,0	—	2,9	—	3,0	29,9	—
								—	38,4	—	11,4	3,0	—	52,8
4	1	4	1,00	4,00	2,60	0,39	1,54	19,5	—	3,1	—	3,0	25,6	—
								—	31,2	—	10,8	3,0	—	45,0
5	1	5	1,00	5,00	3,10	0,32	1,61	16,0	—	3,2	—	3,0	22,2	—
								—	25,6	—	11,3	3,0	—	39,9

Hier beeinflußt das Mischungsverhältnis die Mörtelpreise ganz erheblich, um rund 50%, und ist daher der Zweck des Mörtels und die Ausbeute der Bestandteile von Fall zu Fall genau in Überlegung zu ziehen.

d) Verlängerter Zementmörtel (Portlandzement-Kalkmörtel).

Da der Zementmörtel als Luftmörtel zum Abbinden öfters angefeuchtet werden muß, ist seine Verarbeitung umständlich. Durch einen Zusatz von gelöschtem Kalk wird das Abbinden des Mörtels verlangsamt und dadurch die Verarbeitung weniger peinlich.

Es ergeben z Raumteile loser Zement mit k Teilen Kalkbrei und s Teilen Sand z · 0,6 + k · 1,0 + s · 0,5 = d cbm Mörtel. Es erfordert dann 1 cbm Mörtel:

$$\frac{s}{0{,}6z + k + 0{,}5s} = \frac{z}{d} \text{ cbm Zement}, \qquad \frac{k}{0{,}6z + k + 0{,}5s} = \frac{k}{d} \text{ cbm Kalkbrei},$$

$$\frac{s}{0{,}6z + k + 0{,}5s} = \frac{s}{d} \text{ cbm Sand}.$$

Tabelle 20. Für verlängerten Zementmörtel (Portlandzement-Kalkmörtel).

Lfd. Nr.	Mischungsverhältnis			Es ergeben				1 cbm Mörtel										
	Zement	Kalk	Sand					erfordert an			kostet an							
	Zement	Kalk	Sand	loser Zement cbm	Kalkbrei cbm	Sand cbm	an Mörtel cbm	losem Zement cbm	Kalkbrei cbm	Sand cbm	losem Zement, wenn 1 cbm 50 M. M.	80 M. M.	Kalkbrei, wenn 1 cbm 10 M. M.	20 M. M.	Sand, wenn 1 cbm 2 M. M.	7 M. M.	Mörtel von M.	bis M.
	z	k	s	cbm	cbm	cbm	cbm	cbm	cbm	cbm	M.	M.	M.	M.	M.	M.	M.	M.
1	2	3	4	5	6	7	8	9	10	11	12	13	14	15	16	17	18	19
1	1	1	2	1,00	1,00	2,00	2,60	0,39	0,39	0,79	19,5	—	3,9	—	1,6	—	25,0	—
											—	31,2	—	7,8	—	5,0	—	44,5
2	1	1	4	1,00	1,00	4,00	3,60	0,28	0,28	1,11	14,0	—	2,8	—	2,2	—	19,0	—
											—	22,4	—	5,6	—	7,8	—	35,8
3	1	1	6	1,00	1,00	6,00	4,60	0,22	0,22	1,30	11,0	—	2,2	—	2,6	—	15,8	—
											—	17,6	—	4,4	—	9,1	—	31,1
4	1	3	9	1,00	6,00	9,00	8,10	0,12	0,37	1,11	6,0	—	3,7	—	2,2	—	11,9	—
											—	9,6	—	7,4	—	7,8	—	24,8

Hier sind die Preisunterschiede erheblich, daher die rationelle Mischung zweckmäßig.

e) Kalktraßmörtel.

Es ergeben k Raumteile Kalkbrei mit t Teilen Traß und s Teilen Sand k · 1,0 + t · 0,6 + s · 0,5 = e Teile Mörtel. Es erfordert dann 1 cbm Mörtel an:

Kalkbrei $\quad \dfrac{k}{k + 0,6\,t + 0,5\,s} = \dfrac{k}{e}$ cbm,

Traß gemahlen $\quad \dfrac{t}{k + 0,6\,t + 0,5\,s} = \dfrac{t}{e}$ cbm,

Sand $\quad \dfrac{s}{k + 0,6\,t + 0,5\,s} = \dfrac{s}{e}$ cbm.

Tabelle 21.

Für Kalktraßmörtel.

Lfd. Nr.	Mischungs-verhältnis			Es ergeben				1 cbm Mörtel										
								erfordert an			kostet an							
	Kalk	Traß	Sand	Kalk-brei	Traß	Sand	an Mör-tel	Kalk-brei	Traß	Sand	Kalkbrei, wenn 1 cbm 10 M. M.	wenn 1 cbm 20 M. M.	Traß, wenn 1 cbm 15 M. M.	wenn 1 cbm 30 M. M.	Sand, wenn 1 cbm 2 M. M.	wenn 1 cbm 7 M. M.	Mörtel von M.	bis M.
	k	t	s	cbm	cbm	cbm	cbm	cbm	cbm	cbm	M.	M.	M.	M.	M.	M.	M.	M.
1	2	3	4	5	6	7	8	9	10	11	12	13	14	15	16	17	18	19
1	1	1	1	1,00	1,00	1,00	2,10	0,48	0,48	0,48	4,8	—	7,2	—	1,0	—	13,0	—
											—	9,6	—	14,4	—	3,4	—	27,4
2	1	1	2	1,00	1,00	2,00	2,60	0,38	0,38	0,75	3,8	—	5,7	—	1,5	—	11,0	—
											—	7,6	—	11,4	—	5,3	—	24,3
3	1	1	3	1,00	1,00	3,00	3,10	0,32	0,32	0,97	3,2	—	4,8	—	1,9	—	9,9	—
											—	6,4	—	9,6	—	6,8	—	28,8
4	3	1	6	3,00	1,00	6,00	6,60	0,45	0,15	0,90	4,5	—	2,4	—	1,8	—	8,7	—
											—	9,0	—	4,8	—	6,3	—	20,1
5	2	1	5	2,00	1,00	5,00	5,10	0,39	0,20	0,98	3,9	—	3,0	—	2,0	—	8,9	—
											—	7,8	—	6,0	—	6,9	—	20,7

Die Mörtelpreise schwanken erheblich, und grade gestattet Kalktraßmörtel die genaueste Abstimmung nach den zu beachtenden Festigkeitsverhältnissen.

3. Mörtelbedarf.

a) Mörtelbedarf für 1 cbm Mauerwerk.

(Vgl. auch Abschn. II. A. IX.)

Tabelle 22.

Liter Mörtel

1. Fundamentmauerwerk aus sehr unlagerhaften Feld= oder Bruch=
steinen 350
2. desgl. aus lagerhaften Feld= oder Bruchsteinen 300
3. einhäuptiges Bruchsteinmauerwerk bis ¾ m Stärke 250
4. desgl. über ¾ m Stärke . . . . , . . . 300
5. doppelhäuptiges bis ¾ m Stärke 180
6. desgl.   über ¾ „   „   200
7. desgl.   „   1 „   „   250

		Liter Mörtel
8. Quadermauerwerk		100
9. Gewölbemauerwerk		120

Ziegelmauerwerk mit 1 cm Stoßfugen und 1,2 cm Lagerfugen:

10. von	3	Stein Stärke und mehr	300
11. „	2½	„	„	285
12. „	2	„	„	270
13. „	1½	„	„	265
14. „	1	„	„	250
15. „	½	„	„	230

Fachwerkswände:

16. zu 1 qm	1 Stein stark	62
17. „ 1 „	½ „ „	25
18. „ 1 „	¼ „ „	18
19. „ 1 „	Fachwerk aus Bruchsteinen, 20 cm stark	55
20. „ 1 „	„ „ „ 30 „ „	100

Pflasterungen:

21. 1 qm Ziegelflachpflaster	10
22. 1 „ Ziegelhochkantpflaster	16

Mörtelputz:

23. 1 qm massive Wand je Zentimeter Putzstärke	15
24. 1 „ Fachwerkwand desgl.	15

Fugen:

25. 1 qm Rohziegelbau	5
26. 1 „ Fachwand	3
27. 1 „ Deckplatten verlegen	15
28. 1 cbm Quadermauerwerk verlegen	80

b) Mörtelarten und ihre Dichtigkeiten.

Tabelle 23.

1. Zum Grundmauerwerk kleiner Brücken und Durchlässe, zu Gewölbemauerwerk 1 R.-T. Zement + 1 R.-T. hydraulischer Kalk + 5 R.-T. Sand ergeben rund 3,6 R.-T. Mörtel, Dichtigkeit rund 0,8; Mörtel also nicht dicht.

2. Zur Ausmauerung der Brunnen 1 R.-T. Zement + 3,5 R.-T. Sand, ergeben rund 2,5 R.-T. Mörtel, Dichtigkeit rund 0,8; Mörtel also nicht dicht.

3. Zu Ausmauerung von Brunnenmänteln, Versetzen von Werksteinen und Deckplatten, Ziegelflachschicht, Gewölbeabdeckung, Rollschichten 1 R.-T. Zement + 2 R.-T. Sand, ergeben rund 1,8 R.-T. Mörtel; Dichtigkeit rund 1,1.

4. Zum Ausfugen der Mauerflächen 1 R.-T. Zement + 1,5 R.-T. Sand, ergeben rund 1,5 R.-T. Mörtel; Dichtigkeit rund 1,4.

5. Zum übrigen Mauerwerk der Brücken und Durchlässe 1 R.-T. hydraulischer Kalk + 2,5 R.-T. Sand, ergeben rund 1,8 R.-T. Mörtel; Dichtigkeit rund 1,2.

VIII. Holz (Bauholz).

1. Allgemeines.

Auf die Einfuhr von Bau= und Nutzholz wird nach dem deutschen Zolltarifgesetz vom 25. 12. 1902, in Kraft seit 1. 3. 1906, Schutzzoll erhoben, u. z. auf die Herkünfte aus den Vertragstaaten nach den Sätzen der folgenden

Tabelle 24.

Lfd. Nr.	Bau= und Nutzholz	Zoll für 1 dz M.	Zoll für 1 fm M.	Zolltarif= stelle
1	Unbearbeitet oder nur in der Querrichtung mit Axt oder Säge bearbeitet, mit oder ohne Rinde			74
a)	hart	0,12	1,08	
b)	weich	0,12	0,72	
2	In der Längsrichtung beschlagen oder auch mit der Axt vor= gearbeitet oder zerkleinert			75
a)	hart	0,24	1,92	
b)	weich	0,24	1,44	
3	In der Längsrichtung gesägt oder in anderer Weise vorgerichtet, nicht gehobelt			76
a)	hart	0,72	5,76	
b)	weich	0,72	4,32	
4	Eisenbahnschwellen, mit der Axt bearbeitet, auch auf nicht mehr als einer Längsseite gesägt, nicht gehobelt			80
a)	hart	0,24	1,92	
b)	weich	0,24	1,44	
5	Holzpflasterklötze			81
a)	hart	0,72	5,76	
b)	weich	0,72	4,32	

Das gewachsene Holz wird nach dem kubischen Inhalt gehandelt. Die Inhalts= bestimmung erfolgt entweder am „Stehenden" oder am „Liegenden" aus Baumstärke nach ganzen Zentimetern und Stammlänge nach Metern und geraden Dezimetern, sofern nicht größere Genauigkeit die Berücksichtigung auch der Zentimeter bedingt.

Die Baumstärken werden gewöhnlich mit der Rinde mittels der Forstkluppe oder des Zirkels oder des Bandmaßes (s. IV, C II) entweder als Unterstärke in Brust= höhe, etwa 1,3 m über Erdboden, oder als Mittenstärke in halber Stammlänge, oder als Oberstärke am Stammende gemessen, die Stammlänge wird geschätzt bzw. indirekt oder direkt gemessen, je nachdem es sich um „Stehendes" oder „Liegendes" handelt.

1. Kubierung.

Die Kubierung erfolgt entweder mit Hilfe von „Formtafeln" (Formzahlen) für das „Stehende" aus der Unterstärke und der Länge, oder mit Hilfe von „Walzentafeln" für das „Liegende" aus der Mittelstärke und der Länge. Die Formzahlen sind Koeffi= zienten, mit denen die mathematischen Walzen= oder Kegelinhalte auf die dem Wuchs der Bäume entsprechenden Werte gebracht werden können, während die Walzentafeln den Stamm als richtigen Kreiszylinder ansehen.

Es gibt auch Formtafeln, die nach der Oberstärke aufgestellt sind und bei gewissen Stammbildungen mit Vorteil benutzt werden, auch in dem Falle, daß aus den mit der Rinde gemessenen Mittenstärken mit Hilfe der folgenden Zahlen die Oberstärken ohne Rinde her geleitet werden.

Diese Verringerungen betragen für Rundholzlängen

von	5,0	8,0	12,0	14,0	16,0 m
entsprechend	50	65	80	90	100 mm.[1]

Allgemeine Angaben über die Verjüngung von Baumstämmen sind: Nadelholz 1—1,5 cm auf das Meter Länge, Laubholz 1,5—2,5 cm auf das Meter Länge.

Nach M. R. Preßler, „Forstliche Kubierungstafeln", beträgt die Rindendicke (Borkenringdicke) etwa ½ v. H. der Stammdicke, so daß einer gemessenen Stammdicke von z. B. 20,3 cm eine Holzdicke von 19,3 cm entspräche, die aber bestimmungsgemäß nur mit der ganzen Zahl 19 in die Rechnung einzusetzen wäre.

2. Die Einteilung der Rundhölzer.

Die Rundhölzer werden eingeteilt in Klötzer, d. s. Stämme bis 10 m Länge oder Abschnitte von Stämmen, Stämme, d. s. entwipfelte Hölzer von mehr als 10 m Länge und mehr als 15 cm Unterstärke, Stangen, d. s. Stämmchen bis mit 15 cm Unterstärke. Die Stärken immer 0,1 m über dem Abhieb gemessen.

Der Inhalt von Längennutzholz wird nach Festmetern (fm) und Hundertsteln angegeben; manchmal wird das Holz noch nach rhein. Kubikfuß, 1 rm = 32,346 Kubikfuß, gehandelt.

3. Bestimmungen und Gebräuche im Holzhandel.

Aus den Bestimmungen über die Einführung gleicher Holzsortimente und einer gemeinschaftlichen Rechnungseinheit für Holz im Deutschen Reiche von 1875:[1]

I. Sortimentsbildung.

a) In bezug auf die Baumteile.

1. Derbholz ist die oberirdische Holzmasse über 7 cm Durchmesser einschl. der Rinde gemessen mit Ausnahme des bei der Fällung am Stocke bleibenden Schaftholzes.

2. Nicht=Derbholz.

    a) Reisig: Die oberirdische Holzmasse bis 7 cm Durchmesser;

    b) Stockholz: Die unterirdische Holzmasse und der bei der Fällung daran bleibende Teil des Schaftes.

b) In bezug auf die Gebrauchsart.

A. Langnutzholz. Das sind Nutzholzabschnitte, welche nicht in Schichtmaßen aufgearbeitet, sondern kubisch vermessen und verrechnet werden. Stämme sind diejenigen Langnutzhölzer, welche über 14 cm Durchmesser haben, bei 1 m oberhalb des unteren Endes gemessen; schwächere heißen Stangen.

Einteilung des Holzes nach dem Querschnitt:

Rundholz, Kantholz, Bohlen und Bretter. Kantholz, Ganzholz, einstieliges Holz,

wenn größerer Querschnitt als 15 × 15 cm, Halbholz , Kreuzholz .

Scharfkantiges Holz, wald= oder wahnkantiges Holz, wie das mit der Axt beschlagene, gebeilte, Holz darf für die Verwendung zu Staatsbauten nach den besonderen technischen Bedingungen nur an einer Kante und auf höchstens ein Drittel der Länge eine Abfasung haben, deren Breite höchstens ein Zehntel der Balkenhöhe ausmacht.

---

[1] Der Holzhändler. Berlin SW 1911.

Vom Gesichtspunkt der möglichst großen Ausnutzung des Rundholzes für die Trag=
fähigkeit ist es dagegen zweckmäßig, die Waldkanten je etwa ein Sechzehntel,
zusammen also etwa ein Viertel des Stammumfanges zu nehmen. Die
Ausnutzung beträgt dann rund 90% der Tragfähigkeit des Stammes
(Tabelle 53), während der scharfkantige Balkenquerschnitt mit Höhe zu
Breite wie 7 : 5 nur zwei Drittel von der Tragfähigkeit des Kreisquerschnitts besitzt.

Aus den Gebräuchen im Holzhandel im Bezirk der Handelskammer zu
Berlin, 1905, einige allgemein wichtige Angaben:

§ 8. Unter „Waggon" ist ein Quantum von 10—15 t zu verstehen, ausgenommen
bei Langholz über 8 m Länge, bei welchem „Waggonladung" eine Ladung von 20 bis
25 t bedeutet.

§ 12. Gesundheit. Nutzholz muß äußerlich gesund sein. Nicht gesundes Holz ist
insbesondere dasjenige, das rindschälig, ringsschälig, rotfaul oder weißfaul, stammtrocken,
wurmstichig, sandbrandig, stammkernfaul oder splintfaul ist oder Schwamm hat. Da=
gegen gilt nach dem Schnitt grau oder blau gewordenes Holz als gesund, ebenso
solches mit schwarzfaulem Ast, sofern dadurch das Holz nicht in Mitleidenschaft ge=
zogen ist.

§ 13. Die Feststellung der Gesundheit und der vertragsmäßigen Lieferung der
Ware hat am Ablieferungsorte zu erfolgen, und zwar:

a) bei im Wasser liegenden Floßhölzern einschließlich der eventuellen Auflast
längstens innerhalb sechs Wochen vom Tage der Ablieferung bzw. Aushändigung des
Übergabescheins (Extraditionsscheins) an, bei Floßhölzern, die im Eise liegen, inner=
halb sechs Wochen nach Eisaufgang, spätestens jedoch am nächsten 1. Mai;

b) bei ausgewaschenen und auf dem Lande lagernden Rund= oder gebeilten Hölzern
längstens innerhalb vier Monate vom Tage der Ablieferung bzw. Aushändigung des
Übergabescheins (Extraditionsscheins) an, jedoch bei teilweiser Abnahme innerhalb vier
Wochen nach jeder Verladung;

c) bei einzelnen Kahnladungen längstens innerhalb fünfzehn Tagen nach voll=
endeter Löschung, bei Waggonladungen längstens innerhalb sechs Tagen nach Abfuhr.

§ 14. Nicht lieferbare Ware.

Bei Lieferung von Rundholz darf nicht mehr als 8% des kubischen Inhalts, bei
Lieferung von geschnittenen oder beschlagenen Balken, Mauerlatten und Kanthölzern
nicht mehr als 3% der Stückzahl, bei Lieferung von Brettern und Bohlen nicht mehr
als 8% der Stückzahl nicht gesund sein. (§ 12).

Die Klausel im Schlußschein „besichtigt und für gut befunden" und ähnliche Qua=
litätsbezeichnungen schließen eine Bemängelung der Hölzer im Sinne des vorigen
Absatzes nicht aus. Auf das in diesem Sinne als fehlerhaft bezeichnete Holz hat der
Verkäufer ein Drittel des Kaufpreises zu vergüten. Stücke, von welchen mehr als ein
Drittel der Länge nicht gesund sind, sind nicht lieferbar.

§ 19. Bis 2% Abweichung vom gehandelten kubischen Inhalt bedeutet keine
Wertverminderung.

§ 20. Rundholz wird in der Mitte des Stücks, und wenn diese auf einen Ast fällt,
unmittelbar hinter dem Ast auf glattem Holz, nach dem Zopf zu, vermessen. Bei metrischem
Kettenmaß kommen nur geradzahlige Zentimeter im Durchmesser zur Berechnung.
Bei Fittenmaß, d. h. beim Messen mit einem über den Stamm geschobenen viereckigen
verstellbaren Rahmen gilt das Mittel der breiten und der schmalen Rahmenseite in

vollen Zentimetern als der zur Berechnung kommende Stammdurchmesser. Die Länge wird nun in vollen geradzahligen Dezimetern, auf der kürzesten Seite gemessen, berechnet.

Bretter, Bohlen, Balken und Kantholz.

§ 21. Geschnittene oder gebeilte (beschlagene) Hölzer werden, sofern es sich um Marktware handelt, in der Länge nur in geradzahligen Dezimetern, in der Stärke und Breite nur in vollen Zentimetern, gebeilte Hölzer hinsichtlich der Länge auf der kürzesten Seite, hinsichtlich der Stärke bis 1 m von der Mitte auf der schwächsten Stelle gemessen.

§ 22. Unbesäumte Kiefernbretter und Bohlen müssen mit einem derartigen Übermaße (Schwindemaße) geschnitten sein, daß sie, auf einer Seite gehobelt, im lufttrockenen Zustande die angegebenen Minimalstärken aufweisen. Für besäumte Kiefernbretter und Bohlen ist ein Übermaß in der Stärke nicht zu geben, sie dürfen aber stärker sein als vereinbart.

Anm. Einige Zahlen über das Schwinden:

Fichte axial $\sim \frac{1}{13}\%$, radial $\sim 2\frac{1}{2}\%$, nach der Balkenseite $\sim 6\%$,
Kiefer   ,, $\sim \frac{1}{8}\%$, ,, $\sim 2{-}3\%$, ,,   ,,   ,, $\sim 6\%$.

§ 23. Bretter und Bohlen, welche in ihrer ganzen Länge eine gleichmäßige Stärke nicht aufweisen (verschnitten sind), dergleichen Balken und Kanthölzer, welche verschnitten oder gesprengt verarbeitet sind, gelten als fehlerhaft.

§ 24. Astreine (astfreie) Bretter brauchen nur auf einer Seite astfrei zu sein.

Vermessung und Feststellung der Breite.

§ 25. Bei unbesäumten, kubisch zu vermessenden Brettern in Stärken bis einschl. 40 mm wird bei der Vermessung das in der Mitte der schmalen Seite nach vollen Zentimetern vorhandene Maß (Spiegelmaß) genommen. Bei Bohlen in einer Stärke über 40 mm wird die Breite derart festgestellt, daß beide Seiten auf der Mitte, mit Ausschluß der Borke, gemessen werden, und das Ergebnis bei jedem einzelnen Stück zur Hälfte, auf volle Zentimeter nach unten abgerundet, berechnet wird (Vermessung mit halber Kante).

§ 26. Zu einem Schock Bretter, Bohlen usw. gehören 450 laufende Meter.

§ 27. Alle Längen, mit Ausnahme derjenigen von 7,5 m, werden bei Marktware nach vollen geradzahligen Dezimetern bestimmt.

§ 28. Deckmaß. Als Mindestdeckmaß gelten für Bretter:

bis 20 mm Berechnungsstärke . 10 cm,   von 26—33 mm Berechnungsstärke 16 cm,
von 20—26 mm   ,,   13 ,,   ,, 33—40 ,,   ,,   18 ,,
(aus Blöcken unter 26 cm Zopf 10 ,,)   über 40 mm   ,,   21 ,,

Das Deckmaß darf bei den aus ganzen Blöcken geschnittenen Brettern und Bohlen nicht durch Kürzung der Seitenbretter hergestellt werden und ist an der schmalsten Seite zu ermitteln. Bretter, die das vorgeschriebene Deckmaß nicht haben, werden wie nicht gesunde behandelt.

§ 29. „Scharfkantig" bedeutet bei Brettern und Bohlen ohne jede Baumkante; bei Balken und Kantholz ist eine unwesentliche Baumkante gestattet.

„Vollkantig" bedeutet, daß die Schnittfläche um ein Zehntel geringer sein darf als die bezeichnete Stärke.

Die Bezeichnung „gut gearbeitet", sogenannte handelsübliche Ware, gestattet eine Differenz der Fläche gegen die berechnete Stärke um ein Fünftel.

. . . . . Sogenannte besäumte Schalbretter müssen im größten Teil ihrer Länge mindestens auf halber Brettstärke Schnittfläche zeigen.

2. Tabellen¹).

Tabelle 25.

Massentafel für Stämme nach Mittenstärke: Rundholz. Walzentafel.

Auszug aus Tabelle 2 *).

Länge des Stammes in Meter	Mittenstärke in Zentimeter / Inhalt in Kubikmeter																						
	8	9	10	12	14	15	16	18	20	22	24	25	26	28	30	32	35	37	40	42	45	47	50
10	0,05	0,06	0,08	0,11	0,15	0,18	0,20	0,25	0,31	0,38	0,45	0,49	0,53	0,62	0,71	0,80	0,96	1,08	1,26	1,39	1,59	1,73	1,96
11	0,06	0,07	0,09	0,12	0,17	0,18	0,22	0,28	0,35	0,42	0,50	0,54	0,58	0,68	0,78	0,88	1,06	1,18	1,38	1,52	1,75	1,91	2,16
12	0,06	0,08	0,09	0,14	0,18	0,21	0,24	0,31	0,38	0,46	0,54	0,59	0,64	0,75	0,85	0,97	1,15	1,29	1,51	1,66	1,91	2,08	2,36
13	0,07	0,08	0,10	0,15	0,20	0,23	0,26	0,33	0,41	0,49	0,59	0,63	0,69	0,80	0,92	1,05	1,25	1,40	1,63	1,80	2,07	2,26	2,56
14	0,07	0,09	0,11	0,16	0,22	0,25	0,28	0,36	0,44	0,53	0,63	0,69	0,74	0,86	0,99	1,13	1,35	1,51	1,76	1,94	2,23	2,43	2,75
15	0,08	0,10	0,12	0,17	0,23	0,27	0,30	0,38	0,47	0,57	0,68	0,74	0,80	0,92	1,06	1,21	1,44	1,61	1,89	2,08	2,39	2,60	2,95
16	0,08	0,10	0,13	0,18	0,25	0,28	0,32	0,41	0,50	0,61	0,72	0,79	0,85	0,99	1,13	1,29	1,54	1,72	2,01	2,22	2,54	2,78	3,14
17	0,09	0,11	0,13	0,19	0,26	0,30	0,34	0,43	0,53	0,65	0,77	0,83	0,90	1,05	1,20	1,37	1,64	1,83	2,14	2,36	2,70	2,95	3,34
18	0,09	0,11	0,14	0,20	0,28	0,32	0,36	0,46	0,57	0,68	0,81	0,88	0,96	1,11	1,27	1,45	1,73	1,94	2,26	2,49	2,86	3,12	3,53
19	0,10	0,12	0,15	0,21	0,29	0,34	0,38	0,48	0,60	0,72	0,86	0,93	1,01	1,17	1,34	1,53	1,83	2,04	2,39	2,63	3,02	3,30	3,73
20	0,10	0,13	0,16	0,23	0,31	0,35	0,40	0,51	0,63	0,76	0,90	0,98	1,06	1,23	1,41	1,61	1,92	2,15	2,51	2,77	3,18	3,47	3,93
21	0,11	0,13	0,16	0,24	0,32	0,37	0,42	0,53	0,66	0,80	0,95	1,03	1,12	1,29	1,48	1,69	2,02	2,26	2,64	2,91	3,34	3,64	4,12
22	0,11	0,14	0,17	0,25	0,34	0,39	0,44	0,56	0,69	0,84	1,00	1,08	1,17	1,35	1,56	1,77	2,12	2,37	2,76	3,05	3,50	3,82	4,32
23	0,12	0,15	0,18	0,26	0,35	0,41	0,46	9,59	0,72	0,87	1,04	1,13	1,22	1,42	1,63	1,85	2,21	2,47	2,89	3,19	3,66	3,99	4,52
24	0,12	0,15	0,19	0,27	0,37	0,42	0,48	0,61	0,75	0,91	1,09	1,18	1,27	1,48	1,70	1,93	2,31	2,58	3,02	3,33	3,82	4,16	4,71
25	0,13	0,16	0,20	0,28	0,38	0,44	0,50	0,64	0,79	0,95	1,13	1,23	1,33	1,54	1,77	2,01	2,41	2,69	3,14	3,46	3,98	4,34	4,91
26	0,13	0,17	0,20	0,29	0,40	0,46	0,52	0,66	0,82	0,99	1,18	1,28	1,38	1,60	1,84	2,09	2,50	2,80	3,27	3,60	4,14	4,51	5,11
27	0,14	0,17	0,21	0,31	0,42	0,48	0,54	0,69	0,85	1,03	1,22	1,33	1,43	1,66	1,91	2,17	2,60	2,90	3,39	3,74	4,29	4,68	5,30
28	0,14	0,18	0,22	0,32	0,43	0,49	0,56	0,71	0,88	1,06	1,27	1,37	1,49	1,72	1,98	2,25	2,69	3,01	3,52	3,88	4,45	4,86	5,50
29	0,15	0,18	0,23	0,33	0,45	0,51	0,58	0,74	0,91	1,10	1,31	1,42	1,54	1,79	2,05	2,33	2,79	3,12	3,64	4,02	4,61	5,03	5,69
30	0,15	0,19	0,24	0,34	0,46	0,53	0,60	0,76	0,94	1,14	1,35	1,47	1,59	1,85	2,12	2,41	2,89	3,23	3,77	4,16	4,77	5,20	5,89
Umfang in Zentimeter	25,1	28,3	31,4	37,7	44,0	47,1	50,3	56,5	62,8	69,1	75,4	78,5	81,7	88,0	94,2	100,5	110,0	116,2	125,7	131,9	141,4	147,7	157,1

Verwendbar für gefällte Stämme, „das Liegende". Beispiel: Stamm von 24,6 m Länge und 22 cm Mittenstärke hat Inhalt 0,93 cbm.

¹) *) Weitere Holztabellen in dem empfehlenswerten Werke: Forstliche Kubierungstafeln nach metrischem Maß von M. R. Preßler, 4. Auflage, Berlin 1873.

Tabelle 26.

Stammdurchmesser aus Balkenstärken und umgekehrt.

a) Scharfkantige Balkenquerschnitte.

$$D = \sqrt{b^2 + h^2}.$$

b) Breite des scharfkantigen Holzes in Zentimeter	h = Stärke des scharfkantigen Holzes in Zentimetern													
	5	6	7	8	9	10	11	12	13	14	15	16	17	18
	Durchmesser des Stammes in Zentimetern													
5	**7,1**	7,8	8,6	9,4	10,3	11,1	12,1	13,0	13,9	14,9	15,8	16,8	17,7	18,7
6	7,8	**8,5**	9,2	10,0	10,8	11,7	12,5	13,4	14,3	15,2	16,2	17,1	18,0	19,0
7	8,6	9,2	**9,9**	10,6	11,4	12,2	13,0	13,9	14,8	15,6	16,6	17,5	18,4	19,3
8	9,4	10,0	10,6	**11,3**	12,0	12,8	13,6	14,4	15,3	16,1	17,0	17,9	18,8	19,7
9	10,3	10,8	11,4	12,0	**12,7**	13,5	14,2	15,0	15,8	16,6	17,5	18,4	19,2	20,1
10	11,2	11,7	12,2	12,8	13,5	**14,1**	14,9	15,6	16,4	17,2	18,0	18,9	19,7	20,6
11	12,1	12,5	13,0	13,6	14,2	14,9	**15,6**	16,3	17,0	17,8	18,6	19,4	20,2	21,1
12	13,0	13,4	13,9	14,4	15,0	15,6	16,3	**17,0**	17,7	18,4	19,2	20,0	20,8	21,6
13	13,9	14,3	14,8	15,3	15,8	16,4	17,0	17,7	**18,4**	19,1	19,8	20,6	21,4	22,2
14	14,9	15,2	15,7	16,1	16,6	17,2	17,8	18,4	19,1	**19,8**	20,5	21,3	22,0	22,8
15	15,8	16,2	16,6	17,0	17,5	18,0	18,6	19,2	19,8	20,5	**21,2**	21,9	21,7	23,4
16	16,8	17,1	17,5	17,9	18,4	18,9	19,4	20,0	20,6	21,3	21,9	**22,6**	23,3	24,1
17	17,7	18,0	18,4	18,8	19,2	19,7	20,2	20,8	21,4	22,0	22,7	23,3	**24,0**	24,8
18	18,7	19,0	19,3	19,7	20,2	20,6	21,1	21,6	22,2	22,8	23,4	24,1	24,8	**25,5**
19	19,6	19,9	20,2	21,0	20,6	21,5	22,0	22,5	23,0	23,6	24,2	24,8	25,5	26,2
20	20,6	20,9	21,2	21,5	21,9	22,4	22,8	23,3	23,9	24,4	25,0	25,6	26,2	26,9

	Stärke des scharfkantigen Holzes in Zentimetern													
	18	19	20	21	22	23	24	25	26	27	28	29	30	31
	Durchmesser des Stammes in Zentimetern													
18	**25,5**	26,2	26,9	27,7	28,4	29,2	30,0	30,8	31,6	32,4	33,3	34,1	35,0	35,8
19	26,2	**26,9**	27,6	28,3	29,1	29,8	30,6	31,4	32,2	33,0	33,8	34,7	35,5	36,4
20	26,9	27,6	**28,3**	29,0	29,7	30,5	31,2	32,0	32,8	33,6	34,4	35,2	36,1	36,9
21	27,7	28,3	29,0	**29,7**	30,4	31,2	31,9	32,6	33,4	34,2	35,0	35,8	36,6	37,4
22	28,4	29,1	29,7	30,4	**31,1**	31,8	32,6	33,3	34,1	34,8	35,6	36,4	37,2	38,0
23	29,2	29,8	30,5	31,2	31,8	**32,5**	33,2	34,0	34,7	35,5	36,2	37,0	37,8	38,6
24	30,0	30,6	31,2	31,9	32,6	33,2	**33,9**	34,6	35,4	36,1	36,9	37,6	38,4	39,2
25	30,8	31,4	32,0	32,6	33,3	34,0	34,6	**35,3**	36,1	36,8	37,5	38,3	39,1	39,8
26	31,6	32,2	32,8	33,4	34,1	34,7	35,4	36,1	**36,8**	37,4	38,2	38,9	39,7	40,5
27	32,4	33,0	33,6	34,2	34,8	35,5	36,1	36,8	37,5	**38,2**	38,9	39,6	40,4	41,1
28	33,3	33,8	34,4	35,0	35,6	36,2	36,9	37,5	38,2	38,9	**39,6**	40,3	41,0	41,8
29	34,1	34,7	35,2	35,8	36,4	37,0	37,6	38,3	38,9	39,6	40,3	**41,0**	41,7	42,4
30	35,0	35,5	36,1	36,6	37,2	37,8	38,4	39,1	39,7	40,4	41,0	41,7	**42,4**	43,1
31	35,8	36,4	36,9	37,4	38,0	38,6	39,2	39,8	40,5	41,1	41,8	42,4	43,1	**43,8**
32	36,7	37,2	37,7	38,3	38,8	39,4	40,0	40,6	41,1	41,8	42,5	43,2	43,9	44,6
33	37,6	38,1	38,6	39,1	39,7	40,2	40,8	41,4	42,0	42,6	43,3	43,9	44,6	45,3
34	38,5	38,9	39,4	40,0	40,5	41,0	41,6	42,2	42,8	43,4	44,0	44,7	45,3	46,0
35	39,4	39,8	40,3	40,8	41,3	41,9	42,4	43,0	43,6	44,2	44,8	45,5	46,1	46,8
36	40,2	40,7	41,2	41,7	42,2	42,7	43,3	43,8	44,4	45,0	45,6	46,2	46,9	47,5

Anm. zu Tafel 26: Wenn die gegebenen Abmessungen die Tafel überschreiten, nimmt man sie halb und das Resultat doppelt.

Z. B.: Aus welchem Stamm läßt sich noch der scharfkantige Balkenquerschnitt von 24/21 cm herausschneiden? Antwort: Aus Stamm mit Durchmesser 32 cm; dieser hat nach Tabelle 25 Zeile 1 0,080 qm, der Balken nur 0,050 qm, der Stamm wird also nur zu rund zwei Drittel zu Balkenholz ausgenutzt.

Für den ordinär baumkantigen Querschnitt, wo die Baum- oder Rundkanten zusammen etwa ein Viertel des Kreisumfanges ausmachen, ist der gesuchte Durchmesser nur sieben Achtel des in der Tabelle enthaltenen. Soll umgekehrt aus dem Durchmesser das baumkantig beschlagene Holz gefunden werden, so ist der um ein Siebentel größere Durchmesser aufzusuchen; z. B. würde für das vorstehende Beispiel ein Durchmesser von $32 \cdot \frac{7}{8} = 28$ cm genügen.

Aus einem Rundholz von $28 \cdot \frac{8}{7} = 32$ cm Durchmesser sind b und h für baumkantiges Holz zu entnehmen, nämlich b = 20, h = 25 cm, wobei die ungebrochenen Kantenlängen so groß wie die Rechteckseiten eines scharfkantigen Balkens sind, der aus einem Kreisquerschnitt mit 28 cm Durchmesser geschnitten werden kann, nämlich b = 18, h = 22 cm.

Tabelle 27.

Breite b und Höhe h von scharfkantigen und waldkantigen (rundkantigen) Balkenquerschnitten von relativ größtem Widerstandsmoment (größter Tragfähigkeit), wo $h : b = \sqrt{2} : 1$.

$$b = D\sqrt{\tfrac{1}{3}} \, .$$
$$h = D\sqrt{\tfrac{2}{3}} \, .$$

Durchmesser cm	Scharfkantig h cm	Scharfkantig b cm	Rundkantig h cm	Rundkantig b cm	Durchmesser cm	Scharfkantig h cm	Scharfkantig b cm	Rundkantig h cm	Rundkantig b cm	Durchmesser cm	Scharfkantig h cm	Scharfkantig b cm	Rundkantig h cm	Rundkantig b cm
6	4,9	3,5	5,6	4,0	21	17,1	12,1	19,6	13,9	36	29,4	20,8	33,6	23,8
7	5,7	4,0	6,5	4,6	22	17,9	12,7	20,5	14,5	37	30,2	21,3	34,5	24,4
8	6,5	4,6	7,5	5,3	23	18,8	13,3	21,5	15,2	38	31,0	21,9	35,5	25,1
9	7,3	5,2	8,4	5,9	24	19,6	13,8	22,4	15,8	39	31,8	22,5	36,4	25,7
10	8,2	5,8	9,3	6,6	25	20,4	14,4	23,3	16,5	40	32,6	23,1	37,3	26,4
11	9,0	6,3	10,3	7,3	26	21,2	15,0	24,3	17,1	41	35,5	23,7	38,3	27,3
12	9,8	6,9	11,2	7,9	27	22,0	15,6	25,2	17,8	42	34,3	24,2	39,2	27,7
13	10,6	7,5	12,1	8,6	28	22,8	16,2	26,1	18,5	43	35,1	24,8	40,1	28,4
14	11,4	8,1	13,1	9,2	29	23,6	16,7	27,1	19,1	44	35,9	25,7	41,1	29,0
15	12,2	8,7	14,0	9,9	30	24,5	17,3	28,0	19,8	45	36,7	26,0	42,0	29,7
16	13,1	9,2	14,9	10,6	31	25,3	17,9	28,9	20,5	46	37,5	26,5	42,9	30,0
17	13,9	9,8	15,9	11,2	32	26,1	18,5	29,9	21,1	47	38,3	27,2	43,9	31,4
18	14,7	10,4	16,8	11,9	33	26,9	19,0	30,8	21,8	48	39,1	27,7	44,8	31,7
19	15,5	11,0	17,7	12,5	34	27,7	19,6	31,7	22,4	49	40,0	28,3	45,7	32,3
20	16,3	11,5	18,7	13,2	35	28,5	20,2	32,7	23,1	50	40,8	28,8	46,6	33,0

Tabelle 28.

Deutsche Normalprofile in Zentimetern.

8	10	12	14	16	18	20	22	24	26	28	30
8/8	8/10	10/12	10/14	12/16	14/18	14/20	16/22	18/24	20/26	22/28	24/30
—	10/10	12/12	12/14	14/16	16/18	16/20	18/22	20/24	24/26	26/28	28/30
—	—	—	14/14	16/16	18/18	18/20	20/22	24/24	26/26	28/28	—
—	—	—	—	—	—	20/20	—	—	—	—	—

Tabelle 29.

Kantholzbezeichnungen und deren Maße[1].

Ganzhölzer	13/18	16/18	16/21 cm.			
	5/7	6/7	6/8 Zoll.			
Kreuzhölzer	8/8	8/10	10/10	12/12	10/13	13/13	13/16 cm.
	3/3	3/4	4/4	4½/4½	4/5	5/5	5/6 Zoll.
Sparren	10/12	12/14	12/16	14/18	14/20 cm.	
Zangen (Halbhölzer) . .	8/16	10/16	8/18	8/21	10/21 cm.	
	3/6	4/6	3/7	3/8	4/8 Zoll.	
Hängewerke bei Fachwerk	14/14	14/16	14/18 cm.			
	5½/5½	5½/6	5½/7 Zoll.			
Kopfbänder	10/12	12/12	12/14	12/16	16/18 cm.	
Riegel	12/12	12/14	14/14	14/16 cm.		
Pfetten oder Rähme .	10/12	12/16	14/16	16/18	18/20 cm.	
Streben	12/16	14/16	16/18	18/18	20/20 „	
Stiele, Eck= und Bundstiele	12/12	14/14	16/16	18/18	20/20 „	
„ Zwischenstiele . .	10/12	12/14	12/16	14/16	16/18 „	
Unterzugsstiele	16/18	18/18	20/20	20/22	24/24 „	
	6/7	7/7	7½/7½	7½/8½	9/9 Zoll.	
Schwellen	12/14	12/16	14/16	16/18	16/20 cm.	
Unterzüge	20/20	22/26	22/28	24/30	26/30 „	
Streichbalken	9/20	9/22	9/24	10/24	10/26	11/26 cm.
Ganze Balken	16/24	18/20	18/21	18/22 cm.		
	6/9	7/7½	7/8	7/8½ Zoll.		
	18/24	20/24	20/26	22/26	21/29	24/29	26/29 cm.
	7/9	7½/9	7½/10	8½/10	8/11	9/11	10/11 Zoll.
Berliner Balken	21/24	21/26	24/26	26/26 cm.		
	8/9	8/10	9/10	10/10 Zoll.		

Zu einem Sortiment Berliner Balken rechnet man gewöhnlich:
40% von 21/24, 40% von 21/26, 10% von 24/26 und 10% von 26/26 cm;
Längen von 5—7 m steigend in geradzahligen Dezimetern, meistens aber 5,2, 5,4, 5,6,
6,2 und 6,4 m.

---

[1] „Der Holzhändler". 1910.

Tabelle 30.
Kubiktabelle für Kanthölzer.

Länge in Metern	Breite und Stärke in Zentimetern.												
	8/8	8/10	10/10	10/12	10/13	12/12	13/13	13/16	13/18	13/21	14/14	14/17	16/16
	Inhalt in Kubikmetern mit 3 Dezimalen.												
3,0	0,019	0,024	0,030	0,036	0,039	0,043	0,051	0,062	0,070	0,082	0,059	0,071	0,077
3,2	0,020	0,026	0,032	0,038	0,042	0,046	0,054	0,067	0,075	0,087	0,063	0,076	0,082
3,4	0,022	0,027	0,034	0,041	0,044	0,049	0,057	0,071	0,080	0,093	0,067	0,081	0,087
3,5	0,022	0,028	0,035	0,042	0,046	0,050	0,059	0,073	0,082	0,096	0,069	0,083	0,090
3,6	0,023	0,029	0,036	0,043	0,047	0,052	0,061	0,075	0,084	0,098	0,071	0,086	0,092
3,8	0,024	0,030	0,038	0,046	0,049	0,055	0,064	0,079	0,089	0,104	0,074	0,090	0,097
4,0	0,026	0,032	0,040	0,048	0,052	0,058	0,068	0,083	0,094	0,109	0,078	0,095	0,102
4,2	0,027	0,034	0,042	0,050	0,055	0,060	0,071	0,087	0,098	0,115	0,082	0,100	0,108
4,4	0,028	0,035	0,044	0,053	0,057	0,063	0,074	0,092	0,103	0,120	0,086	0,105	0,113
4,5	0,029	0,036	0,045	0,054	0,059	0,065	0,076	0,094	0,105	0,123	0,088	0,107	0,115
4,6	0,029	0,037	0,046	0,055	0,060	0,066	0,078	0,096	0,108	0,126	0,090	0,109	0,118
4,8	0,031	0,038	0,048	0,058	0,062	0,069	0,081	0,100	0,112	0,131	0,094	0,114	0,123
5,0	0,032	0,040	0,050	0,060	0,065	0,072	0,085	0,104	0,117	0,137	0,098	0,119	0,128
5,2	0,033	0,042	0,052	0,062	0,068	0,075	0,088	0,108	0,122	0,142	0,102	0,124	0,133
5,4	0,035	0,043	0,054	0,065	0,070	0,078	0,091	0,112	0,126	0,147	0,106	0,129	0,138
5,5	0,035	0,044	0,055	0,066	0,072	0,079	0,093	0,114	0,129	0,150	0,108	0,131	0,141
5,6	0,036	0,045	0,056	0,067	0,073	0,081	0,095	0,116	0,131	0,153	0,110	0,133	0,143
5,8	0,037	0,046	0,058	0,070	0,075	0,084	0,098	0,121	0,136	0,158	0,114	0,138	0,148
6,0	0,038	0,048	0,060	0,072	0,078	0,086	0,101	0,125	0,140	0,164	0,118	0,143	0,154
6,2	0,040	0,050	0,062	0,074	0,081	0,089	0,105	0,129	0,145	0,169	0,122	0,148	0,159
6,4	0,041	0,051	0,064	0,077	0,083	0,092	0,108	0,133	0,150	0,175	0,125	0,152	0,164
6,5	0,042	0,052	0,065	0,078	0,085	0,094	0,110	0,135	0,152	0,177	0,127	0,155	0,166
6,6	0,042	0,053	0,066	0,079	0,086	0,095	0,112	0,137	0,154	0,180	0,129	0,157	0,169
6,8	0,044	0,054	0,068	0,082	0,088	0,098	0,115	0,141	0,159	0,186	0,133	0,162	0,174
7,0	0,045	0,056	0,070	0,084	0,091	0,101	0,118	0,146	0,164	0,191	0,137	0,167	0,179
7,2	0,046	0,058	0,072	0,086	0,094	0,104	0,122	0,150	0,168	0,197	0,141	0,171	0,184
7,4	0,047	0,059	0,074	0,089	0,096	0,107	0,125	0,154	0,173	0,202	0,145	0,176	0,189
7,5	0,048	0,060	0,075	0,090	0,098	0,108	0,127	0,156	0,176	0,205	0,147	0,179	0,192
7,6	0,049	0,061	0,076	0,091	0,099	0,109	0,128	0,158	0,178	0,207	0,149	0,181	0,195
7,8	0,050	0,062	0,078	0,094	0,101	0,112	0,132	0,162	0,183	0,213	0,153	0,186	0,200
8,0	0,051	0,064	0,080	0,096	0,104	0,115	0,135	0,166	0,187	0,218	0,157	0,190	0,205
8,2	0,052	0,066	0,082	0,098	0,107	0,118	0,139	0,171	0,192	0,224	0,161	0,195	0,210
8,4	0,054	0,067	0,084	0,101	0,109	0,121	0,142	0,175	0,197	0,229	0,165	0,200	0,215
8,5	0,054	0,068	0,085	0,102	0,111	0,122	0,144	0,177	0,199	0,232	0,166	0,202	0,218
8,6	0,055	0,069	0,086	0,103	0,112	0,124	0,145	0,179	0,201	0,235	0,169	0,205	0,220
8,8	0,056	0,070	0,088	0,106	0,114	0,127	0,149	0,183	0,206	0,240	0,172	0,209	0,225
9,0	0,058	0,072	0,090	0,108	0,117	0,130	0,152	0,187	0,211	0,246	0,176	0,214	0,230
9,2	0,059	0,074	0,092	0,110	0,120	0,132	0,155	0,191	0,215	0,251	0,180	0,219	0,236
9,4	0,060	0,075	0,094	0,113	0,122	0,135	0,159	0,196	0,220	0,257	0,184	0,224	0,241
9,5	0,061	0,076	0,095	0,114	0,124	0,137	0,161	0,198	0,222	0,259	0,186	0,226	0,243
9,6	0,061	0,077	0,096	0,115	0,125	0,138	0,162	0,200	0,225	0,262	0,188	0,228	0,246
9,8	0,063	0,078	0,098	0,118	0,127	0,141	0,166	0,204	0,229	0,268	0,192	0,233	0,251
10,0	0,064	0,080	0,100	0,120	0,130	0,144	0,169	0,208	0,234	0,273	0,196	0,238	0,256
10,2	0,065	0,082	0,102	0,122	0,133	0,147	0,172	0,212	0,239	0,278	0,200	0,243	0,261
10,4	0,067	0,083	0,104	0,125	0,135	0,150	0,176	0,216	0,243	0,284	0,204	0,248	0,266
10,5	0,067	0,084	0,105	0,126	0,137	0,151	0,177	0,218	0,246	0,287	0,206	0,250	0,269
10,6	0,068	0,085	0,106	0,127	0,138	0,153	0,179	0,220	0,248	0,289	0,208	0,252	0,271
10,8	0,069	0,086	0,108	0,130	0,140	0,156	0,183	0,225	0,253	0,295	0,212	0,257	0,276
11,0	0,070	0,088	0,110	0,132	0,143	0,158	0,186	0,229	0,257	0,300	0,216	0,262	0,282
11,2	0,072	0,090	0,112	0,134	0,146	0,161	0,189	0,233	0,262	0,306	0,220	0,267	0,287
11,4	0,073	0,091	0,114	0,137	0,148	0,164	0,193	0,237	0,267	0,311	0,223	0,271	0,292
11,5	0,074	0,092	0,115	0,138	0,150	0,166	0,194	0,239	0,269	0,314	0,225	0,274	0,294
11,6	0,074	0,093	0,116	0,139	0,151	0,167	0,196	0,241	0,271	0,317	0,227	0,276	0,297
11,8	0,076	0,094	0,118	0,142	0,153	0,170	0,199	0,245	0,276	0,322	0,231	0,281	0,302
12,0	0,077	0,096	0,120	0,144	0,156	0,172	0,203	0,250	0,281	0,328	0,235	0,286	0,307

Fortsetzung von Tabelle 30.
Kubiktabelle für Kanthölzer.

Länge in Metern	Breite und Stärke in Zentimetern.														
	16/18	18/21	16/24	17/17	17/19	18/21	18/24	18/26	19/19	19/22	21/24	21/26	22/22	22/24	24/26
	Inhalt in Kubikmetern mit 3 Dezimalen.														
3,0	0,086	0,101	0,115	0,087	0,097	0,113	0,130	0,140	0,108	0,125	0,151	0,164	0,145	0,158	0,187
3,2	0,092	0,108	0,123	0,092	0,103	0,121	0,138	0,150	0,116	0,134	0,161	0,175	0,155	0,169	0,200
3,4	0,098	0,114	0,131	0,098	0,110	0,129	0,147	0,159	0,123	0,142	0,171	0,186	0,165	0,180	0,212
3,5	0,101	0,118	0,134	0,101	0,113	0,132	0,151	0,164	0,126	0,146	0,176	0,191	0,169	0,185	0,218
3,6	0,104	0,121	0,138	0,104	0,116	0,136	0,156	0,168	0,130	0,150	0,181	0,197	0,174	0,190	0,225
3,8	0,109	0,128	0,146	0,110	0,123	0,144	0,164	0,178	0,137	0,159	0,192	0,207	0,184	0,201	0,237
4,0	0,115	0,134	0,154	0,116	0,129	0,151	0,173	0,187	0,144	0,167	0,202	0,218	0,194	0,211	0,250
4,2	0,121	0,141	0,161	0,121	0,136	0,159	0,181	0,197	0,152	0,176	0,212	0,229	0,203	0,222	0,262
4,4	0,127	0,148	0,169	0,127	0,142	0,166	0,190	0,206	0,159	0,184	0,222	0,240	0,213	0,232	0,275
4,5	0,130	0,151	0,173	0,130	0,145	0,170	0,194	0,211	0,162	0,188	0,227	0,246	0,218	0,238	0,281
4,6	0,132	0,155	0,177	0,133	0,149	0,174	0,199	0,215	0,166	0,192	0,232	0,251	0,223	0,243	0,287
4,8	0,138	0,161	0,184	0,139	0,155	0,181	0,207	0,225	0,173	0,201	0,242	0,262	0,232	0,253	0,300
5,0	0,144	0,168	0,192	0,145	0,162	0,189	0,216	0,234	0,181	0,209	0,252	0,273	0,242	0,264	0,312
5,2	0,150	0,175	0,200	0,150	0,168	0,197	0,225	0,243	0,188	0,217	0,262	0,284	0,252	0,275	0,324
5,4	0,156	0,181	0,207	0,156	0,174	0,204	0,233	0,253	0,195	0,226	0,274	0,295	0,261	0,285	0,337
5,5	0,158	0,185	0,211	0,159	0,178	0,208	0,238	0,257	0,199	0,230	0,277	0,300	0,266	0,290	0,343
5,6	0,161	0,188	0,215	0,162	0,181	0,212	0,242	0,262	0,202	0,234	0,282	0,306	0,271	0,296	0,349
5,8	0,167	0,195	0,223	0,168	0,187	0,219	0,251	0,271	0,209	0,242	0,292	0,317	0,281	0,306	0,362
6,0	0,173	0,202	0,230	0,173	0,194	0,227	0,259	0,281	0,217	0,251	0,302	0,328	0,290	0,317	0,374
6,2	0,179	0,208	0,238	0,179	0,200	0,234	0,268	0,290	0,224	0,259	0,312	0,339	0,300	0,327	0,387
6,4	0,184	0,215	0,246	0,185	0,207	0,242	0,276	0,300	0,231	0,268	0,321	0,349	0,310	0,338	0,399
6,5	0,187	0,218	0,250	0,188	0,210	0,246	0,281	0,304	0,235	0,272	0,328	0,355	0,315	0,342	0,406
6,6	0,190	0,222	0,253	0,191	0,213	0,249	0,285	0,309	0,238	0,276	0,333	0,360	0,319	0,348	0,412
6,8	0,196	0,228	0,261	0,197	0,220	0,257	0,294	0,318	0,245	0,284	0,343	0,371	0,329	0,359	0,424
7,0	0,202	0,235	0,269	0,202	0,226	0,265	0,302	0,328	0,253	0,293	0,353	0,382	0,339	0,370	0,437
7,2	0,207	0,242	0,276	0,208	0,233	0,277	0,311	0,337	0,260	0,301	0,363	0,393	0,348	0,380	0,449
7,4	0,213	0,249	0,284	0,214	0,239	0,280	0,320	0,346	0,267	0,309	0,373	0,404	0,358	0,391	0,462
7,5	0,216	0,252	0,288	0,217	0,242	0,284	0,324	0,351	0,271	0,314	0,378	0,410	0,363	0,396	0,468
7,6	0,219	0,255	0,292	0,220	0,245	0,287	0,328	0,356	0,274	0,318	0,385	0,415	0,368	0,401	0,474
7,8	0,225	0,262	0,300	0,255	0,252	0,295	0,337	0,365	0,282	0,328	0,393	0,426	0,378	0,412	0,487
8,0	0,230	0,269	0,307	0,231	0,258	0,302	0,346	0,374	0,288	0,334	0,403	0,437	0,387	0,422	0,499
8,2	0,236	0,276	0,315	0,237	0,265	0,310	0,354	0,384	0,296	0,343	0,413	0,448	0,397	0,433	0,512
8,4	0,242	0,282	0,323	0,243	0,271	0,318	0,363	0,393	0,303	0,351	0,423	0,459	0,407	0,444	0,524
8,5	0,245	0,286	0,326	0,246	0,275	0,321	0,367	0,398	0,307	0,355	0,428	0,464	0,411	0,449	0,530
8,6	0,248	0,289	0,330	0,249	0,278	0,325	0,372	0,402	0,310	0,359	0,433	0,470	0,416	0,454	0,537
8,8	0,253	0,296	0,338	0,254	0,284	0,333	0,380	0,412	0,318	0,368	0,444	0,480	0,426	0,465	0,549
9,0	0,259	0,302	0,346	0,260	0,291	0,340	0,389	0,421	0,325	0,376	0,454	0,491	0,436	0,475	0,562
9,2	0,265	0,309	0,353	0,266	0,297	0,348	0,397	0,431	0,332	0,385	0,464	0,502	0,445	0,486	0,574
9,4	0,271	0,316	0,361	0,272	0,304	0,355	0,406	0,440	0,339	0,393	0,474	0,513	0,455	0,496	0,587
9,5	0,274	0,319	0,365	0,275	0,307	0,359	0,410	0,445	0,343	0,397	0,479	0,519	0,460	0,501	0,593
9,6	0,276	0,323	0,369	0,277	0,310	0,363	0,415	0,449	0,347	0,401	0,484	0,524	0,465	0,507	0,599
9,8	0,282	0,329	0,376	0,283	0,317	0,370	0,423	0,459	0,354	0,410	0,494	0,535	0,474	0,517	0,612
10,0	0,288	0,336	0,384	0,289	0,323	0,378	0,432	0,468	0,361	0,418	0,504	0,546	0,484	0,528	0,624
10,2	0,294	0,343	0,392	0,295	0,329	0,386	0,441	0,477	0,368	0,426	0,514	0,557	0,494	0,539	0,636
10,4	0,300	0,349	0,399	0,301	0,336	0,393	0,449	0,487	0,375	0,435	0,524	0,568	0,503	0,549	0,649
10,5	0,302	0,352	0,403	0,303	0,339	0,397	0,454	0,491	0,379	0,439	0,529	0,573	0,508	0,554	0,655
10,6	0,305	0,356	0,407	0,306	0,342	0,401	0,458	0,496	0,383	0,443	0,534	0,579	0,513	0,560	0,661
10,8	0,311	0,363	0,415	0,312	0,349	0,408	0,467	0,505	0,390	0,451	0,544	0,590	0,523	0,570	0,674
11,0	0,317	0,370	0,422	0,318	0,355	0,416	0,475	0,515	0,397	0,460	0,554	0,601	0,532	0,581	0,686
11,2	0,323	0,376	0,430	0,324	0,362	0,423	0,484	0,524	0,404	0,468	0,564	0,612	0,542	0,591	0,699
11,4	0,328	0,383	0,438	0,329	0,368	0,431	0,492	0,534	0,412	0,477	0,575	0,622	0,552	0,602	0,711
11,5	0,331	0,386	0,442	0,332	0,371	0,435	0,497	0,538	0,415	0,481	0,580	0,628	0,557	0,607	0,718
11,6	0,334	0,390	0,445	0,335	0,375	0,438	0,501	0,543	0,419	0,485	0,585	0,633	0,561	0,612	0,724
11,8	0,340	0,396	0,453	0,341	0,381	0,446	0,510	0,552	0,426	0,493	0,595	0,644	0,571	0,623	0,736
12,0	0,346	0,403	0,461	0,347	0,388	0,454	0,518	0,562	0,433	0,502	0,605	0,655	0,581	0,634	0,749

Tabelle 31.

Für Schnittmaterial (Bretter, Bohlen, Pfosten, Latten).

In Längen von 3,50, 4,00, 4,50, 5,00, 5,50, 6,00, 7,00 und 8,00 m.

In Stärken von 15, 20, 25, 30, 35, 40, 45, 50, 60, 70, 80, 90, 100, 120 und 150 mm.

Besäumte Bretter in Breiten von Zentimeter zu Zentimeter steigend.

3. Preise des Holzes.

1. Die Bearbeitungskosten setzen sich zusammen aus:

a) den Kosten für das Fällen einschl. Abputzen, Bewalbrechten, etwa 0,60 M./cbm bei hartem Holz, 0,50 M./cbm bei weichem Holz[1]);

b) den Kosten für das Beschlagen auf 4 Seiten; etwa 4 M./cbm bei hartem Holz, 3 M./cbm bei weichem Holz[1]);

c) den Kosten für das Schneiden auf der Säge; etwa 5 M./cbm bei hartem Holz, 3,60 M./cbm bei weichem Holz, bezogen auf den Inhalt des vollen Rundholzes.

Zu c) Man kann rechnen, daß von einem Mittel- oder Blockgatter mit einem Säge- blatt in der Stunde geleistet werden: 9 qm Schnittfläche bei hartem Holz, 13 qm Schnitt- fläche bei weichem Holz, und der Arbeitsaufwand 2—4 PS beträgt, und für jedes weitere Sägeblatt eines Bund- oder Vollgatters 0,5—0,6 PS hinzugerechnet werden können. Eine Kreissäge leistet mit 3,5 PS in der Stunde ∼ 12 qm Schnittfläche bei hartem Holz und ∼ 24 qm Schnittfläche bei weichem Holz.

Für den Sägeschnitt nimmt man 4—5 mm Breite an.

Man kann rechnen für 1 qm Schnittfläche, wenn die Hölzer zu Bohlen, Brettern und Latten geschnitten werden, bei Blockstärken von 35—60 cm am Zopf rund 25—35 Pf. für das Quadratmeter Schnittfläche; für das Trennen der Hölzer zu Halb- und zu Kreuz- hölzern wird ungefähr 15 Pf. für das Meter gerechnet. Der Preis für das Schneiden ist aber nicht nach den Längen der gewonnenen Halb- bzw. Kreuzhölzern, sondern nach den Längen der zu trennen gewesenen Ganz- bzw. Halbhölzer zu berechnen; denn es ergibt z. B. Holz von 12 m Länge mittels eines Schnittes 24 m Halbholz und mittels zweier Schnitte 48 m Kreuzholz.

Beim Einschnitt werden die Rundhölzer durchschnittlich mit rund 60% Schnitt- material überhaupt ausgenutzt. Das Abfallmaterial, bis 2 m lange Seitenbretter und Schalen, stehen usancemäßig dem Sägewerk zu. Der Rundholzpreis wird mithin für Schnittmaterial um $\frac{100}{60}$ und um das Schneidelohn von etwa 3,50 M./fm verteuert, aber um den Verkaufswert der gewonnenen astfreien Seitenbretter und besäumten Schalbretter verbilligt, und da von dem Schnittholz zu Balkenschnitt je nach Quer- schnitt und Länge nur 45—33% ausgenutzt werden, erzielt man nur $45 \cdot \frac{60}{100} = 27\%$ bis $33 \cdot \frac{60}{100} \sim 20\%$ des Stamminhalts als Balkenholz.

Für rationelle Ausnutzung des verfügbaren Stammholzmaterials ist eine ein- gehende Kalkulation erforderlich, wie sie an einem Beispiel im Holzhändler-Taschenbuch gezeigt wird.

---

[1]) Angaben zu a und b sind vom Berliner Holz-Kontor, A.-G. Berlin W. 15.

O.-Sch.

15

2. Über die Transportkosten

lassen sich füglich allgemein gültige Angaben nicht machen, da die örtlichen Verhältnisse zu sehr verschieden sein können (Wassertransport, Fuhrwerktransport, Bahntransport), und gerade durch richtige Kalkulation dieser Umstände findet der Holzhändler seinen Vorteil.

Frachtsätze nach dem deutschen Eisenbahngütertarif s. IV, D 2.

Nach Spezialtarif III: Stamm= und Stangenholz, Eisenbahnschwellen, gewisse Grubenhölzer, von denen u. a. die Stamm= und Stempelhölzer beim Bau in Betracht kommen; nach Spezialtarif II: fertiges Schnittholz einschl. Balken; nach Spezialtarif I: die nicht aus betriebsmäßigem Einschlag in der mitteleuropäischen Forst= und Landwirtschaft herrühren, wie Hickory=, Pockholz, Pitch=Pine (Pechkiefer), Yellow=Pine (gelbe Kiefer), d. h. für z. B. 300 km Bahnlänge, wenn bei Tarif III und II weiches Holz mit 600 kg/cbm und bei Tarif I, hartes Holz, mit 900 kg/cbm vorausgesetzt wird, 5 M. bzw. 9 M. bzw. 13 M. für das Kubikmeter.

Zum Vergleich der Wasserfracht mit der Bahnfracht sei angegeben, daß 1 cbm bearbeitetes Holz von der Unterbrahe (Brahemünde) nach Berlin bis jetzt rund 8 M. im Kahn kostete, aber nach dem Ausbau der Wasserstraßen bei Verwendung von 400 t= Kähnen um mindestens ein Viertel sich ermäßigen soll. Flößholz wird immer seltener in das Innere geschafft, da der Verkehr mit Kähnen und Dampfern (Motoren) stetig steigt und die Verarbeitung der aus dem Ausland (Rußland und Galizien) bei den Abzweigungen der ins Innere führenden Wasserstraßen zu Schnittware vorgenommen wird (z. B. in Oderberg, Bralitz, Schulitz u. a.).

3. Preise frei Baustelle

schwanken für die Lieferungen zu Ingenieurbauten naturgemäß bedeutend mehr als bei Hochbauten, wo die Baustellen für gewöhnlich in oder an einer Ortschaft und an einer fahrbaren Straße liegt, während die Baustellen auf der Strecke meistens abseits von den Verkehrswegen liegen.

Die folgenden Preisangaben sind daher nur angenäherte und mehr als Verhältniszahlen anzusehen.

Tabelle 32.

4. Rundholz.

Stämme über 14 Zentimeter Durchmesser.

Durchmesser in der Mitte in cm	Preise für 1 cbm in Mark		Durchmesser in der Mitte in cm	Preise für 1 cbm in Mark		Durchmesser in der Mitte in cm	Preise für 1 cbm in Mark	
	Nadelholz	Eichenholz		Nadelholz	Eichenholz		Nadelholz	Eichenholz
16	18	36	30	27	50	44	40	66
18	19	38	32	29	52	46	43	70
20	20	40	34	30	54	48	46	74
22	21	42	36	32	56	50	50	78
24	23	44	38	34	58	52	54	82
26	24	46	40	36	60	54	58	86
28	26	48	42	38	63	56	62	90

Tabelle 33.

5. Kantholz.

a) Nabelholz.

Bezeichnung	Kieferne Hölzer		Tannene Hölzer	
	Scharfkantig geschnitten Mark	Baumkantig Mark	Beschlagen Mark	Beschlagen Mark
α) Träger und Balkenhölzer von 30—35 cm Stärke:				
in Längen bis zu 8 m Länge, für 1 cbm	50	44	40	32
„ „ von 8—10 „ „ „ 1 „	53	47	42	34
„ „ „ 10—12 „ „ „ 1 „	62	56	48	38
„ „ „ 12—14 „ „ „ 1 „	73	68	53	43
β) Hölzer von 25—30 cm Stärke:				
in Längen bis zu 8 m Länge, für 1 cbm	47	41	40	30
„ „ von 8—10 „ „ „ 1 „	49	43	42	32
„ „ „ 10—12 „ „ „ 1 „	55	49	44	34
„ „ „ 12—14 „ „ „ 1 „	61	55	46	37
„ „ „ 14—16 „ „ „ 1 „	72	64	50	42
γ) Hölzer von 20—25 cm Stärke:				
in Längen bis zu 8 m Länge, für 1 cbm	42	39	36	30
„ „ „ 8—10 „ „ „ 1 „	44	40	37	31
„ „ „ 10—12 „ „ „ 1 „	48	42	39	32
„ „ „ 12—14 „ „ „ 1 „	54	45	42	36
„ „ „ 14—16 „ „ „ 1 „	62	50	45	39
δ) Hölzer bis zu 20 cm Stärke:				
in Längen bis zu 8 m Länge, für 1 cbm	42	34	32	28
„ „ „ 8—10 „ „ „ 1 „	44	36	33	29
„ „ „ 10—12 „ „ „ 1 „	48	38	35	32
„ „ „ 12—14 „ „ „ 1 „	52	42	39	36

b) Eichenholz:

Geschnittenes Eichenholz in Längen bis zu 5 m, für 1 cbm 80 M.
„ „ „ „ von 5— 8 „ „ 1 „ 100 „
„ „ „ „ „ 8—20 „ „ 1 „ 120 „
„ „ „ „ „ 10—12 „ „ 1 „ 150 „

c) Pitch-Pine:

Geschnittenes Pitch-Pine in Längen bis 8 m lang, für 1 cbm = 50 M.
„ „ „ „ von 8—12 „ „ „ 1 „ = 60 „
„ „ „ „ über 12 „ „ „ 1 „ = 80 „

Tabelle 34.

6. Bohlen, Dielen und Bretter, Schnittware.

I. Klasse: astfrei;   II. Klasse: mit weniger, aber gesunden Ästen;
III. Klasse: mit vielen, aber gesunden Ästen.

Bezeichnung	a) Kiefernholz			b) Eichenholz			c) Rotbuchenholz		
	I. Kl. M./qm	II. Kl. M./qm	III. Kl. M./qm	I. Kl. M./qm	II. Kl. M./qm	III. Kl. M./qm	I. Kl. M./qm	II. Kl. M./qm	III. Kl. M./qm
12,0 cm starke Bohlen	8,50	6,50	5,50	—	—	—	—	—	—
10,0 „ „ „	7,50	5,50	4,50	15,75	12,60	10,50	10,50	8,40	6,30
8,0 „ „ „	6,00	4,80	3,80	12,00	9,60	8,00	8,00	6,40	4,80
6,0 „ „ „	5,00	4,00	3,00	9,75	7,80	6,50	6,50	5,20	3,90
5,0 „ „ „	4,00	3,00	2,50	7,80	6,25	5,25	5,20	4,15	3,15
4,5 „ „ Bretter . . .	3,50	2,80	2,20	6,90	5,50	4,60	4,00	3,20	2,40
4,0 „ „ „	3,00	2,50	2,00	6,00	4,80	4,00	4,60	3,70	2,75
3,0 „ „ „	2,50	2,00	1,50	4,80	3,85	3,25	—	—	—
2,5 „ „ „ . . .	2,00	1,60	1,20	3,90	3,10	2,60	—	—	—
2,0 „ „ „ . . .	1,50	1,20	1,00	3,00	2,40	2,00	—	—	—
1,5 „ „ „	1,00	0,80	0,60	1,95	1,55	1,30	—	—	—
2,5 „ „ Schalbretter . .	—	1,05	—	—	—	—	—	—	—
2,0 „ „ „ . .	—	0,75	—	—	—	—	—	—	—
1,5 „ „ „ . .	—	0,45	—	—	—	—	—	—	—

d) Schnittware aus Pitch-Pine.

12,7 cm = 5   Zoll englisch, starke Bohlen, für 1 qm 13,00 M.
11,4 „ = 4¹/₂ „   „   „   „   „ 1 „ 11,50 „
10,2 „ = 4 „   „   „   „   „ 1 „ 10,50 „
8,9 „ = 3¹/₂ „   „   „   „   „ 1 „ 9,00 „
7,6 „ = 3 „   „   „   „   „ 1 „ 7,50 „
5,1 „ = 2 „   „   „   „   „ 1 „ 5,00 „
3,8 „ = 1¹/₂ „   „   „   Bretter, „ 1 „ 4,00 „
2,5 „ = 1 „   „   „   „   „ 1 „ 2,50 „
1,3 „ = ¹/₂ „   „   „   „   „ 1 „ 1,50 „

7. Latten.

Die Latten aus Nadelholz kommen in verschiedenen Stärken und unter verschiedener Bezeichnung in den Handel, und zwar

1. Stollenholz, 8 cm breit, 8 cm stark, für 1 m . . . . = 0,32 M.,
2. Doppellatten, 8 „ „ 5,2 „ „ „ 1 „ . . . . = 0,20 „
3. Dachlatten, I. Klasse (Mühlenlatten), 8 cm breit, 4 cm stark (6 m lang) . . . . = 0,15 „
4. Dachlatten, II. Klasse (Mittellatten), 8 cm breit, 4 cm stark (6 m lang) . . . . = 0,12 „
5. Spalierlatten, 4 cm breit, 2 cm stark . . . . = 0,05 „

Am Rhein unterscheidet man:

10schuhige Latten 3,0 m lang, 4 cm breit und 1,7 cm stark,
16 „ „ 4,5 „ „ 5 „ „ „ 2,0 „ „
Spalierlatten 3,0 „ „ 3,2 „ „ „ 1,7 „ „

Diejenigen Latten, welche zu Einfriedigungen verwendet werden, kommen in den verschiedensten Maßen vor, sind stets scharfkantig und werden aus Bohlen oder Brettern geschnitten.

8. Hölzer für Einfriedigungen.

a) Die Pfosten (Ständer) werden aus schwachen Stämmen gehauen und dann wohl rauh abgehobelt. Wenn die Pfosten aus Eichenholz gefertigt sind, so ist mit Sorgfalt darauf zu achten, daß kein Splint am Eichenholz sich befindet, da derselbe im Freien in kürzester Zeit verfault sein und das gute Kernholz anstecken würde. Solche Hölzer werden in einer Länge von 1,4—2,0 m mit quadratischem oder sonstig rechteckigem Querschnitte nur über der Erde scharfkantig behauen, dagegen wird das Stück, welches in der Erde sitzt und etwa zwei Fünftel der ganzen Länge ausmacht, ohne jegliche Bearbeitung belassen, dagegen häufig angekohlt. Die Preise stellen sich ab Zimmerplatz:

für Nadelholz, für 1 cbm = 30,00 M.,
„ Eichenholz, „ 1 „ = 60,00 „

Tabelle 35.

Querschnitt in Zentimetern	$^{10}/_{10}$	$^{12}/_{12}$	$^{14}/_{14}$	$^{15}/_{15}$	$^{16}/_{16}$	$^{18}/_{18}$	$^{20}/_{20}$	$^{10}/_{15}$	$^{15}/_{18}$	$^{14}/_{21}$	$^{16}/_{24}$
Preise in Mark: Pfosten aus Kiefernholz, für 1 m	0,30	0,43	0,59	0,68	0,77	0,97	1,20	0,45	0,65	0,88	1,15
Pfosten aus Eichenholz, für 1 m	0,60	0,86	1,18	1,35	1,54	1,94	2,40	0,90	1,30	1,76	2,30

b) Riegel. Die zu den Einfriedigungen benützten horizontalen, scharfkantigen Riegel werden in der Regel aus Bohlen III. Klasse geschnitten und kosten ab Zimmerplatz oder Holzhandlung:

aus Nadelholz, für 1 cbm = 50 M.,
„ Eichenholz, „ 1 „ = 100 „

Tabelle 36.

α) Vierkantige Riegel:	aus Nadelholz Mark	aus Eichenholz Mark
5 × 5 cm Seitenlänge, für 1 m =	0,13	0,25
6 × 6 „ „ „ 1 „ =	0,18	0,36
7 × 7 „ „ „ 1 „ =	0,25	0,49
8 × 8 „ „ „ 1 „ =	0,32	0,64
9 × 9 „ „ „ 1 „ =	0,41	0,81
10 × 10 „ „ „ 1 „ =	0,50	1,00
11 × 11 „ „ „ 1 „ =	0,61	1,21
12 × 12 „ „ „ 1 „ =	0,71	1,44
4 × 7 „ „ „ 1 „ =	0,14	0,28
5 × 8 „ „ „ 1 „ =	0,20	0,40

α) Vierkantige Riegel:	aus Nadelholz Mark	aus Eichenholz Mark
6 × 9 cm Seitenlänge für 1 m = ...	0,27	0,54
6 × 10 „ „ „ 1 „ = ...	0,30	0,60
7 × 10 „ „ „ 1 „ = ...	0,35	0,70
7 × 12 „ „ „ 1 „ = ...	0,41	0,84
8 × 12 „ „ „ 1 „ = ...	0,48	0,96
9 × 12 „ „ „ 1 „ = ...	0,54	1,08
9 × 15 „ „ „ 1 „ = ...	0,68	1,35
10 × 15 „ „ „ 1 „ = ...	0,75	1,50

β) Dreikantige Riegel: (rechtwinklig=gleichschenkliges Dreieck)		
6 cm Kathetenlänge, für 1 m = ...	0,09	0,18
7 „ „ „ 1 „ = ...	0,12	0,25
8 „ „ „ 1 „ = :	0,16	0,32
9 „ „ „ 1 „ = ...	0,20	0,40
10 „ „ „ 1 „ = ...	0,25	0,50
11 „ „ „ 1 „ = ...	0,30	0,61
12 „ „ „ 1 „ = ...	0,36	0,72
13 „ „ „ 1 „ = ...	0,42	0,85
14 „ „ „ 1 „ = ...	0,49	0,98
15 „ „ „ 1 „ = ...	0,56	0,13

Tabelle 37.

9. Fichtenstangen.

Die Stangen werden etwa 10 cm über dem Abhiebe auf Stärke gemessen. Der Preis beträgt im Kleinverkauf bei Abnahme von mindestens 50 Stück bei Stangen von:

4— 5 cm stark,	5— 6 m lang,	für 1 Stück =	0,20 M.,
5— 6 „ „	6— 7 „	„ „ 1 „ =	0,30 „
6— 7 „ „	7— 8 „	„ „ 1 „ =	0,50 „
7— 8 „ „	8— 9 „	„ „ 1 „ =	0,70 „
8— 9 „ „	9—10 „	„ „ 1 „ =	0,90 „
9—10 „ „	10—12 „	„ „ 1 „ =	1,20 „
10—11 „ „	12—14 „	„ „ 1 „ =	1,50 „
11—12 „ „	14—16 „	„ „ 1 „ =	1,90 „
12—13 „ „	16—18 „	„ „ 1 „ =	2,40 „
14—15 „ „	18—20 „	„ „ 1 „ =	3,00 „

10. Eschenholz.

Das Eschenholz wird zu Werkzeugstielen gerne verwendet (siehe 11.) und kostet in der Holzhandlung für 1 cbm = 60—80 M., im Durchschnitt für 1 cbm = 70 M.

11. Weißbuchenholz.

Starke Klötze über 30 cm Durchmesser kosten in der Holzhandlung für 1 cbm = 60—80 M.; also im Durchschnitt für 1 cbm = 70 M.

12. Rotbuchenholz.

Runde Stämme von Rotbuchenholz werden in der Holzhandlung bezahlt:

bei 20—25 cm mittlerem Durchmesser, für 1 cbm = 30 M.,

„ 25—30 „ „ „ „ 1 „ = 35 „

über 30 „ „ „ „ 1 „ = 40 „

13. Eisenbahnschwellen.

Bei den mittleren Stärken:

2,5 m lang, 25 cm breit und 16 cm stark = 0,100 cbm für Mittelschwellen,

2,5 „ „ 32 „ „ „ 16 „ „ = 0,128 „ „ Stoßschwellen

sind die Preise auf dem Bahnhofe, welcher der Verwendungsstelle zunächst gelegen:

Kieferne Mittelschwellen für 1 cbm = 30,00 M.; für 1 Stück = 3,00 M.

Eichene „ „ 1 „ = 50,00 „ „ 1 „ = 5,00 „

Kieferne Stoßschwellen „ 1 „ = 36,00 „ „ 1 „ = 4,60 „

Eichene „ „ 1 „ = 56,00 „ „ 1 „ = 7,20 „

Die Weichenschwellen werden in der Regel nach Meter der Länge bezahlt. Da sie gewöhnlich vollkantig verlangt werden, ist der Preis für 1 cbm ein höherer als der für die gewöhnlichen Schwellen.

Tabelle 38.

a) Vollkantige Weichenschwellen 16 cm hoch:

Kieferne Weichenschwellen 25 cm breit, für 1 cbm = 68,00 M.; für 1 m = 2,70 M.

„ „ 27 „ „ „ 1 „ = 68,00 „ „ 1 „ = 2,90 „

„ „ 30 „ „ „ 1 „ = 68,00 „ „ 1 „ = 3,30 „

„ „ 32 „ „ „ 1 „ = 68,00 „ „ 1 „ = 3,50 „

Eichene „ 25 „ „ „ 1 „ = 102,00 „ „ 1 „ = 4,10 „

„ „ 27 „ „ „ 1 „ = 102,00 „ „ 1 „ = 4,40 „

„ „ 30 „ „ „ 1 „ = 102,00 „ „ 1 „ = 4,90 „

„ „ 32 „ „ „ 1 „ = 102,00 „ „ 1 „ = 5,20 „

b) Zweiseitig beschnittene Weichenschwellen 16 cm hoch.

Kieferne Weichenschwellen 25 cm breit, für 1 cbm = 40,00 M.; für 1 m = 1,60 M.

„ „ 27 „ „ „ 1 „ = 40,00 „ „ 1 „ = 1,70 „

„ „ 30 „ „ „ 1 „ = 40,00 „ „ 1 „ = 1,90 „

„ „ 32 „ „ „ 1 „ = 40,00 „ „ 1 „ = 2,00 „

Eichene „ 25 „ „ „ 1 „ = 60,00 „ „ 1 „ = 2,40 „

„ „ 27 „ „ „ 1 „ = 60,00 „ „ 1 „ = 2,60 „

„ „ 30 „ „ „ 1 „ = 60,00 „ „ 1 „ = 2,90 „

„ „ 32 „ „ „ 1 „ = 60,00 „ „ 1 „ = 3,10 „

14. Schwellen für Erdbahnen.

Aus Nadelholz auf dem Lagerplatze:

a) für Gleise mit 75 cm Spurweite, ohne Lokomotiven befahren, 1,20 m lang, 10 cm Durchmesser je 1 Stück . . . . = 0,25 M.,

b) für Gleise desgl. mit Lokomotiven befahren, 1,20 m lang, 12 cm Durchmesser je 1 Stück . . . . = 0,36 „

c) für Gleise mit 100 cm Spurweite, ohne und mit Lokomotiven befahren, 150 m lang, 15 cm Durchmesser je 1 Stück . . . . = 0,70 „

15. Brückenhölzer.

Die Belagshölzer auf eisernen Brücken kommen nur scharfkantig in den verschiedensten Stärken und Breiten vor.

Die Hölzer mit rechteckigem Querschnitt können nach der Tabelle unter 5., a), b), c) dieses Kapitels, diejenigen Hölzer, deren Breite mehr als das 1,5fache der Stärke beträgt, nach den unter 6. dieses Kapitels bei den Bohlen gegebenen Preisen bestimmt werden.

16. Pfähle zu Drahtzäunen.

Ungeschälte Pfähle aus Fichten= oder Kiefernstangen, unten und oben eben abgeschnitten, kosten im Wald oder in der Holzhandlung: 10—12 cm stark und 1,5 m lang; 1 Stück = 0,24 M.; 1 m = 0,16 M.

17. Pfosten (Ständer) zu rauhen Einfriedigungen.

Ungeschälte Pfähle aus Fichtenstangen, unten und oben eben abgeschnitten, kosten im Wald oder in der Holzhandlung:

$$12—14 \text{ cm stark und } 1,5 \text{ m lang; } 1 \text{ Stück} = 0,30 \text{ M.,}$$
$$12—14 \;\; „ \quad „ \quad „ \;\; 2,0 \;\; „ \quad „ \;\; 1 \;\; „ \; = 0,40 \; „$$
$$12—14 \;\; „ \quad „ \quad „ \;\; 2,5 \;\; „ \quad „ \;\; 1 \;\; „ \; = 0,50 \; „$$
$$\text{für } 1 \text{ m} = 0,20 \text{ M.}$$

18. Stangen und Pfähle zu Signalleitungen.

Geschälte Fichtenstangen, unten rechtwinklig, oben schräg abgeschnitten, kosten im Wald oder in der Holzhandlung:

$$\text{unten } 16 \text{ cm stark, } 7,5 \text{ m lang; } 1 \text{ Stück} = 3,00 \text{ M.; } 1 \text{ m} = 0,40 \text{ M.,}$$
$$„ \;\; 14 \;\; „ \quad „ \;\; 3,5 \;\; „ \quad „ \;\; 1 \;\; „ \; = 1,05 \;\; „ \quad 1 \;\; „ \; = 0,30 \;\; „$$
$$„ \;\; 10 \;\; „ \quad „ \;\; 1,5 \;\; „ \quad „ \;\; 1 \;\; „ \; = 0,36 \;\; „ \quad 1 \;\; „ \; = 0,24 \;\; „$$

19. Telegraphen=Stangen und =Streben.

Geschälte Fichtenstangen, unten rechtwinklig, oben schräg abgeschnitten, unten in einer Länge von 1,5 m geflammt, im Wald oder in der Holzhandlung:

$$\text{am Zopfende } 12 \text{ cm stark, } 6,5 \text{ m lang; } 1 \text{ Stück} = 2,50 \text{ M.; } 1 \text{ m} = 0,38 \text{ M.,}$$
$$„ \qquad „ \;\; 12 \;\; „ \quad „ \;\; 5,5 \;\; „ \quad „ \;\; 1 \;\; „ \; = 1,90 \;\; „ \quad 1 \;\; „ \; = 0,38 \;\; „$$
$$„ \qquad „ \;\; 10 \;\; „ \quad „ \;\; 4,0 \;\; „ \quad „ \;\; 1 \;\; „ \; = 1,40 \;\; „ \quad 1 \;\; „ \; = 0,35 \;\; „$$

20. Hölzerne Abweispfosten.

Dieselben werden an niedrigen Straßendämmen zwischen Bäume gestellt und dienen mit diesen als Einfriedigungen, im Wald oder auf dem Holzlagerplatz:

Oben 20 cm stark, unten 30 cm stark, oben spitz angearbeiteter Kopf,

auf eine Länge von 1,2 m rund bearbeitet, ganze Länge 1,8 m;

für 1 Stück . . . . = 5,50 M.

21. Baumpfähle.

Geschälte Fichtenstangen, oben und unten eben abgeschnitten, unten auf eine Länge von 0,8 m geflammt, im Wald oder in der Holzhandlung:

5—6 cm stark, 3—4 m lang; für 100 Stück . . . . = 50 bis 70 M.

22. Reisig.

Zum Abdecken der Bohrlöcher beim Sprengen benutzt kostet im Wald: 1 Wellen-
hundert von 0,7 m Länge und 0,8 m Umfang:

Abraumreisig = 10,00 M.; Schlagreisig = 15,00 M.

1 Hundert Wellen Reisig haben einen Inhalt an festem Holz von 1,4 cbm.

23. Gewichte der Hölzer.

Das Gewicht der verschiedenen Holzarten ist: lufttrocken frisch

			lufttrocken	frisch
Fichte	für	1 cbm	470 kg	900 kg
Kiefer	„	1 „	550 „	910 „
Lärche	„	1 „	520 „	850 „
Tanne	„	1 „	560 „	890 „
Nadelholz im Mittel	für	1 cbm =	530 kg	890 kg
Buche	„	1 „	750 „	1000 „
Esche	„	1 „	640 „	850 „
Eiche	„	1 „	800 „	970 „

24. Preise für kieferne vollkantig geschnittene Dimensionshölzer und Balken
frei Waggon Berlin oder Vororte im Juni 1908[1]).

a) Brückenhölzer.

Kieferne 16 und 20 cm starke Spundbohlen	pro cbm	85,00 M.
„ 32 cm starke Rundpfähle	„ „	85,00 „
„ 38,5 cm starke Rund- und Eckpfähle	„ „	120,00 „

b) Bauhölzer.

Kieferne geschnittene Berliner Balken bis 7 m lang	pro cbm	53,00 M.
„ „ „ „ über 7 „ „	„ „	54,00 „
„ einstielige Kanthölzer in Stärken von 8/10, 10/13, 13/13, 13/16 und 13/18 cm bis 7 m lang	„ „	42,00 „
„ do. über 7 m lang	„ „	44,50 „
„ Kreuzhölzer von 8/8—8/10 cm stark	„ „	64,00 „
„ 5 cm stark par. bes. Bohlen von 18 cm aufwärts breit	„ „	54,00 „
„ 5 „ „ „ „ Treppenstufenbohlen von 30 bis 33 cm breit	„ „	58,00 „
„ Dachlatten, 4 × 6 cm stark, I. Kl.	pro lfd. m	0,16 „
„ „ 4 × 6 „ „ II. „	„ „ „	0,13 „
„ 4/4 zöllige kon. bes. Dachschalung	„ qm	1,30 „
„ 4/4 „ „ „ „ rauh gespundet	„ „	1,40 „
„ 3/4 „ „ rauh bes. Deckenschalung	„ „	0,74 „
„ 5/8 „ „ „ „ „	„ „	0,69 „
„ Staakschalen, 0,80 und 1,60 m lang	„ rm	10,00 „
„ 26 mm starke einseitig gehobelte und gespundete Fuß- bodenbretter	„ qm	2,75 „
„ 33 mm starke Riemenboden aus in der Mitte auf- getrennten Stammbrettern hergestellt, einseitig gehobelt und gespundet	„ „	5,20 „

[1]) Martin Grimm, Berlin-Friedenau.

IX. Zink.

Hauptsächlich als gewalztes Zinkblech, spezifisches Gewicht 7,2, zum Abdecken von Dachteilen und von Gesimsen, zu Wasserrinnen und Abfallrohren, aber auch als Schutz-überzug von Blechen (verzinkte Bleche). Die Hauptgewinnungsstellen sind Ober-schlesien (Lipine) und Belgien (Vieille Montagne), daneben Westfalen, Rheinland und Sachsen. Gehandelt wird das Zink in Breslau, Frankfurt a. M. und Halberstadt. Das Verkaufskontor der Aktiengesellschaft für Bergbau und Hüttenbetrieb in Lipine ist jetzt in Berlin NW. 6 und vereinbart die Preise und Bedingungen für Zinklieferung. Rohzink in Platten kostet 45 M./100 kg ab Handlung, wiegt 6860 kg/cbm.

Über die Abmessungen, die Stärke, das Gewicht von Zinkblech gibt folgende Tabelle ausführliche Auskunft[1]) (Schlesische Zinkblechlehre):

Tabelle 39.

Nr. der Tafeln (Lehren)	Annähernd Stärke der Tafeln (Belgische Lehre) in mm	Annähernd Gewicht für das Quadratmeter kg	0,65 m × 2 m gleich 1,3 qm — kg	0,65 m × 2 m — auf 250 kg gehen Tafeln etwa	0,8 m × 2 m gleich 1,6 qm — kg	0,8 m × 2 m — auf 250 kg gehen Tafeln etwa	1 m × 2 m gleich 2 qm — kg	1 m × 2 m — auf 250 kg gehen Tafeln etwa	1 m × 2,5 m gleich 2,5 qm — kg	1 m × 2,5 m — auf 250 kg gehen Tafeln etwa
1	0,100 (0,05)	0,70	0,910	275	—	—	—	—	—	—
2	0,143 (0,10)	1,00	1,300	192	1,600	156	—	—	—	—
3	0,186 (0,15)	1,30	1,690	148	2,080	120	2,600	96	—	—
4	0,228 (0,20)	1,60	2,080	120	2,560	98	3,200	78	—	—
5	0,271	1,90	2,470	101	3,040	82	3,800	66	—	—
6	0,300	2,10	2,730	92	3,360	74	4,200	60	—	—
7	0,350	2,45	3,185	79	3,920	64	4,900	51	6,125	41
8	0,400	2,80	3,640	69	4,480	56	5,600	45	7,000	36
9	0,450	3,15	4,095	61	5,040	50	6,300	40	7,875	32
10	0,500	3,50	4,550	55	5,600	45	7,000	36	8,750	29
11	0,580	4,06	5,278	47	6,496	39	8,120	31	10,150	25
*12	0,660	4,62	6,006	42	7,392	34	9,240	27	11,550	22
**13	0,740	5,18	7,734	37	8,288	30	10,360	24	12,950	19
***14	0,820	5,74	7,462	33	9,184	27	11,480	22	14,350	17
15	0,950	6,65	8,645	29	10,640	24	13,300	19	16,625	15
16	1,080	7,56	9,828	25	12,096	21	15,120	17	18,900	13
17	1,210	8,47	11,011	23	13,552	19	16,940	15	21,175	12
18	1,340	9,38	12,194	21	15,008	17	18,760	13	23,450	11
19	1,470	10,29	13,377	19	16,464	15	20,580	12	25,725	10
20	1,600	11,20	14,560	17	17,920	14	22,400	11	28,000	9
21	1,780	12,46	16,198	—	19,936	—	24,920	—	31,150	—
22	1,960	13,72	17,836	—	21,952	—	27,440	—	34,300	—
23	2,140	14,98	19,474	—	23,968	—	29,960	—	37,450	—
24	2,320	16,24	21,112	—	25,984	—	32,480	—	40,600	—
25	2,500	17,50	22,750	—	28,000	—	35,000	—	43,750	—
26	2,680	18,76	24,388	—	30,016	—	37,520	—	46,900	—

Stärke-Progression: Progression 0,30 kg (Nr. 1–5); Progression 0,05 mm (Nr. 6–10); 0,08 mm (Nr. 11–14); 0,13 mm (Nr. 15–20); 0,18 mm (Nr. 21–26). Gewicht-Progression: 0,35 kg; 0,56 kg; 0,91 kg; 1,26 kg.

*) Zu Bauzwecken. **) Zu Abdeckungen, Dachrinnen. ***) Abfallrohren.

[1]) Schwatlo, Kostenberechnungen für Hochbauten. 15. Aufl. 1907/08 Leipzig, J. J. Arnd, Seite 404

Bem.: Die belgische Lehre weicht nur in den Stärken der vier ersten Nummern von der schlesischen Lehre ab, indem sie 0,05, 0,10, 0,15, 0,20 mm Stärke gibt.

Übrigens werden die Nummern von 18—26 auf besondere Bestellung angefertigt.

Die Nummern von 12—14 sind bei den Dachdeckungen, Abdeckung von Gesimsen, Dachrinnen usw. die gebräuchlichen.

Die Zinkbleche sind am gangbarsten in den Abmessungen von 0,65 × 2 m, 0,80 × 2 m, 1,00 × 2 m.

Die Nrn. 8—26 haben gleichen Preis (Grundpreis), 75 M. für 100 kg; dagegen werden für die Nrn. 1—7 einschl. höhere Preise berechnet. Der Überpreis für Bleche in den Abmessungen 1 × 2,5 m beträgt für 100 kg; 1 M. für 1,25 × 2,5 m = 1,50 M.; für 1,3 × 3 m = 3 M. und für 1,65 × 3 m = 5 M. mehr als der Grundpreis, welcher für die Abmessungen 0,65 × 2 m, 0,8 × 2 m und 1 × 2 m gilt.

Für alle hier nicht benannten Stärken und Abmessungen sind die Überpreise vorher zu vereinbaren.

Ist Verpackung verlangt, so wird solche bei gewöhnlichen Abmessungen der Zinkbleche mit 1 M. für offene Kiste (Rahmen zu 250 kg Inhalt), bei außergewöhnlichen Abmessungen jedoch, sowie für geschlossene Kisten zum Selbstkostenpreis berechnet.

X. Zinn.

Nächst Blei das weichste Metall, hat spezifisches Gewicht 7,3, findet bei Bauten Verwendung zum Löten von Zink- und Kupferblechen, zu Legierungen (s. diese XIV), Verzinnen von Schwarzblech.

Bankazinn in Blöcken	für 100 kg ab Handlung	220 M.
Lammzinn, ostindisches,	„ 100 „ „ „	215 „
Stangenzinn, englisches,	„ 100 „ „ „	225 „
„ ostindisches, „	100 „ „ „	230 „
Lötzinn aus 40% Zinn und 60% Blei für 100 kg ab Handlung	. . . .	105 „

XI. Blei.

Hauptsächlich wird das Blei beim Bauen zum Vergießen, zu Platten zwischen Stein- und Holzverbindungen, Dachdeckungen, zu Fenstersprossen, zum Löten, zu Wasserröhren usw. gebraucht. Härte verglichen mit anderen Metallen = 1 gesetzt.

Muldenblei oder Gießblei in Gewichten von ∽ 56—75 kg kostet für 100 kg	30 bis 32 M.
Spanisches Blei kostet für 100 kg	40 „
Rollenblei zu Bleiplatten von 0,2—12 mm Stärke bis 7 m Länge und bis 2,2 m Breite kostet für 100 kg	38 „ 40 „

Das Hartblei enthält noch Spuren von Kupfer, Antimon und auch wohl etwas Silber, es hat auch 11 400 kg/cbm wie das Weichblei, wird in Stärken von 1—12 mm, aber etwas geringeren Meistlängen und Meistbreiten geliefert.

Bleidraht. In Stärken von 1—15 mm, auf Wunsch noch beliebig stärker zu elektrischen Leitungssicherungen (Bleiindustrie-Aktiengesellschaft vorm. Jung & Lindig Freiberg i. Sachs.).

XII. Kupfer.

Hauptsächlich zu elektrischen Stromleitungen in den Kabeln von Bedeutung.

Nach den Kupfernormalen des Verbandes deutscher Elektrotechniker gilt als Normalkupfer von 100° Leitfähigkeit ein Kupfer, dessen Leitfähigkeit den Wert 60 als reziproken Wert seines spezifischen Widerstands in Ohm für 1 m Länge und 1 qmm Querschnitt aufweist. Kupfer, gewalzt, wiegt 8900—9000 kg/cbm. Kupferdraht kostete, blank, elektrolytisch rein, in Ringen von 0,5—1,25 kg, Januar 1912 — 161 M./dz.[1]).

XIII. Metallegierungen, Kompositionen.

Zink, Zinn und Kupfer sind in den verschiedensten Zusammensetzungen bekannt; die für das Bauen im weiteren Sinne in Betracht kommenden Legierungen sind:

a) Messing. 2—4 Teile Kupfer und 1 Teil Zink kommt als Blech von 1—10 mm Stärke, Draht und Stangen in Stärken von ¼—50 mm, sowie als Guß und als Röhren für das Bauen in Betracht, auch werden Holzschrauben aus Messing verwendet.

Das Gewicht von Messing liegt je nach der Zusammensetzung und der Fabrikation, gewalzt, gegossen, gezogen, zwischen 8250 und 8730 kg/cbm.

Preise ab Werk:

Rohes Messingblech von 1—0,10 mm . . . . 1,30 bis 2,00 M./kg.
Blankgeschabtes Messingblech von 1—0,30 mm . . . . . . 1,40 „ 1,70 „
Messingdraht von 1—0,50 mm, bis 6,5 kg/qmm Zugbeanspruchung 1,50 „ 1,70 „

b) Bronze aus Kupfer und Zinn und je nach der Reinigung besonders: Phosphorbronze, Siliziumbronze, Manganbronze, hauptsächlich zu Leitungsdrähten; die Phosphorbronze in Stärken von 0,9—4,5 mm zu Telephondrähten, die Siliziumbronze und Manganbronze zu städtischen Stromleitungen.

XIV. Hanf und Taue, Seile, Leinen und Stricke.

Der Hanf wird außer zum Kalfatern, wozu man aber den beim Schwingen und Hecheln des Hanfs entstehenden und Werg genannten Abfall benutzt, beim Bau nur in der Form von Tauen, Stricken und Leinen verwendet; z. B. zum Rammen mit der Handzugramme und zu Triebseilen. Bezogen wird der Hanf hauptsächlich aus Rußland (Riga), Belgien (Flandern), Baden.

Das Seilwerk wird ungeteert oder geteert geliefert. Das ungeteerte ist zwar fester als das geteerte, hat trocken etwa das 1,1fache der Festigkeit des letzteren, leidet aber unter der Feuchtigkeit und muß daher trocken gehalten werden. Runde ungeteerte neue Seile aus badischem Schleißhanf haben ∼ 900 kg/qcm Zugfestigkeit, während solche russische Seile nur ∼ 800 kg Festigkeit zeigen.

Der Preis des badischen ungeteerten Seilwerks ist etwa 1,50 M./kg, während russischer etwa 1,00 M./kg kostet. Geteerte Seile sind um ∼ 0,10 M./kg billiger als ungeteerte.

Das spezifische Gewicht ist fast genau = 1,0, die geteerte Ware ist etwa noch 10% schwerer.

Die besten Taue haben in jeder Strähne 50 Fäden; auf jeden Faden kann man 30—25 kg Tragfähigkeit bei 8facher Sicherheit rechnen.

---

[1]) Die an und für sich stark schwankenden Kupferpreise sind nach Zerfall des Kabelsyndikats für Leitungsdrähte im Februar 1909 ganz erheblich herabgesetzt. Bei größerem Bedarf ist Anfrage an Werke, bzw. an den deutschen Kupferdrahtverband geboten. Der Herausgeber.

Tabelle 40.

Gewichte und Preise von Leinen und Tauen.

Zahl der Fäden	Durch= messer im ganzen mm	Gewicht für 1 m Länge kg	Preis für 1 m		Tragfähig= keit		Zahl der Fäden	Durch= messer im ganzen mm	Gewicht für 1 m Länge kg	Preis für 1 m		Tragfähig= keit	
			von M.	bis M.	von kg	bis kg				von M.	bis M.	von kg	bis kg
4	12	0,13	0,20	0,13	120	100	20	26	0,66	1,00	0,66	600	500
6	14	0,20	0,30	0,20	180	150	24	29	0,78	1,17	0,78	720	600
8	16	0,28	0,42	0,28	240	200	30	33	0,90	1,35	0,90	900	750
10	18	0,36	0,54	0,36	300	250	36	35	1,10	1,65	1,10	1080	900
12	20	0,44	0,66	0,44	360	300	42	37	1,30	1,95	1,30	1260	1050
16	23	0,54	0,80	0,54	480	400	50	40	1,60	2,40	1,60	1500	1250

Das Rammtau ist 30—45 m lang und 32—45 mm dick, kostet 1,50 M./kg.

30 m Länge mit 33 mm Dicke wiegen $\sim$ 27 kg und kosten $\sim$ 40 M.

45 „ „ „ 40 „ „ „ $\sim$ 64 „ „ „ $\sim$ 108 „

Außerdem das Pfahltau (Aufziehtau), 25—45 m lang und 20—26 mm dick, kostet 1,11—0,25 M./kg.

Das Kranztau ist 6—8 m lang, 32 mm dick und kostet 1,00—1,10 M./kg, das Bindetau oder Flortau ist 6—15 m lang und 26—32 mm dick und kostet 1,00—1,20 M./kg.

Die Zugleinen richten sich nach der Höhe der Ramme, sind 3,5—5,0 m lang, 10 bis 13 mm dick und kosten $\sim$ 0,20 M./m bei rund $^{1}/_{8}$ kg je Meter Länge. Auf 15 kg Ramm= bärgewicht wird 1 Arbeiter, also 1 Zugleine gerechnet. Schwächere Leinen und Bind= fäden kosten 1,50 M./kg.

XV. Asphalt.

Der Asphalt ist ein von Bergteer durchdrungener Kalkstein oder Sandstein; der mit mehr Bergteer wird als Gußasphalt und der mit weniger Bergteer als Stampf= asphalt verwendet. Ersterer kommt in Broten in den Handel und wird mit reinem Bergteer zusammengeschmolzen, letzterer wird als Pulver in Fässern verpackt geliefert und erwärmt zu Fahrbahnbelag von 7—8 cm Stärke auf 4—6 cm zusammengestampft und gewalzt.

Gußasphalt ab Fabrik 100 kg . . . . 12 M., 1 cbm $\sim$ 1500 kg

Stampfasphalt ab Fabrik 100 kg . . . . 15 „ 1 „ $\sim$ 2200 „

Bezugsstellen[1]). Gußasphalt: Limmer bei Hannover, Vorwohle bei Holzminden und bei Heide, Bzk. Schleswig; Stampfasphalt: Sizilien, Val de Travers und bei Seyssel am Rhonefluß, brasilianische Insel Trinidad, neuerdings auch im mexikanischen Distrikt Tampico als Rückstand bei der Steinölbereitung aus dem rohen flüssigen Erdpech).

XVI. Papier und Pappe; Filz, Ruberoid.

a) Papier als eigens hergestelltes Rollenpapier zu Holzzementdächern, in vier Schichten mit zusammen $\sim$ 1 kg/qm Dachfläche; 100 kg Holzzementdeckpapier 31,50 M.

b) Pappe als Dach=, Teer=, Asphalt= oder Steinpappe. In Rollen von 10 m Länge und 1 m Breite und etwa 30 kg Gewicht. Drei Sorten von Dachpappe: 0,45 M., 0,50 M., 0,50 M. für 1 qm ab Handlung.

---

[1]) In neuester Zeit wird Steinasphalt in dem neuen Unionstaate Oklahoma gewonnen.

c) **Dachfilz.** Aus Werkabgängen, Tierhaaren u. a., ſtark mit Steinkohlenteer ge=
tränkt und gepreßt. Steinkohlenteer koſtet jetzt ſchon 5 M./dz und mehr je nach der Menge.

d) **Ruberoid**[1]**.** Das von Teer und Aſphalt freie Ruberoid gibt der Ruberoidpappe,
deren Grundſtoff guter Wollfilz iſt, eine dem Rohgummi ähnliche Elaſtizität und Feſtig=
keit. Die Ruberoidrollen ſind 22 m lang, 91½ cm breit = 20 qm und koſten in Stärke
½, d. h. 1 mm, für proviſoriſche Bauten geeignet, 0,60 M./qm, in Stärke 1, d. h. 1,5 mm,
für proviſoriſche und permanente Bauten, 0,76 M./qm, in Stärke 2, d. h. 2 mm, für
gute Dachdeckungen, 1,07 M./qm, in Stärke 3, d. h. 2,5 mm, für Iſolierungen gegen
Grundwaſſer, 1,35 M./qm. Zur Verklebung der Nähte dient Ruberoidklebemaſſe, für
1 Rolle rund 1 kg für 1,30 M., zum Aufkleben auf Steinflächen 200=kg=Fäſſer zu 50 M.

Außer zu Bedachungen wird Ruberoid zu Iſolierungen gegen Waſſer, wie Ab=
decken von Brücken, Tunnels empfohlen. Preiſe ab Hamburg Bhf. oder fob. Auf
20 qm Dachfläche gehören 22 qm Ruberoid, 2 kg Klebemaſſe, 1¾ kg verzinkte Nägel,
22 lfm. Neſſelſtreifen, fob = free on board.

XVII. Glas.

a) **Geblaſenes Glas.** Fenſterglas; gegoſſenes Glas: Rohglas, wenn geſchliffen:
Spiegelglas; Waſſerglas iſt in Waſſer lösliches einfaches Kali= oder Natronglas.

Das gebräuchliche Fenſterglas iſt das ſogenannte rheiniſche Glas, das aber auch in
Schleſien, Weſtfalen, Sachſen hergeſtellt wird in

        Stärken von . . .   2   3   4   mm,
        als 4/4   6/4   8/4
        mit   5   7,5   10 kg/qm.

Das Fenſterglas wird nach ſogenannten „addierten" Zentimetern, lange plus kurze
Rechteckſeite, gehandelt.

Tabelle 41.
Preiſe für 4/4 Glas ab Handlung.

Addierte Zentimeter	Weißes	Halbweißes	Addierte Zentimeter	Weißes	Halbweißes
	Glas, 1 qm			Glas, 1 qm	
bis 66	3,00 M.	2,70 M.	190—216	6,50 M.	4,50 M.
68—108	3,50 „	3,00 „	218—230	7,00 „	5,00 „
110—134	4,20 „	3,30 „	232—242	7,80 „	6,20 „
136—162	5,00 „	3,70 „	244—256	9,00 „	7,40 „
164—188	6,00 „	4,00 „	258—270	10,00 „	9,00 „

Für 6/4 Glas ſind die Preiſe die 1½fachen, für 8/4 Glas die doppelten. 8/4 Glas
heißt auch Doppelglas.

Die Reparaturpreiſe ſind die doppelten und mehr der vorſtehenden Baupreiſe.

b) **Hartglasbauſteine** aus hellem Glas, zur Schaffung von lichtdurchläſſigen
Wandflächen, werden in Normalziegelformat geliefert und koſten 30 Pf. der ganze
Stein, 20 Pf. der halbe Stein.

XVIII. Anſtriche.

Hauptſächlich kommen die Außenanſtriche in Betracht, die je nach den Umſtänden
gegen Witterung, Feuchtigkeit, Wärme und Feuer ſchützen ſollen und die zu ſchützenden
Stoffe nicht angreifen dürfen. Zur Vermeidung von Riſſen müſſen die Anſtriche elaſtiſch

---

[1] Ruberoid=Geſellſchaft m. b. H. Berlin W 50.

sein und in ihrer Ausdehnungsfähigkeit sich den zu schützenden Stoffen anpassen, was namentlich für Eisenanstriche von Wichtigkeit ist.

a) Anstriche auf Holz.

Gasteer, karbolhaltige Stoffe, wie Karbolineum und ähnliche Präparate, heiß aufzustreichen; 1 kg Karbolineum kostet rund 30 Pf. und deckt rund 10 qm.

b) Anstriche auf Stein und Putz.

Vorstrich mit Leinölfirnis und mehrmaligen Ölfarbendeckstrich; bei dreimaligem Ölanstrich kann man rechnen im ganzen rund 1,30 M./qm. Für Kaimauern hat sich Siderosthen-Lubrose bewährt.

Als Universalfarbe an Stelle von Ölfarbe wird zum Anstreichen auf Holz, Zement, Gips, Mauerwerk und Eisen das Müllermannin[1] empfohlen. 1 qm Fläche soll nur 50 g Farbe erfordern und nur 3,5 Pf. kosten.

c) Anstriche auf Eisen.

Die Flächen müssen durch Scheuern mit Stahldrahtbürsten und durch Abbeizen mit Salzsäurewasser metallblank gemacht werden; darauf schützt man sie durch sofortiges Anstreichen mit Leinölfirnis. Gute Rostschutzfarben haben als Grundfarbe Eisenglimmer (Eisenglanz), das aber ein ziemlich seltenes Mineral ist, da es sich außer in Lagern auf Elba, in Böhmen und in Schweden nur versprengt findet. Fälschungen werden mit Hämatit (Roteisenstein) vorgenommen. Schuppenpanzerfarben von Dr. Graf & Co. in 40 Tönungen, je nach denen 1 kg 10—30 qm deckt und 6—10 Pf. Material erfordert. Müller & Mann liefern Eisenschimmerfarbe.

Mennige kostet ab Handlung für 100 kg . . . . ∽ 90 M.

Bleiweiß „ . „ „ „ 100 „ . . . . . . ∽ 65 „

Leinöl „ „ „ „ 100 „ . . . . . . ∽ 80 „

Firnis „ „ „ „ 100 „ . . . . . . ∽ 100 „

XIX. Sprengmaterialien[2].

Die Sprengwirkung, Bohrarbeit und Ladung, ist durch Probeschüsse zu ermitteln; die Ladungsgröße ist etwa dem Quadrate der Bohrtiefe proportional, die Bohrlöcher sind etwa 30—55 mm weit für Schwarzpulver, 23—40 mm für Dynamit und Sicherheitssprengstoffe.

a) Schwarzpulver.

Aus 74—75 Gewichtsteilen reinem Salpeter, 12,5—16 Teilen Holzkohle besonderer Sorten und 10—12,5 Teilen Schwefel. Kommt in Fässern von 50 kg Bruttogewicht in den Handel.

Auf der Eisenbahn darf Schwarzpulver (Schieß- und Sprengpulver) nur nach ganz bestimmten Vorschriften (Eisenbahnverkehrsordnung) über Verpackung: hölzerne Kisten oder Tonnen für das in Säcke zu schüttende lose Pulver ohne irgendwelches Eisen, befördert werden, und zwar als Stückgut für das doppelte wirkliche Gewicht, entsprechend als Wagenladung, außerdem sind zwei Schutzwagen einzustellen.

Die Preise für Schwarzpulver stellen sich dadurch auf etwa 85—90 M. für 100 kg frei Empfangsstation, Sprengsalpeter, in jeder Menge als Stückgut versendbar, 60 bis 65 M./dz.

---

[1] Müller & Mann, A.-G. Berlin-Tempelhof.

[2] Westfälisch-Anhaltische Sprengstoff-A.-G. Berlin W 9.

b) Dynamit in Patronen.

Nitroglyzerin in Kieselerde hat etwa die achtfache Schlagwirkung von Schwarz=
pulver bei etwa dem Doppelten des Preises für Schwarzpulver. Bahnseitig gelten die
besonderen Vorschriften in Anlage B der Eisenbahn=Verkehrsordnung vom 1. 1. 1912.
Das Dynamit kommt in Patronen, verpackt in Kisten von 25 kg Bruttogewicht,
in den Handel. Die Patronen haben 20—50 mm Durchmesser bei 12—13 cm Länge.

c) Handhabungssichere Sprengstoffe

sind auf der Basis von Ammoniaksalpeter hergestellt, z. B. die Westfalite und Ammon=
karbonite, sind kaum explosionsgefährlich, daher in unbeschränkten Mengen als Stück=
und Eilstückgut versendbar, mithin leicht erhältlich. Kosten etwa 135—150 M. für
100 kg frei Bahnstation.

In einigen Bundesstaaten dürfen gewisse Sicherheitssprengstoffe mit Schwarz=
pulver zusammen gelagert werden.

Neuerdings hat man auch gelatinöse Sprengstoffe auf Ammoniakbasis angefertigt,
die dem Wesen und der Leistung des Dynamits nahekommen.

d) Zündschnüre.

Die Zündschnüre werden in Ringen von 8 m Länge, geteert oder ungeteert, verkauft.

     Gewöhnliche schwarze Zünder, der Ring . . . . . 0,17 M.,
     schwarze Sumpfzünder . . . . 0,30 „
     einfache Bandzünder . . . . 0,40 „
     Guttaperchazünder, 5 mm dick . . . . 0,70 „

Die Bickfordsche Zündschnur ist eine Hanfschnur mit einer Seele von langsam
brennendem Kornpulver, gekalkt, geteert oder mit Kautschuk umwickelt.

e) Sprengkapseln.

Kupferröhrchen mit Boden, von 15—50 mm Länge, 6—7 mm Durchmesser in 10
Abstufungen mit 300—3000 g Ladung auf 1000 Stück. Der wirksame Bestandteil ist
Knallquecksilber.

Für die Versendung mit der Bahn ist besondere Verpackung in Holzkisten vorge=
schrieben.

1000 Stück Sprengkapseln kosten je nach Größe 10—65 M. ab Fabrik.
Bezugsquellen: Westfälisch-Anhaltische Sprengstoff-A.-G., Berlin. — Köln-Rottweiler Pulverfabriken, Köln.
       Sprengstoff-A.-G. Carbonit, Hamburg.

Umstehend Diagramm 1. Preise der Baumaterialien in den bedeutendsten deutschen Großstädten.

XX. Betriebsmaterialien.
(Nach Güldners Kalender, II.)
a) Schmiermaterialien.

Tabelle 42.

Mineralöl in Orig.=Barrels von 150—160 kg netto ab Handlung:

Valvoline, Zylinderöl . . . . 50,00 bis 75,00 M.
Baku=Zylinderöl . . . . 35,00 „ 50,00 „
Amerikanische Lageröle . . . . 30,00 „ 45,00 „
Russische   „   . . . . 20,00 „ 35,00 „

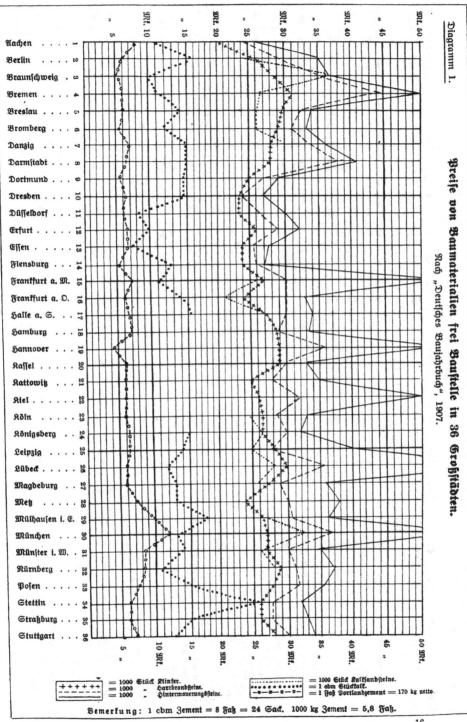

Diagramm 1.

Preise von Baumaterialien frei Baustelle in 36 Großstädten.

Nach „Deutsches Baujahrbuch", 1907.

+++++++ = 1000 Stück Klinker.		▭▭▭ = 1000 Stück Kalksandsteine.
= 1000 " Hartbrandsteine.		•••••• = 1 cbm Stückkalk.
= 1000 " Hintermauerungssteine.		⊖—⊖—⊖ = 1 Faß Portlandzement = 170 kg netto.

Bemerkung: 1 cbm Zement = 8 Faß = 24 Sack, 1000 kg Zement = 5,8 Faß.

Tabelle 43.

Preise von Baumaterialien frei Baustelle nach „Deutsches Baujahrbuch 1911", bei J. J. Arnd-Leipzig, für die 24 Großstädte, welche bereits unter den in dem Diagramm auf Seite 241 „Preise usw.", nach „Deutsches Jahrbuch 1907" aufgeführten 36 Großstädten vorkommen.

		1 Berlin	2 Bremen	3 Breslau	4 Danzig	5 Darmstadt	6 Dresden	7 Düsseldorf	8 Essen	9 Frankfurt, Main	10 Frankfurt, Oder	11 Halle, Saale	12 Hamburg	13 Hannover	14 Kiel	15 Köln	16 Königsberg	17 Leipzig	18 Magdeburg	19 Metz	20 München	21 Nürnberg	22 Posen	23 Stettin	24 Stuttgart
	Einwohnerzahl von 1910 in Tausenden	2064,2	246,8	511,9	170,4	86,5	546,9	358,0	294,6	444,4	68,2	180,5	932,1	302,4	206,8	518,5	246,0	685,7	279,6	68,2	595,0	332,7	156,7	296,1	285,6
		M.	M.	M.	M.	M.	M.	M.	M.	M.	M.	M.	M.	M.	M.	M.	M.	M.	M.	M.	M.	M.	M.	M.	M.
1	Granitquader- und Werkstücke, einfach vollkantig und ohne Profile	—	—	—	—	—	—	—	—	—	—	—	—	—	—	—	—	—	—	—	—	—	—	—	—
2	Sandsteine, bzw. Kalksteinwerkstücke, sauber aufgeschlagen und fugenrecht	—	90	178	170	140	180	200	180/200	170	115	158	160	150	180	160	180	160	200	180	160	100/120	150/200	140	105
3	Hintermauerungssteine, Ziegel, 1000 Stck.	—	144	145	150	125	120	110	110	85	120	142	150	130	170	120	200	120	130	76	160	140	140	180	105
4	Dgl. Kalksandsteine, 1000 Stck.	21/24	30/33	27	90	32	25	27	26	28	28	28	26/30	29	29	26	29,5	90	90	34,5	37	85	28	23	28
5	Hartbrandziegel, 1000 Stck.	21/24	27	28	25	—	25	—	—	25	22,5	26,5	23	—	30	38	28	25	27,5	28	32	32	28	—	—
6	Klinkerziegel, 1000 Stck.	28/34	33	33	36	40	27	30	26	28	30	31	30/33	33	34,5	27	34	—	31	45	45	31,5	31,5	24	90
7	Rheinische Schwemmsteine, 1000 Stck.	42/60	41/50	36	40	48	50	37	40	40	35	37	75/80	48	50/60	40/65	47/50	40/45	38	55	64	85/110	35	25	98
8	Schamottesteine, 1000 Stck.	—	90	115	150	30	75	120	150	90	120	100	120	150	120	150	90	180	115	120	120	60/65	120	—	50
9	Stückkalk, ungelöscht, 1 cbm = 12,5 dz	16	12	—	15	16	12	26	20	11	15	18,5	12	—	—	19	—	14,5	12,5	12	32	14	—	86	18,5
10	Portlandzement, 1 Faß = 3 Sack = 170 kg netto = 1/8 cbm	5,75/6,75	6,5/9	6,8	7,5/9	9,—	6,7	5,5	8,8	7,5	6,5	6,5	12	6,5	7,—	7,5	6,5	7,5	6,5	—	10,—	7,5	14	10,5	7,5
11	Geschnittenes Holz: Eichenes Balkenholz, je cbm	—	142	—	182	—	115	170	140	180	140	155	180	130	150	160	120	175	108	125	170	140	115	—	180
12	Kiefernes Balkenholz, je cbm	58/60	57	54	60	40	46/54	63	63	50	48	65	72	60	60	50	47/65	53	66	62	42	52	52	—	52
13	Kiefernes Kreuzholz, je cbm	—	55	47	50	—	56	50	67	—	58	75	80/90	60	60	50	50	75	56	56	40	56	56	—	50
14	Kiefernes einstieliges Holz, je cbm	—	—	—	—	—	48/54	44	51	40	40	52	—	46	52	44	44	50	47	50	45	45	42	—	42
15	Kieferne Stammbretter, 1" je cbm	46/50	53	—	46	48	48/54	—	—	—	—	—	56	—	—	50	—	50	—	—	—	45	—	42	—
16	= 26 mm, je qm	—	2,25	—	1,7	2,—	1,5	1,6	2,—	2,25	—	2,2	3,5	1,7	2,5	2,2	1,6	1,85	2,50	1,8	1,3	1,6	2,25	—	2,—
17	Kieferne Stammbretter, 1½" = 39 mm je qm	—	3,2	—	2,8	3,—	2,3	2,9	3,2	—	—	3,8	5,5	2,8	3,8	3,4	2,5	2,8	3,5	3,—	2,1	3,4	4,—	3,—	1,4
18	Kieferne Bohlen, 2" = 52 mm, je qm	—	4,25	—	3,8	4,—	2,8	4,5	4,5	3,8	—	4,—	5,—	4,—	4,—	4,4	2,7	8,—	3,8	3,4	2,5	8,—	5,25	3,5	3,5

Brennmaterialien: Kohlen[1]).

Eine genauere Angabe von Kohlenpreisen im Großhandel, wie sie für eine Anzahl von deutschen Großstädten notiert ist, dürfte von Vorteil sein, die Angaben sind der unten vermerkten amtlichen Quelle entnommen und erstrecken sich auf 1910 und 1911.

1. Steinkohlen (und Anthrazit)[2]).

a) Fundgebiete und Verkaufsvereinigungen (Syndikate).

1. Emsgebiet. Bei Ibbenbüren, Piesberg b. Osnabrück (Anthrazit) u. a.

2. Ruhrgebiet. Rheinisch-westfälisches Gebiet. Bei Essen, Dortmund u. a. Rheinisch-westfälisches Kohlensyndikat A.G., Essen-Ruhr, bis 31. März 1915, mit Kohlenversandgesellschaften in Berlin, Bremen, Dortmund, Düsseldorf, Hamburg, Hannover, Kassel, Magdeburg, Mülheim-Ruhr, und Schiffsversandstelle in Duisburg-Ruhrort. Verkaufsstelle syndikatfreier Zechen G. m. b. H., Dortmund.

3. Westniederrheinisches Gebiet. Bei Eschweiler, Wurmrevier u. a.

4. Saargebiet. Bei Saarbrücken, Duttweiler u. a. Verkaufsstelle der fiskalischen Bergwerksdirektion Saarbrücken.

5. Oberschlesisches Gebiet. Bei Beuthen, Zabrze, Königshütte u. a. Oberschlesische Kohlenkonvention, Kattowitz, für einheitliche Regelung der Kohlenpreise, mit 4 Kohlenverkaufsgruppen. Handelsbureau der fiskalischen Bergwerksdirektion Zabrze.

6. Mittelschlesisches Gebiet. Bei Waldenburg u. a. Niederschlesisches Kohlensyndikat in Waldenburg, bis 31. Dezember 1913.

7. Lippe-Hannoversches Gebiet. Bei Bückeburg, Obernkirchen u. a.

8. Sächsisches Gebiet. Bei Dresden, Zwickau, Ölsnitz. Förder- und Verkaufsverband der Zwickauer usw. Steinkohlenwerke in Zwickau.

9. Bayrisches Gebiet. In Oberbayern, Oberfranken.

b) Steinkohlensorten.

Nach dem Verhalten im Schmelztiegel: Sinterkohlen, Backkohlen, Gaskohlen.

Nach dem Gehalt an flüchtigen Bestandteilen, Leuchtgas, Teer, Ammoniak u. a.

1. Gasreiche Kohlen. Mit $1/3$—$2/3$ des Gewichts an Rückstand (Koks). Junge Sandkohlen und junge Sinterkohlen, für Flammenfeuerung, junge Backkohlen, für Gasbereitung.

2. Gasarme Kohlen. Mit $2/3$—$9/10$ des Gewichts an Rückstand. Alte Sandkohlen, für Hausbrand und Schachtöfen, alte Sinterkohlen, für Dampfkesselfeuerung, alte Backkohlen, für Schmiedefeuer, zu Koksbereitung.

c) Handelssorten und Sortierungen.

1. Magerkohlen. Sandkohlen und Sinterkohlen. Verbrennen leicht, mit heller Flamme und wenig Rauch, glühen rasch aus, enthalten wenig flüchtige Bestandteile, etwa $1/10$. Geeignet zur Dampfkesselfeuerung und zu Koksbereitung. Hierher gehört auch der Anthrazit mit rd. 95% C. Die sogenannten Essenkohlen, für industrielle Feuerungen, bilden den Übergang zu den Fettkohlen.

---

[1]) Nachrichten für Handel und Industrie. Zusammengestellt im Reichsamt des Innern, 1911. Nr. 58 vom 23. Mai.

[2]) Mit Benutzung von Polsters Jahrbuch und Kalender 1912. Leipzig bei H. A. Ludwig Degener.

2. **Fettkohlen und Backkohlen.** Mit backigem Rückstand, etwa $1/3$ Gasgehalt, glänzend weich, würfliger Bruch. Besonders für Schmiedefeuerungen geeignet.

3. **Gaskohlen und Gasflammkohlen.** Mit mehr als $1/3$ an Gasgehalt. Lager=beständig. Zur Gasbereitung geeignet. Die Sortierung der Kohlen erfolgt auf Sieben oder Rättern, d. s. Roste mit bestimmten Feldweiten, die mechanisch hin= und her=bewegt werden (Stangenrätter, Pendelrätter=Briarts).

1. Stückkohlen, über 20 cm groß.

2. Würfelkohle, 10—8 cm.

3. **Nußkohle.** I. 8—5 cm, II. 5—3 cm, III. 3—2 cm, IV. 2—1 cm.

4. **Erbskohle.** 1—$1/2$ cm; Grieskohle und Staubkohle.

Förderkohle enthält mehr als $1/3$ an Stücken; bestmelierte Kohle mehr als $1/2$ an Stücken. Außerdem Fördergries, Nußgries u. a. Würfelkohle und Nußkohle wird auch gewaschen: Waschprodukte.

Kohlen aller Art; Briketts und Koks werden auf der Eisenbahn nach Spezialtarif III befördert; Wasserfrachten sind angegeben.

2. Koks.

Gruben=, Zechen=Koks wird als Hauptprodukt zur Feuerung in Hochöfen und Gießereien in Körnungen von 50—12 mm hergestellt. 1 t Kohlen gibt 0,6—0,7 t Koks. Gaskoks wird als Rückstand bei der Gasfabrikation gewonnen. Grobkoks 12—6 cm; gebrochener Koks 6—2 cm.

3. Briketts.

Aus abgesiebten Kohlenteilchen von 8—10 mm in Stücken von 15 × 10 × 7 cm bis 30 × 20 × 12$1/2$ cm, in Gewichten von 1$1/4$—10 kg.

Die fiskalischen Werke an der Saar und in Oberschlesien liefern die Briketts für die Staatseisenbahnen.

Einige für den Kohlenhandel wichtige Feststellungen.

Unter „zirka" ist nach einem Handelskammergutachten ein Unterschied von 10% der bestellten Menge sowohl nach oben als auch nach unten zu verstehen.

Der Wassergehalt von Kohlen in Kahnladungen darf unter normalen Verhältnissen 5—7% des Ladegewichts nicht überschreiten.

Dem Kahnschiffer ist ein Mankogewicht von 2% zuzulassen. Ufergeld trägt in allen Fällen der Käufer.

Zechenkoks wird nach Gewicht gehandelt, Gaskoks nach Gewicht oder nach Maß, 1 hl Zechenkoks etwa 1 Ztr., 1 hl Gaskoks etwa 74 Pfd. bis 90 Pfd., je nach Körnung.

4. Braunkohlen.

Bekanntere Fundorte sind:

Das Niederrheinische Gebiet; bei Köln, Düren u. a.

Das Mitteldeutsche Gebiet; bei Halle, Bitterfeld, Meuselwitz u. a.

Das Lausitzer Gebiet; bei Görlitz, Senftenberg u. a.

Das Böhmische Gebiet; bei Ossegg, Brüx. Von höchstem Heizwert, bis 5000 Wärme=einheiten, während inländische Braunkohlen nur etwas über 3000 WE. aufweisen. 1 Waggon zu 10 t wird mit 73 Doppelhektoliter (D.hl) gerechnet, zu 12,5 t mit 90 D.hl, zu 15 t mit 109—110 D.hl.

Kohlenbörsen bestehen in Berlin, Breslau, Dortmund, Düsseldorf, Essen, Hamburg, Saarbrücken.

Die folgenden Preisangaben sind aus den „Nachrichten für Handel und Industrie", zusammengestellt im Reichsamt des Innern. Für 1912 sind die Preise bis zu 1 M. die Tonne erhöht worden.

Tabelle 44.
Kohlenpreise im April 1910 und 1911.
Großhandelspreise (pro Tonne in Mark).

(Unter Großhandelspreisen sind diejenigen Preise verstanden, welche für die Kohlen-abgabe an Gasanstalten, große Fabriken, Behörden, Genossenschaften usw. oder an Zwischenhändler berechnet werden.)

	1910	1911
Berlin. a) Frei Bahnhof Berlin:		
Steinkohlen: Westf. Schmiedekohle	23,00	23,00
Oberschles. Stück-, Würfelkohle .	22,90 bis 23,70	22,90 bis 23,70
„ Nußkohle I	22,90 „ 23,70	22,90 „ 23,70
„ „ II	22,00 „ 22,40	22,00 „ 22,40
„ Kleinkohle	21,00 „ 21,50	20,00 „ 20,50
Koks: Westf. Gießereikoks	28,00	27,00
Gaskoks (frei Gasanstalt)	21,50	18,50
Braunkohle, böhmische	?	?
Briketts: Niederlausitzer Salonbriketts	11,40 bis 14,20	11,60 bis 14,40
„ Industriebriketts . .	10,60 „ 12,50	10,50 „ 12,80
b) Beim Bezuge zu Wasser:		
Steinkohlen: Oberschles. Stück-, Würfelkohle,		
Nußkohle I	20,50 „ 21,00	20,00 „ 20,50
„ Nußkohle II	17,20 „ 17,70	16,50 „ 16,80
„ Kleinkohle	16,50 „ 16,80	15,00 „ 15,50
Engl. Schmiedekohle	20,50 „ 21,50	19,00 „ 20,00
„ Durham Gaskohle . . .	17,00 „ 18,00	15,00 „ 16,00
„ Newc. Steam Smalls . .	12,50 „ 13,50	10,50 „ 12,00
Danzig (frei Waggon Neufahrwasser).		
Steinkohlen: Schottische Maschinenkohle . .	12,50	12,00
„ Nußkohle	13,50	13,00
Engl. Steam Smalls . . .	11,00	10,00
„ Maschinenkohle	16,00	15,00
Anthrazit-Nußkohle	40,00	40,00
Ia Oberschles. Stück- u. Würfelkohle, Nußkohle I	21,00	21,00
Ia „ Koks-, Stück-, Würfelkohle . .	25,35	24,50
Braunkohlen-Briketts „Ilse"	18,70	17,80
Stettin (mit Kahnladungen).		
Steinkohlen:		
Westhartley Steamkohle	16,75	15,50
Schottische Steamkohle	15,75	14,00
Schottische Nußkohle	15,50	14,00

	1910	1911
Stettin (mit Kahnladungen).		
Steinkohlen:		
Schmiedekohle	18,00	18,00
Steam Smalls	11,50	10,00
Gaskoks	22,00	21,00
Steinkohlenbriketts	18,00	18,00
Braunkohlenbriketts	15,00	15,00
Posen.		
Steinkohlen: Stück= und Würfelkohle	20,40	20,10
Nußkohle I	20,40	20,10
Erbskohle	17,50	17,50
Kleinkohle	17,50	17,80
Grieskohle	16,00	16,70
Braunkohlenbriketts	13,50	14,00
Breslau (frei Waggon Breslau).		
Steinkohlen: Stück=, Würfel=, Nußkohle I . .	18,00	18,00
Nußkohle II	16,50	16,00
Erbskohle	14,50	14,50
Kleinkohle	14,50	14,50
Staubkohle	10,00	10,00
Gaskoks	24,40	24,00
Steinkohlenbriketts	18,00	18,00
Braunkohlenbriketts:		
Saarauer	?	?
Lausitzer Briketts	14,60	14,60
Magdeburg (frei Magdeburg).		
Steinkohlen, schlesische:		
Stück=, Würfelkohle, Nußkohle I	21,50 bis 23,00	20,00 bis 21,00
Steinkohlen, sächsische:		
Würfelkohle u. Stückkohle	21,50 „ 23,00	21,00 „ 22,00
Knorpelkohle	18,00 „ 19,00	17,00 „ 18,00
Steinkohlen, englische:		
Stückkohle (Harts)	22,00 „ 23,00	20,00 „ 21,00
Steamkohle, gesiebt	18,00 „ 20,00	17,00 „ 19,00
„ ungesiebt (Förderkohle) . . .	16,00 „ 18,00	15,00 „ 17,00
Kleinkohle (Smalls)	12,00 „ 13,00	11,00 „ 12,00
Nußkohle, je nach Korn	18,00 „ 19,00	17,00 „ 18,00
Gaskohle	17,00 „ 19,00	16,00 „ 18,00
Anthrazit, Nußkorn	41,00 „ 42,00	39,00 „ 40,00
Braunkohlen, inländische:		
Förderkohle, leichte	5,30 „ 5,50	5,30 „ 5,50
„ schwere	5,50 „ 5,70	5,50 „ 5,80
Braunkohlen, böhmische:		
Stückkohle	14,00 „ 15,00	13,00 „ 14,00
Nußkohle	12,00 „ 13,00	11,00 „ 12,30

Magdeburg. Koks:

	1910	1911
Gaskoks	23,00 bis 24,00	21,00 bis 22,00
Schmelzkoks	29,00 „ 30,00	28,00 „ 29,00

Braunkohlenbriketts:

Hausbrandbriketts	13,00 „ 14,50	12,00 „ 13,00
Industriebriketts	12,00 „ 12,50	11,00 „ 12,00

Altona.

Englische Steinkohlen:

Westhartley Steamkohle, grobe	15,00 „ 18,00	13,00 „ 19,00
„ „ ungesiebte . . .	12,50 „ 13,50	11,00 „ 12,70
„ „ Small	9,50 „ 11,10	8,50 „ 10,60
Yorkshire Nußkohle, doppelt gesiebt 1 .	15,00 „ 16,10	14,00 „ 16,00
Schottische „ „ 1 .	12,00 „ 13,00	11,50 „ 13,00
Sunderland „ „ 1 .	17,00 „ 19,40	19,25
Anthrazitnußkohle	33,50 „ 34,00	33,50 bis 34,00
Gas- und Cokingkohle	16,00	11,50 „ 14,00

Frankfurt a. M. (ab Zeche).

Steinkohlen: Bestmelierte	13,10	13,00
Nußkohle I oder II	14,30	14,40

Koks:

Brechkoks I oder II, 40/60 mm, 30/50 mm	19,60	21,00
Braunkohlenbriketts, Marke „Union". . .	9,80	9,80

Elberfeld (ab Zeche).

Steinkohlen:

Ia Kesselkohle	11,00	11,00
Ia Förderkohle	11,50	11,50
Ia bestmelierte Kohle	13,80	12,80
gew. Nußkohle I und II	16,00	15,00
„ „ III	14,50	14,00
„ „ IV	13,00	13,00
Braunkohlenbriketts	11,50	9,50

München (frei Bahnhof).

Steinkohlen, oberbayrische:

Stückkohle	21,70 bis 22,40	21,70 bis 22,40
Grobkohle	21,50 „ 22,40	21,50 „ 22,20
Würfelkohle	21,10 „ 22,00	21,10 „ 22,00
Gewaschene Nuß I	16,00	15,00
„ „ II	14,40 bis 15,90	14,40 bis 15,90
Grieskohle	10,50 „ 13,00	10,00 „ 13,00

Steinkohlen, Ruhrkohlen:

Schmiedekohle . . ·	28,00 „ 29,20	28,40 „ 29,20

Steinkohlen, Saarkohlen:

Stückkohlen	26,00 „ 26,40	25,00
Nußkohlen	26,50 „ 26,90	25,50

München. Koks: 1910   1911

Ruhrer Schmelzkoks . . . .   32,20 bis 33,40   32,50 bis 33,50
   „   Zechenkoks, gebr. Ia . . . . . .   34,50 „ 37,40   35,50 „ 36,80
Gaskoks, grob . . . .   28,00 „ 30,40   27,00 „ 31,00

Braunkohlen:

Ia Offegger Bruch, Mittel I/II . . . . .   23,00 „ 23,50   23,50 „ 24,00
Ia   „   „   Nuß I   22,00   22,00 „ 22,50
Ia   „   „   Nuß II   20,80   20,60 „ 21,50
Ia Brüxer, Mittel I/II . . . .   19,10 bis 20,20   19,10 „ 20,20
Ia   „ Nuß I . . . .   18,40 „ 19,50   18,40 „ 19,50
Ia   „ Nuß II . . . .   17,40 „ 19,00   17,40 „ 19,00
Steinkohlenbriketts   28,50   27,70 „ 28,50
Braunkohlenbriketts . . . .   18,20 bis 19,50   18,50 „ 19,50

Nürnberg (frei Nürnberg C. B.).

Steinkohlen:

Ia Ruhrkohlen, Nuß I und II   26,00   26,00
Ia   „   „ III   25,50   25,40
Ia   „   „ IV   24,50   24,50
Ia Ruhrförderkohle, bestmeliert . . . .   22,90 bis 24,00   22,90 bis 24,00
Ia Saarkohlen, Stück, Würfel, Nuß I . .   25,00 „ 25,50   24,70 „ 25,00
Ia   „   „   „   „ II . .   23,90 „ 24,00   23,50 „ 24,00
Ia sächsische Gaspechstücke   28,00   26,50 „ 27,00
Ia   „ Würfel I u. II . . . . . .   26,00 bis 27,00   25,00 „ 26,00
Ia   „ Gaspechknorpel I . . . . .   24,80 „ 26,00   23,60 „ 25,00
Ia   „   „   II   22,60   21,80 „ 22,50
Gaskoks, grob   25,00   23,50 „ 24,50
  „   zerkleinert   27,00   25,50 „ 26,50
Ruhr-Briketts . . . .   25,00 bis 26,30   25,00

Braunkohlen:

Ia Offegger, Grobsorten   21,00   19,50 bis 21,00
Ia   „ Nuß I   19,50   18,00 „ 19,60
Ia   „   „ II   18,25   16,75 „ 18,25
Ia   „   „ III   16,75   15,00 „ 17,00
Ia Brüxer, Grobsorten . . . .   16,00 bis 17,00   14,50 „ 16,50
Ia   „ Nuß I . . . .   15,40 „ 16,50   18,00 „ 19,50
Braunkohlenbriketts Ia . . . .   15,00 „ 16,00   15,80

Leipzig.

Steinkohlen:

Oelsnitzer Pechstücke   21,20   21,00
  „   Waschwürfel I   19,90   19,90
  „   „   II   19,90   19,90
  „   Waschknorpel I   19,00   19,00
  „   „   II   10,10   10,10
  „   Steinkohlenbriketts   17,80   17,80

	1910	1911
Leipzig. Koks:		
Westfälischer Brechkoks I u. II	19,50	19,50
„ „ III	14,50	14,50
Braunkohlen:		
Meuselwitzer Maschinen-Nußkohle, Nüßchen	3,00 bis 3,50	3,00 bis 3,50
„ Klarkohle	2,10	2,10
Böhmische Stücke I	8,60	8,00
„ Mittel I u. II	8,30	8,30
„ Nuß I	7,20	7,20
„ „ II	6,10	6,10
Braunkohlenbriketts: Salonbriketts	10,00	10,00
Lübeck.		
Steinkohlen: Westfälische	19,30	18,80
Englische	18,00	16,50
Koks	22,50	22,50
Steinkohlenbriketts, westfälische	19,50	18,50
Braunkohlen	16,00	15,00
Braunkohlenbriketts: N.-Lausitzer	16,50	15,20
Braunschweiger	15,50	14,00
Bremen (frachtfrei Hauptbahnhof Bremen).		
Rhein.-Westfäl. Steinkohlen:		
Gasflamm - Förderkohle	15,00 bis 16,00	15,00 bis 16,10
„ Stückkohle	18,10 „ 18,60	17,60 „ 18,60
„ Nußkohle I u. II	18,10 „ 18,60	17,60 „ 18,60
„ „ III „ IV	16,60 „ 17,60	16,60 „ 17,60
„ Nußgrus I „ II	13,60 „ 14,20	13,60 „ 14,60
Fett-Förderkohle	15,60 „ 16,60	15,60 „ 16,60
„ melierte	17,00	17,00
„ Stückkohle	18,60 bis 19,60	18,40 bis 19,40
„ Nußkohle I u. II	18,60 „ 19,60	18,60 „ 19,40
„ „ III „ IV	18,60 „ 19,60	18,40 „ 19,00
Anthrazit-Nußkohle I	26,70 „ 29,60	27,20 „ 28,80
„ „ II	28,60 „ 31,70	28,60 „ 31,20
Englische Steinkohlen:		
von Wales:		
Fett Steam Coals, sog. Stückkohle . . .	23,85 „ 25,75	24,70 „ 26,70
„ „ Smalls, sog. Nußgrus I u. II	17,50 „ 17,95	17,50 „ 17,90
Anthrazit-Nußkohle I und II	35,75 „ 37,35	33,30 „ 34,70
von Yorkshire (Newcastle):		
Flamm-Stückkohle	18,05 „ 19,05	19,30 „ 19,60
„ Förderkohle	16,45 „ 18,15	17,10 „ 18,40
„ Nußgruskohle I u. II	14,35 „ 15,75	14,60 „ 15,70
„ Nußkohle I u. II	19,05 „ 20,05	17,60 „ 18,90
von Schottland (Grangemouth):		
Flamm-Nußkohle I u. II	17,95 „ 18,65	17,00 „ 18,00
Braunkohlenbriketts, rhein. bzw. sächs.-böhmische	16,87 „ 17,65	16,00 „ 16,50

XXI. Verschiedene Materialien.

a) Bäume, Sträucher, Bewachsungen.

Tabelle 45.

1. Chaussee- und Alleebäume. Auf Chausseen werden in Abständen von 20 m bis 5 m, je nach der Dammhöhe 0,3 m vom Rande, in Baumlöcher von 0,6 m bis 1 m Weite und Tiefe die Bäumchen von $2^1/_2$ m Stammhöhe und 5 cm Stärke eingepflanzt und an 5—6 cm starken, 3—4 m langen Baumpfählen gesichert (Stück 60 Pf.). Spitzahorn = Acerplatanoides; Bergahorn = Acerpseudoplatanus; Bergrüster = Ulmus montana; Krimlinde = Tilia euchlora; Sommerlinde = Tilia platyphyllos; Silberlinde = Tilia alba; Eberesche, Vogelbeerbaum = Sorbus aucuparia; Roßkastanie = Aesculus Hippocastanum; rotblühende Roßkastanie = Aesculus rubicunda; von $1^1/_2$—$3^1/_2$ m Stammhöhe und 3—10 cm Stärke, per Stück je nach Stärke . . . . $1^1/_2$ bis   4,00 M.

2. Apfelbäume und Kirschbäume, an Chausseen und Landstraßen, sowie auf geeigneten größeren Böschungsflächen, hochstämmige Kronenveredelungen, bis 2 m Stammhöhe, Stück . . $1^1/_2$ M.

3. Heckenpflanzsträucher, zu lebenden Zäunen und wehrhaften Hecken, bis 80 cm hoch, Buxbaum = buxus sempervirens arborescens, 100 Stück . . . . 90,00 bis 250,00 M.

    Desgl. zu Einfassungen, 100 Stück . . . . 40,00 „

    Liguster = Ligustrum vulgare, 100 Stück . . . . 15,00 „   30,00 „

    Weißtanne = Picea alba, 100 Stück . . . . 10,00 „   20,00 „

    Rottanne = Picea excelsa, 100 Stück . . . . 20,00 „   30,00 „

    Desgl. mehrmals verpflanzte, mit Ballen, 100 Stück . . . 70,00 „ 100,00 „

    Sommereiche, Stieleiche = Quercus pedunculata, 100 Stück. 30,00 „   50,00 „

    Akazie = Robinia pseudacacia, selbst auf ganz unfruchtbarem Boden, 100 Stück . . . . 10,00 „   40,00 „

    Eibe = Taxus baccata, immergrün, Lebensbaum, 100 Stück 80,00 „ 300,00 „

    Thuya occidentalis, 100 Stück . . . . 10,00 „   30,00 „

    Weißdorn = Crataegus oxyacantha, mit starken spitzen Stacheln, 100 Stück . . . . 4,00 „

    Laubenlinde = Tilia tomentosa, 0,8—1 m breit, $2^1/_2$—3 m hoch, 10 Stück . . . . 30,00 „

4. Kletter- und Schlingpflanzen. Pfeifenstrauch = Aristolochia   M.

    Sipho, 10 Stück . . . . 15,00 „

    Wilder Wein = Ampelopsis, Ranke . . . . 0,55 „

    Efeu = Hedera helix, Ranke . . . . 0,40 „ bis 0,60 M.

    Jelängerjelieber = Caprifolium, 10 Stück . . . . 14,00 M.

5. Decksträucher. Um unansehnliche Stücke Land zu verdecken,

    5— 8 Sorten, für 10 Stück . . . . 9,50 „

    10—15 Sorten, für 25 Stück . . . . 18,00 „

6. **Grassamen.** Mischung für Böschungen auf Humusschicht von
etwa 10 cm Dicke. Mit 1 kg Mischung lassen sich 250—300 qm
Böschung ansäen, 100 kg . . . . 50,00 M.
Mischung zur Anlegung von Wiesen mit Klee, 100 kg . . . 70,00 „
Desgl. von nassen Wiesen, 100 kg . . . . 68,00 „
Desgl. von trockenen Wiesen, 100 kg . . . . 62,00 „
Feinste Berliner Tiergartenmischung, 100 kg . . . . . . .120,00 „
(Aus dem Katalog von M. Peterseim, Erfurt.)

b) Decktücher, Mäntel.
Wasserdichte und elastische Kautschukdecktücher ab Fabrik für 1 qm . . . . 3,00 M.
desgl. ungenäht in Stücken von 23 m Länge:

77 cm breit, für 1 m	. . . .	2,30 „
96 „ „ „ 1 „	. . . .	3,00 „
115 „ „ „ 1 „	. . . .	3,30 „

Flachsdecktücher (wasserdichte Segeltuche), für 1 qm . . . . . . 1,50 bis 3,00 „

Waggondecken	Qual. 1	4	10	12
	M.	M.	M.	M.
4 × 8 = 32 qm	45	54	70	80
4 × 9 = 36 „	50	61	79	90
4 × 10 = 40 „	56	68	88	100
5 × 10 = 50 „	70	85	110	125
6 × 12 = 72 „	101	122	158	180

Pferdedecken, wollene, 130/160 cm . . . . 4,00 M.
„ „ 200/180 „ . . . . 9,00 bis 15,00 „
Gummiregenmäntel . . . . 24,00 „ 60,00 „
Regenröcke aus Schilfleinen . . . . 15,00 „ 20,00 „
desgl. Ölzeug . . . . 7,50 „ 10,00 „

c) Getreidesäcke.

	Tarpauling (Jutedoppelleinen)	9/2 Leinen	Drell 121	Drell 120
	M.	M.	M.	M.
100 kg Roggen bzw. 105 kg Weizen bzw. 66 kg Hafer fassend . .	0,75	1,10	1,25	1,50
Kartoffelsäcke, 100 kg fassend . .	0,85	1,25	1,60	1,75
desgl., 125 kg fassend	0,95	1,35	1,70	1,85

d) Gips, schwefelsaurer Kalk, gebrannt:
1 Sack Gips, = 75 kg = 1 hl, kostete frei Bau in Berlin, Putzgips . . 1,70 M.
bis (in München) zu . . . . 4,25 „

e) Rohr (Schilfrohr), geschältes. 1 großes Bund von 20 cm Durchmesser und
1,8 m Länge enthält 15 kleine Bunde zu je 30 Stengel, zusammen
450 Stengel und kostet . . . . 1,50 bis 2,00 M.
wird als Rohrgewebe in Rollen von 20 qm geliefert für 10 bis 20 Pf.
das Quadratmeter.

f) Stroh. 1 Bund Stroh wiegt 10 kg, 1 rm wiegt 65—75 kg, 100 kg in Berlin rd. 6,50 M.

g) Moos zu Böschungspflasterungen: 1 Sack Moos wiegt 1,7 kg netto und kostet an
der Verwendungsstelle etwa 1,00 M.

XXII. Eiserne Träger usw. und Niete. Von Zivilingenieur E. Walther-Berlin.

1. I-Eisen.
a) Deutsche Normalprofile.

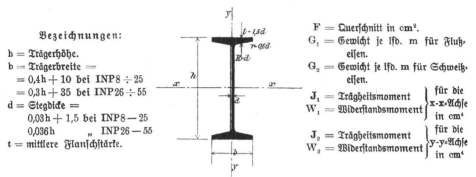

Bezeichnungen:

h = Trägerhöhe.
b = Trägerbreite =
= 0,4h + 10 bei INP 8 ÷ 25
= 0,3h + 35 bei INP 26 ÷ 55
d = Stegdicke =
0,03h + 1,5 bei INP 8 — 25
0,036h „ INP 26 — 55
t = mittlere Flanschstärke.

F = Querschnitt in cm².
G_1 = Gewicht je lfd. m für Flußeisen.
G_2 = Gewicht je lfd. m für Schweißeisen.
J_1 = Trägheitsmoment $\Big\}$ für die
W_1 = Widerstandsmoment $\Big\}$ x-x-Achse in cm⁴
J_2 = Trägheitsmoment $\Big\}$ für die
W_2 = Widerstandsmoment $\Big\}$ y-y-Achse in cm⁴

Profil Nr.	Höhe h mm	Breite b mm	Dicke Steg d mm	Dicke Flansch t mm	Fläche F cm²	Gewicht Flußeisen G_1 = kg/m	Gewicht Schweißeisen G_2 = kg/m	Trägheitsmomente J_1 cm⁴	Trägheitsmomente J_2 cm⁴	Widerstandsmomente W_1 cm³	Widerstandsmomente W_2 cm³	$\dfrac{W_1}{W_2}$
8	80	42	3,9	5,9	7,57	5,95	5,90	77,7	6,28	19,4	2,99	6,50
9	90	46	4,2	6,3	8,99	7,06	7,00	117,0	8,76	25,9	3,81	6,80
10	100	50	4,5	6,8	10,60	8,33	8,30	170,0	12,20	34,1	4,86	7,02
11	110	54	4,8	7,2	12,30	9,65	9,60	238,0	16,20	43,3	5,99	7,23
12	120	58	5,1	7,7	14,20	11,15	11,10	327,0	21,40	54,5	7,38	7,38
13	130	62	5,4	8,1	16,10	12,64	12,60	435,0	27,40	67,0	8,85	7,57
14	140	66	5,7	8,6	18,30	14,37	14,20	572,0	35,20	81,7	10,70	7,63
15	150	70	6,0	9,0	20,40	16,01	15,90	734,0	43,70	97,9	12,50	7,84
16	160	74	6,3	9,5	22,80	17,90	17,80	935,0	54,50	117,0	14,70	7,96
17	170	78	6,6	9,9	25,20	19,78	19,70	1 165,0	66,50	137,0	17,10	8,01
18	180	82	6,9	10,4	27,90	21,90	21,70	1 444,0	81,30	161,0	19,80	8,13
19	190	86	7,2	10,8	30,60	23,94	23,80	1 763,0	97,20	185,0	22,60	8,18
20	200	90	7,5	11,3	33,50	26,22	26,10	2 139,0	117,00	214,0	25,90	8,26
21	210	94	7,8	11,7	36,40	28,50	28,30	2 558,0	137,10	244,0	29,30	8,33
22	220	98	8,1	12,2	39,60	31,01	30,80	3 055,0	163,00	278,0	33,30	8,35
23	230	102	8,4	12,6	42,60	33,44	33,30	3 605,0	188,00	314,0	36,90	8,50
24	240	106	8,7	13,1	46,10	36,19	35,90	4 246,0	220,00	353,0	41,60	8,50
25	250	110	9,0	13,6	49,70	39,01	38,70	4 954,0	255,00	396,0	46,40	8,54
26	260	113	9,4	14,1	53,40	41,84	41,60	5 735,0	287,00	441,0	50,60	8,71
27	270	116	9,7	14,7	57,20	44,82	44,50	6 623,0	325,00	491,0	56,00	8,77
28	280	119	10,1	15,2	61,00	47,89	47,60	7 575,0	363,00	541,0	60,80	8,89
29	290	122	10,4	15,7	64,90	50,87	50,60	8 619,0	403,00	594,0	66,10	9,00
30	300	125	10,8	16,2	69,00	54,17	53,80	9 785,0	449,00	652,0	71,90	9,07
32	320	131	11,5	17,3	77,70	61,07	60,60	12 493,0	554,00	781,0	84,60	9,23
34	340	137	12,2	18,5	86,70	68,06	67,60	15 670,0	672,00	922,0	98,10	9,39
36	360	143	13,0	19,5	97,00	76,15	75,70	19 576,0	817,00	1088,0	114,00	9,54
38	380	149	13,7	20,5	107,00	84,00	83,40	23 978,0	972,00	1262,0	131,00	9,63
40	400	155	14,4	21,6	118,00	92,63	91,80	29 173,0	1160,00	1459,0	150,00	9,73
42½	425	163	15,3	23,0	132,00	103,62	103,00	36 956,0	1433,00	1739,0	176,00	9,88
45	450	170	16,2	24,3	147,00	115,40	115,00	45,888,0	1722,00	2040,0	203,00	10,00
47½	475	178	17,1	25,6	163,00	127,96	127,00	56 410,0	2084,00	2375,0	234,00	10,20
50	500	185	18,0	27,0	180,00	140,52	140,00	68 736,0	2470,00	2750,0	267,00	10,30
55	550	200	19,0	30,0	215,80	166,44	166,00	98,986,0	3564,00	3600,0	357,00	10,00
60	600	215	21,6	32,4	253,50	199,30	198,00	138 957,0	4668,00	4632,0	434,00	10,70

Bem.: INP 60 ist Spezialprofil der Union, Dortmund.

b) Breitflanſchige Differdinger Spezialprofile (Syſtem Grey).

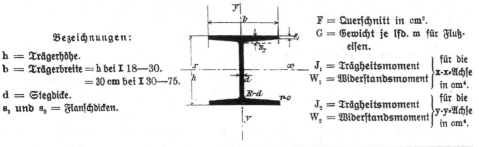

Bezeichnungen:

h = Trägerhöhe.
b = Trägerbreite = h bei I 18—30.
　　　 = 30 cm bei I 30—75.
d = Stegdicke.
s₁ und s₂ = Flanſchdicken.

F = Querſchnitt in cm².
G = Gewicht je lfd. m für Flußeiſen.

J_1 = Trägheitsmoment
W_1 = Widerſtandsmoment } für die x-x-Achſe in cm⁴.

J_2 = Trägheitsmoment
W_2 = Widerſtandsmoment } für die y-y-Achſe in cm⁴.

| Profil Nr. | Höhe h | Breite b | Flanſchdicken | | Stegdicke d | Fläche F | Gewicht G | Trägheitsmomente | | Widerſtandsmomente | |
| | | | s₁ | s₂ | | | | J_1 | J_2 | W_1 | W_2 |
	mm	mm	mm	mm	mm	cm²	kg/m	cm⁴	cm⁴	cm³	cm³
18 B	180	180	9,00	16,72	8,50	59,9	47,0	3 512	1 073	390	119
20 B	200	200	9,50	18,12	8,50	70,4	55,4	5 171	1 568	517	157
22 B	220	220	10,00	19,50	9,00	82,6	64,8	7 379	2 216	671	201
24 B	240	240	10,50	20,85	10,00	96,8	76,0	10 260	3 043	855	254
25 B	250	250	10,90	21,70	10,50	105,1	82,5	12 066	3 575	965	286
26 B	260	260	11,70	22,90	11,00	115,6	90,7	14 352	4 261	1104	328
27 B	270	270	11,95	23,60	11,25	123,2	96,7	16 529	4 920	1224	365
28 B	280	280	12,35	24,40	11,50	131,8	103,4	19 052	5 671	1361	405
29 B	290	290	12,70	25,20	12,00	141,1	110,8	21 866	6 417	1508	443
30 B	300	300	13,25	26,25	12,50	152,1	119,4	25 201	7 494	1680	500
32 B	320	300	14,10	27,00	13,00	160,7	126,2	30 119	7 867	1882	524
34 B	340	300	14,60	27,50	13,40	167,4	131,4	35 241	8 097	2073	540
36 B	360	300	16,15	29,00	14,20	181,5	142,5	42 479	8 793	2360	586
38 B	380	300	17,00	29,80	14,80	191,2	150,1	49 496	9 175	2605	612
40 B	400	300	18,20	31,00	15,50	203,6	159,8	57 834	9 721	2892	648
42½ B	425	300	19,00	31,75	16,00	213,9	167,9	68 249	10 078	3212	672
45 B	450	300	20,30	33,00	17,00	229,3	180,0	80 887	10 668	3595	711
47½ B	475	300	21,35	34,00	17,60	242,0	190,0	94 811	11 142	3992	743
50 B	500	300	22,60	35,20	19,40	261,8	205,5	111 283	11 718	4451	781
55 B	550	300	24,50	37,00	20,60	288,0	226,1	145 957	12 582	5308	839
60 B	600	300	24,70	37,20	20,80	300,6	236,0	179 303	12 672	5977	845
65 B	650	300	25,00	37,50	21,10	314,5	246,9	217 402	12 814	6690	854
70 B	700	300	25,00	37,50	21,10	325,2	255,3	258 106	12 818	7374	854
75 B	750	300	25,00	37,50	21,10	335,7	263,4	302 560	12 823	8068	854
80 B	800	300	26,00	38,50	21,50	354,9	278,6	360 486	13 269	9012	885
85 B	850	300	26,00	38,50	21,50	365,6	287,0	414 887	13 274	9762	885
90 B	900	300	26,00	38,50	21,50	376,4	295,5	473 964	13 279	10533	885
95 B	950	300	27,00	39,50	21,90	396,2	311,0	550 974	13 727	11600	915
100 B	1000	300	27,00	39,50	21,90	407,2	319,7	621 287	13 732	12425	915

2. ⌷-Eiſen.

a) Neue ⌷-Eiſen. Deutſche Normalprofile.

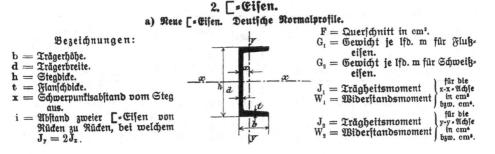

Bezeichnungen:

b = Trägerhöhe.
d = Trägerbreite.
h = Stegdicke.
t = Flanſchdicke.
x = Schwerpunktsabſtand vom Steg aus.
i = Abſtand zweier ⌷-Eiſen von Rücken zu Rücken, bei welchem $J_y = 2 J_x$.

F = Querſchnitt in cm².
G_1 = Gewicht je lfd. m für Flußeiſen.
G_2 = Gewicht je lfd. m für Schweißeiſen.

J_1 = Trägheitsmoment
W_1 = Widerſtandsmoment } für die x-x-Achſe in cm⁴. bzw. cm³.

J_2 = Trägheitsmoment
W_2 = Widerſtandsmoment } für die y-y-Achſe in cm⁴. bzw. cm³.

Profil Nr.	Höhe h mm	Breite b mm	Dicke Steg d mm	Dicke Flansch t mm	Fläche F cm²	Gewicht Flußeisen G₁ = kg/m	Gewicht Schweißeisen G₂ = kg/m	Trägheitsmomente J₁	Trägheitsmomente J₂	Widerstandsmomente W₁	Widerstandsmomente W₂	Abstand x cm	Abstand i cm
3	30	33	5,0	7,0	5,44	**4,27**	4,24	6,39	5,33	**4,26**	2,68	1,31	—
4	40	35	5,0	7,0	6,21	**4,88**	4,85	14,10	6,68	**7,10**	3,08	1,33	—
5	50	38	5,0	7,0	7,12	**5,59**	5,55	26,40	9,12	**10,60**	3,75	1,37	0,38
6½	65	42	5,5	7,5	9,03	**7,10**	7,05	57,50	14,10	**17,70**	5,06	1,42	1,54
8	80	45	6,0	8,0	11,00	**8,66**	8,60	106,00	19,40	**26,50**	6,37	1,45	2,71
10	100	50	6,0	8,5	13,50	**10,60**	10,50	206,00	29,30	**41,10**	8,50	1,55	4,14
12	120	55	7,0	9,0	17,00	**13,35**	13,30	364,00	43,20	**60,70**	11,10	1,60	5,49
14	140	60	7,0	10,0	20,40	**16,01**	15,90	605,00	62,70	**86,40**	14,80	1,75	6,81
16	160	65	7,5	10,5	24,00	**18,84**	18,70	925,00	85,30	**116,00**	18,30	1,84	8,15
18	180	70	8,0	11,0	28,00	**21,98**	21,80	1354,00	114,00	**150,00**	22,40	1,92	9,47
20	200	75	8,5	11,5	32,20	**25,28**	25,10	1911,00	148,00	**191,00**	27,00	2,01	10,80
22	220	80	9,0	12,5	37,40	**29,36**	29,20	2690,00	197,00	**245,00**	33,60	2,14	12,00
24	240	85	9,5	13,0	42,30	**33,21**	33,00	3598,00	248,00	**300,00**	39,60	2,23	13,30
26	260	90	10,0	14,0	48,30	**37,92**	37,70	4823,00	317,00	**371,00**	47,80	2,36	14,60
28	280	95	10,0	15,0	53,30	**41,84**	41,60	6276,00	399,00	**450,00**	57,20	2,53	15,90
30	300	100	10,0	16,0	58,80	**46,16**	45,80	8026,00	495,00	**535,00**	67,80	2,70	17,20

b) Ältere [-Eisen (Waggon-Profile).

Profil Nr.	Höhe h mm	Breite b mm	Dicke Steg d mm	Dicke Flansch t mm	Fläche F cm²	Gewicht Flußeisen G₁ = kg/m	Gewicht Schweißeisen G₂ = kg/m	Trägheitsmomente J₁	Trägheitsmomente J₂	Widerstandsmomente W₁	Widerstandsmomente W₂	Abstand x cm	Abstand i cm
10½	105,0	65	8,0	8,0	17,30	**13,59**	13,50	287,00	61,20	**54,70**	13,20	1,88	3,46
11¾	117,5	65	10,0	10,0	22,60	**17,74**	17,60	447,00	77,10	**76,10**	16,70	1,91	4,27
14½	145,0	60	8,0	8,0	19,80	**15,54**	15,40	585,00	53,60	**80,70**	11,90	1,50	7,36
23½	235,0	90	10,0	12,0	42,40	**33,28**	33,10	3429,00	272,00	**292,00**	40,50	2,28	12,70
26	260,0	90	10,0	10,0	41,60	**32,67**	32,50	3900,00	237,00	**300,00**	33,70	1,97	14,80
30	300,0	75	10,0	10,0	42,80	**36,60**	33,30	4925,00	145,00	**328,00**	24,20	1,50	18,10

3. Belag-(Zores-)Eisen.

Bezeichnungen:

h = Höhe.
b = untere } Breite.
a = obere
c = Fußbreite.
d = Steg- } Dicke.
t = Kopf- und Fuß-
R = b/2 = Stegradius.

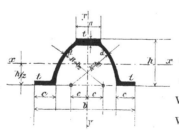

F = Querschnitt in cm².
G_1 = Gewicht je lfd. m Schweißeisen.
G_2 = Gewicht je lfd. m Flußeisen.
J_x = Trägheitsmoment für die x-x-Achse.
J_y = Trägheitsmoment für die y-y-Achse.
W_x = Widerstandsmoment für die x-x-Achse.
W_y = Widerstandsmoment für die y-y-Achse.

Profil Nr.	Höhe h mm	Breite untere b mm	Breite Kopf a mm	Breite Fuß c mm	Dicke Steg d mm	Dicke Flansch t mm	Radius R mm	Fläche F cm²	Gewicht Flußeisen G₁ = kg/m	Gewicht Schweißeisen G₂ = kg/cm	Trägheitsmomente Jₓ cm⁴	Trägheitsmomente Jᵧ cm⁴	Widerstandsmomente Wₓ cm³	Widerstandsmomente Wᵧ cm³	Wᵧ/Wₓ
5	50	120	33,0	21,0	3,0	5,0	60	6,71	**5,27**	5,24	23,2	86,4	9,27	14,40	1,55
6	60	140	38,0	24,0	3,5	6,0	70	9,34	**7,33**	7,28	47,2	164,0	15,80	23,40	1,48
7½	75	170	45,5	28,5	4,0	7,0	85	13,20	**10,36**	10,30	107,0	347,0	27,90	40,80	1,46
9	90	200	53,0	33,0	4,5	8,0	100	17,90	**14,05**	14,00	206,0	651,0	45,80	65,10	1,42
11	110	240	63,0	39,0	5,0	9,0	120	24,10	**18,92**	18,80	421,0	1272,0	76,50	106,00	1,39

4. Z-Eisen.

Bezeichnungen:

= Höhe.
= Breite = 0,25 h + 30 mm.
= Stegdicke = 0,035 h + 3 mm.
= Flanschdicke = 0,05 h + 3 mm.
= t; r_1 = t : 2; r und r_1 Abrundungshalbmesser.
= Schnittwinkel der Hauptachsen mit der Stegmittellinie.

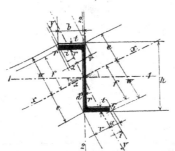

F = Querschnitt in cm².
G_1 = Gewicht je lfd. m Schweißeisen.
G_2 = Gewicht je lfd. m Flußeisen.
J_y = Trägheitsmoment für die x-x-Achse.
J_y = Trägheitsmoment für die y-y-Achse.
J_1 = Trägheitsmoment für die 1-1-Achse.
J_2 = Trägheitsmoment für die 2-2-Achse.

Profil Nr.	Höhe h mm	Breite b mm	Dicke Steg d mm	Dicke Flansch t mm	tg d	Fläche F cm²	Gewicht Flußeisen G_1	Gewicht Schweißeisen G_2	Abstände der Profilecken von den Hauptachsen von der x-x-Achse w	e	f	von b. y-y-Achse v	a	i	Trägheitsmomente J_x Max. cm⁴	J_y Min. cm⁴	J_1 cm⁴	J_2 cm⁴
3	30	38	4,0	4,5	1,655	4,32	3,39	3,37	3,86	0,61	3,54	1,39	0,87	0,58	18,1	1,54	5,94	13,7
4	40	40	4,5	5,0	1,181	5,43	4,26	4,23	4,17	1,12	3,82	1,67	1,19	0,91	28,0	3,05	13,40	17,6
5	50	43	5,0	5,5	0,939	6,77	5,31	5,28	4,60	1,65	4,21	1,89	1,49	1,24	44,9	5,23	25,70	24,4
6	60	45	5,5	6,0	0,779	7,91	6,21	6,17	4,98	2,21	4,56	2,04	1,76	1,51	67,2	7,60	44,00	30,8
8	80	50	6,0	7,0	0,588	11,10	8,73	8,67	5,83	3,30	5,35	2,29	2,25	2,02	142,0	14,70	108,00	48,7
10	100	55	6,5	8,0	0,492	14,50	11,37	11,30	6,77	4,34	6,24	2,50	2,65	2,43	270,0	24,60	220,00	74,5
12	120	60	7,0	9,0	0,433	18,20	14,29	14,20	7,75	5,37	7,16	2,70	3,02	2,80	470,0	37,70	400,00	108,0
14	140	65	8,0	10,0	0,385	22,90	17,98	17,90	8,72	6,39	8,08	2,89	3,39	3,18	768,0	56,40	671,00	154,0
16	160	70	8,5	11,0	0,357	27,50	21,59	21,50	9,74	7,39	9,04	3,09	3,72	3,51	1184,0	79,50	1055,00	209,0
18	180	75	9,5	12,0	0,329	33,30	26,14	26,00	10,70	8,40	9,99	3,27	4,08	3,86	1759,0	110,00	1594,00	275,0
20	200	80	10,0	13,0	0,313	38,70	30,38	30,20	11,80	9,39	11,00	3,47	4,39	4,17	2509,0	147,00	2289,00	367,0

5. Quadranteisen.

Bezeichnungen:

R = Radius der Stegmittellinie.
b = Flanschbreite = 0,2 R + 25 mm.
d = Steg-
t = Flansch- } Dicke.
r = 0,12 R; r_1 = 0,06 R = Abrundungsradien.

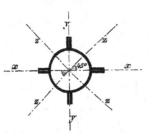

F = Querschnitt des aus vier Eisen gebildeten Rohres (s. Skizze).
G = Gewicht dieses Rohres je lfd. m Flußeisen.
J = Trägheitsmoment in cm⁴.
W_x = W_y = Widerstandsmoment für die x-x- oder y-y-Achse.
W_z = Widerstandsmoment für die z-z-Achse.

Profil Nr.	Radius R mm	Flansch- breite b mm	Flansch- dicke d mm	Steg- dicke t mm	Fläche eines Eisens F = cm²	Fläche des Rohres F = cm²	Gewicht eines Eisens G = kg/m	Gewicht des Rohres G = kg/m	Trägheits- moment (Rohr) cm⁴	Widerstands- momente W_x cm³	W_z cm³
5 min.	50	35	6	4	7,45	29,8	5,85	23,39	576	89,3	66,2
5 max.	50	35	8	8	12,00	48,0	9,42	37,68	906	135,0	102,0
7¹/₂ min.	75	40	8	6	13,73	54,9	10,78	43,10	2 068	237,0	175,0
7¹/₂ max.	75	40	10	10	20,05	80,2	15,74	62,96	2 982	331,0	248,0
10 min.	100	45	10	8	22,03	88,1	17,29	69,16	5 511	501,0	370,0
10 max.	100	45	12	12	30,10	120,0	23,55	94,20	7 478	663,0	495,0
12¹/₂ min.	125	50	12	10	32,33	129,0	25,32	101,27	12 917	917,0	676,0
12¹/₂ max.	125	50	14	14	42,20	169,0	33,17	132,67	15 788	1165,0	867,0
15 min.	150	55	14	12	44,72	179,0	35,13	140,52	23 637	1515,0	1120,0
15 max.	150	55	17	18	62,15	249,0	48,87	195,47	32 738	2051,0	1510,0
18¹/₂	185	87	20	22	94,60	378,4	74,00	296,00	82 300	3976,0	3024,5

Bem.: 1. Quadranteisen 18¹/₂ ist Spezialprofil der „Rothe Erde Aachen".
2. Die Quadranteisen werden als Vor- bzw. Zwischenprofile mit um 1 mm abgestuften Steg- und Flanschdicken geliefert.

6. L=Eiſen.
a) Gleichſchenflige.

Bezeichnungen:

b = Schenkelbreite.
d = Schenkeldicke.
r und r_1 = Abrundungsradien.
v = Schwerpunktsabſtand vom
    Schenkel aus.

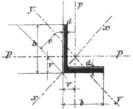

F = Querſchnitt in cm²
G_1 = Gewicht je 1 lfd. m Flußeiſen.
G_2 = Gewicht je 1 lfd. m Schweißeiſen.
J_x, J_y, J_p = Trägheitsmomente für
    die bezw. Achſen.
W_x, W_y, W_p = Widerſtandsmomente
    für die bzw. Achſen.

Profil Nr.	Schenkelbreite b mm	dicke d mm	Schwerpunktsabſtände v mm	e mm	Fläche F cm²	Gewicht Flußeiſen G_1=kg/m	Schweißeiſen G_2=kg/m	Trägheitsmomente J_x cm⁴	J_y cm⁴	J_p cm⁴	Widerſtandsmomente W_x cm³	W_y cm³	W_p cm³
1 ½	15	3	4,80	6,70	0,82	**0,65**	0,64	0,24	0,06	0,15	0,23	0,08	0,145
		4	5,10	7,30	1,05	**0,83**	0,82	0,29	0,08	0,18	0,28	0,10	0,185
2	20	3	6,00	8,50	1,12	**0,88**	0,87	0,62	0,15	0,38	0,44	0,17	0,275
		4	6,40	9,00	1,45	**1,14**	1,13	0,77	0,19	0,48	0,55	0,21	0,355
2 ½	25	3	7,30	10,30	1,42	**1,12**	1,11	1,27	0,31	0,79	0,72	0,30	0,445
		4	7,60	10,80	1,85	**1,45**	1,44	1,61	0,40	1,00	0,91	0,37	0,575
3	30	4	8,90	12,40	2,27	**1,78**	1,77	2,85	0,76	1,80	1,35	0,61	0,855
		6	9,60	13,60	3,27	**2,57**	2,55	3,91	1,06	2,48	1,84	0,78	1,215
3 ½	35	4	10,00	14,10	2,67	**2,09**	2,08	4,68	1,24	2,96	1,90	0,88	1,185
		6	10,80	15,30	3,87	**3,04**	3,02	6,50	1,77	4,13	2,63	1,15	1,705
4	40	4	11,20	15,80	3,08	**2,42**	2,40	7,09	1,86	4,47	2,50	1,17	1,555
		6	12,00	17,00	4,48	**3,51**	3,49	9,98	2,67	6,35	3,52	1,57	2,260
		8	12,80	18,10	5,80	**4,55**	4,52	12,40	3,38	7,90	4,38	1,81	2,900
4 ½	45	5	12,80	18,10	4,30	**3,38**	3,36	12,40	3,25	7,85	3,91	1,80	2,435
		7	13,60	19,20	5,86	**4,60**	4,57	16,40	4,39	10,40	5,16	2,28	3,315
		9	14,40	20,40	7,34	**5,76**	5,73	19,80	5,40	12,60	6,24	2,65	4,125
5	50	5	14,00	19,80	4,80	**3,77**	3,75	17,40	4,59	11,00	4,91	2,32	3,050
		7	14,90	21,10	6,56	**5,15**	5,12	23,10	6,02	14,50	6,53	2,85	4,150
		9	15,60	22,10	8,24	**6,47**	6,43	28,10	7,67	17,90	7,94	3,47	5,195
5 ½	55	6	15,60	22,10	6,31	**4,95**	4,92	27,40	7,24	17,30	7,04	3,27	4,395
		8	16,40	23,20	8,23	**6,46**	6,42	34,80	9,35	22,10	8,96	4,03	5,720
		10	17,20	24,30	10,07	**7,90**	7,85	41,40	11,27	26,30	10,64	4,64	6,970
6	60	6	16,90	23,90	6,91	**5,42**	5,39	36,10	9,43	22,75	8,51	3,95	5,300
		8	17,70	25,00	9,03	**7,09**	7,04	46,10	12,10	29,15	10,90	4,85	6,900
		10	18,50	26,20	11,07	**8,69**	8,63	55,10	14,60	34,85	13,00	5,58	8,410
6 ½	65	7	18,50	26,20	8,70	**6,83**	6,80	53,00	13,80	33,40	11,50	5,25	7,200
		9	19,30	27,30	10,98	**8,61**	8,60	65,40	17,20	41,80	14,20	6,31	9,050
		11	20,00	28,30	13,17	**10,34**	10,30	76,80	20,70	48,75	16,70	7,30	10,850
7	70	7	19,70	27,90	9,40	**7,38**	7,30	67,10	17,60	42,30	13,60	6,29	8,430
		9	20,50	29,00	11,90	**9,34**	9,30	83,10	22,00	52,50	16,80	7,57	10,600
		11	21,30	30,10	14,30	**11,23**	11,10	97,60	26,00	62,00	19,70	8,65	12,700
7 ½	75	8	21,30	30,10	11,50	**9,03**	8,90	93,30	24,40	59,00	17,60	8,11	10,950
		10	22,10	31,20	14,10	**11,07**	11,00	113,00	29,80	71,00	21,30	9,54	13,450
		12	22,90	32,40	16,70	**13,11**	13,00	130,00	34,70	82,50	24,60	10,71	15,850
8	80	8	22,60	32,00	12,30	**9,66**	9,60	115,00	29,60	72,00	20,30	9,25	12,550
		10	23,40	33,10	15,10	**11,86**	11,80	139,00	35,90	87,50	24,50	10,80	15,450
		12	24,10	34,10	17,90	**14,05**	13,90	161,00	43,00	102,00	28,40	12,60	18,200
9	90	9	25,40	35,90	15,50	**12,17**	12,10	184,00	47,80	116,00	28,90	13,30	17,950
		11	26,20	37,00	18,70	**14,68**	14,60	218,00	57,10	137,50	34,30	15,40	21,550
		13	27,00	38,10	21,80	**17,11**	17,00	250,00	65,90	158,00	39,30	17,30	25,050
10	100	10	28,20	39,90	19,20	**15,07**	14,90	280,00	73,30	177,00	39,70	18,40	24,650
		12	29,00	41,00	22,70	**17,82**	17,70	328,00	86,20	207,00	46,30	21,00	29,150
		14	29,80	42,10	26,20	**20,57**	20,40	372,00	98,30	235,00	52,60	23,40	33,500
11	110	10	30,70	43,40	22,10	**16,64**	16,50	379,00	98,60	239,00	48,70	22,70	30,100
		12	31,50	44,50	25,10	**19,70**	19,60	444,00	116,00	280,00	57,10	26,10	35,700
		14	32,10	45,40	29,00	**22,75**	22,60	505,00	133,00	319,00	64,80	29,20	40,950

Profil Nr.	Schenkel breite b mm	dicke d mm	Schwerpunkts abstände v mm	e mm	Fläche F cm²	Gewicht Flußeisen G_1=kg/m	Schweißeisen G_2=kg/m	Trägheitsmoment J_x cm⁴	J_y cm⁴	J_p cm⁴	Widerstandsmoment W_x cm³	W_y cm³	W_p cm³
12	120	11	33,60	47,50	25,40	**19,93**	19,80	541	140,0	341,0	63,8	29,40	39,40
		13	34,40	48,60	29,70	**23,32**	23,20	625	162,0	393,5	73,7	33,40	46,05
		15	35,10	49,60	33,90	**26,61**	26,50	705	186,0	445,5	83,2	37,50	52,50
13	130	12	36,40	51,50	30,00	**23,55**	23,40	750	194,0	472,0	81,6	37,80	50,50
		14	37,20	52,60	34,70	**27,24**	27,00	857	223,0	540,0	93,3	42,40	58,00
		16	38,00	53,70	39,30	**30,85**	30,60	959	251,0	604,5	104,0	46,70	65,50
14	140	13	39,20	55,40	35,00	**27,48**	27,30	1014	262,0	638,0	102,0	47,30	63,50
		15	40,00	56,60	40,00	**31,40**	31,20	1148	298,0	723,0	116,0	52,60	72,50
		17	40,80	57,70	45,00	**35,33**	35,10	1276	334,0	805,0	129,0	58,00	81,00
15	150	14	42,00	59,50	40,30	**31,64**	31,40	1343	347,0	845,0	127,0	58,30	78,50
		16	43,00	60,70	45,70	**35,87**	35,70	1507	391,0	949,0	142,0	64,40	88,50
		18	44,00	61,70	51,00	**40,04**	39,90	1665	438,0	1051,5	157,0	71,10	99,00
16	160	15	45,00	63,50	46,10	**36,16**	35,90	1745	453,0	1099,0	154,0	71,30	95,50
		17	46,00	64,60	51,80	**40,66**	40,40	1945	506,0	1225,5	172,0	78,40	107,00
		19	47,00	65,80	57,50	**45,14**	44,90	2137	558,0	1347,5	189,0	84,80	118,00

b) Ungleichschenflige.

Bezeichnungen:
b = Breite des schmalen Schenkels.
B = 1,5 b oder 2,0 b des breiten Schenkels.
d = Schenkeldicke.

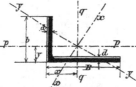

F = Querschnitt in cm²
G_1 = Gewicht je 1 lfd. m Flußeisen.
G_2 = Gewicht je 1 lfd. m Schweißeisen.
J_x, J_y, J_p, J_q = Trägheitsmomente.

	Profil Nr.	Schenkel breite b mm	breite B mm	dicke d mm	Schwerpunkts abstände x mm	y mm	Fläche F cm²	Gewicht Flußeisen G_1=kg/m	Schweißeisen G_2=kg/m	Trägheitsmomente J_x cm⁴	J_y cm⁴	J_p cm⁴	J_q cm⁴
B = 1,5 b	$\frac{2}{3}$	20	30	3	9,90	4,90	1,42	**1,12**	1,11	1,42	0,28	0,45	1,25
				4	10,30	5,40	1,85	**1,45**	1,44	1,82	0,33	0,55	1,60
	$\frac{3}{4\frac{1}{2}}$	30	45	4	14,80	7,40	2,87	**2,25**	2,24	6,63	1,19	2,05	5,77
				5	15,20	7,80	3,53	**2,77**	2,75	8,01	1,44	2,46	6,99
	$\frac{4}{6}$	40	60	5	19,50	9,70	4,79	**3,76**	3,74	19,80	3,66	6,21	17,30
				7	20,40	10,50	6,55	**5,14**	5,11	26,30	4,63	7,99	22,80
	$\frac{5}{7\frac{1}{2}}$	50	75	7	24,70	12,40	8,33	**6,54**	6,50	53,10	9,58	16,40	46,30
				9	25,60	13,20	10,50	**8,24**	8,20	65,40	11,90	20,10	57,20
	$\frac{6\frac{1}{2}}{10}$	65	100	9	33,10	15,90	14,20	**11,15**	11,00	160,00	26,80	46,60	140,00
				11	34,00	16,70	17,10	**13,42**	13,30	189,00	32,90	55,10	167,00
	$\frac{8}{12}$	80	120	10	3,92	19,50	19,10	**14,99**	14,90	317,00	56,80	95,20	276,00
				12	4,00	20,20	22,70	**17,82**	17,70	370,00	67,50	115,00	323,00
	$\frac{10}{15}$	100	150	12	4,89	24,20	28,70	**22,53**	22,40	747,00	134,00	232,00	649,00
				14	4,97	25,00	33,20	**26,06**	25,90	854,00	153,00	263,00	744,00
B = 2,0 b	$\frac{2}{4}$	20	40	3	14,30	4,40	1,72	**1,35**	1,34	2,96	0,31	0,48	2,81
				4	14,70	4,80	2,25	**1,77**	1,76	3,78	0,40	0,60	3,58
	$\frac{3}{6}$	30	60	5	21,50	6,80	4,29	**3,37**	3,35	16,50	1,71	2,61	15,60
				7	22,40	7,60	5,85	**4,59**	4,56	21,80	2,28	3,42	20,60
	$\frac{4}{8}$	40	80	6	28,50	8,80	6,89	**5,40**	5,37	47,60	4,99	7,63	44,90
				8	29,40	9,60	9,01	**7,08**	7,03	60,80	6,41	9,62	57,50
	$\frac{5}{10}$	50	100	8	35,90	11,20	11,50	**9,03**	8,93	123,00	12,80	19,60	116,00
				10	36,70	12,00	14,10	**11,07**	11,00	150,00	14,60	23,50	141,00
	$\frac{6\frac{1}{2}}{13}$	65	130	10	46,50	14,50	18,60	**14,60**	14,50	339,00	35,40	54,20	320,00
				12	47,50	15,30	22,10	**17,35**	17,20	395,00	41,30	62,80	374,00
	$\frac{8}{16}$	80	160	12	57,20	17,70	27,50	**21,59**	21,50	762,00	79,40	122,00	719,00
				14	58,10	18,50	31,80	**24,96**	24,80	875,00	86,00	139,00	822,00
	$\frac{10}{20}$	100	200	14	71,20	21,80	40,30	**31,64**	31,40	1754,00	182,00	282,00	1654,00
				16	72,00	22,60	45,70	**35,87**	35,60	1973,00	205,00	315,00	1863,00

O.-Sch.

7. ⊥-Eisen.

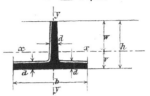

Bezeichnungen:
b = Breite des Fußes.
h = b bzw. b:2 = Höhe.
d = Schenkeldicke.
v u. w = Schwerpunktsabstände.

F = Querschnitt in cm²
G_1 = Gewicht je lfd. m Flußeisen.
G_2 = Gewicht je lfd. m Schweißeisen.
J = Trägheitsmomente cm⁴.
W = Widerstandsmomente cm³.

Profil Nr.	Breite b (mm)	Höhe h (mm)	Stegdicke d (mm)	Schwerpunktsabstände v (mm)	w (mm)	Fläche F (cm²)	Gewichte Flußeisen G_1=kg/m²	Schweißeisen G_2=kg/m²	Momente J_x (cm⁴)	W_x (cm³)	J_y (cm⁴)	W_y (cm³)
hochstegige												
2/2	20	20	8,00	5,80	14,20	1,12	0,88	0,87	0,38	0,27	0,20	0,20
2½/2½	25	25	3,50	7,80	17,70	1,64	1,29	1,28	0,87	0,49	0,43	0,34
3/3	30	30	4,00	8,50	21,50	2,26	1,77	1,76	1,72	0,80	0,87	0,58
3½/3½	35	35	4,50	9,90	25,10	2,97	2,33	2,32	3,10	1,23	1,57	0,90
4/4	40	40	5,00	11,20	28,80	3,77	2,96	2,94	5,28	1,84	2,58	1,29
4½/4½	45	45	5,50	12,60	32,40	4,67	3,66	3,64	8,13	2,51	4,01	1,78
5/5	50	50	6,00	13,90	36,10	5,66	4,45	4,42	12,10	3,36	6,06	2,42
6/6	60	60	7,00	16,60	43,40	7,94	6,23	6,19	23,80	5,48	12,20	4,05
7/7	70	70	8,00	19,40	50,60	10,60	8,32	8,27	44,50	8,79	22,10	6,32
8/8	80	80	9,00	22,20	57,80	13,60	10,68	10,60	73,70	12,80	37,00	9,25
9/9	90	90	10,00	24,80	65,20	17,10	13,42	13,30	119,00	18,20	58,50	13,00
10/10	100	100	11,00	27,40	72,60	20,90	16,41	16,30	179,00	24,60	88,30	17,70
12/12	120	120	13,00	32,80	87,20	29,60	23,24	23,10	366,00	42,00	178,00	29,70
14/14	140	140	15,00	38,00	102,00	39,90	31,32	31,10	660,00	64,70	330,00	47,20
breitfüßige												
6/8	60	80	5,50	6,70	23,30	4,64	3,64	3,62	2,58	1,11	8,62	2,86
7/3½	70	35	6,00	7,70	27,30	5,94	4,66	4,63	4,49	1,65	15,10	4,82
8/4	80	40	7,00	8,80	31,20	7,91	6,21	6,17	7,81	2,50	28,50	7,18
9/4½	90	45	8,00	10,00	35,00	10,20	7,98	7,98	12,70	3,64	46,10	10,20
10/5	100	50	8,50	10,90	39,10	12,00	9,42	9,38	18,70	4,78	67,70	13,50
12/6	120	60	10,00	13,00	47,00	17,00	13,35	13,20	38,00	8,09	137,00	22,80
14/7	140	70	11,50	15,10	54,90	22,80	17,90	17,80	68,90	12,60	258,00	36,90
16/8	160	80	13,00	17,20	62,80	29,50	23,16	23,00	117,00	18,60	422,00	52,80
18/9	180	90	14,50	19,80	70,70	37,00	29,05	28,80	185,00	26,10	670,00	74,40
20/10	200	100	16,00	21,40	78,60	45,40	35,64	35,40	277,00	35,30	1000,00	100,00

8. Quadrat- und Rundeisen.

Dicke	Quadrat- Flußeisen kg/m	Quadrat- Schweißeisen kg/m	Rund- Flußeisen kg/m	Rund- Schweißeisen kg/m
5	0,196	0,195	0,154	0,153
6	0,283	0,281	0,222	0,221
7	0,385	0,382	0,302	0,300
8	0,502	0,499	0,395	0,392
9	0,636	0,632	0,499	0,496
10	0,785	0,780	0,617	0,613
11	0,950	0,944	0,746	0,741
12	1,130	1,123	0,888	0,882
13	1,327	1,318	1,042	1,035
14	1,539	1,529	1,208	1,201
15	1,766	1,755	1,387	1,378
16	2,010	1,997	1,578	1,568
17	2,269	2,254	1,782	1,770
18	2,543	2,527	1,998	1,985
19	2,834	2,816	2,226	2,212
20	3,140	3,120	2,466	2,450
21	3,462	3,440	2,719	2,702
22	3,799	3,775	2,984	2,965
23	4,153	4,126	3,261	3,241
24	4,522	4,498	3,551	3,529
25	4,906	4,875	3,853	3,829
26	5,307	5,273	4,168	4,141
27	5,723	5,686	4,495	4,466
28	6,154	6,115	4,834	4,803
29	6,602	6,560	5,185	5,152
30	7,065	7,020	5,549	5,513
31	7,544	7,496	5,925	5,887
32	8,038	7,987	6,313	6,273
33	8,549	8,484	6,714	6,671
34	9,075	9,017	7,127	7,082
35	9,616	9,555	7,552	7,504
36	10,174	10,109	7,990	7,939
37	10,747	10,678	8,439	8,385
38	11,335	11,263	8,903	8,846
39	11,940	11,864	9,381	9,321
40	12,560	12,480	9,865	9,802
41	13,196	13,112	10,362	10,296
42	13,870	13,779	10,876	10,806
43	14,515	14,422	11,326	11,260
44	15,198	15,101	11,936	11,860
45	15,896	15,795	12,482	12,410
46	16,611	16,505	13,046	12,950
47	17,341	17,230	13,620	13,580
48	18,086	17,971	14,205	14,120
49	18,848	18,728	14,711	14,620
50	19,625	19,500	15,414	15,320
55	23,746	23,595	18,652	18,533
60	28,260	28,080	22,195	22,050
65	33,166	32,955	26,046	25,880
70	38,465	38,220	30,210	30,020
75	44,156	43,875	34,682	34,460
80	50,240	49,920	39,460	39,210
85	56,716	56,355	44,55	44,260
90	63,585	63,180	49,94	49,620
95	70,846	70,395	55,64	55,290
100	78,500	78,000	61,66	61,260
105	86,546	85,995	67,97	67,540
110	94,990	94,380	74,60	74,190
115	103,820	103,160	81,54	81,020
120	113,040	112,320	88,78	88,220
125	122,660	121,880	96,33	95,720
130	132,670	131,820	104,19	103,530
135	143,070	142,160	112,37	111,650
140	153,860	152,880	120,84	120,070
145	165,050	163,990	129,63	128,860
150	176,630	175,500	138,72	137,840
155	188,590	187,390	148,12	147,180
160	200,960	199,680	157,83	156,880
165	213,720	212,360	167,85	166,780
170	226,870	225,420	178,18	177,040
175	240,410	238,880	188,82	187,610
180	254,340	252,700	199,76	198,490
185	268,670	266,960	211,01	209,670
190	283,390	281,580	223,57	221,510
195	298,500	296,600	234,44	232,950
200	314,000	312,000	246,62	245,050

9. Band- und Flacheisen.

b = Breite, d = Dicke.

Gewicht in Kilogramm je lfd. Meter Flacheisen (γ = 7,85)

d → \ b ↓	Bandeisen 1	2	3	4	5	Flacheisen 6	7	8	9	10	11	12	13	14	15	16	17	18	19	20
10	0,079	0,157	0,236	0,314	0,393	0,471	0,550	0,628	0,707	0,785	0,864	0,942	1,021	1,099	1,178	1,256	1,335	1,413	1,492	1,570
12	0,094	0,188	0,283	0,377	0,471	0,565	0,659	0,754	0,848	0,942	1,036	1,130	1,225	1,319	1,413	1,507	1,601	1,696	1,790	1,884
14	0,110	0,220	0,330	0,440	0,550	0,660	0,769	0,879	0,989	1,099	1,209	1,319	1,429	1,539	1,649	1,758	1,868	1,978	2,088	2,198
15	0,118	0,236	0,353	0,471	0,589	0,707	0,824	0,942	1,060	1,178	1,295	1,413	1,531	1,649	1,766	1,884	2,002	2,120	2,237	2,355
16	0,126	0,251	0,377	0,502	0,628	0,754	0,879	1,005	1,130	1,256	1,382	1,507	1,633	1,758	1,884	2,010	2,135	2,261	2,386	2,512
18	0,141	0,283	0,424	0,565	0,707	0,848	0,989	1,130	1,272	1,413	1,554	1,696	1,837	1,978	2,120	2,261	2,402	2,543	2,685	2,826
20	0,157	0,314	0,471	0,628	0,785	0,942	1,099	1,256	1,413	1,570	1,727	1,884	2,041	2,198	2,355	2,512	2,669	2,826	2,983	3,140
22	0,173	0,345	0,518	0,691	0,864	1,036	1,209	1,382	1,554	1,727	1,900	2,072	2,245	2,418	2,591	2,763	2,936	3,109	3,281	3,454
24	0,188	0,377	0,565	0,754	0,942	1,130	1,319	1,507	1,696	1,884	2,072	2,261	2,449	2,638	2,826	3,014	3,203	3,391	3,580	3,768
25	0,196	0,393	0,589	0,785	0,981	1,178	1,374	1,570	1,766	1,963	2,159	2,355	2,551	2,748	2,944	3,140	3,336	3,533	3,729	3,925
26	0,204	0,408	0,612	0,816	1,021	1,225	1,429	1,633	1,837	2,041	2,245	2,449	2,653	2,857	3,062	3,266	3,470	3,674	3,878	4,082
28	0,220	0,440	0,659	0,879	1,099	1,319	1,539	1,758	1,978	2,198	2,418	2,638	2,857	3,077	3,297	3,517	3,737	3,956	4,176	4,396
30	0,236	0,471	0,707	0,942	1,178	1,413	1,649	1,884	2,120	2,355	2,591	2,826	3,062	3,297	3,533	3,768	4,004	4,239	4,475	4,710
32	0,251	0,502	0,754	1,005	1,256	1,507	1,758	2,010	2,261	2,512	2,763	3,014	3,266	3,517	3,768	4,019	4,270	4,522	4,773	5,024
34	0,267	0,534	0,801	1,068	1,335	1,601	1,868	2,135	2,402	2,669	2,936	3,203	3,470	3,737	4,004	4,270	4,537	4,804	5,071	5,338
35	0,275	0,550	0,824	1,099	1,374	1,649	1,923	2,198	2,473	2,748	3,022	3,297	3,572	3,847	4,121	4,396	4,671	4,946	5,220	5,495
36	0,283	0,565	0,848	1,130	1,413	1,696	1,978	2,261	2,543	2,826	3,109	3,391	3,674	3,956	4,239	4,522	4,804	5,087	5,369	5,652
38	0,298	0,597	0,895	1,193	1,492	1,790	2,088	2,386	2,685	2,983	3,281	3,580	3,878	4,176	4,475	4,773	5,071	5,369	5,668	5,966
40	0,314	0,628	0,942	1,256	1,570	1,884	2,198	2,512	2,826	3,140	3,454	3,768	4,082	4,396	4,710	5,024	5,338	5,652	5,966	6,280
42	0,330	0,659	0,989	1,319	1,649	1,978	2,308	2,638	2,967	3,297	3,627	3,956	4,286	4,616	4,946	5,275	5,605	5,935	6,264	6,594
44	0,345	0,691	1,036	1,382	1,727	2,072	2,418	2,763	3,109	3,454	3,799	4,145	4,490	4,836	5,181	5,526	5,872	6,217	6,563	6,908
45	0,353	0,707	1,060	1,413	1,766	2,120	2,473	2,826	3,179	3,533	3,886	4,239	4,592	4,946	5,299	5,652	6,005	6,359	6,712	7,065
46	0,361	0,722	1,083	1,444	1,806	2,167	2,528	2,889	3,250	3,611	3,972	4,333	4,694	5,055	5,417	5,778	6,139	6,500	6,861	7,222
48	0,377	0,754	1,130	1,507	1,884	2,261	2,638	3,014	3,391	3,768	4,145	4,522	4,898	5,275	5,652	6,029	6,406	6,782	7,159	7,536
50	0,393	0,785	1,178	1,570	1,963	2,355	2,748	3,140	3,533	3,925	4,318	4,710	5,103	5,495	5,888	6,280	6,673	7,065	7,458	7,850
55	0,432	0,864	1,295	1,727	2,159	2,591	3,022	3,454	3,886	4,318	4,749	5,181	5,613	6,045	6,476	6,908	7,340	7,772	8,203	8,635
60	0,471	0,942	1,413	1,884	2,355	2,826	3,297	3,768	4,239	4,710	5,181	5,652	6,123	6,594	7,065	7,536	8,007	8,478	8,949	9,420
65	0,510	1,021	1,531	2,041	2,551	3,062	3,572	4,082	4,592	5,103	5,613	6,123	6,633	7,144	7,654	8,164	8,674	9,185	9,695	10,205
70	0,550	1,099	1,649	2,198	2,748	3,297	3,847	4,396	4,946	5,495	6,045	6,594	7,144	7,693	8,243	8,792	9,342	9,891	10,441	10,990
75	0,589	1,178	1,766	2,355	2,944	3,533	4,121	4,710	5,299	5,888	6,476	7,065	7,654	8,243	8,831	9,420	10,009	10,598	11,186	11,775
80	0,628	1,256	1,884	2,512	3,140	3,768	4,396	5,024	5,652	6,280	6,908	7,536	8,164	8,792	9,420	10,048	10,676	11,304	11,932	12,560
85	0,667	1,335	2,002	2,669	3,336	4,004	4,671	5,338	6,005	6,673	7,340	8,007	8,674	9,342	10,009	10,676	11,343	12,011	12,678	13,345
90	0,707	1,413	2,120	2,826	3,533	4,239	4,946	5,652	6,359	7,065	7,772	8,478	9,185	9,891	10,598	11,304	12,011	12,717	13,424	14,130
95	0,746	1,492	2,237	2,983	3,729	4,475	5,220	5,966	6,712	7,458	8,203	8,949	9,695	10,441	11,186	11,932	12,678	13,424	14,169	14,915
100	0,785	1,570	2,355	3,140	3,925	4,710	5,495	6,280	7,065	7,850	8,635	9,420	10,205	10,990	11,775	12,560	13,345	14,130	14,915	15,700
110	0,864	1,727	2,591	3,454	4,318	5,181	6,045	6,908	7,772	8,635	9,499	10,362	11,226	12,089	12,953	13,816	14,679	15,543	16,407	17,270
120	0,942	1,884	2,826	3,768	4,710	5,652	6,594	7,536	8,478	9,420	10,362	11,304	12,246	13,188	14,130	15,072	16,014	16,956	17,898	18,840
130	1,021	2,041	3,062	4,082	5,103	6,123	7,144	8,164	9,185	10,205	11,226	12,246	13,267	14,287	15,308	16,328	17,349	18,369	19,390	20,410
140	1,099	2,198	3,297	4,396	5,495	6,594	7,693	8,792	9,891	10,990	12,089	13,188	14,287	15,386	16,485	17,584	18,683	19,782	20,881	21,980
150	1,178	2,355	3,533	4,710	5,888	7,065	8,243	9,420	10,598	11,775	12,953	14,130	15,308	16,485	17,663	18,840	20,018	21,195	22,373	23,550
160	1,256	2,512	3,768	5,024	6,280	7,536	8,792	10,048	11,304	12,560	13,816	15,072	16,328	17,584	18,840	20,096	21,352	22,608	23,864	25,120
170	1,335	2,669	4,004	5,338	6,673	8,007	9,342	10,676	12,011	13,345	14,680	16,014	17,349	18,683	20,018	21,352	22,687	24,021	25,356	26,690
180	1,413	2,826	4,239	5,652	7,065	8,478	9,891	11,304	12,717	14,130	15,543	16,956	18,369	19,782	21,195	22,608	24,021	25,434	26,847	28,260

10. Niete.

1. Brücken-, Kessel- und Senkniete.

a) Gewichte.

Halbrundniete

Länge l des Bolzens	Durchmesser d in mm — 1 Niet mit Kopf wiegt kg						
	10	13	16	18	20	23	26
18	0,016	—	—	—	—	—	—
21	0,018	—	—	—	—	—	—
24	0,019	0,035	—	—	—	—	—
27	0,021	0,038	—	—	—	—	—
30	0,023	0,041	0,062	—	—	—	—
33	0,025	0,044	0,066	0,086	—	—	—
36	0,027	0,047	0,070	0,092	—	—	—
39	0,028	0,050	0,075	0,098	0,124	—	—
42	0,030	0,053	0,080	0,104	0,132	0,181	—
45	0,032	0,057	0,085	0,110	0,139	0,191	—
48	0,034	0,060	0,089	0,116	0,146	0,201	0,265
51	0,036	0,063	0,094	0,122	0,154	0,210	0,278
54			0,099	0,128	0,161	0,220	0,290
100 Niethöpfe wiegen kg	0,44	0,97	1,80	2,57	3,52	5,35	7,73

Senkniete

Länge l des Bolzens	Durchmesser d in mm — 1 Niet mit Kopf wiegt kg						
	10	13	16	18	20	23	26
54	0,038	0,066	0,104	0,134	0,168	0,230	0,303
57	0,039	0,069	0,108	0,139	0,176	0,240	0,315
60	0,041	0,072	0,113	0,146	0,183	0,250	0,328
63	0,043	0,075	0,118	0,152	0,191	0,259	0,340
66	0,045	0,078	0,123	0,157	0,198	0,269	0,353
69	0,047	0,081	0,127	0,164	0,205	0,279	0,365
72	0,049	0,084	0,132	0,170	0,213	0,288	0,378
75	0,051	0,088	0,137	0,176	0,220	0,298	0,390
78	0,053	0,091	0,141	0,182	0,227	0,308	0,403
81	—	0,094	0,146	0,188	0,235	0,318	0,415
84	—	0,097	0,150	0,193	0,242	0,327	0,427
87	—	0,100	0,156	0,199	0,250	0,337	0,440
90	—	0,103	0,160	0,206	0,257	0,347	0,452
93	—	—	0,165	0,211	0,264	0,357	0,465
96	—	—	0,170	0,217	0,272	0,367	0,477
99	—	—	0,174	0,224	0,279	0,376	0,490
102	—	—	0,179	0,229	0,287	0,386	0,502
105	—	—	0,184	0,235	0,294	0,396	0,515
108	—	—	0,188	0,241	0,302	0,406	0,527
111	—	—	0,193	0,247	0,309	0,416	0,540
114	—	—	0,198	0,253	0,316	0,425	0,552
117	—	—	0,203	0,259	0,324	0,435	0,565
120	—	—	0,207	0,265	0,331	0,445	0,578

Ein Nietkopf hat einen Inhalt von 0,5667 d³ und ein Gewicht von 0,000 004 4 d³, wobei d = Nietdurchmesser mm.

b) Preise.

Stärke in mm	10	12	13	14	15	16—18	19—25
Preis für 100 kg in Mark	27,00	24,00	21,00	21,00	17,50	17,50	16,00

2. Kurze Blechniete.

Nr.	2/0	0	1	2	3	4	5	6	7	8	9	10	11	12	13	14	15	16	17	18	19	20
Stärke in mm	1,90	2,10	2,30	2,50	2,80	3,00	3,30	3,50	3,80	4,10	4,40	4,70	4,90	5,30	5,60	5,90	6,10	6,40	6,80	7,20	7,60	8,00
Länge l (mm)	3,70	4,00	4,50	5,00	5,50	6,00	6,50	7,00	7,50	8,00	9,00	9,50	10,50	11,00	11,50	12,50	13,50	14,50	15,50	16,50	17,50	18,50
Gewicht für 1000 St.	0,10	0,20	0,30	0,52	0,52	0,67	0,82	1,03	1,23	1,47	1,70	2,17	2,73	3,27	3,80	4,38	5,02	6,40	7,48	8,65	10,70	13,00
Preis für 1000 St. (M.)	0,18	0,20	0,25	0,30	0,35	0,40	0,50	0,60	0,70	0,80	0,90	1,00	1,30	1,60	1,80	2,10	2,40	3,00	3,60	4,20	5,00	6,00

3. Eiserne Mannheimer Faßniete.

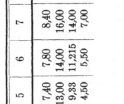

Nr.	4/0	3/0	2/0	0	1	2	3	4	5	6	7	8	9	10	11	12
Stärke in mm	3,00	3,40	3,80	4,20	4,50	4,80	5,20	5,60	6,10	6,60	7,30	7,90	8,50	9,10	9,80	10,50
Länge in mm	5,00	6,00	7,00	8,00	9,00	10,00	11,00	12,00	13,00	14,00	15,00	16,50	18,00	20,00	22,00	24,00
Gewicht für 1000 St.	—	—	—	—	2,13	2,75	3,38	4,265	5,25	6,78	9,00	11,45	14,50	18,00	23,00	29,00
Preis für 1000 St. in Mark	0,40	0,50	0,65	0,85	1,10	1,40	1,70	2,10	2,50	3,30	4,30	5,50	7,00	8,60	11,00	14,50

4. Eiserne Wiener Faßniete.

Nr.	4/0	3/0	2/0	0	1	2	3	4	5	6	7	8	9	10	11	12
Stärke in mm	3,10	3,50	4,10	4,50	4,90	5,40	6,00	6,70	7,40	7,80	8,40	9,20	9,80	10,50	11,50	12,50
Länge in mm	6,00	6,00	7,00	8,00	9,00	10,00	11,00	12,00	13,00	14,00	16,00	18,00	20,00	22,00	24,00	27,00
Gewicht für 1000 St.	—	—	—	—	2,565	3,265	4,90	6,50	9,33	11,215	14,00	19,00	23,38	32,75	38,83	49,50
Preis für 1000 St. in Mark	0,50	0,65	0,80	1,00	1,30	1,70	2,40	3,30	4,50	5,50	7,00	9,00	11,00	15,00	18,00	23,00

5. Sächsische Blechniete.

Nr.	18	17	16	15	14	13	12	11	10	9	8	7	6	5	4	3	2	1	0	2/0	3/0
Stärke in mm	8,40	8,10	7,80	7,40	6,90	6,60	6,20	5,90	5,60	5,00	4,60	4,20	3,90	3,60	3,30	3,00	2,80	2,60	2,20	2,00	1,80
Länge in mm	34,00	32,00	30,00	28,00	26,00	24,00	22,00	19,50	17,50	15,00	13,50	12,00	11,00	9,50	8,50	7,50	6,50	6,00	5,00	4,50	4,00
Preis für 1000 St. in Mark	10,00	9,00	8,00	6,50	5,50	4,50	4,00	3,10	2,60	1,60	1,45	1,00	0,85	0,75	0,60	0,45	0,40	0,35	0,25	0,21	0,18
Preis für 1000 St. verzinnte Sächs. Blechniete in Mark	—	—	—	—	—	—	—	—	—	4,50	3,80	2,60	2,20	1,70	1,40	1,00	0,90	0,80	0,50	0,40	0,35

XXIII. Rohre.

Bearbeitet von Stadtbauinspektor a. D., Hochschuldozent Max Knauff in Charlottenburg.

1. Rohre aus Gußeisen.

Tabelle 1.

Gußeiserne Normal-Muffenrohre.

D mm	Muffen= fuge mm	Dich= tungs= tiefe mm	L (Bau= länge) m	1 m mit Muffen= anteil kg	Eine Dichtung erfordert		Auf 1 m kommen		Dichtung mit Bleiwolle	
					Strick kg	Blei kg	Strick kg	Blei kg	Ring= höhe mm	Gewicht die Muffe kg
40	7,0	62	2,0	10,09	0,05	0,51	0,03	0,26	23	0,34
50	7,5	65	2,5	12,14	0,07	0,70	0,03	0,28	23	0,46
60	7,5	67	2,5	15,21	0,07	0,73	0,03	0,29	23	0,49
70	7,5	69	3,0	16,65	0,09	0,94	0,03	0,32	27	0,63
80	7,5	70	3,0	19,94	0,11	1,05	0,04	0,39	27	0,70
90	7,5	72	3,0	22,19	0,12	1,20	0,04	0,40	27	0,77
100	7,5	74	3,5	24,41	0,14	1,35	0,04	0,41	27	0,90
125	7,5	77	4,0	31,65	0,17	1,70	0,04	0,43	27	1,13
150	7,5	79	4,0	39,74	0,21	2,14	0,05	0,54	30	1,43
175	7,5	81	4,0	48,36	0,25	2,46	0,06	0,62	30	1,64
200	8,0	83	4,0	57,66	0,30	2,97	0,08	0,74	30	1,98
225	8,0	83	4,0	67,57	0,37	3,67	0,09	0,92	32	2,45
250	8,5	84	4,0	76,51	0,44	4,40	0,11	1,10	32	2,87
275	8,5	84	4,0	87,48	0,47	4,69	0,12	1,18	32	3,13
300	8,5	85	4,0	99,13	0,50	5,09	0,13	1,28	32	3,39
325	8,5	85	4,0	111,29	0,52	5,16	0,13	1,29	35	3,44
350	8,5	86	4,0	124,13	0,55	5,53	0,14	1,38	35	3,69
375	9,0	86	4,0	132,61	0,66	6,64	0,17	1,66	35	4,43
400	9,5	88	4,0	146,68	0,77	7,46	0,20	1,87	35	4,97
425	9,5	88	4,0	155,46	0,79	7,89	0,20	1,97	35	5,26
450	9,5	89	4,0	170,10	0,83	8,33	0,21	2,08	35	5,55
475	9,5	89	4,0	185,41	0,87	8,77	0,22	2,20	35	5,85
500	10,0	91	4,0	201,66	1,01	10,13	0,25	2,53	35	6,73
550	10,0	92	4,0	228,49	1,21	11,70	0,31	2,93	35	7,80
600	10,5	94	4,0	256,69	1,33	13,30	0,34	3,33	35	8,87
650	10,5	95	4,0	294,64	1,42	14,40	0,36	3,60	35	9,60
700	11,0	96	4,0	335,66	1,63	15,50	0,41	3,90	35	10,33
750	11,0	97	4,0	378,58	1,85	17,40	0,47	4,35	35	11,60
800	12,0	98	4,0	425,01	2,08	20,20	0,52	5,04	35	13,47
900	12,5	101	4,0	512,80	2,60	26,02	0,65	6,51	40	16,57
1000	13,0	104	4,0	608,76	3,20	31,99	0,80	8,00	40	19,47
1100	13,0	106	4,0	727,75	4,10	41,00	1,03	10,25	45	22,67
1200	13,0	108	4,0	856,78	4,55	45,50	1,14	11,38	45	26,00

Die aus der Länge des Rohrnetzes gewonnenen Gewichtsmengen für Strick und Blei werden mit Rücksicht auf Form= und Paßstücke um 4% zu vermehren sein.

Die neuerdings eingeführte Verwendung von Bleiwolle hat unzweifelhaft große technische Vorzüge ohne teurer als die alte Dichtungsart zu sein. 1000 kg Bleiwolle, bezogen von Aug. Bühne & Co., kosten etwa M. 60 (1912) frei Bahnhof Freiburg (Baden), was einem Blockbleipreise von M. 40 entspricht.

Tabelle 2.
Gußeiserne Normal = Flanschrohre.

D	Bau- länge	1 m mit Flanschen- anteil	Schrauben					Dichtungsring	
			Stück	d	lang	Muttern aus		Gummi m. Hanf	Blei
						Messing	Eisen		
mm	m	kg	m	mm	mm	M.	M.	M.	M.
40	2	10,64	4	13,0	70	0,80	0,32	0,30	0,25
50	2	12,98	4	16,0	75	1,20	0,40	0,40	0,30
60	2	16,22	4	16,0	75	1,20	0,40	0,50	0,40
70	3	17,34	4	16,0	75	1,20	0,40	0,55	0,40
80	3	20,80	4	16,0	75	1,20	0,40	0,60	0,45
90	3	23,20	4	16,0	75	1,20	0,40	0,70	0,50
100	3	25,65	4	19,0	85	2,00	0,60	0,80	0,60
125	3	33,27	4	19,0	85	2,00	0,60	1,00	0,75
150	3	41,57	6	19,0	85	3,00	0,90	1,20	0,90
175	3	50,33	6	19,0	85	3,00	0,90	1,40	1,10
200	3—4	60,00	6	19,0	85	3,00	0,90	1,60	1,25
225	3—4	69,30	6	19,0	85	3,00	0,90	1,80	1,40
250	3—4	80,26	8	19,0	100	4,16	1,32	2,00	1,60
275	3—4	91,46	8	19,0	100	4,16	1,32	2,20	1,80
300	3—4	102,89	8	19,0	100	4,16	1,32	2,40	2,10
325	4	117,07	10	22,5	105	7,00	2,30	2,60	2,70
350	4	130,26	10	22,5	105	7,00	2,30	2,80	3,20
375	4	140,23	10	22,5	105	7,00	2,30	3,00	3,25
400	4	153,85	10	22,5	105	7,00	2,30	3,20	3,40
425	4	163,58	12	22,5	105	8,40	2,76	3,40	3,60
450	4	178,80	12	22,5	105	8,40	2,76	3,60	3,80
475	4	194,78	12	22,5	105	8,40	2,76	3,80	4,00
500	4	211,17	12	22,5	105	8,40	2,76	4,00	4,20
550	4	242,42	14	26,0	120	14,00	4,62	4,40	4,50
600	4	270,51	16	26,0	120	16,00	5,28	5,80	5,00
650	4	307,28	18	26,0	120	18,00	5,94	5,20	5,60
700	4	348,82	18	26,0	120	18,00	5,94	5,60	6,50
750	4	390,63	20	26,0	120	20,00	6,60	6,20	7,30

Die zu den graden Rohren gehörigen normalen Formstücke haben folgende Gestalt und Bezeichnung:

A=Stücke sind Muffenrohre mit Flanschabzweig ($\sphericalangle = 90°$).

B=Stücke sind Muffenrohre mit Muffenabzweig ($\sphericalangle = 90°$).

C=Stücke sind Muffenrohre mit schrägem Muffenabzweig ($\sphericalangle = 45°$).

E=Stücke sind kurze Rohrstücke, die an dem einen Ende eine Muffe, am anderen Ende einen Flansch haben.

F=Stücke sind kurze Rohrstücke, an deren einem Ende sich ein Flansch befindet.

J=Krümmer haben an einem kurzen graden Rohr eine kurze Krümmung mit Muffe; $\sphericalangle = 22,5°$, 30°, 45°, 60°, 90°.

K=Krümmer sind längere schlanke Bogenstücke, deren Radius $r = 10 \cdot d$ ist; $\sphericalangle = 11,25°$, 22,5°, 30°, 45°.

L=Krümmer sind kürzere Bogenstücke, deren $r = 5 \cdot d$ ist; $\sphericalangle = 11,25°$, 22,5°, 30°, 45°.

R-Stücke sind grade kegelförmige Rohrstücke, die am engen Ende eine Muffe haben. U-Stücke sind kurze Rohrstücke mit Muffe an jedem Ende.

Die Baulänge L in m ist folgenden Angaben zu entnehmen, worin D und d die Weiten des Hauptrohrs und des Abzweiges in Millimetern bedeuten.

Tabelle 3. A- und B-Stücke.   Tabelle 4. C-Stücke.

D	d	L	D	d	L
70 bis 100	40 bis 100	0,80	70 bis 100	40 bis 100	0,80
125 „ 325	40 „ 325	1,00	125 „ 275	40 „ 275	1,00
350 „ 500	40 „ 300	1,00	300 „ 425	40 „ 250	1,00
	325 „ 500	1,25		275 „ 425	1,25
550 „ 750	40 „ 250	1,00	450 „ 600	40 „ 250	1,00
	275 „ 500	1,25		275 „ 425	1,25
	550 „ 750	1,50		450 „ 600	1,50
800 „ 1000	40 „ 300	1,25	650 „ 750	40 „ 250	1,00
	325 „ 700	1,50		275 „ 425	1,25
	750 „ 800	1,75		450 „ 600	1,50
	900 „ 1000	2,00		650 „ 750	1,75
1100 „ 1200	40 „ 300	1,50	800 „ 1000	40 „ 250	1,25
	325 „ 750	1,75		275 „ 425	1,50
	800 „ 1000	2,00		450 „ 600	1,75
	1000 „ 1200	2,25		650 „ 800	2,00
				900 „ 1000	2,25
			1100 „ 1200	40 „ 250	1,50
				275 „ 425	1,75
				450 „ 600	2,00
				650 „ 900	2,25
				1000 „ 1200	2,50

Tabelle 5.

Krümmer.

Bei 30° Zentriwinkel					
J-Stücke		K-Stücke		L-Stücke	
D	L	D	L	D	L
60 bis 125	0,39 bis 0,47	80 bis 90	0,50 bis 0,56	175 bis 225	0,56 bis 0,69
150 „ 200	0,51 „ 0,58	100 „ 150	0,61 „ 0,88	250 „ 325	0,76 „ 0,96
225 „ 325	0,62 „ 0,77	175 „ 225	1,01 „ 1,28	350 „ 400	1,02 „ 1,16
350 „ 400	0,81 „ 0,89	250 „ 275	1,41 „ 1,54	425 „ 475	1,22 „ 1,36
425 „ 600	0,90 „ 0,99	300 „ 350[1]	1,28 „ 1,48	500 „ 550	1,42 „ 1,56
650 „ 700	1,02 „ 1,05	375 „ 400	1,58 „ 1,68	600 — —	1,69 — —
—	—	425 „ 500[2]	0,94 „ 1,10	—	—
—	—	550 „ 600	1,20 „ 1,30	—	—
—	—	650 „ 700	1,40 „ 1,50	—	—

R-Stücke haben bis D = 100 mm eine Baulänge L = 0,50 m, danach von 1 m. U-Stücke haben die vierfache Länge der Muffentiefe.

[1] Von hier ab 22,5°.

[2] Von hier ab 11,25°.

Tabelle 6.
Muffenabzweigstücke.

D	A-Stück			B-Stück			C-Stück		
	d des Abzweigs	L	Gewicht	d des Abzweigs	L	Gewicht	d des Abzweigs	L	Gewicht
mm	mm	m	kg	mm	m	kg	mm	m	kg
60	50	0,80	19	50	0,80	19	50	0,80	20
70	60	"	24	60	"	24	60	"	25
80	80	"	30	80	"	30	70	"	30
90	80	"	32	90	"	34	80	"	34
100	100	"	36	100	"	36	90	"	37
125	100	1,00	51	100	1,00	51	100	1,00	53
150	125	"	64	100	"	62	100	"	64
175	125	"	76	125	"	76	125	"	78
200	150	"	91	150	"	90	150	"	94
225	175	"	106	150	"	104	150	"	109
250	200	"	120	175	"	122	175	"	126
275	200	"	132	175	"	137	175	"	142
300	250	"	159	200	"	160	200	"	163
325	250	"	176	250	"	180	200	"	180
350	250	"	193	250	"	202	250	"	209
375	275	"	208	250	"	211	250	"	222
400	300	"	233•	300	"	243	300	1,25	300
425	300	"	244	300	"	256	300	"	320
450	300	"	269	300	"	276	300	"	350
475	300	"	290	300	"	298	300	"	370
500	300	"	314	300	"	320	300	"	395
550	300	1,25	412	300	1,25	420	300	"	440
600	400	"	483	400	"	498	400	"	490
650	400	"	551	400	"	560	400	"	620
700	500	"	665	500	"	658	450	1,50	805
800	500	1,50	941	500	1,50	950	450	1,75	1100
900	500	"	1125	750	1,75	1350	650	2,00	1580
1000	800	1,75	1565	800	"	1595	800	"	1975
1100	800	2,00	2226	800	2,00	2226	800	2,25	2520
1200	800	"	2478	800	"	2533	800	"	2890

Diese Tabelle gibt nur einen Anhalt für überschlägliche Kostenermittelungen. Die Gewichte jeder einzelnen Variation zwischen den Weiten des Hauptrohrs, des Abzweiges und der Baulänge muß den umfangreichen Tabellen entnommen werden (siehe auch Tabelle 4), die sich in den Musterbüchern der Eisenhüttenwerke befinden, z. B. denen von Keula bei Muskau und der Halberger-Hütte zu Brebach an der Saar. Zu beachten ist dann bei sehr genauen Kostenanschlägen, daß die Rohrgewichte der verschiedenen Hütten nicht befriedigend übereinstimmen und daß die Baulängen der Formstücke zum Teil erheblich von einander abweichen.

Tabelle 7.
Gewichte von Muffenformstücken.

D	Abzweiggewicht allein bei D-Weite an Stück			L = 0,3 m	L = 0,6 m	für 30° Zentriwinkel			Zur nächst niedrigen Weite D	U
	A	B	C	E	F	J	K	L	R	U
60	5	5	6	11	11	10	10	—	—	10
70	5	6	7	12	13	12	12	—	16	11
80	6	7	8	15	15	14	15	—	19	12
90	7	7	10	16	17	16	18	—	21	14
100	8	8	11	18	19	18	20	14	24	16
125	10	10	14	24	25	25	31	20	38[4])	19
150	13	13	18	29	30	33	45	29	47	25
175	15	16	22	35	37	42	61	38	59	33
200	18	20	26	42	43	52	80	49	71	39
225	20	23	32	47	49	64	104	62	84	45
250	22	27	39	55	57	77	132	77	97	53
275	27	31	45	68	70	92	162	94	112	61
300	29	36	53	76	79	109	198	114	128	70
325	35	40	60	87	90	126	236	138	144	80
350	39	45	69	97	100	145	282	160	162	88
375	44	48	76	105	109	161	320	182	176	95
400	54	59	99	116	118	185	375	210	193	108
425	56	63	107	124	128	198	187[2])	234	208	120
450	61	68	119	135	138	219	219	268	225	132
475	67	75	132	147	151	240	242	305	244	140
500	73	83	147	160	205[1])	266	275	346	266	155
550	90	97	173	188	236	308	336	424	297	176
600	99	109	195	210	263	355	405	515	335	200
650	111	128	244	237	300	416	498	633	382	238
700	127	150	288	273	340	486	604	605[3])	437	275
750	141	171	337	304	380	559	722	721	499	313
800	177	205	396	350	420	642	858	859	560	364
900	211	256	512	420	500	809	—	1146	650	452
1000	245	315	650	510	590	1010	—	1490	780	570
1100	—	—	—	600	710	1245	—	1937	915	690
1200	—	—	—	720	825	1517	—	2461	1090	825

Die Abzweiggewichte der A-, B- und C-Stücke gibt die Halberger Hütte an.

Tabelle 8.
Gewichte von Flanschformstücken.

D	∢ 90° Krümmer	T-Stück	Kreuzstück	Blindflansch	D	∢ 90° Krümmer	T-Stück	Kreuzstück	Blindflansch
60	11	16	21	4	100	20	32	39	8
70	13	19	25	5	125	26	42	53	10
80	15	23	29	6	150	35	56	70	13
90	18	27	33	7	175	42	69	85	16

[1]) Von hier ab L = 0,8 m.   [2]) Von hier ab Zentriwinkel 11,25°.
[3]) Von hier ab Zentriwinkel 22,5°.   [4]) Von hier ab L = 1 m, vorher L = 0,5 m.

D	∢ 90° Krümmer	T-Stück	Kreuz- stück	Blind- flansch	D	∢ 90° Krümmer	T-Stück	Kreuz- stück	Blind- flansch
200	55	85	105	19	500	290	455	570	91
225	63	100	122	21	550	360	565	710	107
250	78	120	148	25	600	420	660	825	134
275	92	145	175	30	650	510	785	980	153
300	105	165	205	36	700	590	930	1160	172
325	128	200	250	41	750	690	1090	1350	193
350	145	230	290	46	800	825	1305	1623	242
375	165	265	330	53	900	1065	1680	2085	295
400	190	295	370	58	1000	1350	2130	2630	345
425	211	338	415	61	1100	1725	2725	3350	445
450	230	365	465	63	1200	2170	3400	4190	525
475	255	405	540	80					

Die Baulänge dieser drei Formstücke beträgt in Millimetern $L = D + 100$. Die Abzweiglänge der T- und Kreuzstücke beträgt $0{,}5 \cdot d + 100$, oder, gemessen von der Achse des Hauptrohrs $0{,}5 \cdot (D + d) + 100$.

Gußrohrpreise.

Der Grundpreis für 100 kg Muffenrohr ab Werk kann mit 13—15 M. angenommen werden. Flanschrohre müssen bearbeitet werden, weswegen ihr Preis ab Werk auf etwa 15—17 M. steigt.

Tabelle 9.
Preise für 1 m Gußrohr ab Werk.

D	Muffenrohr M.	Flanschrohr M.	D	Muffenrohr M.	Flanschrohr M.
60	2,18 bis 2,48	2,43 bis 2,75	300	12,87 bis 14,85	15,45 bis 17,50
70	2,31 „ 2,64	2,60 „ 2,94	325	14,43 „ 16,65	17,55 „ 19,89
80	2,80 „ 3,20	3,12 „ 3,54	350	16,12 „ 18,60	19,50 „ 22,10
90	3,08 „ 3,52	3,48 „ 3,94	375	17,29 „ 19,95	21,00 „ 23,80
100	3,24 „ 3,72	3,85 „ 4,36	400	19,11 „ 22,05	23,10 „ 26,18
125	4,32 „ 4,96	5,00 „ 5,66	425	20,15 „ 23,25	24,60 „ 27,88
150	5,40 „ 6,20	6,23 „ 7,07	450	22,10 „ 25,50	26,85 „ 30,43
175	6,48 „ 7,44	7,54 „ 8,55	475	24,05 „ 27,75	29,25 „ 33,15
200	7,54 „ 8,70	9,00 „ 10,20	500	26,26 „ 30,30	31,65 „ 35,87
225	8,84 „ 10,20	10,40 „ 11,78	550	29,64 „ 34,20	36,30 „ 41,14
250	9,88 „ 11,40	12,04 „ 13,65	600	33,41 „ 38,55	40,55 „ 46,50
275	11,31 „ 13,05	13,72 „ 15,55	700	43,68 „ 50,40	52,85 „ 59,33

Bei der Preisannahme ist zu beachten, daß die engen Rohre bis etwa zu 150 mm Weite einen etwa um 2 M. höheren Grundpreis haben, als die weiten Rohre, für die fast die angegebenen Mindestpreise angesetzt werden können.

Unbearbeitete (Flansch=)Formstücke kosten ab Werk 21 M., für enge Rohre bis etwa zu 125 mm Weite können 2 M. mehr angenommen werden.

Bearbeitete Flansch=Formstücke kosten 27—24 M., letzter Preis etwa von 250 mm Rohrweite an.

Formstücke über 750 mm Rohrweite gelten nicht mehr als normal, für sie muß ein Preis von 36—33 M. gezahlt werden.

Paßstücke, die namentlich in den Rohrleitungen von Maschinenhäusern vorkommen, werden bis zu 1 m Länge als normale Formstücke bezahlt; sie kosten bei 1—1,50 m Länge 9 M. mehr als Normalstücke, also 36—33 M., doch ermäßigt sich dieser Preis mit wachsen= der Länge so, daß er bei Paßstücken zwischen 2,5 m und der Normallänge nur noch 30—27 M. beträgt.

2. Gußeiserne Abflußrohre.

Die früher üblich gewesenen leichten, sogenannten schottischen Rohre von 3—4,5 mm Wandstärke und Weiten nach englischem Maß werden seit einer Ministerialverfügung vom 20. November 1905 zu Hausentwässerungen nicht mehr verwendet. Folgende Tabellen beziehen sich daher auf „Deutsche Normal=Abflußrohre", die, bis auf die 50er und 70er Rohre mit 5 mm Wandstärke, 6 mm stark sind.

Tabelle 10.

Gewichte der Abflußrohre.

D	Baulängen grader Rohre							Bogen		Etag.=bogen	Ab=zweige	Reinig.=rohre
	0,25	0,50	0,75	1,0	1,25	1,5	2,0	90°	135°			
50	2,6	4,0	5,6	7,0	8,6	10,0	13,0	2,3	2,3	3,3	4,0	4,3
70	3,6	5,6	7,6	9,6	11,6	14,0	18,0	3,6	3,3	4,6	5,0	6,0
100	5,6	9,3	12,6	16,3	19,6	23,0	30,0	6,6	5,3	7,6	10,3	10,3
125	7,3	11,6	16,0	20,3	24,6	29,0	37,5	9,0	7,3	10,0	12,3	15,6
150	8,6	14,0	19,0	24,0	29,3	34,3	44,5	11,6	9,3	12,0	14,6	19,0
200	12,0	19,0	25,6	32,3	39,3	46,0	60,0	18,6	14,3	—	24,0	27,3

Angefertigt werden auch noch Bogen von 100° und 110°. Die Etagenbogen (Sprung= rohre) setzen nur 130 mm ab, doch werden auch solche von 65 und 200 mm Ausladung angefertigt. Die Abzweige der Tabelle haben die dem Hauptrohr vorhergehende Weite, nur bei 100er, 125er und 150er Rohre sind 100er Abzweige vorgesehen. Im übrigen sind im Handel alle Variationen der Weiten zwischen Hauptrohr und Abzweig zu haben.

Die Baulängen der Abzweige schwanken zwischen 270 mm (bei 70/70 Abzweig) und 350 mm (bei 150/100 Abzweigstück).

Über Kegelrohre und Tonrohranschlüsse noch folgende Angaben.

Kegelrohre: 100/70 4 kg; 125/100 6 kg; 150/125 7,3 kg; 200/150 10 kg. Bau= längen zwischen 0,20 und 0,25 m.

Anschlußmuffen für Steinzeugrohr: 100 mm 6 kg; 125 mm 9 kg; 150 mm 12 kg; 200 mm 17 kg. Baulängen zwischen 0,23 und 0,30 m.

Die Preise betragen für 100 kg grade Rohre 26 M., für Formstücke 29,50 M., worauf bei großer Bestellung (durch Unternehmer) 20% Nachlaß gewährt wird.

3. Schmiedeeisen= oder Stahlrohre.

a) Nahtlose Rohre (Mannesmannrohre).

Nahtlos gewalzte (also nicht geschweißte) Stahlrohre bis zu 250 mm Weite wurden zuerst von den Mannesmannwerken hergestellt, z. Z. aber auch von Thyßen & Co. Die Rohre haben angestauchte verstärkte Muffen; sie werden in heiße Asphaltmasse getaucht und mit Jutestreifen umwickelt, die in gleicher Masse getränkt sind. Die Rohrpreise ab Werk zeigt folgende Tabelle[1]).

Tabelle 11.

D	1 m kg	M.	D	1 m kg	M.	D	1 m kg	M.	D	1 m kg	M.
50	4,9	1,90	80	8,6	3,10	125	14,0	4,60	200	32,0	9,30
60	5,5	2,40	90	10,5	3,30	150	19,0	5,60	225	40,0	11,00
70	6,5	2,50	100	11,6	3,50	175	25,5	7,40	250	53,0	12,60

Rohre mit sogenannter Schalter Muffe kosten 10% mehr.

Im allgemeinen aber entsprechen die Preise bis 200 mm Rohrweite denen von Gußrohren.

Für das 5000 m lange Druckrohr einer Weichselstadt wurden verlangt bei D = 200 mm 9,86 M. und bei D = 250 mm 15,05 M. frei Bahnhof (1910).

Die auf 75 Atm. geprüften Rohre werden in Längen von 8—12 m geliefert. Rohre nach Maß kosten 5% mehr.

Die auf 75 Atm. geprüften Formstücke entsprechen in bezug auf Bezeichnung und Baulänge mit Ausnahme der Bogenstücke denen von Gußrohr. Die Abzweige der A= und B=Stücke werden so hergestellt, daß aus dem Hauptrohr ein Stutzen ausgezogen wird, an den der Abzweig hart angelötet wird. Bei C=Stücken ist der Abzweig an das Hauptrohr angenietet.

100 kg Formstücke kosten unbearbeitet 22 M., bearbeitet 26 M.

b) Schmiedeeiserne Muffenrohre.

Diese Rohre werden mittels Walzens aus Blechstreifen weißen zähen Flußeisens überlappt zusammengeschweißt (patentgeschweißt) in Weiten unter 250 mm wie auch über 250 bis zu 400 mm rund. Weitere Rohre werden mit durch Dampf oder Druckluft betriebenen Schnellhämmern und unter Erhitzung mit Wassergas geschweißt. Auch diese Rohre werden gegen Rost heiß asphaltiert und bejutet. Sie werden angefertigt von der Düsseldorfer Röhrenindustrie („Industrie"=Muffenrohre), Thyßen & Co., den Ferrumwerken in Kattowitz.

Sehr zu beachten ist, daß die Muffen bei dem Walzverfahren nicht vollkommen gleich ausfallen, sie erfordern gelegentlich die doppelte Menge des, bei Gußeisen üblichen Dichtungsbleis.

Schmiedeeiserne patentgeschweißte Rohre größerer Weite sind neuerdings u. a. von Berlin als Druckrohre, sogar nur innen und außen heiß asphaltiert, verwendet worden.

Die Preise der Rohre können wie bei dem Gußeisen mit 13—15 M. für 100 kg angenommen werden, sind aber ebenfalls größeren Schwankungen unterworfen. Die folgende Tabelle[1]) setzt bei Beanspruchung der Rohre bis zu 50 Atm. den 15 Marktpreis voraus, der für Voranschläge recht ausreichend sein dürfte.

[1]) Nach Thyßen & Co., Mülheim a. d. Ruhr, Herbst 1912.

Tabelle 12. Schmiedeeiserne Muffenrohre.

δ	\multicolumn{11}{Lichte Weite D in mm (δ = Wandstärke in mm)}										
	450	500	550	600	650	700	750	800	850	900	950
7	81 / 12,2	91 / 13,7	100 / 15,0	— / —	— / —	— / —	— / —	1 m Rohr wiegt kg			
								1 m „ kostet Mk.			
8	93 / 14,0	105 / 15,8	116 / 17,4	127 / 19,1	137 / 20,6	149 / 22,4	161 / 24,2	—	—	—	kg
											M.
9	105 / 15,8	118 / 17,7	130 / 19,5	143 / 21,5	155 / 23,3	168 / 25,2	180 / 27,0	194 / 29,1	206 / 30,9	221 / 33,2	kg
											M.
10	117 / 17,6	131 / 19,7	144 / 21,6	159 / 23,9	172 / 25,8	187 / 29,9	201 / 30,2	216 / 32,4	230 / 34,5	246 / 36,9	259 / 38,9
11	129 / 19,4	145 / 21,8	159 / 23,9	175 / 26,3	190 / 28,5	206 / 30,9	221 / 33,2	238 / 35,7	253 / 38,0	271 / 40,7	286 / 42,9
12	141 / 21,2	158 / 23,7	174 / 26,1	192 / 28,8	207 / 31,1	226 / 33,9	241 / 36,2	260 / 39,0	276 / 41,4	296 / 44,4	312 / 46,8
13	153 / 23,0	172 / 25,8	189 / 30,2	208 / 31,2	225 / 33,8	245 / 36,8	262 / 39,3	282 / 42,3	300 / 45,0	321 / 48,2	338 / 50,7
14	165 / 24,8	185 / 29,6	203 / 30,5	224 / 33,6	242 / 36,3	264 / 39,6	282 / 42,3	304 / 45,6	323 / 48,5	346 / 51,9	365 / 54,8
15	178 / 26,7	199 / 29,9	218 / 32,7	241 / 36,2	259 / 38,9	283 / 42,5	303 / 45,5	327 / 49,1	347 / 52,1	371 / 55,7	391 / 58,7
16	190 / 28,5	213 / 32,0	233 / 35,0	257 / 38,6	278 / 41,7	302 / 45,3	323 / 48,5	349 / 52,4	370 / 55,5	396 / 59,4	418 / 62,7
17	202 / 30,3	226 / 33,9	248 / 37,2	274 / 41,1	296 / 44,4	322 / 48,3	344 / 51,6	371 / 55,7	394 / 59,1	421 / 63,2	444 / 66,6

δ	Lichte Weite D in mm (δ = Wandstärke in mm)										
	1000	1050	1100	1150	1200	1250	1300	1350	1400	1450	1500
10	273 / 40,9	273 / 41,0	—	—	—	—	—	—	—	—	—
11	301 / 45,0	301 / 45,1	315 / 47,3	—	—	—	—	—	—	—	—
12	328 / 49,1	328 / 49,2	344 / 51,6	364 / 54,6	379 / 56,9	—	—	—	—	—	—
13	356 / 53,3	356 / 53,4	373 / 56,0	394 / 59,1	411 / 61,7	428 / 64,2	445 / 66,8	468 / 70,2	—	—	—
14	384 / 57,5	384 / 57,6	402 / 60,3	425 / 63,8	443 / 66,5	461 / 69,2	480 / 72,0	504 / 75,6	522 / 78,3	541 / 81,2	559 / 83,9
15	411 / 61,7	412 / 61,8	431 / 64,7	456 / 68,4	475 / 71,3	495 / 74,3	514 / 77,1	540 / 81,0	560 / 84,0	580 / 87,0	600 / 90,0
16	439 / 65,8	439 / 65,9	460 / 69,0	486 / 72,9	507 / 76,1	528 / 79,2	549 / 82,4	577 / 86,6	598 / 89,7	619 / 92,9	640 / 96,0
17	467 / 70,0	467 / 70,1	489 / 73,4	517 / 77,6	539 / 80,9	562 / 84,3	584 / 87,6	613 / 92,0	636 / 95,4	658 / 98,7	681 / 102,2

c) Bohrrohre.

Sie werden in Längen von 5 m geliefert und mittels Gewinde mit einander verbunden, wobei die Rohre außen entweder glatt bleiben oder eine Muffe zeigen. Die folgende Tabelle gibt die inneren Rohrweiten D in Millimetern an, die im Handel zu haben sind, sodann die Preise[1]) für a) schwarze, b) verzinkte Rohre auf 1 m.

Tabelle 13.
Schmiedeeiserne Bohrrohre.

D	76,50	82,50	88,50	94,50	100,50	106,50	113	119	125	131	143	156
1 m/kg	6,20	6,80	7,30	9,00	9,80	10,00	11,40	12,00	12,60	14,80	15,60	17,60
a)	3,05	3,29	3,50	4,13	4,54	4,83	5,65	6,07	6,62	7,51	8,61	10,09
b)	3,75	4,05	4,31	5,12	5,60	5,94	6,92	7,39	8,02	9,15	10,40	12,04

D	169	180	192	203	216	228	241	253	264	277	290	302
1 m/kg	19,10	25,00	26,60	33,20	35,30	37,20	39,30	44,50	49,60	52,10	54,60	60,50
a)	11,47	14,92	10,20	12,80	13,70	15,50	16,55	19,10	21,40	22,60	23,85	27,30
b)	13,57	17,66	13,50	16,10	17,25	19,20	20,50	23,55	26,35	27,80	29,30	33,00

Der Preissturz zwischen den 180 und 192 mm weiten Rohren erklärt sich daraus, daß für die Rohre bis 180 mm Weite Konventionspreise gezahlt werden müssen. Danach kann man u. a. anstatt der teuren 180er Rohre die billigeren 216er Rohre verwenden, oder anstatt schwarzer 180er Rohre verzinkte 192er.

d) Gasrohre[1]).
Tabelle 14.
Preise schwarzer (a) und verzinkter (b) Rohre.

D { engl. mm	1/4″ 6	3/8″ 10	1/2″ 13	5/8″ 16	3/4″ 19	7/8″ 22	1″ 25	1 1/4″ 32
1 m/kg	0,60	0,80	1,20	1,50	1,70	2,00	2,45	3,40
a) M.	0,35	0,38	0,44	0,55	0,58	0,87	0,81	1,13
b) M.	0,46	0,48	0,57	0,73	0,76	1,05	1,07	1,49

D { engl. mm	1 1/2″ 38	1 3/4″ 44	2″ 51	2 1/4″ 57	2 1/2″ 63	3″ 76	3 1/2″ 89	4″ 102
1 m/kg	4,20	5,00	6,00	7,00	8,00	10,00	12,00	14,50
a) M.	1,42	1,71	2,26	2,75	3,31	3,87	4,97	6,06
b) M.	1,86	2,24	2,63	3,64	4,37	5,11	6,56	8,01

Gasrohr = Verbindungsstücke. Es sind zwei Preise angegeben, in der oberen Zeile für schmiedeeiserne Stücke, in der unteren Zeile für solche aus schmiedbarem Guß. Auf diese Preise ist bei größerer Abnahme ein Nachlaß von 10% zu gewärtigen.

---

[1]) Frei Berliner Baustellen nach Krüger & Staert in Berlin.

Tabelle 15.
Gasrohr-Verbindungsstücke (Preise in Pfennigen).

D	6	10	13	16 u. 19	25	32	38	44	51	57	63	70	76	89	102
Grade Muffen	6	6	8	9	12	17	23	29	33	54	78	93	108	155	185
	13	14	19	25	33	45	60	90	90	170	170	270	270	370	465
Absatzmuffen	9	11	14	17	18	24	29	36	42	69	101	123	155	216	278
	14	16	22	29	39	55	70	105	105	185	185	300	300	400	500
< Kniee	23	24	26	32	42	57	75	93	117	192	278	354	431	677	861
Runde Kniee	24	29	32	40	47	65	80	108	138	207	308	401	524	770	984
	17	24	31	43	62	85	105	165	165	300	300	540	540	695	925
T-Stücke	23	26	29	36	44	62	77	98	131	200	293	384	507	738	923
	20	27	35	50	70	100	120	195	195	340	340	620	620	810	1060
+-Stücke	41	47	59	72	93	123	149	185	239	431	657	861	1230	1722	2051
	24	35	43	62	85	120	145	235	235	425	425	740	740	965	1270
Bogen	20	24	28	35	52	85	103	136	170	288	406	482	609	845	1099
Langgew.	28	31	39	49	70	99	129	156	187	285	360	440	470	607	690
Stöpsel	8	8	11	14	17	21	26	32	39	62	78	108	147	216	308
	8	10	13	20	28	38	50	70	70	150	150	210	210	280	400
Kappen	9	9	14	15	21	32	39	50	62	93	134	162	185	300	324
	10	12	16	24	31	45	60	90	90	155	155	310	310	385	465
Nippel	4	4	5	6	9	14	18	22	27	54	69	93	108	138	170
Kontremuttern	6	6	8	9	14	17	21	26	33	54	69	93	108	138	170
	9	11	12	17	20	28	38	57	57	100	100	170	170	230	300
Muff. m. I. u. r. Gew.	—	20	24	29	33	42	50	66	75	137	161	185	212	360	465
	—	—	—	—	—	—	—	—	—	—	—	—	—	—	—
Deckenkniee	—	—	—	—	—	—	—	—	—	—	—	—	—	—	—
	36	50	75	120	180	250	300	350	350	—	—	—	—	—	—

Auf diese Grundpreise kann ein Nachlaß erwartet werden bei schmiedeeisernen Stücken von etwa 10%, bei gußeisernen von 35%.

Innen und außen verzinkte Verbindungsstücke kosten 40% mehr.

4. Bleirohre.

In folgender Tabelle bedeutet δ Wandstärke, kg Gewicht von 1 m Rohr, L die Länge eines Ringes in Metern und At. der äußerste zulässige Druck in Atmosphären.

Tabelle 16.
Bleizuflußrohre.

D	δ	kg	L	At.	D	δ	kg	L	At.	D	δ	kg	L	At.
10	1,5	0,6	33	7	20	4,3	3,8	16	13	40	1,5	2,5	3,0	1
10	2,0	0,9	22	10	20	4,5	4,0	15	15	40	3,5	5,5	11,0	4
10	2,5	1,1	19	12	20	5,0	4,6	13	18	40	4,0	6,4	10,0	5
10	3,0	1,5	14	15	20	5,5	5,0	12	20	40	5,0	8,0	9,0	8
10	3,5	1,7	28	17	20	6,0	5,6	11	22	40	6,0	9,8	8,0	10
10	5,0	3,1	20	25	25	5,0	5,4	13	9	40	6,5	11,0	7,5	13
13	2,0	1,1	20	7	25	5,5	6,0	13	12	40	8,5	14,3	6,0	18
13	2,5	1,4	19	9	25	6,0	6,6	13	15	46	3,5	6,2	12,0	3
13	3,0	1,7	30	11	25	7,5	8,8	10	20	46	4,5	8,1	9,0	5
13	3,5	2,1	24	13	30	6,0	7,7	10	14	46	5,0	9,1	8,5	5
13	3,8	2,2	22	14	30	10,0	14,0	6	22	50	1,8	3,0	3,0	1
13	4,0	2,4	22	15	32	3,5	4,4	12	5	50	2,0	3,3	3,0	1
13	4,5	2,8	22	18	32	4,0	4,8	11	6	50	4,0	7,7	12,0	4
19	4,0	3,3	23	10	32	5,0	5,8	12	8	50	5,0	9,8	8,0	5
19	5,0	3,8	19	14	32	5,5	6,5	11	10	50	6,5	13,5	6,0	10
19	6,0	5,3	12	20	32	6,0	7,7	10	13	52	2,0	3,3	3,0	1
20	2,0	2,0	35	5	32	8,0	11,4	7	18	52	3,5	7,0	12,0	3
20	2,5	2,2	22	6	35	4,0	5,6	15	6	52	4,0	8,0	9,0	4
20	3,0	2,6	18	7	35	4,5	6,3	14	7	52	4,5	9,0	8,0	4
20	3,5	3,1	23	8	38	3,0	4,4	12	2	52	5,0	10,2	7,0	5
20	3,8	3,3	23	9	38	5,0	7,7	10	7	52	5,5	12,0	6,0	8
20	4,0	3,6	17	10	38	6,0	9,5	8	13	52	6,3	13,5	6,0	10

Tabelle 17.
Bleiabflußrohre in 3 m langen Stangen.

D	δ	1 m/kg	D	δ	1 m/kg
32	1,5	1,7	52	2,3	4,3
40	1,5	2,5	65	2,0	4,5
50	1,5	3,0	65	2,5	6,0
50	2,0	3,6	105	2,0	8,5
52	1,5	2,9	105	2,5	9,6
52	2,0	3,9	—	—	—

Der Grundpreis (Konventionalpreis) der Bleirohre betrug im Sommer 1912 43 M. Überpreise auf 100 kg waren zu zahlen für Rohre von 6 und 10 mm Weite 6 M., für Abflußrohre 2,50 M., für innere und äußere Verzinnung der Rohre 5 M.

5. Steinzeugrohre[1].

Der Verein deutscher Tonrohrfabrikanten hat Normal=Bruttopreise als Grundlage für die zu stellenden Verkaufspreise aufgestellt, auf die je nach der Lage des Marktes entweder ein Zuschlag gelegt oder ein Nachlaß gewährt wird.

---

[1] Bezugsquelle: Fr. Chr. Fikentscher, G. m. b. H., Zwickau i. Sa.

Die Stadt Berlin pflegt zu Auf= oder Abgeboten für grade, 1 m lange Rohre und Abzweige von 160 mm Weite und 0,60 m Länge unter Zugrundelegung folgender Preis=stellung aufzufordern.

Tabelle 18.
Berliner Preisverzeichnis für Steinzeugrohre.

D	Gr. R.	Abz.	D	Gr. R.	Abz.	D	Gr. R.	Abz.
700	36,00	48,00	450	13,50	18,00	330	7,50	10,00
650	30,00	40,00	420	12,00	16,00	300	· 6,60	8,80
600	25,50	34,00	400	10,80	14,40	270	6,00	8,00
550	21,00	28,00	390	10,80	14,40	250	5,10	6,80
500	16,50	22,00	360	8,70	11,60	240	4,80	6,40
480	15,00	20,00	350	8,40	11,20	160	3,00	4,00

Für 160 mm weite Bogenstücke von 90°, 60° und 30° setzt Berlin 3,00 M. an und für Verschlußdeckel zu den 160er Abzweigen 0,50 M.

Für jedes Meter vorzüglicher Steinzeugrohre (nicht schlecht glasierter Tonrohre aus magerem Ton) ist folgender Preis ab Werk zu zahlen[1]), während die Bahnfracht mit Berücksichtigung der Rohranzahl (Z) für 1 Waggon von 10 000 kg Ladegewicht und der Fahrlänge zu bestimmen ist.

Tabelle 19.
Grade Steinzeugrohre.

D	δ	1 m/kg	Z	M.	D	δ	1 m/kg	Z	M.
75	14	12,5	800	1,00	360	28	91	115	5,80
100	15	16,0	625	1,20	375	29	94	105	6,40
110	16	19,0	525	1,40	390	31	101	100	7,20
125	17	20,0	500	1,50	400	32	108	90	7,20
150	18	25,0	400	1,90	420	32	120	85	8,00
160	18	28,0	360	2,00	450	36	137	73	9,00
175	20	30,0	330	2,20	480	36	146	68	10,00
200	20	35,0	295	2,70	500	37	150	65	11,00
210	21	38,0	260	2,90	510	37	160	62	11,60
225	22	43,0	230	3,00	540	39	177	56	14,00
240	23	47,0	210	3,20	550	39	180	55	14,00
250	23	53,0	190	3,40	570	41	205	49	16,00
270	24	56,0	175	4,00	600	42	207	49	17,00
275	24	64,5	155	4,00	650	45	237	45	20,00
300	26	66,0	150	4,40	700	48	275	40	24,00
330	28	· 77,0	130	4,80	800	50	341	30	34,00
350	28	85,0	125	5,60	1000	52	420	25	70,00

Bis zu 150 mm Weite haben die Muffen 60 mm Tiefe, danach durchweg 70 mm Tiefe. Die Muffenfuge schwankt zwischen 18 mm (bei 100er Rohr) und 27 mm (bei 1000er Rohr) Breite.

Die Baulänge von 75 mm weiten und von 700—1000 mm weiten Rohren beträgt nur 0,75 m.

---

[1]) Nach Angabe der Deutschen Steinzeugwarenfabrik Friedrichsfeld in Baden.

Einfache ſchräge Abzweige (45°) und grade Abzweige (Spundrohre) von 150 oder 160 mm Abzweigweite koſten 33,3% mehr als 1 m Rohr der Hauptweite. Bogen von 22,5°, 30°, 45°, 60°, 90° und 150 oder 160 mm Weite koſten 1,50 M. bis 1,60 M. Bogenſtücke (für Reinwaſſerleitungen; für Schmutzwaſſerleitungen nicht verwendet)

bis zu 250 mm Weite haben den Preis von 1 m gr. Rohr,
" " 400 mm "   "   "   "   " 1,25 m "   "
" " 450 mm "   "   "   "   " 1,50 m "   "
" " 600 mm "   "   "   "   " 2,00 m "   "

Das Gewicht der Bogenſtücke iſt gleich dem halben Rohrgewicht zu ſchätzen. Regelrohre, 0,60 m lang, haben den Preis von 1 m Rohr der größeren Weite. Gelochte Rohre koſten

ganz gelocht . . . . 33,3% mehr als gr. Rohr
halb gelocht . . . . 25,0% "   "   "   "
drittel gelocht . . . . 20,0% "   "   "   "

Halbkreisförmige Rohre (Gerinne) koſten 75% vom ganzen Rohr. Eirohre und Ellipſenrohre, 0,75 m lang, haben folgende Gewichte und Preiſe:

300/200 mm   60 kg 5,0 M.   525/350 mm 130 kg 10,0 M.
375/250 mm   85 kg 6,0 "   600/400 mm 185 kg 13,5 "
450/300 mm 108 kg 7,5 "   750/500 mm 240 kg 20,0 "
Abzweige, 0,60 m lang, koſten 33,3% mehr.

Sohlſchalen folgender Abmeſſungen in Millimetern und Preiſe werden zur Belegung des Sohlgerinnes von Beton= oder Klinkerſielen verwendet.

Tabelle 20.

Sohlſchalen (Centriwinkel 120° u. 90°).

Eiſiel		Der Sohlſchale				Eiſiel		Der Sohlſchale			
	Rad.	Sehne	Füll=höhe	1 m/kg	M.		Rad.	Sehne	Füll=höhe	1 m/kg	M.
600/400	100	173	50	9,0	1,00	1350/900	225	390	113	38	4,15
"	"	141	29	6,0	0,75	"	"	318	65	28	3,15
750/500	125	217	63	12,0	1,35	1500/1000	250	433	125	39	5,30
"	"	177	36	8,0	1,00	"	"	354	73	31	4,00
900/600	150	260	75	16,0	2,00	1650/1100	275	476	138	52	6,65
"	"	212	44	13,0	1,50	"	"	389	80	40	5,00
1050/700	175	303	88	21,0	2,50	1800/1200	300	520	150	60	8,00
"	"	247	51	15,5	1,85	"	"	434	88	44	6,00
1200/800	200	346	100	25,0	3,15	—	—	—	—	—	—
"	"	283	59	17,0	2,40	—	—	—	—	—	—

Die Baulängen der Sohlſchalen betragen 0,50 m. Knauffſche Steinzeugplatten, 150 mm breit, 327 mm lang, 20 mm dick, zur Belegung der unteren Teile der Seitenwandungen von Betonſielen koſten 7 M./qm, die Platte ſonach rd. 0,35 M. bei 20 Platten auf 1 qm. Plattengewicht rd. 1,9 kg, ſo daß 5000 Platten eine Waggonladung ausmachen.

Zu den Preisen aller Steinzeugwaren, die sich aus dem Verkaufspreise ab Bahnhof und der Fracht ergeben, kommen noch folgende Verpackungszuschläge:

für 10 000 kg Rohre und Formstücke . . . . . . 5,00 M.

„ 10 000 kg Sohlschalen . . . . 10,00 „

„ 10 000 kg Knauffsche Platten . . . . 25,00 „

6. Drainrohre.

Die Preise ab Werk für 1000 Stück je 333 mm lange Drainrohre sowie für das ein= zelne Formstück gehen[1]) aus folgender Zusammenstellung hervor.

Tabelle 21.
Drainrohr und Formstücke.

Rohrweite D	40	50	65	75	100	130	160	180	210
Grade Rohre . . kg	825	1055	1650	1750	3100	4650	6200	9500	13000
1. Wahl . . . . M.	22	26	41	45	78	114	152	235	325
2. „ . . . . „	19	22	32	38	66	97	129	200	275
3. „ . . . . „	16	18	27	31	54	81	106	163	225
Lochrohre, Stück . Pf.	—	8	12	14	17	20	25	38	50
Hakenrohre „ . . „	7	8	10	13	19	25	—	—	—
Übergangsrohre, St. „	6	7	8	9	11	16	22	35	45
Schlußrohre, Stück „	4	5	7	9	12	—	—	—	—

Wenn nicht anders bestellt wird, werden Rohre 1. Wahl geliefert. Werden nur größere Rohre von 65 mm Weite an bestellt oder nur Verbindungsstücke, so erhöhen sich die Preise um 10%.

Bei Angeboten auf Lieferung von Drainrohren ist auf deren Länge zu achten, die oft kaum 300 mm beträgt.

7. Zementrohre.

Die ziemlich übereinstimmenden Abmessungen von Zementrohren verschiedener Fabriken, desgleichen auch die üblichen Preise ab Werk gehen aus folgender Tabelle hervor[2]). D = Rohrweite, δ = Wandstärke von Scheitel und Sohle.

Tabelle 22.

D mm	δ mm	Sohl- breite mm	10 000 kg ent- halten 1 m/kg Stück	Erdver- dräng. 1 m/cbm	M.[3])	D mm	δ mm	Sohl- breite mm	10 000 kg ent- halten 1 m/kg Stück	Erdver- dräng. 1 m/cbm	M.[3])
150	30	125	44	303	0,0382	1,0	450	55	325	215	47	0,2591	4,6
200	32	160	56	179	0,0576	1,6	500	60	350	265	38	0,3201	5,6
225	35	180	65	154	0,0702	1,9	550	65	400	325	31	0,3894	6,6
250	35	190	76	132	0,0846	2,2	600	65	410	365	28	0,4630	7,1
275	40	210	95	106	0,1037	2,7	700	70	460	445	23	0,5928	9,6
300	45	225	114	88	0,1240	2,9	800	80	540	587	17	0,7770	10,4
325	45	235	132	76	0,1446	3,2	900	90	580	660	19	0,9446	13,0
350	45	245	150	67	0,1663	3,4	1000	100	650	800	16	1,1592	15,0
375	50	270	167	60	0,1883	3,8	1200	120	730	1145	11	1,6654	25,0
400	50	300	185	54	0,2120	4,0						

[1]) Nach Angaben von H. Specht & Co. in Sorau, N.=L.

[2]) Nach Angaben der Steinwerke Biesenthal bei Berlin.

[3]) Die Preise nach dem Biesenthaler Werk und nach B. Liebold & Co. in Holzminden.

Die Wandstärke δ gilt auch für Sohle und Scheitel. Das 150er Rohr hat 0,75 m Baulänge, die 900er, 1000er und 1200er Rohre haben 0,80 m Baulänge, alle anderen Rohre sind 1 m lang.

Abzweigrohre kosten 2—3 M. mehr als grade Rohre.

Einige Firmen verstärken den Scheitel o und die Sohlmitte u gegenüber der seitlichen Wandstärke δ bei Rohren von 600 mm Weite und mehr etwa wie folgt[1]):

Tabelle 23.
Verstärkte Zementrohre.

D	δ	o/u	Sohl-breite	1 m/kg	D	δ	o/u	Sohl-breite	1 m/kg
600	63	75	450	371	900	85	120	600	795
700	68	90	500	483	1000	90	130	680	944
800	78	100	525	684	—	—	—	—	—

Die Verstärkung beginnt nach einem Zirkelschlag vom wagerechten Durchmesser aus schon am äußeren Kämpferpunkt der Rückenwölbung.

Tabelle 24.
Schacht- und Brunnenringe[2]). Maße in mm.

D	δ	1 m/kg	D	δ	1 m/kg
600	65	321	1000	88	699
800	72	497	{ 1500	65	780
900	78	604	{ mit Eiseneinlage		—

Tabelle 25.
Schachttrommeln und Schachtköpfe[2]). Maße in mm.

D	Schachttrommeln			D	Schachtköpfe		
	δ	1 m/kg	M.		Höhe	1 m/kg	M.
600	65	380	7,25	600/500	500	200	4,25
700	70	440	9,75	700/560	500	240	5,50
800	80	520	10,55	800/700	600	300	7,50
900	90	695	13,00	900/500	500	274	7,00
1000	100	780	15,25	900/560	600	360	8,50
1200	120	912	21,50	1000/500	500	330	8,20
Die Trommeln sind 1 m hoch.				1000/560	600	435	9,25
				1000/700	600	460	9,50

[1]) Nach Dyckerhoff & Widmann in Biebrich a. Rhein.
[2]) Nach den Steinwerken Biesenthal.

8. Betonsiele.

Für Siele in Eiform kann folgende Tabelle mit ihren Preisen ab Werk als maßgebend gelten. Maße in mm.

Tabelle 26.

Eisiele.

D	Wandstärken			Sohl-breite	Erdver-drängung 1 m/cbm	1 m kg	Auf 10000 kg kommen Stück	M.
	Sohle u	Widerlager w	Scheitel o					
300/200	45,0	45,0	45,0	150	0,093	98	100	2,4
375/250	47,5	47,5	47,5	170	0,134	130	80	3,2
450/300	56,0	50,0	56,0	180	0,175	154	65	3,7
525/350	60,0	55,0	60,0	200	0,241	214	47	4,5
600/400	65,0	60,0	65,0	220	0,331	315	32	6,7
750/500	70,0	65,0	70,0	270	0,506	374	27	8,5
900/600	75,0	75,0	75,0	320	0,706	493	20	10,5
1050/700	80,0	80,0	80,0	350	0,904	664	15	13,3
1200/800	90,0	90,0	90,0	410	1,179	795	13	16,7
1350/900	120,0	100,0	140,0	500	1,468	1006	13	20,9
1500/1000	140,0	100,0	160,0	590	1,803	1234	12	25,3

Die 1350er Siele haben nur 0,80 m Baulänge, die 1500er 0,70 m.
Andere Maßverhältnisse zeigt folgende Tabelle[1]):

Tabelle 27.

Eisiele.

D	Wandstärken			Sohl-breite	Erdver-drängung 1 m/cbm	1 m kg
	Sohle u	Widerlager w	Scheitel o			
300/200	45	38	45	150	0,0855	98
375/250	55	45	45	180	0,1301	138
450/300	50	45	53	210	0,1720	166
525/350	60	52	60	244	0,2337	219
600/400	70	60	70	280	0,3061	295
750/500	88	68	85	330	0,4620	403
900/600	105	83	115	390	0,6751	607
1000/600	105	83	115	390	0,7474	680
1050/700	120	88	125	430	0,8880	770
1050/700	120	95	140	450	0,9092	799[2])
1200/800	130	97	135	480	1,1405	947
1200/800	140	103	150	500	1,1739	1004[2])
1350/900	145	110	155	540	1,4475	1198
1500/1000	160	115	170	600	1,7569	1382
1500/1000	150	120	185	630	1,7769	1427[2])

Für Durchlässe und Regenwasserableiter wird der lichte Querschnitt oft nach
der umgekehrten Eilinie entwickelt, darüber folgende Tabelle[3]).

---

[1]) Nach Dyckerhoff & Widmann in Biebrich a. Rhein.
[2]) Diese Siele sind vierteilig; sie werden in Sohlstück, 2 Seitenwangen und dem Deckgewölbe geliefert.
[3]) Nach Windschild & Langelott in Coffebaude bei Dresden.

Tabelle 28. Gestürzte Eisiele (Haubensiele).

D	o w [1] u	Sohl= breite	Lichter Querschnitt qm	Erdver= drängung 1 m/cbm
900/600	95	790	0,414	0,734
1050/700	105	910	0,563	0,979
1200/800	130	1060	0,735	1,323
1350/900	145	1190	0,931	1,657
1500/1000	160	1320	1,149	2,048
1800/1200	190	1580	1,688	3,000
1950/1300	205	1710	1,925	3,488

Zum gleichen Zweck wie die gestürzten Eisiele, namentlich aber zur Ableitung von Regenwasser bei ungünstigen Gefällen, werden fischmaulförmige Querschnitte (schwach gekrümmte Sohle, halbkreisförmiges Deckgewölbe oder noch etwas größerer Kreisabschnitt) angefertigt, die mehr breit als hoch sind.

Tabelle 29. Maulkanal[2].

D	Wandstärken			Lichter Querschnitt qm	1 m kg	10000 kg= Ladung Stück	M.
	Sohle u	Widerlager w	Scheitel o				
200/300	50	40	40	0,048	100	100	2,5
250/400	65	50	50	0,082	178	56	3,7
400/500	65	55	55	0,165	243	42	4,7
450/600	75	70	70	0,218	325	30	6,0
600/700	80	75	75	0,360	417	24	8,3
800/1000	100	95	95	0,655	782	16	14,7
1000/1200	140	120	120	0,988	1210	10	21,0

Die beiden letzten Maulkanäle sind nur 0,80 m lang.

Tabelle 30. Zwillingssiele[3].

Unterer Querschnitt für Sielwasser			Oberer Querschnitt für Regenwasser		Verdrängte Erdmasse auf 1 m cbm	1 m kg	M.
hoch	breit	qm	D	qm			
200	225	0,033	300	0,071	0,213	245	7,0
200	275	0,039	400	0,126	0,338	382	10,0
200	320	0,045	500	0,196	0,474	510	13,0
240	390	0,065	600	0,283	0,697	751	19,0
277	450	0,090	700	0,385	0,925	970	23,0
325	520	0,124	800	0,503	1,158	1150	27,0
370	600	0,163	900	0,636	1,446	1406	33,0

Die Baulänge dieser Stücke beträgt 1 m.

Alle vorgeführten Zementrohre und Betonsiele sind im Handel zu haben. Wo keine Preise angegeben sind, kann man einen vorläufigen Preis ab Werk dadurch ermitteln, daß man das Rohrgewicht multipliziert: bei kleineren Abmessungen (bis 250 mm) mit 3 Pf., bei mittleren mit 2,6 Pf. und bei größeren (600 mm) mit 2,2 Pf.

---

[1] Bezeichnung f. Tab. 26 u. 27. [2] Nach Liebold & Co. in Holzminden. [3] Nach Windschild & Langelott in Dresden-A.

C. Hilfsmittel zur Projektierung und Bauausführung.

I. Für die örtlichen Vorarbeiten.

a) Meßgeräte und Meßapparate.

1. Stahlmeßband, 20 m lang, 0,1 m Teilung durch Nieten, mit einfach und doppelt drehbarem Endring auf Eisenring . . . . 20,00 M.
2. desgl., Teilung durch Löcher, mit Flickvorrichtung . . . . 20,00 „
3. desgl. wie 1., bei 10 m auseinanderzulegen . . . . 23,00 „
4. desgl. wie 1., 10 m lang . . . . 14,50 „
5. 2 eichene Richtstäbe zu 20—28 mm breiten Bändern . . . . 4,00 „
6. 2 fichtene Richtstäbe, ebenso . . . . 3,00 „
7. 1 Satz (10 Stück) Markierstäbe mit 1 Tragring . . . . 1,25 „
8. 1 Tragring extra . . . . 0,30 „
9. 1 Satz Zähler mit numerierter Platte (Reiß), 10 Stück mit 2 Tragringen   4,00 „
10. 1 Dosenlibelle zum Aufschrauben auf die Richtstäbe, 3 cm Durchmesser   4,00 „
11. 1 Meßrad nach Wittmann mit Zählwerk:
12.   1 m Umfang . . . . 90,00 M. u. 100,00 „
13.   desgl., 2 m Umfang . . . . 115,00 „
14. 1 Rollstahlmeßband in Kapsel aus Leder, Teilung in Zentimeter, erstes Dezimeter in Millimeter, dunkelblau auf hellem Grund:
       10 m lang mit flacheinliegender Kurbel . . . . 9,75 „
15.   15 m „   „   „   „   . . . . 12,75 „
16.   20 m „   „   „   „   . . . . 14,75 „
17.   30 m „   „   „   „   . . . . 21,75 „
18. 1 Rollbandmaß aus Zwirnband mit eingewebten, seidenumsponnenen Phosphorbronzedrähten, 16 mm breit, und Kurbel:

5 m	10 m	15 m	20 m	30 m
4,50 M.	6,00 M.	7,50 M.	9,00 M.	12,00 M.

19. Fluchtstäbe aus Kiefernholz, mit harter, schmiedeeiserner Spitze, in 50 cm Länge schwarz bzw. weiß, oder rot bzw. weiß gestrichen:
       2 m lang, rund, 28 mm Durchmesser, Stück . . . . 2,00 „
       2½ m, 3 m, 4 m und 5 m, rund, 33 mm Durchmesser, für jede 50 cm Mehrlänge mehr . . . . 0,50 „
20. Außerdem noch mit Sicherheitsspitzen, Fluchtstäbe aus nahtlos gezogenem Stahlrohr, 20 mm Durchm.; in 2, 2,5, 3 m Länge, je 1 m rd. 450 g:

2 m	2,5 m	3 m lang.
3,00 M.	3,50 M.	4,00 M.

21. Reisefluchtstäbe. 1 Garnitur von 6 Stück, als Sektoren eines Kreiszylinders oder eines Sechseckzylinders:

	1½ m	2 m	2½ m	3 m lang.
a) Kreiszylinder . . .	12,00 M.	15,50 M.	18,50 M.	21,50 M.
b) Sechseck. Zylinder . .	12,00 M.	15,00 M.	18,00 M.	21,00 M.

22. a) Signalfahnen, rotweiß, schwarzweiß, 30 × 30 cm, Stück . . . . . 0,40 M.
    b) desgl.   75 × 75 cm, Stück . . . . . 1,00 „

23. Meßlatten aus Kiefernholz, nach Metern weiß bzw. schwarz, oder weiß
bzw. rot gestrichen und nach Dezimetern genagelt, oval oder flach,

1 Paar	2 m	3 m	4 m	5 m lang.
	6,00 M.	8,00 M.	10,00 M.	12,00 M.
geeicht	8,00 „	10,00 „	12,00 „	14,00 „

24. 1 geeichter Meßstab, Ahorn poliert, durchweg in Zentimeter geteilt,
Enden mit Messingbeschlag:

2 m	3 m	4 m	5 m lang.
6,00 M.	8,50 M.	10,00 M.	12,00 M.

25. a) Winkelspiegel für 90°, nach Größe. . . . . 2,50 bis 8,50 M.
b)   „   „   90° u. 45° . . . . 10,00 „
c)   „   „   90° u. 180°, nach Größe . . . . . . 8,00 bis 12,00 „
26. Winkelprisma, nach Größe . . . . 10,00 bis 14,00 „
27. Prismenkreuz für 90° u. 180°. . . . . 20,00 „
28. Gliedermaßstäbe (Schmiegen), beiderseits Meterteilung oder Meter
bzw. rheinl. Fußteilung . . . . 0,35 bis 2,50 „
2 m lang . . . . 1,25 „ 3,50 „
29. a) Nivellierlatten aus einem Stück; Teilungen meterweise schwarz und
rot, Zahlen schwarz; ⌐ und ⊢ :

3 m	4 m	5 m
13,00 M.	18,00 M.	23,00 M.
15,00 „	20,00 „	25,00 „

b) Reversionslatte:

3 m	4 m	5 m
32,00 M.	40,00 M.	48,00 M.

30. a) Nivellierband zum Aufrollen in 3, 4, 5 m Länge, rot und schwarz,
aus präpariertem Zeug, das Meter . . . . 3,00 M.
b) desgl., aus präpariertem Papier, das Meter . . . . 1,80 „
c) desgl., aus nicht präpariertem Papier, das Meter. . . . . . . 0,85 „
31. Nivellierschirm zum Feststellen . . . . 30,00 „
32. Senklote von Messing und Eisen. . . . . 0,50 bis 3,40 „
33. Wasserwage von Eichenholz, poliert, mit durchgehender Messingplatte:

15 cm	20 cm	25 cm	30 cm lang.
1,00 M.	1,20 M.	1,25 M.	1,50 M.

34. Erd= (Spiral)= Bohrer zum Bohren von Löchern für Pfähle, Gerüste,
Leitungsstangen, in besonders kräftiger Ausführung, Gesamtlänge
1100 bis 1600 mm.

Tellerdurchmesser rd.	80	100	130	160	180	200	230	250	280	300 mm
das Stück	7,00	9,00	11,00	12,50	15,50	17,00	18,00	22,00	24,50	28,75 M.

Mit abschraubbarem Öhr, Muffe und Gewinde, zum Verlängern eingerichtet,
je Stück mehr 1,50 M.

Verlängerungsstangen aus Stahlrohr dazu für Bohrer von

80—100	130—180	200—250	280—300 mm
je Meter 5,50	6,75	8,50	10,50 M.

35. Löffelbohrer für Bonitierungsarbeiten, in Zentimeter geteilt, 1 m lang   6,75 M.

36. a) Peilstangen aus Holz mit Eisenschuhen, Dezimeterteilung:

	3 m	4 m	5 m	6 m lang.
	8,00 M.	10,00 M.	12,00 M.	16,00 M.

b) desgl. aus dünnwandigem Eisenrohr, aus 2 bzw. 3 Stücken zusammengeschraubt i. Ü. wie vor:

	3 m	4 m	5 m	6 m lang.
	9,00 M.	12,00 M.	14,00 M.	18,00 M.

37. Schwimmfähige Metall-Peilstange, System Köhler, D. R. P. 134 838; von 3—7 m Länge; je 1 m . . . . 6,50 M.

38. Peilleinen aus verzinktem Gußstahldraht, mit eingeflochtenen Knoten aus Messingdraht, bzw. Kupferdraht mit eingepreßten Zahlen:

25 m lang, 3 mm Durchmesser . . . . 35,00 „

50 „   „ 4 „   „   . . . . 75,00 „

100 „   „ 5 „   „   . . . . 120,00 „

200 „   „ 5 „   „   . . . . 300,00 „

Längere Peilleinen je 1 m . . . . 1,50 „

39. Handlotleinen aus Hanf:

Stärke	5	8	8	9 mm,
Länge	120	90	144	216 m
	66,6	50	80	120 Faden,
Preis	12,00	19,50	40,00	72,00 M.

40. Pegellatten, lotrechte, aus emailliertem Gußeisen, je 1 m 9 kg bis 23 kg für . . . . 10,00 bis 22,00 M.

41. a) Kanalwage von Weißblech, aus 3 Teilen, zum Zusammenschrauben, mit Messing-Nußgelenk, rund 120 cm lang . . . . 18,50 „

b) Dreifußstativ dazu . . . . 8,00 „

c) Kanalwage aus Messing in Holzkasten . . . . 45,00 „

42. Kanalschlauchwage. Schlauchlängen 10, 15, 25 m je . . . . . . 2,00 „

Wassertuben je . . . . 1,00 „

1 R. Reiß, Liebenwerda.

b) Meßinstrumente und Zubehör.

1.[2] a) Nivellierinstrument mit einem Fernrohr von 33 cm Länge, 30 mm Objektivöffnung und 30facher Vergrößerung, in fester Verbindung mit dem Instrument. Libelle am Fernrohr. Um die Kreuzung der Libellenachse mit der optischen Achse beseitigen zu können, ist das Fernrohr mit der Libelle in den Lagern drehbar und die letztere seitlich justierbar, Libelle 15—20″ Angabe 190,00 M.

b) dasselbe Instrument mit Horizontalkreis . . . . 220,00 „

2.[2] c) Nivellierinstrument mit 29 cm langem Fernrohr, 28 mm-Objektiv, Öffnung 25fache Vergrößerung, Libelle 25″ Angabe . . . . 160,00 „

b) desgl., aber mit 26 mm, bzw. 26 cm, bzw. 22fach, 25″ Angabe, Libellenspiegel . . . . 145,00 „

c) desgl., Libelle unter dem Fernrohr, ohne Libellenspiegel . . . . 135,00 „

3.[2] a) Taschennivellierinstrument, 14 cm lang, mit Anschlagwinkel zum
Abstecken rechter Winkel, ohne Triebschraube . . . . 34,00 M.
b) desgl. mit Triebschraube, Kugelgelenk und Einstellfuß . . . . . 35,00 „
c) Stativ zum Taschennivellierinstrument . . . . 9,00 „
4.[2] Freihandgefällmesser nach Wolz mit Lederfutteral . . . . 25,00 „
5.[2] Gefällmesser für Eisenbahnvorarbeiten mit Teilung 1:200 bis 1:3,
Gradteilung in ⅓°, mit Stativ, auch für Handgebrauch, mit Leder=
futteral . . . . 100,50 „
6.[2] Einfache Bautheodolite ohne bzw. mit Höhenkreis, mit Repetition,
Teilung auf Messing versilbert, Fernrohr zentrisch durchschlagbar:

Tabelle 2.

Lfd. Nr.	Horizontalkreis			Höhenkreis			Fernrohr		Gewichte				Preis M.
	Teilungs-Durch-messer cm	Ablesung		Teilungs-Durch-messer cm	Ablesung		Objek-tiv cm	Ver-größe-rung	Instr. kg	Kasten kg	Stativ kg	Zu-sammen kg	
		Kreis	Nonius		Kreis	Nonius							
1	8	⅟₁°	2′	—	—	—	2,0	16	2,2	3,0	3,1	8,3	330
2	8	⅟₁°	2′	8	⅟₁°	2′	2,0	16	2,6	3,2	3,1	8,9	390
3	12	½°	1′	—	—	—	2,7	20	5,6	4,6	4,6	14,8	390
4	12	½°	1′	10	½°	1′	2,7	20	6,0	4,8	6,0	16,8	480
5	15	⅓°	½′	—	—	—	3,0	27	7,2	7,0	7,3	21,5	450
6	15	⅓°	½′	12	½°	1′	3,0	27	7,6	7,2	7,3	22,1	545

7.[2] Theodolit mit umlegbarem Fernrohr (Modell der Königl. Kataster=
inspektionen) mit drehbarem Horizontalkreis von 18 cm Durch=
messer. Teilung auf Silber in ⅟₆° und verdeckt. Fernrohr
30 cm lang, Objektivöffnung 34 mm. Vergrößerung 28fach,
ohne Höhenkreis . . . . 500,00 M.
8.[2] a) Theodolit ohne Repetition, Kreis aus Argentan, Teilung in ½°;
direkte Ablesung 1′ durch 2 gegenüberliegende Nonien, Fernrohr
durchschlagbar; Horizontalbewegung mit zentral wirkender
Klemme und Mikrometer . . . . 200,00 „
b) dasselbe Instrument mit Repetition mehr . . . . 30,00 „
9.[3] Repetitionstachymetertheodolite mit zentrisch durchschlagbarem Fern=
rohr mit Distanzmesser. Beide Kreise mit Verdeck, Aufsatzbussole
mit □ Zulegeplatte und Dosenlibelle zwischen den Stützen.

Tabelle 3.

Lfd. Nr.	Horizontalkreis			Höhenkreis			Fernrohr		Gewichte				Preis M.
	Teilungs-Durch-messer cm	Ablesung		Teilungs-Durch-messer cm	Ablesung		Ob-jektiv cm	Ver-größe-rung	Instr. kg	Kasten kg	Stativ kg	Zu-sammen kg	
		Kreis	Nonius		Kreis	Nonius							
1	8	½°	1′	8	½°	1′	2,0	18	2,9	3,2	3,1	9,2	600
2	12	½°	1′	10	½°	1′	3,0	22	6,7	4,8	4,6	16,1	710
3	15	⅓°	⅓′	12	⅓°	⅓′	3,0	27	8,3	7,2	7,3	22,8	810

10.[3] Tachngraphometer nach Wagner=Tesdorpf. Löst sämtliche Berech=
nungen, die sonst bei Anwendung von Tachymetertheodoliten
nötig werden, automatisch auf rein graphischem Wege und gibt
die direkte Projektion der horizontalen Entfernung wie auch die
der absoluten Meereshöhe; die ersteren durch einen leichten
Nadeldruck in 1 : 500, 1 : 1000, 1 : 2000 usw. auf dem Papier.
  Instrument mit 32 mm Objektivöffnung, 32facher Ver=
größerung, mit Meßtischplatte von 44 × 44 cm, mit Kasten
in vollständiger Einrichtung. Kreisteilung ½°, 2 Nonien mit
1′ Ablesung . . . . 900,00 M.
  Gewicht 6,9 kg, Kasten 6,8 kg, Stativ 6,1 bis 7,2 kg,
Meßtischplatte mit Transportkasten 6,8 kg, zusammen 26,6 bis
27,7 kg.

11.[3] a) Distanz= und Nivellierlatte, 4,5 m lang, aus einem Stück; die
  Vorderseite ¹/₁ cm Tachngraphometerteilung mit Nullpunkt
  1,5 m über dem Fußpunkt, die Rückseite ¹/₁ cm Nivellierlatten=
  teilung, Nullpunkt im Lattenende; einschließlich Röhrenlibelle;
  bis 150 m Distanz vorteilhaft . . . . 70,00 „
b) dieselbe, aber 5 m lang . . . . 78,00 „

12.[3] a) Distanzlatte, bequemer für Distanzen über 150 m, wie vor, nur
  ist die Rückseite mit der sogenannten Teilung nach Hammer
  versehen . . . . 56,00 „
b) dieselbe, aber 5 m lang . . . . 63,00 „

13.[3] a) Meßtisch auf Dreifuß mit Klemme und Horizontalfeineinstellung,
  einschließlich Kasten und Gurt. . . . . 125,00 „
b) Meßtisch nach Modell des Kgl. Preuß. Generalstabs, M/89 . . . 176,00 „

14.[3] Kippregel nach Modell des Kgl. Preuß. Generalstabs, M/86. Fern=
rohr 27fach; Höhenbogen 17 cm, Teilung ⅓°, 2 Nonien 1′.
Lineal aus Neusilber, 58 cm lang, mit 1 Transversalmaßstab,
z. B. 1 : 2500. Nivellierlibelle mit Reversionsteilung unter dem
Fernrohr. Kasten mit Rindleder bezogen. . . . . 420,00 „

15.[3] Meßtischblätter aus Lindenholz:

42 × 42 cm	bis	87 × 87 cm
11,00 M.		27,00 M.

16.[3] Holosterikbarometer für Höhenmessungen, Skala 130 mm Durch=
messer, mit eingelegtem Thermometer, einschließlich der erforder=
lichen Tabellen:

für Höhen bis	2500	3500	5000	6000	7000	10 000 m
	82,00	90,00	99,00	104,00	115,00	137,00 M.

17.[3] Taschenholosterikbarometer, Skala 67 mm Durchmesser, mit Tabellen:

für Höhen bis	2500	3500	5000	6000	7000 m
	50,00	57,00	66,00	77,00	88,00 M.

18.[3] Hydrometrischer Flügel (Stromgeschwindigkeitsmesser).

a) Kleinste Sorte, für Holzlatte von 20 mm Durchmesser passend. Zählräder für 1000 Touren, einfache Schnurauslösung, einschließlich Kasten mit Handhabe. 24 × 10 × 4 cm. Gewicht einschließlich Kasten 0,7 kg . . . . 80,00 M.

b) größere Ausführungen bis . . . . 187,00 „

c) derselbe in entsprechender Ausführung für elektrische Übertragung 220,00 „

d) Zubehör, wie elektrische Batterie mit Glocke, Kabel, Chronoskop, $^1/_5$ Sekunde, Schalttelephon, rund . . . . 120,00 „

19.[1] Peilzeichner nach Stecher. Eine nach der Kreisevolvente verlängerte schwere Meßstange ist mit Drehzapfen zwischen 2 gekuppelten Kähnen aufgehängt. Beim Fahren der Kähne tastet der Evolventenkopf die Gewässersohle ab, und werden seine Hebungen und Senkungen gemäß dem geometrischen Gesetz der Evolvente durch die entsprechenden Drehungen der Lagerzapfen meßbar. Durch weitere Übertragungen und Übersetzungen werden die Wassertiefen in einem bestimmten Maßstab direkt dargestellt, d. h. das Sohlenprofil wird nach der Fahrtrichtung der Kähne aufgezeichnet.

Peilzeichner sind im Gebrauch auf dem Nord-Ostsee-Kanal, auf der Elbe, der Weichsel, in russischen, französischen, indischen Häfen zur Feststellung der Wassertiefen bzw. der Fahrtrinnen und der Baggerungen.

a) Peilzeichner mit Peilstange aus Winkeleisen für Tiefen bis 7 m, Zeichnungsvorrichtung mit einer Übertragung für Profile in 1 : 50 700,00 „

b) Derselbe, aber mit 2 Peilstangen, Zeichenvorrichtung mit 2 Übertragungen für 2 Profile in 1 : 50 . . . . 1150,00 „

Für größere Wassertiefen, bis 11 m, erhöht sich der Preis der Peilstange um 150,00 bis 300,00 M., des Zeichners um 75,00 M. bzw. 150,00 M. zu je 1 m zu peilender Mehrtiefe.

1 R. Reiß, Liebenwerda.   2 Ed. Sprenger, Berlin SW, 68.   3 F. Sartorius, Göttingen.

II. Für die Projektierung, Bauleitung und Kontrolle.

a) Meß-, Zeichen- und Rechengeräte und -Instrumente.

1.[1] Prismatische Maßstäbe mit Knopf, die eine Kante in $^1/_1$ mm geteilt, die andere in $^1/_2$ mm:

Länge	20	25	30	35	40	45	50 cm
a) Messing, versilbert	7,00	10,00	11,00	13,50	15,00	17,50	20,00 M.
b) Argentan	8,00	11,00	12,00	14,50	16,00	19,00	21,00 „
c) Buchsbaumholz	3,50	4,00	6,75	7,00	8,00	9,00	11,50 „

2.[1] Transversalmaßstäbe mit 2 Teilungen, Messing versilbert:

Länge der Teilungen	20	30	40	50	60	70	100 cm
	6,00	9,50	11,50	16,50	19,00	22,00	31,00 M.

3.[1] Holzmeterstäbe in $^1/_1$ mm geteilt, eichfähig . . . . 3,00 bis 5,00 M.

4.[1] Kurvenhölzer, 1 Satz von 25 Stück . . . . 12,00 „

5.[1] Kleines Kartierungsinstrument, Koordinatograph, bestehend aus Maß-
       stab, Abszissenlineal, Ordinatenmaßstab in Neusilber . . . .   50,00 M.

6.[3] a) Logarithmischer Rechenschieber, 27 cm lang, Marke Dennert &
          Pape . . . .   9,00 „
       b) derselbe nach Dr. Frank, Einskala-Rechenschieber . . . .   8,60 „

7.   a)[1] Polarplanimeter von Coradi, nach Amsler . . . .   37,00 „
       b)[3] desgl., Scheiben-Polarplanimeter, Meßrolle wälzt auf einer be-
          sonderen Scheibe . . . . 157,00 „

8.[3] Kugelrollplanimeter. Die Basis ist nicht ein beschränkter Kreisbogen
       wie beim Polarplanimeter, sondern eine beliebig lange Gerade, die
       Abwälzung der Meßrolle geschieht unabhängig von der Zeichenfläche
       auf einer genauen Kugeloberfläche und gestattet der Ausschlag des
       Fahrarms nach links und rechts das Befahren breiter Figuren.
       Nutzbreite zwischen den Walzen 16 cm, Fahrarm 30 cm, Nonius-
       einheit 1 qmm bis 0,4 qmm, einschließlich Verpackung und Kontroll-
       lineal . . . . 163,00 „

9.[4] Integrator von Hamann zur Ausmessung von Flächen und deren
       statischen Momente. Dient zur schnellen Ermittelung von Grund-
       flächen, Böschungsflächen und kubischen Inhalten der Abträge und
       der Aufträge aus den Höhenplänen für Eisenbahn-, Straßen- und
       Kanallinienführungen . . . . 180,00 „

10.[3] a) Integraph von Coradi. Zeichnet und mißt die Integralkurven,
          mittels deren Flächen durch Ordinaten dargestellt werden . . . 520,00 „
       b) derselbe, kleinere Ausführung . . . . 360,00 „

11.   Kurvimeter (Meßrädchen) . . . .   5,00 „

12.[3] a) Pantograph von Holz; Storchschnabel, zum Vergrößern bzw. zum
          Verkleinern, zum Anschrauben an den Tisch . . . .   7,50 „
       b) Präzisionspantographen von G. Coradi, frei aufgehängt, Stäbe
          aus gezogenen Messingröhren, Stablängen von 60 cm bis 96 cm,
          je nach Ausführung, von 160,00 bis 208,00 M., bzw. 312,00 bis 360,00 „
       c) dazu Vervollständigungen, wie Auslösemechanismus, Nonien und
          Mikrometerwerk, Lupe, Libelle usw. . . . .   96,00 „

13.   Rechenmaschinen. Arbeiten etwa dreimal so schnell wie ein Rechner mit Be-
       nutzung von Tabellen, und bieten den Vorzug der unbedingten Sicherheit. Die
       nur zur Addition zu benutzenden Maschinen, die „Addiermaschinen", sind hier
       nicht berücksichtigt; vielmehr sind nur die wesentlichsten eigentlichen Rechen-
       maschinen aufgenommen, d. h. solche, mit denen mindestens die vier Spezies
       oder auch Potenzierungen und Radizierungen ausgeführt werden können.
       a) Eigentliche Multiplikationsmaschinen. „Millionär" von Steiger-
          Egli-Zürich . . . . 1050,00 M.
       b) System der gehäuften Addition bzw. Subtraktion, wie es von Leibniz vor
          über 200 Jahren zur Herstellung der ersten Rechenmaschine benutzt wurde.
          Die Maschine muß für jede Stelle der Multiplikatorzahl, entsprechend der
          Stellenziffer, betätigt werden, also z. B. für den Multiplikator 736 muß

der Multiplikand in der ersten Einstellung sechsmal, in der zweiten dreimal und in der dritten siebenmal genommen werden.

1.[3] Burkhardtsche Rechenmaschinen zum Addieren, Subtrahieren, Multiplizieren, Dividieren, Potenzieren, Kubieren, Radizieren; verbesserte Maschine mit verbesserter Auslöschvorrichtung nach System Thomas:

α) sechsstelliger Faktor × siebenstelliger Faktor gibt zwölfstelliges Produkt;
Preis 620,00 M.

β) achtstelliger Faktor × neunstelliger Faktor gibt sechzehnstelliges Produkt;
Preis 770,00 M.

γ) zehnstelliger Faktor × elfstelliger Faktor gibt zwanzigstelliges Produkt;
Preis 960,00 M.

2.[5] Trinks- (Brunsviga-) Rechenmaschinen. 9 und 19 Einstellhebel, 13, 18, 20 stelliges Resultatwerk, durchgehende Zehnerübertragung. Auf Wunsch mit automatischem Weitertransport des Schlittens und partieller Löschung der Produkte, wie die Trinks-Triplex:

α) 13 stelliges Resultatwerk, 9 Einstellhebel, 8 stelliger Quotient.
Modell B, ...505,00 M.

" N, für Massen-, Potenzen, Kettenrechnungen nur e i n e
Einstellung . . . . 910,00 "

" B (Brunsvigula), nur 3 kg schwer . . . . 605,00 "

β) 18 stelliges Resultatwerk, 9 Einstellhebel, 10 stelliger Quotient.
Modell A . . . . 705,00 M.

" A (Brunsvigula), äußerst leicht. . . . . 805,00 "

γ) 20 stelliges Resultatwerk, 19 Einstellhebel, 10 stelliger Quotient.
Modell Trinks-Triplex, $18^1/_2 \times 12^1/_2 \times 10^1/_2$ cm hoch) . . .1055,00 M.

3.[6] System der Stufenscheiben (Hamann). Mercedes, verbesserte Gauß.
Kreisförmige Bauart. Multiplikator bzw. Quotient unbegrenzt. Für die 4 Spezies. Größte Abmessung 14 cm. Gewicht 3 kg. Preis 300,00 M.

4.[6] System der Proportionalitätshebel (Hamann), Lineare Mercedes.
Kleinere Abmessungen als die anderen Linearmaschinen: $37 \times 19 \times 7$ cm, nur 10 kg Gewicht.
Durchgehende Zehnerübertragung bis zur letzten 16. Stelle. Dividiert automatisch und gestattet verkürzte Multiplikation . . . . Preis 800,00 M.

14. Vervielfältigungsapparate und Vervielfältigungsverfahren.
Bei dem stetigen Fortschritt der Vervielfältigungstechnik bleibt die Herstellung von Vervielfältigungen immer mehr besonderen Instituten vorbehalten, und lohnt sich die Selbstanfertigung gewisser Vervielfältigungen nur für größere bautechnische Betriebe.

a)[1] Lichtpausapparate.

Tabelle 4.

Format der Spiegelscheibe	38 × 55	55 × 76	76 × 105	100 × 150 cm
Kopierrahmen I. Qualität	18,00	27,50	49,00	90,00 M.
oder desgl. II. Qualität	13,50	24,00	45,00	80,00 "
Holzschalen für Wasserbad, komplett.	9,50	14,00	24,00	35,00 "

b) Mimeograph nach Ediſon.

Tabelle 5.

Folioformat (220 × 325 mm) mit 1½″ breiter Stahlplatte . . . 55,00 M.

desgl.   desgl.   mit 3″ breiter Stahlplatte . . . . 65,00 „

Großfolioformat (290 × 420 mm) mit 1½″ breiter Stahlplatte . . 75,00 „

desgl.   desgl.   mit 3″ breiter Stahlplatte . . . 85,00 „

Zubehör und Ergänzungsmaterial, wie Durchdruckpapier, Buch 4,00 M.
bzw. 5,00 M., Seidengaze 1,50 M., Farben, Schreibgriffel 1,00 M., Farben=
walze 6,00 M., 7,50 M.

c)[7] Das Umdruckverfahren erfordert beſondere Einrichtungen und gelerntes Per=
ſonal, es bleibt daher beſonderen Inſtituten vorbehalten.

Das ältere Umdruckverfahren erforderte eine beſondere Kopie auf be=
ſonderem durchſcheinenden Papier, die bei der Auftragung auf den Stein
oder die Zinkplatte verloren ging, das neuere Verfahren, z. B. der Rußal=
druck, bewahrt das Original, das unmittelbar zur Vervielfältigung ver=
wendet werden kann, wenn es durchſcheinend wenigſtens in dem Maße iſt,
wie gutes Zeichenpapier bis ⅓ mm Stärke mit bläulichem Ton, etwa Marke
Hammer. Die Originalzeichnung wird auf eine lichtempfindlich gemachte
Aluminiumplatte mittels Durchleuchten gebracht. Durch verſchiedene Pro=
zeſſe wird ein Negativ hergeſtellt, das die Druckerſchwärze annimmt. Je nach
Format (1/15 bis 2,0 qm) und Anzahl (10 bis 100 Exemplare) koſten die
Abzüge ohne Papier auf das Quadratmeter Papierfläche bezogen rund 5,00 M.
bis rund 30 Pf; z. B. 5 Exemplare 39 × 55 cm — 3,50 M.; 100 Exemplare
100 × 160 cm — 47 M.

1 R. Reiß, Liebenwerda. 3 F. Sartorius, Göttingen. 4 Ch. Hamann, Berlin=Friedenau. 5 Grimme, Natalis & Co., Berlin W 8.
6 Mercedes. Bureaumaſchinen=Geſ. m. b. H., Berlin W 30. 7 Richard Ruis, Berlin SW 11.

b) Für Brückenprüfungen.

Brückendurchbiegungsmeſſer.

1.[8] Apparat Syſtem Klopſch, vom Preußiſchen Miniſterium der öffent=
lichen Arbeiten im Jahre 1899 prämiiert, Metallſcheibe mit Rille zur Füh=
rung eines durch Gegengewicht geſpannten Seils, mit Teilung von 1 mm 100,00 M.
2 gußeiſerne Gewichte von 30 kg und von 8 kg ſowie 25 m Hanfſchnur
zum Herablaſſen des ſchweren Gewichts auf die Flußſohle unter der
Brücke ſowie 15 m Stahldraht ſowie lackierter Holzrolle . . . . . 22,00 „

desgl. in vergrößerter Ausführung mit zweifacher Überſetzung . . . 116,00 „

Der Apparat wird in der Mitte der zu meſſenden Brückenöffnung befeſtigt,
das größere Gewicht auf die Flußſohle geſenkt und das Drahtſeil durch das am
andern Ende befeſtigte kleinere Gewicht über der Metallſcheibe geſpannt.

2. Biegungsmeſſer von Griot; im Prinzip ähnliche Ausführung wie
vorher, zum Meſſen der Durchbiegungen von Trägern, Decken, Säulen
über feſtem Boden . . . . 40,00 M.

Durchbiegungszeichner.

3.[9] Leunerſcher Durchbiegungszeichner. Zeichnet das Diagramm der durch
die Verkehrslaſten hervorgerufenen vertikalen Durchbiegungen der in Betracht ge=

zogenen Stelle des Brückenträgers in doppelter Größe. — Aus einer zutreffend erscheinenden Formel für die Durchbiegung wird die größte dabei entstandene Spannung errechnet. Der Apparat wird mit Handkurbel oder mit Uhrwerk und Punktierstift geliefert. Preisangabe auf Anfrage.

Dehnungszeichner.

4.[9] **Dehnungszeichner von Fränkel = Leuner.** Zeichnet das Diagramm der durch die Verkehrslasten hervorgerufenen Längenänderung eines Stabteils von bestimmter Länge. Die Diagrammordinaten sind, entsprechend der Länge des Stabteils und dem Elastizitätsmodul des Stabmaterials, den aufgetretenen Stabspannungen proportional.

Bei einem Übersetzungsverhältnis von 1 : 150 und der Meßlänge von 1000 mm entspricht jedem Millimeter Diagrammhöhe beim Elastizitätsmodul von 20 000 kg für 1 qmm Querschnitt des Stabes eine Spannungsänderung von $^2/_{15}$ kg/qmm. Mit Handkurbel oder mit Uhrwerk. Preisangabe auf Anfrage.

Spannungsmesser (Dehnungsmesser).

Die Längenänderungen eines durch die Verkehrslast beanspruchten Stabteils werden durch bestimmte Übersetzungen direkt gemessen.

5.[10] **Apparat von Manet.** In Frankreich gebräuchlich. Mit 3 Meßstangen, 1000, 500, 200 mm lang, Übersetzung durch Winkelhebel, Zahnräder und Zeiger. Ablesungen an einer Kreisteilung, 2 mm auf der Skala entsprechen einer Spannungsänderung von 1 kg/qmm . . . .   200 M.

6.[11] **Balcke's Spannungsmesser.** Meßstange von 1200 mm oder 600 mm Meßlänge und 40 mm Griffweite der beiden Klemmen zum direkten Ablesen der höchsten während der Beobachtung entstandenen Stabspannungen, auch bei wechselndem Vorzeichen, aus den Einsenkungstiefen von geteilten Keilmaßstäben, mit 1 Keilmaßstab mit 3 mm Kantenverschiebung für 1 kg/qmm Spannungsänderung, bzw.

1,5 mm, in Holzkasten, gebrauchsfertig . . . . 200,00 M.
1 Meßstange besonders . . . .   45,00 „
1 Keilmaßstab besonders . . . .   5,00 „
1 Paar Klemmplatten zur Befestigung des Instruments an Gliederstärken von 40—90 mm Dicke; in Holzkasten . . . .   90,00 „

8 P. Sudow, Inh. Rud. Meyer, Breslau. 9 Oskar Leuner, Dresden=N. 10 Gebr. Koch=Stuttgart. 11 Otto Kohlmorgen=Berlin.

c) Verschiedene Kontrollinstrumente.

7.[12] Tachometer, Tachographen, Tachoskope, Hub= und Umlaufzähler. Zeigen unmittelbar ohne Zuhilfenahme einer Uhr die minutliche Umdrehungszahl von Dampfmaschinen, Dampf= und Wasserturbinen, Pumpen, Zentrifugen, Transmissionen, elektrischen Maschinen jeder Art usw., als auch die Umfangsgeschwindigkeiten von Schwungrädern, Riemscheiben u. a., auch fortschreitende Geschwindigkeiten, wie Riemen= und Seilgeschwindigkeiten an (Tachometer) bzw. zeichnen solche auf Kurvenbändern auf (Tachographen), bzw. zeigen an und zeichnen dabei gleichzeitig auf (Tachometer=Tachographen).

O.=Sch.   19

Umlaufzähler für Rechts= und Linkslauf, 2 Zahlenkreise; bei je 100 Um=
drehungen ertönt ein Glockenzeichen. Mit Hülfe zum Aufstecken auf
dünne Wellen. Durchmesser 27 mm . . . . Stück   6,40 M.

Kombinierter Umlauf= und Hubzähler. Für Rechts= und Linkslauf,
mit Hebel zum Verbinden mit einem Teile des Maschinengestänges,
5 bis 7 stellige Anzeigen.

Durchmesser 100   135   150   180   290 mm
Ziffernanzahl 5   5   6   7   7
Preis . . . . 34,00 43,50 45,00 102,00 244,00 M.

8.[12] Wächterkontrolluhr. Durchmesser des Gehäuses 80 mm.

Preis mit 6 Schlüsseln mit Ketten . . . . 54,00 M.

Bulletins für 1 Jahrgang, Kontrollbuch, Ledertasche, Schlüsselkästchen .   10,00 „

12 Bezugsquelle: Schuchardt & Schütte, Berlin C 2.

III. Für die Bauausführung.

1. Meßzeuge, Handwerkzeuge und Werkgeräte.

a) Für alle Arbeiterkategorien.

1.[12] Gliedermaßstäbe aus Holz, 1000 mm lang, 16 mm breit, 2 mm stark,
6, 8, 10 Glieder mit Federn, Messingkappen, mit 2 bzw. 3 bzw. 4 Maß=
einteilungen, Stück . . . . 0,50 bis 1,00 M.

2.[12] Senklote.

Tabelle 6.

Länge ohne Knopf 45	75	100	150 mm
Durchmesser 17	28	13/26	25 „
Gewicht 55	300	100/300	475 g
Aus Messing mit Stahlspitzen zum Ein=			
schrauben 1,50	3,00	—	— M.
Aus Gußstahl, ausgebohrt, mit Quecksilber			
gefüllt . . . . —	—	3,60	9,00 „
Aus Gußeisen, blank, gedreht, mit Messingknopf —	—	0,80	— „

3.[12] Wasserwagen:

a) Aus Eichenholz, geölt, mit Messingplatte, für wagerechte und senk=
rechte Messungen in Längen von 200 mm bis 1000 mm bei je 50 mm
Mehrlänge, Stück . . . . 1,15 bis 2,20 M.

b) desgl. poliert mit durchgehender Messingplatte und Messingsohle, für
wagerechte und senkrechte Messungen, mit Visier, in Längen von
150 mm bis 400 mm bei je 50 mm Mehrlänge, Stück . . 3,00 bis 6,75 „

c) desgl. aus Eisen, einfach, Länge 90 mm, Stück . . . . 1,10 „
Andere Ausführungen bei 1g.

12 Schuchardt & Schütte, Berlin C 2.

b) Für Erd= und Felsarbeiter und Pflasterer.

1.[1] Wasserwage für Wegebauten usw., von Eichenholz, geölt, besonders
kräftig, 1,50 m lang, mit eisernem Handgriff, Horizontallibelle, Stück .   8,75 M.

Gefällwasserwage. Mit verstellbarem Schieber mit Maßeinteilung für
jedes beliebige Gefälle, 1000 mm Meßlänge, Stück . . . . 15,00 „

2.¹ Richtscheit aus Kiefernholz mit 2 Löchern als Handgriffe, Enden mit Eisenschuhen.

Tabelle 7.

Länge	2	3	4	5 m
Ohne Libelle	3,50	4,75	6,50	8,00 M.
Mit eingelassener Libelle	5,50	7,00	8,50	10,00 „

3.¹ Setzwage von Hartholz, geölt, auch als Winkel zu gebrauchen, gleich= schenkliges Dreieck, mit Senklot . . . . 7,50 M.

4.¹ Meßlatten für den Bauplatz, Kiefernholz, mit Ölfarbe gestrichen.

Tabelle 8.

Länge	3	4	5 m.
a) 1 Seite in Zentimeter und in Dezimeter bemalt	4,50	6,50	7,00 M.
b) Mit Endkappen; 1 Seite wie vor, die andere in Dezimeter	7,50	9,00	11,50 „
c) Desgl., beide Seiten wie bei a)	8,50	11,00	13,00 „

5.¹ Visierkreuze aus Holz, 125 cm hoch; schwarz=weiß, rot=weiß, mit Eisenkappe, die Garnitur = 3 Stück . . . . 9,00 M.

6.¹ Visierscheiben aus Eisenblech, schwarz=weiß, rot=weiß, Holzfuß mit Eisenkappe, die Garnitur = 3 Stück . . . . 9,00 „

7. 1 Geschirrkiste von Holz für 150 Mann . . . . 30,00 „
1   „   „   „   „ 60   „ . . . . 20,00 „

8. 1 Pulvergefäß von Zinkblech . . . . 6,00 „

9. 1 Pulvertrichter und 1 Pulvermaß . . . . 2,00 „

10. 1 Zündnadel mit Kupferansatz . . . . 1,50 „

11.¹² Zündschnurzange, blank, ganze Länge 5½ Zoll . . . . 1,25 „

12. 1 Raumkratzer aus Gußstahl, 0,7 kg . . . . 0,50 „

13.¹² Spiralerdbohrer s. I a. 34.

14.¹³ Zylindererdbohrer für Tiefbohrungen, rund 1½ m lang, mit geteilter Stange und Ohr, Stange mit Gewinde und Muffe zum Verlängern, von 2″ bis 8″ Durchmesser, von Zoll zu Zoll.

Tabelle 9.

Durchmesser	2	4	6	8 Zoll.
„	5,2	10,5	15,7	20,9 cm.
Preis	15,00	27,00	41,00	70,00 M.
Verlängerungsstangen aus Stahlrohr, je m 4,25	5,25	7,00	—	„

15. Erdstampfer aus Gußeisen mit Stiel:
Zylindrisch 125 mm Durchmesser bzw. quadratisch 120 × 120 mm . . 2,50 M.
    „   180 „   „   „   „ 170 × 170 „ . . 4,00 „

16.¹² Pflasterramme mit eisernem, verstähltem Schuh und mit Holzpuppe und hölzernem Doppelbügel, je 1 kg . . . . 1,30 M.

Holz einschließlich Befestigung noch 6,00 M. je Stück. Gebräuchliches Gewicht einer Pflasterramme rund 40 kg.

17.[13] Gartenwalze aus Gußeisen:

Tabelle 10.

Durchmesser	220	340 mm
Länge der Walze	500	500 „
Gewicht rund	60—80	120—150 kg
Preis je 1 kg	0,90	0,80 M.

18.[13] Spaten. Berliner Gußstahlspaten, Herzform:

Tabelle 11.

Größe Nr.	8/4	9/4	10/4	11/4	12/4
a) Fein matt poliert mit scharfen Kanten, extra stark, mit oder ohne Tritt	0,65	0,75	0,80	0,90	1,00 M.
b) mit buchenem Krückstiel	1,30	1,35	1,40	—	1,60 „

[13] Gärtnerspaten:

Stählerne mit Tritt und buchenem D-Griffstiel, Herzform, 2,00, 2,20, 2,30 M.

Mehrlänge, Stück . . . . 1,115 bis 2,20 „

Gußstählerne, gehärtete, mit Tritt und buchenem Krückstiel, rechteckige

Form . . . . 3,50, 3,75 „

[13] Spatenstiele, buchene, gedrehte, 90 cm lang, Stück . . . . 0,40 „

[13] Randschaufeln, ohne Stiel, stählerne, Stück . . . . 0,80 bis 1,50 „

19.[13] Schaufelstiele, gedrehte, mit D-Griff, buchene, Stück . . . . . . 0,60 „

desgl.   desgl.   eschene, Stück . . . . . . 0,90 „

20. Holzschaufel, mit Bandeisen beschlagen, und mit eschenem Krückstiel . 1,50 „

21. Eiserne Rechen mit Holzstiel (Harke) . . . . 2,00 „

22. Rasenreißer . . . . 7,00 „

23.[13] Hacken (die üblichen Gewichte einschließlich Stiel sind beigeschrieben):

Spitzhacke 3 kg, Doppelspitzhacke 4 kg, Flachhacke 2½ kg (Breithacke),

Kreuzhacke 4 kg (Spitz- und Flachhacke).

Tabelle 12.

Gewicht je Stück	1,5—1,9	2—2,5	über 2,5 kg
Preis je Kilogramm	0,90	0,75	0,70 M.

Federn einschließlich Ring dazu, das Paar . . . . 1,50 M.

24.[12] Hackenstiele in verschiedenen Fassons, in Weißbuche oder Esche, Stück 0,80 „

25. Erdkeil von Eichenholz, mit Eisen beschlagen . . . . 2,50 „

26. Fäustel (Schlägel) aus Gußstahl:

einmännisch 1¼—1½ kg } je Kilogramm . . . . 1,20 „
zweimännisch 2,5—4 kg }

27. Brechstangen aus Schmiedeeisen, verstählt, runder Knopf, spitz oder flach

auslaufend, 10—15 kg schwer, rund 1¼ m lang, je 1 kg . . . . . 0,55 „

28.[13] Steinbohrer. Dreikantbohrer für hartes Gestein, in Stärken von

6—50 mm, von 200, 300, 400, 500, 700 mm bis 1000 mm Länge

1,80 M./kg. bis 2 M./kg; Stück von . . . . 1,10 bis 30,00 „

Kreuzbohrer für ganz hartes Gestein, in Stärken von 8—50 mm, im

übrigen wie oben.

Tabelle 13.

Länge des Bohrers	200	300	500	700 mm
Durchmesser 6 mm, Preis je Stück	1,10	—	—	— M.
„ 10 „ „ „ „	1,50	1,75	—	— „
„ 20 „ „ „ „	—	3,50	5,50	— „
„ 30 „ „ „ „	—	—	12,00	20,00 „
„ 50 „ „ „ „	—	—	22,50	30,00 „

29.[13] Steinbohrer aus Mannesmann=Stahlrohr mit radial gestellten dreikantigen Zähnen; in Längen von 300—750 mm, für Bohrweiten von 10—40 mm.

Tabelle 14.

Bohrweite	10	15	20	25	30	35	40 mm
Länge	300	500	500	500	500	400	750 „
Preis je Stück	0,90	1,35	1,60	2,00	2,50	2,50	4,50 M.

30. Gesteinsbohrer mit Preßluftbetrieb siehe Preßluftwerkzeuge III 2.

1 R. Reiß, Liebenwerda. 12 Schuchardt & Schütte, Berlin C, 2. 13 Bruno Mädler, Berlin SO, 16.

e) Für Oberbauleger.

1.[1] Gleiswasserwage von Kiefernholz, 1,75 m lang, mit 20 cm langer Eisensohle an den Enden, Normalspur . . . . 13,00 M.

2.[1] Bahnmeisterwasserwage, 500 mm lang . . . . 9,00 „

3.[1] Überhöhungslehre, für Vollspur, 1,55 m lang, aus Kiefernholz, mit geteiltem Stahlbügel . . . . 16,00 „

4.[1] Schienenspurmaße, eiserne:
   a) in Lattenformat mit Griff, für Vollspur, 5—6 kg schwer, Stück . 3,70 „
   b) mit gespreizten Enden, für Vollspur, rund 10 kg schwer, Stück . . 8,00 „

5.[1] Schwellenlehre, 8—9 kg schwer . . . . 7,75 „

6.[1] Weichenspurstab für Normalspurweite und Spurerweiterung, aus Rohr; vernickelte Skala in Millimetern, Schieber aus Rotguß . . . . 25,00 „

7.[12] Hebebaum aus schwerem, trockenem Holz, mit geschmiedeter, verstählter Kappe und Handgriff, rund 20 kg schwer . . . . 17,25 „

8.[12] a) Stopfhacke mit Stiel, rund 3 kg. . . . . 3,75 „
   b) desgl. ohne Stiel, je 1 kg . . . . 0,85 „

9.[12] Stopfspitzhacke ohne Stiel, je 1 kg . . . . 0,85 „

10.[12] Schwellendächsel, 1,5—2,5 kg, je 1 kg . . . . 1,20 „

11.[12] Stiele dazu, Stück . . . . 0,85 „

12.[12] a) Schienenzange mit hölzerner Tragstange, 2—3 kg schwer, einschließlich Stange . . . . 4,50 „
   b) desgl. mit festen Tragstangen, 8—10 kg schwer, je 1 kg . . . . 0,90 „

13.[12] a) Laschenschraubenschlüssel, doppelmäulig, rund 3½ kg schwer. . 4,75 „
   b) verstellbarer, 660 mm lang, 25—50 mm Öffnung, 4 kg Gewicht. 14,50 „

14.[12] a) Krückenschlüssel für Weichen, 3¾ kg schwer . . . . 6,40 „
   b) desgl. für Tirefonds, 3½ kg schwer . . . . 5,20 „

15.[12] a) Nagelklauen als Brechstangen:

	6½	8½	11 kg
Preis	5,20	6,00	7,70 M.

   b) desgl., kurze, 6 kg schwer . . . . 4,50 „

16.[12] Transportable Schienensäge. Schneidet Schiene auch im Gleise. Be=
dienung 1 Mann. Einschließlich 6 Sägeblätter und 1 Handschärfapparat 210,00 M.

17.[12] Bohrknarre mit Klemmvorrichtung. Ununterbrochen, bei jeder Vor=
und Rückwärtsbewegung des Hebels bohrend. Spindel in Kugellagern,
die arbeitenden Teile staubdicht eingekapselt, Gewicht rund 17 kg, Preis   80,00   „

18.[12] Bügelbohrknarre zum Bohren von Löchern in Schienen; Ausladung
140 mm, 200 mm, zwischen Bohrkopf und Widerlager 135 mm, 200 mm,
Gewicht rund 7,5 kg, rund 14 kg, Preis . . . . 34,00, 44,00   „

19.[12] Flache Spitzbohrer zu lfd. Nr. 17, 18. Für 6—40 mm Bohrlöcher, in
Nummern mit 2 mm Abstand, Stück . . . . 0,70 bis 1,40   „

20.[12] Schwellenhammer (Schlägelform), Gewicht 7—12 kg, je 1 kg. . .   0,70   „

21.[12] Schienennagelhammer, Gewicht 3—5 kg, je 1 kg.   0,70   „

22.[12] Durchtreiber. Runde und vierkantige, Gewicht rund 1,7 kg, Stück   1,15   „

1 R. Reiß, Liebenwerda.   12 Schuchardt & Schütte, Berlin C. 2.

d) Für Telegraphenarbeiter.

1.[13] a) Baumsäge, 12 Zoll langes Sägeblatt, mit flachem Bügel, Dülle
und Schraube . . . .   1,— M.

b) Baumsägeblätter, 20 mm breit, Stück   0,20   „

2.[13] Baumschere, ganze Länge 30 cm   2,75   „

3.[13] Klappsteigeisen mit aufklappbaren Bügeln und auswechselbaren
Stollen:
Spitzenweite 210—250 mm, das Paar   16,00   „
   „   260—300   „   „   „   16,50   „

4.[13] Sicherheitsgürtel mit Werkzeugtasche   12,00   „

5.[13] Drahtspanner mit Flügelmutter und Messingscheibe mit 2 Rollen,
Länge des Feilklobens 13 cm   5,00   „

6.[13] Drahtspannvorrichtungen mit Zugkraftmesser und Drahtklemme. Zur
Feststellung der zulässigen Spannungen von Leitungsdrähten:

Zugkraft	100	200	300 kg
Spannvorrichtung	20,00	23,25	26,25 M.
Drahtklemme mit Stahlbacken	2,50	3,55	4,— „
„ „ Bronzebacken	3,55	4,00	5,50 „

7.[12] Telegraphendrahtzange:

Länge	160	190	220	250 mm
Preis	1,85	2,05	2,30	3,25 M.

8.[13] Zwickzange mit auswechselbaren Stahlbacken:

Länge	130	160	200 mm
Preis	3,00	3,50	4,00 M.

9.[13] Ziehzange, 250 mm lang . . . .   4,50 M.

10.[13] Telegraphenbohrer. 30—100 cm lang, um je 10 cm steigend, jede
Länge von 6, 8, 10 mm Stärke.

Die 8 Nummern von 6 mm Stärke von 0,50 bis 1,25 M.
  „ 8   „   „ 8 „   „   „   „ 0,60 „ 1,50   „
  „ 8   „   „ 10 „   „   „   „ 0,60 „ 1,65   „

12 Schuchardt & Schütte, Berlin C, 2.   13 Bruno Mäbler, Berlin SO, 16.

e) Für Maurer, Betonierer, Steinmetze.

1. a) Mörtelkasten, hölzern. . . . . 3,50 M.
   b) desgl., Eisenblech verzinkt, 75 l Inhalt . . . . 8,00 „
2. Mörtelkübel . . . . 7,00 „
3. Mörteleimer aus Stahlblech, verzinkt, 14 l Inhalt . . . . 2,00 „
4. Wassereimer, hölzern . . . . 1,50 „
5. Sanddurchwürfe, Kiesdurchwürfe, schwarz lackiert, mit Eisengestell, Schutzblech und Stützstange:
   a) Siebfläche 100 cm hoch, 70 cm breit, Stück. . . . . , . . 7,00 „
   b) „   130 „   „ 90 „   „   „   . . . . 12,00 „
   c) „   150 „   „ 100 „   „   „   . . . . 14,50 „
6. Durchwurfgewebe, stark, in allen Maschenweiten, 11, 13, 17 mm, 90 cm und 100 cm breit, je 1 qm . . . . 4,50 „
7. Handsiebe mit Holzrand, 50 cm Durchmesser, Eisendrahtgewebe Nr. 1 bis 22, Stück . . . . 1,50 bis 2,00 „
8. Kiesdurchwurf aus Rundeisenstäben, 8 mm Weite . . . . 22,00 „
9.[13] a) Maurerhammer ohne Stiel . . . . 1,25 „
   b) Stiel dazu. . . . . 0,25 „
10.[13] Maurerkellen.

Tabelle 15.

Länge	7	8	9	10 Zoll
a) geschliffen mit schwarzem Hals	0,45	0,55	0,65	0,75 M.
b) polierte, stählerne, mit starken Ecken . . .	0,75	0,85	0,95	1,10 „

11.[13] Putzkellen.

Tabelle 16.

Länge	4½	5½ Zoll
a) poliert, hinten eckig	0,55	0,60 M.
b) desgl., hinten gerade.	0,50	0,55 „

12.[13] Fugenkelle.

Tabelle 17.

Breite	¼	³/₈	½	⁵/₈	¾ Zoll
	0,20	0,20	0,20	0,25	0,25 M.

13.[13] Fugeisen von Stahl, Rippenstärke 10 mm . . . . 2,30 M.
14.[14] Stemmeisen aus flachrundem Gußstahl.

Tabelle 18.

Länge	30	40	50	60	70	80	90	100 cm
Preis	1,40	1,60	1,90	2,25	2,45	2,75	3,40	3,90 M.

15.[14] Maurerstemmzeug, bestehend aus 1 Stemmeisen von 30 cm, 1 desgl. von 50 cm Länge, 1 Stahlschlägel mit Stiel . . . . 5,00 M.
16.[13] Steinbohrer (Lanzettform) mit Schlüssel.

Tabelle 19.

Länge	300	400	500	750 mm
Stärke	¹⁰/₁₀	¹³/₁₃	¹⁶/₁₆	¹⁹/₁₉ „
Preis	1,60	2,25	3,25	5,00 M.

17.[13] Plätsche. Eisenplatte von 250 × 350 mm Fläche, mit angenieteter, steil gestellter Hülse für gebogenen Holzstiel; rund 16 kg schwer 12,00 M.

18.[13] Zementwalzen mit drehbarem Handgriff.

Tabelle 20.

Durchmesser bzw. Länge der Walze . . . . . $^{65}/_{175}$ $^{70}/_{200}$ $^{75}/_{250}$ mm

a) mit Körnung . . . . .12,00 14,00 16,50 M.

b) mit Riffelung . . . . .12,00 14,00 16,50 „

19.[13] Zementfugenrolle von Messing mit eisernem Bügel und poliertem
Holzheft. . . . . 11,00 M.

20.[14] Schlägel, 1¼—4 kg schwer, im Mittel 2 kg.

a) aus Eisen, je 1 kg. 1,20 „

b) „ Stahl, je 1 kg . . . . 1,50 „

21.[14] „Eisen" zur Granitbearbeitung,

a) aus Gußstahl, vierkantig mit stark gebrochenen Kanten oder achtkantig,
mit gehärtetem Kopf, für Eisenschlägel, je 1 kg . . . . 2,00 „

Tabelle 21.

Stärke 16   18   20 mm

α) Spitzeisen, Stück .1,00 1,20 1,40 M.

β) Schlageisen, Stück 0,75 0,90 1,20 „

γ) Beizeisen, Stück .0,60 0,70 0,90 „

b) aus Gußstahl, achtkantig, ohne gehärteten Kopf, für Stahlschlägel,
18—24 mm Stahlstärke zur Verringerung der Prellschläge, je 1 kg   1,90 M.

22.[14] Stockhämmer aus Gußstahl, 40—50 mm stark, im Mittel 2 kg schwer.

a) die Kopfflächen mit je 4 Schneiden, je 1 kg . . . . 2,80 „

b) „ „ „ quadratischer Zahnung, je 1 kg . . . . . . 3,00 „

23.[14] Flächel (Zweispitz), verstählt, im Mittel 3 kg schwer, je 1 kg . . . . 1,50 „

24.[14] Setzhammer, verstählt, im Mittel 2,5 kg schwer, je 1 kg . . . . . . 1,50 „

25.[14] Schröter, Gußstahl, 40—50 mm stark, im Mittel 2,5 kg schwer, je 1 kg 2,70 „

26.[14] Ein vollständiges Berliner Granitgeschirr, die Köpfe der stählernen „Eisen" gehärtet,
die Hämmer mit Hickorystielen, enthält:

    30 verschiedene Spitzeisen,   lfd. Nr. 21α

    12   „   Schlageisen,   „ „ 21β

    6   „   Beizeisen,   „ „ 21γ

    2   „   Stockhämmer   „ „ 22

    1   Flächel   „ „ 23

    1   Eisenschlägel,   „ „ 20α

    und kostet . . . . 64,00 M.

27.[14] „Eisen" zur Sandsteinbearbeitung, aus bestem Tannebaumstahl, Schaft vierkantig,
mit stark gebrochenen Kanten:

α) Chariereisen, Stück . . . . .1,30, 1,50, 1,70 M.

    bei Bezug nach Gewicht, je 1 kg . . . . 1,80 „

β) Schlageisen, Zahneisen, Spitzeisen, Spitzeisen mit Schlägelkopf.

Tabelle 22.

Stärke 16   18   20 mm

Preis je Stück . . . . .0,70 0,80 0,90 M.

γ) Beizeisen, Zweizahn, Nuteisen, 12 mm, 14 mm stark. . . . 0,50 bis 0,60 M.

    bei gemischter Lieferung je 1 kg . . . . 1,40 „

28.[14] Kröndel mit 14—15 Zähnen von 8 × 8 mm . . . . 7,00 M.
29.[14] Doppelter Zahnflächel, rund 2 kg schwer, je 1 kg . . . . 1,60 „
30.[14] Ein komplettes Berliner Sandsteingeschirr enthält:

3	verschiedene Chariereisen,	lfd. Nr.	27 α
6	„ Schlageisen,	„ „	27 β
2	„ Zahneisen	„ „	27 β
2	„ Spitzeisen,	„ „	27 β
2	„ desgl. mit Schlägelkopf,	„ „	27 β
8	„ Beizeisen,	„ „	27 γ
1	Hundezahn,		
1	Kröndel,	„ „	28
1	eiserner Schlägel mit Stiel,	„ „	20 α
1	weißbuchener Knüppel,		

und kostet . . . . 25,00 M.

31.[14] 1 Schrotkeil . . . . 0,50 bis 0,75 „
32.[14] Kreuzschlaghämmer aus Gußstahl, im Mittel 2 kg schwer, je 1 kg . 1,20 „
33.[13] Steinwölfe.

Tabelle 23.

Tragkraft	1,25	2,50	5,00	7,50 t
Preis	20,00	30,00	35,00	45,00 M.

34.[14] Sandsteinschere (Römer) . . . . 12,00 und 15,00 M.

13 Bruno Mädler, Berlin SO, 16.   **14** Gustav Fischer, Berlin C, 54.

f) Für Zimmerer und Stellmacher. (Vgl. i.)

1.[13] Stählerne Winkel.

Tabelle 24.

Langer Schenkel	50	70	100	120 cm
Kurzer Schenkel	25	30	38	42 „
Preis je 1 Stück . . .	1,30	1,60	2,25	2,75 M.

mit den Zwischennummern von 10 zu 10 cm.

2.[13] Stellmacher= oder Wagnerbank mit deutscher Vorderzange, Blattlänge 200 cm, Gewicht rd. 120 kg, Preis . . . . 72,50 M.

3. Schraubknechte:

a)[13] mit blanker Stahlschiene.

Tabelle 25.

Schienenstärke	30 × 6½		38 × 6½			48 × 8 mm		
Spannweite	40	50	60	70	80	90	100	120 cm
Gewicht	1,5	1,7	1,8	2,6	2,8	3	5	5,6 kg
Preis	3,50	3,75	4,00	4,50	4,75	5,70	6,00	7,50 M.

b)[12] Hölzerne, aus Rotbuchenholz, mit Eisenbeschlag, mit weißbuchener Spindel.

Tabelle 26.

Spannweite	60	100	160	200 cm
Ausladung	17	17	17	17 „
Preis	3,25	4,00	5,20	6,20 M.

mit den Zwischennummern von 20 zu 20 cm.

4.[12] **Balkenträger.** Eiserne Spitzklauen mit Stiel aus Eschenholz. Zum Fort=
schaffen von schweren Balken. Länge des Stiels 135 cm . . . . . .   9,40 M.

5.[12] **Kehrhaken** mit Stiel aus Eschenholz. Zum Kanten der Balken. Länge
des Stiels 135 cm . . . .   6,25 „

6.[12] **Schrotsäge** aus Gußstahl, mit Augen für die Handgriffe, geschränkt und geschärft.

Tabelle 27.

Ganze Länge	1000	1250	1500	1700	2000 mm
Breite	110	120	140	155	180 „
Preis ohne Handgriffe	3,50	4,20	5,25	6,75	9,40 Mk.

Schränken und Schärfen je Sägeblatt gerechnet . . . .   0,65 M.

7.[12] **Bügelsägen,** geschränkt und geschärft:

Tabelle 28.

a) mit Bogenbügel aus Eschenholz.

Blattlänge	620	780	950	1100	1250 mm
Preis	1,15	1,30	1,65	2,40	3,60 M.

b) mit Trapezbügel aus gestanztem ⌐=Stahlblech und mit überzogenen hölzernen
Handgriffen:

Blattlänge	620	780	950	1100	1250 mm
Preis	1,25	1,40	1,60	1,90	2,50 M.

8.[12] **Stammsäge oder Kettensäge.** Besteht aus 25 und mehr kurzen, schar=
nierartig miteinander verbundenen Sägeblättern, geschränkt und ge=
schärft. Ganze Länge 1150 mm . . . .   5,60 M.
      Handsägen s. 1i.

9. a)[13] **Schränkeisen** für große Sägen. Geschmiedete stählerne . . . . .   1,25 M.

  b)[12] **Schränkzange** für Schrot=, Kreis= und Gattersägen für Stärken bis
4 mm, Länge 200 mm . . . .   5,20 „

10. **Äxte und Beile, Dächsel.**

Tabelle 29.

Gewicht ohne Stiel	0,5	1	1,5	2	2,5	3 kg

a)[12] **Waldaxt,** amerikanische Form, mit langem, leicht geschweiftem Hickorystiel.

Ohne Stiel Preis	2,30	4,30	5,90	7,00	8,00	10,00 M.

b)[13] **Berliner Holzaxt.**

Ohne Stiel Preis	—	1,50	—	2,75	3,50	— „

c)[12] **Zimmermannsaxt,** sächsische Form.

Ohne Stiel Preis	—	—	3,00	3,50	4,10	— „

d)[13] **Bundaxt** mit Stahlnacken.

Ohne Stiel Preis	—	—	3,70	4,00	4,20	— „

e)[13] **Queraxt** . . . .   4,50 M.

f)[13] **Stichaxt,** Mittelgröße . . . .   4,00 „

g)[13] **Breitbeil,** ohne Stiel, poliert, 12—15 Zoll lang . . . .   6,50 bis 7,50 „

h)[13] **Zimmermannsdächsel** mit starkem Hammer, deutsche Form, rd.
1,5 kg schwer, ohne Stiel . . . .   3,20 „

i)[13] Beil- und Artstiele, gerade Form.

Tabelle 30.

Länge	16	18	20	36 engl. Zoll
„	41	46	51	91 cm
mit Ia Hickory, Stück	0,45	0,50	0,55	1,10 M.
mit Weißbuchen, Stück	0,20	0,25	—	0,60 „

11.[12] Sappie aus Stahl mit Eschenholzstiel. Kurze Spitzhacke mit langem, schwach geschweiftem Stiel. Dient zur Fortbewegung schwerer und starker Stämme in der
Längsrichtung.

Ganze Länge 130 cm, Preis . . . . 6,25 M.

12.[13] Beitel (Stemmeisen mit einseitig zugeschärfter Schneide):

a) Stechbeitel.

Tabelle 31.

Breite der Beitel	1	1⅛	1¼	1⅜ rhld. Zoll
„ „ „	26	30	33	36 mm
Mit stumpfen Seitenkanten, ohne Heft	1,10	1,25	1,40	1,60 M.
Mit zugeschärften Seitenkanten (Seitenwaate), ohne Heft	1,30	1,45	1,60	1,80 „
Desgl. mit rundem Buchsbaumheft und Lederscheibe	2,20	2,30	2,40	2,60 „

b) Lochbeitel (die schmale Breite zugeschärft).

Tabelle 32.

Schmale Breite der Beitel	2	5	10	15	20 mm
Ohne Heft, mit stumpfen Seitenkanten	0,45	0,60	0,85	1,15	1,60 M.

c) Hohlbeitel.

Tabelle 33.

Breite der Beitel . . .	½	¾	1	1¼	1½ engl. Zoll
„ „ „	13	19	25	32	38 mm
Ohne Heft	0,65	0,80	0,90	1,25	1,40 M.

13.[13] Holzschlägel.

a) Zylindrisch mit Stiel aus dem Ganzen in Weißbuche.

Tabelle 34.

Durchmesser.	8	10,5	12	15 cm
Höhe ohne Stiel	10	13	15	19 „
Preis	0,75	1,20	1,40	1,80 M.

b) Parallelpipedisch mit eingesetztem Stiel, in Weißbuche.

Tabelle 35.

Ganze Länge rd.	10,5	11,5	12,5 cm
Breite und Höhe rund	6 × 7	7 × 8	8 × 9 „
Preis	0,75	1,00	1,25 M.

14.[12] **Hämmer.**

   a) Latthammer, Berliner Form.

      Breite 25, 28, 30 mm; Preis mit Stiel . . . . 2,40, 2,70, 2,90 M.

   b) Klauenhammer, Kent, Form.

      Breite 25, 30, 35 mm; Preis mit Stiel . . . . 2,00, 2,60, 3,10 „

15. **Hobel.**

   a)[13] Raubänke aus Weißbuchenholz, 600 mm lang.

Tabelle 36.

Breite des einfachen Eisens.	40	52	62 mm
Preis der Raubank	4,80	4,90	5,00 M.
Breite des doppelten Eisens	46	52	62 mm
Preis der Raubank	5,70	5,90	6,75 M.

   b)[12] Spund= und Nuthobel, aus Weißbuchenholz, mit nach=
gehendem Fügeeisen.

Tabelle 37.

Breite des Spundeisens	28	30	32	36	40 mm
Länge des Hobels	400	400	400	400	400 „
Preis mit Eisen für das Paar . .	19,50	19,50	19,50	20,25	20,25 M.

   c)[13] Stellmacherhobel aus Apfelholz (Speichenhobel) gerade und schwach gehöhlt.

      Einfach mit Holzsohle . . . . 3,50 M.

      Doppelt mit Eisensohle. . . . . 5,50 „

   d)[13] Felgenhobel, in 4 Rundungen, 5, 8, 11, 14 mm, Stück . . . 4,00 „

   e)[13] Zughobel mit Doppeleisen, 43 cm lang.

Breite der Messer . . . 52   56   60 mm
Preis mit Eisen 5,50   5,60   5,75 M.

   f)[13] Ziehmesser (Zugmesser) mit polierten Holzgriffen.

Tabelle 38.

Schneidlänge	200	230	260	300 mm
Ziehmesser 37—40 mm breit	3,60	3,95	4,20	4,50 M.
„ 30—31 „ „	2,95	3,05	3,50	3,90 „

      Andere Hobel bei li.

16.[13] **Bohrer.**

   a) Stangenbohrer, gedreht, mit doppeltem Messer und
poliertem Rande.

Tabelle 39.

Stärke, Durchmesser	14	20	26	38	50 mm
Länge 21—24 Zoll, Preis	0,80	1,10	1,35	2,30	4,00 M.
Länge 38 Zoll, Preis	—	2,25	2,75	—	— „

   b) Stuhlbein= oder Spundbohrer, mit Ohr.

Tabelle 40.

Stangenlänge rd.	13	15	17	19 cm
Löffellänge rd.	18	18	22	27 „
Löffelweite, oben, unten	$^{20}/_{10}$	$^{30}/_{15}$	$^{40}/_{20}$	$^{50}/_{25}$ mm
Preis	1,25	1,80	2,50	3,50 M.

c) **Stellmacherbohrer** (nach unten verbreiteter Spundbohrer, für Heft).

Tabelle 41.

Breite	10	14	20	26	30	40	50 mm
Ohne Heft	0,45	0,65	1,00	1,45	1,80	2,50	4,75 M.

d) **Schneckenbohrer,** mit flachem Kolben (für Heft).

Tabelle 42.

Stärke	1—6	7 u. 8	9 u. 10	11 u. 12	13 mm
Ohne Heft	0,10	0,12	0,15	0,20	0,25 M.

e) **Draufbohrer,** mit flachem Kolben (für Heft).

Tabelle 43.

Stärke	6—10	12—14	16	18	20	22	24	26	28	30 mm
Ohne Heft (Stück)	0,55	0,60	0,65	0,70	0,75	0,80	0,85	0,90	0,95	1,10 M.

f) **Zentrumsbohrer** mit flachem Kolben.

Tabelle 44.

Breite	¼—1	1¹/₈—1¼	1³/₈—1½ engl. Zoll
„	7—25	27—32	35—38 mm
Ohne Heft Stück	0,25	0,30	0,45 M.

g) **Nagelbohrer** mit flacher Schneide und breitem Kolben.

Tabelle 45.

Stärke	3—6	7 u. 8	9 u. 10	11 u. 12	13 mm
Ohne Holzgriff	0,10	0,12	0,15	0,20	0,25 M.

h) **Holzbohrwinde** aus Weißbuchen, mit vierkantigem, konischem Loch wie Bohrleier.

Ohne Bohrhülse . . . . 3,50 M.

Bohrhülse . . . . 0,30 „

17.[12] **Holzschraubenschneider** aus Weißbuchenholz, mit zugehörigen hohlen Bohrern.

Tabelle 46.

Stärke der Bohrer	13	20	25	30	36	40 mm
Mit Bohrern	1,95	2,30	2,70	3,25	4,40	5,40 M.

18.[12] **Schraubenzieher.**

Tabelle 47.

	75	85	150	160	250	260 mm
Länge, ohne Heft	75	85	150	160	250	260 mm
Ganze Länge	180	155	290	260	410	380 „
Deutsche Form. Einfache Klinge. Mit Heft	0,45	—	0,65	—	—	— M.
Flaches Heft. Doppelklinge zum Umstecken. Mit Heft	—	0,35	—	0,60	—	1,05 „
Amerik. Form. Runde Stange, in Zwinge verbohrt. Mit Zwinge	—	—	1,25	—	2,10	— „
Runde Zwinge. Flache Stange, in Zwinge eingesetzt. Mit Zwinge	1,40	—	2,00	—	—	— „

Raspen (Raspeln) s. bei 1g.

12 Schuchardt & Schütte, Berlin C, 2.   13 Bruno Mädler, Berlin SO, 16.

g) Für Schmiede, Schlosser, Monteure.

Einiges über die Arbeiten des Schmieds (Grobschmieds).

Feuerarbeiten bei Rotglühhitze; nur Schweißen bei Weißglut, dann viel Material=
verlust, bis 20%; Brennstoff (Kohlen) im Schmiedefeuer ⅓—2 kg auf 1 kg geschmiedete
Ware: Feuerwind 100—400°.

Amboß schwerer als 250 kg (für Schlosser rd. 100 kg) auf gußeiserner Chabotte
oder hölzernem (eichenem) Amboßstock.

Amboß mit mittlerem Arbeitstreifen, 10—30 mm breit, 300 mm lang; seitliche
Verlängerungen, flach mit Loch zum Einsetzen der Gesenke u. a., oder rund, heißen
Hörner.

Hämmer; große, gehärtete Aufsatzfläche: Bahn, kleine Aufsatzfläche: Finne.

Handhämmer 0,1—2,5 kg; Vorschlag= und Zuschlaghämmer bis 12 kg mit 80 cm
langen Stielen.

„Strecken" durch Bearbeiten mit der Finne (Abfinnen); „Stauchen" gegen den
Amboß oder gegen besondere Stauchklötze. Ansätze werden hergestellt: durch Auflegen
auf die Amboßkante oder auf besondere Stöckchen oder durch Aufsetzen von Setzhäm=
mern, nämlich: geraden, schrägen, runden oder halbrunden (Ballhämmern).

„Biegen". Rechtwinklig um die Amboßkante oder um das vierkantige Amboßhorn;
rund um das kegelförmige Amboßhorn oder über Dorne; S-förmig mit Hilfe der
Sprenggabel.

„Abhauen" durch Auflegen auf den Abschröter und Zuschlagen oder durch Aufsetzen
des Schrotmeißels und Zuschlagen.

Lochen. Mittels Durchschlag auf Lochring oder auf Lochscheibe; die Lochstellen
werden vorher durch Aufsetzen der Körner bezeichnet.

Gesenke sind schmiedeeiserne Unterlagen mit vielgestaltigen Höhlungen mit ge=
härteter Oberfläche zum Einschlagen des glühenden Eisens. Untergesenke oder Gesenk=
klötze oder Doppelgesenke.

1.[12] Kreuz= und Vertikalwasserwage. In beiden Schenkeln eines eisernen Anschlag=
winkels eine Libelle. Sehr zweckmäßig bei Montagen. Kontrolle in 2 Richtungen
ohne Umwenden des Werkmeßzeugs.

   Außenlängen der Schenkel 50 × 75 mm . . . . 5,40 M.

2.[12] Außentaster mit zusammengebogenen Schenkeln, ohne Feder, mit Feder, mit
Gewinde,
   80—600 mm lang . . . . 0,50 bis 10,00 M.

3.[12] Innentaster mit geraden, kurz nach außen abgebogenen Enden, ohne Feder, mit
Feder,
   50—400 mm lang . . . . 0,50 bis 9,00 M.

4.[12] Stichmaße mit Mikrometerschraube. Dienen zum Messen der inneren Durch=
messer von Ringen, Röhren, Zylindern usw., sowie zur Kontrolle von Lehren.
Schraube verdeckt.

Tabelle 48.

Für Messungen von	50—70	70—100	100—150	150—200 mm
Preis je Stück	8,60	10,75	13,00	16,00 M.

5.¹² Schublehren.

a) Einfache, genaue Ausführung für Werkstattgebrauch.

Tabelle 49.

Länge	100	150	200	250	300 mm
„ der Backen	30	45	65	75	110 „
Mit 2 Maßen und 1 Nonius	2,60	3,20	3,50	4,20	6,80 M.
Für jedes weitere Maß mehr . . .	0,25	0,30	0,30	0,40	0,50 „
„ jeden weiteren Nonius mehr . .	0,50	0,50	0,50	0,50	0,50 „

b) Tiefenlehren. Zum Messen von Lochtiefen, Abständen paralleler Flächen, von Wandstärken u. dgl.

Für Tiefen bis 100 mm . . . . 3,00 M.

6.¹² Mikrometer mit Bügel, einfache Ausführung, ¹/₁₀₀ mm Teilung. Spannweite von 10—100 mm . . . . 3,75 bis 30,00 „

7.¹² Winkel aus Stahl, alle Seiten bearbeitet. Schenkellängen 75 × 50 mm
bis 500 × 250 mm, Breite 12—32 mm, Stärke 2—7 mm, mit Anschlag-
platte . . . . 1,50 bis 7,25 „

8.¹² Lehren.

a) Drahtlehren.

Französische, mit 100 Löchern. Für Drahtstärken von 0,1—10 mm,
um 0,1 mm steigend, Stück . . . . 5,25 „

Deutsche, mit 43 Randöffnungen. Für Drahtstärken von 0,2—10 mm,
Stück . . . . 9,60 „

b) Blechlehren.

Deutsche. Scheibe 26 Randöffnungen. Für Blechstärken von 0,37
bis 5,50 mm. Mit beigeschriebenen Gewichtszahlen. Durchmesser
41 mm und 81 mm . . . . 6,40 u. 8,40 „

c) Original-„Stubs"-Blech- und Drahtlehren (Birmingham Wire Gauge).
Für Blechstärken von Nr. 1—36 . . . . 10,25 „

d) Lochlehren.

Zum Messen der Durchmesser von zylindrischen Löchern; die eine Kante eines
sehr spitzen Winkels mit ¹/₁₀ mm Unterschied geteilt. Lochlehren für je 15 mm
Intervall von 1—60 mm . . . . 1,75 bis 4,40 M.

9.¹² Gußeiserne Richtplatten.

Massiv. Auf einer Fläche und 2 zusammenstoßenden Kanten gehobelt.

Tabelle 50.

Länge	200	300	400	500	600 mm
Breite	200	300	400	500	600 „
Dicke	60	70	80	80	90 „
Gewicht rd.	18	46	90	146	236 kg
Preis für 100 kg.	33,50	33,50	30,50	30,50	27,50 M.
Preis der Platte	6,00	15,40	27,45	44,50	64,90 „

10.¹² Blasebälge aus Rindsleder mit Sicherheitsventil gegen das „Feuerschlucken" und
mit in den Mittelboden eingeschobener Holzachse.

Tabelle 51.

Nr....	1	2	4	5	6	7	8	9	10
für.....	Feldschmieden.		Schlossereien.				Schmieden.		
Länge...	750	900	1150	1300	1410	1600	1800	2000	2200 mm
Gewicht rd.	19	21	35	52	65	80	100	110	130 kg
Preis...	42,—	52,—	69,00	84,—	100,—	126,—	155,—	195,—	220,— M.

11.[12] Fahrbare Feldschmiede. Aus Eisenblech mit Zylindergebläsen, gewöhnlichem Schraubstock und Rohrschraubstock (Preise s. Nr. 19) mit Schubkasten und Werkzeug= schrank. Herdplatte 125 × 80 cm, Höhe 90 cm, Gewicht rd. 370 kg. Auf 4 eisernen Rädern, durchgehende Achsen.

Preis ohne Schraubstöcke . . . . 304,00 M.

12.[13] Herdgeräte. Löschspieß, Herdhaken, Herdschaufel, Löschwedel (an einem Ende zum offenen Ring gekrümmter Löschspieß). Je 1 kg. . . . . 1,00 M.

13.[13] Montagebock. Holzplatte mit Rand auf 4 starken Füßen. Mittelnummer Platte 72 × 58 × 5 cm. . . . . 22,50 M.

14.[13] Amboße mit Gußstahlbahnen.

Tabelle 52.

	ohne Horn	mit 1 Horn	mit 2 Hörnern	Bemerkungen
Grundpreis für Stücke zwischen 200 u. 300 kg, für 100 kg . . . . M.	64	66	68	für Schmiede
Mehrpreis für Stücke zwischen 125 u. 200 kg, für 100 kg . . . . M.	1	2	3	„ Schlosser
Mehrpreis für Stücke zwischen 75 und 125 kg, für 100 kg . . . . M.	4	5	7	„ „

15.[13] Sperrhörner (Doppelhörner), zum Einsetzen in den Amboß oder in Holzklötze, mit geschliffener Bahn, 10—25 kg und mehr schwer.

Je 1 kg. . . . . 1,70 bis 1,40 M.

16.[13] Gußeiserne Amboßklötze, rd. 400 kg, Stück . . . . 105,00 M.

17.[12] Ring=Richthörner.

Spitze, schmiedeeiserne, volle Kegel mit Fußplatte, zum Schmieden von Ringen. Höhe 114 cm, für Ringe von 35—260 mm, Gewicht roh 95 kg, abgedreht 90 kg.
je 100 kg 33,25 M.

18.[13] Loch= und Gesenkplatten.

450/450/100 bzw. 550/550/100 mm, 100 bzw. 170 kg, mit 29 bzw. 31 Löchern, quadratisch, rechteckig, rund, sechskantig in der Platte und mit 25 bzw. 29 Gesenken in den 4 Rändern, dreikantig, vierkantig, sechskantig, rd. . 33,00 bzw. 55,00 M.

19. Schraubstöcke.

a)[12] Gewöhnliche Form mit eiserner Parallelscheibe.

Tabelle 53.

Nr.	1	2	3	4	5	6	7	8	9	10	11	12	13	14
Backenbreite . . mm	85	90	100	110	120	130	135	140	155	150	160	170	180	200
Gewichtbreite ca. kg	10-12	14-16	18-20	23-25	28-30	33-35	37-39	42-44	46-48	52-54	59-61	69-72	79-82	90-94
Preis das Stück M.	15.25	18.75	21.50	24.75	27.75	31.—	33.75	37.—	38.75	42.50	48.75	57.—	70.50	87.—

b)[13] **Parallelschraubstock. Als fester und als drehbarer verwendbar.**

Tabelle 54.

Backenbreite	90	130	155 mm
Spannweite	100	150	190 „
Maultiefe	70	105	120 „
Gewicht je Stück . .	16	33	51 kg
Preis je Stück . . .	27,00	40,00	55,00 M.

20.[13] **Feilkloben.**

a) Länge 105, 130, 160, 180 mm . . . . . . .1,25 bis 1,60 bis 2,25 bis 3,50 M.

b) Doppeltstark mit Drehschlüssel und Messingscheibe, Länge 130, 160, 180,
210 mm . . . . .3,25 bis 4,50 bis 5,75 bis 7,50 „

21.[12] **Schraubzwingen, geschmiedet.**

Tabelle 55.

Spannweite	75	100	150	200	250	300 mm
a) für Schlosser:						
Ausladung	60	70	100	120	150	175 mm
Gewicht rd.	3	4	6	8	11	14 kg
Preis	2,90	3,90	5,75	7,75	10,50	13,50 M.
b) für Monteure:						
Ausladung	60	80	120	160	200	220 mm
Gewicht rd.	1,7	2,1	3,2	6	10	11,5 kg
Preis	2,40	2,70	3,40	6,20	9,60	11,50 M.

22. **Zangen.**

a)[12] **Schmiedezangen.**

Nach der Maulform: Flach-, Rund-, Halbrund-, Niet- und Mutterzangen, je
1 kg . . . . 1,10 M.

b)[13] Wolfsmäuler. In Gesenken gepreßt.

Tabelle 56.

Faßt Rund- oder Vierkanteisen von .	.3—15	6—20	15—30	20—40 mm
Faßt Flach- oder Ovaleisen oder Blech von	0—3	3—6	10—15	15—20 „
Ganze Zangenlänge	450	500	600	650 „
Durchmesser der Stiele.	11	12	14	15 „
Gewicht je Stück	1,2	1,6	2,6	3,4 kg
Preis je Stück	2,40	2,80	3,50	3,75 M.

c)[13] Kneif- oder Kraftzangen.

Länge	155	210	260	315 mm
Schwarze, mit poliertem Maul:				
je Stück	0,50	0,75	1,25	2,— M.
Blanke:				
je Stück	0,70	1,20	2,25	3,75 M.

d)[12] Blechbiegezange. Gekrümmte, runde Schnäbel.
Länge 150, 175, 200 mm, Preis . . . . 1,85, 2,10, 2,30 M.

23.¹² Hämmer, Gesenke, Meißel.

Einteilung.

Schlaghämmer aus Gußstahl: mit einer Hand zu führen, bis 2 kg schwer: Hand=, Bank= und Niethämmer, Fig. 1, 2, 3. Schlosserhämmer, englische Form, mit Kreuz= oder Kugelfinne, bis 1 kg schwer, Fig. 4, 5. Mit zwei Händen zu führen, 2—12 kg schwer, Vorschlag=, Kreuzschlaghämmer, Schlägel, Fig. 6, 7, 8.

Setzhämmer zur Formgebung auf ebener Unterfläche: Setz=, Schlicht= und Ball= hämmer, Fig. 9, 10, 11. Desgl. auf Untergesenk. Obergesenke, dazu Untergesenke, Fig. 12, 13. Desgl. für Nietköpfe, Schellhämmer, Fig. 14.

Desgl. für Nägelköpfe: Nageleisen, Fig. 15.

Spitzstöckel, Lochhämmer, rund und viereckig, Fig. 16, 17.

Abschröter und Schrotmeißel, Fig. 18, 19.

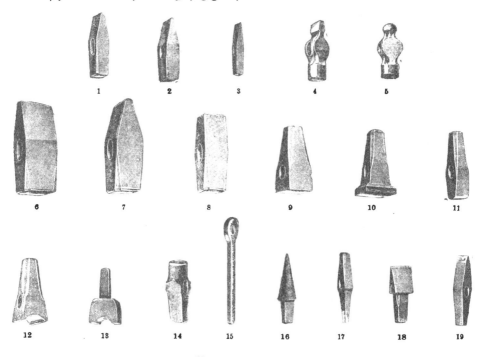

Preisgruppen.¹²

Gruppe A: Hand=, Bank=, Niethämmer, Fig. 1, 2, 3.

Tabelle 57.

Gewicht	50—100	150	250	400	500—1000	bis 2000 g
Preis im Dutzend	4,60	4,70	5,—	5,70	—	— M.
Preis je 1 kg	—	—	—	—	1,10	1,05 „

Gruppe B: Schlosserhämmer, Fig. 4, 5.

Gewicht	200	300	400	500—1000 g
Stück	0,80	0,85	0,90	1,95 M.
Je 1 kg	—	—	—	1,95 „

Gruppe C. Vorschlag-, Kreuzschlaghämmer, Schlägel, Fig. 6, 7, 8.

2 bis rd. 12 kg schwer, je 1 kg . . . . 0,85 bis 0,95 M.

Gruppe D. Setz- und Schlichthämmer, über 0,5 kg schwer, Fig. 9, 10.

Je 1 kg . . . . 1,95 M.

Gruppe E: Ballhämmer, Obergesenke, Untergesenke, Lochhämmer, Fig. 11, 12, 13, 17.

Gewichte über 0,5 kg, je 1 kg . . . . 1,80 M.

Gruppe F: Schellhämmer, Fig. 14.

Bis 0,5 kg = 2,15 M./kg, über 0,5 kg . . . . 2,30 M./kg

Gruppe G: Nageleisen, Spitzstöckel, Abschröter, Schrotmeißel, Fig. 15, 16, 18, 19.

Gewichte über 0,5 kg . . . . 1,95 M./kg

24.[13] Locheisen. Lochweite 2—5 mm.

Stück . . . . 0,30 bis 0,40 M.

25.[12] Durchschläger. Länge 125 mm, Schaftstärke 12—16 mm, Durchmesser 3—10 mm

Stück . . . . 0,25 bis 0,35 M.

26.[12] Körner, Länge 125 mm, Schaftstärke 11—14 mm.

Stück . . . . 0,45 „

27.[12] Handmeißel (Flach- und Kreuzmeißel).

Tabelle 58.

Länge	175	300	400	500 mm
Flachmeißel, Stück	0,80	1,10	1,80	2,10 M.
Kreuzmeißel, Stück	0,95	—	—	— „

28.[13] Hammerstiele.

Tabelle 59.

Länge	32	42	52	68	78	95 cm
α) aus Weißbuchenholz	0,10	0,15	—	—	—	— M.
β) aus Hickoryholz:						
a) Bankhammerstiele	0,25	0,35	0,45	—	—	— „
b) Vorschlaghammerstiele	—	—	—	0,65	0,75	1,00 „

29.[13] Metallsägebögen, ohne Blätter, in Eisen mit Holzgriff, 250—350 mm

Blattlänge . . . . 2,10 bis 2,90 M.

Metallsägeblätter, zweiseitig gezahnt, 25 mm breit, 250—350 mm lang,

¾—2 mm stark, Dutzend . . . . 4,00 bis 7,00 „

einseitig gezahnt, 25 mm breit, 250—350 mm lang, Dutzend 9,00 bis 12,00 „

30.[12] Scheren.

    a) Drahtschere, 175—250 mm lang . . . . 2,10 bis 3,00 „

    b) Handblechschere, Berliner Fasson, 150—350 mm lang . . 2,10 bis 5,25 „

    c) Stockblechschere, mit Gußstahl verstählt, Länge 500—1000 mm,

        je 1 kg . . . . 2,60 „

    d) Bolzenabschneider, deutscher, für Bolzen von 13 und 16 mm; ganze

        Länge 800 und 1000 mm, Gewicht 4,5 und 7 kg. Stück 25,25 und 34,75 „

31.[13] a) Handlochpresse zum Durchlochen von Bandeisen, Länge 140 mm. 2,50 „

    b) Exzenter-Handhebellochstanze. Für Löcher bis 4 mm Stärke, bis 8 mm

        Durchmesser, Gewicht rd. 6 kg . . . . 50,00 „

32.¹² Bohrer.

a) Bohrwinden, mit Kreuzloch.

Tabelle 60.

	Mit Handhalter.		Mit	
	Runder	Kantiger	Brustblatt	
	Bügel.		Eisernes Ei.	
Schwung	200	250	250	250 mm
Bügelstärke	13	15	¹³/₁₅	— „
Preis	2,10	2,20	3,00	4,10 M.

b) **Bohrkurbeln mit Handhülse (Handkurbelbohrmaschine).** Mit Schlitz-
   fuß oder Tischplatte und Bohrkurbel und Bohrer, zusammen 16 kg,
   20 kg . . . . 29,—, 34,— M.

c) Handbohrdreher.
   α) Mit Handhaltung. Für Bohrer bis 4 mm, 6 mm
                                       5,00, 8,50 M.

   β)₁₃ Mit Brustblech, mit 2 Geschwindigkeiten, Kopf mit Kreuzloch
        und Einsatz, 6 Bohrer dazu . . . . 8,00 M.

   γ)¹³ Amerikanische Handbohrmaschine.
        Mit zentrisch spannendem Bohrfutter und verstellbarem Tisch; mit
        Schraubstock. Für Löcher bis 6 mm, Bohrtiefe 40 mm, Gewicht
        ohne Schraubstock 6 kg.
        Preis einschließlich Parallelschraubstock 5,00 M. für 30 mm
        Spannweite) und 8 Stück Bohrer . . . . 22,00 M.

d) Drillbohrer für Schlosser. Mit 6 Bohrern und Schraub-
   knopf. Länge 260—360 mm in 5 Nummern . . . . 1,60 bis 2,25 M.

e) Bohrknarren.

Tabelle 61.

Länge	250	300	350	500	mm
α) Gewöhnliche, mit Verstärkungsring.					
Gewicht		1,1	1,8	2,3	4	kg
Preis		7,20	7,20	8,00	11,00 M.
β) Amerikanische, mit Rechts- und Linksgang.					
Gewicht		1	1,2	1,6	—	kg
Preis		13,50	15,25	17,00	— M.
γ) Original Weston. Mit doppelten, versetzten Schalträdern.					
Gewicht		—	2,5	3	4,9	kg
Preis		—	12,75	14,25	18,50 M.

33.¹² Schraubenzieher.

Tabelle 62.

Länge ohne Heft	75	85	150	160	250	260 mm
Ganze Länge	180	155	290	260	410	380 „
Deutsche Form { Einfache Klinge	0,45	—	—	0,65	—	— M.
Doppelklinge zum Umstecken	0,75	0,35	—	0,60	—	1,05 „
Amerik. Form { Runde Klinge, in der Zwinge verbohrt	0,75	—	1,25	—	2,10	— „
Flache Klinge in die Zwinge eingesetzt .	1,40	—	2,00	—	—	— „

34.[12] Schraubenschlüssel, schmiedeeiserne.

a)[12] Nicht verstellbare.

Tabelle 63.

	14	16	18	20	22	28	32	38	45	50
Maulweite . . . . mm	14	16	18	20	22	28	32	38	45	50
Bolzendurchmesser . . . . „	6	8	10	11	13	16	19	22	26	28
Einmäulige . . . . M.	0,20	0,25	0,30	0,33	0,40	0,57	0,85	1,00	1,45	1,65
Doppelmäulige für je 2 Weiten „	0,27		0,31		0,40		0,47		0,77	0,93	1,25	1,55	2,15

b)[12] Verstellbare.

Tabelle 64.

Englische Form.

Französische Form.

Amerikanische Form.

Gruppe / Maß	20	25	30	35	40	50	55	60	70	75	80	95
Englische — einfache eiserne — Spannweite .. mm	20	25	30	35	40	50	55	60	70	75	80	95
Länge . . . . „	—	—	—	—	230	—	260	300	340	—	360	—
Gewicht . . . . kg	—	—	—	—	1	—	1,5	2	2,5	—	3	—
schwarz . . . . M.	—	—	—	—	3,70	—	3,75	4,80	5,90	—	6,95	—
blank . . . . . „	—	—	—	—	4,35	—	4,40	5,45	6,55	—	7,60	—
boppelte eiserne — Länge . . . . mm	—	—	—	220	—	—	300	—	—	350	—	—
Gewicht . . . . kg	—	—	—	1	—	—	2	—	—	3	—	—
schwarz . . . . M.	—	—	—	4,40	—	—	5,50	—	—	7,60	—	—
blank . . . . . „	—	—	—	5,—	—	—	6,20	—	—	8,25	—	—
boppelte stählerne — Länge . . . . mm	—	—	—	—	—	—	250	—	300	—	—	400
Gewicht . . . . kg	—	—	—	—	—	—	1,8	—	2,7	—	—	3,7
schwarz . . . . M.	—	—	—	—	—	—	5,80	—	7,—	—	—	9,80
Französische — mit Holzheft — Länge . . . . mm	—	150	—	200	250	—	300	350	—	—	—	—
Gewicht . . . . kg	—	0,3	—	0,6	1,—	—	1,5	2,2	—	—	—	—
M.	—	1,25	—	1,60	2,10	—	2,70	3,50	—	—	—	—
Schwedische französische — stählerne — Länge . . . . mm	205	255	—	380	—	—	—	6,60	—	760	—	—
Gewicht . . . . kg	0,3	0,5	—	1,1	—	—	—	3,4	—	5,4	—	—
M.	2,90	3,50	—	5,00	—	—	—	9,75	—	13,50	—	—
Amerikanische Coes — mit Holzheft — Länge . . . . mm	—	150	—	200	—	250	300	380	—	—	450	—
M.	—	0,95	—	1,20	—	1,40	1,80	2,45	—	—	—	—
Original M.	—	1,80	—	2,10	—	2,60	3,10	5,10	—	—	6,50	—

35.[12] Feilen, mit Sandstrahl nachgeschärft.

Tabelle 65.

Länge	4	6	8	10	12	14	16	18	20	22	engl. Zoll
„	10	15	20	25	30	36	41	46	51	56	cm

a) Gewichtsfeilen, deutsches Fabrikat, nach Kilogramm gehandelt.

1. Hand= und Armfeilen, bis 27 Einhiebe auf 1 engl. Zoll, je 1 kg   1,10 M.

α) Handfeilen.

Gewicht für das Stück	1½	2½	3½	5	kg
Stück	1,80	3,00	4,20	6,00	M.

β) Armfeilen.

Gewicht für das Stück	3½	5	7	8	kg
Stück	4,20	6,00	8,40	9,60	M.

2. Maschinenfeilen, deutsches Fabrikat, nach Dutzenden gehandelt.

Bastardfeilen mit 30 bis 40 Einhieben auf 1 engl. Zoll.

½=Schlichtfeilen, Schlichtfeilen mit 140 bis 230 Einhieben auf 1 engl. Zoll.

Hieb							Bastard	½=Schlicht	Schlicht
Preis: Flachstumpf und flachspitz, je 1 kg							1,30	1,60	1,85 M.
Preis: Halbrund, rund, dreikantig, vierkantig, je 1 kg							1,60	1,85	2,15 „
1 Dtzd. Flachstumpf	0,3	0,88	2¼	4¼	6¾	10½	16	22	kg
1 „ Halbrund	0,18	0,7	1,63	3	5¼	7½	11	16	„
1 „ Rund	¼	½	1,17	2¼	3½	6¾	10	15	„
1 „ Dreikantig	0,19	0,69	1¾	2¾	4¾	7	9½	12½	„
1 „ Vierkantig	⅛	0,55	1¼	2½	4½	7	10	15	„

3. Dutzendfeilen und Raspeln.

Raspen (Raspeln) zur Ausbildung konkaver und konvexer Flächen auf Holz und zum Glätten von Löchern. Die Hiebe werden mit kleinen dreikantigen Meißeln hergestellt.

Länge Zoll engl.	4	6	8	10	12	14	16	18	20

Flachspitz, halbrund, vierkantige Feilen, halbrunde Raspen.

Bastard, 1 Dtzd.	2,40	3,55	5,30	7,60	11,00	15,25	21,75	30,50	41,00 M.
½=Schlicht, 1 Dtzd.	2,80	4,20	6,10	8,60	12,25	16,75	23,75	33,00	45,00 „
Schlicht, 1 Dtzd.	3,40	4,80	6,80	9,60	13,50	17,25	26,25	37,50	50,00 „

Dreikantig, flachstumpf.

Bastard, 1 Dtzd.	2,70	4,30	6,10	9,20	12,75	18,25	25,25	34,50	47,00 M.
½=Schlicht, 1 Dtzd.	3,15	5,00	6,80	10,25	13,75	19,75	28,00	38,00	51,00 „
Schlicht, 1 Dtzd.	3,80	5,90	8,00	11,75	15,25	21,25	32,00	42,50	52,50 „

Runde Raspeln.

1 Dutzend	2,80	4,20	6,10	8,60	12,25	16,75	23,75	33,00	45,25 M.

36.[13] Gewindeschneider.

a) Für innere Gewinde.

α) Gewindebohrer (lange Schmiedebohrer).

Tabelle 66.

Schneiden	³/₁₆	³/₈	⁹/₁₆	⁷/₈	1¼	1½	engl. Zoll
„	5	10	14	22	32	38	mm
Stück	0,40	0,60	1,00	1,80	3,25	4,50	M.

β) Windeeisen. Hülse mit zweiarmigem Hebel zum Einspannen der Gewindebohrer.

Stück	1,25, 3,75, 8,00 M.

b) Für äußere Gewinde.

α) Schlosser-Schneideeisen mit 8 bis 16 Löchern. Mit
Bohrern. Stück . . . . 2,00 bis 4,00 M.

β) Komplette Gewindeschneidezeuge in Holzkasten.
2 Kluppen, 2 Windeisen, 7 Paar Backen, 7 Paar Bohrer für
Whitworth-Gewinde, ¼—¾ Zoll in 7 Nummern, komplett 52,00 M.

γ) Schräge Whit-Schneidekluppen, mit 3 Paar Backen, 3 Paar durchfallenden Gewinde-
bohrern, Vor- und Nachschneider.

Tabelle 67.

Länge in Zoll .	6	10	14	18	22	26	30	34	38	42	48
schneidet engl. Zoll	$^1/_8$—$^1/_4$	$^1/_4$—$^3/_8$	$^5/_{16}$—$^9/_{16}$	$^3/_8$—$^5/_8$	$^9/_{16}$—$^{13}/_{16}$	$^5/_8$—$^7/_8$	$^3/_4$—1	$^7/_8$—$1^1/_8$	$^7/_8$—$1^1/_4$	1—$1^3/_8$	$1^1/_8$—$1^1/_2$
M.	5,00	6,50	8,50	9,00	12,50	13,00	16,00	19,00	25,00	30,00	35,00

12 Schuchardt & Schütte, Berlin C, 2.   13 Bruno Mädler, Berlin SO, 16.

h) Für Gas- und Wasserrohrleger.

1.[1] Gefällmesser für Rohrleitungen. An Skala nach Gefällen bis 1 : 500
einstellbare Libelle mit Fußplatte . . . . 15,50 M.

2.[12] Feldschmiede, fahrbare. Aus Eisenblech, mit Zylindergebläse, mit ver-
schließbarem Schubkasten. 4 Räder auf 2 durchgehenden Achsen. Länge
des Herdes 1000 mm, Breite 700 mm, Höhe 800 mm, Gewicht 230 kg,
ohne Schraubstöcke . . . . 266,00 „

3.[12] Handblasebälge zum Reinigen von Gasrohrleitungen. Mit Rückschlagventil und Rohrverschraubung. Länge mit Griff 120/115/95 cm, Breite
35/30/25 cm. Preis . . . . 30,50, 24,75 und 18,75 „

4.[13] Gasspaten, geschmiedet, verstählt, gerade Form, mit Tritt und eschenem
D-Griffstiel und Niet im Griff . . . . 3,00, 3,20, 3,40 „

5.[13] Rohrschraubstöcke. Mit geschmiedeten Backen.

Tabelle 68.

Für Rohre bis	1	2	3	4	5 Zoll
Stück	7,50	10,00	15,00	22,00	42,00 M.
Einsätze aus Stahlguß, Stück	1,20	1,25	1,50	1,50	1,75 „

6. Gasrohrzangen.

a)[12] Gewöhnliche.
Für Rohre oder Muffen von ¼ bis 3 Zoll, um ¼ Zoll steigend; z. B. für ¼ Zoll
für Rohre 1,45 M., für Muffen 1,60 M.

für 1″ 3,10 M.,   3,60 M.
„ 2″ 6,75 „   8,25 „
„ 3″ 11,75 „   13,00 „

b)[13] Verstellbare Gasrohrzangen.

¾	1	2	3	4 Zoll
6,00	7,50	11,00	15,00	17,50 M.

c)[13] Kugelzange (Rappenzange).

Für Kugelgelenke   9   10   11   Zoll
                  1,75   2,00   2,25 M.

d)[13] Gaszangen mit gebohrtem Gewerbe.

Länge 8   9   bis   12 Zoll
                    2,70 3,00   „   4,50 M.

e)[13] Universal-Rohrzange zum Verstellen.

Bis   1   2   3   4   Zoll
Stück 4,50   7,50   11,00 15,00 M.

f)[13] Exzelsior-Rohrabschneider.

Schneidend ⅛—½ Zoll . . . . . . 9,50 M.
           ½—3   „   . . . . . . 24,00 „

7.[13] Glieder- (Straßen-) Rohrabschneider. Aus Zahnrädchen, die mit Bügeln schar-
nierartig verbunden, durch Schraube auf den Umfang des Rohres gepreßt und
durch einen Hebel zum Schneiden hin und her geführt werden.

Für Rohre von 3, 4 usw. bis 8 Zoll und mehr, 4, 5 usw. bis 9 und mehr Zoll
30 M., 36 M. usw. 52 M. und mehr.

8.[13] Universal-Rohrbiegezange . . . . 10,00 M.

9.[13] Schräge Gasrohr-Schneidekluppe.

a) mit 3 Paar Backen, ohne Bohrer, 18, 22, 26 usw. 48 Zoll, Gasgewinde ⅛ bis
2 Zoll, 5,00, 6,75, 9,00 usw. 35,00 M.

b) Gasrohr-Gewindebacken.

Passend zur Kluppe 18   22   26 bis 48 Zoll
für 1 Paar Backen 0,75   1,00   1,25 bis 6,00 M.

10. Wasserhahnbohrer.

Für ⅜ bis ¾ Zoll Wasserhähne, kurz, Stück . . . . 0,40 M.
                                lang, „ . . . . 0,50 „

11.[13] Anbohrapparat für Rohre unter Druck.

Anbohrapparat . . . . 27,00 M.
Anbohrschellen für Rohre von 60—250 mm Weite, Stück 2,75 bis 7,50 „
Anbohrhähne, ¾—2 Zoll . . . . 6,00 „ 30,00 „
Anbohrknarren . . . . 9,00 „
Anbohrbohrer, ¾—2 Zoll . . . . 4,00 „ 6,00 „
Anbohr-Reduktionsstücke . . . . 4,00, 6,00, 8,00 „

12.[13] Bohrbügel für Bohrknarren.

Verstellbar. Zum Bohren von Rohren, bis 200 mm Durchm. . . . . . 26,00 M.

13.[13] a) Bleischneider.

Für Platten, 300 mm lang . . . . 6,20 M.
Für Rohre von 25,50 mm . . . . 2,20, 4,10 „

b) Bleirohraufreiber . . . . 1,35 „
c) Bleistemmer . . . . 1,10 „
d) Bleirohrbohrer.

Für	30	35	40	45	mm Lichtweite
	0,80	1,00	1,10	1,25 M.	

e) Bleirohrschere mit Verstärkung.

    Für Rohre bis 1, 2 Zoll . . . . 2,50, 5,50 M.

f) Bleirohrlochzange . . . . 5,00 „

    Einzelne Einsätze extra . . . . 2,00 „

14.[13] Gasgewindebohrer „System Berg" mit Vorschneider und Nachschneider.

Tabelle 69.

Lichte Weite des Rohrs	1/8	1/2	3/4	1 1/4	2	engl. Zoll
Äußerer Durchm. des Rohrs	10	21	27	42	59	mm
Vor- u. Nachschneider zusammen	1,90	3,00	4,75	9,50	22,00	M.
Vor- und Nachschneider besonders, Satz	2,50	4,00	6,25	13,00	30,00	„

15.[13] Bleischmelzofen mit Zahnstange.

    Höhe 80 cm, Durchm. 31 cm . . . . 18,00 M.

    Kessel aus Gußeisen dazu . . . . 3,00 bis 6,00 „

16.[13] Spirale zum Biegen von Bleirohr.

Für	3/4	1	1 1/4	1 1/2	2	Zoll
Stück	1,25	1,75	2,50	3,25	4,50	M.

17.[13] Klemmfutter ohne Auflage mit Feder. Faßt Gasrohr von 1/8, 1/4, 1/2 bis 2 Zoll, Stück . . . . 5,50, 7,50 und 10,00 M.

Bezugsquellen: 13 Bruno Mädler, Berlin SO, 16. 12 Schuchardt & Schütte, Berlin. 1 R. Reiß, Liebenwerda. Bopp & Reuther, Mannheim.

i) Für Tischler.

1.[13] Winkelhaken und Winkelmaße aus Weißbuchenholz, Zungenlänge 15—100 cm . . . . 0,35 bis 1,60 M.

2.[13] Streichmaß mit vierkantigen Stäben, unbeschlagen . . . . 0,75 „

    mit halber Messingplatte . . . . 1,15 „

    mit verstellbarem Millimetermaß, für 15 cm Länge . . . . 1,50 „

3.[12] Hobelbank aus Rotbuchenholz mit Weißbuchenspindeln, mit Fuß und Schublade, deutsche Vorderzange, Länge 160—200 cm, Gewicht 100—115 kg, Preis . . . . 57,00 bis 65,00 „

4.[13] Gehrungsschneidladen.

    Ohne Beschlag, 40, 60 cm lang . . . . 2,50, 3,50 „

    mit Messingbeschlag, 80 cm lang, 13 cm weit . . . . 8,50 „

5.[13] Einfache Winkelstoßlade, Länge 600 mm . . . . 2,50 „

6.[13] Sägen:

    a) Spannsägen mit Gestell, Zähne geschränkt und geschärft.

Tabelle 70.

Blattlänge	1 1/2	2	3	3 1/4	Fuß
„	47	63	94	110	cm
Spannsäge mit 1 1/2 Zoll breitem Blatt	2,00	2,25	3,25	3,50	M.

    b) Absatzsäge wie vor . . . . 1,75, 2,10 M.

    Schweifsäge mit 6, 8, 10, 12 mm schmalem Blatt . . . . . 1,50, 1,80 „

    c) Fuchsschwanzsäge, mit Holzgriff, Blattlänge 20, 22—40 cm 1,10, 1,20 bis 2,20 „

    d) Stichsäge mit Holzgriff, Blattlänge 20, 22—40 cm . . 0,75, 0,75 „ 0,90 „

e) Sägenblätter aus Gußstahl.

Blattlänge	1½	2	2½	3 Fuß
Spannsägenblätter	0,45	0,55	0,70	1,10 M.
Schweifsägenblätter, 6—12 mm breit	0,15	0,20	0,25	„
	0,20	0,25	0,30	„

7.[13] Tischler=Handbeil, poliert.

Breite	4½	5	6	7	8 Zoll
Ohne Stiel	1,80	2,00	2,40	3,00	3,50 M.

8.[13] Tischlerhammer mit polierter Bahn (schlichte Bahn und flache Bahn)
mit Stiel . . . . 0,75 bis 1,25 M.

9.[13] Schraubstöcke mit 3, 4, 5 Spindeln.
Lichtweite 70, 85, 100 cm . . . . 21,00, 24,00, 27,00 M.
Schraubbockschlüssel dazu . . . . 3,50 „

10.[13] Holzschraubzwinge von Rotbuchenholz und Weißbuchenspindeln.

Tabelle 71.

Lichte Höhe	15	21	27	32 cm
Gezinkt und geleimt	0,95	1,30	1,75	2,25 M.
mit 2 eisernen Verbindungsstangen	1,25	1,60	2,00	2,50 „

11.[13] Hobel. (Raubänke, Spund= u. Nuthobel, Zughobel (s. 1f).
a) Schrubhobel.

Tabelle 72.

Breite der Eisen	26	30	34	36 mm
mit einfachem Eisen	1,60	1,70	1,90	2,00 M.
„ „ „ und Pockholzsohle	3,50	3,60	3,75	4,00 „
„ doppeltem Eisen	—	2,50	2,50	— „
„ „ „ u. Pockholzsohle	—	4,50	4,50	— „
Ölen je Stück Eisen		0,15 M.		

b) Schiffshobel.
Eisenbreite 46, 48 mm, mit einfachem Eisen . . 2,75 „
mit doppeltem Eisen . . . . 3,50 „

c) Putzhobel.
Eisenbreite 42, 44—52 mm . . . . 2,75, 2,90 bis 3,25 M.
mit Pockholzsohle mehr . . . . 2,00 „

12. Bohrer (s. 1f).
Schnellbohrer mit Ringgriff . . . . 0,10 bis 0,25 „

13. Leimapparate für Spiritusheizung.
Inhalt 0,10—0,50 l . . . . 3,00 „ 5,50 „

14. Leimpinsel in offenen Blechhülsen.
Borstenlänge 40—70 mm, Dtzd. . . . . 7,00 „ 41,00 „

12 Schuchardt & Schütte, Berlin C, 2.   13 Bruno Mädler, Berlin SO, 16.

k) Für Klempner.

1.[13] **Sperrhaken.** Entsprechen den Sperrhörnern bei g.
Aus Schmiedeeisen mit verstahlten Bahnen, mit je
2 Hörnern, und zwar
mit ovalem und mit halbstumpfem Horn,
„ flachem „ „ rundspitzem „
„ dreikantigem und rundspitzem Horn,
„ rundspitzem „ „ „
je 1 kg . . . . 1,80 M.

2.[13] **Sickenstöcke** (Sperrhaken mit quergeriefter
Oberfläche), je 1 kg . . . . 2,75 „

3.[13] **Arbeitsklotz** aus Eichen, 60 cm hoch, 40 cm Durchm., mit 5 durch=
gehenden Löchern und 2 Eisenreifen . . . . 17,50 M.

4.[13] **Kopfförmige Formstücke.** Zum Einsetzen in den Arbeitsklotz. Polier=
stöcke, Umschlageisen, Tasso, Fäuste, je 1 kg . . . . 1,70 bis 2,00 M.

5.[13] **Zinksäge mit Gestell.**

Tabelle 73.

Länge	21	27	34	38 Zoll
Stück	2,00	2,75	3,00	3,50 M.
Einzelne Blätter	0,75	1,00	—	— „

6.[13] **Zinkreißer** . . . . 0,80 M.

7.[12] **Hämmer** aus Gußstahl. Ohne Stiele.
Spannhammer: mit runder, flacher Bahn,
Polierhammer: „ zweierlei flachen Wölbungen,
Aufziehhammer   „ hochgewölbter Bahn,
Spannhammer: „ viereckiger, flacher Bahn,
bis 0,5 kg Gewicht, je 1 Stück . . . . 1,10 M.
über 0,5 kg Gewicht, je 1 kg . . . . 2,20 „
Schlichthammer: Hammerkopf gerade,
Ausschlichthammer: „ schwach gekrümmt,
bis 0,5 kg Gewicht, je 1 Stück . . . . 1,25 „
über 0,5 kg Gewicht, je 1 kg . . . . 2,50 „
Kornsickenhammer aus Schmiedeeisen, je 1 Stück   1,20 M.

8.[13] **Holzhämmer** mit Stiel.
Durchm. der aus Buchenholz 50, 65, 80, 90 mm; Höhe: 2½ bis
2facher Durchm., je 1 Stück . . . . 0,25, 0,30, 0,40, 0,50 „
Durchm. der aus Chinaholz 30, 40—80 mm; Höhe: doppelter Durchm.
je 1 Stück . . . . 0,60, 0,65 bis 1,50 „

9.[13] **Handblechscheren.** Schneiden jede beliebige Biegung in Zink, Messing,
Schwarz= und Weißblech.
Ganze Länge 26 cm . . . . 7,00 „
„ „ 30 „ . . . . 8,00 „

10.[13] **Rohrschere** zum Abschneiden von Zink, Kupfer, Schwarzblech, Länge
280 mm . . . . 8,50 „

11.[13] Lochschere zum Ausschneiden von Löchern jeder Form über 20 mm
Größe in Bleche und Blechgegenstände . . . .   4,50 M.

12.[13] Beuleisen . . . .   1,20 M.

13.[13] a) Lötofen aus Gußeisen, mit einer Lötstelle . . 6,50, 8,00 „
    desgl. mit Roste und Aschkasten; mit 1, 2, 3, 4 Lötstellen
        10,00, 16,00, 26,00 „
  b) Löteimer mit Roste aus Eisenblech, 200 mm Durchm. 3,50 „
  c) Lötscheren.
        50 cm, 100 cm lang . . . . . . 7,50, 12,50 M.
  d) Lötzange,
        ganze Länge 15, 18—26 Zoll 2,25, 3,00 bis 5,00 „
  e) Kupferne Lötkolben.
        Spitz= oder Hammerkolben, je 1 kg . .   4,50 „
        Stiele für Spitzkolben . . . .   0,75 „
        Stiele für Hammerkolben . . . . . .   0,50 „
  f) Benzin=Lötkolben, schwedischer . . . . .   14,00 „
  g) Schwedische Benzin=Lötlampe. Inhalt $\frac{1}{3}$, $\frac{1}{5}$ l 9,00, 7,50 M.

14.[13] Aushauer aus Gußstahl.
  Für Löcher von 6—50 mm, je 1 mm Durchm. . . . . . .   0,05 „

15.[13] Auftreiber aus Weißbuchenholz. Größter Durchmesser
        44, 54 mm, je 1 Dtzd. . . . .   2,60, 3,00 „
  Durchtreiber aus Weißbuchenholz. Größter Durchmesser
        39, 52 mm, Stück . . . .   0,30, 0,40 „

16.[13] Falzmeißel für Nuten von 3—6 mm . . . .   1,25 M.

12 Schuchardt & Schütte, Berlin C, 2.   13 Bruno Mädler, Berlin SO, 16.

l) Für sonstige Bauhandwerker.

1. a) Schieferdeckerhämmer . . . .   5,25 M.
  b) Schieferdeckerbrücke . . . .   1,50 „
  c) Schieferdeckernageleisen . . . .   3,50 „
  d) Dachkelle . . . .   0,60 „

2. a) Streichpinsel mit Faden abgebunden, Stärke am Bund 7, 8, 10 bis
        70 mm, Borstenlänge 45, 55, 60—140 mm,
        je 1 Dtzd. . . . . 0,90, 1,40, 1,75 bis 90,00 „
  b) Anstreichpinsel in Eisenringen, graue Borsten, Ringdurchm. 20, 22,
        25—60 mm, Borstenlänge 57, 60, 62—115 mm
        je 1 Dtzd. . . . . 2,25, 2,50, 3,00 bis 40,00 „
  c) Farbkessel, aus einem Stück Stahlblech, verzinkt. Inhalt 1½, 1¾,
        2½, 3¾ bis 17 l . . . . 1,00, 1,20, 1,40, 1,60 bis 4,50 „

3. a) Glaser=Kittmesser . . . .   0,75 „
  b) Glaser=Kittaushauer . . . .   1,00 „
  c) Glaser=Stifthammer, Stahl, ohne Stiel . . . .   1,00 „
  d) Glasschneider, 10 mm stark schneidend . . . .   12,50 „
  e) Glasbrecherzange, 5, 6—9 Zoll lang . . . . . . 0,90, 1,00 bis 2,50 „

2. Preßluftwerkzeuge.

Die Preßluftwerkzeuge werden betrieben mit Preßluft von 6—8 Atmosphären Druck.

a) [15] Kompressoren.

Tabelle 74.

Angesaugte Luftmenge in obm p. Minute bei		Tourenzahl p. Minute		Kraftverbrauch bei 7 Atm. Druck	Riemenscheibenschwungrad		Durchmesser der		Gewicht der komplett. Anlage	Preis der		
normalen Tourenzahl	maximalen Tourenzahl	normale	maximale		Durchmesser	Breite	Saugleitung	Druckleitung		komplett. Normalmaschine	für selbsttätige Regulierung	Verankerung
				PS	mm	mm	mm	mm	kg	M.	M.	M.
1,0	1,5	295	310	7,0	850	120	60	40	1100	2100	137,50	33,00
2,0	2,2	270	295	13,5	1000	140	80	50	1550	2500	155,00	40,00
3,0	3,2	265	285	20,0	1100	160	100	60	2500	3100	160,00	50,00
4,0	4,5	255	250	26,0	1200	200	110	70	3400	3600	172,00	66,00
6,0	6,9	200	230	40,0	1500	250	125	80	4800	4700	182,00	88,00
8,5	9,5	195	215	55,0	1650	300	175	100	6000	5800	193,00	105,00

b) [16] Rohrleitung.

Man verlegt möglichst feste Leitung und nimmt für die Abzweigung höchstens 12 m Schlauch.

Tabelle 75.

Doppelhahn mit Momentkupplungen, 25 mm lichter Durchmesser . . . . 18,00 M.

Einfacher Hahn mit „ 25 „ „ „ . . . . 12,00 „

Momentkupplungen { lichter Durchm. . . . 20　16　13　10 mm } Nockenabstand

Momentkupplungen { Preis . . . . . . 4,80　4,60　4,20　4,00 M. } 42 mm

Schlauchklemme, einteilig . . . . 0,45 M.

„　　　　　zweiteilig . . . . 0,44 „

[16] Universal-Preßluftschlauch, je 1 m . . . . 3,25　2,75　2,30　1,80 „

[16] Mit Kordelschutz, je 1 m . . . . 3,50　2,65　2,35　1,95 „

[16] Mit Flachdrahtschutz, je 1 m . . . . 3,40　2,55　2,25　1,80 „

[17] Mit Ringschutz, je 1 m . . . . 3,10　2,80　2,40　—　„

c) [15] Gesteins-Bohrmaschinen.

Tabelle 76.

Hauptabmessungen mm					Gewicht	Preis	Schrauben-Querschlag-Säule				Dreifußgestell	
Zylinderdurchmesser	Hub des Stoßkolbens	Vorschub	Durchmesser d. Bohrstuhles	lichte Weite des EinschubSchlittens			mit Kugellaufmutter		mit Kugellaufmutter und Nutschrauben			
							Gewicht	Preis	Gewicht	Preis	Gewicht	Preis
					kg	M.	kg	M.	kg	M.	kg	M.
60	200	550	26	21	60	420	100	220	105	240	200	240
75	200	600	26	21	75	460	100	220	105	240	200	240
90	250	650	30	25	90	520	110	240	115	260	200	240

Schmierapparat für Gesteinsbohrmaschinen . . . . 30,00 M.

15 Deutsche Niles-Werke, Berlin-Oberschönweide und Pokorny & Wittekind, Frankfurt a. M.　16 Chr. Berghöfer & Co., Kassel.
17 G. Diemar & Co., Kassel.

d)[15] Werkzeuge und Motoren.

Tabelle 77.

Bezeichnung der Werkzeuge	Luftverbrauch cbm	Lichtweite des Schlauchschlusses mm	Gewicht kg	Preis in M.
Niethämmer für Niete bis . . . . 32 mm	pro Niet { 0,20	16	10,0	450
„ „ „ „ 26 „	0,18	16	9,5	425
„ „ „ „ 22 „	0,17	16	8,5	400
Nietgegenhalter			8,0	125
Düsen-Nietfeuer auf Ständer fahrbar			43,0	100
„ „ „ tragbarem Gestell			35,0	65
Hämmer für schwere Meißelarbeiten und Nieten bis . . 18 mm	pro Minute { 0,48	10	6,0	350
„ „ „ schwerstes Verstemmen	0,45	10	5,5	300
„ „ mittlere Meißelarbeiten und schweres Verstemmen	0,40	10	5,0	300
„ „ leichte Meißelarbeiten und leichtes Verstemmen . . .	0,35	10	4,8	300
„ „ ganz leichte Meißelarbeiten	0,30	10	4,0	275
Abklopfer			2,0	120

Bohrmaschinen:

Leitung in PS.	Für Löcher bis mm	Aufreiben bis mm	Gewindeschneiden bis engl. Zoll	Bohrvorschub mm	Ganze Höhe mm	Luftverbrauch cbm	Lichtweite mm	Gewicht kg	Preis M.
3	75	40	$1\frac{1}{2}$	160	360	pro Minute { 1,20	16	30,0	700
2	50	32	$1\frac{1}{8}$	140	305	1,00	16	18,0	625
$1\frac{1}{4}$	32	22	$\frac{7}{8}$	125	285	0,80	16	14,0	550
1	25	18	$\frac{3}{4}$	120	270	0,60	10	10,0	500

	und einer Ausladung von mm	Luftverbrauch cbm	Gewicht kg	Preis M.
Schlag-Nietmaschinen für 32 mm Nieten	500	pro Niet { 0,20	75,0	770
	750	0,20	100,0	825
	1000	0,20	115,0	880
	1500	0,20	140,0	1100
	2000	0,20	185,0	1325
Schlag-Nietmaschinen für 26 mm Nieten	500	pro Niet { 0,17	65,0	700
	750	0,17	85,0	750
	1000	0,17	100,0	800
	1500	0,17	125,0	1000
	2000	0,17	160,0	1250

Bezeichnung der Werkzeuge	Luftverbrauch cbm	Lichtweite mm	Gewicht kg	Preis M.
Spanten-Nietapparat für Nieten von 26 mm u. 420 mm geringster Länge				400
Kranstampfer für schwere und Grubenarbeiten . . .	pro Minute { 0,70	19	120,0	850
Handstampfer für schwere Arbeit	0,45	10	16,0	400
„ für mittlere Arbeit	0,30	10	9,0	350
Bankstampfer für leichte Arbeit	0,20	10	6,5	300

Hebezeuge mit 1250 mm Hub:

Hebekraft in kg bei 6 Atm.	7 Atm.	Luftverbrauch (bei 6 Atmosphären) cbm	Gewicht kg	Preis M.
400	470	0,058	40,0	180
670	780	0,092	60,0	215
1000	1170	0,132	80,0	290
1350	1580	0,180	110,0	340
1800	2100	0,235	125,0	400
2300	2700	0,298	150,0	450
3000	3800	0,445	200,0	600
4800	5700	0,622	275,0	700
6500	7600	0,825	350,0	800
7400	8600	0,937	450,0	900

Bezeichnung	Tragfähigkeit	m Hubgeschwindigkeit pro Minute		Gewicht kg	Preis M.
Motorflaschenzüge für . . . . 1000 kg		5		350,0	1600
„ „ 2000 „		4		410,0	1700
„ „ 3000 „		3		480,0	1800
„ „ 4000 „		2		550,0	1850

Bezeichnung	Umdrehungen p. Min. belastet	unbelastet	Luftverbrauch cbm	Gewicht kg	Preis M.
Motoren zu . . . . 2,5 PS	310	650	pro Minute { 1,50	85,0	750
„ „ 3,5 „	260	525	2,40	120,0	850
„ „ 5,0 „	200	410	2,70	145,0	950
Bohrhammer					410

D. Geräte und Maschinen.

a) [18] Kaufpreise und Mietspreise für Transportgeräte und Baulokomotiven.

1. Muldenkippwagen, 500 und 600 mm Spurweite, Muldenblech rd. 2 mm stark, mit selbsttätiger Patent=Feststell=Vorrichtung und Schwammlagern, Länge ohne Bremse 1,66 m bis 1,70 m, Breite 1,31 m, Höhe über SO. 1015 mm bzw. 1060 mm; kippen nach beiden Seiten.

Tabelle 78.

	Kaufpreis für neue	Mietpreis für gebrauchte 3	6	9	12 Monate
Muldenkippwagen von ½ cbm Inhalt	77	15	20	25	28 M.
desgl. von ¾ cbm Inhalt	86	16	22	26	30 „
Mulden aus 3 mm starkem Blech, Mehrpreis .	9	—	—	—	— „
Zugkraftersparende Rollenlager desgl.	6	—	—	—	— „

2. Kastenkippwagen aus Holz mit hölzernem Untergestell; zweiseitig kippend, mit Kippwellen; auch solche einseitig kippend, mit Kippwiegevorrichtung.

Tabelle 79.

	Kaufpreis für neue	Mietpreis für gebrauchte 3	6	9	12 Monate
von 1 cbm Inhalt und 600 mm Spur . . .	225	40	50	60	70 M.
„ 1½ „ „ „ 600 „ „ . . .	252	50	60	70	80 „
„ 2 „ „ „ 750 „ „ . . .	320	60	75	90	105 „
„ 3 „ „ „ 900 „ „ . . .	400	75	90	105	120 „

3. Plattformwagen, hauptsächlich zum Transport in Lagerhäusern und Fabriken, mit Holz oder Riffelblech abgedeckt;

für 500—600 mm Spur, 3000 kg Tragfähigkeit, Länge der Platt=
form 1500 mm . . . . 100,00 M.

desgl., Länge der Plattform 1750 mm . . . . 110,00 „

4. Gleiskarren, zweirädrig, Räder mit breiten Flanschen, ermöglichen auch ohne Schienen auf hartem Boden, Holz= oder Steinboden zu fahren, für Gleiskurven bis 5 m brauch=
bar, Tragfähigkeit 500—600 kg.

5. Kastenkarre, Länge des Kastens 750 mm, Breite 600 mm . . . . . 80,00 M.

6. Plattformkarre, Länge und Breite wie vor . . . . 70,00 „

7. Eiserne Schiebkarren, Handfuhrgeräte; zwischen ⊏ Eisen mittels Schraubbolzen ein kräftiger Holzfußboden eingeklemmt, auf dem der Kastenboden befestigt. Räder aus Stahlguß mit abgedrehten Schenkeln in Pockholzlagern.

Tabelle 80.

Nummer	1a	1b	1c	1d	1e
Inhalt	60	75	100	125	150 l
Eigengewicht	33	40	45	50	60 kg
Tragfähigkeit	200	250	300	350	400 „
Mittlere Länge	600	700	750	775	800 mm
Breite des Kastens . .	550	550	570	600	625 „
Höhe „ „ . .	160	200	230	280	300 „
Preis	21	23	27	30	34 M.

8. Stahlschubkarre, 50 l Inhalt, mit schmiedeeisernem Rad und ⌐ Bäumen 14,00 M.

dies., 75 l Inhalt . . . . 17,50 „

dies., 100 l Inhalt . . . . 19,50 „

9. Hölzerne Schubkarre; rd. 100 l Inhalt, stark beschlagen, mit besonderer Verstärkung an der Vorderseite des Kastens. Tragbäume aus Eichen oder Birke, Radnaben aus Esche, Speichen aus Eiche, Felgen aus Eiche oder Buche . . . . 12,50 M.

10. Gußstahlräder für Schubkarren und Handkarren, Speichenräder.

Tabelle 81.

Durchmesser	225	235	300	390 mm
Kranzbreite	48	54	54	65 „
Tragfähigkeit	300	300	500	750 kg
Anzahl der Speichen .	5	4	6	7
Preis	4,00	5,00	6,00	8,00 M.

11. Lokomotiven für Bautransporte.

Tabelle 82.

						Kaufpreis für neue	Mietpreis für gebrauchte			
							3	6	9	12 Monate
Stärke	20	PS und	600	mm	Spur .	5 400	1200	1400	1600	1800 M.
„	40	„ „	600	„	„ .	6 600	1400	1600	1800	2000 „
„	50	„ „	750	„	„ .	7 300	1500	1750	2000	2250 „
„	60	„ „	900	„	„ .	9 300	1750	2000	2250	2500 „
„	80—90	„ „	900	„	„ .	10 500	1900	2200	2500	2800 „
„	125—140	„ „	900	„	„ .	13 000	2300	2600	2900	3200 „

Bezugsquellen: **18** Orenstein & Koppel, Arthur Koppel A.-G., Berlin. (Preise ab Berlin-Spandau, Kaufpreise für Neumaterial. Mietspreise für gebrauchtes Material. Rückfrachten auch zu Lasten des Mieters.)

b) Rammen und Zubehör.

1. a) **Handzugrammen.** Rammen ohne Winde, kommen bei wenig umfang= reichen Arbeiten, wie beim Schlagen von Gerüstpfählen in Anwendung. Für je 15 kg Rammbärgewicht rechnet man 1 Arbeiter, dazu 1 Rammeister (Schwanzmeister) und 1 Zimmermann für jede Ramme.

Über Leistungen und Berechnungen s. Abschnitt V, B V.

Tabelle 83.
[19] Preisliste über komplette Zugrammen.

Nummer des Modells	Gewicht des Bärs kg	Höhe bis Unter- kante des hoch- gezogenen Bärs m	Gewicht der ganzen Ramme rd. kg	Preis der kompletten Ramme		Seefeste Ver- packung M.
				ohne Laufrollen	mit Laufrollen	
1	125	5	725	400	450	7
2	175	6	950	460	510	8
3	225	7	1200	525	585	9
4	300	8	1400	625	690	10

Preise von Rammtauen und Zugleinen s. IV. Abschnitt B. XV.

b) **Kunstrammen.** Handrammen mit rücklaufender Kette und freifallendem Bär auf hölzernem Gerüst. Zum Aufziehen des Bärs dient eine Handwinde.

[19] Tabelle 84.

Nummer des Modells	Gewicht des Bärs kg	Höhe bis Unterkante des hochgezogenen Bärs m	Gewicht der ganzen Ramme rd. kg	Preis der kompletten Ramme M.	Gewicht der Eisenteile allein, ohne Holz rd. kg	Preis der Eisenteile allein, ohne Holz M.	Seefeste Verpackung M.
1	400	7	2000	1025	900	600	15
2	600	9	3000	1450	1400	850	20
3	800	11	4000	1925	1900	1150	25
4	1000	13	5000	2350	2400	1400	30

2. a) Dampframme mit rücklaufender Kette und freifallendem Bär. Die Dampfwinde hebt mit der Kette den Bär, läßt ihn in bestimmter Höhe fallen, dann die Kette wieder zurücklaufen und den Bär wieder fassen, hebt wieder usw. Dampfmaschine und Winde sind durch Klauenkupplung miteinander verbunden. Nach Lösung der Kupplung zieht ein Gegengewicht die Kette herunter und faßt den Bären mit einem Schnepper selbsttätig. Der Schnepper wird durch Leinenzug ausgelöst.

Tabelle 85.

[19] Preisliste über komplette Dampframmen mit rücklaufender Kette.

Nummer des Modells	Pferdekraft der Dampfwinde	Gewicht des Bärs kg	Zahl der Schläge per Minute bei 4 m Fallhöhe	Höhe bis Unterkante des hochgezogenen Bärs in m	Gewicht der ganzen Ramme auf Gerüst Nr. 2 rd. kg	Preis der kompletten Ramme ab Fabrik			Seefeste Verpackung in Kisten M.
						mit Gerüst Nr. 1 M.	mit Gerüst Nr. 2 M.	mit Gerüst Nr. 3 M.	
3	3	750	3	10	5000	3500	3700	3950	50
4	4	1000	3	12	7000	4250	4500	4850	65
6	6	1400	3	14	10 000	6100	6450	6900	80

b) Dampframmen mit endloser Kette. Durch die Vermeidung des Rücklaufs wird an Zeit gespart und die Dampfmaschine mehr ausgenutzt. Die Verbindung zwischen Bär und Kette wird durch einen in der Aussparung des Bären befindlichen verschiebbaren Daumen hergestellt, während die Auslösung durch einen Abrückstift, der nach Bedarf in die eine Läuferrute gesteckt wird, geschieht. Eine zweite Trommel mit rundgliedriger Krankette dient zum Hochziehen des Pfahls.

Tabelle 86.

[20] Preisliste über komplette Dampframmen mit endloser Kette.

Nummer des Modells	Pferdekraft der Dampfwinde und des Dampfkessels	Gewicht des Bärs kg	Zahl der Schläge per Minute bei 1,5 m Fallhöhe	Höhe bis Unterkante des hochgezogenen Bärs m	Gewicht der ganzen Ramme auf Gerüst Nr. 2 rd. kg	Preis der kompletten Ramme ab Fabrik				Seefeste Verpackung in Kisten M.
						mit Gerüst Nr. 1 M.	mit Gerüst Nr. 2 M.	mit Gerüst Nr. 3 M.	mit Gerüst Nr. 3a M.	
3	3	800	11	10	6800	4825	4950	5150	5450	90
4	4	1000	11	11	8600	5850	6000	6250	6650	110
5	5	1200	12	12	10 000	6800	7000	7300	7800	130
6	6	1400	12	13	13 000	8300	8600	8950	9450	150
8	8	1800	12	14	18 000	10 600	11 000	11 400	12 100	180

Die Gewichte der Rammen auf Gerüst Nr. 1 sind ca. 5% niedriger, auf Gerüst Nr. 3 ca. 5% und auf Gerüst Nr. 3a ca. 10% höher als bei Gerüst Nr. 2.

O.-Sch.

c) **Dampframmen mit direktwirkendem Rammbär** (System Lacour). Der Bär wird direkt durch den von einem Gummischlauch zugeführten Dampf gehoben. Diese Ramme hat durch die schnelle Aufeinanderfolge der Schläge (30 bis 40 in der Minute) eine sehr günstige Schlagwirkung, besonders in leichterem Boden. Um das Aufweichen der Pfahlköpfe durch das unten aus dem Bär heraustretende Kondenswasser zu verhindern, wird auf dem Pfahlkopf eine schmiedeeiserne Schlagplatte von 20—30 mm Stärke mit langen Nägeln befestigt, auf die sich die Kolbenstange des Bärs stützt.

Tabelle 87.

[19] Preisliste über komplette Dampframmen mit direktwirkendem Rammbär (System Lacour).

Zahl der Schläge zwischen 30 und 40 in der Minute.

Nummer des Modells	Heizfläche des Dampf- kessels qm	Pferdekraft der Dampf- winde	Gewicht des Bärs kg	Hubhöhe des Bärs mm	Höhe bis Unterkante des hochgezogenen Bärs m	Gewicht der ganzen Ramme auf Gerüst Nr. 2 kg	Preis der kompletten Ramme ab Fabrik			Seefeste Ver- packung in Kisten M.
							mit Gerüst Nr. 1 M.	mit Gerüst Nr. 2 M.	mit Gerüst Nr. 3 M.	
2	3	2	450	1000	8	5100	4000	4150	4500	80
3	4,5	3	600	1250	10	6650	4950	5200	5650	95
4	6,5	4	800	1500	12	10 000	6600	6800	7450	115
6	10,5	6	1200	1750	15	13 500	8200	8550	10 500	140

Die Gewichte der Rammen auf Gerüst Nr. 1 sind ca. 5% niedriger, auf Gerüst Nr. 3 ca. 5% höher als bei Gerüst Nr. 2.

d) **Dampframmen mit direkt wirkendem Rammbär.** Patent Menck & Hambrock.

Den Nachteil der Erweichung durch das Kondenswasser, der bei dem Lacour-Bären vorliegt, will diese Konstruktion dadurch vermeiden, daß die Kolbenstange nach oben aus dem Bären heraustritt.

Tabelle 88.

[20] Preisliste über komplette Dampframmen mit direkt wirkendem Rammbär Patent Menck & Hambrock.

Zahl der Schläge zwischen 30 und 40 in der Minute.

Nummer des Modells	Pferde- kraft des Dampf- kessels	Pferde- kraft der Dampf- winde	Gewicht des Bärs kg	Hubhöhe des Bärs mm	Höhe bis Unterkante des hoch- gezogenen Bärs m	Gewicht der ganzen Ramme auf Gerüst Nr. 2 kg	Preis der kompletten Ramme ab Fabrik				Seefeste Ver- packung in Kisten M.
							mit Gerüst Nr. 1 M.	mit Gerüst Nr. 2 M.	mit Gerüst Nr. 3 M.	mit Gerüst Nr. 3 a M.	
3	3	2	550	900	7	5650	4900	5000	5150	5400	100
4	4	3	700	1050	8	7100	6000	6150	6350	6650	120
6	6	4	900	1300	9	9600	7700	7850	8100	8500	140
8	8	4	1100	1500	10	11 500	8850	9050	9350	9850	160
10	10	5	1250	1700	11	13 800	10 450	10 750	11 100	11 650	180
12	12	6	1400	1850	12	16 100	12 000	12 400	12 800	13 400	200
16	16	8	1600	2150	13	20 400	14 600	15 100	15 700	16 300	220
20	20	8	1800	2400	14	23 000	16 700	17 300	18 000	18 700	240
25	25	10	2100	2600	15	28 000	19 800	20 500	21 300	23 100	260

Die Gewichte der Rammen auf Gerüst Nr. 1 sind ca. 5% niedriger, auf Gerüst Nr. 3 ca. 5% und auf Gerüst Nr. 3a ca. 10% höher als bei Gerüst Nr. 2.

20 3. Mencks Kleindampframmen. Als Ersatz für Handzugrammen bei angeblich 3 bis 5mal geringeren Betriebskosten, da 3 Mann zur Bedienung genügen.

1 Kleindampframme mit direkt wirkendem Rammbär nach Patent Menck & Hambrock, 450 kg Fallgewicht und 800 mm Hubhöhe. Gerüst 4,5 m Nutzhöhe. Kessel hat 3 PS; einschließlich Teleskoprohr, Gerüst mit Handwinde, Steuerseil, Bärseil und Kopftau und 10 m Dampfschlauch mit Teerschnurumwickelung und 10 m Dampfrohr, ungefähr . . . . 2550 M.

dazu 1 Dampfkessel, ungefähr . . . . 1575 „

1 Kleindampframme wie vor, aber mit einem Rammbären von 250 kg und 700 mm Hubhöhe, ungefähr . . . . 1950 M.

dazu 1 Dampfkessel, ungefähr . . . . 1325 „

4. Spülvorrichtungen dienen zur Lockerung festen Bodens beim Einrammen von Pfählen und wirken durch kräftige Saug- und Druckpumpe, die von einer fahrbaren Dampfpumpmaschine betrieben werden.

Tabelle 89.

20 Preisliste über Spülvorrichtungen mit fahrbarer Dampfpumpmaschine.

Pferdekräfte der Maschine	3	4	5	6	8	10	
Leistung per Minute . .	350	470	580	700	820	930	l
Gewicht zirka	2600	3000	3700	4200	5500	6500	kg
Preise ab Fabrik . . .	3200	3600	4350	4700	5700	6300	M.
Seefeste Verpackung . .	60	70	80	90	100	110	„

5. Kreissägen zum Abschneiden der Pfähle unter Wasser.

a) Dampfmaschine mit Kreissäge, die auf einem fahrbaren Wagen montiert ist. Antrieb der Kreissäge durch Zahnradübersetzung von einer stehenden vierpferdigen Dampfmaschine aus.

19 1 Kreissäge, bestehend in einer stehenden Dampfmaschine von 4 PS, einem stehenden Querrohrkessel mit geschweißter Feuerbüchse, mit Unterwagen von 7 m Länge, 2 Sägeblättern von 900 mm Durchm. 3800 M.

Seefeste Verpackung . . . . 90 „

19 b) Kreissäge zum Anbringen am Gerüst einer Ramme.

Einfachster Apparat für Dampfbetrieb, doch beschränkte Verwendbarkeit, da er nur nach einer Richtung fortbewegt werden kann. Das Sägeblatt ist zwischen 2 und 5 m unter den Laufschienen der Ramme verstellbar. Der Antrieb erfolgt mittels Riemenübertragung vom Schwungrad der Rammwinde.

Vorrichtung ausschl. Treibriemen mit 2 Sägeblättern von je 900 mm Durchm., Gewicht rd. 800 kg . . . . 850,00 M.

Seefeste Verpackung . . . . 12,50 „

6. Pfahlauszieher.

19 a) Hebebock-Pfahlauszieher. Zum Ausziehen von Pfählen auf dem Lande mittels einer rundgliedrigen Kette, die in der Mitte eines ⊥-Hebebalkens befestigt ist. Die Hebung dieses Balkens erfolgt mit 2 eisernen Hebeböcken. Zur Bedienung sind 4 Mann erforderlich.

2 Hebeböcke mit ⊥-Träger und Öse nebst Schäkel, ganz in Eisen, für eine Gesamthebekraft von 15000 kg, 1,5 m Hubhöhe und 3 m Länge des Hebebalkens, Gewicht 950 kg . . . . 625 M.

Seefeste Verpackung . . . . 20 „

21*

Derselbe Apparat für 30 000 kg Hebekraft, Hubhöhe 2,5 m und eine Länge zwischen den beiden Böcken von 3 m; Gewicht 2750 kg . . . . 1475 M.

Seefeste Verpackung . . . . 40 „

[19] b) Topfschrauben-Pfahlauszieher. Nur für geringe Hubhöhen.

1 Satz = 2 Stück Topfschrauben aus Eisen bei 8000 kg Hebekraft . . . . . 40 M.

desgl. bei 12 000 kg Hebekraft . . . . 60 „

desgl. bei 16 000 kg Hebekraft . . . . 70 „

Die Hebehöhe der Topfschrauben ist 375 mm, bzw. 500 mm, bzw. 550 mm.

[20] c) Kraftzange Ransome mit Dampf- oder Preßluftbetrieb. Preis auf Anfrage.

Tabelle 90.

[19] **Preise über Ersatz- und Reserveteile.**

Nachstehende Preise gelten für Winde- und Rammaschinen von 4 Pferdekräften. Die Preise für kleinere Maschinen sind je Pferdekraft um ca. 25% niedriger; dagegen für größere Maschinen um ca. 25% je Pferdekraft höher.

Modell-Chiffre Nr.	Gegenstand	Gewicht rd. kg	Preis f. d. Stück M.
C. T. D.	Abfangeisen mit Handgriff	3	4,70
„ „ „	Absteckstift mit Mutter	2	8,00
„ „ „	Abzughebel für Dampfbäre von 250—600 kg	3	15,80
„ „ „	„ „ „ 800—1200 „	4,5	17,70
„ „ „	„ „ Kettenbäre „ 800—1000 „	6	33,60
„ „ „	„ „ „ 1200—1400 „	8	34,90
„ „ „	Abzug- u. Führungsleine, je lfd. Meter . . .	—	0,45
„ „ „	Achse für die obere Kettenrolle	4	8,90
„ „ „	„ „ „ untere Kettenrolle	5	9,20
„ „ „	„ „ „ Kettenscheibe mit Ringmuttern	8	22,00
„ „ „	Bremsscheibe zur Ramme	50	35,50
„ „ „	„ „ Winde	50	35,50
191	Dampfbär, System Lacour	300	310,00
186	„ „ „	450	415,00
77	„ „ „	600	565,00
99	„ „ „	900	735,00
101	„ „ „	1250	975,00
	„ „ „	1600	1220,00
	Gummischlauch für Dampfbär, je Meter . .	—	28,00
	Gummispiralschlauch 25 mm lichte Weite . .	—	4,75
	„ 30 „ „ „ . .	—	5,65
	„ 40 „ „ „ . .	—	6,50
	Rammbär für endlose Kette kompl.	800	315,00
95	„ (Gußkörper) ohne Beschlag . . .	770	230,00
	„ komplett	1000	370,00
96	„ (Gußkörper)	960	285,00
	„ komplett	1200	445,00

Modell Chiffre Nr.	Gegenstand	Gewicht rd. kg	Preis f. d. Stck. M.
97	Rammbär (Gußkörper)	1150	345,00
	„ komplett	1500	520,00
	„ (Gußkörper)	1440	420,00
	„ für Zugrammen	125	50,00
	„ „ „	175	70,00
	„ „ „	225	90,00
158	„ „ „	300	105,00
	„ „ „	450	152,00
155	„ „ „	600	200,00
	„ „ „	800	245,00
	„ „ „	1000	300,00
	„ „ „	1200	360,00
55	Rolle mit Bolzen zum Spannen der endlosen Kette	20	11,60

Bezugsquellen: **10** Menck & Hambrock, Altona-Hamburg.   **19** C. Tobler, Berlin-Borsigwalde.   **20** Philipp Deutsch & Co., Berlin W 35.

e) Bagger und Baggergeräte.

Weitere Angaben über Leistungen siehe im Abschn. VI, 7. Fluß= und Kanalbauten.

I. Handbagger.

1. Baggerschaufel. Die aus Eisenblech gefertigten, mit Löchern versehenen Schaufeln sind etwa 30 cm lang, etwa 25 cm breit und etwa 15 cm hoch und an einer hölzernen Stange befestigt, und eignen sich bis zu einer Wassertiefe von rd. 1,5 m, fassen bis 10 l Baggerboden, je nach seiner Konsistenz, Preis . . . . 7,00 M.

2. Sackbagger. Besteht aus Sackleinen und ist an einem stählernen Bügel, der eine zum Eindrehen in den Boden geeignete Form besitzt und an einer Stange sitzt, befestigt. Der Sack hat 25 cm Durchmesser und ist 60 cm lang. Der Sackbagger wird von 3 Mann gehandhabt, von denen der eine den Sack mittels der Stange regiert, die 2 andern den Sackbagger nach Füllung des Sacks mittels Zugleinen in die Höhe heben und den Inhalt ausschütten. Preis . . . . 12,00 M.

3. Trichterbagger. Besteht aus einem kegelförmig gestalteten Blech, das unten eine Blechschneide und 2 Arme zum Aufwühlen des Bodens besitzt, zwischen seinen Längs= kanten einen vertikalen Schlitz frei läßt, der durch eine Lederdichtung nur nach innen hin freigibt. Der Trichter ist ∼ 50 cm hoch, ∼ 45 cm weit und mit einem Bügel an der Stange befestigt. Blechstärke 3 mm, Schneide 15 cm lang. Preis . . . . 15,00 M.

II. Baggermaschinen.

Unter der theoretischen Leistung versteht man die rechnungsmäßige Leistung eines Baggers bei gestrichen voll gedachten Eimern. Die theoretische Leistung eines Baggers wird festgestellt durch die Multiplikation von Eimerinhalt × den Schüttungen der Eimer je Minute × 60 = theoretische Stundenleistung.

Tabelle 91.

Hauptabmessungen und Betriebswerte, Betriebskosten einiger normalen Trockenbagger[1]).

Normaltype	30	20	15a	10	5	3	2	1
1. Theoretische Leistung in 10 Std. ununterbrochener Arbeitszeit für normale Eimerzahl in der Kette . . cbm	4800	3200	1400—1875	1125—1500	675—900	400—525	190—375	80—160
2. Effektive Leistung in 10 Std. ununterbrochener Arbeitszeit für normale Baggertiefe								
a) in leichtem Boden . . . . ca. cbm	4000	2600	1200	950	730	400	200	80
b) in mittelschwerem Boden . ca. cbm	3200	2200	1000	800	550	300	160	—
c) in schwerem Boden . . . . ca. cbm	2400	1500	750	600	400	—	—	—
3. a) Normale Baggertiefe in Metern	12	10	8	7	6	5	4	3
b) Maximale " "	18	14	10	9	8	8	8	5
4. Normale Abtraghöhe								
a) bei vorwärtsschneidenden Eimern m	6,50	5,50	5	5	4	4	—	—
b) bei rückwärtsschneidenden Eimern m	12	10	8	7	6	5	5	3
5. Dienstgewicht bei normaler Baggertiefe . . ca. tons	130	95	53	44	30	22	18	7
6. Baggergleis							Normalspur	
a) Anzahl der Baggerschienen	3	3	2	2	2	2	2	2
b) Größter Raddruck . . . . ca. tons	13	12	12	10	9	7	7	2
c) Empfehlenswertes Schienenprofil Gewicht pro lfd. m . . . . ca. kg	45	41	41	41	33	30	30	14
d) Schwellenquerschnitt . . . . ca. cm	20×28	20×28	20×28	20×28	16×26	15×24	15×24	12×20
Schwellenlänge . . . . ca. m	7,—	6,20	4,20	4,20	3,40	3,40	2,50	2,20
e) Anschaffungskosten per lfd. m Gleis*[2] ca. M.	$4\frac{1}{2}$	3—$4\frac{1}{2}$	2—3	$1\frac{1}{2}$—$2\frac{1}{2}$	1—$1\frac{1}{2}$	$\frac{3}{4}$—1	$\frac{3}{4}$	$\frac{1}{2}$—$\frac{3}{4}$
7. Wageninhalt . . . . cbm	45	43	35	35	27	25	20	12

Betriebskosten für den Dampfbetrieb.

Anschaffungspreis ca. M.	5 000	10 000	15 000	20 000	25 000	30 000	48 000	68 000
a) für Amortisation 10%	500	1 000	1 500	2 000	2 500	3 000	4 800	6 800
b) „ Verzinsung 5%	250	500	750	1 000	1 250	1 500	2 400	3 400
Insgesamt M.	750	1 500	2 250	3 000	3 750	4 500	7 200	10 200
Also pro Tag bei 250 Arbeitstagen im Jahre:								
1. Amortisation und Verzinsung . M.	3,—	6,—	9,—	12,—	15,—	18,—	28,80	40,80
2. 1 Baggermeister Gehalt pro Tag „	5,—	5,—	7,50	7,50	7,50	7,50	7,50	7,50
3. 1 Maschinist Gehalt pro Tag „	—	—	—	—	6,—	6,—	6,—	6,—
4. 1 Heizer Lohn pro Tag „	—	—	—	—	4,—	4,—	5,—	5,—
5. 1 Mann an der Schüttklappe „							4,—	4,—
6. Mann zum Gleiserücken ca.	3	4	5	7	10	10	15	20
Arbeitsdauer pro Tag ca.	1/5	1/4	1/3	1/3	1/3	1/3	1/2	1/2
bei M. 3,— Lohn pro Tag ca. M.	1,75	3,—	5,—	7,—	10,—	10,—	22,50	30,—
7. Steinkohlen pro Tag ca. kg	150	200	320	475	550	700	1200	1800
(pro 1000 kg M. 20,—) = pro Tag ca. M.	3,—*1	4,—	6,40	9,50	11,—	14,—	24,—	36,—
8. Zufuhr von Kohlen und Wasser pro Tag „	1,—	1,20	2,—	3,—	3,50	3,50	4,—	4,50
9. Schmier- und Putzmaterial pro Tag „	—,50	—,80	1,—	1,—	1,50	1,50	2,—	2,50
10. Reparaturen pro Tag „	1,75	3,—	6,—	8,—	10,—	12,—	19,—	27,—
Insgesamt pro Arbeitstag M.	16,—	23,—	36,90	48,—	68,50	76,50	122,80	163,30
Effektive Förderleistung in mittelschwerem Boden pro 10 Std. ca. cbm	80**	160	300	550	800	1000	2200	3200
Förderkosten bei normaler Baggertiefe von . . . m	3	4	5	6	7	8	10	12
pro 1 cbm in leichtem Boden Pf.	rd. 20 Pf.	rd. 12	rd. 9,6	rd. 7,4	rd. 6,8	rd. 6,4	rd. 4,7	rd. 4
in mittelschwerem Boden „		„ 14,4	„ 12,3	„ 8,8	„ 8,7	„ 7,7	„ 5,5	„ 5
in schwerem Boden „				„ 12,5	„ 11,6	„ 10,—	„ 7,7	„ 7

Bei elektrischem Antrieb vermindern sich die Personalkosten, namentlich bei den Typen 30, 20, 16a, 10 nicht unwesentlich, weil dabei der Baggermeister die Maschinenanlage mit zu bedienen imstande ist.

---

¹) Dienstein & Koppel, Arthur Koppel. A.-G. Berlin SW. 61.

Trockenbagger (Exkavatoren).

Auf Schienen fahrbar, werden angewandt zur Herstellung von Kanälen, Anschnitten und Einschnitten und zur Gewinnung der Rohprodukte für die Ton-, Zement- und Kalk-industrie (Exkavatoren).

Sandboden und mittelschwerer Boden sind solche, die sich noch mit dem Spaten abstechen lassen, während die Leistungsfähigkeit des Baggers bei solchem Boden aufhört, der nicht mehr mit der Hacke bearbeitet werden kann. Boden, stark mit großen Steinen oder mit Wurzelwerk durchsetzt, ist gefährlich für die Bagger.

Je nachdem unterhalb oder oberhalb des Transportgleises gebaggert werden soll, unterscheidet man: Tiefbagger und Hochbagger.

Die Tiefbagger werden hergestellt: a) mit durchhängender Eimerkette, b) mit ge-führter Eimerkette.

Die Hochbagger: a) mit vorwärtsschneidenden Eimern, b) mit rückwärtsschneiden-den Eimern.

Zu a). Die durchhängende Kette verläuft vom Oberturas zum Mittelturas in etwa Planumshöhe und hängt von da bis zum Unterturas frei durch. Dadurch ist sie in engen Grenzen beweglich und imstande, Hindernissen, wie Steinen, in etwas auszuweichen.

Zu b). Die geführte Kette kann solchen Hindernissen nicht ausweichen, empfiehlt sich deshalb besonders für gleichartige Bodenschichten ohne steinige Beimischungen. Sie verläuft vom Mittelturas bis zum Unterturas in gerader Linie. Mit solchen Baggern lassen sich genaue geradlinige Profile, wie sie z. B. bei Kanalbauten erforderlich sind, herstellen, auch füllen sich die Eimer gleichmäßig.

Um auch die Sohle unmittelbar durch den Bagger ebenflächig herzustellen, wird die Eimerkette noch über ein besonderes am Unterturas ansetzendes Horizontalstück ge-führt, das in einem zweiten Unterturas endigt. Hochbagger arbeiten gegen den Berg. Für Material mit natürlicher Böschung, wie Kies und Sand, sind geschlossene vorwärts-schneidende Eimer in Kübelform, welche die Wand von unten anschneiden und dadurch die höherliegenden Massen zum Nachstürzen bringen, zweckmäßig, für Ton dagegen rück-wärtsschneidende Eimer mit offenem Boden, die fest in die Materialwand hineingreifen. Aus diesen offenen Eimern entfernt ein besonderes feststehendes Ausschneidemesser bei der Drehung des Eimers auch zähe und klebrige Massen mit Sicherheit von den Wänden.

Der Exkavator fährt langsam an dem Zuge längs und füllt einen Wagen nach dem andern, während der Zug selbst still steht.

4. Exkavatoren (Trockenbagger).

Tabelle 92.

Trockenbagger der Lübecker Maschinenbau-Gesellschaft in Lübeck.

	Type		A	O	C	F	L	Z
1	Theoretische Stundenleistung, ab-hängig von der Baggertiefe . cbm		270—240	210—168	150—120	90—70	55—35	30
2	Wahrscheinliche Stundenleistung i. M.							
	a) in leichtem Boden	„	180	120	100	60	35	20
	b) in mittelschwerem Boden . .	„	150	100	80	50	25	15
	c) in schwerem Boden	„	120	80	60	40	15	10
3	Größte Baggertiefe (Tiefbagger) . m		10	9	8	6	5	4
4	Größte Abtraghöhe (Hochbagger) . „		10	8	8	6	5	4
5	Transportwagen passend . . . . cbm		2$^{1}/_{2}$	2	1$^{1}/_{2}$—1$^{2}/_{4}$	$^{3}/_{4}$	$^{1}/_{2}$	$^{1}/_{3}$
6	Konstruktionsgewicht je nach der ein-gelegten Baggerkettenlänge . . t		55—60	40—44	33—36	21—23	11—13	9—10
7	Preis für Dampfbetrieb . . . . M.		36 000	32 000	26 000	18 000	13 000	11 000
8	Preis für elektrischen Antrieb . . . „		34 600	30 800	25 000	17 100	11 500	9 100

Löffelbagger.

Neben den Eimerkettenbaggern finden in neuerer Zeit die Löffelbagger Verwendung, die ihren Namen nach der mit ihren ausführbaren Handhabung der Bodengewinnung führen. Ein löffelförmiger Behälter aus starkem Mantelblech ist mit starken Schneiden und mit Reißzähnen bewehrt; er sitzt an einem starken, langen Stiel, der auf dem Baggerausleger mittelst einer besonderen Maschine geführt und dadurch in die Entnahmestelle vorgeschoben werden kann. Auf dem zweiachsigen Unterwagen, der mit Kegelradübersetzung auf dem Gleis bewegt wird, ist der Oberwagen mit Ausleger und Löffel vollständig frei drehbar.

Normale Heißdampflöffelbaggertypen
der Orenstein & Koppel, Arthur Koppel A.-G.

Modell	Löffelinhalt cbm	Normale Windekraft kg	Betriebsgewicht ca. kg	Theor. Leistung cbm	Preis M.
5	0,75—1,—	5 000	26 000	450—600	21 000
12	1,50	12 000	52 000	900	26 000
16	2,—	16 000	63 000	1 200	30 000

Schwimmbagger (schwimmende Baggermaschinen).

a) Mit Handbetrieb.

5. Handbaggermaschine für 4 Mann, mit eiserner Lafette, 10 Schöpfkübeln von Eisenblech und Gußstahlschaufelplatten, Bockrolle, Kran, Ketten, Getriebe, Haspeln und Ankern, für je 1 Stück . . . . 5000 M.

Die 2 dazugehörigen 8,5 m langen und 1,3 m breiten Tragschiffe nebst 2 Stück 8,5 m langen Schlammkähnen, zusammen . . . . 3600 „

22 6. Vertikal-Handbagger für Ausschachtungen über und unter Wasser, sowie für Brunnen, Fundamentschächte, Senkgruben u. dgl.

Eimerleiter aus 2 schmiedeisernen Rohren mit fünfeckigem Unterturas und viereckigem Oberturas. Eimerkette aus Schakengliedern, die miteinander durch gehärtete Stahlbolzen verbunden sind. Der Antrieb des Oberturas erfolgt durch Handkurbeln mittels Zahnradvorgelege. Auf jedem vierten Kettengliede sitzt ein Eimer aus Stahlblech mit aufgesetzter Stahlschneide.

Der Bagger ruht auf einem an Ort und Stelle leicht herzustellenden Holzbock, der den Apparat unterhalb des Oberturases stützt. Haben die Eimer das unter ihnen befindliche Baggergut weggeräumt, so wird der Apparat gesenkt, damit die Eimer neuen Boden greifen. Zu diesem Zweck läßt sich der Oberturas auf der Eimerleiter verschieben und in der erforderlichen Höhe wieder feststellen. Die Rohre selbst können ohne weiteres oben angeschuht werden, die Eimerkette läßt sich leicht durch Einsetzen neuer Schakenglieder und Eimer verlängern. Der Bagger arbeitet bis zu 14 m Tiefe absolut sicher und sind zur Bedienung nur 3 Mann erforderlich.

Das geförderte Baggergut wird bei der Drehung der Eimer um den Oberturas ausgeschüttet und fällt in ein untergestelltes Gefäß, eine Schüttrinne oder dgl.

Die theoretische stündliche Leistung beträgt 3,6 cbm. Preis komplett frei Fabrik mit zugehörigen Ketten und Eimern für Baggertiefen von 2—14 m ohne Holzbock rd. 700 M.

22 7. Schrägbagger für Handbetrieb. Bei Arbeiten an Flußufern, Gräben, in Kies=, Sand=, Mörtelgruben und ähnlichen Betrieben wird es vielfach erforderlich sein, den vorbeschriebenen Handbagger nicht nur lotrecht arbeiten zu lassen, sondern ihn auch schräg zu stellen.

Zu diesem Zweck werden auf den Leiterröhren in angemessenen Abständen Rollen befestigt, auf die sich die Eimerketten in der Schrägstellung der Leiter stützen. Zur Regulierung der Neigung dient eine Winde, die den untern Teil der Eimerleiter mit einer Kette faßt.

b) Mit maschinellem Antrieb.

Fast alle vorkommenden Bodenarten sind durch die Eimerkettenbagger bei entsprechender Eimerform zu heben. Unter Umständen empfehlen sich für losen Sand die Saugebagger, für Schlick und Schlamm die Schaufelkettenbagger und Kolbenpumpenbagger. Greifbagger, die je nach Anordnung der Klemmen ebenso und besser als Eimerbagger jede Bodenart heben, können vorteilhaft noch bei größeren Tiefen angewandt werden. Mürbes Gestein wird durch Fallmeißelapparate zerkleinert und dann durch Eimer= oder Greifbagger gehoben. Der Eimerkettenbagger gräbt festes und loses Material und ist zur Herstellung genau vorgeschriebener Unterwasserprofile am geeignetsten.

Die Schüttrinne ist entweder nach hinten oder nach den Seiten oder drehbar angeordnet. Zum „Freibaggern", d. h. zur Schaffung seines eigenen Fahrwassers, muß die Eimerkette über das Vorderschiff hinausreichen.

Hopperbagger sind eine Vereinigung von Bagger und Dampfprahm, mit Bodenklappen und Schiffsschraube, zur selbständigen Fortbewegung.

Über die effektiven Leistungen der Bagger gegen die theoretischen gibt die Tabelle für verschiedene Bodenarten Anhalt, wobei die Kubikmeter sich nicht auf gewachsenes Erdreich, sondern auf in die Wagen geschüttete Bodenmassen beziehen.

III. Baggergeräte.

Das geförderte Baggergut ist in der Regel auf weitere Entfernungen zu verbringen. Die zu wählenden Wagengrößen bei Gleistransporten s. im V. Abschnitt.

Für mittelgroße Arbeiten, mit Baggern von 15—25 cbm theoretischen stündlichen Nutzleistungen kommen Transportzüge von etwa 30 Wagen und etwa 100 cbm Fördermenge in Betracht. Preise der Wagen siehe IV. Abschnitt, D.

Auf die Gleisanordnung und den Arbeitsplan ist die größte Überlegung anzuwenden, strengste Pünktlichkeit und größte Zeitausnutzung ist geboten.

Zu Wasser wird das Baggergut in Prähmen oder Schuten weggeführt, die entweder an Ablagerungsstellen entladen oder ins Wasser verstürzt werden, was am einfachsten aus Prähmen mit Bodenklappen geschieht. Für Transporte auf größere Entfernung bis etwa 1000 m wird mit Vorteil der Spültransport verwandt; das Material wird stark mit Wasser verdünnt mittels einer Kreiselpumpe durch eine gelenkig gekuppelte Rohrleitung auf die Abladestellen gepumpt.

Bezugsquellen: **22** Orenstein & Koppel — Arthur Koppel A.-G., Berlin SW 61. **21** Lübecker Maschinenbau-Gesellschaft in Lübeck.

---

[1] Im allgemeinen ist zu bemerken, daß für schweren Boden die größeren Typen den kleineren gegenüber stets den Vorzug verdienen.

[2] Wir empfehlen zur Vermeidung allzugroßer Beanspruchung einzelner Teile die Baggertiefe nicht über **14 m** zu wählen.

d) Wasserhaltungsmaschinen.
Bearbeitet von Regierungs= und Geheimen Baurat Scheck.

Doppelzylindrige Saugepumpe.
Preisangaben der Firma Janke & Gutherz, Berlin N. 24.

Diese Pumpen besitzen eine große Leistungsfähigkeit und sind vorzüglich verwendbar zum Auspumpen von Baugruben, Schachten, Kellern, bei Anlage von Brunnen von nicht mehr als 8 m Saughöhe usw.

Diese Pumpen werden in drei Größen und drei verschiedenen Ausführungen hergestellt, nämlich:

Modell I, tragbar oder feststehend,
Modell II, fahrbar auf 4 gußeisernen Rädern,
Modell III, fahrbar auf Wagengestell mit 4 schmiedeisernen Rädern.

Größen=Nummer	17	18	19	
Zylinderweite	102	152	200	mm
Leistung je 1 Min. bei 30 Doppelhub	83	260	471	l
Lichte Weite des Saugeschlauches	51	76	102	mm

Preis der Pumpen:

Modell I, tragbar, mit Schlauchmuffe oder Flanschverbindung nebst Saugekorb, lackiert .	120	180	300	M.
Modell II, auf 4 gußeisernen Rädern mehr .	50	50	50	„
Modell III, auf Wagengest. mehr	150	150	150	„

Doppelzylindrige Saugepumpe von Baumaschinenfabrik Bünger A.G., Düsseldorf

Zylinderdurchmesser	4	6	8	engl. Zoll
„	102	152	200	mm
Leistung je 1 Minute bei 30 Doppelhub . . .	80	250	470	l
Preis ohne Saugeschlauch, aber mit Schlauchmuffe od. Flanschverbindung u. Saugkorb .	135	200	330	M.
Preis auf 4 gußeisernen Rädern	190	255	385	„
Innerer Durchm. der Saugschläuche	51	64 o. 76	102	mm

Diaphragma=Pumpen von Baumaschinenfabrik Bünger A.G., Düsseldorf.

Pumpen ohne Plunger oder Zylinder, eignen sich auch für Arbeiten mit Sandführung. Bis 4 m Saughöhe genügt zur Bedienung ein Mann. Bei Saughöhe über 3 m wird zweckmäßig ein Fußventil angeordnet.

Diaphragma= Pumpen für Handbetrieb.
Leistungen und Preise:

Nummer der Pumpe	I	II	III	
Leistung je nach Saughöhe je 1 Stunde bis . . .	8000	18 000	24 000	l
Durchmesser der Saugschläuche	2½	3	4	Zoll
„ „ „ „	63	75	100	mm
Diaphragma=Pumpe, für Seitensaugung, mit Druckhebel für Handbetrieb .	120	150	190	M.
Gummispiralschlauch, Ia. Qualität, mit verzinkter Spirale, je 1 m	14	16	24	„

Nummer der Pumpe	I	II	III	
Messingverschraubung, fertig in den Schlauch eingebunden	16	18	26	M.
Messingverbindungsschrauben (2 Stück), je 1 Stück	4	5	—	„
Messingsaugkorb für Saughöhen bis 3 m	16	20	25	„
Gußeiserner Saugkorb mit Gummikugelventil für Saughöhen über 3 m	20	28	40	„
Reserve-Gummi-Membrane	10	12	20	„

Diaphragma-Pumpen mit Kurbelwelle und Schwungrad für Hand- und Kraftbetrieb.

Leistungen und Preise:

Nummer der Pumpe	II	III	
Leistung je nach Tourenzahl und Saughöhe bei Kraftbetrieb, je 1 Stunde bis	20 000	26 000	l
Durchmesser der Saugschläuche	3	4	Zoll
„ „ „	75	100	mm
Diaphragma-Pumpe, für Seitensaugung, mit einem Schwungrad, ohne Riemenscheiben	220	260	M.
Gummispiralschlauch, Ia. Qualität, mit verzinkter Spirale, je 1 m	16	24	„
Messingverschraubung, fertig in den Schlauch eingebunden	18	26	„
Messingverbindungsschrauben (2 Stück), je 1 Stück	5	—	„
Messingsaugkorb für Saughöhen bis 3 m	20	25	„
Gußeiserner Saugkorb mit Gummikugelventil für Saughöhen über 3 m	28	40	„
Reserve-Gummi-Membrane	12	20	„

Preise der Riemenscheiben besonders.

Preise der gußeisernen Verschraubungen und Saugkörbe:

Nummer der Pumpe	I	II	III	
Durchmesser der Saugschläuche	2½	3	4	Zoll
„ „ „	63	75	100	mm
Gußeiserne Verschraubung	7	8,75	18	M.
Gußeiserner Saugkorb ohne Ventil	5	7,25	12	„
Gußeiserner Saugkorb mit Lederklappenventil	14	16,00	24	„

Die Messingverbindungsschrauben dienen dazu, einerseits den Schlauch mit der Pumpe und anderseits mit dem Saugkorb zu verbinden, weshalb 2 Stück erforderlich sind; sie haben auf der einen Seite grobes Gewinde zum Anschluß an die Schlauchverschraubungen und auf der andern Seite Gasgewinde zum Anschluß an die Pumpe bzw. den Saugkorb. Durch diese Verbindungsschrauben wird es daher ermöglicht, jederzeit Gasrohr an die Schläuche anzuschließen, sowie ev. gemeinschaftlich mit den Schläuchen direkt mit der Pumpe zu verbinden.

Doppeltwirkende Diaphragma-Saugpumpe für Hand- und Kraftbetrieb.

Leistungen und Preise (ohne Riemenscheibe):

Nummer der Pumpe	II	III	
Leistung je nach Saughöhe je 1 Stunde bis	36 000	45 000	l
Durchmesser der Saugschläuche	4	4	Zoll

Nummer der Pumpe . . . . II. III

Durchmesser der Saugschläuche . . . . 100 100 mm

Doppeltwirkende Diaphragma=Pumpe, für Kurbelbetrieb, mit
2 Schwungrädern und Handkurbeln, ohne Riemenscheiben 330 430 M.

Gummispiralschlauch, Ia. Qualität, mit verzinkter Spirale, je 1 m 24 24 „

Messingsaugkorb für Saughöhen bis 3 m . . . . 25 25 „

Gußeiserner Saugkorb mit Gummikugelventil für Saughöhen
über 3 m . . . . 40 40 „

Fahrgestell mit 4 Gußstahlrädern für die Pumpe . . . . . 60 70 „

Bei mechanischem Betrieb der Pumpe ist es ratsam, derselben nicht mehr als 50
bis 55 Touren Geschwindigkeit je 1 Minute zu geben. Die Doppelpumpe saugt bis zu
einer Höhe von 7 m.

Vierfach wirkende Patent=Flügelpumpe, Original Allweiler
(D.R.P. Nr. 58 863 und 58 865) von Janke & Gutherz, Berlin N. 24.

Diese Pumpe saugt vermittels Aufsaugeventil bis auf 8 m. Die Totaldruckhöhe
kann bis zu 35 m betragen. Die angegebenen Leistungen verstehen sich bei 1 m Saug=
und 1 m Druckhöhe bei vollem Hub.

Nr.	Gewicht ca. kg	Innenmaß des Gehäuses	Leistung pro Minute ca. l	Hubzahl pro Minute	In Eisen, innerer Teil aus Messing, mit Gegenflanschen M.	Ganz in Messing M.	Ganz in Rotguß M.	Lichte Weite der Röhren mm
0	4	84 × 56	26	104	19	26	32	13
1	5	94 × 61	37	100	22	30	38	19
2	8	110 × 62	47	88	25	38	48	25
3	11	128 × 75	70	82	32	50	65	32
4	14	142 × 83	93	80	39	65	82	32
5	19	164 × 84	106	72	45	78	99	38
6	27	195 × 82	130	58	55	90	119	38
7	34	208 × 94	160	56	62	120	156	51
8	45	232 × 105	200	52	75	150	200	51
9	58	270 × 109	285	46	105	200	260	64
10	78	307 × 125	372	40	140	250	330	76
11	87	317 × 147	450	40	185	320	420	76
12	150	370 × 178	620	30	380	750	950	100

Patent=Evolventenpumpen Amag=Hilpert=Nürnberg bes. für elektr. Antrieb, 20≧50 m
Förderhöhe 100—400 l/Min. Preis 100—850 M. auf Anfrage.

Mitteldruck=Zentrifugalpumpen (Förderhöhe 1—10 m).
Nach Preisangaben von R. Wolf, Magdeburg=Buckau.

Nr. der Pumpe	1	2	3	4	5	6	7	8	9	10	11
Geförderte Wassermenge in Litern je Minute	150	400	650	1100	1800	2800	3800	5000	6400	8000	11500
Lichter Durchmesser des Saug= u. Druckrohres mm	50	70	80	100	125	150	175	200	225	250	300
Preis in M.	190	210	230	275	340	410	490	585	700	825	1050

Tabelle der Umbrehungszahlen in der Minute.

Lichter Rohrdurchmesser der Pumpe .... mm	50	70	80	100	125	150	175	200	225	250	300
Förderhöhe = 2 m	—	—	1090	900	830	660	530	450	390	340	290
„ = 4 „	—	—	1240	990	935	745	600	510	445	385	330
„ = 6 „	—	—	1390	1060	1040	840	690	580	515	435	370
„ = 8 „	—	—	1530	1200	1160	930	755	635	560	490	415
„ = 10 „	—	—	1670	1330	1250	1000	825	695	600	530	450
„ = 12 „	—	—	1800	1450	1340	1075	890	750	640	570	485

Universal-Spiral-Saugeschläuche von Janke & Gutherz, Berlin N. 24[1]).
Außen gerippt oder glatt, mit oder ohne Umlage. In Längen bis 30 m.
Preise je Meter in Pfennigen.

Loch in mm	Wandstärke in mm										
	3½	4	4½	5	6	7	8	9	10	11	12
13	160	185	230	260	300	—	—	—	—	—	—
16	190	220	250	280	350	430	—	—	—	—	—
20	230	265	305	345	430	515	600	690	—	—	—
22	270	305	340	380	465	555	650	750	850	960	—
25	295	335	380	425	520	620	720	840	960	1020	1200
28	330	375	420	465	560	670	780	910	1040	1170	1300
30	345	395	445	495	600	710	820	950	1085	1225	1365
32	375	425	475	525	635	745	860	995	1130	1275	1430
34	400	450	505	560	670	785	900	1050	1200	1360	1520
38	440	500	560	620	745	870	1000	1145	1300	1460	1630
40	460	525	590	655	785	915	1045	1190	1350	1520	1700
42	480	545	615	685	820	960	1100	1260	1425	1590	1775
44	500	565	640	710	855	1000	1145	1320	1500	1670	1850
46	520	590	665	740	890	1040	1190	1365	1550	1735	1920
50	560	635	710	790	950	1110	1270	1460	1655	1850	2050
52	—	675	745	820	980	1145	1310	1520	1715	1910	2110
54	—	705	780	855	1020	1185	1350	1550	1755	1960	2170
56	—	735	810	890	1060	1230	1410	1615	1820	2025	2235
58	—	765	835	920	1100	1280	1470	1670	1875	2085	2300
60	—	795	865	960	1150	1340	1530	1735	1950	2175	2400
63	—	—	910	1010	1215	1420	1625	1830	2055	2290	2525
65	—	—	950	1055	1265	1475	1685	1900	2130	2370	2610
68	—	—	1000	1105	1320	1540	1760	1980	2210	2450	2700
70	—	—	1035	1140	1355	1575	1800	2030	2265	2500	2750
75	—	—	—	1250	1475	1710	1950	2195	2445	2700	2975
80	—	—	—	1325	1570	1815	2065	2320	2590	2860	3130
85	—	—	—	1400	1650	1910	2175	2445	2730	3015	3310
90	—	—	—	1475	1745	2020	2300	2590	2880	3175	3475
95	—	—	—	1550	1830	2120	2415	2710	3020	3330	3640
100	—	—	—	1640	1930	2225	2525	2830	3140	3455	3770
105	—	—	—	—	2075	2350	2625	2900	3210	3540	3870
110	—	—	—	—	2170	2435	2700	2975	3300	3635	3985
115	—	—	—	—	2260	2500	2775	3050	3400	3750	4100
120	—	—	—	—	2350	2575	2850	3150	3485	3860	4250
125	—	—	—	—	—	2675	2975	3300	3650	4025	4400
130	—	—	—	—	—	2800	3100	3425	3775	4150	4550
135	—	—	—	—	—	2900	3250	3600	3975	4350	4750
140	—	—	—	—	—	3000	3350	3725	4100	4500	4900
145	—	—	—	—	—	3125	3475	3875	4275	4675	5075
150	—	—	—	—	—	3250	3600	4000	4400	4825	5250

[1]) Preisnachlaß auf Anfrage.

Patent-Spiralschläuche mit geflochtener Einlage,
außen gerippt oder glatt, mit oder ohne Baumwoll= oder Segeltuchumlage.
In Längen von 30 m. Preise je Meter in Pfennigen[1].

Lochweite . . . mm	32	40	46	52	60	65	70	75	85	95	105
Wandstärke . . . „	4½	5	5	5	5½	6	6	7	7	8	8
Außen gerippt . . .	525	725	825	900	1150	1400	1500	1900	2100	2650	2900
Außen glatt	750	1000	1150	1250	1575	1850	1975	2400	2700	3325	3525

Andere Dimensionen im Verhältnis.

Roher Hanfschlauch, prima Qualität. Preise je Meter in Pfennigen[1].

Nummer	3/0	2/0	0	1	2	3	4	5	6
Flache Breite . . . . . . mm	33	40	45	52	58	65	72	78	85
○ Durchmesser . . . . . . „	20	24	28	32	36	40	44	48	52
Preis	51	57	63	70	76	83	90	98	105

Nummer	7	8	9	10	11	12	13	14	15
Flache Breite . . . . . . mm	92	98	105	112	118	125	130	137	145
○ Durchmesser . . . . . . „	56	60	65	69	74	78	81	85	90
Preis	112	120	128	136	144	152	161	170	180

Gummierter Hanfschlauch, innen schwarz oder rot gummiert, außen rot, mit
Gerbsäure imprägniert. Preise je Meter in Pfennigen[1].

○ Durchmesser . . . mm	13	16	19	23	27	31	35	39	44	48
Preis	110	120	130	145	175	198	216	236	255	280
○ Durchmesser . . . mm	52	56	60	64	68	72	76	80	84	88
Preis	305	330	365	395	420	460	490	520	550	580

Gummi=Dichtungsplatten mit einer oder mehreren Einlagen aus Leinewand oder
Messinggewebe und mit oder ohne Umlage aus Leinewand, kosten je 1 kg 2,00 bis 4,50 M.

Gummi=Pumpenklappen kosten je 1 kg 5,00 bis 8,00 M.

Gußeiserne Rohre und Fassonstücke von Baumaschinenfabrik Bünger A. G.,
Düsseldorf.
Preise für Muffenrohre[1].

Lichte Weite mm	Baulänge m	Gewicht je lfd. m rd. kg	Preis je lfd. m M.	Lichte Weite mm	Baulänge m	Gewicht je lfd. m rd. kg	Preis je lfd. m M.
40	2,5	10	2,85	250	4,0	76	18,50
50	3,0	12	3,30	275	4,0	87	21,00
60	3,0	15	4,00	300	4,0	99	23,80
70	3,0	17	4,30	325	4,0	111	26,60
80	3,0	20	5,10	350	4,0	124	29,80
90	3,5	22	5,70	375	4,0	133	32,00
100	3,5	24	6,00	400	4,0	147	35,30
125	4,0	32	7,80	425	4,0	155	37,20
150	4,0	40	10,00	450	4,0	170	40,80
175	4,0	48	12,00	475	4,0	185	44,40
200	4,0	58	14,00	500	4,0	202	48,50
225	4,0	68	16,50				

[1] Preisnachlaß je nach Umfang der Lieferung auf Anfrage.

Preise für normale Flanschenrohre und Fassonstücke.[1]

Lichte Weite mm	Länge m	Gewicht je Rohr rd. kg	Grade Rohre je Rohr M.	je Krümmer M.	je T Stück M.	je + Stück M.	Schenkellänge der Fassonstücke mm
50	3	37	12,75	4,80	8,10	10,20	150
60	3	46	15,15	6,00	9,00	12,00	160
70	3	53	16,75	7,10	10,30	13,50	170
80	3	63	18,90	8,10	11,40	15,15	180
90	3	70	21,00	9,75	13,50	18,90	190
100	3	77	22,00	10,80	15,70	21,10	200
125	3	100	28,50	12,90	19,80	26,25	225
150	3	125	33,75	17,40	26,25	34,20	250
175	3	151	40,80	22,30	31,70	42,20	275
200	3	180	45,90	24,80	34,20	45,90	300
225	3	208	53,10	29,30	39,60	52,80	325
250	3	241	59,70	36,00	49,50	66,20	350
275	3	275	68,10	42,75	60,75	81,00	375
300	4	401	96,30	46,20	69,30	86,10	400
325	4	455	109,20	54,60	79,80	107,10	425
350	4	507	121,70	63,00	32,40	123,90	450

Normale geschweißte schmiedeeiserne Röhren mit Flanschen von Baumaschinenfabrik Bünger A. G., Düsseldorf[1].

Auf 20 Atmosphären Druck geprüft, für Saug= und Druckleitungen von Zentrifugalpumpen, sowie zur Leitung von Dampf, komprimierter Luft usw., mit drehbaren Flanschen und gebördelten Enden, oder aufgeschweißten, ineinandergedrehten Bunden, oder aufgeschweißten, glatten Bunden, sowie auch mit aufgelöteten festen Flanschen.

| Äußerer Durchmesser | in engl. Zoll | 1¹/₂ | 1³/₄ | 2 | 2¹/₄ | 2³/₄ | 3¹/₄ | 3³/₄ | 4¹/₄ | 4³/₄ |
	in mm	38	44,5	51	57	70	83	95	108	121
Wandstärke	mm	2,25	2,25	2,50	2,75	3	3,25	3,25	3,75	4
Flanschen=Durchmesser	„	96	103	116	124	140	163	175	191	204
Flanschen=Stärke	„	8	8	10	10	12	12	14	14	14
Flansch.=Lochkreis.=Durchm.	„	68	75	84	92	108	126	138	154	167
Schraubenloch=Durchmesser	„	11,5	11,5	14	14	14	17	17	17	17
Zahl der Schraubenlöcher	„	3	3	3	3	4	4	4	4	4
Metergewicht	rd. kg	2,40	2,52	3,22	4,00	5,40	7,05	8,17	10,60	12,63
Preis je m	M.	3,60	3,80	4,40	4,75	6,15	8,00	9,40	12,10	14,50

| Äußerer Durchmesser | in engl. Zoll | 5 | 5¹/₂ | 6¹/₄ | 7 | 8 | 8¹/₂ | 9¹/₂ | 10¹/₂ | 12 |
	in mm	127	140	159	178	203	216	241	267	305
Wandstärke	mm	4	4,5	4,5	4,5	5,5	6,5	6,5	7	7,5
Flanschen=Durchmesser	„	226	239	261	286	313	327	354	385	430
Flanschen=Stärke	„	16	16	16	18	20	20	22	22	25
Flansch.=Lochkreis.=Durchm.	„	179	192	214	240	266	280	306	336	379
Schraubenloch=Durchmesser	„	21	21	21	21	21	21	21	21	21
Zahl der Schraubenlöcher	„	4	4	6	6	6	6	7	7	8
Metergewicht	rd. kg	13,68	16,70	19,10	21,70	29,91	36,67	41,44	49,52	61,48
Preis je m	M.	17,30	20,80	25,60	31,50	46,00	55,30	69,70	82,50	116,80

Unbestimmte Fabrikationslänge etwa 5 m. Bei Röhren unter 4 m Länge werden die sich verhältnismäßig ergebenden Mehrflanschen extra berechnet.

[1] Die Preise ändern sich mit zum Teil erheblichen Nachlaß je nach Umfang und Art der Lieferung auf Anfrage.

e) Baulokomobilen als Fördermittel bei Bauten.

Das Prinzip dieser mit Recht immer mehr auf Baustellen Aufnahme findenden Maschinen besteht darin, daß auf einem fahrbaren Untergestell gemeinsam eine Lokomobile auf eingekürztem Raume und eine von der Maschine unter Umständen auch mit direktem Dampf betriebene Winde fest montiert werden. An der Plattform werden alle möglichen Spezialmaschinen bzw. Apparate befestigt, z. B. Hebeleitern, Kranausleger mit und ohne Greifer, Rammgerüste usw., ebenso werden auf oder unter ihr Pumpen- und Messerhebemaschinen montiert.

Die Baumaschinenfabrik Bünger A. G. in Düsseldorf gibt für derartige Lokomobilen von 4 bis 5 PS-Leistung und 8 Atm. Kesseldruck folgende Preise ab Werk an:

Preise:

a) Baulokomobile fahrbar mit Kessel, Maschine und Winde von 1000 kg Tragkraft auf niedrigen Fahrrädern 3200 M., auf hohen . . . . . . 3600 M.

b) Baulokomobile für Kranausleger mit verbreitertem und verstärktem Fahrgestell und zwei Seitenstützen, jedoch ohne Kranausleger mit kurzer Deichsel . . . . 3750 „

c) Ein Kranausleger von ca. 2300 mm Ausladung und ca. 3500 mm Rollenhöhe in die unter b) aufgeführte Maschine eingebaut . . . . 500 „

d) Eine Zentrifugalpumpe von 100 mm lichter Weite der Rohranschlüsse komplett eingebaut (Leistung 900 l/Min.) . . . . 300 „

e) Ein Saugekorb mit Fußventil, zu der vorstehenden Pumpe passend . 55 „

f) Ein Riemen zum Antriebe der Pumpe vom Schwungrade der Baulokomobile aus . . . . 35 „

g) Ein Greifer zum Antriebe mittelst der Baulokomobile unter b) in Verbindung mit dem Kranausleger, mit langen spitzen Dreikantstahlzähnen und einem Fassungsvermögen von ca. 125 Liter . . . . 1000 „

h) Eine Fangvorrichtung zu dem Greifer . . . . 90 „

i) Eine Dampfmaschine mit Friktionskabel allein für eine direkte Zugkraft bis zu ca. 1000 Kilo bei 20 m Hubgeschwindigkeit je Minute . . . 1450 „

k) Eine Friktionsriemenwinde, mit einer Zugkraft bis zu ca. 600 Kilo direkt an der Trommel . . . . 550 „

l) Eine Friktionswinde wie vor, jedoch mit einer direkten Zugkraft bis zu ca. 1000 Kilo . . . . 650 „

m) Ein Fahrstuhl für Materialförderung, einschließlich von 3 Stück Seilleitungsrollen, jedoch ausschließlich dem hölzernen Gerüst und Seil, je nach Ausführung . . . . 250 bis 450 „

Preise für andere Maschinen laut Anfrage.

f) Mörtelmaschinen.
Bearbeitet von Regierungs- und Geheimen Baurat Scheck.

A. Fabrikate der Baumaschinenfabrik Bünger A. G. in Düsseldorf.

Handbetrieb mit Schwungrad. 1—2 cbm stündl. Leistung 240 M., Hand- und Maschinenbetrieb; 4—5 cbm stündl. 315 M.

Schrägliegende muldenförmige Mörtelmaschine für Mischungen mit schweren Stoffen. Leistung 2—3 cbm stündl., Kraftbedarf 1—2 PS. Preis: Handbetrieb 225

O.-Sch.

bis 240 M., Maschinenbetrieb 265—295 M. Höhere Leistung, größere Trommel, Ma=
schinenbetrieb 350—385 M. Fahrgestell mehr 55 M.

Horizontale Mulde (gut bewährt, starkes Rührwerk). Leistung 5 cbm. Preis:
Mulde 3 m lang 750 M., Mulde 2 m lang 650 M.

Betonmischmaschine mit horizontalem Mörtelmischer, geneigtem anschließenden
Betonmischer, Maschinenbetrieb, 12—14 cbm stündl. Leistung. Preis bis 1700 M.
(festes Gestell). Fahrbarer Mischer mit schrägliegender Trommel, in der sich das Material
dauernd überstürzt, mit Wasserkasten. Preise für Handbetrieb 575 M., Maschinen=
betrieb 620 M., Maschinen= und Handbetrieb 670 M.

Mörtel= und Betonmischer Universal. Trommel rotiert, Schüttrinne so verstellbar,
daß Mischung beliebig dauert (für Dauer= und Einzelmischungen), festes Gestell, Leistung
4—28 cbm stündl. Preise auf Anfrage.

Doppeltwirkende Maschine mit 2 Rührwellen: Leistung stündl. 6 cbm. Preis 1850 M.,
8 cbm 2550 M., 12 cbm 2950 M., 18 cbm 3450 M. Fahrbar mehr 200—300 M. Mit
und ohne Aufzug geliefert.

B. Victoria=Betonmischmaschine (Deutsche Industriewerke G. m. b. H., Mannheim = Waldhof).

Zylindertrommel, innen 4 eigentümlich geformte Abweisflächen, über die sich 4
Mischschaufeln bewegen. Einfache, leichtbewegliche Entleerung durch Entladerinnen
an bewegl. Rahmen.

Preisliste über die Victoria = Betonmischmaschinen.

	Größen	00	0	1	2¹/₂
	Normale Ladung ca. Liter	100	170	250	500
	Leistung pro Stunde bei 30—40 Füllungen ca. Kubikmeter	3—4	5—7	7¹/₂—10	15—20
ohne Hebewerk	Stationär auf Schwellen mit autom. abmessendem Wasserkasten	rd. 1000 M.	rd. 1500 M.	rd. 1800 M.	rd. 2300 M.
	Auf einf. niedr. Fahrgestell, mit Deichsel, Drehscheibe u. autom. Wasserkasten; für Antrieb durch separat aufgest. Motor oder Lokomobile	rd. 1300 „	rd. 1800 „	rd. 2200 „	rd. 2750 „
	Auf eisern. verlängerten niedrigen Wagen, mit Wagenbremse, Deichsel, Drehscheibe und autom. Wassergefäße (zum Aufmontieren eines Motors oder einer Winde)	rd. 1400 „	rd. 2000 „	rd. 2400 „	rd. 3100 „
	Desgl. (zum Aufmontieren eines Motors und einer Winde)	rd. 1450 „	rd. 2000 „	rd. 2400 „	—
mit Hebewerk	Auf hohem eisernen Wagen mit Hebewerk u. Wasserkasten, ohne Winde, für Antrieb durch separat aufgestellten Motor	—	rd. 3000 „	rd. 3600 „	rd. 4800 „
	Desgl. mit verlängertem Wagen zum Aufstellen eines Motors oder einer Winde	—	rd. 3100 „	rd. 3800 „	rd. 4900 „
	Desgl. mit verlängertem Wagen zum Aufstellen eines Motors und einer Winde	—	rd. 3100 „	rd. 3800 „	—
	Winde zum Hochziehen des fertigen Betons, aufmontiert, 300 kg Tragkraft, 20 m Hubgeschwindigkeit pro Minute	420 „	—	—	—

Größen	00	0	1	$2^{1}/_{2}$
Winde zum Hochziehen des fertigen Betons, aufmontiert, 750 kg Tragkraft, 20 m Hub= geschwindigkeit pro Minute	—	600 M.	625 M.	—
Benzinmotor, Fabrikat Benz, aufmontiert, einschl. eisernes Schutzhaus und Riemen	2 PS 960 M. 4 PS 1250 „ 6 PS 1550 „ 8 PS 1900 „			
Wasserkasten, zylindrisch, mit autom. ein= facher Abmessung, Nutzinhalt 90 l . . .	175 M.	175 M.	175 M.	175 M.

C. Universal = Mischmaschine Patent Eirich (Georg=Marien=Bergwerks= und Hüttenverein A.=G., Osnabrück).

Mischung erfolgt in offenem tellerartigem Trog, eigenartige Anordnung der Misch= werkzeuge mit elastischem Koller, periodische Beschickung.

Preise:

Stationäre Mischmaschine. Größe Nr. 1 b, extra, mit selbsttätigem Material= aufzug, Fassungsraum rd. 100 l tägl. (10 stündl.), Leistung 35—50 cbm, Kraftbedarf rd. 3 PS., Preis . . . . 1300 M.

Desgleichen, Größe Nr. 2 a, mit selbsttätigem Materialaufzug, Fassungs= raum rd. 230 l, tägliche Leistung bis zu 80 cbm, Kraftbedarf etwa 5 PS., Preis . . . . 1900 „

Desgleichen, Größe Nr. 3 a, mit selbsttätigem Materialaufzug, Fassungs= raum rd. 330 l, tägliche Leistung bis zu 120 cbm, Kraftbedarf etwa 8 PS., Preis . . . . 3200 „

Desgleichen, Größe Nr. 4 a, mit selbsttätigem Materialaufzug, Fassungs= raum rd. 500—600 l, tägliche Leistung bis 200 cbm, Kraftbedarf rd. 18 PS., Preis . . . . 5000 „

Fahrbare Mischmaschine „Patent Eirich", Größe Nr. 1 b extra, sonst genau wie die stationäre Maschine Nr. 1 b, Preis . . . . 1650 „

Desgleichen, Größe Nr. 2 a, ebenfalls genau wie die stationäre Maschine Nr. 1 b, Preis . . . . 2250 „

Sämtliche Preise verstehen sich netto ab Station Osnabrück, einschl. allem Zubehör.

D. Allgem. Baumaschinen = Bedarfsgesellschaft m. b. H., Leipzig.

In eigenartig geformter rotierender Mischtrommel überkugeln sich stetig die Bau= stoffe; die beiden Halbtrommeln auf horizontaler Achse sind zum Füllen und Entleeren beweglich. Geringe Abnutzung! Als Mörtel= und Betonmischer verwendbar. Preise für Mischer ohne Windevorrichtung:

	Trommelfüllung l	100	150	330	500
Stationär	Kraftbedarf PS. rd.	2	2—3	3—4	4—5
	Leistung je Stunde cbm	3—4	4—6	8—10	10—15
	Preis M.	1450	1450	1850	2200
	Fahrbar Mehrpreis M.		250	350	350

Winde= und Hebewerke dafür auf Anfrage.

22*

E. Königl. Bayer. Hüttenamt Sonthofen.

Mischmaschinen mit feststehender Mischtrommel und beweglichen Mischarmen für Mörtel- und Betonmischung.

Die angegebenen Leistungen sind Mindestleistungen und können solche bei einigermaßen günstigen Verhältnissen auf den Baustellen bis um 30% erhöht werden.

Maschinengröße		0a	0b		IV	V	VI	VII	VIII
Leistung in 10 Stunden cbm		35	50		80	100	140	200	250
	Marke:			Marke:					
stationär	K_1 M.	650	750	L_1	1400	1800	2680	3100	3460
fahrbar	K_2 M.	875	1400	L_2	1750	2250	3050	3700	4120
fahrbar mit Materialaufzug	KA_2 M.	1620	2020	LA_2	2630	3170	4090	5040	5600
fahrbar mit Materialaufzug und Betonhebewerk	KAC_2 M.	2160	2620	LAC_2	3280	3900	4910	5915	6475
fahrbar mit Materialaufzug und Benzinmotor	KAD_2 M.	3350	4400	LAD_2	4850	5800	7120	9200	11080
fahrbar mit Materialaufzug, Betonhebewerk und Benzinmotor	$KACD_2$ M.	4720	5800	$LACD_2$	7080	8730	11000	—	—

Die Maschinen werden auch mit oberem bzw. unterem Betonhebewerk geliefert. Preise auf Anfrage.

F. Gauhe, Gockel & Cie., Oberlahnstein/Rhein.

	trichterförmig stationär	Kipptrog stationär				Trommel Patent Gauhe		
Füllung l		50	100	180	300	75	100	250
Kraftbedarf PS	1—2	0,5	1	2	3—4	2	3	7
Leistung stündlich cbm	1,5—2	1,2—2	2,4—4	7,2	12	3	4	10
Preis ⎱ Handbetrieb	200—250	315—380	480—600					
Mark ⎰ Masch.-Betrieb	210—260	330—395	520—640	bis 950	bis 3000			
Preis ⎱ Mit Beschickwerk								
Mark ⎰ fahrbar	—	—		—	—	1700	1800—2200	3050—3650

Größere Maschinen bis 40 cbm stündl. Leistung auf Anfrage.

Die Fabrik baut außerdem die Marke „Vielfraß". Bei normaler Ausführung stündl. Leistung 15 cbm, 2—3 PS., bzw. Handbetrieb, zum Preise von 1500 M., mit Riemenantrieb, fahrbar.

G. Dr. Gaspary & Co., Makranstädt/Leipzig.

Kipptrogmischer für Hand- und Kraftbetrieb, fahrbare Mörtel- und Betonmischer.

Füllung l	60	80	100
Kraftbedarf PS.	1	1,5	2
Leistung stündl. cbm	2	3	4
Preis ⎱ Handbetrieb	430	540	650
Mark ⎰ Maschinenbetr.	450	560	670

Trichter-Tellermischer fahrbar.

	Baumörtel		Betonmischer	
	Hand	Maschine	Hand	Kraft
Kraftbedarf PS.	0,5	1—2	2,5—3,5	3,5
Leistung stündl. cbm	2—3	3—6	5—8	8—10
Preis Mark	1250	1500	2250	3000

H. Wolf & Co., Guben. Mörtelmischer mit rot. Trommel.

Die Fabrik liefert Maschinen solider Bauart mit angebl. 1 PS. Kraftverbrauch bei 20—30 cbm tägl. Leistung (auch Handmaschinen).
Preise für Handmaschine 500—570 M.; Kraftbetrieb 650—850 M.

J. Philipp Deutsch & Co. G. m. b. H., Berlin W.

Ransome Betonmischer. Rotierender Zylinder mit Schaufeln.

Größe Nr.	Füllung l	stündl. Leistung bei 40 Füllungen cbm	Preis, stationär m. Riemenscheibe M.	Preis, fahrbar M.
00	60	2,0	1500	1670
0	150	5,0	2150	2330
1	300	10,0	2475	2750
2	600	20,0	3200	3650
3	900	30	4350	4900
4	1200	40	5400	6075

g) Wagen und Gewichte.

Bearbeitet von Regierungsbaumeister Kohlmorgen.

1. Geeichte Gewichte.

Tabelle.

a) In Gußeisen.

Gewichte	50	20	10	5	2	1	0,5	0,2	0,1	kg
Preis für 1 Stück	12,00	6,00	3,00	1,65	0,75	0,55	0,45	0,40	0,35	M.

b) In Messing.

Gewichte	50	20	10	5	2	1	g
Preis für 1 Stück	0,60	0,40	0,30	0,25	0,20	0,20	M.

Polierte Holzkästchen von Nußbaum mit mess. Zylindergewichten.

Nr. 1 enthaltend 200, 100, 100, 50, 20, 10, 10, 5, 2, 2, 1 g = 11 Stück = 500 g.
Preis mit Deckel . . . . 5,40 M.
„ ohne Deckel . . . . 5,00 „
Nr. 2 enthaltend 500, 200, 100, 100, 50, 20, 10, 10, 5, 2, 2, 1 g = 12 Stück = 1000 g.
Preis mit Deckel . . . . 8,00 M.
„ ohne Deckel . . . . 7,20 „
Ein Satz Gewichte für eine Dezimalwage von 500 kg Wiegekraft ohne Skala besteht aus 1 à 20, 2 à 10, 1 à 5, 1 à 2, 2 à 1, 1 à 0,5, 1 à 0,2, 2 à 0,1 kg in
Gußeisen,
1 à 50, 1 à 20, 2 à 10, 1 à 5, 1 à 2 g in Messing, Preis 19,05 M.
mit Skala „ „ 1 à 20, 2 à 10, 1 à 5, 1 à 2, 2 à 1, 1 à 0,5 kg in Gußeisen
Preis . . . . 16,00 „
Für jede 500 kg größerer Wiegekraft einer Dezimalwage ist ein Gewichtsstück von 50 kg zum Preise von 12 M. erforderlich.

2. Schmiedeeiserne Dezimalwagen.

Tabelle.

Wiegekraft .. kg	250	500	500	750	750	1000	1000	1000	1500	1500	2000	3000	5000
Brückenlänge L mm	650	800	900	850	950	900	1000	1100	1000	1100	1100	1200	1500
Brückenbreite B „	540	650	700	650	700	700	800	900	800	850	900	1000	1200
Skala zeigt bis kg	5	10	10	10	10	10	10	10	10	10	10	10	10
Gewicht rd. . . „	120	150	195	220	230	240	300	365	320	350	420	650	940
Preis der Wage M.	105,00	125,00	140,00	140,00	155,00	160,00	200,00	240,00	225,00	255,00	295,00	380,00	525,00
„ mit Skala mehr .. „	6,00	10,00	10,00	12,00	12,00	12,00	12,00	12,00	12,00	12,00	12,00	12,00	15,00
„ m. gewöhnl. Laufrollen mehr .. „	15,00	20,00	20,00	25,00	25,00	25,00	25,00	25,00	30,00	30,00	35,00	40,00	50,00
„ m. Universallenkrollen mehr .. „	25,00	40,00	40,00	40,00	40,00	50,00	50,00	50,00	55,00	55,00	60,00	—	—
„ der Eichung ohne Skala „	2,00	2,00	2,00	2,75	2,75	3,25	3,25	3,25	4,75	4,75	6,50	9,00	13,00
„ der Eichung der Skala „	0,75	0,75	0,75	0,75	0,75	0,75	0,75	0,75	0,75	0,75	0,75	0,75	0,75

Ganz in Schmiedeeisen gebaut, von Gußeisen nur die Ständerteile, Eckstücke und einige Stege, nur schmiedeeiserne Hebel.

3. Verbesserte Kranwagen in Laufgewichts-Konstruktion.

Diese Wagen dienen dazu, schwere Maschinenteile, Gußstücke, Walzen, Dampfkessel, Brücken- und Baukonstruktionsteile, auch Kisten und dergleichen von ungewöhnlicher Größe zu verwiegen, sobald sie durch einen Kran behufs Verladung gehoben sind. Dieselben sind mit einer Abstellvorrichtung versehen, wodurch der Wiegemechanismus ganz außer Verbindung mit dem Haken gesetzt wird, so daß sie stets am Kran hängenbleiben können, auch wenn die Last nicht gewogen werden soll.

Tabelle.

Wiegekraft ..... kg	1000	2500	5000	7500	10 000	15 000	20 000	25 000	30 000	40 000	50 000
Gewicht rd. ..... „	70	114	172	226	286	375	600	740	1090	1480	1535
Länge von Haken zu Haken ..... mm	710	825	1040	1190	1290	1460	1550	1700	1900	2250	2590
Preis mit Abstellvorrichtung u. einf. Aufhängeöse, wie abgebildet (Fig. 1) M.	245,00	290,00	355,00	420,00	465,00	650,00	875,00	1090,00	1450,50	1950,00	2400,00
„ mit Abstellvorrichtung u. doppelter Aufhängeöse (f. Fig. 4) .... „	—	—	—	—	525,00	725,00	975,00	1200,00	1575,00	2100,00	2575,00
„ m. Gewichtsdruckapparat mehr .. „	60,00	65,00	75,00	85,00	90,00	100,00	110,00	120,00	130,00	145,00	160,00
„ mit Standfüßen (Fig. 2) mehr . „	10,00	15,00	19,00	21,00	25,00	30,00	35,00	45,00	55,00	60,00	65,00
„ der Eichung . . „	6,50	10,50	14,50	16,00	17,50	22,50	35,00	nach Vereinbarung			
„ der Verpackung . „	5,00	6,00	7,50	9,00	10,00	15,00	17,50	20,00	25,00	30,00	35,00

4. Wagen zum Wiegen von Fuhrwerken mit Schnell=Sicherheitsabstellung.

Tabelle.

Trag- und Wiege- kraft	Brückengröße	Mit Belag aus Eichenholz						Mit geripptem Gußeisenbelag mehr		Schmiedeeiserner Querbeschlag der Brücke		Preis eines verschließ- baren Blechkastens
		für Stein- fundament		mit schmiede- eisernem Bett		mit schwerem gußeisernen Bett				nur in der Mitte	in der ganzen Breite	
		Preis	Gewicht	Preis	Gewicht	Preis	Gewicht	Preis	Gewicht	Preis	Preis	
kg	mm	M.	rd. kg	M.	rd. kg	M.	rd. kg	M.	rd. kg	M.	M.	M.
5000	3000 × 2000	685	1470	885	2050	1045	2600	180	730	25	70	60 120
5000	4000 × 2000	735	1700	960	2345	1130	3000	250	1000	35	95	
5000	4500 × 2000	775	1800	1005	2500	1185	3150	285	1130	37	110	
5000	4500 × 2200	790	1900	1025	2620	1210	3260	310	1230	37	115	
7500	4500 × 2000	795	1900	1020	2550	1200	3210	285	1150	37	110	
7500	4500 × 2200	815	2000	1050	2725	1230	3360	310	1200	37	115	
7500	5000 × 2000	820	2000	1065	2730	1350	3750	315	1260	40	125	
7500	5000 × 2200	850	2150	1095	2910	1390	3830	340	1340	40	130	
7500	5000 × 2400	880	2300	1150	3105	1440	4120	355	1400	40	145	
10 000	4500 × 2000	860	2070	1090	2775	1270	3420	285	1100	37	110	65 130
10 000	4500 × 2200	900	2200	1145	2945	1320	3570	310	1150	37	115	
10 000	5000 × 2000	915	2300	1155	3030	1440	4050	350	1400	40	125	
10 000	5000 × 2200	950	2450	1195	3225	1480	4230	360	1450	40	130	
10 000	5000 × 2400	1005	2600	1265	3410	1545	4400	380	1520	40	145	
10 000	6000 × 2400	1075	3050	1355	3905	1660	5000	410	1590	50	175	
15 000	5000 × 2200	1090	2900	1355	3695	1625	4650	360	1370	40	130	75 140
15 000	5000 × 2400	1150	3150	1420	4005	1690	4950	380	1370	40	135	
15 000	6000 × 2400	1260	3650	1555	4585	1845	5600	410	1360	50	180	
20 000	5000 × 2400	1265	3550	1585	4550	1925	5720	380	1500	40	150	85
20 000	6000 × 2400	1380	4150	1720	5245	2095	6430	410	1500	50	180	150

Mehrpreis für extra starke Ausführung mit patentierten Gegenlenkern, D. R. P. 82 357, zur Verhütung des Horizontalschubes beim Auffahren der Fahrzeuge auf die in Wiegestellung befindliche Brücke, nur bei Wagen mit eisernem Bett anzubringen, zirka 20%.

Preise eines vollständigen Wiegehauses aus Wellblech

a) ohne innere Holzverschalung, jedoch mit Holzfußboden,

b) mit innerer Holzverschalung und mit Holzfußboden.

		a	b
Größe 3000/2000 mm	. . . .	345	430 M.
„ 3250/2000 „	. . . .	370	475 „
„ 3500/2000 „	. . . .	385	505 „

Ein Fallblock zum selbsttätigen Ein= und Aushängen des Oberbalkengehänges kostet extra . . . . 20 M.

Die Preise verstehen sich ab Düsseldorf für komplette Wagen, also inkl. Abstell= vorrichtung durch Windwerk mit Patent=Sicherheitsgesperre in Laufgewichtskonstruktion, exkl. Fundamentierung, Aufstellung und Eichung. Die Tragkraft ist für vierräderige Fuhrwerke berechnet.

5. Wagen mit Gleisunterbrechung,

zum Wiegen normalspuriger Eisenbahn-Waggons mit Schnell-Sicherheitsabstellung.

Tabelle.

Dimensionen und Preise.

Tragkraft	Brückengröße	Mit Belag aus Riffelblech						Mit Belag aus Eichenholz						Preis eines verschließbaren Blechkastens		Preis einer Signalscheibe ob. einer Gleissperre
		für Steinfundament		mit starkem schmiedeeisernen Bett		mit schwerem gußeisernen Bett		für Steinfundament		mit starkem schmiedeeisernen Bett		mit schwerem gußeisernen Bett		nur für die Skala	für das ganze Postament	
		Preis	Gewicht	Preis	Gewicht	Preis	Gewicht	Preis	Gewicht	Preis	Gewicht	Preis	Gewicht			
kg	mm	M.	rd.kg	M.	rd.kg	M.	rd.kg	M.	rd.kg	M.	rd.kg	M.	rd.kg	M.	M.	M.
25 000	5000×2000	1500	3470	1850	4650	1900	5000	1655	4200	2035	5460	2190	5880			
25 000	5600×2000	1575	3750	1940	5000	2080	5370	1750	4550	2150	5900	2300	6350			
30 000	5600×2000	1615	3890	1975	5160	2330	6250	1790	4700	2190	6050	2560	7230	75	160	
30 000	6000×2000	1660	4050	2030	5360	2400	6470	1835	4875	2250	6275	2625	7490			
30 000	6500×2000	1750	4375	2130	5750	2500	6900	1930	5250	2350	6700	2750	7960			
30 000	7000×2000	1840	4750	2240	6170	2625	7350	2040	5700	2475	7200	2900	8510			
30 000	7500×2000	1930	5150	2335	6630	2740	7850	2150	6175	2600	7740	3025	9090			
40 000	5600×2000	1680	4090	2040	5360	2400	6450	1860	4920	2260	6260	2625	7450			
40 000	6000×2000	1730	4280	2100	5600	2470	6700	1915	5125	2325	6525	2700	7730			
40 000	6500×2000	1830	4680	2220	6050	2600	7200	2020	4550	2440	7000	2840	8260			
40 000	7000×2000	1940	5100	2350	6530	2740	7700	2170	6075	2600	7590	3020	8900			
40 000	7500×2000	2060	5590	2475	7070	2875	8300	2390	6600	2730	8175	3165	9525	80	175	
50 000	6000×2000	1820	4525	2200	5840	2560	7000	2000	5360	2410	6770	2800	7980			
50 000	7000×2000	2070	5450	2470	6870	2860	8050	2260	6420	2725	7950	3140	9240			
50 000	7500×2000	2200	5950	2575	7440	3000	8650	2415	6970	2875	8530	3300	9900			

Preise für vollständige Wiegehäuser aus Wellblech siehe vorher.

Mehrpreis für extra starke Ausführung, sog. „Zechenkonstruktion", mit patentierten Gegenlenkern, zirka 20%.

6. Eiserne Viehwagen in Laufgewichts-Konstruktion.

Tabelle.

| | | Ausführung | |
		für Großvieh mit weitem Gitter, Verschluß durch Ketten	für Kleinvieh mit engem Gitter, Verschluß durch Türen
Wiegekraft . . . . .kg		1500	1500
Brückenlänge . . . . mm		2250	2250
Brückenbreite . . . . „		1200	1200
Gewicht rd. . . . . .kg		700	750
Preis			
der Wage mit eisernem Bett zum Einlassen in den Fußboden . . . . M.		470,00	500,00
der Wage ohne eisernes Bett zum Aufstellen auf den Fußboden . . . . M.		400,00	430,00
mit Säule und Winde zum Fleischwiegen mehr „		90,00	90,00
der Eichung . . . . „		4,75	4,75

Recht empfehlenswert ist eine Wage mit eisernem Bett zum Einlassen in den Fußboden, und sollte diese Konstruktion stets gewählt werden, wenn beabsichtigt wird, die Wage an demselben Orte stehen zu lassen. Das aus Gußeisen bestehende Bett macht fast jedes Fundamentmauerwerk, jedenfalls aber eine Umrahmung der Wage unnötig und sichert dem Wiegemechanismus stets ungehinderte Beweglichkeit.

7. Gewichts=Druckapparate

zum selbsttätigen Aufdrucken des Wägungsresultats auf Wiegescheine.

System Chameroy.

Tabelle.

Mehrpreis der Wagen mit Gewichtsdruckapparat „System Chameroy".

Wiegekraft kg	250	500	750	1000	1500	2000	2500	3000	5000	7500	10000	15000	20000	25000	30000	40000	50000	60000
v. $\frac{1}{10}$ zu $\frac{1}{10}$ kg druckend M.	90	95	100	105														
v. $\frac{1}{2}$ zu $\frac{1}{2}$ kg druckend M.			95	105	110	115	120	130	140	150								
von 2 zu 2 kg druckend M.											125	135	140	145	150	160	175	200

Gutehoffnungshütte, Oberhausen, den 1					
Hundert	Zehner	kg			Wagen Nr.
25	3	22	Brutto	Düsseldorfer Maschinenbau=Actien=Gesellschaft vorm. J. Losenhausen Düsseldorf=Grafenberg	....
7	2	31	Tara		Empfänger ....
			Netto		....

Wiegescheine nach vorstehendem Muster, jedoch mit beliebigem Vordruck,

1. aus einer Karte mit aufgelegtem Kontrollblatt bestehend zu   10,00 M. je 1000 Stück
2. aus einer einfachen Karte bestehend zu . . . . 7,50 „ „ 1000 „

Weniger als 1000 Stück Wiegescheine einer Sorte können nicht abgegeben werden, jedoch stellen sich dieselben, wenn zu mindestens 5000 Stück und je nach der etwaigen größeren Zahl bezogen, erheblich billiger.

23 Düsseldorfer Maschinenbau=Actiengesellschaft vorm. J. Losenhausen, Düsseldorf=Grafenberg.

h) Beleuchtungs= und Heizungs=Gegenstände, Verschiedenes.

1.[24] Straßen= und Bahnhofslaterne, sechseckig, aus Weißblech, Dach aus Eisenblech, innen weiß, außen blau emailliert, mit 18''' Petroleum=Rundbrenner, einschl. Verglasung und Lackierung, 40 cm hoch, mit Dach 80 cm 30,00 M.
    wie vor, aber mit lackiertem Weißblechdach . . . . 26,75 „

2.[24] Hoflaterne, viereckig, mit gußeisernem Fuß, 14''' Rundbrenner, Glasbassin, einschl. Verglasung und Lackierung, 30 cm hoch, mit Fuß u. Dach 70 cm . . . . 14,50 „

3.[24] Petroleumfackel aus Weißblech, mit Schwingringen, Dochtregulierung, Windschirm und Holzstange mit eiserner Spitze . . . . 22,50 „
    wie vor, aber aus Messingblech . . . . 26,50 „

4.²⁴ Petroleum-Hängefackel, zirka 2 Stunden brennend . . . . 14,25 M.

    dieselbe, zirka 4 Stunden brennend . . . . 18,25 „

5.²⁴ Petroleum-Ständerfackel, zirka 2 Stunden brennend . . . . 17,75 „

    dieselbe, zirka 4 Stunden brennend . . . . 20,85 „

    Fackelbrenner, je Stück . . . . 3,90 „

Als Hand-, Hänge- und Platz-Fackeln zu gebrauchen. Ohne Docht, Gefahr vollständig ausgeschlossen, sicher in Sturm und Regen. Unterhaltungskosten die Brennstunde zirka 7 Pfennig.

6.²⁴ Harzfackel aus Dochten mit einem Gemisch von Flachs und Jute, mit
    Holzstiel, ganze Länge 135 cm . . . . 0,90 „

7.²⁵ Preß-Petroleum-Glühlicht-Laterne, „Spiellicht", ohne Docht,
ohne maschinelle Einrichtung. Auch für Außenbeleuchtung.

Tabelle.

Lichtstärke	1200	700	300	HK.
Länge	1,20	1,00	0,60	m
Gewicht	36	29	24	kg
Stündlicher Verbrauch	300	200	120	g
Stündliche Brennkosten	7	5	3	Pf.
Preis	250	150	100	M.

    HK. = Hefnerkerzen.

Für Installationsmaterialien, wie Pumpe mit Schlauchverbindung,
    Vergaser, Stopfbuchse usw. . . . . 50,00 bis 70,00 M.

ferner Lampenführung und Sturmsicherung, einschl. 14—22 m Draht-
    seil, Haltern, Spannschrauben . . . . 21,00 bis 18,00 „

8.²⁶ Spiritusglühlichtlampe „Saekular", 250 HK., Länge 1,10 m,
    Reflektordurchm. 38 cm, Spiritusverbrauch ⅓ l die Brennstunde rd. 10 Pf.

    Preis mit Glasglocke, komplett . . . . 88,00 M.

9. Elektrische Beleuchtung siehe „Elektrotechnik".

10. Bauöfen.

Stutzen i. d. Mitte d. Deckels		seitlich im Deckel (m. Ringloch)
Höhe	1200 mm	1005 mm
Durchmesser	445 „	445 „
Preis	27 M.	25,50 M.

11.²⁷ Reichs-Kasernenöfen.

Gewicht m. eis. Feuertopf, ca.	70	80	105	140	185	240	kg netto
Mit Stahlgußfeuertopf, je Stück	34	40	42	55	70	90	M.
mit 3 Zügen mehr	2,50	3,25	3,50	4,00	6,50	8,00	„

12.²⁴ Läutetafel aus Zinkblech, 400 × 450 mm und mit ausgepreßtem L. P.
    Grund weiß, Schrift und Rand schwarz . . . . 3,35 M.

    wie vor, aber 500 × 500 mm und eingepreßtem $\frac{L}{15\ km}$ . . . . 5,75 „

13.²⁴ Warnungstafel an Wegeübergängen über Bahngleis, aus Zinkblech . . 3,35 „

    mit 1 mm Eisenblechverstärkung . . . . 4,35 „

    mit 2 mm Eisenblechverstärkung . . . . 5,35 „

14.²⁴ Neigungszeiger mit Ständer aus I- und L-Eisen, einschl. Lackierung und Aufschriften . . . . 21,00 M.

15.²⁴ Gießkanne aus starkem Weißblech, mit eisernen Reifen, 238 mm Durchm., 380 mm hoch, 18 l Inhalt, einschl. Anstrich . . . . 7,00 „

24 F. F. A. Schulze, Berlin N. 28. 25 Joh. Spiel, Berlin NW. 87. 26 Zentrale für Spiritusverwertung, Berlin W. 9.
27 A. Benver, Berlin NW. 40.

i) Kraftmaschinen nebst Zubehör.

Bearbeitet von Oberingenieur Rühle.

Wirkungsgrad, Dampfverbrauch und Kohlenverbrauch von Kolbenmaschinen

bei 7—8¹/₂facher Verdampfung von Steinkohle ¹).

Leistung	Wirkungsgrad in %	Dampfverbrauch in kg	Kohlenverbrauch in kg
		pro effektive PS.	
1. Einzylindrige Maschinen ohne Kondensation (7—8 Atm.)
bis 20 PS.	70	28,0—19,0	4,8—3,0
„ 100 „	75—85	19,0—15,0	3,0—2,0
„ 200 „	85—88	15,0—13,0	2,0—1,7
2. Verbundmaschinen ohne Kondensation (9—10 Atm.)			
bis 100 PS.	82—84	14,0—13,0	1,9—1,7
„ 250 „	84—85	13,0—12,5	1,7—1,6
„ 500 „	85—87	12,5—12,1	1,6—1,5
„ 1000 „	87—90	12,1—11,1	1,5—1,3
3. Einzylindrige Maschinen mit Kondensation (7—8 Atm.)			
bis 50 PS.	72—80	16,0—13,0	2,5—1,8
„ 100 „	80—82	13,0—12,0	1,8—1,6
„ 200 „	82—85	12,0—11,0	1,6—1,4
4. Verbundmaschinen mit Kondensation (9—10 Atm.)			
bis 100 PS.	78—80	11,0—10,0	1,5—1,3
„ 250 „	80—82	10,0— 9,0	1,3—1,1
„ 500 „	82—84	9,0— 8,6	1,1—1,0
„ 1000 „	84—86	8,6— 7,9	1,0—0,95
5. Dreifachexpansionsmaschinen mit Kondensation (11—12 Atm.)			
bis 100 PS.	77—79	9,1—8,6	1,3—1,2
„ 250 „	79—80	8,6—7,5	1,2—1,0
„ 500 „	80—83	7,5—7,0	1,0—0,9
„ 1000 „	83—86	7,0—6,1	0,9—0,7
über 1000 „	86—89	6,1—5,5	0,7—0,65

Man rechnet auf 8—10° Überhitzung 1% Dampfersparnis.
Man geht bei Kolbenmaschinen nicht über 250°, bei Dampfturbinen 300—350°.

¹) Aus Fr. Hoppe, Wie stellt man Projekte, Kostenanschläge und Betriebsberechnungen für elektr. Licht- und Kraftanlagen auf. Mit gütiger Erlaubnis des Verfassers.

Dampfmaschinen mit stehenden Kesseln

von 6 Atmosphären Überdruckdampfspannung, transportabel. Preis einschl. Regulator
und Speisepumpe; ab Fabrik:

1— 2 Pferdest.,	80 mm Zylinderbohrung,	1400 kg Gew.; f. 1 St. = 2256 M.
2— 3 „	100 „ „	1800 „ „ „ 1 „ = 2556 „
3— 5 „	120 „ „	2250 „ „ „ 1 „ = 3000 „
5— 7 „	135 „ „	3500 „ „ „ 1 „ = 4200 „
7— 9 „	150 „ „	4500 „ „ „ 1 „ = 4800 „
9—12 „	170 „ „	5000 „ „ „ 1 „ = 5700 „
12—15 „	190 „ „	6000 „ „ „ 1 „ = 6300 „

Dampfmaschinen ohne Kondensation; ab Fabrik.

Überdruck-Dampfspannung im Kessel in Atmosphären	4	5	6	7	Raumbedarf der Maschinen ungef.		Brutto-gewicht	Preis einschl. Regulator, Speise-pumpe, Dampf-absperrventil, Fun-damentschrauben
					Länge m	Breite m	kg	Mark
Leistung in effektiven Pferdestärken	1,0	1,5	2,0	2,5	2,6	2,2	800	1 600
	1,5	2,5	3,0	4,0	2,8	2,2	1 200	1 800
	2,0	3,0	4,0	5,5	3,0	2,3	1 500	2 000
	3,5	5,0	6,5	8,0	3,2	2,3	2 000	2 500
	4,0	6,0	8,0	10,0	3,4	2,4	2 500	3 000
	5,0	7,5	10,0	12,0	3,6	2,4	3 300	3 500
	8,0	11,0	14,0	17,0	4,0	2,5	4 000	4 200
	11,0	14,0	18,0	22,0	4,5	2,5	5 000	5 000
	16,0	22,0	29,0	35,0	5,0	2,6	5 700	6 000
	23,0	32,0	41,0	50,0	5,7	2,8	7 400	7 500
	35,0	49,0	63,0	77,0	6,1	2,8	10 200	9 000
	50,0	70,0	90,0	100,0	6,5	3,0	13 000	12 000
	60,0	84,0	108,0	132,0	7,5	3,2	15 000	15 000
	85,0	120,0	150,0	180,0	8,7	4,0	24 000	18 000

Dampfmaschinen mit Kondensation; ab Fabrik.

Überdruck-Dampfspannung im Kessel in Atmosphären	4	5	6	7	Raumbedarf der Maschinen ungef.		Brutto-gewicht	Preis einschl. Regulator, Speise-pumpe, Dampf-absperrventil, Fun-damentschrauben
					Länge m	Breite m	kg	Mark
Leistung in effektiven Pferdestärken	11	14	18	22	3,8	2,6	5 100	6 000
	17	22	26	31	5,8	2,6	6 400	7 000
	24	31	38	44	7,0	2,8	8 300	9 000
	37	47	58	68	7,5	2,8	11 200	11 000
	52	67	82	96	8,0	3,0	14 000	14 000
	64	82	100	120	8,5	3,2	17 500	17 000
	90	115	140	165	11,7	4,0	25 000	22 000

Verbund-Maschinen ohne Kondensation mit übereinanderliegenden Zylindern; ab Fabrik.

Leistungen in effektiven Pferdestärken	Preise für den vollständigen betriebsfertigen Motor ab Fabrik in Mark
50	17 000
60	19 500
70	22 000
80	24 500
100	28 500

Verbund-Maschinen mit Kondensation; ab Fabrik.

Überdruck-Dampfspannung im Kessel in Atmosphären	4	5	6	7	Raumbedarf der Maschinen		Bruttogewicht	Preis einschl. Regulator, Speisepumpe, Absperrventil, Fundamentschrauben
					Länge m	Breite m	kg	Mark
Leistung in effektiven Pferdestärken	18	24	30	36	7,5	4,8	10 500	13 200
	25	33	43	53	7,7	5,0	13 000	15 500
	30	41	51	62	8,0	5,2	15 000	16 600
	40	54	68	82	9,5	5,4	20 000	19 000
	47	64	80	97	10,5	5,6	23 500	21 000
	56	75	95	114	11,0	5,8	27 000	23 500
	73	97	123	148	11,2	6,0	32 500	28 500
	90	120	150	180	12,5	6,8	40 000	33 500

Dreifache Verbund-Maschinen mit Kondensation; ab Fabrik.

Effektive Pferdestärken	Dampfzylinder				Umdrehungen in der Minute	Raumbedarf der Maschinen		Gewicht der Maschine	Preise der Maschinen
	Hochdruck	Mitteldruck	Niederdruck	Hub		Länge m	Breite m	kg	in Mark
	Durchmesser in mm			mm					
260	325	540	840	1000	80	12	7	61 000	48 000
300	350	580	900	1000	80	13	7	69 000	55 000
400	370	620	970	1200	75	14	8	78 000	62 000
525	420	700	1100	1200	75	14	8	85 000	68 000
600	450	750	1180	1200	75	14	9	93 000	75 000
700	540	850	1340	1000	75	14	10	98 000	78 000
860	540	850	1340	1400	70	15	10	105 000	105 000

Hochdruck-Expansions-Lokomobilen[1]
mit ausziehbarem Röhrenkessel.

Leistung		Ausführung	Heizfläche qm	Schwungrad		Umdrehungen pro Minute	Stationär ohne Kamin		pr. m Kamin M.	Fahrbar mit Kamin		Bremse M.
norm.	max.			Durchmesser mm	Breite mm		Gewicht kg	Preis M.		Gewicht kg	Preis M.	
3	—	stehend	2,25	920	95	165	1 500	2 200	10	1 900	2 575	—
4—6	—	„	2,96	920	115	165	1 750	2 600	12	2 150	2 975	—
9	14	1 zylindr.	7,60	1250	125	180	2 400	3 700	14	3 000	3 900	80
11	20	„	8,22	1320	140	180	2 900	4 350	14	3 500	4 550	90
15	30	„	10,72	1520	160	165	3 800	5 200	16	4 600	5 450	90
22	42	„	16,42	1520	200	140	4 700	5 900	18	5 700	6 250	100
45	75	„	29,13	1850	300	130	7 800	9 700	28	9 300	10 200	175
25	45	2 zylindr.	16,42	1520	200	160	5 400	7 100	18	6 500	7 450	100
40	70	„	25,46	1700	250	150	7 100	10 250	24	8 500	10 700	150
				2 Schwungräder								
60	105	„	37,55	1700	230	140	12 400	15 600	32	14 100	16 400	200
100	160	„	56,08	2200	300	140	17 500	21 100	40	19 500	22 200	325

Stationäre Verbund-Lokomobilen[1]
mit ausziehbarem Röhrenkessel.

Mit Kondensation				Heizfläche qm	2 Schwungräder		Umdrehungen pro Min.	Preis M.		Ohne Kondensation			
Leistung		Gewicht kg	Preis M.		Durchmesser mm	Breite mm		pro m Kamin	transportable Treppenroste	Leistung		Gewicht kg	Preis M.
norm.	max.									norm.	max.		
29	40	8 200	9 500	19,44	1650	200	165	22	525	24	33	7 500	8 200
34	46	9 300	10 800	23,23	1650	200	165	24	550	29	40	8 600	9 300
42	57	10 500	11 800	27,12	1700	230	165	28	600	35	49	9 700	10 300
45	72	14 000	15 600	33,33	1700	230	165	38	800	43	65	13 400	14 000
65	110	17 500	19 000	43,06	1850	230	160	42	950	63	90	16 800	17 100
90	145	23 800	23 300	53,62	2000	300	150	44	950	85	125	23 000	21 200
135	220	31 200	29 600	73,45	2200	350	140	50	1200	125	185	30 000	27 200
210	340	42 800	43 300	106,86	2500	400	135	66	1750	200	275	41 300	40 500

Stationäre Heißdampf-Verbund-Lokomobilen[1]
mit ausziehbarem Röhrenkessel.

Mit Kondensation				Heizfläche qm ohne Überhitzer	2 Schwungräder		Umdrehungen pro Minute	1 m Kamin Mark	Preis für transportable Treppenroste M.	Ohne Kondensation			
Leistung PS		Gewicht kg	Preis Mark		Durchmesser mm	Breite mm				Leistung PS		Gewicht kg	Preis Mark
norm.	max.									norm.	max.		
23	34	9 200	10 900	15,10	1650	200	165	20	500	20	27	8 500	9 500
35	50	11 800	13 600	21,53	1700	230	165	28	600	30	42	11 000	12 100
45	72	15 000	16 000	23,23	1700	230	165	26	800	43	65	14 400	14 300
65	110	18 700	19 600	32,24	1850	230	160	32	900	63	90	18 000	17 700
90	145	25 200	24 000	43,84	2000	300	150	40	900	85	125	24 400	22 000
135	220	33 000	30 400	65,32	2200	350	140	48	1200	125	185	31 800	28 000
210	340	45 000	44 200	99,39	2500	400	135	56	1750	200	275	43 500	41 500

[1] Bezugsquellen: R. Wolf, Magdeburg-Buckau. Heinrich Lanz, Mannheim.

Schornsteine.

Die Höhe des Schornsteines h in m ist

$$h = 5 \text{ bis } 6 \times \sqrt[3]{\text{Heizfläche}} \text{ (die Heizfläche in qm).}$$

Der obere Querschnitt Q in qm ist

$$Q = 0{,}20 \text{ bis } 0{,}25 \times \text{Rostfläche (die Rostfläche in qm).}$$

Der ungefähre Preis für gemauerte Schornsteine in Mark, wenn h in m und Q in qm eingeführt werden:

1. für größere Schornsteine 100 × h × obere Lichtweite,
2. „ kleinere   „   125 × h ×   „   „

In dem Preise ist der des Fundamentes enthalten, aber nicht der des Blitzableiters, der Steigeisen und der Verzierung.

Für eiserne Schornsteine rechnet man 50,00 Mk. für 100 kg mit Veranlerung ab Fabrik.

Dampfkessel.

a) Einfacher liegender Zylinder-Kessel.

Heizfläche . . . . qm		5	8	10	15	20
Pferdestärke		3	5	6	9	12
Gangbare Länge . . . . m		4,0	4,7	5,5	6,5	7,5
Gangbarer Durchmesser . . . . m		0,8	0,9	1,1	1,3	1,5
Gewicht bei 5 Atmosphären Überdruck . . . . kg		1100	1600	2300	3400	4800
Preis des Kessels . . . . Mk.	ab Fabrik	600	850	1100	1350	1750
Preis der Garnitur . . . . „		160	170	180	200	210
Preis der Armatur . . . . „		160	170	170	260	250
Gesamtkosten für Überschläge (einschl. Fracht und Montage und Einmauerung) . . . . M.		1400	1800	2200	2700	3400

b) Cornwall-Kessel mit 1 Flammrohr.

Heizfläche . . . . qm	5	8	10	15	20	25	30	40	50
Pferdestärke	3	5	6	9	12	15	18	24	30
Gangbare Länge . . . . m	1,9	2,8	3,4	4,4	5,0	6,0	7,0	8,0	9,0
Gangbarer Durchmesser . . . . m	0,9	1,1	1,1	1,2	1,3	1,4	1,5	1,6	1,8
Gewicht bei 5 Atmosph. Überdruck . kg	950	1800	2000	3100	3700	5100	6400	8400	11000
Preis des Kessels . . Mk.	550	870	960	1400	1550	2000	2450	2700	3300
„ der Garnitur . „ } ab Fabrik	170	180	190	210	225	310	340	375	400
„ „ Armatur . „	170	180	180	270	270	300	300	325	425
Kosten für Überschläge mit Fracht, Montage und Einmauerung . . . . . . M.	1400	1800	2100	2600	3200	3800	4200	4600	5200

c) Cornwall-Keſſel mit 2 Flammrohren.

Heizfläche . . . . qm	15	20	25	30	40	50	60	70	80	90	100
Pferdeſtärke	9	12	15	18	24	30	36	42	50	60	70
Gangbare Länge . . . . m	3,2	4,0	5,0	5,0	6,0	7,0	8,0	9,0	10,0	11,0	12,0
Gangbarer Durchmeſſer . . m	1,5	1,6	1,6	1,6	1,7	1,8	1,9	2,0	2,1	2,2	2,3
Gewicht bei 5 Atm. Überdruck kg	3500	4100	4800	6000	7000	8500	10000	13500	17000	19000	20000
Preis des Keſſels Mk. ⎫ ab	1300	1520	1780	2350	2750	2900	3200	4050	4930	5400	5600
„ der Garnitur „ ⎬ Fabrik	300	320	330	340	350	400	445	620	790	790	850
„ „ Armatur „ ⎭	260	270	280	300	300	425	460	475	550	560	600
Koſten für Überſchläge mit Fracht, Montage und Einmauerung M.	2600	3200	3800	4200	4600	5200	5800	6800	8000	8800	9300

d) Zylinder-Keſſel mit 1 Siederohr.

Heizfläche . . . . qm	15	20	25	30	40	50
Pferdeſtärke	9	17	15	18	24	30
Länge des Keſſels . . . . m	5,4	6,4	7,4	8,5	10,0	11,5
Durchmeſſer des Keſſels . . . . . m	0,8	0,9	1,0	1,0	1,2	1,4
Gewicht bei 5 Atmoſph. Überdruck . kg	1700	3000	4000	4400	7000	9400
Preis des Keſſels ab Fabrik . . . M.	900	1320	1600	1800	2250	2900
Koſten für Überſchläge mit Fracht, Montage und Einmauerung . . . . . M.	1800	2400	2800	3200	3700	4500

e) Zylinder-Keſſel mit 2 Siederohren.

Heizfläche . . . . qm	30	40	50	60	70	80
Pferdeſtärke	18	24	30	36	42	50
Länge des Keſſels . . . . m	6,0	8,0	9,0	10,0	10,5	11,0
Durchmeſſer des Keſſels . . . . . m	0,8	0,9	1,0	1,1	1,2	1,3
Gewicht bei 5 Atmoſph. Überdruck . kg	4000	5000	6500	8000	10000	11000
Preis des Keſſels ab Fabrik . . . M.	1680	2100	2470	2720	3100	3410
Koſten für Überſchläge mit Fracht, Montage und Einmauerung . . . . . M.	3000	3400	3800	4200	4600	5000

f) Cornwall-Keſſel mit zwei Flammröhren und Galloway-Röhren.

Heizfläche	Pferde- ſtärke	Keſſel- länge	Keſſel- durch- meſſer	Gewicht bei 5 Atm. Überdruck	Koſten		
					des Keſſels ab Fabrik Mark	der Armatur Mark	für Überſchläge mit Fracht, Montage, Einmauerung Mark
qm		m	m	kg			
30	18	5,0	1,7	6 000	2150	850	4050
35	21	5,8	1,7	6 500	2300	900	4300
40	24	6,5	1,7	7 200	2500	950	4650
45	27	6,8	1,8	8 500	2950	950	5200
50	30	7,5	1,8	9 700	3350	1000	5700
60	36	8,2	2,0	11 000	3650	1100	6200
70	42	8,6	2,0	12 500	4150	1200	6900
80	50	9,1	2,2	15 200	5000	1250	7900
90	60	10,1	2,2	16 800	5550	1300	8600
100	70	11,2	2,2	18 500	6100	1350	9300

g) Vereinigte Röhren- und Cornwall-Kessel.

Heizfläche	Pferde-stärke	Kessel-länge	Kessel-durch-messer	Gewicht bei 5 Atm. Überdruck	Kosten		
					des Kessels ab Fabrik	der Armatur	für Überschläge mit Fracht, Montage, Einmauerung
qm		m	m	kg	Mark	Mark	Mark
90	63	4,9	1,9	10 000	3600	1750	7 200
100	70	5,1	1,9	11 100	4000	1800	7 800
110	77	5,3	1,9	11 800	4200	1850	8 100
120	84	5,3	2,0	13 000	4600	1900	8 600
130	91	5,4	2,1	14 000	4900	1950	9 000
140	98	5,4	2,1	15 000	5250	2000	9 500
150	105	5,5	2,1	16 200	5650	2050	10 000
160	112	5,6	2,2	17 200	6000	2100	10 500
170	119	5,9	2,2	18 000	6300	2150	11 000
180	126	5,9	2,2	19 000	6650	2200	11 400
190	133	6,2	2,2	19 600	6900	2250	11 800
200	140	6,5	2,2	20 400	7400	2300	12 200

h) Rohrbündel-Dampferzeuger
(unter bewohnten Räumen aufzustellen).

Anzahl der Pferdekräfte bei 8 Atm. Überdruck	Wasserberührte Heizfläche	Für den vollständigen Dampf-erzeuger ausschl. Mauerwerk		Geringste Schornstein-abmessungen	
	qm	Gewicht kg	Preis Mark	Durchmesser m	Höhe m
3	5	1 600	1300	0,23	14
4	7	1 900	1600	0,25	15
5—6	8	3 100	1800	0,30	16
7—8	12	3 700	2100	0,34	18
9—10	15	4 400	2400	0,39	20
11—12	18	5 100	2700	0,43	21
14—15	21	5 800	3000	0,46	22
16—20	26	6 800	3500	0,50	23
21—25	32	7 700	4000	0,57	24
26—30	40	8 700	4700	0,63	25
31—35	46	9 700	5200	0,65	26
36—40	52	10 700	5700	0,68	27
41—43	58	11 800	6200	0,71	29
46—50	64	12 900	6800	0,80	30

Kessel anderer Konstruktion dürfen unter bewohnten Räumen nur aufgestellt werden bis zu 6 Atm. Überdruck resp. wenn das Produkt aus Heizfläche (qm) und Druck (Atm.) die Zahl 30 nicht übersteigt.

i) Kleine Dampfkessel mit Siedern.

Pferde-kräfte	Heiz-fläche qm	Gewicht des Kessels mit Armaturen kg	Preise für Kessel mit Armaturen, Handspeisepumpe und Injektor Mark	Pferde-kräfte	Heiz-fläche qm	Gewicht des Kessels mit Armaturen kg	Preise für Kessel mit Armaturen, Handspeisepumpe und Injektor Mark
1,5	1,75	660	800	9,5	11,0	3200	2400
2,2	2,5	800	900	11,0	13,0	4000	2700
2,5	3,0	920	1100	12,0	14,5	4400	3000
3,0	4,0	1370	1200	13,5	16,0	5000	3200
4,0	5,0	1600	1300	15,0	18,0	5500	3600
5,0	6,0	1780	1400	17,0	20,0	6000	4000
5,5	6,5	2200	1600	19,0	22,0	7200	4900
6,5	7,5	2450	1700	21,0	25,0	7600	5300
8,5	10,0	3050	2100				

O.-Sch.

k) Wasser-Röhrenkessel.

Preise einschl. Armatur und Garnitur; ab Fabrik.

Heizfläche qm	11,5	15,5	20,5	26	31,5	35	40
Pferdekräfte	5—6	7—8	10—12	12—15	15—18	18—20	20—24
Gewichte kg	4000	4500	4800	5400	5800	6000	6300
Preis für 1 Kessel . . . M.	1800	2000	2400	2700	3100	3300	3400
Heizfläche qm	47	50	56,5	62	70,5	81	90
Pferdekräfte	25—30	30—35	35—40	40—45	45—50	55—60	75
Gewichte kg	8000	9000	9500	9700	11 000	13 000	14 000
Preis für 1 Kessel . . . M.	4200	4400	4700	5000	5400	5800	6200
Heizfläche qm	100	110	120	140	150	160	210
Pferdekräfte	80	90	100	120	130	150	200
Gewichte kg	15 000	15 500	16 000	19 000	20 000	22 000	29 000
Preis für 1 Kessel . . . M.	6500	7000	7500	8500	9000	10 000	12 000

Überhitzer.

Die Kosten mit Armatur und Einmauerung betragen je qm 80—95 M.

Man wählt bei Steinkohlenfeuerung für 300° C die Heizfläche 30% derjenigen des Kessels.

Ökonomiser.

Die Ersparnis erreicht 10—12%.

Die Kosten sind 20—30% der Gesamtkesselanlage.

l) Dampfkessel-Einmauerungen.

l = Länge des Kessels in Meter.

d = Durchmesser desselben in Meter.

J = d · l in Kubikmeter.

Es betragen die Kosten der Einmauerung bei:

$$J = 10—50 \text{ cbm, im ganzen } 25 · J \text{ in Mark,}$$
$$J = 50—100 \quad „ \quad „ \quad „ \quad 20 · J \quad „ \quad „$$
$$J = 100—150 \quad „ \quad „ \quad „ \quad 15 · J \quad „ \quad „$$

m) Verschiedenes.

1 cbm Dampf = 0,5896 kg Dampf.

1 kg Dampf = 1 kg Wasser = 1,6961 cbm Dampf = 600 WE (Wärmeeinheiten).

1 cbm Steinkohle von 800 kg Gewicht verdampft 6000 kg (6 cbm) Wasser von 0°.

1 qm Heizfläche = 15 kg Dampf in 1 Stunde = 2 kg Kohlen in 1 Stunde.

1 qm Rostfläche = 25 · 15 = 375 kg Dampf in 1 Stunde = 50 kg Kohlen in 1 Stunde.

1 kg Dampf = 0,133 kg Kohlen = 0,0667 qm Heizfläche = 0,00267 qm Rostfläche.

1 qm Heizfläche = 25 mal Rostfläche.

1 kg Kohle = 7,5 kg Dampf = 0,5 qm Heizfläche = 0,02 qm Rostfläche.

1 qm Rostfläche = 0,04 mal Heizfläche.

Größe des Kesselhauses im Lichten.

l = Länge des Kessels in Meter.

d = Durchmesser desselben in Meter.

a = Raum vor dem Kessel = 2,5—3,0 m.

b = „ hinter „   „ = 1,5—2,0 „

c = Raum an der einen Kesselseite = 0,7—1,0 m.

f = „ „ „ andern „ = 1,8—2,0 „

e = Kesselummauerung = 2 · 0,5 = 1,0 m.

Kesselhauslänge L:

$$L = a + b + l = 4,0 + l \text{ in Meter für Kessel bis 12 qm Heizfläche}$$
$$\text{bis } 5,0 + l \text{ „ „ „ „ von 15 „ „}$$

Kesselhausbreite B:

Für 1 Kessel:

$$B_1 = c + e + f + d = 3,5 + d \text{ Meter für Kessel bis zu 12 qm Heizfläche}$$
$$\text{bis } 4,0 + d \text{ Meter.}$$

Für 2 Kessel:

$$B_2 = 0,5 + 2 \cdot c + e + f + 2 \cdot d = 4,7 + 2 d \text{ in Meter}$$
$$\text{bis } 5,5 + 2 d \text{ in Meter.}$$

Absperrventile.

Durchgang in mm	20	30	40	50	60	80	100	120	150	200
Leichteres Modell bis 8 Atm. mit Rotguß-Garnitur M.	14	16	21	26	33	44	60	72	105	190
Für hohen Druck . . . . M.	21	24	28	34	41	54	75	92	140	220
Für überhitzten und hochgespannten Dampf . . . M.	28	32	38	46	53	68	88	105	155	240
Stahlguß . . . . M.	41	47	57	81	95	131	169	209	278	403

Rückschlagventile.

Durchgang in mm	25	30	40	50	65	80	100	125	150	200
Kugel-Rückschlag-V. . . M.	24	27	32	42	52	68	96	120	160	220

Nahtlose Stahlrohre in Längen von 5—6 m für Hochdruck-Dampfrohrleitungen.

Lichte Weite in mm	25	30	40	50	60	80	100	125	150	200
Preis des Rohres pro lf. m M.	2,40	2,15	2,25	2,85	3,25	4,90	7,00	10,40	15,40	23,50
„ „ Krümmers ¼ Kreis „	1,80	1,90	2,38	3,00	3,27	6,57	9,23	12,22	15,80	23,83
„ „ „ ½ „ „	3,60	3,80	4,76	6,00	6,54	13,14	18,46	24,44	31,60	71,94
„ der Flanschaufwalzung „	0,73	0,73	0,81	0,93	0,98	1,23	2,27	2,90	3,50	8,25
„ des Federrohres	—	19,75	25,50	33,00	38,75	67,25	101,60	152,00	215,50	374,25

23*

Leuchtgas- bzw. Sauggasmotoren.

		5	10	20	50	100	150	200
Leistung	PS	5	10	20	50	100	150	200
Gasverbrauch pro eff. PS-Stde.		550	510	480	450	450	450	450
Anthrazitverbrauch pro eff. PS-Stde. bei Sauggasbetrieb	g	600	580	485	425	400	375	350
Koksverbrauch "		690	675	560	490	460	450	425
Braunkohlenbrikettverbrauch "		970	950	790	691	650	650	640
Kühlwasserverbrauch pro PS-Stde.		50	50	50	45	45	40	40
Größe der Gasuhr für Leuchtgasbetrieb (Flammenzahl)		30	50	100	150	300	400	600
Umdrehungen pro Minute		270	260	240	210	190	170	150
Preis der Maschine für Gewerbebetrieb	M.	2760	3450	5100	10800	17215	22650	32100
" " elektrischen Betrieb		2850	3530	5300	11250	18250	24100	35000
" für Fundamentanker und Platten		15	20	25	95	175	300	435
" Gasdruckregulator für Leuchtgasbetrieb		80	95	130	280	420	435	730
" Gummibeutel		27	36	88	105	135	135	170
" Auspufftopf		40	50	125	195	450	560	715
" Andreh- bzw. Anlaßvorrichtung		85	95	380	1020	1170	1170	1535
" Normale Rohrleitung		260	350	700	1175	1900	2400	3225
" Verpackung für Landtransport		85	100	125	185	300	385	490
" seemäßige Verpackung		160	190	235	330	520	625	795
" Montage unter normalen Verhältnissen		100	150	225	375	550	675	850
Gewicht der Maschine einschließlich Schwungrad	kg	1640	2325	4245	9970	21190	31175	46025
" des Schwungrades allein	"	585	855	1710	3700	8120	12050	19800
Durchmesser des Schwungrades	mm	1500	1680	2260	2790	3140	3480	3850
Kranzbreite	"	110	120	140	250	350	430	580
Durchmesser der normalen doppelten Riemenscheibe	"	400	600	800	1100	—	—	—
Breite	"	230	300	440	730	—	—	—
" des Riemens	"	100	130	200	340	—	—	—
Durchmesser (l. W.) der Leuchtgaszuleitung	"	26	33	52	65	90	100	125
" " Auspuffleitung	"	52	65	90	125	175	225	275

Sauggasgeneratoren
(für Anthrazit, Koks, Braunkohlen- und Torfvergasung).

		5	10	20	50	100	150	200
Leistung	PS	5	10	20	50	100	150	200
Preis für den kompl. Anthrazitgenerator	M.	1400	1775	2165	4125	5610	7060	9750
" " " Hordenreiniger für Anthrazitgenerator	"	250	255	500	625	880	1060	1650
" - " " Koksgenerator	"	1400	1775	2400	4125	5610	7060	9750
" " " Hordenreiniger für Koksgenerator]	"	250	255	500	625	880	1060	1650
" " " Braunkohlenindustriebrikettgenerator	"	—	2200	2475	4700	6200	7200	9335
" " " Hordenreiniger für Braunkohlengenerator	"	—	200	250	500	750	875	1400
Gewicht des Anthrazitgenerators	kg	480	530	550	1650	2300	3310	3800
" " Koksgenerators	"	480	480	720	1675	2970	3310	5100
" " Braunkohlengenerators	"	—	885	960	2385	3000	3700	4260
" der Ausmauerung des Anthrazitgenerators	"	190	200	240	710	1410	2265	2550
" " " " Koksgenerators	"	190	200	290	885	1950	2265	4900
" " " " Braunkohlengenerators	"	—	2875	3090	6880	9560	12 350	15 180
" des Skrubbers für Anthrazitgenerator	"	200	200	260	430	550	650	650
" " " " Koksgenerator	"	200	200	270	430	550	650	925
" " " " Braunkohlengenerator	"	—	219	270	430	550	650	925
" der Rohrleitung für Anthrazitgenerator	"	212	212	282	928	1363	1580	1580
" " " " Koksgenerator	"	212	212	452	928	1380	1580	1930
" " " " Braunkohlengenerator	"	—	955	1077	1370	1860	2095	2430
Gesamtgewicht der kompletten Anthrazitgeneratoranlage	"	1440	1500	1735	4500	6800	9350	10 125
" " " Koksgeneratoranlage	"	1440	1500	2200	4700	8050	9350	15 150
" " " Braunkohlengeneratoranlage	"	—	5200	5700	11 600	15 750	19 800	24 400
Kraftbedarf des Ventilators	PS	—	0,5	0,7	1	1	1	2
Montage der Anthrazitgeneratoranlage unter normalen Verhältnissen	M.	65	70	80	135	210	275	275
" " Koksgeneratoranlage " " "	"	65	70	95	135	210	275	350
" " Braunkohlengeneratoranlage unter normalen Verhältnissen	"	—	90	100	150	220	275	375
Verpackung	"	60	75	80	95	120	130	150

Motore für flüssigen Brennstoff
(Benzin, Benzol, Spiritus, Petroleum, Ergin.)

	PS	1	3	5	8	10	15	20
Leistung	PS	1	3	5	8	10	15	20
Benzinverbrauch pro eff. PS-Stde.	g	360—390	340—380	310—380	300—340	300—340	290—340	290—330
Spiritus " " " "	"	580—600	500—570	460—540	460—520	450—470	370—490	370—490
Petroleum " " " "	"	560—580	480—530	480—520	450—510	500	500	500
Benzol " " " "	"	390—450	380—440	380—430	340—420	340—420	340—400	330—390
Ergin " " " "	"	450	450	400	350	330	310	310
Kühlwasser " " " "	l	50	50	50	50	50	45	45
Umdrehungen pro Minute		290	280	270	270	260	250	240
Preis der Maschine für Gewerbebetrieb	M.	1900	2060	2650	3435	3650	4875	5750
" " " " elektrischen Betrieb	"	1975	2080	2690	3520	3715	5090	5990
" für Fundamentanker und Platten	"	14	14	14	28	34	42	58
" " Normale Rohrleitung einschließlich Auspufftopf	"	140	150	150	190	210	300	450
" " Extraauspufftopf	"	30	35	47	75	75	120	190
" " Anlaßgefäß mit Doppelhahn und 5 m Kupferrohr	"	80	85	85	85	90	90	100
" " Flügelpumpe mit Faßverschraubung	"	75	75	75	75	75	75	99
" " Normale Riemenscheibe	"	30	35	35	50	65	75	90
" " Umdrehkurbel bzw. Anlaßvorrichtung	"	80	80	88	102	118	395	395
Durchmesser der normalen Riemenscheibe	mm	300	350	400	500	600	700	800
Breite " "	"	190	210	230	270	300	340	440
" des Riemens	"	60	70	100	120	165	190	225
Durchmesser des Schwungrades	"	1300	1400	1500	1640	1680	2000	2260
Strangbreite "	"	100	110	110	120	120	130	140
Preis für Verpackung für Landtransport	M.	75	80	85	95	100	110	125
" " seemäßige Verpackung	"	140	150	160	180	190	220	235
" " Montage unter normalen Verhältnissen	"	75	90	100	140	150	175	225
Gewicht der Maschine einschließlich Schwungrad	kg	800	935	1395	2085	3200	4185	4810
" des Schwungrades allein	"	420	490	585	750	855	1300	1710

Schnellaufende stehende Motoren
(für Gas, Benzin, Benzol, Spiritus und Petroleumbetrieb.)

		1	2	3	4	5	7	10
Leistung bei Benzin, Benzol, Spiritus, Petroleum	PS	0,75	1,50	2,50	3,50	4,50	6	9
„ „ Gas	„	1	2	3	4	5	7	10
Preis der Maschine für Benzin oder Benzolbetrieb, elektr. Zündung	M.	960	1150	1370	1570	1800	2180	2800
„ „ „ „ „ „ Glührohr-Zündung	„	760	940	1160	1370	1590	—	—
„ „ „ Spiritus- oder Petroleumbetrieb, elektr. Zündung	„	1000	1190	1435	1650	1885	2270	2940
„ „ „ „ „ Glührohr-Zündung	„	800	995	1220	1435	1665	—	—
„ „ „ Gasbetrieb, elektr. Zündung	„	925	1135	1340	1540	1750	2120	2725
„ „ „ „ „ Glührohr-Zündung	„	735	920	1135	1330	1540	—	—
Umdrehungen pro Minute		750	750	700	650	600	525	450
Erforderliche Grundfläche	mm	550/800	600/850	650/900	700/950	750/1000	900/1100	1000/1200
Höhe des Motors	„	750	800	900	1000	1100	1200	1250
Riemenscheibe { Durchmesser	„	150	180	200	240	280	320	350
Riemenscheibe { Breite	„	110	120	140	170	200	220	250
Ungenähterte Gewichte { netto	kg	185	225	270	350	460	600	800
„ „ { brutto	„	270	310	380	470	600	760	1000
Preis für Fundamentanker	M.	10	10	13	13	19	19	23
„ „ Schalldämpfer extra	„	37	37	44	44	44	50	50
„ „ Kühlgefäß mit Rohrleitung	„	97	97	124	147	172	216	242
„ „ Gasbeutel inkl. Anschlußstück	„	29	33	36	40	45	52	63
„ „ Verpackung (Inland)	„	25	30	35	40	45	50	55
„ „ „ (seemäßig)	„	40	48	55	65	75	85	90
„ „ Montage unter normalen Verhältnissen	„	65	75	75	90	90	100	100
„ „ Brennstoffbehälter für 150 Liter	„	36	—	—	—	—	—	—
„ „ „ „ 200 „	„	43	—	—	—	—	—	—
„ „ „ „ 300 „	„	55	—	—	—	—	—	—

Bezugsquellen: Gebr. Körting, A.-G., Körtingsdorf. Gasmotorenfabrik Deutz, Köln-Deutz.

Dieselmotore.

Normalleistung in PS:		Einzylinder-Motoren					Zweizylinder-Motoren		
		8	10	20	50	100	30	50	100
Umdrehungen pro Minute		270	255	215	170	160	235	205	170
Verbrauch an Brennstoff von 1000 WE	$^1/_1$	235	230	210	195	185	215	205	195
pro kg pro eff. PS in g	$^1/_2$	285	280	255	235	225	260	250	235
Raumbedarf { Längs der Welle . .		1700	1800	2350	3100	4300	3100	3500	4400
Senkrecht zur Welle .		2000	2200	2800	3500	3900	2600	3000	3500
Höhe		1875	1925	2450	3300	4200	2200	2600	3300
Schwungradburchmesser		1600	1800	2400	3100	3500	2100	2500	3100
Fundamenttiefe		1000	1200	1800	2200	2800	1800	2100	2500
Gewicht { netto . . . . kg		1900	2400	5500	13500	26000	7000	11000	22500
brutto . . . . . . ,,		2400	3000	6400	15000	29000	8200	12500	25000
Preis . . . . M.		5000	5700	9700	17000	29500	15000	19000	30500

Bezugsquellen: H. Pauksch, A.-G., Landsberg a. W. Vereinigte Maschinenfabrik Augsburg und Maschinenbaugesellschaft Nürnberg, A.-G. Gasmotorenfabrik Deutz, Köln-Deutz.

Raumbedarf in Meter
der Gas= bzw. Benzin=, Spiritus= oder Petroleummotore.

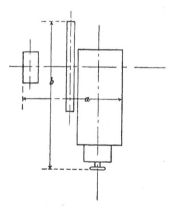

PS	a	b	PS	a	b
5	1,3	2,0	100	3,9	5,3
10	1,9	2,2	150	4,5	6,0
20	2,1	3,1	200	4,9	6,3
50	2,8	4,1			

Windmotore.

Raddurchmesser in Meter	5	6	7	8	9	11	12,50
Umdrehungen der vertikalen Welle bei 4—5 m Wind und normaler Belastung pro Min. . .	132	110	96	105	100	88	76
Eff. Leistung / bei ca. 4 m Wind ca. . . .	0,50	0,75	1,00	1,25	1,75	2,75	4,00
in PS an der | „ „ 5 „ „ „ . . .	1,00	1,50	2,00	2,50	3,50	5,50	7,50
vertikalen | „ „ 6 „ „ „ . . .	1,50	2,25	3,00	4,50	6,50	9,00	12,00
Welle \ „ „ 7 „ „ „ . . .	2,75	4,50	6,00	8,00	10,00	15,00	20,00
Gewicht des Motors . . . . kg	1200	1600	2300	2800	3600	5000	6500
Preis des Motors . . . . M.	950	1425	1850	2350	3100	4500	5800
Preis für / des Eisenturmes	450	560	800	1000	1100	—	—
8 m Höhe \ des Vorgeleges mit Schwungrad	375	475	580	730	780	—	—
Preis für / des Eisenturmes	960	1150	1550	2000	2100	—	—
16 m Höhe \ des Vorgeleges mit Schwungrad	455	580	695	905	980	—	—
Preis für / des Eisenturmes	1940	2220	2850	3330	3700	—	—
26 m Höhe \ des Vorgeleges mit Schwungrad	555	715	930	1125	1230	—	—

Bezugsquelle: Carl Reinsch, Dresden.

Windskala.

Skala nach Beaufort	Windgeschwindigkeit m pro Sek.	Bezeichnung der Stärke	Winddruck in kg pro qm $V^2 = 0,12248$	Skala nach Beaufort	Windgeschwindigkeit m pro Sek.	Bezeichnung der Stärke	Winddruck in kg pro qm $V^2 = 0,12248$
0	0—1	still	—	5	13	sehr stark	20,70
—	2	sehr schwach	0,49	6	15	Sturmwind	27,50
1	3—4	schwach	1,10—1,96	7	18	„	40,00
—	5	mittel	3,06	8	21	Sturm	54,00
2	6	lebhaft	4,40	9	25	„	76,00
—	7	kräftig	6,00	10	29	starker Sturm	103,00
3	8	„	7,84	11	34	Orkan	141,00
4	10	stark	12,25	12	40	„	196,00

Durchschnittliche Jahresgeschwindigkeit einiger Orte.

	m p. Sek.		m p. Sek.		m p. Sek.
Berlin	4,5	Astrachan	3,8	Madrid	4,5
Bremen	5,1	Bombay	5,0	Moskau	3,2
Erfurt	4,4	Brüssel	3,5	Malta	4,2
Hamburg	6,0	Greenwich	5,1	Melbourne	4,5
Kiel	5,8	Helsingfors	6,5	Pola	4,5
Magdeburg	4,1	Hongkong	6,0	St. Petersburg	4,6
Memel	5,4	Libau	4,2	Triest	3,8
Swinemünde	5,6	Liverpool	6,5	Vlissingen	6,0
Adelaide	5,0	Lissabon	5,0	Warschau	3,9
Aberdeen	5,2	Lyon	3,6	Wien	5,0

70　75　80　85　90　95　100　105　110　115　120　125 IIb
140　150　160　170　180　190　200　210　220　230　240　250 IIc

I　II

200　2000

Mark

Ia　Preise von Lagern
I b　„　schmiedeiserner Wellen.
II 75　„　gusseis. Riemsch. 75 ᵐ/ₘ breit.
II 100　„　„　„　100 „　„
II 150　„　„　„　150 „　„
II 200　„　„　„　200 „　„
II 300　„　„　„　300 „　„

190

300
IIc

180

170

150
IIb

160

150　1500

200
IIb

140

130

120

I b

m/m

110

100　1000

300
IIb

90

80

I a

300
IIc

70

60　500

50

500
IIb

40

75
IIa

100
IIa

150
IIa

200
IIa

300
IIa

Lager

30

Wellen

20　200

Riemscheiben

ø　ø　5　10　15　20　25　30　35　40　45　50　55　60 IIa

Mark

10　20　30　40　50　60　70　80　90　100　110　120 I

Seilscheiben.

Für	Hanfseile						Drahtseile	
Seil= durchmesser	25 mm		35 mm		45 mm		10—13 mm	17—20 mm
Durchmesser der Scheibe mm	Preis der Scheibe für 1 Seil M.	Preis für j. weitere Seil mehr M.	Preis der Scheibe für 1 Seil M.	Preis für j. weitere Seil mehr M.	Preis der Scheibe für 1 Seil M.	Preis für j. weitere Seil mehr M.		
400	36	18	—	—	—	—	—	—
600	50	21	52	27	—	—	42	—
800	64	25	68	31	73	37	60	—
1000	78	28	86	36	95	46	78	—
1400	92	32	122	46	139	64	116	—
2000	148	46	176	65	205	91	178	285

Transmissionsseile.

Der Seile		Kleinster Scheiben= durch= messer	Ia Manila		Ia Schleißhanf		Kolonialhanf		Baumwolle	
Durch= messer mm	Quer= schnitt qcm		Kilogr. pro Meter	Mark pro Meter	Kilogr. pro Meter	Mark pro Meter	Kilogr. pro Meter	Mark pro Meter	Kilogr. pro Meter	Mark pro Meter
30	7,070	700	0,65	0,61	0,68	0,89	0,65	0,88	0,68	1,63
35	9,620	750	0,80	1,00	0,98	1,27	0,80	1,08	0,88	2,12
40	12,566	850	1,05	1,32	1,25	1,63	1,05	1,42	1,13	2,72
45	15,900	1000	1,40	1,76	1,55	2,02	1,40	1,88	1,38	3,32
50	19,630	1200	1,70	2,13	1,85	2,40	1,70	2,30	1,78	4,28
55	23,760	1350	2,00	2,50	2,15	2,70	2,00	2,70	1,95	4,68

Bezugsquelle: Kabelfabrik Landsberg a. W.

Drahtseile.

Durchmesser des Drahtseiles mm	Kleinster Scheiben= durchmesser mm	Holzkohlen= draht pro Meter Pfennige	Stahldraht pro Meter Pfennige	Gußstahl= draht pro Meter Pfennige
10	1500	27	35	40
15	2250	49	56	69
20	3000	73	82	99
25	3750	95	105	126
30	4500	140	150	183
40	6000	255	270	300

Bezugsquellen: Kabelfabrik Landsberg a. W. — Felten & Guilleaume, Mülheim.

Treibriemen.

Breite	Leder leicht	Leder mittel	Leder stark	Balata 3fach	Balata 4fach	Balata 5fach	Baumwolle 4fach	Baumwolle 6fach	Baumwolle 8fach	Kamelhaar Preis pro m in M.	Gummi Breite	Gummi 3fach (6 kg pro cm)	Gummi 5fach (12 kg pro cm)	Gummi 8fach (25 kg pro cm)
mm	Preis pro m in M.			Preis pro m in M.			Preis pro m in M.				mm	durchnäht, mit Baumwolleinlagen Preis pro m in M.		
25	0,60	0,90	1,10	0,90	1,20	1,50	—	—	—	—	25	1,15	1,65	—
30	0,70	1,00	1,30	1,08	1,44	1,80	0,60	—	—	—	38	1,70	2,40	—
40	0,90	1,40	1,70	1,44	1,92	2,40	0,80	1,34	—	1,80	51	2,20	3,20	4,70
50	1,20	1,80	2,25	1,80	2,40	3,00	1,00	1,60	—	2,00	57	2,45	3,55	5,25
60	1,60	2,40	3,00	2,16	2,88	3,60	1,20	1,88	2,16	2,40	70	3,00	4,35	6,40
70	2,00	3,00	3,75	2,52	3,36	4,20	1,40	2,14	2,48	2,80	89	3,75	5,50	8,10
80	2,40	3,60	4,50	2,88	3,84	4,80	1,60	2,40	2,80	3,25	102	4,30	6,30	9,25
90	2,80	4,20	5,25	3,24	4,32	5,40	1,90	2,68	3,12	3,75	127	5,35	7,80	11,50
100	3,20	4,80	6,00	3,60	4,80	6,00	2,00	3,20	3,48	4,25	140	5,85	8,60	12,65
120	4,00	6,00	7,50	4,32	5,76	7,20	2,40	3,74	4,16	5,25	178	7,40	10,90	16,05
140	4,80	7,20	9,00	5,04	6,72	8,40	2,80	4,28	4,86	6,25	203	8,45	12,40	18,30
160	—	8,40	10,50	5,76	7,68	9,60	3,20	4,80	5,56	7,25	228	9,45	13,90	20,55
180	—	9,60	12,00	6,48	8,64	10,80	3,60	5,34	6,24	8,25	254	10,55	15,45	22,90
200	—	10,80	13,50	7,20	9,60	12,00	4,00	5,88	6,94	9,40	279	11,55	17,00	25,10
220	—	12,00	15,00	7,85	10,55	13,20	4,40	6,40	7,64	10,80	305	12,65	18,55	27,45
240	—	13,20	16,50	8,62	11,50	14,40	4,80	6,94	8,32	12,20	406	16,75	24,65	36,50
260	—	14,40	18,00	9,35	12,45	15,60	—	8,00	9,02	13,50				
300	—	16,80	21,00	10,80	14,40	18,00	6,00	—	10,40	16,00				
400	—	22,80	28,50	14,40	19,20	24,00	—	—	15,26	23,50				

Bezugsquellen: Otto Gehrtens, Hamburg. Franz Clouth, Cöln-Nippes.

Kupplungen.

Hülsenkuppelung nach Seller.

Bohrung mm	Durch- messer mm	Länge mm	Gewicht kg	$\frac{N}{n}$ max.	Preis Mark
30—35	110	160	8	0,007	22,00
40—45	130	200	13	0,020	29,00
50—55	150	220	20	0,044	40,00
60—65	180	250	31	0,086	51,00
70—75	200	290	44	0,153	66,00
80—85	222	310	59	0,250	81,00
90—95	250	330	79	0,390	100,00
100—105	270	370	96	0,586	120,00

Reibungskuppelung von J. Dohmen=Leblanc.

Bohrung mm	Durch- messer mm	Länge mm	Gewicht kg	$\frac{N}{n}$ max.	Preis Mark	Länge des Wellen- endes für das Gehäuse	für Kreuz u Muffe	Hub
40	350	229	40	0,012	140,00	80	147	30
45	400	229	50	0,020	160,00	80	147	30
50	450	271	70	0,030	190,00	85	184	40
55—60	600	314	100	0,063	240,00	100	211	50
65	660	358	150	0,086	290,00	125	230	60
70	860	388	210	0,116	350,00	135	250	65
75—80	740	413	240	0,198	400,00	150	260	70
85—90	880	451	320	0,316	500,00	160	288	75
95—105	1040	525	490	0,586	670,00	180	340	95

Bandkuppelung für Rechts= und Linkslauf.

Bohrung mm	Durch- messer mm	Länge mm	Gewicht kg	$\frac{N}{n}$ max.	Preis Mark	Riemen breit mm	dick mm
20—30	150	161	8	0,007	125,00	25	2
25—45	200	197	17	0,010	145,00	25	2
35—65	390	296	70	0,030	215,00	40	3
45—80	510	337	120	0,075	275,00	50	4
70—100	610	360	180	0,150	420,00	50	4
90—115	720	435	270	0,300	540,00	65	5

Zahnräder.

$$M = \frac{478 \cdot N}{b \cdot k \cdot v}$$

Wo M der Modul $= \dfrac{\text{Teilung}}{\pi}$,

  N die Zahl der zu übertragenden Pferdestärken,
  b die Zahnbreite in cm,
  v die Umfangsgeschwindigkeit im Teilkreis in m pro Sekunde und

für v = 0,25 0,5 1 2 3 5 7 9 11 13 15
für Gußeisen und Rohhaut

  k = 65 60 55 50 40 32 28 24 21 19 18 ist.

Das Verhältnis Gußeisen : Siemens-Martinstahl $= 1 : 3$,

  „   „   „   : Stahlguß $= 1 : 2$,
  „   „   „   : Phosphorbronze $= 1 : 1,7$,
  „   „   „   : Rotguß $= 1 : 1,3$,
  „   „   „   : Messing $= 1 : 0,8$,
  „   „   „   : Buchenholz $= 1 : 0,4$.

Normale Stirnräder.

Modul	2		3		4		5		6	
Ausführung	Gußeisen	Stahl	Gußeisen	Stahl	Gußeisen	Stahl	Gußeisen	Stahl	Gußeisen	Stahl
Höhenzahl	m		m		m		m		m	
12	3,00	3,40	3,55	4,00	4,20	4,80	4,95	6,00	5,75	7,60
16	3,20	3,80	3,95	4,55	5,00	6,15	5,70	7,90	7,00	11,60
20	3,35	4,10	4,30	5,65	5,75	7,85	6,55	11,65	8,25	14,65
24	3,50	4,50	4,60	6,60	6,50	11,10	7,40	14,30	9,80	18,00
30	3,75	5,60	5,35	8,50	7,75	14,00	9,25	18,55	12,10	23,85
40	4,70	7,40	6,50	13,75	9,45	19,90	11,50	26,80	15,40	35,35
50	5,25	11,00	7,50	18,00	11,75	26,50	13,40	—	18,80	—
60	5,75	13,45	8,55	22,00	12,80	—	15,75	—	20,70	—
80	6,60	19,25	10,40	34,20	17,00	—	20,20	—	28,00	—
100	7,70	25,85	12,50	—	20,40	—	24,50	—	34,50	—
125	8,75	—	15,40	—	25,50	—	31,75	—	45,00	—

Die Breite der Zahnräder ist normal $= 10 \cdot M$.

Normale Kegelräder.

Modul	Übersetzung	Zähnezahl	Zahnbreite	Preis M.	Modul	Übersetzung	Zähnezahl	Zahnbreite	Preis M.
	1 : 2	18 : 36	25	16,70		1 : 2	18 : 36	40	28,70
3	1 : 3	16 : 48	25	18,80	5	1 : 3	16 : 48	40	32,20
	1 : 4	16 : 64	25	20,60		1 : 4	16 : 64	40	38,70
	1 : 2	18 : 36	30	23,50		1 : 2	18 : 36	45	31,90
4	1 : 3	16 : 48	30	26,90	6	1 : 3	16 : 48	45	37,10
	1 : 4	16 : 64	30	30,80		1 : 4	16 : 64	45	43,75

Bezugsquelle: Maschinenfabrik Prometheus, G. m. b. H., Reinickendorf.

k) Betriebskostenberechnungen verschiedener Betriebsarten
unter Zugrundelegung mittlerer Brennstoffpreise für Mitteldeutschland.[1]

1. Dampfmaschinenanlage.

Kohlenpreis je 10 000 kg 180 bis 120 M. ab Grube und 60 M. Fracht.

Maschinengröße in Pferdestärken	3 PS
Pferdekraftstunden je Jahr	9 000
Anlagekapital	2 300 M.
Dampfverbrauch je indizierte PS und Std.	22 kg
Wirkungsgrad	0,7
Verdampfung	6
Kohlenverbrauch je PS und Std.	5 kg
Verlust durch Kondensation in der Rohrleitung	5%
Gesamtbrennstoffverbrauch je effektive PS und Std.	5,9 kg
„ „ Jahr	53 100 kg
Öl und Putzwolle je effektive PS und Std.	0,9
Bedienung je Jahr	900 M.

Verzinsung des Anlagekapitals, Abschreibung, Instandhaltung 15%.

Gesamtausgaben jährlich:

15% vom Anlagekapital 2300 · 15	345	M.
Bedienung je Jahr	900	„
Brennstoff „ „ 53 100 · 180	960	„
Öl und Putzwolle 9000 · 0,009	81	„
	2 286	M.

je effektive Pferdekraftstunde $\dfrac{2286}{9000} = 25{,}5$ Pf.

2. Leuchtgasmotorenanlage.

1 cbm Leuchtgas 12,33 Pf. (5000 Kal. unter Heizwert) 1 cbm Wasser 16 Pf.

Maschinengröße in Pferdestärken	3 PS
Pferdekraftstunden	9 000
Anlagekapital	2 100
Brennstoffverbrauch je effektive PS und Std.	760 l
„ „ Jahr	6 840 cbm
Kühlwasser je effektive PS und Std.	40 l
Kühlwasserverbrauch je Jahr	360 cbm
Öl und Putzwolle je effektive PS und Std.	0,9 Pf.
Bedienung je Jahr	300 M.

Verzinsung des Anlagekapitals, Abschreibung und Instandhaltung 15%.

[1] Aus der Abhandlung: „Windkraft oder Kleinmotoren" von Otto Sterz, Verlag Bernh. Friedr. Voigt, Leipzig, 1908, mit ausdrücklicher Genehmigung des Herrn Verfassers bzw. der Geschäftsleitung, vom Herausgeber beigegeben.

Gesamtkosten jährlich:

15% vom Anlagekapital 2100 M.	316 M.
Bedienung je Jahr	300 „
Brennstoff „ „ 6840 · 12,33	850 „
Kühlwasser „ „ 360 · 0,16	58 „
Öl und Putzwolle 9000 · 0,009	81 „
	1 605 M.

$$\text{je effektive Pferdekraftstunde } \frac{1\,605}{9\,000} = 18 \text{ Pf.}$$

3. Anthrazit-Generatorgasmotoren-Anlage.

Anthrazit 260 M., Koks 220 M., je 10 000 kg Wasser je cbm 16 Pf.
Ab Grube: Anthrazit 200 M., Koks 160 M., Fracht 60 M.

Maschinengröße in Pferdestärken	6 PS
Pferdekraftstunden	9 000
Anlagekapital	7 600 M.
Brennstoffverbrauch je effektive PS und Std.	0,70 kg
Verlust durch Anheizen und Ausschlacken	10%
Brennstoffverbrauch je Jahr	6 300 kg
Kühlwasserverbrauch je effektive PS und Std.	39 l
„ „ Jahr	351 cbm
Öl und Putzwolle je effektive PS und Std.	0,65 Pf.
Bedienung je Jahr	900 M.

Verzinsung des Anlagekapitals, Abschreibung und Instandhaltung 15%.

Gesamtkosten jährlich:

Anlagekapital 15% von 7600	1 135 M.
Bedienung je Jahr	900 „
Brennstoff 6300 · 260	165 „
Kühlwasser 351 · 0,16	56 „
Öl und Putzwolle 9000 · 0,0065	58 „
	2 314 M.

je effektive PS und Std. = 25 Pf.

Die Gesamtkosten für denselben Motor bei voller Ausnutzung der 6 PS
mit 18 000 PS-Std. jährlich betragen . . . .   2 700 M.

$$\text{je effektive Pferdekraftstunde } \frac{2\,700}{1\,800} = 15 \text{ Pf.}$$

4. Benzinmotorenanlage.

Benzolpreis 25 M. je 100 kg, Wasser je cbm 16 Pf.

Maschinengröße in Pferdestärken	3 PS
Pferdekraftstunden	9 000
Anlagekapital	2 900 M.
Brennstoffverbrauch je effektive PS und Std.	0,45 kg
„ „ Jahr	4 050 kg
Kühlwasserverbrauch je effektive PS und Std.	40 l

Kühlwasserverbrauch je Jahr . . . .   360 cbm
Öl und Putzwolle je PS und Std. . . . .   0,9 Pf.
Bedienung je Jahr . . . .   300 M.
Verzinsung des Anlagekapitals, Abschreibung und Instandhaltung 15%.

Gesamtkosten jährlich:

Anlagekapital 2900 Mk. 15% . . . .   425,00 M.
Bedienung je Jahr . . . .   300,00 „
Brennstoff   „   „   4050 · 0,25 . . . .   1125,00 „
Öl und Putzwolle 9000 · 0,009 . . . .   81,00 „
Kühlwasser 360 · 0,16 . . . .   57,50 „
                                                                  ─────────────
                                                                      1988,50 M.

$$\text{je effektive Pferdekraftstunde } \frac{1988,50}{9000} = 22 \text{ Pf.}$$

5. Elektromotorenanlage.

1 KW-Std. 20 Pf.

Maschinengröße in Pferdestärken . . . .   4 PS
Pferdekraftstunden   9000
Anlagekapital (Preis des Motors einschl. Fundamentschienen, Anlasser,
   Sicherungsschalter und Montage, jedoch ohne Anschlußleitung) .   1050 M.
Bedienung je Jahr . . . .   150 „
Öl und Putzwolle je PS und Std. . . . .   0,5 Pf.
Verzinsung des Anlagekapitals, Abschreibung und Instandhaltung 15%.

Gesamtausgaben pro Jahr:

Anlagekapital 1050 M. zu 15% . . . .   158 M.
Bedienung . . . .   150 „
Stromverbrauch . . . .
6600 KW-Std. = 6600 · 0,20 . . . .   1320 „
Öl und Putzwolle 9000 · 0,005 . . . .   45 „
                                                                  ─────────────
                                                                      1673 M.

$$\text{je effektive Pferdekraftstunde } \frac{1673}{9000} = 18,5 \text{ Pf.}$$

Die Preise der elektrischen Energie sind sehr verschieden und schwanken zwischen
15 und 40 Pf. je KW-Std. (für Kraftzwecke).

6. Windmotoranlage.

1 Stahlmotor 8,5 ∅ auf 16 m hohem Turm einschließlich Transmission zur direkten Abgabe der Kraft.

Leistung: bei 4 skm Wind 1,5 PS an 185 Tgn. = 185 · 8 · 1,5 = 2220 PS Std.
   „   5   „   „   3   PS „   60   „   = 60 · 8 · 3 = 1440 „   „
   „   6   „   „   6   PS „   55   „   = 55 · 8 · 6 = 2640 „   „
   „   7   „   „   8,5 PS „   65   „   = 65 · 8 · 8,5 = 4410 „   „
                                                        ──────────────────────
                                          je Jahr 10710 PS Std.

Arbeitsverlust durch Reibung in der Transmission 16%   1710 „   „
                                                                  ─────────────
                                   effektive Leistung 9000 PS Std.

O.-Sch.   24

Maschinengröße (Raddurchmesser) . . . . 8,5 m

Pferdekraftstunden je Jahr 9000

Anlagekapital . . . . 6000 M.

Bedienung je Jahr (2 mal wöchentlich 1 Stunde) . . . . 150 „

Öl und Putzwolle je effektive PS Std. . . . . 0,5 Pf.

 Verzinsung des Anlagekapitals, Abschreibung und Instandhaltung

für den Motor und die Transmission (3400 M.) 15%

 „ „ Turm   (2600 „) 10%

Gesamtausgaben jährlich:

Motor und Transmission 3400 zu 10% . . . . 340 M.

Turm und Zubehör 2600 „ 7% . . . . 182 „

Bedienung . . . . 100 „

Öl und Putzwolle 0,5 Pf. je PS und Std. 9000 · 0,005 . . . . . . 45 „

                667 M.

$$\text{je effektive Pferdekraftstunde } \frac{667}{9000} = 7{,}4 \text{ Pf.}$$

7. Vergleichende Betriebskosten-Tabelle

nach vorstehenden Betriebskostenberechnungen für Dampf-, Leuchtgas-, Generatorgas-,
Benzin-, Elektro- und Windmotorenbetrieb.

Leistung: durchschnittlich   3 PS
    „   jährlich „ 9000 PS Std.

Nr.	Maschine (Betriebsart)	Brennstoff-verbrauch pro Jahr M.	Kühlwasser-verbrauch pro Jahr M.	Bedienung pro Jahr M.	Öl- und Putzmittel pro Jahr M.	Betriebs-kosten pro Jahr M.	Betriebs-kosten pro PSStd. in Pf.
1	Dampf	960		900	81	2286,00	25,5
2	Leuchtgas	850	58,00	300	81	1605,00	18,0
3	Anthr.-Gen.-Gas	165	56,00	900	81	2414,00 (2700,00)	25,0 (15,0)
4	Benzin	1125	57,50	300	81	1988,50	22,0
5	Elektromotor	1320		150	45	1673,00	18,5
6	Wind			150	45	965,00	7,4

 Der Nutzeffekt steigt mit der Größe der Maschinen; die Gesamtkosten stellen sich demnach bei größeren Leistungen wesentlich günstiger, wie aus nachstehender Tabelle ersichtlich ist:

Leistung:	3 PS	10 PS	20 PS	50 PS	100 PS	500 PS
1. Dampfmaschine	25,5	16,3	11,0	7,3	5,7	3,7
2. Leuchtgasmotor	18,0	14,6	12,2	9,9	8,7	7,3
3. Anthraz. Gen.=Gas	25,0	10,9	8,2	5,5	4,5	3,3
	(15)					
4. Benzin	22,0	16,2	15,2	13,1	11,1	
5. Elektromotor	18,5	15,5	14,6	13,7	13,5	
6. Wind	10,7	7,8				

Pfennige je Pferdekraftstunde.

l) Kostenberechnung einer Windmotoranlage

für eine Leistung von 9000 PS effektiv jährlich

von den Vereinigten Windturbinen=Werken=Dresden.

1. 1 Stahlwindmotor 8,5 m Radburchmesser mit selbsttätigen Regulier=
vorrichtungen nach Windrichtung und Windstärke . . . . 2550 M.

2. 1 schmiedeeiserner Turm 16 m Höhe über Erdboden, komplett mit
2 Podesten, bequem besteigbarer Leiter und gutem Ölfarbenanstrich 2150 „

3. 1 schmiedeeiserne Trägerlagerung in der zweiten Horizontalverbindung
des Turmes . . . . 250 „

4. Die vertikale Transmission im Turm
10 m Stahlwelle nebst Lagern, Kuppelungen usw. . . . . 230 „
1 Spurlager . . . . 52 „
1 unteres konisches Räderpaar zur Kraftübertragung von der vertikalen
auf die horizontale Welle . . . . 100 „

5. Das Hauptvorgelege:
1 Stahlwelle 3000/60
3 Stehlager, komplett
2 Stellringe
1 Riemenscheibe 800/125 } . . . . 147 „

6. Das Zwischenvorgelege:
1 Stahlwelle 3000/50
2 Stehlager 50 ⌀ kompl.
2 Stellringe
1 Riemenscheibe 600/125 } . . . . 99 „

7. Montage an Ort und Stelle usw. . . . . 422 „

6000 M.

Fundamente sind nicht berechnet, da in den Betriebskostenberechnungen aller
anderen Betriebsarten nicht vorgesehen.

Anmerkung des Herausgebers: Die angegebenen Sätze sind nicht überall so fest=
stehend, daß sie nicht einer Korrektur auf Grund längerer praktischer Erfahrungen
bedürften.

24*

E. Kosten der Materialientransporte.

Von Regierungsbaumeister Kohlmorgen.

Die Kosten der Transporte der Baumaterialien von ihren Gewinnungsstellen bzw. von ihren Fabrikationsstellen bis in ihre endgültigen projektmäßigen Lagen unterscheiden sich naturgemäß prinzipiell für die gar keine oder unter Umständen verhältnißmäßig verschwindend kleine Kaufwerte besitzenden Massenmaterialien, dem Schüttungsboden, bzw. den Bettungsmaterialien, wie Kies, Kleinschlag, von den für die dem Handel unterworfenen eigentlichen Baumaterialien.

Die Transportkosten für Schüttungsboden können aus den erforderlich werdenden Bewegungen von rechnerisch bestimmbaren Massen (Körperinhalten) durch die lediglich zwischen Bauvergeber und Bauübernehmer zu vereinbarenden Einheitspreise ermittelt werden; für die eigentlichen Baumaterialien ist die Konjunktur des Transportgewerbes, bzw. sind die öffentlichen Verkehrseinrichtungen, maßgebend. Die gemeinhin „Frachtkosten" genannten Transportkosten werden hier unterschieden nach der Art der Beförderungsmittel: Fuhrwerkstransporte, Eisenbahntransporte, Wassertransporte.

Die Erdmassentransporte werden in Abschnitt V behandelt.

I. Kosten der Fuhrwerkstransporte.

Normen und allgemein brauchbare Angaben lassen sich über diese Transportart füglich nicht machen; immerhin dürften zum Anhalt die folgenden Daten von Interesse sein.

Verzinsung und Unterhaltungskosten eines tüchtigen Arbeitspferdes im Jahr rd. 1300 Mk. bei einem Anschaffungswert des Pferdes von 1100 M.

Verzinsung und Unterhaltungskosten eines zu 450 M. Anschaffungswert gerechneten Arbeitswagens im Jahr 250 M.

Lohn an den Wagenführer, je nach den örtlichen Lohnverhältnissen, i. M. angenommen im Jahr 1000 M.

Bei 280 wirklichen Arbeitstagen (Nutztagen) betragen demnach die Selbstkosten je Tag

für 1 einspänniges Fuhrwerk $\frac{2550}{280} \sim$ . . . . 9,00 M.

für 1 zweispänniges Fuhrwerk $\frac{3850}{280} \sim$ . . . . 14,00 „

Bei etwa 20% Gewinn würde demnach kosten der Arbeitstag

eines einspännigen Fuhrwerks rd. . . . . 11,00 „

eines zweispännigen Fuhrwerks rd. . . . . 17,00 „

(Gewichte von Fuhrwerken s. III. Abschnitt, Tabelle 9. Arbeitsleistungen der Pferde s. III. Abschnitt, 3. Kraft- und Arbeitsgrößen.)

II. Kosten der Frachten auf den Eisenbahnen und Kleinbahnen.

A. Auf den Haupt- und Nebenbahnen.

Deutscher Eisenbahn-Gütertarif[1]),

giltig für die Eisenbahnen Deutschlands seit 1. 4. 1911, bzw. 1. 1. 1912.

Die Eisenbahn-Verkehrsordnung findet Anwendung auf die dem öffentlichen Verkehr dienenden Eisenbahnen Deutschlands, mit Ausnahme der Bahnunternehmungen,

---

[1]) Teil I, A. Eisenbahn-Verkehrsordnung, E.V.O., nebst allgemeinen Ausführungsbestimmungen, giltig seit 1. 1. 1912. Amtl. Ausgabe 25 Pf. Teil I, B. Allgemeine Tarifvorschriften nebst Güterklassifikation, Nebengebührentarif, giltig seit 1. 4. 1911. Amtl. Ausgabe 30 Pf.

welche weder zu den Haupteisenbahnen im Sinne der Betriebsordnung, noch zu den Nebeneisenbahnen im Sinne der Bahnordnung gehören, nämlich der Kleinbahnen. Auf den internationalen Verkehr findet die Verkehrsordnung nur insoweit Anwendung, als derselbe nicht durch besondere Bestimmungen geregelt ist.

1. Auszug aus der Verkehrsordnung.

§ 6. Die Berechnung der Transportpreise erfolgt nach den Tarifen für jedermann. Erhöhungen von gewöhnlichen Tarifen treten erst 2 Monate nach Veröffentlichung in Kraft.

§ 53. Die Eisenbahn hat die Beförderung von Gütern von und nach allen für den Güterverkehr eingerichteten Stationen zu besorgen.

§ 50. Ausgeschlossen von der Beförderung sind Güter wegen Postzwang, betriebstechnischer Gründe, öffentlicher Ordnung, Gefahr der Selbstentzündung oder Explosion. Bedingungsweise sind zugelassen zur Beförderung: (Anlage C der E.V.O.)

I. Explosionsgefährliche Stoffe.

Ia. Sprengstoffe u. z. A. Sprengmittel, handhabungssichere, wie schwarzpulverähnliche als Stückgut, solche wie nasse, organische Nitrokörper bis 200 kg als Stückgut, darüber in Wagenladungen, und solche wie Schießbaumwolle in Wagenladungen mit $^2/_3$ Völligkeit. B. Schießmittel, wie nitroglyzerinhaltige Nitrozellulosepulver, als Stückgut, solche wie Schwarzpulver, geprüft, in Wagenladungen. C. Solche wie Prikrinsäure, der Gefährlichkeit nach, nach besonderen Vorschriften.

Ib. Munition. Leucht- u. Signalmittel, Raketen, Zündschnuren, Sprengkapseln, Minenzünder, als Stückgut nach besonderen Vorschriften.

Ic. Zündwaren. Sicherheitszünder, Knallkapseln als Stückgut in bedeckten Wagen.

Id. Verdichtete und verflüssigte Gase. Kohlensäure, Leuchtgas, Fettgas, Preßluft. In besonderen Gefäßen.

Ie. Stoffe, die mit Wasser entzündliche Gase entwickeln, wie Kalziumkarbid.

II. Selbstentzündliche Stoffe, wie Korkfüllmasse, Bohr- und Drehspäne.

III. Brennbare Flüssigkeiten, wie Petroleum, (Testpetroleum nicht unter 20^0 C entzündlich, 1 Liter mindestens 780 g), Benzin, Spirituslacke.

IV.—VI. Giftige, ätzende, fäulnisfähige Stoffe.

§ 55. Jede Sendung muß von einem Frachtbriefe mit bestimmten Angaben begleitet sein, für deren Richtigkeit und Vollständigkeit der Absender in jeder Hinsicht haftet (§ 57).

§ 61. Der Frachtvertrag ist abgeschlossen, sobald das Gut mit dem Frachtbrief von der Versandstation zur Beförderung angenommen und dem Frachtbrief der Tagesstempel der Abfertigungsstelle aufgedrückt ist.

§ 65. Der Eisenbahn liegt eine Prüfung der Richtigkeit und Vollständigkeit der Zoll-, Steuer-, Polizei- und statistischen Vorschriften nicht ob.

§ 68. Die Grundsätze der Frachtberechnung sind im Tarif enthalten.

§ 69. Werden die Frachtgelder nicht bei der Aufgabe des Gutes zur Beförderung berichtigt, so gelten sie als auf den Empfänger angewiesen; ausgeschlossen bei Gütern, die schnellem Verderben ausgesetzt sind (Eis, Hefe, Wildpret, lebende Pflanzen, frisches Obst); hier kann Vorausbezahlung der Fracht verlangt werden.

§ 71. Ansprüche der Eisenbahn auf Nachzahlung zu wenig erhobener Fracht oder Gebühren, sowie Ansprüche gegen die Eisenbahn auf Rückerstattung zuviel erhobener Fracht oder Gebühren verjähren in einem Jahre. **Wegen Unterbrechung der Verjährung BGB. §§ 201 ff.**

§ 63. Lieferfrist nach den betr. Tarifen, höchstens aber:

a) für Eilgüter; für beschleunigte Eilgüter in ( )

1. Abfertigungsfrist bis . . . . 1 ($^1/_2$) Tag.
2. Beförderungsfrist für je, auch nur angefangene, 300 km . . . . 1 ($^1/_2$) Tag.

b) für Frachtgüter.

1. Abfertigungsfrist . . . . 2 Tage.
2. Beförderungsfrist

bei einer Entfernung bis zu 100 km . . . . 1 Tag,
bei größeren Entfernungen für je, auch nur angefangene, weitere
200 km . . . . 1 Tag.

§§ 78, 79. . . . . Die Benachrichtigung von abzulieferndem Gut hat bei gewöhnlichem Gut spätestens nach Ankunft und Bereitstellung des Guts zu erfolgen, bei Eilgut in der Regel binnen 2 Stunden nach Ankunft, während die Zuführung an die Behausung des Empfängers in festgesetzter Frist erfolgt. Diese Fristen ruhen an Werktagen von 6 Uhr abends bis zum Anfang der Dienststunden des folgenden Tages; an Sonn- und Festtagen von 12 Uhr mittags an.

§ 80. Für Fristüberschreitungen bei Abholen von Gut sind Lagergeld oder Wagenstandgeld zu bezahlen, unter Umständen darf die Eisenbahn die Ausladung auf Kosten des Empfängers bewirken. Abholungsfrist 24 Stunden.

§ 88. Für gänzlichen oder teilweisen Verlust von Gut hat die Bahn den gemeinen Handelswert oder in dessen Ermangelung den gemeinen Wert zu ersetzen u. Nebenkosten.

§ 94. Höhe des Schadenersatzes bei Versäumung der Lieferfrist.
I. Wenn eine Angabe des Interesses an der Lieferung nicht stattgefunden hat:
1. ohne Nachweis eines Schadens, falls die Verspätung 12 Stunden übersteigt:
bei einer Verspätung bis einschließlich 1 Tag $^1/_{10}$ der Fracht,
"   "   "   "   "   2 Tage $^2/_{10}$ "   "
"   "   "   "   "   3   " $^3/_{10}$ "   "
"   "   "   "   "   4   " $^4/_{10}$ "   "
"   "   "   von längerer Dauer $^5/_{10}$ "   "
2. Wird der Nachweis eines Schadens erbracht, so kann der Betrag des Schadens beansprucht werden.
II. Wenn eine Angabe des Interesses an der Lieferung stattgefunden hat:
1. ohne Nachweis eines Schadens, falls die Verspätung 12 Stunden übersteigt:
bei einer Verspätung bis einschließlich 1 Tag $^2/_{10}$ der Fracht,
"   "   "   "   "   2 Tage $^4/_{10}$ "   "
"   "   "   "   "   3   " $^6/_{10}$ "   "
"   "   "   "   "   4   " $^8/_{10}$ "   "
"   "   "   von längerer Dauer die ganze Fracht.
2. Wird der Nachweis eines Schadens erbracht, so kann der Betrag des Schadens beansprucht werden.

In beiden Fällen darf die Vergütung den angegebenen Betrag des Interesses nicht übersteigen.

§ 98. Die Ansprüche gegen die Eisenbahn wegen Verlust, Minderung, Beschädigung oder verspäteter Ablieferung des Guts verjähren in einem Jahre.

Anlage F zur Verkehrsordnung.

Vorschriften für die Beladung offener Güterwagen mit Schnittholz, Langholz, Schienen, Langeisen, Eisenbauteilen, Dampfkesseln u. dgl.

§ 3. Die Verladung solcher Gegenstände kann entweder auf einem offenen Güter= wagen oder auf zwei mit Drehschemeln versehenen Wagen, die entweder in gewöhn= licher Weise direkt oder mittels eines zwischengestellten Wagens oder durch Kuppelstangen miteinander verbunden sind, erfolgen, insoweit nicht nach Maßgabe der nachstehenden Bestimmungen diese Kuppelung durch die Ladung selbst erfolgen kann. Wagen mit Drehschemeln dürfen als Zwischenwagen nicht benutzt werden, auch ist mehr als ein Zwischenwagen nicht zulässig.

Schemelwagen ohne Kuppelstange oder Zwischenwagen werden bei Sendungen stärkerer Langhölzer zugelassen, wenn die beweglichen Schemel oben mit eisernen Spitzen (Zinken) versehen sind, welche in das Holz sich eindrücken können, auch die Ladung eines jeden Wagens, also die auf jedem Drehschemel ruhende Last, mindestens 7500 kg beträgt. Bei geringerem Gewicht ist es notwendig, den mittleren Stamm oder die beiden äußeren Stämme der untersten Lage der Holzladungen je mit zwei an den Schemeln befindlichen starken Ketten, deren freies Ende in einen starken Haken ausläuft, derart zu umschlingen und durch die in das Holz einzuschlagenden Haken zu befestigen, daß die Entfernung der beiden Schemelwagen bei der Fahrt sich nicht ändern kann. Als stärkeres Langholz gilt Holz von mindestens 12 cm Durchmesser.

2. Grundsätze für die Frachtberechnung.

(Auszug aus „Allgemeine Tarifvorschriften nebst Güterklassifikation".)

§ 1. Die Fracht wird nach Kilogramm berechnet. Sendungen unter 20 kg werden für 20 kg, das darüber hinausgehende Gewicht wird mit 10 kg steigend so gerechnet, daß je angefangene 10 kg für voll gelten. — Die Fracht wird auf volle 0,10 M. in der Weise abgerundet, daß Beträge unter 5 Pfennig gar nicht, Beträge von 5 Pfennig ab aber für 0,10 M. gerechnet werden.

1. Eilgut.

§ 3. Eilstückgut wird zu den im Tarif vorgesehenen Sätzen, Eilgut in Wagenladungen ohne Unterschied der Artikel zu den doppelten Sätzen der Allgemeinen Wagenladungs= klassen (B bzw. A[1]) befördert. Mindestens werden 0,50 M. für jede Frachtbriefsendung erhoben.

§ 4. Wird Eilgut auf Antrag des Absenders und mit Zustimmung der Eisenbahn als Schnellzugsgut in denjenigen Zügen befördert, mit denen die Bestimmungsstation am schnellsten erreicht wird, so werden, und zwar auch bei den im Spezialtarif für be= stimmte Eilgüter aufgeführten Gütern, erhoben:

für Stückgut die Eilstückgutsätze für das doppelte wirkliche Gewicht, mindestens jedoch für 40 kg und mindestens 1 M. für jede Frachtbriefsendung;

für Wagenladungen die Sätze der Allgemeinen Wagenladungsklasse (B bzw. A[1]);

für das Vierfache des der Frachtberechnung nach den Vorschriften für diese Klasse zugrunde zu legenden Gewichts.

2. Frachtgut.

a) Stückgut.

§ 5. Zu den Stückgutsätzen werden diejenigen Güter befördert, welche der Absender nicht als Wagenladung aufgibt. Mindestens werden 0,30 M. für jede Frachtbriefsendung erhoben.

§ 6. Für die in der Güterklassifikation, Abschnitt „Spezialtarif für bestimmte Stück-güter", aufgeführten Güter werden die Sätze dieses Spezialtarifs, für alle übrigen die Sätze der Allgemeinen Stückgutklasse berechnet.

Werden Güter des Spezialtarifs mit solchen der Allgemeinen Stückgutklasse in getrennter Verpackung mit einem Frachtbrief aufgegeben, so wird die Fracht nach den Sätzen der Allgemeinen Stückgutklasse berechnet, sofern nicht bei getrennter Angabe des Gewichts die Einzelberechnung sich billiger stellt. Bei der Einzelberechnung wird die Fracht für das zur Allgemeinen Stückgutklasse und für das zum Spezialtarife gehörige Gut mindestens für je 10 kg berechnet und das darüber hinausgehende Gewicht steigend je auf volle 10 kg abgerundet. Werden Güter des Spezialtarifs mit solchen der All-gemeinen Stückgutklasse, soweit dies nach den Bestimmungen der Verkehrsordnung zu-lässig ist, zu einem Frachtstücke vereinigt, so wird die Fracht für das ganze Gewicht zu den Sätzen der Allgemeinen Stückgutklasse berechnet.

b) Wagenladungen.

§ 7. Zu den Sätzen der Wagenladungsklassen werden diejenigen Güter befördert, welche der Absender mit einem Frachtbrief für einen Wagen als Wagenladung aufgibt.

§ 8. Die Güter werden eingeteilt in 4 Hauptklassen:

Güter der Allgemeinen Wagenladungsklasse (Klasse B) mit der Nebenklasse A[1].

Güter des Spezialtarifs I }
     „   „   „   II } mit der Nebenklasse A[2],
     „   „   „   III, mit der Nebenklasse Spezialtarif II.

Alle in der Güterklassifikation nicht genannten Güter gehören zur Allgemeinen Wagenladungsklasse.

§ 9. Der Frachtberechnung nach den Sätzen der Hauptklassen wird ein Gewicht von mindestens 10 000 kg für jeden verwendeten Wagen, der Frachtberechnung nach den Sätzen der Nebenklassen ein Gewicht von mindestens 5000 kg für jeden verwendeten Wagen zugrunde gelegt, auch wenn das wirkliche Gewicht weniger beträgt. — Für Sendungen von weniger als 10 000 kg, aber mehr als 5000 kg, wird die Fracht für das wirkliche Gewicht nach der Nebenklasse oder für 10 000 kg nach der Hauptklasse für jeden verwendeten Wagen berechnet, je nachdem die eine oder andere Berechnung eine billigere Fracht ergibt.

Gemeinsame Bestimmungen für alle Wagenladungen.

§ 10. Wagenladungen können aus verschiedenartigen Gütern, auch verschiedener Hauptklassen, gebildet werden, soweit nicht Bestimmungen der Eisenbahn-Verkehrs-ordnung (vgl. § 56. IX. d. E.-V.-O.) entgegenstehen.

§ 11. Wenn aus ungleich tarifierten Gütern eine Wagenladung gebildet wird, so wird die Fracht für die ganze Sendung auf Grund des höchsten, für einen Teil der Sen-dung geltenden Tarifsatzes ermittelt, sofern nicht bei getrennter Gewichtsangabe nach den §§ 5—9 die Einzelberechnung sich billiger stellt. — Wird für eine Frachtbriefsendung

Stückgut- und Wagenladungsfracht in Einzelberechnung erhoben, so sind zur Berechnung der Stückgutfracht 10 kg als Mindestgewicht anzunehmen. Auf den als Stückgut verrechneten Teil der Sendung finden im übrigen die Bestimmungen für Wagenladungen Anwendung.

§ 12. Wenn durch den Absender weder der Laderaum noch das Ladegewicht des Wagens ausgenutzt wird, so hat die Eisenbahn das Recht, Zuladungen vorzunehmen.

§ 13. Ist die Anwendung ermäßigter Frachtsätze oder günstigerer Frachtbedingungen in der Klassifikation der Güter der Spezialtarife an die Bedingung der Ausfuhr geknüpft, so wird hierunter ausnahmslos die Beförderung mit direktem Frachtbrief über die Grenzen des deutschen Zollgebietes hinaus verstanden, falls die Güter nicht zurückkehren.

§ 14. Auf Sendungen, welche ausnahmsweise nicht mit direkt nach dem Zollauslande lautenden Frachtbriefen, sondern zunächst nach einer Binnenstation oder nacheinander nach verschiedenen Binnenstationen aufgegeben und von dort aus entweder sofort oder nach vorübergehender Lagerung daselbst mit der Eisenbahn oder zu Wasser nach dem Zollauslande weiterverfrachtet werden, finden die in der Güterklassifikation vorgesehenen Ermäßigungen nur unter besonderen Bedingungen Anwendung.

3. Explodierbare Gegenstände.

§ 16. Für die in der Anlage C der Tarifvorschriften aufgeführten Gegenstände und die denselben etwa beigeladenen anderen Güter wird erhoben:

Als Stückgut die Fracht für das doppelte wirkliche Gewicht nach der Allgemeinen Stückgutklasse, mindestens jedoch für 5000 kg nach den Sätzen der Klasse A^1 für jede Frachtsendung;

als Wagenladung die Fracht für das Doppelte des der Frachtberechnung nach der Allgemeinen Wagenladungsklasse (B bzw. A^1) zugrunde zu legenden Gewichts.

Wenn bei Sendungen von Sprengstoffen nach den Bestimmungen der Verkehrsordnung Schutzwagen zur Einstellung gelangen müssen, und solche nicht durch gleichzeitig von demselben Absender aufgegebene beladene Wagen mit dessen Zustimmung gestellt werden, so wird die Gebühr für 2 Schutzwagen erhoben, ohne Rücksicht darauf, ob die Schutzwagen aus der Zahl der ohnehin zur Beförderung bestimmten Wagen entnommen, oder ob sie besonders zu diesem Zweck in den Zug eingestellt sind. Werden von demselben Absender nach derselben Bestimmungsstation gleichzeitig mehrere Wagenladungen Sprengstoffe aufgegeben, so gelten diese in bezug auf die Frachtberechnung für die Schutzwagen als eine Sendung.

Die erforderlichen Begleiter werden nach den Sätzen für Viehbegleiter im Packwagen befördert.

Etwaige der Eisenbahn für die Bewachung dieser Gegenstände auf den Bahnhöfen erwachsene Kosten sowie sämtliche sonstige Auslagen sind zu ersetzen.

Gegenstände von mehr als 7 m Länge (Fahrzeuge ausgenommen).

§ 20. Werden Gegenstände von mehr als 7 m Länge (Fahrzeuge ausgenommen) als Stückgut aufgegeben, so wird für jede Frachtbriefsendung die Fracht für mindestens 1500 kg nach dem Satz der Allgemeinen Stückgutklasse bzw. des Spezialtarifs für bestimmte Stückgüter bzw. nach dem Eilgutfrachtsatz berechnet.

Diese Frachtberechnung findet auch statt, wenn mittels eines Frachtbriefs mit Gegenständen von mehr als 7 m Länge andere Güter zur Beförderung aufgegeben werden.

Bei Einstellung von Schutzwagen wird die sonst zur Berechnung kommende Gebühr von 15 Pfennig für jeden Schutzwagen und das Kilometer nicht erhoben.

4. Sperrige Stückgüter.

§ 21. Als sperrige Stückgüter — Güter, die im Verhältnis zu ihrem Gewicht einen ungewöhnlich großen Laderaum in Anspruch nehmen — werden 26 Positionen behandelt, von denen hier zu erwähnen sind: Bäume und Gesträuche, neue hölzerne und Papierstofffässer, Kasten von Eisenbahnwagen (ausgenommen Kipp= und Förderwagen) und Land= (Straßen=) Fahrzeuge.

Bei sperrigen Stückgütern (Eil= oder Frachtgut) wird die Fracht für das 1½fache des wirklichen Gewichts nach den Sätzen für Eilstückgut bzw. nach den Sätzen der Allgemeinen Stückgutklasse erhoben; als geringstes Gewicht werden 30 kg für jede Frachtbriefsendung berechnet. Bei Schnellzugsgütern werden die Eilstückgutsätze für das Dreifache des wirklichen Gewichts erhoben; als Mindestgewicht für jede Frachtbriefsendung werden 60 kg berechnet.

§ 22. Für teils aus sperrigem, teils aus nicht sperrigem Gut (Eilgut, auch Schnellzugsgut oder Frachtgut) bestehende Stückgutsendungen wird für das sperrige Gut das 1½fache Gewicht — für sperriges Schnellzugsgut das 3fache Gewicht — in Ansatz gebracht, während für das nicht sperrige Gut das wirkliche Gewicht — für nichtsperriges Schnellzugsgut das doppelte wirkliche Gewicht — angesetzt wird. Die Fracht wird für das Gesamtgewicht, jedoch mindestens für 30 kg — bei Schnellzugsgut mindestens für 60 kg — berechnet. Für teils aus sperrigen, teils aus Gütern des Spezialtarifs für bestimmte Stückgüter bestehende Sendungen wird die Fracht getrennt berechnet. Als Mindestgewicht werden hierbei für das sperrige Gut 20 kg, für das übrige Gut 10 kg berechnet.

5. Fahrzeuge.

§ 24. Zu den Fahrzeugen werden gerechnet:

A. Eisenbahnfahrzeuge

(zur Fortbewegung auf Schienen bestimmt).

1. Eisenbahnlokomotiven, Tender und Dampf= und Kraftwagen.
2. Eisenbahnwagen aller Art.
    a) Personen=, Gepäck=, Güter=, Postwagen;
    b) Bahnmeisterwagen und Dräsinen;
    c) Straßenbahnwagen;
    d) Kipp= und Förderwagen.
3. Eisenbahnwagenkrane.
4. Eisenbahnschneepflüge.

B. Land= (Straßen=) und Wasserfahrzeuge, z. B. Lastfuhrwerke, Motorwagen, Handkarren, Fahrräder (auch Motorfahrräder), Schlitten, Boote und Kähne.

§ 25. Die Beförderung erfolgt

A. bei Eisenbahnfahrzeugen:

a) wenn sie auf eigenen Rädern laufen, nur als Frachtgut,
b) wenn sie auf Eisenbahnwagen verladen sind, als Frachtgut oder Eilgut.

B. bei Land= (Straßen=) und Wasserfahrzeugen

als Frachtgut, Eilgut oder Reisegepäck, je nach Art ihrer Aufgabe.

§ 26. Die Fracht wird berechnet für

A. Eisenbahnfahrzeuge

1. für Eisenbahnlokomotiven, Tender, Dampf= und Kraftwagen:

a) wenn sie auf Wagen der Eisenbahn oder der Absender zur Beförderung gelangen, zu den Sätzen des Spezialtarifs II oder der Nebenklasse A², wobei das Gewicht der zur Beförderung benutzten Eisenbahnwagen nicht in Ansatz gebracht wird, und die zur Beförderung benutzten, nach der Versandstation leer zurücklaufenden Eisenbahnwagen der Absender auf dem Wege der Hinbeförderung frachtfrei zurückbefördert werden;

b) wenn sie auf eigenen Rädern laufend zur Beförderung gelangen, für zwei Drittel des wirklichen Gewichts der Fahrzeuge und der darauf verladenen Achsen und sonstigen Ersatzteile nach der für das volle Gewicht maßgebenden Tarifklasse (Spezialtarif II oder Nebenklasse A²). Mindestens werden 6670 kg zu den Sätzen des Spezialtarifs II und 3340 kg zu den Sätzen der Nebenklasse A² in Ansatz gebracht.

2. Eisenbahnwagen aller Art; Eisenbahnwagenkrane und Eisenbahnschneepflüge:

a) wenn sie auf solche Eisenbahnwagen der Absender verladen werden, die nicht als Transportgegenstand aufgegeben, sondern zur Rückbeförderung bestimmt sind, oder wenn sie auf Wagen der Eisenbahn verladen werden, nach den nachstehend für Land= (Straßen=) und Wasserfahrzeuge gegebenen Vorschriften, und zwar für Kipp= und Förderwagen nach den Bestimmungen unter § 28, I und II B, für die übrigen Eisenbahnwagen aber nach den Bestimmungen unter § 28, I und II A.

Das Gewicht der zur Beförderung benutzten Eisenbahnwagen wird bei der Frachtberechnung nicht in Ansatz gebracht, ebenso werden die zur Beförderung benutzten, nach der Versandstation leer zurücklaufenden Wagen der Absender auf dem Wege der Hinbeförderung frachtfrei zurückbefördert;

b) wenn sie auf eigenen Rädern laufen, unbeladen, zum Satze von 0,07 M. für die Achse und das Kilometer, unter Zuschlag einer Abfertigungsgebühr von 2 M. für die Achse. Diese Frachtberechnung findet auch für die auf eigenen Rädern laufenden offenen Wagen Anwendung, die mit einem oder mehreren Obergestellen beladen aufgegeben werden;

c) wenn sie auf Wagen der Absender befördert werden, die selbst Frachtgegenstand sind, also nicht zurückkehren, unbeladen nach der Achsenzahl der für die Beförderung benutzten Eisenbahnwagen oder Truks zum Satze von 0,10 M. für die Achse und das Kilometer, unter Zuschlag einer Abfertigungsgebühr von 2 M. für die Achse.

3. Auf eigenen Rädern laufende beladene Eisenbahnwagen zum Satze von 0,07 M. für die Achse und das Kilometer, unter Zuschlag einer Abfertigungsgebühr von 2 M. für die Achse neben der tarifmäßigen Fracht für das verladene Gut.

§ 28. B. Land= (Straßen=) und Wasserfahrzeuge,

1. wenn sie in gedeckt gebaute Wagen durch die Seitentüren nicht verladen werden können, werden befördert unbeladen nach den Sätzen des Spezialtarifs III oder der Nebenklasse Spezialtarif II, sofern sich nicht die Fracht für das wirkliche Gewicht, mindestens jedoch für 1000 kg für jeden verwendeten Eisenbahnwagen nach der Allgemeinen Stückgutklasse, billiger stellt; beladen nach der Allgemeinen Stückgutklasse oder nach der für das aufgeladene Gut maßgebenden Wagenladungsklasse für das Gewicht des Fahrzeugs und des aufgeladenen Guts, mindestens jedoch für 1000 kg für jeden verwendeten

Eisenbahnwagen nach der Allgemeinen Stückgutklasse. Auch bei Berechnung der Stück=
gutfracht finden die Bestimmungen für Wagenladungen Anwendung.

Für etwa eingestellte Schutzwagen kommt die in § 40 festgesetzte Gebühr zur Er=
hebung.

2. Wenn sie in gedeckt gebaute Wagen durch die Seitentüren verladen werden können,
werden befördert die in § 24 B genannten Fahrzeuge:

a) bei Aufgabe als Stückgut, sowohl unbeladen als beladen, als sperriges Gut;

b) bei Aufgabe in Wagenladungen unbeladen nach Spezialtarif III bzw. der Neben=
klasse Spezialtarif II, beladen nach der für das aufgeladene Gut maßgebenden Wagen=
ladungsklasse.

3. Handkarren, Fahrräder (auch Motorräder):

a) bei Aufgabe als Stückgut, unbeladen nach der Allgemeinen Stückgutklasse oder
dem Spezialtarif für bestimmte Stückgüter für das wirkliche Gewicht, beladen nach den
allgemeinen für Zusammenpacken von Stückgut maßgebenden Grundsätzen;

b) bei Aufgabe in Wagenladungen, unbeladen nach Spezialtarif III bzw. der Neben=
klasse Spezialtarif II, beladen nach der für das aufgegebene Gut maßgebenden Wagen=
ladungsklasse.

6. Gebrauchte Emballagen.

§ 30. Für gebrauchte leere Emballagen, wie Fässer unter 8 hl Inhalt, Metallzylinder
zur Beförderung von Spiritus, Chemikalien, Öl, Firnissen u. dgl., Kisten, auch metallene
oder mit Blecheinsätzen, Lattenkisten und Harasse, Körbe, Säcke, wird bei Aufgabe als
Frachtgut die Fracht nach den Sätzen der Allgemeinen Stückgutklasse für das halbe wirk=
liche Gewicht, mindestens für 20 kg, berechnet.

Können die vorstehend genannten Emballagen in gedeckt gebaute Wagen durch die
Seitentüren nicht verladen werden, so wird die Fracht für das volle Gewicht nach dem
Satze der Allgemeinen Stückgutklasse bzw. des Spezialtarifs für bestimmte Stückgüter
berechnet.

7. Gegenstände, welche Schutzwagen oder mehrere Wagen erfordern.

§ 40. Bei Gegenständen, deren Beförderung nach dem Ermessen der Eisenbahn die
Einstellung von Schutzwagen erforderlich macht, wie bei Langholz, langen Eisenstangen
und Leitern, wird für jeden Schutzwagen eine Gebühr von 15 Pfennig für das Kilo=
meter erhoben. Auf dem Schutzwagen dürfen die Gegenstände nicht aufliegen. Wegen der
als Stückgut aufgegebenen Gegenstände von mehr als 7 m Länge, vgl. § 20.

Die Beladung der Schutzwagen ist unter bahnseitiger Überwachung und unter
folgenden Bedingungen gestattet:

1. Die zu verladenden Gegenstände müssen an den Empfänger der Hauptladung
nach der Bestimmungsstation der letzteren adressiert sein und mit besonderem Frachtbrief
aufgegeben werden.

2. Für beladene Schutzwagen wird die gemäß Abs. 1 berechnete Gebühr, oder sofern
sich die tarifmäßige Fracht für die aufgeladenen Gegenstände höher stellt, die letztere
erhoben.

§ 41. Wenn zur Verladung von Langholz u. dgl. mehr als ein Wagen erforderlich
ist, so wird jeder Wagen als zu gleichen Teilen belastet angesehen und dementsprechend
die Fracht berechnet. Diese Bestimmung greift auch Platz, wenn die Wagen miteinander
fest verbunden sind.

3. Auf- und Abladen der Güter.

§ 50. Stück- und Eilgut wird auf Kosten der Eisenbahn ein- und ausgeladen.

Bei Gegenständen, welche einzeln mehr als 750 kg wiegen, oder welche in gedeckt gebaute Wagen durch die Seitentüren nicht verladen werden können, kann die Eisenbahn das Aufladen durch den Absender und das Abladen durch den Empfänger verlangen. Alle sonstigen Güter sind seitens der Absender und Empfänger auf- und abzuladen, sofern nicht die Eisenbahn diese Leistungen gegen die in dem Nebengebührentarife bestimmten Gebühren selbst übernimmt. Das Auf- und Absetzen von auf eigenen Rädern laufenden Eisenbahnfahrzeugen auf die Gleise bzw. von denselben wird von der Eisenbahn nicht übernommen. Ein Antrag auf bahnseitige Übernahme des Aufladens ist seitens des Absenders schriftlich im Frachtbrief zu stellen; ein Antrag auf bahnseitige Übernahme des Abladens ist seitens des Empfängers schriftlich zu stellen. Geht die Eisenbahn auf derartige Anträge ein, so steht dem Absender oder Empfänger keine Einwirkung auf das Geschäft des Auf- und Abladens zu.

Falls die Eisenbahn dem Absender oder Empfänger ohne entsprechenden schriftlichen Antrag zur Besorgung des Auf- und Abladens unter seiner Leitung oder derjenigen seiner Beauftragten die erforderlichen Leute stellt, so ist dies nicht als eine Übernahme des Auf- und Abladens durch die Eisenbahn anzusehen.

4. Gebührentarif.

a) Streckensätze für die Tonne und das Kilometer.

Lfd. Nr.	Güterklasse	Tarifhauptklasse	Tarifnebenklasse
	Stückgut. Mindestens für 0,02 t, steigend 0,01 t.		
1	Frachtstückgut . . . . Allgemeine Klasse	Bis 50 km — 11 Pf., 51 bis 200 km — 10 Pf., 201 bis 300 km — 9 Pf., 301 bis 400 km 8 Pf., 401 bis 500 km — 7 Pf., darüber — 6 Pf.	
2	Spezialtarifklasse	Bis 726 km — 8 Pf., darüber 6 Pf.	
	Wagenladungen. In Ansatz kommen mindestens 5 t.	Ladungen von mindestens 10 t	Ladungen von 5 bis 10 t wenn nicht nach der betr. Hauptklasse sich für 10 t billigere Fracht ergibt.
3	Allgemeine Wagenladungsklasse	B mit 6 Pf./tkm	A¹ mit 6,7 Pf./tkm
4	Spezialtarif I	I „ 4,5 „ /tkm	A² „ 5 „ /tkm
5	„ II	II „ 3,5 „ /tkm	
6	„ III	III bis 100 km mit 2,6 Pf./tkm darüber mit 2,2 Pf./tkm	II „ 3,5 „ /tkm

Eilstückgut: gewöhnliches, zum doppelten Satz von Lfd. Nr. 1; Spezialgut zum Satze in Lfd. Nr. 1; Eilgut in Wagenladungen zu den Sätzen in Lfd. Nr. 3 für das doppelte Gewicht.

Ausnahmetarife, Rohstofftarife.

Für gewisse Massengüter bestehen besondere Ausnahmetarife bzw. Rohstofftarife, die noch größere Ermäßigungen als die Spezialtarife gewähren. So gilt für Holzschnittmaterialien und Rundholz von mehr als 2½ m Länge der Ausnahmetarif für Holz des Spezialtarifs II, der nur im Streckensatz abweicht, nämlich für die Tonne und das Kilometer 3,0 Pf. Für Rundholz unter 2½ m und unter 20 cm Zopfstärke sowie für Schwellen, Gruben- und Zellulosehölzer ist der Streckansatz des Spezialtarifs III ermäßigt auf 1,4 Pf.

b) Abfertigungsgebühren für 100 kg = 0,1 t.

1. Für Stückgut, den Spezialtarif für beſtimmte Stückgüter und die Wagenladungsklaſſe A[1]:

bis 10 km . . . . . . 10 Pf.	von 61 bis 70 km . . . . . . 16 Pf.
von 11 „ 20 „ . . . . . . 11 „	„ 71 „ 80 „ . . . . . . 17 „
„ 21 „ 30 „ . . . . . . 12 „	„ 81 „ 90 „ . . . . . . 18 „
„ 31 „ 40 „ . . . . . . 13 „	„ 91 „ 100 „ . . . . . . 19 „
„ 41 „ 50 „ . . . . . . 14 „	über 100 km . . . . 20 „
„ 51 „ 60 „ . . . . . . 15 „	

2. Für die Wagenladungsklaſſe B:

bis 10 km . . . . . 8 Pf.	von 31 bis 40 km . . . . . 11 Pf.
von 11 „ 20 „ . . . . . 9 „	über 40 km . . . . . 12 „
„ 21 „ 30 „ . . . . . 10 „	

3. Für die Wagenladungsklaſſe A[2] und die Spezialtarife I, II, III:

bis 10 km . . . . 8 Pf.
von 11 „ 100 „ . . . . 9 „
über 100 km . . . . 12 „
auf den öſtlichen Staatsbahnen für die erſten 50 km . . . . 6 „

Anmerkung 1. Für Eilgut ſowie für Eilgut in Wagenladungen die doppelten Sätze der Stückgut= bzw. der Wagenladungsklaſſe A[1] und B.

Anmerkung 2. Auf der Strecke Bremen—Bremerhaven beſtehen niedrigere, zur Erleichterung der Konkurrenz mit der Weſerſchiffahrt vor längerer Zeit eingeführte Tarifſätze, welche für Stückgut ſowie für die Wagenladungsklaſſen A[1], B und A[2] 24 Pf. und für die Spezialtarife I, II und III 20 Pf. für 100 kg betragen.

Frachtentabelle für die im Baugewerbe am meiſten verwendeten Güter iſt am Ende dieſes Kapitels für die Tarifkilometer bis 1500 gegeben, wo auch Beiſpiele von Frachtenberechnungen zu finden ſind.

Es ſind die Klaſſen: Beſtimmte Stückgüter und Wagenladungen nach den Spezial= tarifen I, II, III, ſowohl für den Doppelwaggon von 10 t (Hauptklaſſe) als auch für den Waggon von 5 t (Nebenklaſſe) und die Ausnahmetarife für Holz in den Spezialtarifen II und III behandelt.

Die Klaſſe: „Beſtimmte Stückgüter" iſt von Wichtigkeit, weil in ſie Maſchinenteile, Werkzeuge, Pumpen, Geräte u. a. gerechnet werden. Siehe alphabetiſches Verzeichnis der Güterklaſſifikation, Tabelle 2.

5. Nebengebührentarif.

a) Wägegeld.

1. Für Stückgüter (Eil= und Frachtgut) für 100 kg . . . . 5 Pf.
2. Für Wagenladungsgüter:
   a) für Verwiegung der einzelnen Frachtſtücke, für 100 kg . . . . . 5 „
   b) für Verwiegung mittels der Gleiswage, für den verwendeten Eiſenbahn= wagen oder das auf eigenen Rädern laufende Eiſenbahnfahrzeug . . 100 „

b) Zählgebühr.

Für Feſtſtellung der Stückzahl bei Wagenladungsgütern für je angefangene
20 Stück 10 Pf., für den Wagen mindeſtens 1.— M., höchſtens 3 M.
bei Stückgütern für je 20 Stück . . . . .10 Pf.
für die Frachtbriefſendung mindeſtens 20 Pf., höchſtens . . . . 3 M.

c) Auf= und Abladegebühren. Krangeld.

1. Für die Ausführung des Ladegeschäfts durch Arbeiter der Eisenbahn bei solchen Gütern, deren Ver= bzw. Entladung dem Absender oder Empfänger obliegt, wird erhoben:

bei Stückgütern für Gegenstände, welche einzeln mehr als 750 kg wiegen, sowie bei Wagenladungsgütern:

a) an Ladegebühren für 100 kg . . . . 5 Pf.
desgl. bei Entladung von losem Getreide u. dergl. für 100 kg . . 6 „
b) bei Benutzung des Kranes an Krangeld — neben der Gebühr zu a) — für 100 kg . . . . 3 „

2. An Krangeld wird erhoben mindestens für eine Frachtbriefsendung . . . 50 „

Für die Heranschaffung eines Wagenkrans von einer Station zur andern werden, sofern einem bezüglichen Antrage von der Eisenbahn ent= sprochen wird, von dem Antragsteller erhoben . . . . 300 „

d) Lager= und Platzgeld. Wagenstandgeld.

1. An Lagergeld wird erhoben:

a) wenn das Gut in bedeckten Räumen lagert, für je auch nur angefangene 24 Stunden und 100 kg . . . . 10 Pf.
b) wenn dasselbe im Freien lagert, für je auch nur angefangene 24 Stunden und 100 kg . . . . 4 „

2. Platzgeld. Die Lagerung von Holz und anderen Rohmaterialien auf den Bahnhöfen im Freien kann, soweit hierzu Raum verfügbar ist, zum Zwecke der Ansammlung zu Wagenladungen oder zu vorübergehender Niederlegung nach der Entladung mit besonderer Genehmigung gestattet werden. Das Platzgeld beträgt für 1 qm und 10 Tage . . . . 2 „

3. Wagenstandgeld. Nach Ablauf der Be= bzw. Entladefrist, sowie im Falle der Zusatzbestimmung I zu § 59 der Verkehrsordnung wird für je an= gefangene 24 Stunden erhoben:

für die ersten 24 Stunden für jeden Wagen . . . . 200 „
für die zweiten 24 Stunden für jeden Wagen . . . . 300 „
für jede weiteren 24 Stunden für jeden Wagen . . . . 400 „

e) Gebühr für Benachrichtigungen.

Bei der Zustellung der Benachrichtigung durch einen Boten der Eisenbahn am Stationsorte, für einen Brief oder mehrere gleichzeitig bestellte Briefe 5 Pf.

f) Frachtstempel.

Tabelle 1.

Ladegewicht	Bei einem Frachtbetrage von	
	nicht mehr als 25 M.	mehr als 25 M.
bis 5 t	10 Pf.	25 Pf.
5 „ 10 t	20 „	50 „
10 „ 15 t	30 „	75 „
15 „ 20 t	40 „	100 „
20 „ 25 t	50 „	125 „
25 „ 30 t	60 „	150 „
für je weitere 5 t	10 „ mehr	25 „ mehr

Tabelle 2. Alphabetisches Verzeichnis
der Güterklassifikation für im Rahmen dieses Werks in Betracht kommende Güter.

Erklärungen: s = sperrig; E = Spezialtarif für bestimmte Eilgüter; St = Spezialtarif für bestimmte Stückgüter; Sp = Spezialtarife der Wagenladungsgüter; G = in gedeckt gebauten Wagen zu befördern, * = unter besonderen Voraussetzungen.

Lfd. Nr.	Gegenstände	Hinweis auf die Hauptpositionen dieses Verzeichnisses u. §§ der Allg. Tarifvorschriften	s	E	St	Sp	G
1	Abfälle von Eisen und Stahl	Eisen- und Stahlabfälle	—	—	St	III	—
2	Asbest, roher	Asbest	—	—	—	I	—
3	Asche, messinghaltige, aus Gieß- und Schmelzöfen	Metalle und Metallwaren	—	—	St	*	—
4	Asche, nicht besonders genannte	Dungmittel	—	—	St	III	G
5	Asphaltpappe	Dachpappe	—	—	—	II	G
6	Asphalt, reiner, Erdharz, Bergpech	Asphalt usw.	—	—	—	II	—
7	Asphaltstein	"	—	—	—	III	—
8	Bäume und Gesträuche, lebende, unverpackt, auch in Kübeln oder Töpfen	lebende Pflanzen und Blumen	—	*	—	III	⌐
9	Bäume und Gesträuche, lebende, sonst	desgl.	*	E	—	*	—
10	Baugeräte und Bauwerkzeuge, gebrauchte	Geräte, Maschinen	—	—	St	III	—
11	Benzin, rohes, aus Petroleum	Brennbare Flüssigkeiten	—	—	St	III	—
12	Betonwaren	Zement und Betonwaren	—	—	—	*	—
13	Blei in Blöcken, Stangen, Draht, Röhren usw.	Blei	—	—	St	I	G
14	Bleiwaren, ordinäre	Metalle und Metallwaren	—	—	St	—	—
15	Braunkohlen, Briketts	Braunkohlen	—	—	—	III	—
16	Braunkohlenteer	Teere	—	—	—	III	—
17	Brettchen aus Nadelholz, weichem Laubholz	Holz	—	—	St	III	G
18	Briketts	Braun- und Steinkohlen	—	—	—	III	—
19	Bronze und Bronzewaren, ordinäre	Metalle und Metallwaren	—	—	St	—	—
20	Bruchmetall	desgl.	—	—	St	I	—
21	Zement	Zement	—	—	—	III	G
22	Zement- und Betonwaren: Platten, Fliesen, Dachziegel, Steine, Krippen, Tröge, Asch- und Müllkästen, Brunnen-, Gossen- und Spülsteine, Rinnen, Röhren und hohlgearbeitete Steine zu Durchlässen	Zementwaren	—	—	—	III	—
23	Desgl., im übrigen	desgl.	—	—	—	II	—
24	Schamottesteine	Steine	—	—	—	III	—
25	Dachfilz (Asphaltfilz)	Dachfilz	—	—	—	II	G
26	Dachpappe (Asphaltpappe, Steinpappe, Teerpappe)	Dachpappe	—	—	—	II	G
27	Dachteer aller Art	Teere	—	—	—	III	—
28	Dachziegel	Zement und Betonwaren	—	—	—	*	—
29	Dampfwagen	Fahrzeuge §§ 24 ff.	—	—	—	*	—
30	Dolomitsteine, künstliche	Steine	—	—	—	III	G
31	Dränröhren	Dränröhren	—	—	—	III	—
32	Dräsinen	Fahrzeuge §§ 24 ff.	*	—	—	*	—
	Dungmittel und Rohmittel zur Kunstdüngerfabrikation, wie	Düngemittel					
33	Abfallauge der Zuckerfabrikation	desgl.	—	—	St	III	—
34	Abtrittsdünger	"	—	—	St	III	—
35	Gaswasser	"	—	—	St	III	—
36	Mülldünger	"	—	—	St	III	—
37	Asche	"	—	—	St	III	G
38	Poudrette	"	—	—	St	III	G

Lfd. Nr.	Gegenstände	Hinweis auf die Hauptpositionen dieses Verzeichnisses u. §§ der Allg. Tarifvorschriften	s	E	St	Sp	G
39	Eis		—	—	—	III	G
40	Eisenbahn-Lokomotiven	Fahrzeuge §§ 24 ff.	—	—	—	*	—
41	Roheisen aller Art, in Formen zum Zwecke der Beförderung gegossen, aber noch nicht gebrauchsfertig . . . . Eisenlegierungen, Rohstahl, Puddelluppen, grobvorgewalztes oder vorgeschmiedetes Halbzeug wie Platinen (Breiteisen) . . . . Eisen und Stahl alt, nur abgängige Stücke, Abfälle, Bleche, wenn nicht größere Rechtecke als 7 × 14 cm herausschneidbar . . . . Oberbaugegenstände, gebrauchte, für Eisenbahnen aller Art . . . . Pumpen, Lokomobilen, gebrauchte				St.	III	
42	Eisen und Stahl, auch verzinkt oder verzinnt od. verbleit, nämlich: 1. Stab- und Fassoneisen (Stahl-) aller Art, als Achs-, Band-, Flach-, Fenster-, Gitter-, Niet-, Quadrat-, Rund-, Schlosser-, Schnitt-, Stangen-, T-, I-, ⌐-, Winkel-, Zoreseisen bzw. -stahl, Hufstäbe; 2. Platten und Bleche, einschl. Wellblech, auch verbleit, oder mit einer Legierung von Zinn und Blei überzogen, Schar- und Streichbretter zu Pflügen, roh vorgearbeitet, ungelocht, ungeschliffen und ungeschärft; 3. Röhren einschl. der zu ihrer Montierung bestimmten, zugleich damit verladenen eisernen Rohrverbindungs- und Abschlußstücke (Fittings), sowie Säulen; 4. Brücken und andere Konstruktionsteile, aus gewalzten Platten und Stäben bestehend, auch zusammengesetzt, sowie die zur weiteren Montierung dieser Teile notwendigen, zugleich damit verladenen Schrauben, Muttern oder Nieten; 5. Eisenbahnschienen, auch Flach-, Flügel-, Gruben- und Rollbahnschienen; Eisenbahnschwellen (Lang- und Querschwellen), Weichen und Weichenteile, Herzstücke, Herzspitz- und Kreuzungsstücke, Drehscheiben für Voll- und Schmalspurbahnen, ferner folgende Gegenstände für den Eisenbahnoberbau: Hakennägel, Schraubennägel (Schwellenschrauben), Schraubenbolzen aller Art, Muttern, Unterlagsplatten, Klemmplatten (Gegenplatten), Laschen, Stühle, Stoßschwellenbrücken, Krampen, Klammern, Keile, Schlußstücke, Gleisverbindungsstangen, Schraubensicherungen, Schwellenbefestigungsnägel; 6. Feldbahngleise, transportable, folgende: Gleisrahmen, Gleisjoche, Gleiskreuzungen (Paßjoche), Weichen und Drehscheiben; 7. Bestandteile von Eisenbahnlokomotiven und Eisenbahnwagen, folgende: Achsen, Achslagerkasten (Achsbuchsen), rohe, Achsgabeln (Achshalter), Bremsteile, auch Bremsklötze, Bufferhülsen und Bufferkreuze, Bufferstangen und Bufferscheiben, Daumenwellen, Federn, Federstützen, Kuppelungsvorrichtungen, Räder und Räderteile, Radreifen, Radsätze (auch mit Radscheiben aus Papiermasse, Holz und anderen Stoffen), Zughaken; 8. Eisen- und Stahldraht, auch verkupfert, in Ringen oder Bündeln, unverpackt. 9. Fassonstücke, gegossen, geschmiedet oder gepreßt: a) von 100 bis 2000 kg Gewicht das Stück, wenn roh oder roh vorgearbeitet, unverpackt oder nur teilweise verpackt; b) über 2000 kg Gewicht in beliebiger Verarbeitung und Verpackung; 10. Roststäbe unverpackt.		—		St	II	*
43	Emballagen, gebrauchte, aller Art	§§ 33—37	—	—	*	III	*
44	Erde, gewöhnliche, Kies, Grand, Sand, Mergel, Lehm, Kalkerde, Porzellan, Schlick, Moorerde, Schlamm aus Flüssen u. Kanälen	Erde	—	—	*	III	*

O.-Sch.

Lfd. Nr.	Gegenstände	Hinweis auf die Hauptpositionen dieses Verzeichnisses u. §§ der Allg. Tarifvorschriften	s	E	St	Sp	G
45	Erze, auch aufbereitete sowie durch Rösten vorbereitete	Erze	—	—	—	III	*
46	Fässer aus Papierstoff	Emballagen	s	—	—	III	G
47	Fässer, eiserne, neue leere	Eisen und Stahl	—	—	St	I	G
48	Fässer, hölzerne	Holzwaren	s	—	—	III	—
49	Fahrräder, zerlegt	Fahrzeuge §§ 24 ff.	—	—	St	—	—
50	Faschinen	Holz	—	—	St	III	—
51	Feld= und Gartenfrüchte, Kartoffeln, frische, ge= dörrte, getrocknete	Feld= und Gartenfrüchte	—	—	*	III	G
52	Rüben, auch Schnitzel	desgl.	—	—	—	III	*
53	Fliesen	Zement= u. Betonwaren	—	—	—	*	—
54	Futtermittel, wie Kleie, Ölkuchen u. a.	Feld= und Gartenfrüchte	—	—	St	—	—
55	Geräte aller Art, zusammengesetzte oder zer= legte, von Eisen und Stahl	Eisen und Stahl	—	—	St	I	G
56	Gerste	Getreide	—	—	*	I	G
57	Getreide aller Art	desgl.	—	—	St	I	G
58	Gipsbauplatten und =bausteine, sowie Gips= dielen (gebrannter Gips und Kohlenasche oder Sägemehl oder Infusorienerde, auch mit Rohr= oder anderen Einlagen)	desgl.	—	—	—	III	G
59	Gipsdünger	Düngemittel	—	—	St	III	G
60	Glas: Fensterglas, Rohglas, Drahtglas	Glas	—	—	—	I	—
61	Grand	Erde	—	—	—	III	—
62	Handkarren	Fahrzeuge §§ 24 ff.	—	—	*	*	—
63	Hanf und =Gespinnstfasern	Gespinnste	—	—	—	II	G
64	Heu	Heu	*	—	—	III	—
65	Holz (ausgenommen die in 1. verzeichneten Sorten, welche nicht Gegenstand eines be= triebsgemäßen Einschlags in der mitteleuro= päischen Forst= und Landwirtschaft sind): 1. Stamm= und Stangenholz, Scheit= und Knüppelholz, soweit nicht in III genannt, Schnittholz, auch bearbeitet. a) kantiges als Balken, Sparren, Latten, Leisten; b) breites, als Bohlen, Planken, Borde, Dielen, Bretter.	Holz	—	—	St	II	*
66	Chemisch präparierte Hölzer, als Telegraphen= stangen usw.	desgl.	—	—	St	II	
67	Stammholz und Stangenholz bis zu 10 cm Durchm., der Länge nach durchschnitten, höchstens 2,5 m lg. und noch etwas Rindfläche	"					
68	Eisenbahnschwellen, roh oder imprägniert, und Grubenhölzer, bis 6 m Länge	"	—	—	St	III	
69	Holz in Balken, Bohlen, Blöcken, Brettern, diese auch bearbeitet, ausländischen Hölzern (Buchsbaum, Lorbeer, Mahagoni, Pockholz, Pitch-pine, Yellow-pine, Teakholz	"	—	—	—	I	*
70	Holzkohlen		—	—	—	III	*
71	Isoliermasse für Dampfleitungen	Wärmeschutzmittel	—	—	—	III	
72	Kähne	Fahrzeuge §§ 24 ff.	*	—	—	*	
73	Kalk, gebrannter	Kalk	—	—	—	III	*
74	Kalksandbausteine	Steine	—	—	—	III	

Lfd. Nr.	Gegenstände	Hinweis auf die Hauptpositionen dieses Verzeichnisses u. §§ der Allg. Tarifvorschriften	s	E	St	Sp	G
75	Kartoffeln	Feld- und Gartenfrüchte	—	—	St	III	G
76	Kies	Erde	—	—	—	III	—
77	Kippwagen	Fahrzeuge §§ 24 ff.	—	—	*	*	—
78	Korksteine u. a.	Wärmeschutzmittel	—	—	—	III	G
79	Krane	Fahrzeuge §§ 24 ff.	*	—	—	*	—
80	Kreide, rohe, in jeder Form	Kreide	—	—	—	III	G
81	Kupfer und Kupferwaren, ordinäre	Metalle	—	—	St	—	—
82	Lehm	Erde	—	—	—	III	—
83	Maschinen von Eisen und Stahl, zusammen-						
84	gesetzte oder zerlegte	Eisen und Stahl	—	—	St	I	G
85	Mehl aus Getreide oder Hülsenfrüchten	Mühlenfabrikate	—	—	—	I	G
	Mergel	Erde	—	—	—	III	*
86	Messing und Messingwaren, ordinäre	Metalle	—	—	St	—	—
87	Messingwaren, alte zusammengeschlagene	Bruchmetall	—	—	St	I	—
88	Milch	Milch	—	E	—	*	—
89	Moorerde	Erde	—	—	St	III	—
90	Mühlenfabrikate (Mehl, Graupen, Grütze, Gries)	Mühlenfabrikate	—	—	*	I	G
91	Pappe, Packpappe	Pappe	—	—	—	I	G
92	Pech	Pech	—	—	—	III	—
93	Puzzolanerde	Traß, sizilianischer	—	—	—	II	—
94	Röhren	Zement- und Betonwaren	—	—	—	*	—
95	Rübenschnitze	Feld- und Gartenfrüchte	—	—	—	III	—
96	Sand	Erde	—	—	—	III	—
97	Schieferplatten	Steine	—	—	—	III	—
98	Schlacken, geformt oder zerkleinert	Schlacken	—	—	—	III	*
99	Schlamm aus Flüssen und Kanälen	Erde	—	—	—	III	—
100	Schlick	Erde	—	—	—	III	—
101	Spiritus, denaturierter	Spiritus	—	—	—	III	—
102	Steine, bearb., Steinhauerarbeiten aller Art, unverpackt oder lose, mit Ausnahmen:	Steine	—	—	—	II	—
103	1. rohe Steine, Bruch- und Bausteine, roh behauen, Pflastersteine, Gips-, Kalksteine, Tuff-, Basaltsteine, Schwemmsteine, Ziegelbrocken, Bimssteine;	desgl.					
	2. Bausteine, glatt behauen, bossiert oder gesägt, auch mit Profilen, jedoch nicht geschliffen und nicht poliert;						
	3. Steinplatten, Saum- und Bordsteine, Schwellen und Stufen;		—	—	—	III	*
	4. hohlgearbeite Steine: Krippen, Tröge usw.						
	5. Mühlsteine, nicht zusammengesetzte;						
	6. gebrannte Steine, Mauersteine;						
	7. gemahlene Steine;						
104	Steinkohlen-, Briketts-, Koksasche	Steinkohlen	—	—	—	III	—
105	Steinzeug	Töpfergeschirr	—	—	St	—	—
106	Ton in jeder Form, lose oder in Säcken	Ton	—	—	—	III	*
107	Desgl. in Fässern, Kisten oder Kasten	desgl.	—	—	—	II	G
108	Tonwaren, soweit nicht nach II	Tonwaren	—	—	—	III	—
109	Desgl., und zwar Pflastersteine, Platten und Fliesen (unglasiert), unverpackt oder in Papierumhüllung, oder lose in Heu, Stroh u. dgl.; Krippen, Tröge, Rinnen, Röhren	desgl.	—	—	—	III	*

25*

Lfd. Nr.	Gegenstände	Hinweis auf die Hauptpositionen dieses Verzeichnisses u. §§ der Allg. Tarifvorschriften	s	E	St	Sp	G
110	Torfkohle	Torf	—	—	—	III	—
111	Torfstreu, Torfmull, Torferde	desgl.	—	—	St	III	—
112	Torf und Torfstreu, auch gepreßt	„	—	—	*	III	—
113	Traß, anderer als sizilianischer u. Tuffstein .	Steine	—	—	—	III	*
114	Desgl., sizilianischer (Puzzolanerde)	desgl.	—	—	—	II	—
115	Trinidad-Asphalt	Asphalt	—	—	—	II	—
116	Wasser	Wasser	—	—	—	III	—

Beispiel zur Benutzung der nachstehenden Entfernungs-Tabelle 3.

1. Fracht für Maschinenteile von 325 kg Gewicht auf 173 km.

Für 325 kg sind nach § 1 330 kg zu rechnen.

Nach Spalte 2, Tabelle 3 kosten 100 kg Fracht für 170 km 0,99 M. + 0,72 M. — 0,15 M. = 1,56 M.; für 175 km 0,99 M. + 0,77 M. — 0,15 M. = 1,61 M.; mithin für 173 km 1,59 M. Für 330 kg danach $1,59 \cdot \frac{330}{200}$ M. = 6,34 M. und nach der durch § 1 vorgeschriebenen Abrundung 6,3 M. Die Tabellen sind auch von Wert für die Wahl der günstigsten Bezugstellen von Materialien.

Für gewöhnlich wird dem Unternehmer die Lieferung der von ihm angefragten Materialien auf seinen Wunsch frei nächste Bahnstation zur Baustelle angegeben werden, und wird er nach den Preisstellungen der verschiedenen Anbieter seine Wahl treffen können. Es kommt aber doch häufig vor, daß man Interesse daran hat, die Preise nur frei nächste Bahnstation zum Gewinnungsort, bzw. Fabrikationsort oder Lagerort der Materialien anzufragen.

2. Hierzu folgendes Beispiel:

Einem Unternehmer, der auf einen Bahnbau in der Nähe von Wittenberg a. Elbe, Provinz Sachsen, mitzubieten beabsichtigt, werden zu Brückenauflagerquadern aus der Gegend von Striegau, Schlesien, frei Bahnhof Striegau, und vom Fichtelgebirge, frei Bahnhof Bischofsgrün, Granitsteine angeboten. Das Gewicht der Steine beträgt rund 9,1 t. Für die Anfuhrlinie Striegau—Liegnitz—Kohlfurt—Falkenberg—Wittenberg sind nach „Storms Kursbuch fürs Reich" 287 Tarifkilometer zu rechnen, für die andere Linie Bischofsgrün—Neuenmarkt—Hof—Leipzig—Wittenberg 302 km.

Granitquader fallen nach lfd. Nr. 105 der Güterklassifikation unter Spezialtarif III.

Ob die Deklarierung nach der Hauptklasse für einen vollen Doppelwaggon mit 10 t Ladung oder nach der Nebenklasse für das wirkliche Gewicht vorteilhafter, ist aus Spalte 12 zu ersehen, denn die Gewichtsgrenze, bis zu der die Verfrachtung nach der Nebenklasse vorteilhafter, beträgt für rund 300 km rund 6,7 t; demnach kommt die Fracht für 1 Doppelwaggon billiger zu stehen.

Der Doppelwaggon kostet nach Spalte 10 für 285 km 56,00 + 31,10 — (9,00 + 87 · 0,04) = 74,60 M. und für noch 2 km noch 0,50 M., zusammen 75,10 M.

Für 302 km kostet der Doppelwaggon nach Spalte 10 78,00 + 8,50 — (8,00 + 2 . 0,04) = 78,4 M.

Hierzu kommen in beiden Fällen an Nebengebühren, Wägegeld 1,00 M., Frachtstempel 0,50 M.

Die Lieferfrist beträgt nach § 63b im ersten Fall 2 + 1 + 1 = 4 Tage, im zweiten Fall 2 + 1 + 1 + 1 = 5 Tage.

Tabelle 3.

Die Entfernungen zwischen 36 deutschen Großstädten in Tarifkilometern.

Bemerkung. Aus dieser Tabelle können unter Mitbenutzung einer Verkehrskarte und eines Eisenbahn-Kursbuchs, das die Tarifkilometer angibt, auch die Entfernungen jeder Bahnstation von jeder anderen entnommen werden.

Z. B. von Torbach in Westfalen bis Heinrichswalde in Ostpreußen führt nach der Verkehrskarte die Bahnverbindung über Kassel, Königsberg i. Pr., und betragen die Entfernungen nach „Storms Kursbuch fürs Reich" von Torbach nach Kassel 98 km, von Königsberg nach Heinrichswalde 106 km, außerdem nach dieser Tabelle von Kassel nach Königsberg 962 km, zusammen mithin 1166 km.

Die Tabelle bildet eine untere Dreiecksmatrix. Die Randziffern bezeichnen die Zeilen- bzw. Spaltennummern 1, 6, 11, 16, 21, 26, 31, 36. Die Diagonale enthält die Städtenamen in folgender Reihenfolge:

Nr.	Stadt	Nr.	Stadt	Nr.	Stadt
1	Aachen	13	Essen	25	Leipzig
2	Berlin	14	Flensburg	26	Lübeck
3	Braunschweig	15	Frankfurt a. M.	27	Magdeburg
4	Bremen	16	Frankfurt a. O.	28	Metz
5	Breslau	17	Halle	29	Mülhausen i. Els.
6	Bromberg	18	Hamburg	30	München
7	Danzig	19	Hannover	31	Münster
8	Darmstadt	20	Kassel	32	Nürnberg
9	Dortmund	21	Rattowitz	33	Posen
10	Dresden	22	Kiel	34	Stettin
11	Düsseldorf	23	Köln	35	Straßburg
12	Erfurt	24	Königsberg	36	Stuttgart

Entfernungen (Tarifkilometer), zeilenweise (Zeile = Stadt, Werte zu den vorhergehenden Städten):

Stadt	Aachen	Berlin	Braunschw.	Bremen	Breslau	Bromberg	Danzig	Darmstadt	Dortmund	Dresden	Düsseldorf	Erfurt
Berlin	680											
Braunschweig	417	238										
Bremen	869	344	184									
Breslau	910	532	512	672								
Bromberg	963	538	566	677	309							
Danzig	1080	464	694	805	456	169						
Darmstadt	297	560	393	466	603	898	1024					
Dortmund	153	468	265	288	761	801	928	306				
Dresden	688	183	312	495	275	481	598	555	506			
Düsseldorf	90	587	380	296	824	904	904	269	70	601		
Erfurt	478	271	212	396	516	626	785	296	241	241	269	
Essen	119	300	258	298	798	885	963	298	35	571	96	212
Flensburg	641	502	312	157	1157	827	729	550	628	963	595	570
Frankfurt a. M.	278	689	473	782	729	996	827	27	297	585	296	180
Frankfurt a. O.	712	82	826	677	281	406	192	550	499	495	173	527
Halle	631	164	847	879	512	616	711	167	448	109	414	873
Hamburg	462	288	209	61	128	722	598	400	208	388	857	418
Hannover	868	209	116	188	570	597	727	880	218	200	990	851
Kassel	844	349	612	570	722	727	880	227	364	538	461	756
Rattowitz	1060	512	688	856	180	495	456	945	970	448	658	947
Kiel	549	367	324	228	379	647	736	462	144	502	472	449
Köln	70	560	349	829	845	898	1020	227	100	39	589	77
Königsberg	1212	349	826	987	569	354	195	1157	1129	1042	1095	868
Leipzig	572	170	200	385	352	569	509	423	124	482	461	549
Lübeck	525	262	846	198	856	180	495	608	445	484	456	164
Magdeburg	508	150	87	267	1018	613	651	463	226	417	988	167
Metz	906	817	659	1018	1815	1110	810	1281	362	928	854	761
Mülhausen i. Els.	588	859	687	1110	1452	1210?	1023	618	557	590	321	570
München	691	640	650	757	169	1098	1225	687	658	374	678	694
Münster	212	440	247	178	773	910	1066	67	235	125	485	102
Nürnberg	516	475	582	627	164	941	1073	336	510	438	518	234
Posen	882	262	602	165	150	308	357	822	728	735	707	761
Stettin	755	198	367	460	353	356	345	696	325	671	461	673
Straßburg	411	758	588	953	728	1212	1133	205	457	386	687	430
Stuttgart	446	655	648	818	1060	1118	1245	173	490	422	498	400

Stadt	Essen	Flensburg	Frankf. a.M.	Frankf. a.O.	Halle	Hamburg	Hannover	Kassel	Rattowitz	Kiel	Köln	Königsberg
Flensburg	570											
Frankfurt a. M.	245	712										
Frankfurt a. O.	969	527	619									
Halle	414	873	261	265								
Hamburg	180	525	865	217	887							
Hannover	200	851	842	673	218	188						
Kassel	843	229	453	687	756	840	171					
Rattowitz	902	594	421	164	549	255	902	777				
Kiel	255	38	576	384	38	204	255	514	809			
Köln	204	595	200	200	944	63	396	896	764	82		
Königsberg	1042	1128	947	574	401	988	231	514	514	856	439	
Leipzig	451	549	451	800	456	401	485	102	940	386	498	1066
Lübeck	117	164	461	200	371	64	284	225	396	82	528	856
Magdeburg	988	761	988	431	282	87	282	431	606	115	485	741
Metz	700	354	854	688	890	657	941	521	469	580	811	1414
Mülhausen i. Els.	570	461	570	817	217	890	217	644	521	672	469	785
München	678	461	694	687	461	722	409	497	808	634	422	1225
Münster	374	421	102	409	409	497	388	271	386	198	928	940
Nürnberg	260	518	476	761	518	385	707	174	385	542	602	815
Posen	476	407	761	409	518	761	739	180	307	345	586	424
Stettin	409	671	461	687	409	357	430	314	297	307	694	488
Straßburg	748	386	483	687	582	386	923	355	861	382	730	1349
Stuttgart	580	422	947	400	576	947	874	490	880	528	812	1245

Stadt	Leipzig	Lübeck	Magdeb.	Metz	Mülhausen	München	Münster	Nürnberg	Posen	Stettin	Straßb.
Lübeck	439										
Magdeburg	118	314									
Metz	883	997	701								
Mülhausen i. Els.	997	1210	765	962							
München	469	1225	580	653	438						
Münster	440	394	334	834	440	692	1142				
Nürnberg	322	1060	404	621	199	416	611				
Posen	359	624	345	1136	826	702	682	585			
Stettin	297	281	315	1035	789	778	631	206	297		
Straßburg	861	1138	730	155	107	416	645	338	1028	990	
Stuttgart	983	1245	898	288	192	441	616	313	895	797	176

Tabelle 4. Frachten

für die Klassen, welche für die im Baugewerbe am meisten verwendeten Güter in Betracht kommen, nach Tarifkilometern von 1 bis 1500. Ohne Nebengebühren.

| Tarifkilometer | Stückgut 100 kg Nach Spezialtarif für bestimmte Stückgüter M. | Wagenladungen Spezialtarif I | | | Spezialtarif II | | | | Spezialtarif III | | | |
| | | 1 Doppelwaggon von 10 t = 200 Ztr. Hauptklasse M. | 1 Waggon v. 5 t = 100 Ztr. Nebenklasse M. | Gewichtsgrenze für die Tarifierung nach der Nebenklasse t | 1 Doppelwaggon von 10 t = 200 Ztr. Hauptklasse M. | 1 Waggon v. 5 t = 100 Ztr. Nebenklasse M. | Gewichtsgrenze für die Tarifierung nach der Nebenklasse t | 1 Doppelwaggon Holz Ausnahme-Tarif M. | 1 Doppelwaggon von 10 t = 200 Ztr. Hauptklasse M. | 1 Waggon v. 5 t = 100 Ztr. Nebenklasse M. | Gewichtsgrenze für die Tarifierung nach der Nebenklasse t | 1 Doppelwaggon Holz Rohstoff-Tarif M. |
1.	2.	3.	4.	5.	6.	7.	8.	9.	10.	11.	12.	13.
1	0,11	8,50	4,50	9,2	8,40	4,50	9,3	8,30	8,30	4,20	9,9	8,10
5	0,14	10,30	5,30	9,7	9,80	5,30	9,3	9,50	9,30	4,90	9,5	8,50
10	0,18	12,50	6,50	9,6	11,50	6,50	8,8	11,00	10,60	5,80	9,3	9,00
15	0,23	15,80	8,30		14,30	8,30		13,50	12,90	7,20		10,20
20	0,27	18,00	9,50		16,00	9,50		15,00	14,20	8,00		11,50
25	0,32	20,30	10,80		17,80	10,80		16,00	15,50	8,90		12,70
30	0,36	22,00	12,00		19,50	12,00		18,00	16,80	9,80		14,00
35	0,41	24,80	13,30		21,30	13,30		19,50	18,10	10,70		15,00
40	0,45	27,00	14,50		23,00	14,50		21,00	19,40	11,50		16,00
45	0,50	29,30	15,80		24,80	15,80		22,50	20,70	12,40		17,00
50	0,54	31,50	17,00	9,3	26,50	17,00	7,8	24,00	22,00	13,30	8,3	18,00
55	0,59	33,80	18,30		28,30	18,30		25,50	23,30	14,20		19,10
60	0,63	36,00	19,50		30,00	19,50		27,00	24,60	15,00		20,20
65	0,68	38,30	20,80		31,80	20,80		28,50	25,90	15,90		21,30
70	0,72	40,50	22,00		33,50	22,00		30,00	27,20	16,80		22,40
75	0,77	42,80	23,30		35,30	23,30		31,50	28,50	17,70		23,50
80	0,81	45,00	24,50		37,00	24,50		33,00	29,80	18,50		24,60
85	0,86	47,80	25,80		38,80	25,80		34,50	31,10	19,90		25,70
90	0,90	49,50	27,00		40,50	27,00		36,00	32,40	20,30		26,80
95	0,95	51,80	28,30		42,30	28,30		37,50	33,70	21,20		27,90
100	0,99	54,00	29,50	9,1	44,00	29,50	7,5	39,00	35,00	22,00	8,0	29,00
200	1,80	102,00	62,00		82,00	62,00		72,00	56,00	41,00		52,00
300	2,60	147,00	87,00		117,00	87,00		102,00	78,00	58,50	6,7	77,00
400	3,40	192,00	112,00	8,6	152,00	112,00		132,00	100,00	76,00		91,00
500	4,20	237,00	137,00		187,00	137,00		162,00	122,00	93,50		105,00
600	5,00	282,00	162,00		222,00	162,00		192,00	144,00	111,00		119,00
700	5,80	327,00	187,00		257,00	187,00		222,00	166,00	128,50		133,00
800	6,40	372,00	212,00		292,00	212,00		252,00	188,00	146,00		147,00
900	7,05	417,00	237,00		327,00	237,00		282,00	210,00	163,50		161,00
1000	7,65	462,00	262,00	8,7	362,00	262,00	6,9	312,00	232,00	181,00	6,4	175,00
1100	8,25	507,00	287,00		397,00	287,00		342,00	254,00	198,50		189,00
1200	8,85	552,00	312,00		432,00	312,00		372,00	276,00	216,00		203,00
1300	9,45	597,00	337,00		467,00	337,00		402,00	298,00	233,50		217,00
1400	10,05	642,00	362,00		502,00	362,00		432,00	320,00	251,00		231,00
1500	10,65	687,00	387,00	8,8	537,00	387,00	6,9	462,00	342,00	268,50	6,4	245,00

Die Zwischenwerte für die Tarifkilometer über 100 können von 5 zu 5 km steigend durch Zusammenstoßen der entsprechenden Tabellenwerte bestimmt werden, wenn von diesen Summen die nachstehenden Beträge in Abzug gebracht werden. Zur Berechnung der Frachtsätze bis auf Kilometer-Einer genügt die Interpolation.

Abzüge.

bis												
110	0,09	5,00	2,50	—	5,00	2,50	—	5,00	9,40	4,70	—	
120	0,10								10,80	5,40		
130	0,11								11,20	5,60		
140	0,12								11,60	5,80		
150	0,13	6,00	3,00	—	6,00	3,00	—	6,00	12,00	6,00	—	
160	0,14								12,40	6,20		
170	0,15								12,80	6,40		
180	0,16								13,20	6,60		
190	0,17								13,60	6,80		
200	0,18											
über die vollen Hunderte 10	0,10	8,00	4,00	—	8,00	4,00	—	8,00	8,00	4,00	—	
20	0,11								+ (Zehner und Einer) 0,04	+ (Zehner und Einer) 0,02		
30	0,12											
40	0,13											
50	0,14	9,00	4,50	—	9,00	4,50	—	9,00	9,00	4,50	—	
60	0,15								+ (Zehner und Einer) 0,04	+ (Zehner und Einer) 0,02		
70	0,16											
80	0,17											
90	0,18											

Die hauptsächlichsten Güterwagenarten der Preußischen Staatsbahn (Hütte).
Tabelle 5.

Lfd. Nr.	Bezeichnung	Achszahl	Radstand m	Mit Bremse	Ohne Bremse	Länge des Unter- gestells m	Eigen- gewicht t	Lade- gewicht t
1	Bedeckter Güterwagen . . .	2	4,5	„	—	8,3	10,4	15
2	Offener „ . . .	2	4,0	—	„	6,8	7,3	15
3	„ „ . . .	2	4,0	„	—	7,5	8,3	15
4	Eiserner Kohlenwagen . . .	2	3,3	„	—	6,0	8,0	15
5	„ „ . . .	2	4,0	„	—	6,7	8,4	20
6	Kokswagen	2	4,5	„	—	8,5	8,8	15
7	Kalkdeckelwagen	2	3,3	„	—	6,0	8,9	15
8	Plattformwagen	2	6,5	„	—	10,9	9,3	15
9	„	4	9,8	„	—	12,0	16,7	30
10	Langholzwagen	2	2,5	—	„	4,4	5,6	10
11	Außerdem Langholzwagen für 12,5 t, 15 t, 20 t, 25 t, 30 t Ladegewicht.							

B. Frachten auf Kleinbahnen.
(Einheitliche Tarife bestehen nicht.)

§ 21 des Gesetzes über Kleinbahnen und Privatanschlußbahnen vom 28. Juli 1892 bestimmt nur, daß die angezeigten Beförderungspreise gleichmäßig für alle Personen und Güter Anwendung zu finden haben, und daß Preisermäßigungen, die nicht unter Erfüllung der gleichen Bedingungen jedermann zugute kommen, unzulässig sind. Im übrigen werden die Tarife von der zuständigen Aufsichtsbehörde, dem Regierungspräsidenten, nach der wirtschaftlichen Lage des Bahnunternehmens festgesetzt und den Tarifen der Staatsbahn nach Möglichkeit nachgebildet, wobei nach der Natur der Sache eine einfachere Güterklassifikation genommen werden kann, Eilgüter aber auch vorkommen. Frachtsätze einfachsten Aufbaus sind z. B. die der Kleinbahnen des Kreises Znin, Bez. Bromberg: für Kohlen, Holz, Mauersteine, künstlichen Dünger ⅓ Pf. für den Kilometerzentner, das sind 6⅔ Pf. für das Tonnenkilometer; für die übrigen Wagenladungsgüter ½ Pf. bzw. 10 Pf. Da für gewöhnlich Kleinbahnen nicht länger als 50 km sind, kommen zum Vergleich die Sätze der Staatsbahn aus Spezialtarif III: mit 60 Pf./t für 1 km, 0,90 M./t für 10 km, 1,10 M./t für 20 km, 1,90 M./t für 50 km. Bis 15 km ist die Kleinbahnfracht hier billiger als die entsprechende auf den östlichen Staatsbahnen, für größere Entfernungen aber teurer.

III. Transporte zu Wasser.

Die Transporte zu Wasser kommen für Baumaterialien wie für alle Massengüter erheblich in Betracht, da sie bedeutend billiger sind als jede andere Transportart. Die Nachteile der Unsicherheit und Länge der Lieferfristen und die Unterbrechung der Schifffahrt im Winter sind von geringem Einfluß, da Bauarbeiten im Winter nicht vorgenommen werden.

1. Gesetzliche Bestimmungen.

Die Benutzung der öffentlichen Wasserstraßen als Transportwege ist jedermann in Ausübung seines Berufes als Schiffer oder Flößer freigegeben. Abgaben dürfen auf allen natürlichen Wasserstraßen nach Art. 54 der Verfassung des Deutschen Reichs nur für die Benutzung besonderer Anstalten, die zur Erleichterung des Verkehrs bestimmt sind, erhoben werden, und diese Abgaben und die Abgaben für die Befahrung solcher künstlichen Wasserstraßen, welche Staatseigentum sind, sowie die zur Unterhaltung und gewöhnlichen Herstellung der Anstalten und Anlagen erforderlichen Kosten nicht über= steigen. Auf die Flößerei finden diese Bestimmungen insoweit Anwendung, als dieselbe auf schiffbaren Wasserstraßen betrieben wird. Die Regelung der Privatrechtsverhältnisse der Binnenschiffahrt und Flößerei ist durch die beiden Gesetze vom 15. Juni 1895 betr. Binnenschiffahrt bzw. betr. Flößerei erfolgt, deren hier bemerkenswerte Bestimmungen folgende sind:

Schiffseigner ist der Eigentümer des Schiffes oder der sonst ein solches zur Binnen= schiffahrt verwendet oder führen läßt, er haftet aber nur mit Schiff und Fracht. Auf das Frachtgeschäft finden außer diesem Gesetz die betreffenden Vorschriften des Handels= gesetzbuchs von Art. 390—420 Anwendung. Die Ladezeit beginnt mit dem auf die Anzeige der Ladebereitschaft folgenden Tage und beträgt bei Ladungen

$$
\begin{array}{lr}
\text{bis zu } 30 \text{ t} \ldots\ldots\ldots\ldots\ldots\ldots\ldots & 2 \text{ Tage,} \\
\text{„ „ } 50 \text{ t} \ldots\ldots\ldots\ldots\ldots\ldots\ldots & 3 \text{ „} \\
\text{„ „ } 100 \text{ t} \ldots\ldots\ldots\ldots\ldots\ldots\ldots & 4 \text{ „}
\end{array}
$$

für jede weiteren 50 t je 1 Tag mehr bis 500 t, von da steigt die Ladezeit für je 100 t um je einen Tag bis auf 18 Tage bei 1000 t oder mehr. Anderweitige Vereinbarungen oder Verordnungen der höheren Verwaltungsbehörde gehen vor.

Als Ladezeit rechnen auch die Tage, an welchen der Absender an der Lieferung ver= hindert war; dagegen kommen nicht in Ansatz die Sonntage, die allgemeinen Feiertage und die Tage, an denen die Verladungen überhaupt allgemein verhindert waren. Bei nicht rechtzeitiger Lieferung gebührt dem Frachtführer, vorbehaltlich von Bestim= mungen der höheren Verwaltungsbehörde, an Liegegeld für jeden Tag bei Schiffen von einer Tragfähigkeit

$$
\begin{array}{lr}
\text{bis zu } 50 \text{ t} \ldots\ldots\ldots\ldots\ldots & 12 \text{ M.,} \\
\text{„ „ } 100 \text{ t} \ldots\ldots\ldots\ldots\ldots & 15 \text{ „}
\end{array}
$$

usw., für je 50 t mehr je 3 M. mehr.

Wenn der Absender innerhalb der vorschriftsmäßigen Ladezeitdauer oder der etwa vereinbarten Überliegezeit die Ladung nicht geliefert hat, so kann der Frachtführer mit eintägiger Aufkündigung bei 10 t Ladung, zweitägiger bei 50 t Ladung, im übrigen drei= tägiger Kündigung von dem Vertrag zurücktreten und von dem Absender ein Drittel der bedungenen Fracht als Entschädigung verlangen, unbeschadet etwaigen begründeten An= spruchs auf Liegegeld; bei nicht vollständiger Lieferung kann der Frachtführer bzw. muß er gegen Vergütung der vollen Fracht die Reise jederzeit auch ohne die volle Ladung antreten.

Die Löschzeit ist wie die Ladezeit bemessen.

Der Frachtführer haftet für die Richtigkeit der im Ladescheine angegebenen Zahlen, Maße oder Gewichte der verladenen Güter, es sei denn, daß der Zusatz: „Zahl, Maß, Gewicht unbekannt" oder ein ähnlicher gemacht ist.

Die Forderungen des Frachtführers verjähren mit Ablauf eines Jahres, gerechnet vom Schluß des Jahres, an dem die Forderung fällig geworden ist.

Schiffsregister sind für Dampfschiffe und andere Motorschiffe mit mehr als 15 t Tragfähigkeit und für andere Schiffe mit mehr als 20 t zu führen.

2. Transportkosten und Frachtsätze.

Die Frachtsätze schwanken sehr; sie regeln sich durch das Güterangebot einerseits und den vorhandenen Schiffsraum andererseits; wobei die Wasserstände von bedeutendem Einfluß sind, da sie die Ladefähigkeit des Kahnes bestimmen. Ein systematischer und kaufmännischer Betrieb, der nach geschäftsmäßigen Grundsätzen geführt wird, besteht nur bei den Reedereien und den Schiffahrtsvereinen, die Kleinschiffer nutzen häufig augenblickliche Konjunkturen ohne Berücksichtigung der Gegenwirkung aus. Die Vermittelung zwischen Verfrachtern und Schiffern wird durch Schiffsprokureure besorgt, zwischen Versicherungsgeschäften und Versicherten durch Dispacheure.

Veröffentlichungen der abgeschlossenen Frachtsätze erfolgen in dem wöchentlich erscheinenden Zentralblatt für die gesamten Interessen der deutschen Schiffahrt: „Das Schiff", Berlin SW 68. Verkehrsordnungen und -Tarife, Mitteilungen für das Schiffahrtsgewerbe u. a. sind im Ostelbischen Schiffahrts-Kalender Gea-Verlag, Berlin W 35.

a) Kahntypen.

Auf Deutschlands Schiffahrtsstraßen, 1903 angegeben 13 793 km, dabei 2157 km Kanäle, von den auf Preußen der Hauptanteil kommt, während von dem auf die übrigen Bundesstaaten entfallenden Rest nur die 124 km lange Elbstrecke in Sachsen, die etwa 230 km lange Mainstrecke in Bayern und die 113 km lange Schleppstrecke des Neckars bemerkenswert sind, verkehren sehr verschiedene Typen von Kähnen. Da mit der Vergrößerung des Schiffsraums die Anschaffungs-, Unterhaltungs- und Betriebskosten sich auf größere Frachtmengen verteilen, geht das Bestreben der Transportunternehmer auf die Einstellung möglichst großer Kähne von langer Lebensdauer und auf billige Beförderungskosten. Die wasserwirtschaftliche Vorlage sieht daher die Herstellung und den Ausbau von Wasserstraßen für Kähne von 600 bis 400 t vor. Auf den Kanälen zwischen Rhein und Hannover und auf dem Großschiffahrtsweg von Berlin nach Stettin können Kähne bis 600 t Tragfähigkeit, zwischen Oder und Weichsel und der Warthe bis Posen bis 400 t Tragfähigkeit verkehren.

Tabelle 6.

Fluß- und Kanalschiffe.

Ende 1907 waren in Deutschland 26 191 geeichte Binnenschiffe mit 5 914 020 t Tragfähigkeit vorhanden (Stat. Jahrb. f. d. Dtsch. R. 1911).

Lfd. Nr.	Bezeichnung	Länge m	Breite m	Tiefgang m	Eingetauchter Querschn. qm	Spalte $3\times4\times5$ cbm	Tragfähigkeit t	Völligkeit Spalte 8/7
1	2	3	4	5	6	7	8	9
1	Rhein-Schleppkahn . . .	74,0	9,8	2,20	21,60	1595	1000	0,67
2	Größte Rheinkähne . . .	80,0	10,0	2,40	24,00	1920	1300	0,67
3	Großer Weserkahn	43,0	6,0	1,45	8,70	375	240	0,64
4	Elbkahn	52,5	7,0	1,75	12,25	643	400	0,62
5	Desgl. großer	62,5	7,5—8,0	1,75	13—14	847	500	0,58
6	Finowkahn	40,2	4,6	1,25[1]	5,75	231	150[1]	0,65
7	Oder-Spree-Kanalkahn . .	55,0	8,0	1,40	11,20	616	400	0,65
8	Rhein-Weserkanal-Kahn . .	62,5	8,0	1,75	14,00	875	600	0,67
9	Dortmund-Emskanal bis .	66,0	8,20	2,00	16,40	1082	1000	0,92
10	Westkanalschiff	65,0	8,0	1,75	14,00	924	600	0,65

Lfd. Nr. 1, 2, 4, 5, 6, 7 Hütte I, S. 265.

[1] Bzw. 1,40 und 170.

b) Kosten der Kähne.

Über die Anschaffungs-, Instandhaltungs- und andere Kosten und anderer verschiedener auf der Mittel- und Unterelbe benutzten Kähne gibt Tabelle 7 einige allgemein wichtige Zahlenwerte[1)].

Tabelle 7.

| Nr. | Art der Fahrzeuge | Eisenbordige gedeckte Kähne | | | Hölzerne gedeckte Kähne; dabei Boden aus Tannenholz, Spanten aus Eichenholz bzw. Eisen | | | | | | Zillen | |
| | | | | | I. Klasse mit eisernen Bordplanten | | | II. Klasse mit fiefernen oder fichtenen Planten | | | | |
		400 bis 450 i. M. 425	250 bis 300 i. M. 275	150	400 bis 450 i. M. 425	250 bis 300 i. M. 275	150	400 bis 450 i. M. 425	250 bis 300 i. M. 275	150	Berliner, Kiefern	Böhmische, Tannen
1												
2	Tragfähigkeit in t	400 bis 450 i. M. 425	250 bis 300 i. M. 275	150	400 bis 450 i. M. 425	250 bis 300 i. M. 275	150	400 bis 450 i. M. 425	250 bis 300 i. M. 275	150	150	150
3	Mittlere Dauer in Jahren . . .	40	40	40	$\frac{12+20}{2}=16$	16	16	$\frac{10+12}{2}=11$	11	11	6	4
4	Neubaukosten des Schiffsrumpfs M.	20 000 (47) (2,8)	15 000 (54) (3,6)	10 000 (67) (4,6)	18 000 (35) (2,8)	10 500 (38) (2,9)	7500 (50) (4,0)	11 000 (26) (1,4)	8600 (31) (1,9)	5600 (36) (2,7)	2900 (19) (2,3)	1800 (12) (1,7)
5	Verkaufswert des alten Rumpfs M.	1200	1000	700	1000	800	600	600	500	400	350	250
6	Mittlere Abnutzung des Schiffs- rumpfs . . . . M.	18 800	14 000	9300	12 000	9700	6900	10 400	8000	5100	2450	1550
7	Neuwert des Takelwerks, Dauer 8 Jahre . . . . M.	(11) 4500	(15) 4000	(20) 3000	(11) 4500	(15) 4000	(20) 3000	(11) 4500	(15) 4000	(20) 3000	(10) 1500	(10) 1500
8	Mittlere Summe der Anschaffungs- kosten . . . . M.	(68) 24 500	(70) 19 000	(86) 13 000	(42) 17 500	(52) 14 500	(70) 10 500	(38) 15 600	(46) 12 500	(56) 8500	(28) 4800	(22) 3800
9	Durchschnittliche jährliche Instand- haltungskosten . . . . . M.	160	150	180	500	450	340	520	440	400	40	35
10	Tägliche Selbstkosten bei 280 Schifffahrtstagen im Jahre und voller Ausnutzung der Trag- fähigkeit; für die t Trag- fähigkeit; Kahnmiete . . Pf.	4,7	6,7	11,2	5,0	7,2	11,9	5,0	(7,2)	11,8	8,5	8,4

1) Die eingeklammerten Zahlen beziehen sich auf die t Tragfähigkeit.

Aus der Tabelle 7 Nr. 10 geht hervor, daß die Unterschiede in den Selbst=
kostenbeträgen für die verschiedenen Schiffsbauarten verschwindend klein sind, mit Aus=
nahme für die kleinen primitiven Zillen, welche ganz bedeutend geringere Selbstkosten
haben als die gleichgroßen anderen Kahntypen.

Durch diese Verhältnisse ist der Kleinschiffer, allerdings nur in dieser Hinsicht, gegen
die Erdrückung durch den Großbetrieb geschützt.

Die vorstehenden Kosten stellen aber nur die Kahnmieten dar, zu denen aber noch
eine ganze Reihe von Kosten und Unkosten hinzukommen, bis die Güter von Ufer zu
Ufer, von Bahnwagen zu Bahnwagen bzw. von Ufer zu Bahnwagen oder umgekehrt
geliefert sind.

c) Kosten der Frachten.

Die Kosten überhaupt können in 3 Gruppen gefaßt werden.

1. Gruppe. Reine Schiffsfrachten: Kahnmiete, Schlepplohn, Hafen=, Schleusen=
(Kanal=) und Brückengelder, Lotsengebühren, Ableichterungskosten u. a.

2. Gruppe. Nebenkosten: Umschlag, Zollabfertigung, Assekuranz (Versicherung),
Kippgebühr.

3. Gruppe. Hafengebühren: Ufer= (Lösch= und Lade=), Kran=, Wäge= und Lagergeld.

Die mit dem Schiffer ausbedungene Fracht „einschließlich sämtlicher Kosten" bezieht
sich nur auf die in Gruppe 1 zusammengefaßten Kosten, wie erst in 1908 durch ein Gut=
achten der Handelskammer Berlin bestätigt worden ist.

1. Gruppe.

α) Kahnmiete. Hierüber gibt Tabelle 7, Reihe 10 Auskunft. Übersichtlich er=
scheinen diese Kahnmietpreise in der Tabelle 8. Sie sind auf die Tonne Kahnraum
(Tragfähigkeit) bezogen und sind unabhängig von der Ausnutzung des Kahnraums, also
dieselben, als ob der Kahn z. B. ¼ oder ¾ oder volle Ladung hat.

Tabelle 8.

Kahnmietpreise (ohne Gewinn) für den Tag und die Tonne Laderaum.

| Lfd. Nr. | Ladefähigkeit | Eisenbordige Kähne Pf. | Hölzerne gedeckte Kähne | | Zillen | |
			I. Klasse Pf.	II. Klasse Pf.	Berliner Pf.	Böhmische Pf.
1	400 t bis 450 t	4,7	5,0	5,0	—	—
2	250 t bis 300 t	6,7	7,2	7,2	—	—
3	150 t	11,2	11,9	11,8	8,5	8,4

β) Schlepplohn. Die jetzigen primitiven und ungeregelten Zustände in der Schiffs=
beförderung können der geplanten Verbesserung des Kanalbetriebes nicht genügen. Hat
doch der Staat bereits sich das Schleppmonopol auf dem Rhein=Weserkanal durch das
Wasserstraßengesetz vom 1. April 1905 gesichert, wie es schon für den Teltowkanal zu=
gunsten des Kreises Teltow besteht. Die Schiffahrttreibenden sind in der Mehrzahl
gegen eine derartige Regulierung.

Ein großer Vorteil des maschinellen Schleppbetriebes ist die Unabhängigkeit von
Strom, Wind und Wetter und die Beschleunigung der Reisen, wodurch häufigere Fahrten
erzielt und Kahn sowie Mannschaft mehr ausgenutzt werden. Auf die Reisedauer hat
außer der Entfernung die Fortbewegungsart des Kahns und die Lade= und Löschzeit
Einfluß. Für letztere kommen als Fristen die im vorerwähnten Gesetz vom 15. Juni 1895

beſtimmten Zeitlängen in Betracht, nämlich für Löſchen und Laden zuſammen, je nach der Tragfähigkeit des Kahns, bei 150 t 10 Tage, 250 t 14 Tage, 400 t 20 Tage, 600 t 22 Tage, 1000 t 34 Tage; mehr als 1000 t 36 Tage. Dieſe Friſten können und werden aber durch Vereinbarung häufig abgekürzt.

Über die verſchiedenen Beförderungsarten gibt Tabelle 9 einigen Anhalt.

Tabelle 9.

Lfd. Nr.	Art der Beförderung	Leiſtung				Koſten je t/km		Bemerkungen
		Abwärts		Aufwärts		Ab= wärts	Auf= wärts	
		je Tag	je Std.	je Tag	je Std.			
		km	km	km	km	Pf.	Pf.	
1	2	3	4	5	6	7	8	9

A. Fortbewegung auf Flüſſen.

Die Unterbrechung der Schiffahrt durch Eis dauert 9 bis 15 Wochen, ſo daß im Durchſchnitt mit 280 Schiffahrtstagen im Jahr gerechnet werden kann.

Lfd. Nr.	Art der Beförderung	je Tag km	je Std. km	je Tag km	je Std. km	Ab= wärts Pf.	Auf= wärts Pf.	Bemerkungen
1	Strömung	bis	6	—	—	—	—	} Ohne Pauſe.
2	Segeln	?	5	?	4,0	—	—	
3	Schieben mit Stangen . .	—	—	20	2,0	—	0,1	
4	Leinenzug durch Menſchen	—	—	25	2,5	—	½	10 ſtündiger Arbeitstag.
5	Desgl. durch Pferde . . .	—	—	30	3,0	—	¼	
6	Durch Remorqueur . . .	—	—	36	3,0	—	—	
	Auf unterer Oder	—	—	36	3,0	—	1,0	12 ſtündiger Arbeitstag.
	Auf oberer Oder	—	—	36	3,0	—	1⅓	} Zuſchläge nach Waſſer= ſtänden und Kahn= ausnutzung.
7	Durch Schleppdampfer an der Kette	—	—	42	3,5	—	0,8	
8	Durch Schleppdampfer am Seil	—	—	—	—	—	—	10—15 % niedriger als Lfd. Nr. 7, veranlaßt durch die Konkurrenz.
9	Durch Schleppdampfer mit Rad oder Schraube . .	wie die Kettendampfer						

Die Schleppkähne werden auf der Elbe zur Hälfte bis zwei Drittel ihrer Tragfähigkeit ausgenutzt.

B. Fortbewegung auf Kanälen.

Die Unterbrechung der Schiffahrt durch Eis iſt etwas länger als auf den Flüſſen, und kann die Schiffahrtsbetriebszeit durchſchnittlich zu 240 Tagen im Jahr angenommen werden.

Lfd. Nr.	Art der Beförderung	je Tag km	je Std. km	je Tag km	je Std. km	Ab= wärts Pf.	Auf= wärts Pf.	Bemerkungen
10	Leinenzug durch Pferde .	40	3,5	40	3,5	⅓	⅓	Jede Schleuſung koſtet rd. 1,5 km
11	Durch Dampfſchlepper . .	60	5,0	10	5,0	½	½	„　„ 2,5 „

γ) Kanalgelder. Schleuſen= und Brückengelder können im großen Durchſchnitt zu 1 Pf./tkm gerechnet werden.

δ) Lotſengebühren. Kommen bei der Binnenſchiffahrt nur für einige ſchwierige Strecken auf Flüſſen vor, z. B. auf der Weichſel (Talfart), und werden für die Strecke Thorn—Danzig mit 6 Pf./km angegeben (225 km).

2. Gruppe. Nebenkoſten.

α) Umſchlagkoſten. Umſchlag heißt der Übergang von Kahn in Bahnwagen bzw. von Bahnwagen in Kahn; kommt hauptſächlich für Maſſengüter, wie Kohlen und Getreide, in Betracht, und koſtet, ſehr verſchieden, je nach den vorhandenen Überladevorrichtungen, z. B. für Kohlen von 1 Pf./t bis ¹/₁₀ Pf./t, je nachdem, ob auf Ladekähnen mit Schieb= karren oder mit vollkommenen Kohlenkippern gearbeitet wird. Als Anhalt können die Kosten für Löschen bzw. Laden zugrunde gelegt werden, d. h. für Stückgut etwa 50 Pf./t, indem 1 Mann an einem Tage 7,5 t Stückgut ein= oder ausladen kann.

β) Zollabfertigung. Kommt in Gestalt der dem Schiffer beim Aus= und Einladen behufs Verwiegung zur Zollabfertigung entstehenden Unkosten in Betracht und kann zu etwa 40 Pf./t (Stückgüter) angesetzt werden.

γ) Assekuranz. Die Assekuranz= (Versicherungs=) Prämie kann mit $1\,^0/_{00}$ bis $2\,^0/_{00}$ angenommen werden.

3. Gruppe. Hafengebühren.

Nach Berliner Usance sind die Ufer= (Lösch= und Lade=), Kran= und Wiegegelder dem Schiffer zu erstatten.

Diese Gebühren sind sehr verschieden hoch für die verschiedenen Anlagen bemessen und werden von der betr. Wasserbauverwaltung eingezogen.

α) Lösch= und Ladegelder. Hohe Sätze sind:

für das Löschen oder Laden einer Kahnladung von 150 t innerhalb 2 Tagen   6 M.

für jeden Tag länger . . . .   3 „

desgl. vom Stückgut 4 Pf./100 kg bis 2 Pf./100 kg.

β) Krangelder. Bei Frachtgut, das in einzelnen Stücken oder Fässern mehr als 150 kg wiegt, werden die Ladekrane benutzt und etwa 40 Pf. für die Tonne bezahlt.

Das Verladen der Kolli geschieht durch Scherzeuge, die an Mast und Stange befestigt sind.

d) Gesamtfrachtkosten.

Die Kalkulation aus Einheitssätzen ist schwierig und unzuverläßlich, da sehr viele nicht oder schwierig in Zahlen ausdrückbare Umstände bei der Preisbildung mitsprechen, wie der Einfluß der Wasserstände auf die Schlepperei und die Reisedauer, das Zusammenarbeiten mit der nicht durchweg organisierten Spedition, die Jahreszeit hinsichtlich der Tagesleistung u. a. Als Beispiel folgt die Berechnung der Frachtkosten für einen eisenbordigen Kahn von 425 t Tragfähigkeit, der mit ¾ Ladung von Hamburg nach Magdeburg geschleppt werden soll.

a) Reiseweglänge Hamburg—Magdeburg . . . .   290 km

b) Reisedauer bei 3,5 km Stundengeschwindigkeit (Tabelle 9, Spalte 6) und

zwölfstündiger Tagesleistung $\dfrac{290}{12 \cdot 3,5} \sim$ . . . .   7 Tage

Löschzeit . . . .   10 „

Zur Abrundung . . . .   1 Tag

Reisedauer . . . .   18 Tage

c) Ladegewicht $\dfrac{3}{4} \cdot 425 \sim$ . . . .   320 t

Mithin

d) Kahnmiete, Tabelle 7, Zeile 10; bei 4,7 Pf./t beträgt die Tagesmiete

$\dfrac{425 \cdot 4,7}{100} \sim 20$ M.; also für 18 Tage $18 \cdot 20$ . . . .   360 M.

e) Schlepplohn (nach Tabelle 9, Spalte 8, Zeile 7) kann angenommen

werden 0,8 Pf./tkm, d. h. $\dfrac{320\ t \cdot 290\ km \cdot 0,8}{100}$ . . . .   750 „

Für 320 t an Fracht . . . .   1110 M.

d. h. für 1 t $\sim$ 3,5 M.

Beim Durchfahren langer Tarifstrecken wird Rabatt gewährt, der z. B. für die vorbehandelte Strecke etwa ⅓ beträgt.

Die Frachtkosten stellen sich dann auf wie vor . . . . 360 M.

und $\frac{2}{3} \cdot 750 \sim$ . . . . 500 „

Für 320 t an Fracht . . . . 860 M.

d. h. für 1 t $\sim$ 2,7 M.

Diese Selbstkosten können sich in der verschiedensten Weise ändern, ganz nach der Konjunktur, da größere oder geringere Ladung, Gelegenheit zur Rückfracht, andere Kahngrößen u. a. die Gesamtselbstkosten nicht nur einer Hin= und Rückreise, sondern, und noch viel mehr, die Gesamtselbstkosten der ganzen Schiffahrtsperiode von im Durchschnitt 280 Tagen beeinflussen.

Tabelle 10.

Lfd. Nr.	Von Hamburg nach	Wasserfrachten für die t bzw. das tkm			Eisenbahnfrachten			Bemerkungen und Wasserfrachten Ende Januar 1912	
		Schweres Massengut M./t	Entfernung km	Fracht für tkm Pf.	Entfernung km	M./t	Pf./tkm	M./t	Pf./tkm
1	Magdeburg	1,7—2,0	290	0,56—0,69	251	6,7	2,7	3,0	1,1
2	Schönebeck	1,9—2,2						3,2	
3	Aken	2,1—2,4						3,4	
4	Wallwitzhafen	2,3—2,6						3,6	
5	Torgau	2,5—3,0						3,0	
6	Riesa	3,0—3,5						5,5	
7	Dresden	3,2—3,7						5,7	
8	Tetschen=Laube	4,0—4,3						6,6	
9	Schönpriesen	4,3—4,8						6,9	
10	Aussig	4,3—4,8	657	0,66—0,73	557	13,4	2,4	6,9	1,2
11	Halle a. S.	4,0						5,5	
12	Berlin, Deckkähne . . .	2,6—2,8						4,0	
13	„ Finowmaßkähne .	2,8—3,0						4,2	
14	„ off., große Kähne .	2,4—2,6						3,0	
15	„ off. kleine Kähne .	2,6—2,8						3,2	
16	Oder=Stationen bis einschl. Breslau	5,0—6,0	800	0,63—0,75	610	14,0	2,3	6,5	
17	Cosel=Oderhafen	7,0—8,0	960	0,73—0,83				8,5	vergl. Lfd. Nr. 28 „ „ 31
18	Stettin	4,4						4,8	
19	Fürstenberg a. O.	5,0						6,3	
20	Frankfurt a. O.	6,0						6,8	
21	Küstrin	6,0						7,3	
22	Landsberg a. d. W. . . .	6,5						7,8	
23	Posen	7,0						9,8	
24	Bromberg	8,5							
25	Gonatz	6,5—7,0							
	von Breslau								
26	nach Berlin	4,4—4,6							
27	„ Stettin	2,8—3,4							
28	„ Hamburg	5,5—6,5	800	0,69—0,81	610	14,0	2,3		vergl. Lfd. Nr. 16
	von Cosel=Oderhafen								
29	nach Berlin	6,5—7,0							
30	„ nach Stettin . . .	5,0—5,5							
31	„ nach Hamburg . .	8,5—9,5							vergl. Lfd. Nr. 17

Hierin sind Frachtsätze von Mitte April 1908, aus „Das Schiff" 1908, Nr. 1463, wie sie in Hamburg bzw. in Aussig für die Elbeschiffahrt und in Breslau für die Oder= schiffahrt notiert wurden, zusammengestellt. Diese Sätze sind niedrige, da der Frachten= markt durch flaues Güterangebot und reichliches Angebot von Schiffsraum andererseits weiteren Rückgang aufwies. In Spalte Bemerkungen die Frachtsätze Ende Januar 1912.

Die Angaben beziehen sich auf Güter der Klasse I, schwere Massengüter, die auf der Eisenbahn nach Spezialtarif III rechnen. Zum Vergleich sind die Transportlängen auf den Eisenbahnen und die Bahnfrachten beigefügt.

Danach können die Frachten talwärts höher sein als bergwärts; lfd. Nr. 28 gegen 16; lfd. Nr. 31 gegen 17.

Nach den Elbestationen gelangen für Güter der Klasse II 5 Pf. für 100 kg (50 Pf. für die Tonne); für Güter der Klasse III 10 Pf. (1,00 M. für die Tonne) und für Güter der Klasse IV 15 Pf. (1,50 M. für die Tonne) mehr zur Erhebung.

Auf dem Rhein stellen sich die Frachten bei Benutzung der größten Kähne noch billiger; es notierte dieselbe Stelle („Das Schiff" 1908, Nr. 1463) für Kohlentransporte im Monat März 1908 ab den Ruhrhäfen Duisburg=Ruhrort für die Tonne nach Rotter= dam 218 km = 0,320 bis 0,344 Pf. Kahnmiete; nach Antwerpen 333 km = 0,335 bis 0,45 Pf. Kahnmiete; bergwärts nach Mannheim 354 km = 0,21 Pf. Kahnmiete, plus 0,23 Pf. Schlepplohn plus 0,02 Pf. Kippgebühr, zusammen nur 0,46 Pf. für 1 tkm.

Die Frachten auf den Kanälen sind naturgemäß höher als auf den Flüssen und die kleinen Kähne den großen unbedingt unterlegen. Für die östlichen Kanalstraßen sieht die wasserwirtschaftliche Vorlage einen Einheitsfrachtsatz von 1,1 Pf./tkm für Massengüter, die den Gütern nach Spezialtarif III auf der Eisenbahn entsprechen, vor.

Tarifklassen.[1]

Die bei Bauausführungen hauptsächlich in Betracht kommenden Materialien, nach der Tarifklasseneinteilung, die für die Erhebung der Schiffahrtsabgaben im besondern auf der oberen Oder in Anwendung ist.

Klasse I. Petroleum.

Klasse II. Asphaltplatten, Bordschwellen, Eisen und Stahl, gewalzt und gegossen, Faschinen, Grubenhölzer, Heu, lose, Hölzer aller Art, Holzwaren, grobe, Pappen, Pech, Reisig, Stroh, lose, Verpackungen.

Kasse III. Alteisen, Anthrazit, Asphalt, Baugeräte, gebrauchte, Beton= und Zementwaren, Eisenbahnschienen, alte, Säcke, alte, Steine, künstliche, Tonröhren, Werg, Werkstücke, rohe, Werkzeuge, auch Feldbahnen.

Klasse IV. Aschen und Schlacken, Buhnenpfähle, Erden, Gips, Heu, gepreßt, Kalk, Kohlen, Kreide, Mauersteine, Mergel, Mörtel, Sägespäne, Torf, Wegebau= materialien.

---

[1] Aus Ostelbischer Schiffahrtskalender 1912, Gea=Verlag, G. m. b. H., Berlin W 35.

IV. Einfuhrzölle auf wichtige Baumaterialien und ſonſtige beim Bauen erforderliche Gegenſtände. Zolltarif vom 25. Dezember 1902, in Gültigkeit ſeit 1. März 1906.

Tabelle 11.

Lfd. Nr.	Nr. der Zoll= ſätze	Gegenſtand	Zollſatz für 1 fm		Zollſatz für 1 dz = 100 kg	
			General= tarif	Tarif mit den Vertrags= ſtaaten	General= tarif	Tarif mit den Vertrags= ſtaaten
			M.	M.	M.	M.
		Bau= und Nutzholz.				
1	74	Unbearbeitet ob. nur in der Querrichtung mit der Axt ob. Säge bearb., mit ob. ohne Rinde, hartes	0,12	1,08	0,20	1,80
		weiches	0,12	0,72	0,20	1,20
2	75	In der Längsrichtung beſchlagen, oder auch mit der Axt vorgearbeitet oder zerkleinert, hartes	0,24	1,92	0,50	4,00
		weiches	0,24	1,44	0,50	3,00
3	76	Desgl. geſägt, nicht gehobelt, hartes	0,72	5,76	1,25	10,00
		weiches	0,72	4,32	1,25	7,50
4	80	Eiſenbahnſchwellen, mit der Axt bearbeitet, an einer Längsſeite geſägt, hartes	0,24	1,92	0,40	3,20
		weiches	0,24	1,44	0,40	2,40
5	81	Pflaſterklötze, hartes	0,72	5,76	1,25	—
		weiches	0,72	4,32	1,25	—
6	82	Gehobelt, genutet, geſtemmt, gezapft, geſchlitzt	—	—	6,00	—
		Erden und Steine, foſſile Brennſtoffe.				
7	221/238	Gartenerde, Kies, Sand, Kalk, Traß, Zement, Steine, Brennſtoffe			frei	frei
8	239	Erdöl (Petroleum) u. a.			10,00	6,00
9	681	Pflaſterſteine, natürliche			0,40	frei
		Eiſen und Eiſenwaren = Stahl und Stahlwaren.				
10	778/779	Gußeiſerne Röhren von mehr als bzw. bis 7 mm Wandſtärke, roh			3,00 bzw. 4,00	2,50
		bearbeitet			4,50 bzw. 6,00	
11	785	Schweißeiſen = Stahl; Flußeiſen = Stahl; gewalzt, geſchmiedet, gezogen, faſſoniert			2,50	
12	787	Blech, mehr bzw. bis 1 mm dick, roh			3,00 bzw. 4,50	
13	788	Desgl., desgl., verzinnt, verzinkt			5,00 bzw. 5,50	
14	789	Wellblech, Riffelblech, roh bzw. bearbeitet			5,00 bzw. 6,00	
15	796/797	Eiſenbahnſchienen, Kleineiſenzeug, Eiſenbahnräder und =Teile . . .			2,50	
16	800	Eiſenkonſtruktionen (Eiſenbauteile) ohne oder mit Anſtrich			6,00	4,50
17	806	Schraubſtöcke, Amboſſe, bis 10 kg ſchwere Hämmer			5,00	
18	807	Winden und fortſchaffbare Hebezeuge			7,00	3,00
		Maſchinen und Wagen.				
19	892	Dampftenderlokomotiven, je nach Gewicht			11,00—9,00	
		Lokomotivtender			5,00	
20	893	Dampflokomobilen und =Walzen, je nach Gewicht			9,00—8,00	
21	894	Kraftmaſchinen, außer Elektromotoren, Bagger, Rammen, Krane bis 10 dz, je nach Gewicht			100—18,00	100—11,00
		„ 50 „ „ „ „			13,00—10,00	7,50—6,00
		„ 500 „ „ „ „			7,00	5,00
22	903	Pumpen zur Betätigung durch Muskelkraft			7,00	
23	914	Güterwagen			5,00	3,00

V. Abschnitt.

Kostenermittelungen der einzelnen Arbeitspreise nach Arbeitszeiten.

Um die Kostenermittlungen der einzelnen Arbeitszeiten so allgemein wie möglich zu gestalten, sollen, wo irgend möglich, die Arbeitsleistungen auf die aufzuwendenden Arbeitszeiten bezogen werden, denn aus diesen können die Geldkosten, Löhne, durch Einsetzen der betreffenden Stundenlöhne für die einzelnen Arbeiten, entnommen werden.

Die Stundenlöhne sind nach Konjunktur, Jahreszeit und Örtlichkeit und selbstver= ständlich nach den Handwerken verschieden. Entsprechende Angaben finden sich zu Anfang der folgenden Kapitel und im IV. Abschnitt, Tabelle 24—26.

Eine Bezugnahme auf Tagewerke mit bestimmten Lohnsätzen würde die allgemeine Verwendbarkeit des Buches beschränken, wie denn auch Maximalarbeitstage nur im Hochbaugewerbe zwischen den Arbeitnehmern und den Arbeitgebern vereinbart sind. Im Tiefbaugewerbe wäre die Einhaltung von Maximalarbeitstagen unter Umständen nachteilig für die Baufertigstellung, da die Bauzeit aufs äußerste ausgenutzt werden muß, zumal durch die Etats= und Ressortoperationen der Baubeginn nicht selten ver= zögert wird.

A. Die Arbeitszeiten.

Da das geographische Gebiet Deutschlands sich über etwa 8 Breitengrade, von rd. 47½° bis rd. 55½° nördlicher Breite oder über rd. 900 km von Süden nach Norden, und über rd. 17 Längengrade, von rd. 6° bis rd. 23° östlicher Länge von Greenwich, oder über rd. 1200 km von Westen nach Osten, erstreckt, bestehen in den Tageslängen und im Klima so erhebliche Unterschiede, daß sie auf den Baubetrieb von merklichem Einfluß sind. Ist doch der kürzeste Wintertag an der Nordgrenze volle 1½ Stunden kürzer, als derselbe Tag an der Südgrenze des Reiches, und der längste Sommertag volle 1½ Stunden länger. Da die nördlichen Gegenden hinsichtlich der Tageslängen im Sommer vor den südlichen im Vorzug sind, steht jenen mehr Arbeitzeit für Bau= ausführung zur Verfügung als diesen; dieser Unterschied beträgt für die Grenzen rd. 16 Stunden im Jahr.

Auch die Froststärken und =perioden und die Niederschläge sind in den einzelnen Gegenden des 540 858 qkm (1910) großen Gebiets erheblich verschieden und daher von Einfluß auf die Arbeitsausführung. Am Bodensee und an der Weichsel, in Oberschlesien und an der Wasserkante herrschen andere klimatische Verhältnisse.

Die Tageslängen werden schlechthin durch die Zeit zwischen dem wirklichen Sonnen= aufgang und dem wirklichen Sonnenuntergang gemessen, während durch die Strahlen= brechung noch die Dämmerungszeiten hinzukommen, die bei klarem Himmel während der Tag= und Nachtgleichen noch etwa je 40 Minuten betragen. Auch hierin sind die nördlichen Gegenden vor den südlichen im Vorzug, während bekanntlich die Summe der mathematischen Tageslängen im Jahre für alle Orte die nämliche ist.

Tabelle 1.

Wirkliche Sonnenaufgänge, wirkliche Sonnenuntergänge, wirkliche Tageslängen für die südlichsten ($\varphi_u = 47\frac{1}{2}°$) und für die nördlichsten ($\varphi_o = 55\frac{1}{2}°$) Orte Deutschlands nach mittlerer Sonnenzeit.

Lfd. Nr.	Monat	Tag	Halbe Tageslängen für $\varphi_u=47\frac{1}{2}°$		$\varphi_o=55\frac{1}{2}°$		☉Aufgang		☉Untergang		Tageslänge		☉Aufgang		☉Untergang		Tageslänge		Unterschied der Tageslängen Sp. 7—10	
							für $\varphi_u=47\frac{1}{2}°$						für $\varphi_o=55\frac{1}{2}°$							
			Std.	Min.	Std.	Min.	Uhr	Min.	Uhr	Min.	Std.	Min.	Uhr	Min.	Uhr	Min.	Std.	Min.	Std.	Min.
1	2		3		4		5		6		7		8		9		10		11	
1	Jan.	1	4	09	3	27	7	54	4	12	8	18	8	36	3	30	6	54	+1	24
2	„	11	4	16	3	37	7	52	4	24	8	32	8	31	3	45	7	14	+1	18
3	„	21	4	27	3	52	7	44	4	38	8	54	8	19	4	03	7	41	+1	10
4	Febr.	1	4	41	4	13	7	33	4	55	9	22	8	01	4	27	8	26	+	50
5	„	11	4	56	4	32	7	18	5	10	9	52	7	42	4	46	9	04	+	48
6	„	21	5	13	4	56	7	01	5	27	10	26	7	18	5	09	9	52	+	34
7	März	1	5	28	5	17	6	15	5	41	10	56	6	56	5	30	10	34	+	24
8	„	11	5	45	5	40	6	25	5	55	11	30	6	30	5	50	11	20	+	10
9	„	21	6	02	6	03	6	05	6	09	12	04	6	04	6	10	12	06	−	02
10	April	1	6	20	6	28	5	44	6	24	12	40	5	36	6	32	12	56	−	16
11	„	11	6	38	6	51	5	23	6	39	13	16	5	10	6	52	13	42	−	26
12	„	21	6	54	7	13	5	05	6	53	13	48	4	46	7	12	14	26	−	38
13	Mai	1	7	09	7	34	4	48	7	06	14	18	4	23	7	31	15	08	−	50
14	„	11	7	23	7	53	4	33	7	19	14	46	4	03	7	49	15	46	+1	00
15	„	21	7	35	8	11	4	22	7	32	15	10	3	46	8	08	16	22	+1	12
16	Juni	1	7	46	8	25	4	12	7	44	15	32	3	33	8	23	16	50	+1	18
17	„	11	7	51	8	34	4	08	7	50	15	42	3	25	8	33	17	08	+1	26
18	„	21	7	53	8	37	4	08	7	54	15	46	3	24	8	38	17	14	+1	28
19	Juli	1	7	51	8	33	4	13	7	55	15	42	3	31	8	37	17	06	−1	24
20	„	11	7	45	8	24	4	20	7	50	15	30	3	41	8	29	16	48	−1	18
21	„	21	7	36	8	11	4	30	7	42	15	12	3	55	8	17	16	22	−1	10
22	Aug.	1	7	31	8	04	4	35	7	37	15	02	4	02	8	10	16	08	−1	06
23	„	11	7	08	7	32	4	57	7	13	14	16	4	33	7	37	15	04	−	48
24	„	21	6	53	7	11	5	10	6	56	13	46	4	52	7	14	14	22	−	36
25	Sept.	1	6	36	6	47	5	24	6	36	13	12	5	13	6	47	13	34	−	22
26	„	11	6	19	6	25	5	37	6	15	12	38	5	31	6	02	12	50	−	12
27	„	21	6	02	6	03	5	51	5	55	12	04	5	50	5	56	12	06	−	04
28	Okt.	1	5	45	5	40	6	05	5	35	11	30	6	10	5	30	11	20	+	10
29	„	11	5	28	5	17	6	18	5	14	10	56	6	29	5	03	10	34	+	22
30	„	21	5	11	4	54	6	33	4	55	10	22	6	50	4	38	9	48	+	34
31	Nov.	1	4	54	4	30	6	49	4	37	9	48	7	13	4	13	9	00	+	48
32	„	11	4	39	4	10	7	05	4	23	9	18	7	34	3	54	8	20	+	58
33	„	21	4	26	3	51	7	20	4	12	8	52	7	55	3	37	7	42	+1	10
34	Dez.	1	4	16	3	36	7	33	4	05	8	32	8	13	3	25	7	12	+1	20
35	„	11	4	09	3	27	7	45	4	03	8	18	8	27	3	21	6	54	+1	24
36	„	21	4	07	3	23	7	52	4	06	8	14	8	36	3	22	6	46	+1	28

Für die südlichsten Orte mit $\varphi = 47\frac{1}{2}°$ und für die nördlichsten Orte mit $\varphi = 55\frac{1}{2}°$ sind hier die wahren Sonnenaufgänge und wahren Sonnenuntergänge, sowie die wahren Tageslängen unter Berücksichtigung der Zeitgleichung für die mittlere Ortszeit berechnet

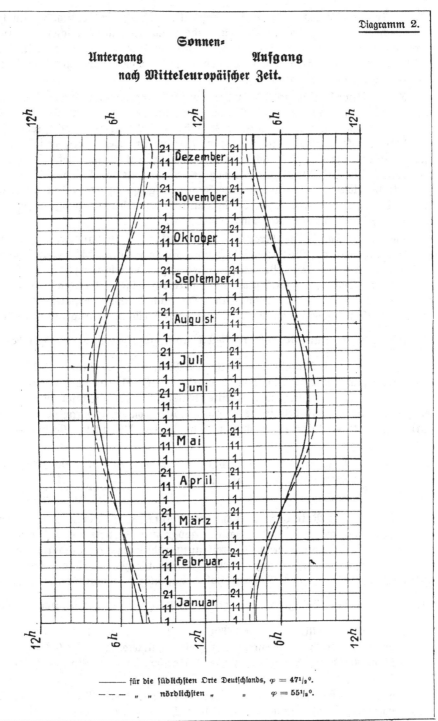

Diagramm 2.

Sonnen-

Untergang   Aufgang

nach Mitteleuropäischer Zeit.

———— für die südlichsten Orte Deutschlands, φ = 47¹/₂⁰.
– – – „ „ nördlichsten „   „   φ = 55¹/₂⁰.

26*

und in Tabelle 1 bzw. in Diagramm 2 dargestellt. Da aber in Deutschland seit 1. April 1893 nicht mehr nach mittlerer Ortszeit, sondern nach mitteleuropäischer Zeit gerechnet wird, so gelten die Tabelle 1 und das Diagramm 2 ohne weiteres nur für die Orte auf dem mitteleuropäischen Längennullgrad, dem 15. Längengrad östlich von Greenwich, der etwa durch Stargard und Görlitz geht.

Die größten Abweichungen der Ortszeiten von der mitteleuropäischen Zeit betragen: für die westlichsten Grenzorte 15—6° = 9 Längengrade, entsprechend 9 × 4 = 36 Zeit= minuten, für die östlichsten Grenzorte 23—15° = 8 Längengrade, entsprechend 8 × 4 = 32 Zeitminuten; sind also fast gleich groß. Für die Orte westlich des mitteleuropäischen Zeitmeridians zeigt die Uhr nach mitteleuropäischer Zeit zu früh, geht sie vor, für die Orte östlich zeigt sie zu spät, geht sie nach gegen die Ortszeit. Aus der Tabelle 1 lassen sich mit hinreichender Genauigkeit die Sonnenaufgänge und die Sonnenuntergänge, sowie die Tageslängen für jeden Ort in Deutschland nach dessen geographischer Breite und Länge durch einfache Rechnung entnehmen.

Beispiel 1: Für Wittenberge a. Elbe ☉Aufgang, ☉Untergang und Tageslänge am 21. Mai angeben. Wittenberge liegt nach Karte y auf rd. 53° Breite und rd. 12° östlich von Greenwich. Der Breitenunterschied gegen die Südgrenze beträgt 53—47½° = 5½°, der Längenunterschied gegen den mitteleuropäischen Meridian 15—12° = 3°; entsprechend 3 × 4 = + 12 Zeitminuten. Da nach Tabelle 1, Spalte 11, der Unter= schied der halben Tageslängen für 8 Breitengrade 36 Minuten beträgt, ist in Wittenberge die halbe Tageslänge um $36 \cdot \frac{5\frac{1}{2}}{8}$ rd. 25 Minuten größer als an der Südgrenze; ☉Auf= gang findet also nach Tabelle 1 um 4 Uhr 22 Min. minus 25 Min. = 3 Uhr 57 Min., ☉Untergang um 7 Uhr 32 Min. plus 25 Min. = 7 Uhr 57 Min. nach mitteleuropäischer Ortszeit statt. Da aber allerorts nach mitteleuropäischer Zeit gerechnet wird, sind ☉Auf= gang und ☉Untergang noch um den Zeitunterschied von Wittenberge gegen den mittel= europäischen Zeitmeridian zu berichtigen, d. h. um + 12 Minuten. Mithin nach mittel= europäischer Zeit:

☉Aufgang: 3 Uhr 57 Min. + 12 Min. = 4 Uhr 09 Min.,
☉Untergang: 7 „   57 „   + 12 „   = 8 „ 09 „
Tageslänge . . . . 16 Std. 0 Min.

Beispiel 2: Für Ratibor in Oberschlesien ☉Aufgang, ☉Untergang und Tageslänge am kürzesten Tag angeben. Nach Karte y geographische Breite rd. 50°, geographische Länge rd. 18° östlich von Greenwich. Breitenunterschied gegen die Südgrenze 50—47½° = 2½°, Längenunterschied gegen den mitteleuropäischen Meridian 18—15° = 3°; entsprechend 3 × 4 = — 12 Minuten. Halbe Tageslänge in Ratibor am 21. Dezember mehr als an der Südgrenze (Tabelle 1) $34 \cdot \frac{2\frac{1}{2}}{8}$ rd. — 11 Minuten. ☉Aufgang 7 Uhr 52 Min. + 11 Min. = 8 Uhr 3 Min. nach Ratiborer Zeit oder 8 Uhr 3 — 12 Min. = 7 Uhr 51 Min. nach mitteleuropäischer Zeit, ☉Untergang 4 Uhr 6 Min. — 11 Min. = 3 Uhr 55 Min. nach Ratiborer Zeit oder 3 Uhr 55 Min. — 12 Min. = 3 Uhr 43 Min. nach mitteleuropäischer Zeit.

Beim Veranschlagen können die Tabellen 2 und 3 von Wert sein, die Osthoff aus langjährigen Beobachtungen beim Eisenbahnbau zusammengestellt hat.

Tabelle 2. Die Arbeitszeiten beim Erdbau.

Lfd. Nr.	Monate	Arbeits- tage im Monat	Arbeitszeiten für den Tag			Frühstücks-, Mittags- und Vesperpausen in Stunden	Wirkl. Arbeits- stunden für den		Wirkliche Arbeits- tage, bezogen auf 10 Stunden täg- licher Arbeitszeit
			von Morgens Uhr	bis Abends Uhr	Stunden Anzahl		Tag	Monat	
1	Januar	15	8	4	8,0	1,0	7,0	105	10,5
2	Februar	17	7½	5	9,5	1,5	8,0	136	13,5
3	März	20	6	5½	10,5	1,5	9,0	180	18,0
4	April	22	5	6	12,0	1,5	10,5	231	23,0
5	Mai	22	5	6	13,0	2,0	11,0	242	24,0
6	Juni	22	5	7	14,0	2,0	12,0	264	26,5
7	Juli	22	5	7	14,0	2,0	12,0	264	26,5
8	August	22	5	7	14,0	2,0	12,0	264	26,5
9	September	20	6	7	13,0	1,5	11,5	230	23,0
10	Oktober	18	7	6	11,0	1,5	9,5	171	17,0
11	November	15	8	5	9,0	1,5	7,5	112	11,0
12	Dezember	15	8	4	8,0	1,0	7,0	105	10,5
	Summa	230						2304	230,0

Tabelle 3. Die Arbeitszeiten bei Arbeiten, welche bei Frost nicht durchgeführt werden können (Maurerarbeiten usw.).

Lfd. Nr.	Monate	Arbeits- tage im Monat	Arbeitszeiten für den Tag			Frühstücks-, Mittags- und Vesperpausen in Stunden	Wirkl. Arbeits- stunden für den		Wirkliche Arbeits- tage, bezogen auf 10 Stunden täg- licher Arbeitszeit
			von Morgens Uhr	bis Abends Uhr	Stunden Anzahl		Tag	Monat	
1	Januar	—	—	—	—	—	—	—	—
2	Februar	5	7½	5	9,5	1,5	8,0	40	4,0
3	März	20	7	5½	10,5	1,5	9,0	180	18,0
4	April	22	6	6	12,0	1,5	10,5	231	23,0
5	Mai	22	5	6	13,0	2,0	11,0	242	24,0
6	Juni	22	5	7	14,0	2,0	12,0	264	26,5
7	Juli	22	5	7	14,0	2,0	12,0	264	26,5
8	August	22	5	7	14,0	2,0	12,0	264	26,5
9	September	20	6	7	13,0	1,5	11,5	230	23,0
10	Oktober	18	7	6	11,0	1,5	9,5	171	17,0
11	November	10	8	5	9,0	1,5	7,5	75	7,5
12	Dezember	—	—	—	—	—	—	—	—
	Summa	183						1961	196,0

Erdarbeiten sind bekanntlich am wenigsten von der Witterung abhängig, nur an-
haltender Regen und erst ziemlich starker Frost sind wirkliche Hindernisse für diese Tätigkeit, Maurer- und Betonarbeiten (Tabelle 3) dagegen werden nicht nur durch Regen,
sondern auch schon durch Frost von etwa 4° C unterbrochen.

Das Jahr von 365 Tagen hat 8760 Stunden, davon entfallen auf den Tag, d. h.
auf die Zeit von Sonnenaufgang bis Sonnenuntergang für Mitteldeutschland ungefähr
4380 Stunden.

Überhaupt verfügbare Arbeitstage sind in einem gewöhnlichen Jahre von 365 Tagen
bei 52 Sonntagen, einschl. 1 Oster- und 1 Pfingstfeiertag und 8 gesetzlichen Feiertagen
höchstens 305, bzw. in katholischen Landesteilen bei weiteren 7 kirchlichen Feiertagen nur 288.

B. Die Arbeitspreise für die einzelnen Bauarbeiten.

I. Allgemeines.

Hierher gehören die Arbeitslöhne, die Maschinenkosten und die Gerätekosten ohne die gesetzlichen Zuschüsse zur Kranken= und Unfallversicherung, ohne Bauaufsicht, ohne Unternehmergewinn, ohne Risiko und ohne sonstige Unkosten.

Diese Unkosten werden als Zuschläge zu den Arbeitspreisen eingestellt.

a) Die Arbeitslöhne.

Wo irgend möglich, sind die Leistungen auf Arbeitsstunden bezogen. Für die Höhe der Stundenlöhne st in den verschiedenen Bezirken gibt 4. Abschnitt A. Anhalt, außer= dem sind Grenzen bei den folgenden Kapiteln angegeben.

b) Maschinenkosten und Gerätekosten.

1. Die Unterhaltungskosten.

Verzinsung und Amortisation der in den Maschinen und Geräten angelegten Kapi= talien bzw. die Mieten für das Leihen der Maschinen und der Geräte, Kosten für ihre Unterbringung (Schutzstand).

Diese Kosten sind unabhängig von der Benutzung der Maschinen und Geräte und bedeuten für die Maschine die Unterlegenheit gegenüber dem freien Arbeiter, der wie der Mohr von Venedig gehen kann; sie belasten die Bauunternehmungen höchst un= günstig, wenn passende und ausreichende Arbeiten nicht vorliegen. Es hat sich daher für die kleineren und auch für mittlere Bauunternehmerbetriebe als vorteilhaft erwiesen, Baulokomotiven, Baggermaschinen, Exkavatoren, Rammen, Pumpen, Kippwagen, Transportgleise, Prahme u. a. von Spezialgeschäften auf Zeit zu mieten, obwohl die Leihgebühren angemessener Verzinsung und Abschreibung der Anschaffungskosten ent= sprechen. Viele Unternehmer sind erst durch diese Leihgelegenheiten in den Stand gesetzt, sich an manchen Ausschreibungen überhaupt beteiligen zu können, vergl. auch IV A.

Diese Mietskosten, zu denen noch Hin= und Rückfracht hinzukommt, sind den folgenden Entwicklungen zugrunde gelegt. Für eigene ausreichend beschäftigte Maschinen und Geräte verringern sich die Unterhaltungskosten.

Formeln bzw. Diagramme über Zinseszins, Amortisation, Abschreibungen, Ge= bäudewerte u. a. finden sich im VI. Abschnitt.

2. Die Betriebskosten.

Betriebskräfte, Schmier= und Putzmaterial, Wartung der Maschinen, Bedienung der Geräte, Reparaturen.

II. Kosten der Erd= und Felsarbeiten.

Stundenlohn des Erdarbeiters st_e von 20—40 Pf., Stundenlohn des Tauchers st_t ganz nach örtlichen Verhältnissen, 5 bis 10 M.

Von den in Tabelle 2 für Erdarbeiten im Jahre durchschnittlich zur Verfügung stehenden 2300 Arbeitsstunden werden in der folgenden Entwicklung nur 2000 an= genommen.

Da die Angaben über Felsarbeiten auch wegen der Unsicherheit in der Bezeichnung der Gesteinsarten sehr voneinander abweichen, auch die Bewältigung der festeren Ge=

steinsarten sich fast ausschließlich auf den in Abschnitt VI, 14 behandelten Tunnelbau beschränkt, sind in den folgenden Ermittlungen nur die eigentlichen Erdarbeiten in Einschnitten und in Baugruben, über Wasser und im Wasser, jedoch ausschließlich der mit Schwimmbaggermaschinen auszuführenden behandelt.

a) Bodengewinnung, Lösen und Laden.

1. Lösen des Bodens.

Bodenarten und Lösungskosten.

Die Einteilung ist nach den zum Lösen im Trocknen zu benutzenden Werkzeugen (Abschnitt IV, C.) vorgenommen, und sind die zum Lösen aus Abträgen erfahrungsgemäß aufzuwendenden Arbeitsstunden st_e beigefügt.

Tabelle 4.

Gruppe	Klasse	Benennung	Zum Lösen erforderliche Werkzeuge	von 1 cbm erforderlich	Zum Laden von 1 cbm erforderlich	Bemerkungen
1	2	3	4	5	6	7	8
leichter I	1	Loser, feiner Sand . . .	Schaufel		$2/3$ st_e	Boden im gewachsenen Zustande gemessen. Auflockerung: siehe Tabelle 5.
"	2	Mutterboden (Humus), Ackerboden		bis $3/4$ st_e		
mittelschwerer Stichboden II	3	grober Sand	Spaten und Schaufel	bis 1,0 st_e	1 st_e	
"	4	feiner Kies				
"	5	feuchter Sand				
"	6	Torfmoor				
"	7	lehmiger Sand				
schwerer Stichboden III	8	steiniger Sand	desgl. Hacken oder Keile und Schlägel	bis 1,5 st_e	$1/2$ st_e	
"	9	sandiger Lehm				
IIIa	10	grobsteiniger Boden . .	desgl. und Hand	bis 1,5 st_e	$2/3$ st_e	Besondere Gruppe wegen der größeren Ladekosten (Laden zum Teil mit Hand).
"	11	grober, loser Kies . . .				
"	12	kleines Geröll				
leichterer Hackboden IV	13	Lehm	Hacken, Keile und Schlägel, Brechstangen	bis 2 st_e	$2/3$ st_e	
"	14	Ton				
"	15	Mergel				
Hackfels schwerer V	16	festes Geröll	wie vor und Hand	bis 3 st_e	1 st_e	
"	17	verwitterter Fels				
VI	18	brüchiger Schiefer . . .	wie vor, ev. etwas Schießarbeit	bis 5 st_e u. mehr	1 st_e	Erforderl. Schießarbeit durch Vorarbeiter ausführb. Steinsprenger nicht erforderlich.
"	19	klüftiger, weicher Sandstein				
"	20	klüftiger, weicher Kalkstein				

Kosten der Hilfsmittel zum Lösen.

Für Vorhalten und Unterhalten der Werkzeuge, Schärfen, neue Stiele usw. und für Sprengmittel.

In Gruppe I und II (Tabelle vorstehend), leichter und mittelschwerer Stichboden, Klasse 1—7, fallen auf den Unternehmer keine Aufwendungen, weil Schaufel und Spaten die Arbeiter sich selbst zu halten haben.

In Gruppe III, schwerer Stichboden, Klasse 8—12, können rd. 6% der Lohnbeträge, d. h. für 1 cbm gewachsenen Boden rd. $1/10$ st_e gerechnet werden.

In Gruppe IV, leichter Hackboden, Klasse 13—15, rd. 8% bzw. für 1 cbm Boden bis rd. $^1/_6$ st$_e$.

In Gruppe V, schwerer Hackboden, Klasse 16, 17, rd. 10% bzw. für 1 cbm Boden bis rd. $^1/_3$ st$_e$.

In Gruppe VI, Hackfels, Klasse 18—20, rd. 12% bzw. für 1 cbm Boden bis rd. $^2/_3$ st$_e$, einschl. der Sprengmittel.

Bodenaushub aus Baugruben (Grundgrabung).

Für Aushub des Bodens aus Baugruben und aus Fundamentgräben kann bis 2 m Tiefe einschl. Herausschaffen des Bodens das 1½fache der Angaben in Tabelle 4, Spalte 6 und 7, und für jedes Meter Mehrtiefe $^1/_2$ st$_e$ als Zuschlag für 1 cbm gerechnet werden; jedoch ohne Kosten der Absteifungen.

Beispiel: 1 cbm Ton oder Mergel aus einer 3 m tiefen Baugrube schaffen kostet demnach bis 2 m Tiefe (1½ × 2) st$_e$ = 3 st$_e$, von da ab (3 + 1) st$_e$ = 4 st$_e$.

Für Arbeiten im Nassen wird ein weiterer Zuschlag von etwa $^1/_5$ st$_e$ gerechnet.

Erdarbeiten mit Trockenbaggern (Exkavatoren).

Die Herleitung von Einheitspreisen für das Lösen des Bodens ist wegen der vielen beeinflussenden Nebenumstände nicht angängig, es wird daher auf Abschnitt V, B IV (Baggerarbeiten) verwiesen.

Taucherarbeiten.

Die von geschulten Tauchern im Taucheranzug vorzunehmenden Bohrungen, Einfügen und Heben von Steinen, Absuchen von Bauwerken unter Wasser erfordern

1 cbm Blöcke heben etwa . . . . 5 st$_t$

1 cbm Bruchsteine heben etwa . . . . 2 st$_t$.

2. Laden des Bodens in die Transportgefäße
(auch Tabelle 5).

Zum Laden dienen, außer den hier in Betracht kommenden Exkavatoren, Schaufel, Spaten oder die Hände.

An Boden von Gruppe I faßt eine Schaufel oder ein Spaten etwa 2½ l. In der Minute kann ein Arbeiter etwa 10 Stiche machen und den abgestochenen Boden bis 3 m weit und bis 1 m hoch werfen.

Die stündliche Leistung beträgt daher rd. $\dfrac{60 \cdot 10 \cdot 2\frac{1}{2}}{1000}$ cbm, rd. 1,5 cbm, d. h. für 1 cbm Boden rd. $^2/_3$ st$_e$.

Für Gruppe II stellt sich der Zeitaufwand für 1 cbm Boden auf rd. 1 st$_e$.

Die Ladekosten für Gruppe I und II brauchen nicht besonders in Ansatz gebracht zu werden, wenn der gestochene Boden sofort in die Transportgefäße geworfen wird. Anderenfalls gelten die vorstehenden Preise.

Für Gruppe III—VI müssen die Ladekosten besonders in Ansatz gebracht werden, weil der Boden nur noch teilweise (Gruppe III, IV) oder gar nicht mehr abgestochen werden kann, im Mittel aber nach dem Lösen besonders auf die Schaufel, den Spaten, genommen werden muß.

Gruppe III, Klasse 8 und 9, erfordert für 1 cbm Boden rd. $^1/_2$ st$_e$, Gruppe IIIa, Klasse 10—12, grober steiniger Boden, grober loser Kies, kleines Geröll, erfordert, da die Bodenstücke teilweise mit den Händen gefaßt werden müssen, für 1 cbm rd. $^2/_3$ st$_e$.

Gruppe IV, Klasse 13—15, Lehm, Ton, Mergel, für 1 cbm rd. $\frac{2}{3}$ st$_e$.

Gruppe V, Klasse 16 und 17, festes Gerölle, verwitterter Fels, für 1 cbm rd. 1 st$_e$.

Gruppe VI, Klasse 18—20, brüchiger Schiefer, klüftiger weicher Sandstein und Kalkstein, für 1 cbm rd. 1 st$_e$.

Zusammenstellung s. Tabelle 4, Seite 401.

b) Bodenförderung (Bodentransporte).

Transport des Bodens und Einbauen des Bodens.

Der gelöste Boden nimmt größeren Raum ein als der gewachsene, er zeigt eine Auflockerung, die nach den Bodenarten und nach der Ausführung der Schüttungen, ob lose geschüttet, ob gewalzt oder gestampft, oder eingeschlämmt, und nach dem Alter der Schüttungen verschieden ist.

Die „anfängliche" Auflockerung ist maßgebend für die Bemessung des Ladekoeffizienten $q = \dfrac{\text{Inhalt des zum Laden benutzten Fördergefäßes}}{\text{Inhalt des das Fördergefäß füllenden gewachsenen Bodens}}$, die „bleibende" Auflockerung dagegen für die Bemessung des überhaupt erforderlichen Schüttungsmaterials, ausgedrückt durch den Abtragskoeffizienten

$$\delta = \frac{\text{Auftragsmassen der gesetzten Dämme}}{\text{Abtragsmassen von gewachsenem Boden}},$$

während der Sackungskoeffizient σ aus bleibender und aus anfänglicher Auflockerung das Maß des Setzens der Dämme angibt.

In nebenstehender Figur entspricht die äußere Fläche der anfänglichen Auflockerung, die innere Fläche der bleibenden Auflockerung.

Empfohlen werden:

$\triangle h$ rd. $\dfrac{h_o}{40}$ bis $\dfrac{h_o}{10}$ je nach der Dammhöhe und dem Schüttungsmaterial,

$\triangle b_1$ rd. $\dfrac{h_o}{15}$,

$\triangle b_2$ rd. $\dfrac{h_o}{15} + \dfrac{h_u}{30}$.

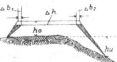

Tabelle 5.

Lfd. Nr.	Gruppe	Bodenarten	Auflockerungen des Bodens					Bemerkungen vgl. Tabelle 4.
			Anfängliche Auflockerung λ_a	Ladekoeffizient q	Bleibende Auflockerung λ_b	Abtragskoeffizient δ	Sackungskoeffizient σ	
1	2	3	4	5	6	7	8	9
1	I, II	Sand und Kies . . .	10—20%	1,1—1,2	1—2%		$\frac{1}{10}$	Spalte 5: $q = \dfrac{100 + \lambda_a \%}{100}$.
2	III, IIIa,	Schwerer Stichboden u. a.	20—25%	1,2	2—4%	1 bis 0,9	$\frac{1}{10}$—$\frac{1}{8}$	
3	IV	Leichterer Hackboden .	25—30%	1,3	4—6%		$\frac{1}{8}$—$\frac{1}{5}$	Spalte 7: $\delta = \dfrac{100}{100 + \lambda_b \%}$.
4	V	Schwerer Hackboden u. a.	30—40%	1,4	6—8%		$\frac{1}{5}$	
5	VI	Hackfels u. a.	40—50%	1,4—1,5	8— ? %		1,5— ?	Spalte 8: $\sigma = \dfrac{\lambda_b}{\lambda_a}$.

Da der Ladekoeffizient q bei umfangreichen Erdmassentransporten von erheblichem Einfluß auf die Disposition sein kann, empfiehlt es sich, ihn örtlich festzustellen.

1. Bodentransporte.

Die Transportkosten sind in erster Reihe von der mittleren Transportweite abhängig, da jeder Transportweite eine günstigste Transportart mit den zugehörigen Transportgeräten, Förderungsmitteln (Menschen, Pferden, Maschinen) und Förderbahnen entspricht.

Mittlere Transportweite heißt bekanntlich der Abstand zwischen dem Schwerpunkt des Auftragskörpers und dem des zugehörigen Abtragskörpers, gemessen nach horizontaler und nach vertikaler Entfernung. (Siehe Instrumente im 4. Abschnitt, CIV).

Die folgenden Entwicklungen beziehen sich auf die Horizontaltransporte, die Vertikaltransporte werden als Zuschläge zu den ersteren zum Ausdruck gebracht.

Zwecks allgemeinerer Verwendbarkeit werden die Kosten für 1 cbm transportierten Laderaum durch die dazu benötigten Arbeitsstunden von Menschen, Maschinen und Geräten dargestellt.

Es bedarf dann nur des Einsetzens des jeweiligen Ladekoeffizienten q (Tabelle 5) und der jeweiligen Kosten der Arbeitsstunde, um den Transportpreis für die jeweilige Bodenart und die jeweiligen Arbeitspreise zu ermitteln.

Von den verschiedenen Transportarten werden im folgenden nur die heutzutage am meisten vorkommenden behandelt: Schubkarrentransport, Kippwagentransport auf Schmalspurgleis mit Menschenbetrieb und Kippwagentransport auf Schmalspurgleis mit Lokomotivbetrieb.

α) Schubkarrentransport.
Die Leistungen.

Eine hölzerne oder eiserne Schubkarre mit dem Laderaum Q von $1/15$—$1/10$ cbm, im Mittel $Q = 1/12$ cbm, wird von einem Arbeiter mit einer durchschnittlichen Geschwindigkeit v von 45—60 m in der Minute, im Mittel mit v = 52 m auf hölzernen oder eisernen Karrbahnen beladen geschoben, leer gezogen.

An Aufenthalt z können für jede Hin- und Rückfahrt an der Lade- und an der Kippstelle zusammen 1—1½ Minute, im Mittel t = 1¼ Minute, gerechnet werden.

Die Zeitdauer t in Minuten für eine Hin- und Rückfahrt beträgt demnach $\left(\frac{2\,x}{60} + 1\right)$, kürzeste Dauer, bis $\left(\frac{2\,x}{45} + 1\frac{1}{2}\right)$, längste Dauer, im Mittel $\left(\frac{2\,x}{52} + 1\frac{1}{4}\right)$ Minuten; die Anzahl der Doppelfahrten in der Stunde $n = \frac{1800}{x + 30}$, größte, bis $\frac{1350}{x + 34}$, kleinste, im Mittel $\frac{1560}{x + 32}$, und die stündliche Laderaumleistung $L = \frac{1}{10} \cdot \frac{1800}{x + 30} = \frac{180}{x + 30}$ cbm, größte, bis $\frac{1}{15} \cdot \frac{1350}{x + 34} = \frac{90}{x + 34}$ cbm, kleinste, im Mittel $\frac{1}{12} \cdot \frac{1560}{x + 32} = \frac{130}{x + 32}$ cbm.

Für Bodenart mit dem Ladekoeffizient q ist die Leistung an gewachsenen Kubikmetern $L_{q_{cbm}} = \frac{1}{q} \cdot L$.

Die Kosten für 1 cbm gewachsenen Boden.

Kosten an Arbeitslohn k_a.

$$k_a = st_e \cdot \frac{1}{L_q} \text{ zwischen } st_e \frac{x + 30}{180} q, \text{ kleinste, und } st_e \frac{x + 34}{90} q, \text{ größte, im Mittel}$$

$st_e \dfrac{x + 32}{130} q$ in Pfennig, d. h. auf Stationslängen l von je 100 m bezogen, $x = 100\, l$, wird $k_a = st_e q\, (0,17 + 0,55\, l)$, kleinste, bis $st_e q\, (0,38 + 1,1\, l)$, größte, im Mittel $st_e q$ $(0,25 + 0,77\, l)$.

Die Kosten schwanken nicht nur nach der Betriebseinrichtung (Karrengröße Q, Transportgeschwindigkeit v und Aufenthalt z vom 0,7fachen bis 1,5fachen der für die Mittelwerte $Q = {}^1/_{12}$ cbm, $v = 52$ m, $z = 1\frac{1}{4}$ Minute berechneten), sondern auch nach dem Arbeitslohn und dem Bodenmaterial so, daß der kleinste Wert bei Stundenlohn $st_e = 20$ Pf. und Bodenmaterial, Sand, Kies, $q = 1,1$, auf ${}^{k_a}{}_{Min.} = (3,8 + 12\, l)$ Pf. fallen, der größte Wert bei Stundenlohn $st_e = 35$ Pf. und Bodenmaterial, Hackfels, $q = 1,5$, auf ${}^{k_a}{}_{Max.} = (19 + 57\, l)$ Pf. steigen kann.

Diese großen Abweichungen führen vor Augen, wie nötig es ist, die bedingenden Faktoren der Preisbildung zugrunde zu legen; brauchbaren Anhalt geben die aus den mittelwertigen Faktoren hergeleiteten Werte und die vorher ermittelten Verhältnis= zahlen für die Grenzwerte.

Für die Mittelwerte ist $k_a = st_e q\, (0,25 + 0,77\, l)$ in Pfennig für 1 cbm ge= wachsenen Boden.

Verhältniszahlen: untere Grenze $0,7\, k_a$, obere Grenze $1,5\, k_a$.

Gerätekosten ku_1. Schubkarren.

Eine Schubkarre kostet mit Reserve etwa 12 M. und überdauert im Gebrauch kaum ein halbes Jahr. Auf die Arbeitsstunde entfallen $\dfrac{12 \cdot 100}{\frac{1}{2} \cdot 200 \cdot 10} =$ rd. 1,2 Pf., auf das Kubikmeter gewachsenen Boden im Mittel $ku = 1,2\, q\, (0,25 + 0,77\, l)$ Pf., für die Grenz= werte gelten wie vor $0,7\, ku_1$ und $1,5\, ku$.

Transportbahnkosten ku_2. Karrbahn.

1 m Karrbahn, Karrbohle, 30 cm breit, 6 cm stark, koste mit Bandeisen beschlagen und mit Reserve 1,50 M. und halte $\frac{1}{4}$ Jahr. Auf die Arbeitsstunde entfallen dann für l_m Karrbahnlänge $l\, \dfrac{15 \cdot 100}{\frac{1}{4} \cdot 200 \cdot 10} =$ rd. $30\, l$ Pf.

Die Karrbahn wird aber von einer ganzen Kolonne, einem ganzen Schacht Arbeiter gemeinschaftlich benutzt; bei 30 Mann entfallen auf die einzelne Arbeiterstunde rd. l Pf. und auf das Kubikmeter gewachsenen Boden im Mittel $ku_2 = l \cdot q\, (0,25 + 0,77\, l)$ Pf. (Tabelle 6). Für die Grenzwerte gelten wieder $0,7\, ku_2$ und $1,5\, ku_2$.

Die Gesamttransportkosten für 1 cbm gewachsenen Boden $k = k_a + ku_1 + ku_2$ $k = (0,25 + 0,77\, l)\, q \cdot st_e + (0,25 + 0,77\, l)\, (1,2 + l)\, q$ mit den Grenzwerten $0,7\, k$ und $1,5\, k$. l in hundert Meter (hm).

Tabelle 6.

Kosten des Schubkarrentransports auf horizontaler Karrbahn. Für 1 cbm gewachsenen Boden unter mittleren Verhältnissen, nämlich: In der Kolonne 30 Mann mit Schubkarre von $1/12$ cbm Inhalt, die mit 52 m in der Minute und bei $1\frac{1}{4}$ Minute Aufenthalt in jeder Doppelfahrt bewegt werden.

Transport-weite		Arbeits-lohn k_a	Geräte-kosten für Karren k_{u_1}	Transport-bahn für Karrbahn k_{u_2}	zusammen Spalte 4+5 $k_u = k_{u_1}+k_{u_2}$	Gesamtkosten Spalte 3+6 $k = k_a + k_u$	Bei Stundenlohn st_e von		Bemerkungen
x m	l 100 m	q st_e	q Pf.	q Pf.	q Pf.	q Pf.	20 Pf. für Sand $q=1,1$ Pf.	30 Pf. für Hackfels $q=1,5$ Pf.	
1	2	3	4	5	6	7	8	9	10
bis 25	bis 0,25	0,45	0,54	0,11	0,7	$0,45\,st_e +0,7$	11	21	Kosten für
30	0,30	0,48	0,58	0,14	0,7	$0,48\,st_e +0,7$	12	23	geneigte
40	0,40	0,56	0,67	0,22	0,9	$0,56\,st_e +0,9$	13	27	Bahn f. 2.
50	0,50	0,63	0,76	0,32	1,1	$0,63\,st_e +1,1$	15	30	
60	0,60	0,71	0,85	0,43	1,3	$0,71\,st_e +1,3$	17	34	
70	0,70	0,79	0,95	0,55	1,5	$0,79\,st_e +1,5$	19	38	
80	0,80	0,87	1,04	0,70	1,7	$0,87\,st_e +1,7$	21	42	
90	0,90	0,95	1,14	0,85	2,0	$0,95\,st_e +2,0$	23	46	
100	1,00	1,02	1,22	1,02	2,2	$1,02\,st_e +2,2$	25	49	
120	1,20	1,18	1,42	1,44	2,9	$1,18\,st_e +2,9$	29	57	
140	1,40	1,33	1,60	1,84	3,4	$1,33\,st_e +3,4$	33	65	
160	1,60	1,49	1,80	2,40	4,2	$1,49\,st_e +4,2$	37	73	
180	1,80	1,65	2,00	3,00	5,0	$1,65\,st_e +5,0$	41	82	
200	2,00	1,79	2,27	3,58	5,9	$1,79\,st_e +5,9$	46	90	
225	2,25	1,99	2,38	4,50	6,9	$1,99\,st_e +6,9$	51	100	
250	2,50	2,18	2,61	5,50	8,1	$2,18\,st_e +8,1$	57	110	
275	2,75	2,38	2,86	6,60	9,5	$2,38\,st_e +9,5$	63	121	
300	3,00	2,56	3,07	7,68	10,8	$2,56\,st_e +10,8$	69	132	

Zur Benutzung der Tabelle: Transportkosten für 1 cbm Hackboden, $q = 1,3$, auf 140 m bei Stundenlohn st_e von 25 Pf.

$$\text{Spalte 3: } k_a = 1,33 \cdot 1,3 \cdot 25 \dots \dots = 43,8 \text{ Pf.}$$
$$\text{Spalte 6: } k_u = 3,4 \cdot 1,3 \dots \dots \dots = 4,4 \text{ „}$$
$$k = 48 \text{ Pf.}$$

oder aus Spalte 7: $1,3\,(1,33 \cdot 25 + 3,4)$ . . . . . . $= 48$ „

Das Mittel aus Spalte 8 und 9 gibt 49 Pf. und kann auch nur angenähert zutreffen, da die Werte von $q = 1,1$ bzw. 1,5 sind.

Für die Grenzwerte gelten wie vor die Koeffizienten 0,7 und 1,5.

β) Kippwagentransport mit Menschenbetrieb auf Schmalspurgleis.

Die Leistungen.

Ein Muldenkippwagen aus Eisenblech oder Stahlblech für 500 oder 600 mm Gleisspurweite mit Laderaum $Q = \frac{1}{2}$ bis 1,0 cbm, im Mittel $Q = \frac{3}{4}$ cbm, wird von 2 Arbeitern bedient, die auch das Laden besorgen. Da das Laden bei der Gewinnung berechnet wurde, kommt hier an Aufenthalt nur der für das Vorrichten zum Abfahren an den Endstellen und für das Ausladen (Auskippen) in Betracht, wofür 5—7 Minuten, im Mittel $z = 6$ Minuten gesetzt werden. Lösen und Laden ist für sich zu berechnen. Der Wagen wird mit einer durchschnittlichen Geschwindigkeit von $v = 54$ bis 72 m in der Minute, im Mittel von $v = 60$ m in der Minute geschoben.

Die Zeitdauer t in Minuten für eine Hin= und Rückfahrt beträgt demnach auf x Meter Transportweite $\frac{2x}{72} + 5$, kürzeste Dauer, bis $\frac{2x}{54} + 7$, längste Dauer, im Mittel $\left(\frac{2x}{60} + 6\right)$ Minuten; die Anzahl der Doppelfahrten in der Stunde $n = \frac{2160}{x + 180}$, größte, bis $\frac{1620}{x + 189}$, kleinste, im Mittel $\frac{1800}{x + 180}$, und die stündliche Laderaumleistung eines Kippwagens $L_{cbm} = 1{,}0 \cdot \frac{2160}{x + 180} = \frac{2160}{x + 180}$, größte, bis $0{,}5 \cdot \frac{1620}{x + 189} = \frac{810}{x + 189}$, kleinste, im Mittel $\frac{3}{4} \cdot \frac{1800}{x + 180} = \frac{1350}{x + 180}$.

Für Bodenart mit dem Ladekoeffizienten q ist die stündliche Leistung je Kippwagen an gewachsenem Boden $L_{q_{cbm}} = \frac{1}{q} L_{cbm}$.

Die Kosten für 1 cbm gewachsenen Boden.

Kosten an Arbeitslohn k_a.

Da für jeden Kippwagen 2 Mann erforderlich sind, betragen die Kosten

$$2 st_e \frac{x + 180}{2160} q = st_e \frac{x + 180}{1080} q, \text{ kleinste,}$$

$$\text{bis } 2 st_e \frac{x + 189}{810} q = st_e \frac{x + 189}{405} q, \text{ größte,}$$

$$\text{im Mittel } 2 st_e \frac{x + 180}{1350} q = st_e \frac{q + 180}{675} q, \text{ oder}$$

auf Stationslängen von je 100 m bezogen, $x = 100\,l$, wird $k_a = st_e \cdot q\,(0{,}17 + 0{,}093\,l)$ kleinste, bis $st_e \cdot q\,(0{,}47 + 0{,}25\,l)$ größte, im Mittel $st_e \cdot q\,(0{,}27 + 0{,}15\,l)$.

Die Kosten schwanken nicht nur nach der Betriebsanlage (Kippwagengröße Q, Transportgeschwindigkeit v und Aufenthalt z vom 0,6fachen bis 1,7fachen der für die Mittelwerte $Q = \frac{1}{4}$ cbm, $v = 54$ m, $z = 6$ Minuten berechneten), sondern auch nach dem Arbeitslohn und dem Bodenmaterial so, daß der kleinste Wert bei Stundenlohn $st_e = 20$ Pf. und Bodenmaterial, Sand, Kies, $q = 1{,}1$, auf $k_{a_{Min}} = (3{,}7 + 2{,}0\,l)$ Pf. fallen, der größte Wert bei Stundenlohn $st_e = 35$ Pf. und Bodenmaterial, Hackfels, $q = 1{,}5$, auf $k_{a_{Max}} = (25 + 13\,l)$ Pf. steigen kann.

Brauchbaren Anhalt geben auch hier wie bei α) die aus den mittelwertigen Faktoren hergeleiteten Werte und die vorher ermittelten Verhältniszahlen für die Grenzwerte.

Für die Mittelwerte ist $k_a = st_e\,q\,(0{,}27 + 0{,}15\,l)$ in Pfennig für 1 cbm gewach= senen Boden; Verhältniszahlen: untere Grenze $0{,}6\,k_a$, obere Grenze $1{,}7\,k_a$.

Gerätekosten $k u_1$.[1] Muldenkipper.

Ein Muldenkipper aus 2—3 mm Stahlblech kostet etwa 100 M. frei Fabrik, an Miete für das Jahr dagegen 30 M., für Reserve, Transport, Unterhaltung etwa 30%,

1 Angaben der Kauf= und der Mietspreise von Arthur Koppel; Orenstein & Koppel, Berlin SW, 61.

ergibt rd. 40 M. Auf die Arbeitsstunde entfallen demnach $\dfrac{40 \cdot 100}{200 \cdot 10} = 2$ Pf. Auf das Kubikmeter gewachsenen Boden kommen daher im Mittel $ku_1 = q \,(0{,}27 + 0{,}15\,l)$ Pf.

Für die von der Betriebseinrichtung (Karrengröße Q, Transportgeschwindigkeit v und Aufenthalt z) abhängigen Grenzwerte gelten wie vor $0{,}6\,ku_1$ untere Grenze, $1{,}7\,ku_1$ obere Grenze.

Transportbahnkosten ku_2.[1]

Transportables Schmalspurgleis von 500 oder 600 mm Spur aus 60—65 mm hohen Grubenschienen von 5—6 kg Gewicht je Meter auf Stahlschwellen kostet 2,65 bis 2,80 M. das Meter ab Fabrik und Mietspreis für das Jahr 90 Pf. Auf die Miete entfallen daher bei 100% Zuschlag für Unkosten (Transport vom und zum Leihgeschäft, Reparaturen, Ersatz von Schrauben) auf die Arbeitsstunde je Meter rd. $\dfrac{90 + 90}{200 \cdot 10}$ rd. 0,1 Pf.; d. h. auf l_m Gleislänge (l in 100 m) rd. 10 l Pf., also erheblich billiger als Karrbohlen, die mit 30 l Pf. angesetzt sind.

Für gewöhnlich liegt nur 1 Gleis, wobei jedoch am Einschnitt zur Aufstellung der Züge, die abwechselnd fahren, 2 Gleisstränge durch eine einfache Weiche verbunden sind.

Ein Muldenkippwagen mit 1 cbm Inhalt hat mit Bremse zwischen den Buffern etwa 2,6 m Länge, für 20 Wagen muß daher der zweite Strang eine Länge von 60 m plus 15 m für den Weichenstrang, zusammen von 75 m, haben. Da eine zugehörige Weiche etwa 70 M. kostet bzw. 20 M. Miete für das Jahr, können für sie etwa 25 m Gleis gerechnet werden, zusammen also $(x + 100)\,_m$ oder $(l + 1)_{100\,m}$.

Das Gleis wird aber von 20 Wagen zugleich benutzt, es kommen daher auf die Arbeitsstunde jedes der 20 Wagen an Gleiskosten für l_m Transportlänge $\dfrac{10}{20}\,(l + 1)$ Pf. $= 0{,}5\,(l + 1)$ Pf.

Auf das Kubikmeter von einem Wagen transportierten gewachsenen Bodens kommen daher im Mittel $k_{g_2} = (l + 1)\,q \cdot (0{,}135 + 0{,}075\,l)$ in Pfennig.

Für die von der Betriebseinrichtung abhängigen Grenzwerte gelten wie vor $0{,}6\,ku_2$, untere Grenze, $1{,}7\,ku_2$ obere Grenze.

Die Gesamttransportkosten für 1 cbm gewachsenen Boden unter mittleren Verhältnissen (s. Tabelle 7).

$$k = k_a + ku_1 + ku_2,$$
$$k = (0{,}27 + 0{,}15\,l)\,q\,st_e + (0{,}27 + 0{,}15\,l)\,(2{,}5 + 0{,}5\,l)\,q \text{ Pf.},$$

mit den Grenzwerten $0{,}6\,k$ und $1{,}7\,k$.

Tabelle 7.

Kosten des Kippwagentransports mit Menschenbetrieb auf horizontalem Schmalspurgleis. Für 1 cbm gewachsenen Boden unter mittleren Verhältnissen, nämlich: Im Zug 20 Wagen von ¾ cbm Inhalt, die von je 2 Mann mit 60 m in der Minute, bei 5 Minuten Aufenthalt in jeder Doppelfahrt, geschoben werden.

Kippwagen und Gleis sind als gegen Miete geliehen angenommen.

1 Aktiengesellschaft für Feld- und Kleinbahnenbedarf, vorm. Orenstein & Koppel, Berlin SW, 61.

Transport- weite		Arbeits- lohn	Kipp- wagen-	Gleis-	zuſammen (Spalte 4+5)	Geſamtkoſten (Spalte 3+6)	Bei Stunden- lohn st₀ von		Bemerkungen
							20 Pf.	30 Pf.	
				koſten			für		
		kₐ	ku₁	Ku₂	ku = ku₁+ku₂	k = kₐ+ku	Sand	Hackfels	
x	l						q=1,1	q=1,5	
m	100 m	q st₀	qPf.	qPf.	qPf.	qPf.	Pf.	Pf.	
1	2	3	4	5	6	7	8	9	10
50	0,5	0,35	0,35	0,26	0,61	0,35 st₀ + 0,6	9	16	
100	1,0	0,42	0,42	0,42	0,84	0,42 st₀ + 0,8	10	20	
150	1,5	0,50	0,50	0,63	1,13	0,50 st₀ + 1,1	12	24	
200	2,0	0,58	0,58	0,86	1,44	0,58 st₀ + 1,4	14	29	
250	2,5	0,66	0,66	1,09	1,75	0,66 st₀ + 1,8	17	33	
300	3,0	0,72	0,72	1,44	2,16	0,72 st₀ + 2,2	19	36	
350	3,5	0,80	0,80	1,80	2,60	0,80 st₀ + 2,6	21	40	
400	4,0	0,87	0,87	2,17	3,04	0,87 st₀ + 3,0	23	44	
450	4,5	0,95	0,95	2,61	3,56	0,95 st₀ + 3,6	25	48	
500	5,0	1,02	1,02	3,06	4,08	1,02 st₀ + 4,1	28	52	
550	5,5	1,10	1,10	3,58	4,68	1,10 st₀ + 4,7	30	57	
600	6,0	1,17	1,17	4,09	5,26	1,17 st₀ + 5,3	32	60	
650	6,5	1,25	1,25	4,67	5,92	1,25 st₀ + 5,9	34	64	
700	7,0	1,32	1,32	5,28	6,60	1,32 st₀ + 6,6	36	69	
750	7,5	1,40	1,40	5,90	7,30	1,40 st₀ + 7,3	38	74	
800	8,0	1,47	1,47	6,61	8,08	1,47 st₀ + 8,1	42	78	
850	8,5	1,54	1,54	7,35	8,89	1,54 st₀ + 8,9	44	83	
900	9,0	1,62	1,62	8,10	9,72	1,62 st₀ + 9,7	46	87	
950	9,5	1,70	1,70	8,91	10,61	1,70 st₀ + 10,6	50	93	
1000	10,0	1,77	1,77	9,73	11,50	1,77 st₀ + 11,5	52	98	

γ) **Kippwagentransport mit Lokomotivbetrieb auf Schmalſpurgleis.**

Die Leiſtungen.

Die folgenden Ermittelungen beziehen ſich auf die Transporte:

a) einerſeits mit Muldenkippwagen von 1 cbm Inhalt, die in Zügen von 15 Wagen mit Tenderlokomotiven von 20 PS, etwa 90 t Zugleiſtung, auf Gleis von 600 mm oder 750 mm Spurweite mit 120 m in der Minute gefahren werden, und

b) andererſeits mit Holzkaſten-Kippwagen von 2 cbm Inhalt, die in Zügen von 20 Wagen mit Tenderlokomotiven von 50 PS, etwa 220 t Zugleiſtung, auf Gleis von 900 mm Spurweite mit 240 m in der Minute gefahren werden.

Das Löſen und Laden des Bodens kommt hier nicht in Anſatz, da es von beſonderen Arbeitern ausgeführt wird.

Für Aufenthalt auf jeder Hin- und Rückfahrt werden 15 Minuten eingeſetzt.

Die Zeitdauer für eine Hin- und Rückfahrt beträgt demnach auf x Meter Transport- weite:

a) längſte Dauer $\left(\dfrac{2x}{120} + 15\right)$ Minuten,

b) kürzeſte Dauer $\left(\dfrac{2x}{240} + 15\right)$ „

die Anzahl der Doppelfahrten in der Stunde:

a) $n = \dfrac{3600}{x + 900}$,

b) $n = \dfrac{7200}{x + 1800}$,

und die stündliche Laderaumleistung eines Kippwagens:

$$a)\quad L_{cbm} = 1,0 \cdot \frac{3600}{x+900} = \frac{3600}{x+900}\,,$$

$$b)\quad L_{cbm} = 2,0 \cdot \frac{7200}{x+1800} = \frac{14\,400}{x+1800}\,.$$

Für Bodenart mit dem Ladekoeffizienten q ist die stündliche Leistung je Kipp= wagen an gewachsenem Boden: $L_{q_{cbm}} = \frac{1}{q} L_{cbm}$:

Da in jedem Zuge 15 bzw. 20 Wagen gefahren werden, kommen auf 1 Stunde Arbeitszeit:

$$a)\quad 15 \cdot \frac{3600}{x+900} \cdot \frac{1}{q} = \frac{54\,000}{x+900} \cdot \frac{1}{q}\ cbm\,,$$

$$b)\quad 20 \cdot \frac{14\,400}{x+1800} \cdot \frac{1}{q} = \frac{288\,000}{x+1800} \cdot \frac{1}{q}\ cbm\,.$$

Die Kosten für 1 cbm gewachsenen Boden, k_z in Stundenkosten st_z.

a) $k_z = \dfrac{x+900}{54\,000}\, q\, st_z$ bzw. auf Stationslängen von je 100 m bezogen, $x = 100\,l$,

$k_z = \dfrac{l+9}{540}\, q\, st_z$,

b) $k_z = \dfrac{x+1800}{288\,000}\, q\, st_z$, bzw. $k_z = \dfrac{l+18}{2880}\, q\, st_z$.

Die Stundenkosten st_z für 1 cbm setzen sich zusammen aus den Stundenkosten für den Lokomotivbetrieb st_l (Zugkosten), den Stundenkosten für die Kippwagen k_{u_1}, den Stundenkosten für das Transportgleis k_{u_2}.

Die Stundenkosten für Lokomotivbetrieb st_l.[1]

Eine Lokomotive von 20 PS kostet ab Fabrik 6300 M., bzw. 1800 M. Miete im Jahr, eine solche von 50 PS dagegen 8600 M. bei 2250 M. Miete; dabei besorgt die Fabrik die etwa alle 5 Jahre erforderlich werdende große Reparatur, die etwa ein Drittel des Anlagekapitals kostet, während die Hin= und die Rückfracht der Mieter trägt.

Eine Lokomotive hat im Baubetriebe etwa 10 Lebensjahre; es sind demnach auf das Jahr abzuschreiben bei 4% (nach der Amortisationsberechnung) 8¼%

für Verzinsung noch . . . . 5 %

Für große Reparatur an Amortisation bei ein Drittel Wert des Anlage=

kapitals $\dfrac{8\frac{1}{4}}{3}$ rd. 2¾%

Zinsen noch $\dfrac{2\frac{1}{2}\%}{3}$ rd. 1 %
                                                        ————
Zusammen 17%

Die Miete beträgt vom Anlagekapital rd. 28%
                                                        ————
d. h. die Miete kostet mehr etwa 11%

Die folgende Kostenberechnung ist aufgestellt für gemietete Lokomotiven; wenn eigene Lokomotiven benutzt werden, kann die Ersparnis aus Vorstehendem geschätzt werden.

---
1 Orenstein & Koppel; Arthur Koppel, Berlin SW. 61.

200 Arbeitstage im Jahr bzw. in 9 Monaten, d. h. im Monat. 22 Arbeitstage zu 10 Arbeitsstunden. (Kosten in Mark.)

Gegenstand	Ansatz	Jahr bzw. Monat	je Tag im Einzelnen	je Tag im Ganzen	Ansatz	Jahr bzw. Monat	je Tag im Einzelnen	je Tag im Ganzen
		Kleine Lokomotive 20 PS			Größere Lokomotive 50 PS			
Miete, wobei die große Reparatur von der vermietenden Firma besorgt wird rd. 28% vom Kaufpreis . .	$\frac{6300 \cdot 28}{100}$	1800	9,00		$\frac{8600 \cdot 28}{100}$	2400	12,00	
Unterstand und Wasserstation .			1,50				2,00	
				10,50				14,00
1 Lokomotivführer		180						
1 „ heizer	$\frac{300}{22}$	$\frac{120}{300}$						
			13,50	13,50			13,50	13,50
Wasserpumpen				1,00				2,00
Schmier- und Putzmaterial .				3,00				4,00
Kleine Reparaturen				1,00				1,50
Zusammen für 1 Arbeitstag				29,00				35,00

Diese von der Fahrtleistung unabhängigen Kosten betragen für die Arbeitsstunde:

bei der kleinen Lokomotive . . . . $\frac{29}{10} = 2,9$ M.

„   „   größeren   „   . . . . $\frac{35}{10} = 3,5$ „

Hierzu kommen die von der Fahrtleistung abhängigen Kosten für Dampf. Beim Kohlenverbrauch ist Fahrt mit Last (Vollfahrt) einschl. Verschieben und Fahrt ohne Last (Leerfahrt) einschl. Haltezeit zu unterscheiden.

Man kann rechnen für die Vollfahrt 4 kg Kohlenverbrauch auf die PS=Stunde, auf die Leerfahrt 1½ kg Kohlenverbrauch auf die PS=Stunde, was bei 1,30 M. für 50 kg Kohle entsprechen würde rd. 10 Pf. für die PS=Stunde Vollfahrt bzw. 4 Pf. für die PS=Stunde Leerfahrt; im besonderen für die kleine Lokomotive 2,00 bzw. 0,80 M., für die größere Lokomotive 5,00 bzw. 2,00 M.

Diese Stundenkosten verteilen sich auf Vollfahrt und Leerfahrt folgendermaßen: Bei n Doppelfahrten in der Stunde kommen auf die Vollfahrt $n\,x_m$ Weg, auf die Leerfahrt $n\,x_m$ Weg, mit je $\frac{n\,x}{v}$ Minuten Fahrzeit. Wenn von den 15 Minuten Aufenthalt auf Verschieben 10 Minuten und auf Halten 5 Minuten entfallen, sind in der Stunde auf Vollfahrt $n\left(\frac{x}{v} + 10\right)$ Minuten, auf Leerfahrt $n\left(\frac{x}{v} + 5\right)$ Minuten zu rechnen, oder auf die Vollfahrt $\frac{x + 10\,v}{2\,x + 15\,v}$ Stunde, auf die Leerfahrt $\frac{x + 5\,v}{2\,x + 15\,v}$ Stunde.

An Kohlenkosten in der Stunde, Vollfahrt und Rückfahrt zusammen: $v = 120$, bzw. 240; für die kleine Lokomotive $\frac{1,4\,x + 1440}{x + 900}$ M., für die größere Lokomotive $\frac{3,5\,x + 7209}{x + 1800}$ M.

Unter Zuschlag der vorher berechneten 2,90 M. bzw. 3,50 M. kostet der Lokomotivbetrieb für 1 cbm gewachsenen Boden:

$$\text{zu a)} \quad st_l = q \cdot \frac{4,3\,l + 40,5}{540} \text{ M. rd. } q\,(7,5 + 0,8\,l) \text{ Pf.,}$$

$$\text{zu b)} \quad st_l = q \cdot \frac{7,0\,l + 135}{2880} \text{ M. rd. } q\,(4,65 + 0,25\,l) \text{ Pf.}$$

Der Vorteil liegt hier ganz bedeutend für die stärkere Lokomotive, denn z. B. bei 2 km Transportweite betragen st_l bei a) 24 Pf., bei b) 10 Pf., bei 5 km bei a) 48 Pf., bei b) 17 Pf.

Gerätekosten,[1] Kosten der Kippwagen einschließlich der Kosten für die Arbeiter auf der Kippe. k_{u_1}.

Die Kosten der Kippwagen bis 1 cbm Inhalt betragen nach vorher 2 Pf. für die Arbeitsstunde, wie zu k_{u_1} bei β.

Ein Holzkastenkippwagen von 2 cbm Inhalt kostet 445 M. ab Fabrik bzw. 105 M. Miete im Jahr, d. h. etwa dreimal soviel wie ein Muldenkipper, d. h. etwa 6 Pf. für die Arbeitsstunde.

Auf der Kippe sind für je 4 Wagen 2 Mann erforderlich, d. h. je Wagen 0,5 st_e. Auf einen Zug kommen in der Stunde

$$\text{bei a)} \quad 15 \text{ Wagen im Zuge: } 30 \text{ Pf.} + 7,5\,st_e = 15\cdot 2 \text{ Pf.} + \frac{15}{2}\,st_e,$$

$$\text{bei b)} \quad 20 \text{ Wagen im Zuge: } 40 \text{ Pf.} + 10\,st_e = 20\cdot 2 \text{ Pf.} + \frac{20}{2}\,st_e.$$

Auf 1 cbm gewachsenen Boden kommen:

$$\text{a)} \quad q\,\frac{(30 + 7,5\,st_e)\,(l + 9)}{540} \text{ Pf.} = q\,(0,056 + 0,014\,st_e)\,(l + 9) \text{ Pf.}$$

$$\text{b)} \quad q\,\frac{(40 + 10\,st_e)\,(l + 18)}{2880} \text{ Pf.} = q\,(0,014 + 0,0035\,st_e)\,(l + 18) \text{ Pf.}$$

Z. B. bei $st_e = 25$ Pf.:

$$\text{Für } l = 10; \ x = 1000 \text{ m}; \quad \text{a) } 7,7 \text{ q\,Pf.;} \quad \text{b) } 2,8 \text{ q\,Pf.}$$
$$\text{Für } l = 50; \ x = 5000 \text{ m}; \quad \text{a) } 24,0 \text{ q\,Pf.;} \quad \text{b) } 7 \quad \text{q\,Pf.}$$

Transportbahnkosten. k_{u_2}:

Die Kosten des Transportgleises werden, wie vorher, durch die jeweilige Transportlänge, außerdem aber durch das Lokomotivgewicht zum Ausdruck gebracht, während beim Transport mit Menschenbetrieb nur das Gewicht der Kippwagen die Gleisstärke bestimmt.

Die kleine Tenderlokomotive von 20 PS hat bei etwa 4,5 t Dienstgewicht rd. 1,2 t Raddruck, die größere von 50 t Dienstgewicht bei etwa 10 t Dienstgewicht rd. 2,5 t Raddruck.

Erforderlich ist:

zu a) Schiene von 70 mm Höhe und 10 kg Gewicht/Meter, $W = 24$ cm³, in Gleisrahmen von 7 m Länge mit 8 Holzschwellen von 12 cm Stärke und 1,2 m Länge bei 75 cm Spurweite, Schwellenteilung 110 cm;

---

[1] Orenstein & Koppel, Arthur Koppel, Berlin SW, 61.

zu b) Schiene von 80 mm Höhe und 12 kg Gewicht/Meter, $W = 33$ cm³, in Gleisrahmen von 7 m Länge mit 10 Holzschwellen von 15 cm Stärke und 1,5 m Länge bei 90 cm Spurweite, Schwellenteilung 73 cm.

Die Schienen einschließlich der Nägel können auch entliehen werden. Bei Kaufpreis von

a) 3,10 M./Meter beträgt die jährliche Leihgebühr 80 Pf. bzw.
b) 3,75 M./Meter „   „   „   „   90 „ .

An Bolzen, die in einem Jahre wegen Verlust ersetzt werden müssen, und für Ersatz der Nägel kommen noch 2—3 Pf. für das Meter in Ansatz.

Die Schwellen kosten bei einjähriger Dauer zu a) 40 Pf. das Stück, zu b) 70 Pf. das Stück, mit Anfuhr je Meter Gleis zu a) 60 Pf., zu b) 110 Pf.

Die jährlichen Gleiskosten stellen sich demnach je Meter Gleis:

	zu a)	zu b)
für Gleisschienen auf	80 Pf.	90 Pf.
Zuschlag für Anfuhr, Bolzen u. a. auf . .	80 „	90 „
Holzschwellen auf	60 „	110 „
zusammen auf	220 Pf.	290 Pf.

Auf die Arbeitsstunde:

$$\text{a) } \frac{220}{200 \cdot 10} \text{ rd. 0,11 Pf.,} \qquad \text{b) } \frac{290}{200 \cdot 10} \text{ rd. 0,15 Pf.,}$$

gegen 0,1 Pf. bei Betrieb mit Menschen.

Auf Stationslängen l bezogen:

a) 11 lPf.,   b) 15 lPf.

Für Nebengleis, Weiche und Weichensteller werden zusammen 400 m in Ansatz gebracht, so daß Gleislänge $(l + 4)_{100\,m}$.

Da in der Zugstunde bei a) $\dfrac{54\,000}{x + 900} \cdot \dfrac{1}{q}$ cbm, bei b) $\dfrac{288\,000}{x + 1800} \cdot \dfrac{1}{q}$ cbm transportiert werden können, betragen die Gleiskosten für das Kubikmeter gewachsenen Boden:

bei a) $q\,(l + 4)\,(0,018 + 0,002\,l)$ Pf.,
bei b) $q\,(l + 4)\,(0,0062 + 0,00035\,l)$ Pf.

Die Gesamtkosten für 1 cbm gewachsenen Boden demnach:

bei a) $k = q\,\{\underset{\text{Zugkosten}}{7,5 + 0,8\,l} + \underset{\text{Wagenkosten}}{(0,056 + 0,014\,st_e)\,(l + 9)} + \underset{\text{Gleiskosten}}{(0,019 + 0,002\,l)\,(l + 4)}\}$ Pf.

bei b) $k = q\,\{\underset{\text{Zugkosten}}{4,65 + 0,25\,l} + \underset{\text{Wagenkosten}}{(0,014 + 0,0035\,st_e)\,(l + 18)} + \underset{\text{Gleiskosten}}{(0,0062 + 0,00035\,l)}$
$(l + 4)\}$ Pf.

Zur Vereinfachung der Ausdrücke wird der Stundenlohn st_e mit 30 Pf. eingesetzt und erhalten:

bei a) $k = q\,\{\underset{\text{Zugkosten}}{7,5 + 0,8\,l} + \underset{\text{Wagen- u. Kippkosten}}{4,28 + 0,48\,l} + \underset{\text{Gleiskosten}}{(0,019 + 0,002\,l)\,(l + 4)}\}$ Pf.

bei b) $k = q\,\{\underset{\text{Zugkosten}}{4,65 + 0,25\,l} + \underset{\text{Wagen- u. Kippkosten}}{2,14 + 0,12\,l} + \underset{\text{Gleiskosten}}{(0,0062 + 0,00035\,l)\,(l + 4)}\}$ Pf.

27*

Tabelle 8.

Koſten des Kippwagentransports mit Lokomotivbetrieb auf horizontalem Schmal=
ſpurgleis für 1 cbm gewachſenem Boden. $st_e = 30$ Pf.

a) Im Zug 15 Wagen von 1 cbm Inhalt, die von 20 PS=Lokomotive mit 120 m
in der Minute und 15 Minuten Aufenthalt je Hin= und Rückfahrt auf 60 oder 75 cm
Gleis auf Holzſchwellen gefahren werden.

b) Im Zug 20 Wagen von 2 cbm Inhalt, die von 50 PS=Lokomotive mit 240 m
in der Minute und 15 Minuten Aufenthalt je Hin= und Rückfahrt auf 90 cm Gleis auf
Holzſchwellen gefahren werden.

Transport= weite		Zugkoſten k_z		Wagenkoſten k_{u_1}		Gleiskoſten k_{u_2}		Zuſammen Spalte 4 + 5 $k_u = k_{u_1} + k_{u_2}$		Geſamtkoſten Spalte 3 + 6 $k = k_z + k_u$	
x	l	a	b	a	b	a	b	a	b	a	b
m	100 m	qPf.	qPf.	qPf.	qPf.	qPf.	qPf.	qPf.	qPf.	qPf.	qPf.
1	2	3		4		5		6		7	
300	3	9,9	5,4	5,7	2,5	0,2	—	5,9	2,5	16	8
400	4	10,7	5,7	6,2	2,6	0,2	—	6,4	2,6	17	8
500	5	11,5	5,9	6,7	2,7	0,3	—	7,0	2,7	19	9
600	6	12,3	6,2	7,2	2,8	0,3	—	7,5	2,8	20	9
700	7	13,1	6,5	7,6	3,0	0,4	—	8,0	3,0	21	10
800	8	13,9	6,7	8,1	3,1	0,4	—	8,5	3,1	22	10
900	9	14,7	7,0	8,6	3,2	0,5	—	9,1	3,2	24	10
1 000	10	15,5	7,2	9,1	3,3	0,5	0,1	9,6	3,4	25	10
1 100	11	16,3	7,5	9,6	3,4	0,6	0,1	10,2	3,5	27	11
1 200	12	17,1	7,7	10,1	3,5	0,6	0,1	10,7	3,6	28	11
1 300	13	17,9	8,0	10,6	3,6	0,7	0,1	11,3	3,7	29	12
1 400	14	18,7	8,2	11,1	3,7	0,8	0,1	11,9	3,8	31	12
1 500	15	19,5	8,5	11,5	3,8	0,9	0,2	12,4	4,0	32	13
1 600	16	20,3	8,7	12,0	4,0	1,0	0,2	13,0	4,2	33	13
1 700	17	21,1	9,0	12,5	4,1	1,1	0,2	13,6	4,3	35	13
1 800	18	21,9	9,2	13,0	4,3	1,2	0,3	14,2	4,6	36	14
1 900	19	22,7	9,5	13,5	4,4	1,3	0,3	14,8	4,7	38	14
2 000	20	23,5	9,7	13,9	4,5	1,4	0,3	15,3	4,8	39	14
2 200	22	25,1	10,2	14,9	4,8	1,6	0,3	16,5	5,1	42	15
2 400	24	26,7	10,7	15,8	5,0	1,8	0,4	17,6	5,4	44	16
2 600	26	28,3	11,2	16,8	5,3	2,1	0,4	18,9	5,7	47	17
2 800	28	29,9	11,7	17,7	5,5	2,4	0,5	20,1	6,0	50	18
3 000	30	31,5	12,2	18,7	5,7	2,7	0,6	21,4	6,3	53	19
3 500	35	35,5	13,5	21,1	6,3	3,4	0,7	24,5	7,0	60	20
4 000	40	39,5	14,7	23,5	6,9	4,3	0,9	27,8	7,8	67	23
4 500	45	43,5	15,9	25,9	7,5	5,3	1,1	31,2	8,7	75	25
5 000	50	47,5	17,2	28,3	8,1	6,4	1,3	34,7	9,4	82	27
5 500	55	51,5	18,4	30,7	8,7	7,5	1,5	38,2	10,2	90	29
6 000	60	55,5	19,7	33,1	9,3	8,8	1,7	41,9	11,0	97	31
6 500	65	59,5	20,9	35,5	9,9	10,2	2,0	45,7	11,9	105	33
7 000	70	63,5	22,2	37,9	10,5	11,7	2,3	49,6	12,8	113	35
7 500	75	67,5	23,4	40,3	11,1	13,3	2,6	53,6	13,7	121	37
8 000	80	71,5	24,7	42,7	11,7	15,0	2,9	57,7	14,6	129	39
8 500	85	75,5	25,9	45,1	12,3	16,7	3,2	61,8	15,5	137	41
9 000	90	79,5	27,2	47,5	12,9	18,6	3,5	66,1	16,4	146	44
9 500	95	83,5	28,4	49,9	13,5	20,6	3,9	70,5	17,4	154	46
10 000	100	87,5	29,7	52,3	14,1	22,7	4,3	75,0	18,4	163	48

2. Kostenzuschläge für Steigung und für Fall der Transportbahn.

Für jede Transportart gibt es eine größtmögliche und eine für die Kosten günstigste Neigung, sowohl in der Steigung als auch im Gefälle der Transportbahn.

Diese Zuschläge können durch die direkte Kostenformel oder durch solche Formeln zum Ausdruck gebracht werden, mittels deren die Stärke und die Länge der Steigung auf eine gleichwertige Vergrößerung der horizontalen Transportlänge reduziert wird.

Die direkten Kostenformeln sind auf bestimmte Lohnsätze und Nebenkosten und auf eine bestimmte Bodenart zugeschnitten.

Besser, weil allgemein gültig, sind die Formeln für die Reduktion der Höhenunterschiede h_0 auf Längenzuschläge.

Aus dem Höhenunterschied h_0 der Schwerpunkte von Abtrag und Auftrag:

Transportart	Zuschlag in Metern zur Transportlänge	
	bei Hebung	bei Fall
Schubkarren	$50\ h_0$	$12\ h_0$
Kippwagen auf Gleis mit Menschen . .	$200\ h_0$	$50—60\ h_0$
desgl. mit Lokomotiven	—	—

Aus der Steigung der Transportbahn:

Transportart	Zuschlag in Metern zur Transportlänge	
	bei Hebung	bei Fall
Schubkarren auf Gleis	$13 + 325\ s$	$9 + 106\ s$
Kippwagen mit Menschen	$80 + 3870\ s$	
desgl. mit Lokomotive	—	—

s als wahrer Bruch z. B. $\dfrac{1}{100}$.

3. Wahl der Förderart.

Jede Förderart ist nach den jeweiligen Lohnsätzen bzw. Maschinenkosten und Geräte, sowie Gleiskosten für gewisse Förderweiten die günstigste, so der Schubkarrentransport für die kurzen Entfernungen, wie für das „Verbauen in der Station", der Lokomotiv= transport für Entfernungen über ungefähr 500 m.

4. Preistafeln.

Die Zusammenstellung der für die verschiedenen Transportlängen günstigsten Transportarten, ausgedrückt durch die zugehörigen Transportpreise, ergibt die Preis= tafeln, die nach den grundlegenden Sätzen für Tagelöhne, Maschinenkosten, Geräte= und Gleiskosten verschieden sind.

c. Einbauen des Bodens.

Das Schütten in den Auftrag ist in den Transport des Bodens einbegriffen.

Das Stampfen des Bodens erfordert bei gewöhnlichen Erddämmen, wenn das Material in dünnen Schichten bis zu 0,5 m eingebracht wird, für 1 cbm $1\frac{1}{4}$ st_e.

Eine Lehm= oder Lettenstampfung über Gewölben, wenn der Lehm oder Letten vorher eingesumpft und dann in dünnen Schichten von etwa 10 cm Dicke aufgetragen wird, erfordert:

a) für das Einsumpfen für 1 cbm rd. . . . . 3 st_e

b) „ „ Stampfen „ 1 „ rd. . . . . 6 st_e

für das Kubikmeter zusammen rd. . . . . 9 st_e

Einebnen der Auf= und Abträge nach einnivellierten Höhenpfählen, wenn die Abgrabungen die Dicke von 30 cm nicht überschreiten und die Vertiefungen mit den abgegrabenen Materialien zugefüllt werden, kostet für 1 qm:

1. bei Sand und Kies . . . . 0,2 st$_e$;
2. bei leichtem Lehmboden . . . . 0,3 st$_e$;
3. bei Ton und strengem Lehm . . . . 0,4 st$_e$.

d) Rodungen.

1. In Eichen= und Buchenhochwald für 1 a . . . . 40 st$_e$,
2. „ Nadelholzhochwald „ 1 „ . . . . 30 st$_e$,
3. „ Niederwald „ 1 „ . . . . 20 st$_e$.

e) Terrassierungen.

Hänge mit steilerer Böschung als 1 : 3 sind mit terassenförmigen Einschnitten zum Aufsetzen der Anschüttung zu versehen.

1. In Sand und Lehm für 1 cbm Abtrag . . . . 1 st$_e$,
2. „ festem oder steinigem Lehm für 1 cbm Abtrag . . . . 2 st$_e$,
3. „ Gerölle für 1 cbm Abtrag . . . . 3 st$_e$,
4. „ losem oder verwittertem Fels (Hackboden) für 1 cbm Abtrag . . . 4—5 st$_e$,
5. „ Hackfels für 1 cbm Abtrag . . . . 6—7 st$_e$.

f) Aussetzen von Steinen, Sand und Kies.

1. In Abträgen gewonnene Steine, die sich zu Straßenbaumaterial, zu Gleis= bettungsmaterial oder zu Sickerschlitzpackungen eignen, aussetzen und in regelmäßige Haufen aufschichten, als Zuschlag zum Gewinnungspreis, für 1 cbm . . . . 1,5 st$_e$,
2. Steine, die sich zum Mauerwerk eignen, i. M. wie vor . . . . . . 2,5 st$_e$,
3. Sand und Kies, i. M. wie vor . . . . 1 st$_e$.

III. Kosten der Böschungs= und Uferbefestigungsarbeiten[1]).

Stundenlohn des Maurers st$_m$; von 35 Pf. bis 80 Pf.

„ „ Handlangers st; von 25 Pf. bis 65 Pf.

„ „ Erdarbeiters st$_e$ von 20 Pf. bis 40 Pf.

„ „ Pflasterers st$_{pf}$ von 20 Pf. bis 40 Pf.

1. **Humus abheben,** denselben in Schubkarren, Kippkarren oder Wagen laden (wenn solches mit einem Schaufelwurfe geschehen kann) oder 3 m weit werfen, kostet für 1 cbm (im Einschnitt gemessen) = $^2/_3$ st$_e$.

2. **Humus andecken.** — Das Andecken der abgehobenen und in Haufen abgelagerten Ackererde an die Böschungen der Auf= und Abträge erfordert:

a) bei Abträgen, bei welchen der Humus oben am Böschungsrande abgelagert ist und daher nur mittels Schaufel hinuntergeworfen zu werden braucht, für 1 cbm $^2/_3$ st$_e$;

---

[1]) Siehe auch die Angaben im Abschnitt VI, 11, Eisenbahnbauten.

b) bei Aufträgen — bei welchen die Ackererde in der Regel unten am Böschungs=
fuße liegt und nun von dort aus durch ein= oder mehrmaligen Wurf (terrassen=
förmig) über die ganze Böschungsfläche verteilt werden muß — eine erheblich
größere Arbeitszeit. Es ist hierbei die Errichtung von leichten Bühnen, welche
jeweils in Entfernungen von $1^2/_3$ m senkrechter Höhe übereinander errichtet
und wieder versetzt werden, und welche aus 2 oder 3 nebeneinander gelegten
Dielen oder Bohlen bestehen, die ihre Auflagerung auf horizontal in die Böschung
geschlagenen Pfählen erhalten, ins Auge gefaßt. Je nach der Höhe der Böschung
sind nun die Kosten des Andeckens verschieden. Bei einer 1½fachen Böschung
ist die schräge Entfernung der Bühnen rund 3 m.

Eine Bühne ist 5 m lang, und es kann von ihr aus etwa auf 10 m horizon=
taler Entfernung der Humus an die Böschung geworfen werden. Die von der
Bühne anzudeckende Fläche beträgt somit $10 \cdot 3 = 30$ qm.

Bedeutet H die Gesamtböschungshöhe (schräg gemessen), so sind die Kosten
des Andeckens für 1 cbm Humus rd. $0,2 (H + 3) \cdot st_e$.

3. B. bei einer Höhe der Dammböschung (schräg gemessen)

bis   3 m betragen die Kosten für 1 cbm bei $st_e = 20$ Pf. . . . . $= 0,24$ M.
„   6 m „ „ „ „ 1 cbm . . . . $= 0,36$ „
„   9 m „ „ „ „ 1 cbm . . . . $= 0,48$ „
„ 12 m „ „ „ „ 1 cbm . . . . $= 0,60$ „
„ 15 m „ „ „ „ 1 cbm . . . . $= 0,72$ „
„ 18 m „ „ „ „ 1 cbm . . . . $= 0,84$ „
„ 21 m „ „ „ „ 1 cbm . . . . $= 0,96$ „
„ 24 m „ „ „ „ 1 cbm . . . . $= 1,08$ „
„ 27 m „ „ „ „ 1 cbm . . . . $= 1,20$ „
„ 30 m „ „ „ „ 1 cbm . . . . $= 1,32$ „

c) das Einhauen von geneigten Rillen in die Böschungen, um dem Humus Halt
zu gewähren, welche etwa 0,10 m tief sind und in Entfernungen von 1 m an=
gelegt werden, und daher für 1 qm Böschungsfläche nur 1 Längenmeter er=
fordern, kosten für 1 m Rille oder 1 qm Böschung $= 0,1 st_e$.

d) Die Gesamtkosten des Humusandeckens einschließlich Rillen (siehe a + c, bzw.
b + c) sind somit:

1. für Einschnittsböschungen:

von d cm Dicke der Humusschicht für 1 qm der Böschung $\left(\frac{0,67}{100} d + 0,1\right) st_e$;

2. für Dammböschungen: $\left[\frac{d}{100} \cdot 0,2 (H + 3) + 0,1\right] \cdot st_e$.

3. Ansäen der Böschungen. — Das Auflockern der etwa schon festgeregneten Acker=
erde mittels eiserner Rechen (Harken), das Ansäen und nachherige Einrechen der
besäeten Fläche kostet für 1 Ar $= 1,5 st_e$.

Der Bedarf an Samen ist für 1 Ar $= 0,3$ kg. Wird im Durchschnitt der Samen
für 100 kg mit 100 M. bezahlt, so kostet derselbe für 1 Ar $= 0,30$ M. (IV. Abschnitt, XXI.)

Die Gesamtkosten der Böschungsbesamung betragen somit für 1 Ar rd. 0,60 M.

Anmerkung. Ein Zweigespann kann in der Ebene in 1 Tag auf 5 bis 8 Zoll
(13 bis 21 cm) Tiefe pflügen ½ bis ⅓ ha, eggen $1^3/_4$ bis 3 ha. (Menzel u. Len=
gerke, Landw. Kalend.)

4. Rasenstechen. — Das Stechen der Rasentafeln von 25 cm Länge und 25 cm Breite mittels der Stechschaufel kostet für 1 qm = 0,3 st$_e$.

Das Stechen mittels des Schneid=(Stech=)Eisens, (wenn 1 Mann dasselbe führt und eindrückt, und ein zweiter dasselbe an einem Stricke zieht), und das Abheben mittels der Schaufel kostet 1 qm = 0,15 st$_e$.

Das Verführen der Rasen auf 50 m Entfernung mittels der Schubkarre kostet, die Rasentafel zu d cm Dicke angenommen, zusammen für 1 cbm = 3 st$_e$, für 1 qm

$$\text{Rasen} = \frac{3\,d}{100}\ \text{st}_e.$$

Der Bedarf an Rasen richtet sich sehr darnach, wieviel Zeit zwischen Stechen und Verwenden liegt. In Rücksicht auf das Zerbrechen beim Stechen und beim Aufstapeln kann angenommen werden, daß 1 qm Rasenfläche nur 0,8 qm gestochenen Rasen ergibt.

Werden die Rasentafeln etwa innerhalb 3 Monaten nach dem Stechen verwendet, so sind im Durchschnitt 75% des gestochenen Rasens oder 60% der ursprünglichen Rasenfläche noch als Rasen zu verwenden.

Nach Ablauf eines Jahres können nur 50% bzw. 40% in Rechnung gestellt werden. Nach 3 Jahren ist der gestochene Rasen in der Regel als solcher gar nicht mehr, sondern nur noch als Humus zu gebrauchen.

5. Flachrasen andecken. — Behufs Andeckens an die Böschungen werden die Rasen entweder am Fuße der Dammböschung oder am Rande der Einschnittsböschung aufgestapelt und durch 2 Menschen mittels Tragbahren zugeführt, von einem dritten Arbeiter in Verband gelegt und an feuchten Böschungen mit Weidenpflöcken festgenagelt.

Bei senkrechter Höhe von H Meter kostet das Kubikmeter Rasen an die Verwendungsstelle zu bringen rund 0,4 H · st$_e$.

Wird die Rasendicke zu 10 cm vorausgesetzt, so betragen die Kosten des Transportes:

z. B. bei 2,5 m senkrechter Böschungshöhe für 1 cbm = 1,0 st$_e$; für 1 qm = 0,1 st$_e$; für jede weiteren 2,5 m Höhe ist zuzuschlagen: für 1 cbm 1,0 st$_e$, für 1 qm 0,1 st$_e$.

Die beiden Arbeiter, welche den Rasen transportieren, laden denselben auch auf die Tragbahre.

Das Legen der Flachrasen und das Vernageln derselben (für 1 qm 20 Stück Weidennägel) erfordert für 1 qm 0,3 · st$_e$.

Die Gesamtkosten für die Arbeit des Flachrasenandeckens betragen

z. B. bei 2,5 m senkrechter Böschungshöhe und 10 cm Rasenstärke = 0,4 st$_e$

„ 5,0 m „ „ „ 10 cm „ = 0,5 st$_e$

und so fort mit ähnlichem Zuschlag für alle 2,5 m.

6. Kopfrasen befestigen. — Da die Kopfrasen fast nur bei niedrigen Böschungen angewendet werden, so kann für den Transport an die Verwendungsstelle (vorausgesetzt, daß die Rasentafeln am Fuße oder am Rande der Böschung aufgestapelt liegen) 1,5 st$_e$ für 1 cbm Rasen in Ansatz gebracht werden.

Das Verlegen der Tafeln zu Kopfrasen erfordert für 1 cbm = 5 st$_e$ oder bei einer Dicke der Kopfrasenpackung gleich der Länge der Rasentafeln von 25 cm für 1 qm = 1,25 st$_e$.

Die Gesamtkosten des Kopfrasensetzens belaufen sich somit für 1 cbm auf i. M. 6,5 st$_e$; für 1 qm i. M. 1,6 st$_e$, je nach der Böschungshöhe von 2,5 bis 5,0 m.

7. Anpacken von Steinen an die Böschung. — Bei Steindämmen, welche $1\frac{1}{4}$ bis $1\frac{1}{2}$fach geschüttet werden, ist das rohe Anbeugen in der Böschungsflucht erforderlich, um dem von oben nachgeschütteten Material als Schutzdamm gegen das Drüberhinaus= stürzen zu dienen. Bei solchen Dämmen ist das Aufbringen von Humus oder Rasen unnötig, ja zwecklos, und daher ein genaueres und regelmäßigeres Ansetzen der Steine des bessern Aussehens wegen erwünscht. Es werden zu diesem Ansetzen in der Regel Steine von 20 bis 30 cm Stärke gewählt und es kostet diese Arbeit

für 1 cbm . . . . $= 17{,}5\ \text{st}_e$
also bei 20 cm Steinstärke für 1 qm . . . . $=\ 3{,}5\ \text{st}_e$

8. Das Hinterbeugen von Steinen hinter ein Pflaster, eine Trocken= oder Mörtel= mauer, einen Kunstbau usw., welche Arbeit in der Regel darin besteht, die Steine etwas sorgfältiger zusammenzupacken, als es bei dem Aufsetzen der Steine in Haufen (behufs Messung zur Bezahlung) geschieht. Es wird vorausgesetzt, daß die Steine von oben auf die Verwendungsstelle geworfen werden, und daher jegliche Beifuhr, ja jegliches Weiter= in=die=Hand=Nehmen der Steine als zum endgültigen An=die=richtige=Stelle=Bringen nötig ist, entfällt. Die Kosten dieser Arbeit belaufen sich für 1 cbm auf 2 st_e.

9. Der Steinbewurf, als Uferschutzmittel oder als Stütze der Pflasterungen unter Wasser erfordert große Blöcke, welche mittels Brechstangen und Hebebäumen in eine möglichst gute Lage gebracht werden. Die Arbeiter stehen dabei im Wasser und ist der Lohn daher rd. 1,5 st_e.

a) Das Heranschaffen der Steine aus höchstens 10 m Entfernung, das Einwerfen ins Wasser und das Zurechtrücken derselben erfordert für 1 cbm = 8 st_e.

b) Das Ausheben des Schlammes mittels durchlöcherter Gefäßschaufeln, wobei die Arbeiter im Wasser stehen, erfordert für 1 cbm ausgehobener Massen 6 st_e.

c) Bei der Annahme, daß $\frac{1}{3}$ der Steinwurfsmasse unter der Sohle des Gewässers liegt, daß also der dritte Teil des Raumes, welcher von den Steinen eingenommen wird, vorher ausgebaggert werden muß, erfordert der Steinwurf an Arbeitskosten für 1 cbm

$$= \left(8 + \frac{6}{3}\right)\text{st}_e = 10\ \text{st}_e.$$

10. Das Pflastern der Böschungen mit mehr als 30 cm tief eingreifenden Steinen in Verband nach aufgestellten Lehren. Die Steine mit dem Handhammer einiger= maßen lagerhaft zu richten, wobei bearbeitete Köpfe nicht verlangt werden, die Fugen mit Moos ausfüllen, erfordert, — wenn die Steine von oben auf die Böschung ge= schüttet werden, also jeglicher Transport der Steine über 3 m Entfernung bei dieser Arbeit entfällt und ferner st_{pf} den Pflastererstundenlohn bezeichnet, — für 1 qm 0,4 st_{pf} + 3 st_e.

11. Trockenmauer. — Lagerhafte Steine, vorne Binder und Läufer und sehr gute Ausführung. Die Steine werden von oben auf die Mauer herabgelassen, so daß ein Transport über 3 m entfällt. Das Bewegen der Steine auf diese Entfernung ge= schieht entweder durch direktes Tragen in den Händen oder durch Verschieben mittels Brechstangen. Die Steine werden sorgfältig in Moos gelegt und notwendig werdende Zwickel von innen eingeschoben. Die Ausführung erfordert, wenn st_m den Lohnsatz eines Maurers bezeichnet, für 1 cbm = 2,6 st_m + 1,3 st_e.

12. Weidenpflanzung. — Die Ufer schachbrettartig und in Verband mit 2 bis 3 cm starken und 0,3 bis 0,6 m langen Weidensetzlingen, welche schräg abgeschnitten sind und in Entfernungen von B Metern gesetzt werden, zu bepflanzen, kostet für das

Quadratmeter $= \dfrac{0{,}02 \cdot st_e}{B^2}$. Z. B. bei $st_e = 30$ Pf.

Entfernung der Setzlinge in Zentimetern. B = . .   25   30   40   50   60

Kosten des Setzens für das Quadratmeter Fläche in

Mark. 0,10   0,07   0,04   0,03   0,02

IV. Kosten der Baggerarbeiten, vgl. auch Flußbauten.

Stundenlohn st etwa 10 Pf. höher als für die Arbeiten im Trocknen.

1. Baggerung mittels Schaufeln. Die aus Eisenblech gefertigten, mit Löchern versehenen Schaufeln sind 30 cm lang, 25 cm breit und 15 cm hoch und an einer hölzernen Stange befestigt. Die Arbeit kostet

a) in einem Gewässer bis zu 1,0 m Tiefe

bei Sand und Schlamm . . . . für 1 cbm = $5 \cdot st$

„ feinem Kiese . . . . „ 1 cbm = $7 \cdot st$

„ festgelagertem groben Kiese . . . . „ 1 cbm = $10 \cdot st$

b) in einem Gewässer von 1,0 bis 1,5 m Tiefe

bei Sand und Schlamm . . . . für 1 cbm = $8 \cdot st$

„ feinem Kiese . . . . „ 1 cbm = $10 \cdot st$

„ festgelagertem groben Kiese . . . . „ 1 cbm = $15 \cdot st$

In diesen Preisen sind die Kosten der Kähne, die Abnutzung der Schaufeln und das Verführen des Materials auf dem Wasser bei 400 m Transportweite, sowie das Ausladen aus den Kähnen inbegriffen.

2. Baggerung mittels Baggersäcken. Die Baggersäcke bestehen aus Sackleinwand und sind an einem stählernen Rande, der an einer Stange sitzt, befestigt. Der Sack hat 25 cm Durchmesser und ist 60 cm lang. Dieses Werkzeug wird von 3 Menschen gehandhabt, von denen der eine den Sack mittels der Stange regiert, die andern den gefüllten Sack mittels Zugleinen in die Höhe heben und den Inhalt ins Schiff schütten. Diese Arbeit samt Verführung des Materials auf 400 m Entfernung, Entleerung des Fahrzeuges und Unterhaltung des Kahnes und der Baggersäcke bei einer Wassertiefe von 1,5 bis 2,0 m kostet:

bei Sand und Schlamm . . . . für 1 cbm = $12 \cdot st$

„ feinem Kiese . . . . „ 1 cbm = $15 \cdot st$

„ festgelagertem groben Kiese . . . . „ 1 cbm = $20 \cdot st$

V. Kosten der Wasserschöpfarbeiten.

st wie vorher.

Nach Ansicht des Herausgebers lassen sich hierfür keine derartigen Unterlagen beschaffen, daß auf Grund derselben Preise für das Trockenhalten von Baugruben auch nur mit annähernder Richtigkeit zu berechnen wären.

Die theoretische Meistleistung in einer Stunde beträgt bei kurzer Arbeitszeit vorübergehend das Heben von 25 cbm stündlich, bei Dauerleistungen rund 20 cbm, beides auf 1 m Hubhöhe berechnet.

In Wirklichkeit stellt sich die dauernde Stundenleistung eines Arbeiters für das Heben annähernd wie folgt.

1. **Arbeit mit der Wurfschaufel** bis 0,60 m Höhe 8 cbm stündlich
   oder für 1 cbm bei derselben Höhe . . . .$^1/_8$ st.
2. **Arbeit mit dem Eimer an der Haspel.** Es sind mindestens
   2 Arbeiter hierzu erforderlich, die Leistung des einzelnen beträgt
   bei 1 m Hubhöhe höchstens 10 cbm stündlich, oder für 1 cbm auf
   1 m Hub . . . . 0,1 st.
3. **Arbeit an gewöhnlichen Saugpumpen (Baupumpe).** Es sind
   2 Arbeiter für Dauerarbeit erforderlich, die Leistung des einzelnen
   beträgt bei 1 m Hubhöhe bis zu 12 cbm stündlich, oder für 1 cbm
   auf 1 m Hub . . . .$^1/_{12}$ st.
4. **Arbeit an doppeltwirkender Saugpumpe.** Es sind 2 Arbeiter
   erforderlich, die Leistung des einzelnen beträgt bei 1 m Hubhöhe
   bis zu 15 cbm stündlich, oder für 1 cbm auf 1 m Hub . . . . . .$^1/_{15}$ st.
5. **Arbeit an der Diaphragmapumpe.** 1 Arbeiter genügt für Hub=
   höhe bis 4 m, seine stündliche Leistung beträgt bei 1 m Hubhöhe bis
   zu 18 cbm, oder für 1 cbm bei 1 m Hub . . . .$^1/_{29}$ st.

Die Angaben geben im ganzen einen niedrigen Durchschnitt an, der bei geschultem Personal und guter Arbeitsdisposition sich um 10 bis 15% erhöhen kann.

Der prozentuale Anteil der Kosten der Wasserhaltung an der Ausführung ver= mindert sich meistens ganz erheblich mit dem Umfang der übrigen in Wasserschutz aus= zuführenden Arbeiten, ist bei kleinen engen Baugruben deshalb oft am teuersten, weil die Arbeitsleistung nicht voll ausgenutzt wird: es braucht zwar nur in Unterbrechungen gepumpt zu werden, die Schöpfarbeiter lassen sich aber kaum anderweitig beschäftigen.

Für größere Schöpfarbeiten empfiehlt sich der rein maschinelle Betrieb. Die Leistungen sind im Abschnitte III unter Preisermittelung für Wasserhaltungsmaschinen angegeben.

VI. Kosten der Rammarbeiten.
a) Die Tragfähigkeit der Pfähle.

a) Die Bemessung der Tragfähigkeit erfolgt am sichersten aus Probebelastungen, diese Methode ist aber kostspielig und umständlich.

b) Die Anwendung der Stoßformeln auf das Eintreiben der Pfähle mit dem Rammbären ermöglicht die Bestimmung der Tragfähigkeit aus den Rammergebnissen von Probepfählen.

Bezeichnungen:

P_t = Tragfähigkeit des Pfahls in t,
α = Sicherheitsgrad, der genommen werden kann:
    in Triebsand und ganz weichem Boden $^1/_{20}$,
    in Sand und weichem Boden $^1/_{16}$,
    in Lehm= und Tonboden $^1/_{12}$,
    in Kies= und steinigem Boden $^1/_{10}$;
Q_t = Gewicht des Rammbären in t,
q = Gewicht des Pfahls in t,
$m = \dfrac{Q}{q}$,
h_{cm} = Fallhöhe des Bären in Zentimetern;

e_{cm} = Eindringungstiefe des Pfahls beim letzten Schlage in Zentimetern,

$$n = \frac{h}{e},$$

l_m = Länge des Pfahls in Metern,

U_m = Umfang des Pfahls in Metern.

Wenn die aufeinanderstoßenden Körper, Rammbär und Pfahl, als vollkommen unelastisch angenommen werden, wird die lebendige Kraft des auf den Pfahl schlagenden Bären durch die Arbeit des Widerstandes vernichtet, den das Erdreich dem eindringenden Pfahl entgegensetzt, wobei die Masse des Pfahls um die des auf ihm ruhenden Rammbären vergrößert wird.

$$P = \frac{\alpha \cdot n \cdot m^2 \cdot q}{(m + 1)}.$$

Beim vollkommen elastischen Stoß dagegen prallt der Bär beim Aufschlagen vom Pfahl zurück, und dringt nur die Masse des Pfahls in den Boden ein.

$$P = \alpha \cdot 4 \, n \cdot \frac{m^2}{(m + 1)^2} q.$$

In Wirklichkeit liegt aber ein unvollkommen elastischer Stoß vor, da sowohl der „Bär" als auch der Pfahl etwas elastisch sind.

Die zahlenmäßigen Werte dieser Elastizitäten lassen sich zwar nicht angeben, aber bei der Dehnbarkeit des Sicherheitsgrades α, der nach der Überlieferung mit ¼ genommen wird, ist es für die Praxis schließlich gleichgültig, welche der beiden Formeln man anwendet.

Zur größeren Sicherheit kann man die Formel für den vollkommen unelastischen Stoß wählen und demnach schreiben

$$P_m = \frac{1}{4} \cdot n \cdot \frac{m^2}{(m + 1)} q.$$

Wenn das Bärgewicht gleich dem dreifachen Pfahlgewicht ist, d. h. wenn m = 3, werden die Formelwerte für den vollkommen unelastischen Stoß und die für den vollkommen elastischen Stoß gleich groß, nämlich bei $\alpha = \frac{1}{4}$.

$$P = n \cdot \tfrac{9}{16} q.$$

c) Aus den Versuchen über das Ausziehen von Pfählen sind folgende Formeln hergeleitet.

Für Pfähle:

$$P = 10{,}3 \left(-e + \sqrt{e^2 + 0{,}2 \, Q \cdot h} \right).$$

Für Spundbohlen und Spundpfähle, die nur auf 3 Seiten mit dem Erdreich in Berührung kommen:

$$P = 6{,}5 \left(-e + \sqrt{e^2 + 0{,}3 \, Q \cdot h} \right).$$

d) Aus der Beschaffenheit des Baugrundes wird mit den nachstehenden Formeln auf die Tragfähigkeit der Rammpfähle geschlossen.

1. Wenn der Pfahl nur mit der Spitze, aber in durchaus festem Boden, im übrigen in durchaus nachgiebigem Boden steht:

$$P = 70 \frac{U}{\sqrt[3]{l}}.$$

Wenn der Pfahl nur durch die Reibung an seiner Oberfläche von dem umschließenden Boden getragen wird:

$$P = \beta \, U \sqrt{1} \, ,$$

wobei $\beta = 1$ in Triebsand und in ganz weichem Boden[1]),

$\beta = 2$ in Sand und in weichem Boden,

$\beta = 4$ in Lehm- und in Tonboden,

$\beta = 10$ in Kies- und in steinigem Boden.

2. Für Überschläge, zu denen Probebelastungen und Proberammungen nicht zur Verfügung stehen, kann man annehmen, daß die Pfähle etwa 2 m in den festen Boden hineinreichen müssen und daß sie bis höchstens zur Grenze ihrer Knickfestigkeit beansprucht werden dürfen.

Die zulässige Druckfestigkeit p steht mit der Freilänge l des Pfahls und mit seiner Querschnittsfläche in der Beziehung, daß

$$\text{bei quadratischem Querschnitt } l \leq \frac{100}{\sqrt{k \cdot kg/qcm}} \cdot a \, ,$$

wenn a = Seitenlänge,

$$\text{bei Kreisquerschnitt } l \leq \frac{87}{\sqrt{k \cdot kg/qcm}} \cdot d \, ,$$

wenn d = Durchmesser.

Da man kaum mehr als 40 kg/qcm für k nehmen wird, würden Rammpfähle von quadratischem Querschnitt bei größter Ausnutzung der Druckfestigkeit nur noch bis zu einer Freilänge gleich dem 16fachen der Querschnittsseitenlänge und Rammpfähle von Kreisquerschnitt nur noch bis zu einer Freilänge gleich dem 14fachen des Durchmessers den statischen Bedingungen entsprechen. Für gewöhnlich rechnet man mit nur etwa 10 kg/qcm Druck auf die Querschnittsfläche.

Zur leichteren Berechnung mit vorigen Formeln unter d) 1) dienen folgende Angaben:

Durchmesser des Pfahles m	U = Umfang des Pfahlquerschnitts m	l = Länge des Pfahles m	$\sqrt[3]{1}$	$\dfrac{70}{\sqrt[3]{1}}$	$\sqrt{1}$
0,10	0,314	2	1,26	55	1,41
0,15	0,471	3	1,44	48	1,73
0,20	0,628	4	1,59	44	2,00
0,25	0,785	5	1,71	40	2,24
0,30	0,942	6	1,82	38	2,45
0,35	1,100	7	1,91	36	2,65
0,40	1,257	8	2,00	35	2,83
		9	2,08	33	3,00
		10	2,15	32	3,16
		12	2,29	30	3,46

b) Ausführung.

Die Rammpfähle müssen mindestens 1,0 m auseinander stehen.

Der Rammbär muß für das Einrammen von Pfählen zu Fangedämmen wenigstens 150 bis 200 kg, bei Pfählen bis 9 m Länge und gutem Boden 400 bis 500 kg und bei längeren Pfählen in hartem Boden 500 bis 750 kg schwer angenommen werden.

---

[1]) Anmerkung des Herausgebers. Unter „Triebsand" ist hier locker geschichteter, trockener Sand zu verstehen; der von Wasser durchtränkte und unter Wasserdruck stehende feinkörnige Sand (auch vielfach Trieb- oder Schließsand genannt) leistet schon bei Tiefen über 5 m denselben Rammwiderstand wie fester Tonboden.

Auf 150 kg Schwere des Rammbärs müssen 10 Mann zum Aufziehen berechnet werden. Eine Folge von 15 Schlägen des Rammbärs auf den Pfahl nennt man eine Hitze, deren ungefähr 20 in einer Stunde erfolgen können.

Über die Rammarbeiten müssen genaue Listen geführt werden.

Rammliste zum Pfahlrost.

Zeit der Arbeit Monat	Nummer der Ramme Schwere des Bärs	Anzahl der Pfähle	Länge der Pfähle in Meter				Zahl der Hitzen für den Pfahl	Benennung der Arbeiter			Bemerkungen
			Vor dem Einrammen		Nach dem Einrammen			Pol.	Gef.	Arb.	
den ten	Nr. 1. der Bär 600 kg		einz.	Sa.	einz.	Sa.					
		2	12,5	25	11	22	14 ⎫				
		3	15	45	13,5	40,5	15 ⎬	1	2	36	
		5	—	70	—	62,5	—	1	2	36	

c) Kostenanschläge.

Für Kostenanschläge kann angenommen werden, daß ein Pfahl, der mittels einer Ramme eingetrieben werden soll, wenn U der Pfahlumfang in cm und st den Stundenlohn bedeutet, für das Meter eingerammter Länge kostet

$$\text{bei Triebsand} \dots\dots\dots\dots\dots = 0{,}15 \cdot U \cdot \text{st}[1]$$
$$\text{„ Sand und weichem Boden} \dots\dots\dots = 0{,}20 \cdot U \cdot \text{st}$$
$$\text{„ Lehm= und Tonboden} \dots\dots\dots\dots = 0{,}25 \cdot U \cdot \text{st}$$
$$\text{„ Kies= und steinigem Boden} \dots\dots\dots = 0{,}30 \cdot U \cdot \text{st}$$

in welchen Ansätzen die Kosten für Amortisation, Reparaturen, Versetzen usw. der Ramme und des Rammgerüstes inbegriffen sind.

Erfolgt das Einrammen in einem Fluß, so ist für jedes Meter Einrammungstiefe unter Flußsohle den Preisen noch der Betrag 10 st hinzuzuaddieren.

VII. Kosten der Maurerarbeiten und der Steinmetzarbeiten.

Stundenlohn des Maurers st_m, von 35 Pf. bis 85 Pf. in 1912,

„   „ Steinmetzen st_s, von 50 Pf. bis 100 Pf.,

„   „ Handlangers st, von 30 Pf. bis 55 Pf.

Die Kostenangaben bei den Maurerarbeiten beziehen sich, soweit Mörtelbereitung dabei in Betracht kommt, auf die Herstellung von Hand durch den Handlanger.

In der Regel wird es möglich sein, die Materialien bis auf etwa 50 m an die Baustelle heranzuschaffen, und ist diese Entfernung den folgenden Berechnungen zugrunde gelegt. Der Umfang der Handlangerarbeit hängt aber auch von der Höhe bzw. Tiefe des Bauwerks ab.

In den Leistungsansätzen sind die Kosten für die Unterhaltung der Handwerkzeuge, der Geräte, der Mörtelkasten, für Gestellung der Rüstungen und Materialaufzugs= maschinen inbegriffen.

1. **Trockenmauerwerk** aus Bruchsteinen. (Arbeitskosten.)

a) Das Mauerwerk hat nur eine Ansichtsfläche, besitzt große Massen für das Meter der Länge, und es werden die Steine von oben auf die Mauern gerollt (Böschungs= mauern, siehe Abschnitt V B II). Es kostet

$$\text{für 1 cbm} = 2{,}6 \cdot \text{st}_m + 3 \cdot \text{st} .$$

---
[1] Siehe umstehende Anmerkung.

b) Das Mauerwerk hat nur eine Ansichtsfläche, besitzt große Massen für das Meter der Länge, es müssen jedoch die Steine auf 50 m Entfernung von unten auf die Mauer geschafft werden. Wenn H die Höhe der Mauer in Metern bezeichnet, so kostet 1 cbm

$$= 2{,}0 \cdot \mathrm{st_m} + (3{,}0 + 0{,}5 \cdot \mathrm{H}) \, \mathrm{st} \,.$$

Höhe der Mauer in Metern . . .	2	4	6	8	10	12	14	16	18	20
Kosten für 1 cbm = $2{,}0 \, \mathrm{st_m}$ + . .	4	5	6	7	8	9	10	11	12	13 · st

c) Das Mauerwerk hat beiderseitige und eine obere Ansichtsfläche und enthält sehr geringe Masse für das Meter der Länge (Einfriedigungs= und Schutzmauern an Wegen). Die Kosten betragen für 1 cbm

$$= 4 \cdot \mathrm{st_m} + 5 \cdot \mathrm{st} \,.$$

2. **Fundamentmörtelmauerwerk,** wenn T die Fundamenttiefe unter Terrain in Meter bedeutet (das Wasserschöpfen muß besonders berechnet werden und verteuert das Arbeitslohn um das 1,5 bis 4fache): (Arbeitskosten.)

a) Aus Ziegeln für 1 cbm = $5 \cdot \mathrm{st_m} + (6 + 0{,}5 \cdot \mathrm{T}) \, \mathrm{st}$, z. B. $\mathrm{st_m} = 0{,}50$ M., st = 0,40 M.

T = Fundamenttiefe in Metern .	1	2	3	4	5	6	7	8	9	10
Kosten für 1 cbm in Mark . .	5,10	5,30	5,50	5,70	5,90	6,10	6,30	6,50	6,70	6,90

b) Aus Bruchsteinen für 1 cbm = $6 \, \mathrm{st_m} + (7 + 0{,}5 \cdot \mathrm{T}) \, \mathrm{st}$.

c) Aus Quadern für 1 cbm = $7 \, \mathrm{st_m} + (8 + 0{,}5 \cdot \mathrm{T}) \, \mathrm{st}$.

3. **Einhäuptiges Mörtelmauerwerk.** Wenn mit B die Stärke und mit H die Höhe der Mauer in Meter bezeichnet wird. (Arbeitskosten.)

a) Ziegelmauerwerk für 1 cbm $K_a = \left(7 + \dfrac{1}{B}\right) \mathrm{st_m} + (6 + 0{,}3 \, \mathrm{H}) \, \mathrm{st}$,

d. h. für $\mathrm{st_m} = 45$ Pf.; st = 30 Pf. $\left(0{,}09 \, \mathrm{H} + \dfrac{0{,}45}{B} + 4{,}95\right)$ M.

B = Dicke der Mauer m	H = Mauerhöhe in Meter														
	2	4	6	8	10	12	14	16	18	20	22	24	26	28	30
	Kosten der Arbeit für 1 cbm in Mark														
0,25	6,9	7,1	7,3	7,5	7,7	7,8	8,0	8,2	8,4	8,6	8,7	8,9	9,1	9,3	9,5
0,51	6,0	6,2	6,4	6,6	6,7	6,9	7,1	7,3	7,5	7,6	7,8	8,0	8,2	8,4	8,5
0,77	5,7	5,9	6,1	6,3	6,4	6,6	6,8	7,0	7,2	7,3	7,5	7,7	7,9	8,1	8,2
1,03	5,6	5,8	5,9	6,1	6,3	6,5	6,7	6,8	7,0	7,2	7,4	7,6	7,7	7,9	8,1

b) Bruchsteinmauerwerk aus weichen und mittelharten Steinen kostet her= zustellen mehr als Ziegelmauerwerk:

Für 1 cbm = 1 Arbeitsstunde des Maurers plus 1 Arbeitsstunde des Handlangers, d. h. $K_b = K_a + \mathrm{st_m} + \mathrm{st}$.

Bruchsteinmauerwerk aus weichen und mittelharten Steinen, Stundenlohn wie a)

für 1 cbm $= \left(8 + \dfrac{1}{B}\right) \mathrm{st_m} + (7 + 0{,}3 \, \mathrm{H}) \, \mathrm{st} = 0{,}09 \cdot \mathrm{H} + \dfrac{0{,}45}{B} + 5{,}70$ M.

Bei weichen, leicht zu bearbeitenden Steinen wird in der Regel ein Schichten= mauerwerk verlangt, während bei mittelharten Steinen dem Maurer nur ein so weit gehendes Zurichten der Steine vorgeschrieben wird, daß dieselben ordentliches Lager haben und in den Stoßfugen keiner kleinen Zwickel bedürfen. Die Kosten der Arbeit für beide Steingattungen sind daher als gleich groß anzusehen.

Bei harten Steinen aber, bei welchen das notwendige Zuarbeiten mit dem Stein= schlägel und dem Maurerhammer mehr Zeit erfordert, kostet das Kubikmeter Mauer= werk an Arbeitslohn $= K_{b\,1} = K_a + 2\,\mathrm{st_m} + 2\,\mathrm{st}$.

c) **Volles Quadermauerwerk** für 1 cbm $= K_c = 10\,\mathrm{st_m} + (10 + 0,3\,\mathrm{H})\,\mathrm{st}$. Stundenlöhne wie vor: $\mathrm{st_m} = 50\,\mathrm{Pf.}$; $\mathrm{st} = 40\,\mathrm{Pf.}$

H = Mauerhöhe in m	2	4	6	8	10	12	14	16	18	20
Kosten für 1 cbm M.	9,24	9,48	9,72	9,96	10,20	10,44	10,68	10,92	11,16	11,40

d) **Quaderverkleidung.** Das Ausmaß der Quaderverkleidung wird nach den Preisen unter c), das innere, aus Ziegeln oder Bruchsteinen bestehende Mauerwerk mit 1 cbm $= 8\,\mathrm{st_m} + (8 + 0,3\,\mathrm{H})\,\mathrm{st}$ angesetzt.

4. **Doppelhäuptiges Mörtelmauerwerk.** Mittelpfeiler der Brücken, Über= und Unterführungen, Schleusen usw.

Das Arbeitslohn kann für das Kubikmeter um 1 Arbeitsstunde des Maurers plus 1 Arbeitsstunde des Handlangers höher als die entsprechenden Sätze für einhäuptiges Mörtelmauerwerk (siehe 3.) angenommen werden.

5. **Brückengewölbemauerwerk** kostet einschließlich Lehrbögen und sonstiger Ge= rüste, wenn mit W die Lichtweite der Öffnung und mit H die Höhe des Gewölbes über (oder unter) dem Materiallagerplatz in Metern bezeichnet wird an Arbeitslohn:

a) **Aus Ziegelsteinen.**
Wenn das Gewölbe in Ringen, also ohne die Ziegel zuhauen zu müssen,

$$\text{für 1 cbm} = \left(10 + \frac{2}{\mathrm{W}}\right)\mathrm{st_m} + (5,5 + 0,3\,\mathrm{H})\,\mathrm{st}.$$

Wenn die Ziegel in Keilform zugehauen werden müssen,

$$\text{für 1 cbm} = \left(12 + \frac{2}{\mathrm{W}}\right)\mathrm{st_m} + (6,5 + 0,3\,\mathrm{H})\,\mathrm{st}.$$

Wenn Keilziegel, also Formsteine, verwendet werden, ist die Ausführungsarbeit bei kleinen Brückenweiten nicht schwieriger als bei großen, und es kostet an Arbeitslohn

$$1\,\text{cbm} = 8\,\mathrm{st_m} + (5 + 0,3\,\mathrm{H})\,\mathrm{st}.$$

b) **Aus Bruchsteinen.**
Gewölbe aus Bruchsteinen werden nur dann ausgeführt, wenn entweder weiche Steine (Elbsandsteine usw.), welche sich leicht durch den Maurer mit dem Hammer bearbeiten lassen, oder lagerhafte mittelharte und harte Steine, welche nur einer sehr geringen Bearbeitung bedürfen, zur Verfügung stehen. Die Kosten der Ausführung an Arbeitslohn werden sich im großen und ganzen bei diesen verschiedenen Materialien gleichstellen und betragen daher für 1 cbm Mauerwerk =

$$\left(11 + \frac{2}{\mathrm{W}}\right)\mathrm{st_m} + (7,5 + 0,3\,\mathrm{H})\,\mathrm{st}.$$

c) **Aus Quadern.** Für 1 cbm $= 12\,\mathrm{st_m} + (12 + 1,0\,\mathrm{H})\,\mathrm{st}$.

6. **Verblendung von Mauerflächen** in Ziegeln, zugleich mit dem Mauerwerk herzustellen, kostet an Arbeitslohn:

mit ganzen Steinen für 1 qm Ansichtsfläche $= 1^2/_3$ st$_m$,
mit $^4/_4$ und $^1/_4$ Steinen für 1 qm Ansichtsfläche $= 2^2/_3$ st$_m$,
mit $^2/_4$ und $^1/_4$ Steinen für 1 qm Ansichtsfläche $= 3^1/_3$ st$_m$.

7. **Verblendung von Mauerflächen,** mit Verblendsteinen nach der Aufmauerung herzustellen, kostet an Arbeitslohn:

mit $^4/_4$ und $^1/_4$ Steinen für 1 qm Ansichtsfläche $= 5$ st$_m$,
„ $^2/_4$ „ $^1/_4$ „ „ 1 qm „ $= 8$ st$_m$.

8. **Mörtelpflaster.**
Aus Ziegelsteinen:
Flachschicht kostet für 1 qm $= 0{,}9$ (st$_m$ + st),
Rollschicht „ „ 1 qm $= 2{,}5$ (st$_m$ + st).
Aus Bruchsteinen:
Aus weichen Steinen für 1 qm $= 2{,}5$ (st$_m$ + st),
„ harten „ „ 1 qm $= 4{,}5$ (st$_m$ + st).
Aus Platten (Tonfliesen, Sandsteinplatten, Mettlacher Fliesen):
für 1 qm $= 2$ (st$_m$ + st) bis 3 (st$_m$ + st).

9. **Deckplatten** auf Stirnen und Flügeln von Brücken und Durchlässen verlegen kostet für 1 qm $= 4{,}5$ (st$_m$ + st).

10. **Zementüberzug** über Brückengewölbe herstellen, einschließlich Mörtelanmachen:
a) aus reinem Zementmörtel von 0,5 bis 1 cm Dicke kostet für 1 qm $= 2{,}1$ (st$_m$ + st).
b) aus Zementmörtel (1 Zement : 2 Sand), 4 bis 5 cm stark, kostet für 1 qm:
$6{,}1$ (st$_m$ + st).

11. **Asphaltüberzug** als Isolierschicht auf Ziegelunterlage oder über Brückengewölbe, 1,5 cm dick, kostet einschließlich Erwärmen und Feuerung für 1 qm:
$8{,}2$ (st$_m$ + st). Es erfordert 1 qm Überzug etwa 20 kg Asphalt.

12. **Eine Mauerfläche mit rauhem Putz** überziehen (anwerfen), wie es häufig mit den zu hinterfüllenden Rückenflächen von Mörtelmauern geschieht, kostet für 1 qm $= 0{,}4$ (st$_m$ + st).

13. **Eine Mauerfläche ausfugen mit Zementmörtel,** einschließlich Anmachen des Zementmörtels, die Fugen vorher 1 cm tief auskratzen, kostet für 1 qm an Arbeitslohn:
a) auf Ziegelmauerwerk . . . . $= 1{,}2$ st$_m$ + st,
b) „ Bruchsteinmauerwerk . . . . $=$ st$_m$ + st,
c) „ Quadermauerwerk . . . . $= 0{,}7$ st$_m$ + 0,5 st.

14. **Das Abbrechen von Mörtelmauern,** sowie Reinigen der Steine von Mörtel, um sie wieder verwenden zu können, kostet
a) Ziegelmauern für 1 cbm . . . . $= 3$ st$_m$ + 4 st,
b) Bruchsteinmauern für 1 cbm . . . . $= 4$ st$_m$ + 5,5 st,
c) Quadermauern für 1 cbm . . . . $= 5$ st$_m$ + 7,5 st.

15. **Das Durchwerfen** (Sieben) von Sand erfordert je nach der Maschenweite des Durchwurfs für 1 cbm $= 1{,}5$ st bis 2 st.

16. **Das Waschen** von Sand kostet für 1 cbm $= 4{,}5$ st bis 5 st.

17. **Eine ebene Fläche spitzen** (mit dem Spitzeisen) kostet
a) bei weichen Steinen wie Elbsandstein für 1 qm . . . $= 2{,}2$ st$_s$ + 0,5 st,
b) bei mittelharten Steinen, wie hartem Sandstein, Porphyr, weichem Kalkstein, feinkörnigem weichen Granit u. a.,
für 1 qm . . . . $= 3{,}5$ st$_s$ + 2 st,

c) bei harten Steinen, wie Dolomit, Grünstein, grob=
körnigem harten Granit u. a., für 1 qm . . . . . . $= 7\ st_s + 3\ st$.

18. **Eine ebene Fläche kröneln** mit dem Krönel kostet:

a) bei weichen   Steinen für 1 qm . . . . $=\ 4\ st_s + st$,

b) „ mittelharten   „   „ 1 „ . . . . $=\ 7\ st_s + 2\ st$,

c) „ harten   „   „ 1 „ . . . . $= 15\ st_s + 3\ st$.

19. **Eine ebene Fläche scharieren** kostet:

a) bei weichen   Steinen für 1 qm, schräg: $5\ st_s +$ st; gerade $6\ st_s +$ st,

b) „ mittelharten   „   „ 1 „   „ $10\ st_s + 2\ st$;   „ $15\ st_s + 2\ st$,

c) „ harten   „   „ 1 „   „ $20\ st_s + 3\ st$;   „ $30\ st_s + 3\ st$.

20. **Eine runde Fläche bearbeiten** kostet etwa doppelt so viel wie eine ebene Fläche.

21. **Einen Quader trennen** (schroten), wobei zuerst eine Rinne eingehauen und
dann die Trennung mittels Stahlkeilen vorgenommen wird, kostet, da die Breite des
Steins fast gar keinen Einfluß auf die Größe der Arbeit ausübt, für 1 m Rillenlänge:

a) bei weichen   Steinen . . . . $= 0,7\ st_s + 0,1\ st$,

b) „ mittelharten   „   . . . . $= 1,2\ st_s + 0,2\ st$,

c) „ harten   „   . . . . $= 2,4\ st_s + 0,4\ st$.

22. **Quadern bearbeiten:**

a) Glatte Quadern für Fundamentmauerwerk, alle 6 Flächen einigermaßen lager=
haft spitzen, kostet:

weiche   Steine für 1 cbm . . . . $=\ 6\ st_s + 1,5\ st$,

mittelharte   „   „ 1 „ . . . . $=\ 9\ st_s + 5\ st$,

harte   „   „ 1 „ . . . . $= 18\ st_s + 8\ st$.

b) Glatte Quadern als Ansichtsquadern bei Brücken. 5 Flächen
spitzen, die Vorderfläche kröneln und die 4 Vorderkanten mit einem
Schlag versehen, kostet etwa ein Drittel mehr als unter a).

c) Glatte Quadern als Auflagerquadern für eiserne Brücken.
4 Flächen spitzen, 2 Flächen kröneln und 7 Kanten mit einem Schlag
versehen, kostet etwa zwei Drittel mehr als unter a).

d) Gewölbequadern bearbeiten kostet etwa das Doppelte wie unter a).

23. **Dreieckige Wassernasenrille** von 3 cm Breite und 2 cm Tiefe aushauen kostet:

a) bei weichen   Steinen für 1 m der Länge . . . . $= 0,3\ st_s$,

b) „ mittelharten   „   „ 1 m „   „   . . . . $= 0,5\ st_s$,

c) „ harten   „   „ 1 m „   „   . . . . $= 1,0\ st_s$.

VIII. Kosten der Pflaster= und Wegebauarbeiten.

Stundenlohn des Pflasterers st_{pf}; von 40 Pf. bis 80 Pf.

„   „ Handlangers st; von 30 Pf. bis 65 Pf.

Die Materialien: Steine, Kies, Sand werden in der Regel in der größten Nähe
der Verwendungsstelle angeliefert und es ist daher nur ein Transport von 25 m in
der Folge in Rechnung gestellt.

Das Vorhalten der Pflastererwerkzeuge ist in dem Lohn einbegriffen. Für Unter=
haltung der sonstigen Geräte (Steinschlägel, Schablonen, Karren usw.) ist ein vom Lohn
unabhängiger Preis ausgeworfen.

Die in diesem Kapitel vorkommenden Pflasterarbeiten beziehen sich nur auf Pflaster in Sand; das in Mörtel ist im vorigen Kapitel VII unter 8 aufgeführt.

1. **Das Sandbett** einer Pflasterbahn bis 15 cm hoch einbringen und regulieren kostet für 1 qm = 0,5 st.

2. **Pflaster aus Feldsteinen** in Sand herstellen, die Steine in den eingebrachten Sand einbetten, mit Überhöhung setzen und nachher abrammen

$$\text{für } 1 \text{ qm} = 0,6 \text{ st}_{pf} + 0,6 \text{ st} + 0,10 \text{ M.}$$

3. **Abrammen von Feldsteinpflaster** mit viermännigen Handrammen von 50 kg Gewicht erfordert

$$\text{für } 1 \text{ qm Pflaster} = 0,2 \text{ st.}$$

4. **Pflaster aus bearbeiteten Pflastersteinen** in Sandbettung nach einer Schablone herstellen und abrammen:

a) Reihenpflaster, einschließlich Aussuchen der Steine zu den einzelnen Reihen,

$$\text{für } 1 \text{ qm} = 1,5 \text{ st}_{pf} + 2 \text{ st} + 0,15 \text{ M.}$$

b) Polygonpflaster, wenn das Aussuchen und Nachbearbeiten der Steine während der Arbeit auch vom Pflasterer ausgeführt wird,

$$\text{für } 1 \text{ qm} = 2 \text{ st}_{pf} + 2 \text{ st} + 0,15 \text{ M.}$$

5. **Packlage** (Rollierung, Unterbau) herstellen, dazu die Steine bis auf 25 m heranbringen, zerschlagen, auf ihre Lager setzen, die Spitzen abköpfen und mit diesen die Höhlungen austeilen, kostet bei einer Stärke der Packlage von 12 bis 16 cm für 1 qm = $0,4 \text{ st}_{pf} + 0,2 \text{ st} + 0,05 \text{ M.}$

6. **Schotter schlagen** kostet für 1 cbm in Haufen gemessen:

a) bei weichen Steinen . . . . = 8 st,

b) „ mittelharten „ . . . . = 12 st,

c) „ harten „ . . . . = 18 st .

7. **Schotter einbringen** (auf die Packlage oder auf den Weg) und mit eisernen Rechen gleichmäßig verteilen kostet für 1 cbm Schotter, in Haufen gemessen = 1,2 st + 0,05 M.

8. **Altes Feldstein- oder Bruchsteinpflaster in Sand aufreißen**, einschließlich Fortschaffen der Steine auf 25 m Entfernung kostet für 1 qm = 0,15 st + 0,05 M.

9. **Pflaster umlegen**, also die Steine aufreißen, in Sandbettung setzen, Pflaster herstellen und zweimal, zuerst mit einer viermännigen, dann mit einer einmännigen Ramme, oder zweimal mit einer einmännigen Ramme abrammen, kostet für 1 qm:

a) beim Feldsteinpflaster $1,3 \text{ st}_{pf} + 1,3 \text{ st} + 0,15 \text{ M.}$

b) „ Polygonpflaster 1,8 „ + 2,0 „ + 0,10 M.

c) „ Reihenpflaster 2,3 „ + 2,3 „ + 0,10 M.

10. **Kies einbringen** in den Weg und planieren kostet für 1 cbm = 0,8 st + 0,05 M.

IX. Kosten der Zimmererarbeiten.

Stundenlohn des Zimmermanns st_z; von 35 Pf. bis 85 Pf. m. 1912,

„ „ Handlangers st; „ 30 Pf. „ 55 Pf. „ „ .

1. **Das Abhobeln des Holzes** erfordert, wenn U in Zentimetern den Umfang des Holzes bezeichnet, für 1 Meter der Länge

bei weichem Holz . . . . 0,008 U st_z,

„ hartem „ . . . . 0,012 U st_z .

28*

Es kostet daher bei Stundenlohn $st_z = 50$ Pf. auf allen 4 Seiten abhobeln für 1 Meter Länge:

a) Balken:

			Weiches Holz	Hartes Holz
bei 10 cm Breite und 10 cm Stärke	. . .	= 0,16 M.	0,24 M.
„ 20 „ „ „ 20 „ „	. . .	= 0,32 „	0,48 „
„ 24 „ „ „ 28 „ „	. . .	= 0,42 „	0,61 „

b) Bretter, Dielen, Bohlen:

bei 12 cm Breite und 5 cm Stärke	. . .	= 0,14 M.	0,21 M.
„ 20 „ „ „ 7 „ „	. . .	= 0,22 „	0,33 „
„ 30 „ „ „ 10 „ „	. . .	= 0,32 „	0,48 „

2. **Das Anarbeiten einer Spitze** an einen Pfahl, der eingeschlagen oder eingerammt werden soll, wenn die vierseitige Spitze auf die oberen drei Viertel der Länge sehr scharf, das untere Viertel aber sehr stumpf angearbeitet ist, und die ganze Spitze etwa den zweifachen Pfahldurchmesser ausmacht, kostet, wenn F = Pfahlquerschnittsfläche in Quadratzentimetern bezeichnet, für das Stück:

bei weichem Holz . . . . $= 0,001\, F \cdot st_z$,

„ hartem „ . . . . $= 0,0015\, F \cdot st_z$.

Es kostet daher bei Stundenlohn $st_z = 50$ Pf. das Anspitzen:

eines Pfahls von 20 × 20 cm	. . . .	= 0,20 M.	0,30 M.
„ „ „ 30 × 30 „	. . . .	= 0,45 „	0,68 „
„ „ „ 25 cm Durchmesser	. . . .	= 0,25 „	0,38 „
„ „ „ 30 „ „	. . . .	= 0,35 „	0,53 „
„ „ „ 35 „ „	. . . .	= 0,46 „	0,69 „

3. **Das Einhauen eines Zapfenloches** in eine Schwelle, einen Holm, kostet für ein Loch:

bei weichem Holz . . . . $= 0,6\, st_z$,

„ hartem „ . . . . $= 0,9\, st_z$.

4. **Das Ausarbeiten von 2 Nuten** in einem Spundpfahl oder einer Spundbohle oder das Bearbeiten einer Geradspundung erfordert für 1 Meter Länge:

bei weichem Holz . . . . $= 1,4\, st_z$,

„ hartem „ . . . . $= 2,0\, st_z$.

5. **Das Bearbeiten einer Feder** aus hartem Holz für Spundpfähle oder Spundbohlen erfordert für 1 Meter Federlänge $= 0,6\, st_z$.

6. **Das Anarbeiten der Zähne für verzahnte Balken**, bei welcher Arbeit nicht nur ein genaues Einschneiden und Ineinanderpassen der Zähne, sondern auch ein genaues Abhobeln und Aufeinanderpassen der ganzen Balkenflächen behufs Erzielung möglichst großer Reibung erforderlich ist, kostet einschließlich des Abschnürens, mehrmaligen Aufeinanderlegens der Balken und der Werkzeugabnutzung, wenn mit B die Breite (normal zu den Fasern) der Balken in Zentimetern bezeichnet wird, für das Meter der Balkenlängen bei einseitiger Verzahnung:

bei weichem Holz . . . . $= 0,02\, B \cdot st_z$,

„ hartem „ . . . . $= 0,03\, B \cdot st_z$.

Die Höhe der Zähne sowohl, als auch die Entfernung derselben voneinander hat fast gar keinen Einfluß auf die Größe der Arbeitszeit, da die genaue Bearbeitung der Fläche maßgebend ist.

Es kostet somit: einen Balken an der einen Seite mit Zähnen zu versehen, für 1 Meter seiner Länge und Stundenlohn $st_z = 50$ Pf., bei 20 cm Breite aus weichem Holz $= 0,20$ M., aus hartem Holz $= 0,30$ M.

7. Das Bohren von Löchern erfordert, wenn D den Lochdurchmesser in Zentimetern bedeutet, für 10 cm Lochtiefe:

$$\text{bei weichem Holz} \dots \dots \dots \dots \dots = \tfrac{1}{100} D \cdot st_z,$$
$$\text{„ hartem „} \quad \dots \dots \dots \dots \dots = \tfrac{1}{60} D \cdot st_z.$$

z. B. für $st_z = 50$ Pf., und je 10 Löcher bei 3 cm Lochweite 0,15 M. bzw. 0,25 M.

8. Das Einschlagen von Nägeln erfordert, wenn mit L ihre Länge in Zentimetern bezeichnet wird, für 100 Stück:

$$\text{bei weichem Holz} \dots \dots \dots \dots \dots = 0,08 \cdot L \cdot st_z,$$
$$\text{„ hartem „} \quad \dots \dots \dots \dots \dots = 0,12 \cdot L \cdot st_z.$$

Drahtstifte dringen beim Einschlagen zwar leichter ins Holz ein, erfordern dagegen, weil sie sich leichter verbiegen, beim Einschlagen größere Sorgfalt. Mithin kostet bei $st_z = 50$ Pf. Nägel oder Drahtstifte einschlagen je 100 Stück: bei 10 cm Länge in weiches Holz 0,40 M., in hartes Holz $= 0,60$ M.

Die Kosten der wichtigsten Bauausführungen.

1. Erdbauten.

Beispiel einer Kostenberechnung nach den in Abschn. IV und V gemachten Angaben.

1. Beispiel. 150 cbm sandiger Lehm sollen aus einer Seitenentnahme gewonnen und auf 80 m horizontale mittlere Transportweite und 2,5 m Ansteigung der Fahr=bahn, auf 80 m Länge gerechnet, gefördert und in die Schüttung eingebaut werden. Wie hoch stellt sich der vom Unternehmer zu fordernde Preis für 1 cbm Boden im Einschnitt gemessen?

Zunächst die geeignete Förderart.

Hauptsächlich wegen der starken Ansteigung der Transportbahn ist der Transport mit Schubkarren auf Karrbohlen zu wählen. Hierbei treten zwei Anordnungen in Ver=gleich, nämlich die eine, daß die Karrer den Boden selbst lösen und laden, und die andere, daß besondere Arbeiter das Lösen und Laden besorgen.

Vergleichende Zusammenstellung.

Lfd. Nr.	Bezeichnung	1. Anordnung: Die Karrer besorgen auch das Lösen und Laden des Bodens.	2. Anordnung: Besondere Arbeiter be= sorgen das Lösen u. Laden des Bodens.
1	2	3	4
1	Die Karrkolonne ist stark	30 Mann mit Karren	20 Mann mit $2 \cdot 30$ Karren
2	Die Schachtkolonne ist stark	Keine vorhanden	Lfd. Nr. 15 — 29 Mann
3	Die Karren fassen je		$1/_{13}$ cbm
4	Die Transportweite hin und zurück zu= sammen horizontal		$2 \cdot 80 = 160$ m
	Die Steigung hin	2,5 m = Zuschlag nach Abschn. V, B	$50 \cdot 2,5 = 125$ „
	Der Fall zurück	2,5 „ = „ „ „ „	$12 \cdot 2,5 = 30$ „
	Reduzierte Transportweite hin und zu= rück zusammen		315 m
5	Reduzierte Transportweite hin = zurück .		$\dfrac{315}{2} = 158$ m
6	Die Karrgeschwindigkeit	Auf der Horizontalen gerechnet 50 m in der Minute	
7	Aufenthalt an beiden Endstellen zusammen	1 Minute ohne Lösen und Laden	
8	Stundenlohn.		
	a) Für die Löser und Lader . . .	} $st_e = 31$ Pf.	$st_e = 25$ Pf.
	b) „ „ Karrer		$st_e = 31$ „
9	a) Das Lösen erfordert je cbm . . .	Nach VB_{IIa} rd. 1,3 st_e .	
	b) „ Laden „ „ . . .	„ „ $0,5\ st_e$.	
	c) „ Lösen und Laden erfordert je cbm		rd. 1,8 st_e .
10	Der Ladekoeffizient q	Nach VB_{IIb} q = 1,2.	
11	Lösen und Laden für eine Karre . .	$\dfrac{1}{1,2} \cdot 1,8 \cdot \dfrac{1}{13}$ Stunden = 7 Minuten	
12	Fahrzeit für 315 m (Lfd. Nr. 5 u. 6) .	$\dfrac{315}{50} = 6,3$ Minuten.	
13	Zeitdauer einer Hin= und Rückfahrt einschl. der Aufenthalte	$6,3 + 1 + 7 = 14,3$ Min.	$6,3 + 1 = 7,3$ Min.

Lfd. Nr.	Bezeichnung	1. Anordnung: Die Karrer besorgen auch das Lösen und Laden des Bodens.	2. Anordnung: Besondere Arbeiter besorgen das Lösen u. Laden des Bodens.
1	2	3	4
14	Anzahl der Doppelfahrten in 1 Stunde	$\dfrac{60}{14,3} = 4,2.$	$\dfrac{60}{7,3} = 8,2.$
15	Anzahl der Schachtarbeiter, die in 7 Min. (Lfd. Nr. 11) die 30 Karren zu beladen haben, einschl. Lösen des Bodens .	Lfd. Nr. 1 Keine besonderen Arbeiter	$30 \cdot \dfrac{7}{7,3} = 29$ Mann.
16	In 1 Arbeitsstunde werden geleistet . .	$4,2 \cdot 30 \cdot \dfrac{1}{13} \cdot \dfrac{1}{1,2} = 8,1$ cbm.	$8,2 \cdot 30 \cdot \dfrac{1}{13} \cdot \dfrac{1}{1,2} = 16$ cbm.
17	Die Kosten für 1 Arbeitsstunde betragen a) an Arbeitslohn für Lösen und Laden . . . . für Karren	$\Big\}\,30 \cdot 0,31$ M. $= 9,30$ M.	$29 \cdot 0,25$ M. $= 7,25$ M. $30 \cdot 0,31$ „ $= \underline{9,30\ „}$ $\quad\quad\quad\quad 16,55$ M.
	b) an Schubkarren	Nach VB — $30 \cdot 1,2$ Pf. $= 0,36$ M.	Doppelte Anzahl: $2 \cdot 30 \cdot 1,2$ Pf. $= 0,72$ M.
	c) an Karrbahn. 80 m	„ „ $\dfrac{80 \cdot 0,3 \text{ Pf.}}{= 0,24 \text{ M.}}$	$80 \cdot 0,3$ Pf. $= \underline{0,24\ „}$
	b + c	$\overline{0,60 \text{ M.}}$	$\overline{0,96 \text{ M.}}$
18	d) Zusammen: a + b + c . . . . Arbeitskosten B. 1 cbm kostet . . .	8,1 cbm kosten 9,90 M. 1,22 „	16 cbm kosten 17,5 M. 1,09 „

Die Ergebnisse unter lfd. Nr. 18 können auch mittels der Tabelle in Abschnitt V, B II 1a allerdings nur für die Transportkosten, gefunden werden. Die Kosten für Lösen und Laden ergeben sich sofort aus lfd. Nr. 9 der Zusammenstellung vorher.

Aus Spalte 9 der vorgenannten Tabelle kann für x = 158 m der Wert zwischengerechnet werden, wenn dabei die Zahlenwerte der lfd. Nr. 3, 8, 10, nämlich $^1/_{13}$ cbm, 31 Pf., 1,2 vorstehender Berechnung, mit den entsprechenden Werten, die der Tabelle zugrunde gelegt sind, nämlich $^1/_{12}$ cbm, 30 Pf., 1,5, in die zutreffende Verbindung gesetzt werden, wie weiterhin in den Beispielen gezeigt wird.

1. Anordnung. Kosten für 1 cbm.

Zusammenstellung lfd. Nr. 9.

Lösen und Laden 1,8 st$_e$ = 1,8 · 0,31 M. . . . . 0,56 M.

Tabelle Spalte 9.

Transportieren auf 158 m · 0,72 $\dfrac{13}{12} \cdot \dfrac{31}{30} \cdot \dfrac{1,2}{1,5}$ M. . . . . 0,65 „

Lösen, Laden und Transportieren . . . . 1,21 M.
gegen 1,22 M. aus der Berechnung.

2. Anordnung. Kosten für 1 cbm.

Lösen und Laden 1,8 st$_e$ = 1,8 · 0,25 M. . . . . 0,45 M.

Transportieren wie vor . . . . 0,65 „

Lösen, Laden und Transportieren . . . . 1,10 M.
gegen 1,09 M. aus der Berechnung.

Gesamtkosten:

Es kommen z. B. für Anordnung 1 zu den Arbeitskosten $\qquad$ B = 1,22 M.
C. Hilfsmittelkosten, die hier auf Abnutzung der Werkzeuge beschränkt sind, nach Abschnitt V 6% der Kosten für Lösen und Laden, d. s.

nach lfd. Nr. 8 u. 9 der Kalkulation $\frac{6}{100} \cdot 31 \cdot 1,8$ Pf. . . . . $= 3$ Pf.

D. Verwaltungskosten 3 bis 5% des Betrages unter B, i. M. $\frac{4}{100} \cdot 1,22$ M. $= 5$ Pf.

E. Unkosten, etwa 5% von B, $\frac{5}{100} \cdot 1,22$ M. . . . . $= 6$ Pf.

C bis E . . . .   0,14 M.

B bis E = Selbstkosten . . . .   1,36 M.

F. Baugewinn etwa 10% von B, d. s. $\frac{10}{100} \cdot 1,22$ M. . . . . . .   0,12 „

Mithin anschlagmäßiger Preis für 1 cbm Boden im Einschnitt (Ge=
samtkosten) . . . .   1,48 M.

2. Böschungs= und Uferbefestigungen.

Preisangaben über Böschungsbefestigungen, vgl. auch Abschnitt VI 12, Eisen=
bahnbauten über Uferbefestigungen an Flüssen und Kanälen, Abschnitt VI 7, Fluß=
und Kanalbauten. Im vorliegenden Teile sollen vorwiegend Uferdeckungen zu Lösch=
und Ladezwecken behandelt werden.

Beispiel einer Bohlwand. Eine Anschüttung soll auf 2 m Höhe bei 50 m Länge
durch eine Bohlwand gehalten werden. Die Preisabgabe wird für 1 lfd. m Bohl=
wand gefordert. Der Unternehmer habe mit folgenden Einheitspreisen zu rechnen.

Kiefernes Rundholz frei Baustelle . . . . 35 M./cbm
scharfkantiges kiefernes Kantholz frei Baustelle . . . . . . 55 „
besäumte kieferne Bohlen 7 cm st. frei Baustelle . . . . 6 M./qm
Stundenlohn des Zimmermanns . . . .$\text{st}_z = 50$ Pf.
„ „ Arbeiters . . . .$\text{st} = 35$ „ [1]

Die in 1¼ m Abstand zu stellenden Rundpfähle von 27 cm mittlerem Durch=
messer sind 2 m in den sandigen Boden einzurammen, wozu eine Zugramme zur Ver=
fügung steht, und mit einem an den 2 Sichtflächen zu behobelnden Holm von 18/24 cm
zu verzapfen. Die Hinterkleidungsbohlen sind unten 8 cm, oben 6 cm, i. M. 7 cm
stark zu nehmen und mit heißem Karbolineum zweimal zu streichen.

Lfd. Nr.	An= zahl	Bezeichnung	Einheits= preis M.	Material= kosten M.	Arbeits= kosten B M.
1		4,00 · 0,057 = 0,228 cbm			
	0,228	cbm kiefernen Rundpfahl frei Baustelle liefern	35,00	7,98	
2	1	Pfahl von 25 cm Zopfstärke anspitzen, er= fordert 0,011 · 491 · 0,50 M. (V, B IX) . .			0,27
3	1	Pfahl von 4 m Länge, 27 cm mittl. Durch= messer unter die Ramme bringen und 2 m tief in Sand einrammen erfordert 2,0 · 0,20 · 8,5 · 0,35 M. (V. B. VI c.) . . .			11,90
		Zu übertragen	35,00	7,98	12,17

[1] Einzelkosten der Rammarbeiten s. Abschn. V, B VI.

Lfd. Nr.	Anzahl	Bezeichnung	Einheits= preis M.	Material= kosten A M.	Arbeits= kosten B M.
		Übertrag	35,00	7,98	12,17
4	1	Pfahl mit Zapfen versehen erfordert etwa mehr als lfd. Nr. 2			0,30
5		Holm von 18/24 cm Stärke auf 1,25 m Länge gerechnet 0,0432 · 1,25 = 0,054 cbm			
	0,054	cbm kiefernes Kantholz frei Baustelle liefern	55,00	2,92	
6	1	Zapfenloch in den Holm einhauen für 0,6 · 0,50 M. (V. B. IX)			0,30
7	1,25	m Holm auf die Pfähle aufbringen und be= festigen		1,00	1,25
8		0,18 + 0,24 = 0,42 m, halber Umfang, 0,42 · 1,25 = 0,53 qm			
	0,53	qm hobeln, 1 qm = 0,8 st_z. 0,53 · 0,8 · 0,50 M.			0,21
9		2,00 — 0,18 = 1,82 m hoch 1,82 · 1,25 = 2,28 qm			
	2,28	qm Bohlen von i. M. 7 cm Stärke, je qm	6,00	13,68	
10		Die Pfähle an der Hinterseite fluchtrecht mit dem Beil abflächen, auf die Höhe von 1,82 m etwa 40 Löcher für 7 mm Nägel von 15 cm Länge vorbohren, die Bohlen anpassen und annageln 1,82 · 1,25 = 2,28 qm			3,42
11	40	Stück Nägel zu lfd. Nr. 9	1,50		
12	1	kg Karbolineum deckt 10 qm Fläche und kostet 30 Pf. Abschnitt IV für zweimaligen Anstrich von 2,28 qm An= sichtsfläche, 7 · 1,25 · 0,07 = 0,6 qm Seiten= flächen, zusammen rd. 3,0 qm, sind erforder= lich, entsprechend 2 · 2 · 3,0 = 12 qm ∾ 1,1 kg dafür	0,05	2,00	
	1,5	kg Karbolineum liefern	0,30	0,45	
13	12	qm Karbolineumanstrich, 1 qm erfordert 0,5 st	0,175		2,10
					19,75
14		Materialkosten A			27,03
15		Zusammen A + B			46,78
16		Für Aufsicht und Geräte etwa 11% . . .			5,22
17		Zusammen für 1 lfd. m $\frac{52,00}{1,25}$ ∾ 41,6 M. .			52,00

Bohlwerke, Uferschälung (Anmerkung des Herausgebers). Die Kosten der= artiger Anlagen müssen einzeln berechnet werden, nach der in Abschnitt V ange= gebenen Unterlage (s. auch vorstehendes Beispiel).

Bohlwerke. Im allgemeinen macht es nicht viel Unterschied, ob derartige Anlagen zuerst als hochgezogene oder verholmte Spundwand (bis auf beabsichtigte Nutzhöhe) mit vorgelegtem Riegel und vorgeschlagenen Prellpfählen ausgeführt werden, oder ob die Spundwand unter N.=W. abgeschnitten und verholt wird zur Aufnahme einer sogenannten aufgeständerten Wand. Für Kostenüberschläge kann man annehmen, daß bei Höhen bis zu 2 m über vorliegender Flußsohle, wobei die auf Erddruck beanspruchten eingerammten Teile in rund 0,4 der Höhe unverankert frei stehen, unter Durchschnittsverhältnissen 35 bis 40 M. je Quadratmeter Ansichtsfläche (also über der Sohle) kosten, während höhere, verankerte Wände unter den gleichen Verhältnissen mit 60 bis 65 M. anzusetzen sind.

Ufermauern. Die Kosten sind erheblich von der freien Höhe und dem Untergrunde abhängig und müssen daher je nach Art und Tiefe der Gründung aus den Angaben des Abschnittes V besonders berechnet werden.

Es mögen hier einige Beispiele nach den statistischen Nachweisungen usw., bearbeitet von Paul Roloff, zum Vergleich angegeben werden.

An 70 M. je Quadratmeter Ansichtsfläche über der Sohle bis zur Nutzungshöhe gemessen kosteten:

Ufermauer im Coseler Umschlagshafen. Mauerhöhe 7,35 m über der Sohle in Stampfbeton mit Klinkerverblendung, mit Granitplattenabdeckung, Gründung auf 1,0 m hohem Betonbett zwischen Spundwänden.

Ufermauer in Berlin (Kupfergraben). Mauerhöhe 6,55 m über der Sohle in Bruchsteinmauerwerk, im oberen Teile mit Sandstein, in den zwei unteren Schichten mit Granitstein verblendet. Granitplattenabdeckung. Gründung 2,25 m starkes Betonbett auf Pfählen zwischen Spundwänden.

Ufermauer im Kaiserhafen zu Ruhrort. 8,50 m Ansichtshöhe über der Sohle. Bruchsteinmauerwerk mit Sandsteinverblendung, Granitplattenabdeckung. Der Unterbau aus einzelnen Brunnen mit viereckigem Grundriß aus Bruchsteinmantel mit Betonfüllung. Der 4,5 m weite Zwischenraum zwischen den 3,50 m breiten Pfeilern ist durch Klinkergewölbe überspannt. Den hinteren Abschluß bildet ein Rostgitter aus I=Eisen, dahinter Schotter. Die Erdböschung unter den Gewölben ist in Neigung von 1 : 1 abgepflastert.

Zwischen 100 und 110 M. je Quadratmeter Ansichtsfläche kosteten:

Ufermauer in Glückstadt bei 6,8 m Höhe über der Sohle. Ausführung Klinkermauerwerk mit Granitplattenabdeckung und 14 m hohem Pfahlrost mit Bohlenbelag und hinterer Spundwand. Unter dem Bohlenrost 0,50 m starke Ziegelbrockenschicht.

Ufermauer in Berlin, bei 6,8 m Höhe, sonst wie oben angegeben, nur auf stärkeren Pfahlrost und eine Mauer an der Porzellanmanufaktur, die nur 4,50 m Ansichtshöhe hat und direkt auf 3 m hoher Betonschicht gegründet ist.

Anderseitig ausgeführte Kaimauern an Hafenbecken in 12 bis 14 m Höhe über der Sohle kosten mindestens 120 M. je Quadratmeter Ansichtsfläche und sind im großen Durchschnitt mit 150 M. anzusetzen. Fast in allen diesen Fällen war eine tief herunterreichende Pfahlrostgründung auf 13 bis 16 m langen Pfählen erforderlich.

Die Hafen=Kaimauer in Köln a./Rh.[1]). Der Hafen ist 1898 eröffnet. Die

---

[1]) Zeitschrift für Arch.= und Ingenieurwesen, Wochenausgabe 1898, Nr. 38, S. 641.

Kaimauer besteht vorne aus Säulenbasalt, sonst aus Bruchsteinen. Die Kosten dieser Kaimauer betrugen:

Massen	Gegenstand	Kosten für die Einheit			Für 1 m Kaimauer M.
		für das Material M.	für die Arbeit M.	im ganzen M.	
1,0	m vordere Spundwand 12 cm stark, mit Nut und Feder gehobelt	80,00	45,00	125,00	125,00
1,0	m Wasserhaltung	—	97,00	97,00	97,00
5,0	cbm Traßbeton in den untersten Fundament- schichten, 4,2 m breit und 1,2 m hoch, 1 K : 1 T : 1½ S : 5 Steine	4,50	6,50	11,00	55,00
5,0	cbm Zementbeton in den oberen Fundament- schichten, 4,2 m breit und 1,2 m hoch, 1 Z : 2 S : 5 Steine	6,10	6,50	12,60	63,00
18,7	cbm Bruchsteinmauerwerk	10,50	7,20	17,70	331,00
6,6	qm Tafelbasalt-Verblendung	9,70	4,00	13,40	88,40
3,7	cbm Ziegelmauerwerk des Kanals	11,90	9,90	21,80	80,70
5,0	qm Ziegelverblendung desselben	2,30	2,70	5,00	25,00
1,3	cbm Hausteine	65,00	9,50	74,50	96,90
4,3	qm Zementputz	0,45	0,95	1,40	6,00
1,0	m Eisenteile	5,90	5,40	11,30	11,30
1,0	m Nebenarbeiten	—	—	—	20,70
			Zusammen für 1 m Kaimauer		1000,00

Die Kaimauer ist etwa 10,5 m hoch.

Da bei einer mittleren Mauerstärke von $h/3$ die Kosten der Mauer für

$$1\ m = a + \frac{h^2}{3} \cdot b = 1000\ \mathfrak{M}.\ \text{sind, wo}\ a = 125 + 97 = 222\ \mathfrak{M}.$$ die Kosten für 1 m Spundwand samt Wasserhaltung bedeuten, so kostet das lfm. Kaimauer bei h Meter

$$\text{Höhe} = a + 21{,}2 \cdot \frac{h^2}{3}\ \text{rund}\ 220 + 7 \cdot h^2 = 7\,(32 + h^2)\ \mathfrak{M}.,$$ wobei sich $b \sim 21{,}2\ \mathfrak{M}.$ als mittlere Kosten für 1 cbm des Gesamtmauerwerks ergeben.

3. Gründungen der Bauwerke.

Die Bauwerke werden mit dem Grund und Boden in unverrückbare Verbindung durch die Fundamente gebracht.

Die Bewertung des Baugrundes auf seine Tragfähigkeit erfolgt mangels exakter Bestimmungen durch Schätzungen und landläufige Bezeichnungen, wie „guter Baugrund", „ziemlich guter Baugrund" usw.

Mit Probebelastungen können große vom Bauwerk zu erwartende Belastungen häufig nicht erzielt werden, und Proberammungen stützen sich auf die Anwendbarkeit mehr oder weniger theoretischer Formeln (siehe Abschnitt V).

Über den seitlichen Widerstand eingerammter Pfähle, der z. B. bei Uferwänden, namentlich bei biegungsfesten Konstruktionen, in Betracht kommt, sind Bestimmungs- methoden nicht bekannt.

Die lotrechte Tragfähigkeit des Untergrundes kann etwa angenommen werden:

für Sand= und Kiesboden zu . . . . 4 bis 6 kg/qcm
„ trockenen, festen Lehm und Ton zu . . . . 3 „ 4   „
„ weichen feuchten Ton zu 2   „

wobei vorausgesetzt ist, daß diese tragenden Schichten mindestens 3 m Mächtigkeit unter der Fundamentsohle haben.

Für Fels gilt als zulässige Belastung $^1/_{10}$ seiner Druckfestigkeit mit den Grenzen 5 und 15 kg/qcm, jedenfalls nicht mehr als die für das tragende Material zuzulassende Druckbeanspruchung (siehe Abschnitt III); nur Rammpfähle tragen durch die Reibung mit dem umschließenden Boden erheblich mehr, als auf ihre Querschnittsflächen an Sohlenpressung entfällt (siehe Abschnitt V).

Die Bemessung der Fundamentflächen ist bei gleichmäßiger Druckverteilung einfach, wenn die zulässigen Bodenpressungen bekannt sind; für exzentrische Belastungen kommt die Theorie vom Kern der Querschnitte in Anwendung.

Als sicherer Baugrund gilt:

1. Felsboden von genügender Ausdehnung und wagerechter Schichtung, wie Tuff, steiniges Erdreich, wenn gegen Abgleiten gesichert, Gerölle, Kies, grobkörniger Sand.

2. Feinkörniger Sand und trockene Lagen von Lehm und Ton mit Sand gemischt, jedoch nur bei einer Mächtigkeit von mindestens 4 bis 6 m; bei geringerer Mächtigkeit sind die Lagen mit gewalzten Schotterlagen, Betonsohlen oder Pflastersteinen zu befestigen oder durch Spundwände zum Schutz gegen seitliches Ausweichen.

Als unsicherer Baugrund gilt:

Nasser Lehm und Ton, wenn auch mit Sand gemischt, schwimmende Flöße, besonders bläulicher (toniger) Sand, Well= oder Triebsand, sehr nasser Lehm, Morastboden, Wiesen= und Brucherde, Mergel, Letten, Torf, Mutterboden, aufgeschüttete Erde und Bauschutt, auch nach jahrhunderte langer Lagerung:

Die Tragfähigkeit nimmt mit der Mächtigkeit der tragenden Bodenschicht, ferner mit ihrer Rauhigkeit und mit der Sohlenfläche des Bauwerkes zu:

Die für derartige Verhältnisse gegebenen Formeln haben jedoch wenig praktischen Wert[1]).

Beispiel zur Benutzung der folgenden Tabellen 1 u. 2.

Die in Tabelle 1 unter lfd. Nr. 9 und in Gruppe III mit 4 bezeichnete Betonschüttung kann überall da angewendet werden, wo in Tabelle 2 unter der Bezeichnung Gruppe III, Sohlen, (also in den Spalten 12 u. 19), die Zahl 9 steht, d. h. bei schwerem Baugrunde (B), wenn Wasser nicht vorhanden ist, (1), fester Baugrund in geringer Tiefe gefunden ist, (a); oder auch bei sehr schwerem Baugrunde (C), wenn Wasser vorhanden aber noch zu bewältigen ist (2) in größerer Tiefe (c), wobei nach Spalte 17 Erdaushub im Trocknen und Nassen, (lfd. Nr. 1 u. 2 Tabelle 1), und nach Spalte 23, Fangedämme, (lfd. Nr. 24 Tabelle 1), nötig sind oder aber die Stützen nach Spalte 22, Holzpfähle, (lfd. Nr. 22 oder Tabelle 1), dann ohne Erdaushub angebracht erscheinen.

---

[1]) Nähere Angaben siehe Brennecke Grundbau, Verlag der deutschen Bauzeitung, Berlin. Rheinhard=Scheck, Ingenieurkalender 1909. Verlag J. F. Bergmann, Wiesbaden. Der Herausgeber.

Tabelle 1. Einteilung der Gründungskonstruktionen.

Die Bauwerksgründungen können angesehen werden als Zusammenstellungen aus den folgenden Gründungskonstruktionen (vgl. Erläuterung auf der vorhergehenden Seite).

Lfd. Nr.	Gründungskonstruktionen	Anwendung auf die in Tabelle 2 vorgesehenen Bodenverhältnisse.	Kostenermittelungen sind zu ersehen in
	Gruppe I. Erdaushub.		
1	1. Im Trockenen oder Feuchten . . .	A_{1a}, A_{2a}, A_{1b}, A_{2b} B_{1a}, B_{2a}, C_1, C_2	Abschnitt V, B II.
2	2. Im Wasser	A_{2a}, A_{3a}, A_{2b}, A_{3b} A_{3c}, B_{3a}, B_{3c}, C_2	Abschnitt V, B II.
	Gruppe II. Fundamentmauerwerk.		
3	1. in Steinen	A_{1a}, A_{2a}, A_{3c} B_{1a}, B_{2a}, B_{3c} C_1, C_3	Abschnitt V, B VII.
4	2. in Beton	wie vor.	} Abschnitt VI, 12.
5	3. in Eisenbeton	wie vor.	
	Gruppe III. Sohlen u. Abdeckungen.		
6	1. Steinpackung	C_{1c}	}
7	2. Steinschüttung	A_{3a}, C_{2c}	Abschnitt V, B.
8	3. Sandschüttung	C_{1c}, C_{2c}, C_{3c}	
9	4. Betonschüttung	B_{1a}, B_{2a}, B_{3a}	Abschnitt VI, 12.
10	5. Verkehrte Gewölbe	C_{1c}, C_{2c}	Abschnitt V, B VII.
11	6. Schwellrost	C_{2c}	f. Beispiel.
12	7. Breite Senkkästen, als liegender Rost	C_{3c}	f. Senkkasten.
13	8. Bögen	$A_{1b,c}$, $A_{2b,c}$, A_{3b}	Abschnitt V, B VII.
14	9. Rostbelag	A_{2b}, A_{3b}, A_{2c}, A_{3c} B_{2b}, B_{3b}, B_{2c}, B_{3b}	Beispiel f. unten.
15	10. Beton und Eisenbeton	A_{2b}, A_{3b}, A_{2c}, A_{3c} B_{2b}, B_{3b}, B_{2c}, B_{3c}	Abschnitt VI, 12.
	Gruppe IV. Pfeiler.		
16	1. Massive Pfeiler	A_{1b}, A_{2b}	Abschnitt VI, 4.
17	2. Senkkästen	A_{1b}, A_{2b}, B_{3c}, C_{3c}	Beispiel.
18	3. Senkbrunnen und	A_{1b}, A_{2c}, A_{3c}	Beispiel.
19	4. Kastenbrunnen	A_{1b}, A_{2b}, A_{3b}	
	Gruppe V. Stützen. [1]		
20	1. Beton- und	$A_{1b,c}$	} Abschnitt VI, 12.
21	2. Eisenbetonpfähle	$A_{1b,c}$, $A_{2b,c}$, $A_{3b,c}$, $B_{1b,c}$ $B_{2b,c}$, $B_{3b,c}$	
22	3. Holzpfähle, bzw. stehender Pfahlrost.	$A_{2b,c}$, $A_{3b,c}$, $B_{2b,c}$, $B_{3b,c}$ $C_{3b,c}$	Abschnitt V, B. u. Beispiel.
	Gruppe VI. Umschließungen.		
23	1. Spundwände in Holz, Eisen . . .	A_{1a}, A_{2a}, A_{3a} B_{1a}, B_{2a}, B_{3a}, C_1	Beispiel.
24	2. Fangedämme	A_{2a}, A_{3a}, B_{2a}, B_{3a} C_1, C_2, C_3	Beispiel.
25	und mittelbare . . . . 3. Luftdruckgründungsverfahren . . .	A_{3c}, B_{3c}	} wechseln je n. Anwendung.
26	4. Gefriergründungsverfahren	A_{3c}, B_{3c}	

[1] Eiserne Pfähle kommen in Deutschland selten, in den englischen und französischen Kolonien dagegen als Schraubpfähle ziemlich häufig auch bei großen Wassertiefen vor (der Herausgeber).

Tabelle 2. Wahl der Gründungskonstruktionen[1]).

> = Verbreitung; ( ) = unter Umständen anzuwenden; p = rechnerische Belastung des Baugrundes für 1 qm Grundfläche; s = zulässige Beanspruchung des vorhandenen Baugrundes für 1 qm Grundfläche.

Anzuwenden sind die in Tabelle 1 angegebenen laufenden Nummern der Gründungskonstruktionen:

Lfd. Nr.	Gründungskonstruktionen nach Tabelle 1 wenn	A. leicht, $p/s < 1$.							B. [schwer, $p/s > 1$.]							C. sehr schwer, $p/s >> 1$.							Bemerkungen
		I. Erdaushub	II. Fundamentmauerwerk	III. Sohlen	III. u. abdeckungen	IV. Pfeiler	V. Stützen	VI. umschließungen	I. Erdaushub	II. Fundamentmauerwerk	III. Sohlen	III. u. abdeckungen	IV. Pfeiler	V. Stützen	VI. umschließungen	I. Erdaushub	II. Fundamentmauerwerk	III. Sohlen	III. u. abdeckungen	IV. Pfeiler	V. Stützen	VI. umschließungen	
		3	4	5	6	7	8	9	10	11	12	13	14	15	16	17	18	19	20	21	22	23	24
		Fester Baugrund ist gefunden.														**Fester Baugrund ist nicht gefunden.**							
1 a	Wasser nicht vorhanden ist. — a) In geringer Tiefe.	1	8—5	—	—	—	—	—	1	>—8—6	>8(9)	—	—	—	(23)	1	>8—6	6,7,9,10	—	—	—	—	Holz zu betreiben.
1 b	b) In mittlerer Tiefe.	1	—	—	18,15	16—19	20,21	(23)	1	—	—	18,15	—	20,21	(23)								
1 c	c) In größerer Tiefe.	—	—	—	(18),15	—	20,21	—	—	—	—	18,15	—	20,21	—								
2 a	Wasser vorhanden — aber zu bewältigen ist. — a) In geringer Tiefe.	1 u. 2	8—5	—	—	—	20,21	23,24	1 u. 2	>—8—5	>9	13—15	17—19	20—22	23,24	1 u. 2	>8—5	7,9,10	—	17	22	23,(24)	Gerammte kurze Holzpfähle.
2 b	Nach Fertigstellung der Gründungskonstruktion steht diese unter Wasser. — b) In mittlerer Tiefe.	1 u. 2	—	—	18,15	(16)—19	20—22	(23)	1 u. 2	—	—	(13),15	17—19	20—22	(23)	—	—	7—9	—	—	22	23,(24)	
2 c	c) In größerer Tiefe.	—	—	—	(18),15	—	20—22	—	—	—	—	(13),15	17—19	20—22	—	—	—	11	—	—	—	—	
3 a	und nicht zu bewältigen ist. — a) In geringer Tiefe.	2	—	7	—	—	—	23,(24)	2	7	>9	18—15	18—15	20—22	23,(24)	—	—	—	—	17	22	23,(24)	
3 b	b) In mittlerer Tiefe.	2	—	—	18,15	18,19	20—22	(23)	2	—	—	14,15	18,19	20—22	(23)	—	—	—	—	17	22	—	
3 c	c) In größerer Tiefe.	2	8—5	—	14,15	—	20—22	25,26	2	>—8—5	—	(13—15)	—	20—22	25,26	8—5	8—5	(12)	—	—	—	(24)	

[1]) Anm. des Herausgebers: Bei der großen Verschiedenheit des Baugrundes und Möglichkeit der Anwendung der einzelnen Gründungsarten allein oder im Zusammenhange mit anderen kann diese Tabelle nur als annähernder Hinweis auf die Wahl der Konstruktionen gelten. Nebenforderung mit

Zu Gruppe I. Erdaushub.

1. a) Im Trocknen.

Die Bodenmassen in offenen oder weitumschlossenen Baugruben zu ge=
winnen, an die Erdoberfläche zu schaffen und dieselben 50 m weit zu transportieren
$st_e = 20$ Pf. (siehe Abschnitt V, B).

Tiefe der Fundamentsohle unter Erd= oberfläche m	2	4	6	8	10	12	15
Feinen Sand . . . . . für 1 cbm in M.	0,45	0,65	0,85	1,05	1,25	1,45	1,65
Groben Sand und Kies, weichen Boden für 1 cbm in M.	0,60	0,80	1,00	1,20	1,40	1,60	1,90
Lehmigen Kies . . . . „ 1 „ „ „	0,75	0,95	1,15	1,35	1,55	1,75	2,05
Gewöhnlichen Lehm . . „ 1 „ „ „	0,90	1,10	1,30	1,50	1,70	1,90	2,20
Ton, strenger Lehm, Gerölle „ 1 „ „ „	1,10	1,30	1,50	1,70	1,90	2,10	2,40
Felsen von „ 1 „ „ „	2,00	2,20	2,40	2,60	2,80	3,00	3,30
Felsen bis „ 1 „ „ „	3,00	3,20	3,40	3,60	3,80	4,00	4,30

b) Im Feuchten sind zu den vorstehenden Beträgen entsprechende Zuschläge bis
zur Hälfte zu machen.

2. Im Wasser.

Das Baggern der Bodenmassen bei Brunnen= usw. Fundierungen mittels Hand=
bagger oder Maschinen, samt Transport auf 50 m Entfernung, kostet:

Im leichten Sande . . . . für 1 cbm $\sim$ 4,00 M.

„ groben Sande und Kiese . . . . „ 1 „ $\sim$ 5,50 „

„ lehmigen Kiese . . . . „ 1 „ $\sim$ 7,00 „

„ gewöhnlichen Lehm . . . . . „ 1 „ $\sim$ 8,50 „

„ Ton und strengen Lehm . . . . . „ 1 „ $\sim$ 10,00 „

Beispiel zu Gruppe II. Fundamentmauerwerk.

1. Aus Ziegeln.

a) In Kalkmörtel, 1 cbm Mauerwerk erfordert:

400 Ziegel frei Baustelle bei 25 M. für 1000 Stück . . . . 10,00 M.

Mörtel, 0,25 cbm, bei 1 : 2 i. M. 10,00 M./cbm . . . . 2,50 „

Material . . . . 12,50 M.

1 cbm Mauerwerk in 3 m tiefer Baugrube herstellen, wenn Maurer=
arbeitsstunde $st_m = 0,40$ M., Handarbeiterstunde $st = 0,30$ M. kostet,
$5 \cdot 0,40 + (6 + 0,5 \cdot 3,0)\ 0,30$ (V. B. VII.) . . . . 4,25 M.

1 cbm Fundamentmauerwerk, Material und Arbeit . . . . 16,75 M.

Ohne Zuschlag für Aufsicht und Geräte.

b) In verlängertem Zementmörtel, für Brücken und Durchlässe in der
Mischung 1 R. T. Zement + 1 R. T. Kalk + 5 R. T. Sand; bei einem
Materialpreise von i. M. 25 M./cbm. Arbeitslohn wie vor

Mithin 400 Stück Ziegelsteine $\dfrac{400 \cdot 25}{1000}$ M. . . . . 10,00 M.

Mörtel $0,25 \cdot 25$ M. . . . . 6,25 „

Material . . . . 16,25 M.

Übertrag 16,25 M.

Arbeitslohn wie vor . . . . 4,25 „

Material und Arbeit . . . . 20,50 M.

Hierzu für Aufsicht und Geräte, der entsprechende Zuschlag und 10%.

2. Aus Bruchsteinen.

a) In Kalkmörtel, 1 cbm Mauerwerk erfordert 1,3 cbm aufgesetzte lagerhafte Bruchsteine und 0,30 cbm Mörtel. Mithin, wenn 1 cbm Bruch= steine frei Baustelle 5,00 M., 1,3 cbm . . . . 6,50 M.

Mörtel, 1 cbm 15,00 M.; 0,30 · 15,00 M. . . . . 4,50 „

Material . . . . 11,00 M.

Arbeitslohn für 1 cbm 6 · 0,40 + (7 + 0,5 · 3,0) 0,30 M. . . . . 4,95 „

1 cbm Material und Arbeit . . . . 15,95 M.

Hierzu für Aufsicht und Geräte, der entsprechende Zuschlag und 10%.

b) In verlängertem Zementmörtel:

Bruchsteine wie vor . . . . 6,50 M.

Mörtel, 0,30 · 25,00 M. . . . . 7,50 „

Material und Arbeit . . . . 14,00 M.

Arbeitslohn wie vor . . . . 4,95 „

Material und Arbeit . . . . 18,95 M.

Hierzu für Aufsicht und Geräte, der entsprechende Zuschlag und 10%.

Beispiel zu Gruppe III. Sohlen und Abdeckungen.

Schwellrost.

Beispiel. In Entfernungen von 1,0 m liegen Grundschwellen von 20/20 cm Stärke, über welche der Quere nach Zangen von 20/20 cm Stärke in Entfernungen von 2,0 m eingelassen und verbolzt werden. Zwischen den Zangen werden Bohlen von 12 cm Stärke gelegt und auf die Schwellen mit geschmiedeten Nägeln genagelt.

1 cbm scharfkantiges Kiefernholz frei Baustelle kostet. . . . . 50,00 M.

1 qm 12 cm Bohlen II. Klasse ebenda . . . . 7,50 „

1 kg Bolzen und Nägel . . . . 0,60 „

und die Zimmererarbeitsstunde st_z = 50 Pf.

1 qm Schwellrost kostet an Material: . . . .

1 Grundschwelle 20/20 cm 0,04 cbm · 50,00 M. . . . . 2,00 „

½ Zange 20/20 cm . . . . 1,00 „

1 qm Bohlen, 12 cm stark . . . . 7,50 „

1 Schraubbolzen, 16 mm stark, zwischen Kopf und Mutter $20 + \frac{2}{3} \cdot 20 = 33$ cm

lang, 0,6 kg · 0,60 M. . . . . $\sim$ 0,40 „

Zu 5 Bohlen je 2 Nägel, 10 Nägel 20 cm lang, 100 Stück = 7 kg . . $\sim$ 0,40 „

Materialkosten . . . . 11,30 M.

Arbeitskosten 3 st_z : 3 · 0,50 M. . . . . 1,50 „

1 qm Schwellrost, Material und Arbeit . . . . 12,80 M.

Für Aufsicht und Geräte etwa 10% . . . . 1,30 „

Für den selbstausführenden Unternehmer 1 qm Schwellrost . . . . . . 14,10 M.

Beispiel zu Gruppe IV. Pfeiler.

Senkkästen.

Das Senken der Kästen geschieht entweder in Tagelohn, wobei für die Arbeits-stunde des Brunnenmacher-Gesellen je nach der Örtlichkeit, i. M. 0,50 M. und auf jeden der 4 Arbeitsleute 0,30 M. zu rechnen ist — in Berlin 0,80 M. bzw. 0,55 M. — oder nach Kubikmetern des auszugrabenden bzw. auszubohrenden Bodens.

a) Es kostet ein Senkkasten aus 8 cm starken Bohlen mit 12 bis 16 cm stark, diagonal getrennten, also im Querschnitt dreieckigen Eckstielen, einschließlich Holz, Nägel und Arbeitslohn, aufgestellt, berüstet und abgesteift frei Baustelle:

> bei 3,0 m Kastenhöhe für 1 qm Kastengrundfläche etwa 10,00 M.
> „ 6,0 „ „ „ 1 „ „ „ 13,00 „

b) den Boden zum Senken ausheben . . . . 0,80 M./cbm

c) das Senken des Kastens unter Wasser:

> in Sand . . . . 6,00 „
> in Lehm . . . . 8,00 „
> in Kies und Triebsand . . . . 10,00 „

d) das Ausbetonieren des Kastens unter Wasser 1 cbm Beton etwa 16,00 „

e) das Ausmauern des Kastens für Mauerwerk . . . . . . „ 25,00 „

Die Kosten eines Senkkastens, fix und fertig hergestellt, abgesenkt, ausbetoniert und ausgemauert, wenn mit s in m die innere Seitenlänge des Kastens, mit T die Gesamttiefe des Kastens in m und mit t die Tiefe des Wasserstandes unter Terrain bedeutet, betragen für den Kasten, das Senken und Ausbetonieren, wenn der Kasten $4 \cdot s^2 T$ in M., das Senken wie unter c), das Ausbetonieren unter Wasser bei T_m Beton-stärke $= (21,50 + 3,50) s^2 T = 25 s^2 T$ in M.

Zusammen:

> in Sand . . . . 35 $s^2 T$ in M.
> in Lehm . . . . 37 $s^2 T$ „ „
> in Kies und Triebsand . . . . . . 39 $s^2 T$ „ „

Hierzu für den Erdaushub im Trockenen $0,80 \cdot T^2 t$ in M., z. B. wenn $s = 1,50$ m und $T = 5$ m in Lehm, kostet 1 Senkkasten in lehmigem Boden . . $\sim$ 440,00 M.

Für Bodenaushub $0,80 \cdot 1,5^2 \cdot 5$ . . . . $\sim$ 9,00 „

Zusammen 1 Senkkasten von 1,5 m Quadratseite bei 5 m Tiefe . . . . 449,00 M.

Für Aufsicht und Geräte etwa 10% . . . . 45,00 „

Selbstkosten des selbstausführenden Unternehmers für 1 Senkkasten wie vor 454,00 M.

Gesenkte Brunnen. Die Kosten für kreisrunde Brunnen in der Lichtweite von 1,0 bis 3,0 m betragen:[1]

a) Die Anzahl der Ziegel, welche zu solchen Brunnen für jeden Meter der Tiefe nötig sind, berechnen sich nach der Formel:

$$(d + a) \pi \cdot a \cdot 400 \text{ Stück,}$$

---

[1] Die Kosten für rechteckige Brunnen und derjenige für Übergangsformen bei ausgedehnten, lang-gestreckten Brunnenfundierungen lassen sich unter ähnliche Annahme berechnen. Im allgemeinen erhöhen sich die Senkungskosten bei letzteren Formen dadurch, daß ein größerer 10 bis 20% erreichender Nachsturz des Erdreichs stattfindet. Der Herausgeber.

wenn mit a die Stärke des Brunnenmauerwerks in Meter, d die lichte Weite des Brunnens in Meter bezeichnet wird. Dann ergibt sich folgende Tabelle:

d = Lichtweite des Brunnens m	Anzahl der Ziegel für 1 m Brunnentiefe, wenn die Wandstärke des Brunnens beträgt:		
	25 cm = 1 Stein Stück	38 cm = 1½ Stein Stück	51 cm = 2 Stein Stück
1,00	390	—	—
1,25	470	770	—
1,50	550	880	1260
1,75	630	990	1410
2,00	710	1100	1570
2,25	790	1200	1730
2,50	870	1310	1880
2,75	—	1420	2040
3,00	—	1530	2200

b) Ein Brunnenkranz von 25 cm Breite aus 3 Lagen 5 cm starker kieferner Bohlen mit einer Flacheisenband-Schneide wird unten auf die Sohle des Erdaushubes gelegt und der Brunnen darauf gemauert. Ein solcher Brunnenkranz kostet = 15 · d M., also:

für 1,00 m weite Brunnen . . . . 15,00 M.
„ 1,25 „ „ „ . . . . 19,00 „
„ 1,50 „ „ „ . . . . 23,00 „
„ 1,75 „ „ „ . . . . 26,00 „
„ 2,00 „ „ „ . . . . 30,00 „
„ 2,25 „ „ „ . . . . 34,00 „
„ 2,50 „ „ „ . . . . 38,00 „
„ 2,75 „ „ „ . . . . 41,00 „
„ 3,00 „ „ „ . . . . 45,00 „

c) Der Erdaushub, welcher bis zum Grundwasserspiegel, also im Trockenen geschieht, kostet für 1 cbm Boden etwa 0,60 M. Wird nun etwa 30% für Böschungen oder für Ausbolzungen zu den Kosten zugeschlagen, so ergibt sich für jedes Meter der Aushubtiefe $= \left(\dfrac{d + 2a}{2}\right)^2 3{,}14 \cdot 0{,}80$ M., also:

für 1,0 m weite Brunnen . . . . 1,50 M.
„ 1,5 „ „ „ . . . . 2,50 „
„ 2,0 „ „ „ . . . . 5,00 „
„ 2,5 „ „ „ . . . . 7,00 „
„ 3,0 „ „ „ . . . . 10,00 „

d) Die Aufführung der Brunnenwand aus Ziegelmauerwerk in Zementmörtel, wobei in der Regel die äußere Fläche des Brunnens in Zementmörtel geputzt wird, um die Reibung des Brunnens an der Erde beim Senken zu verringern, kostet, einschließlich des Arbeitslohnes für den Putz, für 1 cbm Mauerwerk an Arbeitslohn 5 M. Demnach stellen sich die Kosten dieser Arbeit für 1 m Brunnenhöhe:

d = Lichtweite des Brunnens m	Kosten für Aufmauerung und Verputzen des Brunnens an Arbeitslohn einschl. Geräte und Gerüste für 1 m Brunnentiefe bei einer Wandstärke des Brunnens von:		
	25 cm = 1 Stein M.	38 cm = 1½ Stein M.	51 cm = 2 Stein M.
1,00	5,00	—	—
1,25	6,00	9,60	—
1,50	7,00	11,00	15,70
1,75	8,00	12,30	17,70
2,00	9,00	13,70	19,60
2,25	10,00	15,00	21,60
2,50	11,00	16,40	23,50
2,75	—	17,80	25,50
3,00	—	19,10	27,50

e) Das Senken des Brunnens unter Wasser mittels des Trichterbohrers, der indischen Schaufel oder der Handbaggermaschine, sowie die ausgebaggerte Erde beiseite zu schaffen, den Brunnen mit Eisen zu belasten, das Eisen heranzuschaffen und wieder fortzutransportieren, wobei der Transport des Eisens zur Baustelle, das Auf- und Abladen, das Verwiegen für eine Woche 0,30 M. für 100 kg; und den Brunnen mit Eisen zu belasten, später zu entlasten und das Eisen auf der Baustelle zu transportieren 0,50 M. für 100 kg (also für 1 Brunnen) kostet, erfordert an Arbeitslohn für die Masse des Erdaushubes, welcher gleich dem äußeren Rauminhalt des Brunnens ausmacht:

bei steinigem Boden und im Triebsand für 1 cbm 8 bis 10 M.

„ festem Lehm und Moor . . . . . „ 1 „ 6 „ 8 „

„ Sand . . . . „ 1 „ 4 „ 6 „

Demnach kostet ein Brunnen zu senken, vom Grundwasserspiegel ab gerechnet, für 1 m Tiefe des Brunnens

$$\left(\frac{d + 2a}{2}\right)^2 \cdot \pi \, (4 \text{ bis } 10) \text{ Mark,}$$

wenn d die lichte Weite und a die Wandstärke des Brunnens bedeutet.

Daraus ergibt sich folgende Tabelle:

d = Lichtweite des Brunnens m	Kosten des Brunnensenkens für 1 m Brunnentiefe in Mark:								
	Bei steinigem Boden (10 M.)			Bei lehmigem Boden (8 M.)			Bei sandigem Boden (6 M.)		
	Wenn die Wandstärke des Brunnens beträgt:								
	25 cm = 1 Stein	38 cm = 1½ St.	51 cm = 2 Stein	25 cm = 1 Stein	38 cm = 1½ St.	51 cm = 2 Stein	25 cm = 1 Stein	38 cm = 1½ St.	51 cm = 2 Stein
1,00	17,60	24,30	31,40	14,10	19,50	25,10	10,60	14,60	18,80
1,25	24,00	31,40	40,10	19,20	25,10	32,90	14,40	18,80	24,90
1,50	31,40	40,10	49,50	25,10	32,90	39,60	18,80	24,90	29,70
1,75	40,10	49,50	57,20	32,90	39,60	45,70	24,90	29,70	34,30
2,00	49,50	57,20	70,65	39,60	45,70	56,50	29,70	34,30	42,40
2,25	57,20	70,65	83,50	45,70	56,50	66,80	34,30	42,40	50,10
2,50	70,65	83,50	96,10	56,50	66,80	76,90	42,40	50,10	57,60
2,75	83,50	96,10	110,80	66,80	76,90	88,70	50,10	57,60	66,50
3,00	96,10	110,80	125,60	76,90	88,70	100,50	57,60	66,50	75,40

29*

f) Einen Brunnen unter Wasser auszubetonieren 1,0 m hoch, den Beton anzumachen und in Kübeln hinunterzulassen, kostet für 1 cbm Beton an Arbeitslohn einschließlich Winden, Gerüste, Geräte usw. = 3,50 M.

Demnach betragen die Kosten für einen Brunnen von:

1,00 m Lichtweite	bei	0,79 cbm	Beton	2,80 M.
1,25 „	„	„	1,23 „	„	4,30 „
1,50 „	„	„	1,74 „	„	6,10 „
1,75 „	„	„	2,41 „	„	8,40 „
2,00 „	„	„	3,14 „	„	11,00 „
2,25 „	„	„	3,98 „	„	13,90 „
2,50 „	„	„	4,91 „	„	17,20 „
2,75 „	„	„	5,94 „	„	20,80 „
3,00 „	„	„	7,07 „	„	24,70 „

g) Einen Brunnen im Innern auszumauern, nachdem die Betonlage eingebracht ist, und vorher auszupumpen, kostet für 1 cbm 3,00 M.

Es betragen demnach die Kosten dieser Ausmauerung für einen Brunnen von:

$$d \text{ m Lichtweite für 1 m Brunnentiefe} = \left(\frac{d}{2}\right)^2 \cdot \pi \cdot 3 \text{ M.}$$

Bei 1,00 m Lichtweite	für 1 m Brunnentiefe	2,40 M.
„ 1,25 „	„	„ 1 „	„	3,70 „
„ 1,50 „	„	„ 1 „	„	5,30 „
„ 1,75 „	„	„ 1 „	„	7,20 „
„ 2,00 „	„	„ 1 „	„	9,40 „
„ 2,25 „	„	„ 1 „	„	12,00 „
„ 2,50 „	„	„ 1 „	„	14,80 „
„ 2,75 „	„	„ 1 „	„	17,90 „
„ 3,00 „	„	„ 1 „	„	21,30 „

Es ist dabei nicht zu vergessen, bei der ganzen Brunnentiefe 1 m, der schon ausbetoniert ist, in Abzug zu bringen.

h) Es kostet somit ein Brunnen fix und fertig hergestellt, wenn mit d die Lichtweite desselben in Meter,

a die Wandstärke desselben in Meter,

T die Gesamttiefe desselben in Meter,

t die Tiefe des Wasserspiegels unter Oberkante Brunnen in Meter bezeichnet, und ferner:

1 cbm Ziegelmauerwerk in Zementmörtel (1 : 2) für die Brunnenwand 30 M.,

1 „ Ziegelmauerwerk zur Ausmauerung 25 M.,

1 „ Beton 21,50 M. kostet:

1. Das Brunnenwand-Mauerwerk $= (d \, a) \, \pi \cdot a \cdot T \cdot 30$ M.;

2. der hölzerne Brunnenkranz $= d \cdot 15$ M.;

3. der Erdaushub im Trockenen $= \left(\frac{d + 2\,a}{2}\right)^2 \cdot \pi \cdot t \cdot 0,80$ M.;

4. das Senken des Brunnens unter Wasser $= \left(\frac{d + 2\,a}{2}\right)^2 \cdot \pi \cdot (T - t) \cdot 6$ M.;

5. der Beton $= \left(\frac{d}{2}\right)^2 \cdot \pi \cdot (21,50 + 3,50)$ in M.;

6. die Ausmauerung des Brunneninnern $= \left(\dfrac{d}{2}\right)^2 \cdot \pi \cdot (T{-}1) \cdot 25$ M.

Zusammen kostet somit der Brunnen bei T m Tiefe:

$$15 \cdot d + \left[(d+a)\, a \cdot T \cdot 30 + \left(\frac{d+2\,d}{2}\right)^2 (6\,T - 5{,}2\,t) + \left(\frac{d}{2}\right)^2 \cdot T \cdot 25 \right] \text{ in M.}$$

Für d = 1,0 m; a = 0,25 m; T = 6,0 m und t = 2,0 m betragen die gesamten Brunnenkosten 354,00 M.

Für d = 2,0 m; a = 0,38 m; T = 6,0 m und t = 2,0 m dagegen 1159,00 M.

Wird im allgemeinen angenommen, daß t = 0,3 T und a = 0,2 · d sei, was kein so großer Fehler ist, so ergibt sich die Formel, welche für Überschläge genau genug ist:

$$d\,(15 + 50 \cdot d \cdot T) \text{ in Mark,}$$

als Gesamtkosten des Brunnens einschließlich Materialien, Arbeitslohn, Gerüste und Geräte.

Alsdann ergibt sich folgende Tabelle:

d = Durchmesser des Brunnens m	Gesamtkosten des Brunnens in Mark bei einer Brunnentiefe = T								
	3 m	4 m	5 m	6 m	7 m	8 m	9 m	10 m	12 m
1,00	165	215	265	315	365	415	465	515	615
1,25	253	331	409	488	566	644	722	800	956
1,50	360	473	585	698	810	923	1035	1148	1373
1,75	485	638	791	944	1097	1250	1403	1556	1862
2,00	630	830	1030	1230	1430	1630	1830	2030	2430
2,25	793	1046	1300	1552	1805	2058	2311	2564	3070
2,50	975	1288	1600	1913	2225	2538	2850	3163	3786
2,75	1175	1553	1931	2309	2687	3065	3443	3821	4578
3,00	1395	1845	2295	2745	3195	3645	4095	4545	5445

Kastenbrunnen von A. Goerke (D. R. P. Nr. 128 410).

Um die dem Senken des Brunnens sich entgegenstellenden Hindernisse, wie Wurzeln, Steine u. a., bequem beseitigen zu können, wird um den Brunnen herum ein Hohlraum von etwa 25 cm Weite dadurch hergestellt, daß Halbhölzer von dieser Stärke mit dem Brunnenmauerwerk durch Bolzen verbunden und außen mit einer glatten Bretterwand bekleidet werden. Diese Hohlräume ermöglichen die das Senken hindernden Körper bequem aufzufinden und von oben her anzugreifen. Die Kosten stellen sich nach den Ausführungen niedriger als die der Senkbrunnen.

Beispiel zu Gruppe V. Stützen.

1. Betonpfähle . . . . } s. Abschn. VI, 12.
2. Eisenbetonpfähle . . . .
3. Holzpfähle bzw. stehender Pfahlrost.

Die Kosten des Pfahlrostes setzen sich zusammen aus den Kosten der eingerammten und eingezapften Grundpfähle einerseits und aus den Kosten des Schwellrostes andererseits.

Beispiel. Bei einer Länge des Rostes von 10 m und einer Breite von 4 m betragen die Kosten der 40 Stück kiefernen Grundpfähle von 6 m Länge und 30 cm mittlerem Durchmesser, wenn Rundholz frei Baustelle 28,00 M., das Eisen zu den Pfahlschuhen und -ringen 0,80 M./kg kostet und der Stundenlohn des Zimmerers $st_z = 0,45$ M. und der Stundenlohn des Arbeiters st = 0,25 M. beträgt.

Lfd. Nr.	An- zahl	Bezeichnung	Einheits- preis M.	Material- kosten M.	Arbeits- kosten M.
1	40	Rundpfähle, 6 m lang, 0,30 m mittlerer Durchmesser je 0,43 cbm, zus. 17,2 cbm .	28,00	481,60	
2	40	Pfähle von 25 cm Zapfstärke spitzen, nach Abschn. V erforderlich 0,011·491·0,45 M.	0,24	—	9,60
3	40	eiserne Pfahlschuhe je 5 kg schwer = 200 kg	0,80	32,00	—
4	40	eiserne Schuhe befestigen	0,50	—	20,00
5	4	eiserne Ringe, nämlich für je 10 Pfähle 1 Ring, je 4 kg schwer = 16 kg samt Reparatur .	1,00	16,00	—
6	40	eiserne Ringe befestigen	0,30	—	12,00
7	40	Zapfen anschneiden, etwas mehr als lfd Nr. 2 ∽	0,30	—.	12,00
8	40	Zapfenlöcher in die Grundschwellen des Rostes einhauen, siehe Absch. V 0,6·0,45 M. .	0,27	—	10,80
9	40	Pfähle 5 m tief in weichen Boden einrammen nach Abschn. V 5,0·0,20·94·0,25 M. . . .	23,50	—	940,00
10		Arbeitskosten	—	—	1004,40
11		Materialkosten	—	—	529,60
		Zusammen für 40 qm	—	—	1534,00
12	1	qm . . . . ∽	—	—	38,40
		Dazu noch:			
13	1	qm Schwellrost	—	—	14,10
14	1	qm Pfahlrost	—	—	52,50
15	1	qm mit 2 Schichten Ziegeln in verlängerten Zementmörtel übermauern	—	—	2,50
16	1	qm Pfahlrost übermauert	—	—	55,00
17		Für Aufsicht und Geräte rund 10% . . .	—	—	5,50
18	1	qm Pfahlrost, 6 m lange Pfähle, übermauert an Selbstkosten des Unternehmers . . .	—	—	60,50

Für andere Pfahltiefen kann der Einheitspreis in lfd. Nr. 18 durch entsprechende Änderungen der lfd. Nr. 1 und 9 angenähert ermittelt werden, der Betrag für Rammen, lfd. Nr. 9, der im Beispiel $^2/_3$ der Gesamtkosten der Pfahlgründung ausmacht, ist und bleibt für das Veranschlagen unsicher.

Zu Gruppe VI. Umschließungen.

1. Hölzerne Spundwände.

Beispiel einer hölzernen Spundwand. Die 4 m langen Spundpfähle stehen in Entfernungen von 3 zu 3 m, zwischen ihnen die Spundbohlen.

Die Spundbohlen nimmt man für jedes Meter Länge über 2,5 m um 1,2 cm stärker als 10 cm, mithin für 4 m Länge 10 + 1,2 (4,0 — 2,5) = 12 cm stark, die Spund-pfähle etwa doppelt so stark, hier 25/25 cm.

Preise frei Baustelle:

Kiefernkantholz	50 M.
Bohlen 12 cm	10,00 M./qm
1 kg Bolzen	0,60 „
1 kg eiserne Pfahlschuhe, Bohlenschuhe	0,80 M./kg
1 kg eiserne Ringe einschließlich Reparatur	1,00 „

Arbeitslöhne:

1 Zimmererstunde	$st_z = 0{,}50$ M.
1 Arbeiterstunde	$st = 0{,}35$ „

Der Untergrund ist Lehmboden, die Einramungstiefe beträgt 1,0 m.

Lfd. Nr.	An- zahl	Bezeichnung	Einheits- preis M.	Material- kosten M.	Arbeits- kosten M.
1	1	Spundpfahl 25/25 cm, 4 m lang = 0,25 cbm	50,00	12,50	—
2	2	Zangen 14/20 cm, 3 m lang, $2 \cdot 0{,}084$ cbm = 0,168	50,00	8,40	—
3	1	Spitze an den Spundpfahl anarbeiten, siehe V, VII 2, $0{,}0011 \cdot 625 \cdot 0{,}45$ . . . . . $\sim$	—	—	0,30
4		Zwischen 2 Spundpfähle auf $3{,}0 - 0{,}25 = 2{,}75$ m Länge kommen 12 Spundbohlen von 23 cm Nutzbreite und $23 + \dfrac{12}{3} = 27$ cm Bohlenbreite (wegen der Spundung). An Bohlen werden erforderlich $12 \cdot 0{,}27 \cdot 4{,}0 = 13{,}0$ qm .	—	—	—
	13	qm Bohlen von 12 cm Stärke	7,50	97,50	
5	1	Bolzen $2 \cdot 14 + 12 = 40$ cm lang, 16 mm Durchmesser, 0,8 kg	0,60	—	0,50
6	1	Spundpfahlschuh 8 kg	0,80	—	6,40
7	12	Spitzen an die Bohlen anarbeiten $0{,}001 \cdot 23 \cdot 12 \cdot 0{,}45$	0,15	—	1,80
8	12	Bohlenschuhe 3 kg schwer, je $3 \cdot 0{,}80$ M. . .	2,40	28,80	—
9	1	Spundpfahl und 12 Spundbohlen mit je 2 Nuten oder Spund und Nut versehen je Meter Länge $0{,}14 \cdot 0{,}45 \sim 0{,}65$ M., für 4 m je 2,60 M.	—	—	—
	13	Paar Spundungen	2,60	—	33,80
10	13	Schuhe befestigen	0,50	—	6,50
11	1	Spundpfahl 25/25 cm in Lehmboden 1 m tief einrammen, siehe V, V. . . . . $0{,}25 \cdot (25 + 25) 2 \cdot 0{,}25$	—	—	6,25
12	12	Spundbohlen mit $2 \cdot (27 + 12) \sim 80$ cm Reibungsumfang einrammen, wie vor $0{,}25 \cdot 80 \cdot 0{,}25$	5,00	—	60,00
13		Arbeitskosten	—	—	115,55
		Zu übertragen	—	147,20	115,55

Lfd. Nr.	An= zahl	Bezeichnung	Einheits= preis M.	Material= kosten M.	Arbeits= kosten M.
		Übertrag	147,20		115,55
14		Materialkosten	—	—	147,20
15		Zusammen für 3 m Länge	—	—	263,00
		Für 3 m Spundwandlänge, eigene Material= und Arbeitskosten	—	—	263,00
16		d. h. für 1 m Länge = 4 qm	—	—	88,00
17		d. h. für 1 qm Wandfläche	—	—	22,00
		Fehlen die Schuhe, so ermäßigen sich die Kosten in lfd. Nr. 15 um die Beträge in lfd. Nr. 6, 8, 10 auf	—	—	227,00
18		in lfd. Nr. 16 auf	—	—	76,00
19		in lfd. Nr. 17 auf	—	—	19,00
20		Wenn die Spundbohlen nur mit Doppelnuten und Federn verbunden werden, betragen die Kosten der 3 m Wand, wenn Pfahl und Bohlenschuhe erforderlich werden, nur . .	—	—	206,00
21		bzw. für 1 m Spundwand	—	—	69,00
22		bzw. für 1 qm Spundwand	—	—	17,00
23	1	m Mehrrammtiefe vergrößert die Kosten je Quadratmeter um rund	—	—	5,00

Kosten für Aufsicht und Geräte kommen noch zu allen vorstehenden Beträgen mit rund 10% hinzu.

Nachtrag vom Herausgeber.

Für die beim Tiefbau üblichen Kostenanschläge, bei deren Aufstellung die Durch= führung der vorstehenden Einzelberechnung zu zeitraubend ist, ergeben nachfolgende aus verschiedenen Bauausführungen der letzten Jahre gesammelte Angaben der Wirklichkeit hinreichend nahekommende Werte. Voraussetzung: Ausführung von mindestens 600 qm Spundwand in leicht zugänglichen Baustellen bei mittelschwerem Boden bis grob= körnigem Kies ohne wesentliche Rammhindernisse und Ecken.

Bohlenstärke cm	Rammtiefe bis m	Kosten je qm in Mark Rammkosten	Gesamtkosten
25	12	11	36
20	10	8	29
16	6	7	23
12	4,5	6	16
10	4,0	5	13

In den Gesamtkosten sind die für Eck= und Bundpfähle und für das Verholmen ent= halten.

Eiserne Spundwände. Die früher angewandten Träger sind erst seit einigen Jahren mit Erfolg von den rationeller gewalzten eisernen Spundwandformen verdrängt, deren Absatz steigt, je schwieriger die rechtzeitige Beschaffung von Holzwänden wird.

Bauart Larssen ist die älteste Form: auf den einen Flansch der Zoreseisen ähnlich geformten Bohle ist ein Lappen aufgenietet zur Bildung einer Nut, in die der Flansch der benachbarten Bohle als Federspund eingreift und so Dichtschluß befördert. Die gerammte Wand bildet auf diese Weise eine Wellenlinie. Lieferant: Hüttenwerk Union, Dortmund. Die Zulässigkeit für die Annahme des Widerstandsmomentes bezogen auf die Symmetrielinie der vollen Wellen bezweifle ich mit anderen Anhängern dieser Form, halte dagegen für Vergleichszwecke wenigstens daran fest, daß das Widerstandsmoment auf die neutrale Achse jeder Halbwelle bezogen werden muß. Die Larssenform zeigt die in der Tabelle angegebenen vier Profile.

Bauart Ransome zeigt beistehende Abbildung.

Sie ist zunächst in einem mittelschweren Walzprofil, ohne Nietung gewalzt, in den Handel gebracht, soll aber durch eine schwerere Form in Kürze ergänzt werden. Vertrieb durch Philipp Deutsch & Co., G. m. b. H., Berlin W. 35.

Bauart Lamp wird neuerdings von Wessels & Wilhelmi in Hamburg, den früheren Vertretern für Larssenwand in den Handel gebracht und ist in beistehender Abbildung wiedergegeben.

Die Verschlüsse ähneln denen der Ransomewand. Die in nachstehender Tabelle angegebenen Profile sind ebenfalls ohne Nietung gewalzt. Bei dieser Querschnittsform halte ich die Angabe des Widerstandsmomentes, bezogen auf die Symmetrieachse der ganzen Welle, für durchaus zulässig.

In nachstehender Tabelle bezeichnet G das Gewicht je Quadratmeter Wand, Ws das Widerstandsmoment der vollen Welle, W₁ das Widerstandsmoment bezogen auf die neutrale Achse der Halbwelle, beides für 100 cm Wandlänge in cm³, h₁ und h₂ die entsprechende Stärke einer Holzwand, wobei für Eisen eine Beanspruchung von 1200 kg/qcm, bei h_1 eine solche von 60 kg/qcm und bei h_2 eine solche von 80 kg/qcm angenommen wurde.

	Profil	G	Ws	W₁	h₁	h₂	Bemerkungen
Larssen	I	103	550	178	16	13	h₁ und h₂ verglichen mit dem Widerstands= momente W₁
	II	154	1200	400	22	19	
	III	197	1750	600	27	24	
	IV	250,5	2473	—	—	—	
Ransome	—	136	—	335	21	18	
Lamp	I	105	235	—	17	15	h₁ und h₂ verglichen mit dem Widerstands= momente Ws
	II	130	700	—	29	26	
	III	186	1700	—	45	36	

Ohne Zweifel geben diese eisernen Wände einen dichteren Schluß wie die hölzernen, namentlich bei schwerem mit grobem Kiese und kleinen Steinen durchsetzten Ramm= grunde, auch bei solchem, der durch Holz verunreinigt ist, das von der Eisenwand meistens ohne erheblichen Schaden für die Wand durchrammt wird. Nach meiner Ansicht ist die Eisenwand überall dort — ohne Rücksicht auf den besseren Dichtschluß — mit geringen Kosten anzuordnen, wo 20 cm starke Spundwände erforderlich werden; wie weit sich Larssen und Lamp Profil I als Ersatz für Holzwand in den Stärken zwischen 13 und 15 cm eignen bzw. eignen werden — Ausführungen nach Bauart Lamp sind mir bisher un= bekannt — kann ich nicht beurteilen.

Die Anwendungsmöglichkeit eiserner Wände ist jedenfalls erheblich größer wie die der hölzernen Wände. Stärkere sog. Bundpfähle sind bei der Eisenwand — wie übrigens auch bei Holzwänden von 15 cm Stärke und darüber — überflüssig; Eckpfähle lassen sich leicht durch Annieten von Winkeln herstellen oder bei Ransome (wahrscheinlich auch bei Lamp) bei geschickter Anordnung der Bohlen durch Abrundung der Ecken im Halbmesser von etwa 90 cm ersetzen.

Die Preise werden znächst voraussichtlich durch den Wettbewerb hart an den Träger= preis gedrückt werden, dürften aber bei Anschlägen zur Sicherheit mit 10 bis 20% Über= preis anzusehen sein.

Beispiel zu Gruppe VI. Umschließungen.

1. Fangdämme.

Bestehen bei einem Wasserüberdruck bis 1½ m aus eingerammten Pfählen in etwa 1,5 m Abstand, gegen deren Verholmung 2 Lagen schräggestellte Bretter gelehnt und mit wasserundurchlässigem Boden beschüttet werden. Bei größerem Wasserdruck werden 2 Reihen Pfähle in Entfernungen bis 1,5 m voneinander eingerammt, ver= holmt und durch Zangen gegeneinander abgesteift, der zwischen ihnen durch doppelte Bretterwände hergestellte Kasten mit gut dichtendem Boden ausgestampft.

Die Stärke des Fangedamms nimmt man von 2½ m Wasserdruckhöhe an um etwa 1¼ m größer als die Hälfte dieser Höhe. Wegen der örtlichen Verschiedenheiten hinsichtlich des Wasserandranges und der Schöpfarbeiten können allgemein gültige Kostenangaben füglich nicht gemacht werden. Als ungefähre Angaben können gelten:

Ein einfacher einseitiger Fangedamm von 1,5 m Höhe über der Sohle kostet für 1 m Länge etwa 20 M., für 1 qm Nutzfläche etwa 14 M.

Ein Fangedamm mit doppelten Wänden, 2 m hoch, 1,5 m stark, kostet für 1 m Länge etwa 70 M., für 1 qm Nutzfläche etwa 35 M., ein ebensolcher Fangedamm, 3 m hoch, 2¾ m stark, kostet entsprechend bzw. 120 M, bzw. 40 M.

2. Luftdruckgründungsverfahren.

Kommt nur für große Anlagen in Betracht und entzieht sich der schematischen Behandlung. Nachstehend einige Angaben von Bauausführungen.

23. Luftdruckgründung verschiedener Brücken.[1]

Laufende Nr.	Benennung des Flusses	Nähere Bezeichnung der Brücke	Zweck der Brücke	Kosten eines ganzen Pfeilers M.	Tiefe unter Niedrigwasser der Fundamentsohle m	Tiefe unter Niedrigwasser der Pfahlwandspitze m	Ausführhalt des Pfeilers bis Niedrigwasser obm	Kosten des Pfeilers bis Niedrigwasser, also des Grundkörpers im ganzen M.	Kosten des Pfeilers bis Niedrigwasser für 1 obm d. Grundkörpers M.
1.	Rhein	bei Buchs, Vorarlberger Bahn	für 1 Gleis	78910	12,7	—	418	66080	158
2.	"	St. Margarethen, Vorarlberger Bahn	" 1 "	78207	13,0	—	428	67360	157
3.	"	Kehl	" 2 Gleise	634000	20,0	—	2600	531700	205
4.	"	Düsseldorf	" 2 "	—	13,2—15,1	—	740	80000 { ohne Mauerwerk	
5.	Elbe	Aussig, Österreichische Nord-West-Bahn	" 2 "	73192	9,1 unt. Mittelw.	—	410	48800	119
6.	"	Tetschen, Österreichische Nord-West-Bahn	" 2 "	307418	12,7	—	1658	210990	127
7.	"	Dresden, 3. Brücke	Straßenbrücke	—	6,8—9,2	—	904	99900	110
8.	"	Stendal, Berlin-Lehrter Bahn	für 2 Gleise	—	12,5	—	1112	25000 desgl.	
9.	"	Dömitz, Wittenberg-Lüneburg. Bahn	" 2 "	—	12,2	—	1025	41830 desgl.	
10.	"	Lauenburg, Lüneburg-Lübeck. Bahn	" 2 "	115760	12,4	—	1180	68760	58
11.	Donau	Mauthausen, Elisabeth-West-Bahn	" 2 " Strompf. V	212392	13,3	—	998	150328	151
12.	"	Steyeregg, Elisabeth-West-Bahn	" 2 " " IV	144505	13,0	—	715	109147	153
13.	"	Ausdorf, Österreichische Nord-West-Bahn	" 2 " " II	283283	15,5	—	1322	162621	123
14.	"	Wien, Kaiser Ferdinands Nord-Bahn	" 2 " " III	311699	16,6	—	1341	210380	157
15.	"	Wien, Neue Reichsstraße	Fahrb. 11,4 m br. " VIII	—	16,4	—	1835	199757	109
16.	Moldau	in Prag, Straßenbrücke von Podskal nach Smichow	" 11,4 " " I	—	7,9	—	826	101920	123
17.	Salzach	bei Salzburg, Straßenbrücke	" 11,4 " " II	—	9,0	—	555	61910	111
18.	Parnitz	Stettin	für 2 Gleise	—	13,2	—	854	35000 desgl.	
19.	Pregel	Königsberg	" 2 "	—	15,7	—	1272	108000	
20.	Maas	Rotterdam	" 2 "	510000	21,3	—	3620	307000	85
21.	Holl. Diep	Moerdyk	" 1 Gleis	610000	17,3—21,3	—	1910	326000	170
								Im Durchschnitt	132

[1] Deutsche Bauzeitung 1877, S. 72. — 1882, S. 589.

24. Luftdruckgründungen

Jahr	Ort und Verkehrsstraße	Fluß	F = Flußpfeiler / L = Landpfeiler	Größe der Arbeitskammer					Blechdicke	
				Umfang p m	Grundfläche Q qm	Q/p	Breite m	Höhe m	Wand mm	Decke mm
1853	Saltash; Cornwallis-Plymouth	Tamar	F	33,50	89,36	2,67		9,00		
1859	Kehl; Straßburg-Appenweier	Rhein {	F	49,00	122,50	2,5	7,00	3,67	8	
			L	61,00	164,50	2,7	7,00	3,67	8	
1860—61	La Voulte; Livron-Privas	Rhone	F	29,71	54,63	1,84	5,00	2,65	10	
1862	Lorient; Nantes-Brest	Scorff	F	28,20	39,72	1,41	3,50	3,04	13 10,8	10
1863—64	Nantes; Nantes la Roche sur Yonne	Loire	F	30,20	51,30	1,7	4,40	3,00	12 u. 8	8
1865—66	Arles; Arles-Lunel	Rhone	F	36,00	71,42	1,98	5,10	2,30	7	7
1866—68	Düsseldorf	Rhein	F		52,17					
1867	Saint-Rambert d'Albon	Rhone {	F	27,30	48,60	1,78	5,00	2,30	8	8
			L	31,20	60,20	1,93	7,00	2,30	8	8
1868—69	Vichy; Staatsstraße	Allier {	F	25,32	37,82	1,49	3,96	2,20	7	7
			L	30,48	50,00	1,64	7,34	2,20	7	7
1869—77	Gründungen in Österreich				223,60					
1870	Collonges; Staatsstraße	Rhone	F	40,80	108,37	2,66	10,00 } 7,50	2,00	9	9
1873—74	Ofen-Pest	Donau {	F		151,00					
			L		97,00					
1873—74	Chamousset; gr. Brücke Mont Cenis Bahn kl. Brücke	Isère {	F		55,96					
			L		63,50					
			L		62,00					
1874	Saint Pierre d'Albigny Chambéry-Modane	Isère {	F	34,06	55,56	1,63	4,00	2,17	7	8
			L	33,35	61,70	1,85	5,00	2,17	7	8
1875	Hocmard; Nantes Chateaubriant	Fluß- u. Moor d'hoc	F	26,20	46,58	1,78	5,15	2,16	7	7
1877	Credo; Collonges-Annemasse	Rhone	F	39,88	92,11	2,31	7,00	2,20	7	7
1877—78	Trebières, Annemasse	Arve {	F	20,54	26,87	1,31	3,60	2,00	6,5	6,5
	Saint Gingolph		L	18,26	21,62	1,19	4,00	2,00	6,5	6,5
1878—79	Remoulins	Gardon ein Tal {	F	28,70	46,28	1,61	4,20	2,05	6,5	6,5
1878—79	Val Saint-Leger; äußere Gürtelbahn		F	35,89	75,44	2,1	6,40	2,00	6	6
1879	Valentine; Toulouse Bayonne	Garonne	F	23,00	31,84	1,39	3,70	2,17	6	6
1879—80	Cahor; Montauban Brives	Lot {	F	44,50	94,54	2,12	5,20	2,20	7	7
			L	43,36	95,30	2,2	8,03	2,20	7	7
1880—81	Marmande; gr. Brücke Marmande Casteljalout Viaduct	Garonne {	F	32,00	74,03	2,32	7,10	2,06	6	6
			L	38,33	90,38	2,38	7,00	2,06	6	6
			F	25,10	45,17	1,8	5,50	2,06	6	6
			L	33,85	67,31	1,99	6,00	2,06	6	6

---

[1] Annales des ponts et chaussées 1883, Februar S. 92.

verschiedener Brücken [1]).

Träger der Decke				Gewicht der Arbeitskammer			Mantel des Pfeilers	
Dicke	Höhe h	Entfernung	Verhältnis der Länge zur Höhe	im ganzen G	für 1 qm der Bodenfläche	Gewicht, ausgedrückt in der Form $G = m\,p + n\,Q^1$	Dicke	Gewicht für 1 qbm einschl. Versteifung
mm	m	m		kg	kg		mm	
				170000	1891,0			
10	0,50	1,30	11,6	103500	844,9			
10	0,50	1,30	11,6	138000	838,9			
8	0,45	0,97—1,90	11,1	27360	500,8		4	40,0
	0,70	2,15	5	27600	695,0	$612 \cdot p + 260,4 \cdot Q$	5; 4; 3	50,0
10	0,60	2,25	7,3	25600	499,0	$497,8 \cdot p + 206 \cdot Q$	8; 7; 6; 5	55,3
8 u. 10	0,50	0,98	10,2	27994	392,0	$442 \cdot p + 169,1 \cdot Q$	4	40,8
				20750	397,0			
8	0,50	0,95—1,08	10	19300	397,0	$417 \cdot p + 163 \cdot Q$	4	37,2
10	0,60	0,90—1,08	11,6	24100	400,0	$441 \cdot p + 172 \cdot Q$	4	37,2
6	0,45	1,04—1,14	8,8	15276	403,9	$378 \cdot p + 150,8 \cdot Q$	4	44,6
6	0,60	1,14	12,2	2278	349,6	$372,6 \cdot p + 153,8 \cdot Q$	4	45,5
				94809	424,0			
10	0,70	1,17	14,3	55201	509,4	$502,6 \cdot p + 320,1 \cdot Q$	4	35,4
				58918	390,0			
				39526	407,0			
				23782	425,0			
				24868	391,6			
				25782	415,8			
7,9	0,50	1,08	8	21250	382,4	$370 \cdot p + 155,7 \cdot Q$	4	40,2
7,9	0,50	0,92—1,08	10	23700	384,1	$395,8 \cdot p + 170 \cdot Q$	4	40,2
6	0,50	1,00—1,08	10,3	17400	371,4	$404,5 \cdot p + 145,9 \cdot Q$	4	32,8
7	0,75	1,04—1,07	9,4	32351	351,2	$425,3 \cdot p + 167 \cdot Q$	4	39,8
5	0,40	0,75—1,06	9	10036	373,5	$306,7 \cdot p + 139 \cdot Q$	4	39,5
5	0,40	1,09	10	7966	368,4	$287,2 \cdot p + 125,8 \cdot Q$	4	39,5
5	0,45	0,90—1,08	9,3	13913	300,6	$291,9 \cdot p + 119,6 \cdot Q$		
5	0,65	1,09	9,8	19963	263,0	$304 \cdot p + 120 \cdot Q$	2	
7,9	0,50	0,90—1,05	7,4	11813	371,0	$306,0 \cdot p + 149,8 \cdot Q$	3	30,9
7	0,50	0,92—1,16	10	30412	321,7	$387,2 \cdot p + 139,4 \cdot Q$	3; 5	36,5
6,7	0,50—0,65	0,88—1,18	9,8; 12,5	31714	332,8	$393,6 \cdot p + 153,7 \cdot Q$	3; 5	38,5
9 u. 8	0,60	1,10—1,15	12	18500	250,0	$278 \cdot p + 130 \cdot Q$	3	32,0
9 u. 8	0,60	1,10—1,15	11,7	21600	239,0	$277 \cdot p + 123 \cdot Q$	3	32,0
8 u. 7	0,45	1,10—1,15	12,2	12500	277,0	$271 \cdot p + 126 \cdot Q$		
8 u. 7	0,50	1,10—1,15	12	16700	248,0	$263 \cdot p + 116 \cdot Q$		

Gründung mit Grundwassersenkung.

Vom Herausgeber.

Um die Baustelle herum werden Rohrbrunnen abgeteuft, die entweder in Gruppen oder alle zusammen luftdicht an eine ebenso verbundene Rohrleitung angeschlossen sind, aus der das Wasser durch Luftverdünnung mittels Kreiselpumpen abgesogen wird, so daß der Wasserspiegel innerhalb der Baugrube nach und nach bis zum völligen Trockenlegen sinkt. Die Senkung bleibt, selbst bei ringsum abgeschlossener Baugrube, niemals auf die Fläche der letzteren beschränkt, sondern erstreckt sich je nach der Durchlässigkeit des Untergrundes und dem Gefälle der in den Schichten vorhandenen Grundwasserströme auch auf die Umgebung.

Jeder Brunnen entnimmt das Wasser aus einem bestimmten Umkreise und einem Bodenkegel dessen Spitze am Brunnen selbst liegt. Die Neigung der Kegelfläche ist am letzten sehr steil, wird mit zunehmendem Abstand immer flacher und endet schließlich assymptotisch in der zurzeit vorhandenen Grundwasserfläche der Umgebung. Daraus folgt, daß die Zahl der Brunnen bzw. ihr Abstand voneinander begrenzt ist, daß man die Leistung der Brunnen nicht durch beliebige Vergrößerung der Brunnenzahl oder Verkleinerung des gegenseitigen Abstandes erhöhen kann.

Man ist in der Wahl des Abstandes zunächst noch auf anderweitige Erfahrungen bei ähnlichen Verhältnissen oder auf Versuche angewiesen.

Über die Ausführung von Grundwassersenkungen ist recht wenig in technischen Zeitschriften veröffentlicht, die nachfolgenden Angaben können daher nur ganz allgemein gelten und werden von Fall zu Fall der Korrektur bedürfen.

Die Grundwassersenkung kann überall dort mit Aussicht auf Erfolg angeordnet werden, wo durchlässiger Boden vorhanden ist; der Grad der Durchlässigkeit beeinflußt selbstverständlich die Betriebskosten erheblich, die am höchsten im sog. Schliessande ausfallen — feinstkörnigem Sande mit und ohne Tonbeimengungen unter Druck mit Wasser gesättigt —, der Wasser zwar sehr schnell annimmt aber es nur äußerst schwer wieder abgibt, so daß eine Absenkung oft erst nach wochenlangem, ja monatelangem Betriebe wahrnehmbar, dann aber auch verhältnismäßig schnell fortschreitend.

Man kann zwei Ausführungsarten in der Anordnung der Grundwassersenkung unterscheiden: bei der ersten, älteren Art werden Brunnen ringsum die Baugrube in geschlossenem Kreise gesetzt, die an ein geschlossenes Rohrnetz das Wasser abgeben. In diesem Falle erhält also die Fördermaschine das Wasser aus zwei rechts und links vorhandenen, gleichlangen Rohrleitungsarmen, in die meistens die Zuleitung von den Brunnen nicht einzeln mündet: es werden vielmehr je nach der zu erwartenden Wasserzufuhr je 2 bis 6 Brunnen an einen zur Hauptleitung parallelen Röhrenstrang angeschlossen und letzterer wieder an geeigneten Stellen in die Hauptleitung geführt. Diese Nebenleitungen erhalten meist den gleichen Durchmesser, gewöhnlich 250 mm, der Durchmesser der Hauptleitung wächst zur Förderstelle hin, entsprechend der Zahl der Nebenanschlüsse etwa von 250 bis 350 mm. An den Anschlüssen der Nebenleitungen, ebenso auch in größeren Abständen in der Hauptleitung, werden Absperrschieber angeordnet, um Reparaturen ohne Stillstand des Gesamtbetriebes vornehmen zu können. Diese Ausführungsart bewährt sich überall dort, wo der Untergrund und der Wasserandrang zu den Brunnen nahezu gleich sind, und setzt dann die Benutzung der Dampfkraft als billigste Betriebsart voraus. Ist der Wasserandrang verschieden oder müssen einzelne Strecken der Baugrube besonders gesichert werden, dann werden zwei oder mehrere Brunnen zu Gruppen verbunden und jede Gruppe für sich betrieben, die Brunnen sind hierbei u. a. nicht mehr in gleichen Abständen voneinander gesetzt. Hierbei eignet sich elektrischer Antrieb am besten.

Der Gruppenbetrieb hat den Vorteil, daß die dichtzuhaltende Rohrstrecke nicht so lang ist und Fehlerquellen nicht den Betrieb der Gesamtanlage so empfindlich berühren. Es kommt hinzu, daß die Zahl der Brunnen sich jederzeit ohne Betriebsstörung vergrößern läßt: die anfänglich kleine Anlage wird durch Einfügen weiterer Brunnengruppen dem Absenkungsbedarf entsprechend vergrößert, wodurch Anlage- und Betriebskosten u. U. erheblich sinken.

Die Brunnen bestehen gewöhnlich aus einem 5 bis 7 m langen patentgeschweißten schmiedeeisernen Rohre (Aufsatzrohr) von mindestens 130 mm innerem Durchmesser und 3 mm Wandstärke, an das ein häufig verzinktes Eisenrohr, sog. Filterrohr, befestigt ist, das bei 5 m Länge einen inneren Durchmesser von mindestens 130 mm bei 2 bis 3,5 mm Wandstärke hat und mit Schlitzen versehen ist, über welche zum Abhalten des feinsten Sandes verzinntes kupfernes Tressengewebe befestigt ist. Das Fußende wird entweder ebenso oder durch eine Eisen= bzw. Holzplatte geschlossen. Zum Herunterbringen dieser Brunnen wird erst ein Bohrrohr von rund 250 mm innerem Durchmesser eingebohrt, das, nachdem das Filter= und Aufsatzrohr eingehängt und in richtiger Lage befestigt ist, wieder herausgezogen wird. Das Aufsatzrohr erhält an seinem oberen Ende eine Rückschlagklappe, wird mit Flanschen an einem Krümmling befestigt und so mit dem Leitungsrohr verbunden, das nach dem Kreisel zu einem Anstieg = 1 : 500 erhält. Im Aufsatz und Filterrohr hängt das Saugrohr von etwa 100 mm lichter Weite bei 2,5 bis 3,5 mm Wandstärke und mindestens 8,5 m Länge, das luftdicht an den Krümmling so befestigt wird, daß sein oberes Ende durch die vorerwähnte Rückschlagklappe selbsttätig dicht abzuschließen ist, während das untere Ende mindestens 0,5 m vom unteren Abschluß des Filters abbleiben soll. Der gegenseitige Abstand der Brunnen schwankt je nach dem anzunehmenden Wasserandrang und dem Boden zwischen 5 und 10 m. Es ist praktisch der Abstand der Brunnen zunächst an 10 m zu wählen, an der Leitung aber Anschlußstutzen dazwischen einzubauen, so daß sich die Brunnenzahl ohne wesentliche Betriebsstörung vergrößern läßt. Die Brunnen müssen so tief eingebohrt werden, daß das Saugrohr unter Berücksichtigung des Wasserabfalls unmittelbar am Brunnen niemals Luft saugen kann. Dieser Abfall kann unter Umständen an 3 m betragen, deshalb sind namentlich im kiesigen Untergrunde auch die Filterrohre dementsprechend tief einzubringen. Die Filterfläche kann vergrößert werden, wenn Bohrrohre von größerer Lichtweite gewählt werden, und der Zwischenraum zwischen diesem und dem Filterrohr mit Kies ausgefüllt wird. Ebenso läßt sich die Ergiebigkeit der Brunnen durch Vergrößerung der Rohrweiten erhöhen.

Wenn auch die neuen Kreisel eine Saughöhe von 8 m im allgemeinen glatt überwinden, scheint es doch bei länger andauernden größeren Betrieben angebracht, den Höhenunterschied zwischen abzusenkender Sohle und der Achse des Hauptleitungsrohres nicht über 4 m anzuspannen, sondern dann eine oder mehrere „Staffeln" mit einem Höhenunterschiede nicht über 3,5 m anzuordnen. Für die zweite Staffel werden die Brunnen dann, nachdem der Bodenaushub entsprechend vorgeschritten ist, tunlichst zwischen die der oberen Staffel gesetzt. Die Druckhöhe kann u. a. auf 11 m, auch darüber, angenommen werden, sie beeinflußt zwar die Kosten, nicht aber die Betriebssicherheit, so stark wie größere Saughöhen. In den meisten Fällen wird die obere Staffel bereits kurz nach Inbetriebnahme der unteren ausgeschaltet und kann der Maschinen=

park dann als Reserve dienen, für die bei größeren Bauten unter allen Umständen zu sorgen ist.

Die Kosten können nach vorstehendem im allgemein brauchbarer Weise nicht angegeben werden, sind im einzelnen auch nach den anderweitigen Angaben des Abschnitts V und VI (für das Einbringen der Brunnen vgl. namentlich die Angaben im Abschnitt VI, 14 bis 16) zu ermitteln. Als dort nicht genannt sei angeführt, daß die Gesamtkosten der Rohrlegung für glatte Leitung, Anschlußstücke usw. in den Stärken zwischen 150 und 300 mm einschließlich aller Dichtungen und Unterhaltung für 6 Monate mit 3,00 bis 3,50 M. je m in den Anschlägen vorzusehen sind, ohne Lieferung des Rohrparks, aber mit Lieferung der Dichtungsstoffe.

Zur Beurteilung der Wasserförderungskosten ist die Kenntnis der Förderhöhe und der Wassermengen erforderlich. Erstere geht aus der Anordnung der Anlagen hervor, für letztere sind kaum Angaben zu erhalten.

Sie müßten außerdem erheblich schwanken, weil sie von zu vielen Umständen, namentlich aber von der Durchlässigkeit der einzelnen von den Filterbrunnen angeschnittenen Bodenarten abhängig sind. Vorsicht in der Anordnung der Höhenlage und Länge der Filterrohre bei wechselnden Bodenarten! Für gewöhnliche Verhältnisse halte ich bei 6 m Wassertiefe eine sekundliche Wasserentnahme von 0,1 l je Quadratmeter der von den Brunnen eingeschlossener Fläche für mindestens ausreichend. Bei Berechnung aus diesem Werte besteht eine hinreichende Sicherheit selbst gegen unvorherzusehende Einbrüche. Die größte mir bekannte Fördermenge betrug nach der Zeitschrift für Bauwesen 1907 bei der Oberschleuse in Fürstenberg a. O. 0,125 l/qm sekundlich. Hier besteht der Untergrund aus scharfem bis feinem Sande, der allein einen derartig hohen Wasserandrang nicht rechtfertigen würde[1]. Der wesentlichste Faktor für die Kostenbestimmungen, die Dauer der Schöpfarbeit, ist nicht zu fassen, weil er nicht nur von der Zeit des Absenkens zur gewünschten Tiefe, sondern wesentlich auch von der Arbeitszeit für die unter Wasserhaltung auszuführenden Arbeiten abhängig ist. Ganz unverbindlich schlage ich für mittlere Verhältnisse sowohl bzw. des Bodens wie der Wasserführung als Anhalt die Annahme vor, daß für das Absenken auf einer brunnenumschlossenen Fläche von rund 2000 qm für die obersten 3 m unter normalem Grundwasserstande mindestens ein dreiwöchentlicher Betrieb vorzusehen ist; für jedes Meter Senkung bis zu 6 m dürften nach meinen Erfahrungen etwa 10 weitere Tage erforderlich sein. Die Absenkung dieser Fläche auf 6 m würde also 51 Tage erfordern. Hierzu kämen dann die aus der Arbeitsdisposition zu entnehmenden Tage für die Bauausführung, welche die Wasserhaltung nötig machen.

Schlußbemerkung. Die eingangs gemachten Angaben über Abmessungen sind als Beispiel noch wiederholt vorgekommen, ähnliche Ausführungen unter Verwendung sog. Handelsware gegeben, sie werden sich natürlich den Umständen nach ändern.

Wo nicht besondere Forderungen wie z. B. die gefahrdrohende Nähe anderer Baulichkeiten, die oft zur Erzielung von Ersparnissen gewünschte Anordnung von Eisenbeton in der Sohle und dem Unterteil der Wände usw. die Grundwassersenkung erheischen, muß die Wirtschaftlichkeit gegenüber der Naßfundierung geprüft werden, die dann in vielen Fällen zugunsten der letzteren ausfallen wird, überall da, wo nicht größere Ersparnisse bei Herstellung der Umschließungswände zu erhoffen sind.

---

[1] Die außergewöhnlich unglücklichen Verhältnisse bei der Schleusenreparatur in Kersdorf (0,31 l/sec.) kommen hier nicht in Betracht.

Grundwassersenkung wird vorteilhaft angewandt bei Reparaturen alter Bauwerke, im Wasserbau und überall da, wo voraussichtlich bei schlechtem Rammgrunde (Stein, Holz, Schliessand) ein dichter Schluß der Umschließungswände nicht zu erzielen wäre, die Wasserhaltungskosten also sehr hoch ausfallen. Sie hat den erheblichen Vorzug, daß das Bauwerk gerade in den wesentlichsten Bestandteilen sichtbar ausgeführt werden kann.

4. Brückenbauten.

Nach den Osthoffschen Angaben. Durchgesehen vom Herausgeber.

A. Berechnung der Brückenpfeiler für Balkenbrücken.

Die Pfeiler bestehen bei Eisenbahn= und Straßenbrücken aus den Mittel= und End= pfeilern. Bei hölzernen und eisernen Balkenbrücken haben die ersteren nur einen verti= kalen Druck auszuhalten, die letzteren jedoch außer diesem noch einen horizontalen, der durch die dahinter liegende Erdschüttung hervorgerufen wird. Stets werden daher die Endpfeiler größere Stärke erhalten müssen als die Mittelpfeiler.

Mittelpfeiler.

Sie können aus Holz, Eisen oder Mauerwerk hergestellt sein. Holzpfeiler (Joche) finden nur bei hölzernen Überbauten Verwendung und erhalten dann öfters Steinfundamente. Zur Bestimmung der Stärken der zu den Pfeilern verwendeten Hölzer und des Querschnitts eiserner Säulen und Ständer ist die Vertikalkraft über den= selben zu berechnen und diese als auf alle Pfeilerbalken gleichmäßig verteilt anzunehmen; man findet dann unter Berücksichtigung der Zerknickungsformel den Querschnitt.

Zur Berechnung der Zerknickung langer auf Druck beanspruchter Stäbe dient folgende Formel, also zur Berechnung der **Holzpfeiler**:

$$s = \frac{P}{F}\left(1 + K\,\frac{F \cdot L^2}{T}\right) \text{ in kg für 1 qcm,}$$

$$F = \frac{PT}{s \cdot T - KPL^2} \text{ in qcm,}$$

worin bedeutet:

s = zulässige Beanspruchung auf Druck (siehe Abschnitt II und III;

P = Kraft, welche auf den Querschnitt des Stabes drückend wirkt, in Kilogramm;

F = Querschnitt des Stabes in Zentimetern;

L = Länge   „   „   „   „

T = Trägheitsmoment des Querschnitts des Stabes (auf Zentimeter bezogen);

K = Koeffizient, welcher vom Material abhängig ist und welcher ist:

    für Schmiedeeisen . . . . . . K = 0,000 08

    „ Gußeisen . . . . K = 0,000 25

    „ Holz . . . . K = 0,000 16

Die geringste obere Stärke der Steinpfeiler ist, wenn H die Höhe über dem Fundament, W die Entfernung von Mitte zu Mitte Pfeiler bedeutet:

$$d = 0{,}025\,(W + H) + 1{,}0 \text{ in Metern.}$$

Genaue Berechnung der Bodenpressung ist unerläßlich.

Landpfeiler

haben den Vertikaldruck des Brücken= und Pfeilergewichts und den Horizontalschub der Hinterfüllung aufzunehmen und sind danach zu berechnen, daß die Kantenpressung das zulässige Maß nicht überschreitet. Die obere Stärke wird im allgemeinen nicht gern unter 0,60 m bei massiven Pfeilern angenommen (Frostbewegung!), richtet sich aber nach der Größe der Auflagerplatten.

Wo hölzerne Endpfeiler angeordnet werden, sind sie als Bohlwerk auszubilden, wenn man nicht die Brücke verlängert, die Endjoche nur als Tragjoche ausbildet und die Böschung steil abpflastert.

B. Hölzerne Brücken.

Belastung und Berechnung siehe unter VI, 4 D eiserne Brücken.

1. Die Gesamtkosten der Brücken mit hölzernem Überbau

über einer Öffnung setzen sich aus den 4 Flügeln, den 2 Pfeilern und dem hölzernen Überbau mit Fahrbahn zusammen.

Die Flügel sind 1½ fach gebösch und mit Sandsteinplatten abgedeckt.

Es bedeutet: K = Kosten für 1 cbm Mauerwerk im Mittel etwa

für Ziegel-Mauerwerk . . . . = 25 M.
„ Bruchstein-Mauerwerk . . . . = 22 „
„ Sandstein-, Quader-, Verblend- und Ziegel-
oder Bruchstein-Füll-Mauerwerk . . . . . = 35 „

H = freie sichtbare Höhe bis Fahrbahnoberkante in Metern;
W = Stützweite der Träger in Metern;
L = Lichtweite (volle Wegebreite) der Brücke in Metern;
a = Kosten der 4 Flügel = K · 0,45 · H (H + 1) (H + 2) in Mark;
b = „   „   2 Pfeiler = K · 0,6 · H (H + 1) L in Mark;
c = „   des hölzernen Überbaues:
für Wegebrücken = (1,6 · W + 40) W · L in Mark,
„ Eisenbahnbrücken = (2 · W + 30) W · L in Mark.

Die Gesamtkosten der Brücke betragen:

$$a + b + c.$$

2. Kosten des hölzernen Überbaues samt Fahrbahn für Straßenbrücken

bei einer Breite der Brücke von 5,0 m.

Lichtweite in m	1	2	3	4	5	6	7	8
Stützweite in m	1,2	2,2	3,2	4,2	5,2	6,3	7,3	8,3
Anzahl der Hauptträger	4	4	4	5	5	6	6	6
Länge der Hauptträger in m	1,7	2,7	3,7	4,7	5,7	6,9	7,9	8,9
Inanspruchnahme des Holzes in kg für 1 qcm	60	60	60	60	60	60	60	60
Totale Belastung für 1 m der Brücke in kg .	27000	14000	9400	7400	6400	5600	5200	4800
Maximalmoment für 1 Träger in kgm . .	1200	2066	3000	3220	4260	4738	5718	6832
Widerstandsmoment für 1 Träger und cm . .	2000	3500	5000	5400	7100	7900	9600	11400
B = Breite des Balkens in cm	20	25	30	21	22	22	23	28
H = Höhe des Balkens in cm	25	30	32	40	44	47	50	50
Werte von $\frac{B \cdot H^2}{6}$ = Widerstandsmoment . .	2083	3666	5120	5600	7096	8100	9583	11666
Kubikinhalt des Holzes in cbm	0,34	0,81	1,42	1,98	2,76	4,28	5,45	7,48
Dazu Mauerlatten in cbm	0,23	0,23	0,23	0,23	0,23	0,23	0,23	0,23
Kosten des eichenen Überbaues in Mark (für 1 cbm 150 M.)	86	156	248	332	449	677	852	1157

a) Fahrbahn: Doppelter 8 cm starker eichener Bohlenbelag[1]).

Lichtweite in m	1	2	3	4	5	6	7	8
Kosten des eichenen Überbaues in M. ...	86	156	248	332	449	677	852	1157
Kosten des Belags (21 M. je qm) M. ...	126	231	336	441	546	662	767	872
Summe in M.	212	387	584	773	995	1339	1619	2029
Kosten für 1 m der Lichtweite M.	212	194	195	193	199	223	231	254

b) Fahrbahn: Einfacher 8 cm starker eichener Bohlenbelag mit 13 cm starkem Eichenholzpflaster[1]).

	1	2	3	4	5	6	7	8
Kosten des eichenen Überbaues in M. ...	86	156	248	332	449	677	852	1157
Kosten des Belegs (25 M. je qm) M. ...	150	275	400	525	650	788	913	1038
Summe in M.	236	431	648	877	1099	1465	1765	2195
Kosten für 1 m der Lichtweite M.	236	216	216	219	220	244	252	274

c) Fahrbahn: Einfacher 8 cm starker eichener Belag mit 20 cm starkem Schotter[1]).

	1	2	3	4	5	6	7	8
Kosten des eichenen Überbaues in M. ...	86	156	248	332	449	677	852	1157
Kosten des Belags (13 M. je qm) M. ...	78	143	208	273	338	410	475	540
Summe in M.	164	299	456	605	787	1087	1327	1697
Kosten für 1 m der Lichtweite M.	164	150	152	151	157	181	189	212

d) Im allgemeinen können die Kosten des hölzernen Überbaues samt Fahrbahn bei 5 m Brückenbreite und für 1 m der Lichtweite (= W in Metern) veranschlagt werden:

bei billiger Fahrbahn = 5 · W + 150 M.,
„ teurer „ = 5 · W + 220 „

3. Kostenbeispiel einer hölzernen Brücke mit einem hölzernen Mitteljoche und zwei Landpfeilern aus Ziegeln.

Die Brücke hat 6 m Fahrbreite und 2 Fußwege von je 2,1 m Breite. Die lichte Weite der Brücke zwischen den Landpfeilern beträgt 9 m.

a) 5,2 cbm Balken aus geschnittenem Eichenholze, 18 Stück je 4,8 m lang, 20 bis 30 cm stark, je 100 M. = 520 M.

b) 0,84 cbm Holme aus geschnittenem Eichenholze, 3 Stück je 7,0 m lang, 20/20 cm stark, je 100 M. = 84 „

c) 1,6 cbm eichene Fußwegschwellen, 18 Stück je 2,8 m lang und 16/20 cm stark, je 90 M. . . . . = 144 „

d) 2,2 cbm eichene Quadratpfähle, 9 Stück je 6 m lang, 20/20 cm stark, je 100 M. . . . . = 220 „

e) 34,5 qm eichene Überlagsbohlen: 7 Stück je 9 m lang, 36 cm breit und 4 cm stark, 19 Stück je 6,2 m lang, 10 cm breit und 4 cm stark, für 1 qm = 4 M. . . . . = 138 „

f) 60,0 qm eichene Unterlagsbohlen, 7 cm stark, 9,2 m lang und 6,4 m breit, für 1 qm = 8 M. . . . . = 480 „

Zu übertragen = 1586 M.

[1]) Vgl. die ausführlicheren Angaben im Abschnitt VI, 4 D eiserne Brücken.

Übertrag = 1586 M.

g) 38,7 qm eichene Fußgängerbohlen, $2 \cdot 9{,}2$ m lang, 2,1 m breit und
4 cm stark, für 1 qm = 4 M. . . . . = 155 „

h) 18 m Geländer aus Eichenholz, je 6 M. . . . . = 108 „

i) 60 kg Eisen zu Bolzen, Klammern und Nägel, je 0,50 M. . . . . = 30 „

k) 9 Pfähle in Lehmboden 3,0 m tief einzurammen, für 1 m = 4 M. für
1 Pfahl = 12 M.; zusammen . . . . = 108 „

l) 212 m Eichenholz abzuzimmern und abzubinden, je 0,60 M. . . . = 127 „

m) 133,2 qm eichene Bohlen aufzulegen und zu befestigen, je 0,10 M. = 14 „

n) 125 cbm Ziegelmauerwerk aus sehr harten Ziegeln in Zementmörtel
herzustellen: 0,6 Tausend Ziegel je 30 M. = 18 M., 0,25 cbm Zementmörtel je 36 M. = 8 M., Arbeitslohn für 1 Tausend Ziegel je
10 M. = $0{,}6 \cdot 10 = 6$ M., also für 1 cbm Mauerwerk = 32 M.. . = 4000 „

o) Für Unvorhergesehenes. = 172 „

Kosten der Brücke = 600 M.

also bei 92 qm Grundfläche, für 1 qm . . . . = 68,50 „

oder für 1 m Brücke . . . . = 700 „

4. Holzgerüste.

Verschiebbare Schuttgerüste kommen heutzutage selten mehr vor, da sie sehr un-
bequem sind. Dagegen wählt man um so lieber feste Gerüste, so lange nur das
Gelände ein Abwärtsfahren auf einstweiligen Gleisen ohne Gefahr gestattet, und zwar
besonders, je lehmiger (toniger) der Boden ist und je mehr derselbe zu Rutschungen
oder starkem Setzen geneigt ist.

Die zum Gerüste benötigte Holzmasse kann überschläglich veranschlagt werden,
wenn h = Höhe des Gerüstes = Höhe des Dammes in Metern bedeutet:

a) für 1 qm Ansichtsfläche = $0{,}006 \cdot h$ in Kubikmetern,

b) „ 1 m Gerüstlänge = $0{,}006 \cdot h^2$ in Kubikmetern,

c) „ 1 cbm Dammasse:

bei b m Kronenbreite des Dammes = $\dfrac{0{,}006 \cdot h}{b + 1{,}5 \cdot h}$ in Kubikmetern.

Die Kosten des Gerüstes können überschläglich veranschlagt werden:

a) für 1 qm Ansichtsfläche = $0{,}3 \cdot h$ in Mark,

b) „ 1 m Gerüstlänge = $0{,}3 \cdot h^2$ in Mark,

c) „ 1 cbm Dammasse:

bei b m Kronenbreite des Dammes = $\dfrac{0{,}3 \cdot h}{b + 1{,}5 \cdot h}$ in Mark.

Dabei ist angenommen worden, daß:

1. das Gerüstholz für 1 cbm Holz kostet . . . . = 22 M.
2. „ Anfahren für 1 cbm Holz kostet. . . . . = 7 „
3. „ Eisen zum Gerüste für 1 cbm Holz kostet . . . . . . = 4 „
4. „ Abzimmern und Aufstellen für 1 cbm Holz kostet . . . = 17 „

zusammen für 1 cbm Holz des Gerüstes . . . . = 50 M.

C. Steinerne Brücken.

I. Berechnung der Gewölbe, Widerlager und Pfeiler gewölbter Brücken.

1. Gewölbe.

Die Stärke des Gewölbes hängt wesentlich von dem Verhältnisse der Pfeiler= höhe zu der lichten Weite und von der Güte der verwendeten Materialien ab. Ein fugenreiches Gewölbe ist besser als ein fugenarmes. Die zum Gewölbe verwendeten Quader sollen keine größere Länge haben als die dreifache Stärke, da sonst leicht ein Zerbrechen derselben eintritt.

Die zum Gewölbe verwendeten Materialien müssen so fest sein, daß dieselben die Pressungen, welche durch das Eigengewicht der Gewölbe und der darüberliegenden Anschüttung sowie durch die bewegliche Last ausgeübt werden, aushalten können, und dürfen unter keinen Umständen verwittern.

Die zulässige Beanspruchung des Mauerwerks aus verschiedenen Materialien gibt folgende Tabelle (soweit darüber nach Abschnitt II nicht besondere Vorschriften bestehen):

Lfd. Nr.	Mauerwerk aus	s = Zulässige Beanspruchung in kg für 1 qcm	Lfd. Nr.	Mauerwerk aus	s = Zulässige Beanspruchung in kg für 1 qcm
1	Tuffstein	4	12	Granit	39
2	Keupersandstein	10	13	Diorit	47
3	Grünsandstein	11	14	Grünstein	52
4	Jurakalkstein	13	15	Ziegelmauerwerk in Kalk= mörtel	5—6
5	Muschelkalkstein	15			
6	Molassekalkstein	19	16	dgl. in Zementmörtel . .	7—8
7	Trachyt	19	17	Klinkermauerwerk in Ze= mentmörtel	10—12
8	Bunter Sandstein . . .	23			
9	Leithakalkstein	26	18	Zementbeton	6—8
10	Glimmerschiefer	30	19	Bruchsteinmauerwerk . .	8—10
11	Dolomit	36			

Die Gewölbe üben einen Horizontalschub und einen Vertikalschub auf die Wider= lager und Pfeiler aus.

Der Horizontalschub = H in Kilogramm ist in allen Teilen gleich groß und zwar:

$$H = \frac{G \cdot g}{f + 0{,}005 \cdot d} \text{ in kg.}$$

Es bezeichnet:

G = Gewicht der Brückenhälfte samt Anschüttung und beweglicher Last in Kilogramm auf 1 m der Brückenbreite bezogen;

g = Entfernung des Schwerpunktes der Last G von der inneren Kämpferfuge in Metern;

f = Pfeilhöhe der inneren Gewölblinie in Metern;

d = Stärke des Gewölbes im Scheitel in Zentimetern;

W = Lichtweite der Brücke in Metern;

s = Zulässige Beanspruchung des Mauerwerks in Kilogramm für 1 qcm.

$$d = \frac{H}{s} \text{ in cm.}$$

Die Stärke des Gewölbes = d ist anzunehmen bei Überschüttungen bis zu 2 m für Mauerwerk aus Quadern und harten Ziegeln.

Lfd. Nr.	Lichtweite der Brücke	Pfeilverhältnis $\frac{f}{w}$							$\frac{f}{w}$
		$^1/_2$	$^1/_3$	$^1/_4$	$^1/_5$	$^1/_6$	$^1/_7$	$^1/_8$	
		d = Gewölbstärke im Scheitel in cm							
1	4 m	35	36	37	39	40	41	43	
2	5 m	38	40	41	43	45	46	48	
3	6 m	41	43	45	47	49	51	53	$d = 22 + 8{,}33\,W\left(0{,}3 + \dfrac{0{,}04}{\frac{f}{W}}\right)$
4	7 m	44	47	49	51	54	56	58	
5	8 m	47	50	53	55	58	61	63	
6	9 m	51	54	57	60	63	66	69	
7	10 m	54	57	60	64	67	70	74	
8	11 m	57	61	64	68	72	75	79	
9	12 m	60	64	68	72	76	80	84	
10	15 m	70	75	80	85	90	95	100	
11	20 m	85	92	99	105	112	119	125	
12	25 m	101	110	118	126	135	143	151	

Bei Gewölben, welche eine größere Überschüttung als 2 m haben, welche mit h in Metern bezeichnet werden soll, kann gesetzt werden für

$$\text{Eisenbahnbrücken } d_h = d\sqrt{1 + 0{,}21\,h} \text{ in cm}$$
$$\text{Wegebrücken } d_h = d\sqrt{1 + 0{,}14\,h} \text{ „ „}$$

Unter der Annahme, daß die Richtung der Mittellinie des Druckes normal durch die Kämpferfuge geht, drückt sich die aus der Horizontal= und Vertikalkraft resultierende Kraft = S im Kämpfer aus:

$$S = H\,\frac{1 + 4\left(\dfrac{f}{W}\right)^2}{1 - 4\left(\dfrac{f}{W}\right)^2} \text{ in kg.}$$

Auch hier am Kämpfer ist das Gewölbe so stark zu machen, daß die Pressung für 1 qcm nicht mehr als s in Kilogramm beträgt. Da angenommen wird, daß sich die Mittellinie des Drucks auf $^1/_3$ der Gewölbstärke entweder der äußeren oder inneren Gewölblinie nähere, so wird der Kantendruck doppelt so groß als der mittlere Druck.

Der Kantendruck darf:

bei Quadergewölben nicht mehr als 10 bis 12 kg für 1 qcm
„ Klinkergewölben „ „ „ 8 „ 10 „ „ 1 „
sein.

Die Überschüttungsmasse über dem Gewölbe ist rechnerisch in Mauerwerk zu ver= wandeln, nach Verhältnis beider Gewichte.

Zur Bestimmung der beweglichen Last, welche ebenfalls in Mauerwerk zu ver= wandeln ist, diene folgendes:

Auf der Mitte des Gewölbes stehe Lokomotive von a Meter Länge mit einem Gesamtgewichte von P in Kilogramm. Der dahinter gehängte Tender sei b Meter lang und Q Kilogramm schwer. Die Schwellen, welche den Druck auf eine Bettung

von h Meter Höhe zu übertragen haben, seien c Meter lang, alsdann hat das Mauer=
werk, welches die Lokomotive an Gewicht ersetzt, eine Höhe von:

$$h_1 = \frac{P}{a(c+2h)g} \text{ in m}$$

und das Mauerwerk, welches das Gewicht des Tenders ersetzt, eine Höhe von:

$$h_2 = \frac{Q}{b(c+2h)g} \text{ in m,}$$

worin g das absolute Gewicht von 1 cbm Mauerwerk = 2000 bis 2400 kg bedeutet.
Eine gleiche Betrachtung führt bei Fuhrwerksbelastungen und Menschengedränge für
Straßenbrücken zu ähnlichem Ziele.

Ist auf diese Weise die Belastungshöhe = h_0, welche sich aus der Gewölbstärke
der auf Mauerwerk umgewandelten Kiesstärke und der beweglichen Belastung ergibt,
gefunden, so ist die Gewölbstärke:

$$d = \frac{H}{s} = \frac{g \cdot h_0 \left(r + \frac{d}{2}\right)}{s} \text{ in cm,}$$

wenn der Radius r der inneren Gewölblinie in Zentimetern, g das absolute Gewicht
1 cbm Mauerwerks, und h_0 die Belastungshöhe in Zentimetern bedeutet.

Die Stärke der Überschüttung soll bei Bahn= und Straßenbrücken mindestens
30 cm (zwischen Oberkante Gewölbabdeckung und Oberkante Schwelle oder Pflaster)
betragen.

Die Stärke der Gewölbe am Kämpfer ist in der Regel das 1,25 bis 1,33fache der
Stärke am Scheitel, und es geschieht diese Verstärkung (außer an den Stirnen) bei Quader=,
Ziegel= und Bruchsteingewölben in Absätzen.

Die Bogenlänge des Gewölbes wird bestimmt:

$$a = r\pi\frac{\varphi^0}{180^0} \text{ in m,}$$

worin r der Radius des Bogens in Metern, φ der Zentriwinkel in Graden und $\pi = 3{,}14$
bezeichnet, und worin der Winkel φ bestimmt durch:

$$\sin\frac{\varphi}{2} = \frac{W}{2r} \ (W = \text{Lichtweite in m).}$$

Eine Näherungsformel:

$$a = W\left[\frac{2}{3}\left(\frac{f}{W}\right)^2 + \sqrt{1 + 4\left(\frac{f}{W}\right)^2}\right]$$

ist genauer als die folgende:

$$a = W\left[1 + \frac{8}{3}\left(\frac{f}{W}\right)^2\right].$$

2. Mittelpfeiler.

Die Mittelpfeiler werden durch den Horizontalschub im Kämpfer am ungünstigsten
beansprucht, wenn die eine Öffnung belastet, die andere unbelastet ist. Alsdann sucht
die Differenz der von jeder Seite wirkenden Horizontaldrücke den Pfeiler um seine
untere Kante zu drehen. Diesem widersteht sein eigenes Gewicht und das Gewicht
der einen belasteten und der anderen unbelasteten Brückenhälfte an einem Hebelarme
wirkend gleich der Entfernung des Schwerpunktes dieser Belastungen von der Dreh=

kante. Eine noch ungünstigere Beanspruchung eines Mittelpfeilers kann jedoch statt=
finden, wenn die eine Öffnung der Brücke überwölbt, und das Lehrgerüst derselben
entfernt ist, die andere Öffnung aber ohne Gewölbe dasteht. Für einen derartigen
Fall ist der Pfeiler besonders stark zu konstruieren. Um letzteres zu vermeiden, sind
stets alle Öffnungen entweder zu gleicher Zeit zu wölben, oder eine Öffnung nach der
andern, aber auf festen (nicht an die Pfeiler gesprengten) Lehrgerüsten, welche so lange
stehen bleiben müssen, bis alle Öffnungen gewölbt sind und zu gleicher Zeit ausgerüstet
werden können. Sehr oft teilt man dagegen die ganze Brückenlänge in einzelne Ab=
schnitte, von denen jeder mehrere Öffnungen in sich schließt, und trennt dieselben durch
einen kräftigen Pfeiler, welcher den Schub des auf nur einer Seite ausgeführten Ge=
wölbes aufnehmen kann.

Die Stärke des Mittelpfeilers hängt zwar von der Lichtweite der Öffnungen sowohl
als auch von dem Pfeilverhältnisse derselben ab, jedoch nehmen die empirischen Formeln
auf letzteres keine Rücksicht. Dieselbe kann bestimmt werden zu $d_1 = 0,1 \, W + 0,6$ in
Metern (W = Lichtweite der Öffnung in Metern), ist jedoch am einfachsten auf graphischem
Wege infolge der Konstruktion der Mittellinie des Druckes zu bestimmen.

Die Mittelpfeiler erhalten sehr oft einen Anlauf von $^1/_{20}$ bis $^1/_{10}$ und im allgemeinen
dieselbe Ausführung wie die der Balkenbrücken.

3. Widerlager.

Die Widerlager der gewölbten Brücken sollen vor allen Dingen die durch die mobile
Belastung, durch die Überschüttung und das Eigengewicht des Gewölbes hervorgebrachte
Mittellast, welche im Kämpferquader angreift, auf die Fundamente übertragen, und
es ist erforderlich, daß dieselbe noch im mittleren Drittel des Widerlagers und Funda=
ments bleibt.

Die Stärke des Widerlagers kann folgendermaßen bestimmt werden: Es wird
der Horizontalschub im Scheitel bestimmt, wenn die eine Brückenhälfte mit der mobilen
Last bedeckt ist, die andere aber unbelastet ist. Bezeichnet nun h die senkrechte Ent=
fernung des Angriffspunktes der Horizontalkraft H im Scheitel von der äußersten Dreh=
kante des Widerlagers, V die Vertikalkraft im Scheitel, b die horizontale Entfernung
dieser Kraft von der Drehkante des Widerlagers, G das Gewicht der unbelasteten Bogen=
hälfte samt der darüberliegenden Schüttung, g den Hebelarm dieser Kraft, gleich der
horizontalen Entfernung des Schwerpunktes dieser Belastung von der Drehkante des
Widerlagers, G_1 das Gewicht des Widerlagers samt der darüberliegenden Schüttung
und g_1 den horizontalen Abstand des Schwerpunktes dieses Gewichts von dem Dreh=
punkte des Widerlagers, so soll bei nfacher Sicherheit gegen das Umkippen sein:

$$n \cdot H \cdot h = V\,b + G \cdot g + G_1\,g_1,$$

woraus sich die Mauermasse und die untere Fundamentstärke des Widerlagers ergibt.
Gewöhnlich wird $n = 1,5$ bis 2 angenommen.

Empirische Formeln für die Widerlagerstärken sind folgende:

$d_2 = 0,25 \, W + 0,6$ in Metern für flache Bogen

$d_2 = 0,2 \, W + 0,6$ „　　„　　„ halbkreisförmige Bogen,

hierbei ist ein Widerlager mit hinten und vorn senkrechten Wänden gedacht. Ferner
nach von Kaven:

$$d_2 = \left[0,42 + 0,0854 \frac{W}{f + 0,5\,d} + 0,044 \, H\right] \sqrt{W} \text{ in m,}$$

worin W die Lichtweite der Öffnung in Metern, f die Pfeilhöhe in Metern, d die Gewölb=
stärke im Scheitel in Metern und H die Widerlagerhöhe vom Fundamentabsatze bis zum
Kämpfer in Metern bezeichnet. Auch hier bezieht sich die Stärke wieder auf ein Wider=
lager mit senkrechten Wänden.

Gewöhnlich wird dem Widerlager hinten eine Neigung von 1 : $^1/_3$ bis 1 : $^1/_2$ gegeben,
um dessen Stabilität zu vermehren.

Der hinter dem Widerlager durch die Hinterfüllung auftretende, dem Gewölbe=
druck entgegenwirkende Schub wird nicht berücksichtigt.

II. Kostenangaben.

1. Die Kosten gewölbter Brücken

mit 1,0 m tiefen Fundamenten, mit Mauer= und Flügelstärken von 0,3 m der Höhe,
mit 1½fach geböschten Flügeln, können samt Rüstung veranschlagt werden, wenn:

W = Lichtweite der Brücke in Metern,

H = Lichte Höhe bis zum Scheitel des Gewölbes in Metern,

L = Länge (Breite) der Brücke in Metern,

K_1 = Kosten des Ziegel=Mauerwerks . . . . = 25 M. für 1 cbm

K_2 = „   „   Bruchstein=Mauerwerks . . . . = 22 „   „ 1 „

K_3 = „   „   Quader=Verblend=Mauerwerks . . . . . . = 35 „   „ 1 „

K_4 = „   „   reinen Gewölbquader=Mauerwerks . . . . = 130 „   „ 1 „

bezeichnet:

a) Die ganze Brücke besteht aus Ziegeln, Stirnen und Flügel sind mit Sandstein=
platten abgedeckt:

$$22,5 (H + 0,1 W) (H + 0,1 W + 1) (H + 0,1 W + 2) + 2,5 L [6 H (H + 1) + W^2] M.$$

b) Die Brücke besteht aus Bruchstein, Gewölbe aus Sandstein, sonst wie bei a):

$$20 (H + 0,1 W) (H + 0,1 W + 1) (H + 0,1 W + 2) + 13 \cdot L [H (H + 1) + W^2] M.$$

c) Die Brücke besteht aus Quaderverblendung mit Füllmauerwerk aus Ziegeln oder
Bruchstein, Gewölbe aus Sandsteinquadern, sonst wie bei a):

$$32 (H + 0,1 W) (H + 0,1 W + 1) (H + 0,1 W + 2) + 13 L [1,6 H (H + 1) + W^2] M.$$

Anmerkung des Herausgebers. Diese von Osthoff f. 3. angegebenen Formeln,
deren Ursprung nicht festzustellen war, ergeben nur Näherungswerte, die mit
Vorsicht anzuwenden sind. In größeren Städten, wo derartige Brücken einheitlich
aus annähernd denselben Baustoffen und bei nicht zu sehr wechselnden Straßen=
breiten hergestellt werden, läßt sich vielleicht ein auf qm Aufsichtsfläche bezogenen
Näherungs=Einheitswert berechnen. Der Versuch aus den zugänglichen Unter=
lagen einen brauchbaren Wert für Überschläge im Allgemeinen zu errechnen,
ist dem Herausgeber nicht gelungen, weder für 1 qm Aufsichtsfläche noch für
1 cbm lichten Raumes zwischen den Stirnen.

2. Die Kosten der geschlossenen Durchlässe

sind aus den Angaben des Abschn. VI, Kap. 11 Eisenbahnbau zu entnehmen.

3. Brücken in Beton und Eisenbeton f. Abschn. VI, 12.

4. Gewölbte Berliner Straßenbrücken.¹)

Name	Lichtweite der Einzelöffnungen	Mittelpfeiler	Länge zw. den Landpfeilern	Fahrbahn	Fußwege	Zusammen zw. Geländer	Zusammen M.	qm Aufsicht M.	Bemerkungen
Schillingsbrücke	5 × 12,3	2,19	70,30	9,42	2 × 2,42	15,06	—	—	Pfeiler und Gewölbe in Klinkern. Verblendung Granit und schlesischem Sandstein.
Waisenbrücke	2 × 18,48 + 20	3,00	62,96	12,00	2 × 4,19	20,38	685 000	535	Pfeiler und Gewölbe in Klinkern. Verkleidung in rotem Main-Sandstein.
Kurfürstenbrücke	2 × 15 + 8	3,25	44,50	10,00	2 × 3,90	17,80	715 000	903	Pfeiler und Gewölbe in Klinkern. Verblendung in Rudova-Sandstein.
Kaiser-Wilhelm-Brücke	2 × 8,2 + 22,2	5,00	48,60	15,00	2 × 5,50	26,00	1 292 300	1025	Pfeiler und Gewölbe unter Wasser in hellgelbem, bayerischem Granit. Verkleidung in bläulich-schwarzem Granit aus dem hessischen Odenwald.
Friedrichsbrücke	2 × 14,3 + 17,0	3,00	51,60	15,00	2 × 5,50	26,00	612 000	457	Pfeiler und Gewölbe aus Klinkern. Verblendung aus schlesischem Alt-Warthauer Sandstein, Geländer Rudova-Sandstein.
Lutherbrücke	2 × 16,3 + 17,0	2,60	54,80	15,00	2 × 5,75	26,50	561 600	387	Gewölbe aus Ziegeln. Kämpfersteine aus Sandstein, Gewölbezwickeln aus Ziegeln.
Moabiter Brücke	2 × 16,3 + 17,0	2,80	55,20	11,00	2 × 4,40	19,80	393 900	360	Pfeiler und Gewölbe aus Klinkern. Stirnbekleidung, Geländer und Sockel aus Basaltlava.
Gertraudtenbrücke	18,0	—	18,00	12,00	2 × 5,00	22,00	270 000	681	aus Basaltlava.
Cottbuser Brücke	20,0	—	20,00	16,00	2 × 5,00	26,00	230 600	443	aus Klinkern mit Verblendung der Stirnen aus schlesischem Sandstein.
Brücke im Zuge der Wiener Straße	24,4	—	24,40	12,00	2 × 4,00	20,00	312 000	639	aus Klinkern mit Verblendung aus rotem Miltenberger Sandstein.
v. d. Heydtbrücke	20,0	—	20,00	10,00	2 × 3,00	16,00	312 000	975	aus Quadern von rotem Main-Sandstein.

¹) Nach Berlin und seine Bauten 1896.

D. Eiserne Brücken.

I. Belastungen und Gewichte der eisernen Überbauten.

Die Kosten der eisernen Überbauten sind abhängig vom Gewichte der Eisenkon=
struktion und von der Lage und Beschaffenheit der Baustelle. Der Materialaufwand
und somit das Gewicht der Eisenkonstruktion ist bedingt durch die angreifenden Kräfte:
1. bewegliche oder Verkehrslasten, 2. ruhende Lasten oder Eigengewichte, 3. zufällige Lasten.

A. Eisenbahnbrücken.
Von Zivilingenieur Ernst Walther.

a) Normale Brücken für Normalspur.

1. Bewegliche oder Verkehrslasten.

Als ungünstigste Belastung werden eine oder zwei der schwersten auf der Strecke
verkehrenden Lokomotiven in ungünstigster Zusammen= und Aufstellung mit einer Reihe
einseitig angehängter Güterwagen angenommen. Zurzeit sind auf den bezüglichen
Strecken nachstehende Lastenzüge den Berechnungen und somit den Ermittelungen der
Gewichte der Überbauten zugrunde zu legen:
1. Lastenzug der preußischen Staatsbahn. Erlaß des Ministers der öffentlichen
Arbeiten vom 1. Mai 1903 — I D 3216. Bemerkung: Radstände durch 1,5
teilbar. Zwei Lokomotiven, eventuell Kopf an Kopf und beliebige Anzahl Wagen.
Für kleinere Brücken und die Fahrbahntafeln aller Brücken sind Achsen mit
umstehenden Abmessungen und Achsdrücken einzuführen.
2. Lastenzug der Reichseisenbahnen in Elsaß=Lothringen vom Oktober 1897.
Zwei mit Schornstein voranfahrende Lokomotiven und beliebige Anzahl Wagen.
3. Lastenzug der bayrischen Staatsbahnen vom April 1898. Drei Lokomotiven
und beliebige Anzahl Wagen. Radstände durch 1,4 teilbar.
4. Lastenzug der sächsischen Staatsbahnen vom April 1895. Zwei Lokomotiven
und beliebige Anzahl Wagen.
5. Lastenzug der badischen Staatsbahnen.
Die Ermittelungen der Biegungsmomente und der Querkräfte aus diesen Verkehrs=
lasten erfolgt am besten und einfachsten nach den in oben angeführten Ministerialbestim=
mungen gegebenen Tabellen.

2. Ruhende Lasten.

Zur Ermittelung der Momente und Querkräfte aus den ruhenden Lasten
oder Eigengewichten sind zunächst die Gewichte selbst zu bestimmen. Von den hier=
für existierenden Formeln sind die von F. Diercksen im Zentralblatt der Bauverwaltung
1904 gegebenen die einfachsten und geben am genauesten den den Lasten des Ministerial=
Erlasses von 1905 entsprechenden Materialaufwand an, während die von Borries und
anderen gegebenen Formeln den Lasten des Ministerial=
Erlasses von 1895 bzw. denen früherer Ministerial=Erlasse
entsprechen.

a) Blechträgerbrücken, Schwellen direkt auf
dem Hauptträger, ohne eiserne Fußwegkonstruktion,
letzterer vielmehr auf den Schwellen angeordnet (siehe
Fig. 1). Hierfür:

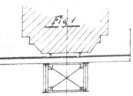

$$G = 240 + 54\,L \quad \text{(Kilogramm je Meter Brücke)}.$$

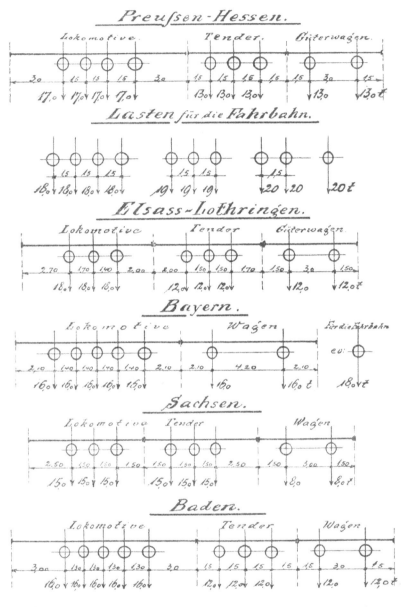

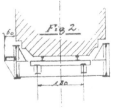

b) **Blechträgerbrücken, Fahrbahn versenkt.** Schwellen auf **Längs**= und **Querträgern**, Fußweg einseitig, 60 cm breit auf Konsolen, Windverband am Untergurt (siehe Fig. 2). Hierfür Hauptträgergewicht:

$$G_h = 270 + 44\,L \;\text{(Kilogramm je 1 Meter Brücke)}.$$

$$L = \text{Stützweite in Metern.}$$

Die Stehblechstärken betragen dabei 12 mm.

Bei Stützweiten unter 15 m sind Gleitlager, bei solchen über 15 m Rollenlager angeordnet.

Für die bei versenkter Fahrbahn notwendigen Quer- und Längsträger ergibt sich die beste Ausnutzung des Materials bei Feldweiten von 3,3 bis 3,7 m. Die Veränderung der Feldweite ist in diesen Grenzen von ganz geringem Einfluß auf das Gewicht der Fahrbahn. Es beträgt bei einer

Brückenbreite von	3,0	3,3	3,7 m
Fahrbahngewicht	380	430	520 kg je m Brücke

und somit ist das Gesamtgewicht der ganzen Eisenkonstruktion bei

Brückenbreite von 3,0 m	$G = 650 + 44\,L$	
„ „ 3,3 m	$G = 700 + 44\,L$	kg je m Brücke
„ „ 3,7 m	$G = 790 + 44\,L$	

c) Bei Verwendung von Fachwerkträgern beträgt das Gewicht der Hauptträger einschließlich Windverband und Lager:

bei $L = 20$—40 m: $G_h = 540 + 27\,L$ Kilogramm je Meter Brücke,

„ $L = 40$—60 m: $G_h = 680 + 27\,L$ „   „   „   „

Bei den Stützweiten über 40 m ist noch ein oberer Windverband angeordnet.

Die Längs- und Querträger sind am günstigsten ausgenutzt bei den Stützweiten bzw. Feldbreiten von 4,8 bis 5 m, für welche die Abmessungen betragen bei einer

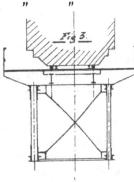

Fig. 3.

Brückenbreite von . .	4,8	4,9	5,0 m
Fahrbahngewicht . .	600	625	670 kg je m Brücke

Bei Brücken mit Fahrbahnen oben ist das Gewicht der Fahrbahn nach Fig. 3 und 4 angenähert das gleiche, und zwar kann gesetzt werden für

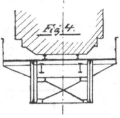

Fig. 4.

b = 2,5 m	$G_f = 490$	kg je m Brücke
b = 3,5 m	$G_f = 580$	

Hauptträger siehe oben unter c).

Das Gesamtgewicht der Fachwerkbrücke beträgt bei

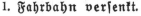

1. Fahrbahn versenkt.

	Brückenbreite b	4,8	4,9	5,0
Stützweite 20—40 m	Gewicht G =	1040 + 27 L	1165 + 27 L	1210 + 27 L
„ 40—60 m	„ G =	1280 + 27 L	1305 + 27 L	1350 + 27 L

2. Fahrbahn oben.

Brückenbreite 2,5 m	$G = 1030 + 27\,L$	
„ 3,5 m	$G = 1120 + 27\,L$	kg je m Brücke

d) **Blechträgerbrücken mit durchgeführtem Schotterbett auf Buckel-platten.** Das Eigengewicht der Hauptträger nebst Lagern und Windverband ermittelt sich zu

$$G_h = 270 + 49\,L\,.$$

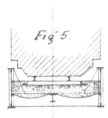

Fig. 5.

Die Fahrbahnkonstruktion wird auch hier am günstigsten aus-genutzt bei Feldweiten von 3,3 bis 3,7 m. Bei Begrenzung des Schotterbettes durch den Hauptträger (vgl. Fig. 5) beträgt das Gewicht der Fahrbahn:

bei Brückenbreite von 3,3 m	$G_f = 670$ kg ⎫ je m
„ „ „ 3,7 m	$G_f = 840$ kg ⎭ Brücke

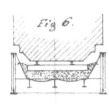

Fig. 6.

Bei Anordnung eines besonderen Randträgers zur Be-grenzung des Schotterbettes (Fig. 6) beträgt das Fahrbahngewicht:

bei Brückenbreite von 3,3 m	$G_f = 770$ kg ⎫ je m
„ „ „ 3,7 m	$G_f = 940$ kg ⎭ Brücke

Das gesamte Eisengewicht der Brücke beträgt:

nach Abbildung 5		Abbildung 6	
3,3 m	3,7 m	3,3 m	3,7 m
$940 + 49\,L$	$1110 + 49\,L$	$1040 + 49\,L$	$1210 + 49\,L$

Bei Trägern auf mehreren Stützen empfiehlt es sich, das Gewicht der Eisenkon-struktion nach vorstehenden Formeln, für jede Öffnung getrennt, zu ermitteln und für die Säulen besondere Zuschläge zu machen. Es kann gesetzt werden:

für Säulen aus Flußeisen g = 0,75 t je Stück
„   „   „ Gußeisen g = 1,5   t „   „

Für Brücken mit beschränkter Konstruktionshöhe ist ein Zuschlag von 20% zu dem nach den gegebenen Formeln ermittelten Gewicht zu machen, während der Einfluß schräger oder schiefer Brückenenden mit einem Zuschlag von 15% genügend hoch berück-sichtigt ist.

Bogenträger als Hauptträger.

Bei Anordnung von Bogenträgern als Hauptträgersystem kann das Gewicht der Bogenträger nach Engesser, „Zeitschrift für Baukunde 1884" bestimmt werden. Es ist dann für die Bogenträger einschließlich Wind- und Querverband:

bei L = 10	20	30	40	50	60	70	80	90	100	m
g = 450	750	1050	1330	1650	1950	2250	2560	2890	3280	kg/m Brücke

3. Zufällige Lasten.

Von den zufälligen Lasten kann auf den Materialverbrauch den größten Einfluß der Winddruck haben. Nach den Ministerialbestimmungen von 1905 ist zu setzen:

für belastete Brücken W = 0,150 t/qm senkrecht getroffener Fläche,
„ unbelastete „ W = 0,250 „   „   „   „

Für den ersten Fall ist ein 3 m hohes Verkehrsband auf den Brücken anzunehmen, welches mit den vertikalen Verkehrslasten über die Brücken wandert.

Sonst können von zufälligen Kräften die Fliehkraft bei Brücken in Kurven, die Bremskraft bei Brücken vor Bahnhöfen, alle Kräfte aber besonders bei Brücken auf Pfeilern von größerem Einfluß auf den Materialaufwand sein.

b) Normale Brücken für Schmalspur oder Nebenbahnen bei 75 cm Spurweite.

1. Fahrbahn zwischen Hauptträgern; hölzerne Querschwellen auf sekundären Längsträgern.

Eisengewicht: $p_1 = (8 + 10\,d + 0,375\,L)\,L + 270 = $ kg/m Gleis;

Eigengewicht der Brücke: $p = p_1 + 120 = $ kg/m Gleis.

Dabei Abdeckung zwischen und neben den Schienen durch 4 cm starke Bohlen.

2. Fahrbahn zwischen den Hauptträgern, Kiesbahn.

Eisengewicht: $p_1 = (9 + 11\,d + 0,4\,L)\,L + 330 = $ kg/m Gleis;

Eigengewicht der Brücke: $p = p_1 + 1060$ für 1 m Gleis.

3. Fahrbahn auf den Hauptträgern.

Eisengewicht: $p_1 = (5,5 + 8,2\,d + 0,5\,L)\,L + 140 = $ kg/m Gleis;

Eigengewicht der Brücke: $p = p_1 + 120$ kg für 1 m Gleis.

4. Für Gewichtsüberschläge.

Eisengewicht: $p_1 = 50 + 29\,L$ in kg/m Gleis.

In allen diesen Formeln ist

$L = $ Stützweite der Hauptträger in Metern,

$d = $ Stehblechdicke der Hauptträger in Zentimetern.

Nach den Tabellen von Seefehlner ist (gh für Haupt- und gn für Nebenbahnen).

bei Verwendung von Blechträgern:

Stützweite l	2	3	4	5	6	8	10	12	14	16	18 m	
g { Fahrbahn oben gh	610	450	500	550	560	600	700	840	950	1060	1410 kg/m	} Brücke
„ unten gn	—	—	—	—	730	780	870	970	1050	1100	1210 „	

für Fachwerkträger:

Hauptträger = Stützweite ..		1	25	30	40	50	60	70	80	90	100 m	
Parabel-, Schwedler- u. Pauli-Träger	gh		1090	1320	1460	1550	2080	2260	2660	2830	3300 kg/m	} Brücke
Halbparabel- und Parallel-träger	gn		1140	1380	1500	1600	2120	2300	2700	3080	3370 „	

B. Straßenbrücken.

Bei Ermittelung des Materialaufwandes für Straßenbrücken ist die Lage bzw. der Zweck des Bauwerkes maßgebend.

1. Bewegliche oder Verkehrslasten.

Die Verkehrslasten bestehen aus einem Zuge oder mehreren nebeneinander befindlichen Zügen von zwei- oder mehrspännigen Lastfuhrwerken, welche nach Winkler mit nebenstehenden Abmessungen und Lasten anzunehmen sind. Die neben den Wagenzügen freibleibenden Brückenteile werden mit Menschen zu 400 kg/m² besetzt.

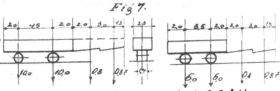

Fig 7.

Winkler unterscheidet dabei leichte und schwere Fuhrwerke und gibt die für diese Fuhrwerksarten anzunehmenden gleichmäßigen Belastungen für 1 Quadratmeter Brücke wie folgt an.

		Breite der Brücke	L = der Stützweite der Brücke in m											
			1	2	3	4	5	6	7	8	10	15	20	30
I	Leichtes Fuhrwerk I . . .	2,0 m	3000	1500	1000	750	600	570	550	530	480	450	450	450
II	Schweres Fuhrwerk II . .	2,5 m	6000	2500	2000	1500	1200	1000	900	800	700	600	550	550

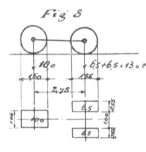

Sodann sind als Verkehrslasten Dampfstraßenwalzen mit nebenstehenden Abmessungen und Gewichten vorgeschrieben.

Endlich werden Straßenbrücken mit Menschengedränge berechnet, wobei angenommen wird, daß auf 1 qm 5 bis 6 Mann zu je 70 kg stehen und sich bewegen können. Hieraus ergibt sich eine Belastung von 350 bis 420 kg oder rund 400 kg je Quadratmeter. Im allgemeinen rechnet man für die Fahrbahnkonstruktionen das Menschengedränge auf den durch Wagen nicht bedeckten Brückenflächen zu 400 kg, für Fußwegkonstruktionen zu 500 kg je Quadratmeter. Bei größeren Brücken (über 30 m Stützweite) wird gewöhnlich nur Menschengedränge als ungünstigste Belastung angenommen. Für Brücken in Dörfern und auf Landstraßen kann man mit dem Menschengedränge bis auf 300 kg/qm herabgehen.

Als Windlasten sind dieselben Werte einzusetzen wie bei den Eisenbahnbrücken (siehe dort).

2. Ruhende Lasten oder Eigengewichte.

Das Eigengewicht der Brücke für 1 lfd. m eingleisiger Brücke bestimmt Schwedler nach der Formel

$$p = C \cdot L + f_g \, .$$

Hierin ist: f_g das Gewicht der Fahrbahn je lfd. Meter Brücke $= B \cdot b = B \, (b_1 + b_2)$
= Brückenbreite × (Fahrbahn + Fahrbahngerippe),

L = die Stützweite der Brücke in Metern,

B = die Breite der Brücke in Metern,

C = eine von der Konstruktion der Brücke abhängige Größe, und zwar

$$C = \frac{1}{10 \, \alpha}$$

$\alpha = 0{,}004$ bei Parallelträgern,

$\alpha = 0{,}0033$ bei parabolischen Trägern.

Aus nachstehender Tabelle sind die Werte für b_1 und b_2 zu entnehmen.

Tabelle für $b = b_1 + b_2 =$ Fahrbahn + Fahrbahngerippe für 1 qm der Brücke in Kilogramm.

Nr.	Fahrbahnanordnung — Fahrbahndecke	Unterlage	b_1 Fahrbahngewicht für 1 qm Brücke — einzeln	zusammen	b_2 Fahrbahngerippe für — I. leichtes Fuhrwerk	II. schweres Fuhrwerk	$b = b_1 + b_2$ Gesamtgewicht pro qm Brücke für — I. leichtes Fuhrwerk	II. schweres Fuhrwerk
1	Belagbohlen	2 × Eiche je 7 cm	70	140	45	80	185	220
2	"	2 × Kiefernbelag 11 + 8 cm stark		237	55	80	292	317
3	Schotter	20 cm stark . . . . . . auf 7 cm starken Eichenbohlen	480 / 70	550	60	95	610	645
4	"	20 cm stark . . . . . auf 6 mm starkem Wellblech	480 / 60	540	60	95	600	635
5	"	20 cm stark . . . . . . auf schmiedeeisernen Buckelplatten	480 / 60	540	60	95	600	635
6	"	20 cm stark . . . . . auf Zoreseisen	480 / 100	580	60	95	640	675
7	"	20 cm stark . . . . . Ziegelmauerwerk ein Stein stark zwischen eisernen Trägern	480 / 700	1180	70	110	1250	1290
8	Steinpflaster	12 cm stark . . . auf Sandschüttung 6 cm in Wellblech 6 mm stark . .	400 / 100 / 60	560	60	95	620	655
9	"	12 cm stark . . . . . auf Sandfüllung 6 cm . . schmiedeeiserne Buckelplatten	400 / 100 / 60	560	60	95	620	655
10	"	16 cm stark . . . . . auf Sandfüllung 5 cm . . schmiedeeiserne Buckelplatten	540 / 85 / 60	685	65	100	750	785
11	"	18 cm stark . . . . . auf Sandfüllung 5 cm . . auf Ziegelmauerwerk 25 cm stark zwischen eisernen Trägern	600 / 100 / 700	1400	75	120	1475	1520
12	Holzpflaster	15 cm stark, Eiche . . . . auf 7 cm Bohlen aus Eiche	160 / 70	230	55	80	285	310
13	"	15 cm stark, Eiche . . . . auf 6 cm starkem Asphalt über 8 mm starken Buckelplatten, die mit Beton ausgefüllt .	160 / 100 / 60 / 100	420	55	80	475	500
14	"	12 cm stark . . . . . 10 cm Beton . . . . . . auf glattem, ausgesteiften Bleche	130 / 200 / 110	440	55	80	495	520

Nr.	Fußwege		einzeln	zusammen	$b_1 + b_2 = b$ für Fußwege innerhalb der Hauptträger	außerhalb	innerhalb	außerhalb
15	Einfache Eichenbohlen	8 cm stark . . . . . auf Schwellen von Eiche . .	80 / 30	110	45	65	155	175
16	Steinplatten	Granit 15 cm stark . . .	400	400	45	65	445	465
17	Asphaltdecke	2 cm stark auf Zoreseisen .		230	45	65	275	295

O.-Sch.

Nach Engesser beträgt das Gewicht für

a) Straßenbrücken mit eisernen Fachwerk- (Balken-) trägern

$$\text{mit } h = \tfrac{1}{8} - \tfrac{1}{10} \, L$$

für Spannweiten von 10—100 m in Kilogramm je qm Grundfläche der Brücke:

1. Landstraßenbrücken mit doppeltem Bohlenbelag.

Eigengewicht je Quadratmeter: $q = 215 + 2{,}3\,L + 0{,}02\,L^2$ (hierin Bohlenbelag: 110 kg),
Eisengewicht je Quadratmeter: $q_e = 105 + 2{,}3\,L + 0{,}02\,L^2$.

Werden außerhalb der Hauptträger besondere Fußwege angeordnet, welche mit einfachem Bohlenbelag abgedeckt werden, so ist das Eisengewicht der Fußwegkonstruktion

$$q_f = 60 + 2{,}3\,L \ (\text{kg/qm}).$$

Das Mehrgewicht der Hauptträger ist in letzterer Formel für g_f enthalten.

2. Landstraßenbrücken mit Schotter.

Eigengewicht je Quadratmeter: $q = 590 + 2{,}8\,L + 0{,}025\,L^2$ (hierin Schotter zu 400 kg/qm),
Eisengewicht je Quadratmeter: $q_e = 190 + 2{,}8\,L + 0{,}025\,L^2$,
Eisengewicht der Fußwege: $q_f = 60 + 2{,}3\,L$.

3. Stadtstraßenbrücken mit doppeltem Bohlenbelag.

Eigengewicht je Quadratmeter: $q = 295 + 2{,}7\,L + 0{,}021\,L^2$ (Bohlenbelag: 140 kg/qm),
Eisengewicht je Quadratmeter: $q_e = 155 + 2{,}7\,L + 0{,}021\,L^2$.
Eisengewicht der Fußwege: $q_f = 80 + 2{,}7\,L$.

4. Stadtstraßenbrücken mit Schotter.

Eigengewicht je Quadratmeter $= q = 730 + 3{,}2\,L + 0{,}028\,L^2$ (hierin Schotter: 480 kg/qm),
Eisengewicht je Quadratmeter: $q_e = 250 + 3{,}2\,L + 0{,}028\,L^2$,
Eisengewicht der Fußwege: $q_f = 80 + 2{,}7\,L$.

5. Stadtstraßenbrücken mit Pflaster.

Eigengewicht je Quadratmeter: $q = 960 + 3{,}7\,L + 0{,}029\,L^2$ (Pflaster $= 700$ kg/qm),
Eisengewicht je Quadratmeter: $q_e = 260 + 3{,}7\,L + 0{,}029\,L^2$,
Eisengewicht der Fußwege: $q_f = 80 + 2{,}7\,L$.

b) Für Straßenbrücken mit Bogenträgern

kann nach Engesser (Theorie und Berechnung der Bogenfachwerkträger) das Eigengewicht je Quadratmeter Grundriß angenommen werden:

1. Für Landstraßenbrücken mit 2 × Bohlenbelag zu 170 kg: $q = 250 + 1{,}9\,L + 0{,}017\,L^2$
2. „   „   „ Schotter   „ 510 „ : $= 610 + 2{,}1\,L + 0{,}022\,L^2$
3. „ Stadtstraßenbrücken „   „   „ 540 „ : $= 655 + 2{,}1\,L + 0{,}022\,L^2$
4. „   „   „ Steinpflaster „ 600 „ : $= 712 + 6{,}0\,L + 0{,}01\,L^2$
5. „   „   „ Holzpflaster „ 420 „ : $= 532 + 5{,}4\,L + 0{,}01\,L^2$.

Das Gewicht etwa angeordneter Fußwege ist nach a) 1—5 zu ermitteln.

c) Die Gewichte der Hauptträger für 1 qm Grundfläche.

α) Für Balkenbrücken

kann man ebenfalls nach Engesser bestimmen:

Art der Brücke und Anordnung der Fahrbahn	Parallelträger	mit 1 oder 2 ge= krümmten Gurten
1. Landstraßenbrücken mit doppeltem Bohlenbelag	$q_h = 3{,}45\,L$	$q_h = 3{,}12\,L$
2. Landstraßenbrücken mit Schotter auf eiserner Unterkonstruktion	$q_h = 5{,}50\,L$	$q_h = 5{,}00\,L$
3. Stadtstraßenbrücken mit Schotter auf eiserner Unterkonstruktion	$q_h = 6{,}10\,L$	$q_h = 5{,}50\,L$
4. Stadtstraßenbrücken mit Steinpflaster in Kies=Fahrbahn auf Buckelplatten	$q_h = 6{,}77\,L$	$q_h = 6{,}10\,L$
Die Fußwege müssen im Hauptträgergewicht pro qm Fußweg berücksichtigt werden mit	$q_h' = 3{,}84\,L$	$q_h' = 3{,}45\,L$

β) Für Bogenbrücken

Bezeichnet B die Brückenbreite in Metern,

n die Anzahl der Hauptträger,

C einen von der Stützweite und Fahrbahnausbildung abhängigen Wert, so ist das Gewicht der Hauptträger bei Verwendung von Zweigelenkbögen für das lfd. Meter Brücke (ebenfalls nach Engesser):

$$q_h = (C \cdot B + 35\,n).$$

Die Werte C sind nachstehender Zahlenreihe zu entnehmen:

Stützweite =	L	10	20	30	40	50	60	70	80	90	100 m
Fahrbahn mit doppeltem Bohlenbelag	C	28	53	80	110	144	180	220	260	305	355
Fahrbahn mit Beschotterung	C	32	62	94	129	168	209	255	300	350	410

In diesen Zahlen nimmt das Pfeilverhältnis von $^1/_7$ bei $L = 10$ m bis $^1/_{11}$ für $L = 100$ m gleichmäßig ab.

Bei Verwendung von Dreigelenkbögen können die mit obiger Formel errechneten Werte um 15% verringert werden.

C. Angaben über die Konstruktionselemente.

Im Brückenbau kommt heute fast nur Flußeisen, und zwar Siemens=Martin= oder Thomas=Flußeisen zur Verwendung. Die Brückenmaterialien müssen den „Normalbedingungen, aufgestellt vom Verbande deutscher Architekten= und Ingenieur= Vereine, Verein deutscher Ingenieure und dem Verein deutscher Eisenhüttenleute", oder den „Besonderen Bedingungen für die Anfertigung, Lieferung und Aufstellung von größeren Eisenkonstruktionen (Erlaß des Ministers der öffentlichen Arbeiten vom 25. November 1891)" genügen. Sie werden auf dem Lieferungswerk nach den in den genannten Bestimmungen gegebenen Regeln geprüft und abgenommen. Vgl. auch Abschnitt II.

a) Bleche kommen zur Verwendung beim Brückenbau in Stärken von 8 bis 20 mm, sind jedoch auch in größeren Stärken erhältlich. Breite 600 bis 1800 mm.

31*

Größere Breiten erfordern Überpreise.

Die Länge der Bleche richtet sich nach der Breite und dem Gewicht der Blechtafel, und gilt als normales Gewicht 500 kg; erfordert Länge und Breite ein größeres Gewicht als 500 kg, so gelten besondere Überpreise, die den Listen des Lieferungswerkes zu entnehmen sind. Das größte Gewicht kann 1000 kg betragen. Außer den ebenen Blechen für Stehbleche der Blechträger, für Querträger, für Gurtungen größerer Brücken und Knotenbleche kommen zur Verwendung besondere Formbleche, wie Buckelplatten, Tonnenbleche, Riffel= und Warzenbleche.

b) Universal= und Flacheisen. Zu den Universaleisen rechnet man alle Flacheisen über 178 mm, zu den Flacheisen solche unter 178 mm Breite. Die größte Breite der Universaleisen ist je nach den Einrichtungen der Walzwerke sehr verschieden. Die meisten Werke liefern Universaleisen mit b max = 600 mm. Größere Breiten werden z. B. geliefert vom Aachener Hütten=Aktien=Verein Rote Erde, Aachen (bis zu 1 m Breite).

Flacheisen unter 5 mm Dicke (Bandeisen) kommen im Brückenbau kaum vor.

c) Winkeleisen gleichschenklig und ungleichschenklig. Größte Breite für gleichschenklige Winkel 160 mm; für ungleichschenklige Winkel 200 × 100 mm. Schenkeldicken 8 bis 20 mm. Normale Länge der Winkeleisen 12 m. Größere Längen bis zu 20 und mehr Meter, je nach den betreffenden Profilen, dafür jedoch besondere Überpreise.

d) Walzträger, über I-, ⌐ und Belageisen siehe Abschnitt III.

e) Niete. Durchmesser von 8 bis 26 mm, ausnahmsweise 30 mm, aus Fluß= oder Schweißeisen. Der Durchmesser wird gewählt nach den zu verwendenden Schenkel= bzw. Blechdicken. Es empfiehlt sich, zu nehmen bei

Eisendicken	Nietdurchmesser (δ)
< 8 mm	bis 16 mm
8—10 „	„ 20 „
10—13 „	„ 23 „
13—20 „	„ 26 „

Größte Nietlänge möglichst nicht über 4 d.

Werden größere Längen erforderlich, dann empfiehlt sich die Anordnung von Schrauben, am besten solcher mit konischem Schaft. Als Nietentfernungen werden gewählt: e ≧ 3 d,

Randentfernung in der Kraftrichtung a ≧ 2 d,

senkrecht zur Kraftrichtung a ≧ 1,5 d.

Die Nietanzahl richtet sich nach der Tragfähigkeit eines Nietes, dieselbe ist

auf Abscherung $T = \dfrac{d^2 \cdot \pi}{4} \cdot k_s$ für eine Scherfläche,

auf Lochlaibungsdruck $T = d \cdot \delta \cdot k_l$ für eine Laibungsfläche;

hierin bedeutet d = Nietdurchmesser in Zentimetern,

δ = Blechstärke in Zentimetern,

k_s = zulässige Scherspannung = 0,8 k_z,

k_l = zulässiger Lochlaibungsdruck = 2 k_z,

k_z = die zulässige Zugspannung des durch den Niet angeschlossenen Konstruktionsteiles.

f) Die Auflager. Die untere Gurtung eines jeden Trägers liegt auf den Pfeilern auf einem gußeisernen Auflager oder einem solchen von Stahlguß. Zur Ermöglichung der Ausdehnung und Zusammenziehung der Träger bei Temperaturänderungen wird das eine Trägerende auf die Auflagerplatte lose aufgelegt (bewegliches Auflager). Zur Sicherung gegen Herabschieben des Trägers vom Auflager ist das andere Trägerende mit seiner Auflagerplatte fest verbunden.

Die Ausdehnung

$$\left.\begin{array}{l} \text{des Stahles und Flußeisens} = 0{,}000\,012\ L\ \text{für}\ 1°\,C, \\ \text{des Gußeisens} = 0{,}000\,011\ L\ \text{für}\ 1°\,C. \end{array}\right\} L = \text{Stützweite in m.}$$

Zur Ermöglichung von Durchbiegungen infolge der Belastung werden die oberen Flächen der Auflagerplatten einfach gekrümmt oder ballig ausgebildet.

Bei Brücken über 15 m Stützweite werden zur Ermöglichung der Durchbiegung Kipplager, bei sehr breiten Brücken wegen der Durchbiegung der Querkonstruktionen oft auch Kugellager angeordnet.

Das bewegliche Auflager der Brücken über 15 m Stützweite wird mit Pendeln oder Rollen versehen, damit an Stelle der sonst auftretenden gleitenden Reibung rollende Reibung berücksichtigt zu werden braucht.

Die Größe der Platten ist abhängig von der Beschaffenheit des gewählten Auflagersteins.

Es wird

$$f = \frac{A}{\sigma},$$

worin ist A der größte Auflagerdruck,
σ die zulässige Beanspruchung des Auflagerquaders.

Die Dicke der Auflagerplatte ergibt sich aus dem Biegungsmoment, welches durch die Beanspruchung des Quaders σ in der Platte erzeugt wird. Meist genügt dafür

$$\delta = 4 + 0{,}09\ L\ \text{in Zentimetern,}$$

worin L = Stützweite der Brücke in Metern.

Als Länge λ der Platte empfiehlt sich zu nehmen

$$\lambda = 0{,}35 + 0{,}008\ L.$$

D. Angaben über die Fahrbahnträger der eisernen Eisenbahnbrücken.

a) Die Zwischenträger (Längsträger) werden am besten ausgenutzt bei Längen von 3,3 bis 3,7 m. Sie werden jedoch auch in kürzeren Längen sowie in Längen bis zu 6 m ausgeführt. Sie sind in die Querträger eingehängt und werden über den Auflagern auf besondere Quadern gelegt. Es empfiehlt sich, bei der Größenbemessung dieses Quaders 20 bis 30% für Stöße zum größten Auflagerdruck hinzuzuschlagen.

Gewöhnlich werden die Längsträger aus Walzträgern (I- oder Differdinger Profile) gebildet, bei größeren Längen aus Blech=, seltener aus Fachwerkträgern.

Das Gewicht eines Zwischenträgers ist nach Winkler, wenn l die Länge des Trägers ist:

$g_1 = 26\,l$ für 1 m Zwischenträger als Walzträger,
$g_1 = 16 + 16\,l$ für 1 m Zwischenträger als Blechträger.

Das Gewicht der Anschlußmaterialien ist besonders zuzuschlagen.

b) **Die Querträger** übertragen die Reaktionen der Längsträger auf die Haupt=
träger, versteifen letztere gegeneinander und bilden die Vertikalen des Windverbandes.

Auch die Querträger sollen nach Möglichkeit aus Walzträgern gebildet werden,
wobei die Differdinger Spezialprofile mit den hohen Stegen gute Dienste leisten.

Bei beschränkten Konstruktionshöhen wird man oft zur Verwendung von Blech=
trägern greifen müssen, doch wird man auch hier die breitflanschigen Differdinger Spezial=
profile mit gutem Erfolge verwenden können.

Das Gewicht eines Querträgers ist etwa

$g_2 = (90 + 9{,}0\,\mathrm{l})\,\mathrm{l}_1$ in Kilogramm für 1 m Querträger der eingleisigen Brücke,

$g_2 = (77 + 7{,}3\,\mathrm{l})\,\mathrm{l}_1$ „   „   „ 1 „   „   „ zweigleisigen „

dabei ist l = Länge der Zwischen= oder Längsträger,

l_1 = Länge der Querträger.

c) **Das geringste Eigengewicht der Fahrbahnträger** (Zwischen= und Quer=
träger) ist nach Winkler

$g = 130 + 39\,\mathrm{l}_1$ für 1 m Gleis für eingleisige Brücken,

$g = 157 + 31\,\mathrm{l}_1$ „ 1 „   „   „ zweigleisige „

wobei angenommen ist, daß

für eingleisige Brücken $\left\{\begin{array}{l} \mathrm{l} = 1{,}25\,\sqrt{\mathrm{l}} \text{ in Metern für Zwischenträger aus } \mathrm{I}\text{-Eisen,} \\ \mathrm{l} = 1{,}76\,\sqrt{\mathrm{l}} \text{ „   „   „   „   „ Blechträgern} \end{array}\right.$

für zweigleisige Brücken $\left\{\begin{array}{l} \mathrm{l} = 1{,}15\,\sqrt{\mathrm{l}}\,; \text{ in Metern für Zwischenträger aus } \mathrm{I}\text{-Eisen,} \\ \mathrm{l} = 1{,}60\,\sqrt{\mathrm{l}}\,; \text{ in Metern für Zwischenträger aus Blech=} \\ \text{trägern.} \end{array}\right.$

E. Angaben über die Fahrbahn und Fahrbahnträger der eisernen Straßenbrücken.

a) **Die hölzerne Brückentafel der Fahrbahn** besteht aus Nadel= oder Eichen=
holz=, seltener aus Buchenbohlen in Stärken von 8 bis 15 cm. Die oberen oder Fahr=
bohlen werden mit der Faserrichtung normal zur Fahrtrichtung gelegt und auf die untere
Bohlenlage aufgenagelt. Es ist notwendig, zwischen diesen Bohlen Zwischenräume von
1,5 bis 2 cm zu lassen, damit der Luft Zutritt gewährt wird und die Bohlen so vor zu
frühem Verfaulen geschützt werden.

Die Dicke der Bohlen ist, wenn mit R der Raddruck in Kilogramm,

a die freie Länge der Bohlen von Unterlage
zu Unterlage in Zentimetern,

b die Bohlenbreite und

s die zulässige Beanspruchung des Holzes
in kg/qcm = 60 kg bezeichnet wird.

$$d = \sqrt{\frac{3\,\mathrm{R}\cdot a}{2\,s\cdot b}} = 0{,}16\,\sqrt{\frac{\mathrm{R}\cdot a}{b}}\,.$$

b) **Gußeisenplatten als Brückentafel** sind nur noch sehr selten in Verwendung.

c) **Flußeisen als Brückentafel** kommt in allen Formen vor, und zwar als Belag=
oder Zoreseisen, Winkel=, T= und I=Eisen, als Wellbleche, glatte Bleche, Hänge=, Buckel=
oder Tonnenbleche.

Ist auch hier R der Raddruck in Tonnen und

a die freie Länge in Zentimetern,

so ist nach Winkler in Kilogramm für 1 m Brückenbreite:

I-Eisen . . . . $g = 71 + 0{,}271 \cdot R\,a$

Zoreseisen . . . . $g = 32 + 0{,}121 \cdot R\,a$

Wellbleche . . . . $g = 15 + 0{,}184 \cdot R\,a$

Hängebleche . . . . $g = 31 + 0{,}056 \cdot R\,a$

Blechgewölbe oder Tonnenbleche. $g = 38 + 0{,}068 \cdot R\,a$

Stehende Buckelplatten . . . . $g = 21 + 8{,}0 \cdot R$ (kommen selten vor)

Hängende Buckelplatten . . . . $g = 18 + 7{,}0 \cdot R$.

Bei den Buckelplatten ist angenommen, daß die lichte Pfeilhöhe gleich $^{1}/_{10}$ der lichten Weite des Buckels ist. Ihre Blechstärke ist 6 bis 10 mm, sie sind erhältlich in Größen von 1,2 bis 1,8 qm. Die Buckelbleche haben die Form eines flachen Klostergewölbes und werden mit den flachen Rändern auf netzförmig angeordnete Träger aufgenietet. Der hängende Buckel wird mit Schotter und Beton ausgefüllt; hierüber liegt dann die Fahrbahndecke. Im tiefsten Punkt erhalten die Buckelplatten je ein Loch zum Wasser=abfluß. Das Wasser wird in untergehängten Rinnen nach den Auflagern geleitet.

Die Wellbleche haben eine Dicke von 2 bis 6 mm. Die Wellen sind nach Kreis=bögen gekrümmt. Die Wellbleche liegen quer über die Balken aus I-Eisen, deren Ent=fernung ca. 70 cm, deren Höhe bei 3 bis 8 m Spannweite 175 bis 300 mm und deren Gewicht 24 bis 54 kg für 1 m eines Trägers beträgt.

Die Wellen werden mit Schotter, Beton oder Kies ausgefüllt, auf welcher Schicht dann die Fahrbahndecke liegt.

Das Trägheitsmoment eines Wellbleches ist nach Winkler

$$T = \left(0{,}11 + 0{,}16\,\frac{h}{b}\right) h \cdot b^2\,\delta\ , \text{ wenn mit}$$

b = die Länge einer Welle in Zentimetern, mit

h = die ganze Höhe in Zentimetern und mit

δ = die Blechdicke in Zentimetern bezeichnet wird.

Das Gewicht ist dann $G = 102\,\delta$ in Kilogramm für 1 qm, wenn

h = 0,35 b ist.

d) Steinerne Gewölbe als Brückentafel kommen wegen ihres großen Gewichtes nur noch sehr selten vor. Man nimmt dazu Ziegel, welche zwischen eiserne Träger gespannt sind. Zur Verringerung des Eigengewichts verwendet man auch Hohlziegel. Viel mehr als Ziegelgewölbe sind solche aus Beton in Anwendung.

Die Kappen werden meist parallel zur Fahrtrichtung gespannt. Die Kappen der Endfelder müssen sich gegen den letzten Querträger legen, nicht gegen das Widerlager=mauerwerk, damit bei Temperaturänderungen der Unterbau frei von der Bewegung des Oberbaues bleibt.

Bei Anordnung von Gewölben als Brückentafel ist ein Windverband nicht er=forderlich.

Die Kappen sind am Rücken sorgfältig abzudecken (Asphalt, Filz usw.), damit keine Feuchtigkeit eindringen kann. Auch ist für eine gute Abwässerung zu sorgen.

Die Spannweite eines Gewölbes ist etwa 1 bis 2 m bei $^{1}/_{5}$ bis $^{1}/_{20}$ Stich.

Nach Winkler ist die Gewölbestärke

$$d = \frac{0,002}{h}\left(R \cdot l + \sqrt{R \cdot l(490\,h^2 + R \cdot l)}\right) \text{ in Metern,}$$

worin R den Raddruck in Tonnen,

h die Pfeilhöhe in Zentimetern,

l die Spannweite in Metern bezeichnet

und die Länge, auf welche sich ein Raddruck verteilt, zu 0,5 m angenommen ist.

Das Gewölbgewicht ist nach Winkler

$$g = 0,08 + 0,08\,P + 0,04\,P \cdot l \text{ in t/qm.}$$

e) Steinplatten als Brückentafel kommen auch nur noch verhältnismäßig selten vor. Die Platten werden auf 2 oder 4 Seiten gestützt. Die Fugen sind mit Zement-, Teer- oder Asphaltmörtel zu füllen. Die Größe der Platten ist etwa 0,75 bis 1,0 qm, und es ist nach Winkler die Stärke

$$\text{der zweiseitig gestützten Platte } d = \sqrt{\frac{3 \cdot R \cdot l}{2\,s\,b}}\text{ in Zentimetern,}$$

$$\text{der vierseitig gestützten Platte } d = \sqrt{\frac{9 \cdot R \cdot l}{8\,s\,b}}\text{ in Zentimetern,}$$

worin R der Raddruck in Kilogramm,

l die Spannweite,

b die Plattenbreite in Metern und

s die zulässige Beanspruchung der Platte auf Bruch (siehe Abschnitt II u. III).

Das Gewicht der Platte ist

$$g = 0,14 + 0,056\,R \text{ in Tonnen für 1 qm für spez. leichte Platten,}$$

$$g = 0,20 + 0,082\,R \text{ „   „   „ 1 „   „   „ schwere Platten.}$$

F. Die Bahn der Fußwege.

1. Bohlen von 5 bis 8 cm Stärke, aus Eichen- oder Kiefernholz, die entweder längs oder quer zur Brücke, direkt auf der eisernen Unterkonstruktion oder mit besonderen Längsschwellen befestigt werden. Zwischen den einzelnen Bohlen sind Fugen zu lassen zur Abwässerung und Luftzuführung.

Zur Berechnung der Bohlendecke wird angenommen, daß auf einer Bohle von 0,5 m Länge ein Mann mit Gepäck, 100 kg schwer, stehen kann. Dafür kann, einschließlich des Bohlengewichtes, gerechnet werden für 1 m Bohlenbreite = 170 kg, und es ergibt sich

$$d = 0,15 \frac{a}{\sqrt{b}} \text{ in Zentimetern,}$$

wobei a die freitragende Länge der Bohle und

b die Bohlenbreite in Zentimetern bedeutet.

2. Guß- und Schmiedeeisen findet in derselben Form bei Fußwegen Verwendung wie bei der Fahrbahn.

3. Für Steinplatten ist d = 10 a in Zentimetern für Platten von geringer Festigkeit, d = 4 a in Zentimetern für Platten von großer Festigkeit, worin a = die freitragende Länge in Metern bedeutet.

Das Plattengewicht schwankt zwischen 120 a bis 200 a kg für 1 qm (a in Metern).

G. Zwischenträger für Straßenbrücken.

Dieselben erhalten im allgemeinen die gleiche Konstruktion wie die der Eisenbahn=
brücken, nur wird ihre Entfernung voneinander eine geringere sein, da dieselbe in
den meisten Fällen abhängig ist von der Konstruktion der Brückentafel. Zur Berechnung
der Zwischenträger genügt es nach Winkler, das Gewicht der Brückentafel und Brücken=
decke zu

$$390 + 20\,\text{R} \cdot \text{c}\ \text{in Kilogramm für 1 qm}$$

und für Brückentafel, Brückendecke und Zwischenträger zu

$$410 + 24\,\text{R} \cdot \text{c}\ \text{in Kilogramm für 1 qm}$$

anzunehmen, wenn mit R der Raddruck in Tonnen und mit c der Abstand der Zwischen=
träger in Metern bezeichnet wird. Das Gewicht der Zwischenträger in Kilogramm für

1 m ergibt sich für I=Träger zu $g = 21 + 5{,}6\,\dfrac{\text{M}}{\text{s}}$, und für Blechträger zu $g = 18\,\sqrt{\dfrac{\text{M}}{\text{s}}}$,

wenn mit M das größte Biegungsmoment in kgm und mit s die zulässige Beanspruchung
in Kilogramm für 1 qcm bezeichnet wird. Dann ergibt sich nach Winkler das Gewicht der
Zwischenträger:

	für I=Träger	für Blechträger
I. für leichte Wagen (R = 1,5 Tonnen)	p = 21 + (2,9 + 2,1 c) l;	11,0 + (1 + 0,23 c) (1 + 0,37 l)
II. „ schwere „ (R = 5,0 „)	p = 22 + (6,6 + 5,2 c) l;	16,5 + (1 + 0,26 c) (1 + 0,37 l)

in Kilogramm für 1 qm.

Die zweckmäßigste Entfernung der Zwischenträger sowie das Gewicht der Zwischen=
träger samt der Brückentafel in Kilogramm für 1 qm ist nach (Winkler, Querkonstruk=
tionen) in folgender Tabelle gegeben:

	Bezeichnung der Wagenart	R = Raddruck in Tonnen	c in m — zweckmäßigste Entfernung der Zwischen= träger für eine Brückentafel			g in kg für 1 qm — Gewicht der Zwischenträger samt Brückentafel, für eine letztere von		
			Zoreseisen	Wellblech	Hängeblech	Zoreseisen	Wellblech	Hängeblech
I	I=Träger Leichte Wagen	1,5	1,09+0,063 l	0,88+0,051 l	1,60+0,093 l	72+4,7 l	64+4,9 l	54+3,7 l
II	Schwere Wagen	5,0	0,62+0,066 l	0,50+0,054 l	0,91+0,097 l	107+13,1 l	107+15,1 l	84+8,6 l
I	Blechträger Leichte Wagen	1,5	0,86+0,104 l	0,69+0,084 l	1,26+0,152 l	66+4,8 l	56+5,7 l	55+3,6·l
II	Schwere Wagen	5,0	0,57+0,069 l	0,46+1,056 l	0,84+0,102 l	106+9,9 l	105+8,6 l	83+7,2 l

Im allgemeinen ist das Gewicht für Zwischenträger und Brückentafel nach Winkler:

$$g = 45 + 2{,}3\,l + 11\,\text{R} + 1{,}7\,\text{R} \cdot l\ \text{in Kilogramm für 1 qm,}$$

worin R den Raddruck in Tonnen und
l die Länge der Zwischenträger in Metern bezeichnet.

H. Querträger für Straßenbrücken.

Die Konstruktion der Querträger für Straßenbrücken ist kaum von der Konstruktion derselben für Eisenbahnbrücken verschieden.

Der Druck, den der Querträger von dem Zwischenträger durch die bewegliche Last erhält, ist nach Winkler

$$D = \left(0,39 + 0,76\,\frac{l}{a}\right) R \text{ in Tonnen,}$$

wenn mit l die Länge der Zwischenträger in Metern, mit
        a der Abstand der Fuhrwerke in Metern und mit
        R der Raddruck in Tonnen bezeichnet wird.

Das Eigengewicht der Brückendecke, der Brückentafel und der Zwischenträger läßt sich zur Bestimmung der Abmessungen der Querträger bestimmen:

  I. für leichte Wagen: g = 412 + 4,9 l kg für 1 qm,
 II. „ schwere   „   g = 550 + 10,8 l „ „ 1 „

ferner die bewegliche Last:

  I. für leichte Wagen: $K = 0,41 + \dfrac{0,59}{l}$ in Tonnen für 1 qm,

 II. „ schwere   „ $K = 0,56 + \dfrac{1,29}{l}$ „   „   „ 1 „

worin l die Länge der Zwischenträger in Metern bezeichnet.

Der Querträgerabstand = der Länge der Zwischenträger ist nach Winkler, wenn l_1 die Länge der Querträger bedeutet:

	Zwischenträger aus I-Eisen	aus Blechträgern
I. leichte Wagen	$l = 2,57 + 0,25\,l_1$	$2,41 + 0,31\,l_1$
II. schwere Wagen	$l = 1,44 + 0,25\,l_1$	$1,04 + 0,31\,l_1$

Das Eigengewicht der Querträger ist nach Winkler:

 I. für leichte Wagen $p = (8,3 + 1,4\,l)\left(1 + \dfrac{0,38}{c}\right) l_1$ in Kilogr. für 1 m der Querträger,

II. „ schwere Wagen $p = (12,5 + 1,4\,l)\left(1 + \dfrac{0,38}{c}\right) l_1$ in Kilogr. für 1 m der Querträger.

Gewicht der Fahrbahn und Fahrbahnträger nach Winkler:
Brückentafel: g = 38 + 8,5 R + (0,55 + 0,37 R) l_1 in Kilogramm für 1 qm,
Quer- und Zwischenträger: g = 30 + 8,5 R + (1,40 + 0,80 R) l_1 in Kilogramm für 1 qm,

somit das Gewicht der Brückentafel und Fahrbahnträger

$$g = 68 + 17\,R + (1,9 + 1,2\,R)\,l_1 \text{ in Kilogramm für 1 qm,}$$

worin bedeutet R den Raddruck in Tonnen,

l_1 = Länge der Querträger in Metern.

II. Die Kosten der eisernen Brücken.

Nächst den Gewichten ist die Lage und Beschaffenheit der Baustelle von Einfluß auf den Preis der eisernen Überbauten.

1. **Die Kosten der genieteten Trägerkonstruktion**, frei auf den der Baustelle zunächst gelegenen Bahnhof angeliefert, betragen einschließlich Lieferung der gußeisernen Auflagerplatten, fertig montiert und einmal grundiert, aber ausschließlich der Kosten für die Montagegerüste, dem Holzbelag bzw. der Chaussierung:

für Brücken bis ca. 10,0 m Stützweite ca. 21,00 M. pro 100 kg

   „   „ über   10,0 m   „   „ 24,00 „   „ 100 „

Die **Fuhrkosten für den Transport** von diesem Bahnhofe bis zur Baustelle sind nach Abschnitt IV zu ermitteln.

2. **Die Kosten der hölzernen Montagegerüste** lassen sich bestimmen für die ganze Brücke nach der Formel

$$K = H \cdot \sqrt{G} \text{ in Mark,}$$

worin bezeichnet

H = die Höhe der Brückenoberkante über Flußsohle oder Gelände in Metern,

G = Eisengewicht der ganzen Brücke in Kilogramm.

3. **Die Kosten des Montierens der Trägerkonstruktion** einschließlich des Aussuchens der Eisenteile, des Zusammenbaues und Aufstellens der Teile, der Vernietung und Ausbesserung schadhafter Stellen des Grundanstriches kostet:

1. bei Brücken bis 10 m Stützweite (wobei Quer= und Längsträger, ebenso die Hauptträger in einem Stück versandt sind) für 100 kg . ca. 2,50 M.

2. bei Brücken von 10 bis 20 m Stützweite (Hauptträger in einzelnen Stücken versandt) 100 kg . . . . ca. 3,00 „

3. bei größeren Brücken (deren Hauptträger in vielen Teilen versandt werden) für 100 kg . . . . ca. 4,00 bis 5,00 „

4. **Die Anstrichskosten** werden entweder je Quadratmeter oder je 100 kg berechnet. Es kostet ein zweimaliger Ölfarbenanstrich einschließlich der erforderlichen Hilfsrüstungen:

1. bei Blechträgerbrücken je qm 0,70   M.

2. „ Fachwerkträgerbrücken je qm 0,80   „

oder für beide Arten 100 kg . . . . 0,60 bis 0,70 „

Zur Veranschlagung genügt die Annahme, daß die anzustreichende Fläche beträgt, wenn L die Stützweite für 1 Öffnung eines eingleisigen Überbaues bezeichnet:

a) bei Blechträgerbrücken

$$F = (0{,}50\,L + 3{,}5) \text{ qm zu } 70 \text{ Pf.} = (0{,}35\,L + 2{,}45) \text{ Mark,}$$

b) bei gegliederten Systemen

$$F = (0{,}4\,L + 3{,}5) \text{ qm zu } 80 \text{ Pf.} = (0{,}32\,L + 2{,}80) \text{ Mark.}$$

Für beide Brückenarten je kg 0,60 ÷ 0,70 M.

5. **Kosten der Fahrbahn** oder des Brückenbelages für Straßenbrücken für 1 qm Fahrbahn:

a) doppelter 8 cm starker Belag aus eichenen Bohlen.

2 qm eichene Bohlen 8 cm stark à 10,00 M. = 20,00 M. 0,16 cbm Holz fertig aufzubringen einschließlich Befestigungsmittel je cbm 5,00 M. = 1,00 M. Zusammen 21,00 M.

Der hölzerne Brückenbelag der festen Rheinbrücke zu Köln a. R.[1] mit 5 m breiter Fahrbahn, einem Unterbelag aus Eichenholz von 8 cm, einem Oberbelag von 6,5 cm Stärke (zum Teil aus Eichen=, zum Teil aus Buchenholz) kostete:

1. Eichenholz 6,5 cm stark, Dauer 2½ Jahre, Preis je cbm 84,00 M., für 1 qm
= 5,46 M. Kosten für 1 Jahr und 1 qm = $\dfrac{84 \cdot 0,065}{2,5}$ . . . . 2,18 M.

2. Buchenholz 6,5 cm stark, Dauer 3 Jahre, Preis je cbm 41,00 M., für 1 qm
= 2,67 M. Kosten für 1 Jahr und 1 qm = $\dfrac{41 \cdot 0,065}{5}$ . . . . 0,89 M.

b) 8 cm starker einfacher Belag aus Eichenbohlen mit 13 cm starkem Eichenholzpflaster.

1 qm Eichenholzbelag (wie unter a) $\dfrac{21}{2}$ . . . . 10,50 M.

1 qm 13 cm starke Eichenholzklötze = 0,13 cbm je 100 M. . . . . 13,00 „

0,13 cbm Eichenholzklötze aufzubringen einschließlich Befestigungsmittel, je 8,00 M. . . . . 1,50 „

25,00 M.

c) 8 cm starker einfacher Bohlenbelag aus Eichenholzbohlen mit 20 cm starkem Schotter.

1 qm Eichenbohlenbelag (wie unter b). . . . . 10,50 M.

Das Schotterbrett erfordert:

0,30 cbm Bruchsteine . . . . à 3,00 M. = 0,90 M.

0,20 „ desgl. zu zerschlagen . . . . à 2,40 „ = 0,48 „

0,07 „ Kiessand . . . . à 0,80 „ = 0,06 „

0,30 „ Stein= und Sandtransport . . à 1,50 „ = 0,45 „

0,20 „ Schotter aufzubringen . . . . à 0,27 „ = 0,05 „

0,07 „ Kiessand . . . . à 0,18 „ = 0,01 „

1,00 qm Chaussierung abwalzen . . . .   0,30 „

Abrundung . . . .   0,25 „

1 qm Schotterbett 2,50 M. = 2,50 M.

1 qm Fahrbahn 13,00 M.

d) Schotter, 20 cm stark, als Fahrbahn für Straßenbrücken mit Wellblech, Buckelplatten usw. für 1 qm Fahrbahn . . . . 2,50 „

e) Steinpflaster, 18 cm stark, für Straßenbrücken mit Wellblech, Buckelplatten usw.

1 qm Pflastersteine zu Reihenpflaster, 18 cm stark . . . . . . 4,00 „

0,18 cbm Steine zu transportieren à cbm 6,00 M. . . . . . 1,08 „

0,06 „ Sand einschließlich Transport à cbm 1,50 M. . . . 0,09 „

1 qm Pflaster herzustellen . . . . 0,60 „

zur Abrundung . . . . 0,08 „

für 1 qm Fahrbahn 5,85 M.

---

[1] Deutsche Bauzeitung 1879, S. 493.

f) **Steinplatten, 12 cm stark mit 20 cm starkem Schotter darauf als Fahrbahn.**

1 qm mittelharte Platte, 12 cm stark	5,40 M.
0,12 cbm Platten zu transportieren à 6,00 M.	0,72 „
1 qm Platten zu verlegen und mit Zementmörtel zu vergießen .	2,20 „
Zementmörtel	0,08 „
Steinplatten für 1 qm	8,40 M.
1 qm Schotter (wie unter c)	2,50 „
1 qm Fahrbahn	10,90 M.

g) Kosten des **Ziegelgewölbes, 25 cm (1 Stein) stark, mit 20 cm starkem Schotter darauf als Fahrbahn für Straßenbrücken.** (Das Ziegelgewölbe ist zwischen eisernen Trägern gespannt.) Die Kosten für 1 qm Fahrbahn berechnen sich:

140 Stück Ziegel (samt Bruch) für 1 Tausend 25,00 M. . . .	3,50 M.
140 „ „ zu transportieren für 1 Tausend 6,00 M. . . .	0,87 „
0,06 cbm Zementmörtel (1 Z : 2 S) je 35,12 M.	2,11 „
0,25 „ Gewölbemauerwerk herzustellen (bei 1,0 m Lichtweite und 10 m Höhe des Gewölbes über Gelände) je 4,30 M. . .	1,08 „
für 1 qm Gewölbe	7,56 M.
1 qm Schotter, 20 cm stark (wie c)	2,50 „
für 1 qm Fahrbahn	10,06 M.

h) Kosten des **Ziegelgewölbes, 25 cm stark, mit 18 cm starkem Steinpflaster in Sand als Fahrbahn für Straßenbrücken** kostet für 1 qm Fahrbahn:

1 qm Ziegelgewölbe (wie g)	7,56 M.
1 „ Pflaster aus Pflastersteinen (wie e)	5,85 „
für 1 qm Fahrbahn	13,41 M.

i) Kosten des **einfachen, 4 cm starken Belages aus eichenen Dielen als Fußweg für Brücken** kostet für 1 qm:

1 qm eichener Belag aus 4 cm starken Dielen	4,80 M.
0,04 cbm Holz aufzubringen usw. (wie a) je 5,00 M.	0,20 „
für 1 qm Fußweg	5,00 M.

k) Kosten der **Asphaltabdeckung, 3 cm stark in Sand als Fußweg auf Brücken mit Wellblech usw.** kostet für 1 qm:

0,03 cbm Sand als Unterlage samt Transport, je 1,50 M. . .	0,05 M.
45 kg Asphalt für 100 kg = 12,00 M.	5,40 „
0,018 cbm Sand zum Asphalt je 1,50 M.	0,05 „
1 qm Asphaltdecke herzustellen	0,55 „
für 1 qm Fußweg rund	6,05 M.

l) Kosten des **einfachen, 4 cm starken Belags aus eichenen Dielen mit 3 cm starker Asphaltdecke in Sand als Fußweg auf Brücken** kostet für 1 qm:

1 qm eichener Belag 4 cm stark (wie i)	4,80 M.
1 „ Asphaltdecke 3 cm stark (wie k)	6,05 „
für 1 qm Fußweg	10,85 M.

6. Kosten des eisernen Überbaues samt Fahrbahn der Straßenbrücken.

a) Die Kosten des Überbaues bei Brücken betragen

		bis zu 10 m	über 10 m
für 100 kg an Eisenkonstruktion, einschließlich Montage	. . . .	21,00 M.	24,00 M.
Transport vom Bahnhofe bis zur Baustelle	. . . . . .	1,00 „	1,00 „
Montagegerüst	. . . .	10,00 „	10,00 „
Ölfarbenanstrich	. . . . . .	1,00 „	1,00 „
zusammen für 100 kg		33,00 M.	36,00 M.

b) Die Gesamtkosten für Überbau und Fahrbahn können:

α) bei leichten Brücken (für leichte 2spännige Fuhrwerke und leichter Fahrbahn) veranschlagt werden, bei 5 m Breite, für 1 m Stützweite . . . . (8 L + 200) in M.

β) bei schweren Brücken (für schwere 2spännige Fuhrwerke und schwerer Fahrbahn) veranschlagt werden, bei 5 m Breite und für 1 m Stützweite . . . . (10 L + 400) in M.
worin L in m die Stützweite der Träger bedeutet.

7. Kosten des eisernen Überbaues samt Fahrbahn der eingleisigen Eisenbahnbrücken können veranschlagt werden

α) für leichte Brücken (Nebenbahnen) zu

8 L + 130 M. für 1 m der Stützweite

β) für schwere Brücken (Hauptbahnen) zu

10 L + 200 M. für 1 m der Stützweite.

Genauer ist folgende Tabelle für schwere Brücken:

a) Bis zu 10 m Stützweite:

L Stützweite in m	1	2	3	4	5	6	8	10
Eisengewicht für 1 m in kg	530	560	580	600	620	640	670	700
Querschwellen, Belag für 1 m in cbm	1,00	0,75	0,60	0,50	0,45	0,43	0,38	0,34
Kosten des Eisens für 1 m in M. (für 100 kg = 33 M.)	175	186	192	198	204	212	222	231
„ „ Eichenholzes für 1 m in M. (für 1 cbm = 150 M.)	150	120	90	75	70	65	60	50
Summe der Kosten für 1 m Stützweite in M.	325	306	282	273	274	277	282	281

b) Über 10 m Stützweite:

L Stützweite in m	12	15	18	21	24	27	30	40	50	60
Eisengewicht für 1 m in kg	760	850	940	1030	1120	1210	1300	1600	1900	2200
Querschwellen, Belag für 1 m in cbm	0,32	0,30	0,30	0,30	0,30	0,30	0,30	0,30	0,30	0,30
Kosten des Eisens für 1 m in M. (für 100 kg = 36 M.)	275	308	339	371	403	435	467	573	690	795
Kosten des Eichenholzes für 1 m in M. (für 1 cbm = 150 M.)	50	50	50	50	50	50	50	50	50	50
Summe der Kosten für 1 m Stützweite in M.	325	358	389	421	453	485	517	623	740	845

Für Brücken mit Trägern auf mehreren Stützen genügen zur allgemeinen Veranschlagung die Formeln

1. für Hauptbahnen: $K = [b \cdot h \cdot l\,(3 + n) + n\,L\,(2 + 0,3\,L)] \cdot 30$ in Mark.
2. „ Nebenbahnen: $K = [b \cdot h \cdot l\,(3 + n) + n\,L\,(1 + 0,3\,L)] \cdot 30$ in Mark.
3. „ Kleinbahnen: $K = [b \cdot h \cdot l\,(3 + n) + n\,L\,(0,5 + 0,3\,L)] \cdot 30$ in Mark.

Hierin bezeichnet

$K = $ die Kosten der Brücke in Mark,

b, l und h die Breite, bzw. Länge, bzw. Höhe des Pfeilers in Metern.

$n = $ die Anzahl der Öffnungen,

$L = $ die Lichtweite der Öffnungen.

8. Gesamtkosten der Brücken mit eisernem Überbau.

Die Gesamtkosten der Brücken mit eisernem Überbau über eine Öffnung setzen sich zusammen aus den Kosten

der 4 Flügel

der 2 Landpfeiler,

des eisernen Überbaues mit Fahrbahnträgern

und Fahrbahn.

Die Flügel sind mit 1½facher Böschung angenommen und oben mit Sandsteinplatten abgedeckt.

Die Kosten K für 1 cbm Mauerwerk betragen samt Rüstung und Abdeckplatten

für Ziegelmauerwerk . . . . 25,00 M.

„ Bruchsteinmauerwerk . . . . 22,00 „

„ Sandstein-, Quader-, Verblend- mit Ziegel- oder Bruchstein-Füllmauerwerk . . . . 35,00 „

Wenn bedeutet

$H = $ Höhe zwischen Weg- und Schienenoberkante in Metern;

$L = $ Stützweite der Träger in Metern;

$l = $ Länge (Wegbreite oder Eisenbahnbreite) der Brücke in Metern;

so können die Kosten der Brücke veranschlagt werden:

$a = $ Kosten der 4 Flügel $= K \cdot 0,45\,H\,(H + 1)\,(H + 2)$ Mark,

$b = $ „ „ 2 Pfeiler $= K \cdot 0,6\,H\,(H + 1)\,l$ Mark,

$c = $ „ des Überbaus:

$\alpha)$ für Wegebrücken

bei leichtem Überbau $= (1,6\,L + 40)\,L \cdot l$ in Mark

„ schwerem „ $= (2\,L + 80)\,L \cdot l$ in Mark.

$\beta)$ für Eisenbahnbrücken

bei leichtem Überbau $= (2\,L + 30)\,L \cdot l$ in Mark

„ schwerem „ $= (2,8\,L + 50)\,L \cdot l$ in Mark.

Die Gesamtkosten der Brücke sind somit

$a + b + c$ in Mark,

also

$$H \cdot K\,(H + 1)\,[0,45\,(H + 2)] + 0,6\,l \cdot \begin{cases} L \cdot l \cdot (1,6\,L + 40) \\ L \cdot l \cdot (2,0\,L + 80) \end{cases} \text{für Wegebrücken}$$

$$\begin{cases} L \cdot l \cdot (2,0\,L + 30) \\ L \cdot l \cdot (2,8\,L + 50) \end{cases} \text{für Eisenbahnbrücken.}$$

E. Brücken in Beton und Eisenbeton
siehe Abschnitt VI, 12. Bauausführungen in Beton und Eisenbeton.

Schlußbemerkung des Herausgebers.

Auf die Wiedergabe der Kosten für einzelne ausgeführte eiserne Brücken glaubte der Herausgeber verzichten zu müssen.

Diese Angaben haben einen praktischen Wert nur dann, wenn sie alle die Kosten bestimmenden Einzelheiten enthalten; dadurch würde aber einmal der Umfang des Werkes zum Nachteil seiner Zweckbestimmung unverhältnismäßig vergrößert werden, ferner aber ein völlig befriedigendes Material für Sonderentwürfe doch nicht gebracht werden können, weil sich — wenn auch die Entwurfsgrundsätze hierfür vielleicht in irgend einer verwertbaren Übersichtsform zu ordnen wären — die Kosten ganz wesentlich nach den örtlichen Verhältnissen richten.

Der Herr Verfasser hat auf Grund praktischer Erfahrungen alle Unterlagen für die Veranschlagung derartiger Bauwerke gegeben und ist damit dem Zwecke des Werkes gerecht geworden.

5. Städtischer Straßenbau[1].
Bearbeitet von Regierungs- und Geheimen Baurat Scheck.

I. Allgemeine Bauregeln.

Die Anordnung des Pflasters, seine Dauer und die Kosten der Unterhaltung sind wesentlich von der Benutzungsart abhängig. Bei gleichen Lasten wächst die Abnutzung mit abnehmendem Raddurchmesser und abnehmender Felgenbreite.

Gewöhnliche Größe des Raddurchmessers in Metern:

	Vorderräder	Hinterräder
Land- und Frachtfuhrwerk gewöhnlicher Art	0,90—1,40	1,10—1,50
Personenfuhrwerk, Kutschen, Omnibusse	0,85—1,00	1,10—1,40
Schwere Transport- (Brücken-) Wagen, Möbelwagen	0,75	0,90

Die meistens bei Vorder- und Hinterrädern gleiche Spurweite schwankt bei Land- und Personenfuhrwerken, sowie Möbelwagen zwischen rund 1,30 und 1,50 m, beträgt bei schweren Transportwagen etwa 1,10 m. Die Felgenbreite sollte so bemessen sein, daß 1 qcm Felgenbreite höchstens mit 160 kg belastet wird; sie schwankt zwischen 8 und 18 cm, die Normalbreite beträgt 12—13 cm.

Der Achsenstand beträgt in Metern für:

Land- und Frachtfuhrwerk, Möbelwagen usw. . . . 2,00—4,00,

Personenfuhrwerk . . . . 1,50—2,50.

Bei Langholzwagen ist der Achsenabstand etwa gleich zwei Drittel der Stammlänge. Die Gesamtlänge der Wagen einschl. Deichsel ist durchschnittlich für Personenfuhrwerk zu 5,5—6,0 m, für Land- und Frachtfuhrwerk zu 6,0—7,5 m, für Möbelwagen bis zu 12,0 m anzunehmen. Die größte Breite, für welche die Straßenfahrbahn anzuordnen ist, beträgt bei Möbelwagen und ähnlich im Unterbau beschaffenen Frachtwagen etwa 2,5 m, Ernte- und Heuwagen laden 4,0—4,5 m breit. Die größte Höhe der Wagen auf stark beanspruchten städtischen Straßen ist zu 4,0, bei Erntewagen zu 4,5 m anzunehmen.

---

[1] Vgl. auch die Sonderangaben in Abschn. VI, 11 B Straßenbahnen unter Arbeiten für Veränderung der Straßenbefestigung.

Gewichte in Kilogramm durchschnittlich:

	Eigengewicht	Nutzlast
Gewöhnliches Landfuhrwerk . . .	600—700	2000—2500
Schweres Frachtfuhrwerk	1500	3500—4500
Möbelwagen	2500	bis 6000

Die Straßenbreiten sollten bei Neuanlagen auch in kleinen Städten nicht unter 8 m betragen, wovon 5,0 auf die Pflasterbahn, je 1,5 m auf die Fußwege entfallen. Bei 5,3 m Pflasterbahn kann noch ein Straßenbahngleis eingelegt werden.

Längsgefälle der Straßen . . . . $\leq$ 0,02,
Quergefälle nach Baumeister:
für Chaussierung. . . . . 0,03 —0,06,
„ Steinpflaster. . . . . 0,02 —0,04,
„ Klinker= und Holzpflaster . . . . . . 0,015—0,03,
„ Asphalt . . . . 0,005—0,02,
Fußwege in Steinpflaster. . . . . 0,03 —0,04,
„ mit Platten und Asphalt . . . . . . 0,02 —0,03.

Bei Asphaltfußwegen kann das Quergefälle noch bedeutend flacher gehalten werden.

II. Kostenermittlung für die Fahrbahn.

Die Tagelohnsätze der Pflasterer und Asphaltarbeiter schwanken erheblich je nach den verschiedenen Gegenden und ziehen meistens bei größeren Bauausführungen plötzlich stark an. Es sind deshalb in den folgenden Angaben die durchschnittlich im Jahre 1907/08 bezahlten Kosten des Selbstbetriebes ohne Unternehmergewinn, aber einschl. Amortisation usw. der Werkzeuge, der Geräte und der sonstigen Nebenkosten für verschiedene Gegenden angegeben.

Die Lohnsätze (Selbstkosten) sind am Schlusse dieses Kapitels mitgeteilt.

Die Baustoffe werden in unmittelbarer Nähe der Arbeitsstelle aufgesetzt, so daß für die Kostenberechnung nur ein Transport von 25—30 m in Frage kommt.

In der Angabe „fertiges Pflaster" sind die Lieferungen einschl. Anfuhr von Steinen usw., Kies und sonstigem Bettungsmaterial, sowie das Einebnen des Grundes mit enthalten.

Es bezeichnet im folgenden G den Lohnsatz für 1 Gesellenstunde, A den für 1 Arbeiterstunde.

1. Schotter= und Kiesstraßen.

In den Städten kommt eine derartige Straßenbefestigung nur sehr selten und meistens dann nur als Provisorium vor. Die Kosten vgl. Abschn. VI, 6.

2. Gewöhnliches Rundsteinpflaster, auch Durchschlagpflaster
(aus Steinen, die mit Hammerschlag gespalten wurden) in Sandbettung.

Der Baustoff wird aus kleinen Findlingen, meistens Granit, gewonnen, so daß die Herstellung örtlich auf den Osten und Nordosten Deutschlands beschränkt bleibt. In bergigen Gegenden werden beim Vorhandensein von genügend hartem Baustoff, ja selbst bei Kalkstein, die Abfälle der Steinbrüche sortiert und zum Pflastern benutzt. Die Kosten des fertigen Straßenpflasters schwanken dann je nach Entfernung der Brüche um $\pm$ 10 bis 15%. Höhe des Steinpflasters 15 bis 20 cm.

Reine Pflasterkosten einschl. Heranschaffen der Baustoffe, Rammen, Bekiesen und Nässen (Kosten für 1 qm etwa 0,06 G + 0,06 A + 0,06):

in den östlichen Provinzen durchschnittlich . . 0,70 M.
„ der Mark Brandenburg (ausschl. Berlin) . 0,75 „
„ den östlichen Küstengegenden . . . . . . 0,65 „

In den westlichen Gegenden wird es nicht angewandt.

Fertiges Pflaster einschl. Lieferung der Baustoffe je Quadratmeter:

in den östlichen Provinzen . . . . 2,25 bis 3,00 M.,
„ der Mark Brandenburg . . . . 2,50 „ 3,30 „
„ den östlichen Küstengegenden . . . . . . 3,00 „ 3,50 „

In den westlichen Gegenden wird es nicht angewandt.

Umpflastern von altem Rundsteinpflaster einschl. Aufreißen des alten Pflasters und allen Nebenarbeiten an Arbeitslohn je Quadratmeter 0,1 G + 0,1 A + 0,10 M.

3. Vieleckiges Kopfsteinpflaster, Bruchsteinpflaster in Sandbettung.

Preise je Quadratmeter.

Reine Pflasterkosten einschl. Heranschaffen der Baustoffe, Rammen, Bekiesen und Nässen:

Aus weichen Steinen für 1 qm   = 0,06 G + 0,06 A + 0,02 M.
„ mittelharten Steinen für 1 qm = 0,07 G + 0,06 A + 0,04 „
„ harten Steinen für 1 qm   = 0,08 G + 0,06 A + 0,06 „

in den östlichen Gegenden . . . . 0,65 bis 0,75 M.
„ der Mark Brandenburg (ausschl. Berlin) . . 0,65 „ 0,75 „
„ den östlichen Küstengegenden . . . . . . 0,55 „ 0,60 „
„ den westlichen Gegenden . . . . 1,10 „ 1,15 „

Fertiges Pflaster einschl. Lieferung der Baustoffe:

in den östlichen Gegenden . . . . 4,50 bis 5,00 M.,
„ der Mark Brandenburg . . . . 5,00 „ 5,25 „
„ den östlichen Küstengegenden . . . . . . 4,50 „ 5,25 „
„ den westlichen Gegenden . . . . 6,00 „ 7,05 „

Für Aufreißen des alten Pflasters und Umpflastern usw. erhöhen sich die reinen Pflasterkosten durchschnittlich um 0,20 bis 0,25 M. je Quadratmeter.

4. Reihenpflaster in Sandbettung[1]).

Preise je Quadratmeter.

a) Pflaster IV. Klasse. Kopffläche 15—18 cm breit, 18—25 cm lang, Unterfläche $\leqq ^2/_3$ der Kopffläche, Höhe 16—21 cm aber für dieselbe Pflasterstrecke möglichst gleich groß.

Reine Pflasterkosten einschl. Heranschaffen der Baustoffe, Rammen, Bekiesen und Nässen:

in den östlichen Gegenden . . . . 0,70 bis 0,75 M.,
„ der Mark Brandenburg . . . . 0,75 „ 0,80 „
„ den östlichen Küstengegenden . . . . . . 0,60 „ 0,65 „

---

[1]) Vgl. die Angaben im IV. Abschnitt B unter c) Pflastersteine. Die Abmessungen der Steine schwanken namentlich in der Höhe je nach den Verkehrslasten recht erheblich.

Für Aufreißen des alten Pflasters und Umpflastern usw. erhöhen sich die reinen Pflasterkosten um 0,20 bis 0,25 M. je Quadratmeter.

Fertiges Pflaster einschl. Lieferung der Baustoffe:

<pre>
in den östlichen Gegenden . . . . 5,50 bis 7,00 M.,
„ der Mark Brandenburg . . . . 6,00 „ 6,30 „
„ den östlichen Küstengegenden . . . . 5,40 „ 5,80 „
„ den westlichen Gegenden je nach Material
   und Nähe der Steinbrüche . . . . . . 5,50 „ 7,50 „
</pre>

b) Pflaster III. Klasse; die Gestalt der Steine wie bei dem Pflaster IV. Klasse, jedoch mit schärferen Kanten, die Unterfläche roh überarbeitet.

Reine Pflasterkosten einschl. Heranschaffen der Baustoffe, Rammen, Bekiesen und Nässen:

<pre>
in den östlichen Gegenden . . . . 0,70 bis 0,75 M.,
„ der Mark Brandenburg . . . . 0,90 „ 1,10 „
„ den östlichen Küstengegenden . . . . 0,85 „ 0,90 „
„ den westlichen Gegenden . . . . 0,90 „ 1,15 „
</pre>

Fertiges Pflaster einschl. Lieferung der Baustoffe:

<pre>
in den östlichen Gegenden . . . . 6,50 bis 7,60 M.,
„ der Mark Brandenburg . . . . 6,50 „ 7,30 „
„ den östlichen Küstengegenden . . . . 5,70 „ 6,30 „
„ den westlichen Gegenden je nach Material
   und Nähe der Steinbrüche . . . . . . 6,00 „ 8,00 „
</pre>

Für Aufreißen des alten Pflasters und Umpflastern erhöhen sich die reinen Pflaster=kosten um etwa 0,30 M. je Quadratmeter.

c) Pflaster II. Klasse. Kopffläche in der Breite von 12—14 cm und in der Länge von 15—30 cm. Höhe 19—20 cm. Unterfläche 15—20% von Kopf=fläche abweichend. Für Großberlin $\geq$ 4/5 der Kopffläche.

Die Kosten betragen:

<pre>
in den östlichen Gegenden   reine Pflasterkosten 0,85 M.,   fertiges Pflaster 9,50 M.,
„ der Mark Brandenburg   desgl.   1,15 „   desgl.   10,55 „
„ den östlichen Küstengegenden desgl.   0,85 „   desgl.   7,70 „
„ den westlichen Gegenden   desgl.   1,20 „   desgl. 7,50—10,50 „
</pre>

Die Kosten erhöhen sich bei Pechfugendichtung um 0,35 M. für Arbeitslohn und um 1,00 M. einschl. aller Baustoffe; bei Zementfugenguß um 0,30 bis 0,35 M. für Arbeitslohn und bis 1,15 M. einschl. Lieferung aller Baustoffe.

d) Pflaster I. Klasse. Kopffläche in gleichmäßigen Abmessungen der Breite von 12—16 cm, der Länge von 15—30 cm; Höhe 15—17 cm. Die Unter=fläche gleich der Kopffläche.

<pre>
In östlichen Gegenden   reine Pflasterkosten 0,85 M.,   fertiges Pflaster 12,20 M.,
„ der Mark Brandenburg   desgl.   1,15 „   desgl.   11,30 „
„ den östlichen Küstengegenden desgl.   1,05 „   desgl.   9,00 „
„ den westlichen Gegenden   desgl.   1,10 „   desgl.   10—14 „
</pre>

(der niedrigere Preis gilt für Hartbasalt, der höhere für Granit).

32*

Pechfugenverguß kostet je Quadratmeter mehr 0,10 M. an Arbeitslohn und 1,00 M. einschl. Lieferung der Baustoffe; Zementfugenverguß kostet je Quadratmeter mehr 0,30 bis 0,35 M. an Arbeitslohn und 1,20 bis 1,50 M. einschl. Lieferung aller Baustoffe.

e) **Brückenpflaster auf Sandbettung.**

Die Abmessungen sind ähnlich wie die des Reihenpflasters I. und II. Klasse, jedoch muß die Höhe ganz gleich sein, etwa 16 cm. Vielfach wird die Kopffläche noch nach=gepußt. Die Preise sind annähernd dieselben wie bei Reihenpflaster I. Klasse, in manchen Gegenden in der Nähe der Steinbrüche sogar erheblich, bis zu 20%, niedriger.

f) **Würfelpflaster auf Sandbettung** in allen Abmessungen gleich, meistens 18 cm Seitenlänge, selten bis 20 cm.

In den östlichen Gegenden	reine Pflasterkosten 0,90 Mk.,	fertiges Pflaster	16,00 M.,
„ der Mark Brandenburg	desgl.	1,15 „	desgl.	12,50 „
„ den östlichen Küstengegenden	desgl.	1,05 „	desgl.	10,60 „
„ den westlichen Gegenden	desgl.	1,10 „	desgl.	16—17 „

Alle Preise verstehen sich für Granit. Fugenverguß wie bei d).

5. Würfelpflaster auf Beton.

auf 0,20—0,25 m starker Betonunterlage mit Pech= oder Goudronfugendichtung einschl. Verteilen einer gleichmäßig verteilten gesiebten 3 cm starken Kiesschicht über dem Beton: Preise je Quadratmeter einschl. Lieferung aller Baustoffe durchschnittlich 4,00 M. mehr, wie unter f) Würfelpflaster auf Sandbettung.

Die Herstellungskosten des Betonbettes schwanken je nach Lage der Verwendungs=stelle zur Bezugsquelle und Stärke des Bettes zwischen 4,50 und 5,50 Mk. je Quadrat=meter; in Berlin 4,50 M.

Zum Fugenverguß werden je nach Tiefe der Dichtung 6—10 l Goudron oder Pech gebraucht. In dem Arbeitslohnsatze von 0,40 M. je Quadratmeter für Fugenverguß ist der Preis für das Heizmaterial zum Erwärmen des Vergusses mit einbegriffen.

6. Kleinpflaster aus sog. belgischen Würfelsteinen

mit einer Kopffläche von 12 cm, Unterfläche von 10 cm Seitenlänge und 12 cm Kopfhöhe einschl. Einbringen der Schotterung und des Pflastertieses je Quadratmeter 1,10 bis 2,00 M. Arbeitslohn. Das fertige Pflaster einschl. aller Baustoffe kostet 10,00 bis 15,00 M. je Quadratmeter. Es wird nur noch selten angewandt, meistens in kleinem Umfange bei besonderen Ausführungen, daher die unbestimmten Preisangaben.

7. Kleinpflaster auf altem festen Straßengrund

aus nahezu würfelförmigen Steinen von 8—10 cm Seitenlänge, wobei die Unterfläche bis zu drei Viertel der Kopffläche betragen darf, auf 3 cm starker Kiesbettung einschl. Einebnen des Untergrundes durch Nachrammen.

Kosten je Quadratmeter:

Arbeitslohn im Osten durchschnittlich 1,30 M., im Westen rund 1,50 Mk. Das fertige Pflaster kostet durchschnittlich 3,50 bis 4,50 M. in den östlichen Gegenden, bis zu 6,50 M. in den westlichen Großstädten. Die Setz= und Rammkosten einschließlich Besiesen und Nässen sind durchschnittlich mit 0,90 bis 1,10 M., die Kosten für Vor=arbeiten des Untergrundes mit 0,60 bis 0,70 M. anzunehmen.

8. Schlackenpflaster[1]).

Nach Joly, Techn. Auskunftsbuch 1912: Stück Würfel 16 cm Seitenlänge 16,5 Pfg., unregelmäßige 12—13 Pfg. fertig versetzt qm 4—7,0 M.

9. Holzpflaster auf 0,20 m starker Betonunterlage.

Die Abmessungen der Klötze, die aus imprägniertem oder doch in heißen Teer getauchtem weichen Tannenholz (Buchenholz muß sich erst bewähren) oder aus hartem amerikanischen Holze (Yellow-wood)[2]) mit ihrer Faserrichtung senkrecht im Verband eingesetzten Stücken von (in Europa) rechteckigem Querschnitt bestehen, schwanken bei durchschnittlich 8 cm Breite zwischen 15—24 cm Länge und 8—15 cm Höhe. Dementsprechend lassen sich bei den ohnehin dürftig veröffentlichten Angaben auch nur unsichere Preisangaben machen. Joly a. a. O. gibt an: je Quadratmeter 8,00 bis 12,00 M. fertig verlegt, und zwar 10 cm hohes Holzpflaster 8,00 bis 10,00 M., 13 cm hohes 12,50 M. einschließlich dreijähriger freier Unterhaltung; hierzu kommt noch die Herstellung der Betonunterlage mit 3,50 bis 4,00 M.

In Dortmund kostete in letzterer Zeit:

Das Ausschachten der alten Straßendammflächen einschließlich Abfahren des Bodens bis 15 cm Tiefe 0,70 M. und für je 5 cm Mehrtiefe Zuschlag von 0,10 M. je Quadratmeter.

Die Herstellung der Betonbettung aus Zement und Kies 1:8 und einer Feinschicht von 1,5—2,0 cm Stärke aus Zement und Sand 1:3 in einer Gesamtstärke von 18 cm: 3,50 M. je Quadratmeter.

Liefern und Aufbringen des Holzpflasters einschließlich aller Nebenarbeiten, Hartholzpflaster (Yellow-wood und Blackbut)[2]) mit 9 cm hohen Klötzen 15,00 M. je Quadratmeter.

Weichholzpflaster (schwed. Kiefer) mit 10 cm hohen Klötzen 11,00 M. je Quadratmeter, mit 13 cm hohen Klötzen 13,00 M.

10. Asphaltpflaster[3]).

Asphalt wird für den Straßenbau verwendet in drei Formen: als Stampfasphalt, Gußasphalt und Plattenasphalt.

Der Asphalt bedarf einer glatten, harten Unterlage, auf die er in dünner Lage gebracht wird. Meistens wird er auf Zement- oder Betonunterlage verwendet, die vollständig abgebunden und trocken sein muß, weil sich sonst in dem heiß aufzubringenden Asphalt Poren bilden.

Stampfasphalt ist jetzt allgemein im Großbetrieb üblich. Der feingepulverte Asphaltstein (meistens von Asphalt oder Bitumen voll durchtränkter Kalkstein) aus Val de Travers im Kanton Neuchâtel, Seſſel-Pyrimont im französischen Rhonetal, St. Jean-Maméjols, Lobsann in Elsaß, Limmer in Hannover, Vorwohle in Braunschweig, oder aus italienischen Lagern, namentlich aus Sizilien, wird auf 110—140° C

---

[1]) Weitere Angaben über Baustofflieferung und Herstellung ſ. R. Scheck, Verdingungsunterlagen. Leipzig, Wilh. Engelmann, 1911.

[2]) Neuerdings beliebt als Hartholz: Yellow-wood (Eucalyptus microcorys) und Blackbut (Eucalyptus pilularis).

[3]) A.-G. für Asphaltierung und Dachbedeckung vormals Johannes Jeserich, Charlottenburg. Leipziger Asphaltwerk R. Tagmann, Leipzig-R. Deutsche Asphalt-A. G., Hannover.

erhitzt, gleichmäßig auf die Decke ausgebreitet und mit heißen Walzen und nachfolgenden heißen Stempeln festgeklopft, bis er für Straßen eine Dicke von 4—6 cm, für Fußwege eine solche von 2—2,5 cm hat. Die lockere Schichthöhe beträgt das 1½ fache der gestampften[1]).

Durchschnittspreise je Quadratmeter:

Herstellung der 15—20 cm starken Betonunterlage 3,50 bis 4,50 M. einschließlich aller Baustoffe[2]).

Aufbringen des Stampfasphalts in 5 cm Stärke nach dem Stampfen:

Arbeitslohn rund 2,00 Mk., die fertige Decke einschließlich aller Lieferungen 8,00 bis 10,00 M.[3]).

Das fertige Pflaster also rund 11,50 bis 14,50 M. ohne Aufbrechen des alten Pflasters. Häufig wird für Anschluß an die Straßenbahnschiene ein Zuschlag von 1,00 M. je Meter Schiene gefordert.

Die Ausführungspreise in den letzten Jahren betrugen je Quadratmeter in Berlin und Charlottenburg:

a) Aufreißen des alten Pflasters ohne Verguß 0,10 M., mit Verguß 0,45 M. (bei Bitumenverguß wurde in Berlin bis zu 0,70 M. gezahlt!);

b) Einbringen einer 20 cm starken Kiesbettung einschließlich der Lieferungen 1,25 M.;

c) Herstellen des Zementbetons 20 cm stark im Mischungsverhältnisse von 1 : 8 einschließlich Lieferung aller Baustoffe 3,25 bis 3,50 M.;

d) Aufbringen einer 5 cm starken Stampfasphaltschicht bzw. eines 5 cm starken Stampfasphaltplattenbelages 9,25 bis 9,50 M.;

e) Abbrechen einer alten Betonschicht einschließlich Schuttabfuhr durchschnittlich 2,00 M.;

in Hannover:

a) Aufreißen usw. siehe oben, 0,75 bis 1,05 M.;

b) Einbringen der Kiesschicht entfällt, dafür wird häufiger eine 10 cm starke Kohlenschlackenschicht zur Trockenlegung des Betons eingebracht mit 0,15 bis 0,20 M. Kosten;

c) Herstellen des Zementbetons, 20 cm stark, wie oben, 3,00 bis 4,00 M.; im Bahnkörper der Straßenbahn außerdem eine Betonunterlage, 15—20 cm stark, in Mischung 1 : 5 mit 3,00 bis 4,50 M. Kosten;

d) Aufbringen der 5 cm starken Stampfasphaltschicht 8,00 bis 9,00 M.;

in Dortmund:

a) Aufreißen usw. siehe oben, 0,10 M., Abfahren des Schuttes 0,30 Mk. und mehr je nach Entfernung, Ausschachten der Dammschüttung und Abfahren bis 15 cm Tiefe 0,60 M.; 0,10 M. Zulage für jede 5 cm Mehrtiefe;

---

[1]) A.=G. für Asphaltierung und Dachdeckung vormals Johannes Jeserich, Charlottenburg. Leipziger Asphaltwerk R. Tagmann, Leipzig=N. Deutsche Asphalt=A. G., Hannover.

[2]) Gewöhnl. Mischungsverhältnis: 1 Faß Zement auf 1 cbm Kies; namentlich der Preis des letzteren beeinflußt die Herstellungskosten wesentlich.

[3]) Die von der deutschen Asphalt=A.=G. Hannover neuerdings ausgeführte Hartgußasphaltdecke für Brückenrampen usw. (Beimengung von Granitsplitt) ist eher billiger wie Stampfasphalt. Die Decke hat sich bisher sehr gut gehalten.

b) Herstellen des Zementbetons aus 1 Teil Zement, 3 Teilen Sand und 5 Teilen Hochofenschlacke 3,20 M. einschließlich aller Lieferungen;

c) Aufbringen der 5 cm starken Stampfasphaltschicht siehe oben, 7,00 M.

Die Herstellung des Betonbettes richtet sich nach dem Preise des Kieses; es kostet z. B. das Quadratmeter in Köln (billiger Rheinkies) 2,00, in Bielefeld (Bezug von der Weser) 4,50 M.

Die Preise sind zum Teil den Angaben der ausführenden Firmen entnommen: Deutsche Asphalt-A.-G., Hannover; A.-G. für Asphaltierung und Dachbedeckung vorm. Joh. Jeserich, Charlottenburg; Schliemann & Co., Hannover-Linden.

Gußasphalt wird für Fahrstraßen kaum noch angewandt, die Preise sind 30—40% niedriger wie für Stampfasphalt[1]).

Plattenasphalt. Die fertig gepreßten Asphaltplatten werden auf fester Unterlage erwärmt, auf heiße dünne Sandschicht oder Asphaltsteinpulver gelegt. Stärke der Platten und Preise entsprechen denen der Ausführung in Stampfbeton.

11. Klinkerpflaster[2]).

Auf Sand liegendes Klinkerpflaster eignet sich nur für provisorische Fahrbahnen und Fußwege, die Herstellungskosten betragen für Herstellen in Sandbettung an Arbeitslohn rund 0,20 M., wobei 40 Stück Normalsteine, $22 \times 11 \times 5$ cm, verwendet werden. Hochkantiges Klinkerpflaster ist in den westdeutschen Küstenbezirken viel gebraucht, wo Steine mangeln. Die reinen Arbeitslöhne betragen in Oldenburg je Quadratmeter rund 0,20 M., in anderen Gegenden, wo die Arbeiter weniger eingeübt sind, fast das Doppelte. Bedarf 80 Stück Normalklinker.

Das Aufbrechen der alten hochkantigen Klinkerbahn einschließlich Wiederverlegen und Nässen kostet in Oldenburg rund 0,20 M. (Vgl. Löwe, Straßenbau, auch in Rheinhard-Scheck, Kalender für Straßen- usw. Ingenieure, 1909. Verlag J. F. Bergmann, Wiesbaden.)

III. Kosten der Fußwege[2]).

1. **Mosaikpflaster aus würfelförmigen Steinen** von 3—4 cm Seitenlänge, im Kopfe 4—5 cm Höhe, mit mindestens zwei Drittel Setzfläche. Die reinen Arbeitslöhne für Pflastern, Rammen und Nässen einschließlich des Heranschaffens der Baustoffe auf 25—30 m betragen ohne Muster 1,40 bis 1,70 M. je Quadratmeter; bei einfachem Muster 0,50 M. Zulage. Das fertige Pflaster einschließlich aller Lieferungen kostet in Granit oder Grauwacke je nach Lage zur Bezugsquelle 3,30 bis 3,50 M.; in Wiesbaden bezahlt die Stadtgemeinde durchschnittlich 5,00 M. für ungemustertes, 8,90 M. für gemustertes Basaltmosaikpflaster.

2. **Mosaikpflaster aus größeren Würfeln** von rund 6 cm Seitenlänge. Die reinen Arbeitslöhne betragen durchschnittlich 1,00 bis 1,20 M. je Quadratmeter. Das fertige Pflaster kostet je Quadratmeter (meist in Grauwacke) durchschnittlich 3,30 bis 4,00 M. Für Muster 0,40 M. mehr.

---

[1]) Die von der deutschen Asphalt-A.-G. Hannover neuerdings ausgeführte Hartgußasphaltdecke für Brückenrampen usw. (Beimengung von Granitsplitt) ist eher billiger wie Stampfasphalt. Die Decke hat sich bisher sehr gut gehalten.

[2]) Weitere Angaben über Baustoffe und Ausführung s. R. Scheck, Verdingungsunterlagen. Leipzig, Wilh. Engelmann, 1911.

3. Granitplatten auf Sandbettung. Die Ansichtsflächen und Kanten üblich be=
stockt; Plattenlänge an 1 m, Breite 0,80 m, durchschnittlich 12 cm stark. Die An=
wendung ist beschränkt auf die günstige Lage der Bezugsquelle, weil die Transport=
kosten sich sehr hoch stellen.
Reiner Arbeitslohn durchschnittlich 0,65 bis 0,75 M. je Quadratmeter. Der fertige
Belag kostet durchschnittlich 11,00 bis 13,00 M. je Quadratmeter.
Die Herstellung in Platten, sogenannte II. Klasse, die weniger sauber bearbeitet
sind, kostet an Arbeitslohn nichts weniger; die Platten selbst sind etwa 12—15%
billiger.

4. Sandsteinplatten auf Sandbettung. Die reinen Arbeitslöhne betragen etwa
0,45 M., die Kosten des fertigen Belages etwa 5,60 M. je Quadratmeter. Sie sind
von der Lage zur Bezugsquelle wesentlich abhängig.

5. Gesinterte und geriffelte Tonplatten auf fester Kies= oder Schotterunter=
lage in Kalkzement verlegt. Die Herstellungskosten schwanken ganz bedeutend je nach
der Gegend und der Übung der Arbeiter. Als angenäherter Durchschnittspreis bei
häufigem Vorkommen dieser Arbeit ist zu rechnen an Arbeitslohn rund 1,20 M., für
den fertigen Belag 5,00 bis 5,50 M. je Quadratmeter.

6. Asphaltbelag auf 10 cm Unterbeton. Die Kosten des Herstellens der Bettung
richten sich nach den Kiespreisen. Als hoher Durchschnittssatz gilt für Berlin 1,80 M.
je Quadratmeter einschließlich aller Lieferungen. Das Aufbringen eines 2,5 cm starken
Gußasphaltbelages kostet daselbst 2,60 M. je Quadratmeter, der Asphaltplatten bei
3 cm Stärke rund 4,20 M., so daß das Quadratmeter fertiger Bürgersteig 4,30 bis
6,00 M. kostet.
Löwe a. a. O. gibt für Berlin an für Aufreißen des alten Asphaltbürgersteiges
und der Unterbettung, Erneuern der Unterbettung und des Asphaltbelages in rund 2 cm
Stärke unter Mitverwendung der alten brauchbaren Baustoffe einschließlich Beseitigen
der nicht verwendbaren 2,00 M. je Quadratmeter. Alle Nebenarbeiten und Liefe=
rungen eingeschlossen.

7. Kosten der Bordsteine in Sandbettung. Aus Granit üblich, in den Ansichts=
flächen bestockt, mit Schrägfläche bis zum Straßenpflasterrand, in Längen nicht unter
1 m. Kosten je Meter Länge:

Abmessungen	Arbeitslohn	fertig verlegt
30 cm breit, 35 cm hoch,	0,65 M.	7,50 M.
25 „ „ 30—35 cm hoch,	0,60 „	6,70 „
20 „ „ 30—35 „ „	0,40 „	5,50 „
12 „ „ mind. 30 cm hoch,	0,35 „	4,00 „

Roh gespaltene Bordsteine, 10—12 cm breit, 25—30 cm hoch, kosten fertig
in Sand verlegt durchschnittlich 2,00 M. je Meter Länge.
Bordsteine aus geschlagenen Feldsteinen kosten fertig in Sand verlegt etwa
1,75 bis 1,90 M., wobei für Arbeitslohn allein etwa 0,30 bis 0,35 M. zu rechnen ist.
Den sämtlichen angegebenen Preisen liegen die Selbstkosten der Lohnsätze zugrunde,
die betragen:

für den Polier . . . . 0,75 bis 0,90 M. je Stunde,

„   „   Gesellen . . . . 0,65 „ 0,75 „   „   „

„   „   Arbeiter . . . . 0,30 „ 0,55 „   „   „

IV. Preise einiger Baustoffe usw.

Ab Bruch bzw. Fabrik.

Weserfandstein. Bordsteine, 30/18 cm, 3,20 M. je Meter, 30/15 cm, 2,25 M. je Meter. Winkelrecht bearbeitete Fußwegplatten, je Quadratmeter 4—6 cm stark, 2,40 M., 5—7 cm stark, 2,60 M., 6—8 cm stark, 2,80 M., 7—9 cm stark, 3,30 M.

Rinnsteine, 20 cm weit, 10 cm tief, je Meter 3,00 M., 30 cm weit, 5 cm tief, je Meter 3,00 M. Lieferant G. G. Wigand, Linse a. d. Weser.

Gesinterte und geriffelte Platten. Preise je Quadratmeter:
Marienberger Mosaikplattenfabrik, Marienberg i. S.,
vierkuppig, 30 mm stark, 6,50 bis 8,00 M., achtkuppig, 25 mm stark, 5,80 bis 7,50 M., 30 mm stark, 6,50 bis 8,00 M.; diagonal gerippt, zu den= selben Preisen.

Utzschneider & Ed. Jaunez, Zahna, Prov. Sachsen,
gerippt, 16kuppig, Kreuzfuge und glatt, bei 20 mm Stärke 3,90 M., bei 25 mm Stärke 4,35 M., bei 30 mm Stärke 5,20 M.

Jul. Titelbach Nachfolg., Buschbad=Meißen,
glatte Fußwegsteinchen rd. 4,00 M. 107/53/53 mm stark.

Straßenaufreißer, gebaut vom „Straßenwalzenbetrieb vorm. H. Reifenrath, G. m. b. H., Niederlahnstein". Der gut eingeführte Apparat wird an eine Dampfwalze ge= kuppelt, 4—8 Stähle reißen bzw. planieren 0,6—1,0 m Schotterdecke von 1—15 cm Stärke. Kosten 2500 M.

V. Kosten der jährlichen Unterhaltung

nach Baumeister, „Handb. der Baukunde", für 1 qm:

Reihenpflaster I. Klasse auf Chaussee oder Beton 0,20 bis 1,40 M., Reihenpflaster II. Klasse auf Kies oder Sand 0,20 bis 1,00 M., Asphaltpflaster 0,50 bis 1,20 M., Holz= pflaster auf Beton[1]) 0,50 bis 2,00 M., Fußwege in Mosaikpflaster 0,10 bis 0,50 M., in Klinker 0,20 bis 1,20 M. in Asphalt 0,50 bis 1,20 M. Die Asphaltfirmen werden in der Regel vertraglich gehalten, die Decke 3—4 Jahre unentgeltlich zu unterhalten; darüber hinaus werden gefordert je qm zu unterhalten vom 5. bis 10. Jahre 20 bis 25 Pf., vom 11. bis 15. Jahre 30 bis 40 Pf., bei vorhandenen Straßenbahnen etwa das 1½fache.

VI. Die Kosten der Straßenreinigung

betragen je Quadratmeter jährlich in Berlin bei sechsmaliger wöchentlicher Reinigung:

0,99 M. für Asphaltpflaster,
0,99 „   „ Holzpflaster,
0,83 „   „ Steinpflaster,

bei dreimal wöchentlicher Reinigung:

0,65 M. für Asphaltpflaster,
0,65 „   „ Holzpflaster,
0,49 „   „ Steinpflaster,

---

[1]) In Hannover betrugen (bei kurzer Beobachtungszeit) die jährl. Unterhaltungskosten bei ganz engen Fugen und bester Klebmasse 0,22 M. und stiegen bei weiten Fugen bis auf 3,10 M.

bei zweimal wöchentlicher Reinigung:

0,54 M. für Asphaltpflaster,

0,54 „   „ Holzpflaster,

0,38 „   „ Steinpflaster.

Charlottenburg gibt für 1906 die Reinigungskosten für Asphalt zu 0,35 Mk. jährlich je Quadratmeter an einschließlich Besprengen, Kiesstreuen und Entfernen des Kehrichts.

In anderen deutschen Großstädten betragen die Kosten:

Dresden 0,43 M. für Asphalt und Holzpflaster,

0,201 „   „ Steinpflaster,

0,203 „ im Durchschnitt für alle Pflasterarten]und

0,103 „ für Schotter.

Düsseldorf und Köln gaben rund 0,50 M. für Asphalt= und Holzpflaster und 0,25 M. für Steinpflaster an.

Diese Zahlen entsprechen nahezu den Durchschnittswerten für diejenigen Groß=städte, in denen eine Reinigung mindestens zweimal wöchentlich stattfindet.

Die Arbeit wird in den meisten Großstädten durch Kehrmaschinen mit Pferdezug geleistet.

Die stündliche Leistung einer Kehrmaschine ist zu mindestens 5500 qm anzunehmen.

Die täglichen Ausgaben für Bedienung und Unterhaltung der Kehrmaschinen betragen etwa 7,00 bis 9,00 M., ausschließlich der 0,40 bis 0,50 M. täglich erforder=lichen Reparaturkosten, hinzu kommen die Löhne der Kehrmannschaften, die im Durch=schnitt für jede Maschine 6—7 Mann stark sind.

Der Preis einer Kehrmaschine beträgt etwa 750 M.

VII. Die Kosten der Straßenbesprengung

schwanken erheblich je nach Art der Besprengung zwischen 2,2 bis 8,0 Pf. je Quadrat=meter jährlich. Die meisten deutschen Großstädte verwenden Sprengwagen von 1000 bis 2000 l Inhalt mit Pferdezug, die täglich 25—40 mal gefüllt werden. Mit einer Füllung von 1000 l werden mindestens 1500 qm, höchstens 4000 qm besprengt.

Das früher vorhandene System der alten durchlöcherten Rohrbrausen ist jetzt meistens dem der Turbinenbrausen oder ähnlichen gewichen, System Miller=Hellmers, Ham=burg, u. a.

Die Anschaffungskosten eines vierrädrigen Straßensprengwagens betragen:

für Liter	1000	1500	2000	2500
mit Brauserohre	750	850	900	1000 M.,
„ verstellbarem Zylinder	1000—1050	1100	1150	1250 „
„ fester Turbine		1250	1300	1400 „
„ verstellbarer Turbine		1300	1350	1450 „

Die Anschaffungskosten eines zweirädrigen Wagens betragen:

für Liter	500	800
mit Brauserohr	450	600 M.,
„ Zylinder	600	700 „
„ Turbine	750	850 „

Ein einfacher Handsprengwagen von 300 l kostet 200—300 M. je nach Ausführung.

VIII. Staublöschverfahren.

a) Mit Westrumit= oder Teerbesprengung.

Diese erst in neuerer Zeit mit Erfolg durchgeführte Sprengart erfordert je Quadratmeter 1—2 kg Teer oder Westrumit. Die Kosten betragen 20—35 Pf. je Quadratmeter und Jahr bei Westrumit und 10—20 Pf. bei einfacher Teer= sprengung.

Die Maschinenfabrik G. Breining in Bonn gibt die Kosten eines heizbaren Teer= sprengwagens mit Pferdebetrieb von 1500 l Inhalt zu 2850 M., die eines solchen mit Handbetrieb von 230—350 l Inhalt zu rund 550 bis 650 M. an.

b) Durch Innenteerung: Das Kitonverfahren nach Dr. F. Rasching, Ludwigs= hafen a./Rh. Das Teerpräparat wird in Röhrwagen mit Wasser gemischt, auf die vor= gewalzte Schotterwerke versprengt und unter Zugabe von lehmhaltigen Sand und Splitt eingeschlemmt und eingeschmelzt. Firma gibt an, daß für jedes qm und cm Schotterhöhe 0,5 kg Kiton erforderlich wäre, das je 100 kg ab Fabrik 6 M. koste. Die Mehrkosten sollen für Mittel= und Norddeutschland 35 bis 40 Pf. je qm betragen.

IX. Kehrichtbeseitigung.

Die Kosten hierfür hängen von der Lage der Städte zur Niederlage des Kehrichts und von der Verbindung derselben mit der Stadt ab. Sie betragen im großen Durch= schnitt 200 bis 300 M. jährlich für 1000 Einwohner.

Das Müllverbrennungsverfahren. Da in Großstädten die Beseitigung des Mülls, namentlich mangels geeigneter Ablagerungsflächen, immer umständlicher und kostspieliger wird, hat man, dem Beispiele Englands folgend, angefangen, das Müll zu verbrennen. Unrentabel sind derartige Anlagen zur Zeit noch überall da, wo viel Asche zurücklassende Feuerungsstoffe von den Einwohnern gebraucht werden, z. B. Braun= kohle, Briketts, rentabel namentlich da, wo Steinkohle verbrannt wird. Trotz alledem sind diese Anlagen im Großbetriebe noch ganz erheblich teuer.

Gefordert müßten derartige Anlagen dort werden, wo aus Fabriken, wissenschaft= lichen Instituten, Krankenhäusern, Schlachthöfen, Markthallen usw. gesundheitsschäd= liche Abgänge vorhanden sind. Hier eignen sich die Korischen Einzelverbrennungsöfen nach den jahrelangen Erfolgen ganz besonders. Sie sind namentlich in Krankenhäusern und Schlachthöfen in den letzten Jahren vielfach angewandt worden, so daß ihre Ver= wendung sich auch da empfiehlt, wo an einzelnen Stellen regelmäßig größere Menge brennbarer Abfälle zusammenkommen. Dabei ist nicht ausgeschlossen, daß die in den Rauchgasen vorhandene Wärme für andere Erhitzungszwecke, eventuell sogar noch bei geringem Kohlenzusatz, nutzbringend verwandt werden kann.

Die Konstruktion der von der Firma H. Kori, Berlin W 57 eingeführten Einzel= öfen schließt sich der Beschaffenheit und Menge der Abfälle an. Die Preise eines mittelgroßen Ofens schwanken zwischen 1500 und 3000 Mk., auch werden kleinere Ofen im Preise von 600 bis 1000 Mk. hergestellt.

6. Bau der Landstraßen.

Bearbeitet von Regierungsbaumeister O. Kohlmorgen.

1. Kosten der Steinschlagbahn einer Chaussee.

Bestehend aus 15 cm Packlage, 10 cm Schotterlage und 10 cm Kiesdecke.

Wenn 1 cbm (rm) mittelharte Steine mit Anfuhr kostet . . . . 5,00 M.

„ 1 „ Kies mit Anfuhr kostet . . . . 3,00 „

„ 1 Arbeiterstunde des Pflasterers st_{pt}, des Arbeiters st kostet . 0,40 bzw. 0,30 „

Lfd. Nr.	Bezeichnung	Erforderliche Steine cbm	Bedarf		Im gestellten Beispiel			
			unter Hinweis auf	an Arbeitszeit	sind erforderlich für	Arbeitskosten M.	Materialkosten und Transportkosten M.	Zusammen M.
1	2	3	4	5	6	7	8	9
1	Lager einebnen . . .		V. B. IIc 2	0,3 st/qm	1 qm	$0{,}3\cdot0{,}25=0{,}09$	—	0,09
2	Packlage, 15 cm stark, 1 cbm	1,3						1,27
	a) Steine ankaufen u. anfahren		oben		15 cm Stärke		$0{,}15\cdot1{,}3\cdot5{,}00$	
	b) Steine schlagen und setzen		V. B. VIII 5 b	0,4 stpf + 0,2 st + 0,05 je qm	1 qm	$0{,}4\cdot0{,}40+0{,}2\cdot0{,}30+0{,}05=0{,}27$	$\infty\ 1{,}00$	
3	Schotterlage, 10 cm stark, 1 cbm	1,3						1,28
	a) Steine ankaufen u. anfahren		oben	—	10 cm Stärke		$0{,}1\cdot1{,}3\cdot5{,}00\,\infty$	
	b) Steine schlagen .		V. B. VIII 6 c	18,0 st/cbm		$0{,}1\cdot19{,}5\cdot0{,}30+0{,}05=0{,}63$	0,65	
	c) Schotter einbringen		V. B. VIII 7	1,3 st + 0,05 cbm	10 cm Stärke			
4	Kiesdecke, 10 cm stark .			19,3 st + 0,05 cbm	10 cm Stärke			1,28
	a) ankaufen und anfahren		oben		10 cm Stärke		$0{,}10\cdot3{,}00=$	
	b) aufbringen . . .		V. B. VIII 10 v. Raven	0,8 st + 0,05 je qm	1 qm	$0{,}8\cdot0{,}30+0{,}05=0{,}29$	0,30	0,59
5	Chaussee abwalzen . .				1 qm	0,33	—	0,33
6	Für Aufsicht und Geräte etwa 10%					1,61	1,95	3,56
7	Selbstkosten des selbstausführenden Unternehmers							0,34
					für 1 qm Steinschlagbahn			3,90

Die Stärke der Steinschlagbahn ist nach dem Abwalzen nur noch 25 cm, vorher war sie 35 cm.

2. Kosten einer Pflasterbahn aus Feldsteinen.

Von 15 cm Höhe in Sandbettung von 15 cm Stärke.

Wenn 1 cbm (rm) Feldsteine mit Anfuhr kostet . . . . 15,00 M.

„ 1 „ Sand mit Anfuhr kostet. . . . . 2,50 „

Die Arbeitsstunde st_{pt} bzw. st kostet wie oben . . . . 0,40 bzw. 0,30 „

Lfd. Nr.	Bezeichnung	Erforderliche Steine obm	Bedarf unter Hinweis auf	an Arbeitszeit	Im gestellten Beispiel sind erforderlich für	Arbeitskosten M.	Materialkosten und Transportkosten M.	Zusammen M.
1	2	3	4	5	6	7	8	9
1	Lager einebnen . . .		V.B.IIc2	0,3 st/qm	1 qm	0,3·0,30=0,09		0,09
2	Sandbettung, 15 cm stark							
	a) Sand anlaufen und anfahren		oben		1 qm von 15 cm Stärke		0,15·2,50=0,38	0,53
	b) Sand einbringen .		V.B.VIII1	0,5 st/qm		0,5·0,30=0,15		
3	Feldsteinpflaster, 15 cm stark, für 1 cbm . .	1,3						
	a) Feldsteine anlaufen und anfahren		oben		1 qm von 15 cm Stärke		0,15·1,3·15,00 = 2,93	4,13
	b) Feldsteine schlagen		IV.B.IC1	0,4 st/qm		4·0,30 = 1,20		
	c) Pflaster herstellen und abrammen . .		V.B.VIII2	0,6 stpf+6st +0,10	1 qm	0,6·0,40+0,6 ·0,30 +0,10 = 0,52		0,52
4	Für Aufsicht und Geräte etwa 10%					1,96	3,31	5,27
5	Selbstkosten des selbstausführenden Unternehmers							0,53
					für 1 qm Pflasterbahn aus Feldsteinen			5,80

3. Kosten einer Pflasterbahn aus Polygonalpflastersteinen.

Von 16 cm Höhe aus harten Steinen in Sandbettung von 15 cm Höhe.
Die bearbeiteten Pflastersteine werden aus dem Steinbruch bezogen;
1 cbm Sand kostet mit Anfuhr . . . . 2,50 M.
1 Pflastererarbeitsstunde st_{pf} . . . . 0,35 „
1 Arbeiterstunde st_e . . . . 0,25 „

Lfd. Nr.	Bezeichnung	Bedarf unter Hinweis auf	an Arbeitszeit	Im gestellten Beispiel sind erforderlich für	Arbeitskosten M.	Materialkosten und Anfuhrkosten M.	Zusammen M.
1	2	3	4	5	6	7	8
1	Lager einebnen	V.B.IIc2	0,3 st/qm	1 qm	0,3·0,30=0,09		0,09
2	Sandbettung, 15 cm stark						
	a) Sand anlaufen und anfahren	oben		1 qm von 15 cm Stärke		0,15·2,50 = 0,38	0,53
	b) Sand einbringen .	V.B.VIII1	0,5 st/cbm		0,5·0,30 = 0,15		
3	Polygonpflaster, 16 cm stark für 1 qm . .	IV.B.Ic2					
	a) Steine im Bruch anlaufen, Anfuhr, wenn 1 Fuhre mit 5 qm 4 M. kostet, 0,80 M., zusammen 1,80 + 0,80 = 2,60 M.					2,60	2,60
	b) Pflaster herstellen und abrammen . . .	V.B.VIII 4b	1,5 stpf + 2st +0,15	1 qm	2·0,40+2·0,30 +0,15 = 1,55		1,55
4	Für Aufsicht und Geräte etwa 10%				1,79	2,98	4,77
5	Selbstkosten des selbstausführenden Unternehmers						0,48
				für 1 qm Pflasterbahn aus Polygonalpflastersteinen			5,25

4. Für eine Pflasterbahn aus harten Reihenpflastersteinen.

Siehe unter Städt. Straßenbau im vorigen Kapitel.

5. Kosten einer einfachen Kiesbahn (Sandbahn) für Feldwege

in abgewalztem Zustande, 10 cm stark   für 1 qm

Einebnen des Lagers wie in 3_1 . . . . 0,08 M.

Kies, Sand, 20 cm stark, Ankauf und Transport wie in 3_2: 0,20 · 2,50 . . 0,50 „

Kies einbringen wie in 3_2: 0,20 · 0,25 . . . . 0,05 „

Abwalzen 1,0 st_e/qm . . . . 0,25 „

Zusammen   0,88 M.

Für Aufsicht und Geräte etwa 10% . . . . ∼ 0,09 „

Selbstkosten des selbstausführenden Unternehmers für 1 qm Kiesbahn . . . 0,97 M.

6. Die verschiedenen Chaussierungen.

Die aus verschiedenen Lagen bestehenden Steinbahnen haben 15 bis 30 cm Gesamtstärke. Durch das Walzen wird die Steinbahn auf ²/₃ der ursprünglichen Stärke zusammengedrückt.

a) **Packlage mit Steinschlag-(Schotter-)lage.** In 12 bis 16 cm Höhe werden geschlagene Steine mit dem Fuß auf das mit Sattelquerneigung von etwa 1 : 25 eingebaute Planum zwischen beiderseitigen Bortsteinen 20 bis 25 cm Höhe und 5 bis 10 cm Stärke gestellt und mit Steinbrocken ausgezwickt.

Die Deckschicht aus Steinschlag von 3 bis 5 cm Korngröße wird auf 5 bis 8 cm Stärke nach dem Abwalzen bemessen.

b) **Mac Adam-Steinbahn.** Unterbau von 10 bis 15 cm Stärke aus Steinschlag von 5 bis 7 cm Korngröße zwischen Bordsteinen trägt die Deckschicht von 10 bis 12 cm Stärke von 3 bis 5 cm Korngröße.

c) **Steinschlagbahn mit Grandunterbau.** 10 bis 12 cm starke Kiesschicht von 6 bis 30 mm Korngröße trägt nach dem Abwalzen eine 5 bis 8 cm starke Deckschicht aus Kleinschlag von 3 bis 5 cm Korngröße.

d) **Gravenhorstsches Steinschlagpflaster.** Packlage oder Steinschlag von etwa 10 cm Stärke dient als Unterlage für die 6 bis 8 cm starken Pflastersteine in Sandbettung. Diese Steine haben bis 1 kg Gewicht und gibt 1 cbm Steine etwa 10 qm Pflaster.

7. Baumpflanzungen.

Preise von Bäumen, siehe Abschnitt IV, B VIII.

     „   „ Baumpfählen, siehe Abschnitt IV, B XXI.

Kosten der Baumlöcher siehe Gründung Abschnitt VI, 3, S. 441.

8. Kosten für die Anlage und Unterhaltung von Chausseen.

a) Eine Chaussee von 10 m Breite, mit 5 m breiter Steinbahn und 5 m breitem Sommerweg kostet einschließlich Grunderwerbs:

im Flachlande . . . . für 1 km = 10 000—12 000 M.

im Hügellande . . . . „ 1 „ = 12 000—15 000 „

im tiefen Moor- und Marschboden . . . „ 1 „ = 20 000—30 000 „

in gebirgiger Gegend . . . . „ 1 „ = 15 000—25 000 „

b) **Der Bedarf an Unterhaltungsmaterial** ist für 1 Jahr und für 1 m der Straßenbreite und für 1 km der Länge:

1. bei sehr hartem Material und einem mittleren täglichen Verkehr von:

    20 bis 50 Zugtieren . . . . 4 bis 6 cbm

    50 „ 100   „   . . . . 6 „ 7 „

    100 „ 300   „   . . . . 7 „ 8 „

2. bei mittelhartem Material und einem mittleren täglichen Verkehr von:

    20 bis 50 Zugtieren . . . . 6 bis 8 cbm

    50 „ 100   „   . . . . 8 „ 9 „

    100 „ 300   „   . . . . 9 „ 10 „

7. Fluß- und Kanalbauten.

Bearbeitet von Regierungs- und Geheimen Baurat Scheck.

I. Flußbauten.

A. Allgemeines über Bauausführung und Ziele der Regulierung.

Die Bauausführungen an und im Flusse bezwecken, den Fluß so auszubauen, daß er imstande ist, die höheren Wassermengen ohne Schaden für die Anlieger abzuführen und bei Mittel- und Niedrigwasser die Schiffahrt bei entsprechendem Tiefgang der Schiffe möglichst dauernd aufzunehmen oder ausreichende Vorflut zur Entwässerung der an- und oberhalb liegenden Niederungen zu schaffen.

In Strömen und größeren Nebenflüssen werden und sollen beide Zwecke durch die Regulierungsbauten gleichzeitig angestrebt werden. Diese schiffbaren Ströme sind öffentliche Gewässer, deren Unterhaltung der Staat übernommen hat. Die Bauten an nicht schiffbaren Flüssen (Privatflüssen) fallen fast überall den Anliegern zur Last, die in den meisten Fällen zur Beschaffung der Geldmittel entweder an bestehende Genossenschaften sich anlehnen oder eigene Zweckgenossenschaften bilden. An den öffentlichen Gewässern geschieht die Ausführung der Bauten zur Schaffung oder Unterhaltung der erforderlichen Querschnitte im Flußbette fast überall im Eigenbetriebe des Staates.

Da, wo die Gefällsverhältnisse des Flusses die Schiffahrt nicht in lohnender Weise gestatten, findet die Kanalisierung desselben durch Einbauen von Wehren und Schleusen statt, wenn man nicht zweckmäßiger neben den Fluß einen besonderen Schiffahrtskanal anlegt.

In diesen beiden Fällen geschieht die Ausführung der Bauarbeiten meistens durch Unternehmer für den Staat. Als Ziel der Regulierung gilt für die bedeutendsten Ströme, an denen die deutsche Schiffahrt interessiert ist, folgendes für:

a) den Rhein. Herstellung einer Fahrtiefe bei M. N. W. (+ 1,50 a. P. Köln, d. i. 1,4 m unter M. W.) von Bingen bis St. Goar 2,0 m, von St. Goar bis Köln 2,5 m, von Köln bis zur niederländischen Grenze 3,0 m; Herstellung einer Fahrwasserbreite von 90 m, die entsprechend der Abnahme des Gefälles und der Zunahme der Wassermenge auf 150 m steigt;

b) die Mosel. Höhenlage der Flußsohle 0,39 m bzw. 0,50 m unter Null der Pegel zu Trier und Cochem. Erreicht 0,85—0,90 m Fahrtiefe bei + 0,31 m a. P. Trier bzw. + 0,47 m a. P. Cochem;

c) die Weser bei N. W. 1,0 m Wassertiefe von Münden bis Minden, 1,25 m von Minden bis Bremen. Bis Bremen kommen Seeschiffe von 6 m Tiefgang bei Flut;

d) die Elbe von Melnick bis zur Flutgrenze 0,93 m bei jedem etwa eintretenden niedrigsten Wasserstande;

e) die Saale bei kleinem Wasser für die zum größten Teil kanalisierte Unstrut und die Saale von Artern bis zur Elstermündung 0,70 m Fahrtiefe, von da bis zur Elbe 0,93 m;

f) die Spree und Havel einschl. des Landwehrkanals zu Berlin 1,25 m Fahrtiefe bei N. W.;

g) die Oder oberhalb der Neißemündung unbestimmbar, unterhalb der Neiße= mündung 1 m Fahrtiefe bei kleinstem Wasser;

h) die Warthe oberhalb Schrimm unbestimmbar, unterhalb 1 m bei kleinstem Wasser;

i) die Weichsel 1 m Fahrtiefe bei niedrigstem Sommerwasser, im Danziger Bezirk erreicht, im Marienwerder noch nicht;

k) den Pregel bei N. W. 1,10 m oberhalb Tapiau, 1,50 m unterhalb Tapiau in Übereinstimmung mit der Deime. Bis Wehlau ist das Ziel erreicht: den Großen Friedrichs= graben und die Nemonienmündung Verbreitung auf 40 m;

l) die Memel (Niemen) 1,40 m Fahrwassertiefe für die Memel bis Kallwen und den Rußstrom, 1,70 m für den Atmathsstrom, 1,25 m für die Gilge bei N. W.

m) Auf der Donau können unterhalb Regensburg bis Passau nur Schiffe von einer Tauchtiefe von 0,85 m und 200 t Ladung befördert werden. Nach Bellingrath ist die Mindesttauchtiefe von Passau—Linz 1,30—1,15 m, von Linz—Wien—Gongö 1,20 m, so daß sich für Passau—Gongö eine mittlere Tauchtiefe von 1,4 m ergeben würde, während diese von Gongö bis zu den Katarakten 1,5—1,6 m, von der rumänischen Grenze bis Breila 1,8—2,5 m beträgt.

Die bei 8 m breiten Frachtschiffen auf Flüssen von bestimmtem Gefälle erforder= lichen geringsten Sohlbreiten sind nach Teubert:

Gefälle	Sohlbreite
$\leqq$ 0,000 050	20 m
0,000 050—0,000 120	25 m
0,000 120—0,000 200	30 m
$\geqq$ 0,000 200	35 m

Diese Forderungen sind nicht überall bis jetzt erreicht worden, namentlich nicht für die Niedrigwasserstände, so daß man in einzelnen Stromgebieten anfängt, hierfür besondere Regulierungsarbeiten auszuführen.

Im allgemeinen sollen die Regulierungsarbeiten die Vertiefung des Flußbettes bezwecken, weil hierdurch nach den Gesetzen über die Wasserbewegung am leichtesten eine Zunahme des Wasserabführungsvermögens eintritt; dies bedingt, daß man in vielen Fällen gezwungen sein wird, dementsprechend die Breite einzuschränken.

Die Vertiefung des Flußbettes läßt sich erreichen durch Baggerungen oder Ein= schränkungswerke.

B. Baggerungen[1]).

Die Kosten der Baggerungen lassen sich namentlich für den Zweck des vorliegenden Buches nicht allgemein gültig angeben. Sie sind wesentlich abhängig von den in den

---

[1]) Vgl. auch die ausführlichen Mitteilungen unter Abschnitt IV D c.

einzelnen Querschnitten zu entfernenden Massen, den Bodenarten und dem Wechsel der Wasserstände, weil sich hiernach die Art der einzustellenden Baggermaschinen, Prähme und Transportvorrichtungen richtet.

Am billigsten arbeiten **Spülbagger oder Bagger getrennt von den Spülern, Schutensauger**, denen letzteren das Baggergut in Prähmen zugeführt, durch Kreisel= pumpen ausgehoben und auf geeignet gelegener Fläche durch Rohrleitungen gedrückt wird. Vorbedingung für den Spülbetrieb ist einmal das Vorhandensein von wirklich gut spülbarem Boden und ferner die Bereitstellung von genügend großen nicht zu hoch gelegenen Ablagerungsflächen.

Der Spülbagger muß das gehobene Baggergut gleichzeitig nebenan aussetzen können. Um das teuere Verlegen der Rohre zu vermeiden, das namentlich dann wieder= holt vorzunehmen ist, wenn der Bagger wie gewöhnlich in einzelnen Schnitten von 0,6 bis 1,0 m Stärke baggert, erhält der Bagger eine auf Pontons oder Holzflößen schwim= mende Rohrleitung, die durch Gummi= oder besser Lederschlauchkupplung mit der festen Rohrleitung verbunden wird, so daß er sich bis 50 m von dem Anfang der Rohrleitung entfernen kann. Der Schutensauger ist durch bewegliche kurze Zwischenstücke an die Rohrleitung angeschlossen und liegt so lange fest, bis er das Gelände entsprechend auf= gehöht hat.

Es ist darnach für die beiden Betriebsarten erheblich anders zu disponieren: für den Spülbagger müssen weniger breite, aber möglichst ununterbrochen an der Baggerstelle am Flußlaufe liegende Ablagerstellen vorhanden sein, seinem täglichen Voranschreiten im Flusse entsprechend, wobei die Rohrverlegungskosten immer noch eine erhebliche Rolle spielen.

Für den Schutensauger müssen einzelne geschlossene größere Grundflächen beschafft werden, die so zu bemessen sind, daß die Schuten höchstens einen Transport von 5 km vorzunehmen haben, da sonst die Transportkosten zu teuer werden.

Selbstverständlich richtet sich die Transportweite nach der Leistung der Bagger, Größe der Prähme und Anzahl der einzusetzenden Schlepper. Als Anhalt kann gelten, daß im stauen bis mäßig fließenden Wasser ein Schlepper von etwa 100 PS vier hintereinandergekuppelte Prähme von je 200 t Ladefähigkeit bei einer den Kähnen ähnlichen Bauart noch mit 4 km stündlicher Geschwindigkeit schleppen kann. Die Schleppkraft nimmt jedoch bald ab mit zunehmender Strömung.

Spülbare Bodenarten sind:

a) reiner leichter Sand, der sich noch vorteilhaft bis etwa 400 m Entfernung und 3—4 m Höhe über den Wasserspiegel spülen läßt. Die Verdünnung, d. h. die Menge des für die Fortbewegung zuzusetzenden Wassers wächst mit der Entfernung und nimmt ab mit der Weite der Druckrohre — bei allen Bodenarten! — Man wird nicht unter das Zehnfache der festen Massen heruntergehen können. Dementsprechend ist die Maschinenstärke zu berechnen;

b) sandiger Lehm läßt sich mit mindestens der 15fachen Wasserverdünnung, unter Umständen wenn der Lehm gut im Röhrwerk der Spüler gelöst wird, bis zu 800 m spülen, wobei aber der Umstand zu beachten ist, daß der Sand stets nahe an dem Ende der Spülleitung niederfällt, während die lehmigen Bestandteile in Wasser gelöst, bis 1000 m weit ohne Rohrleitung mitgenommen werden, so daß diese Art der Bodenbewegung unter Umständen vorteilhaft zur Abtrennung der Sandteile verwendbar erscheint;

c) kurzfasriger Torf, rein oder mit einer Bodenart gemischt, sofern er nicht zu fest abgelagert ist. Hierbei fördert der Bagger im allgemeinen schon den Boden in starker

Verdünnung, die unter Umständen bis auf 60 v. H. gesteigert werden muß, um bis 1000 m weit gedrückt zu werden. Das Rührwerk der Spüler ist besonders danach zu konstruieren, daß gute Zerkleinerung eintritt;

d) Schluff, Schließsand mit und ohne geringe kurzfasrige Torfbeimengungen.

Bei beiden letzten Bodenarten wird das Verlegen der Rohre ungemein dadurch erschwert, daß das aufgehöhte Gelände lange Zeit bis zu 3 Wochen so suppig bleibt, daß es nicht zu betreten ist; die Rohrleitung muß deshalb durch Gerüste gestützt werden. Fester Ton läßt sich kaum jemals spülen, weil er im Rührwerk des Spülers sich nicht löst; grober Kies kann nur auf kurze Entfernungen unter ganz erheblichem Wasserdruck in der Rohrleitung gespült werden.

Zu beachten ist, daß die Rohrleitung überall, namentlich bei sandigem Boden, sich verstopft, wenn der Zufluß plötzlich unterbrochen wird; es muß deshalb beim Wechsel der Prähme die Druckrohrleitung stets vom Wasser so lange durchspült werden, bis es am Ende rein abläuft.

Die Kosten je Kubikmeter fester Masse sind bei Baggerung mit Spülern für große Massen günstigenfalls auf 0,30 M. bis zu 0,45 M. anzusetzen, vorausgesetzt, daß der kostspielige Maschinenpark vorhanden und dauernd weiter zu verwenden ist.

Soll der Boden auf weitere Entfernungen gespült werden, bis zu etwa 1500 m, dann muß eine Zwischenhaltung — Relais — angeordnet werden. Diese Einrichtung ver= teuert den Transport ungemein, bis zu 100%. Nur bei schlammigem Boden, dessen Transport sonst an und für sich sehr teuer wird, kann diese Anordnung mit Vorteil an= gewendet werden, ohne daß die Mehrkosten 15—20% übersteigen. Dann ist aber darauf bedacht zu nehmen, daß die Spülrohrleitung mindestens 0,40 m lichte Weite erhält, weil die Reibungsverluste sich gewaltig steigern. Selbstverständlich wachsen mit der Schwere der Rohre die Kosten der Verlegung.

Elevatoren, Paternosterwerke, die den Boden aus den Schuten heben und von hier aus mit Wasserverdünnung bis zu 150 m weit in offenen Rinnen (also mit eigenem Gefälle) fördern, können im allgemeinen nicht so billig arbeiten wie die Spüler. Sie sind trotzdem da sehr lohnend, wo mittlere Massen von 1500 cbm an und darüber auf seitlichen Ablagerflächen untergebracht werden sollen, z. B. bei Hinterfüllung von Kai= mauern usw., oder wo Dauerarbeit stattfindet.

Die vorher angegebenen Bodenarten lassen sich fast alle, und zwar ohne besonderes Rührwerk bewegen, bei einer Wasserverdünnung, die das Dreifache der festen Masse beträgt oder übersteigt. Das Verlegen der Leitungen ist erheblich billiger wie bei den Spülern, der abgesetzte Boden trocknet viel rascher ab. Die Kosten der Baggerung mit Elevatoren beträgt rund 0,40 bis 0,55 M. je cbm. Bei beiden Betriebsarten ist die Aufschüttungsfläche mit Dämmen zu umgeben, die anfangs rund 1 m hoch, bei mindestens 0,60 m Kronenbreite und einfachen beiderseitigen Böschungen ausgeführt werden müssen und am besten innen und außen mit Rasenplacken fest bekleidet werden. Ob bei Spülern Zwischendämme mit Überlauf vorteilhaft sind, hängt von den Boden= massen ab. Diese Einrichtung empfiehlt sich bei suppigem Boden, damit während des Spülens in einer daneben liegenden Abteilung der Boden der ersten Abteilung begehbar abtrocknet.

Auf Ableitung des Spülwassers ist bedacht zu nehmen, auch sind Schadenersatz= ansprüche der Anlieger, bis auf 100 m von den Dämmen entfernt, wegen der unvermeid= lichen Verwässerung der Flächen zu berücksichtigen.

Die Kosten der Baggerung mit **Pumpen=(Saug=)Baggern** und **Dampfeimer=
baggern**, die beim Flußbau meistens vorkommen (die andern größeren Bagger=
arten, namentlich die Selbstfüllerarten, werden fast ausschließlich zu Seebauten ver=
wandt), hängen gänzlich von der Art des Transports ab. Sie lassen sich ohneweiters
für das reine Heben des Bodens aus der täglichen Durchschnittsleistung in mittlerem
Sandboden, dem Kohlen= und Schmierölverbrauch, einer mindestens 15prozentigen
Abnutzung und Unterhaltung der Maschinenanlage bei höchstens 250 jährlichen Arbeits=
tagen, 6prozentiger Abnutzung des Schiffskörpers und den Mannschaftskosten berechnen.

Für allgemeine Anschläge bei Flußbauten muß man, wenn es sich nicht um ganz
große Massen handelt, bei leichten Bodenarten bis etwa 3 m Wassertiefe, unter der Vor=
aussetzung, daß die Transportweiten bei Handbewegung oder Prähme nicht über 60 m
betragen, der Boden einfach durch Auswerfen seitlich einzubringen ist, das Kubikmeter
feste Bodenmasse mit mindestens 0,60 M. ohne Unternehmergewinn ansetzen. Die
Kosten steigen sehr schnell, sobald der Boden noch einmal zu verladen ist.

Greifbagger, Prießmannsche Exkavatoren, leisten mindestens dasselbe wie
Eimerbagger und sind in unreinem Baggergrunde letzteren vorzuziehen.

Von größtem Einfluß auf die Kosten ist der ausreichende Bestand an Baggerprähmen,
der sich aus der stündlichen Leistung des Baggers, der Transport= und Ausladedauer des
Baggerguts berechnet. Es ist auf Reserve von mindestens 2 Prähmen bedacht zu nehmen.

Dampfeimerbagger für die gewöhnlichen Bauten an Nebenflüssen haben selten
mehr wie eine stündliche Leistung von 20 cbm aufzuweisen, weil sie bei beschränkter
Wassertiefe zweckmäßig leicht beweglich bleiben müssen. Dementsprechend ist die Be=
ladung der Prähme unter Berücksichtigung des Tiefgangs zu bemessen.

Trockenbagger als sog. Exkavatoren den Naßbaggern ähnlich, mit Eimerkette usw.
ausgebildet. Das hochgehobene Baggergut fällt in die darunter geschobenen von Loko=
motiven bewegten Wagen.

Löffelbagger von Amerika hierher in neuerer Zeit gut eingeführt, arbeiten ohne
Eimerkette, mittels eines löffelförmigen Inhälters, der durch Abschaben des Bodens
gefüllt wird.

Handeimerbagger kommen bei Flußbauten für kleine Ausführungen zweckmäßig
zur Verwendung. Die Durchschnittsleistung beträgt hierbei etwa 5 cbm stündlich bei
6—7 Mann Gesamtbesatzung. Die Kosten je Kubikmeter geförderte Masse sind bis 2,5 m
Tiefe unter den oben angegebenen Umständen nicht unter 1,10 M. anzunehmen,
wachsen sehr rasch mit zunehmender Bemannung, so daß dann die kleinen Dampf=
eimerbagger lohnender werden.

Beim Handbetrieb spielt das Vorhandensein der Prähme nicht eine so wichtige
Rolle, weil meistens die Baggerbesatzung zugleich den Transport und das Ausladen
des Bodens mit ausführt.

C. Einschränkungswerke.

Die Zusammenstellung der Kosten für die wichtigsten Bauwerke s. w. unten.
Die Angabe der überschläglichen Kosten für Regulierungen längerer Stromstrecken auf
die Längeneinheit dagegen ist absichtlich hier nicht erfolgt, weil sie praktisch nur in den
einzelnen Stromgebieten und für bestimmte Stromstrecken maßgebend sind, für welche
meistens von den Strombaudirektionen ganz bestimmte Ansätze festgestellt werden,
die wesentlich örtliche Bedeutung haben.

33*

1. Parallelwerke werden bei geringeren Wassertiefen dort lohnend, wo der Fluß noch Geschiebe von mindestens 5 mm Korngröße (gröberen Kies) führt.

Die Ausführung erfolgt in Richtung des festzustellenden Stromstrichs. Zum Vermeiden des Durchreißens des zwischen den Parallelwerken und dem alten Ufer liegenden Stromteils durch Hochwasser werden in Abständen von 40—100 m Anschlußdämme hergestellt.

Die Abmessungen wechseln je nach dem Stromangriff, die Höhenlagen ebenso je nach dem Regulierungsentwurf und den benutzbaren Baustoffen.

Hauptbedingung ist, daß das zur Herstellung des Werks erforderliche Material unmittelbar daneben ohne große Transporte aus dem Flusse — womöglich an und für sich zur Herstellung einer Mindesttiefe — gewonnen werden kann.

Wo die Baustoffe (etwa Faschinen oder Steine) erst besonders geworben und herangebracht werden müssen, wird diese Bauart gegenüber der folgenden nur in seltenen Fällen noch lohnend.

2. Buhnen. Bei größerem Abstand der Streichlinie vom Ufer und leicht beweglichem Geschiebe wird dieser Einschränkungsbau der billigste, weil das zwischen den Werken liegende Buhnenfeld sich selbst aufhöht und mit beschränkten Mitteln dauernd festgelegt werden kann.

Lage der Buhnen zum Stromstrich inklinat unter 75°. Die Entfernung der Buhnen unter sich nimmt mit der Breite des Flusses und der Länge der Buhnen zu, ist im Mittel gleich dem Zweifachen der Buhnenlänge.

Die am Kopfe wenig über Mittelwasser liegende, nach dem Ufer zu in Steigung von 1 : 100 bis 1 : 200 ansteigende Buhne hat eine Kronenbreite von 2,5—3,0 m Breite, beiderseits einfache Böschungen. Die Krone wird bis Mittelwasser meistens durch Steinpackung, sonst durch Spreitlagen mit Flechtzäunen abgedeckt.

Der Buhnenkopf ist besonders sorgfältig zu sichern, wird meistens unter NW. auf 1 m starke Sinkstücke erbaut, über niedrig Wasser abgerundet und abgepflastert. Böschungen im Stromquerschnitt 1 : 3 bis 1 : 5, stromabwärts 1 : 2½ bis 1 : 4, stromaufwärts steiler bis 1 : 1.

3. Grundschwellen als Fortsetzung des Buhnenkopfes fallen mit flacher Neigung etwa 1 : 15 bis 1 : 20 in den Flußquerschnitt hinein und sichern die Sohle gegen zu tiefes Auslaufen. Sie werden, da der reine Packwerksbau zu teuer wird, meistens aus Senkfaschinen oder flachen Sinkstücken auch sogenannten Senklagen in mindestens 4,5 m Kronenbreite und steilen Böschungen hergestellt. Die Böschungen werden zum Teil durch Steinschüttung gesichert.

Sie werden auch selbständig als sogenannte Traversen in Abständen von rund 50 m eingelegt und dann entsprechend schwächer mit 2 m Kronenbreite und beiderseitiger drei- bis fünffacher Böschung erbaut.

Alle diese Einschränkungswerke werden unter tunlichster Ausnutzung des nahe beiliegenden Materials — Stein und Kies — erbaut, Faschinen kommen nur als Grundlage oder Umhüllung des schwereren Materials zur Anwendung.

D. Ausführung der Faschinenbauten.

Faschinen werden am besten von Weiden entnommen und hierzu möglichst gerade Stämmchen und Zweige, deren unteres Ende höchstens 5 cm stark sein darf, genommen; ihre Verwendung empfiehlt sich hauptsächlich im Spätherbst und vor dem zweiten Trieb (Juli). Bei Bauten unter Wasser ist auch die Verwendung von Nadelholzfaschinen, welche ihres Harzgehalts und des dichteren Schlusses halber solchen von Eschen-, Erlen-usw. Holz vorzuziehen sind, angezeigt.

Laubfaschinen sollen ohne Blätter, Nadelholzfaschinen mit den Nadeln verwendet werden.

Packwerk wird in der Regel aus zwei- bis dreifach geneigten, 0,6—1,0 m dicken Lagen Faschinen und Würsten (Wippen) hergestellt, die schwimmend zusammengesetzt und sodann mit Kies oder Erde beschwert werden.

Die Ausschuß- und Rückschußlage des Packwerks wird durch nicht über 1 m voneinander entfernte, zirka 15 cm starke Würste oder Flechtbänder gehalten, durch welche 1,25—1,5 m lange, zirka 6 cm starke Buhnenpfähle in Entfernungen von zirka 0,55 m geschlagen werden. Der äußere Rand des Werks erhält doppelte Würste. Sobald das Belastungsmaterial aufgebracht und gestampft und dadurch die Packwerksanlage, welche bei niedrigem Wasserstand einzubringen ist, unter Wasser kommt, beginnt sofort die Herstellung der nächsten Lage, usw. Die Ausdehnung derselben richtet sich nach der Breite und den Böschungen des Baues (Buhne eventuell auch Parallelwerk),[1] sowie nach der Wassertiefe. Statt der Wurstbefestigung wendet man häufig Drahtbänder an eingerammten Pfählen an.

Die Kopflage erhält Steine als Beschwerung und Flechtzäune statt Würste. Buhnen-köpfe werden am besten abgepflastert (nachdem sich der ganze Buhnenkörper etwas gesetzt hat) oder mit Spreutlagen bzw. einer Rauhwehr versehen.

Spreutlagen werden aus einer oder aus mehreren zusammen 10—12 cm starken Lagen von Faschinen, die mit 10 cm starken Würsten gehalten werden, hergestellt. Die Würste werden in Abständen von 0,6—0,7 m aufgebracht und durch in Entfernungen von 0,5—0,6 m eingeschlagene, zirka 0,8 m lange, zirka 6 cm starke Pfähle gehalten. Soll die Spreutlage ausschlagen, so wird sie aus grünen Weiden hergestellt und im Trocknen noch mit etwas gutem Boden zirka 15 cm hoch bedeckt. Am Fuß der Böschung bzw. am Wasserspiegel wird eine doppelte Wurstlage oder Flechtzaun eingelegt.

Rauhwehre werden ähnlich, aber in mehreren Lagen von Faschinen von zu-sammen 15 cm Stärke hergestellt, wobei die einzelnen Lagen mit Erde bedeckt werden.

Rauhwehre können nur zur vorübergehenden Deckung dienen, weil sie nicht be-grünen; sie müssen demnächst mit groben Kies oder Steingruß bzw. Pflaster festgelegt werden.

Die Flechtzäune werden namentlich zum Schutz gegen Wellenschlag angewendet. Hierbei werden in Entfernungen von 20—30 cm Spreutlagenpfähle mindestens 40 cm tief eingeschlagen, deren Köpfe nicht über Mittelwasserhöhe hinausragen dürfen. Hierauf werden diese Pfähle mit 2—3 cm starken Ruten umflochten. Am Ufer wird die unterste Lage in den Boden unmittelbar eingetrieben; sind die Reihen aber vom Wasser aus einzutreiben, so flicht man die Pfähle 10 cm hoch ein und stößt das Flechtwerk auf eine möglichst große Strecke möglichst gleichmäßig mit Holzgabeln hinunter. Unter Wasser wird bei diesen Zäunen gern noch ein Steinvorwurf angebracht.

Mit ähnlichem Erfolge läßt sich die Zaunbefestigung durchführen, aber billiger, wenn die Pfähle enger aneinander gestellt und mit Draht gegenseitig umflochten werden.

Stoßenflechtwerke werden bei kleineren Flüssen häufig angewendet, und je nach der Wassertiefe aus Pfählen von 7—12 cm Stärke und aus möglichst langen biegsamen, verschränkt geflochtenen Weiden-, Salweiden-, Erlenzweigen u. dgl. von 2—3 cm Durch-messer hergestellt. Diese Flechtwerke sollen in der Regel in der Richtung der Böschung angelegt, die Pfähle also schief eingeschlagen werden, wozu man sich großer eiserner oder auch hölzerner Schlegel bedient. Die Entfernung der Pfähle richtet sich nach der Beschaffenheit und Stärke der Zweige und wechselt zwischen 40 und 60 cm.

1 qm Stoßengeflecht erfordert zum Schlagen der Pfähle und zur Herstellung des Flechtwerks etwa 0,15 Tagewerke.

Senkfaschinen erhalten gewöhnlich eine Länge von 3,5—6 m bei einem Durchmesser von 60—120 cm, ferner einen Kern von Kies oder Steinen und Eisendrahtbänder; dieselben werden schräg zur Stromrichtung versenkt. Die Senkfaschinen werden mittels Würgeketten zusammengeschnürt und sodann mit 3 mm starkem Draht oder mindestens 15 mm starken langen Weidenruten gebunden.

Senkwellen oder Sinkwalzen. Die Herstellungsweise ist ähnlich wie bei den Senkfaschinen, nur werden sie in großen Längen so hergestellt, daß der vordere Teil unmittelbar von dem leicht am Ufer eingeschlagenen Herstellungsgerüst (Bockgerüst aus sich kreuzenden Pfählen) zur Uferdeckung abgerollt wird, während die Arbeit am zurückbleibenden Teile fortschreitet.

Die Stärke wechselt mit dem Stromangriff von 0,4—1,0 m Durchmesser.

Sinkstücke werden da, wo Ebbe und Flut auftritt, gewöhnlich zur Herstellung von Buhnen verwendet. Dieselben bestehen aus 1—2 m dicken, höchstens 30 m langen und 20 m breiten Lagen von Faschinen, die durch Steine beschwert werden. Die Senkstücke werden auf der unteren und oberen Seite durch kreuzweise, in Entfernungen von 0,8—0,9 m gelegte Würste zusammengehalten, indem Buhnenpfähle durch die Kreuzungspunkte und die ganze Faschinenlage durchgeschlagen und mit Eisendraht oder Leinen daselbst befestigt werden. Außerdem finden sie Anwendung zur Ausfüllung tiefer Kolke oder als unterste Lage bei Buhnenköpfen und Kupierungen. Ihre Versenkung geschieht vom Ufer oder von Gerüsten aus, von welchen sie mittels untergebrachter Walzen ablaufen und schwimmend zur Verwendungsstelle gebracht werden. Von seitlich verankerten Kähnen aus wird das Beschwerungsmaterial (Steine, Kies, auch Erde) in die von den oberen Flechtzäunen gebildeten Fächer geworfen und so das Stück an Führungsleinen versenkt.

Die „Holländischen Zinkstücke", die in einer Breite von zirka 6,0 m angefertigt werden, bestehen aus zwei Lagen eines Würstenetzes (wobei die 12 cm starken Würste sich alle 0,9 m überkreuzen), zwischen welche 3 Lagen Faschinen von zusammen 45 cm Stärke eingebracht werden. Die Würstekreuzungspunkte beider Netze werden mit geteerten Stricken verbunden. In die Kreuzungspunkte des oberen Netzes werden sodann zirka 6 cm starke Pfähle eingeschlagen, solche durch Flechtwerk verbunden, wodurch das Zinkstück versteift und zugleich die Fächer zur Aufnahme der Steinschüttung gebildet werden. Die Beschwerung der von Schiffen aus versenkten Zinkstücke erfordert bis zu 130 kg/qm. Die ganze Stärke des Stucks beträgt rd. 75 cm.

Senklagen werden ähnlich wie die Zinkstucke, aber noch dünner und rund 0,40 m stark hergestellt.

Bei der Regulierung der Weser für NW. sind Leitwerke in 900 m Länge zusammenhängend aus 2 m breiter und 0,6—1,2 m starker Senklage aus Buschwerk hergestellt, das zwischen zwei wagerechten Rosten aus Faschinenwürsten mit Buhnenpfählen und verzinktem Eisendraht zusammengehalten war und von verankerten Prähmen aus durch Beschweren mit Baggergut versenkt wurde. Tagesleistung 25 m. Kosten 15,20 M./m einschl. Querbauten.

Gehängebauten, schwebend gehaltene, an einem Ende durch Pfähle am Grunde befestigte Faschinenmatten, haben sich bei starker Sandführung zur Uferanhöhung bestens bewährt. Die Kosten sind aber je nach Stärke der Matten und Art und Ort der Anwendung so verschieden, daß allgemeine Angaben über Preise nicht gemacht werden können.

E. Preisermittelungen der Faschinenbauten.

1. Materialienpreise.

1. 1 cbm Faschinen frei Baustelle geliefert:

Kieferne Faschinen	1,65 M.
Weidenfaschinen	1,90 „
Grüne Weidenfaschinen bis	2,50 „

2. 100 Luntpfähle, 1,5 m lang, 5—6 cm stark, fertig zugerichtet, frei Baustelle angeliefert . . . . — 3,00 bis 3,30 „

3. 100 Buhnenpfähle, 1,25 m lang, 5—6 cm stark, fertig zugerichtet, frei Baustelle angeliefert . . . . — 2,75 „ 3,00 „

4. 100 Näther= (Spreutlagen=) Pfähle, 1 m lang, 5—6 cm st., desgl. — 2,75 „ 3,30 „

5. 100 Pflasterpfähle, 1 m lang, 10 cm stark, desgl. . . . . . — 3,30 „ 3,80 „

6. 100 kleine Bindeweiden, desgl. . . . . — 0,20 „ 0,25 „

7. 10 kg Draht für Senkfaschinen oder Sinkstücke nach Größe der Lieferung . . . . — 2,25 bis 2,75 „

8. 1 cbm Spreng= resp. Pflastersteine . . . . — 10,00 „ 13,50 „

9. 1 cbm Schüttsteine . . . . — 5,50 „ 6,50 „

10. 1 cbm Kies in der Nähe der Baustelle zu werben und bis 100 m zu transportieren . . . . — 0,60 „ 1,00 „

1 cbm desgl. in größerer Entfernung besonders angeliefert . . — 2,00 „ 2,75 „

11. 10 m Luntleine . . . . — 0,20 „ 0,35 „

12. 1 kg geteertes Tauwerk . . . . — 0,65 „ 0,80 „

12a. 1 kg ungeteertes Tauwerk . . . . — 1,30 „ 1,60 „

2. Preise der gebräuchlichsten Werkzeuge usw.

Axt ohne Stiel		6,50 M.
„ mit „		7,00 „
Beil ohne Stiel		3,00 „
„ mit „		3,25 „
Handkahn, fertig	100,00 bis	130,00 „
Handkahnruder je nach Größe	2,50 „	5,00 „
Kummkarre siehe Schubkarren.		
Karrdiele, 1 qm, 5 cm stark	2,25 „	2,75 „
für 1 m Länge annähernd		0,75 „
Schlägel	0,50 „	0,70 „
Schubkarre	3,25 „	8,25 „
Sichel mit Heft		1,50 „
Spaten mit Stiel		1,70 „
Handramme, vierspännig	2,75 „	5,00 „

3. Durchschnittliche Akkordpreise für Werben und Transport der Faschinen.

1 cbm Weidenfaschinen aus gut erhaltenen Pflanzungen zu hauen und zu binden	20 Pf.
1 cbm desgl. aus wilden Pflanzungen	20 bis 30 „
1 cbm Reisigfaschinen zu hauen und zu binden	40 „ 45 „
1 cbm Weidenfaschinen zu binden	12 „
1 cbm Reisigfaschinen desgl.	15 „
1 cbm Faschinen von den Pflanzungen auf dem Wasser zu transportieren, je km	1 „
1 cbm desgl. auf Landwegen einschl. Auf- und Abladen für 1 km 12 „ 18 „	
für jedes weitere Kilometer mehr	7 „ 9 „
1 cbm Faschinen in Haufen aufzusetzen	7 „ 12 „

Für den Transport diene als Anhalt, daß ein zweispänniger Wagen ungefähr 4—5 cbm, ein vierspänniger 6—8 cbm Faschinen ladet. Ein gewöhnlicher Flußkahn kann, wenn es der Wasserstand erlaubt, bis 1800 Stück, also etwa 300 cbm befördern.

Das Heranschaffen der Faschinen beim Bau selbst ist mit in den Herstellungskosten enthalten.

Die Pfähle werden in der Regel infolge öffentlichen Bietungsverfahrens frei Lagerplatz geliefert. Für das Hauen und Anspitzen derselben in den Pflanzungen wird für 100 Stück etwa 60 Pf. zu rechnen sein. Ein zweispänniger Wagen ladet etwa 500 bis 600 Stück.

4. Akkordpreise für die Verarbeitung der Materialien bzw. Herstellung der Faschinen.

1. 1 m Wurst oder Flechtband herzustellen	13 Pf.
2. 1 cbm Packwerk vorschriftsmäßig in die Faschinen zu legen, die Würste zu befestigen und das Werk abzurammen	50 „
2a. 1 cbm desgl., wenn der Transport des Bodens, sowie das Ausbreiten desselben mit auf die Ausführung des Packwerks geschlagen wird	60 bis 75 „
3. 1 cbm Sinkstück herzustellen inkl. Materialtransport	50 „ 65 „
3a. 1 cbm desgl. zu versenken	40 „ 80 „
4. 1 qm Sinklage herzustellen und zu versenken	40 „ 50 „
5. 1 cbm Senkfaschinen zu binden inkl. Materialtransport . . .	50 „ 65 „
5a. 1 cbm desgl. zu versenken	50 „ 65 „
6. 1 qm Spreutlage oder Rauhwehr fertig herzustellen und zu beerden inkl. Transport aller Materialien	25 „ 35 „
6a. 1 qm desgl. zu beerden	10 „ 13 „
7. 1 qm Steinpflaster anzufertigen, den Untergrund zu regeln, die Pflastersteine anzukarren und Kies aufzubringen	60 „ 75 „
7a. 1 qm gewöhnliches Pflaster in der Steinsetzerarbeit allein . . .	40 „
7b. 1 qm desgl. inkl. Schlagen der Pflasterpfähle und Bekiesen . .	60 „
7c. 1 qm desgl. molenartig zu setzen und abzurammen in dichtschließenden Fugen	70 „
8. 1 cbm Steine auf die Packwerke zu verkarren und die Böschungen zu beschütten	65 „
9. 1 cbm Kies auf die Böschungen zu bringen	30 „ 40 „

10. 1 cbm Mutterboden zu verarbeiten und festzuschlagen . . . . . 15 bis 20 Pf.

11. 100 Weidenpfähle zu hauen und anzuspitzen . . . . 65 „

12. 1 m Flechtzaun herzustellen, 20—25 cm hoch . . . . 30 „

13. 1 m Uferdeckung aus einfachen Faschinenlagen herzustellen einschl.
Transports der Materialien . . . . 12 „

13a. 1 m desgl. dem Wasserstand entsprechend höher oder tiefer zu rücken   6 „

14. 1 qm Uferdeckung aus doppelten Faschinenlagen herzustellen und
zu bewursten . . . . 12 „

15. 1 qm Spreutlagenuferdeckung herzustellen inkl. Ausheben der Gräben 30 „ 40 „

16. 1 cbm Faschinenpackwerk im Trocknen als Schutzwerk herzustellen
und abzurammen . . . . 25 „ 40 „

17. 1 cbm Erdkahnmiete . . . . 6 „ 8 „

18. 1 cbm Steinkahnmiete . . . . 12 „ 20 „

19. 1 m Senkwelle herzustellen von 40—60 cm Stärke . . . . . 25 „ 35 „

19a. 1 m desgl. von 60—80 cm Stärke . . . . 35 „ 45 „

19b. 1 m desgl. von 80—100 cm Stärke . . . . 45 „ 55 „

19c. 1 m desgl. Zulage für Herstellung auf Gerüsten . . . . . . 2 „ 5 „

20. 1 m Senkwelle zu verstürzen . . . . 10 „ 20 „

21. 1 Rüstpfahl oder Schlickfangpfahl von 10 cm Stärke ohne Ramm-
rüstung, mit der Handramme einzuschlagen, einschl. Zurichten
der Pfähle . . . . 30 „ 40 „

21a. 1 Rüstpfahl desgl., vom Boot aus zu rammen . . . . . . 75 „ 90 „

21b. 1 desgl., einschl. Bootsbesatzung . . . . 80 „ 100 „

5. Preisangaben für einige fertig hergestellte Faschinenbauten,

einschl. der Materialien und deren Herbeischaffen, bei höchstens 50 m Transportweite
für die Materialien.

	Einheitspreis Pf.	Kosten Pf.	Bemerkungen
1. 10 m Wurst einschl. Materialienbedarf:			
0,5 cbm Weidenfaschinen	200	100	
0,5 hundert Bindeweiden	35	18	
Binden		12	
Geräte und Aufsicht		10	
		140	
2. 1 cbm Packwerk einschl. Materialbedarf:			
1,15 cbm Faschinen	165	190	ohne das Material zu den Würsten
5 Stück Buhnenpfähle	3	15	
0,38 cbm Erde	45	17	
2,8 m Würste	15	42	einschl. Material
Arbeitslohn		50	
Geräte und Aufsicht		40	
		354	
3a. 1 cbm Sinkstück desgl.:			
1,25 cbm Faschinen	165	205	ohne Material für die Würste
3 Buhnenpfähle	3	9	
Zu übertragen:		214	

	Einheitspreis Pf.	Kosten Pf.	Bemerkungen
Übertrag:		214	
5 m Luntleine	3	15	
7 m Würste	15	105	
0,2 cbm Schüttsteine	650	130	einschl. Material
Herstellen und Versenken		90	einschl. Transport zur Verwendungsstelle
Geräte und Aufsicht		55	Die Rüstungskosten für 1 qm fest 3,5—4,0 M., desgl. beweglich 1,5—2,0 M.
		609	

3b. Holländische Zinkstücke, durchschn. 0,75 m stark, kosten einschl. Material je qm Aufsichtsfläche rd. 4,80 M., davon Arbeitslohn rund 0,35 M., Steine rund 2,00 M., Rest für die anderen Baustoffe.

4. 1 qm Sinklage:

0,4 cbm Faschinen	165	66	einschl. Material für Würste
0,25 hundert Bindeweiden	35	9	
1,5 Stück Buhnenpfähle	3	5	
0,15 cbm Erde	45	7	
0,1 cbm Schüttsteine	650	65	
Herstellen und Versenken		40	
Geräte und Aufsicht		15	
		207	

5. 1 cbm Senkfaschinen:

1,1 cbm Faschinen	165	182	
0,3 cbm Schotter oder Füllsteine	600	180	
0,4 kg Draht	30	12	
Herstellen und Versenken		120	Herstellung in Nähe d. Verwendungsstelle einschl. Transport der Rüstung.
Geräte und Aufsicht		50	Die Rüstung kostet für 1 m Senkfaschine 2,1—2,5 M.
		544	

1 cbm Senkfaschinenbau demnach $0,9 \cdot 544 = 490$ Pf.

6. 1 qm molenartiges Pflaster mit engen Fugen:

0,25 cbm Pflastersteine	1100	275	
0,25 cbm Kies	110	28	
5 Stück Pflasterpfähle	4	20	
Pflasterlohn		70	
Handlanger		12	
Geschirr- und Aufsichtskosten		45	
		450	

	Einheitspreis Pf.	Kosten Pf.	Bemerkungen

7. 1 qm hochkantiges Reihenpflaster:

0,3 cbm Sprengsteine	1000	300	
0,2 cbm Kies	110	22	
Pflasterlohn		200	sind die Steine zu= gerichtet, dann bis 75% billiger
Handlanger		20	
Geschirr= und Aufsichtskosten		53	
		595	

8. 1 qm Spreutlage oder Rauhwehr:

0,12 cbm Weidenfaschinen	200	24	sind Pflanzungen an der Baustelle, dann bis 50% billiger
5 grüne Spreutlagenpfähle	5	25	desgleichen
0,18 cbm Erde (Mutterboden)	45	8	Transport bis 30 m v. Gewinnungsorte
4 m Würste	15	60	
Arbeitslohn		25	
Geschirr= und Aufsichtskosten		10	
		152	

9. 1 m Flechtzaun, 25 cm hoch:

0,1 cbm Weidenfaschinen	200	20	Faschinenbedarf er= höht sich bis 50% bei Unterlagen
3,4 Stück grüne Pfähle	4	14	Bedarf von dem Ab= stand der Pfähle ab= hängig
Arbeitslohn		30	bei Faschinenunter= lage bis 50% höher
Aufsicht und Geräte		6	
		70	

10. Uferdeckung in Faschinenlagen:

a) einfache Lagen für 1 m Deckung.

0,40 cbm Faschinen	165	65	
3,3 Pfähle	3	10	
Arbeitslohn		12	einschl. Antragen der Materialien bis 50 m weit
Geräte und Aufsicht		8	
		95	

b) in mehrfachen Lagen für 1 qm Deckung.

0,50 cbm Faschinen	165	88	Bedarf ändert sich nach der Lagendicke
15 Pfähle	3	45	
1,2 m Würste	15	18	
Arbeitslohn		13	
Geräte und Aufsicht		16	
		180	

	Einheitspreis Pf.	Kosten Pf.	Bemerkungen
11. 1 cbm Packwerk im Trocknen zur Uferdeckung:			
1,1 cbm Faschinen	165	180	
0,40 cbm Erde	45	18	fällt fort, wenn ausgesetzter Boden verwendbar
3,2 m Würste	15	48	Bedarf ändert sich nach Wahl der Befestigung
2,6 Stück Buhnenpfähle	3	8	desgl.
5,2 Stück Nägel	1	5	desgl.
Arbeitslohn		31	
Geräte und Aufsicht		25	das Ausheben der Baugrube ist besonders zu veranschlagen
		315	
12. Senkwellen (Sinkwalzen):			
a) 0,4—0,5 m stark für 10 m Länge.			
4,2 cbm Faschinen	165	690	
1,2 cbm Kies	110	130	
2,2 kg Draht	25	55	
Arbeitslohn		310	
Geräte und Aufsicht		115	
		1300	
b) 0,6 m stark für 10 m Länge.			
6,2 cbm Faschinen	165	1025	
2,0 cbm Kies	110	220	
4,5 kg Draht	25	105	
Arbeitslohn		375	
Geräte und Aufsicht		150	
		1875	
c) 0,8 m stark für 10 m Länge.			
7,5 cbm Faschinen	165	1240	
2,7 cbm Kies	110	300	
5,2 kg Draht	25	130	
Arbeitslohn		480	
Geräte und Aufsicht		230	
		2380	
d) 1 m stark für 10 m Länge.			
8,2 cbm Faschinen	165	1350	
2,9 cbm Kies	110	320	
6,5 kg Draht	25	165	
Arbeitslohn		550	
Geräte und Aufsicht		255	
		2640	

F. Angaben über Ausführung und Kosten einiger Flußbauten

nach den vom preußischen Ministerium der öffentlichen Arbeiten herausgegebenen statistischen Nachweisungen.

1. Uferdeckungen.

An der Weichsel.

Die Uferabbrüche wurden mit Kies bzw. Sand ausgefüllt und das so neugewonnene Ufer in verschiedener Weise gesichert.

a) Auf einer Sinkstückvorlage zur Sicherung des Fußes setzt sich die rund 0,30 m starke Faschinenlage in Neigung 1:3, die bis nahe an M. W., Steinbewurf darüber, durch Pflaster abgedeckt ist.

Die Kosten betragen: bei 8 m breitem, 0,70 m starkem Sinkstücke, Pflaster aus Granitsteinen bis 1 m hinter der 0,80 m über M. W. liegenden Krone bei 3 m mittlerer Bauhöhe für ein 7 m langes Deckwerk durchschn. 77,30 M. je 1 m Uferlänge; bei 10 m breitem, 0,90 m starkem Sinkstücke und einer Kronenhöhe von 0,90 m über M. W., sonst wie vor; bei 2,5 m mittlerer Bauhöhe und 260 m Gesamtlänge 115,50 M. je 1 m Uferlänge; bei derselben Ausführung, jedoch 10 m langem, 1 m starkem Sinkstück, Pflaster aus Kunststeinen, Kronenhöhe 0,70 m über MW. und 3 m Bauhöhe 175,50 M. je 1 m Uferlänge.

b) Auf 10 m langem, 1 m starkem Sinkstückfuß setzt sich das Packwerk in Neigung von 1:2 der Klapplage, dessen Fuß mit kräftiger Steinschüttung auf dem Sinkstück und dessen Böschung durch Granitsteinpflaster zwischen Pfahlreihen gesichert ist, bis zur Kronenhöhe von 0,70 m über M. W., daran schließt sich die ebenso abgepflasterte, rund 1 m breite Krone mit durchschn. 4 m breitem Rauhwehr.

Die Kosten betrugen für das 590 m lange Deckwerk bei 5 m mittlerer Bauhöhe 210,40 M. je 1 m Uferlänge. Bei einer der vorigen ähnlichen Ausführung, jedoch auf 15 m breitem, 1 m starkem Sinkstück, Pflaster aus Kunststeinen, Sicherung der Krone mit Flachrohren betrugen die Kosten für das in 4 m Bautiefe auf 588 m Länge erbaute Werk 168,20 M. je 1 m Uferlänge.

Eine ähnliche Ausführung aus dreifacher Packwerksanlage auf 10 m breitem, 0,50 m starkem Sinkstück mit an der Krone anschließender 5 m breiter Spreutlage kostete bei 3 m Bautiefe und 300 m Gesamtlänge 136,70 M. je 1 m Uferlänge.

c) Senklagen auf Sandschüttung mit 1 m starken Sinkstückvorlagen von 15 m Breite mit Steinschüttung bis zu dem rund 4 m über dem Sinkstück anstehenden MW. in Neigung 1:3, darüber eine rund 13 m breite, bis über H. W. reichende Spreutlage, kostete bei rund 500 m Baulänge, 3,5 m mittlerer Bautiefe 289 M. je 1 m Uferlänge.

d) Sinkstücklagen von 0,5 m Stärke von der Sohle bis zu dem rund 2,5 m höheren N. W. in Neigung 1:3, darüber Pflaster aus Zementkunststeinen bis zu der 0,70 m über N. W. liegenden Krone, neben der Krone eine 1 m breite Senklage und Rauhwehr. Die Kosten für das 443 m lange Werk betrugen bei 3,7 m mittlerer Bauhöhe 89,30 M. je 1 m Uferlänge.

Im Odergebiet.

a) Uferdeckwerk aus 0,8 m starken und 3 m breiten Klapplagen als Fuß, darüber 0,5 m starkes, 1:2 geböschtes Packwerk bis zu dem rund 3,3 m über der Sohle liegenden M. W. Das ganze Werk, einschließlich eines 1 m breiten Uferstreifens, ist mit Steinen beschüttet, dahinter liegt ein 9 m breiter Spreutlagenstreifen. Die Kosten für das 185 m

lange Werk bei durchschn. 2 m Bautiefe unter N. W. betrugen 18,40 M. je 1 m Ufer=
befestigung.

b) Uferdeckwerk aus Klapplage, Steinbewurf, Flechtzaun mit Schilfpflanzung da=
hinter, bei 2,4 m Bautiefe. Die Kosten für das 190 m lange Werk betrugen 22,60 M.
je 1 m Uferlänge.

c) Wie vor, über M.W. schließt sich eine rund 1,80 m hohe Uferdeckung aus Spreut=
lagen. Bei 1180 m Länge und 4 m Bautiefe betrugen die Baukosten 26,80 M. je 1 m
Uferlänge.

d) Wie zu a). Die dahinterliegende zweifache, rund 2 m über MW. reichende
Böschung ist durch eine Packwerkunterlage abgedeckt. Bei 270 m Gesamtlänge und
4 m Bautiefe betrugen die Kosten 38,70 M. je 1 m Uferlänge.

e) Böschungspflaster in Neigung von 1 : 1, das sich auf eine dicht aus 1,8 m langen,
0,15 m starken Rundpfählen geschlagene Wand setzt, die stromseitig durch einen keil=
förmigen, 0,6 m tiefen und breiten Steinkoffer, böschungsseitig durch rund 0,40 m starken,
ebenso tief herunterreichenden Schotterkern gesichert ist. Bei 201 m Baulänge und
2,4 m Bautiefe sollen die Kosten 80,20 M. je 1 m Uferlänge betragen haben, wobei
jedoch äußerst ungünstige Wasserstandsverhältnisse mitwirkten.

Havel und Elbe.

Uferdeckungen aus angeschüttetem Baggerboden, der bis N. W. je nach Angriff
mit Steinschüttung bedeckt wurde. In N. W. eine Pfahlreihe als Stütze für das 1 m
hoch (M. W.) heranreichende und in 2 m Kronenbreite sich fortsetzende Pflaster. Die
Böschungen sind 1 : 3 geneigt. Das oben anschließende horizontale Ufer ist auf 2 m
Breite mit Steingruß, weiter nach Bedarf mit Pflanzungen gesichert. Derartige Aus=
führungen kosteten etwa 32 M. bei 3 m Bautiefe und 40 M. bei 4 m Bautiefe je 1 m
Uferlänge.

Im Rheingebiete sind die Uferdeckungen aus dem Baggerkies oder Kern her=
gestellt und abgepflastert bzw. beschüttet. Die Kosten sind wesentlich von dem Material-
transport abhängig.

2. Buhnenbauten einschl. des Kopfes.

Die Kosten sind besonders von der Bautiefe und der Länge der Buhnen abhängig.

Sie betrugen einschließlich des Kopfes je 1 m Buhne im Weichselgebiete bei 4 m
Kronenbreite, einfachen Seitenböschungen der Buhnen und fünffacher Kopfböschung
auf Sinkstückunterlagen, wobei der Kopf unter N. W., durch Steinbewurf darüber bis
0,5 m über M.W., ebenso wie die stromaufwärts liegende Böschung auf 6—8 m Länge
mit Granitsteinpflaster befestigt wurde und die Herstellung des Buhnenkörpers in Pack=
werk geschah, mindestens 107,30 M. bei einer Buhnengruppe von rund 76 m Länge und
4,4 m mittlerer Bautiefe und höchstens 229,80 M. bei 55 m Baulänge und 5 m Bautiefe,
während sie z. B. bei 119 m langer Buhne mit 9 m Bautiefe auf 123 M. heruntergingen.

Im Odergebiet kosteten 11 Buhnen von durchschn. 46 m Länge, 2,3 m mittlerer
Bautiefe bei 2,5 m Kronenbreite, zweifachen Seitenböschungen und fünffachen Kopf=
böschungen nur 86,70 M. je 1 m Baulänge. Die Herstellung geschah aus Packwerk
mit Sinkstücken unter dem Kopfe, der unter N. W. mit Steinen beschüttet, über N. W.
gepflastert wurde. Krone und Seitenböschungen erhielten Spreitlage.

Die Buhnen an der Lausitzer Neiße sind durchschn. 20 m lang, aus Packwerk in
1,3 m mittlerer Bauhöhe hergestellt. Bei 2 m Kronenbreite einfacher oberer, 1½fach

unterer Böschung und fünffacher Kopfböschung. Kopfböschung mit Steinschüttung, Buhnenkrone und Böschungen über N. W. mit Spreutlage. Kosten 26,70 M. unter Verwendung von Weiden aus fiskalischen Werdern.

An der Weser erhielten die Buhnen ein Packwerk mit Kopf auf Senkfaschinen, 2,4 m Kronenbreite, einfachen Seiten= und vierfachen Kopfböschungen, Pflaster auf 5 m Länge am Kopf, Steinbewurf am Kopf und im übrigen Spreutlage. Bei 3,1 m mittlerer Bautiefe und rund 23 m mittlerer Baulänge betrugen die Kosten 64,40 M. je 1 m Baulänge.

Die Rheinbuhnen sind in ihrer Herstellung aus Kies wesentlich von der Art der Gewinnung dieser Baustoffe abhängig.

G. Bau der Binnen=Schiffahrtskanäle.

a. Die Vorarbeiten.

Die Vorarbeiten für die Herstellung der Schiffahrtskanäle erfordern ganz besondere Sorgfalt; sie werden im allgemeinen nach folgenden Gesichtspunkten vorzunehmen sein:

1. Ermittlung der wirtschaftlichen Notwendigkeit für die Anlage.

Die Beschaffung dieser Unterlagen ist von den örtlich wirtschaftlichen Verhältnissen abhängig; Angaben dafür gehen über den Rahmen des vorliegenden Buches hinaus, auch lassen sich Kosten hierfür nicht allgemein angeben.

2. Wahl der Linie.

Es ist zu berücksichtigen, daß der Kanal — abgesehen von den Fällen, bei denen zwingende wirtschaftliche Gründe eine bestimmte Richtung vorschreiben — mit tun= lichster Beschränkung für Erdbewegung, Schleusenhub und Wegeverlegung, sicher ent= weder vom Grundwasser selbst oder von billig anzuschließenden Zubringern gespeist wird. Hierbei liegt die Gefahr vor, daß entweder der umgebende Grundwasserspiegel über das zulässige Maß gesenkt oder gehoben wird. In beiden Fällen treten dann unter Umständen ganz erhebliche, zunächst gar nicht abzuschätzende Schadenersatzansprüche für Wirtschaftsbehinderung ein.

Die Vorarbeiten dürfen sich nicht allein auf die Nachbarschaft der für die erste Her= stellung günstigsten Linie beschränken, sondern müssen sich auf die Untersuchung der Wasserführung der gesamten angeschnittenen und anliegenden Wasserläufe erstrecken, erfordern auch dort, wo der Kanalspiegel nicht annähernd mit dem bisherigen Grund= wasserstande gleich bleibt, umfassende Untersuchungen über die Art der Grundwasser= bewegung und Durchlässigkeit des Bodens oft auf mehrere Kilometer von der Kanal= linie entfernt. Dazu sind ausgedehnte Bodenuntersuchungen durch Bohrungen un= bedingt erforderlich.

Das Ideal der Linienführung, wonach der Kanalwasserspiegel und dementsprechend die Länge der einzelnen Schleusenhaltungen sich tunlichst dem Grundwasserspiegel an= passen sollen, läßt sich mit Rücksicht auf die Verkehrswirtschaftlichkeit in den seltensten Fällen durchführen.

Angaben zur Übernahme derartiger Vorarbeiten zu einer Pauschalsumme lassen sich aus vorstehenden Gründen nicht machen. Wenn es sich um reine Bauausführungs= kosten handelt, können die Angaben in Abschnitt VI, Teil 11, Eisenbahnbauten, mit einem Aufschlage bis 20 v. H. zweckmäßig verwendet werden.

b. Die Bauausführungskosten.

Der Kostenanschlag für die Ausführung dürfte nach folgendem Schema aufzustellen sein:

1. Grunderwerb und Wirtschaftserschwernisse.

Im allgemeinen können hierfür die in Abschnitt VI unter Teil 11 angegebenen Preise als Anhalt dienen, es ist aber zu berücksichtigen, daß meistens die Kosten der Wirtschaftserschwernisse verhältnismäßig groß werden und man unter Umständen sie durch Brückenanlagen herabsetzen kann.

2. Erdarbeiten und Böschungsarbeiten.

Hierfür sind die in Abschnitt VI, Teil 1 u. 2, gemachten Angaben zu berücksichtigen. Bei großen Massen wird mit Pumpenbaggern, Schutensaugern usw. (vgl. Abschn. VI Flußbau) vorteilhaft zu arbeiten sein.

3. Uferbefestigungen.

Die Kanalböschungen halten im allgemeinen unbefestigt den Angriff der Wellen durch schnell bewegte Fahrzeuge nicht aus. Dazu kommt, daß da, wo Schleppbetrieb zugelassen wird, die Schrauben der Dampfer jedesmal zwar die Sohle vertiefen und die verdrängten Massen an den Böschungen ablegen, aber auch wieder die Böschungen stark angreifen, sobald sie wenden oder beim Losbringen der Schiffe nahe am Ufer manövrieren.

Preise einiger ausgeführter Uferbefestigungen nach Roloff, Statistische Nachweisungen:

In den Berliner Kanälen:

Bis N. W. Spundwand in Neigung 1 : ¹⁄₅, darüber Klinkerrollschicht in Neigung 1 : 1,16 auf einer im Mittel 0,33 m starken Lage von Kiesbeton bis zu dem rund 1,50 m höher liegenden H. W., darüber Rasenböschung 1 : 2. Hinter der Spundwand ist ein Gurtholz, 15/25 cm stark, angebracht. Die Sohle liegt 1,6 m unter N. W. Bei 355,4 m Gesamtlänge kostet 1 m Uferlänge 105,70 M. oder 1 qm senkrecht projizierte Ansichtsfläche 27,60 M.

Eine andere Ausführung: Klinkerrollschicht in Neigung von 1 : 1¹⁄₄ in Zementmörtel auf eine oben 10 cm starke, nach unten auf 16 cm zunehmende Unterlage aus Kiesbeton. Der verstärkte Fuß wird durch ein 25 cm hohes Schalbrett mit in Abständen von 0,5 m vorgesetzten Buhnenpfählen gesichert. Vor diesen ist die in Neigung 1 : 4 hergestellte Böschung durch Rasen und Schilf befestigt. In Abständen von 60 m sind bis auf 1,5 m über N. W. reichende Wassertreppen aus Klinkern eingebaut, mit anschließenden Karrbahnen in der Neigung 1 : 10; Podeste aus Granitplatten. N. W. liegt 30,45 m NN. Oberkante-Böschungsbefestigung 32,9 m NN. Bei 5640 m Länge des Werkes kostet 1 m Uferlänge 63,90 M., oder 1 qm senkrecht projizierte Ansichtsfläche 21 M.

Bedeutend billiger kamen die Uferbefestigungen an der Spree-Oder-Wasserstraße:

Hinter den rund 3,5 m langen, 15—20 cm langen Rundpfählen, die in Abständen von 2 m gerammt und durch vorgelegten, 15 cm starken Rundholzriegel gehalten werden, wird eine doppelte Brett- oder Stützwand 2 m tief eingetrieben. Der Riegel liegt mit der Oberkante nur wenig unter niedrigstem Kanalwasserstande bzw. rund 0,15 m unter Normalwasser. Die Wand wird mit schwacher Neigung (höchstens 1 : 1¹⁄₄) nach hinten eingerammt[1]); die Kanalsohle ist mit ganz flacher Neigung bis auf 1 m Tiefe an die Wand herangezogen. Über dem Riegel wird die Böschung in Neigung von 1 : 1¼ hergestellt und mit 8 cm starken Betonplatten, die Drahteinlage erhalten, in Stücken von 0,50 m Breite und 1 m Höhe auf einer 20 cm starken Schicht von Ziegelbrocken belegt. Darauf setzt sich weiter bis durchschn. 2 m über N. W. die 1½fache, mit Rasen bekleidete Böschung. Die Gesamtkosten dieser mehrere Kilometer lang ausgeführten Befestigungen betragen je 1 m Uferlänge durchschn. 20 M.

Flache Ufer dürfen nicht steiler wie 1 : 3 von rund 1 m unter bis rund 0,50 m über M. W. heraufreichen. Ihre Befestigung mit 0,30 m starker Steinpackung bzw. Stein= schüttung aus Steinen von durchschn. 2 kg Eigengewicht, vermischt mit dem Stein= abfall, die von 0,5 m unter bis 0,5 m über Normalwasser heranreicht, kostet etwa 9 bis 10 M. je 1 m Uferlänge.

Bei der Entscheidung über die Kosten beider Befestigungsarten ist zu berücksichtigen, daß die flache Böschung Mehrkosten für Erdarbeiten und Grunderwerb gegenüber der steilen Böschung erfordert, die so schnell wachsen, daß bei einer Höhenlage der Ufer von etwa 2 m über Wasserspiegel schon beide Befestigungsarten gleich teuer werden.

4. Sohlendeckungen und Dichtungen.

Bei Schleppzugbetrieb mit Dampfern wird die Sohle bis zu einer Tiefe von etwa 2,7 m von den Schraubenschaufeln angegriffen. Danach ist die Art der Dichtung in den durchlässigen Kanalstrecken zu bemessen. Die 0,25—0,40 m starke feste Tondecke an der Sohle, die natürlich auch an den Böschungen bis 0,50 m über Normalwasser herauf= zuführen ist, wird zweckmäßig durch eine 0,15—0,30 m starke Schicht von grobem Kies, Steinschutt usw. abgedeckt. Bei Dichtung im Trocknen werden größere Stärken ge= wählt. Plastischer Ton und Steinkiesdeckung u. U. eingewalzt.

Die Kosten müssen einzeln ermittelt werden. Für überschlägliche Veranschlagung sind die Kosten hierfür mit rund 2,30 bis 3,50 M. je 1 qm Kanalwasserspiegelfläche anzusetzen.

Einschlämmen zur Dichtung ist in minder gefährdeten Strecken angezeigt. Die Kosten richten sich nach dem Bezuge des geeigneten, nicht zu steifen Tones. Im all= gemeinen muß man wegen des Vertreibens damit rechnen, daß der Ton in rund 2 cm Stärke eingebracht wird.

Überschläglich sind die Kosten dafür mit 2500 bis 3000 M. je 1 km Kanallänge anzusetzen.

5. Schleusen und Wehre; vgl. die unten folgende Zusammenstellung.

Für allgemeine Überschläge kann man annehmen: für einfache Schleusen durchschn. 50 M. je cbm Inhalt des Innenraums, für Schleppzugschleusen 25 M. Für gewöhnliche und Nadelwehre 1900 M. je 1 qm Durchflußweite oder 700 M. je 1 m Durchflußöffnung.

6. Sicherheitstore.

Die Anordnung von Sicherheitstoren bezweckt, das Ablaufen des Kanalwasser= standes durch Grund= oder Uferbrüche sowie in langen Geltungen durch Schleusen= brüche zu verhüten.

---

[1] Neuere Ausführung: 2,5 m lange Spundbohlen abwechselnd 8 und 5 cm stark nebeneinander mit Spülung als dichte Wand eingerammt, beiderseitig rd. 0,20 unter Normal-Wasserhöhe mit Halbhölzern (auch schwächer) verriegelt. Die weitere Uferdeckung unverändert wie angegeben. Kosten etwa 24—28 M. je m Ufer.

Nach den bisherigen Ausführungen, wonach der Querschnitt auf 2 Durchfahrten von je 9—10 m Lichtweite mit einem massiven Zwischenpfeiler und ebensolchen Landpfeilern als selbsttätig wirkendes, umlegbares, um eine horizontale Achse drehbares Tor erbaut wurde, hat neuerdings wegen Beschränkung der Durchfahrt in freier Strecke zu Bedenken Veranlassung gegeben.

Die Kosten für ein derartiges zweiteiliges Tor können bei 2,5 m Torhöhe zu rund 60 000 M. angenommen werden, einschließlich des Mauerwerks bei gutem Baugrunde. Ungeteilte Sicherheitstore, den Trommel-Segment- und Walzenwehren nachgebildet, kommen bei rund 20 m Länge auf 160 000 bis 200 000 M. einschließlich des Mauerwerks bei gutem Baugrunde.

7. Einrichtungen zur Sicherung des Schiffsverkehrs.

a) Leitwände an den Schleusen sind in etwa 40 m Länge anzuordnen. Wo sie — was meistens entbehrlich — nicht auf beiden Seiten jeder Schleuseneinfahrt vorgesehen werden, sollte man sie auf die Seite legen, nach der später die Anlage einer zweiten Schleuse geplant ist.

Ob sie parallel der Schleusenachse oder, von dieser ablaufend, so angelegt werden, daß sie an der Schleuse bündig mit der Einfahrtsmauer, weiterhin aus der Achsenrichtung zurücktretend erbaut werden, ist Ansichtssache.

Sie bestehen aus einer Reihe von Einzelpfählen in Abständen von 3—5 m. Der erste Pfahl, an den das Schiff heranfährt, ist meistens als Bündelpfahl (Dalbe) ausgebildet.

Die Kosten sind je nach der Bauart im einzelnen zu ermitteln. Für Überschläge kann man die Kosten der einfachen Anlage (unversteifte, verholmte Pfähle mit Scheuerleiste) zu 50 M. je 1 m Leitwerklänge annehmen.

Versteifte, unter sich abgespreizte Pfahlwerke müssen mit 80 bis 100 v. H. Zuschlag veranschlagt werden. Wird ein Laufsteg zum Einbringen der Schiffe am Seil angeordnet, dann ist das Meter Leitwand mit rd. 100 M. zu veranschlagen.

b) Bündelpfähle (Dalben) aus 3 schräg gerammten, aber verbundenen, 35—45 cm starken Pfählen, die 2—2,5 m über Normalwasser herausreichen, kosten je Stück, je nach Lage der Holzbezugsquelle und der Wiederholung an einer Stelle, 250 bis 350 M. fertig einschließlich aller Verbandstücke.

c) Prellpfähle aus Rundholz von mindestens 40 cm mittlerer Stärke kosten im einzelnen rund 90 M. je Stück. Die Kosten ermäßigen sich bei Massenausführungen auf 60—70 M.

Bei vorgenannten Anlagen ist überall nicht zu harter Untergrund und eine Gesamtlänge der Pfähle vom Grunde bis höchstens 4,5 m, also 7,5 bis höchstens 8 m Länge der Pfähle vorausgesetzt.

d) Landhaltepfähle aus mindestens 40 cm starkem Holz oder Beton kosten 20 bis 25 M. je Stück. Eiserne Haltepfähle nur da praktisch, wo schon für andere Anlagen (Schleusen usw.) das Fundament herzustellen ist. Sie werden meistens teurer wie die zuerst genannten, wenn sie genügend Seilreibung abgeben sollen.

8. Wegebrücken.

Bei den neuen deutschen Kanälen haben die Wegebrücken eine Stützweite von rund 41 m, in einzelnen Fällen bis 47 m, wobei die Leinpfade mit durchgeführt werden. Danach sind für die verschiedenen Belastungen die Kosten zu ermitteln. Die Brückenunterkante soll mindestens 4 m über höchstem schiffbaren Wasserstande liegen.

Für allgemeine Überschläge läßt sich annehmen eine Stützweite von rund 41 m: für gewöhnliche Landwegebrücken einschließlich Wiederlager und Zufuhrrampen: Gesamtpreis mindestens 40 000 M. oder rd. 180 M. je 1 qm Aufsichtsfläche;

für Chausseebrücken: Gesamtpreis mindestens 50 000 M. oder rund 135 M. je 1 qm Aufsichtsfläche;

für Straßenbrücken in kleineren und mittleren Landstädten: Preise etwa 10 bis 15 % höher wie die der vorgenannten Chausseebrücken.

Beim Dortmund-Ems-Kanal kosteten die Brücken bei 31,8 m Stützweite, allerdings unter den günstigsten Fundierungsverhältnissen, für gewöhnliche Landwegebrücken durchschn. 26 000 M., für Chausseebrücken durchschn. 2500 M.

9. Fähren.

Handfähranlagen einschließlich Ufertreppe und Kahn für Personenverkehr 150 bis 200 M. Fähren für Fuhrwerk (Prahmfähren) möglichst zu vermeiden, 3000 bis 4000 M. einschließlich Rampe je Stück.

10. Bachunterführungen und Düker.

Die Kosten müssen je nach den verschiedenen Verhältnissen einzeln nach Abschnitt V ermittelt werden. Für Ausführung in Beton vgl. Abschn. VI, Teil 14.

Für Düker kann man bei allgemeinen Überschlägen unter Voraussetzung gewöhnlicher Verhältnisse annehmen:

Kleine Gräbenunterführungen mit Beton- usw. Röhren bis 0,8 m Durchmesser einschließlich der Häupter und Befestigung der Einläufe, 70 M. je 1 m Dükerlänge.

Größere Gräben, vereinigte Parallelgräben in Rohren bis 1 m Durchmesser einschließlich Häupter und Befestigung der Einläufe 90 bis 100 M. je 1 m Dükerlänge. Bei Doppeldüker 60—70 v. H. Zuschlag.

11. Wegeanlagen.

Die Kosten müssen je nach der Anforderung einzeln ermittelt werden nach den Angaben unter Abschnitt VI, Teil 7b.

12. Einfriedigungen.

Für genaue Berechnung vgl. die Angaben unter Abschnitt VI, Teil 12: Eisenbahnbauten.

Die Einfriedigungen können in entlegenen Gegenden jedoch schwächer gehalten werden. In den meisten Fällen wird ein einfaches Schutzgeländer aus Steinpfosten mit eingelegten Rundeisen oder Gasrohr genügen, wofür die Kosten — je nach Bezugsart der Steinpfosten — zu 5,50 bis 6,50 M. je 1 m Einfriedigung anzusetzen sind.

13. Hochbauten.

Schleusenmeister, Wehrwärter usw. erhalten Räume nach Vorschrift. Die Berechnung muß im einzelnen erfolgen.

Für Überschläge: Kosten eines Schleusenmeistergehöfts einschließlich Nebengebäude und Zaun rund 13 000 M.

Wo die Schleusenarbeiter nicht am Orte wohnen können, empfiehlt sich die Anlage von Familienwohnhäusern.

Für Überschläge: Kosten eines Vierfamilienwohnhauses: zwei Stockwerke mit getrennten Zugängen, je nach Bezugslage der Baustoffe 17 000 bis 19 000 M.

14. Wohlfahrtseinrichtungen.

Die Ansprüche darin steigern sich dauernd. Wo größere Kolonnen zusammen=
arbeiten müssen, Wohnungen nicht in der Nähe vorhanden sind, wird dafür 4—6 v. H.
der gesamten Bausumme anzusehen sein.

15. Insgemein sollte nicht unter 12 v. H. der gesamten Bausumme angesetzt
werden.

16. Kosten der Bauleitung und Baubeaufsichtigung.

Die Kosten werden bei vielen Kunstbauten (Brücken, Schleusen usw.) unter Um=
ständen 7—8 v. H. der Bausumme betragen. Im allgemeinen wird ein Satz von 6 v. H.
der gesamten Bausumme ausreichen.

H. Kosten neuerer ausgeführter Schleusenbauten.

Nach der Bearbeitung des Baurats Zimmermann=Lingen.

1. Die Schleusen der kanalisierten Oder von Kosel bis zur Neißemündung,

erbaut von 1892—1896.

(Vgl. Zeitschr. für Bauwesen 1896, S. 361 u. flgb.)

Die Schleusen haben 9,6 m Breite in den Häuptern und den Kammern und 55 m
nutzbare Länge bei 73,3 bis 75,5 m Gesamtlänge. Das Gefälle schwankt mit Ausnahme
eines Sonderfalles zwischen 2,10 und 2,60 m. Die Unterdrempel liegen 2 m unter
N. U. W., die Oberdrempel liegen nur zum Teil, und zwar bis 1,60 m über dem Unter=
drempel. Die Oberhäupter sind in Längen von rund 13—15 m um 1,24 bis 3,59 m höher
geführt, als die rund 75 cm über Normalstau liegenden Kammermauern, und liegen
25 cm über H. H. W. Die Gründung erfolgte mit einer Ausnahme, wo gewachsener
Fels anstand, auf Beton zwischen Spundwänden. Die Häupter sind in Klinkermauerwerk,
die Kammermauern in Stampfbeton mit Klinkerverblendung hergestellt, die Drempel und
vorspringenden Kanten sind mit Granitquadern, die Wandnischen mit Gußstahl verkleidet.

Zur Füllung und Entleerung dient ein durchgehender Umlaufkanal von 2,4 qm
Querschnitt, mit Stichkanälen, welche mittels gußeiserner Mulden in die Kammer münden.
Die Kanäle sind mit Drehschützen verschlossen. Die eisernen, mit Wellblech bekleideten
und mit Zahnstangenantrieb versehenen Stemmtore haben außerdem Klappschützen.

Die Gesamtkosten der Ausführung ohne Grunderwerb, Erdarbeiten bis zur Kamm=
ebene und Bauleitung betragen je Schleuse 225 200 bis 255 300 M., nur die auf Fels ge=
gründete Schleuse kostete nur 156 800 M. Mit Ausnahme dieser Schleuse kostete im Mittel:

Grundbau je qm Grundfläche	87,60	M.
1 qm Innenfläche, reine Baukosten	309,40	„
1 cbm Innenraum, reine Baukosten	57,50	„
T.[1] 1 qm Spundwände 0,20 m st., 6—7 m tief . . .	27,40	„
U.[2] Erdaushub zwischen den Spundwänden unter Wasser 1 cbm . .	3,00	„
„ Schüttbeton 1 : 3 : 5, 1 cbm	20,20	„
„ Klinkermauerwerk und Stampfbeton, 1 Zement, 3 Sand, 3 Kies,		
3 Kleinschlag mit Klinkerverblendung 1 cbm	22,20	„
„ Granitmauerwerk, 1 cbm	120,50	„
„ 1 qm eiserne Schleusentore	235,00	„

---

[1] T. Tagelohn.   [2] U. Unternehmer. (Diese Zeichen gelten auch im Folgenden.)

2. Schleusen Templin,
erbaut 1894—1895.

Einschiffige Finowschleuse von 5,34 m Breite in den Häuptern und der Kammer, 40,6 m Nutz= und 53,3 m Gesamtlänge bei 4,6 m Gefälle. Gründung auf Beton zwischen Spundwänden, Häupter und Kammermauern aus Ziegelmauerwerk mit Klinkerverblendung, Drempel und Kanten mit Granitverkleidung. Füllung und Entleerung durch Rollschütze in den eisernen Toren. Über dem Unterhaupt eine 6,25 m breite eiserne Wegebrücke. Gesamtkosten 260 500 M.

Grundbau, reine Baukosten, je qm Grundfläche	125,40 M.
1 qm Grundfläche des Innenraumes	536,00 „
1 cbm Inhalt des Innenraumes	77,20 „
U. 1 qm Spundwände, 20 st., 8,8 m tief	21,50 „
T. 1 cbm Erdaushub über Wasser	1,45 „
U. 1 cbm Erdaushub unter Wasser	2,30 „
„ 1 cbm Schüttbeton 1 : 3 : 5	17,70 „
„ 1 cbm Klinkermauerwerk	21,00 „
„ 1 cbm Granitmauerwerk	127,00 „
„ 1 qm eiserne Schleusentore	203,00 „
„ 1 Stück Bewegungsvorrichtung der eisernen Tore	216,00 „
„ 1 qm Grundfläche der Brücke	66,20 „

3. Schleusen der Netze.

Regulierung bei Rowen, Dratzig und Neuhöfen, erbaut 1896—1899.

Die Schleusen haben eine nutzbare Breite von 9,6 m in den massiven Häuptern und 57,4 m Nutz= bei 78,3 m Gesamtlänge. Die geböschten Kammern haben unten eine Lichtweite von 9,6 m. Häupter in Ziegelmauerwerk mit Eisenklinkerverblendung und Granitverkleidung der Drempel und Kanten. Kammerwände: Klinkerpflaster, 1 Stein stark, auf Betonbettung, in Neigung 1 : $^2/_3$. Füllung und Entleerung durch Schützen in den hölzernen Stemmtoren.

Gefälle 1,90 bis 3,03 m.

Gesamtkosten i. M. rund 168 000 M.

	Grundbau i. M. je qm Grundfläche	61,00 M.
	1 qm Grundfläche des Innenraums, nur Baukosten i. M.	195,00 „
	1 cbm Inhalt des Innenraums desgl.	42,00 „
T. u. A.[1]	Erdaushub über Wasser, 1 cbm	0,92 „
U.	Spundwände, 0,15 st., 6—8 m tief, je qm	12,50 „
T.	Erdaushub zwischen den Spundwänden unter Wasser, 1 cbm	1,06 „
„	Schüttbeton 1 : 3 : 6, je cbm	19,00 „
U.	Ziegelmauerwerk, 1 cbm	24,40 „
„	Granitmauerwerk, 1 cbm	133,60 „
T. u. U.	1 qm hölzerne Schleusentore einschließlich Bewegungsvorrichtung	125,00 „
	1 Rollschütz	1080,00 „

---

[1] A. Akkord. (Dieses Zeichen gilt auch im Folgenden.)

4. Schleusen des Dortmund-Ems-Kanals,

erbaut 1894—1898.

(Zeitschrift für Bauwesen 1901.)

a) Einfache Schleusen.

Die Schleusen haben 8,6 m Weite in den Häuptern und den Kammern und 67 m Nutzlänge bei 86,4 m Gesamtlänge und 3,40 bis 4,10 m Gefälle.

Die Wassertiefe auf den Drempeln beträgt 3 m. Gründung auf Beton zwischen Spundwänden, nach dem Oberhaupt 1 : 2 steigend, Häupter und der untere Teil der Kammerwände teils in Klinker, teils in Bruchsteinmauerwerk, der obere Teil der Kammermauern in Stampfbeton mit Klinker= bzw. Bruchsteinmauerwerk verblendet. Drempel und Kanten mit Basalt= bzw. Sand=Werksteinverkleidung. Füllung und Entleerung geschieht mittels durchgehender Umläufe von rund 2 qm Querschnitt, welche durch 9 Stich= kanäle von je 0,28 qm Querschnitt mit der Kammer in Verbindung stehen und durch Rollschütze verschlossen werden, deren Räder in der Endstellung in entsprechende Vertiefungen der Laufschienen treten, so daß dann gleitende Reibung zu überwinden ist. Eiserne Stemmtore mit tragender Blechhaut, mit steifen Diagonalen und mit über dem Wasser liegenden Zahnstangenantrieb. Am Unterhaupt 4 m breite eiserne Wege= brücke mit Bohlenbelag. Als Notverschlüsse dienen Nadeln, die sich unten gegen einen mit Winkeleisen gesäumten Falz, oben gegen einen I-Träger lehnen.

Im Mittel betrugen die Gesamtkosten einer Schleuse ohne Grunderwerb und Bau= leitungskosten 285 000 M.

Kosten für 1 qm Grundbau der Grundfläche (reine Baukosten) i. M.	65,00 M.	
desgl. für 1 qm Grundfläche des Innenraumes	„	356,70 „
desgl. für 1 cbm Inhalt des Innenraumes	„	51,70 „
U. 1 cbm Erdaushub über Wasser	„	1,00 „
„ 1 „ „ unter und über Wasser	„	1,60 „
„ 1 „ „ unter Wasser	„	2,40 „
„ 1 qm Spundwände, 0,20 m st., 4—12 m tief	„	18,40 „
„ 1 cbm Schüttbeton, 1 Traß, 1 Kalk, 1 Sand, 6 Kleinschlag .	„	19,10 „
„ desgl. bei Lieferung des Kleinschlages aus fiskalischen Brüchen	„	16,40 „
„ 1 cbm Schüttbeton, 1 Traß, 1,5 Kalk, 2 Sand, 5 Kleinschlag .	„	19,80 „
„ 1 cbm Klinkermauerwerk	„	27,70 „
„ 1 cbm Stampfbeton mit Klinkerverblendung aus 1 Traß, 1 Kalk, 1 Sand, 6 Kleinschlag	„	19,90 „
„ desgl. bei Lieferung von fiskalischem Kleinschlag	„	16,80 „
„ desgl. aus 1 Zement, 1 Kalk, 5 Sand, 10 Kleinschlag . . .	„	18,00 „
„ 1 cbm Werksteinmauerwerk	„	111,80 „
„ desgl. bei Lieferung von fiskalischen Steinen	„	88,00 „
„ 1 qm eiserne Schleusentore	„	113,70 „
„ 1 eiserne Torwinde	„	619,00 „
„ 1 Rollschütz mit Winde	„	2668,00 „
„ 1 Notverschluß	„	1116,00 „
„ 1 Tonne eiserne Brücke	„	205,00 „
„ 1 qm Bohlenbelag; kiefern, 12 cm stark	„	16,10 „

b) Schleusen mit Sparbecken
(Münster und Gleesen).

Es sollen die Kosten der Schleuse Münster, welche das Beispiel einer Schleuse mit Kraftzentrale zum Betriebe der Tore, Schützen und Spills bietet, angegeben werden. Die Schleuse hat dieselben Grundrißabmessungen wie die oben beschriebenen einfachen Schleusen, aber 6,7 m Gefälle. Beiderseits sind je 2 Sparbecken angeordnet. Gründung auf festem Mergel, Beton ohne Spundwände. Sohlen und Seitenwände der Sparbecken sind aus Bruchsteinmauerwerk hergestellt. Füllen und Entleeren der Schleuse und Sparbecken durch durchlaufende Umlaufkanäle, welche durch Zylinder- bzw. Rollschütze verschlossen sind. Bewegung der eisernen Tore, der Schützen und Spills, welche zum Herein- und Herausziehen der Schiffe dienen, geschieht durch Elektromotoren. Die Elektrizität wird durch eine mit dem Schleusengefälle arbeitende Turbine erzeugt. Die Gesamtkosten betrugen ohne das Unterhaupt der zweiten Schleuse, welches gleichzeitig hergestellt wurde, 668 000 M., wovon 114 500 M. auf die Herstellung der Maschinenanlage und der elektrischen Betriebseinrichtung entfallen.

Es haben gekostet:

1 qm Grundfläche des Grundbaues	57,00 M.
1 qm Grundfläche des Innenraumes	641,70 „
1 obm Inhalt des Innenraumes	67,50 „
U. 1 obm Erdaushub im Trockenen	2,70 „
„ 1 obm Stampfbeton, 1 Zement, 2 Kalk, 3 Sand, 6 Steinschlag .	19,40 „
„ 1 obm Bruchsteinmauerwerk	20,90 „
„ 1 obm Werksteinmauerwerk	93,90 „
„ 1 qm Schichtsteinverblendung	17,40 „
„ 1 qm eiserne Schleusentore	168,50 „
„ 1 Stück Rollschütz mit Winden und Zubehör, je 3,3 qm	3392,00 „
„ 1 Stück Zylinderschütz 1,8 m ⌀ nebst Bewegungsvorrichtung . . .	3841,00 „

c) Schleppzugschleusen mit steilen Kammerwänden, durchgehenden Umläufen und Stichkanälen
(Schleuse Teglingen, Varloh und Meppen).

Die Schleusen haben 10 m Lichtweite in den Häuptern und in der Kammersohle, 165 m Nutz- bei 183,7 m Gesamtlänge, und 3,3 bis 4,3 m Gefälle. Häupter aus Klinkermauerwerk mit Verkleidung der Kanten aus Basaltwerksteinen. Kammerwände unten Bruchsteinmauerwerk, oben Stampfbeton mit Bruchsteinmauerwerkverblendung. Gründung: Beton zwischen Spundwänden, Füllung und Entleerung durch lange Umläufe von 2,6 qm Querschnitt mit kurzen Stichkanälen. Verschluß durch Rollschütze Gesamtkosten ohne Grunderwerb und Bauleitung i. M. 519 900 M.

Im einzelnen kostete i. M.

1 qm Grundfläche des Grundbaues rund	i. M.	76,00 M.
1 qm „ „ Innenraumes rund	„	264,00 „
1 obm Inhalt des Innenraumes rund	„	41,20 „
U. 1 qm Spundwände, 15 st., 4—6,5 m lang	„	16,90 „
„ 1 obm Erdaushub unter Wasser zwischen den Spundwänden .	„	1,50 „
„ 1 obm Schüttbeton, 1 Traß, 1 Kalk, 1 Sand, 4⅓ Kleinschlag	„	25,20 „

U. 1 cbm Stampfbeton, 1 Zement, 1 Kalt, 8 Sand . . . . . . i. M.   16,00 M.

„ 1 cbm Bruchsteinmauerwerk . . . . „   26,10 „

„ 1 cbm Ziegelmauerwerk . . . . „   24,90 „

„ 1 qm Werksteinmauerwerk . . . . „   114,30 „

„ 1 qm eiserne Schleusentore . . . . „   103,80 „

„ 1 Stück Rollschütz, 3,3 qm groß, nebst Winden und Zubehör . „ 2886,00 „

d) Schleppzugschleusen mit geböschten Kammern und kurzen Umläufen
(Schleusen Hauckenfähr, Bollnigerfähr, Hüntel, Hilter, Düthe, Herbrum).

Die Schleusen haben 10 m Lichtweite in den Häuptern und der Kammersohle, 170,2 m Nutz= bei 191,8 m Gesamtlänge und 1,50 bis 2,90 m Gefälle. Beide Drempel liegen auf gleicher Höhe. Häupter aus Klinkermauerwerk mit Verkleidung der Kanten aus Werksteinen. Gründung: Beton zwischen Spundwänden Kammer 1 : 1 geböscht mit Basalt= bzw. Sandsteinpflaster auf Schotter, Kammersohle Bruchsteinpflaster, bzw. Steinpackung auf Faschinen. Hölzerne Leitwerke mit 10 m Lichtabstand zur Führung der Schiffe in der Kammer. Eiserne Stemmtore, Füllung und Entleerung durch kurze Umläufe von 3,26 qm Querschnitt, welche durch Rollschütze verschlossen sind.

Gesamtkosten ohne Grunderwerb und Bauleitung im Mittel je Schleuse 329 500 M.

1 qm Grundfläche des Grundbaues . . . . i. M.   40,50 M.

1 qm Grundfläche des Innenraumes . . . . „   156,30 „

1 cbm Inhalt des Innenraumes . . . . „   23,80 „

U. 1 qm Spundwände, 15 st., 4—7 m tief . . . . „   20,20 „

„ 1 cbm Erdaushub unter Wasser . . . . „   1,74 „

„ 1 cbm Schüttbeton, 1 Zement, 1 Kalt, 5 Sand, 8 Steinschlag

    bzw. 1 Zement, 0,5 Kalt, 3 Sand, 5 Steinschlag . . . . . „   23,60 „

„ 1 cbm Ziegelmauerwerk . . . . „   25,00 „

„ 1 cbm Werksteinmauerwerk . . . . „   110,60 „

„ 1 qm Böschungspflaster der Kammerwände mit Bettung . . . „   19,65 „

„ 1 qm Sohlenbefestigung der Kammer . . . . „   12,40 „

„ 1 m Leitwerk, kieferne Pfähle, 36 st., 10 m lang mit Absteifung,

    in Abständen von 6 m, mit 1 m breiter Laufbrücke . . . . „   51,90 „

„ 1 qm eiserne Schleusentore . . . . „   146,60 „

„ 1 Stück Rollschütz von 5 qm Größe mit Winden und Zubehör „ 3160,00 „

5. Die zweiten Schleusen des Oder-Spree-Kanals.
a) Zweite Schleuse bei Wernsdorf und Kersdorf,
erbaut 1901—1904.

Lichte Weite in den Häuptern und Kammern 9,8 m, Nutzlänge 57 m bei rund 80 m Gesamtlänge. Gefälle bei Wernsdorf 4,5 m, bei Kersdorf 0,65 bis 3,12 m. Auf den Drempeln 3 m Wassertiefe. Die Kammermauern der Schleusen sind durchweg in Stampfbeton 1 : 8 hergestellt, die Ansichtsflächen der Kammern und die Innenflächen der Umlauf= und Stichkanäle 10 cm stark mit fettem Beton, 1 Zement, 3 Sand, 3 Granit= splitter verblendet, die Kanten durch Flußeisen, die Drempelabfälle durch Gußeisen gepanzert. Zum Schutze der Kammerwände sind 5 cm weit vorstehende senkrechte Reib= hölzer angeordnet.

Füllung und Entleerung mittels Hotoppscher Heber, die nur im Scheitel (1:1,5 m) aus Eisen, im übrigen in Beton mit Putz 1 : 1 hergestellt sind, und durch lange Umlauf= kanäle von je 2,25 qm Querschnitt mit je 9 kurzen Stichkanälen in die Kammer münden. Die Heber werden durch eine im Beton ausgesparte Saugglocke, außerdem in Kersdorf durch ein elektrisch angetriebenes Kapselgeblase angesaugt. Gründung in Wernsdorf Stampfbeton zwischen Spundwänden bei offener Wasserhaltung, in Kers= dorf Kammermauern auf Schüttbeton zwischen Spundwänden, Kammersohle und Ober= haupt Stampfbeton unter Grundwassersenkung. Die Fundamente der Kammermauern sind durch schräge, innere Längsspundwände von der Kammersohle getrennt.

Die Schleusen haben Maschinenbetrieb, indem das Schleusengefälle zum Antrieb von Turbinen ausgenutzt wird, die einen Dynamo zum Aufladen einer Sammlerbatterie antreiben. Spills, Schütze und Tore werden durch Elektromotoren, die den Strom aus der Batterie erhalten, betrieben. An die Batterie ist eine elektrische Beleuchtungsanlage angeschlossen. Vor den Schleusenhäuptern sind 60 m lange Leitwände mit Laufsteg angeordnet, auf denen die Trossen an die Schiffe, die durch die Spills in die Schleuse gezogen werden, gebracht werden.

Verschluß der Schleusen: Oben eiserne Schwimm=Klapptore, unten eiserne Stemm= tore, erstere mit Seilantrieb, letztere in Wernsdorf mit Seil=, in Kersdorf mit Zahn= stangenantrieb. Als Notverschluß dienen Nadeln, wie am Dortmund=Ems=Kanal. Über die Unterhäupter führen eiserne Wegebrücken mit Bohlenbelag.

Die Ausführungskosten betrugen rund:

	Wernsdorf Mark	Kersdorf Mark
Grunderwerb	3 580	— —
Erdarbeiten	85 870	54 000
Zimmerarbeiten	94 280	73 200
Maurerarbeiten	167 800	157 400
Steinhauerarbeiten	1 880	1 800
Brücken, Tore, Schützen	50 250	46 100
Sohlenbefestigung	9 550	6 900
Pflasterarbeiten	2 250	2 720
Leitwerk, Spills, Bewegungsvorrichtungen	41 590	55 000
Hochbauten	9 260	23 600[1])
Insgemein	42 090	91 900[2])
Zusammen	508 400	512 620

Einheitspreise sind noch nicht veröffentlicht.

b) Die drei zweiten Schleusen bei Fürstenberg a. O.
Erbaut 1903—1906.

Die Schleusen haben dieselbe Länge wie die zweiten Schleusen bei Wernsdorf und Kersdorf, aber nur 9,6 m Breite in den Häuptern und Kammern und 4,2 bis 5,7 m Gefälle. Die Wassertiefe beträgt auf den Oberdrempeln 3,0 m, auf den Unterdrempeln 2,5 m; Gründung auf Schüttbeton zwischen Spundwänden. Kammermauern bis N. U. W. in Stampfbeton, darüber Ziegelmauerwerk mit Klinkerverblendung. Kanten mit Eisen=

---

[1]) Einschl. eines Schleusenmeistergehöftes.

[2]) Einschl. rund 50 000 Mark für eine Grundwassersenkung.

panzerung. Tore, Füll-, Entleerungs- und Bewegungsvorrichtungen wie in Kersdorf, nur sind eiserne Saugglocken zur Betätigung der Heber eingebaut, und die Heber in ganzer Länge aus Eisen hergestellt. An der mittleren Schleuse ist ein Kraftwerk vorgesehen, um in wasserarmen Zeiten die für den Betrieb der drei Schleusen erforderliche elektrische Kraft in einer Zentrale durch Dampf, statt durch die an jeder Schleuse eingebauten, für gewöhnlich arbeitenden Turbinen zu erzeugen.

An der Oberschleuse dienen zum Hereinholen und Herausziehen der Schiffe, abweichend von Kersdorf, Wernsdorf und den beiden anderen Schleusen Fürstenberg, nicht Spills, sondern Laufkatzen.

Die Kosten haben betragen rund:

	Oberschleuse	Mittelschleuse	Unterschleuse
Grunderwerb	90 M.	100 M.	—
Erdarbeiten	48 480 „	97 000 „	103 200 M.
Grundbau	175 070 „	175 750 „	276 170 „
Maurerarbeiten	184 600 „	188 250 „	294 000 „
Metallarbeiten	175 800 „	166 830 „	196 600 „
Leitwände	56 630 „	59 550 „	69 900 „
Hochbauten	27 900 „	21 400 „	7 800 „
Kraftwerk	—	94 370 „	—
Insgemein	82 930 „	141 850 „	150 430 „
Zusammen	751 500 M.	945 000 M.	1 098 100 M.

Hierzu treten für alle drei Schleusen 72 200 M. Bauleitungskosten.
Einheitspreise sind noch nicht veröffentlicht.

I. Kosten neuerer ausgeführter Wehranlagen.

I. Feste Wehre.

1. Überfallwehr bei Oppeln.

(Winske-Wehr), erbaut 1894—1895.

Größtes Gefälle 2,0 m. Durchflußweite 36 m. Höhe des Wehrrückens über der mittleren Flußsohle 2,2 m. Verbauter Teil des Flußquerschnittes 79 qm, Grundfläche des Grundbaues 158,0 qm. Der Wehrrücken liegt 1 m über M. W.

Gründung: Beton zwischen Spundwänden. Wehrrücken und Landpfeiler aus Klinkermauerwerk, Krone, Abfallboden und Kanten aus Granitwerksteinen.

Sturzbett: Sinkstücke mit Steinbewurf, 10 m breit.

Gesamtkosten		36 500 M.
1 qm Grundfläche des Grundbaues, reine Baukosten		114,00 „
1 m Durchflußweite		663,90 „
1 qm verbauter Flußquerschnitt		302,50 „
I. 1 qm Spundwände, 20 ft.		21,40 „
„ 1 cbm Erdaushub unter Wasser		2,54 „
II. 1 cbm Schüttbeton 1:3:5		20,80 „
„ 1 cbm Klinkermauerwerk, ohne Steine		12,60 „
„ 1 cbm Granitmauerwerk		112,00 „

2. Meglitzewehr bei Niedersathen,

erbaut 1896—1897.

Durchflußweite 69 m, Höhe des Wehrrückens über der mittleren Flußsohle 3,5 m, verbauter Flußquerschnitt 242 qm, Grundfläche des Grundbaues 462 qm.

Das Wehr hat eine Öffnung von 69 m Weite, der Wehrrücken liegt auf N. W. Das Wehr ist durch Spundwände eingefaßt. Innerhalb derselben fünf Reihen von Rundpfählen, welche durch Holme verbunden sind und einen 10 cm starken Bohlenbelag tragen. Die Zwischenräume sind durch Ton ausgefüllt.

Oberhalb des Wehres Tonschüttung, unterhalb Sinkstücke mit Steinbewurf.

Gesamtkosten ohne Grunderwerb, Sturzbett und Uferbefestigung 64 200 M.

Es kostete:

1 m Durchflußweite	840,00 M.
1 qm verbauter Flußquerschnitt	239,50 „
U. 1 qm Spundwände, 16—20 ft., 3,5 m tief gerammt	17,40 „
„ 1 Stück Rundpfahl, 30 ⌀ 9,5 m lang, Rammtiefe 3—8 m	42,80 „
„ 1 qm eichener Bohlenbelag, 10 cm st.	10,20 „
„ 1 obm Tonschüttung	1,50 „

II. Bewegliche Wehre.

1. Die Nadelwehre an der Oder, von Kosel bis zur Neißemündung,

erbaut 1893—1896.

(Vgl. Zeitschr. für Bauwesen 1896, S. 361, und Zentralbl. der Bauv. 1894, S. 1.)

Gefälle 1,75 bis 3,00 m, Durchflußweite zwischen den Pfeilern 77,8 bis 126,3 m. Flächeninhalt der Durchflußöffnung bei Normalstau 167,0 bis 349 qm.

Gründung: Beton zwischen Spundwänden. Der feste Wehrrücken des Schiffdurchlasses liegt in Höhe der Flußsohle, der des übrigen Wehres 0,5 m höher. Pfeiler und Wehrrücken aus Klinkermauerwerk mit Verkleidung der Kanten usw. aus Granitquadern. In einem Landpfeiler ein Fischpaß.

Sturzbett: Senkfaschinen mit Steinlewurf, unter dem Schiffsdurchlaß ein 1 m starkes Betonbett von 10 m Breite. Geschmiedete Wehrböcke und hölzerne Nadeln.

Als Beispiel für die Kosten soll das Wehr bei Krappitz gewählt werden.

Dieses hat zwei Wehröffnungen von je 35,3 m und einen Schiffsdurchlaß von 25 m Weite, dazwischen Pfeiler von 3,37 m Stärke, 2,6 m Gefälle, 95,6 m Durchflußweite und 309 qm Durchflußfläche bei Normalstau.

Gesamtkosten ohne Grunderwerb und Bauleitung 222 400 M.

1 qm Grundbau, einschl. Erdarbeiten und Wasserhaltung	104,20 M.
Wehrverschluß für 1 qm Durchflußöffnung . . .	119,90 „
Kosten des eigentlichen Bauwerks je { 1 m Durchflußweite	1975,90 „
{ 1 qm Durchflußöffnung	611,30 „
T. 1 qm Spundwände, 0,20 st., 4,5 bis 6 m tief .	27,10 „
U. 1 obm Erdaushub zwischen den Spundwänden unter Wasser	3,00 „
„ 1 obm Schüttbeton, 1 : 3 : 5	20,40 „

U.	1 cbm Granitwerksteinmauerwerk	132,00 M.
„	1 cbm Klinkermauerwerk	23,90 „
„	1 Wehrbock mit Zubehör (3,9 m bzw. 4,4 m hoch)	428,50 „
„	1 Nadel, 4,10 m lang, 10 st.	4,90 „
„	1 desgl., 4,60 m lang	5,40 „

2. Die Schützenwehre der kanalisierten Netze bei Nowen, Neuhöfen und Dratzig,

erbaut 1895—1899.

2 Öffnungen von je 7,96 m, 1 desgl. als Schiffsdurchlaß von 10 m Weite, 2 Mittel-pfeiler 1,6 m stark.

Die kleinen Öffnungen haben eine feste Laufbrücke, der Schiffsdurchlaß eine Roll-brücke; die kleinen Öffnungen sind durch Losständer in je 4, die große in 5 Felder geteilt. Die Losständer haben unten Charniere und werden mit der Stromrichtung umgelegt.

Die Schütze — Rollschütze von 1,85 m Breite und 1,95 m Höhe — werden mittels eines fahrbaren Kranes bewegt, dieser verlegt gleichzeitig die zum Niederlegen bzw. Aufrichten der Ständer dienende Winde.

Gründung: Beton zwischen Spundwänden; Wehrrücken und Landpfeiler: Klinker-mauerwerk mit Granitverkleidung, Strompfeiler aus Granitwerksteinen. Fischpaß fehlt.

Größtes Gefälle unbestimmt, Durchflußweite 25,9 m, Normalstau 2,25 über Wehr-rücken bei M. W., Flächeninhalt der Durchflußöffnung bei Normalstau 58 qm.

Gesamtkosten ohne Grunderwerb und Bauleitung 126 280 bis 134 060 M.

Im Mittel kostete:

	1 qm Grundfläche des Grundbaues	88,40 M.
	Wehrverschluß für 1 qm Durchflußöffnung . . .	570,20 „
Kosten des eigent-lichen Bauwerks je	1 m Durchflußweite	3642,30 „
	1 qm Durchflußöffnung	1626,50 „
A.	1 qm Spundwände, 15 st., 6,7—7,7 m tief . . .	15,70 „
A. u. T.	1 cbm Erdaushub zwischen den Spundwänden. .	1,450 „
T.	1 cbm Schüttbeton, 1 : 3 : 6	20,00 „
U.	1 cbm Ziegelmauerwerk	27,30 „
„	1 cbm Granitwerksteinmauerwerk	123,90 „
„	1 Stück Schützöffnung, 2 Rollschützen, je 1,88 weit, 1,60 hoch	2536,00 „

3. Schützenwehr Herbrum,

erbaut 1896—1898.

Dasselbe mag als Beispiel eines größeren Schützenwehres aufgeführt werden.

Größtes Gefälle 2,30 m, Durchflußweite 51 m, Höhe des Normalstaues 2,5 m über Wehrrücken. Flächeninhalt der Durchflußöffnung 128 qm.

6 Öffnungen von je 8,5 m Weite, 5 Mittelpfeiler je 2,15 m stark, Wehrrücken in Höhe der mittleren Flußsohle.

Pfeiler Klinker-, Wehrrücken Bruchsteinmauerwerk, Kanten usw. mit Werksteinen aus Basaltlava verkleidet.

Die Wehröffnungen werden durch eiserne Rollschützen von 9,08 m Breite und 2,5 m Höhe verschlossen, die Bedienung erfolgt von einer 2,80 m breiten Laufbrücke aus. Die Schützen sind durch Gegengewichte entlastet.

Am rechten Landpfeiler Fischpaß mit 6 Kammern. Sturzbett besteht aus Sinkstücken mit Steinbewurf.

Gesamtkosten ohne Grunderwerb und Bauleitung 339 400 M.

	1 qm Grundfläche des Grundbaues einschl. Erdarbeiten und Wasserhaltung	155,00 M.
	Wehrverschluß für 1 qm Durchflußöffnung . . .	360,90 „
Kosten des eigentlichen Bauwerks je u. {	1 m Durchflußweite	5264,70 „
	1 qm Durchflußöffnung	2097,70 „
	1 qm Spundwände, 15—20 st., 4,5 m mittlere Rammtiefe	24,10 „
„	1 cbm Erdaushub unter Wasser zwischen den Spundwänden	3,90 „
„	1 cbm Schüttbeton, 1 : 3 : 5	24,90 „
„	1 cbm Werksteinmauerwerk	102,00 „
„	1 cbm Ziegelmauerwerk	28,40 „
	1 cbm Bruchsteinmauerwerk	26,10 „
„	1 Schützöffnung, einschl. Brücke und Windevorrichtung	7700,00 „

4. Walzen- und Segmentwehr (Berlin, Landwehrkanal),
erbaut 1904.

Größtes Gefälle 1,68 m, Durchflußweite 11,12 m, Normalstau 1,58 m über Wehrrücken. Durchflußöffnung bei Normalstau 17,6 qm.

Zwei Öffnungen von je 5,56 m Weite, die eine durch ein Walzen=, die andere durch ein Zylinder-Segmentwehr verschlossen.

a) Das Walzenwehr besteht aus einem wagerechten eisernen Hohlzylinder von 1130 mm Durchmesser mit unten und oben angesetzten Schneiden und seitlichen Zahnkränzen, vermittels welcher die Walze durch Windewerk mit Gall'scher Kette auf einer schräg im Mauerwerk angebrachten Zahnstange auf- und abbewegt wird.

b) Das Segmentwehr besteht aus zwei nebeneinanderliegenden versteiften eisernen Zylindersegmenten von 2,75 m Breite und 1,85 m Halbmesser mit wagerechter Drehachse. Die Segmente hängen an je zwei über eine Trommel geführten Ketten.

Die Bedienung erfolgt für beide Wehre von einem eisernen Laufstege aus.

Gründung: Beton auf altem Pfahlrost. Pfeiler: Klinker, teilweise mit Granitwerkstein verblendet. Sturzbett: Steinschüttung.

Über das Wehr führt eine 7,5 m breite eiserne Blechbalkenbrücke.

Gesamtkosten rund		45 000 M.
Wehrverschluß: Walze: 5933 M. = 337,10 M. je Quadratmeter Durchflußöffnung.		
Segment: 3760 „ = 214,00 „ „ „ „		
U. 1 cbm Stampfbeton, 1 : 3 : 5		30,30 M.
„ 1 cbm Klinkermauerwerk		51,10 „
„ 1 qm Brückenüberbau } Eisen . . . . {		41,70 „
„ 1 m Brückengeländer }		54,60 „

8. Meliorationsanlagen.
Bearbeitet vom Baurat Wichmann-Erfurt.

A. Kosten der Vorarbeiten.

1. Entwässerungs-Entwürfe.

Die Kosten sind je nach der Größe des Meliorationsgebiets für 1 ha verschieden. Bei kleineren Entwürfen stellen sich die Kosten für 1 ha größer als wie bei größeren Entwürfen.

In nachstehender Tabelle sind die Vorarbeitskosten einiger Entwürfe angegeben. (Anfertigung von Katasterkopien, Flurbuchauszügen, Aufnahme des Geländes, Boden-untersuchungen, Konstruktion der Horizontalkurven, Projektierung und Eintragen des Projektes, Massenmaterialien- und Kostenberechnungen, Teilnehmerverzeichnis.)

Lfd. Nr.	Bezeichnung des Entwurfs	Größe des Gebiets ha (rd.)	Gesamt-Kosten der Vorarbeiten M. (rd.)	Kosten der Vorarbeiten für 1 ha M. (rd.)	Bemerkungen
1	Entwässerung in der Gemarkung Beuren	11	300	27,00	Die Kosten ver-stehen sich einschließ-lich derjenigen für die Bachregulierung
2	Moorwiesen-Entwässerung in den Gemarkungen Kirchworbis-Gern-rode	32	270	8,40	
3	Entwässerung in der Gemarkung Martinsrieth	479	1600	3,20	
4	Entwässerung der Unstrut-Niede-rung von Griefstedt bis Gors-leben	511	1500	2,90	
5	Entwässerung des Gebiets der Athäuser Aa	960	2800	2,90	
6	Entwässerung des Gebiets der Leppingswelle	1047	1700	1,60	
7	Entwässerung des Gebiets der Dreienwalder Speller Aa . .	2739	4350	1,60	

2. Ent- und Bewässerungs-Entwürfe.

Lfd. Nr.	Bezeichnung des Entwurfs	Größe des Gebiets ha (rd.)	Gesamt-Kosten der Vorarbeiten M. (rd.)	Kosten der Vorarbeiten für 1 ha M. (rd.)	Bemerkungen
1	Ent- und Bewässerung des Wipper-tales in den Gemarkungen Kirch-worbis und Gernrode	47	960	20,00	Zu 1. Die Kosten ver-stehen sich einschließ-lich derjenigen für die Bachregulierung. Zu 2. Die i. Verhältnis zu lfd. Nr. 3 sehr hohen Vorarbeitskosten fin-den ihre Erklärung in der schwierigen Pro-jektgestaltung.
2	Ent- und Bewässerung des Schale Halverde-Aa-Tales	260	1500	6,00	
3	Ent- und Bewässerung des Jbben-bürener Aa-Tales	445	1450	3,30	

3. Die Kosten der Vorarbeiten für Drainageentwürfe betragen je nach der Größe des Gebiets 5 bis 8 M. für 1 ha. Die Vorarbeiten umfassen die Anfertigung der Katasterkopien und Flurbuchauszüge, die nivellitische Aufnahme des Geländes, Bodenuntersuchungen, Konstruktion von Horizontalkurven, Eintragung des Entwurfs, Anfertigung der Reinzeichnungen, des Kostenanschlags, der Massenberechnungen usw.

4. Die Kosten der Vorarbeiten für ländliche Wasserversorgungen betragen rund 2% der Ausführungskosten. Die Vorarbeiten umfassen die Anfertigung der Katasterkopien, nivellitische Aufnahmen der Quellzuleitung und der Ortslage, Anfertigung des Projektes einschl. Kostenanschlag und Massenberechnungen, Untersuchung des Wassers usw.

5. Im übrigen wird auf die Verfügung des Ministeriums für Landwirtschaft vom 15. August 1872, betr. „Technische Vorarbeiten bei Landesmeliorationen in Preußen", „Rheinhard-Scheck-Kalender 1909", sowie auf die „Anweisung für die Aufstellung und Ausführung von Drainageentwürfen, herausgegeben von der Generalkommission für die Provinz Schlesien" Bezug genommen.

B. Kosten der Ausführung.

I. Entwässerung.

1. Preistabelle für den Bodenaushub aus Gräben[1]

einschließlich Werfen des Bodens und Planieren der Böschungen bei einem Tagelohnsatz von 3,00 M.

Sohlenbreite gleich der Grabentiefe m	Böschungs- verhältnis	Auf das laufende Meter entfallen obm (rd.)	Gesamtkosten für das obm			Bemerkungen
			Stech- boden Pf.	Leichter Hackboden Pf.	Schwerer Hackboden Pf.	
1,00—1,25	1:1	2,60	27	50	80	Wenn die Arbeiter im Nassen
1,25—1,50		3,80	30	53	83	arbeiten müssen, so hat ein Zu-
1,50—1,75		5,30	34	57	87	schlag von 20% zu den neben-
1,75—2,00		7,10	40	63	93	stehenden Preisen zu erfolgen.
2,00—2,25		9,10	46	69	99	Die Preise verstehen sich für
2,25—2,50		11,30	52	75	105	das Werfen des Bodens auf den
1,00—1,25	1:1,5	3,20	30	52	82	Grabenrand und dammartige Ab-
1,25—1,50		4,80	33	56	86	lagerung desselben 0,50 m vom
1,50—1,75		6,60	37	60	90	Grabenrande entfernt.
1,75—2,00		8,80	43	66	96	Ein Arbeiter vermag bei zehn-
2,00—2,25		11,30	49	72	102	stündiger Arbeitszeit bei mittleren
2,25—2,50		14,10	55	78	108	Bodenverhältnissen 15 obm Boden
1,00—1,25	1:2	3,80	33	55	85	zu lösen.
1,25—1,50		5,70	40	63	93	
1,50—1,75		8,00	48	70	100	
1,75—2,00		10,60	53	75	105	
2,00—2,25		13,60	57	79	109	
2,25—2,50		17,00	63	85	115	
1,00—1,25	1:3	5,10	37	60	90	
1,25—1,50		7,60	52	75	105	
1,50—1,75		10,60	60	82	112	
1,75—2,00		14,10	67	90	120	
2,00—2,25		18,10	75	97	127	
2,25—2,50		22,60	82	105	135	

[1] Vgl. auch Abschnitt V, B II und Abschnitt VI, 1

2. Preistabelle für Bodenbewegung[1])

bei einem Tagelohn von 3,00 M.

1 Ent- fernung m	2 Schubkarren- Betrieb Pf.	3 Handkipp- karren- Betrieb Pf.	Bemerkungen
10	16	—	**Zu Spalte 2.**
20	19	—	Bei Steigungen ist die horizontale Entfernung um einen
30	23	—	gewissen Zuschlag zu vermehren und zwar beträgt derselbe:
40	26	—	bei Entfernungen bis zu 100 m = 20 m
50	30	—	100 bis 200 m = 15 m
60	33	—	für je 1 m vertikaler Hebung.
70	36	—	
80	39	—	**Zu Spalte 3.**
90	42	—	Bei Steigungen ist die horizontale Entfernung um 45 m
100	46	38	für je 1 m vertikaler Hebung zu vermehren.
120	51	41	
140	58	45	
160	64	46	
180	72	48	
200	78	53	
225	86	56	
250	95	60	
275	102	64	
300	110	67	
350	126	74	
400	143	81	
450	—	89	
500	—	96	

3. Preistabelle für Gleisbetrieb mit Menschenkraft[1])

bei einem Tagelohn von 3,00 M.

Ent- fernung	Fördermasse		
	7500	10 000	25 000 cbm
	Pf.	Pf.	Pf.
100	32	30	24
200	45	40	32
300	59	51	39
400	72	63	45
500	86	75	51
600	99	86	58
700	113	96	66
800	126	108	72
900	140	120	78
1000	153	130	86

[1]) Vgl. auch Abschnitt V, B II und Abschnitt VII.

4. Rodungskosten.

a) Lebende Hecken, Gestrüpp aus Dornen, wilde Rosen, Schling= gewächsen, Ginster usw. für 1 qm . . . . 0,15 bis 0,30 M.

b) Gesträuch bis zu 5 cm Durchmesser für 1 qm . . . . . . 0,50 „

c) Einzelne Fichten= oder Kiefernstämme von im Mittel 10 cm Durchmesser . . . . 1,50 „

5. Baggerungen mit der Handschaufel.

Bei einem Tagelohn von 3,00 M. kostet 1 cbm bei einer Wassertiefe von 0,5 bis 0,6 m zu baggern:

a) Schlamm . . . . 0,90 M.

b) Loser Kies . . . . 1,35 „

c) Fester Kies . . . . 1,80 „

6. Stampfen des Bodens

ist bei Dammschüttungen, welche zeitweise oder dauernd dem Wasserdruck ausgesetzt sind, erforderlich, und zwar schichtenweise unter möglichster Anfeuchtung des Bodens. Schichten 30 bis 50 cm stark.

Zuschlag für Planieren der Schichten und Stampfen:

bei 30 cm Stärke für das Kubikmeter . . . . 0,23 M.

„ 50 „ „ „ „ „ . . . . 0,15 „

7. Böschungs=, Ufer= und Sohlenbefestigungen.

a) Ansäen der Böschungen.

Auf das Hektar rechnet man etwa 65 kg Grassamen zum Preise von ca. 80 M.

Die Böschung mit dem Rechen aufzulockern, mit Grassamen auszusäen und den Samen einzurechen für das Hektar 45 M.

Die Gesamtkosten betragen also für das Hektar 80 + 45 = 125 M.

b) Rasenarbeiten.

1. Das Schneiden und Schälen der Rasentafeln von 25 cm im Quadrat und 8 bis 10 cm Dicke erfordert bei Anwendung des Wiesenbeils und des Schneideisens einschl. Ablagern 4,5 Pf. für 1 qm.

Ein Rasenschälpflug, mit zwei Ochsen bespannt, schält bei zwei Mann Bedienung und 10stündiger Arbeitszeit 20 ha. Kosten 17 M., 1 a kostet somit 0,85 M. Ebensoviel kostet das Aufsetzen des Rasens, so daß 1 qm Rasen zu schälen und aufzusetzen 1,7 Pf. kostet.

2. Der Transport von Rasen erfolgt bei Entfernungen bis 300 m in der Regel mit Schubkarren, bei größeren Entfernungen mit Geschirren.

O.-Sch.
35

Transportkosten für Rasen bei 3 Mark Tagelohn.

1 Transport- weite m	2 Schubkarren- transport in der Ebene für den qm Mark	3 Transport mit 2 spännigem Geschirr im Bergland auf schlechten Wegen für den qm Mark	Bemerkungen
25	0,06	—	**Zu Spalte 3.**
50	0,07	—	Die Transporte mit Ge-
75	0,07	—	schirr sind in der Ebene
100	0,09	—	und bei guten Wegen um
200	0,10	—	$^1/_2$ bis $^1/_3$ niedriger zu
300	0,15	—	veranschlagen.
500	—	0,18	
1000	—	0,22	
1500	—	0,28	
2000	—	0,33	
2500	—	0,39	
3000	—	0,44	

3. **Andecken von Flachrasen.** 1 qm Rasen anzudecken kostet einschl. Befestigung mit Holzpflöcken . . . . 6 Pf.

ohne Befestigung . . . . 5 „

4. 1 cbm Kopfrasen zu verlegen kostet . . . . 1,50 M.

c) Faschinenarbeiten usw.

1. 1 lfd. m Wurst aus grünem Weidenholz, 10—15 cm stark, von 25 zu 25 cm gebunden und 10 m lang, kostet einschl. aller Materialien   0,20 M.

2. 1 lfd. m Faschinen, 20—25 cm stark, von 50 zu 50 cm gebunden und 10 m lang, kostet einschl. der Befestigungspfähle und aller Materialien . . . . 0,35 bis 0,40 „

3. 1 cbm Packwerk kostet einschl. aller Materialien, des Beschwerungs- materials usw. . . . . 4,00 „

4. 1 qm Spreutlage oder Rauhwehr kostet einschl. aller Materialien   0,60 „

5. Flechtzaun (namentlich zur Verbauung von Wasserrissen):
    a) von 0,30 m Höhe für 1 lfd. m . . . . 0,75 „
    b) „ 0,50 „ „ „ 1 „ „ . . . . 1,00 „
    c) „ 0,80 „ „ „ 1 „ „ . . . . 2,80 „

d) **Sohlschwelle** aus einem Kiefernrundholz von 15—20 cm Stärke, für 1 lfd. m . . . . 0,55 M.

    Sohlschwelle aus 3 Rundhölzern, je 10 cm stark, für 1 lfd. m . . 0,60 „

    Pfahlwand aus 6 cm starken, 0,75 m langen Pfählen, für 1 lfd. m   0,75 „

    Pfahlwand aus 8—10 cm starken, 1,25 m langen Pfählen, für 1 lfd. m . . . . 1,00 „

e) 1 qm **Steinpackung** aus 30 cm starken Bruchsteinen kostet einschl. des Materials . . . . 2,50 M.

    1 qm **Böschungspflaster** aus 30 cm starken, lagerfesten Bruchsteinen 4,00 bis 5,00 „

    1 qm **Mörtelpflaster** aus 30 cm starken Bruchsteinen . . 5,00 „ 6,00 „

8. Preistabellen für Durchlässe[1]).

a) Preistabelle für Röhren aus Zementbeton.

1. Runde Profile.

1 Lichte Weite (cm)	2 Querschnitt (qm)	3 Baulänge (m)	4 Gewicht für das lfd. m (kg)	5 Preis für das Stück ab Fabrik (Mark)	6 Ausschachten der Baugrube b. 3 M. Tagelohn (Mark)	7 Verlegen Dichten u. Hinterfüllen (Mark)	8 Gesamtpreis für 1 Stück (Spalte 5, 6, 7) (Mark)	9 1 Waggonladung von 10 000 kg enthält Stück	10 Lichte Weite (cm)	Bemerkungen
7,50	0,004	0,80	18	0,58	0,20	0,20	0,98	693	7,50	Zu den in Spalte 8
10,00	0,008	1,00	21	0,73	0,20	0,35	1,28	475	10,00	aufgeführten Preisen
12,00	0,011	1,00	25	0,90	0,20	0,50	1,60	400	12,00	sind die Kosten für
15,00	0,018	1,00	36	1,00	0,30	0,65	1,95	277	15,00	den Eisenbahn- und
17,50	0,024	1,00	47	1,25	0,40	0,80	2,45	212	17,50	Landtransport, sowie
20,00	0,031	1,00	58	1,55	0,50	0,95	3,00	176	20,00	für Auf- und Abladen,
25,00	0,049	1,00	86	2,20	0,60	1,10	3,90	116	25,00	welche fast in jedem
30,00	0,071	1,00	124	2,95	0,70	1,25	4,90	80	30,00	Fall verschieden und
35,00	0,097	1,00	150	3,35	0,80	1,40	5,55	66	35,00	deshalb besonders zu
40,00	0,126	1,00	200	3,95	0,90	1,55	6,40	50	40,00	ermitteln sind, hinzu-
45,00	0,159	1,00	230	4,60	1,00	1,70	7,30	45	45,00	zurechnen.
50,00	0,196	1,00	280	5,55	1,10	1,85	8,50	36	50,00	
60,00	0,283	1,00	386	7,15	1,20	2,00	10,35	27	60,00	
70,00	0,385	1,00	452	9,70	1,30	2,15	13,15	22	70,00	
80,00	0,503	0,80	630	10,20	1,40	2,30	13,90	20	80,00	
90,00	0,636	0,80	660	12,70	1,50	2,45	16,65	19	90,00	
100,00	0,785	0,80	800	15,05	1,60	2,60	19,25	16	100,00	

2. Eiförmige Profile.

20/30	0,046	1,00	98	2,25	0,50	0,50	3,25	104	20/30	
25/37	0,072	1,00	130	3,00	0,64	0,75	4,39	77	25/37	
30/45	0,103	1,00	156	3,55	0,78	1,00	5,33	64	30/45	
35/53	0,140	1,00	218	4,35	0,92	1,25	6,52	46	35/53	
40/60	0,184	1,00	320	5,60	1,06	1,50	8,16	32	40/60	
45/68	0,232	1,00	342	6,40	1,20	1,75	9,35	30	45/68	
50/75	0,278	0,80	460	8,20	1,34	2,00	11,54	27	50/75	
60/90	0,413	0,80	625	10,30	1,48	2,25	14,03	20	60/90	
66/100	0,500	0,80	690	10,75	1,62	2,50	14,87	20	66/100	
70/105	0,562	0,80	700	12,00	1,76	2,75	16,61	18	70/105	
80/120	0,724	0,80	900	16,40	1,90	8,00	21,30	14	80/120	
100/150	1,150	0,80	1400	24,10	2,00	3,60	29,70	9	100/150	

3. Gedrückte Profile.

25/40	0,082	1,00	178	3,65	0,55	0,80	5,00	56	25/40	
40/50	0,165	1,00	243	4,70	0,77	1,20	6,67	42	40/50	
45/60	0,218	1,00	325	6,05	1,05	1,60	8,70	30	45/60	
60/70	0,360	1,00	417	8,25	1,30	2,10	11,65	24	60/70	
80/100	0,655	0,80	782	14,70	1,50	2,50	18,70	16	80/100	
100/120	0,988	0,80	1210	21,00	1,75	3,00	25,75	10	100/120	

[1]) Vgl. auch Abschnitt IV, B XXIII.

35*

Preistabelle für Stirnquader aus Zementbeton.

1. Runde Profile.

1	2	3	4	5	6	7	8	9	
Lichte Weite	Baulänge	Gewicht für das Stück	Preis für das Stück ab Fabrik	Ausschachten der Baugrube b. 3 M. Tagelohn	Verlegen, Dichten und Hinterfüllen	Gesamtpreis für 1 Stück (Spalte 5, 6, 7)	1 Waggonladung von 10 000 kg enthält Stück	Lichte Weite	Bemerkungen
cm	m	kg	Mark	Mark	Mark	Mark		cm	
15	0,36	51	1,20	0,15	0,35	1,70	196	15	
20	0,45	84	1,95	0,20	0,50	2,65	119	20	
25	0,50	110	2,65	0,25	0,65	3,55	90	25	
30	0,54	145	3,30	0,30	0,80	4,40	69	30	
35	0,35	108	3,70	0,35	0,95	5,00	92	35	
40	0,38	210	4,20	0,40	1,10	5,70	47	40	
45	0,47	228	4,60	0,45	1,25	6,30	44	45	
50	0,50	280	5,55	0,50	1,40	7,45	36	50	
60	0,53	350	6,95	0,75	1,60	9,30	28	60	
70	0,57	415	8,50	1,00	1,80	11,30	24	70	
80	0,75	870	15,00	1,25	2,00	18,25	12	80	
90	0,72	950	18,00	1,50	2,20	21,70	10	90	

2. Eiförmige Profile.

20/30	0,55	160	3,70	0,20	0,75	4,65	62	20/30	
25/38	0,65	200	4,20	0,30	0,90	5,40	50	25/38	
30/45	0,35	158	4,20	0,40	0,75	5,35	63	30/45	
35/53	0,45	178	4,45	0,50	0,80	5,75	56	35/53	
40/60	0,53	294	5,65	0,60	1,35	7,60	34	40/60	
45/68	0,56	322	6,30	0,70	1,55	8,55	31	45/68	
50/75	0,60	460	8,20	0,80	2,00	11,00	22	50/75	
60/90	0,68	736	12,05	0,90	3,00	15,95	13	60/90	

3. Gedrückte Profile.

20/30	0,45	100	2,65	0,20	0,50	3,35	100	20/30	
25/40	0,35	180	3,70	0,30	0,80	4,80	55	25/40	
40/50	0,40	240	5,25	0,40	1,10	6,75	41	40/50	
45/60	0,55	320	6,55	0,50	1,40	8,45	31	45/60	
60/70	0,50	390	8,25	0,60	1,70	10,55	25	60/70	

b) Preistabelle für Steinzeugröhren.

Lichte Weite in cm . . .	20	25	30	35	40	45	50	60	70	80	100
Gewicht für den lfd. m in kg	35	53	66	85	108	137	150	207	275	341	420
Preis f. d. lfd. m ab Fabrit M.	2,20	3,00	4,00	5,00	6,35	8,35	10,65	16,00	22,00	32,00	60,00

Stirnstück für Durchlässe.

Lichte Weite in cm	20	25	30	35	40	45	50
Preis für das Stück M. . .	3,00	3,50	5,50	7,00	8,50	10,00	13,00

Anmerkung. Werden die Stirnen aus Kopfrasen oder Ziegel- oder Bruchstein-mauerwerk hergestellt, so sind sie besonders zu veranschlagen.

Verstärkte Zementröhren für Unterleitungen werden von der Firma Usabel zu Minden angefertigt. (Man verlange spezielle Preisangabe.)

Monierröhren der Aktiengesellschaft für Monierbauten, vormals Wayß & Cie., Berlin, für Durchlässe unter hohem Druck kosten etwa doppelt soviel wie gewöhnliche Zementrohre.

II. Be= und Entwässerungsanlagen.

1. **Hauptzuleiter** sind nach Massen und Transporten zu veranschlagen, wobei das Stampfen des Auftrags, das Planieren der Böschungen und die Rasenarbeiten zu berück= sichtigen sind.

2. **Zuleiter** sind bald eingeschnitten, bald aufgedämmt. Sind dieselben am Hange entlang geführt, so liegt das Profil halb im Auftrag, halb im Abtrag. Die Zuleiter müssen deshalb gleichfalls wie zu 1. veranschlagt werden.

3. **Bewässerungsrinnen** sind bei einem Tagelohnsatz von 3,00 M. wie folgt zu veranschlagen:

Breite	Tiefe	10 lfd. m Graben kosten
cm	cm	Pf.
15	10	18
20	12	23
25	15	30

4. **Entwässerungsgräben** sind nach B. I. zu veranschlagen.

5. Ansaat von Gras.

Die Grasmischung ist je nach der Bodenart zu wählen (vgl. Vogler, Grundlehren der Kulturtechnik) und möglichst durch Mischung der einzelnen Grassorten selbst her= zustellen.

a) Das Umpflügen, Eggen und Walzen kostet bei mittlerem Boden für 1 ha . . . . 30 M

b) Saatgut im Mittel 50—75 kg zu 1,25 M./kg . . . . . . 65 bis 95 „

c) Ansäen und Walzen für 1 ha . . . . 5 „

Zusammen 100 bis 130 M.

6. Planieren größerer Flächen.

a) Planieren der Aufträge bei Kunstbauten für 100 qm . . . . . . 1,50 M

b) Umgraben mit der Schaufel auf 20 cm Tiefe und Ausgleichen von Unebenheiten bis zu 25 cm einschl. Transport bis 20 m für Lehmboden für 100 qm . . . . 2,50 „

für Sandboden für 100 qm . . . . 2,00 „

7. **Einrichtungen,** um das Wasser auf jedes Grundstück zu bringen (Zuleiter, Verteilgräben, Wieseneinlässe, Überfahrten usw. ausschließlich der Stauanlagen im Bach), für 1 ha . . 150 bis 375 M.

Sind größere Kunstbauten erforderlich, so kann sich dieser Betrag noch erheblich steigern.

8. Innerer Ausbau. (Wiesenbau.)

a) natürlicher Hangbau für 1 ha . . . . 50 bis 100 M.
b)   „   Rückenbau desgl. . . . . 100 „ 200 „
c) Etagenrückenbau   „   . . . . 400 „ 600 „
d) künstlicher Hangbau   „   . . . . 750 „ 1200 „
e)   „   Rückenbau   „   . . . . 1000 „ 2000 „
f) Anlagen nach Petersen   „   . . . . 750 „ 1200 „

9. Wiesenkulturgeräte.

1. Großsche Wiesenegge je nach der Anzahl der Gliederreihen
   und Eggenglieder . . . . 35 bis 93 M.
2. Neuere schmiedeeiserne Wiesenegge, genannt Sternegge . . 50 „ 105 „
3. Schmiedeeiserne Wiesenegge (vormals Laacksche Wiesenegge 32 „ 84 „
4. Auraser Wiesenegge mit Reinigungsvorrichtung . . . . . . 68 „ 157 „
5. Wiesenstarifikator . . . . 130 „ 165 „
6. Wiesenschälriefer . . . . 92 „ 130 „
7. Wiesenwalzen . . . . 190 „ 295 „

10. Allgemeine Kostenangaben über Stauanlagen.

Lfd. Nr.	Nähere Bezeichnung des Bauwerks	Anzahl der Schleusen- öffnungen	Lichte Weite m	Stauhöhe bzw. Überfall- höhe m	Ungefähre Baukosten Mark	Bemerkungen
1	Grundschleuse, Holzkonstr. . .	1	1,00	0,50	120	Bei eisernem Gries-
2	Desgleichen	2	2,50	1,00	450	werk erhöht sich der Preis
3	Grundschleuse, massiv, Gries- werk aus Holz	1	1,60	1,00	350	entsprechend.
4	Desgleichen	2	3,00	1,10	750	Die Kosten der Auf-
5	„	2	4,00	1,10	1000	zugs-Vorrichtungen sind
6	Schleußenwehr, massiv, Grieswerk aus Holz . .	1	2,25	1,30	900	besonders zu veranschla- gen.
7	Desgleichen	2	3,60	0,90	1200	
8	„	2	5,00	1,15	1400	
9	„	3	4,20	1,40	1500	
10	Überfallwehr mit Grund- schleuse, massiv m. Fischpaß	—	1,60 / 5,60	1,00	4000	
11	Überfallwehr aus Bruch- steinmauerwerk	—	3,00	0,60	1200	

11. Schleusenstücke.

a) Mit festem Eisengerüst, Eichenholzschieber und Verschluß.

Lfd. Nr.	Lichte Weite mm	Baulänge m	Gewicht pro Stück kg	Eine Ladung von 10 000 kg enthält Stück	Preis Mark
1	250	0,62	200	56	16,80
2	300	0,65	255	39	18,35
3	350	0,58	380	26	19,90
4	400	0,70	428	23	21,50
5	450	0,75	515	19	23,50
6	500	0,75	590	17	26,00
7	600	0,75	713	14	45,00
8	700	1,05	1100	9	65,00
9	800	1,05	1400	7	90,00

b) Mit losem eisernen Schieber.

Lfd. Nr.	Lichte Weite mm	Baulänge m	Gewicht pro Stück kg	Eine Ladung von 10 000 kg enthält Stück	Preis Mark
1	200	0,50	105	95	4,50
2	250	0,50	140	71	5,00
3	300	0,60	200	50	5,75
4	350	0,42	250	40	6,80
5	400	0,50	310	32	7,35
6	450	0,54	330	30	8,40
7	500	0,58	350	28	9,20
8	600	0,60	420	23	11,15
9	700	0,64	555	18	15,75
10	800	0,76	650	15	17,85

c) Zementbeton-Kastenschleusen, System Balenthorn
(von Ufadel-Minden).

Lfd. Nr.	Lichte Weite cm	Gesamtgewicht der Schleusenteile kg	Preis der kompl. Schleuse Mark
1	15	90	26,85
2	20	115	28,50
3	25	140	31,15
4	30	180	33,65
5	35	260	33,65
6	40	310	38,35
7	45	580	51,75
8	50	720	57,65
9	60	1075	66,35
10	70	1520	84,70
11	80	1900	103,30
12	90	2150	125,95
13	100	2280	158,70

12. Wieseneinlässe
aus Zementbeton mit Schützenbrett von Tannenholz und eisernem Griff.

Lfd. Nr.	Lichte Weite mm	Baulänge m	Gewicht pro Stück kg	Eine Ladung von 10 000 kg enthält Stück	Preis Mark
1	100	1,00	32	312	2,60
2	120	1,00	45	222	2,90
3	150	1,00	57	175	3,15
4	175	1,00	79	130	3,55
5	200	1,00	100	100	4,00
6	225	1,00	122	82	4,45
7	250	1,00	145	68	5,15
8	300	1,00	205	48	6,70
9	400	1,00	315	31	9,95

Die Wieseneinlässe mit angekettetem Zinkschieber, System Valenthorn, ferner die Wieseneinlässe mit selbsttätiger Rückstauklappe, die verschließbaren Wieseneinlässe mit Eisenschieber bzw. mit Holzschieber, sämtlich bei der Firma Usabel erhältlich, sind entsprechend teurer.

13. Ventile für Drainbewässerungen nach Petersen.

a) System Valenthorn, aus Zementbeton; angefertigt von der Firma Usabel-Minden.

Preis der Ventile bis 130 mm Rohrweite . . . . 15,00 M.

         von 150 „ 200 „   „   . . . . 20,00 „

b) System Stein, aus Zementbeton, angefertigt von der Firma Liebold-Holzminden.

Preis des Ventils = ... 20,00 „

c) System Krause, desgl.

Preis der Ventile bis 150 mm Rohrweite . . . . 15,00 „

   „ „ „ „ 200 „   „   . . . . 17,50 „

Außer den genannten Firmen fertigen obige Ventile noch an: Schuckmann in Carlshafen a. d. Weser und Walter in Langenzenn (Bayern).

III. Drainage.

1. Die Kosten der Erdarbeiten einschließlich Verlegen der Röhren

sind verschieden je nach der Bodenbeschaffenheit und dem ortsüblichen Tagelohn.

Bei einem Tagelohn von 3,00 M. betragen die Kosten für die Sauger bei einer Tiefe der Gräben von 1,25 m:

a) in mildem Sandboden für 1 lfd. m

b) in lehmigem   „

c) in sandigem Lehmboden

d) in gewöhnlichem „   . . . . 15 bis 17 Pf.

e) in schwerem   „

f) in reinem Tonboden . . . . 20 „

g) in Tonboden, mit mehr oder weniger Steinen durchsetzt . . 23 bis 30 „

      bei ganz ungünstigen Bodenverhältnissen noch mehr.

Die Kosten für die Sammler betragen für 1 lfd. m 2 Pf. mehr als wie die vorstehend angegebenen Preise.

Bei einem anderen Tagelohnsatz sind obige Preise entsprechend zu reduzieren.

2. Die Preise der Drainröhren

werden wesentlich durch die Kosten des Eisenbahn- und namentlich eines größeren Landtransports beeinflußt.

Die Kosten des Transports sind in jedem einzelnen Falle nach der Entfernung und der Beschaffenheit der Wege besonders zu ermitteln. Hierbei ist das Gewicht der Drainröhren nach Seite 28 der „Anweisung für die Aufstellung und Ausführung von Drainageentwürfen von der Generalkommission der Provinz Schlesien, Verlag von Julius Springer, Berlin" festzustellen.

Die Angebote der Fabriken lauten meist frei Waggon der Abgangsstation. Hierfür gelten die nachstehenden Durchschnittspreise:

Lichte Weite cm	Für 1000 Stück		Bemerkungen
	Preis Mark	Es gehen auf eine 10 Tonnen-Ladung zirka Mill.	
4,00	22	10	Die Preise verstehen sich
5,00	27	6 $\frac{2}{3}$	einschließlich Aufladen in den
6,50	36	5	Waggon. Auf 1 m Graben-
8,00	46	4	länge sind 3,3 Stück zu rech-
10,00	74	2 $\frac{1}{2}$	nen einschließlich Bruch. Die
13,00	110	2	Gewichte schwanken.
16,00	132	1 $\frac{1}{2}$	
18,00	154	1 $\frac{1}{5}$	

Frachtsätze für Eisenbahntransport.

Die Fracht für eine Wagenladung = 10 000 kg = 10 t beträgt für je 100 km = 3,50 bis 4,50 M.

Die Frachtsätze für Beförderung von Lasten auf Land- und Feldwegen hängen von den Kosten für das Fuhrwerk und der Nutzlast ab, welche geladen werden kann. 10stündige Arbeitsleistung der Pferde einschl. der Ruhepausen. Der täglich zurückzulegende Weg soll nicht mehr als 30 km betragen.

Die Kosten des Fuhrwerks sind je nach den örtlichen Verhältnissen verschieden. Als mittlere Kosten können folgende gelten:

ein einspänniges Fuhrwerk = 9 M.,
„ zweispänniges „ = 15 „
„ dreispänniges „ = 20 „

Die Nutzlast ist von der Schwere des Wagens, der Beschaffenheit der Fahrbahn und den Steigungsverhältnissen abhängig.

Die Nutzlast beträgt (Mittelwerte):

	Befestigter Weg in mittlerem Zustand		Trockener Feldweg in ziemlich gutem Zustand	
	2 Pferde	3 Pferde	2 Pferde	3 Pferde
Flachland	Schweres Fuhrwerk 60 Ztr.	100 Ztr.	Leichtes Fuhrwerk 30 Ztr.	40 Ztr.
Hügelland	Mittelschweres Fuhrw. 40 Ztr.	65 Ztr.	25 Ztr.	35 Ztr.
Bergland	Leichtes Fuhrwerk 25 Ztr.	35 Ztr.	15 Ztr.	20 Ztr.

3. Drainageausläufe.

a)

Lichte Weite mm	Gewicht pro Stück kg	Baulänge m	Preis pro Stück Mark	Bemerkungen
75	50	1,00	3,00	Mit geschlitztem Eisen-
100	55	1,00	3,60	blechschieber, auch mit
120	60	1,00	3,80	Rückstauklappe.
150	85	1,00	4,20	Firma:
200	90	1,00	4,70	Lauchhardt, Kassel.

b) Drainagemundstück in Kastenformen mit selbsttätiger Rückstauklappe und beweg=
lichem Böschungskragen aus Zementbeton von G. Usadel, Minden i. W., für Drainage=
röhren von 8, 10, 13 und 16 cm lichter Weite mit herausnehmbarer, in Gelenken hängen=
der Klappe aus starkem Zinkblech komplett . . . . 14,00 M.

c) Drainagemundstück mit verstärktem Kopf und selbsttätiger Klappe von G. Usadel.

Lichte Weite mm	Wandstärke mm	Gewicht kg	Preis Mark
80	45	64	5,00
100	50	78	6,00
130	50	100	7,50
160	50	124	8,50

d) Drainagemundstück mit zurückliegendem geschlitzten Schieber von G. Usadel.

Lichte Weite mm	Wandstärke mm	Gewicht kg	Preis Mark
80	45	42	5,00
100	45	48	6,00
130	45	54	7,50

e) Übergangsstücke aus Zementbeton von Usadel:

5 zu 10 cm
6½ „ 10 „   pro Stück 50 cm lang = 1,00 M. pro Stück.
8 „ 10 „

4. Die Gesamtkosten einer Drainage

betragen je nach den örtlichen und Bodenverhältnissen bei mittleren Röhrenpreisen
und nach den Vorflutverhältnissen 160 bis 300 M. für 1 ha.

Bei der Aufstellung des Kostenanschlags empfiehlt es sich, § 14 der „Anweisung
für die Aufstellung und Ausführung von Drainageentwürfen, herausgegeben von der
Generalkommission für die Provinz Schlesien", zugrunde zu legen.

Die Kosten des Grunderwerbs, der Vorflutanlagen, der Bauleitung usw. sind
gesondert zu veranschlagen.

IV. Moor= und Heidekultur.

1. Niederungs= oder Grünlandsmoor.

a) Moorwiesen mit Sanddecke.

Die Kosten der Entwässerung, Einebnen, eventuelle Besandung
bzw. Bedeckung mit mineralischen Bodenarten, alljährliche Düngung
mit Komposterde oder Thomasphosphatmehl und Kainit, Ergänzungs=
einsaat bzw. Volleinsaat betragen für 1 ha . . . .   400 M.

b) Moorwiesen ohne Sanddecke.

Die Kosten der Entwässerung (geringer wie bei 2 a), Einebnen des
Moores, gründliche Zerstörung der alten Grasnarbe durch Abhauen
der Bulten, Eggen und Pflügen, alljährliche Düngung, doch in ge=
ringeren Mengen wie bei 2 a, Ansaat guter Gräser betragen für 1 ha   160 bis 200 M.

c) Deckkultur nach Rimpau. (Moordammkultur.)

Die Kosten der Entwässerung, des Einebnens mit dem Aushub der Gräben, 10—12 cm starker Sanddecke, Düngung mit Thomasphosphatmehl und Kainit alljährlich betragen für 1 ha . . . . . 300 „ 900 M.

2. Hochmoor.

a) Die Beenkultur.

Gesamtkosten für 1 ha ungefähr . . . . 800 „ 900 M.

b) Hochmoorkultur mit Mineraldünger.

Die Kosten der Entwässerung, Planierung, Umhacken der oberen Schicht bis auf 15 cm Tiefe, Kalkung, Düngung mit Thomasphosphatmehl, Kainit und Chilisalpeter bzw. schwefelsaurem Ammoniak betragen für 1 ha . . . . 210 „ 330 M.

Die Kultur des abgetorften Hochmoors kostet dasselbe.

3. Heidekultur.

Die Kosten des Umbrechens der Heide (Spaten, Pflug oder Dampfpflug) bis zu einer Tiefe von 30—45 cm, der Düngung mit Kalk oder Mergel, sowie mit Thomasmehl, Kainit, Impfen mit Impferde, Bestellung mit einer Gründüngungspflanze und Unterpflügen derselben betragen je nach dem Umfang der vorzunehmenden Arbeiten und der Tiefe des Pflügens, dem Vorhandensein von Ortstein für 1 ha   300 bis 700 M.

V. Anlage von Viehweiden.

Die Kosten der Anlage einer 11,36 ha großen Viehweide in der Gemarkung Kefferhausen (Eichsfeld), haben betragen (außer den Grunderwerbskosten):

1. Entwässerung und Herstellung zweier Tränken. . . . . 696,00 M.
2. Kulturarbeiten
   a) 6,88 ha Ackerland zweimal zu pflügen, viermal zu eggen, zweimal zu walzen und den künstlichen Dünger zu streuen (Schwefelsaures Ammoniak, Thomasmehl, Kalidüngersalze und Ätzkalk) für 1 ha 100 M. . . . . 688,61 M.
   b) 4,48 ha Wiese wund zu eggen und den künstlichen Dünger auszustreuen (Düngung wie oben außer Ätzkalk) für 1 ha 10 M. . 44,80 M.
   c) 11,36 ha einzusäen, die verschiedenen schweren Samen getrennt auszuwerfen und zwar den zweiten Wurf quer zur Richtung des ersten Wurfes für 1 ha 2,00 M. . . . . . . 22,72 M.
   d) Kosten der Düngung . . . . 1918,00 M.
   e) Kosten der Ansaat . . . . 582,00 M.
3. Für Herstellung der Umzäunung (Holzpfosten, 2,25 m lang, 15 cm stark, glatter Draht von 3,8 mm Durchmesser und Stacheldraht Juckpfähle) und einer 8 m breiten und 10 m langen hölzernen Schutzhütte . . . . 3941,00 M.

Die Kosten für 1 ha betragen hiernach: Zusammen: 7893,13 M.

$$\frac{7893,13}{11,36} = \text{rd.} \quad . . . 695,00 \text{ M.}$$

VI. Tabelle über Leistungen un

Lfd. Nr.	Bezeichnung des Entwässerungsverbandes	Größe der ent= wässerten Fläche ha	Art des Schöpfwerks	Größte Arbeitsleistung Wasser= menge cbm	Größte Hubhöhe m	Nutz= leistung PS	Ꝏ schi tr
1	2	8	4	5	6	7	
1	Entenpfuhler Entwässerungs= Verband (Danzig)	90	Dampfschöpfwerk. Wasser= schnecke	—	0,95	—	
2	Entwässerungs=Verband Montan in der Schwetz-Neuenburger Niederung	150	Dampfschöpfwerk. Kreisel= pumpe	30 i. d. Min.	2,30	—	2
3	Falkenberger Verband	250	Windmotor	8	2,00	6	
4	Entwässerungs=Genossenschaft Breitfelde (Danzig)	300	Dampfschöpfwerk. Wasser= schnecke.	5—6 in der Min.	1,22	—	1
5	Entwässerungs=Verband Güldenfelde (Elbing)	400	Dampfschöpfwerk. Zentri= fugalpumpe	—	2,00	—	1
6	Klein-Wickerau-Stutthof= Entwässerungs=Genossenschaft (Elbing)	500	Wie vor	0,50 i. b.Sek.	3,60	—	64
7	Entwässerungs=Genossenschaft Kykoit-Klakendorf (Elbing)	515	Dampfschöpfwerk. Lokomobile und Zentrifugalpumpe	—	—	—	—
8	Kleve-Westermoorer Entwässe= rungs=Genossenschaft (Schleswig)	740	Dampfschöpfwerk. Zentri= fugalpumpe	24 i. b. Min.	2,00	—	3ℨ
9	Vliet en Ertweld-Polder	800	Dampfschöpfwerk. 2 Overmarsche Pumpräder	—	3,00	—	4ℨ
10	Entwässerungs=Genossenschaft in Tiege (Kreis Marienburg)	1000	Dampfschöpfwerk. Kreisel= pumpe	—	2,60	—	3(
11	Over-Bullenhausener Sielverband zu Fünfhausen a. d. Elbe	1038	Dampfschöpfwerk. 2 Schöpf= räder	—	—	—	3ʹ
12	Kiewener Wassergenossenschaft	1075	2 Zentrifugalpumpen mit 1 Maschine	—	—	—	—
13	Entwässerungs=Genossenschaft des Niederreviers der Alten-Binnen- Nehrung (Danzig)	1080	Dampfschöpfwerk.	15 i. d. Min.	1,00	—	2(
14	Neuländer Deichverband (Stade)	1100	Dampfschöpfwerk. Zentri= fugalpumpe	—	3,00	—	4ʹ
15	Schwedter Wassergenossenschaft	1130	2 Zentrifugalpumpen mit 2 Maschinen	—	—	—	
16	Fienower-Meliorationsverband	1290	2 Zentrifugalpumpen	480	0,70	129	—
17	Ranfter-Verband	1323	Wie vor	123	1,35	120	—

Anlagekosten ausgeführter Schöpfwerke.

Durchschnittsleistung			Anlagekosten			Jährl. Schöpfkosten		Maschinenkraft auf 1000 ha bei 1 m Hubhöhe	Literatur-Angabe	Bemerkungen
Wasser-menge	Hub-höhe	Zahl der Schöpf-tage jährlich	Summe	Auf 1 ha	Auf 1 PS	Summe	Prozent der Anlage-kosten			
bm	m		Mark	Mark	Mark	Mark		PS		
9	10	11	12	13	14	15	16	17	18	19
—	0,75	14—20	5100	56,70	—	250 = 2,78 M. für 1 ha	—	—	3. d. B. 1891	—
—	—	30	19 066	127,10	—	—	—	—	—	Die niedrigste Hubhöhe beträgt 0,50 m
,41	—	182	rb. 10 000	40,00	—	—	—	—	Ober-stromwerk	—
—	—	14	7600	25,33	—	400 = 1,33 M. für 1 ha	—	—	—	—
—	1,20	—	8900	22,30	—	—	—	—	3. d. B. 1892	—
—	—	—	32 000	64,00	—	380 = 0,76 M. für 1 ha	—	—	—	Die Hubhöhe schwankt von 1,30—3,60 m
29 i. Sek.	—	8	10 200	19,80	—	—	—	—	—	—
67 i. Sek.	—	—	28 000	37,80	—	—	—	—	3. d. B. 1892	Bei 1 m Schöpfhöhe werden 39 cbm in der Minute geschöpft
—	—	—	85 000	106,00	1980,00	—	—	—	3. d. Arch. u. Ing.-Ver. z. Hannover 1884	Die niedrigste Hubhöhe beträgt 0,40 m
i. d. Min.	—	—	30 000	30,00	—	—	—	—	3. d. B. 1890	Die niedrigste Hubhöhe beträgt 0,20 m
,12 der Sek.	—	45	125 000	120,42	—	10 000 = 9,60 M. für 1 ha	—	—	3. d. B. 1891	—
—	—	—	—	—	—	—	—	—	—	Die Maschinen sollen leisten 13 cbm bei 0,50 m Hub 10 ,, ,, 1,00 ,, ,, 9,60 ,, ,, 1,30 ,, ,,
—	—	10	11 000	10,20	—	400 = 0,37 M. für 1 ha	—	—	—	Bei 0,55 m Hubhöhe werden 30 cbm gefördert
—	1,60	—	69 000	62,70	—	—	—	—	3. d. B. 1892	—
—	—	—	—	—	—	—	—	—	Ober-stromwerk	—
,20	0,37	160	345 000	105,00	—	—	—	—	Wie vor	—
,80	0,33	182	95 000	72,00	—	—	—	—	Wie vor	—

Lfd. Nr.	Bezeichnung des Entwässerungs-Verbandes	Größe der entwässerten Fläche	Art des Schöpfwerks	Größte Arbeitsleistung			W... schin... tr
				Wassermenge	Größte Hubhöhe	Nutzleistung	
		ha		cbm	m	PS	P...
1	2	3	4	5	6	7	
18	Bützflether Schleusen-Verband (Stade)	1500	Dampfschöpfwerk. Kreiselpumpe von 1,90 m Durchm.	—	2,84	—	2
19	Wijde-Wormer-Polder	1500	Dampfschöpfwerk. 2 Kreiselpumpen	—	—	—	12
20	Deichverband Rampitz Aurieth	1871 2230	1 Kreiselpumpe. 2 Zentrifugalpumpen. Pumpe A Pumpe B	70,50 72 24	2,80 1,57 } 3,45 }	44 44	8 8
21	Alt-Passarger-Deichverband (Heiligenbeil)	2430	Dampfschöpfwerk. Zentrifugalpumpe	—	2,40	—	3
22	Purmer-Polder	2500	Dampfschöpfwerk. 2 Kreiselpumpen	—	—	—	15
23	Deichverband der Falkenauer Niederung (Marienwerder)	3300	Dampfschöpfwerk. 2 Dampfmaschinen, 2 Kreiselpumpen von 2,50 m Durchmesser	300 i. d. Min.	3,75	—	30
24	Gließener Meliorationsverband	3585	3 Zentrifugalpumpen	—	—	—	—
25	Van der Eijgen-, den Empel- und Meerwijk-Polder	3600	Dampfschöpfwerk. 6 Overmarsche Pumpräder	—	—	—	200
26	Dampfschöpfwerk für das St. Jürgensfeld, Kreis Osterholz	4100	3 Kreiselpumpen	—	—	114	—
27	Deichverband unterhalb Fürstenberg	4500	2 Zentrifugalpumpen 1 desgleichen	256 55	3,00 3,00	171 37	252 66
28	Entwässerung des Polders De Lymers in der Provinz Gelderland	5500	Dampfschöpfwerk mit 3 Zentrifugalpumpen	—	—	—	
29	Beemster Polder	7000	Dampfschöpfwerk. 2 Kreiselpumpen	—	—	—	300
30	Entwässerung des Bremer Blocklandes	9800	Kreisel mit Schaufeln an vertikaler Welle nach dem Neukirchenschen Patente	500 in der Min.	1,22	—	—
31	Deichverband oberhalb Fürstenberg	10 800	2 Zentrifugalpumpen	120	3,00	80	120
32	Entwässerung des Memel-Deltas (6 Hebewerke)	14 080 Normal-hektar	Schöpfräder (8 m Durchmesser) betrieben durch elektrisches Kraftwerk. Stehende Compound-Dampfmaschine	—	—	—	480
33	Entwässerungsanlagen des Haarlemer Meeres und des Rheinlandes in Holland	18 000	3 Pumpwerke	—	—	—	Jedes Pumpwerk 350—39
34	Entwässerung der Niederung von Ferrara	51 000	4 Dampfmaschinen mit 8 Zentrifugalpumpen	—	—	—	1600

Durchschnittsleistung ...ser-...nge ...m	Hubhöhe m	Zahl der Schöpftage jährlich	Anlagekosten Summe Mark	Anlagekosten Auf 1 ha Mark	Anlagekosten Auf 1 PS Mark	Jährl. Schöpfkosten Summe Mark	Prozent der Anlagekosten	Maschinenkraft auf 1000 ha bei 1 m Hubhöhe PS	Literatur-Angabe	Bemerkungen
9	10	11	12	13	14	15	16	17	18	19
0i. Rin.	—	30	42 600	28,40	—	—	—	—	Z. d. B. 1890	Die niedrigste Hubhöhe beträgt 0,33 m
i. Rin.	4,50	—	181 900	121,00	1516	—	—	—	Z. d. Arch.- u. Ing.-Ver. zu Hannover 1884	—
50	1,10	54	66 000	—	—	—	—	—		
2 4	1,57 3,45 }	22	81 000	36,32	1012,50	1670	2,06	17,40	Oberstromwerk	—
—	1,80	240	22 940	9,40	—	—	—	—	Z. d. B. 1892	Die Fördermenge beträgt 80 bzw. 36 cbm bei einer Schöpfhöhe von 1,00—2,40 m
—	4,50	—	517 000	87,00	1400	—	—	—	Z. d. Arch.- u. Ing.-Ver. zu Hannover 1884	Die Schöpfhöhe schwankt von 5,35—4,25 m
—	—	—	120 000	36,40	—	1220 = 0,37 M. für 1 ha	—	—	Z. d. B. 1891	Die Hubhöhe beträgt 1,25—3,75 m
,60	0,37	—	—	—	—	—	—	—	Oberstromwerk	Die Maschinen sollen leisten: 13,50 cbm bei 0,80 Hub; 9,84 „ „ 1,30 „; 3,60 „ „ 1,88 „
—	—	29	621 644	172,66	2283	11 050 = 3,07 M. für 1 ha	—	—	Z. d. Arch.- u. Ing.-Ver. zu Hannover 1884	Die 6 Räder fördern in 24 Stunden 2 200 000 cbm auf 0,45 m Höhe
, b. t.	0,43	45	250 000	61,00	2193	20 800 = 5,00 M. für 1 ha	—	—	Z. d. Arch.- u. Ing.-Ver. zu Hannover 1887	—
2 5	1,50 1,50 }	200	151 740 37 060 }	41,96	594	17 660	9,36	23,60	Oberstromwerk	—
b. t.	3,40	25	427 000	—	—	—	—	—	Tijdschrift van het Koninklijk Instituut von Ingenieurs 1889	—
i. tin.	4,50	—	125 800	17,96	830	—	—	—	Z. d. Arch.- u. Ing.-Ver. zu Hannover 1884	2 Schöpfmaschinen. In Spalte 12—14 sind die Kosten für eine Anlage angegeben
—	—	—	109 950 28 500	—	—	—	—	—	Wie vor 1865	Für die maschinellen Anlagen. Für die baulichen Anlagen. 1882 neue Maschinenanlage
0	1,50	110	102 000	9,44	850	8300	8,14	3,70	Wie vor 1891	—
0i. et.	0,60	—	2 484 000	—	—	170 000 = 12,07 M. für 1 ha	—	—	Z. f. B. 1902	Gewöhnliche Hubhöhe 0,20—0,80 m, im Maximum = 1,8 m
—	4,50	—	23 176 000	—	—	103 674 = 14,60 M. für 1 ha	—	—	Z. f. B. 1860	—
b. t.	2,60	—	11 600 000	—	—	—	—	—	Engineering 1876	Größte Hubhöhe = 3,66 m

VII. Zusammenstellung der Kosten von Meliorationsentwürfen.

Lfd. Nr.	Bezeichnung des Entwurfs	Größe des Gebiets ha (rd.) bezw. Bachlänge in km	Gesamtkosten der Ausführung Mark	Kosten der Ausführung für 1 ha (rd.) Mark	Kosten des inneren Ausbaues für 1 ha Mark	Bemerkungen
1	Entwässerung in der Gemarkung Beuren	11	2920	26,60	—	
2	Moorwiesen-Entwässerung in den Gemarkungen Kirchworbis und Gernrode	32	10 200	319	—	
3	Entwässerung in der Gemarkung Martinsrieth	497	42 500	86	—	
4	Entwässerung der Unstrut-Niederung von Griefstedt bis Gorsleben	511	100 000	196	—	
5	Landesverbesserung in den Gemarkungen Bodenrode-Westhausen	127	33 600	265	—	
6	Melioration des Brehme-Baches bei Ecklingerode.	16	4570	285	—	
7	Regulierung des Crajaer Baches bei Craja	2,5	13 000	—	—	
8	Regulierung der Wipper bei Gernrode .	0,675	21 773	—	—	
9	Regulierung des Weilroder Baches bei Bockelnhagen	0,6	8000	—	—	
10	Regulierung des Dorfwasser-Baches bei Etzelsrode	0,7	11 000	—	—	
11	Regulierung des Fischbach-Baches bei Biernau	0,5	17 000	—	—	
12	Landesverbesserung des Brookbach-Gebietes (Hoch- und Niederungsmoor) .	540	58 000	120	300	Innerer Ausbau: Stichgräben, Planierung, Übersandung bzw. Bearbeitung, erstmalige starke Düngung.
13	Landesverbesserung des Heubach-Gebietes oberhalb Brookmähle. (Hoch- und Niederungsmoor)	1600	150 000	92	300	Wie vor.
14	Landesverbesserung des Quellgebiets der Schlinge. (Anmoorige Wiesen, Heide und Wald)	802	85 000	106	—	
15	Landesverbesserung der Wiesentäler in der Gemarkung Hopsten	340	56 500	170	—	Schutz gegen Überschwemmungen, Ent- u. Bewässerung. Einstauung bzw. natürliche Berieselung.
16	Ent- und Bewässerung des Schale-Halverde Aatales	260	a) 81 000 / 260 b) 30 000 / 200	310 / 150 zus. 460	—	Die Kosten der Entwässerung verstehen sich einschließlich derjenigen für die Bachregulierung. Natürliche Berieselung. Gesamtkosten 81 000 + 30 000 = 111 000 Mark.
17	Regulierung der Bocholter Aa von Krechting bis Bocholt	340	68 000	200	—	Schutz der Wiesen gegen Sommerhochwasser.
18	Bruchhausen-Syker-Melioration	4800	r. 1 600 000	333	53	
19	Leeste-Brinkumer-Melioration	960	rd. 130 000	140	—	
20	Müden-Nienhöfer-Bewässerungsanlage .	500	rd. 330 000	600	—	Die Höhe der Kosten rührt von der Erbauung einer Stauschleuse in der Oder und einer Unterleitung unter der Aller her.
21	Melioration in der Gemarkung Rohr	159 / 2,88	87 354	550	—	Flußregulierung, Ent- und Bewässerung.
22	Melioration in der Gemarkung Schwarza	20 / 1,2	35 237	1762	—	Wie vor.
23	Dränage Dingelstädt I	61	17 575	288	—	
24	„ „ II	326	83 500	256	—	
25	„ Wingerode	55	14 800	269	—	
26	„ Lengefeld	80	19 981	249	—	

9. Talsperren.

Bearbeitet von Baurat Ziegler, Clausthal.

Die Kosten von Talsperrenanlagen hängen derart von lokalen Umständen ab, daß zum Verständnis der großen Preisunterschiede der angehängten Tabelle auf die Gesichts= punkte bei Aufstellung des Anschlags hingewiesen werden muß.

Das Folgende, zunächst nur auf die hauptsächlich in Deutschland zur Ausführung kommenden gemauerten Dämme bezüglich, läßt sich leicht auf geschüttete Dämme mit und ohne Kern und auf Eisenbeton= und =Eisendämme übertragen.

Als Preiseinheit für Talsperren pflegt der Preis für das Kubikmeter Beckeninhalt berechnet zu werden. Die Berücksichtigung der Größe und Ergiebigkeit des Nieder= schlagsgebiets, der Höhenlage des Stauweihers, sowie des örtlichen Wertes des Wassers zu Gebrauchs= und Kraftzwecken ist zu empfehlen.

1. Grunderwerb und Nutzungsentschädigung.

Es ist nicht nur die überstaute Fläche zu erwerben. Oberhalb des Stauweihers ist auf Schlamm= und Schottersümpfe, am Rande auf Wege, Steinbrüche, Kiesgruben, Umflutgräben und Überfälle, unterhalb der Mauer auf Lager= und Bauplätze für Ma= schinen und Kohlenschuppen, Schmiede, Materialien, Pulverschuppen, Mörtelwerk, Unterkunfsträume, Latrinen, Klärfilter, Pumpen, Turbinen, Leitungsanlagen zu rechnen. Ferner ist auf Erwerb oder Pacht von Jagd, Fischerei, Entschädigung für Weide=, Schotter= entnahme=, Flößerei=, Holzlesegerechtigkeiten, Wegebenutzung, Wasserverunreinigung Rücksicht zu nehmen.

2. Erdarbeiten und Wasserhaltung.

Es sind die Kosten der Abführung des Bachlaufs während der Bauzeit durch einen Stollen, Hangkanal oder durch Gefluder, welch' letzteres später durch einen Entnahme= stollen umbaut wird, zu veranschlagen und mindestens auf gewöhnliches Hochwasser eventuell auf Verwüstungen und Zerstörungen am Mauerwerk und auf dem Bauplatz zu rechnen.

Da die „Talsperre" das Tal absperrt, muß beiderseitig der Mauer ein später mit Beton auszufüllender Schlitz mehr ausgehoben, frei gehalten und mit Pumpensümpfen versehen werden.

Fast bei jedem Talsperrenbau findet sich der „dichte" Baugrund erheblich tiefer, als Bohrungen und Schürfungen ergeben haben. Es finden sich Klüfte und morsche Bänke, die auszuräumen, trocken zu halten und zu betonieren sind. Endlich ist die ganze Baugrube vor dem Betonieren zu drainieren und wiederholt vom Schlamm zu reinigen, was eine sehr zeitraubende und kostspielige Arbeit ist.

Mit jeder Vertiefung der Baugrube geht eine Wiederholung dieser Arbeit, eine Erschwerung des Aushubs (Böschungseinstürze) und der Wasserhaltung und eine Ver= mehrung des erforderlichen Mauerwerks Hand in Hand.

3. Maurerarbeiten.

Einen großen Anteil an den Kosten haben die Entfernung und Höhenlage des oder der Steinbrüche, die Menge des Abraums und der Abfallmassen, die Lagerung, Härte,

---

[1] Ziegler, Der Talsperrenbau. 2. Aufl. Berlin 1911. Ernst & Sohn.

Beschaffenheit und die Abmessungen der gewonnenen Steine. Aufstapeln, Nacharbeiten, Reinigung, Transport, Arbeiterverhältnisse.

1,2—1,3 cbm aufgestapelte Bruchsteine geben 1 cbm Mauerwerk und können zu 1—4 M. veranschlagt werden. Für vordere und hintere Mauerfläche, Pfeiler, Kanten, Geländer, Gewölbe usw. sind hammerrecht bearbeitete Steine, Werksteine oder Beton= formstücke zu veranschlagen.

Die Mörtelmenge einer Talsperre beträgt ungefähr ein Drittel ihres Rauminhaltes und ist auf eine große tägliche Leistung des Mörtelwerks Rücksicht zu nehmen.

Zementschuppen, Kalkgruben, Wasserleitung, Meßgefäße und Mischmaschinen, Sand= quetschen, Sandwasch= und Siebmaschinen, elektrische Beleuchtung ist zu veranschlagen.

Beton ist seiner ganzen Menge nach maschinell zu behandeln, und stieg der Mörtel= verbrauch bei der Erweiterung der Panzertalsperre bei Lennep auf 45% des fertigen Betons (Mörtelmischung 1 Zement, 1 Kalk, 1½ Traß, 4¾ Sand).

Tabelle verschiedener Mörtelmischungen für Talsperren.

Zusammengestellt aus A. Hambloch, Der Rheinische Traß (Plaidt im Nettetale), Andernach 1903.

1 cbm Zement	wiegt 1500 kg (rund 9 Faß) und	kostet	45 M.
1 „ Kalkpulver	„ 500 „	„ „	6 „
1 „ Traß	„ 1000 „	„ „	20. „
1 „ Sand	„ 1500 „	„ „	3 „

	Zement cbm	Traß cbm	Kalkpulver cbm	Sand cbm	Ergiebigkeit cbm	Preis Mark	Preis pro cbm Mörtel Mark
1. Mischung	—	1,5	1	1	2,070	39,00	18,84
2. „	—	1,5	1,25	1	2,790	43,50	15,59
3. „	1	—	—	2	2,205	51,00	23,13
4. „	1	—	—	2,5	2,618	52,50	20,05
5. „	1	1	—	4	4,520	77,00	17,04

Die Zugfestigkeiten betragen nach 6 Wochen etwa 19— 28 kg/qcm.

„ Druckfestigkeiten „ „ 6 „ „ 100—150 „

Link empfiehlt als Traßmörtel die Mischung 1 Kalk, 1,5 Traß, 2,5 Sand als Zementtraßmörtel „ 1 Zement, 0,6 Traß, 3 Sand

Diese beiden Grundmörtel können in beliebigem Verhältnis gemischt werden. Möhnesperre (3,6 l Zement, 100 l Wasser, 180 l Traß, 432 l Sand). 2 = 1 Kubik= meter Mörtel á 17,— M. Baggersand 5,10 M. Quetschsand 4,75 M. für den Kubik= meter. 1 cbm Mauerwerk: 6,60 M. Arbeitslohn einschließlich Kalklieferung, 7 M. für Bruchsteine und 5,40 M. für Mörtel. 1 qm Putz 2½ Zement, ½ Kalk, 2 Traß, 6 Sand (wasserseitig 1 Zement, 2 Sand, 2% Emulsion) 1,70 M. ohne Material.

Der Mörteltransport erfolgt namentlich in den unteren Teilen des Bauwerks auf der geschützten Maueroberfläche, doch sind Aufzüge, Krane, Bremsberge, Versatzgerüste an den Endpunkten der Materialankunftstellen — Schmalspur=, Seilbahnen u. dgl. — nicht zu entbehren.

Licht=, Kraft= und Wasserversorgung läßt sich oft unter Benutzung des abgesperrten Wasserlaufs oder durch Erwerb einer benachbarten Mühle billig erreichen.

Als Preis für 1 Kubikmeter fertigen Mauerwerks einschl. Material ist 12—20 M. anzunehmen.

4. Dichtung und Drainage.

Das Mauerwerk muß dicht sein, da die Undichtigkeiten nicht nur mit Wasserverlusten, sondern auch mit Zerstörungen verknüpft sind.

In der Talsohle und an den Hängen wird dies durch möglichst tiefes Einbinden der Mauer erreicht. Luft= und wasserseitig werden die Baugrubenschlitze mit Beton ausgestampft. Die Wasserseite der Mauer wird mit einem mehrmaligen heißen wasser= dichten Teer, Grudron= oder Siderosthen=Anstrich versehen, nachdem sie gefugt oder geputzt (Inertol= oder =Ceresitzusatz) ist. Der Anstrich wird häufig noch durch eine vorgelegte Verblendung geschützt. Da eine solche durch die Isolierschicht am Abbinden mit dem übrigen Mauerwerk verhindert wird, müssen Verankerungen oder Ver= zahnungen einen mechanischen Ersatz bieten. Der Anstrich, namentlich in der Bau= grube, haftet schlecht auf den unteren feuchten, noch nicht abgebundenen Flächen, oberhalb sind Gerüste erforderlich. Die Kosten einschl. Verblendung betragen etwa 20—30 M./qm.

Es ist von mir eine Einlage dünnen zusammenhängenden Eisenblechs vorgeschlagen, welches mit dem Mörtel abbindet, auch durch seine Form — Falzen oder Wellen — oder durch Anker mit den beiderseitigen Mauerwerkskörpern verbunden werden kann. 1½ mm stark, Gewicht einschl. Verbindungen usw. 6—8 kg/qm, Preis fix und fertig 3,20—3,50 M.[1]

Für etwa doch durchgedrungenes Wasser wird eine Drainage des Mauerinnern nach begehbaren Längsstollen angeordnet. Die Mauerkrone erhält eine Asphaltdecke (Preis 5—6 M./qm) mit Kompensationsfugen. Die Abwässerung muß bei Trinkwasser= sperren in Längsleitungen gefaßt werden und darf nicht in das Becken geleitet werden.

5. Überfälle und Entnahme.

Zur Sicherung gegen Überströmung der Mauerkrone und Unterspülung des Mauerfußes durch Hochfluten werden an günstig gelegenen Randstellen des Stau= beckens oder auch der Mauerkrone, vornehmlich an den Enden der letzteren, Über= fälle mit oder ohne Regulierungsvorrichtungen angeordnet, welche den Wasserüber= schuß in Kaskaden oder an der glatten Mauerfläche unschädlich (Wasserpolster) ab= führen. Zur Entnahme des Nutzwassers dienen eiserne Rohrleitungen, welche die Mauer in verschiedenen Höhenlagen unter höchstem Staufpiegel durchdringen. (Grundablaß). Die wasserseitigen Verschlüsse — Drosselklappen, Schützen, Schieber, Zylinder=Segmentschützen — werden in freistehenden, an die Mauer gelehnten oder in derselben ausgesparten Schächten untergebracht. Die Gestänge werden in diesen Schächten bis zur Höhe der Mauerkrone emporgeführt, um daselbst durch Vorgelege betätigt zu werden. Die luftseitigen Betriebs= und Reserveverschlüsse, meist Schieber, sind innerhalb oder luftseitig der Stollen anzuordnen, in welchen die Entnahme= rohre die Mauer, mittels Mauerwerkspfropfen eingedichtet, durchqueren.

Die Entnahme wird auch wohl ganz oder teilweise durch Druck oder Rohr= leitungsstollen unter Umgehung der Mauer in das gesperrte oder ein benachbartes Tal geführt.

Druckstollen müssen unter allen Umständen auch im festen Gebirge eine glatte Aus= mauerung oder Betonierung erhalten.

---

[1] Vgl. Ziegler, Der Talsperrenbau. 2. Aufl. Berlin 1911. S. 209.

Anschlußleitungen aus Guß- oder Schmiedeeisen müssen der Dichtigkeit wegen weit in die Stollenmündungen hineingeführt werden. Der Stollenquerschnitt wird durch mehrere Leitungen ersetzt werden müssen, um die Verschlußvorrichtungen noch ausführen und betätigen zu können.

Der Stollen wird durch ein oder mehrere Revisionsschächte zugänglich erhalten, welche bei der Ausführung meist schon als Angriffspunkte gedient haben.

1 lfd. m Stollen von 3—4 qm lichtem Querschnitt kann je nach Länge, Gesteinsdruck, Gesteinsart, Wasserzudrang, Bewetterung, Stärke des Ausbaus und der Ausmauerung 50—500 M. kosten.

1 lfd. m schmiedeeisernes Rohr von 1,0 m Durchmesser und 10 mm Wandstärke wiegt einschl. Verbindungen nahe an 300 kg und kostet nach der Marktlage das lfd. Meter etwa 80 M. 1 lfd. m gußeisernes Rohr von 1 m l. Durchmesser wiegt bei 24 mm Wandstärke 610 kg und kostet etwa 95 M.[1])

1 gußeiserner Schieber für diesen Durchmesser kostet nach der Angabe der Firma Pfropfe, Hildesheim = 1350 M., 1 desgl. Drosselklappe = 850 M.

6. Insgemein.

Unter Insgemein ist eine Summe auszuwerfen für Auflagen, welche die Verwaltungsbehörden im hygienischen, forst-, bau- und sicherheitspolizeilichen Interesse machen, für Gerichtskosten, Sachverständigengutachten, für Aufnahmen von industriellen Werken, Schürfungen, Wassermessungen, Klär- und Filteranlagen, bakteriologischen und chemischen Wasseruntersuchungen, für Prüfungen von Baumaterialien für das Ausräumen der überstauten Fläche und Befreiung derselben von Pflanzenwuchs und Siedelungen, Instandsetzungsarbeiten nach eingetretenen Hochfluten usw. und nach Fertigstellung des Baues, Aufforstungen, gärtnerische Anlagen, Einzäunung des Beckengrundstücks, Visiereinrichtung.

Es ist für Telephon- oder Telegraphenanschluß des Sperrmauerwärters zu sorgen. Gehalt, Wohnung und Arbeitsgeräte für denselben sind anzusetzen.

Die Geldbeschaffung für den Bau erfolgt in Raten, entsprechend dem Baufortschritt, wodurch die Zinsen während der Bauzeit sich ermäßigen. Für die Jahreskosten kann nachstehende Zusammenstellung als Anhalt dienen.

Jährliche Unkosten.

Art der Anlagen	Verzinsung des Anlagekapitals %	Tilgung des Anlagekapitals %	Erneuerungsrücklagen %	Unterhaltung der Anlagen %	Gesamtbetrag der jährl. Auslagen %
Wasserbaulicher Teil.	4,0	0,75	—	0,25	4,5
Brücken, Dücker, Wege	4,0	0,5	0,3	0,3	5,1
Rohrleitungen.	4,0	0,5	0,7	0,3	5,5
Turbinenanlagen	4,0	0,5	3,5	2,0	10,0
Elektr. Teil der Kraftwerke . .	4,0	0,5	3,5	2,0	10,0
Hochbauten.	4,0	0,5	—	0,75	5,25
Filter	4,0	0,5	1,5	4,0	10,0

---

[1]) Erheblich billiger sind die von mir angegebenen, durch eine kontinuierliche Eisenblecheinlage gedichteten armierten Betonrohre (der Firma Grastorf in Hannover gesetzlich geschützt).

7. Bemerkungen zur Tabelle deutscher und österreichischer Talsperren.

Zu 1. Für Remscheid ist im Neyhetal eine Ergänzungstalsperre von 6 Millionen cbm Inhalt bei 11,57 qkm Niederschlagsgebiet, 24 m Stauhöhe, 31 m Mauerhöhe, 268 m Mauerlänge und 55 000 cbm Mauerinhalt gebaut.

Zu 2. Die Stadt Chemnitz baut bei Neunzehnhayn eine zweite Talsperre.

Zu 3a. Die Stadt Lennep hat ihre Talsperre durch 12 vorgelegte Pfeiler 3,0 m stark in Abständen von 9,5 m mit dazwischen gespannten senkrechten und wagerechten Gewölben verstärkt und den Stau um 3,0 m erhöht. Es wurde an Mauermörtel 32%, an Betonmörtel 45% des Rauminhalts gebraucht. Zeitschrift f. Bauwesen 1907, S. 227.

Zu 1—18 mit Ausnahme von 2 und 3a. Die Sperren sind unter Oberleitung von Intze für das Wupper-, Ruhr- und Roergebiet für Wasser- und Kraftgewinnungszwecke gebaut.

Zu 21. Der Preis des Kubikmeters Mauerwerk betrug 18,70 M., des Kubikmeters Mörtel 23,80 M.

Zu 20—25. Zur Aufspeicherung von Hochwasser und Abgabe von Betriebswasser von der Wassergenossenschaft zur Regulierung der Görlitzer Neiße bei Reichenberg in Böhmen erbaut. Die diesbezüglichen Angaben verdankt Verfasser der Liebenswürdigkeit der Herren Vorsitzenden Carl und Zimmermann.

Zu 26 und 27. Die Sperren sind von der Provinz Schlesien unter staatlicher Beihilfe als Hochwasserschutz gebaut.

Von dem Bauleiter Herrn Baurat Bachmann, dem auch die übrigen Angaben zu verdanken, wird der Preis des Kubikmeters Mörtel bei 26 zu 18 M., bei 27 zu 13 M. (Bobersand an Ort und Stelle gewonnen), der Preis des Kubikmeters Mauerwerk zu 16,05 M. bzw. 15 M. angegeben.

Zu gleichem Zwecke sind in Schlesien mit Staatsbeihilfe noch folgende Sperren gebaut:

Bezeichnung bezw. Flußlauf	Beckeninhalt Millionen cbm	Absolute Höhe des Stauspiegels über N. N.	Beckenoberfläche qkm	Größte Wassertiefe m	Größte Mauerhöhe m	Länge der Krone m	Überfalllänge m	Kosten pro cbm Beckeninhalt Pf.	Gesamtkosten einschl. Grunderwerb Millionen Mark
Grüßau I . . .	0,520	+ 468,6	0,320	3,35	4,74	428	53,4	37,0	0,193
Grüßau II . .	0,420	+ 466,4	0,320	5,50	6,26	369	81,5	50,0	0,207
Zillertal	3,000	+ 397,5	0,950	3,40	5,40	1544	90,0	37,0	1,100
Herischdorf . .	4,000	+ 345,5	2,250	7,10	7,00	1500	57,0	22,5	0,900
Warmbrunn . .	0,600	+ 355,2	2,000	9,70	10,00	3000	85,0	28,0	1,600
Schönau a. K. .	1,560	+ 281,5	0,284	17,95	19,45	127	20,0	24,0	0,382
Kl. Waltersdorf .	0,735	+ 337,9	0,200	11,20	13,00	146	21,3	31,0	0,226
Seitenberg . .	1,150	+ 519,5	0,250	15,50	17,30	559	30,0	24,0	0,285
Urnitz	0,910	+ 524,0	0,086	25,00	26,50	108	42,0	56,0	0,500
Arnoldsdorf . .	2,248	+ 378,0	0,575	14,18	16,40	625	42,6	22,0	0,500
Buchwald . . .	2,200	+ 524,8	0,640	12,80	14,80	216	50,0	50,0	1,100

Zu 29. Die Kosten des Kubikmeters Mauerwerk werden von Herrn Oberlandmesser Jasper zu 17 M., das Kubikmeter Verblendmauerwerk zu 21 M., das Kubikmeter Beton zu 26 M. angegeben.

8. Tabelle ausgeführter deutscher

Bearbeitet von Baurat

Laufende Nr.	Bezeichnung bzw. Flußlauf	Zeit der Erbauung	Becken-inhalt Millionen cbm	Absolute Höhe des Stau-spiegels über N. N.	Becken-ober-fläche qkm	Nieder-schlags-gebiet qkm	Größte Wassertiefe m	Größte Mauerhöhe m	Breite Krone m	Breite Sohle m
1	Remscheid	1889—1891	1,065	+ 242,00	0,134	4,50	17,00	25,00	4,00	14,50
2	Chemnitz	1890—1893	0,360	—	0,040	2,70	20,00	28,00	4,00	20,00
3	Panzerthal . . .	1893	0,117	+ 289,73	0,032	1,50	8,00	11,50	1,60	7,50
3a	Panzerthal (Erhöhung) . . .	1905	0,272	+ 292,73	—	—	11,00	14,75	3,29	15,50
4	Fuelbecke	1894—1896	0,700	+ 286,50	0,078	3,50	21,60	27,50	3,50	16,00
5	Heilenbele	1894—1896	0,450	+ 300,00	0,085	7,60	15,15	19,50	2,80	11,50
6	Bever	1896—1898	3,000	+ 286,43	0,520	22,00	16,00	25,00	4,00	16,70
7	Lingese	1897—1899	2,600	+ 340,50	0,388	9,00	18,50	24,50	4,50	15,90
8	Ronsdorf	1898—1899	0,300	+ 265,28	0,041	0,87	19,30	23,50	4,50	15,00
9	Barmen (Herbring-hausen)	1898—1900	2,500	+ 271,00	0,256	5,50	29,70	34,00	4,50	25,00
10	Urft	1900—1904	45,500	+ 322,50	2,160	375,00	52,50	58,00	5,50	55,00
11	Glüder (Sengbach) .	1900—1903	3,000	+ 147,00	0,236	11,80	36,00	43,00	5,00	36,50
12	Haspe	1901—1904	2,000	+ 285,90	0,183	8,00	27,50	33,70	4,00	23,60
13	Meschede (Henne) .	1901—1905	11,000	+ 302,43	0,763	52,70	30,43	37,90	5,00	28,00
14	Ennepe	1902—1904	10,000	+ 305,43	0,870	48,00	34,92	40,93	4,50	32,90
15	Verse	1902—1904	1,500	+ 435,20	0,170	4,70	23,65	29,10	4,00	19,60
16	Oster	1903—1906	3,100	+ 363,52	0,240	12,60	31,40	36,00	4,50	26,50
17	Glörbach	1903—1904	2,100	+ 308,70	0,210	7,20	27,70	32,00	4,50	23,20
18	Jubach	1904—1906	1,000	+ 343,70	0,117	6,60	23,20	27,80	4,50	19,20
19	Komotau	1900—1903	0,666	—	—	—	30,65	35,00	4,50	25,00
20	Harzdorfer Bach .	1902—1904	0,630	+ 372,00	0,1175	15,50	12,00	19,00	4,50	16,00
21	Friedrichswalde . .	1902—1906	2,000	+ 775,65	0,400	4,10	13,50	23,50	4,50	16,00
22	Voigtsbach	1904—1906	0,291	+ 392,50	0,087	6,90	9,00	15,80	4,50	10,50
23	Mühlscheibe . . .	1904—1906	0,211	+ 393,55	0,060	6,70	14,50	22,00	4,50	14,50
24	Görsbach	1908—?	0,500	+ 416,50	0,069	2,9 u. 8,9	15,50	21,50	4,50	14,50
25	Grünwald	1906—?	2,700	+ 509,00	0,420	5,5 u.21,1	14,50	20,00	4,50	15,00
26	Marklissa (Queis) .	1901—1905	15,000 5,000	+ 280,40 + 270,60	1,400	306	38,40	44,50	6,00	37,70
27	Mauer (Bober) . .	1904—12	50,000 20,000	+ 286,70 + 269,30	2,400	1210	46,70	48,20	6,00	50,23
28	Tambach (Gotha) .	1903—1905	0,775	+ 473,00	0,110	21	27,00	25,75	4,00	19,28
29	Thyra (Kreis Jlfeld)	1904—1905	0,822	—	0,116	5,515 u. 0,176	23,00	22,82	4,00	19,50
30	Geigenbach (Voigtland) . . .	1904—1908	3,300	—	0,305	9,862	36,00	42,00	4,00	35,00
31	Möhne	1908—	130,00	+ 213,30	10,16	416	32,75	40,30	6,00	34,20
32	Eber	1908—	20,200	+ 245,00	11,70	1426	40,50	48,00	5,80	35,14
33	Saale I	Projekt	73,000 90,000	+ 298,00 + 301,00	3,78 4,23	1620,40 —	47,00 50,00	58,00	6,00	51,00
34	Neye	1907—1908	6,000	+ 303,20	0,68	11,60	23,20	33,80	4,50	22,70
35	Lister	1909—1912	22,000	319,45	1,68	66,80	32,85	40,00	5,40	30,50

und österreichischer Talsperren.

Ziegler, Clausthal.

Grundrißform R =	Länge der Krone m	Überfall Länge m	Überfall Tiefe m	Größte Pressung luftseitig kg/qcm	Größte Pressung wasserseitig kg/qcm	Mauerwerk	Masse des Mauerwerks cbm	Mörtel	Kosten pro cbm Beckeninhalt Pf.	Gesamtkosten einschl. Grunderwerb Mill. Mark	Bemerkungen
125	160	20	—	5,50	—	Lenneschiefer Sp.-Gew. 2,7	17 000	1 Sand, 1½ Traß, 1 Kalk	53,6	0,536	
400	180	25	2,00	—	—	Ton-Quarzit-Hornblende-schiefer	—	½ Fettkalk, 1 Zement, 5 Sand	348	1,250	
125	127	10	0,50	4,20	—	Lenne-schiefer	2 800	1 Kalk, 1½ Traß, 1½ Sand	90	0,105	
—	132	9,5	0,75	3,07	0,15	—	—	1 Kalk, 1 Zement, 1½ Traß, 5 Sand	—	—	
150	145	30	1,0	—	—	Lenneschiefer Sp.-Gew. 2,7	18 000	1 Fettkalk, 1½ Sand, 1½ Traß	47	0,328	Selbsttätige Stauklappen 0,6 m hoch, Inhalt 3,3 Millionen cbm.
125	162	24	1,0	—	—	„	9 000	—	62	0,280	
250	235	54,6	1,40	4,80	—	—	32 000	1 Fettkalk, 1 Traß, 1¾ Sand	43	1,430	
200	185	29	1,00	5,25	6,00	Lenneschiefer	29 300		41	1,070	
125	155	60	—	—	—	„	18 200		170	0,510	
175	205	13	—	—	—	„	41 900		80	2,000	
200	228	90	1,50	—	—	—	152 000	1 hydr. Kalk, 1½ Traß, 1¾ Sand	9	4,000	
150	178	25	—	—	—	Gneisbruchstein	65 000		63	1,900	
225	260	20	—	—	—	—	57 000		68	1,360	
350	369	70	1,0	—	—	—	107 000		30,5	3,350	
250	275	70,2	1,15	—	—	—	93 000		29,0	2,982	
125	166	20	0,60	—	—	—	24 000		45,0	0,746	
150	227,5	19,5	1,00	—	—	—	50 800		57,6	1,785	
125	167,5	15,0	0,50	—	—	—	35 000	—	42,8	0,901	
125	152	10	0,50	—	—	—	27 600	—	63,5	0,630	
—	150	—	—	—	—	Gneis	48 000	1 Zement, 1 Kalk, 6 Sand, Gneisstaub bis 4 mm	—	1,233	
120	157	5 × 5,0	0,60	4,08	4,08	Granit	16 000	1 Zement, 1 Kalk, 1½ Traß, 4¾ Sand	113	0,70125	
300	340	2 × 8,0	—	7,35	7,35	„	42 000 à cbm 18,7 M.	„ à cbm 23,8 Mk.	78,2	1,5647	
175	145	3 × 5,0	—	4,50	4,00	Hornblende-Granit	12 000	1 Zement, 1 Kalk, 1½ Traß, 4¾ Sand	184	0,5355	
200	200	5 × 4,0	—	5,80	5,70	„	16 000	1 Zement, 1 Kalk, 1½ Traß, 4¾ Sand	280	0,605	
225	285,5	4 × 5,0	—	5,80	5,70	„	32 000	„	255	1,275	
350	420	4 × 5,0	1,00	4,50	4,50	„	43 000	„	100	2,800	
125	136	68,0 zwei Abfallstollen	2,00	7,29	9,03	Gneis, 2,74 Sp.-Gew.	64 000	1 Zement, ¾ Traß, ½ Kalk, 4 Sand	21,3	3,200	
250	280	84	1,50	10,64	10,71	Granitit, 2,67 Sp.-Gew.	250 000	1 Zement, ½ Traß, ⅛ Kalk, 5 Sand	20	8,100	
150	125	40	1,25	—	—	Porphyr	18 000	1 Zement, 1 Kalk, 5 Sand	116	0,900	
124,5	120,58	55	1,00	—	—	Grauwacke	17 700	1 Kalk, 1½ Traß, 1¾ Sand	100	0,822	
300 arabel	275	40	1,5 bis 2,50	6,70	8,90	Bruchstein	110 000	1 Zement, 0,2 Kalk, 3 Sand	90	3,000	
1000 600	640	264 u. 270	1,2	8,00	8,00	—	288 000	½ Ze., 1½ Ka., 2½ Tr., 6 Sd.	16	20,800	
300	400	152	2,00	13,12	—	Grauwacke und Tonschiefer	300 000	1 Ka., 1½ Tr., 2 Sd.	10	20,000	
300	—	160	3,00	10,14	10,14		220 000		7	5,000	
250	260	40,8	—	5,05	8,46		552 000		40	2,25	
250	264	140	1,15				107 000		19,1	4,20	

10. Städtische Tiefbauten.

A. Gaswerke.

Bearbeitet von Stadtbauinspektor a. D., Hochschuldozent Max Knauff in Charlottenburg.

Helligkeit. Sie wurde in Deutschland auf die Leuchtstärke einer 20 mm dicken Kerze bezogen, die bei 50 mm Flammenhöhe in 1 Stunde 7,7 g Paraffin verbraucht. 15 solcher Lichtstärken (Normalkerzen = NK) gelten als Normalgasflamme, diese aber wird durch einen Argandbrenner mit 32 Löchern je von 0,8 mm Durchmesser bei 150 l stündlichem Gasverbrauch erzeugt.

Die seit 1890 als Normalkerze anerkannte Hefnerkerze (HK), die auf dem Verbrennen von Amylacetat beruht, hat 20% mehr Leuchtkraft als die alte Normalkerze. Auch ist 1 HK = 1,095 englische Kerzen (Pentaneinheiten oder = 10,75 französische Carcel-Einheiten).

Gasbedarf. In 1 Stunde verbraucht

1 Privatflamme (6 mm Druck)	140 l
1 Auerbrenner (25 mm Druck)	75 l
1 Wenhamlampe für 33 NK-Lichtstärke	100 l
1 Muchallampe	150 l
1 Siemensbrenner von 100 NK	500 l
1 „ „ 350 NK	1500 l
1 „ „ 1000 NK	3800 l
1 Straßenlaterne (7 mm Druck), 35 m von der nächsten gegenüber entfernt	150 l
1 Herdflamme zum Sieden von 1 l Wasser	33 l
1 Gaskocher, Einlochbrenner, bei 70 mm Durchmesser des Brennringes, ...	450 l
1 Bratofen bei einer Innengröße von 0,50 × 0,28 × 0,24 m	850 l
1 Gasofen mit entleuchteter Flamme für 50 cbm Raum	300 l
1 Gasofen mit entleuchteter Flamme für 100 cbm Raum	700 l
1 Gasmotor bis 12 PS Motorstärke, für 1 PS	600 l
1 Gasmotor über 12 PS Motorstärke, für 1 PS . . .	470 l

Raumbeleuchtung nach folgenden Angaben einzurichten: Einfache Wohnräume von 20—25 qm Bodenfläche 2—3 Flammen. Sonst für 1 qm Bodenfläche 0,18 Flamme, bei Grundflächen von 400 qm an 0,25 Fl./qm.

Höhe der Flammen über dem Fußboden etwa in halber Raumhöhe, von 10—15 m Höhe ab in etwa ⅓ der Raumhöhe.

Auf 1 Einwohner kommen jährlich

in Großstädten	70 cbm Gas
in Mittelstädten	40 cbm „
in Kleinstädten	20 cbm „ (anfangs).

Wirtschaftlichkeit. 1 cbm Gas entwickelt im Mittel 5500 Wärmeeinheiten, wobei zur Erzielung vollkommener Verbrennung ebensoviel Liter Luft (5500 l) gebraucht werden. Eine Leuchtgasflamme entwickelt 1950° C-Temperatur.

Offene Lagerung mindert den Wert der Kohle um 3 bis 5%, bedeckte um 1,6 bis 4%.

Je nach Herkunft wiegt 1 cbm Kohle zwischen 703 und 796 kg, Koks zwischen 316 und 398 kg. 100 kg zu vergasende Kohle erfordern in Generatoren mit guter Vorwärmung der Luft etwa 11 kg Brennstoff.

Bedarfsschwankungen. Vom Jahresbedarf entfallen auf den Monat

Oktober	10%	April	6%
November	13%	Mai	5%
Dezember	15%	Juni	4%
Januar	13%	Juli	4%
Februar	10%	August	5%
März	8%	September	7%

Der größte Tagesverbrauch beträgt 0,65% des Jahresverbrauchs. Der größte Stundenverbrauch beträgt 15%, in Fabrikstädten bis 20% des täglichen Bedarfs.

Auf jede überhaupt vorhandene Flamme kommen in der Stunde des größten Verbrauches 80 l, in Fabrikstädten mindestens 90 l.

Auf jede Privatflamme kommen im Jahresdurchschnitt 60 cbm Gas. Gleichzeitig brennen höchstens 50% der Privatflammen.

Im Jahresdurchschnitt beträgt die Privatbeleuchtung 45%, der Verbrauch an Koch=, Heiz= und Motorgas 30% der Gesamtmenge, kann aber auch bis auf 50% steigen, Straßenbeleuchtung 10%.

Die Straßenlaternen haben in Großstädten 3600, in Mittelstädten 2400, in Klein=städten 1700 Brennstunden.

Der Gasverlust beträgt 5% der jährlichen Gasabgabe.

Rohrnetz. Zur Berechnung der stündlichen Gasmenge Q in Kubikmetern dient die Formel von Pole

$$Q = 0,0021 \cdot d^2 \sqrt{\frac{h \cdot d}{s \cdot l}} \quad \text{oder} \quad d = 11,8 \sqrt[5]{\frac{Q^2 \cdot s \cdot l}{h}},$$

worin bedeutet: d die Rohrweite in Millimetern, h den Druckverlust in Millimetern, s das spezifische Gewicht des Gases (im Mittel 0,42), l die Rohrlänge in Metern.

Das Gas betritt das Stammrohr mit 50—80 mm (Wassersäulen=)Druck. In den Nebenleitungen ist der Druck 25—50 mm, bei den Straßenbrennern 10—30 mm (12 bis 15 mm am günstigsten), bei den Privatflammen noch 5 mm, nachdem in den Privat=gasmessern ein Druckverlust von 5 mm stattgefunden hat.

Ein Steigen oder ein Fallen der Leitung um je 1 m bedingt eine Druckzunahme oder Druckabnahme von 0,8 mm.

Die folgende, nach der Poleschen Formel berechnete Tabelle gibt die Zahl der Flammen zu je 140 Std./l an, die von einer Leitung von der Länge m (in Metern) und vom Durchmesser d in Millimetern bei 5 mm Druckverlust geliefert werden kann.

Mit Hilfe nebenstehender Tabelle berechnet man das Gasnetz wie folgt, nachdem man die Druckverluste und die stündliche Gasabgabe jeder einzelnen Rohrstrecke er=mittelt hat, wobei von vorne herein die für die Gegenwart erforderliche Gasmenge mindestens um 50% zu erhöhen ist.

Beispiel. Eine inmitten des Gasnetzes befindliche 180 m lange Rohrstrecke soll stündlich 215 cbm Gas für die weiter folgenden Ausläuferstrecken bei einem Druckverlust von 25 mm liefern, welchen Durchmesser muß sie haben?

Man multipliziert die Streckenlänge 180 m mit dem Tabellendruckverlust 5 mm und dividiert das Produkt durch den gegebenen Druckverlust 25 mm. Das Ergebnis stellt eine Streckenlänge dar, zu der man für den verlangten Gasverbrauch die Rohr=weite d in der Tabelle aufsucht, womit der erforderliche Rohrdurchmesser gefunden ist.

Rohrweite D in mm

Länge m	40	50	60	80	100	125	150	175	200	225	250	275	300	350	400	450	500	550	600	650	700	750
10	128	238	399	866	1596	2852	4633	6792	9511	12729	16615	21053	26210	38533	53804	72226	93991	119280	148265	181111	217975	259009
20	90	168	280	613	1131	2018	3276	4791	6725	9001	11749	14866	18553	27247	38045	51071	66462	84344	104839	128065	154131	183147
30	74	136	230	500	921	1649	2675	3922	5491	7349	9593	12135	15132	22247	31064	41700	54266	68866	85601	104564	125848	149539
40	64	118	196	433	798	1425	2317	3442	4756	6364	8308	10536	13105	19266	26902	36113	46995	59640	74640	90555	108987	129504
50	57	106	179	387	714	1270	2072	3038	4254	5679	7431	9402	11721	17232	24062	32300	42034	53344	66306	80995	97481	115832
60	52	97	162	354	652	1163	1892	2773	3883	5196	6783	8538	10700	15731	21965	29486	38372	48696	60529	73937	88988	105740
70	48	90	153	327	603	1077	1751	2567	3595	4811	6280	7946	9906	14564	20336	27299	35525	45083	56039	68454	82387	97896
80	45	84	144	306	564	1009	1638	2402	3363	4500	5874	7433	9267	13623	19023	25536	33231	42172	52420	64032	77066	91573
90	43	79	136	289	532	950	1544	2264	3170	4243	5538	7008	8737	12844	17935	24075	31330	39760	49422	60370	72658	86336
100	41	75	127	274	505	901	1465	2148	3008	4025	5254	6648	8288	12185	17014	22840	29723	37720	46885	57272	68930	81906
120	37	68	119	250	461	823	1338	1961	2746	3674	4796	6069	7566	11123	15532	20850	27133	34433	42800	52282	62924	74769
140	35	63	110	231	427	761	1238	1815	2542	3410	4441	5619	7005	10298	14380	19303	25120	31879	39626	48404	58256	69223
160	32	59	102	217	399	712	1158	1702	2378	3182	4154	5268	6552	9633	13451	18056	23498	29820	37066	45278	54494	64752
180	30	56	94	202	376	671	1092	1597	2236	3000	3916	4955	6178	9082	12682	17024	22154	28115	34946	42688	51377	61049
200	29	53	86	194	357	637	1036	1518	2127	2846	3715	4701	5861	8616	12031	16150	21017	26672	33153	40498	48741	57916
220	27	50	85	185	340	607	988	1459	2028	2714	3542	4482	5588	8215	11471	15399	20039	25431	31610	38613	46472	55221
240	26	49	82	178	326	582	946	1387	1941	2598	3392	4292	5350	7865	10983	14743	19186	24348	30265	36969	44494	52870
260	25	46	78	170	314	559	914	1333	1865	2496	3259	4123	5140	7557	10553	14165	18433	23393	29077	35519	42748	50796
280	24	45	76	163	302	538	876	1283	1797	2405	3140	3973	4953	7282	10168	13649	17763	22542	28020	34227	41193	48948
300	23	43	73	158	292	520	846	1240	1737	2324	3034	3838	4785	7035	9823	13187	17160	21777	27069	33066	39797	47288
350	22	40	67	147	270	481	783	1148	1608	2152	2809	3554	4430	6513	9094	12208	15887	20162	25061	30613	36844	43780
400	20	37	63	137	253	450	733	1074	1504	2013	2627	3324	4144	6093	8507	11420	14861	18860	23443	28636	34465	40953
450	19	35	60	129	238	425	691	1001	1418	1896	2447	3134	3907	5744	8021	10767	14011	17781	22102	26998	32494	38611
500	18	34	56	122	226	403	655	961	1345	1800	2350	2974	3707	5449	7609	10214	13292	16869	20968	25613	30826	36629
600	—	—	—	—	—	367	598	877	1228	1647	2145	2714	3384	4976	6946	9324	12134	15399	19141	23381	28140	33438
700	—	—	—	—	—	340	554	812	1137	1521	1986	2513	3133	4606	6431	8633	11234	14257	17721	21647	26053	30958
800	—	—	—	—	—	318	518	759	1063	1423	1858	2351	2930	4308	6015	8075	10509	13336	16577	20249	24370	28958
900	—	—	—	—	—	301	488	716	1002	1342	1751	2216	2763	4062	5671	7613	9908	12573	15629	19091	22977	27302
1000	—	—	—	—	—	—	463	679	951	1273	1662	2102	2621	3853	5380	7223	9399	11928	14827	18111	21797	25901
1200	—	—	—	—	—	—	423	620	868	1162	1517	1919	2393	3518	4912	6593	8580	10889	13535	16533	19898	23644
1500	—	—	—	—	—	—	378	556	777	1092	1359	1762	2140	3146	4393	5897	7674	9739	12106	14788	17798	21148
2000	—	—	—	—	—	—	328	480	673	901	1175	1487	1853	2725	3804	5107	6646	8434	10484	12806	15413	18315

Nur für die Rohrweiten von 150 mm und mehr stimmen die Ergebnisse dieser Tabelle mit der Poleschen Formel überein, die für die Rohrweiten von 40—125 mm zu große Q-Werte ergibt. Diese wurden daher mit den Beiwerten 0,75—0,97 multipliziert, um die erfahrungsgemäß richtigen Tabellenwerte zu erhalten[1]).

[1]) S. des Ingenieurs Taschenbuch die „Hütte".

In vorliegendem Falle iſt

$$\frac{5}{25} \cdot 180 = 36 \text{ m.}$$

Die Flammenzahl, die 215 cbm = 215 000 l Gas entſpricht, iſt

$$215\,000 \cdot \frac{1}{140} = 215\,000 \cdot 0{,}007 = 1505 \ .$$

Aus der Tabelle geht hervor, daß eine 36 m lange Leitung für 1505 Flammen ein d = 0,125 haben muß, denn bei 30 m Länge ſpeiſt das Rohr 1649 Flammen, bei 40 m Länge 1425 Flammen.

Beiſpiel. Den Druckverluſt einer 400 mm weiten, 900 m langen Rohrſtrecke, die 1350 cbm Gas für 1 350 000 · 0,007 = 9450 Flammen liefern ſoll, findet man folgendermaßen.

Bei 5 mm Druckverluſt kann zufolge der Tabelle die Leitung rd. 320 m lang ſein, um 9450 Flammen zu ſpeiſen. Man findet dann die erforderliche Druckhöhe aus der Beziehung

$$\frac{900}{320} \cdot 5 = 14{,}1 \text{ mm.}$$

Im übrigen iſt das Leitungsnetz von der an möglichſt tief liegender Stelle zu er=
bauenden Gasanſtalt her mit Steigung gegen die Rohrausläufer (Kopfenden) zu verlegen.

Die Gaserzeugung ſtützt ſich auf folgende Einrichtungen: Retortenöfen (eine
einzelne ○= oder ◠ =förmige Retorte liefert je nach ihrer Größe in 24 Std. bei Roſt=
feuerung 110—220 cbm Gas, bei Generatorfeuerung gegen 300 cbm), Vorlagen, Konden=
ſatoren und die ſogenannten, in beſonderem Hauſe unterzubringenden Apparate:
Scrubber, Exhauſtoren, Reinigungskäſten, ſodann auf Abſperrvorrichtungen, Stations=
gasmeſſer, Gasbehälter, Druckregulator, endlich auf Maſchinen zur Förderung, Zer=
kleinerung, Retortenladung für Kohlen und Koks, Einrichtungen zur Vermehrung der
Leuchtkraft des Gaſes (durch Benzoldampf u. a. m.)[1].

Gasbehälter. Die Abmeſſungen und Wandſtärken des gemauerten Waſſer=
behälters bei 10, 15 und 20 m Durchmeſſer ſind etwa:

4,3 m hoch, 0,38 m oben, 0,90 m unten dick
5,0 m „ 0,51 m „ 1,29 m „ „
6,0 m „ 0,64 m „ 1,68 m „ „

Die Blechſtärke der Gasglocke kann folgenden Angaben entnommen werden:

bei 6 m Durchmeſſer: Mantelblech 10 kg, Deckenblech 12,5 kg/qm
„ 11 bis 17 m „ „ 16 kg, „ 16 bis 18 kg/qm
„ 18 „ 26 m „ „ 17 kg, „ 18 „ 20 kg/qm
„ 27 „ 54 m „ „ 18 kg, „ 20 „ 24 kg/qm

Anzahl der Führungsſäulen bis 21 m ⌀ 8, bis 27 m ⌀ 10, bis 31 m ⌀ 12, bis 31 m ⌀ 14.

Faſſungsvermögen der Gasbehälter mindeſtens 50% des größten Tagesbedarfs,
bei kleineren Werken 100%.

Ausbeute. 1000 cbm Gas erfordern und ergeben 3500 kg Kohle, 1400 kg Koks,
170 kg Teer, 450 kg Ammoniakwaſſer.

Für alle dieſe Stoffe ſind Lagerräume von etwa 6 Wochen Aufſpeicherungszeit
vorzuſehen.

[1] Einzelne Preisangaben über Retorten und Apparate befinden ſich im Techniſchen Auskunftbuch
von Joly, ſind auch den Preisbüchern der Berlin=Anhaltiſchen Maſchinenfabrik in Berlin zu entnehmen.

Stationsgasmeſſer mit gußeiſernen Gehäuſen und Trommeln aus Weißblech haben folgende Rohrweiten für Ein- und Ausgang

bei 30 60 90 120 150 200 250 300 500 1000 1700 Std./cbm

80 100 125 150 150 175 225 250 300 400 500 mm

Baukoſten. Nach vorliegenden Erfahrungen[1] ſtellen ſich die Anlagekoſten von Gaswerken einſchl. des Rohrnetzes für 1 cbm Jahresverbrauch

bei 50 000 cbm auf 1,50 M., insgeſamt alſo auf 75 000 M. für etwa 2 000 Ew.

„ 75 000 cbm „ 1,35 „ „ „ „ „ 100 000 „ „ „ 3 000 „

„ 100 000 cbm „ 1,25 „ „ „ „ „ 125 000 „ „ „ 4 000 „

„ 150 000 cbm „ 1,00 „ „ „ „ „ 150 000 „ „ „ 6 000 „

„ 200 000 cbm „ 0,90 „ „ „ „ „ 180 000 „ „ „ 8 000 „

„ 300 000 cbm „ 0,80 „ „ „ „ „ 240 000 „ „ „ 10 000 „

„ 400 000 cbm „ 0,75 „ „ „ „ „ 300 000 „ „ „ 12 000 „

„ 500 000 cbm „ 0,70 „ „ „ „ „ 350 000 „ „ „ 14 000 „

Von der Geſamtſumme entfallen auf das Grundſtück 3%, auf Hochbauten und Verwaltungsgebäude 25%, Ofenanlage 8%, Betriebseinrichtungen 13%, Gasbehälter 12%, Rohrnetz 33%, Straßenbeleuchtung 6%.

Rentabilität. Sie ſtütze ſich in folgendem Beiſpiel auf folgende Annahmen:

a) Aus 100 kg Steinkohle werden gewonnen 27 cbm Gas, 5 kg Teer.

b) Es werde für 100 kg gezahlt: Steinkohle 2,20 M., Koks 2 M., Teer 3 M.

c) Es koſtet 1 cbm Gas für

Privatabnehmer . . . . 0,22 M.

Rathaus, Schulen uſw. . . . . 0,20 „

Straßenbeleuchtung . . . . 0,20 „

Koch-, Heiz- und Motorzwecke . . . . 0,16 „

d) Die Stadt habe 2500 Einwohner, deren Gasverbrauch auf 75 000 Jahres/cbm zu ſchätzen iſt. Die Baukoſten des Werks betragen alſo 75 000 · 1,35 = 100 000 M.

Ausgaben.

1. Steinkohlen 75 000 · 100 : 27 = 278 000 kg zu 0,022 M. = 6116 M.

2. Dem Gasmeiſter an Gehalt außer freier Wohnung, Feuerung u. Licht 1200 „

3. 1 Feuermann, 365 Schichten zu 3 M. . . . . 1095 „

4. 1 Hilfsfeuermann im Winter, 150 Schichten zu 2,50 M. . . . 375 „

5. Laternenanzünder . . . . 250 „

6. Steuern, Verſicherungen, Bureaunkoſten . . . . 300 „

7. Unterhaltung der Öfen, Apparate und Laternen . . . . . . 364 „

8. Verzinſung und Tilgung des Baukapitals, 6% von 100 000 M. 6000 „

zuſammen 15700 M.

Einnahmen.

1. 44 000 cbm Gas an Privatabnehmer zu 0,22 M. . . . . . . 9680 M.

2. 19 000 cbm Kraft-, Heiz- und Motorgas zu 0,16 M. . . . . 3040 „

3. 30 Abendlaternen zu 1000 Brennſtunden und 20 Nachtlaternen zu 2000 Brennſtunden ergeben zuſammen 70 000 Brennſtunden mit 0,125 cbm Gasverbrauch = 8750 cbm zu 0,20 M. . . . . 1750 „

Zu übertragen: 14470 M.

---

[1] der Berlin-Anhaltiſchen Maſchinenbau-Aktiengeſellſchaft, Berlin.

Übertrag 14470 M.

4. 1000 cbm Leuchtgas für öffentliche Gebäude, Schulen, Kranken-
häuser zu 0,20 M. 200 „

5. 83 400 kg Koks = 30% vom Kohlengewicht zu 0,02 M. . . . 1668 „

6. 13 900 kg Teer = 5% vom Kohlengewicht zu 0,03 M. . . . 417 „

7. Für Graphit, Ammoniakwasser, Reinigungsmasse . . . . . . 100 „

8. Gasmessermiete = 0,7% vom Anlagekapital . . . . 700 „

9. An Gewinn für Anschlußleitungen und anderen Gasarbeiten . 445 „

zusammen 18000 M.

Der Überschuß beträgt sonach 2300 M.; er kann zum Teil zu Abschreibungen auf das Werk benutzt werden.

Gaspreise. Sie sind stets im einzelnen Fall festzusetzen, da sie zu sehr von den verschiedenen örtlichen Preisen für Kohle und Löhne abhängen. Einen Anhalt gewähren die Gaspreise von Nachbarwerken. Im allgemeinen wird in kleineren deutschen Städten für 1 cbm Leuchtgas 22 Pf., für 1 cbm Kraft-, Koch- und Heizgas 16 Pf. gezahlt. Groß-städte setzen vielfach einen Einheitspreis fest (Charlottenburg 13 Pf.). Die Selbst-kosten betrugen in einer Stadt von 42000 Einwohner kaum 8 Pfg. und in einer Stadt von 6000 Einwohner 15 Pfg./cbm.

Hausleitungen. Bis zu 50 mm Weite bestehen die Rohre aus Schmiedeeisen. Die Leitungen für Treppenbeleuchtung sind von denen für Zimmerbeleuchtung ge-sondert, also so anzuordnen, daß die Hauptstränge beider eigene Absperrhähne erhalten können.

Die Rohrweiten sind folgender Tabelle zu entnehmen, die die Flammenanzahl bei 5 mm Druckverlust und 160 l Verbrauch für je 1 Std./Fl. angibt.

Länge	Rohrweite in mm							
m	10	13	16	19	25	32	38	51
2,5	6	13	23	35	72	128	196	437
5,0	4	9	16	24	51	90	139	309
10,0	3	6	11	17	36	64	98	218
15,0	2	5	9	14	29	52	80	178
20,0	2	5	8	12	26	45	69	154
25,0	2	4	7	11	22	40	62	138
30,0	1	4	6	10	20	37	56	126
35,0	1	3	6	9	19	34	53	117
40,0	1	3	5	8	18	31	49	109
45,0	1	3	5	8	17	30	46	102
50,0	—	3	5	8	16	29	44	98
60,0	—	2	5	7	14	26	40	89
70,0	—	2	4	6	14	24	37	82
80,0	—	2	4	6	13	23	35	77
90,0	—	2	4	5	12	21	32	73
100,0	—	—	3	5	11	20	31	69
110,0	—	—	3	5	11	19	29	66
120,0	—	—	3	5	10	18	28	62
130,0	—	—	3	5	10	17	27	60
140,0	—	—	3	5	9	17	26	58
150,0	—	—	2	4	9	17	25	56
160,0	—	—	2	4	9	16	24	54
170,0	—	—	2	4	8	15	23	53
180,0	—	—	2	4	8	15	23	51
190,0	—	—	2	4	8	14	23	50
200,0	—	—	2	4	8	14	22	49

Gasmesser. Gasabgabe und Preise einschl. Eichgebühr für verschiedene Flammen-zahlen (Fl) wie folgt:

Fl.	3	5	10	20	30	50	60	80	100	150	200	Stck.
d	13	19	19	25	32	38	38	51	51	64	64	mm
M.	29	35	45	63	80	113	142	198	240	320	440	M.

Rohrlegungskosten. Für das Stadtrohrnetz gelten die Preise für ein Wasser-rohrnetz (siehe Abschnitt Wasserwerk). Nicht zu vergessen sind Wassertöpfe an Tief-stellen des Rohrnetzes.

Für die inneren Hausleitungen gelten[1]) folgende Preise einschl. der Löhne und des Unternehmergewinnes:

d	10	13	20	25	32	40	50	65	80	100	mm
M.	1,10	1,30	1,60	2,10	2,70	3,40	4,50	7,00	8,50	12,40	M.

Die hiermit erhaltene Bausumme ist zu erhöhen bei schwarzen Rohren

um 25% wegen der Formstücke

„   3%   „   „ Befestigungsmittel.

Dabei sind Decken- und Wandscheiben je mit 0,40 M. und Deckenstutzen mit Muffe und Pfropfen mit 0,50 M. besonders zu verrechnen.

Die erforderlichen Stemm- und Maurerarbeiten sowie sonstige Bauarbeiten sind für sich je nach den örtlichen Umständen zu veranschlagen.

Anschlußleitung. Die Baukosten der Verbindungsleitung zwischen dem Straßen-rohr und dem Hausrohrnetz werden nach Tarifen bestimmt, die von den Verwaltungen des Gaswerks für jedes Baujahr festgesetzt sind. Der Tarif umfaßt jedoch zumeist auch noch andere Gasarbeiten, u. a. z. B. solche im Hausinneren, die oft von dem Gaswerk auf Kosten des Bestellers bewirkt werden.

Als Beispiel eines solchen Tarifs wird ein Auszug des vom 1. April 1908 ab bis auf weiteres für Charlottenburg gültigen Preisverzeichnisses vorgeführt; es umfaßt aber nicht Pflasterarbeiten und Fuhrlöhne.

a) Gußeiserne Rohrleitungsgegenstände mit Verlegen.

Durchmesser in mm	40	50	65	80	100	125	150	200	250
1 m gerades Muffenrohr	4,00	4,50	5,40	6,70	7,70	9,75	12,05	16,50	21,90
1 Muffenbogen	5,15	5,75	6,90	9,70	13,30	18,00	22,70	36,25	46,05
1 Spundrohr	9,15	11,25	14,20	15,30	18,00	27,15	31,05	40,75	58,05
1 Kreuzspundrohr	13,35	15,55	18,05	20,00	21,60	31,20	38,85	48,20	65,85
1 Überschieber	6,50	7,60	8,95	10,05	12,60	15,25	19,15	25,75	34,75
1 Eindichtung	2,45	2,90	3,40	4,30	5,20	6,30	7,50	11,20	14,85
1 Überwurf	—	—	—	10,50	11,55	13,90	15,60	18,25	22,00
1 m gerades Flanschrohr	7,50	8,40	11,65	13,50	16,20	21,70	25,80	37,75	50,10
0,5 m gerades Flanschrohr	5,65	—	—	—	—	—	—	—	—
1 Wassertopf mit Haube ohne Sauge-vorrichtung	46,05	47,85	57,45	62,10	66,40	88,50	92,05	132,75	183,90
1 Absperrtopf mit Haube ohne Sauge-vorrichtung	—	42,25	50,35	54,60	73,15	—	—	—	—

[1]) Nach David Grove, Berlin.

1 Saugevorrichtung von 0,50 m Rohr 6,45 M.; 1 m Rohr mehr 1,15 M.

1 Straßenflanschet 40 mm, oval, mit Stutzen und 2 Schrauben, einschl. Verpackung

a) mit 20 mm Stutzen	b) mit 26 mm Stutzen	c) mit 33 mm Stutzen	d) mit 40 mm Stutzen
1,90 M.	2,05 M.	2,40 M.	2,65 M.

1 Straßenflanschet 40 mm, rund, mit Stutzen und 4 Schrauben, einschl. Verpackung mit 40 mm Stutzen 3,30 M.

1 Straßenflanschet rund, mit Stutzen ohne Schrauben, aber einschl. Verpackung:

a) 50 mm mit 40 mm Stutzen 3,45 M. e) 80 mm mit 50 mm Stutzen 5,35 M.

b) 50 mm „ 50 mm „ 3,70 „ f) 80 mm „ 65 mm „ 5,60 „

c) 65 mm „ 50 mm „ 4,35 „ g) 80 mm „ 80 mm „ 6,15 „

d) 65 mm „ 65 mm „ 4,50 „ h) 100 mm „ 80 mm „ 7,65 „

1 Flanschetschraube: 13 mm 0,10 M., 16 mm 0,15 M., 20 mm . 0,20 M.

1 Wassertopfhaube . . . . 9,90 „

1 Entfernungstafel einschl. Anbringen . . . . 2,50 „

b) Schmiedeeiserne Gegenstände ohne Verlegen aber einschl. Dichtungsstoffe.

Durchmesser in mm	7	10	13	20	26	33	39	52	65	79
1 m bejutetes Rohr, aber mit Verlegen	—	—	—	—	—	—	3,60	4,60	6,80	8,10
1 bejuteter Bogen, aber mit Verlegen .	—	—	—	—	—	—	2,55	3,40	6,10	8,45
1 m gerades Rohr	0,55	0,55	0,70	0,90	1,20	1,70	2,10	2,95	4,80	5,60
1 Kniestück	0,20	0,25	0,25	0,30	0,35	0,50	0,60	1,05	2,30	3,95
1 T-Stück	0,20	0,20	0,25	0,30	0,35	0,50	0,60	1,00	2,20	3,80
1 Kreuzstück	0,35	0,35	0,45	0,55	0,70	0,95	1,15	1,80	4,95	9,25
1 Langgewinde	0,25	0,25	0,30	0,40	0,55	0,75	1,00	1,45	2,75	3,60
1 konischer Nippel	0,05	0,06	0,08	0,09	0,15	0,25	0,25	0,35	0,60	0,75
1 Rohr Doppelnippel 40 mm lang . .	0,05	0,07	0,10	0,11	0,15	0,25	0,25	0,35	0,50	0,65
1 „ „ 60 „ „ . .	0,05	0,07	0,10	0,11	0,15	0,25	0,25	0,35	0,50	0,65
1 „ „ 80 „ „ . .	0,06	0,08	0,10	0,15	0,20	0,25	0,30	0,40	0,60	0,80
1 Stöpsel	0,06	0,06	0,08	0,10	0,15	0,16	0,20	0,30	0,60	1,10
1 Kappe	0,07	0,07	0,10	0,15	0,20	0,25	0,30	0,50	1,00	1,40
1 gerade Muffe	0,05	0,06	0,07	0,08	0,11	0,15	0,20	0,30	0,70	0,95
1 Reduktionsmuffe	0,08	0,08	0,10	0,15	0,15	0,20	0,25	0,35	0,75	1,20
1 Kniedeckenscheibe	—	0,30	0,45	—	—	—	—	—	—	—
1 T-Deckenscheibe	—	0,30	0,40	—	—	—	—	—	—	—
1 Bogen	0,15	0,20	0,25	0,30	0,40	0,65	0,80	1,30	3,05	4,60
1 Hefthaken	0,02	0,02	0,03	0,03	0,04	0,05	0,06	0,07	0,09	0,12
1 Blechkloben (Rohrkloben) mit Schrauben	—	0,10	0,15	0,17	0,20	0,25	0,35	0,35	0,40	
1 Blechkloben mit Steg ohne Schrauben	—	0,11	0,15	0,20	0,25	0,30	0,40	0,45	0,55	0,65
1 Haupthahn	—	—	—	4,05	7,80	10,15	12,75	22,50	46,50	70,50
1 Haupthahnschlüssel	—	—	—	0,85	1,15	1,15	1,35	2,35	3,45	3,90

1 Knieventil . . . . 79 mm 42,00 M., 104 mm 48,00 M.

1 Durchgangsventil . . . . . 79 mm 40,50 M., 104 mm 54,00 M.

1 Durchgangssperrventil . . . . 79 mm 43,50 M., 104 mm 55,50 M.

Arbeitslohn.

1 Rohrleger- oder Schlosserstunde . . . . 0,85 M.

1 Arbeiterstunde . . . . 0,65 M.

c) Gasmesserzubehör und Instandsetzung von Gasmessern.

Flammenzahl der Gasmesser	3	5	10	20	30	40	60	80	100	150
Miete für das Jahr	1,80	2,40	3,00	4,80	5,40	7,80	10,20	13,20	15,60	24,00
1 Mutter mit Hülse (Gasmesserverschraubung)	0,60	0,60	0,90	1,20	1,80	2,25	2,65	3,25	3,25	5,10
1 Gasmesserbrett	0,30	0,45	0,60	—	—	—	—	—	—	—
1 Gasmesserleiste	—	—	—	0,25	0,25	0,30	0,30	0,30	0,35	0,40
1 Gasmesserstütze mit Steinschrauben	0,65	0,70	0,90	1,20	—	—	—	—	—	—
1 Gasmessereinschlagstütze	—	0,35	0,40	0,45	—	—	—	—	—	—
Auswechseln eines Gasmessers einschl. Beförderung	2,25	2,25	2,50	3,35	3,75	4,50	6,00	7,75	8,75	10,75
Für Prüfung eines Gasmessers	0,40	0,40	0,50	0,60	0,70	1,10	1,20	1,30	2,40	2,50
Eichgebühren	2,80	2,80	4,00	5,20	6,40	6,40	8,80	10,00	10,00	11,40

B. Wasserwerke.

Bearbeitet von Stadtbauinspektor a. D. und Hochschuldozent Max Knauff, Charlottenburg.

1. Wasserverbrauch im einzelnen.

A. 1 Mann in der Kaserne . . . . täglich 20 l
   1 Stadtbewohner . . . . „ 50 l
   1 Bewohner eines Landhauses . . . . „ 100 l
   1 Insasse eines Krankenhauses . . . . „ 180 l

B. Abortspülung . . . . einmalig 7 l
   Harnbecken mit ununterbrochener Spülung . . . . stündlich 60 l
   Regenbad. . . . . einmalig 25 l
   Sitzbad . . . . „ 30 l
   Wannenbad . . . . „ 300 l
   Schwimmbecken: täglich einmalige Wassererneuerung.

C. Kleinere Springbrunnen . . . . sekundlich 1 l
   1 qm Straßenbesprengung . . . . einmalig 1 l
   1 qm Gartenbesprengung . . . . „ 1,5 l
   Feuerlöschen, aus zwei Strahlrohren, stündlich. . . . . 30 000 l

D. 1 Schaf, Ziege, ohne Stallreinigung . . . . täglich 8 l
   1 Schwein, Kalb, ohne Stallreinigung . . . . „ 13 l
   1 Ochse, Kuh, ohne Stallreinigung . . . . „ 45 l
   1 Pferd, ohne Stallreinigung . . . . „ 50 l
   1 Stand des Stalles einschl. Futtergang zu reinigen. . . . . . einmalig 30 l
   1 Arbeitswagen zu reinigen. . . . . „ 80 l
   1 Personenwagen zu reinigen . . . . „ 200 l

E. 1 PS von Heißdampflokomobilen, 30 bis 50 PS . . . . stündlich 8 l
   1 PS „   „   20 „ 25 PS . . . . „ 9 l
   1 PS „   „   10 „ 15 PS . . . . „ 10 l
   1 PS „ Dieselmotoren . . . 10 „ 50 PS . . . . „ 15 l

1 PS von Sauggasmotoren . . 10 bis 50 PS . . . . stündlich 40 l

1 PS „ Hochdruckdampfmaschinen . . . . „ 200 l

1 PS „ Mitteldruckdampfmaschinen . . . . „ 400 l

1 PS „ Niederdruckdampfmaschinen . . . . „ 800 l

2. Wasserbedarf ganzer Städte. Der tägliche Wasserbedarf an Wirtschaftswasser, Abortspülwasser, Gewerbewasser des Kleingewerbes und an Wasser für öffentliche Zwecke ist, wenn nicht besondere Umstände andere Annahmen bedingen, wie folgt anzunehmen.

Kleinstadt bis zu 10 000 Einwohnern . . . . 60 l

„ „ „ 30 000 „ . . . . 70 l

Mittelstadt „ „ 70 000 „ . . . . 80 l

„ „ „ 100 000 „ . . . . 100 l

Großstadt „ „ 150 000 „ . . . . 120 l

„ über 150 000 „ . . . . 150 l

Der Wasserbedarf des Großgewerbes und der Industrie ist für sich zu ermitteln. Im Zweifelsfalle sind für zu bebauende Fabrikviertel sekundlich 3 l/ha = 108 cbm/ha binnen 10 Stunden anzunehmen.

Der für Städte angegebene Tagesbedarf ist ein mittlerer, an Sommertagen (Juli) oder Wintertagen (Januar) vermehrt oder vermindert er sich um gut 40%.

3. Sekundlicher Wasserverbrauch in Städten. Erfahrungsgemäß werden 70% des Wassers schon in 11 Tagesstunden verbraucht, so daß das Stundenmittel 6,4% beträgt, bei Schwankungen zwischen 5 und 8%. Während dieser Tagesstunden beträgt also der mittlere sekundliche Verbrauch

$$70 \cdot \frac{1}{11} \cdot \frac{1}{3600} = 0,00177 = \text{rd. } 0,0018\% .$$

Sonach erhält man die sekundliche Wassermenge in Litern (sl), die für das Wasserhebewerk in Frage kommt, wenn man den täglichen Gesamtwasserbedarf in Kubikmetern mit dem Beiwert 0,018 multipliziert. Bedarf z. B. eine Stadt täglich 1500 cbm Wasser, so muß das Hebewerk binnen 11 Tagesstunden liefern können

$$1500 \cdot 0,018 = 27 \text{ sl} .$$

Mit Anwendung des Beiwertes ist folgende Tabelle berechnet, die den sekundlichen Wasserbedarf von 1 ha bei verschiedener Bewohnerzahl angibt.

Tabelle 1.
Mittlerer und größter Wasserverbrauch in sl/ha.

Täglich	50 l	60 l	70 l	80 l	100 l	120 l	150 l	180 l
80 Ew.	0,07	0,09	0,10	0,12	0,14	0,17	0,22	0,26
	0,10	0,13	0,14	0,17	0,20	0,24	0,31	0,36
100 „	0,09	0,11	0,13	0,14	0,18	0,22	0,27	0,32
	0,13	0,15	0,18	0,20	0,25	0,31	0,38	0,45
120 „	0,11	0,13	0,15	0,17	0,22	0,26	0,32	0,39
	0,15	0,18	0,21	0,24	0,31	0,36	0,45	0,55
150 „	0,14	0,16	0,19	0,22	0,27	0,32	0,41	0,49
	0,20	0,22	0,27	0,31	0,38	0,45	0,57	0,69

O.-Sch.

Täglich	50 l	60 l	70 l	80 l	100 l	120 l	150 l	180 l
180 Ew.	—	⎧ 0,19	0,23	0,26	0,32	0,39	0,49	0,58 ⎫
	—	⎩ 0,27	0,32	0,36	0,45	0,55	0,69	0,81 ⎭
200 „	—	⎧ 0,22	0,25	0,29	0,36	0,43	0,54	0,65 ⎫
	—	⎩ 0,31	0,35	0,41	0,50	0,60	0,76	0,91 ⎭
250 „	—	⎧ 0,27	0,32	0,36	0,45	0,54	0,68	0,81 ⎫
	—	⎩ 0,38	0,45	0,50	0,63	0,76	0,95	1,13 ⎭
300 „	—	—	⎧ 0,38	0,43	0,54	0,65	0,81	0,97 ⎫
	—	—	⎩ 0,53	0,60	0,76	0,91	1,13	1,36 ⎭
350 „	—	—	⎧ 0,44	0,50	0,63	0,76	0,95	1,13 ⎫
	—	—	⎩ 0,62	0,70	0,88	1,06	1,33	1,58 ⎭
400 „	—	—	⎧ 0,50	0,58	0,72	0,86	1,08	1,30 ⎫
	—	—	⎩ 0,70	0,81	1,01	1,20	1,51	1,82 ⎭

4. Wasserbedarf einzelner Straßen. Wenn die Stadt ziemlich gleichmäßig angelegt und bewohnt ist, wenn also auf 1 ha Stadtfläche fast überall gleich große Straßenlängen mit nahezu gleicher Einwohnerzahl kommen, so braucht man nicht die zu den einzelnen Straßenstrecken gehörigen Flächen zu berechnen (zu planimetrieren) und an der Hand der Tabelle 1 deren Wasserbedarf zu bestimmen. Man fertigt sich dann vielmehr einen Wassermaßstab an, der die Litermenge abzugreifen gestattet, die jeder Straßenlänge entspricht.

Hat z. B. eine solche Stadt ein Straßennetz von 17 900 m und beträgt ihr Wasserbedarf bei Tage 27 sl, so entsprechen 17 900 : 27 = 663 m Straßenlänge einem Liter Wasser. Man trägt diese 663 m im Maßstabe des Stadtplanes auf und teilt die so gewonnene 1 Liter-Strecke in 10 Teile: man kann dann die zu einer beliebigen Straßenstrecke gehörigen sl bis auf 2 Dezimalstellen genau abgreifen. Bei Kleinstädten wird der Wassermaßstab 0,1 sl auf 100 m Straßenlänge ergeben. Außer dem danach zu bestimmenden Verbrauchswasser muß jede Straßenleitung mindestens 3,5 sl Feuerlöschwasser liefern können.

5. Geschwindigkeitsformeln. Für die Bewegung reinen Wassers in gußeisernen Leitungen gelten die Kutter-Knauffschen Formeln[1])

$$v = \frac{58 \cdot d \cdot \sqrt{J}}{\sqrt{d} + 0,50}, \text{ wenn } d < 0,50 \text{ m } (n = 0,01075)$$

$$v = \frac{53 \cdot d \cdot \sqrt{J}}{\sqrt{d} + 0,50}, \text{ wenn } d \gtreqless 0,50 \text{ m } (n = 0,012) .$$

Außerdem gilt die allgemeine Formel $v \cdot F = Q$.

Die Rauhigkeitsbeiwerte n beruhen auf vielen tatsächlichen Beobachtungen an deutschen Wasserleitungsnetzen.[1])

In den Formeln bedeutet v die sekundliche Durchflußgeschwindigkeit in Metern, d den Rohrdurchmesser in Metern, J das Wasserspiegelgefäll, z. B. 0,0039 (= 1 : 256), F den Querschnitt des Rohrs in qm, Q die sekundliche Wassermenge in Kubikmetern.

Die Bewegungsbedingungen nach diesen Formeln sind auf der folgenden Textseite logarithmographisch dargestellt. Besondere Werte für F, $\sqrt{d}$ und J befinden sich in Tabellen des Abschnittes Stadtentwässerungen.

---

[1]) S. Knauff, Formeln für städtische Leitungen, Gesundheits-Ingenieur, 1887.

Darstellung der Bewegungsbedingungen reinen Wassers in eisernen asphaltierten Leitungen.

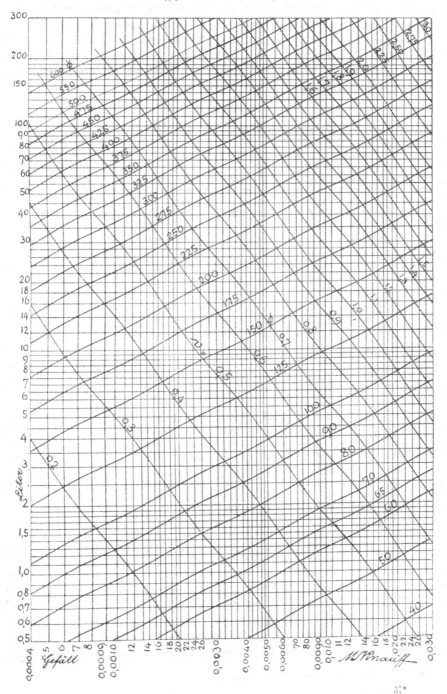

6. Baukosten des Rohrnetzes. Die Baukosten setzen sich zusammen aus den Preisen für Pflasterung, Erdarbeit, Anfuhr der Baustoffe, Einrichtung und Bewachung eines Lagerplatzes, Bruch, Verschnitt, Strick, Blei, Feuerung, Verlegung einschl. Kassengelder und Aufsicht, Geschäftsunkosten und Gewinn des Unternehmers.

Die in folgender Tabelle ausgeworfenen Preise betreffen die Rohrlieferung frei Bahnhof der Stadt Erdarbeit[1]) und Absteifung[1]) gelten für 1,5 m Rohrdeckung und normale Grabarbeit, in den Verlegungskosten[1]) sind die Dichtungsstoffe, Nebenleistungen und Unternehmergewinn mit enthalten.

Tabelle 2.
Baukosten von Gußrohrleitungen.

D	Preis von 1 m Rohr, wenn 100 kg kosten							Erd-arbeit	Abstei-fung	Ver-legung	Gesamt-preis b. M. 16100 kg
mm	14,00 M.	15,50 M.	16,00 M.	16,50 M.	17,00 M.	17,50 M.	18,00 M.	M.	M.	M.	rd. M.
60	2,14	2,36	2,43	2,51	2,58	2,65	2,73	1,50	0,15	0,80	4,90
70	2,33	2,58	2,66	2,74	2,83	2,91	2,99	"	"	0,90	5,20
80	2,80	3,09	3,19	3,29	3,39	3,49	3,57	"	"	0,95	5,80
90	3,11	3,44	3,56	3,67	3,77	3,89	4,00	"	"	1,00	6,20
100	3,42	3,78	3,91	4,03	4,15	4,27	4,39	1,50	0,15	1,05	6,60
125	4,43	4,91	5,06	5,22	5,38	5,54	5,70	"	"	1,20	7,90
150	5,56	6,16	6,36	6,56	6,76	6,96	7,16	"	"	1,40	9,40
175	6,77	7,49	7,74	7,98	8,22	8,46	8,70	"	"	1,55	10,90
200	8,08	8,94	9,23	9,52	9,80	10,09	10,38	2,00	0,15	1,80	13,20
225	9,47	10,48	10,81	11,15	11,49	11,83	12,16	"	"	1,95	14,91
250	10,72	11,86	12,24	12,52	13,00	13,38	13,77	"	"	1,95	16,34
275	12,25	13,56	14,00	14,44	14,87	15,31	15,75	"	"	2,10	18,25
300	13,89	15,37	15,86	16,36	16,85	17,35	17,85	2,60	0,20	2,25	20,80
325	15,48	17,25	17,81	18,37	18,92	19,48	20,03	"	"	2,50	23,10
350	17,38	19,24	19,86	20,48	21,10	21,72	22,34	"	"	2,70	25,40
375	18,57	20,55	21,22	21,88	22,54	23,20	23,86	"	"	3,05	27,10
400	20,53	22,73	23,46	24,19	24,93	25,66	26,40	3,10	0,25	3,45	30,30
425	21,77	24,10	24,87	25,65	26,43	27,20	27,98	"	"	3,70	31,90
450	23,83	26,37	27,22	28,07	28,91	29,76	30,62	"	"	3,95	34,50
475	25,96	28,74	29,67	30,59	31,52	32,45	33,38	"	"	4,20	37,20
500	28,23	31,25	32,26	33,28	34,28	35,28	36,29	3,70	0,25	4,60	40,80
550	30,98	35,41	36,56	37,70	38,84	39,99	41,13	"	"	4,95	45,40
600	35,93	39,78	41,07	42,35	43,64	44,92	46,20	4,20	0,30	5,45	51,00
650	41,25	45,67	47,14	48,62	50,09	51,56	53,04	"	"	5,80	57,40
700	46,99	52,03	53,71	55,38	57,06	58,73	60,42	4,80	0,35	6,35	65,20
750	53,00	58,68	60,57	62,47	64,36	66,25	68,14	"	"	6,70	72,40
800	59,50	65,88	68,00	70,12	72,25	74,38	76,51	5,30	0,40	7,95	81,70
900	71,78	79,48	82,04	84,61	87,18	89,74	92,30	5,90	0,45	8,70	97,10
1000	85,21	94,35	97,39	100,44	103,49	106,53	109,57	6,50	0,50	9,85	114,20
1100	101,89	112,80	116,44	120,07	123,71	127,35	131,00	"	"	"	135,00
1200	119,95	132,80	137,08	141,37	145,65	149,93	154,22	"	"	"	156,00

Zufolge einer vom Verfasser im Herbst 1908 veranlaßten Ausschreibung schwankten — bei Ausschluß des billigsten und teuersten Angebots — die für Rohrlegungsarbeiten eines Wasserwerts für eine preußische Stadt von 11 000 Tausend Einwohner ab-

---

[1]) Nach C. Mennicke in Berlin, Wilhelmstraße 128.

gegebenen Preise innerhalb folgender Grenzen a und b. Am angemessensten er=
schienen die Preise c einer erstklassigen Firma; für die Preise d wurde die Arbeit an
eine erfahrene Firma vergeben, deren Preise noch von drei anderen Firmen unterboten
worden waren.

Tabelle 3. Verlegungspreise von Gußrohren.

D	80	100	125	150	175	200	225	250
M. a	2,30	2,40	2,45	2,50	2,55	2,60	2,65	2,70
„ b	1,25	1,35	1,50	1,65	1,85	2,00	2,30	2,50
„ c	1,90	2,00	2,15	2,50	2,65	2,85	3,25	3,75
„ d	1,35	1,45	1,55	1,70	1,90	2,10	2,30	2,60

Diese Preise umfassen folgende Leistungen: Erdarbeit (ohne Pflaster), etwaiges
Absteifen; Legung der von der Stadt frei Bahnhof gelieferten Rohre einschließlich aller
erforderlichen Formstücke mit 1,50 m Deckung; Strick, Blei und Feuerung; Umwährung
und Beleuchtung der Baustellen.

7. Formstücke. Werden sie nicht zwecks ganz genauer Veranschlagung stückweise
bestimmt, so ist ihr Gewicht mit 3% des Gewichts der Rohrnetzlänge anzunehmen.

Das Verlegen und Dichten einschließlich der Dichtungsstoffe von Formstücken
wird bei genauen Veranschlagungen als Zulagepreis auf den Preis x M. für 1 m gerader
Rohrlänge wie folgt bezogen:

A- und B-Stück, Doppelmuffe oder Überschieber . . . . 1,25 · x
E-Stück (Muffen=Flanschet) . . . . 1,00 · x
F-, J-, K-, L-, R-Stück, Endmuffe . . . . 0,75 · x
Endstöpsel . . . . 0,50 · x

8. Absperrschieber. Sie werden im gußeisernen Gehäuse (von ovalem Quer=
schnitt) auf 20 Atmosphären geprüft. Bei Schiebern über 200 mm Weite wird der
Prüfungsdruck auf die geschlossene Schieberplatte mit deren zunehmender Größe er=
mäßigt. Die Preise der Tabelle betreffen Muffen= oder Flanschenschieber, deren Spindel
mit Mutter, Dichtungsringe des Schiebers und Gehäuses, Stopfbüchsenfutter und
Stoffbüchsenmuttern aus Rotguß bestehen.

Tabelle 4. Absperrschieber.

D	50	60	80	100	125	150	175	200	225	250	275	300	325	350
kg	18,0	23,0	37,0	48,0	67,0	85,0	110,0	140,0	175,0	195,0	255,0	310,0	340,0	390,0
M.	12,0	14,0	18,0	24,0	32,0	40,0	50,0	60,0	72,0	88,0	104,0	120,0	140,0	154,9
Hand= rad } M.	0,4	0,5	0,6	0,8	1,0	1,2	1,4	1,6	1,8	2,0	2,2	2,4	2,8	3,2
Ein= bau } M.	2,0	3,0	4,0	5,0	6,0	7,0	8,0	10,0	12,0	15,0	18,0	20,0	22,0	25,0

D	375	400	425	450	475	500	550	600	650	700	750	800	900	1000
kg	420,0	510,0	560,0	600,0	700,0	800,0	940,0	1100,0	1300,0	1600,0	1800,0	2200,0	—	4500,0
M.	174,0	184,0	220,0	256,0	274,0	292,0	356,0	420,0	484,0	548,0	624,0	700,0	850,0	1000,0
Hand= rad } M.	3,6	4,0	4,8	4,8	5,4	6,0	7,0	8,0	9,0	10,0	11,0	12,0	14,0	16,0
Ein= bau } M.	28,0	30,0	32,0	35,0	38,0	40,0	45,0	50,0	55,0	60,0	65,0	70,0	90,0	100,0[1]

[1] Nach Ernst Bieweg in Halle a. d. S.

Schieberschlüssel mit Haken am Griff zum Öffnen der Straßenkappe kostet ab Werk 6,00 M.

Die Einbaugarnituren der Schieber für 1,5 m Rohrdeckung bestehen aus Hüls=rohr (Futterrohr für die Schlüsselstange), Hülsrohrdeckel, Schlüsselstange, die mittels Vierkantschoners auf dem Schiebervierkant aufsitzt, und Straßenkappe, die auf einem in Karbolineum getränkten Bohlenkranz steht, auf dem sie mittels Hakennägel be=festigt ist.

Die 30 kg schweren Eisenteile der Garnitur kosten ab Werk 7 M., der Einbau einschließlich des Bohlenkranzes und der Nägel bei Schieberweite von

100	200	300	400	500	600	800	1000 mm
2,00	2,00	2,50	2,50	3,00	3,00	4,00	5,00 M.

9. Feuerhähne (Hydranten) einfachster Bauweise bestehen aus Mantelrohr, zen=traler, hohler, 70 mm weiter Druckstange und zugleich Ventilspindel, die als Steigerohr dient, und Klaue zur Anbringung des Schlauchstandrohrs. Die Hähne werden mittels Flansches von 80 mm Durchgang auf A-Stücke der Rohrleitung in Entfernungen von 70 bis 100 m aufgesetzt. Straßenkappen auf Bohlenkränzen schützen die Hähne im Straßenpflaster. Eine selbsttätige Entwässerungseinrichtung in der Nähe des Ventils sorgt für Entleerung des Wassers aus Mantelrohr und Druckstange nach Verschließen der Hähne, weshalb für das ausfließende Wasser um den Entleerungsabfluß herum am besten etwa 15 l Steinschlag (Ziegelbrocken) geschüttet werden.

Ein Feuerhahn ab Werk kostet 28 M., die Straßenkappe 4 M., der Einbau aller Stücke einschließlich Bohlenkranz und Ziegelschüttung 7 M.

Überflur = Feuerhähne sind unterirdisch ähnlich den gewöhnlichen Feuerhähnen ausgestaltet, oberirdisch zeigt sich eine 0,95 bis 1,10 m hohe Säule mit gewöhnlich zwei seitlichen, etwas abwärts geneigten Schlauchverschraubungen, deren Mitte sich 0,65 bis 0,73 m über Pflaster befindet. Durch Drehen der Säulenspitze mittels eines Schlüssels wird der Feuerhahn geöffnet und geschlossen.

Die Überflurhähne werden seitlich der Rohrleitungen am Rande der Bürger=steige aufgestellt, sie müssen daher mittels einer besonders zu veranschlagenden, 80 mm weiten Anschlußleitung mit dem Rohrnetz verbunden werden. Der Übergang der Anschlußleitung zum Feuerhahn wird durch einen Flanschenfußkrümmer vermittelt, der an der äußeren Krümmung Stehrippen auf einer Fußplatte hat. Die auf zwei Klinker gestellte Fußplatte trägt den Überflurhahn und den Krümmer, der als Zubehör zum Hahn angesehen werden kann. Ungerechnet die 80 mm weite Anschlußleitung kostet

1 Überflurfeuerhahn ab Werk . . . . 65,00 M.
1 Fußkrümmer, 80 mm weit . . . . 5,00 „
Aufstellung des Krümmers auf Klinkern und des Hahns einschließlich
    der Dichtungsstoffe am Krümmer und der Ziegelbrockenschüttung
    an der Hahnentleerung . . . . 6,50 „

10. Standrohre zum Aufschrauben auf die Unterflurfeuerhähne haben ein 70 mm weites Rohr aus Kupfer mit Messinggarnitur zur Klaue des Hahns, zur Griffstange zwecks Eindrehens des Standrohrs in die Klaue und zum Schlüsselgriff, dessen schmiede=eiserne Ventilstange durch das Standrohr hindurchgeht und unten in Ansätzen endigt, mittels deren das Feuerhahnventil geöffnet wird. Es kostet ab Werk

1 Standrohr mit 1 Schlauchauslaß . . . . 64,00 M.

1   „   „ 2 Schlauchauslässen . . . . 80,00 „

1   „   „ 2 Schlauchauslässen, die mit besonderen Verschlüssen

versehen sind . . . . .120,00 „

Die Schlauchauslässe können mit den Gewinden (Kordel, Storz, Grether, Ewald, Giersberg) versehen werden, die bei der Ortsfeuerwehr üblich sind.

11. Schlauchverschraubungen (Kuppelungen), bestehend aus einem Schlauch= stutzen (Hülse) mit loser Mutter und Schlauchstutzen mit festem Gewinde, alles aus Messing, kosten bei einer inneren Schlauchweite von

52	60	70	80 mm
8,40	10,50	14,00	17,50 M.

12. Strahlrohre für 52 mm Schlauchweite und 20 mm Strahlöffnung, 0,75 m lang, aus Messing, mit Hanf umwickelt, kosten ab Werk 17,50 M.

13. Straßenschilder zur Lagebezeichnung der Absperrschieber und Feuerhähne, aus Gußeisen mit erhabener Schrift, angestrichen mit Emaillefarbe, erfordern folgende Aufwendungen:

Straßenschild ab Werk. . . . . 1,00 M.

Anbringung des Schildes am Hausmauerwerk mittels 4 eingegipster

Dübel und Messingschrauben. . . . . 1,20 „

Ein, über Pflaster bis Mitte Schild 1,90 m hoher Schildständer mit

Erdfuß, Asphaltanstrich, ab Werk . . . . 10,00 „

Aufstellung des Schildständers . . . . 2,50 „

14. Rohrbrunnenabteufung. Die Wassererschließung mittels Rohrbrunnens er= fordert folgende Arbeiten und Leistungen.

a) Ausheben und Absteifen einer geräumigen Baugrube (bis zum Grundwasser= spiegel), von deren Sohle ab das Brunnenrohr abgeteuft wird.

b) Abteufen des Bohrrohrs am besten von solcher Endweite, daß später ein 150 mm weites Filterrohr eingesetzt werden kann.

c) Einsetzen eines kupfernen, gelochten oder geschlitzten, mit Tressengewebe bespannten Filterrohrs mit angelötetem, schmiedeeisernem (verzinktem) Aufsatzrohr in das Bohrrohr, so daß das (3 bis 8 m lange) Filterrohr in der wasserführenden Schicht steht.

d) Hochziehen des Bohrrohrs (Mantelrohrs) um die Länge des Filterrohrs.

e) Abdichtung des Filter= oder Aufsatzrohrs gegen das Bohrrohr.

f) Förderung des erschlossenen Wassers mittels einer Handpumpe und Analyse des Wassers, wovon die weiteren Maßnahmen abhängen.

g) Verbindung des Aufsatzrohrs mit dem Saugrohr der (Kreisel=) Pumpe durch eine Flanschensaugleitung.

h) Aufstellung von Pumpe und Motor auf fester Unterlage, Schutzdach darüber.

i) Ausgußrohr der Pumpe zu verlängern bis zur Vorflut oder Holzrinne auf Böcken bis dahin, so daß das geförderte Wasser nicht wieder in den Untergrund versinken und etwa von neuem gehoben werden kann.

k) Gelegentlich: Abteufen von 3 Beirohren von etwa 80 mm Weite zwecks Feststellung des abgesenkten Wasserspiegels. Entfernung der Beirohre vom Brunnen 15 bis 25 m.

l) Vorrichtung zum Messen des Wassers (Hubzähler, Eichgefäß, Wolzert=Messer).

m) Dauer der Wasserförderung ununterbrochen Tag und Nacht während mindestens 10 Tage, nur zum Ölen oder Putzen der Maschinenteile darf das Hebewerk während höchstens 45 Minuten alle 6 Stunden einmal ruhen, andernfalls bei längeren Pausen der Pumpversuch von neuem beginnen muß.

n) Den Maschinenführern für Tag und Nacht muß stets ein Arbeiter beigegeben werden.

o) Wasserproben sind nach näherer Anordnung in Literflaschen zu entnehmen, die Ergebnisse der Wasserförderung sind (stündlich) zu notieren.

p) Der Pumpversuch ist durch einen Ingenieur zu überwachen.

Die zu zahlenden Bohrpreise ohne Rohrkosten, aber einschließlich Vorhaltung und Herausnahme der Rohre gehen aus folgender Tabelle[1] hervor.

Tabelle 5.
Abteufung von Bohrrohren in leichtem Boden.

Rohrtiefe	1 m Bohrung kostet in M. bei Endweiten in mm					
m	89	114	165	216	254	305
1 bis 10	8	10,0	12	16	22,5	30,0
10 „ 20	10	12,5	15	20	30,0	37,5
20 „ 30	12	15,0	18	24	37,5	45,0
30 „ 40	14	17,5	21	28	35,0	52,5
40 „ 50	16	20,0	24	32	42,5	60,0
50 „ 60	18	22,5	27	36	50,0	67,5
60 „ 70	20	25,0	30	40	57,5	65,0
70 „ 80	22	27,5	33	44	65,0	72,5
80 „ 90	24	30,0	36	48	72,5	80,0
90 „ 100	26	32,5	39	52	80,0	87,5

Die Preise gelten für Boden aus Sand, Lehm, Ton und umfassen alle Neben= leistungen wie Bahnfrachten, Fuhren, Geräte und Werkzeuge, Beseitigung von Hinder= nissen, Stellung des Bohrmeisters und der Hilfsarbeiter.

Die Tabellenpreise erhöhen sich, wenn andere Bodenarten durchteuft werden müssen, wie folgt:

Tabelle 6.
Abteufen von Bohrrohren in schwerem Boden.

Bodenart	Mehrpreis auf 1 m bei Endweiten in mm					
	89	114	165	216	254	305
Kies, Geröll	5	7,5	10	12,5	15	20
Fels	10	15,0	20	25,0	35	50

Andere allgemeine Preise für ein fallendes Meter Bohrung sind die folgenden[2]:

---

[1] Nach der Bohrgesellschaft Phönix in Briesen, Westpreußen.

[2] Nach der Westpreußischen Bohrgesellschaft in Danzig.

Tabelle 7.

Abteufungspreise an Bohrrohren im allgemeinen.

Bodenart	bis 50 m Tiefe	bis 100 m Tiefe
Sand, Kies, Mergel, Ton	15 bis 20 M.	20 bis 30 M.
Grobes Geschiebe, Findlinge	20 „ 30 „	30 „ 40 „

Auch diese Preise, die für Endverrohrungen von 100 bis 200 mm Weite gelten, umfassen die vorher genannten Nebenleistungen.

Sind bei den Bohrungen Sprengungen vorzunehmen, so erfolgen sie im Tage=lohn und Ersatz der Sprengstoffkosten. Die einzelne Sprengung kann gelegentlich 100 M. kosten.

15. Sonderleistungen bei Wassererschließungen (Pumpversuch). Nach Erschließung des Wassers mittels Rohrbrunnens sind folgende Arbeiten vorzunehmen.

a) 1 Handpumpversuch von wenigstens 10 Stunden Dauer bei Vorhaltung einer Pumpe, Einbau eines Filters und Hoch=ziehen des Bohrrohrs um die Filterlänge und Stellung der Arbeiter unter Aufsicht . . . . 70 M.

b) Eine quantitative und qualitative Analyse des Wassers ein=schließlich Literflasche, Schutzkasten, Verpackung, Fracht und Gutachten . . . . 70 „

c) 14tägiger Pumpversuch erfordert etwa folgende Leistungen:

1. Fracht, Anfuhr und Aufstellung einer Lokomobile und Pumpe, Abfuhr . . . . 70 M.
2. Hebewerk vorzuhalten, 14 Tage zu 30 M. . . . . . . .420 „
3. Schutzwand und Dach mit Pappe belegt . . . . 30 „
4. Etwa 8 m Saugeleitung herzustellen, die Rohre vorzuhalten 32 „
5. Etwa 4 m Ausgußrohr desgl. . . . . 12 „
6. 2 Maschinenführer und 2 Arbeiter, täglich 40 M. Löhnung. 560 „
7. Öl, Putzlappen (1 PS und 24 Stunden 0,24 M.). . . . . 20 „
8. Kohlen (1 PS und 24 Stunden 1 M.) . . . . 80 „
9. Speisewasser= und Kühlwassereinrichtung, kleinere Ausbesse=rungen, mehrere Literflaschen . . . . 36 „
10. Meßvorrichtung . . . . 40 „
11. Ingenieuraufsicht . . . . .150 „ 1450 „

Danach kostet jeder Tag des eigentlichen Pumpversuchs 1450 : 14 = rd. 100 M., doch schwanken die Preise örtlicher Verhältnisse halber etwa zwischen 80 M. und 130 M. täglich, ungerechnet die Holzrinne (s. Nr. 15 k) zur Vorflut.

16. Kosten einer Rohrbrunnenanlage.

1 m patentgeschweißtes schmiedeeisernes Bohrrohr im Bohrloch zu belassen (also Zuschlagspreis zu den Abteufungspreisen, Verkaufspreis)

89	114	165	216	254	305 mm
6,75	9,00	12,50	18,00	22,50	30,00 M.

1 m Rohr wie vorher, aber verzinkt, entsprechend

| 7,50 | 10,50 | 15,00 | 22,50 | 27,50 | 40,00 M. |

1 m Filterrohr aus gelochtem oder geschlitztem Kupferblech von entsprechender Wandstärke zur Rohrweite, mit Kupfer= oder Bronzetresse bespannt und seitlich angebrachten Schutzdrähten einschließlich der nötigen Verschraubungen und Hanf=abdichtungen einzubauen und vorzuhalten

    8,00   11,00   20,00   30,00   45,00   — M.

1 m Filterrohr wie vorher, aber auch zu liefern

    30,00   40,00   60,00   85,00   115,00   — M.

Eine Filterrohrabdichtung aus Metall, mit Gummimanschette zu liefern und einzubauen

    35,00   50,00   75,00   100,00   150,00   200,00 M.

1 m schmiedeeisernes Aufsatzrohr einzubauen und vorzuhalten einschließlich An=teil der Flansche zum Filter= und Saugerohr

    2,50   4,00   6,00   9,00   —   — M.

1 m Aufsatzrohr wie vorher, aber auch zu liefern

    8,00   12,00   18,00   26,00   —   — M.

1 m Aufsatzrohr wie vorher, aber verzinkt

    9,00   13,50   20,50   29,00   —   — M.

Ein gemauertes Brunnenhaupt (Schachtbrunnen) mit Abdeckung, je nach örtlichen Umständen zu veranschlagen.

17. **Hochbehälter aus Beton.** Die Baukosten einschließlich der Erdarbeiten (Um=schüttung) betragen[1]):

bei 300 cbm Nutzinhalt zu M. 30/cbm . . . . insgesamt 9 000 M.
„ 500 cbm   „   „ M. 28/cbm . . . . „   14 000 „
„ 1000 cbm   „   „ M. 23/cbm . . . . „   23 000 „
„ 2000 cbm   „   „ M. 18,8/cbm . . . . „   37 600 „
„ 3000 cbm   „   „ M. 18/cbm . . . . „   54 000 „

Andere Preise[2]) zeigt folgende Zusammenstellung für Behälter mit Gurtbögen, gewölbten Decken und Schieberkammern, zum Teil bei 4 m Füllhöhe.

Holzminden, 500 cbm Inhalt, 19,4 × 20,3 m Grundfläche . . . . 12 000 M.
Wildungen, 1000 cbm   „   20,6 × 23,9 m   „   . . . . 42 000 „
Breslau, 20 000 cbm   „   74,3 × 72,25 m   „   . . . .205 600 „

Der Hochbehälter für Elberfeld von 9285 cbm Inhalt bei 65,0 × 43,7 m Grund=fläche erforderte, ungerechnet die von der Stadt gelieferten Baustoffe, an allen anderen Aufwendungen 57 500 M.

Zur vorläufigen Veranschlagung genügt die Annahme, daß die Herstellung von 1 cbm Behälter=Betonmasse einschließlich Schalung, Verputz und allen Nebenleistungen, aber ohne Erdarbeiten, bei kleineren Behältern 30 M. kostet, bei größeren 25 M.

Verfasser hatte 1907 für ein Wasserwerk einen unmittelbar auf einem Hügel stehenden, 8 m weiten und 8,4 m hohen Behälter aus Eisenbeton von 400 cbm Nutzinhalt geplant, der von einem besonderen Schutzhäuschen umgeben werden sollte. Die erforderlichen Leistungen für den Behälter allein wurden von einer unserer ersten Eisenbetonfirmen folgendermaßen veranschlagt:

---

[1]) Nach Windschild & Langelott in Cossebaude bei Dresden.
[2]) Nach Liebold & Co. in Holzminden.

1. 56 qm Eisenbetonsohle, 0,40 bis 0,20 m dick, einschließlich Einebnung der Hügelfläche, zu 21 M. 1176 M.

2. 217 qm Eisenbetonumfassungswand ohne Putz, unten 0,26 m, oben 0,16 m dick, zu 33,30 M. . . . . 7226 „

3. 382,5 qm wasserdichter Zementputz der Innenwände, zu 4 M. . . . . 1530 „

4. 66 qm 5 cm starke, mit Umlauföffnungen versehene Eisenbetonzwischen= wand, die also keinen einseitigen Wasserdruck aufzunehmen hatte, zu 10 M. . 660 „

zusammen: 10 592 M.

Danach wäre 1 cbm Nutzinhalt mit 26,50 M. zu bezahlen gewesen, ohne Zwischen= wand mit 24,80 M.

Dieselbe Arbeit wurde von einer durchaus leistungsfähigen und vertrauenswerten anderen Firma — ohne die Zwischenwand — für 5900 M. angeboten, wonach 1 cbm Nutzinhalt nur 14,80 M. Baukosten verursacht hätte. Die Behältersohle war 0,25 m, die Umfassungswand unten 0,25 m, oben 0,08 m dick vorgesehen.

18. Hochbehälter aus Eisen. Die Preise, die für 1000 kg verarbeitetes Eisen zu Behältern und Behälterunterbauten gewöhnlicher Ausstattung (Zylindermantel und Hängeboden) zu bezahlen sind, können folgender Zusammenstellung entnommen werden:

bei 50 cbm Inhalt, Behälter 480 M., Unterbau M. 360

„ 100 cbm „ „ 450 „ „ „ 345

„ 200 cbm „ „ 435 „ „ „ 330

„ 500 cbm „ „ 420 „ „ „ 315

„ 1000 cbm „ „ 405 „ „ „ 300

Diese Preise beruhen auf einem Blechgrundpreise von M. 125/1000 kg und einem Stabeisengrundpreise von M. 105/1000 kg[1]).

Im Sommer 1912 veranschlagte ein äußerst vertrauenswertes Werk Lieferung und Aufbau von 24000 kg Eisen zu einem kugelförmigen Hochbehälter von 250 cbm Inhalt nebst Stützwerk und 9 m hohen Kegeldach mit 10800,00 M. frei Verwendungsort (1000 kg 45,0 M.).

19. Intzebehälter. Abmessungen, Gewichte und Preise dieser Behälter mit ihrem, für Monierzementauskleidung berechneten Umhüllungsgerippe sowie dem Dach= gerippe und Steigeleitern gehen aus folgender Zusammenstellung[2]) hervor, in der

Tabelle 8.

Maße und Preise von Intzebehältern.

J cbm	A	r	H₁	D	H₂	Behälter			Gerippe			Gesamtpr. M.
						kg	p	M₁	kg	p	M₂	
50	3,3	3,00	0,80	5,0	2,55	4200	60	2520	2700	35	945	3465
100	4,6	4,00	1,00	6,6	2,85	7500	57	4275	4400	35	1540	5815
150	5,0	4,00	1,00	7,0	3,65	9000	54	4860	4750	35	1663	6523
200	5,5	4,50	1,25	8,0	3,80	12000	51	6120	5000	35	1750	7870
250	6,0	4,75	1,25	8,5	4,05	—	—	—	—	—	—	—
300	6,5	5,00	1,25	9,0	4,40	15500	48	7440	7000	35	2450	9890
400	7,3	5,20	1,35	10,0	4,60	19500	46	8970	8600	35	3010	11980
500	8,0	5,50	1,50	11,0	4,95	23500	44	10340	10500	35	3675	13995
400	6,5	4,00	1,50	11,0	3,50	24300	52	12636	7700	35	2695	15331
500	7,5	4,50	1,50	12,0	3,80	29500	50	14750	8900	35	3115	17865

¹) Nach August Klönne in Dortmund.

²) Nach Angaben der Berlin-Anhaltischen Maschinenbau-Aktien-Gesellschaft in Berlin.

bedeuten: J = Nutzinhalt in Kubikmetern, A Durchmesser des Auflagerringes, r = Radius des konvexen Behälterbodens, H_1 = Höhe der geraden Bodenaustragung (des Kegelabschnitts), D = Durchmesser des Behälters, H_2 = Höhe des Behälters über der Bodenaustragung, p = Einheitspreis in Mark für 100 kg verarbeitetes, montiertes und angestrichenes Eisen, M_1 und M_2 Preise für Behälter und beide Gerippe.

Die beiden letzten Behälter sind sogenannte Doppelbehälter, der innere besteht aus einer Halbkugelfläche vom Radius r = 4,0 oder r = 4,5 und aufgesetzten Zylinder= mänteln von 1,30 m oder 1,40 m Höhe. Die Halbkugelböden sitzen mittels eines Kegel= mantels auf dem Auflagerringe.

Alle diese Behälter haben um ihre lotrechte Mittelachse einen 1 m weiten Eisenblechschacht, der das Kegeldach mittels angenieteter eiserner Stiele mit zu tragen hat.

20. Hausanschlußleitung. Rohrschellen. Bei den älteren Schellen hat das guß= eiserne Anschlußstück, das mittels schmiedeeisernen Bügels und Schrauben nach Unter= legung eines Gummidichtungsringes fest auf das Leitungsrohr gelegt wird, entweder ein Gewinde (1) oder einen Flansch (2) oder eine Muffe (3) zum Anschluß der Haus= leitung.

Die älteren Reutherschen Rohrschellen (4) gestatten das Absperren der seitlich abzweigenden Hausleitung mittels eines Kegelventils, die neueren (5) mittels Teller= ventils, das auch fehlen kann, wenn auf Absperrung oder Regelung des Zuflusses zur Hausleitung verzichtet wird. Diese Ventilschellen können durch eine Einbaugarnitur zugänglich gemacht werden.

Preise und Einbau der Schellen 1 bis 5 einschließlich Anbohren des Hauptrohrs vom Durchmesser D und der Gummidichtung gehen aus folgender Tabelle hervor.

Tabelle 9.
Rohrschellenpreise.

D	Rohrschellenart					Einbau	D	Rohrschellenart					Einbau
	1	2	3	4	5			1	2	3	4	5	
50	—	1,50	1,50	3,60	—	2,00	225	2,70	3,30	3,30	7,10	8,80	—
60	1,40	1,60	1,60	3,80	6,40	2,00	250	3,10	3,70	3,70	7,40	9,20	—
80	1,50	1,90	1,90	5,70	7,20	2,00	275	3,40	4,20	4,20	7,70	9,60	—
100	1,60	2,20	2,20	5,90	7,30	2,00	300	3,80	4,40	4,40	8,00	10,00	—
125	1,70	2,40	2,40	6,10	7,60	2,00	325	4,00	4,80	4,80	8,70	10,80	—
150	2,20	2,60	2,60	6,30	7,80	2,00	350	4,40	5,20	5,20	9,40	11,60	—
175	2,40	2,80	2,80	6,50	8,00	2,00	375	4,70	5,60	5,60	9,70	12,00	—
200	2,60	3,10	3,10	6,70	8,40	2,00	400	5,00	6,00	6,00	10,00	12,40	—

Messingene Sauger mit Verschraubung zum Einschrauben in das angebohrte gußeiserne Hauptrohr (über 200 mm l. W.) oder in die Rohrschelle mit Lötzapfen für Bleirohr kosten einschließlich Montage[1] bei

D =	13	16	20	25	32	40	50 mm
	2,10	2,40	3,00	4,10	5,40	7,60	10,50 M.

Eine **Rohranbohrung** für sich kostet 1,50 M.

---

[1] Nach David Grove in Berlin.

21. Wassermesser. Die ungefähren Verkaufspreise ab Werk verschiedener Firmen[1]) zeigt folgende Tabelle:

D	10	12	16	20	25	30	40	50	65	80	100	125	150	200	300	500 mm
M.	26	28	30	32	39	49	59	102	130	160	200	275	370	560	—	—
„	—	—	—	—	—	—	—	160	—	225	300	—	500	800	1450	2300

Die erste Preiszeile betrifft Trocken= oder Naßläufer (Flügelmesser), die zweite Zeile Woltmannsche Wassermesser. Bei diesen Wassermessern befindet sich die das Meßwerk bewegende Vorrichtung auf einer mit spiralförmigem Gewinde besetzten Welle, die längs der Achse des Zuflußrohrs gelagert ist. Das Rohrstück, in dem sich diese Welle befindet, hat etwas größeren Durchmesser als die Leitung, in die das Meß= rohrstück mittels R=Stücke eingebaut werden muß.

Die meisten Wassermesserfabriken geben Preise nur von Fall zu Fall an, ihre ver= öffentlichten Grundpreise sind als viel zu hoch auch für vorläufigen Gebrauch wertlos.

Für das Einbauen von Flügelwassermessern ist zu zahlen bei Durchfluß= weiten von:

D =	13	20	25	30	40	50 mm
	1,50	1,60	1,70	2,00	3,00	4,00 M.

22. Haupthähne mit Entleerung, einer Verschraubung und zwei Lötzapfen ein= schließlich Montage[2]) bei:

D =	13	20	25	32	40	50 mm
	5,30	7,10	9,60	19,40	26,20	36,00 M.

Die selben Preise werden für Hähne mit Muffen für Eisenrohr gezahlt, weil Löt= stoff zum Teil fortfällt.

Hahnkasten einschließlich Einbau 3,50 M.

Hauswasserleitung siehe Hausentwässerung in Abschnitt Stadtentwässerungen.

23. Über Wasserpumpen und Dampfmaschinen geben[3]) folgende Tabellen An= haltspunkte.

Tabelle 10.

Reinwasserkolbenpumpen mit Riemenbetrieb.

Leistung sl	Motorstärke bei 60 m Förderhöhe PS	Pumpengewicht mit Riemenschwungrad kg	Preis ab Werk M.	Montagepreis M.
10	9,5	3500	2800	350
20	19,0	4000	3600	450
30	28,5	6000	4500	550
50	47,0	9000	6600	700
75	70,0	12000	9000	900
100	94,0	13500	11500	1200

[1]) Breslauer Metallgießerei in Breslau, Siemens & Halske in Berlin.

[2]) Nach David Grove.

[3]) Nach der Maschinenfabrik A. Borsig in Tegel bei Berlin

Tabelle 11. Reinwasserkolbenpumpen
mit Dampfmaschinenantrieb für rund 60 m Gesamtförderhöhe.

Leistung sl	Kesselheiz= fläche, 10 Atm., Sattdampf qm	Pumpengewicht einschl. Dampf= maschine kg	Preis der Pumpe u. Dampfmaschine M.	Montage= preis M.
30	20	8600	8700	900
50	35	13000	12300	1200
75	35	22000	20500	2100
100	45	27500	25000	2500

24. Wasserhebewerke. Über Herstellungs= und Unterhaltungskosten der maschinellen Einrichtungen vgl. die Angaben in Abschn. IV, D.

Für Sauggasmotorenbetrieb kann angenommen werden, daß 1 PS einschließlich der Preisanteile für die Gas= und Pumpenanlage sowie für Verbindungsrohre im Maschinenhause nebst Fracht und Montage kostet bei Motoren bis 10 PS 900 bis 800 M., bis 20 PS 800 bis 700 M., bis 50 PS 700 bis 600 M., bis 100 PS 600 bis 500 M., bis 200 PS 500 bis 400 M., und daß von den so ermittelten Baukosten entfallen

auf die Sauggasanlage . . . . 17% der Gesamtkosten

„ „ Motorenanlage . . . . 50% „ „

„ „ Pumpenanlage . . . . 25% „ „

„ „ Fracht und Montage . . . . 8% „ „

Dem an die Maschinenfabrik zu zahlenden Preise sind die Ausgaben zuzufügen, die für Wiederherstellung von Maurerarbeit nach der Montage zu entstehen pflegen.

25. Windmotoren eignen sich zur Wasserförderung für Gehöfte, Dörfer, ja kleine Städte, wenn für diese ein Aufspeicherungsbehälter vorgesehen wird, der den vierfachen Tagesbedarf aufzunehmen vermag, damit nicht nur bei Windstille Wasservorrat vorhanden sei, sondern auch stärkere Winde zur Wasserbeförderung in den Behälter ausgenutzt werden können. Nähere Angaben siehe in Abschnitt IV.

Zu den Kosten für eine Windmotorenanlage treten hinzu die für: eine Pumpe (Schachtpumpe, Rohrbrunnenpumpe), Saugrohr mit Saugkorb und Windkessel, Steigerohr mit Windkessel, die Brunnenanlage selber (Kesselbrunnen, Rohrbrunnen, Filter), Erd= und Maurerarbeiten zur Fundierung des Eisenturmes.

Was die Pumpen anbelangt, so geben darüber folgende, einem Kostenanschlage[1]) entnommene Preise einigen Anhalt.

1 Pumpenantrieb, bestehend aus horizontaler Welle mit Lagerung und Aus=
rückkupplung . . . . 375 M.

1 Paar Winkelräder dazu . . . . 150 „

1 doppelt wirkende (Una=) Plungerpumpe mit sofort zugängigen Ventilen,
bester Ausführung, für eine stündliche Leistung bis zu 21 obm = 3,6 sl . 1650 „

1 Saugwindkessel dazu . . . . 110 „

1 Druckwindkessel dazu . . . . 170 „

1 Saugkorb mit Fußventil, 125 mm weit . . . . 75 „

1 Rückschlagventil zur Pumpe . . . . 110 „

1 Umlauf vor der Pumpe . . . . 100 „

1 Sicherheitsventil nebst Abflußleitung . . . . 225 „

zusammen 2965 M.

---

[1]) Der Maschinenfabrik von Dreyer & Hesse in Breslau, Anhalt.

26. Widder nutzen die Stoßkraft von Wasser, das in einem Triebrohr (Schlagrohr) mit der Druckhöhe h ankommt, so aus, daß das Wasser in einem Steigerohr auf die Höhe H, einem vielfachen von h, gehoben wird. Ist Q die zu hebende, in 1 Minute zufließende Schlagwassermenge, q das in 1 Minute gehobene Wasser, so besteht die Beziehung

$$\eta \cdot Q \cdot h = q\,(h + H).$$

Den Beiwert η hat Eytelwein nach der Beziehung zwischen H und h wie folgt bestimmt:

H : h =	2	4	6	8	10	12	14	16	18	20
η =	0,84	0,72	0,64	0,56	0,49	0,43	0,37	0,32	0,27	0,23

Einige Anhaltspunkte zur Anschaffung eines Widders gewährt folgende Tabelle[1]).

Tabelle 12.
Maße und Preise gewöhnlicher Widder.

Triebwassermenge l in 1 Min.	3 bis 7	6 bis 15	11 bis 26	22 bis 53	45 bis 94	80 bis 130	120 bis 200
Durchm. d. Triebrohrs　mm	19	25	30	50	65	80	80
„　„　Steigrohrs　mm	9	13	16	19	25	30	40
Widderhöhe . . . . .　m	0,30	0,35	0,40	0,60	0,73	0,87	1,04
Gewicht . . . .　kg	10	16	23	42	70	125	207
Preis ab Werk . . . .　M.	53	75	107	147	200	290	375

Dieser Preis umfaßt Stoßventil aus Deltametall und Absperrhähne, Absperr-schieber und Entleerungshähne für Trieb= und Steigrohr. Zu veranschlagen ist die Montage des Widders (15 M. bis 40 M.) und die gemauerte (frostfreie) Widderkammer, sodann die jede der beiden Rohrleitungen (aus verzinktem Schmiederohr oder Guß-rohr).

Den Widder verbessert haben Ingenieur Lohr in Ravensburg dadurch, daß die Luft im Windkessel selbsttätig erneuert wird, und Besitzer Löh dadurch, daß das Stoßventil wieder in Gang gebracht wird, wenn es infolge mangelhaften Zuflusses geschlossen bleibt. Über die Löhschen (automatischen) Widder folgende Angaben[1]).

Tabelle 13.
Maße und Preise Löhscher Widder.

Normale Triebwassermenge	Liter in 1 Min.				
	25	50	80	180	200
Durchmesser des Triebrohrs . . . mm	25 bis 30	50	65	80	100
„　„　Steigrohrs . . . mm	13　„　16	20	25	30	40
Widderhöhe . . . .　m	0,56	0,77	1,18	1,30	1,45
Durchmesser des Ventilrohrs . .　mm	13	13	20	20	25
Gewicht . . . .　kg	70	130	250	400	550
Preis ab Werk . . . .　M.	250	395	625	840	1090

[1]) Nach der Maschinen= und Armaturenfabrik Breuer & Co. in Höchst a. M.

Dieser Preis umfaßt Stoßventil aus Rotguß, einen sogenannten größeren Windkessel, keine Absperrhähne für die Leitungen. Zu veranschlagen ist die Montage (30 M. bis 80 M.) und außer Trieb= und Steigrohr das Ventilrohr (Überlaufrohr), das nach wieder erfolgter Füllung des Triebrohrbehälters auf der Höhe h einem kleinen oberschlächtigen Wasserrade am Widder Wasser zuführt, wodurch in weiterer Folge das geschlossene Stoßventil niedergedrückt und so der Widder in Gang gebracht wird.

27. Enteisenungsanlagen. Die Enteisenung des Wassers durch Überrieselung von Koks= oder Steinpackungen oder von Lattenwerk in offenen Räumen ist aufgegeben worden. Die Enteisenung wird zurzeit in geschlossenen eisernen Behältern, die eine zweckentsprechende Füllung erhalten haben, vorgenommen. Diese Behälter werden im Maschinenhause so aufgestellt, daß das geförderte, vom Eisen zu befreiende Wasser von unten her in sie eintritt. Damit der zur Ausfällung des Eisens erforderliche Sauer= stoff stets vorhanden sei, wird dem Wasser vor seinem Eintritt in die Behälter reine atmosphärische Luft mittels eines kleinen Preßluftmotors zugeführt. Das eisenfreie Wasser verläßt die Behälter oben durch Absperrschieber, die mittels A-Stücke an das zum Hochbehälter führende Druckrohr angeschlossen sind.

Anhaltspunkte zur Veranschlagung liefert folgende Tabelle[1]):

Tabelle 14.

Leistungen, Maße und Preise von Enteisenungsbehältern.

Leistung in Stb./cbm	Des Enteisenungsbehälters		Filterfläche	Preis einschl. Montage	Preis des Preßluftmotors
	D m	H m	qm	M.	M.
5 bis 10	1,00	2,00	0,78	1550	120
10 „ 20	1,25	2,25	1,23	2600	225
20 „ 30	1,50	2,50	1,76	3300	380
30 „ 40	1,85	2,50	2,68	4500	550

Diese Art der Enteisenung hat den Vorteil, daß das Wasser nur einmal gehoben und durch die Filterbehälter hindurchgedrückt zu werden braucht, was allerdings mit Druckverlusten von 3 bis 10 m verknüpft ist und sonach ein entsprechend stärkeres Wasserhebewerk bedingt.

Durch Rückspülung mit Hochbehälterdruckwasser kann man das in jedem Behälter ausgeschiedene Eisen aus einem Rohrstutzen am unteren Boden des Behälters aus= treten lassen.

Bei geordnetem Betriebe reicht die Füllung des Behälters 2 bis 3 Jahre aus, doch wird man sie alljährlich herausnehmen, um den Behälter innen neu anzustreichen. Dabei muß dann 10% der Füllmasse erneuert werden.

Die Neufüllung des Behälters kostet M. 40/cbm.

28. Andere Wasserbehandlungsanlagen (Entsäuerung). Freie Kohlensäure oder Sauerstoff lösen Metalle (Bleivergiftungen), weswegen sie aus dem Wasser ent= fernt werden müssen, was auch für Mangan gilt. Die dann erforderlichen, oft ver= wickelten Anlagen müssen von Fall zu Fall sorgfältig geplant werden, was nur von sehr erfahrenen Spezialfirmen[2]) zu erwarten ist.

---

[1]) Nach der Berliner Wasserreinigungs= und Versorgungsgesellschaft in Friedenau bei Berlin.
[2]) Wie etwa Halvor Breda in Charlottenburg, A.=G.

Eine Entsäuerungsanlage (und Enteisenungsanlage) für 18—20 sl Wasser kostet 18—22 000 M.

29. Baukosten eines Dorfwasserwerks. Das vom Verfasser geplante Wasserwerk von Boßdorf auf dem Hohen Fläming verursachte folgende Aufwendungen:

a) Zwei Rohrbrunnen, 70 m tief, mit allem Zubehör . . . . . . 5 189,00 M.

b) Windturbine, 10 m Raddurchmesser, 15 m hoch, mit Pumpen und Gestängen, gemauerter Pumpengrube mit Eisenplatten abgedeckt . . . . 11 000,00 „

c) Zweiteiliger Hochbehälter aus Stampfbeton, im Lichten 10 m breit, 11,7 m lang, 3,5 m hoch, 300 cbm Nutzinhalt, mit Erde überschüttet . . . . 10 500,00 „

d) Rohrnetz (620 m Stammrohr 125 mm, 422 m 100 mm, 538 m 80 mm, 664 m 60 mm) mit 5 Absperrschiebern, 6 Feuerhähnen, 1 Standbrunnen einschl. Erd= und Pflasterarbeit . . . . 14 149,61 „

e) Insgemein (kupferne Standrohre, Überlaufschacht am Hochbehälter, Wasseranalysen, Einfriedigung des Hochbehältergrundstücks, Baumpflanzungen, Entwurf, Bauleitung, Abrechnung) . 3 581,25 „

f) Grunderwerb . . . . 937,00 „

g) 70 Hausanschlüsse mit z. T. sehr langen Zuleitungen, 25 bis 20 mm Privathähnen . . . . 5 495,90 „

zusammen 50 852,76 M.

Das Dorf hat 450 Einwohner, 76 Pferde, 335 Rinder, 25 Schafe, 636 Schweine. Das Wasser fließt im höheren Dorfteil nur Zapfstellen bis 2 m über Pflaster zu.

30. Baukosten des Wasserwerks von Weißwasser O. L. Weißwasser hat 10 000 Einw. Wasserzufluß vorerst 20 sl. Die Baukosten verteilen sich folgendermaßen.

a) Rohrnetz (17 413 m 250—80 mm) einschl. 48 Absperrschieber, 156 Feuerhähnen, 5 Oberflurhähnen, 5 Bahnkreuzungen mit 4961 M. Aufwand), Lagerbestand 10 551 M.) . . . . 141 124 M.

b) 5450 m Druckrohr 250 mm einschl. Wolpertmesser (770 M.) . . 76 386 „

c) Vorarbeiten zur Wasserauffindung . . . . 35 621 „

d) Rohrbrunnenanlage mit Saugeleitung . . . . 15 501 „

e) Maschinenhaus (Pumpenraum 5,0 m unter Flur) . . . . . . 42 345 „

f) Maschinenführerhaus . . . . 9 979 „

g) Wirtschaftsgebäude . . . . 1 587 „

h) Beleuchtungsanlage (Dynamo von den Motoren angetrieben) . 3 107 „

i) Akkumulatorenhäuschen . . . . 1 118 „

k) Blitzschutzanlagen, Wasserleitungs= und Entwässerungsanlage, Verschiedenes . . . . 1 448 „

l) Umwährung des Grundstücks . . . . 2 766 „

m) Sauggas=, Motoren= und Pumpenanlage (2.30 PS), Kühlwasserpumpe, kleinere Nebenanlagen, Werkzeuge . . . . 28 638 „ [1]

Zu übertragen: 359 620 M.

[1] Dieser Preis ist ein Ausnahmepreis der Weißwasser nahen Maschinenfabrik Christoph in Niesky. Zwei andere maßgebliche Maschinenfabriken beanspruchten gerade 5600 M. mehr.

Übertrag: 359 620 M.

n) Enteisenungs= und Entsäuerungsanlage einschl. Gutachten, Ana=
lysen, Chemikalien . . . . 22 332 „

o) Bauarbeiten am Wasserturm, Gasheizung . . . . 18 995 „

p) Zweiteiliger Hochbehälter (400 cbm) und Haubendach=Eisenstab=
werk (1000 kg 35 M.) . . . . 17 096 „

q) Innere Turmleitungen . . . . 3 344 „

r) Wassermessungsprüfungsanlage im Turm . . . . 662 „

s) Umwährung des Turmgrundstücks . . . . 1 445 „

t) Fernmelder und Fernsprechanlage. . . . . 2 763 „

u) Insgemein (Vorentwurf, Entwurf und Bauleitung, Reisen,
Fahrten der Wasserwerkskommission, Baufuhren, Gutachten, Porto
u. a. m.) . . . . 30 171 „

v) Dazu 700 Hausanschlüsse einschl. Wassermesser und Sperrhähne 48 183 „

zusammen 504 611 M.

C. Stadtentwässerungen.

Bearbeitet von Stadtbauinspektor a. D. und Hochschuldozent Max Knauff in Charlottenburg.

I. Entwurfsarbeiten.

1. Einwohnerzahl. Die Zukunftsbevölkerung Z von Städten findet man, wenn
man sie nicht zeichnerisch auf Grund der Volkszählungen seit 1875 ermittelt, aus der
gegenwärtigen Einwohnerzahl E nach n Jahren aus der Formel

$$Z = E \cdot (1 + 0,01 \cdot p)^n,$$

worin p das erfahrungsgemäße jährliche Wachstum in Prozent bedeutet. Zu berücksich=
tigen sind aber auch Eingemeindungen, neue Verkehrsbedingungen durch Eisenbahn und
Schiffahrt, Entstehen neuer Industrien. Am einfachsten ist die Bestimmung von Z an
der Hand der Größe der zu entwässernden Fläche, wodann auf 1 ha Stadtfläche höchstens
kommen

im Stadtkern . . . . 200 bis 600 Ew.

Stadterweiterungen . . . . 150 „ 300 „

Landhausviertel . . . . 75 „ 120 „

Die kleineren Zahlen gelten für Landstädte, deren Jahreszunahme p höchstens
mit 1,5%, für gewöhnlich mit nur 1% anzunehmen ist. In Vorstädten von Groß=
städten kann p = 6 bis 10% betragen, in Großstädten selbst ist p = 2 bis 4%.

2. Sielwassermenge. Die den Sielen zufließende Verbrauchswassermenge ist
der Tabelle des Abschnittes VI 10 B über Wasserwerke zu entnehmen. In Fabrikvierteln
muß die Abwassermenge für sich bestimmt und jedesmal an ihrem Einfluß zum Sielnetz
in Rechnung gestellt werden, wenn man nicht vorweg 2 bis 3 sl/ha annimmt.

Für Siele ist der größte Wasserverbrauch (= dem 1,5=fachen des mittleren der
eben bezeichneten Tabelle) bedeutungslos, zumal sie bei mittlerem Wasserverbrauch nur
für halbe Füllung, also mit 100% Reserve, berechnet werden.

3. Regenmenge. Sie ist in (sl) für den einzelnen Ort aus einer Zusammen=
stellung der aufgezeichneten Platzregen zu wählen, oder nach der Methode der Reduktion
aus den Platzregenaufzeichnungen zweier höchstens 30 km entfernter Nachbarorte zu

ermitteln und so anzunehmen, daß Überschwemmungen bei Regenfall (höhere Gewalt) höchstens alle 3 bis 4 Jahre zu erwarten stehen. In Frage kommen mit Berücksichtigung einer Dauer von 15 Minuten zumeist nur folgende Platzregenhöhen (h in mm).

6,3	6,8	7,2	7,7	8,1	8,6	9,0	9,9	10,8 mm
70	75	80	85	90	95	100	110	120 sl/ha.

Ganz allgemein gesprochen gelten die geringen Regenmengen für Orte in der Ebene Norddeutschlands östlich der Elbe und Saale und an der Ostseite (Leeseite) von Gebirgen, die mittleren Regenmengen für Orte im Küstenlande der Nordsee und im Hügel- und Gebirgslande, die höchsten an der Westseite (Luvseite) von Gebirgen.

In Ermangelung genauer Unterlagen kann die Regenmenge (h_i in Min./mm) aus der Jahresregenhöhe (H in cm)[1] nach der Knauffschen Formel[2]

$$h_i = 0{,}378 + 0{,}0024 \cdot H$$

bestimmt werden, oder sogleich in Sekundenlitern auf 1 ha (sl) aus der Formel

$$sl = 63 + 0{,}4 \cdot H.$$

Einstündige Güsse anzunehmen ist mehr als fehlerhaft, da sie praktisch nicht in solcher Stärke vorkommen oder — als meteorologischer Ausnahmefall — so große Leitungsquerschnitte ergäben, daß keine Stadt ein solches Kanalnetz bezahlen könnte.

4. **Regenabflußmenge.** Von der Regenmenge kommen wegen Verdunstung, Versickerung und Abfluß nach Aufhören des Regens etwa 50% nicht rechnungsgemäß in Betracht. Die während der Regendauer anzunehmende Abflußmenge beträgt in Prozent der Regenmenge etwa von

a) Gärten, Zierflächen, Promenaden 5%
b) ungepflasterten Fabrikplätzen 10%
c) Schotterstraßen 30%
d) Steinpflasterstraßen 55%
e) Asphaltstraßen 65%
f) Grundstückshöfen 45%
g) Dächern 75%

Besteht beispielsweise 1 ha Stadtfläche aus folgenden Anteilen, so findet man aus 80 sl/ha angenommener Regenmenge die Abflußmenge wie folgt:

a) 0,20 ha Gärten, Promenaden, Anlagen . . 0,20 · 80 · 0,05 = 0,8 sl
b) 0,10 „ Lagerplätze . . . . 1,10 · 80 · 0,10 = 8,0 „
c) 0,22 „ Steinstraßen . . . . 0,22 · 80 · 0,55 = 9,7 „
d) 0,20 „ Höfe . . . . 0,20 · 80 · 0,45 = 7,2 „
e) 0,28 „ Dächer . . . . 0,28 · 80 · 0,75 = 16,8 „

1 ha Stadtfläche ergibt eine Abflußmenge von 42,5 sl,

wofür rund 43 sl angenommen werden.

[1] Siehe Regenkarte von Deutschland, bearbeitet vom Königl. Preußischen Meteorologischen Institut, Berlin, bei Dietrich Reimer (M. 3). Für die einzelnen Provinzen Preußens sind ebenfalls Regenkarten mit Erläuterungen erschienen, die folgenden Inhalt haben: Jahresniederschläge der einzelnen Kreise, Monatsniederschläge, Tagesmaxima und einzelne Platzregen, die aber leider von einer zu hohen, praktisch unverwendbaren Intensitätsnorm an mitgeteilt werden.

[2] Siehe Stadtregen und ihre Beseitigung, Gesundheits-Ingenieur 1894.

5. Geschwindigkeitsformeln. Mit der Wirklichkeit befriedigend übereinstimmende Ergebnisse liefern die von der großen Kutterschen Formel abgeleiteten Knauffschen Formeln:

a) für Steinzeugsiele oder glatte Zementsiele (n = 0,011)

vollaufend

$$v = \frac{57 \cdot d \cdot \sqrt{J}}{\sqrt{d} + 0,513}$$

nicht vollaufend

$$v = \frac{114 \cdot R \cdot \sqrt{J}}{\sqrt{R} + 0,2565}.$$

b) für Klinker- oder Betonsiele (n = 0,0125)

$$v = \frac{103,7 \cdot R \cdot \sqrt{J}}{\sqrt{R} + 0,30}.$$

c) für eiserne Düker und Druckrohre nach Rieselfeldern (n = 0,0115)

$$v = \frac{55 \cdot d \cdot \sqrt{J}}{\sqrt{d} + 0,54} \quad \text{und} \quad v = \frac{51,5 \cdot d \cdot \sqrt{J}}{\sqrt{d} + 0,586},$$

wobei die zweite Formel für $d \geqq 0,50$ m gilt.

d) für gut unterhaltene Gräben auf Rieselfeldern (n = 0,025)

$$v = \frac{63 \cdot R \sqrt{J}}{\sqrt{R} + 0,60}.$$

Wegen der Bedeutung der Formelfaktoren siehe die Geschwindigkeitsformeln im Abschnitt Wasserwerke.

Die Abflußbedingungen in Steinzeugsielen oder Klinkerkanälen, die sich für eine große Menge zusammengehöriger Werte nach den Formeln a und b ergeben, sind nachstehend für Kreis- und Eisiele zeichnerisch dargestellt.

Zur schnellen Berechnung von v nach Formel c dient folgende Zusammenstellung der Gefällsfaktoren

$$y_1 = \frac{55 \cdot d}{\sqrt{d} + 0,54} \quad \text{und} \quad y_2 = \frac{51,5 \cdot d}{\sqrt{d} + 0,586},$$

so daß die Formelform entsteht

$$v = y_1 \cdot \sqrt{J}, \qquad v = y_2 \cdot \sqrt{J},$$

wenn darin y_1 und y_2 entsprechend dem in Rechnung gestellten d gesetzt werden.

d in m	log y_1	y_1	d in m	log y_2	y_2
0,150	94 937	8,90	0,50	29 918	19,92
0,175	00 203	10,05	0,55	32 896	21,33
0,200	05 707	11,41	0,60	35 610	22,70
0,225	08 646	12,20	0,65	38 108	24,05
0,250	12 818	13,43	0,70	40 371	25,33
0,275	15 562	14,31	0,75	42 489	26,60
0,300	18 085	15,16	0,80	44 464	27,84
0,325	20 535	16,05	0,90	47 994	30,19
0,350	23 058	17,01	1,00	51 151	32,47
0,375	25 295	17,90	1,10	53 942	34,63
0,400	27 349	18,77	1,20	56 413	36,66
0,425	29 247	19,61	1,30	58 871	38,79
0,450	31 044	20,44	1,40	61 095	40,83
0,475	32 749	21,26	1,50	62 878	42,53

Kreisfiele.

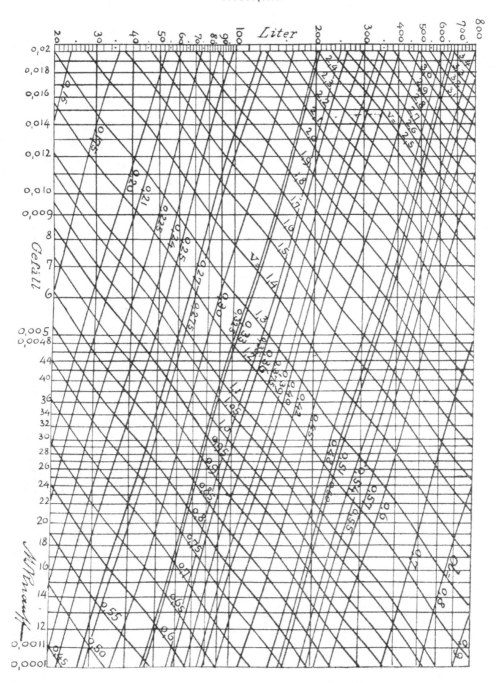

Eiſiele.

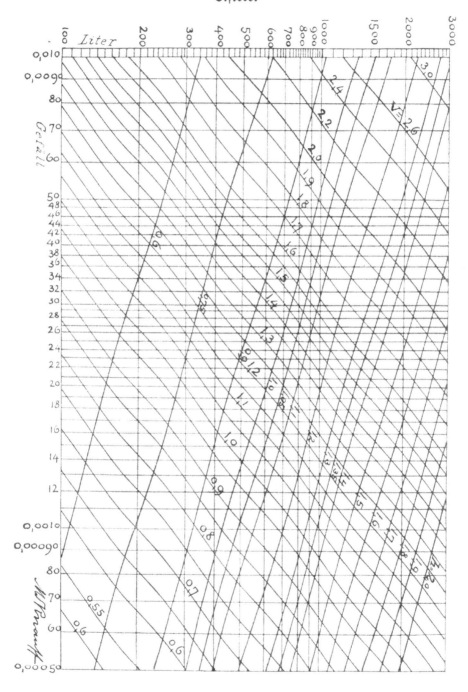

Hiernach ist z. B. die sekundliche Abflußgeschwindigkeit in einem 0,35 m weiten Düker, der unter einem Spielgefäll J = 0,0025 arbeiten muß,

$$v = 17,01 \cdot \sqrt{0,0025} = 17,01 \cdot 0,05 = 0,85 \text{ m}$$

und die hindurchgeführte Wassermenge ist Q = v · F = 0,85 · 0,0962 = 0,0818 cbm.

6. Leitungsquerschnitte. Einige der üblichen Sielquerschnitte gehen aus folgender Tabelle hervor, bei der aber folgendes zu beachten ist.

Querschnitt	h	F	p	R
Kreis	2 · r = d	0,7854 · d²	3,142 · d	0,25 · d
Ei	3 · r = h	0,51 · h²	2,64 · h	0,193 · h
Ellipse (b:h = n)	h	0,7854 · b · h	u · h	0,7854 · b : u
„ b = 0,667 · h	h	0,5233 · h²	2,645 · h	0,198 · h
Maul	1,10 · r	1,71 · r²	5,17 · r	0,33 · r
Haube	2 · r	3,02 · r²	4,79 · r	0,631 · r

a) Wenn bei einer beliebigen Ellipse das Verhältnis von Breite b : Höhe h = n ist, so ist der Beiwert u der Tabelle folgender Zusammenstellung zu entnehmen.

Ist n = 0,45	0,50	0,55	0,60	0,70	0,75	0,80
dann u = 2,36	2,42	2,49	2,55	2,69	2,76	2,84

b) Der Haubenkanal gleicht dem (gestürzten) unteren $^2/_3$ Teil eines Eikanals, so daß bei ihm die Eisohle im Scheitel und die Kämpfer auf einer Linie liegen, unterhalb deren sich das sehr verschieden auszugestaltende Sohlengerinne befindet. Für dieses Gerinne müssen die Maßzahlen h, p, F und R besonders ermittelt und denen der Tabelle, die nur für den Haubenteil gelten, zugezählt werden.

c) Das halbkreisförmige Deckgewölbe des Maulkanals hat den Radius r. Der Stich der Sohle ist mit 0,1 · r angenommen, so daß die Höhe des Maulkanals 1,10 · r beträgt.

Das Sohlengerinne (Wasserlauf) des Haubenkanals, aber auch des Maulkanals oder eines Kanaltunnels besteht zumeist aus einem Kreisabschnitt, dessen Mittelpunktswinkel φ zwischen 30° und 80° zu liegen pflegt. Die geometrischen Zahlenwerte der Sohllänge p, Stichhöhe h, Sehnenlänge s und des Verhältnisses f : p = R, die alle mit dem Radius r des Gerinnes zu multiplizieren sind, sowie die mit r² zu multiplizierende Fläche f des Gerinnes sind folgender Tabelle zu entnehmen.

φ°	p	h	s	f	R	φ°	p	h	s	f	R
30	0,524	0,034	0,518	0,012	0,023	55	0,960	0,113	0,924	0,070	0,073
31	0,541	0,036	0,534	0,013	0,024	56	0,977	0,117	0,939	0,074	0,076
32	0,559	0,039	0,551	0,014	0,026	57	0,994	0,121	0,954	0,078	0,079
33	0,576	0,041	0,568	0,016	0,027	58	1,012	0,125	0,970	0,082	0,081
34	0,593	0,044	0,585	0,017	0,029	59	1,030	0,130	0,985	0,086	0,084
35	0,611	0,046	0,601	0,019	0,030	60	1,047	0,134	1,000	0,091	0,086
36	0,628	0,049	0,618	0,020	0,033	61	1,065	0,138	1,015	0,095	0,089
37	0,646	0,052	0,635	0,022	0,034	62	1,082	0,143	1,030	0,100	0,092
38	0,663	0,054	0,651	0,024	0,036	63	1,100	0,147	1,045	0,104	0,095
39	0,681	0,057	0,668	0,026	0,038	64	1,117	0,152	1,060	0,109	0,098

φ^0	p	h	s	f	R	φ^0	p	h	s	f	R
40	0,698	0,060	0,684	0,028	0,040	65	1,134	0,157	1,075	0,114	0,101
41	0,716	0,063	0,700	0,030	0,042	66	1,152	0,161	1,089	0,119	0,103
42	0,733	0,066	0,717	0,032	0,044	67	1,169	0,166	1,104	0,124	0,106
43	0,750	0,070	0,733	0,034	0,046	68	1,187	0,171	1,118	0,130	0,109
44	0,768	0,073	0,749	0,037	0,048	69	1,204	0,176	1,133	0,135	0,112
45	0,785	0,076	0,765	0,039	0,050	70	1,222	0,181	1,147	0,141	0,115
46	0,803	0,080	0,781	0,042	0,052	71	1,239	0,186	1,161	0,147	0,119
47	0,820	0,083	0,798	0,044	0,054	72	1,257	0,191	1,176	0,153	0,122
48	0,838	0,086	0,813	0,047	0,056	73	1,274	0,196	1,190	0,159	0,125
49	0,855	0,090	0,829	0,050	0,059	74	1,292	0,201	1,204	0,165	0,129
50	0,873	0,094	0,845	0,053	0,061	75	1,309	0,207	1,218	0,172	0,131
51	0,890	0,097	0,861	0,056	0,064	76	1,326	0,212	1,231	0,178	0,134
52	0,908	0,101	0,877	0,060	0,066	77	1,344	0,217	1,245	0,185	0,138
53	0,925	0,105	0,892	0,063	0,068	78	1,361	0,223	1,259	0,192	0,141
54	0,942	0,109	0,908	0,067	0,071	79	1,379	0,228	1,272	0,199	0,144

7. Querschnittsumwandlungen. An Stelle eines sonst passenden Sieles von ermitteltem Querschnitt muß — aus bautechnischen Gründen — oft ein anderes von gleicher Leistungsfähigkeit gewählt werden. Diese Wahl wird durch folgende Angaben erleichtert.

Ein Kreissiel vom Durchmesser d ist zu ersetzen durch ein Eisiel mit $h = 1,30 \cdot d$, oder ein Ellipsensiel mit $h = 1,26 \cdot d$, oder einen Maulkanal mit $r = 0,76 \cdot d$.

Ein Eisiel von der Höhe h_0 ist zu ersetzen durch ein Kreissiel mit $d = 0,77 \cdot h_0$, oder ein Ellipsensiel mit $h = 0,98 \cdot h_0$, oder einen Maulkanal mit $r = 0,59 \cdot h_0$.

Ein Ellipsensiel von der Höhe h_0 ist zu ersetzen durch ein Kreissiel mit $d = 0,79 \cdot h_0$, oder ein Eisiel mit $h = 1,03 \cdot h_0$, oder einen Maulkanal mit $r = 0,60 \cdot h_0$.

Ein Maulkanal mit dem Radius r ist zu ersetzen durch ein Kreissiel mit $d = 1,32 \cdot r$, oder ein Eisiel mit $h = 1,71 \cdot r$, oder ein Ellipsensiel mit $h = 1,67 \cdot r$.

Hiernach kann man mittels der vorstehenden Zeichnungen für Kreis= und Eisiele auch die Querschnitte für Ellipsen= und Maulkanäle bestimmen.

8. Füllhöhen. Die umständliche Berechnung der Füllhöhe von normalen Sielen bei einer bestimmten kleinen Wasserführung wird mit Hilfe folgender Zeichnung vermieden, in der die Beziehungen von v_1 und Q_1 verschiedener Füllung zu $v = 1$ und $Q = 1$ bei voller Füllung enthalten sind. In dieser Zeichnung bedeuten die auf dem Bruchstrich stehenden Zahlen Geschwindigkeiten v, die darunter stehenden Wassermengen Q. Folgende Beispiele lehren die Anwendung der Zeichnung.

Welche Wassermenge fließt bei 0,17 m Füllhöhe in einem 0,40 m weiten Steinzeugsiel ab, das 0,0022 Sohlengefäll hat? — Vollaufend kann das Siel 118 sl $= Q = 1$ abführen mit $v = 0,93$ m. In Teilen des Radius r ausgedrückt, lautet die angegebene Füllhöhe

$$0,40 : 0,17 = 2 \, r : x$$
$$x = 0,85 \cdot r.$$

In dieser Höhe befindet sich auf dem lotrechten Durchmesser des Kreises ($d = 2,0 \cdot r$, als Abszisse) der Anfang der Q-Ordinate, deren Ende in derselben Höhe auf der Q-Linie

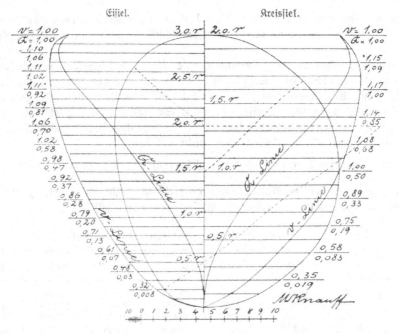

liegt. Zwischen beiden Punkten (auf der d= und Q=Linie) hat die Q=Ordinate die ab=
zugreifende Länge von 0,38, sonach ist die verlangte Wassermenge

$$118 \cdot 0,38 = 45 \text{ s l}$$

und ihre Abflußgeschwindigkeit zufolge der auf der Höhe 0,85 · r ebenfalls abzugreifenden
v=Ordinate (zwischen der d= und v=Linie) = 0,94 ist

$$v = 0,93 \cdot 0,94 = 0,87 \text{ m}.$$

Mit welcher Füllhöhe treffen 222 s l Fabrikwasser in einem Verbindungs=
bauwerke ein, wenn der Fabrikenkanal 1,35 m Höhe und ein Sohlengefäll
von 0,0016 hat? — Vollaufend kann der Kanal 1210 s l mit v = 1,34 m ableiten. Es
verhalten sich die Q=Ordinaten

$$1210 : 222 = 1 : x$$
$$x = 0,18.$$

Diese Ordinatenlänge befindet sich auf der Höhe 0,96 · r (etwas unterhalb 1,0 r
mit der Zahl 0,20 für Q). Da r hier, bei 1,35 m = 3 · r Sielhöhe, 0,45 m ist, so ist ihre
Lage auf der Abszisse

$$0,96 \cdot r = 0,96 \cdot 0,45 = 0,43 \text{ m},$$

womit die verlangte Füllhöhe gefunden ist.

9. **Berechnungen der Leitungen** in Sonderfällen wird durch folgende drei Tabellen
1 bis 3 erleichtert.

Das Sielnetz allein für Hauswasser wird auf halbe Füllung berechnet, die Rohr=
weiten werden daher für die doppelte rechnungsgemäße Sielwassermenge ermittelt.

Mit Rücksicht auf die einigermaßen befriedigende Anordnung der Hausentwässe=
rungsanlagen (auch in frostsicherer Tiefe) müssen die Rücken der Straßensiele minde=
stens 2,10 bis 2,50 m unter Pflaster liegen.

Regenwasserleitungen können 1,40 bis 1,60 m unter Pflaster angeordnet werden. In Straßen bis zu 20 m Breite wird gewöhnlich nur eine Entwässerungsleitung erbaut.

Für die Berechnung von Leitungen, die (auch) Regenwasser abzuführen bestimmt sind, kommt nicht schlechtweg deren Sohlengefäll in Frage, sondern das Spiegelgefäll, d. h. die Wasserspiegellinie, unter der die (oft unter Druck) stehende Leitung mit ganz anderem Sohlengefäll arbeitet. Über die Spiegellinie, die sich oft 0,1 bis 0,4 m über den Rücken der Siele befinden kann (Regenwasseraufstau in den Schächten), dürfen sich die rechnungsgemäßen Wassermengen nicht erheben.

Ganz falsch ist die Anwendung der Faustformel $\dfrac{1}{\sqrt[4]{F}}$, mit deren Beiwert die rechnungsgemäßen Regenwasser-Abflußmengen einer Fläche F allemal multipliziert werden sollen, um die vom Kanal abzuführende Wassermenge zu erhalten[1]).

Tabelle 1.   Querschnittsverhältnisse von Kreissielen.

d (m)	log d	√d	F (qm)	p (m)	F : p = R	log R	√R
0,100	00 000	0,316	0,0079	0,314	0,0251	39 967	0,158
0,125	09 691	0,354	0,0123	0,393	0,0313	49 554	0,177
0,150	17 609	0,387	0,0177	0,471	0,0376	57 519	0,194
0,175	24 304	0,418	0,0241	0,550	0,0448	65 128	0,212
0,200	30 103	0,447	0,0314	0,628	0,0500	69 897	0,224
0,210	32 222	0,458	0,0346	0,660	0,0524	71 933	0,229
0,225	35 218	0,474	0,0398	0,707	0,0561	74 896	0,237
0,240	38 021	0,490	0,0452	0,754	0,0590	77 085	0,243
0,250	39 794	0,500	0,0491	0,785	0,0625	79 588	0,250
0,270	43 136	0,520	0,0573	0,848	0,0676	82 995	0,260
0,275	43 933	0,524	0,0594	0,864	0,0687	83 696	0,262
0,300	47 712	0,548	0,0707	0,942	0,0750	87 506	0,274
0,325	51 188	0,570	0,0830	1,021	0,0813	91 005	0,285
0,330	51 851	0,574	0,0855	1,037	0,0824	91 593	0,287
0,350	54 407	0,592	0,0962	1,099	0,0875	94 201	0,296
0,360	55 630	0,600	0,1018	1,131	0,0900	95 424	0,300
0,375	57 403	0,612	0,1104	1,178	0,0937	97 182	0,306
0,390	59 106	0,625	0,1195	1,225	0,0975	98 900	0,312
0,400	60 206	0,632	0,1257	1,257	0,1000	00 000	0,316
0,420	62 325	0,648	0,1385	1,319	0,1050	02 119	0,324
0,450	65 321	0,671	0,1590	1,414	0,1125	05 115	0,335
0,480	68 124	0,693	0,1810	1,508	0,1200	07 918	0,346
0,500	69 897	0,707	0,1963	1,571	0,1250	09 691	0,354
0,510	70 757	0,714	0,2043	1,602	0,1275	10 551	0,357
0,540	73 239	0,735	0,2290	1,696	0,1349	13 001	0,367
0,550	74 036	0,742	0,2376	1,728	0,1376	13 862	0,371
0,570	75 587	0.755	0,2552	1,791	0,1425	15 381	0,377
0,600	77 815	0,775	0,2827	1,885	0,1500	17 609	0,387
0,700	84 510	0,837	0,3848	2,199	0,1750	24 304	0,418
0,800	90 309	0,894	0,5027	2,513	0,2000	30 103	0,447
0,900	95 424	0,949	0,6362	2,827	0,2250	35 218	0,474
1,000	00 000	1,000	0,7854	3,142	0,2500	39 794	0,500
1,100	04 139	1,048	0,9503	3,456	0,2750	43 933	0,524
1,200	07 918	1,096	1,1310	3,770	0,3000	47 712	0,548

[1]) Siehe „Berechnung von Regenwasserleitungen", Gesundheits-Ingenieur 1911, Nr. 38.

Tabelle 2. Querschnittsverhältnisse von Eisielen.

h (m)	F (qm)	p (m)	R	log R	$\sqrt{R}$	$\sqrt{R}+$ 0,30	log $(\sqrt{R}+0,30)$
0,60	0,1836	1,5858	0,1157	06 333	0,340	0,640	80 618
0,75	0,2869	1,9823	0,1447	16 047	0,380	0,680	83 251
0,90	0,4131	2,3787	0,1737	24 980	0,417	0,717	85 552
1,00	0,5100	2,6430	0,1933	28 623	0,440	0,740	86 923
1,05	0,5623	2,7752	0,2026	30 664	0,450	0,750	87 506
1,10	0,6171	2,9073	0,2123	32 695	0,461	0,761	88 138
1,20	0,7344	3,1716	0,2316	36 474	0,481	0,781	89 265
1,30	0,8619	3,4359	0,2509	39 950	0,501	0,801	90 363
1,35	0,9295	3,5681	0,2605	41 581	0,510	0,810	90 849
1,40	0,9996	3,7002	0,2701	43 152	0,520	0,820	91 381
1,50	1,1475	3,9645	0,2894	46 150	0,538	0,838	92 324
1,60	1,3056	4,2288	0,3087	48 954	0,556	0,856	93 247
1,65	1,3885	4,3610	0,3184	50 297	0,564	0,864	93 651
1,70	1,4739	4,4931	0,3280	51 587	0,573	0,873	94 101
1,80	1,6524	4,7574	0,3473	54 070	0,589	0,889	94 890
1,90	1,8411	5,0217	0,3666	56 419	0,605	0,905	95 665
2,00	2,0400	5,2860	0,3859	58 647	0,621	0,921	96 426

Tabelle 3. Gefälle.

1 : x = J	$\sqrt{J}$	log $\sqrt{J}$	1 : x = J	$\sqrt{J}$	log $\sqrt{J}$	1 : x = J	$\sqrt{J}$	log $\sqrt{J}$
1	1,000	1,000	00 000	81/85	0,0120	0,1100	04 139	191/194	0,0052	0,0721	85 794
2	0,500	0,707	84 942	86/95	0,0110	0,1050	02 119	195/198	0,0051	0,0714	85 370
3	0,330	0,574	75 891	96/100	0,0100	0,1000	00 000	199/202	0,0050	0,0707	84 942
4	0,250	0,500	69 897	101	0,0099	0,0995	99 782	203/206	0,0049	0,0700	84 510
5	0,200	0,477	67 852	102	0,0098	0,0990	99 564	207/210	0,0048	0,0693	84 073
6	0,170	0,412	61 490	103	0,0097	0,0985	99 344	211/215	0,0047	0,0686	83 632
7	0,140	0,374	57 287	104	0,0096	0,0980	99 123	216/219	0,0046	0,0678	83 123
8	0,130	0,361	55 751	105	0,0095	0,0975	98 900	220/224	0,0045	0,0671	82 672
9	0,110	0,332	52 114	106	0,0094	0,0970	98 677	225/229	0,0044	0,0663	82 151
10	0,100	0,316	49 969	107/108	0,0093	0,0964	98 408	230/235	0,0043	0,0656	81 690
11	0,091	0,302	48 001	109	0,0092	0,0959	98 182	236/240	0,0042	0,0648	81 158
12	0,083	0,288	45 939	110	0,0091	0,0954	97 955	241/246	0,0041	0,0640	80 618
13	0,077	0,277	44 248	111	0,0090	0,0949	97 727	247/253	0,0040	0,0632	80 072
14	0,071	0,266	42 488	112	0,0089	0,0943	97 451	254/259	0,0039	0,0625	79 588
15	0,067	0,259	41 330	113/114	0,0088	0,0938	97 220	260/266	0,0038	0,0616	78 958
16	0,063	0,251	39 967	115	0,0087	0,0933	96 988	267/273	0,0037	0,0608	78 390
17	0,059	0,243	38 561	116	0,0086	0,0927	96 708	274/281	0,0036	0,0600	77 815
18	0,056	0,237	37 475	117/118	0,0085	0,0922	96 473	282/289	0,0035	0,0592	77 232
19	0,053	0,230	36 173	119	0,0084	0,0917	96 237	290/298	0,0034	0,0583	76 567
20	0,050	0,224	35 025	120/121	0,0083	0,0911	95 952	299/307	0,0033	0,0574	75 891
21	0,048	0,219	34 044	122	0,0082	0,0906	95 713	308/317	0,0032	0,0566	75 282
22	0,045	0,212	32 634	123/124	0,0081	0,0900	95 424	318/327	0,0031	0,0557	74 586
23	0,043	0,207	31 597	125	0,0080	0,0894	95 134	328/338	0,0030	0,0548	73 878
24	0,042	0,205	31 175	126/127	0,0079	0,0889	94 890	339/350	0,0029	0,0539	73 159
25	0,040	0,200	30 103	128/129	0,0078	0,0883	94 596	351/363	0,0028	0,0529	72 346
26	0,038	0,195	29 003	130	0,0077	0,0877	94 300	364/377	0,0027	0,0520	71 600
27	0,037	0,192	28 330	131/132	0,0076	0,0872	94 052	378/392	0,0026	0,0510	70 757
28	0,036	0,190	27 875	133/134	0,0075	0,0866	93 752	393/408	0,0025	0,0500	69 897

$1 : x = J$	$\sqrt{J}$	$\log\sqrt{J}$	$1 : x = J$	$\sqrt{J}$	$\log\sqrt{J}$	$1 : x = J$	$\sqrt{J}$	$\log\sqrt{J}$
29	0,034	0,184	26 482	135/136	0,0074	0,0860	93 450	409/425	0,0024	0,0490	69 020
30	0,033	0,182	26 007	137	0,0073	0,0854	93 146	426/444	0,0023	0,0480	68 124
31	0,032	0,179	25 285	138/139	0,0072	0,0849	92 891	445/465	0,0022	0,0469	67 117
32	0,031	0,176	24 551	140/141	0,0071	0,0843	92 583	466/487	0,0021	0,0458	66 087
33	0,030	0,173	23 805	142/143	0,0070	0,0837	92 273	488/512	0,0020	0,0447	65 031
34/35	0,029	0,170	23 045	144/145	0,0069	0,0831	91 960	513/540	0,0019	0,0436	63 949
36	0,028	0,167	22 272	146/148	0,0068	0,0825	91 645	541/571	0,0018	0,0424	62 737
37	0,027	0,164	21 484	149/150	0,0067	0,0819	91 328	572/606	0,0017	0,0412	61 490
38/39	0,026	0,161	20 683	151/152	0,0066	0,0812	90 956	607/645	0,0016	0,0400	60 206
40	0,025	0,158	19 866	153/155	0,0065	0,0806	90 634	646/689	0,0015	0,0387	58 771
41/42	0,024	0,155	19 033	156/157	0,0064	0,0800	90 309	690/740	0,0014	0,0374	57 287
43/44	0,023	0,152	18 184	158/160	0,0063	0,0794	89 982	741/800	0,0013	0,0361	55 751
45/46	0,022	0,148	17 026	161/162	0,0062	0,0787	89 597	801/869	0,0012	0,0346	53 908
47/48	0,021	0,145	16 137	163/165	0,0061	0,0781	89 265	870/952	0,0011	0,0332	52 114
49/51	0,020	0,141	14 922	166/168	0,0060	0,0775	88 930	953/1052	0,0010	0,0316	49 969
52/54	0,019	0,138	14 988	169/170	0,0059	0,0768	88 536	1053/1176	0,0009	0,0300	47 712
55/57	0,018	0,134	12 710	171/173	0,0058	0,0762	88 195	1177/1333	0,0008	0,0283	45 179
58/60	0,017	0,130	11 394	174/176	0,0057	0,0755	87 795	1334/1537	0,0007	0,0265	42 325
61/64	0,016	0,126	10 037	177/180	0,0056	0,0748	87 390	1538/1818	0,0006	0,0245	38 917
65/68	0,015	0,122	08 636	181/183	0,0055	0,0742	87 040	1819/2222	0,0005	0,0224	35 025
69/74	0,014	0,118	07 188	184/186	0,0054	0,0735	86 629	2223/2857	0,0004	0,0200	30 103
75/80	0,013	0,114	05 690	187/190	0,0053	0,0728	86 213	2858/4000	0,0003	0,0173	23 805

II. Bauarbeiten.

1. Grabarbeit im allgemeinen. Bei der Ermittelung des Preiſes für 1 cbm Bodenbewegung in Rohrgräben und Baugruben handelt es ſich um folgende Leiſtungen und Arbeitsvorgänge.

1. In Baugruben bis zu 2 m Tiefe kann ein Arbeiter täglich 12,5 cbm leicht ſtechbaren Boden ausheben und nach oben werfen.

2. In tieferen Baugruben ſinkt dieſe Leiſtung auf 12 cbm.

3. In tieferen Baugruben muß der ausgehobene Boden bei je 2 m größerer Tiefe auf Zwiſchenbühnen (Pritſchen) aufgeworfen und von hier weiter befördert werden.

4. Der ausgehobene Boden hat etwas vergrößerte Maſſe, dafür iſt er aber leichter ſtechbar, ſo daß hierbei keine ſonderlichen Mehrkoſten beim Aufwerfen über Pflaſter und Zufüllen des Grabens entſtehen.

5. Der ausgeworfene Boden muß auf der Straße aufgeſchaufelt werden, auch iſt der Baugrubenrand auf etwa 0,50 m frei zu halten. Dazu ſind, namentlich bei tieferen Baugruben, ebenſoviel Leute wie in der Baugrube zu 1 cbm Bodenbewegung erforderlich.

6. Beim Wiederverfüllen der Baugruben muß auf 2 Zuwerfer 1 Stampfer in der Baugrube kommen.

7. Die Krankenkaſſengelder und Verſicherungsbeiträge betragen rund 4,5% der Löhne.

8. Der Lohn der Schachtmeiſter beträgt rund 2,5% der Löhne ſeiner Leute.

9. Mit dem Fortgang der Grabarbeit ſind die Baugruben mittels 4 m langer, an den Enden beſchlagener Bohlen, Bruſthölzer und Steifhölzer (Riegel) abzuſteifen, wofür wenigſtens 25 Pf./qm angeſetzt werden müſſen (ſiehe unter Abſteifungen). Das Abſteifen iſt für ſich zu veranſchlagen.

10. Auf die gezahlten Löhne muß ein solider Unternehmer wenigstens 25% auf=
schlagen, wofür er alle kleineren unvermeidlichen Nebenleistungen (Baubude,
eiserne Krampen, Nägel, Meßinstrumente, Umwährung und Beleuchtung der
Baustelle, Brücken für Wagen= und Fußgängerverkehr, Minderleistungen der
Leute bei ungünstiger Witterung, höhere technische Aufsicht, allgemeine Ge=
schäftsunkosten) und seinen Reingewinn zu decken hat.

11. Der abzufahrende Boden ist, mit Berücksichtigung seiner Auflockerung (5 bis 15%),
für sich zu veranschlagen.

2. **Stechboden.** Die auf Grund der Leistungen zu 1 bis 11 ermittelten Preise für 1 cbm
leicht stechbaren Bodens bei verschiedenen Bautiefen und Tagelöhnen zeigt folgende Tab. 4.

Tabelle 4. 1 cbm Bodenaushub bis 2 m Tiefe.

Tagelohn	M. 3,00	M. 3,50	M. 4,00	M. 4,50	M. 5,00
Leistung 1: Aushub	0,240	0,280	0,320	0,360	0,400
„ 5: Aufwerfen	0,160	0,187	0,213	0,240	0,267
„ 6: Zuwerfen	0,240	0,280	0,320	0,360	0,400
„ 6: Einstampfen	0,120	0,410	0,160	0,180	0,200
Gesamtlohn	0,760	0,887	1,013	1,140	0,267
Leistung zu 7/8: + 7%	0,067	0,062	0,071	0,080	0,089
Selbstkosten	0,827	0,949	1,084	1,220	1,356
Leistung zu 10: + 25%	0,207	0,237	0,271	1,305	0,339
Gesamtpreis	1,034	1,186	1,355	1,525	1,695

Tabelle 5. 1 cbm Bodenaushub zwischen 2 und 4 m Tiefe.

Tagelohn	M. 3,00	M. 3,50	M. 4,00	M. 4,50	M. 5,00
Leistung zu 3: Zwischenwurf . .	0,250	0,293	0,334	0,375	0,417
„ „ 7,8: + 7%	0,018	0,021	0,023	0,026	0,029
Selbstkosten	0,268	0,314	0,357	0,401	0,446
+ 25%	0,067	0,079	0,089	0,100	0,112
Mehrkosten	0,335	0,393	0,446	0,501	0,558
Dazu Preis bis 2 m	1,034	1,186	1,355	1,525	1,695
Gesamtpreis	1,369	1,579	1,801	2,026	2,253

Tabelle 6. 1 cbm Bodenaushub zwischen 4 und 6 m Tiefe.

Tagelohn	M. 3,00	M. 3,50	M. 4,00	M. 4,50	M. 5,00
Mehrkosten wie Tab. 5	0,335	0,393	0,446	0,501	0,558
Dazu Preis bis 4 m	1,369	1,579	1,801	2,026	2,253
Gesamtpreis	1,704	1,972	2,247	2,527	2,811

Tabelle 7. 1 cbm Bodenaushub zwischen 6 und 8 m Tiefe.

Tagelohn	M. 3,00	M. 3,50	M. 4,00	M. 4,50	M. 5,00
Mehrkosten wie Tab. 5	0,335	0,393	0,446	0,501	0,558
Dazu Preis bis 6 m	1,704	1,972	2,247	2,527	2,811
Gesamtpreis	2,039	2,365	2,693	3,028	3,369

Tabelle 8.　1 cbm Bodenaushub zwischen 8 und 10 m Tiefe.

Tagelohn	M. 3,00	M. 3,50	M. 4,00	M. 4,50	M. 5,00
Mehrkosten wie Tab. 5	0,335	0,393	0,446	0,501	0,558
Dazu Preis bis 8 m	2,039	2,365	2,693	3,028	3,369
Gesamtpreis	2,374	2,758	3,139	3,529	3,927

Mit den ermittelten Einzelpreisen findet man folgende Mittelpreise für 1 cbm Erdaushub, bei verschiedener Tiefe der Rohrgräben, wobei zu beachten ist, daß bei nur 1 m Grabentiefe besonderes Aufwerfen fortfällt.

Tabelle 9.　Mittelpreise für 1 cbm leichten Stechboden.

Tagelohn	Baugrubentiefe									
	1 m	2 m	3 m	4 m	5 m	6 m	7 m	8 m	9 m	10 m
M. 3,00	0,85	1,05	1,15	1,20	1,30	1,40	1,50	1,55	1,65	1,70
„ 3,50	0,90	1,20	1,30	1,40	1,50	1,60	1,70	1,80	1,90	2,00
„ 4,00	1,10	1,35	1,50	1,60	1,70	1,80	1,95	2,05	2,20	2,25
„ 4,50	1,25	1,55	1,70	1,80	1,95	2,05	2,20	2,30	2,45	2,55
„ 5,00	1,35	1,70	1,85	2,00	2,15	2,25	2,40	2,55	2,70	2,80

Diese Preise sind aber noch um 12% zu erhöhen, wenn der Boden nicht leicht stechbar ist, sondern erst einer gewissen Lockerung durch den Spatenstich bedarf, wenn also 1 Mann täglich nicht 12 cbm, sondern etwa nur 10,5 cbm fördern kann.

Tabelle 10.　Mittelpreise für 1 cbm schweren Stechboden.

Tagelohn	Baugrubentiefe									
	1 m	2 m	3 m	4 m	5 m	6 m	7 m	8 m	9 m	10 m
M. 3,00	0,95	1,18	1,29	1,34	1,44	1,55	1,67	1,74	1,85	1,89
„ 3,50	1,01	1,34	1,51	1,55	1,67	1,78	1,89	2,00	2,11	2,24
„ 4,00	1,22	1,51	1,67	1,78	1,89	2,00	2,18	2,30	2,44	2,52
„ 4,50	1,40	1,74	1,89	2,00	2,18	2,30	2,44	2,55	2,74	2,83
„ 5,00	1,51	1,89	2,11	2,24	2,41	2,52	2,66	2,83	3,00	3,11

3. **Breite Baugruben.** Die Kubikmeterpreise der Tabellen 9 und 10, aber auch der Tabellen 11 und 12, gelten nur für Baugruben bis zu etwa 2,40 m Breite, dann muß eine Preiserhöhung eintreten, weil das Werfen der Erde aus breiteren Baugruben mehr anstrengt und Minderleistungen herbeiführt. Demzufolge sind die Grundpreise der Tabellenpreise zu erhöhen:

bei 2,5 m breiten Baugruben um 10%
„ 3,0 „ 　 „ 　 　 „ 　 „ 15%
„ 3,5 „ 　 „ 　 　 „ 　 „ 20%
„ 4,0 „ 　 „ 　 　 „ 　 „ 25%
„ 4,5 „ 　 „ 　 　 „ 　 „ 30%

4. **Hackboden.** Die Förderung von Hackboden erfordert Mehrkosten zur Lösung des Bodens mit der Hacke und bedingt (10%) Mindestleistungen bei seinem unbequemen Werfen, da die Spaten weniger des stückigen Bodens fassen. Danach erfordert im

allgemeinen Hackboden folgende Mehrkosten im Vergleich mit den ermittelten Kosten für Stichboden unter der weiteren Voraussetzung, daß in 10 Stunden nur 11 cbm Boden gelöst werden können.

Tabelle 11. Mehrkosten für 1 cbm Hackboden.

Tagelohn	M. 3,00	M. 3,50	M. 4,00	M. 4,50	M. 5,00
Lösen	0,273	0,317	0,367	0,409	0,455
+ 10% für Aushub	0,024	0,028	0,032	0,036	0,040
+ 10% für Aufwerfen	0,024	0,028	0,032	0,036	0,040
+ 10% für Zuwerfen	0,024	0,028	0,032	0,036	0,040
	0,345	0,401	0,463	0,517	0,575
Leistung 7/8: + 7%	0,024	0,028	0,032	0,036	0,040
Selbstkosten	0,369	0,429	0,495	0,553	0,615
Leistung 10: + 25%	0,092	0,107	0,124	0,138	0,154
Mehrkosten	0,461	0,536	0,619	0,691	0,769

Mit diesen Zuschlagpreisen ergibt sich folgende Tabelle für Hackboden, wenn man noch beachtet, daß sich für den Aushub von 2 zu 2 m der Mehrpreis von 0,024 bis 0,040 M. wiederholt.

Tabelle 12. Mittelpreise für 1 cbm Hackboden.

Tagelohn	Baugrubentiefe									
	1 m	2 m	3 m	4 m	5 m	6 m	7 m	8 m	9 m	10 m
M. 3,00	1,25	1,50	1,60	1,70	1,80	1,90	2,00	2,10	2,20	2,25
„ 3,50	1,40	1,75	1,90	2,00	2,10	2,20	2,35	2,45	2,55	2,65
„ 4,00	1,70	2,00	2,15	2,25	2,40	2,50	2,70	2,80	2,95	3,00
„ 4,50	1,90	2,25	2,45	2,50	2,70	2,80	3,00	3,10	3,30	3,40
„ 5,00	2,05	2,50	2,70	2,80	3,00	3,10	3,30	3,45	3,65	3,75

Auch diese Preise sind für 2,5 bis 4,5 m breite Baugruben so zu vergrößern, wie bei Stichboden angegeben wurde.

Die nachstehende Zeichnung stellt die Preise für Stich= und Hackboden dar, so daß auch für Aushubtiefen zwischen ganzen Metern die Preise bestimmt werden können. Wohlgemerkt: die Preise sind Mittelpreise — keine Staffelpreise—, die durch= schnittlich für 1 cbm Boden bei den entsprechenden Aushubtiefen zu veranschlagen sind.

5. **Andere Bodenarten.** In der angegebenen Weise müssen von Fall zu Fall die Preise für Lösungs= und Grabarbeit anderer Bodenarten ermittelt werden, wobei in 10stündiger Tagesarbeit auf folgende Leistungen eines Arbeiters gerechnet werden kann.

a) Mit Kies gemischte feste Erde und Steingeröll . . . . 7 cbm

b) Fester Ton, Lehm, Mergel, Keuper, Lias. . . . . 5 „

c) Ton mit Steinen, fester grober Kies, mit der Spitzhacke zu lösendes weiches Tagesgestein, Geröll . . . . 4 „

d) Festes, mit Brechstangen zu lösendes Gestein . . . . 3 „

e) Muschelkalk, fester Tonschiefer, mit der Spitzhacke zu lösendes Gestein 1,6 „

f) Mit Pulver zu sprengender Fels, dessen Stücke von Arbeitern in die Fördergefäße gehoben werden können . . . . 1,2 „

g) Zu zersprengender Fels, dessen Stücke noch zerkleinert werden müssen 0,8 „

Mittelpreise für 1 cbm Grabarbeit bei Baugrubentiefen von 1 bis 10 m.

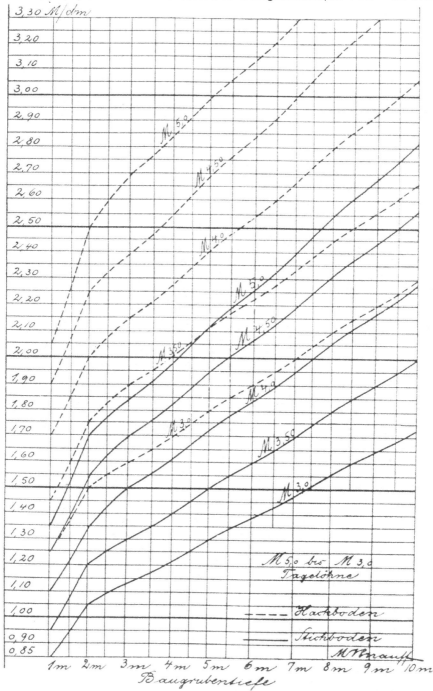

Zu beachten ist, daß die zerstückelte Bodenmasse auf der Sohle der Baugruben in Gefäße geworfen und in diesen emporgehoben werden muß. Für das Emporheben mittels Winden u. dgl. sind als Tagesleistungen eines Arbeiters anzunehmen:

zu den Bodenarten a, b, und c . . . . 7˙ cbm

" " " d " e . . . . 4 "

" " " f " g . . . . 3,5 "

Der Preis für diese Förderung muß umfassen: Das Einladen in die Fördergefäße, das Emporheben, das Aufwerfen über Flur und das Vorhalten der Fördervorrichtung. Zu dieser eignet sich ein fahrbarer Handkran mit drehbarem Ausleger und Winde, der bei 350 kg Tragfähigkeit etwa 1000 M. kostet[1]) oder ein Bockgerüst mit Winde für etwa 250 M.[2]).

Auf Grund dieser Angaben und einem Lohn von 4,50 M. berechnet man die Förderung von 1 cbm Gestein, das mit der Spitzhacke aus 2 bis 10 m tiefer Baugrube zu fördern ist, wie folgt:

Preis für 1 cbm Hackgestein.

a) Lohn zum Lösen des Gesteins 4,5 · 1,0 : 1,60 . . . . 2,813 M.

b) Einladen 4,5 · 1,0 : 4,0. . . . . 1,125 "

c) Fördern und oben aufwerfen, wie b . . . . 1,125 "

d) 7% Kassengelder und Aufsicht . . . . 0,354 "

e) Vorhalten des Handkrans für 1000 M.

a) 10% jährliche Abnutzung . . . . 100 M.

b) Ausbesserungen 3% . . . . 30 "

c) Kapitalzinsen 7% . . . . 70 "

auf 190 Arbeitstage . . . . 200 M.

Sonach für 1 Arbeitstag bei 4,0 cbm Förderung 200 : 190 · 4,00 0,268 M.

f) 25% für Nebenleistungen und Gewinn . . . . 1,421 "

7,106 M.

Preis für 1 cbm Sprenggestein.

Muß Fels gesprengt werden, so findet man den Preis mit folgenden Ansätzen, ebenfalls bei 4,50 M. Tagelohn, aber 5,0 M. für den Sprengarbeiter.

a) Sprenglohn, im Einzelfall etwa 3,5 Stunden Arbeitszeit . . . . 1,750 M.

b) Dynamitpatronen, Zündschnur . . . . 0,600 "

c) Einladen der Sprengstücke, 4,50 · 1,0 : 3,5 . . . . 1,286 "

d) Fördern und oben aufwerfen, wie c . . . . 1,286 "

e) 7% Kassengelder und Aufsicht zu a, c, d . . . . 0,303 "

f) Vorhalten des Handkrans (wie vorher), aber bei 3,5 cbm Förderung,

200 : 190 · 3,5 . . . . 0,301 "

g) 25% für Nebenleistungen und Gewinn . . . . 1,382 "

6,908 M.

Man sieht, daß das Sprengen festen Gesteins unter Umständen — wenn der Sprenglohn wegen zu harten Gesteins nicht gar für 6 Stunden zu zahlen ist — billiger ausfällt als das Lösen mittels Brechstange und Spitzhacke.

[1]) Bünger & Leyrer, Düsseldorf.

[2]) Bopp & Reuther, Mannheim.

Preis für 1 cbm Sprenggestein und Zerkleinern.

Muß der gesprengte Boden aber auch klein geschlagen werden, so entstehen noch folgende Kosten, wenn für einen Tagelohn von 4,50 M. 2,5 cbm Gesteinstücke handlich (nicht zu Schotter!) zertrümmert werden.

a) Zerschlagen, 4,50 : 2,5 . . . . 1,800 M.

b) 7% Kassengelder und Aufsicht . . . . 0,126 „

                                                  1,926 M.

c) 25% für Nebenleistungen und Gewinn . . . . 0,482 „

                                                  2,408 M.

d) Dazu die Kosten für Sprenggestein . . . . 6,908 „

                                                  9,316 M.

Im übrigen müssen die örtlichen Umstände durch Flachbohrungen genau erkundet werden, damit auch die Härte des zu fördernden Gesteins vor einer Preisabgabe bekannt ist.

6. **Absteifungen.** 100 lfd. m Rohrgraben auf 1 m Tiefe abzusteifen, erfordern etwa 15 cbm Absteifhölzer folgender Art.

a) 150 Stück 4,0 m lange, 0,30 m breite und 0,05 m dicke Bohlen
   = 180 qm Bohlen zu 3,50 M. . . . . 630,00 M.

b) 300 mal Beschlag der Bohlenenden mit Bandeisen zu 0,40 M. . 120,00 „

c) 150 Brusthölzer je (1,00 × 0,16 × 0,06 m) zu 0,80 M. . . . . 120,00 „

d) 150 Steifhölzer (Riegel) von 0,15 m Durchmesser, deren Länge (zwischen 0,80 und etwa 1,50 m) wirtschaftlich keine Rolle spielt, zu 0,24 M. 36,00 „

                               Anschaffungswert 906,00 M.

Den Absteifungspreis von 1 lfd. m Baugrube, 1,0 m tief und bis etwa 2,50 m breit, ermittelt man folgendermaßen.

a) 30% Abschreibung von 900 M. . . . . 270 M.

   10% Erneuerung . . . . 91 „

   7% Kapitalzinsen . . . . 63 „

                              424 M.

   Dies auf 1 Arbeitstag gerechnet gibt 424 : 190 · 100 . . . 0,022 M.

b) Anfuhr von 15 cbm Absteifholz, etwa 3 Fuhren, einschließlich Beladen und Abladen, die Fuhre zu 4,5 M., macht 3 · 4,50 : 100 . . . 0,135 „

c) Abfuhr wie zu b . . . . 0,135 „

d) Die Baugrube (jedesmal auf 4,0 m Länge) abzusteifen, erfordert 12 Minuten Zeit eines Vorarbeiters zu etwa 4,50 M. Tagelohn und äußerstenfalls von 4 Helfern je zu etwa 3,50 M. Tagelohn, der Lohn beträgt sonach $\frac{1}{4} \cdot \frac{12}{60}$ (0,45 + 4 · 0,35) . . . . 0,093 „

e) Die Steifhölzer aus der Baugrube zu entfernen etwa den dritten Teil des Preises zu d . . . . 0,031 „

f) 7% Kassengelder der Arbeitslöhne und niedere Aufsicht
   $\frac{7}{100}$ · (0,093 + 0,031) . . . . 0,009 „

                           Selbstkosten 0,425 M.

g) Dazu 25% Nebenleistungen, Geschäftsunkosten und Gewinn . . . 0,105 „

                           Gesamtpreis 0,530 M.

Mit Hilfe dieſes Grundpreiſes, der bis zu 2 m Bautiefe gültig ſein ſoll, und bei einer Lohnzulage zu d und e von 5 Pf. für je 1 m Mehrtiefe erhält man folgende Preiſe für gewöhnliche Abſteifungsarbeiten.

Abſteifung von 1 lfd. m Baugrube.

	Baugrubentiefe									
	1 m	2 m	3 m	4 m	5 m	6 m	7 m	8 m	9 m	10 m
M.	0,53	1,06	1,64	2,22	2,80	3,38	3,96	4,54	4,92	5,50

7. **Die Breite von Baugruben** ſollte ſein:

a) bei Steinzeug oder Zementrohren, wenn D der äußere Durch= meſſer iſt . . . . $D + 2 \cdot 0{,}35$

b) bei Steinzeug oder Zementrohren, wenn die Baugrube mit lot= recht eingetriebenen Bohlen (Stulpwänden) abgeſteift werden muß . . . . $D + 2 \cdot 0{,}45$

c) bei gemauerten Kanälen (D im Kämpfer gemeſſen) . . . . $D + 2 \cdot 0{,}25$

d) bei Sielen aus Zementmaſſe . . . . $D + 2 \cdot 0{,}30$

e) bei Sielen aus Stampfbeton . . . . $D + 2 \cdot 0{,}20$

f) bei Rohren oder Kanälen mit Spundwänden im unteren Bau= grubenteil, wenn W die äußere Entfernung der Spundwände iſt, im oberen Baugrubenteil bis zu den Spundwänden . . $W + 2 \cdot 0{,}40$

8. **Tatſächlich gezahlte Preiſe für Erdarbeit.** In Schöneberg bei Berlin wurden 1906 bis 1908 folgende Preiſe gezahlt, die mit der Bedingung beſonders raſcher Durchführung der Arbeiten bewilligt wurden[1]). Die Preiſe ſind nach Bauzonen ab= geſtuft:

1. Bauzone 0,0 bis 2,5 m tief   3. Bauzone 5,0 bis 7,5 m tief
2.   „   2,5 „ 5,0 m „   4.   „   7,5 „ 10,0 m „

Bei Legung des Druckrohrs koſtete 1 cbm Erdaushub einſchließlich Abſteifen, Verfüllen und Bodenabfuhr

in Zone 1 1,30 M.   in Zone 3 3,50 M.
  „   „ 2 2,00 „   „   „ 4 7,00 „

Beim Bau von gemauerten Kanälen wurde für 1 cbm wie vorher gezahlt: a) in unbebautem Gelände und Straßen mit geringem Verkehr, b) in verkehrsreichen Straßen mit Bodenabfuhr:

Zone	Über Grundwaſſer		Unter Grundwaſſer	
	a	b	a	b
1	2,80	4,80	4,50	7,00
2	3,30	5,70	5,00	9,00
3	4,00	8,50	6,50	10,00
4	5,00	—	—	—

Beim Bau von Rohrſielen wurde für 1 cbm Bodenaushub unter Grundwaſſer gezahlt: in Zone 1 1,80 M., in Zone 2 2,80 M.

---

[1]) Nach Mitteilungen des Direktors der Kanaliſationswerke Herrn Berger, des Erbauers der Werke.

In Köln wurde für 1 cbm Erdbewegung bei einem Kanal (1907) durchweg 2,0 M. für jede Tiefe bis zu 10 m gezahlt[1]), bei Rohrsielen galt derselbe Preis bis zu 5 m, er betrug zwischen 5,0 und 7,5 m 2,50 M. Nach einem anderen Angebot wurde bezahlt für 1 cbm Bodenbewegung

in Zone 1 (0,0 bis 2,5 m tief) 1,25 M.
„ „ 2 (2,5 „ 5,0 m „) 1,50 „
„ „ 3 (5,0 „ 7,5 m „) 1,75 „
„ „ 4 (7,5 „ 10,0 m „) 3,00 „

Mit 10% Aufschlag[2]) betrugen die Durchschnittspreise für 1 cbm Erdbewegung aus den Vertragspreisen von 1906/07

in Zone 1 1,80 M.   in Zone 3 3,20 M.
„ „ 2 2,50 „   „ „ 4 3,80 „

In Barmen wurde für 1 cbm mit der Spitzhacke zu lösenden Bodens einschließlich Absteifen, Verfüllen und Abfuhr von drei vertrauenswerten Unternehmern verlangt[3])

bis 2,50 m Tiefe 3,25 M., 3,25 M., 3,50 M.
„ 4,50 m „ 4,20 „ 4,90 „ 7,05 „
„ 5,00 m „ 5,50 „ 7,50 „ 8,25 „ ,

wogegen die Stadtgemeinde zu diesen Preisen bewilligte:

für 1 cbm Schiefer . . . . 1,00 M. als Zulage
„ 1 „ Grauwacke . . . . . . 4,00 „ „ „
„ 1 „ Kalkfelsen . . . . . . 5,00 „ „ „

Für eine Arbeitsstunde im Tagelohn wurde 5,00 M. vertragsmäßig bezahlt.

In Cottbus galten 1898/99 folgende Preise einschl. Grabarbeit, Absteifen, Verfüllen, Bodenabfuhr.

Preise für 1 lfd. m Rohrgraben bei verschiedenen Rohrweiten D.

D cm	Baugrubentiefe in m								
	2,20/2,60	2,60/3,00	3,30/3,30	3,30/3,70	3,70/4,00	4,00/4,30	4,30/4,60	4,60/5,00	5,00/5,50
21	2,20/2,55	2,60/3,00	3,00/3,45	3,55/4,10	4,20/4,85	4,75/5,45	5,20/6,00	6,00/7,00	— 7,90
24	2,25/2,60	2,65/3,10	3,05/3,55	3,60/4,50	4,25 —	4,85 —	—	—	—
27	2,35/2,70	2,70/3,20	3,10/3,65	3,65/4,30	4,30 —	4,85 —	5,40 —	—	— 8,10
30	2,40 —	2,75/3,30	3,15/3,75	3,70/4,40	4,40/5,10	5,00/5,75	— 6,40	— 8,00	— 8,60
33	2,80 —	— 3,40	3,30/3,85	3,90/4,55	4,60/5,30	—	— 7,20	— 8,50	— 9,00
36	— 3,00	3,10/3,50	3,45/4,00	4,10/4,70	4,85 —	5,50 —	—	—	—
39	—	3,20/3,60	3,80 —	4,30 —	5,10/6,10	6,00 —	—	—	— 11,00
42	—	3,30/3,80	3,90 —	4,50 —	—	6,20 —	—	—	—
45	—	3,50/4,00	4,00 —	4,70 —	—	—	—	11,00 —	—
48	—	3,70 —	4,20 —	4,90 —	5,70 —	6,50 —	6,90 —	—	—

Die rechtsstehenden Preise galten für die innere Stadt. Die Baugrubenbreite war dem Unternehmer überlassen. Der tatsächliche Tagelohn eines Arbeiters betrug etwa 2,70 M., der vertragsmäßige Stundenlohn eines Arbeiters bei Tagelohnarbeiten betrug 0,35 M.

---

[1]) Nach Mitteilungen des Königlichen Baurats Stadtbaurats Steuernagel in Köln.
[2]) Zwecks sicherer Veranschlagungen des Stadtbauamts.
[3]) Nach Stadtbaumeister Neuhoff, Beigeordneten in Berg-Gladbach.

Für 1 cbm Hackboden erhöhten sich die Preise um 30%.

Grundwasserbewältigung ohne besondere Absteifungsarbeiten kostete für 1 lfd. m Baugrube

bei 8 bis 20 cm Grundwasser . . . . 0,60 M.

„ 21 „ 30 „ „ . . . . 1,20 „

„ 31 „ 40 „ „ . . . . 1,80 „

„ 41 „ 50 „ „ . . . . 2,40 „

„ 51 „ 60 „ „ . . . . 6,50 „

„ 61 „ 80 „ „ . . . . 7,00 „

9. Legen von Steinzeugrohren. Die Dichtungsstoffe sind folgender Tabelle zu entnehmen, in der unter Dichtungsraum der Raum in der ganzen Muffentiefe (Mt in l) um das Schwanzende des darin befindlichen Rohres zu verstehen ist.

D mm	Mt l (Liter)	Tondichtung[1]		Asphaltdichtung		
		Teerstrick kg	fetter Ton l (Liter)	Teerstrick kg	Asphaltkitt kg	Preis + 15% Nutzen M.
100	0,498	—	—	0,28	0,65	0,13
150	0,690	—	—	0,39	0,90	0,17
200	0,966	—	—	0,47	1,31	0,23
210	0,966	0,30	18	0,48	1,35	0,24
240	1,211	0,33	22	0,60	1,69	0,29
250	1,316	—	—	0,66	1,84	0,33
270	1,407	0,37	25	0,70	1,96	0,35
300	1,554	0,40	28	0,78	2,17	0,39
330	1,603	0,43	31	0,80	2,24	0,40
350	1,876	—	—	0,94	2,61	0,47
360	1,918	0,46	34	0,96	2,68	0,48
390	1,967	0,51	36	0,98	2,75	0,49
400	1,967	—	—	1,00	2,80	0,50
420	2,212	0,54	38	1,10	3,09	0,54
450	(2,142)	0,58	41	(1,07)	(3,09)	0,55
480	2,268	0,61	43	1,13	3,17	0,56
500	2,618	—	—	1,31	3,66	0,64
510	2,513	0,65	47	1,33	3,68	0,65
550	2,856	—	—	1,43	4,00	0,70
600	2,940	—	—	1,47	4,11	0,72

Der Teerstrick der Asphaltdichtung nimmt den Muffengrund auf 2 cm Höhe ein. Das Gewicht von Teerstrick, der mit Strickeisen und Hammer fest zusammengepreßt ist, kann mit 1,69 kg für 1 l angenommen werden. Die Asphaltdichtung selbst nimmt 5 cm der Muffentiefe ein, mit einem Zuschlage von 10% für den (schrägen) Überstand über dem Muffenrande. Das Gewicht der Asphaltmasse kann mit 1,73 kg für 1 l angenommen werden.

100 kg Asphaltkitt frei Bahnhof Verwendungsort können mit 6,75 M. angenommen werden[2], Teerstrick 24 M./100 kg[3]).

[1] Nach Hobrecht.

[2] Lieferanten u. a. Chemische Fabriken und Asphaltwerke in Worms und Dachpappenfabrik von Jensen in Cottbus-Sandow.

[3] Seilfabrik F. Troitzsch in Schöneberg-Berlin.

In der Preisliste einer Steinzeugwarenfabrik ist der Bedarf an Teerstrick zu gering, an Asphaltkitt zum Teil viel zu hoch angegeben, er soll z. B. betragen bei

300 mm Rohr 0,18 kg Strick, 1,90 kg Asphalt
400 „   „   0,23 „   „   4,80 „   „

Der Bedarf ist aber u. a. in Warschau bei

300 mm Rohr 0,90 kg Strick, 2,00 kg Asphalt
400 „   „   0,90 „   „   2,75 „   „ [1]

10. Legungskosten von Steinzeugrohren. Die Mannschaft zur Legung von Rohren besteht aus 1 Rohrdichter, 1 Rohrleger und etwa 4 Arbeitern; sie kann täglich in wohlvorbereiteter Baugrube verlegen

50 m Rohr von 200 bis 225 mm Weite | nur 30 m täglich ⎫
46 „   „   „ 240 „ 275 „   „   „ 24 „   „   ⎪
44 „   „   „ 300 „ 325 „   „   „ 20 „   „   ⎪ wurden
40 „   „   „ 330 „ 350 „   „   „ 18 „   „   ⎪ nach
37 „   „   „ 375 „ 390 „   „   „ 16 „   „   ⎬ Hobrecht
34 „   „   „ 400 „ 420 „   „   „ 13 „   „   ⎪ 1875/85
32 „   „   „ 450 „ 480 „   „   „ 12 „   „   ⎪ verlegt[2].
28 „   „   „ 500 „ 550 „   „   „ 10 „   „   ⎪
25 „   „   „ 570 „ 600 „   „   „ — „   „   ⎭

Die Rohrlegung selber, ohne Anfuhr der Rohre zur Baustelle, aber Anbringung der Rohre bis auf 50 m Entfernung, kostet einschließlich Strick, Asphaltkitt, Feuerung, Löhne und Gewinn bei Baugrubentiefen bis 3,5 m[3].

D = 100   125   150   175 | 200   225   250   275 | 300   325   350 mm
M. = 0,60 0,70 0,80 0,90 | 1,00 1,25 1,50 1,75 | 2,00 2,25 2,50

D = 375 | 400   425   450   475 | 500   550 | 600   650   700   800 mm
M. = 2,75 | 3,00 3,25 3,50 3,75 | 4,00 4,50 | 5,00 5,50 6,50 7,50

Tatsächlich gezahlt wurden einschließlich Anfuhr der Rohre vom städtischen Lagerplatz folgende Preise.

In Cottbus, 1898/99

D = 21   24   27   30   33   36   39   42   45   48
M. = 0,85 0,90 0,95 1,05 1,15 1,30 1,45 1,60 1,80 2,00
M. = —   0,95 1,05 1,15 1,25 1,40 1,55 1,75 1,95 —

Die zweite Preiszeile galt für die innere Stadt.

In Köln, 1906/07.

Die Preise sind Mittelpreise der Angebote + 10% Aufschlag.

D = 225 | 300   350   400   450   500
M. = 1,30 | 1,70   1,90   2,40   2,70   3,00

---

[1] Nach Oberingenieur Emil Sokal in Warschau.
[2] Die Tondichtung ist umständlicher.
[3] Nach Tiefbauunternehmer Paul Fiebig in Berlin.

In Schöneberg 1906/07,

wo dem Unternehmer sämtliche Baustoffe, also auch die Dichtungsstoffe, geliefert wurden, waren die Rohrlegungspreise einschließlich Legung der Abzweige bei

$$D = 300 \quad 350 \quad 400 \quad 450 \quad 500$$
$$M. = 2{,}00 \quad 2{,}25 \quad 2{,}75 \quad 3{,}25 \quad 3{,}50$$

Die Preisanteile der Dichtungsstoffe (Strick und Asphalt) waren entsprechend für jede Rohrweite 1,00, 1,10, 1,20, 1,30 und 1,40 M.

Für Legung der Abzweige einschließlich Eindichten der Verschlußdeckel in die Abzweigmuffe wurden in Cottbus 0,50 M. als Zulage gezahlt. Ebenda wurde bei Tagelohnarbeiten für den Rohrleger ein Tagelohn von 7,00 M. bewilligt.

11. Legungskosten von Zementrohren. Mit Zementmörtel (1:2) wird die untere Hälfte des verlegten und die obere Hälfte des zu verlegenden Rohrs (auch Eiſiels), nach Benetzung der zu verbindenden Muffen= und Schwanzenden mit reinem Wasser, bestrichen. Nach Einschiebung des Rohrs in die Muffe wird bei kleineren Rohren nur die äußere Stoßfuge mit Zementmörtel verstrichen, bei den größeren die äußere und die innere Fuge, nachdem vorher der aus der inneren Fuge etwa herausgequollene Mörtel mittels eines Wischers oder einer Bürste beseitigt ist. Die Umgebung der äußeren Stoßfuge mit einem Zementwulst ist aufgegeben worden. Die Mörtelmenge zur Dichtung geht aus folgender Zusammenstellung hervor, desgleichen auch die Kosten der Dichtungs= masse einschließlich Unternehmergewinn bei einem Zementpreise von 8,00 M./125 l und Sandpreise von 3,00 M./cbm (Mischung 1:2); l = Liter.

D =	75	100	120	150	200	225	250	275	300	325	350 mm
l =	0,084	0,098	0,117	0,206	0,262	0,304	0,355	0,444	0,533	0,617	0,701
Pf. =	0,8	0,9	1,1	2,0	2,4	2,7	3,2	4,0	4,8	5,6	6,3

D =	375	400	450	500	550	600	700	800	900	1000	1200 mm
l =	0,780	0,864	1,00	1,24	1,52	1,80	2,08	2,74	3,08	3,74	5,35
Pf. =	7,0	7,8	9,0	11,0	14,0	17,0	19,0	25,0	28,0	36,0	49,0

Die Rohrlegung selber ohne Anfuhr der Rohre zur Baustelle, aber Anbringung der Rohre bis auf 50 m Entfernung, kostet einschließlich Sand, Zement, Löhne und Gewinn[1]) bei

D =	150	175	200	225	250	300	350	400	450	500	600	700	800	900	1000
M. =	1,25	1,40	1,60	1,80	2,00	2,25	2,50	2,80	3,10	3,50	4,00	4,50	6,25	7,50	8,50

In Barmen waren die Angebotpreise dreier Unternehmer einschließlich Rohr= anfuhr folgende:

D =	300	350	400	450	500	600	900	1000
M.	1,05	1,25	1,45	1,60	2,50	2,60	5,00	6,00
	1,50	1,75	1,75	2,25	2,60	3,20	5,40	6,50
	1,75	1,95	2,15	2,35	3,00	3,25	6,20	8,00

In Köln betrug der Durchschnittspreis + 10% Aufschlag bei 550 mm Rohr 4,00 M. und bei 600 mm Rohr 4,80 M.

Dresden zahlte 1904/05 etwa folgende Preise:

D =	350	400	450	500	600	700	800	900	1000
M. =	1,50	1,80	2,10	2,50	3,00	3,50	4,00	4,50	5,00

---

[1]) Nach Paul Fiebig in Berlin.

Für Berlin würden sich Rohrlieferungs= und Verlegungspreise stellen[1]) bei

D =	300	350	400	450	500	600	700	800	900	1000
M. =	5,30	6,10	7,20	8,30	9,40	12,10	15,50	19,40	21,90	25,50

Für schräge Einlässe von 150 bis 250 mm Weite werden auf vorstehende Preise 2,00 M. bis 2,50 M. aufgeschlagen.

12. **Legung von Eisielen aus Beton.** Der Mörtelbedarf und Mörtelpreis unter den zu Nr. 20 angegebenen Umständen ist folgender Tabelle zu entnehmen (h = Sielhöhe, l = Liter).

h =	0,30	0,375	0,450	0,525	0,600	0,750	0,900 m
l =	0,458	0,607	0,720	1,000	1,470	2,191	2,920
Pf. =	4,0	5,0	6,0	8,0	12,0	18,0	22,0

h =	1,05	1,20	1,35	1,50
l =	3,411	4,447	5,374	6,542
Pf. =	28,0	36,0	48,0	53,0

Zur Legung der Eisiele sind wenigstens 5 Mann nötig, 3 Mann zum Heranschaffen der Sielstücke und ihrem Hinunterlassen in die Baugrube mittels Bockwinde, 2 Mann in der Baugrube zum Verlegen der Siele und zum Dichten der Fugen.

Täglich können 25 bis 30 m der kleineren Siele (h = 1,05 m), 15 m der größeren (h = 1,5 m) verlegt werden.

13. **Legungskosten von Eisielen aus Beton.** Die Legung der Eisielen kostet unter den zu Nr. 20 und 21 angegebenen Bedingungen[2]) bei

h = 0,300 2,20 M.	h = 0,600 4,00 M.	h = 1,05 7,00 M.
h = 0,375 2,50 „	h = 0,675 4,50 „	h = 1,20 8,25 „
h = 0,450 3,00 „	h = 0,750 5,25 „	h = 1,35 10,00 „
h = 0,525 3,50 „	h = 0,900 6,00 „	h = 1,50 12,00 „

In Köln betrug der Durchschnittspreis + 10% Aufschlag bei

h = 1,10 7,00 M.   h = 1,20 8,00 M.

In Dresden wurden 1904/05 für Liefern und Verlegen gezahlt bei

h =	0,45	0,525	0,60	0,75	0,90	1,05	1,20	1,35	1,50
M. =	6,3	7,6	9,4	12,3	17,3	20,3	26,8	32,6	38,4

In Berlin würden sich die Preise für Liefern der Siele und Verlegen bei Eisielen (E) und bei gestürzten Eisielen (G) wie folgt stellen[3]).

h =	0,90	1,05	1,20	1,35	1,50
E =	18,40	23,40	28,00	33,60	39,00
G =	22,50	28,50	38,50	47,50	58,50

In Cottbus wurden 1898 für Liefern und Verlegen von Eisielen gezahlt, wenn

h =	0,9	1,0	1,1	1,2	1,5
M. =	20,0	24,30	30,0	30,0	39,0

Für diese Preise hatten die Siele auch Sohlschalen und eine bis zwei Reihen Seiten=platten (siehe Abschnitt IV, Rohre) erhalten.

[1]) Nach Windschild & Langelott in Cossebaude bei Dresden.
[2]) Nach Paul Fiebig in Berlin.
[3]) Nach Windschild & Langelott.

14. Siele aus Stampfbeton. Die Angebotpreise umfassen die Herrichtung der Baugrubensohle für die Sielsohle, die Lehre und Rüstung für Widerlager und Deck=gewölbe, Lieferung und Mischung der Baustoffe, ihr Einstampfen, die Überziehung der inneren Sielflächen mit wasserundurchlässigem Zementputz und dessen Glättung mittels Glätteisen und der äußeren Flächen mit besonderem Zementputz (Rappuh) oder dessen äußerer Belegung mit doppelter Asphaltpappe.

Schutz gegen Säuren gewährt im Inneren Bekleidung des gefährdeten Gerinnes mit Sohlschalen und Platten aus Steinzeug (siehe Abschnitt IV, Rohre), im Äußeren (gegen huminsaures Grundwasser) ein dicker Asphaltanstrich.

Zu Stampfbeton kann eine Mischung von 1 Teil Zement und 4 Teilen Kiessand ver= wendet werden, viel besser ist der Zusatz von Gesteinschlag, etwa 1 Teil Zement, 4 Teilen Kiessand, 5 Teilen Kleinschlag, da die Druckfestigkeit durch Steinschlag erheblich wächst.

Kleinschlag besteht aus höchstens 25 mm Ringstücken, Grobschlag, der in dickwan= digeren Sielen verwendet wird, aus höchstens 60 mm Ringstücken.

Die Druckfestigkeit der Betonmischungen von

a) 1 Zement, 4 Kiessand, 8 Kies; b) 1 Zement, 5 Kiessand, 10 Basaltsteinschlag
betrug[1]) nach 7 Monaten 121 kg/qcm und von

c) 1 Zement, 3 Kiessand, 6 Kies; d) 1 Zement, 5 Kiessand, 8 Basaltsteinschlag
140 und 148 kg/qm.

15. Kosten von Betonsielen. Die oft teure Beschaffung von Kies und Stein= schlag sowie dessen Zerquetschung in Steinbrechern beeinflußen die örtlichen Preise von Beton in hohem Maße. 1 cbm Kleinschlag kann 13,00 M, 1 cbm Grobschlag kann 9,00 M. kosten, — aber auch die Hälfte dieser Preise.

Im allgemeinen wird 1 cbm Betonmasse in der Baugrube kosten

20,00 M. in der Sohle, ohne Schalung,

30,00 „ in Laibung und Gewölbe, mit Schalung.

Zubehörpreise sind:

3,00 M. für 1 qm wasserdichten Innenputz,

1,25 „ „ 1 „ äußeren Überzug,

1,50 „ „ 1 „ doppelte Asphaltpappe,

0,50 bis 1,50 M. für Einlegen einer Sohlschale } in Zementmörtel (1 : 2)

0,20 M. für Einlegen einer Steinzeugplatte (15/32,7 cm)

Ist b die Sohlenbreite, u die Sohlendicke unter dem Gerinne, w die Widerlags= breite, o die Scheitelstärke des Deckgewölbes, so kann als Anhaltpunkt für die Bau= ausführung von Betonsielen und deren statischer Untersuchung folgende Tabelle gelten:

Lichte Sielmaße	b	u	w	o	Bemerkungen
1,50/1,115	0,85	0,200	0,160	0,21	} Gedrücktes
1,60/1,235	0,95	0,210	0,170	0,24	Eiprofil (Oval)
h = 1,60	0,75	0,190	0,150	0,20	Eifiel
h = 1,70	0,85	0,200	0,160	0,21	„
1,70/1,25	1,15	0,200	0,170	0,22	Ellipsensiel
h = 1,80	0,90	0,210	0,170	0,23	Eifiel
2,28/1,35	1,24	0,185	0,185	0,24	Ellipsoid
Br. = 1,50 h = 1,10	2,60	0,250	0,400	0,18	Maulkanal
Br. = 1,80 h = 1,15	2,90	0,250	0,400	0,18	„
Br. = 2,00 h = 1,20	3,20	0,300	0,450	0,20	„
Br. = 2,40 h = 1,40	3,70	0,350	0,500	0,22	„

[1]) Nach Dyckerhoff in Biebrich.

Die Sohle der Maulkanäle liegt nur in ihrem mittleren 0,45 bis 0,50 m langen Teil in der Wage, sie steigt dann seitlich etwas zum Bankett des Widerlagers an. Die Widerlagsbreite w erhält nach außen hin ein 0,15 m breites Bankett, das nach unten hin an der äußeren Kante entsprechend 0,20, 0,20, 0,25 und 0,30 m dick ist. Br ist die lichte Breite, h die lichte Höhe des Kanals. Der Mittelpunkt der äußeren Gewölbe= linie, die mit dem äußeren Punkt der Widerlagsbreite tangential verbunden ist, liegt in der Mitte des Wasserlaufs. Das Gewölbe hat da, wo die Tangente ansetzt, Scheitel= stärke. Die Kämpferlinie liegt entsprechend 0,20, 0,20, 0,25 und 0,30 m über dem tiefsten Punkt des Wasserlaufs.

Cottbus zahlte für 1 lfd. m Kanal aus Stampfbeton, der aus 1 Teil Zement, 5 Teilen Kiessand und 5 Teilen Kiessteine hergestellt wurde, 1898 folgende Preise: Eisiel, 1,8 m hoch, im Gerinne mit Sohlschale und beiderseits 3 Reihen

Knauffscher Platten belegt (Schalen und Platten lieferte die Stadt) 41,70 M.

Ellipsensiel, 1,7 m hoch, im Gerinne nur mit Platten belegt . . . . . . 37,30 „

Ovalsiel, 1,6 m hoch, mit Sohlschale und 2 Reihen Platten . . . . . . 35,70 „

Eisiel, 1,7 m hoch, sonst wie vorher . . . . 34,40 „

Maulkanal, r = 1,0 m, Stich in der Sohle 0,1 · r, ganze Sohlbreite 3,34 m,

　　　　u = 0,23 m, o = 0,20 . . . . 46,30 „

Maulkanal, r = 1,05 m, u = 0,25 m, o = 0,18 m . . . . 49,70 „

Diese Preise dürften mit einem Zuschlag von höchstens 15% für 1912 gültig sein, wenn der Kies, wie es in Cottbus der Fall war, mit der Bahn angefahren werden muß.

Für 1 cbm Betonmasse zu Haubenkanälen und anderen Kanälen größeren Quer= schnitts kann einschließlich Schalung, inneren Überzugs, äußeren Putzes ein Preis von 45,00 M. angenommen werden.

Zu veranschlagen dabei wären: Anfuhr der Baustoffe; Kieswaschen; 5 Mann zum Einmessen, 3 maligem Durchwerfen, Mischen und Anfeuchten der Mörtelmasse; Verschalungskosten für 1 Zimmerer mit 2 Arbeitern und — für 1 cbm Masse — 4 Ein= werfer und Stampfer, endlich die Verputzarbeiten.

16. Gemauerte Eikanäle. Für ihre Form und Herstellung ist die Berliner Kanalisation maßgebend, deren Kanäle bestehen aus 25 cm langen Klinker-Formsteinen

　a) im 0,12 m dicken, scharf gekrümmten Sohlgerinne Keilsteine mit der Kopffläche
　　6,3 × 12,1 × 4,0 cm,

　b) in den Seitenwölbungen die Läufer 6,3 × 12,1 × 5,8 cm,

　c) in den Seitenwölbungen die Binder: auf wagerechter 25 cm langer Lagerfläche
　　außen 6,3 cm, innen 5,3 cm Höhe des Steines,

　d) im Gewölbe (6,1 × 12,1 × 5 cm).

Von 0,90 m innerer Breite zwischen den Kämpfern ab besteht das Deckgewölbe aus 2 Steinringen von je 12,1 cm Stärke, während jede der Seitenwölbungen vom Kämpfer abwärts stets, 25 cm stark und lotrecht hintermauert ist. Unter dem 12,1 cm starken Sohl= gerinne befindet sich ein Sohlstück, an das seitlich bis zum Kämpfer hin die Hintermauerung der Seitenwölbungen anschließt. Die Hintermauerung besteht aus Hartbrandsteinen.

Das Sohlstück bestand bei Kanälen bis 1,10 m Höhe aus einer Flachschicht, bei Kanälen von 1,2 m Höhe ab aus 2 Flachschichten mit aufgemauerter Sohlrundung.

Kanäle (bis 1,30 m Höhe) mit nur einem Steinringe im Deckgewölbe erhielten über der freibleibenden Kämpfersteinhälfte eine 4 Schichten hohe Hintermauerung aus Hartbrandsteinen.

Das Ganze wurde außen mit einem 2 cm dicken Rappuß überzogen, innen sorg-fältig gefugt (1 : 2).

Der Steinbedarf auf 1 m Kanallänge geht aus folgender Zusammenstellung hervor, die gezahlten Preise einschließlich der Kosten der oberen Bauleitung auf dieselbe Länge können auch noch heute als gültig angesehen werden, da die Baustoffe in den siebenziger und achtziger Jahren zumeist recht teuer waren, 1000 Klinker kosteten z. B. vielfach erheblich über 60,00 M.

h m	Stückzahl der Klinker zu				Klinker Stück	Hartbrand Stück	1 m M.
	a	b	c	d			
0,9	27	62	77	58	224	75	60
1,0	27	77	77	66	247	79	69
1,1	31	77	93	73	274	74	80
1,2	31	93	93	81	298	97	91
1,3	35	93	108	89	325	128	100
1,4	43	107	107	231	488	119	111
1,5	43	107	122	231	503	140	118
1,6	47	122	122	247	538	151	123
1,7	47	128	138	262	575	173	134
1,8	50	138	138	278	604	176	—
1,9	50	138	153	278	619	192	139
2,0	54	153	153	294	654	193	—

Für 1000 vermauerte Ziegel wurden gut 3 Tonnen Zement verbraucht, sonach für 1 cbm Mauerwerk rund 150 l.

Täglich wurden hergestellt:

15 bis 24 m der kleinen Kanäle (bis h = 1,3 m)
12 „ 18 m „ mittleren „
7 „ 10 m „ großen „
3 m „ sehr großen „ (Tunnel).

Nach anderweitigen Erfahrungen kann 1 Maurer (mit seinem Helfer) täglich nicht mehr als etwa 220 Steine in Kanalmauerwerk vermauern. Allerdings soll beim Sielbau in Warschau ein Maurer — noch dazu in nur 8stündiger Arbeit — täglich 260 Ziegel im Sohlgewölbe oder 535 Ziegel im Scheitelgewölbe vermauern[1].

17. **Preis von 1 cbm Kanalmauerwerk (in Sonderbauwerken).**

a) 400 Klinker, auch eine Anzahl Hartbrandsteine, 1000 40,00 M. . . 16,00 M.
b) Anfuhr . . . . 3,00 „
c) 300 l Zementmörtel 1 : 3 . . . . 7,50 „
d) etwa 2 qm fugen . { Zementmörtel } (0,46 + 1,60) . . . . . 2,06 „
e) etwa 2 qm berappen { und Lohn } (0,74 + 1,12) . . . . . 1,86 „
f) Tagelohn für 1 Maurer und 0,5 Arbeiter (6,5 + 2,0) = 8,50 M., sonach für 400 Steine, wenn 250 Steine vermauert werden, 8,50 · 400 : 250 . . . . 13,60 „
g) Schalung einzubauen und vorzuhalten . . . . 1,00 „
h) Arbeiterversicherung und Aufsicht zu Punkt d bis f, 7% des Lohnes 1,21 „
i) 10% Unternehmernußen an den Baustoffen a und c . . . . . 3,04 „
k) Geschäftsunkosten, Unternehmergewinn an den Löhnen . . . . . 5,73 „

1 cbm = 55,00 M.

---

[1] Nach Oberingenieur Emil Sokal in Warschau.

Hiernach kann man sagen, daß für 1 vermauerten Kanalziegel 14 Pf. zu zahlen sind. Liefert aber die Stadt selber die Baustoffe zur Baustelle, so würde sie bei dem Ansatz zu i sparen, und ein vermauerter Ziegel würde ihr nur etwa 13 Pf. kosten, wovon der Unternehmer für seine Bauleistungen 7 Pf. erhielte.

In Köln kostet 1 cbm Mauerwerk (mit 10% Aufschlag zu dem Mittelpreise aus den vorgekommenen Einzelpreisen) bei Lieferung der Steine und des Mörtels durch die Stadt, aber sonst mit allen Nebenleistungen, bei

Pfeilermauerwerk zu Kanalfundierungen . . . .   7,00 M.

Widerlagsmauerwerk . . . .   10,00 „

Gewölbemauerwerk . . . .   12,00 „

Innere Verblendung der Sohle und Widerlager mit Doppelriemchen, 1 qm   2,00 „

Innerer Putz, 1 qm . . . .   1,20 „

Innere Ausfugung, 1 qm . . . .   0,80 „

Äußerer Putz, 1 qm . . . .   0,70 „

In Barmen wurde von drei Unternehmern die Herstellung von 1 cbm Kanal=
mauerwerk, bei Lieferung der Baustoffe und auch Anfuhr der Steine an die Baustelle durch die Stadt, einschließlich der Nebenarbeiten wie Einmauerungen, angeboten für 13,00, 14,00 und 16,00 M. und die Herstellung von 1 qm Zementputz (1 : 3) 2 cm stark einschließlich der Baustoffe für 1,30, 2,00 und 2,50 M.

18. **Gemauerte Maulkanäle.** Ist r der Radius des halbkreisförmigen Deck=
gewölbes, o dessen Stärke, u die Dicke der Sohlwölbung, die unmittelbar am Kämpfer des Deckgewölbes ansetzt, w die Stärke des Widerlagers, s der Stich der Sohle und b die ganze Fundamentbreite, so erhalten die Maulkanäle folgende Wandstärken:

r	u	s	w	o	b	Klinker	Hartbrand
0,6	0,12	0,10	0,51	0,25	2,22	308	379
0,8	0,12	0,10	0,51	0,25	2,62	392	450
1,0	0,12	0,15	0,51	0,25	3,02	480	582
1,2	0,25	0,15	0,64	0,25	3,68	700	878
1,5	0,38	0,20	0,77	0,38	4,54	1028	940

Unter der Sohlwölbung werden 2 Flachschichten gemauert. Die Widerlager werden bis $2/3$ des Deckgewölbes als Hintermauerung durchgeführt, danach schräg gegen das Gewölbe ausgeglichen. Die Steinzahl gilt für 1 m Baulänge.

19. **Gemauerte Tunnelkanäle.** Kreisförmige Tunnel bis 2,20 m Durchmesser erhalten einen Gewölbering von 25 cm Stärke, die als Hintermauerung des Deckgewölbes hochgeführten Widerlager w (Untermauerung des Gewölberinges) haben in der Höhe des wagerechten Tunneldurchmessers noch 25 cm Stärke außerhalb des Ringes (bei d = 1,9 m noch 12 cm Stärke). Ist d = 2,40, dann w = 38 cm und wenn d = 3,0 bis 3,10 m ist, dann ist w = 51 cm. Unterhalb des Tunnelringes werden 2 Flachschichten gemauert.

Das 3200 m lange, 3,0 m weite sogenannte Geeststammsiel der Entwässerung Hamburgs besteht lediglich aus 4 Klinkerringen von je 11 cm Stärke. Es wurde zum Teil 20 m unter Pflaster liegend im Tunnelbau ausgeführt.

20. **Betonierte Klinkerkanäle.** In Schöneberg werden die gemauerten Kanäle auf ein Betonfundament von 0,15 bis 0,20 m Stärke gesetzt. Bis zum Kämpfer be=
stehen die äußeren Wandungen aus Beton, die inneren aus einer 12 cm starken Klinker=
verblendung, im Gerinne liegt eine Sohlschale.

Das Deckgewölbe besteht aus 2 bis 4 Ringen. Abmessungen und Preis zeigt folgende Zusammenstellung.

Höhe und Breite m	Baustoffe M.	Her- stellung M.	Gesamt- preis M.	Höhe und Breite m	Baustoffe M.	Her- stellung M.	Gesamt- preis M.
1,10/0,60	26	29	55	2,20/1,80	85	92	177
1,20/0,70	29	32	61	2,40/1,80	83	90	173
1,40/0,80	33	37	70	2,30/2,00	81	94	175
1,50/1,00	37	41	78	2,60/2,00	93	103	196
1,75/1,00	40	45	85	3,20/3,20	162	165	327
1,65/1,10	40	46	86	Regenauslässe			
1,80/1,20	55	60	115	1,75/2,25	74	85	159
2,10/1,40	64	71	135	2,00/3,50	121	135	256
2,25/1,50	68	75	143	2,40/4,20	153	170	323
2,40/1,60	73	80	153	$D = 1,50$	52	57	109

21. Einsteigeschächte. Gemauerte Schächte werden zumeist kreisrund aus keilförmigen Schachtklinkern hergestellt. Die (Berliner) Schächte sind im Lichten 0,95 m weit. Der 6,5 cm hohe Schachtklinker braucht nur 20 cm lang zu sein, er ist innen 8,7, außen 12,4 cm breit. In jeder Ringschicht liegen 31 Keilsteine, so daß auf 1 m Schachthöhe 403 Steine kommen. Der für 1 m Schachthöhe erforderliche Mörtelbedarf beträgt:

für Stoß- und Lagerfugen . . . . 170 l
„ Ausfugen (2,98 qm) . . . . 15 l
„ Außenputz (4,3 qm) . . . . 65 l
Zusammen 250 l

d. h. 86 l Zement und 257 l Sand.

Für die Ausgestaltung der Schachtsohle (aus Beton mit eingeschnittenen Verbindungsrinnen oder Steinzeugrinnen mit Steinzeugbanketten) und des Schachtkopfs (Schachtverengung durch Übertragung mit 4 aufgesetzten Ringschichten von der Weite des Schachtdeckels) müssen Zulagen veranschlagt werden, etwa 12,00 und 5,00 M., wenn im zweiten Falle der Schachtkopf nicht einfach aus einem Betonkegel besteht, der für sich zu veranschlagen ist.

Steigeisen sind in jeder 4. Schicht einzumauern, wofür eine besondere Zulage nicht bewilligt zu werden braucht. Entfernung der Schächte in Steinzeugleitungen und Eisielen bis 1,20 m Höhe 60 m, in aufrecht begehbaren Sielen 120 m. —

Schächte aus Betontrommeln sind wirtschaftlich, auch technisch nur gerechtfertigt, wenn die Schächte durchschnittlich eine ansehnliche Tiefe (3 m und darüber) haben, da sonst der Verschnitt an Trommeln zu groß ist, wodurch unnütze Mehrkosten und schlechte Arbeit entstehen. Schachtsohle und Schachtfuß sind bis zum Scheitel der zu verbindenden Rohre aus Stampfbeton mit 0,20 m Sohl- und Wandstärke herzustellen, wofür einschließlich der Rinnen und Bankette, die mit wasserdichter Zementhaut (1 : 2) 10 mm hoch zu überziehen und zu glätten sind, ein fester Preis (keine Zulage) von etwa 30,00 M. anzunehmen ist.

22. Kosten der Schächte. In Berlin hatten die auf einer 11 cm dicken Granitplatte (24,00 M.) stehenden Schächte von 25 cm Wandstärke folgende Preise einschließlich der Abdeckung für etwa 45,00 M. und der Steigeisen je für 0,90 M.

$$
\begin{array}{ll|ll}
1{,}50 \text{ m tief} & 140 \text{ M.} & 2{,}5 \text{ m tief} & 197 \text{ M.} \\
2{,}00 \text{ m } \quad „ & 168 \quad „ & 3{,}0 \text{ m } \quad „ & 226 \quad „
\end{array}
$$

Darnach kostete 1 m Schachtmauerwerk einschließlich des Mehr an Erd= und Ab=steifarbeit sowie der Erdabfuhr und der Bauleitungskosten etwa 44,00 M., 47,00 M., 48,00 M. und 49,00 M.

Cottbus lieferte die Baustoffe und zahlte für 1 m Schachtlänge 18,00 M., auch 20,50 M. in der inneren Stadt. Die Schachtabdeckungen kosteten viereckig 22,10 M., rund 19,00 M., ihr jetziger Preis (1908) ist 36,00 M. (192 kg) und 32,00 M. (172 kg)[1].

Köln veranschlagt 1 m Schacht mit 23,00 M. einschließlich aller Nebenleistungen, liefert aber alle Baustoffe.

In Schöneberg kamen auf 1 m Schachtlänge, bei einer Tiefe von 3,50 m, alles in allem 160 M.

In Barmen forderten 3 Unternehmer für 1 cbm Schachtmauerwerk mit allen Nebenleistungen 12,00, 16,00 und 20,00 M. Die Stadt liefert alle Baustoffe. —

Für Aufbringung (in Zementmörtel) der gelieferten Abdeckungen werden fast überall 2,50 M. verlangt.

Schachttrommeln aus Beton kosten bei 1,0 m Baulänge

bei D = 800 mm, Wandstärke 80 mm, Gewicht 520 kg 10,00 M.

„ D = 900 „ „ 90 „ „ 695 „ 12,00 „

„ D = 1000 „ „ 100 „ „ 780 „ 14,00 „

frei Bahnhof Werk, die zugehörigen 0,60 m hohen, auf etwa 560 mm verengten Schacht=kegel 7,00 M. (300 kg), 8,00 M. (360 kg) und 9,00 M. (435 kg).

Das Einsetzen von Steigeisen kostet auf dem Werk oder auf der Baustelle im sonst fertigen Schacht 1,00 M.

Das Anbringen zur Baustelle, Herablassen der Trommeln mittels Winde, das Eindichten mit Zementmörtel nebst innerem und äußerem Fugenverstrich, einschließlich des Kürzens von Trommeln, die vorweg auch in Höhen von 0,30 und 0,60 m zu be=stellen sind, kostet auf 1 m Schachthöhe 8,00 M. (ohne das Mehr an Erdarbeit und Ab=fuhr), wobei der Schachtfuß für sich zu veranschlagen ist (siehe Ende des vorigen Ab=schnitts).

23. Regeneinlässe (gullies). Die Zuflußrinne von rechts oder links entlang der Bordkante des Bürgersteiges kann höchstens 30 m lang sein, wenn das Rinnsteingefäll bei horizontaler Straße 0,005 ist. Im allgemeinen aber ist die Entfernung zweier Einlässe voneinander nicht 60 m, sondern nur 40 bis 45 m.

In Cottbus bestand der 45 cm weite, 2,10 m hohe Schlammfangkörper aus Beton (14,50 M.), Zubehörteile waren: Steinzeugabflußbogen mit Entlüftungsrohr (4,80 M.), verzinkter Eiseneimer (21,00 M.), gußeiserne Abdeckung (16,40 M.). Zu diesen 56,70 M. kamen 18,00 M. für Einbauen des Einlasses mit allen Nebenleistungen (ohne Abflußleistung).

Für dieses Einbauen veranschlagt Köln 16,00 M., zahlte Schöneberg 31,00 M.

In Berlin kosteten die gemauerten, im Schlammraum 65 × 65 cm weiten und 2,0 m tiefen Gullies, mit ihren gußeisernen Schürzen vor dem eingemauerten eisernen Abflußstück und der 0,28 m hohen Rostabdeckung 170,00 M., wobei zu beachten ist, daß das Mauerwerk auf einer 14 cm dicken (1,15 × 1,15 m) großen Granitplatte steht.

---

[1] Nach der Gießerei von Reimann & Herford in Cottbus (Sandow).

Schlammfangtiefe 0,90 m. Die Ausräumung des Schlammes geschieht mittels Hand=baggerschaufeln.

24. Eisenzeug. Auf die außerordentliche Mannigfaltigkeit des Bedarfs und der Ausstattung von eisernen Baustoffen für Entwässerungsleitungen kann hier nicht ein=gegangen werden, darüber geben die Preislisten der Werke zumeist recht ausführliche Auskunft[1]). In Betracht kommen dabei vornehmlich: Spülklappen, Spültüren, Spindel=schieber, Hochwasserverschlüsse, Schachtabdeckungen und Regenrohr=Schuttfänge.

Die in den Preislisten angegebenen Preise können für die Veranschlagung nicht benutzt werden, sie sind zumeist viel zu hoch. Besser ist es daher, die Gewichte der guß=eisernen Stücke zu beachten und für 100 kg Guß 23,00 M. anzusetzen, bei Stücken mit erheblicherer Bearbeitung und Beschlag 28,00 bis 38,00 M.

III. Hausanschlüsse.

Die Stadtgemeinden stellen auf Rechnung des Hauseigentümers die Verbindung der inneren Hausentwässerungsanlage mit der öffentlichen Leitung her, die Verbindungs=leitung wird Hausanschluß genannt. Das Anschlußrohr hat für gewöhnlich 0,15 m Weite, bei kleineren Grundstücken in Cottbus aber auch nur 0,125 m Weite.

Der folgende Tarif gilt für die Hausanschlüsse von Berlin.

1. Preise für Arbeiten.

1 lfd. m Steinpflaster, gewöhnliches Mosaikpflaster und Trottoirplatten des Bürgersteiges durchschnittlich 1,20 m breit aufzubrechen, die Steine und Platten zur Wiederverwendung zur Seite zu legen und nach er=folgter Verlegung des Ableitungsrohres und Verfüllung der Baugrube das Pflaster wiederherzustellen und gut abzurammen, die Fugen der Granitplatten mit Zement zu vergießen, einschließlich der Lieferung und der Anfuhr der etwa fehlenden Pflastersteine, Mosaiksteine und des Sandes. . . . . 2,00 M.

(Ist auf dem Bürgersteige Asphalt, gemustertes Mosaik=, Fliesenpflaster oder dergl. vorhanden, so muß die Wiederherstellung dem Hausbesitzer überlassen bleiben.)

1 lfd. m Asphalt, gemustertes Mosaik= oder Fliesenpflaster auf dem Bürger=steige durchschnittlich 1,0 m breit aufzunehmen, die Baustoffe ordnungs=mäßig zur Wiederverwendung für den Hausbesitzer aufzusetzen oder an eine von dem Hausbesitzer gewünschte Stelle auf dem Hofe zu bringen 0,40 „

1 lfd. m Baugrube durchschnittlich 1,0 m breit auszuheben, die Erde rund 1,0 m von der Kante der Baugrube aufzuwerfen, die Grube nach dem Verlegen des Rohres sorgfältig zu verfüllen, die lose Erde fest einzurammen und nach Wiederherstellung des Pflasters die übrigbleibende Erde abzu=fahren, auch während des Baues die polizeilich geforderte Absperrung der Baugrube und deren nächtliche Beleuchtung sowie Bewachung zu besorgen und vorzubehalten:

---

[1]) Salburger Hütte in Brebach a. d. Saar. Geigersche Fabrik in Karlsruhe i. B. Budde & Göhde in Berlin.

A. Bei Längen bis 5 m:

a) bei einer Tiefe der Baugrube   bis zu 2,0 m . . . . 1,90 M.
b) „   „   „   „   „   von 2,0 bis 2,5 „ . . . . 2,30 „
c) „   „   „   „   „   „ 2,5 „ 3,0 „ . . . . 3,10 „
d) „   „   „   „   „   „ 3,0 „ 3,5 „ . . . . 4,20 „
e) „   „   „   „   „   „ 3,5 „ 4,0 „ . . . . 5,20 „
f) „   „   „   „   „   über 4,0 „ . . . . 6,00 „

B. Bei Längen über 5 m:

a) bei einer Tiefe der Baugrube   bis zu 2,0 m . . . . 1,90 M.
b) „   „   „   „   „   von 2,0 bis 2,5 „ . . . . 2,10 „
c) „   „   „   „   „   „ 2,5 „ 3,0 „ . . . . 2,80 „
d) „   „   „   „   „   „ 3,0 „ 3,5 „ . . . . 3,90 „
e) „   „   „   „   „   „ 3,5 „ 4,0 „ . . . . 4,60 „
f) „   „   „   „   „   über 4,0 „ . . . . 5,30 „

1 lfd. m Baugrube auf beiden Seiten abzusteifen, die erforderlichen Hölzer und Geräte vorzuhalten, nach erfolgter Verlegung des Rohres die Rüstung sorgfältig und vorsichtig wieder herauszunehmen einschließlich deren Beförderung von und zur Baustelle:

C. Bei Längen bis 5 m:

a) bei einer Tiefe der Baugrube   bis zu 2,0 m . . . . 0,70 M.
b) „   „   „   „   „   von 2,0 bis 2,5 „ . . . . 1,00 „
c) „   „   „   „   „   „ 2,5 „ 3,0 „ . . . . 1,40 „
d) „   „   „   „   „   „ 3,0 „ 3,5 „ . . . . 2,00 „
e) „   „   „   „   „   „ 3,5 „ 4,0 „ . . . . 2,70 „
f) „   „   „   „   „   über 4,0 „ . . . . 3,40 „

D. Bei Längen über 5 m:

a) bei einer Tiefe der Baugrube   bis zu 2,0 m . . . . 0,60 M.
b) „   „   „   „   „   von 2,0 bis 2,5 „ . . . . 0,80 „
c) „   „   „   „   „   „ 2,5 „ 3,0 „ . . . . 1,10 „
d) „   „   „   „   „   „ 3,0 „ 3,5 „ . . . . 1,50 „
e) „   „   „   „   „   „ 3,5 „ 4,0 „ . . . . 2,10 „
f) „   „   „   „   „   über 4,0 „ . . . . 2,70 „

1 lfd. m Zungenrinnstein, Schlitzrinne, eisernes Abzugsrohr oder dergl. im Bürgersteige zu beseitigen, jedoch ohne Herstellung des Pflasters und Trottoirs im Bürgersteige . . . . 0,20 „

(Dieser Fall tritt ein, wenn der Bürgersteig mit Fliesen, gemustertem Mosaikpflaster, Asphalt oder dergl. befestigt ist. Die bei Beseitigung der Zungenrinnsteine sich ergebenden Baustoffe bleiben Eigentum der Hausbesitzer.)

1 lfd. m Schlitzrinne beseitigen und den dadurch entstandenen Raum mit Mosaik zu pflastern, einschließlich der Baustoffe . . . . 0,85 „

1 lfd. m Tonrohr vom städtischen Lagerplatze nach der Verwendungsstelle zu bringen, mit dem vorgeschriebenen Gefälle zu verlegen, die Form-

stücke sorgfältig einzupassen, die Fugen in den Muffen gehörig mit Teer=
strick und Asphaltmörtel abzudichten, nach erfolgter Dichtung das Rohr
zu unterstopfen, sorgfältig mit loser Erde ringsum zu verfüllen und bis
zur Höhe von 0,2 m über Rohrrücken zu bedecken und nötigenfalls ein=
zuschlämmen, einschließlich Lieferung des zur Dichtung erforderlichen
Teerstricks und Asphaltmörtels . . . .   1,10 M.

0,1 lfd. m Fundament= oder Kellermauerwerk von Ziegel= oder Kalksteinen
bis zu einer Gesamtstärke desselben von 1,5 m Dicke zu durchstemmen
und nach erfolgter Durchlegung des Rohres die Öffnung um dasselbe
mit Ziegeln in Zement zu vermauern, einschließlich aller Baustoffe . .   1,00 „

   (Für das Unterfangen von Vorgartenmauern behufs Verlegung der
   Ableitungsrohre findet eine Vergütigung nicht statt.)

0,1 m Fundament= oder Kellermauerwerk von Feldsteinen oder bei einer
Gesamtstärke von über 1,5 m wie vor aus Ziegel= oder Kalksteinen be=
stehend, zu durchstemmen usw. . . . .   1,20 „

1 Lichtschacht zu kreuzen. Der Lichtschacht ist nach Bedarf ganz oder zum
Teil wegzubrechen, nach Verlegung des Hausrohres ordentlich wieder=
herzustellen, einschließlich Lieferung aller fehlenden Steine, sowie des
Mörtels . . . .   3,20 „

   (Bezahlung erfolgt nur, wenn wirklich ein ganzes oder teilweises Ab=
   brechen des Lichtschachtes erforderlich war.)

1 lfd. m gußeisernes Rohr von 16 cm Durchmesser von dem städtischen
Lagerplatze nach der Verwendungsstelle zu bringen, in Verbindung mit
dem Hausrohr zu verlegen, die Gußrohrmuffe mit Blei ordnungsgemäß
abzudichten, einschließlich aller dazu erforderlichen Baustoffe . . . . .   2,00 „

1 Rückstauklappe vom städtischen Lagerplatze nach der Verwendungsstelle
zu bringen und in der Muffe mit Blei ordnungsgemäß abzudichten, ein=
schließlich Lieferung der dazu erforderlichen Dichtungsstoffe . . . . . .   2,60 „

   (Der Schacht, in dem die Rückstauklappe zu verlegen ist, muß von
   dem Hausbesitzer selbst, zugleich mit dem Verlegen des genannten Stückes
   hergestellt werden, da die jedesmaligen örtlichen Verhältnisse eine
   solche Verschiedenheit im Bau des Schachtes bedingen, daß sich kein
   Voranschlag dafür aufstellen läßt, und die Bauverwaltung deshalb die
   Ausführung nicht zu einem einheitlichen Preise übernehmen kann. Der
   Schacht muß wasserfrei und zugänglich sein.)

1 Stück gußeisernes Ansatzrohr, Ansatzbogen oder Etagenrohr für die Regen=
abfallrohre von dem städtischen Lagerplatze nach der Verwendungsstelle
zu bringen, in Verbindung mit dem Verlegen der Ableitungsrohre
für Dachwasser zu versetzen, dasselbe in der Muffe sorgfältig mit Blei
abzudichten und mit Mauerhaken an das Fundament zu befestigen, ein=
schließlich Lieferung der Mauerhaken und der Dichtungsstoffe . . . . .   1,90 „

1 vorhandenes Regenrohr in das gußeiserne Ansatzrohr, Etagenrohr oder den
Dachschuttfänger (Siphon) einzuführen, das Regenrohr 0,03 m über
der Eisenmuffe mit einem Flansch zu versehen, einschließlich Liefe=
rung aller Baustoffe sowie eines etwa fehlenden Stückes Zinkrohr bis
zu 0,3 m Länge . . . .   2,30 „

1 Schuttfänger für das Regenrohr vom städtischen Lagerplatze nach der Verwendungsstelle zu bringen und zu versetzen, sein unteres Ende mit Blei einzudichten, einschließlich der Dichtungsstoffe und ausschließlich der etwa erforderlichen Steinmetz= und größeren Stemmarbeiten . . . . .   3,80 M.

(Das abgeschnittene Ende Regenrohr verbleibt dem Hauseigentümer.)

1 Zwillingsstück für gemeinschaftliche Regenabwässerung zu verlegen, es auf gut festgestampftem Boden oder ausgestemmtem Bankettmauerwerk ordnungsgemäß zu betten, die gußeisernen 2 Ansatzrohre ordnungsgemäß mit Blei einzudichten, einschließlich Anbringen und Dichtungsstoffe . . .   2,00 „

1 Stück Kanalstutzen 0,16 m Durchmesser, rund 0,30 m lang, einzumauern, vorher das Kanalmauerwerk zu durchstemmen, einschließlich Lieferung des Mörtels und der Steine . . . .   3,80 „

2. Preise für Baustoffe.

A. Steinzeugrohre.

1 lfd. m 0,16 m Durchmesser haltendes gerades glasiertes Tonrohr mit voller Muffe . . . .   3,00 M.

1 lfd. m 0,11 m Durchmesser haltendes gerades glasiertes Tonrohr mit voller Muffe . . . .   2,00 „

1 Stück Bogen von 0,16 m Durchmesser von gebranntem und glasiertem Ton   3,00 „

1 Stück Gabelrohr zum Anschluß der Ableitung für das Regenrohr von glasiertem Ton . . . .   4,00 „

1 Stück Tonrohr=Taper (Regelrohr) 16 : 11 cm . . . .   3,20 „

1 Bogen von glasiertem Ton, 0,11 m Durchmesser . . . .   2,00 „

1 Stück Kanalstutzen von glasiertem Ton, 0,16 m Durchmesser rund 0,30 m lang . . . .   1,40 „

B. Eisenteile.

1 lfd. m gußeisernes Fundamentrohr von 0,16 m Durchmesser, rund 24 kg schwer, zur Herstellung der Hausanschlußleitung . . . .   6,80 M.

1 Rückstauklappe aus Gußeisen . . . .   13,00 „

1 Gummidichtung dazu . . . .   0,90 „

1 gußeiserner Bogen von 16 cm Weite für die Hausanschlußleitung . . .   6,00 „

1 gußeisernes gerades Ansatzrohr von 1,3 m Länge (zum Regenrohr) . .   6,00 „

1 gußeisernes gerades Ansatzrohr von 0,80 m Länge (zum Regenrohr) . .   4,00 „

1 gußeisernes Etagenrohr von 13 cm Durchmesser mit Muffe von 16 oder 13 cm Durchmesser, 0,52 m lang . . . .   4,00 „

1 Dachschuttfänger (Siphon) von Gußeisen für das Regenrohr . . . . .   13,50 „

1 Zwillingsstück aus Gußeisen für Regenrohre . . . .   9,00 „

1 gußeiserner Bogen von 13 cm Weite mit geradem Ansatzstück (13/11 cm Durchmesser) für die Regenrohrleitung . . . .   5,00 „

IV. Hausentwässerungen.

Anhaltspunkte zur Veranschlagung von Lieferungen und Arbeiten zur Bewässerung und Entwässerung von Grundstücken gewähren folgende Angaben[1]:

---

[1] Preise zumeist nach David Grove in Berlin.

Preis von 1 m Rohrgraben in stechbarem Boden, von 0,8 m Tiefe ab abzusteifen.

Art der Arbeit	Grabentiefe in m								
	0,50	1,00	1,25	1,50	1,75	2,00	2,25	2,50	3,00
Im Keller; auf Höfen . .	0,40	0,90	1,50	2,10	2,40	3,20	4,00	4,40	6,60
Strecken im Gelände . . .	0,40	0,70	1,30	1,60	2,20	2,80	3,60	4,00	5,20

Tonrohrleitung.

D in mm	100	125	150	175	200
1 m liefern, verlegen, dichten	2,50	3,00	3,60	4,20	4,90
1 Abzweig desgl., als Zulage	1,90	2,25	2,70	3,15	3,70
1 Bogen „ , „ „	1,65	2,00	2,40	2,80	3,25
1 Regelrohr „ , „ „	1,65	2,00	2,40	2,80	3,25

Gußeisernes Abflußrohr.

D in mm	50	65	100	125	150	200
1 m liefern, verlegen, dichten	3,30	4,10	6,00	7,10	8,50	14,20
Abzweig, Überschieber, E-Stück, a. 3. .	2,45	3,10	4,50	5,30	6,40	10,65
Bogen, Tonmuffe, Regel, F-Stück, a. 3.	1,65	2,05	3,00	3,55	4,25	7,10

Werden die Formstücke überschläglich bestimmt, so beträgt ihr Bauwert 30% des Preises der Gesamtrohrlänge.

Die Befestigung der Rohre mittels Rohrhaken und anderer einfacher Befestigungen kostet 3% vom Gesamtrohrpreis. Rohrschellen sind für sich zu veranschlagen.

Rückstauklappen in Hausentwässerungsrohren (in Anschlußleitungen) sind überflüssig und unnütz, wenn das Hausrohrnetz auch Regenwasser von Hintergebäuden und Höfen abzuleiten hat[1]). Sie kosten (Berliner Modell) ohne Montage

für   65   100   130   157   200 mm Rohr
M.   6,50   7,20   9,20   11,80   20,00

Gegen Kellerüberschwemmungen schützen nur gußeiserne verbleite Grundrohre bis zu den einzelnen Kellerausgüssen (Kellerklosett u. dgl.) sowie Absperrschieber, die unterhalb jedes Kellerausgusses in dessen Abflußrohr eingebaut sind.

Putzrohre, an Stelle der Rückstauklappen gleich hinter der Frontwand in das Stammrohr der Hausentwässerungsanlage eingeschaltet, gestatten die Reinigung der Anschlußleitung und des Hausrohrs. Putzrohre mit Deckel und Keilverschluß kosten ohne Montage

für   65   100   130   157   200 mm Rohr
M.   2,40   3,50   4,50   5,50   7,00

Besser sind Schraubenverschlüsse des Deckels, bei denen die beiden Flügelschrauben unentfernbar am Putzrohr sitzen (Cottbuser Modell).

---

[1]) Siehe Knauff, Kellerüberschwemmungen bei Regenfall in Nr. 12 der Rundschau für Technik und Wirtschaft 1908, Haase, Prag. Die Hausanschlußrohre der Schwemmkanalisation von Cottbus haben nur Putzrohre erhalten.

40*

Gußeisernes Muffendruckrohr.

D in mm	40	50	65	80	100	125	150
1 m liefern, verlegen, dichten	4,00	4,80	5,70	7,00	8,40	10,70	13,20
Desgl., bei Streckenarbeit über 100 m	3,80	4,40	5,40	6,50	7,60	10,00	12,50
Abzweig, Überschieber, A-Stück, a. Z. .	5,00	6,00	7,10	8,75	10,50	13,40	16,50
Bogen, R-, F-Stück, Endmuffe, a. Z. .	3,00	3,60	4,30	5,25	6,30	8,00	9,90

Bleidruckrohr.

D in mm	13	20	25	30	40	50
1 m Rohr wiegt . . . . kg	2,20	5,00	6,60	7,70	11,00	13,00
1 m liefern, verlegen . . . . . . M.	2,20	4,00	5,10	6,30	9,30	10,90

1 m 13 bis 25 mm Rohr mit Filz umwickeln 0,40 M.

Bleiabflußrohr.

D in mm	40	50	65	100
1 m Rohr wiegt . . . . kg	2,50	3,00	4,50	8,50
1 m liefern und verlegen	2,90	3,30	5,00	8,90
1 Abzweig, Formstück, a. Z.	1,45	1,65	2,50	4,45
1 Bogen, a. Z.	0,90	1,10	1,70	3,00

Zu Fallsträngen wird Blei nicht mehr verwendet, wohl aber 65er Gußrohr für Küchenausgüsse und einzelne Badewannen und 100er Gußrohr für Klosetts. Dann braucht auch keine besondere Entlüftung der Wasserverschlüsse vorgenommen zu werden (keine Lüftungsrohre zweiter Ordnung).

Dunstrohr aus Zinkblech Nr. 12.

D in mm	50	65	100
1 m liefern und verlegen	2,40	2,80	3,40
1 Knie, als Zulage	1,20	1,40	1,70
1 Dachscheibe	3,30	3,70	3,90
1 Regenkappe	0,70	0,90	1,20

Dachdeckerarbeit ist besonders zu veranschlagen.

Kupferrohr.

D in mm	10	15	20	25	30	35	40	45	50
Wandstärke δ in mm		1,5					2,0		
1 m wiegt . . . . . kg	0,49	0,70	0,91	1,12	1,81	2,09	2,37	2,66	2,94
1 m liefern und verlegen	3,40	4,10	5,00	6,20	7,00	8,00	9,00	10,00	11,00

Formstücke kosten 20%, Rohrbefestigungen 7,5% der Rohrsumme als Zulage.

Absperrschieber einschließlich Montage.

D in mm	40	50	65	80	100	125	150
1 Schieber	17,50	21,00	26,00	32,00	42,00	54,00	67,00
Einbaugarnitur, a. 3. . . .	13,50	13,50	13,50	13,50	13,50	14,50	14,50
Schieber mit Handrad . . .	18,00	21,60	26,70	33,00	43,20	55,50	68,80

Wegen Sauger siehe unter Nr. 20 des Abschnitts VI, 10 B, Wasserwerke.

Hähne einschließlich Montage.

	10	13	20	25	32	40	50
Zapfhahn mit Wandscheibe	3,50	3,80	5,40	8,00	—	—	—
„ „ Schlauchverschraubung, a. 3.	0,60	0,70	1,20	1,80	—	—	—
Ventil-Durchlaufhahn mit Lötzapfen . .	3,00	3,30	4,60	6,20	—	—	—
„ „ „ 1 Verschraubung, a. 3.	0,40	0,50	0,80	1,20	—	—	—
Ventil-Durchlaufhahn mit 2 Verschraubungen, a. 3.	0,70	1,00	1,70	2,00	—	—	—
Haupthahn mit 2 Lötzapfen	—	4,70	6,40	8,70	17,10	22,70	38,80
„ „ 1 Verschraubung, a. 3.	—	0,60	0,70	0,90	2,30	3,50	7,20
„ „ 2 Verschraubungen, a. 3.	—	1,20	1,60	1,70	4,00	6,90	12,00
Ventil-Privathaupthahn	—	11,00	14,00	18,50	28,50	37,50	118,50
„ „ mit 1 Verschraubung, a. 3.	—	0,90	1,00	1,60	2,10	4,50	6,80
Ventil-Privathaupthahn mit 2 Verschraubungen, a. 3.	—	3,00	3,70	5,20	—	—	—
Gartenhahn (Ventil)	—	4,50	6,00	8,00	—	—	—
1 m Standrohr mit Bajonettverschluß und Standrohrverschraubung	—	5,20	7,50	10,50	—	—	—
Feuerhahn mit Gewinde	—	—	—	8,50	13,30	18,60	24,50
Verschlußkappe, Kette, Schelle, a. 3. .	—	—	—	2,30	3,40	4,90	6,70
1/2 Schlauchverschraubung, Normalgewicht, a. 3.	—	—	—	1,60	2,40	3,70	5,70
Desgl., Feuerwehrgewinde, a. 3. . . .	—	—	—	—	—	4,50	6,50
Rad-Feuerhahn mit Verschlußkappe . .	—	—	—	—	—	39,00	46,00
Storzkuppelung und Anschlußstück . . .	—	—	—	—	—	26,00	43,00

Lieferung und Einbau eines ovalen Hahnkastens mit Kette, Steg und Mutterschrauben 4,50 M.

1 Steigeschlüssel bis 20 mm Hahn 1,30 M., darüber 1,50 M.

Schwimmkugelhähne.

D in mm	10	13	20	25	32	40	50
1 Hahn mit Verschraubung und Kontremutter . . .	6,50	7,50	10,00	13,00	21,00	28,00	43,00

Badeeinrichtung. Badeofen aus Zinkblech und Wanne aus 16er Zink außen lackiert, Batterie frei auf der Wand, freiliegendem Brausearm mit Brause einschließlich

Montage 190 M. Badewanne aus 16er Zink, ohne Batterie, in Anschluß an eine Warmwasseranlage 70 M., wenn aber die Wanne aus Gußeisen besteht und porzellan= artig emailliert ist, 120 M. Bad, bestehend aus eisernem Badekasten für vertiefte Fliesenwanne mit Ab= und Überlaufvorrichtung, 2 Hängeeisen einschließlich Montage (ohne Zufluß= und Abflußleitung) 280 M. Badebatterie, frei auf der Wand sitzend, 13 mm Durchmesser mit Brausearm und Brause 54 M. Badebatterie, in die Wand eingelassen mit Marmorplatte, sonst wie vorher, 67 M.

Spültisch mit Holzuntersatz einschließlich Montage, einteilig 54 M., zweiteilig 70 M., dreiteilig 116 M. Schwenkarm mit Hahn und Wandscheibe, 13 mm 10,50 M., 20 mm 16 M.

Klosett fertig montiert mit Kastensitz 39,50 M., wenn auf Höfen 48,50 M. Wasserverschluß wird extra gerechnet, mit Schelle 5 M. Klosett freistehend, aus Gußeisen, Klappsitz, Deckel, Druckhahn mit Unterbrecher 34 M. Rohrunterbrecher für sich, zur Verhinderung der Einsaugung von Klosettwasser in die Wasserleitung, 6,30 M. Klosett freistehend, aus Fayence mit eingeformtem Fayence=Wasser= verschluß 44 M. Klosett freistehend mit Spülkasten, Sitz am Becken befestigt, 67,50 M., aber ohne Spülrohr, das besonders zu veranschlagen ist. Klosett freistehend wie vor= her, großer Sitz auf Konsolen, 88,50 M.

Wascheinrichtung, kleines Fayencebecken an der Wand befestigt, 30 M. Wasch= tisch aus Fayence, auf Konsolen 58 M., wenn auf Fliesenwand zu befestigen, 3 M. mehr. Küchenausguß, gewöhnlich, 16,50 M., wenn mit hoher Rückwand und Hahnloch, 5,50 M. mehr. Pissoirbecken aus Fayence 40 M.

Regenrohr=Schuttfänge, Berliner Kastenmodell, sogenannter Siphon, unzweck= mäßig und unschön, oberirdisch auf gußeisernem Fußrohr montiert,

Regenrohr in mm	65	100	125	150
M.	12,00	14,00	18,00	23,00

Besser sind die unterirdischen Schuttfänge mit Schlammeimer, z. B. das Cott= buser Modell von Knauff, fertig montiert ohne Erdarbeit 28 M.[1]).

Fettfang aus Gußeisen, innen emailliert, bei 100 mm Anschluß,

tief	0,35	0,50	1,00	m
M.	37,50	57,00	117,50	

Hofregeneinlaß (Gully) aus Steinzeug, 300 mm weit, 1,50 m tief, mit Schlamm= eimer und Abdeckung, einschließlich Montage 54,50 M.

11. Eisenbahnbauten.

Bearbeitet von Reg.=Baurat A. W. Meyer=Allenstein.

A. Klein= und Anschlußbauten.

I. Kosten der Vorarbeiten.

Nach dem ministeriellen Erlaß vom Oktober 1871 werden in Preußen die Vor= arbeiten für Eisenbahnen in „allgemeine" und „ausführliche" eingeteilt. Mit den ersteren wird die Konzessionierung und Finanzierung bezweckt, mit den letzteren die projektive

---

[1]) Wurde geliefert von Budde & Göhde in Berlin.

Ausgestaltung der ganzen Bahnanlage mit allen Einrichtungen, um danach die landes=
polizeiliche Prüfung und später die Abnahme bewirken zu können. In fast allen übrigen
Staaten Deutschlands ist eine ähnliche Handhabung gebräuchlich, und es wird daher hier
der Einfachheit halber den preußischen Maßgaben gefolgt.

A. Allgemeine Vorarbeiten.

Es ist gefordert:

1. Übersichtskarte 1 : 100 000 oder 1 : 25 000,
2. Lage= und Höhenpläne 1 : 10 000 der Längen mit 20 facher Höhenverzerrung,
3. Erläuterungsbericht,
4. Allgemeiner Kostenüberschlag,
5. Denkschrift,
6. Ertragsberechnung.

Es lassen sich zwei Fälle unterscheiden:

a) Wenn genügendes Kartenmaterial vorhanden ist, so daß örtliche topographische
Aufnahmen entbehrt werden können und nur Nachprüfungen mittels Barometer nötig
werden, genügt es häufig, die Meßtischblätter 1 : 25 000 in den Maßstab 1 : 10 000 zu
vergrößern.

Die Kosten für die Leistungen unter 1. bis 6. stellen sich alsdann auf:

$$50,00 \text{ bis } 80,00 \text{ M. je Kilometer im Flachland,}$$
$$70,00 \text{ „ } 100,00 \text{ „ „ „ · „ Hügelland,}$$
$$90,00 \text{ „ } 150,00 \text{ „ „ „ „ Gebirge.}$$

b) Wenn genügende ältere topographische Unterlagen fehlen, und die Neuaufnahme
des betreffenden Geländes mittels Tachymeter oder Tachygraphometer im Maßstabe
1 : 10 000 erforderlich ist, so vergrößern sich obige Kosten auf:

$$60,00 \text{ bis } 120,00 \text{ M. je Kilometer im Flachland,}$$
$$100,00 \text{ „ } 160,00 \text{ „ „ „ „ Hügelland,}$$
$$120,00 \text{ „ } 250,00 \text{ „ „ „ „ Gebirge.}$$

B. Ausführliche Vorarbeiten.

Es ist gefordert:

1. Der Lage= und Höhenplan $\frac{1 : 2500}{250}$ nach gegebenen Mustern, mit fortlaufender
Kilometereinteilung und mit Stationen von 100 m,
2. Entwürfe zu den Futtermauern, Wegübergängen und Brücken,
3. desgleichen zu den Tunnels und sonstigen außerordentlichen Bauwerken,
4. Darstellung des Oberbaues,
5. Entwürfe zu den Anlagen der Bahnhöfe und Haltestellen,
6. ein ausführlicher Erläuterungsbericht.

Zur Beschaffung dieser Unterlagen sind folgende Arbeiten erforderlich und ge=
wöhnlich in der folgenden Reihenfolge vorzunehmen:

a) Voruntersuchungen, zum Teil mit Hilfe des Barometers, um die nachfolgende topo=
graphische Aufnahme auf eine kleinste Breite von etwa 250 m zu beiden Seiten der Linie
beschränken zu können. Darstellung des Oberbaues und Erwirkung seiner Genehmigung.

b) Auspfählung von Höhenfixpunkten (etwa alle 200 m ein starker Erdpfahl mit
Nummerpfahl und weiß gestrichener Latte) und Nivellement derselben.

c) Topographische Geländeaufnahme nebst Leitlinie, gänzlich mittels Tachy=
graphometer, unter Zugrundelegung der nivellierten Höhen. Breite = 200—500 m,
Maßstab 1 : 2500 oder 1 : 2000, in Ausnahmefällen im Gebirge auch 1 : 1000.

d) Projektabfassung und Eintragung der Bahnachse in den unter c) erhaltenen
Lageplan. Daraus konstruiertes Längenprofil und hiernach graphische Maßberechnung
unter Berücksichtigung der Geländequerneigung, Ausgleichung der Damm= und Ein=
schnittsmaße.

e) Streckenbegehung unter örtlicher Prüfung des Entwurfs, Aufstellung der Ver=
zeichnisse für die Wegübergänge, Wegüber= und =unterführungen, Wasserdurchlässe und
Brücken, Futter= und Stützmauern, sowie aller sonstigen erforderlichen baulichen Neben=
anlagen.

Bestimmung der für die Durchlässe und Brücken erforderlichen Lichtweiten durch
Ermittlung der Niederschlagsgebiete (nach den topographischen Landkarten) oder bei
größeren Flußläufen durch Ermittlung der größten Wassermengen.

f) Absteckung der Bahnachse und Stationierung, doppeltes Nivellement derselben
unter Anschluß an die Pfähle zu b). Aufnahme von Querschnitten über alle Bahnhöfe
und Haltestellen, sowie an allen Orten, wo die Geländeoberfläche im Querschnitt eine
gebrochene (also keine gerade) Linie ergibt. Tachygraphometrische Aufnahme 1 : 500
über alle jene Stellen, wo größere Verlegungen von Wegen und Wasserläufen und
größere gemauerte Durchlässe und Brücken ausgeführt werden müssen. Aufnahme
aller durch den Bahnbau fortfallenden Grenzsteine, Grenzlinien, Gebäulichkeiten durch
Einmessung in die Bahnachse, Aufstellung eines Flurverzeichnisses als Vorbereitung
für den Grunderwerb.

g) Anfertigung der bei der Behörde vorzulegenden Reinzeichnungen, Erläuterungs=
bericht und Reinschriften, wiederholte Erdmassenberechnung und Massenausgleiche,
Entwerfen der Futter= und Stützmauern, der Durchlässe und Brücken, der Bahnhöfe
und Haltestellen, sämtlicher Hochbauten und der sonstigen Nebenanlagen. Bei eilenden
Bahnbauten ist es meistens gestattet und zweckmäßig, die Entwürfe für die Einzel=
bauwerke während des Bahnbaues und erst nach der landespolizeilichen Begehung und
Prüfung auszuarbeiten, jedoch ist ihre Genehmigung vor ihrem Beginn zu erwirken.

h) Landespolizeiliche Begehung und Prüfung.

i) Festlegung der Bahnachse durch neben dem Bahngrund geschlagene Festpunkte
zweifaches Nivellement derselben.

Die Kosten dieser Arbeiten je Kilometer stellen sich etwa wie folgt:

Arbeiten nach vor= stehender Übersicht	Flachland	Hügelland	Gebirge
a), b), c)	30,00 bis 60,00 M.	60,00 bis 100,00 M.	100,00 bis 200,00 M.
d), e)	20,00 „ 50,00 „	50,00 „ 150,00 „	150,00 „ 200,00 „
f)	40,00 „ 80,00 „	80,00 „ 150,00 „	150,00 „ 400,00 „
g)	80,00 „ 150,00 „	150,00 „ 280,00 „	280,00 „ 600,00 „
h), i)	30,00 „ 50,00 „	50,00 „ 100,00 „	100,00 „ 200,00 „
Zusammen	200,00 bis 420,00 M.	420,00 bis 680,00 M.	680,00 bis 1600,00 M.

Die Kosten hängen wesentlich davon ab, ob das Gelände übersichtlich und leicht
zugänglich, oder stark bewachsen und öfter unzugänglich ist, ob häufig größere Bauwerke
nötig sind oder nicht. Vorausgesetzt wird ein geübtes, gewandtes Personal.

II. Kosten des Grunderwerbs.

A. Für genaue Überschläge.

1. Bedarf an Grund und Boden.

Eingleisige Kleinbahn von	1,435	1,00	0,75	0,60 m Spurweite.
	Ar	Ar	Ar	Ar
a) in ebenem Gelände für 1 km	210	160	120	100
b) „ hügeligem „ „ 1 „	250	200	160	140
c) „ gebirgigem „ „ 1 „	320	250	200	160

Davon kommen im großen Durchschnitt:

1. auf das eigentliche Bahngelände 65%
2. auf Bahnhöfe und Wärterhäuser 9%
3. auf Weganlagen 10%
4. auf Bodenablagerungen und Abgrabungen 5%
5. auf Trennstücke 11%
   Zusammen 100%

2. Kosten für Grunderwerb, Wirtschaftserschwernisse und Nutzungsentschädigungen.

a) Kosten des Grund und Bodens.

Für den Ankauf des Bahngeländes kann mit einer Steigerung der bislang gezahlten Preise um 20—50% gerechnet werden.

1. Unkultiviertes Land, öde Heide, Moor, für 1 a . . . 1,50 bis 5,00 M.
2. Tonlager für 1 cbm . . . . 0,50 „ 1,20 „
3. Torfstiche je nach der Mächtigkeit, für 1 a . . . . 12,00 „ 30,00 „
4. Kohlenlager desgl. für 1 a . . . . 45,00 „ 60,00 „
5. Nadelholzboden ohne Bestand, für 1 a . . . . 8,00 „ 12,00 „
6. Nadel- und Laubholz mit mittlerem Bestand ausschließlich Holz für 1 a . . . . 12,00 „ 15,00 „
7. Nadelholz- und Laubholzboden, Hochwald, für 1 a . . 15,00 „ 24,00 „
8. Acker I. Kl., Rüben- und Weizenboden für 1 a . . . 45,00 „ 60,00 „
9. „ II. „ Roggen- und Gerstenboden „ 1 a . . . 35,00 „ 54,00 „
10. „ III. „ für 1 a . . . . 27,00 „ 48,00 „
11. „ IV. „ „ 1 a . . . . 20,00 „ 42,00 „
12. „ V. „ „ 1 a . . . . 10,00 „ 35,00 „
13. Geestweiden „ 1 a . . . . 8,00 „ 10,00 „
14. Marschweiden für 1 a . . . . 15,00 „ 20,00 „
15. Einschürige Wiesen für 1 a . . . . 12,00 „ 24,00 „
16. Zwei- und mehrschürige Wiesen für 1 a . . . . . 48,00 „ 60,00 „
17. Dorfgärten und Gemüseland für 1 a . . . . . . 30,00 „ 90,00 „
18. Stadtgärten, Weinberge, Baumschulen für 1 a . . . . 105,00 „ 135,00 „
19. Hofräume für 1 a . . . . 40,00 „ 80,00 „
20. Bauplätze in Dörfern für 1 a . . . . 50,00 „ 200,00 „
21. „ „ Städten „ 1 a . . . . 300,00 „ 1000,00 „
22. Lebende Hecken für 1 m . . . . 0,50 „ 1,50 „

23. 1 Stamm in Baumschulen . . . . 0,50 M.   1,00 M.
24. Weinstöcke je nach Lage und Alter, für 1 Stück . . .   1,50 „   8,00 „
25. Obstbäume im Alter von 15—40 Jahren, exkl. Holz . 20,00 „   60,00 „
26. Desgl. inkl. Holz ein Drittel mehr.
27. Junge tragbare Obstbäume . . . . 5,00 „   12,00 „
   In der Nähe von Städten sind für Grund und Boden 10—15% höhere Preise
   anzunehmen.
28. Gebäude.

Neubauwert   Mark für qm Grundfläche

1. Keller von Arbeiterwohngebäuden . . .   30,00 M.
2. „   „   bürgerlichen   Wohngebäuden   36,00 „
3. „   „   herrschaftlichen Wohngebäuden   42,00 „
4. Ausgebautes Kellergeschoß . . . . .   48,00 „
5. 1 Geschoß vom Arbeiterwohngebäude .   36,00 „
6. „   vom bürgerlichen Wohngebäude 45,00 bis 54,00 „
7. „   vom herrschaftl. Wohngebäude .   60,00 „
8. Kniegeschoß, wohnbar ausgebaut . . . 30,00 „ 36,00 „
9. „   desgl., aber nur Kammern
   ohne Ofen . . . .   24,00 „
10. Dachgeschoß, einfach . . . .   12,00 „
11. „   mit Kammern . . . . . .   18,00 „
12. Nebengebäude (Waschküche, Holzstall,
13.   Remise usw.) . . . .   45,00 „
14. Stallgebäude mit Kniestock . . . . 70,00 „ 80,00 „
15. Speichergebäude desgl. . . . . 75,00 „ 90,00 „
16. Einfache Stallgebäude . . . . 20,00 „ 40,00 „
17. Scheunen mit Ziegeldach . . . . . .   40,00 „
18. „   „   Strohdach . . . . . .   35,00 „
19. „   aus Holz mit Pappdach . .   25,00 „

29. Wertverminderung von Wohn= und Wirtschaftsgebäuden
   infolge Alters:
   Ist m die Zeitdauer, die ein Gebäude stehen kann, so
   ist bei einem Alter n des Gebäudes die Alters=
   entwertung $\left(\dfrac{n}{m}\right)^2$.

Dauer von Gebäuden.	Massive Gebäude	Fachwerks= Gebäude
		Jahre
Wohngebäude für Arbeiter	175	100
„ bessere	200	120
Scheunen, Wagenremisen	175	80
Ställe für Pferde und Rindvieh	150	75
„ „ Schweine	100	50
Waschküchen, Aborte	125	60
Brauereien und Brennereien	75	50

	Massive Gebäude	Fachwerks-Gebäude
		Jahre

Hof- und Gartenmauern	150	—
Futtermauern	50	—
Zäune nebst Toren	—	15

Dauer der größtenteils aus Eichenholz hergestellten Fachwerksgebäude beträgt $1/3$ mehr als vorstehend angegeben.

30. Materialienwert beim Neubau = 55 % und Arbeitslohn = 45 % vom Neuwert eines Gebäudes. Abbruchkosten = 15 % vom Arbeitslohne beim Neubau. Arbeitslohn beim Wiederaufbau gleich den Kosten beim Neubau. Wert der beim Umbau neu zu beschaffenden und zu ergänzenden Materialien = 20—40 % von dem Jetztwert der Materialien.

31. Abbrechen eines Strohdaches, Verstärken des Dachstuhles und Umdecken mit Flach- oder Hohlziegeln, für 1 qm der bebauten Fläche . . . . — 7,50 bis 10,00 M.

32. Abbrechen und Versetzen von gewöhnlichen hölzernen Zäunen, für 1 m . . . . — 0,80 „ 1,00 „

33. Desgl. von 1,0—1,5 m hohen Bewehrungen von Feldsteinen oder Schutzmauern, für 1 m . . . . . . — 3,00 „

b) Wirtschafts- und Nutzungserschwernisse.

34. Durchschneidungen von Ackerland, für 1 m . . . . . — 3,00 bis 5,00 M.
35. Desgl. von Wiesen, für 1 m . . . . — 1,50 „ 2,00 „
36. Desgl. von Wäldern, für 1 m . . . . — 0,50 „ 1,50 „
37. Desgl. von Holzungen, wenn die verbleibenden Bestände verschlechtert werden, für 1 m . . . . — 3,50 „ 4,50 „
38. Desgl. von unkultivierten Ländereien, für 1 m . . . . — 0,50 „ 1,00 „
39. Für Formverschlechterung eines Restgrundstückes, für 1 m — 1,50 „ 2,00 „
40. Umwegserschwernisse.

Die Kosten richten sich nach Länge des Umwegs, Größe der Flüsse, Kultur des Bodens.

Im allgemeinen kann dafür gesetzt werden für 1 ha und 1 m Hin- und Rückweg:

1. bei Gärten . . . . — 1,20 M.
2. im Ackerlande . . . . — 0,60 bis 0,80 „
3. im Wiesenlande und Weide . . . . — 0,30 „ 0,40 „
4. im unkultivierten Lande und Wald . . . . — 0,15 „ 0,30 „

41. Bei allgemeinen Überschlägen kann für Wirtschafts- und Umwegerschwernisse für 1 km 25—30 % des Gesamtwertes der erworbenen Grundstücke in Rechnung gesetzt werden, bei wenig parzelliertem Gelände 10 bis 15 %.

c) Nutzungsentschädigungen.

42. Flurentschädigung.		Für 1 Ar.
Weizen	2,40 bis	4,00 M.
Roggen	2,00 „	3,00 „
Saatklee	2,40 „	4,00 „
Mähklee	2,00 „	4,00 „
Gerste, Hafer, Erbsen	2,00 „	3,00 „
Futtererbsen, Wicken	1,00 „	3,00 „
Saatthimotheum	1,00 „	2,00 „
Lupinen, Buchweizen	1,50 „	2,00 „
Flachs, Gemüse, Futterrüben	2,00 „	4,00 „
Zuckerrüben	2,50 „	5,00 „
Serabella	1,00 „	2,50 „
Wiese	1,00 „	2,00 „
Kartoffeln	2,00 „	3,50 „
Gepflügter Acker	0,20	
Gedüngtes Brachland	1,50 „	2,50 „
Stoppel	0,10 „	0,20 „
Kleeweide	1,00 „	1,50 „

43. Für Nutzungs= usw. Entschädigungen können 8—10%
des Gesamtwertes des Grunderwerbs in Ansatz ge=
bracht werden.

d) Kosten der geometrischen Arbeiten beim Grunderwerb und bei der Schlußvermessung.

44. Die Taxationen, Vermessungen, gerichtlichen Umschrei=
bungen, Steuern, Stempel, Abgaben usw. erfordern:
bei sehr parzelliertem Grundbesitz für 1 km . . . . 500,00 bis 700,00 M.
„ wenig   „   „   „ 1 „ . . . . 300,00 „ 400,00 „

45. Die Kosten der Schlußvermessung betragen für:
a) Beschaffung der Grenzsteine. Für 1 km erforderlich
100—300 Steine.
Kosten eines plattenförmigen, unbearbeiteten Steines   0,50 „
Kosten eines bearbeiteten Sand= oder Kalksteines .   1,00 „
b) Vermessung, Besteinung, Numerierung der Grenz=
steine, geometrische Aufnahmen, Berichtigung der
Katasterpläne, für 1 km . . . . 150,00 „ 200,00 „
c) Schreib= und Zeichenmaterialien, Bureaumiete usw.
für Obergeometer und Feldmesser, für 1 km . . . 50,00 „ 100,00 „

e) Insgemein.

46. Für unvorhergesehene Ausgaben bei diesem Titel, vor=
zusehen für 1 km . . . . 150,00 „ 200,00 M.

B. Für allgemeine Überschläge.

Kleinbahnen Spurweite	1,435	1,000	0,75	0,60 m
a) In ebenem Gelände und sehr kultivierter		in Mark		
Gegend, für 1 km	8 400	6 400	4800	4000
desgl. in wenig kultivierter Gegend	5 400	4 200	3100	2600

Kleinbahnen	Spurweite	1,435	1,000	0,75	0,60 m
			in Mark		
b) in hügligem Gelände und sehr kultivierter Gegend, für 1 km		10 000	8 000	6000	5600
desgl. in wenig kultivierter Gegend		6 500	5 200	3900	3600
c) in gebirgigem Gelände und sehr kultivierter Gegend, für 1 km		13 000	10 000	8000	6400
desgl. in wenig kultivierter Gegend[1] . . .		8 400	6 500	5200	4100

III. Kosten der Böschungs- und Uferbefestigungen und Entwässerungsanlagen.

A. Für genaue Überschläge.

1. Böschungsbekleidung mit Humus von 15 cm Dicke:
   ohne Humusankauf für 1 qm der Böschung rund . . . . 0,14 M.
   mit   „   „ 1 „   „   „   „ . . . . 0,25 „
2. Böschungsbefestigung mit Flachrasen:
   ohne Rasenankauf für 1 qm Böschungsfläche rund . . . . 0,33 „
   mit   „   „ 1 „   „   „ . . . . 0,68 „
3. Böschungsbefestigung mit Kopfrasen:
   ohne Rasenankauf für 1 qm Böschungsfläche rund . . . . 0,53 „
   mit   „   „ 1 „   „   „ . . . . 1,16 „
4. Steinpackung an Böschungen:
   bei Steinstärke von 0,20   0,25   0,30 cm für 1 qm
   0,88   1,10   1,32 Mk.
5. Steinwurf zur Sicherung der Böschung. Ausheben des Schlammes im Wasser, Heranschaffen der Steine aus 10 m Entfernung und Einwerfen ins Wasser, für 1 cbm . . . . 3,00 „
   Aufsicht 5%, Gerüste 10%, Gewinn 10% . . . . 0,75 „
   Zusammen für 1 cbm 3,75 M.

   Müssen die Steine angekauft werden, so kostet der Steinkauf für 1 cbm 3,50 „
   Das Auf= und Abladen . . . . 0,51 „
   Der Transport bis zirka 2200 m rund . . . . 7,09 „
   Zusammen 14,85 M.

6. Das 2—1¼ fache Böschungspflaster, aus zirka 30 cm starken Steinen, ohne Steinankauf für 1 qm . . . . 2,25 „
   Sind die Steine anzukaufen und zuzuführen . . . . 5,95 „
7. Das 1 fache Böschungspflaster bis 9 m′ Höhe:
   Kosten des Pflasters an Arbeitslohn für 1 qm . . . . 1,80 „
   „ der Hinterbettung an Arbeitslohn für 1 qm . . . . 0,20 „
   Aufsicht 5%, Gerüst 10%, Gewinn 10%, zusammen 25% . . . . . 0,50 „
   Für 1 qm der Böschung ohne Steinkauf 2,50 M.

---

[1] Kosten der Erdarbeiten s. Abschn. V, B II und VI, 1.

Solche hohe, 1·fache Böschungen kommen nur in den steinreichen Gegenden vor, so daß der Steinankauf entfällt.

8. Die Trockenmauer in ½facher Böschung. Zur schnellen Anfertigung eines Überschlages diene folgende Tabelle:

Höhe der Trockenmauer in Metern	3	6	9	12	15	18	21	24	27	30
a) **Trockenmauer an Dämmen:**										
Maße für 1 m der Mauerlänge in cbm	6,20	18,60	37,40	62,40	93,81	131,40	175,40	225,60	282,20	345,00
Kosten ohne Steinankauf für 1 m der Mauerlänge in Mk. rd.	14,30	42,80	86,00	143,50	216,00	302,00	403,50	519,00	649,00	793,50
b) **Trockenmauer an Einschnitten.**										
Maße für 1 m der Mauerlänge in cbm	5,40	16,70	33,90	57,10	86,30	121,30	162,30	209,30	262,20	321,00
Kosten ohne Steinankauf für 1 m der Mauerlänge in Mk. rd.	12,40	38,40	78,00	131,50	198,50	279,00	373,50	481,50	603,09	738,50

9. Stütz und Futter (Mörtel) Mauer. Es ist vorausgesetzt, daß die Mauer vorn ein Fünftel Anlauf hat, hinten senkrecht ist.

Folgende Tabelle gibt die Maße an für 1 m Länge in Kubikmetern.

Zur schnellen Überschlagung der Kosten diene folgende Tabelle, in welcher vorausgesetzt ist, daß die Mauer vorne ein Fünftel Anlauf hat, hinten senkrecht ist und bei Stützmauern (an Dämmen) eine mittlere Stärke $= 0{,}44 + 0{,}3 \cdot h - 0{,}1 \cdot h \left(1 - \dfrac{H}{3\,h}\right)^2$, bei Futtermauern (an Einschnitten) eine mittlere Stärke $= 0{,}3 + 0{,}27 \cdot h - 0{,}1 \cdot h$ $\left(1 - \dfrac{H}{3\,h}\right)^2$ in Metern hat, worin h Mauerhöhe über der Fundamentsohle und H die Überschüttungshöhe (Höhe der Dammkrone oder der oberen Einschnittskante über der Mauerkrone) in Metern bedeutet.

Mauerhöhe über der Fundamentsohle in Metern	Überschüttungshöhe in Metern										
	0—1	3	6	9	12	15	18	21	24	27	30
	Maße der Stützmauer für 1 m der Länge in Kubikmetern										
2	1,70	2,10	2,10	2,10	2,10	2,10	2,10	2,10	2,10	2,10	2,10
3	3,20	3,70	4,00	4,00	4,00	4,00	4,00	4,00	4,00	4,00	4,00
4	5,00	5,70	6,20	6,50	6,60	6,60	6,60	6,60	6,60	6,60	6,60
5	7,20	8,10	8,80	9,30	9,60	9,70	9,70	9,70	9,70	9,70	9,70
6	9,90	10,90	11,80	12,60	13,00	13,30	13,30	13,30	13,30	13,30	13,30
7	12,90	14,20	15,30	16,20	16,90	17,40	17,80	17,80	17,80	17,80	17,80
8	16,30	17,80	19,20	20,30	21,20	21,80	22,30	22,60	22,60	22,60	22,60
9	20,20	21,90	23,40	24,70	25,80	26,70	27,50	28,00	28,30	28,30	28,30
10	24,40	26,30	28,00	29,50	30,80	31,90	32,80	33,50	34,00	34,30	34,40
11	29,00	31,20	33,00	34,50	36,00	37,60	38,60	39,50	40,30	40,80	41,10
12	34,00	36,40	38,40	40,30	42,20	43,80	45,20	46,20	47,10	48,00	48,50

Mauerhöhe über der Fundamentsohle in Metern	Überschüttungshöhe in Metern										
	0—1	3	6	9	12	15	18	21	24	27	30
	Maße der Futtermauer für 1 m der Länge in Kubikmetern										
2	1,30	1,60	1,70	1,70	1,70	1,70	1,70	1,70	1,70	1,70	1,70
3	2,40	2,90	3,20	3,30	3,30	3,30	3,30	3,30	3,30	3,30	3,30
4	3,90	4,60	5,10	5,40	5,50	5,50	5,50	5,50	5,50	5,50	5,50
5	5,70	6,60	7,30	7,80	8,10	8,20	8,20	8,20	8,20	8,20	8,20
6	7,90	8,90	9,80	10,60	11,00	11,30	11,50	11,50	11,50	11,50	11,50
7	10,40	11,70	12,70	13,70	14,40	14,80	15,10	15,30	15,30	15,30	15,30
8	13,20	14,70	16,00	17,10	18,00	18,70	19,20	19,50	19,60	19,60	19,60
9	16,40	18,10	19,60	20,90	22,00	22,90	23,60	24,10	24,40	24,50	24,50
10	19,90	21,80	23,50	25,00	26,30	27,40	28,30	29,00	29,50	29,80	30,00

10. Faschinen kosten für 1 Bund . . . . 0,37 M.

11. Wippen „ „ 1 „ . . . . 1,15 „

12. Sentfaschinen „ „ 1 cbm . . . . 9,23 bis 10,26 „

13. Flechtzäune:

    bei einer Höhe von 0,30—0,50 m für 1 m Länge . . 1,12 bis 2,34 „

14. Weidenpflanzung für 1 qm . . . . 1,00 „

15. Drainage für 1 m . . . . 0,45 bis 0,65 „

B. Für allgemeine Überschläge.

Die Kosten der Böschungs= und Uferbefestigungen und der Entwässerungsanlagen richten sich sehr nach der Beschaffenheit und der Höhe der Einschnitte und Dämme, ob die Böschungen steil oder flach, ob die Bahnlinie den Fluß oder Bach oft oder selten berührt usw.

	Kleinbahn von Spurweite	1,435	1,0	0,75	0,60 m
		Kosten für 1 km in Mark			

Die Bahn berührt das Gewässer oft:

    a) in ebenem Gelände 1500   1200   1000   800

    b) „ hügeligem „ 3000   2500   2000   1600

    c) „ gebirgigem „ 6000   5000   4000   3200

Die Bahn berührt das Gewässer selten:

    a) in ebenem Gelände 800   600   500   400

    b) „ hügeligem „ 1500   1200   1000   800

    c) „ gebirgigem „ 3000   2500   2000   1600

IV. Kosten der Einfriedigungen und Schranken.

A. Für genaue Überschläge.

1. Einfriedigungen.

1. Prellsteine, 1,20 m lang, 20/20 cm stark, einschließlich Versetzen

                        je Stück 3,00 bis 6,00 M.

2. Rauhe Einfriedigung:

    Runde ungeschälte fichtene Stangen, Pfosten 2,5 m voneinander

      entfernt, 1,7 m lang, 12—14 cm stark, oberer Holm zirka

        8 cm, Riegel zirka 6 cm stark . . . . . je lfd. Meter 0,60 „   0,80 „

3. Drahtzaun:

Pfosten unbearbeitet, zirka 2 m lang, 3 m voneinander entfernt,
2—3 horizontale Drähte, 4—5 mm Durchmesser

je lfd. Meter   0,40 bis   0,60 M.

4. Schluchterwerk:

Pfosten, fichtene, ungeschält, 2 m voneinander entfernt, 2 m
lang, 14 cm stark, Holm aus Halbstangen, 12 cm breit,
2 Riegel, 4/6 cm stark, aus rechteckigen Latten je lfd. Meter   0,90   „   1,00   „

5. Stangenzaun:

Pfosten wie vor, 3 m voneinander entfernt, 2 Riegel aus un=
geschälten Stangen bestehend, alle 10 cm eine 4—5 cm
starke fichtene Stange, vertikal angenagelt   je lfd. Meter   1,40   „

6. Geländer mit Holm und Riegel:

Pfosten 1,8 m lang, 15/15 cm stark, 2 m voneinander entfernt,
Holm 15/15 cm stark, in mittlerer Pfostenhöhe, Riegel
5/5 cm stark, alles gehobelt und gestrichen;

eichene Pfosten, Holm und Riegel kiefern. . . je lfd. Meter   5,00   „   6,00   „
kieferne   „   „   „   „   4,00   „   5,00   „

7. Latteneinfriedigung:

Pfosten eichen, 20/20 cm stark, 2,5 m voneinander entfernt,
2 Riegel, vertikale Latten, 3,5/6 cm stark, gehobelt und
gestrichen;

a) bei 1,10 m hohen Zäunen . . . . . .   je lfd. Meter   4,00   „   5,00   „
b)   „   1,40   „   „   „   . . . . . .   je lfd. Meter   5,00   „   6,50   „
c)   „   1,60   „   „   „   . . . . . .   je lfd. Meter   7,00   „   8,00   „

8. Bretterzaun:

eiserne Pfosten aus ⊥ N. Pr. 12 mit 11,1 kg/m, 3 m lang, 3 m
voneinander entfernt, 2 kieferne Riegel, 12/14 cm stark;

kieferne Bretter, 2,5 cm stark, 2 m lang, gestrichen, je lfd. Meter   15,00   „
desgl. mit Holzpfosten, 18/18 cm stark . . .   je lfd. Meter   10,00   „   12,00   „

9. Eiserne Einfriedigungen:

a) schmiedeeiserne, kantige Pfosten, 2 m voneinander, 1,15 m
hoch, 3/3 cm stark, in Quader 15 cm eingelassen, 2 horizontale
Rundstangen, 1,5 cm Durchmesser . . . . .   je lfd. Meter   7,50   „

b) Pfosten aus Winkeleisen, 45 × 45 × 6, oberer Holm aus
Winkeleisen, 40 × 40 × 5, Riegel aus Flacheisen, 30 × 8 mm ·

je lfd. Meter   8,00   „

10. Heckenzäune:

Rauhe Einfriedigung wie unter 2 und in deren Schutz Weiß=
dorn, Akazien, Liguster, Rottanne usw., Setzlinge (dreijährig,
für 1 m 12 Stück) . . . .   je lfd. Meter   1,00 bis   1,50   „

2. Schlag= und Zugschranken nach den neuesten ministeriellen Bedingungen[1]).

Drehgestelle aus kräftigem Profileisen; Bäume aus Stahlblech.

Kosten in Mark für 1 Paar	Lichtweiten (Straßenbreiten) in Metern									
	3	4	5	6	7	8	9	10	11	12
1. Gekuppelte Schlagschranken mit Winde am Drehgestell	228	241	261	289	311	328	518	575	673	677
2. Gekuppelte Schlagschranken mit freistehender Winde	252	266	287	316	337	355	543	601	702	758
3. Zugschranken mit selbsttätigem Vor= und Rückläutewerk, freistehender Winde mit Zwang zur Zurücknahme des Vorläuteweges	328	344	365	394	414	434	590	648		
4. Hängegitter für vorstehende Schranken	22	27	36	43	68	80	82	88	102	114

5. Zubehörteile:

    1 Mitläutewerk für Schlagschranke . . . . 28,00 M.

    1 drehbare Laterne am Drehgestell . . . . 24,00 „

    1 Pendellaterne auf der Mitte der Bäume

    angeordnet . . . . 27,50 „

B. Für allgemeine Überschläge.

Kosten für Einfriedigungen und Schranken je Kilometer Bahnlänge.

		Nebenbahnen		Kleinbahnen
1. In ebenem Gelände	1000,00 bis	1500,00 M.		500,00 M.
2. „ hügeligem „	600,00 „	1000,00 „		300,00 „
3. „ gebirgigem „	400,00 „	600,00 „		150,00 „

V. Kosten der Wegübergänge.

A. Für genaue Überschläge.

1. Erdarbeiten.

Zur Berechnung des Inhalts eines Wegüberganges unter Annahme, daß das Gelände horizontal und die Achse des Wegüberganges senkrecht zur Bahnachse ist, kann folgende Formel dienen:

Inhalt des Wegüberganges in Kubikmetern:

$$= \left[2\,a\,(h + 0{,}4) + \frac{(h + 0{,}4)^2}{p} - h\,(B + 1{,}5\,h) \right] b\,,$$

worin: a = die wagerechte Strecke des Wegüberganges auf jeder Seite des Bahnkörpers,

    h = die Dammhöhe,

    p = die Neigung des Wegüberganges,

    B = die Kronenbreite des Bahnkörpers,

    b = die Breite des Wegüberganges bedeutet.

[1]) Nach Angabe der Firma C. Stahmer, Georgs=Marienhütte bei Osnabrück.

D.=Sch.

Zusammenstellung der gebräuchlichsten Abmessungen.

Bezeichnung	b	B	p	a
Chausseen	6—10 m	je nach den Norma-	0,06	15 m
Landstraßen	4— 6 „	lien. Für Kleinbah-	0,09	10 „
Landwege	3— 4 „	nen mit rund 3,0 m	0,12	8 „
Reitwege	1— 2 „	anzunehmen	0,15—0,20	6 „

2. Befestigung.

Die Befestigung der Wegübergänge geschieht gewöhnlich in einer Länge (Weg= richtung) von 4,0 m für das Gleis und soll diese Länge den folgenden Berechnungen zugrunde gelegt werden. Für zweigleisige Bahnen sind somit die unten berechneten Kosten mit 2 zu multiplizieren.

a) **Eichene Bebohlung von 8 cm Stärke.**

Dieselbe wird gewöhnlich auf 2,5 m Länge (Wegrichtung) ausgeführt, die ferneren 4,0—2,5 = 1,5 m werden beschottert.

2,5 qm eichene Bohlen, 8 cm stark, je 8,00 M.	20,00 M.
2,5 m kieferne Futterbretter, 20 cm breit und 5 cm stark über den Schwellen, je 0,50 M.	1,25 „
30 Stück Schmiedenägel, 200 mm lang, für 1000 Stück, 70 kg = 40 M. .	1,20 „
2 m Streichschienen, 130 mm hoch, für 1 m = 30 kg schwer, für 100 kg = 16 M.	9,60 „
4 Stück Schienennägel, je 0,3 kg schwer, für 100 kg = 25 M.	0,30 „
2 m Streichschienen zu biegen und zu legen, je 8:8 = 1,00 M.	2,00 „
2,5 qm Bohlen und Futter zu legen und zu befestigen, für 1 qm = 2,00 M.	5,00 „
1,5 qm Beschotterung, je 2,65 M.	3,97 „
Transport der Materialien zur Verwendungsstelle und zur Abrundung. .	6,68 „
Summe des eingleisigen Überganges für 1 m der Wegbreite	**50,00 M.**

Wegbreite	Kosten d. Übergangs	Wegbreite	Kosten d. Übergangs
3 m	150,00 M.	7 m	350,00 M.
4 m	200,00 „	8 m	400,00 „
5 m	250,00 „	9 m	450,00 „
6 m	300,00 „	10 m	500,00 „

b) **Eichene Bebohlung von 8 cm Stärke ohne Streichschienen.**

Fehlt die Streichschiene, so kostet der eingleisige Übergang für 1 m der Wegbreite = 50 — (9,60 + 0,26 + 2,00 + 2,14) = 50 — 14 M. = 36,00 M.

Wegbreite	Kosten d. Übergangs	Wegbreite	Kosten d. Übergangs
3 m	108,00 M.	7 m	252,00 M.
4 m	144,00 „	8 m	288,00 „
5 m	180,00 „	9 m	324,00 „
6 m	216,00 „	10 m	360,00 „

c) **Chaussierung mit Streichschienen.**

Die Kosten des eingleisigen Übergangs für 1 m der Wegbreite betragen:

4 qm Chaussierung, je 2,65 M.	10,60 M.
2 m Streichschienen	14,00 „
Zur Abrundung	0,90 „
Summe des eingleisigen Übergangs für 1 m der Wegbreite	**25,50 M.**

Wegbreite	Kosten d. Übergangs	Wegbreite	Kosten d. Übergangs
3 m	76,50 M.	7 m	178,50 M.
4 m	102,00 „	8 m	204,00 „
5 m	127,50 „	9 m	229,50 „
6 m	153,00 „	10 m	255,00 „

d) Chaussierung mit Streichschwellen.

Die Kosten des eingleisigen Übergangs betragen für 1 m der Wegbreite:

4 qm Chaussierung, je 2,65 M. 10,60 M.

2 qm Streichschwellen, 15 cm breit und 13 cm hoch, aus Eichenholz = 0,039
    cbm, für 1 cbm samt Transport = 100 M. . . . . 3,90 „

2 Stück Schmiedenägel, 200 mm lang, für 1000 Stück = 70 kg = 40 M. . 0,08 „

2 m Streichschwellen zuzurichten und aufzunageln, je 0,10 M. . . . . . 0,20 „

Zur Abrundung . . . . 0,22 „

Summe des eingleisigen Übergangs für 1 m der Wegbreite: . . . . 15,00 M.

Wegbreite	Kosten d. Übergangs	Wegbreite	Kosten d. Übergangs
3 m	45,00 M.	7 m	105,00 M.
4 m	60,00 „	8 m	120,00 „
5 m	75,00 „	9 m	135,00 „
6 m	90,00 „	10 m	150,00 „

e) Pflasterung ohne Streichschienen.

Die Kosten des eingleisigen Wegübergangs für 1 m der Wegbreite betragen 4,0 qm
Reihenpflaster, je 6,20 M. = rd. 25,00 M.

Wegbreite	Kosten d. Übergangs	Wegbreite	Kosten d. Übergangs
3 m	75,00 M.	7 m	175,00 M.
4 m	100,00 „	8 m	200,00 „
5 m	125,00 „	9 m	225,00 „
6 m	150,00 „	10 m	250,00 „

f) Pflasterung mit Streichschienen.

Die Kosten des eingleisigen Übergangs für 1 m der Wegbreite betragen:

4,0 qm Reihenpflaster je 6,20 M., rd. . . . . 25,00 M.

2 m Streichschienen, rd. . . . . 14,00 „

Summe des eingleisigen Übergangs für 1 m der Wegbreite . . . . . . 39,00 M.

Wegbreite	Kosten d. Übergangs	Wegbreite	Kosten d. Übergangs
3 m	117,00 M.	7 m	273,00 M.
4 m	156,00 „	8 m	312,00 „
5 m	195,00 „	9 m	351,00 „
6 m	234,00 „	10 m	390,00 „

g) Klinkerpflasterung mit Streichschienen.

Die Kosten des eingleisigen Übergangs für 1 m der Wegbreite betragen:

4,0 qm Klinkerpflasterung, je 5,00 M. . . . . 20,00 M.

2 m Streichschienen . . . . 14,00 „

Summe des eingleisigen Übergangs für 1 m der Wegbreite . . . . . . 34,00 M.

h) Klinkerpflasterung mit Streichschwellen.

Die Kosten des eingleisigen Übergangs für 1 m der Wegbreite betragen:

4 qm Klinkerpflaster, je 5,00 M. . . . . 20,00 M.
2 m Streichschwellen = 3,90 + 0,08 + 1,00 M. . . . . 4,98 „
Zur Abrundung . . . . 0,02 „
Summe des eingleisigen Übergangs für 1 m der Wegbreite . . . . . . 25,00 M

i) Bekiesung mit Streichschienen.

Die Kosten des eingleisigen Übergangs für 1 m der Wegbreite betragen:

4,0 qm Bekiesung, je 0,80 M. . . . . 3,20 M.
2,0 m Streichschienen. . . . . 14,00 „
Summe des eingleisigen Übergangs für 1 m der Wegbreite . . . . . . 17,20 M.

k) Bekiesung mit Streichschwellen.

Die Kosten des eingleisigen Übergangs für 1 m der Wegbreite betragen:

4,0 qm Bekiesung, je 0,80 M. . . . . 3,20 M.
2 m Streichschwellen. . . . . 4,18 „
Zur Abrundung . . . . 0,02 „
Summe des eingleisigen Übergangs für 1 m der Wegbreite . . . . . . 7,40 M.

B. Für allgemeine Überschläge.

1. Die Straßen- und Wegeverlegungen beim Neubau von Kleinbahnen sind zu veranschlagen für 1 km der Bahn = 400 bis 700 M.

2. Die Wegübergänge betragen:

    a) im kultivierten Lande für 1 km der Bahn = 250 bis 500 M.

    b) in wenig kultiviertem Lande für 1 km der Bahn = 100 bis 150 M.

VI. Kosten für Durchlässe.

A. Für genaue Überschläge.

1. Gedeckte Durchlässe 0,25 m weit.

a) Plattendurchlaß aus Bruchsteinmauerwerk, 0,25 m weit, 0,4 m hoch, Fundament 0,30 m tief, Seitenwände 0,40 m stark, Abdeckung aus Deckplatten.

Die Kosten eines solchen Durchlasses belaufen sich:

	für die beiden Stirnen			für 1 m Durchlaßlänge		
	Masse	Einheitspreis M.	Kosten M.	Masse	Einheitspreis M.	Kosten M.
Bruchsteine	0,3 cbm	6,00	1,80	0,8 cbm	6,00	4,80
Traßmörtel (wie oben)	0,1 „	30,00	3,00	0,24 „	30,00	7,20
Deckplatten aus Bruchstein 0,2 m stark	—	—	—	0,5 „	2,00	1,00
Deckplatten aus Sandstein . . .	1,0 qm	9,00	9,00	—	—	—
Arbeitslohn (Maurer und Steinmetzen)	0,6 Tagsch.	6,00	3,60	1 Tagsch.	6,00	6,00
Fundamentaushub und Wasserschöpfen	0,4 „	3,00	1,20	$^1/_2$ „	3,00	1,50
	Summe		18,60			20,50

Ein Durchlaß von L Meter kostet somit rund $21 + 19 L$ Mark.

b) Zementrohre, 0,25 m weit.

Köpfe des Durchlasses am Einlauf und am Auslauf aus Backsteinmauerwerk
in Zementmörtel . . . . 40,00 M.
1 m Zementrohr, 0,25 m weit zu liefern und zu verlegen . . . . 9,00 „
Mithin Durchlaß von L Meter Länge = rund . . . . $40 + 9 L$ M.

2. Gedeckte Durchlässe 0,50 m weit, L m lang.

a) aus Ziegeln . . . . rund $75 + 16 L$ M.
b) aus Bruchsteinen . . . . „ $53 + 35 L$ „
c) aus Zementröhren . . . . „ $75 + 19 L$ „

3. Durchlässe ellipsenförmig, die beiden Stirnen aus Ziegelmauerwerk in Zementmörtel.

Lichte Weite in m .	0,50	0,60	0,70	0,80	0,90	1,—	1,10	1,20
„ Höhe „ „ .	0,75	0,90	1,05	1,20	1,35	1,50	1,65	1,80

a) Durchlässe aus Ziegeln, gewölbt, in Ringen von ½ Steinstärke.

Anzahl der Ringe . .	1	1	1	1	2	2	2	2
Kosten bei 1 m Länge	100+21,5L	160+30L	225+45L	300+60L	375+66L	450+72L	560+78L	680+95L

b) Durchlässe aus Zementröhren.

Kosten bei 1 m Länge	100+20L	160+25L	225+30L	300+35L	375+42L	450+50L	—	—

4. Durchlässe in halbelliptischer Form in Monierkonstruktion.

0,90 m lichte Weite, 0,90 m lichte Höhe für das lfd. Meter 46,00 bis 51,00 M.
2,00 m „ „ 2,00 m „ „ „ „ „ „ 87,50 „ 96,50 „
5,00 m „ „ 4,50 m „ „ „ „ „ „ 320,00 „ 370,00 „
8,00 m „ „ 6,00 m „ „ „ „ „ „ 550,00 „ 600,00 „

5. Gewölbte Durchlässe.

Lichte Weite in m .	1,—	1,—	1,25	1,5	1,5	2,—	2,—	2,5	2,5
„ Höhe „ „ .	1,—	1,50	1,30	1,5	2,—	2,—	2,5	2,0	2,5
Gesamtkosten . . .	500+110L	750+140L	700+130L	850+170L	1200+250L	1500+260L	800+150L	1000+200L	1100+230L

[1])

B. Für allgemeine Überschläge.

Die Kosten der Durchlässe und kleinen Brücken bis zu 10 m lichter Weite können folgendermaßen überschlagen werden:

Kosten für 1 km	Spurweite			
	1,435 m	1,00 m	0,75 m	0,60 m
in ebenem Gelände .	1000—1500	600	300	200
„ hügeligem Gelände .	1500—2500	1000	800	600
„ gebirgigem Gelände	6000—9000	4000	3000	2500

---

[1]) Vgl. auch die entsprechenden Angaben in Abschn. VI, 4. Brücken und VI, 10. Stadtentwässerungen, sowie VI, 12. Bauausführungen in Beton usw.

VII. Kosten des Oberbaues bei Klein- und Nebenbahnen.

A. Für genaue Überschläge.

1. Kosten der Bettung.

Ausmaß der Bettung für eingleisige Bahnen:

a) für **Nebenbahnen** mit normaler Spurweite. Bettungstiefe 0,4 m in der Mitte, 0,5 m an den beiden Seiten, Kronenbreite 3,5 m, Böschung 1½ fach.

Ausmaß der Bettung für 1 m Länge	1,95 cbm
Davon ab der Raum einer Schwelle	0,10 „
Maße des Bettungsmaterials	1,85 cbm

b) für **Kleinbahnen** mit normaler Spurweite. Bettungstiefe 0,3 m in der Mitte, 0,4 m an den beiden Seiten, Böschung 1½ fach, Kronenbreite 3,5 m.

Ausmaß der Bettung für 1 m Länge	1,47 cbm
Davon ab der Raum für eine Schwelle	0,09 „
Maße des Bettungsmaterials	1,38 cbm

c) desgl. mit **1000 mm Spurweite**. Bettungstiefe 0,24 m in der Mitte, 0,34 m an den beiden Seiten, Kronenbreite 3,0 m, Böschung 1¼ fach.

Ausmaß der Bettung für 1 m Länge	1,02 cbm
Davon ab der Raum für eine Schwelle	0,08 „
Maße des Bettungsmaterials	0,94 cbm

d) desgl. mit **750 mm Spurweite**. Bettungstiefe 0,22 m in der Mitte, 0,30 m an den beiden Seiten, Kronenbreite 2,7 m, Böschung 1¼ fach.

Ausmaß der Bettung für 1 m Länge	0,82 cbm
Davon ab der Raum für eine Schwelle	0,07 „
Maße des Bettungsmaterials	0,75 cbm

e) desgl. mit **600 mm Spurweite**. Bettungstiefe 0,20 m in der Mitte, 0,26 m an den beiden Seiten, Kronenbreite 2,5 m, Böschung 1¼ fach.

Ausmaß der Bettung für 1 m Länge	0,66 cbm
Davon ab der Raum für eine Schwelle	0,06 „
Maße des Bettungsmaterials	0,60 cbm

Bei den nachfolgend erläuterten Preisen von 2,00 M. je cbm Kies und 9,00 M. je cbm Steinschlag ergeben sich:

Kosten der Bettung für 1 m Länge bei Nebenbahnen:

aus Kies 1,85 cbm je 2,00 M.	3,70 M.
„ Steinschlag 1,85 cbm je 9,00 M.	16,65 „

Kosten der Bettung für 1 m Länge bei Kleinbahnen:

Spurweite	1435 mm	1000 mm	750 mm	600 mm
aus Kies	2,75 M.	1,90 M.	1,50 M.	1,20 M.
„ Steinschlag	12,40 „	8,45 „	6,75 „	5,40 „ „

Dieser Kostenberechnung liegt eine Entfernung der Kiesgrube oder des Stein=
bruchs von ungefähr 3 km von der Verwendungsstelle zugrunde. Ist ein längerer
Kiestransport auszuführen und sind die Bruchsteine für den Steinschlag in der Nähe
der Bahnanlage zu gewinnen, so nähern sich die obigen Bettungskosten mehr dem
Durchschnitt von 7,56 M. bzw. 5,27 M., bzw. 4,11 M., bzw. 3,20 M.

Die Kosten hängen wesentlich von den örtlichen Verhältnissen ab.

Schlacken sind für das Bettungsmaterial untauglich, da sie im Wasser lösliche Be=
standteile enthalten.

2. Stärke der Schienen auf Kleinbahnen.

Wenn   g = Gewicht der Schiene für 1 m in kg;

         R = Raddruck in kg;

         L = Schwellenentfernung in m;

         h = Schienenhöhe in m bezeichnet, so ist

$$g = 0,001 \cdot R \, \frac{L}{h} \text{ in kg für 1 m.}$$

3. Einzelpreise der Oberbaumaterialien
frei ab Walzwerk.

Vignol=Stahlschienen, für 1 m = 27,55 kg schwer, in Längen von 12 m
    mit 5% kürzeren Stücken, für 100 kg . . . . 13,75 M.

Vignolschienen von 12,5 und 15,5 kg Metergewicht, in Längen von 9 m
    mit 5% kürzeren Stücken in Grubenschienen=Beschaffenheit und =Be=
    arbeitung für 100 kg . . . . 12,75 „

Laschen aus Flußeisen, für 100 kg . . . . 17,50 „

Offene Unterlagsplatten aus Flußeisen für Holzschwellen, für schwere
    Schienen, für 100 kg . . . . 18,50 „

Dieselben, für leichte Schienen, für 100 kg . . . . 23,00 „

Eiserne Schwellen in einer der Spurweite der Bahn angepaßten Länge,
    an den Enden gekappt, gerade, gelocht mit 4 Löchern, im Metergewicht
    von 15 kg und mehr, für 100 kg . . . . 12,50 „

Kleineisenzeug für schwere Schienen.

Hakennägel, 100 Stück . . . . 6,00 M.

Hakenplatten, für 1 Stück . . . . 1,00—1,30 „

Hakenschrauben, für 100 Stück . . . . 12,60 „

Winkellaschen, für 1 Stück . . . . 1,95 „

Laschenschrauben, für 100 Stück . . . . 17,00 „

Schwellenschrauben, für 100 Stück . . . . 8,70 „

Weichenteile.

Zungenvorrichtung für 1 Stück . . . . 420,00—460,00 M.

Schienenherzstück, einfache, mit Flußstahlspitze für 1 Stück . . . 160,00 „

Schienenherzstück, einfache, gegossene, für 1 Stück . . . . . 180,00 „

Weichenböcke mit Gewicht für 1 Stück . . . . 24,00 „

Weichenböcke ohne Gewicht für 1 Stück . . . . 16,00 „

Weichenlaterne mit Lampe, für 1 Stück . . . . 7,40 „

Schwellen.

Bahnschwellen, kieferne, getränkte, I. Klasse, ab Lagerplatz, für 1 Stück . 4,40 M.
Desgl., II. Klasse, für 1 Stück . . . . 3,55 „
Bahnschwellen, eichene, getränkte, I. Klasse, für 1 Stück . . . . 6,40 „
Desgl., II. Klasse, für 1 Stück . . . . 4,80 „
Bahnschwellen, buchene, getränkte, I. Klasse, für 1 Stück. . . . . . . 5,75 „
Desgl., II. Klasse, für 1 Stück . . . . 4,00 „
Weichenschwellen, kieferne, getränkte, für 1 m . . . . 1,80 „
Weichenschwellen, eichene, getränkte, für 1 m . . . . 2,80 „

4. Kosten eines Gleisstranges aus 12 m langen, breitbasigen Vignol-Stahlschienen auf Nebenbahnen (1,435 m Spurweite) mit Holzschwellen.

Auf diesem Gleise dürfen gemäß der Berliner Normen des Vereins Deutscher Eisenbahnverwaltungen vom Mai 1890 die Betriebsmittel der Hauptbahnen mit einer größten Geschwindigkeit von 40 km/Std. übergehen.

661,20 kg Schienen 115 mm hoch, für 1 m = 27,55 kg schwer,
  auf Eisenbahnwagen verladen ab Walzwerk für 100 kg   13,75 M.
Transport bis zur Verwendungsstelle 20% . . . .   2,75 „
für 100 kg . . . .   16,50 M., zus. 109,10 M.

4 Stück Winkellaschen je 9,4 kg schwer, ab Walzwerk, für
  100 kg = 17,50 M.
für 1 Stück . . . .   1,65 M.
Transport bis zur Verwendungsstelle 20% . . . .   0,33 „
für 1 Stück . . . .   1,98 M., zus.   7,92 „

8 Laschenbolzen je 0,6 kg schwer, ab Fabrik für 100 kg
  = 22,50 M.
für 1 Stück . . . .   0,14 M.
Transport bis zur Verwendungsstelle 20% . . . .   0,03 „
für 1 Stück . . . .   0,17 M., zus.   1,36 „

60 Hakennägel, je 0,3 kg schwer, ab Fabrik für 100 kg
  = 22,00 M.
für 1 Stück . . . .   0,066 M.
Transport bis zur Verwendungsstelle 20% . . . .   0,014 „
für 1 Stück . . . .   0,080 M., zus.   4,80 „

4 Stück offene Unterlagsplatten aus Flußeisen je 2,0 kg
  schwer, ab Fabrik für 100 kg = 18,50 M.
für 1 Stück . . . .   0,37 M.
Transport bis zur Verwendungsstelle 20% . . . .   0,07 „
für 1 Stück . . . .   0,44 M., zus.   1,76 „

2 eichene Stoßschwellen (auf dem Bahnhof) für 1 Stück 6,50 M. . . .   13,00 „
12 kieferne, imprägnierte Mittelschwellen (auf dem Bahnhof) für 1 Stück
  = 3,60 M. (werden nicht gehobelt), zus. . . . .   43,20 „

zu übertragen 181,14 M.

Übertrag 181,14 M.

12 m Oberbau zu legen und einmal zu unterstopfen, für 1 m Gleise
= 0,90 M., zus. . . . . 10,80 „

Für Regulierung des Planums und Unterhaltung des Oberbaues bis zur
Erzielung eines festen Lagers für 1 m Gleise 0,25 M., zus. . . . . . 3,00 „

Kosten des Oberbaues für 12 m Länge . . . . 194,94 M.

Also für 1 m Gleise ausschließlich der Bettung rund 16,25 M.

Diese Nebenbahngleise sind auch für Privatanschlußbahnen mit Übergang der
Betriebsmittel zu verwenden.

5. Kosten des Oberbaues der Rhätischen Schmalspur-Eisenbahn[1]).

Davos—Chur—Thusis—Samaden in der Schweiz 1000 mm Spurweite. Gewicht der Schiene 23,5 kg für 1 m Länge auf freier Strecke und 27,0 kg für 1 m Länge im Tunnel. Die Kosten des Oberbaues betragen für 1 km im Durchschnitt 16 461 M.

6. Kosten des Oberbaues der Kleinbahn von Ocholt nach Westerstede (Oldenburg) 750 mm Spurweite[2]).

Eine Gleislänge von 7,5 m erfordert:

15 m Stahlschienen, je 12,53 kg	= 188,00 kg schwer, für 100 kg	= 22,70 M.	42,67 M.
4 Stück Stahllaschen	3,56 „	„	„ „	„ = 22,70 „	0,81 „
8 „ Bolzen	0,80 „	„	„ „	„ = 37,60 „	0,31 „
50 „ Nägel	4,15 „	„	„ „	„ = 41,10 „	1,71 „
1 „ eichene Stoßschwelle einschließlich Transport	1,00 „
11 „ „ Mittelschwellen einschließlich Transport je 0,90 M.	9,90 „
Arbeitslohn, Schwellen hobeln, Transport, Legen, Stopfen und Richten usw.	3,90 „

Zusammen für 7,5 m Gleis 60,30 M.

also für 1 m Gleis = 8,04 M. oder rund 8,00 M.

7. Kosten des Oberbaues der Kleinbahn Wilkau = Kirchberg (Sachsen) 750 mm Spurweite[3]).

Eine Gleislänge von 7,5 m kostet:

15 m Schienen je 15,5 kg = 232,5 kg, für 100 kg = 16,60 M.	38,60 M.
4 Stück Laschen von Flußstahl je 2,30 kg = 8,92 kg, je 0,172 M. . . .	1,53 „
8 Stück Bolzen je 0,34 kg = 2,72 kg, je 0,265 M.	0,72 „
42 „ Nägel je 0,11 kg = 5,62 kg, je 0,272 M.	1,26 „
6 „ Unterlagsplatten je 1,59 kg = 9,54 kg, je 0,145 M.	1,38 „
8 „ Federringe je 2,83 Pf.	0,23 „
9 „ kieferne Querschwellen je 1,60 M.	14,40 „

Zusammen für 7,5 m Gleis 58,12 M.

also für 1 m Oberbaumaterial . . . . 7,75 M.

dazu Bettung, Legen, Stopfen, Richten usw. für 1 m . . . . 3,25 „

Zusammen für 1 m Gleis 11,00 M.

---

[1]) Zeitschrift für Kleinbahnen 1908, Heft 1—3 von Oberingenieur F. Žežula.
[2]) Mitteilung des Erbauers, Geh. Oberbaurat E. Buresch i. d. Zeitschr. d. hann. Arch.= u. Ing.=Vereins 1877, S. 264. [3]) Jahrbuch des Sächs. Ing.= u. Arch.=Ver. 1882, S. 38.

8. Kosten des Oberbaues der Otavibahn[1]).

Von Swakopmund nach Otavi (Deutsch-Südwestafrika), 600 mm Spurweite; die Kleinbahn ist 580 km lang und für einen Raddruck von 3,5 t eingerichtet.

270 kg Stahlschienen 90 mm hoch, 36,4 mm Kopf- und 69,4 mm Fußbreite, 1 m Schiene wiegt 15 kg, für 100 kg ab Walzwerk = 12,00 M.	32,40 M.
13 Stück schweißerne Querschwellen, je 1,248 m lang und je 12 kg schwer = 156 kg, für 100 kg ab Walzwerk 12,00 M., zus.	18,72 „
2 Paar Flachlaschen aus Stahl je 4,8 kg schwer, 9,6 kg, für 100 kg ab Walzwerk 12,00 M.	11,52 „
8 Stück Laschenbolzen je 0,125 kg schwer = 1 kg, für 100 kg ab Fabrik = 23,00 M.	0,23 „
52 Stück Klemmplatten je 0,14 kg schwer = 7,28 kg, für 100 kg ab Fabrik = 17,00 M.	1,24 „
52 Stück Klemmplattenbolzen je 0,15 kg schwer = 7,80 kg, für 100 kg ab Fabrik = 23,00 M.	1,80 „
Kosten der Oberbaumaterialien für 9 m Gleis	65,91 M.
also für 1 m Gleislänge ab Fabrik rund	7,32 „

Dazu kommen die Transportkosten zu und von den Häfen, die Seefracht und die Arbeitslöhne für das Vorstrecken, Legen, Stopfen und Richten des Oberbaues. Diese Kosten sind schwankend, da die Bahn während des Hereroaufstandes und unter sehr schwierigen Verpflegungsverhältnissen der Mannschaften erbaut wurde.

9. Gesamtkosten der Weichen 6 d. 1 : 9.

a) auf Eisenschwellen.

1 einfache Weiche	1750 M.
1 Kreuzung	2340 „
1 einfache Kreuzungsweiche	3300 „
1 doppelte Kreuzungsweiche	4200 „
1 Doppelweiche	3270 „
1 Zweibogenweiche	1570 „

b) auf Holzschwellen.

1 einfache Weiche	1775 M.
1 Kreuzung	2550 „
1 einfache Kreuzungsweiche	3490 „
1 doppelte Kreuzungsweiche	4375 „
1 Doppelweiche	3390 „
1 Zweibogenweiche	1590 „

Bei Kostenvoranschlägen sind von den Gesamtkosten der Weichen und Kreuzungen die Kosten für Bahnschwellen mit Kleineisen abzuziehen, welche durch die vor und hinter den Weichen liegenden Weichenschwellen mit Kleineisen ersetzt werden.

---

[1]) Mitteilungen der Erbauerin der Bahn, der Akt.-Ges. Arthur Koppel in Berlin.

10. Kosten einer einfachen Weiche auf normalspurigen Nebenbahnen.

Neigung der Weiche 1 : 9.

Zungenlänge 5,0 m.

Krümmungshalbmesser 180 m.

Herzstück aus Flußstahl.

1 vollständige Weiche mit Backenschienen, Zungen, Weichenbock, Gegengewicht und Zubehör	350,00 M.
1 Herzstück	120,00 „
2 Zwangsschienen je 3,5 m lang = 7,0 m, je 27,5 kg = 192,5 kg, für 100 kg = 15,00 M.	28,87 „
6 Stehbolzen dazu je 1,0 kg, für 100 kg = 30,00 M.	1,80 „
80 m Schienen je 27,5 kg, zus. = 2200 kg, für 100 kg = 15,00 M. . .	330,00 „
300 Stück Nägel je 0,08 M.	24,00 „
16 „ Laschen je 0,54 M.	8,64 „
32 „ Laschenbolzen je 0,17 M.	5,44 „
110 m eichene Weichenschwellen je 2,20 M.	242,00 „
für Legen des Weichenstranges und Abbinden der Weiche und des Herzstückes	90,00 „
Kosten eines Weichenstranges	1200,75 M.

Um die Mehrkosten im Gleise zu bestimmen, welche durch die Einlagen einer einfachen Weiche entstehen, sind abzuziehen:

28 m gerader Gleisestrang und

26 m Kurvenstrang

zusammen: 54 m Gleis je 14,36 M.	775,44 M.
so daß die Mehrkosten betragen	425,31 M.

11. Kosten einer doppelten Kreuzungsweiche auf normalspurigen Nebenbahnen.

1 vollständige Kreuzungsweiche samt Herzstücke, Böcke und Zubehör . .	2900,00 M.
4 Zwangsschienen (wie unter 8) 2 · 28,87 M.	57,74 „
12 Stück Stehbolzen dazu (wie unter 8) 2 · 1,80 M. . .	3,60 „
40 m Schienen je 27,5 kg, zus. 1100 kg, für 100 kg = 15,00 M. . . .	165,00 „
400 Stück Nägel je 0,08 M.	32,00 „
68 „ Laschen je 0,54 M.	36,72 „
136 „ Bolzen je 0,17 M.	23,12 „
125 m eichene Weichenschwellen je 2,20 M.	275,00 „
Legen eines beiderseitigen Kreuzungsweichenstranges	250,00 „
Kosten eines beiderseitigen Kreuzungsweichenstranges	3743,18 M.

Um die Mehrkosten im Gleise zu bestimmen, welche durch das Einlegen einer doppelten Kreuzungsweiche entstehen, sind abzuziehen:

86 m Gleise je 14,36 M.	1234,96 „
so daß die Mehrkosten betragen	2508,22 M.

12. Verhältnisse und Kosten von Weichen auf Kleinbahnen.

Die folgenden Weichen sind festliegende Zungenweichen, welche in der Fabrik vollständig verlegfähig auf Stahlschwellen montiert und für den Transport wieder auseinandergenommen sind, so daß sie an der Verwendungsstelle nur wieder zusammengelascht werden müssen. Die Weichen können auch auf eichene Holzschwellen verlegt werden und werden dann um ungefähr 7% billiger.

Spurweite = mm		1435	1000	750	600
Höhe der Schienen . . . . mm		100,00	93,00	80,00	70,00
Gewicht der Schienen . . . . kg		20,00	16,00	12,00	9,14
„　einer Lasche . . . . „		1,58	1,35	1,06	0,91
„　eines Laschenbolzens . . . . „		0,33	0,21	0,10	0,09
„　einer Schwelle für 1,0 m . . . . „		20,50	15,00	9,00	6,00
Breite der Schwelle . . . . mm		232	203	160	128
Krümmungshalbmesser . . . . m		150,00	100,00	75,00	50,00
Ganze Länge der Weiche . . . . „		25,50	18,00	13,50	10,00
Länge der gehobelten Vollzunge . . . . „		4.00	3,50	3,00	2,50
Neigungsverhältnis der Weiche		1 : 9	1 : 9	1 : 9	1 : 8
Gewicht einer vollständigen Weiche mit Zwischenschienen und allem Zubehör . . . . kg		2135,00	1780,00	1370,00	765,00
Preis der Weiche ab Fabrik . . . . M.		1030,00	870,00	648.00	336,00
Transport zur Verwendungsstelle 10% . . . . „		103,00	87,00	64,80	33,60
Legen, Stopfen und Richten 3% . . . . „		30,90	26,10	19,44	10,08
Bettungsmaterial in Kies (vgl. 1) . . . . „		46,10	22,90	13,76	8,32
Gesamtkosten einer betriebsfähigen Weiche . . . . . „		1210,00	1006,00	746,00	388,00

13. Fester, eiserner Prellbock

für normalspurige Nebenbahnen aus alten Oberbaumaterialien (wie unter 3) kostet an Material einschließlich des Bettungsmaterials . . . . 210,00 M.
für Anbringen der Puffer und Aufstellen des Bockes . . . . 35,00 „
Kosten eines Prellbockes　245,00 M.

14. Kosten von Drehscheiben.

a) für normalspurige Nebenbahnen von 20 t Tragfähigkeit.
Eine Drehscheibe von 4,0 m Durchmesser kostet . . . . 2500—3500 M.
„　　　„　　　„　5,0 m　　　„　　　. . . . . 2800—4000 „
ohne Fundamente und Mauerwerk.
Die Herstellung des Mauerwerks kostet . . . . 1500—2000 „
b) für Kleinbahnen von 5 bis 15 t Tragfähigkeit.

Durch-messer	Spurweite = 1000 mm					Spurweite = 750 mm					Spurweite = 600 mm				
	Schiene		Drehscheibe			Schiene		Drehscheibe			Schiene		Drehscheibe		
	Höhe mm	Gewicht kg	Tragf. t	Gewicht kg	Preis M.	Höhe mm	Gewicht kg	Tragf. t	Gewicht kg	Preis M.	Höhe mm	Gewicht kg	Tragf. t	Gewicht kg	Preis M.
4,00 m	113	23,8	15	2500	3100	80	13,00	8	1895	1164	—	—	—	—	—
3,50 „	100	20,0	10	2350	2455	80	13,00	8	1650	1045	75	9,80	5	665	515
3,00 „	90	15,0	10	2210	1810	75	9,80	8	1290	878	70	9,14	5	590	458
2,50 „	—	—	—	—	—	70	9,14	8	1093	790	65	7,00	5	542	423
2,00 „	—	—	—	—	—	70	9,14	8	944	703	65	7,00	5	510	393

Diese Drehscheiben sind ganz aus Stahl hergestellt und zur Aufstellung in ge= mauerten Gruben bestimmt. Die Kosten für die Fundamente und Umfassungsmauern hängen von den örtlichen Bodenbeschaffenheiten ab und müssen besonders berechnet werden. In den Preisen für die Drehscheiben sind enthalten die Kosten für:

1. den Königstuhl mit Zapfen und Befestigungsschrauben;
2. den Gleiseoberbau;
3. den Rahmen mit den Laufrädern;
4. den Laufring;
5. die Abdeckung der ganzen Kreisfläche mit Riffelblech;
6. die Feststellungsvorrichtung und
7. die Hülse zum Hineinstechen des Drehbaumes.

Die Schienenlängen auf den Drehscheiben betragen nach den Durchmessern und den Spurweiten in Millimetern.

Durchmesser	Spurweite in mm			
m	1435	1000	750	600
4,00	3700	3850	3900	3920
3,50	3150	3300	3400	3430
3,00	2600	2800	2900	2940
2,50	2000	2200	2350	2400
2,00	1400	1700	1850	1900

15. Kosten der Schiebebühnen für Nebenbahnen.

Breite der Grube 6,0 m; Breite des Schlittens 5,0 m.

Eine Grube für 18 m Länge (für 4 Gleise) kostet . . . . 1400—1600 M.

„ „ „ 36 m „ („ 8 „) „ . . . . 2700—3200 „

Ein Schlitten für Wagen kostet . . . . 1100 „

„ „ „ Lokomotiven kostet . . . . 2800 „

16. Kosten einer Gleissperre für Nebenbahnen.

Die Pfähle und der Sperrbaum sind aus Eichenholz hergestellt und mit starken eisernen Gelenken und einem Kontrollschloß versehen. Eine Gleissperre kostet 120,00 M.

B. Für allgemeine Überschläge

des Oberbaues auf der Strecke und auf den Bahnhöfen.

a) für normalspurige Nebenbahnen mit etwa 12% Nebengleisen auf den Bahnhöfen kostet:

1. Die Kiesbettung für 1 km . . . . 4000 M.
2. Der hölzerne Querschwellen=Oberbau ausschließlich der
   Bettung für 1 km . . . . 14 000—18 000 „

b) für Kleinbahnen mit etwa 10% Nebengleisen auf den Bahnhöfen kostet:

bei einer Spurweite von	1,435 m	1,000 m	0,750 m	0,600 m
1. Die Kiesbettung für 1 km	1 500 M.	1 050 M.	950 M.	800 M.
2. Der hölzerne Querschwellenoberbau ausschl. der Bettung	12 500 „	11 000 „	9 500 „	8 000 „

VIII. Kosten für optische Signale, Telegraphen, Fernsprechanlagen, Haltetafeln, Gradientenzeiger, Kontrollstöcke, Nummersteine, Stationstafeln, sowie der Signalbuden und Wärterwohnungen bei Neben- und Kleinbahnen.

A. Für genaue Überschläge.

1. Optische Signale.

a) Vollständiges Bahnsteigsignal mit Hebelvorrichtung und hölzernem Mast einschließlich der Kosten für die Aufstellung, für 1 Stück 180,00   M.

b) Vollständiges Sperrsignal mit Hebelvorrichtung und hölzernem Mast einschließlich der Kosten für die Aufstellung, für 1 Stück 280,00   „

c) Signallaternen mit Verglasung zu a und b, für 1 Stück   21,00   „

d) Farbige Flügelgläser, für 1 Stück   1,00   „

e) für Draht und Ketten mit den nötigen Rollen zu einem Signalmast . . . .   10,00—15,00   „

f) Stangen zu den Leitungen 6,5 m lang, 12 cm Zopfstärke   2,50   „

g) dreimaliger Ölfarbenanstrich eines Mastes   3,70   „

h) Maste für optische Telegraphen aus schmiedeisernem Gitterwerk mit Laternen, 8 m hoch, einarmig, das Stück . . .   250,00   „

dieselben zweiarmig, das Stück   310,00   „

i) Herablaßbare Blenden, das Stück   25,00   „

k) Vorsignal mit Spannwerk und mit Laterne, das Stück .   175,00   „

„   ohne   „   „   „   „   „   „ .   120,00   „

l) Spannwerke für Abschluß- und Vorsignale bis 700 m Leitungslänge, das Stück   110,00   „

m) Signalleitung aus 4 mm starkem verzinnten Stahldraht mit Führungsrollen an geteerten kiefernen Pfählen, für 1 m .   0,55   „

n) Zugankündiger, bestehend in 4 bis 6 m hohem Gitterständer, Signalkasten, Milchglasscheibe mit Aufschrift, Drehklappen und Läutewerk, das Stück . . . .   390,00—420,00   „

o) Ein Budenstellwerk für ein Abschlußsignal mit Vorsignal mit allem Zubehör, das Stück   180,00   „

2. Elektromagnetische Signale.

Die nachstehenden Kostenberechnungen sind für eine zweigleisige Nebenbahnstrecke oder eine nebenbahnähnliche Kleinbahnstrecke von 10 km Länge mit einem Anfangs-, Mittel- und Endbahnhof zusammengestellt. Die Spurweite hat auf die Kosten keinen Einfluß.

a) Kostenanschlag über die Herstellung einer Fernsprechlinie von 10 km Länge mit 3 Betriebsstellen.[1]

3 Stationen für den Dienstverkehr mit großer Windungszahl auf dem Induktoranker und Weckerspule mit Parallelschaltung, bestehend aus einem drehbaren, leicht auswechselbaren, lautsprechenden Nah- und

---

[1] Nach Mitteilungen der Firma Mix & Genest A.-G.

Fernmikrophon, kräftigem Induktor mit 6 Magneten und selbsttätigem Morsekontakt, polarisiertem Wecker mit 8 cm vernickelten Bronzeschalen, 2 Löffelfernhörern, doppeltem Kohlenplattenblitzableiter mit Fein= sicherung, kräftigem Hakenumschalter, Induktionsrolle, auf kräftiger Rückwand montiert, mit Batteriespind, für 1 Stück 159,00 M., zusammen ... 477,00 M.

6 Trockenelemente, 80 cm Durchmesser, 170 cm Höhe, für 1 Stück 1,45 M. zusammen . . . . 8,70 „

3 Endpolklemmen, für 1 Stück 0,12 M. . . . . 0,36 „

20 Stück Telegraphenmaste 8 m lang, 14 cm Zopfstärke für Überwege, für 1 Stück 9,50 M. . . . . 190,00 „

146 Stück Telegraphenmaste, 7 m lang, wie vor, für 1 Stück 8,50 M. 1241,00 „

15 „ Streben, durchschnittlich 5 m lang, 14 cm Zopfstärke einschließ= lich zweier Strebenschrauben, für 1 Stück = 5,00 M. . . . . . . 75,00 „

15 Stück Ankerpfähle, durchschnittlich 1,5 m lang mit je einem Anker= haken, für 1 Stück = 2,00 M., zusammen . . . . 30,00 „

166 Stück Isolatoren, 70 × 110 mm, (Reichspost=Modell) auf gebogenen quadratischen Stützen mit Holzgewinde, für 1 Stück = 0,78 M., zu= sammen . . . . 129,48 „

Leitungsdraht 4 mm stark, und zwar
für 15 Anker je 1,5 kg = 22,5 kg
für 3 Erdleitungen je 12 kg = 36,0 kg
58,5 kg, für 1 kg 0,30 M., zus. . . . . 22,82 „

300 kg Bronzedraht, für 1 kg = 3,00 M., zus. . . . . 900,00 „

2 Einführungspfeifen, 12 mm lichte Weite, für 1 Stück 0,11 M., zus. . 0,22 „

3 kg Guttaperchadraht mit 0,9 mm Kupferdrahtdurchmesser, für 1 kg = 4,00 M., zus. . . . . 12,00 „

10 km Strecke abzupfählen, für 1 km 9,00 M. . . . . 90,00 „

166 Stück Maste zu verteilen und aufzustellen, für 1 Stück = 1,50 M. . 249,00 „

30 „ Verstrebungen und Verankerungen herzustellen einschließlich Verteilen des Materials, für 1 Stück = 1,00 M. . . . . 30,00 „

166 Stück Isolatoren zu verteilen und anzuschrauben, für 1 Stück = 0,15 M., zusammen . . . . 24,90 „

10 km Leitung aus 2 mm starkem Bronzedraht herstellen, für 1 km = 5,00 M., zusammen . . . . 50,00 „

3 Fernsprechbetriebsstellen herzustellen, je 25,00 M. . . . . 75,00 „

Kosten für eine 10 km lange Fernsprechanlage mit drei Betriebsstellen . 3605,48 M.

b) **Kostenanschlag über die Herstellung einer Morsetelegraphenlinie von 10 km Länge mit 3 Betriebsstellen.**[1]

3 Eisenbahn=Telegraphenapparate ohne Übertragungseinrichtung, be= stehend aus Normalfarbschreiber, Dosenrelais, Taste, Galvanoskop, Plattenblitzableiter, sämtliche Teile auf einem Mahagonibrett für Klinkenanschlußverbindungen montiert, für 1 Stück = 321,00 M., zus. 963,00 M.

zu übertragen 963,00 M.

_____

[1] Nach Mitteilungen der Firma Mix & Genest A.=G.

Übertrag 963,00 M.

3 Tische dazu mit je einer eichenpolierten Platte und 4 gußeisernen, lackierten und bronzierten Füßen nebst den erforderlichen Kontakt=
böden, für 1 Stück = 48,00 M. . . . . 144,00 „

37 Stück Meidinger Ballonelemente, 29 cm hoch ohne Füllung, für
1 Stück = 2,50 M. . . . . 92,50 „

1 kg Bittersalz . . . . 0,20 „

3 „ Kupfervitriol, je 0,85 M. . . . . 2,55 „

3 Batteriekästen, Kienholz, je 12,50 M. . . . . 37,50 „

20 Stück Telegraphenmaste, 8 m lang, 14 cm Zopfstärke (für Überwege),
für 1 Stück = 9,50 M. . . . . 190,00 „

146 Stück Telegraphenmaste, 7 m lang, sonst wie vor, für 1 Stück = 8,50 M. 1241,00 „

15 „ Streben, durchschnittlich 5 m lang, 14 cm Zopfstärke einschließ=
lich zweier Strebenschrauben, für 1 Stück = 5,00 M. . . . . 75,00 „

15 Stück Ankerpfähle, durchschnittlich 1,5 m lang mit je 1 Ankerhaken,
für 1 Stück = 2,00 M. . . . . 30,00 „

166 Stück Isolatoren, 70 × 100 mm (Reichspost=Modell) auf gebogenen
quadratischen Stützen mit Holzgewinde, für 1 Stück = 0,78 M. . . . 129,48 „

Leitungsdraht, 4 mm stark, für 1 km sind 102,5 kg erforderlich, mithin
für 10 km . . . . 1025 kg

desgl. für 15 Anker, je 1,5 kg . . . . 22,5 „

desgl. für 3 Erdleitungen, je 12 kg . . . . 36,0 „

zusammen 1083,5 kg

1084 kg eiserner Leitungsdraht, für 1 kg = 0,39 M. . . . . 422,76 „

5 kg 2 mm Eisendraht für Bindungen, je 0,60 M. . . . . 3,00 „

1 „ Eisenwickeldraht . . . . 0,60 „

2 Stück Einführungspfeifen, 12 mm lichte Weite, je 0,11 M. . . . . 0,22 „

3 kg Guttaperchadraht mit 0,9 mm Kupferdrahtdurchmesser, für 1 kg = 4,00 M. 12,00 „

10 km Strecke abzupfählen, für 1 km = 9,00 M. . . . . 90,00 „

166 Stück Maste zu verteilen und aufzustellen, für 1 Stück = 1,50 M. . 249,00 „

30 „ Verstrebungen und Verankerungen herzustellen einschließlich
Verteilen des Materials, je 1,00 M. . . . . 30,00 „

166 Stück Isolatoren zu verleihen und anzuschrauben, je 0,15 M. . . . 24,90 „

10 km Leitung aus 4 mm starkem Eisendraht herzustellen, für 1 km = 5,00 M. 50,00 „

3 Morsebetriebsstellen herzustellen, je 25,00 M. . . . . 75,00 „

Kosten für eine 10 km lange Morsetelegraphenlinie mit drei Betriebsstellen   3862,71 M.

c) **Kostenanschlag über die Herstellung einer elektrischen Glockenleitung über eine Nebenbahnstrecke von 10 km Länge mit 3 Bahnhöfen[1].**

10 Stück vollständige Spindelläutewerke in Gehäusen mit je einer Glocke,
Blitzableiter, Eisensäule und Erdrohr einschließlich Aufstellen, je 150,00 M. 1500,00 M.

250 Stück Leitungsstangen, 6,5 m lang, 12 cm Zopfstärke einschließlich
Verteilung und Aufstellung, je 3 M. . . . . 750,00 „

zu übertragen 2250,00 M.

---

[1] Nach Mitteilungen der Firma Siemens & Halske A.=G.

Übertrag 2250,00 M.

250 Stück Porzellan-Isolatoren, 60 × 85 mm mit aufgebogenen Stützen, mit Holzgewinden, je 0,70 M. . . . . 175,00 „

10,4 km eiserner Leitungsdraht, 4 mm stark, für 100 m = 2,50 M. . . 260,00 „

250 Isolatoren an den Stangen befestigen, je 0,10 M. . . 25,00 „

10 km Leitungsdraht ziehen, löten, spannen und festbinden sowie denselben in die Glockenhäuser einführen, für 1 km 7,00 M. . . . . . 70,00 „

10 Abschlüsse der Leitung zur Einführung in die Glockenhäuser herstellen, je 2,00 M. . . . . 20,00 „

Transport der Materialien und Aufsicht . . . . 100,00 „

3 vollständige Stationsläutewerke mit Gewichten und hölzernem Schutzkasten einschließlich Aufstellung und Ingangsetzung, je 90,00 M. . . 270,00 „

3 Magnet-Induktoren mit Umschaltern und Konsolen einschließlich Aufstellung und Ingangsetzung, je 250,00 M. . . . . 750,00 „

3 Blitzableiter mit Konsolen und Schutzkasten, je 25,00 M. . . . . 75,00 „

für 3 Stationen den nötigen Bindedraht, Haken, Nägel usw. und Arbeitslöhne, je 10,00 M. . . . . 30,00 „

Kosten für eine 10 km lange elektrische Glockenleitung mit 3 Bahnhöfen 4025,00 M.

d) Kostenanschlag über Block- und Hebelwerke, Signale und Drahtzugmaterialien für eine zweigleisige Nebenbahnstrecke von 10 km Länge mit 3 Bahnhöfen. (System von Siemens & Halske A.-G., Vierfeldrige Streckenblockung.)[1]

Endstation I.

1 vierteiliges Blockwerk, wie nachstehend:

2 Blockfelder mit Hilfsklinken, 2 Leerplätze, Druckhebel, Rückwand, 1 Blitzableiter, Schaltung, Schilder mit Aufschriften, Induktor mit 9 Lamellen und Vierkantkurbel rechts . . . . 675,00 M.

Das Blockwerk ist montiert auf:

1 Blockwinde mit 2 Kurbeln zum Ziehen des Ein- bzw. Ausfahrsignales 245,00 „

1 Holzgestell mit 2 Ablenkrollen zur Aufstellung und Befestigung der Winde . . . . 40,00 „

2 Umlenkrollen je für 1 Doppelleitung, bestehend aus einem Rollengestell mit 2 Rollen, Erdfuß und Schutzkasten, für 1 Stück = 54,50 M., zusammen . . . . 109,00 „

2 einflüglige Signale, je mit schmiedeeisernem Rohrmast, Sicherheitshebel, Laternenaufzug und Mastenrolle, für 1 Stück = 350,00 M., zus. 700,00 „

etwa 1200 m Doppeldrahtzug aus 4 mm starkem Stahldraht einschließlich Rollen und Pfosten, für 1 m = 0,48 M. . . . . 576,00 „

4 Regulierschrauben, je 2,50 M. . . . . 10,00 „

15 m Kanal Nr. I aus verzinktem Eisenblech, einschließlich Unterlagen, für 1 m = 3,05 M. . . . . 45,75 „

1 Vorsignal mit Antrieb, Doppellicht und Laternen . . . . . . 328,00 „

2 Spannwerke für Signalleitungen, je 180,00 M. . . . . 360,00 „

Summe 3088,75 M.

---

[1] Nach Mitteilungen der Firma Siemens & Halske A.-G.

Zwischenstation.

1 vierteiliges Blockwerk, wie nachstehend:
4 Blockfelder mit Hilfsklinken, Druckhebel, Rückwand, 2 Blitzableiter, Schaltung, Schilder mit Aufschriften, Induktor mit 9 Lamellen und Viertantkurbel, rechts . . . . 1000,00 M.

Das Blockwerk ist montiert auf:

1 Blockwinde mit 2 Kurbeln zum Stellen der Streckensignale . . . . . 220,00 „
1 Holzgestell wie oben . . . . 40,00 „
2 Umlenkrollen wie oben, für 1 Stück = 54,50 M. . . . . 109,00 „
2 einflüglige Signale wie oben, für 1 Stück = 350,00 M. . . . . . . 700,00 „
etwa 1400 m Doppeldrahtzug wie oben, für 1 m = 0,48 M. . . . . . 672,00 „
4 Regulierschrauben, je 2,50 M. . . . . 10,00 „
15 m Kanal Nr. I wie oben, für 1 m = 3,05 M. . . . . 45,75 „
2 Vorsignale wie oben, für 1 Stück = 328,00 M. . . . . 656,00 „
2 Spannwerke für Signalleitungen, je 180,00 M. . . . . 360,00 „

Summe   3812,75 M.

Endstation II.

1 Blockwerk, wie bei der Endstation I . . . . 675,00 M.

Das Blockwerk ist montiert auf:

1 achtteiliges Hebelwerk mit Schieberkasten, 4 Signalhebeln, 2 Weichen-stellhebeln, Ablenkrollen und 2 Leerplätzen . . . . 1780,00 „
6 Ablenkrollen unter dem Hebelwerk, je für einen Doppeldrahtzug, das Stück = 27,00 M. . . . . . . 162,00 „
1 Gruppenumlenkung vor dem Stellwerk mit 6 besetzten und 2 freien Plätzen 190,00 „
1 Umlenkrolle für 2 Doppelleitungen, bestehend aus Rollengestell mit 4 Rollen, Erdfuß und Schutzkasten . . . . 95,00 „
2 Umlenkrollen, je für eine Doppelleitung, bestehend aus einem Rollen-gestell mit 2 Rollen, Erdfuß und Schutzkasten, das Stück = 54,50 M. 109,00 „
1 verstellbare Kuppelrolle für die Übertragung zweier Doppelleitungen auf eine Doppelleitung . . . . 35,00 „
2 Spannwerke für Weichenleitungen unter dem Stellwerk, je 85,00 M., zus. 170,00 „
3 Spannwerke für Signalleitungen im Freien aufzustellen, je 180,00 M., zus. 540,00 „
1 zweiflügliges Einfahrsignal mit schmiedeeisernem Rohrmast, Sicherheits-hebeln, Laternenaufzug und Mastenrolle . . . . 430,00 „
2 einflüglige Ausfahrsignale mit schmiedeeisernem Rohrmast, Sicherheits-hebeln, Laternenaufzug und Mastenrolle, das Stück = 350,00 M., zus. 700,00 „
2 Weichendrahtzugantriebe mit allem Zubehör für einfache Weichen, einschließlich Einregulierung, das Stück = 130,00 M. . . . . . . 260,00 „
etwa 1700 m Doppelleitung aus 4 mm starkem Stahldraht einschließlich Rollen und Pfosten, für 1 m = 0,48 M. . . . . 816,00 „
etwa 400 m Doppeldrahtzug aus 5 m starkem Stahldraht einschließlich Rollen und Pfosten, für 1 m = 0,55 M. . . . . 220,00 „
10 Stück Regulierschrauben, für 1 Stück = 2,50 M. . . . . 25,00 „
35 m Normalkanal Nr. I, wie oben, für 1 m = 3,05 M. . . . . . . 106,75 „
1 Vorsignal mit Antrieb, Doppellicht und Laternen . . . . 328,00 „

Summe   6641,75 M.

Für die Verbindung der Apparate zwischen den einzelnen Stationen sind
2 Leitungen aus verzinktem, 4 mm starkem Eisendraht erforderlich.
20 km Eisendraht, für 1 km = 102,5 kg, macht 2050 kg Eisendraht,
je 0,44 M., zusammen . . . . 902,00 M.

332 Stück Isolatoren 60 × 85 mm mit aufgebogenen Stützen und Holz=
gewinde, das Stück = 0,70 M. . . . . 232,40 „

332 Stück Isolatoren an die vorhandenen Fernsprech= oder Telegraphen=
stangen anzubringen, je 0,15 M. . . . . 49,80 „

20 km Leitung aus 4 mm starkem Eisendraht herzustellen, für 1 km = 50,00 M. 100,00 „

3 Blockapparate, je mit einer Erdplatte aus Kupfer oder verzinktem Eisen=
blech zu versehen, für 1 Platte = 30,00 M. . . . . 90,00 „

Summe   1374,20 M.

Kosten für die vollständige Einrichtung der Blocksicherung für eine zwei=
gleisige 10 km lange Nebenbahnlinie mit drei Bahnhöfen . . . . . 14 777,45 M.

Diese Kosten beziehen sich auf eine zweigleisige Nebenbahn. Die Kosten für
die Blocksicherung usw. einer eingleisigen Bahnstrecke stellen sich bedeutend höher,
sie verdoppeln sich fast. Für die Blocksicherung einer eingleisigen Nebenbahn von 10 km
Länge mit 3 Bahnhöfen beziffern sich die Kosten unter sonst ganz gleichen Verhält=
nissen auf 21 724,00 M. Die Verteuerung wird hauptsächlich durch die Kosten für
die Zwischenstation und die notwendige sechsfache Verbindung der Blockwerke zwischen
den einzelnen Stationen bedingt. Dieser hohen Kosten wegen kommt das Blocksicherungs=
wesen bei eingleisigen Neben= und Kleinbahnen wenig in Betracht.

Die Kosten für die Blocksicherung der ein= und zweigleisigen Nebenbahnen stellen
sich für 10 km Länge und drei Bahnhöfe folgendermaßen:

	eingleisig M.	zweigleisig M.
Für die Anfangsstation	5 079	3 089
„ „ Zwischenstation	3 758	3 813
„ „ Endstation	8 077	6 642
„ „ 10 km lange Verbindung der Blockwerke	4 950	1 374
Zusammen	21 864	14 918

Die Kosten, welche die Mitwirkung der Eisenbahnzüge, wie sie bei Haupt=
bahnen angewendet wird, bedingen, sind nicht berücksichtigt worden, da dieselben bei
Kleinbahnen wohl kaum in Betracht kommen dürften.

Sollen für eine Nebenbahnlinie sämtliche unter A, B, C und D aufgeführten
Leitungen hergestellt werden, so genügt das Gestänge der einen Leitung auch zur Auf=
hängung der andern Leitungen, so daß dann die Preise für die Beschaffung und Auf=
stellung der Leitungsmaste entsprechend eingeschränkt werden müssen.

3. Halttafeln.

a) Die Kosten einer hölzernen Tafel betragen einschließlich Auf=
stellung derselben, für 1 Stück . . . . 3,50 M.

b) Die Kosten einer eisernen Tafel, sonst wie vor, für 1 Stück . . 12,00 „

42*

4. Warnungstafeln.

a) Kosten in Holz einschließlich Aufstellung, für 1 Stück . . . . . 8,00 M.
b) Kosten in Eisen einschließlich Aufstellung, für 1 Stück . . . . . 18,00 „

5. Stationstafeln.

Tafeln, welche am Anfang und Ende der Station den Namen
des Bahnhofs angeben, kosten:

a) ganz in Holz mit Ölfarbenanstrich und Aufstellung, für 1 Stück . 20,00 M.
b) mit eisernem Fuß und Holztafel, wie vor, für 1 Stück . . . . 25,00 „

6. Neigungszeiger.

a) Hölzerne Gradientenanzeiger mit Aufstellung kosten für 1 Stück 10,00 M.
b) Eiserne Gradientenanzeiger mit Aufstellung kosten für 1 Stück 20,00 „

7. Nummersteine.

a) Hektometersteine einschließlich Aufstellen, für 1 Stück . . . . 2,00 M.
b) Kilometersteine, 1,2 m hoch, 45/45 cm stark einschließlich Aufstellen,
für 1 Stück . . . . 25,00 „

8. Wärterhäuser und Wärterbuden.

a) Wärterhäuser für eine Familie kosten ungefähr . . . . . 2500—3000 M.
und sind auf 45 bis 50 qm Fläche anzulegen. Die Höhe der
Wohnräume nicht geringer als 2,7 m.
b) Dieselben für zwei Familien erhalten 80 bis 90 qm bebaute
Fläche und kosten . . . . 5000—6000 M.
c) Wärterbuden, 3,2 m lang und 2,5 m breit, mit Abort,
10 qm Grundfläche aus Fachwerk mit Schieferabdeckung
und vollständiger Ausrüstung kosten für 1 qm mit vollständiger Ausrüstung 60,00 M. . . . . 600,00 „
d) Wärterbuden von Wellblech, 3,5 m lang und 2,5 m breit,
mit Ausrüstung, kosten . . . . 450,00 „

B. Für allgemeine Überschläge.

In der nachstehenden Tabelle sind die Kosten für die Einrichtung des Signal-
und Sicherungswesens auf Neben= und Kleinbahnen für das Kilometer Bahnstrecke
einschließlich ⅕ des auf einen Bahnhof entfallenden Kostenanteils zusammengestellt.

| | Normalspurige Neben- bahnen | | Kleinbahnen von Spurweite in mm | | | |
| | eingleisig | zweigleisig | 1435 | 1000 | 750 | 600 |
	Kosten für 1 km + ⅕ Bahnhofsanteil in M.		Kosten für 1 km + ⅕ Bahnhofsanteil in M.			
1. Optische Signale	250	250	250	—	—	—
2. Fernsprechanlage	380	380	300	250	200	200
3. Telegrapheneinrichtungen .	330	330	300	250	200	200
4. Elektr. Glockenleitungen . .	350	400	300	250	200	200
5. Blocksicherungen	2500	1350	1100	—	—	—
6. Nummersteine usw. . . .	100	100	80	70	60	50
7. Wärterhäuser und Buden .	2000	2000	1500	800	600	400
Zusammen	5910	4810	3830	1620	1310	1050

IX. Kosten der Bahnhöfe und Haltestellen für Neben- und Kleinbahnen nebst allem Zubehör und allen Gebäuden, ausschließl. Werkstätten aller Art.

A. Für genauere Überschläge.

Die Hochbauten und Nebenanlagen.

a) **Empfangsgebäude** auf Bahnhöfen in Städten über 5000 Einwohner bedürfen 200—300 qm Grundfläche und kosten für 1 qm bebaute Fläche ungefähr 130 M., also im ganzen . . . . 26000—39000 M.

b) **Empfangsgebäude** auf Bahnhöfen in kleineren Orten und Flecken bedürfen ungefähr 130 qm bebaute Fläche, je 110 M., also im ganzen etwa . . . . 14000—15000 „

c) **Empfangsgebäude** auf Haltestellen erfordern etwa 40 bis 50 qm Grundfläche und kosten für 1 qm bebaute Fläche 90 M., also im ganzen . . . . 3600—4500 „

d) **Die innere Ausstattung** der Wartesäle und Diensträume beträgt für die Empfangsgebäude auf Bahnhöfen etwa . . | 2500—3000 „
und für solche auf Haltestellen ungefähr . . . . | 1500 „

e) **Güterschuppen** auf Bahnhöfen sind aus Fachwerk herzustellen, haben ungefähr 20 × 12 = 240 qm Grundfläche und kosten für 1 qm 50 M., im ganzen . . . . | 12 000 „
Kleinere Güterschuppen auf Haltestellen verlangen 150 qm Grundfläche und kosten für 1 qm 50 M., im ganzen . . . | 7500 „
Für die innere Einrichtung der Schuppen rechnet man . . . | 350—500 „

f) **Wagenschuppen**; leichte Holzschuppen aus Riegelwänden mit Bretterverschalung und Pappdach kosten für 1 qm bebaute Fläche . . . . | 30 „
Für einen Wagenstand ist je nach Spurweite und Länge der Personenwagen etwa 30—40 qm zu rechnen, demnach für einen Wagenstand . . . . | 900—1350 „
Offene Wagenhallen aus Holz mit Pappdach kosten für 1 qm 25 M., also für einen Wagenstand von 30—40 qm . . . . | 750—1120 „

g) **Lokomotivschuppen.** Kleine rechtwinkelige Lokomotivschuppen aus Fachwerk für einen Stand kosten etwa . . . | 3000—5000 „
oder für 1 qm bebaute Fläche . . . . | 35 „

h) **Wasserstationen.** Die Gebäude sind aus Fachwerk mit Pappdach herzustellen und kosten für 1 qm . . . . | 40—50 „
Brunnen von 2 m Lichtweite aus Ziegeln aufgemauert kosten bei 4 m Tiefe 600 M., bei 5 m Tiefe 700 M. und für jeden Meter größerer Tiefe 150 M. mehr bis zu 10 m Tiefe, bei 11 m Tiefe 1700 M. und bei 12 m Tiefe . . . . | 2000 „
Wasserstationen mit eisernen Behältern von 6—7 cbm Inhalt und Handbetrieb kosten das Stück . . . . | 2600—2800 „
Feststehende Wasserkrane kosten das Stück . . . . | 1200—1400 „
An der Wand befestigte Drehkrane kosten einschließlich Aufstellung | 250—400 „

Rohrleitungen, deren Länge sich nach der Örtlichkeit richtet,
kosten für 1 m   10   M.

Eine Wasserstationseinrichtung mit Reservoir und Pulsometer=
anlagen sowie Wasserentnahmevorrichtung im Lokomotiv=
schuppen nebst Wasserreinigungsanlage kostet ungefähr
11 000 M., wovon etwa 5000 M. allein auf die Wasser=
reinigung entfallen.

i) Kohlenschuppen erhalten eine Ladebühne und kosten aus
aus Fachwerk erbaut für 1 qm Grundfläche   50   „
aus Holzständern mit Lattenverschlag und Pappdach . . .   30   „

k) Wohnhäuser für 4 niedrige Beamtenfamilien in 2 Ge=
schossen kosten ungefähr für 1 qm bebaute Fläche 100 M.,
im ganzen . . . .   12000—14000   „

l) Weichenstellerbuden aus Holz 2,5 qm Fläche, ohne Ofen   250   „
aus Eisen mit kreisrundem Grundriß, ohne Ofen . . . . .   500—650   „

m) Aborte aus Holz mit Bretterverschlag und Dachpappe je qm   45   „
aus Fachwerk mit Schieferdach je qm   60   „

n) Pavillons aus Fachwerk mit Schieferdach . . . .   100—200   „

o) Pissoirs, ungedeckt mit Bretterwandabschluß, je qm . . .   20—30   „

p) Bahnsteige mit Einfassung von Sandstein=Bordsteinen und
Abdeckung aus Reihen=Pflastersteinen, 4 m breit, je qm . .   8—10   „
mit Sandsteineinfassung und Kiesabdeckung, 3 m breit, je qm   3—4   „

q) Rampen mit Holzwänden und Kiesdecklage, je qm . . .   20   „

r) Löschgruben aus Ziegelmauerwerk in Zementmörtel und
Steinstufen kosten, wenn L deren Länge in m bezeichnet,
60 L + 240 M., also

bei Länge der Grube in m	5	6	7	8	9	10
kosten in M.	540	600	660	720	780	840

B. Für allgemeine Überschläge.

Die Kosten der sämtlichen Hochbauten der Bahnhöfe und Haltestellen und deren
Einrichtungen sowie alle Nebenanlagen betragen:

	für Neben= bahnen in M.	für Kleinbahnen in M. mit Spurweite			
		1,435 m	1,000 m	0,750 m	0,600 m
Gebäude nebst innerer Einrichtung für 1 km Bahnlänge	10 000	9 000	7000	5000	3000
Nebenanlagen für 1 km Bahnlänge	3 000	2 500	1800	1500	1200
Zusammen	13 000	11 500	8800	6500	4200

X. Werkstattanlagen für Neben- und Kleinbahnen.

Die Einrichtungen von Werkstätten für Neben= und Kleinbahnen beschränken sich
lediglich auf solche für die Vornahme kleinerer Reparaturen an dem Oberbau, den
Weichen, Drehscheiben usw. und an den Betriebsmitteln. Deshalb wird man an der
Zentralstelle einer solchen Bahn nur zur Anlage einer Schmiede, einer kleinen Tischlerei

und Lackiererei, allenfalls auch einer kleinen Dreherei, einer Reparaturwerkstätte für Lokomotiven und Wagen und eines Magazins für die nötigen Verbrauchsmaterialien und Reservewerkzeuge schreiten und die Werkstätten in Fachwerksgebäuden, welche mit Pappdach für je 1 qm bebauter Fläche 50 M. kosten, unterbringen. Von der Herstellung einer Dampfkraftanlage für den Betrieb derartiger Werkstättenanlagen wird man im allgemeinen wohl absehen können. Die Kosten für allgemeine Überschläge gibt folgende Tabelle.

Kosten von Werkstattanlagen für Neben= und Kleinbahnen für 1 km in M.

	Nebenbahnen von normaler Spurweite	Kleinbahnen von Spurweite			
		1,435 m	1,000 m	0,750 m	0,600 m
a) In ebenem Gelände	1100	900	700	500	400
b) In hügeligem Gelände	1250	1000	800	600	500
c) In gebirgigem Gelände	1400	1100	900	700	600

XI. Kosten der Betriebsmittel für Neben- und Kleinbahnen.

A. Für genauere Überschläge.

1. **Verhältnisse und Kosten von Lokomotiven** für normal= und schmalspurige Neben= und Kleinbahnen. Lokomotiven kosten ungefähr 1100—1200 M. für 1000 kg Eigengewicht.

	Bezeichnung der Lokomotive	Leistungsfähigkeit PS	Spurweite des Gleises m	Kuppelungsverhältnisse der Achsen	Zylinderdurchmesser m	Kolbenhub m	Triebraddurchmesser m	Heizfläche qm	Rostfläche qm	Leergewicht kg	Dienstgewicht kg	Maximalgeschwindigkeit auf horizont. Bahn km/st	Preis ab Fabrik M.
1	Zweiachsige Tenderlokomotive für Nebenbahnen. Preuß. Normalie. 5 t Radbruck	300	1,435	²/₂	0,270	0,550	1,080	41,8	0,82	15 600	20 500	45	18 700
2	Dreiachsige Tenderlokomotive für Nebenbahnen. Preuß. Normalie. 5 t Radbruck	350	1,435	³/₃	0,350	0,550	1,080	60,3	1,30	21 900	29 200	45	26 300
3	Krefelder Eisenbahn-Gesellschaft. 5 t Radbruck	250	1,435	³/₃	0,350	0,550	1,100	66,7	1,30	23 000	31 500	45	26 730
4	Kleinbahn Merzig-Büschfeld. 5 t Radbruck	350	1,435	³/₃	0,430	0,550	1,100	99,0	1,50	33 700	42 000	45	30 400
5	Paulinenaue-Neuruppiner Eisenbahn-Gesellschaft. 5 t Rbbr.	275	1,435	³/₃	0,380	0,550	1,200	67,5	1,30	29 800	36 000	45	33 200
6	Wutha-Ruhlaer Eisenbahn. 5 t Radbruck	300	1,435	³/₃	0,380	0,550	1,100	67,5	1,30	30 100	35 300	45	29 300
7	Neubrandenburg-Friedlander Eisenbahn 5 t Radbruck	350	1,435	⁴/₄	0,450	0,550	1,100	99,0	1,60	34 100	43 500	45	36 000
8	Neuhaldensleben Eisenbahn 5 t Radbruck	350	1,435	³/₃	0,430	0,550	1,100	99,0	1,50	33 900	42 000	45	35 000
9	Kreis-Oldenburger Eisenbahn-Gesellschaft. 5 t Radbruck	300	1,435	³/₃	0,350	0,550	1,100	66,7	1,30	25 800	31 500	45	28 655
10	Lüderitzbucht-Keetmanshoop S.W.A. 3,6 t Radbruck	ungefähr 300	Kapspur 1,067	⁴/₅	0,370	0,500	1,000	61,6	1,12	29 500	35 000	30	ungefähr 33 000
11	Rhätische Schmalspurbahn in der Schweiz. 5,3 t Radbruck	215	1,000	⁴/₅	0,440	0,580	1,050	117,6	1,90	30 600	36 040	45	35 700
12	Dreiachsige amerikanische Lokomotive mit Seitentanks. 5 t Rbbr.	140	1,000	³/₃	0,279	0,457	0,914	80,0	1,40	16 700	20 200	16	31 300

	Bezeichnung der Lokomotive	Leistungsfähigkeit PS	Spurweite des Gleises m	Kuppelungsverhältnisse der Achsen	Zylinderdurchmesser m	Kolbenhub m	Triebraddurchmesser m	Heizfläche qm	Rostfläche qm	Leergewicht kg	Dienstgewicht kg	Maximalgeschwindigkeit auf horizont. Bahn km/st	Preis ab Fabrik M.
13	Ocholt-Westersteede. Zweiachsige Tenderlokomotive für Torfheizung. 1,7 t Raddruck	45	0,750	2/2	0,165	0,305	0,750	15,9	0,27	5 460	7 400	20	frei Oldenburg 9 700
14	Sächsische Staats-Schmalspurbahnen. Tenderm. 2,6 t Rdbr.	225	0,750	3/3	0,240	0,380	0,750	29,7	0,66	12 450	15 500	50	23 660
15	Dieselben m. 4 Zylindern, System Fairlie. Tenderm. 3,5 t Rdbr.	175	0,750	2/2	0,370	0,380	0,812	57,78	1,16	22 300	28 900	50	24 530
16	Otavibahn, Südwestafrika mit Exterscher Bremse und Allansteuerung. 3,5 t Raddruck	115	0,600	3/4	0,300	0,350	0,700	46,00	0,82	16 500	22 700	25	19 000
17	Otavibahn, Südwestafrika, neuere schwerere Konstruktion. 3,5 t Rdbr.	125	0,600	3/4	0,320	0,450	0,860	56,80	1,03	19 100	22 800	40	27 000
18	Zweiachsige amerikanische Lokomotive mit Satteltank für Holzfeuerung. 2 t Raddruck	35	0,600	2/2	0,152	0,229	0,610	30,00	0,70	4 850	7 000	16	17 000
19	Schmalspurbahn Tessin in Mecklenburg. Vierachsige Tenderlokomotive Krauß & Co.	50	0,750	3/3	0,240	0,300	0,680	25,80	0,43	12 090	14 700	20	15 800
20	Zwillings-Tenderlokomotive der militärischen Feldbahn. Dreiachsig. 1,28 t Raddruck	50	0,600	3/3	0,180	0,350	0,750	28,53	0,60	13 000	15 400	30	24 000
21	Tenderlokomotive „Palamos", Hohenzollern A.-G., Düsseldorf. Dreiachsig. 5,0 t Raddruck.	140	0,600	3/3	0,300	0,400	0,800	42,50	0,70	14 000	18 000	30	17 500
22	Eisenbahn-Dampfmotorwagen für 40 Pers. in 2 Abt., System Stolz. Zweiachsig. 4,5 t Rdbr.	50	1,435	Zahnradkuppl. eine Triebachs	Hochdr. 0,086 Niederdr. 0,140	0,200	0,750	6,00 Rohrplatten	0,30	13 600	ohne Nutzlast 14 500	60	26 000
23	Feuerlose Lokomotive „Breslau", Hohenzollern A.-G., Düsseldorf. Zweiachsig. 6,0 t Raddruck	ungefähr 100	1,435	2/2	0,500	0,370	0,900	7000 Liter Wasservorrat		17 100	24 000	35	15 000
24	Tenderlokomotive mit Heißdampf-Überhitzer, System Pielock. 2,5 t Raddruck	200	0,750	Zentralkuppelung	0,320	0,300	0,650	52,05	0,50	19 000	24 500	25	24 000
25	Spiritus-Benzinrangierlokomotive der Motorenfabrik Oberursel bei Frankfurt a. M. Zweiachsig. 2,4 t Raddruck	34	1,435	2/3 mit Zahnrad*)	0,280	0,420	0,600	braucht in einer Stunde 5 kg Benzol. 100 kg kosten 19 M.		13 600	14 000	12	13 000

Berechnung der Zugkraft der Lokomotiven.

Die effektive Zugkraft der Lokomotiven wird aus nachstehender Formel berechnet:

$$Z = \frac{0,55 \cdot p \cdot d^2 \cdot h}{D}, \text{ worin}$$

p = Dampfdruck im Kessel in Atmosphären (in kg für 1 qcm)
d = Zylinderdurchmesser in Zentimetern
h = Kolbenhub   „   „   und
D = Triebraddurchmesser „   „   bedeutet.

In dieser Formel ist der effektive Dampfdruck in den Zylindern zu 55% des Druckes im Kessel angenommen. Für diesen Admissions-Koeffizienten kann man bei besonders zweckmäßig gebauten Lokomotiven bis zu 65% des Dampfdruckes im Kessel gehen.

Die Anzahl der Lokomotiven für eine Kleinbahn.

A. Haarmann[1]) berechnet für 1 km einer eingleisigen Kleinbahn 0,15 Lokomotiven, und da er den Reparaturstand der Maschinen mit 50% berücksichtigt, ist der Bedarf einer Kleinbahn an Lokomotiven = 0,15 · 1,5 = 0,225 Stück für 1 km. ·

Der Kohlen= und Wasserverbrauch beträgt bei einer gut gebauten Lokomotive in einer Stunde je Pferdekraft etwa 1,8 kg Kohlen und 15 l Speisewasser. Multipliziert man die für die Beförderung eines Zuges und der Lokomotive jeweils nötige Zugkraft in kg mit der Zahl 0,065, so erhält man den Wasserverbrauch in kg für das km Bahnlänge.[2])

Bei der Auswahl der Lokomotiven für vorhandene oder in ihren Grund= zügen bereits festgelegten Bahnen ist auf folgende Punkte besondere Rücksicht zu nehmen:

1. Spurweite des Gleises; 2. Tragfähigkeit des Oberbaues d. h. zulässiger Rad= druck; 3. Stärkste Steigung (bzw. Gefälle) und Länge derselben; 4. Kleinster Krüm= mungshalbmesser der Bahn; 5. Zu befördernde Bruttolast; 6. Verlangte Geschwindig= keit; 7. Heizmaterial; 8. Zeit, für welche die Lokomotive Wasser und Brennmaterial mitführen muß.

2. Kosten der Wagen für Neben= und Kleinbahnen.

a) Für normalspurige Nebenbahnen.

Folgende Preise normalspuriger Güter=, Gepäck= und Personenwagen für Nebenbahnen sind ohne Bremseinrichtung ab Fabrik zu verstehen; für die Brems= einrichtung sind ungefähr 400—500 M. mehr zu rechnen; ein Bremserhaus mit Sitz kostet etwa 100 M.

1 bedeckter Güterwagen	kostet 3000—3300 M.	
1 offener Güterwagen	„ 2400—2600	„
1 eiserner Kohlenwagen	„ 2300—2500	„
1 Kokswagen	„ 2600—2800	„
1 eiserner Kalkdeckwagen	„ 2700—3000	„
1 zweiachsiger 10 m langer Plattformwagen	„ 2300—2700	„
1 vierachsiger 12 m langer Plattformwagen	„ 4800—5000	„
1 dreiachsiger Personenzugsgepäckwagen mit Zugführerabteil mit Hand= und Luftdruckbremse für Personenzüge der Neben= bahnen	„ 8500	„
1 sechssitzige Draisine mit Hebelbremse	„ 1100	„
1 desgl. zweiachsiger, sonst wie vor	„ 7500	„
1 desgl. für Güterzüge nur mit Handbremse	„ 6000	„
1 zweiachsiger Personenwagen II. und III. Klasse	„ 10000	„
1 zweiachsiger Personenwagen IV. Klasse	„ 8400	„
1 gemischter Post= und Gepäckwagen mit Bremse	„ 9500	„
1 Bahnmeisterwagen mit Hebelbremse	„ 500	„

---

[1]) A. Haarmann, die Kleinbahnen S. 255.
[2]) Angabe der Lokomotivfabrik Krauß & Co., A.=G., München.

b) Für schmalspurige Kleinbahnwagen.

Lfde. Nr.	Spurweite m	Achsenzahl	Länge m	Ladegewicht kg	Gewicht mit Bremse kg	ohne Bremse kg	Preis mit Bremse M.	ohne Bremse M.	Bemerkungen
					Offene Güterwagen:				
1	1,000	2	6,00	10 000	2750 bis 3000	2400 bis 2800	1300 bis 1550	1150 bis 1350	4 klotzige Bremse
2	0,750	2	5,00	7 500	2200 bis 2700	2000 bis 2500	1150 bis 1400	1000 bis 1250	4 klotzige Bremse
3	0,600	4	5,00/6,00	8 000	2900 bis 3800	2500 bis 3500	1500 bis 2400	1300 bis 2000	Auf zwei Drehgestellen laufend
					Bedeckte Güterwagen:				
4	1,000	2	6,00	10 000	3300 bis 3700	3000 bis 3500	2000 bis 2500	1800 bis 2200	4 klotzige Bremse
5	0,750	2	5,00	7 500	2500 bis 3400	2400 bis 3000	1600 bis 2100	1450 bis 1900	Mit 2 seitl. Schiebetüren
6	0,600	4	5,00/6,00	7 500	3500 bis 4200	3200 bis 3800	2200 bis 2600	2000 bis 2300	Auf zwei Drehgestellen laufend
					Langholzwagen:				
7	1,000	2	2,00	7 500	1200 bis 1800	1000 bis 1600	600 bis 900	450 bis 750	Preis für 1 Wagen mit Drehschemel. Zum Holztransport sind 2 Wagen erforderlich. 1 Kuppelstange kostet je nach Länge bis 10 M.
8	0,750	2	1,75	5 000	950 bis 1400	800 bis 1250	450 bis 800	375 bis 825	
9	0,600	2	1,50	3 000	600 bis 950	500 bis 800	360 bis 580	300 bis 520	
					Kesselwagen:				
10	1,000	2	7,5 cbm	8 000 bis 9 000	5000	4750	2600	2450	In üblicher Ausführung mit gut gesichertem Domdeckelverschluß. Abfüllrohr nach beiden Seiten mit Dreiwegehahn u. Verschraubung
11	0,750	2	5,0 „	6 000 bis 7 000	4200	4000	2250	2100	
12	0,600	4	bis 5,0 „	4 000 bis 6 000	4500	4350	2800	2600	
13	1,000	4	12,5 „	12 000	7000 bis 7400	6800 bis 7200	3500 bis 3750	3350 bis 3600	
14	0,750	4	9,0 „	9 000	6500 bis 7000	6350 bis 6850	3200 bis 3500	3100 bis 3400	

Personenwagen.

Bei Personenwagen für Schmalspurbahnen läßt sich ein Preis kaum festlegen, da hier stets die innere Einrichtung ausschlaggebend ist; es ist daher leicht möglich, daß bei etwas geschmackvollerer Ausrüstung der Preis sich um 50% erhöht: 1 vierachsiger Personenwagen III. Klasse, Durchgangssystem mit Oberlichtaufbau wird für 1 kg = 1,20 bis 1,55 M., ein ebensolcher I. und II. Klasse wird für 1 kg = 1,75 bis 2,50 M. kosten. Ein 8—10 m langer Personenwagen für Kleinbahnen wiegt ohne Bremse ungefähr 13 000—15 000 kg.

Gepäckwagen.

Zweiachsige Gepäckwagen mit Postabteil werden sich um 200—300 M. höher stellen, wie bedeckte Güterwagen gleicher Spurweite. Auch hier ist die Inneneinrichtung mit maßgebend.

B. Für allgemeine Überschläge.

Die Kosten für Betriebsmittel, Bekleidung des Personals usw. für 1 km Bahnlänge betragen:

bei normalspurigen Nebenbahnen	15 000—25 000 M.
„ „ Kleinbahnen	12 000—15 000 „
„ Kleinbahnen von 1,000 m Spurweite	9 000—12 000 „
„ „ „ „ 0,750 m „	7 500— 9 000 „
„ „ „ 0,600 m „	6 000— 7 500 „

XII. Kosten der Bauleitung und Verwaltung der Neben- und Kleinbahnen.

1. Die Kosten für die Bauleitung und Verwaltung kann zu 2½% des ganzen Baukapitals veranschlagt werden. Davon entfallen:

1. Auf Gehälter, Diäten und Reisekosten der Be-
amten . . . . 80% also 2,000% des Baukapitals
2. „ Bureaubedürfnisse, Instrumente, Geräte
und Mieten . . . . 12% „ 0,300% „ „
3. „ Bureauutensilien . . . . 3% „ 0,075% „ „
4. „ Botenlöhne, Bedienung der Geschäftsräume . . . . 2% „ 0,050% „ „
5. „ Postkonto, Bekanntmachungen . . . . 3% „ 0,075 „ „

Zusammen 100% also 2,500% des Baukapitals

2. Diesen Titel kann man auch bei Neben- und Kleinbahnen und 3jähriger Bauzeit für 1 km Bahnlänge mit 1800—2000 M. belasten.

3. **Für Insgemein,** worunter die unvorhergesehenen Ausgaben, außerordentlichen Anlagen, Gratifikationen, die zum ersten Betriebe benötigten Gelder usw. verstanden sind, kann 4—5% des Baukapitals angesetzt werden.

XIII. Ermittlung der Rentabilität für Neben- und Kleinbahnen.

A. Für genauere Überschläge.

1. **Formeln zur Ermittelung der Einnahmen und Ausgaben auf Neben- und Kleinbahnen** (nach Pleßner, der Neuzeit entsprechend verbessert).

Die Gesamteinnahme einer Bahn berechnet sich aus:

$$E = \frac{B}{80} \cdot \frac{110}{100} \left[m \begin{Bmatrix} 6{,}5 \\ 9{,}0 \\ 12{,}0 \end{Bmatrix} \sum \begin{matrix} v\,t \\ v_1\,t_1 \\ v_2\,t_2 \end{matrix} + n \begin{Bmatrix} 1{,}5 \\ 2{,}5 \\ 4{,}5 \end{Bmatrix} \sum \begin{matrix} v\,s \\ v_1\,s_1 \\ v_2\,s_2 \end{matrix} \right] \text{Mark.}$$

In dieser Formel ist B die Bevölkerungszahl der Gegend für 1 qkm, m und n die Erträge für 1 Personen- und Tonnenkilometer in Mark, und die Zahlen $\begin{Bmatrix} 6{,}5 \\ 9{,}0 \\ 12{,}0 \end{Bmatrix}$ und $\begin{Bmatrix} 1{,}5 \\ 2{,}5 \\ 4{,}5 \end{Bmatrix}$

die anzuwendenden Verkehrsfaktoren, wie sie aus folgenden Erfahrungszahlen ab=
geleitet sind:

Beschäftigung der Bevölkerung der Gegend, welche die Bahn durchläuft	Anzahl der Reisen	Güter in Tonnen
	für 1 Kopf der Bahnhofsortsbevölkerung	
1. Lediglich Ackerbau und Viehzucht treibend	6 bis 7	1 bis 2
2. Ackerbau mit Handel und etwas Industrie treibend . . .	8 „ 10	2 „ 3
3. Lebhafte Industrie treibend	11 „ 13	4 „ 5

Die Σ von $vt + v_1t_1 + v_2t_2 + \ldots$ ist die Summe der Produkte der Einwohner=
zahlen der einzelnen Bahnstationen mit den Entfernungen derselben von der End=
station und die Σ von $vs + v_1s_1 + v_2s_2\ldots$ die Summe der Produkte der Einwohner=
zahlen der einzelnen Bahnstationen mit der mittleren Wegelänge ihrer Güter.

In der obigen Formel ist 80 die allgemein angenommene, durchschnittliche Be=
völkerungszahl auf 1 qkm, während B die wirklich vorhandene angibt. Ist demnach
$\frac{B}{80}$ größer als 1, geht also die Bevölkerung über den Durchschnitt hinaus, so vergrößert
sich auch der Klammerausdruck und umgekehrt. Der Bruch $\frac{110}{100}$ drückt 10% Mehr=
einnahme aus Verpachtungen, postalischen Einnahmen und sonstige Bezüge aus dem
Gepäckverkehr usw. aus. Wo ein lebhafter Sommerverkehr von Touristen, Vergnügungs=
reisenden, Kurgästen usw. stattfindet, ist dieser besonders zu ermitteln und dem Resultate
hinzuzufügen.

Die Gesamtausgabe einer Bahn berechnet sich aus:

$$A = \left[\left.\begin{matrix} 0{,}6 \\ 0{,}7 \\ 0{,}8 \end{matrix}\right\} \underset{\text{I}}{p} + \underset{\text{II}}{(5000\,\sqrt{L})} + \underset{\text{III}}{(4000 + 200\,L)} \right],$$

wobei das erste Glied I die Transportkosten, das zweite II die Bahnverwaltungskosten
und das dritte III die allgemeinen Verwaltungskosten in Mark angibt. Für die Faktoren
von p im ersten Gliede gilt 0,6 für Bahnen im Flachlande, 0,7 bei Bahnen mit Steigungen
bis 1 : 100 und 0,8 bei solchen von stärkeren Steigungen.

Wenn täglich = a Züge nach beiden Richtungen verkehren und L = die Länge der
Bahn ist, so betragen die jährlichen Nutz= oder Zugkilometer $p = 2a \cdot 365\,L = 730 \cdot a \cdot L$.

2. Die Anlagekosten einiger Nebenbahnen mit 1,435 m Spur.

Lfd. Nr.	Bezeichnung der Nebenbahnen	Länge km	Kosten für 1 km des		Anlagekosten für 1 km M.
			Grunderwerbs M.	Baues M.	
1	Mohrungen=Wormditt	29,3	9 560	104 780	114 340
2	Goldberg=Löwenberg	26,9	7 060	105 580	112 640
3	Goldberg=Merzdorf	36,2	8 120	102 210	110 330
4	Hohenstein=Marienburg, Abzw. Waldeuten .	137,8	5 520	103 500	109 020
5	Miswalde=Elbing	28,8	6 010	101 200	107 210
6	Strehlen=Grottkau, Abzw. Wansen	38,8	8 470	60 800	69 270
7	Triptis=Blankenstein	63,0	15 000	144 300	159 300
8	Grevesmühlen=Lütjenburg	17,8	5 940	62 400	68 340
9	Ballstädt=Herbsleben	17,0	10 490	56 000	66 490

| Lfd. Nr. | Bezeichnung der Nebenbahnen | Länge km | Kosten für 1 km des | | Anlagekosten für 1 km M. |
			Grunderwerbs M.	Baues M.	
10	Bufleben-Großenbehringen	17,4	12 070	59 000	71 070
11	Ohrdruf-Gräfenroda	18,2	15 900	79 500	95 400
12	Weilburg-Laubuseschbach	15,4	22 700	123 400	146 100
13	Volmershausen-Brügge	37,2	12 350	144 100	156 450
14	Mayen-Gerolstein	66,5	7 750	136 800	144 550
15	Zeitz-Kamburg	37,9	10 480	94 980	105 460
16	Deuben-Korbetha	24,3	14 030	123 460	137 490
17	Langensalza-Gräfentonna und Dollstädt-Walschleben	17,8	11 960	92 140	104 100
18	Ilsenburg-Harzburg	15,6	9 620	137 820	147 440
19	Geestemünde-Cuxhafen, Abzw. Bederkesa . .	60,4	15 630	90 230	105 860
20	Lage-Hameln	49,8	17 710	102 410	120 120
21	Homburg v. d. H.-Usingen	22,5	11 240	122 230	133 470
22	Langenschwalbach-Zollhaus	18,7	14 970	142 780	157 750
23	Frönbenberg-Unna	13,5	11 850	91 860	103 710
24	Hermeskeil-Wemmetsweiler	53,0	14 720	133 960	148 680
	Im Durchschnitt:	36,0	11,630	104 810	116 440

3. Die Bau- und Betriebskosten einiger Nebenbahnen mit 1,435 m Spur.

| Lfd. Nr. | Bezeichnung der Nebenbahnen | Länge der Bahn km | Kleinster Halbmesser m | Größte Steigung | Für 1 km berechnet | | | Verzinsung % |
					Baukosten M.	Einnahmen M.	Ausgaben M.	
1	Weiden-Neustadt a. W.-M.-Vohenstrauß	25,1	180	1 : 60	72 310	4 745	2 401	3,2
2	Neumarkt i. O.-Beilugrieß u. Fraustadt	37,6	180	1 : 50	42 840	2 342	1 906	1,0
3	Hof-Naila-Marzgrün	24,1	180	1 : 40	73 940	4 415	2 511	2,6
4	Erlangen-Fort-Gräfenberg	28,5	150	1 : 40	46 700	3 922	2 146	3,8
5	Roth-Greding	39,4	180	1 : 40	48 600	2 884	1 882	2,1
6	Neustadt a. S.-Bischofsheim	19,1	150	1 : 40	47 050	3 482	2 268	2,6
7	Landsberg-Schöngau	29,0	300	1 : 50	43 450	3 288	2 127	2,7
	Im Durchschnitt:	29,0	—	—	53 556	3 582	2 177	2,6

4. Die Kosten der Zahnradbahn mit Dampfbetrieb auf den Drachenfels bei Königswinter.

Die Steigungen liegen zwischen 1 : 5,5 und 1 : 10, der kleinste Krümmungshalbmesser beträgt 200 m, die Länge der Bahn ist 1,522 km, die erstiegene Höhe 222 m. Die Spurweite beträgt 1,0 m, das Gewicht der Stahlschiene 24,3 kg und der schmiedeeisernen Zahnstange 55,0 kg für 1 m. Die Lokomotiven haben 180 Pferdekräfte und 18,5 t Dienstgewicht. Die Kosten der Bahnanlage betrugen ohne Grunderwerb 200 000 M. das ist für 1 km = 131 400 M.

5. Die Kosten der elektrischen Zahnradbahn auf den Mont Salève bei Genf.

Die Bahn hat 1 m Spurweite und ist 9,1 km lang. Die Kosten betrugen:

	Im ganzen M.	Für 1 km M.
Für Grunderwerb	80 000	8 790
„ Erdarbeiten	160 000	17 580
„ Kunstbauten	160 000	17 580
„ Oberbau, Zahnstangen und Stromleiterschienen . .	368 000	40 440
„ Stationen, Schuppen, Wirtshaus mit Möbeln . . .	160 000	17 580
„ Kraftstationen	328 000	36 050
„ Kabelleitung	32 000	3520
„ Fernsprecher, Signaleinrichtungen, Werkstätten . .	24 000	2 640
„ Betriebsmittel (12 Stück Motorwagen)	240 000	26 370
„ Konzessionierung, Verwaltung, Vorarbeiten	192 000	21 100
„ Zinsen während der Bauzeit	96 000	10 550
Zusammen	1 840 000	202 200

6. Die Kosten der elektrischen Drahtseilbahn Bürgenstock.

Die Bahn hat eine Länge von 936 m in der Neigung und 827 m horizontal gemessen; sie ist einspurig und hat Steigungen von 1 : 3,1 und 1 : 1,9. Der elektrische Motor für den Bahnbetrieb liegt oben und wird von unten aus mittels einer 4 km langen elektrischen Leitung gespeist. Die Kraft wird durch eine 120—156 PS starke Turbine geliefert. Unten ist in zwei Gruppen mit je zwei Dynamomaschinen das Kraftwerk aufgestellt.

Die Kosten der Bahnanlage betrugen:

	Im ganzen M.	Für 1 km M.
Für Unterbau, Grunderwerb und Bauaufsicht	118 400	143 000
„ Oberbau und Hochbau	65 600	79 000
„ Mechanische Einrichtung, Betriebsmittel	16 000	19 000
„ Elektrische Kraftübertragung mit 4 Dynamomaschinen samt Zubehör und Stromleitung	32 000	39 000
Zusammen	232 000	280 000

7. Die Kosten von Kleinbahnen, welche in den letzten 26 Jahren in Deutschland und in deutschen Kolonien erbaut sind, einschließlich der Betriebsmittel.

Lfd. Nr.	Name der Bahn	Erbaut in den Jahren	Spurweite m	Länge der Bahn km	Kosten der Bahn für 1 km der Länge M.
1	Altdamm-Colberg, ohne Grunderwerb .	—	1,435	122,3	48 800
2	Paulinenaue-Neuruppin, ohne Grunderwerb	—	1,435	28,1	52 600
3	Wismar-Rostock, ohne Grunderwerb . .	—	1,435	58,8	51 700
4	Stargard-Küstrin, ohne Grunderwerb . .	—	1,435	98,4	53 100
5	Altona-Kaltenkirchen	1884—1885	1,435	36,5	32 900

Lfd. Nr.	Name der Bahn	Erbaut in den Jahren	Spurweite m	Länge der Bahn km	Kosten der Bahn für 1 km der Länge M.
6	Lüderitzbucht-Keetmanshop in Südwestafrika	1907—1908	{ 1,067 = 3¹/₂' engl.	360,0	85000
7	Flensburg-Kappeln	1886	1,000	52,5	24400
8	Feldabahn	1878—1889	1,000	44,0	32300
9	Straßburg-Truchtersheim	1887	1,000	15,0	34600
10	Kreis-Altenaer Schmalspurbahnen . . .	1886—1887	1,000	33,3	60000
11	Usambarabahn(Tanga-Mombo)i.Ostafrika	1891—1896	1,000	129,0	70200
12	Daressalaam-Morogoro in Ostafrika . .	1904	1,000	209,0	85170
13	Küstenbahn Lome-Anecho in Togo . . .	1903—1905	1,000	45,0	20290
14	Inlandbahn Lome-Palime in Togo . .	1904—1907	1,000	119,0	62260
15	Hennef-Breuel und Hennef-Asbach . .	1889	0,785	38,4	21000
16	Sächsische Schmalspurbahnen	1881—1894	0,750	235,1	73000
17	Ocholt-Westerstede	1876	0,750	7,0	28368
18	Sigibahn in Ostafrika	1904 begonnen	0,750	23,0	39100
19	Anklam-Zassau	—	0,600	34,4	22400
20	Mecklenburg-Pommer.Schmalspurbahnen	1890—1895	0,600	150,9	17230
21	Wallücker Kleinbahn	1897—1900	0,600	17,2	28460
22	Wirsitzer Kreisbahnen	1892—1894	0,600	74,4	23400
23	Wittkowoer Kleinbahn	1893—1895	0,600	56,0	14300
24	Zniner Kreisbahnen	1891—1894	0,600	40,0	17900
25	Bromberger Kreisbahnen	1890—1894	0,600	90,4	20145
26	Viktoria-Pflanzungsbahn in Kamerun .	1905	0,600	55,0	18300
27	Swakopmund-Windhuk in Südwestafrika	1897—1902	0,600	382,0	40094
28	Otavibahn (Swakopmund-Tsumeb) in Südwestafrika	1904—1906	0,600	581,0	28400
29	Otavi-Grootfontein in Südwestafrika . .	1907	0,600	91,0	25740
30	Hoyerswerda-Schedtthal	—	0,600	10,0	10100

B. Für allgemeine Überschläge.

1. Baukosten der Neben- und Kleinbahnen in ebenem Gelände.

Titel	Eingleisige Nebenbahnen 1,435 m Spur	Kleinbahnen von			
		1,435 m	1,000 m	0,750 m	0,600 m
		Spurweite			
		Kosten für 1 km in M.			
I. Vorarbeiten	800	700	700	700	700
II. Grunderwerb	7 700	6 900	5 300	4 000	3 300
III. Erd- und Felsarbeiten	5 500	3 200	2 000	1 300	1 100
IV. Böschungsbefestigungen	1 500	1 200	1 000	800	700
V. Einfriedigungen	1 500	500	500	500	500
VI. Wegeübergänge	500	150	120	110	100
VII. Brücken und Durchlässe	1 500	1 000	600	300	200
VIII. Tunnel	—	—	—	—	—
IX. Oberbau	16 000	15 000	12 000	10 000	8 000
X. Signale	5 960 (4810 zweigleisig)	2 920	1 610	1 400	1 040
XI. Bahnhöfe	12 000	9 500	5 000	2 500	2 000
XII. Werkstättenanlagen	1 000	800	600	400	300
XIII. Betriebsmittel	25 000	15 000	12 000	9 000	7 500
XIV. Verwaltung	1 500	1 500	1 400	1 300	1 300
Für 1 km ausschl. große Brücken und Tunnel, zusammen	80 460	59 370	42 830	32 310	26 740

2. Baukosten der Neben- und Kleinbahnen in hügeligem Gelände.

Titel	Eingleisige Nebenbahnen 1,435 m Spur	Kleinbahnen von			
		1,435 m	1,000 m	0,750 m	0,600 m
		Spurweite			
		Kosten für 1 km in M.			
I. Vorarbeiten	1 000	900	900	900	900
II. Grunderwerb	8 250	6 600	5 000	4 500	4 200
III. Erd- und Felsarbeiten	25 000	18 000	15 000	12 000	10 000
IV. Böschungsbefestigungen	3 000	2 500	2 000	1 500	1 000
V. Einfriedigungen	1 000	600	500	400	300
VI. Wegeübergänge	400	250	120	100	80
VII. Brücken und Durchlässe	2 500	1 500	1 000	800	600
VIII. Tunnel	—	—	—	—	—
IX. Oberbau	18 000	17 000	14 000	12 000	10 000
X. Signale	5 968 (4810 zweigleisig)	2 920	1 610	1 400	1 040
XI. Bahnhöfe	12 000	9 500	5 000	2 500	2 000
XII. Werkstättenanlagen	1 200	900	700	500	400
XIII. Betriebsmittel	25 000	15 000	12 000	9 000	7 500
XIV. Verwaltung	2 000	1 800	1 600	1 500	1 400
Für 1 km ausschl. große Brücken und Tunnel, zusammen	105 310	77 470	59 430	47 100	39 420

3. Baukosten der Neben- und Kleinbahnen in gebirgigem Gelände.

Titel	Eingleisige Nebenbahnen 1,435 m Spur	Kleinbahnen von			
		1,435 m	1,000 m	0,750 m	0,600 m
		Spurweite			
		Kosten für 1 km in M.			
I. Vorarbeiten	1 600	1 500	1 500	1 500	1 500
II. Grunderwerb	11 400	10 700	8 200	6 600	5 200
III. Erd- und Felsarbeiten	135 000	110 000	90 000	65 000	40 000
IV. Böschungsbefestigungen	6 000	5 000	4 000	3 000	2 000
V. Einfriedigungen	400	250	150	150	150
VI. Wegeübergänge	200	100	80	60	50
VII. Brücken und Durchlässe	9 000	6 000	4 000	3 000	2 000
VIII. Tunnel	—	—	—	—	—
IX. Oberbau	20 000	18 000	16 000	12 000	10 000
X. Signale	5 960 (4810 zweigleisig)	2 920	1 610	1 400	1 040
XI. Bahnhöfe	12 000	9 500	5 000	2 500	2 000
XII. Werkstättenanlagen	1 300	1 000	800	600	500
XIII. Betriebsmittel	25 000	15 000	12 000	9 000	7 500
XIV. Verwaltung	2 500	2 000	1 800	1 600	1 500
Für 1 km ausschl. große Brücken und Tunnel, zusammen	230 360	181 970	145 140	106 410	73 440

B. Straßenbahnen.

(Bearbeitet von Regierungs-Baumeister Przygode-Charlottenburg.)

I. Elektrisch betriebene Straßenbahnen auf Schienen.

(Oberleitung mit Gleichstrom.)

a) Anlagekosten.

1. Grunderwerb

und damit zusammenhängende Straßenregulierung; Kosten sehr verschieden.

2. Erdarbeiten.

α) Erd= und Planierungsarbeiten für Straßenverbreiterungen und Regulierungen, Herstellung etwa erforderlicher Futtermauern herfür.

β) Entwässerungsanlagen.

γ) Verbreiterung und Änderung von Brücken, Aufstellung von Schutzgeländern usw.

δ) Beseitigung, Anpflanzung und Ausholzung von Alleebäumen, Versetzen von Prellsteinen, Nummersteinen, Straßenlaternen, Anschlagsäulen usw.

ε) Auffüllungs= und Regulierungsarbeiten auf den Depotgrundstücken, Ausfüllung der Fundamentgruben mit eingeschlemmtem Sand, Herstellung von Futtermauern zur Aufhöhung des Planums.

Kosten sehr verschieden; die geringsten sind mit 700—1500 M. je Kilometer Strecke zu veranschlagen.

3. Oberbau.

α) Anlieferung von Schienen und Zubehör für grades und gebogenes Gleis, einschl. Transportkosten vom Werk bis zum Lagerplatz bzw. zur Baustelle.

β) Anlieferung von Weichen und Kreuzungen wie zu α).

γ) Kosten für Verlegung des Oberbaus, einschl. der Weichen und Kreuzungen und einschl. des Einziehens der Schienenverbindungen.

δ) Pflaster=, Chaussierungskosten aller Art einschl. der Materiallieferungen.

ε) Verlegung von Gas= und Wasserleitungen, Kanalisation usw.

η) Aufnehmen, Reinigen und Abfahren von altem Gleis.

ζ) Beschaffung und Unterhaltung von Oberbaugeräten.

a) Einzelpreise.

Schienen und Zubehörteile.

Einige Profile für Rillenschienen der Phönix=A.=G. Duisburg=Ruhrort a. Rh. für verschieden starken Verkehr (für städtische Straßen, ohne Schwellen, auf Bettung gelagert):

Profil-Nr.		8 a	18 c	18 c. I	18 f	25 d	23 c	38
Schienen. Höhe	cm	14,00	16,50	16,50	16,50	18,00	17,80	20,00
Fußbreite	„	13,00	15,00	15,00	15,00	14,00	17,80	18,00
Querschnitt	qcm	48,70	63,46	66,00	62,50	59,00	68,01	77,00
Trägheitsmoment bez. auf	cm	1272,00	2264,00	2380,00	2292,64	2616,00	3072,00	4390,00
Widerstandsmoment	„	172,40	264,20	265,00	255,90	265,60	349,90	416,00
Gewicht für 1 m Schiene	kg	38,00	49,50	51,50	48,70	46,00	53,10	60,00
Gewicht für 1 m Gleis einschl. Schienen à 15 m lang., Fuß-Laschen, Spurstangen, Bolzen bei 1,435 m Spur	„	83,42	112,591	117,084	111,85	106,364	120,872	138,13

D.-Sch.

43

Profil-Nr.	8a	18c	18c.I	18f	25d	23c	38
Bei einer Radlast von 3000 kg und einer Achsenentfernung von 1,8 m ist:							
1. Der Maximaldruck auf der Bettung für 1 qcm kg	1,28	1,01	1,01	1,01	0,926	0,926	0,926
2. Die größte Inanspruchnahme des Materials für 1 qcm „	392,00	256,00	255,00	264,00	254,00	193,00	163,00
Preise frei Wag. Wert (Grades Gleis) Mk.							
Spurweite 1,435 m . . . Mk.	12,10	16,30	17,00	16,20	15,40	17,50	20,00
Spurweite 1 m . . . . „	12,00	16,20	16,85	16,10	15,25	17,30	19,75

Unter Zugrundelegung folgender Grundpreise:

Gerade Schienen 145,00 M. je 1000 kg frei Waggon Wert.

Gebogene Schienen 30—150 m Radius, 151,00 M. je 1000 kg frei Waggon Wert.

Flachrillenschiene 151,00 M. je 1000 kg frei Waggon Wert.

Parabelkurven bei Ein- und Ausläufen der Radien von 30—18 m Radius, Aufpreis von 1 M. je Meter Gleis.

Behobeln der An- und Abläufe beim Übergang der Normalrille zur Flachrille ein Aufpreis von 6 M./Stück.

Fußlaschen . . . . 175,00 M. je 1000 kg frei Waggon Wert.
Gewöhnliche Laschen . . . . . . 150,00 „ „ 1000 „ „ „ „
Fußplatten . . . . 175,00 „ „ 1000 „ „ „ „
Laschenbolzen . . . . 240,00 „ „ 1000 „ „ „ „
Spurstangen . . . . . . 160,00—220,00 „ „ 1000 „ „ „ „
Spurstangenbolzen . . . . 255,00 „ „ 1000 „ „ „ „
Ausgleichsplättchen . . . . 300,00 „ „ 1000 „ „ „ „

Die neuen Normalprofile der Straßenbahnen.

Profil-Nr.	1	1a	2	2a	3	3a	4	4a
Profil d. Phönix A. G.	14 G.	14 H.	18 G.	18 H.	18 J.	18 K.	39 A.	39 B.
Schienen Höhe . . . . . cm	15,00	15,00	16,00	16,00	16,00	16,00	18,00	18,00
Fußbreite . . . . . . „	14,00	14,00	15,00	15,00	18,00	18,00	18,00	18,00
Trägheitsmoment bez. auf „	1630,00	1740,00	2130,00	2278,00	2452,00	2580,00	3202,00	3410,00
Widerstandsmoment bez. a. „	208,20	214,80	250,60	258,80	299,00	307,20	342,50	349,80
Gewicht für 1 m Schiene kg	42,80	45,70	49,20	52,40	56,00	59,80	57,80	62,10
Gewicht je m Gleis, Schienen 15 m lang, mit Fußlaschen und Zubehör . . . . . . „	96,784	102,584	111,304	117,704	125,711	133,311	130,677	139,077
Gewicht je m Gleis Schienen 15 m lang mit gewöhnl. Laschen „	92,658	98,458	106,944	113,344	120,357	127,957	125,171	133,571

Andere Stoßverbindungen.

1. Stumpfschweißung nach dem aluminothermischen Verfahren von Th. Goldschmidt A. G., Essen-Ruhr.

Der Preis der Schweißportionen ist abhängig vom Profil und der Anzahl der auszuführenden Stöße, z. B.:

Profil Phönix 38 bis 200 Stück 21,75 M., bei 1000 Portionen 20,00 M., einschl. ab Essen Verpackung. Gewicht $\sim$ 14,4 kg.

Profil Phönix 18c, 25d bis 200 Stück 19,00 M., bei 1000 Portionen 17,50 M., einschl. ab Essen Verpackung. Gewicht $\sim$ 11,0 kg.

Profil Phönix 7c bis 200 Stück 16,75 M., bei 1000 Portionen 15,50 M., einschl. ab Essen Verpackung. Gewicht $\sim$ 8,5 kg.

Werkzeuge: Tiegel, für diese Profile, ausreichend für 15—25 Güsse, 15,25 M. bis 20,25 M. je Stück ab Essen einschl. Verpackung. Gewicht $\sim$ 40 kg.

Formkasten je Stück 12,50 Mk. ab Essen.

Formsand, am besten Eisenberger Klebsand, 85 M. je 10 000 kg ab Essen.

Klemmapparat, Gewicht 400 kg, 450 M.; neue leistungsfähigere Konstruktion für gerade Strecke einschl. Fahrvorrichtung 650 M. ab Essen. Gewicht 375 kg.

Werkzeuge, kleine Materialien, wie Holzkohle, Koks usw., $\sim$ 50 Pf. je Stoß.

Arbeitslöhne: je nach Arbeitsfortgang und Einarbeitung der Leute, 8—12 Arbeitsstunden der Stoß.

2. Schienenschuh der Firma Scheinig & Hofmann, Linz a. D., Oberösterreich.

Preisliste für Schienenschuhe, einschl. Keil= und Zinkbeilagen:

Type	Für Schienenfußbreiten in mm			Beiläufiges Gewicht in kg	Preis ab Stahlwerk Kronen
I.	von	75 bis	90	9,8	9,91
II.	„	95 „	100	12,0	11,53
III.	„	115 „	130	17,6	14,92
IV.	„	135 „	150	22,5	18,55
V.	„	155 „	170	26,8	21,30

Montagewerkzeug:

Große Preßvorrichtung . . .	$\sim$ 44,3	kg	194,00 Kronen
Kleine „ . . .	$\sim$ 32,0	„	157,40 „
Druckhebel	$\sim$ 21,5	„	26,00 „
Handhebel	$\sim$ 1,85	„	3,90 „
Stahlbeißer	$\sim$ 5,0	„	7,15 „
Keiltreiber	$\sim$ 1,5	„	4,42 „
Schienenhobel	$\sim$ 15,0	„	34,71 „
Feilblatt hierzu	$\sim$ 0,77	„	4,30 „
Karborundumstein	$\sim$ 1,4	„	12,61 „

Montage. Die Montierungskosten schwanken zwischen 0,50 bis 1,20 Kronen.

Weichenanlagen.

Profil Phönix 18f, 1,435 m Spur:

a) 1 Stellweiche oder Federweiche, 50 m Radius, mit Zungensicherung, 2 Zungenstücken, 4½ m lang, Verbindungskasten mit Entwässerung und Zungenverbindung nebst Feder, Herzstück, 1 : 5, 3 m lang, 4 Zwischenschienen, 9 Paar Fußlaschen, Gewicht 4350 kg, 1090,00 M. frei Waggon Werk.

b) 1 Gleiswechsel, bestehend aus 2 Weichen mit Zungensicherung und 2 Herzstücken mit beweglicher Zunge und Zungensicherung, 8 Zwischenschienen, 18 Paar Fußlaschen, Gewicht 8600 kg, 2200 M. frei Waggon Werk.

c) 1 doppelgleisige Abzweigung, bestehend aus 2 Weichen, einer Kreuzung und Zwischenschienen, 26 Paar Fußlaschen, Gewicht 11 500 kg, 3000,00 M. frei Waggon Werk.

d) 1 Gleisdreieck, bestehend aus 6 Weichen, 3 Kreuzungen, Zwischenschienen und allen erforderlichen Fußlaschen doppelgleisig, mit Radien von 20 m in der Trace, Gewicht 38 000 kg, 10 000 M. frei Waggon Werk.

e) Federstellvorrichtung „Universal" in Seitenkasten Gewicht rd. 160 kg 50,00 M. frei Waggon Werk.

Allgemein nach Phönix, A.-G., Duisburg-Ruhrort:

1 Weiche, wie unter a), Normalspur mit je 4 Zwischenschienen und 9 Paar Fußlaschen.

$$\left. \begin{array}{l} 850,00 \text{ M. bei den leichteren} \\ 1200,00 \quad „ \quad „ \quad „ \text{ schwereren} \\ 1500,00 \quad „ \quad „ \quad „ \text{ schwersten} \end{array} \right\} \text{Profilen ab Werk}$$

oder 32,00 bis 29,00 M. je 100 kg Weichenmaterial ab Werk und 14,50 bis 16,00 M. je 100 kg Zwischenschienen.

Abnahme.

Abnahme von Oberbaumaterial, Schienen, Weichen, Zubehör auf dem Werk nach den Vertragsbedingungen 0,35 bis 0,40 M. je 1000 kg.

Transport.

Transport vom Werk zur Ausladestelle durch Bahn oder Schiff nach den einschlägigen Tarifen.

Transport vom Bahnhof oder Schiffsanlegestelle zum Lagerplatz oder Bauplatz einschl. Umladen und Abladen 0,50 bis 0,55 M. pro 100 kg Schienen- oder Weichenmaterial auf 2—4 km Transportweg, wovon für den Transport allein 0,20 bis 0,25 M. entfallen.

Gleisverlegung.

Die Schienen vom Lagerplatz, in der Nähe der jeweiligen Baustelle, in die Baugrube schaffen, das Gleis mit Laschenverbindungen montieren, die kupfernen Schienen- und Querverbindungen anbringen:

a) Unterstopfen und Ausrichten, das Stopfmaterial wird anderseitig eingebracht und geliefert, je lfd. Meter Gleis . . . . 0,90 bis 1,00 M.

b) Stopfmaterial einbringen, je lfd. Meter Gleis . . . . 0,20 „ 0,30 „

c) „ (Steingruß) liefern, je lfd. Meter Gleis . . . 0,30 „ 0,40 „

d) „ (10 Teile Steingruß, 1 Teil Portlandzement) liefern, je lfd. Meter Gleis . . . . 0,80 „ 0,90 „

e) Schienenhohlräume, auf jeder Seite mit Zementmörtel 1:10 behufs guter Anlage der Pflastersteine ausfüllen, einschl. Materiallieferung je lfd. Meter Gleis . . . . 0,55 bis 0,60 „

f) Bei Verlegung in Asphaltpflaster, an Stelle des Stopfmaterials, Unterlegen von eichenen Klötzen zum Untergießen der Schienen mit Asphaltbeton oder Zementmörtel und Versteifen der Schienen, einschl. Lieferung der Klötze je lfd. Meter Gleis . . . . 0,15 „

g) Zuschlag auf erschwerte Arbeit bei der Montage einer Weiche . . . . 25,00 „

„ „ „ „ „ „ „ „ Kreuzung . . . 20,00 „

h) Für die Berechnung der Weichenanlagen:

1 Gleiswechsel = 2 Weichen.

1 doppelgleisige Abzweigung = 2 Weichen + 1 Kreuzung.

1 eingleisiges Gleisdreieck = 3 Weichen.

1 Kreuzung von Einfachgleis mit Doppelgleis = 2 Kreuzungen.

1 Kreuzung von Doppelgleis = 4 Kreuzungen.

i) Laschenstoß befeilen, je Stück . . . .   1,00 M.

k) Schweißstoß nach dem aluminothermischen Verfahren (Goldschmidt,
Essen) herstellen, je Stoß . . . .   3,50 bis 4,50 „
(als Zuschlag zu den Preisen a—f).

l) Schweißstoß befeilen, je Stoß . . . .   3,00 „

m) 1 Entwässerungstopf je Schiene, Gewicht 20 kg . . . .   5,00 „

n) Einbau des Topfes ohne Anschluß an die Straßenentwässerung . . .   8,00 „

o) Oberbaugeräte: 1 kompletter Bahnmeisterwagen mit Hebelbremse . .   340,00 „

1 Kreiskaltsäge zum Schienenschneiden . . . .   530,00 „

1 Schienenbohrmaschine, Gewicht ∼ 45 kg . . . .   78,00 „

1 Schienenbiegemaschine (Fries & Co., Düsseldorf) . . . .   640,00 „

Handbiegebügel mit Knarrenhebel und 4 Profildruckstücken (Phönix)
Gewicht ca. 260 kg . . . .   320,00 „

1 transportable Horizontalsäge, Gewicht 57 kg . . . .   120,00 „

1 Schienenhobel mit Blatt, Gewicht 15 kg . . . .   23,00 „

1 Schienenbiegepresse, Gewicht 75 kg . . . .   238,00 „

8 Schienentragzangen, drehbar, je Stück . . . .   9,00 „

1 Auflaufweiche, bestehend aus 2 Zungenstücken, Herzstück, Zwischen=
schienen, Zubehörteile, Gewicht 3450 kg, frei Werk . . . .   840,00 „

1 Satz kleinerer Geräte, wie Brechstangen, Hebebaum, Stopfhacken,
Mutterschlüssel, Bohrknarre, Hämmer, Feilen usw. . . . .   100,00 „

1 Apparat zur Messung des Widerstandes von Schienenstößen . . . .   170,00 „

p) 1 m Gleis nach entfernter Straßenbefestigung aufnehmen, reinigen, ab=
fahren und stapeln . . . .   1,50 „

Arbeiten für Umänderung der Straßenbefestigung[1].

1. 1 qm Sandpflaster aufbrechen und die Steine abfahren . .   0,60 bis 0,70 M.

2. 1 qm Chaussierung aufbrechen und das Material abfahren .   0,80 „ 1,80 „

3. 1 qm Zementmörtelpflaster auf Beton aufbrechen, die Steine
sortieren, die beschädigten Steine abfahren und das Planum
zu ebnen . . . .   1,80 „ 1,90 „

4. 1 qm Sandpflaster aufbrechen, die Steine zur Wiederverwen=
dung beiseite legen . . . .   0,10 „ 0,12 „

5. 1 qm Planum, nach Entfernung der Straßenbefestigung, bis in 40
bis 45 cm Tiefe ausheben, den Boden abfahren und Planie herstellen   0,40 „ 0,60 „

6. 1 qm nach entfernter Straßenbefestigung (Sandpflaster oder
Chaussierung) bis auf das vorhandene Packlager abräumen,
ebnen, eventuell unter Einbringung von vorhandenem Klar=
schlagmaterial abwalzen . . . .   0,50 bis 0,65 „

---

[1] Vgl. auch die Angaben unter VI 5 „Städtischer Straßenbau".

7. 1 qm Packlage setzen, 13—15 cm hoch, verzwicken, mit Klar=
schlag 5—7 cm stark überziehen, abwalzen, mit Sand über=
ziehen, ohne Lieferung der Materialien . . . .   0,85 bis 1,10 M.

8. 1 qm Packlage setzen, wie vor, doch unter Verwendung von
Neumaterial für Packlager . . . .   1,70 „ 1,90 „

9. 1 qm Packlage setzen, wie Pos. 7, mit Neumaterial . . .   2,30 „ 2,50 „

10. Nach entfernter Straßenbefestigung in der zukünftigen Längs=
richtung der Schienen einen Koffer von 15 cm Tiefe, von einer
oberen Breite von 25 cm und einer unteren von 20 cm aus=
schachten und den Boden abfahren; in diesen Koffer Packlage
einbauen, sanden, wässern und abrammen, einschl. Lieferung
des Materials, die Unterlage für die Gleisbreite ebenen, je lfd.
Meter Gleis. . . . .   1,00 „ 1,25 „

11. 1 cbm Gleisunterbettung, Steinschlag, nach Angabe und Ge=
fälle bis zu 20 cm Stärke einbringen und angenäßt, mit
Pferdewalze abwalzen und bekiesen, ausschl. Materiallieferung,
einschl. Gestellung der Walze und Geräte . . . .   4,80 M.

12. 1 qm Chaussierung herstellen, 20 cm stark, nach Gefälle,
Material liefern, einbringen, annässen, abwalzen und bekiesen,
einschl. Gestellung der Walze und Geräte . . . .   2,70 bis 3,00 „

13. 1 qm Chaussierung wiederherstellen, unter Verwendung des
durchgeworfenen Altmaterials und Zubuße an Neumaterial,
wässern, abwalzen, sanden, einschl. aller Lade=, Fuhr= und
Arbeitslöhne . . . .   2,35 M.

14. 1 qm Sandpflaster von rechteckig behauenen Steinen in Kies=
bettung herstellen und 2—3 mal abrammen, ohne Lieferung,
aber einschl. Anfuhr der Materialien, Vorhaltung der Geräte   1,80 bis 2,00 M.

15. 1 qm Sandpflaster wie Pos. 14, einschl. Lieferung des Sandes   2,20 „ 2,40 „

16. 1 qm Sandpflaster wie Pos. 15, aber ohne Anfuhr der Steine   1,90 „ 2,10 „

17. 1 qm altes Sandpflaster umsetzen:

a) unter Kieszubuße . . . .   1,40 „ 1,60 „
b) ohne Sandzubuße . . . .   1,00 „ 1,20 „

18. 1 qm Kleinpflaster aus 10—11 cm hohen Quarzporphyr=
steinen in einer 5 cm starken Zementkiesbettung 1 : 8 her=
stellen und mit einer Zementkiesmischung 1 : 3 einschlemmen,
einschl. Lieferung der Steine, des Zements und der Her=
stellung des Planums, ausschl. Lieferung des Kies . . . .   6,10 M.

19. a) 1 qm bossierte Pflastersteine, III. Kl., Qualität Mittweida,
14—16 cm hoch, 16—22 cm lang, 12—15 cm breit, frei Bruch   4,50 bis 4,75 M.
Anfuhr und Lagerung des Steinmaterials am Bauort
je 1 qm . . . .   0,50 M.

b) 1 qm bossierte Pflastersteine, Qualität Schweden:

I. Kl. 7,80 M. frei Hafen Deutschland,
II. „ 6,70 „   „   „   „   „
III. „ 5,80 „   „   „   „   „

20. 1 qm Kalkbeton, 2 Teile Klarschlag, 2 Teile reiner Sand,
1,5 Teile trocken gelöschter Graukalk, mischen und in 22 cm
Stärke einbringen und feststampfen:
    a) einschl. Materiallieferung . . . .   0,50 bis 4,35 M.
    b) ausschl.   „   . . . .   0,65 „ 0,80 „

21. 1 qm Zementmörtelpflaster herstellen, setzen, rammen und
ausgießen, ausschl. Lieferung der bossierten Pflastersteine, aber
einschl. Lieferung des Mörtels (1 Teil Portlandzement, 6 Teile
reiner Sand) und einschl. Anfuhr der Steine . . . .   3,25 „ 4,50 „
    Für Anfuhr der Steine an die Baustelle vom Lagerplatz sind
    im Preise enthalten je qm . . . .   0,25 „ 0,30 „

22. Holzpflaster herstellen:
    a) Sandpflaster aufbrechen und Steine abfahren, je qm . .   0,60 M.
    b) 15 cm Ausschachtung und Abfuhr, je qm . . . . . .   0,45 „
    c) 17 cm starke Betonschicht 1 : 8 einbringen, je qm . . . .   2,80 „
    d) 1 cm starke Estrichschicht, je qm . . . .   1,30 „
    e) 13 cm hohes Holzpflaster, schwedische Kiefer, je qm . . .   13,00 „
        10 cm „   „   „   „   „ „ . . .   11,00 „
    f) Schienen mit Zementmörtel 1 : 2 verfüllen, je lfd. m
    Schiene . . . .   0,50 „
    g) Zulage für den außerordentlich starken Verhau der Holz=
    klötze an den Schienen und innerhalb der einzelnen Tra=
    versen, je lfd. m Schiene . . . .   1,00 „

23. Holzpflaster aufbrechen:
    a) Holz aufbrechen, je qm . . . .   0,30 „
    b) Beton aufbrechen, je qm . . . .   1,90 „

24. Asphaltpflaster herstellen:
    a) 1 qm Pflaster aufbrechen und Grube in 25 cm Tiefe her=
    stellen, alles abfahren, je qm . . . .   0,75 bis 1,00 M.
    b) 1 qm 20 cm starke Betonbettung 1 : 8 einschl. Lieferung
    aller Materialien herstellen . . . .   3,25 M.
    c) 1 qm Dammfläche von gestampftem Asphalt, 5 cm stark,
    einschl. Lieferung des Materials . . . .   9,25 „
    d) Bei Vorhandensein von Gleisen, den Zwischenraum von
    Betonbettung bis 5 cm unter Schienenkopf zwischen den
    Schienen mit Beton ausfüllen, 1 cbm Beton 1 : 8 . . . .   16,00 „
    e) Ausfüllen der Hohlräume zu beiden Seiten des Schienen=
    steges mit Zementbeton, für 1 m Schiene, doppelseitig .   0,18 „
    f) Ausfüllen des seitlichen Hohlraums zwischen Unterkante,
    Schienenkopf und Oberkante Beton mit Gußasphalt, für
    1 m Schienenkopfseite . . . .   1,00 „
    g) Anschluß des Asphalts an die Schienen oder deren Ein=
    fassung, für 1 m Schienenseite . . . .   0,50 „
    h) 1 m Schienenunterguß mit Asphaltmasse in ganzer Breite
    des Schienenfußes (15 cm) und in solcher Stärke, daß der
    ganze Schienenfuß überdeckt ist, bis zu 2 cm Stärke des

Unterguſſes zwiſchen Beton und Schienenunterkante her-
ſtellen, je lfd. m Schiene . . . .   2,00 M.

25. Iſolierung der Schienen:

    a) Unterlage durchgeſetztes, gut abgewalztes Packlager,
    Aſphaltunterguß wie 24h), 2½—4 cm ſtark, Anſtrich des
    Schienenſteges und der Spurſtangen mit in Schwefel-
    kohlenſtoff aufgelöſtem Trinidat Epurée, je lfd. m Schiene   2,75 „

    b) Untergießen und Anſtrich von Weichenkaſten, je Stück .   3,00 „

    c)   „   „   „   „ Herzſtücken, je Stück . .   2,00 „

26. Mörtelkleinpflaſter auf Beton für ſtärkeren Verkehr:

    a) Ausſchachtung, 30 cm tief, in Chauſſee, je qm . . . . .   1,20 „

    b) Beton 1 : 8, 20 cm hoch, einſchl. Lieferung . . . . . .   3,20 „

    c) Mörtelpflaſter in Betonmiſchung einſchl. Lieferung aller
    Materialien . . . .   6,10 „

                                 je qm   10,50 M.

    Bei Einlegung von Gleiſen erhöht ſich der Preis um:

    a) Ausſchachtung 10 cm tiefer, je qm . . . .   0,40 „

    b) Beton 1 : 8, 10 cm höher zwiſchen den Schienen, je qm   1,60 „

    c) Unterſtopfen der Schienen mit Zementmörtel 1 : 10 je
    lfd. m Gleis . . . .   1,20 „

27. Veränderung der Schleuſeneinſteigſchächte, Abbruch der Abdeckung (Sandſteinkranz und Schleuſendeckel), Abtragen der
Schachtwand um 50 cm, den Schacht nach einer Seite hin
ſchränken und wieder aufmauern, die Abdeckung wieder ver-
ſetzen, einſchl. Material und Arbeitslohn je Schacht . . . .   15,00 „

    Mit jedem um ½ m größeren Abbruch erhöht ſich der Preis um   5,00 „

28. Waſſerleitungsſchieberſchacht verziehen je Stück . . . . .   500,00 „

29. Hydranten abändern je Stück . . . .   15,00 „

30. 1 Schienenentwäſſerungstopf an die Straßenentwäſſerung
anſchließen einſchl. Materiallieferung . . . .   12,00 bis 15,00 M.

b) Geſamtpreiſe.

Zweigleiſige Anlage für 7,5, 5-Minutenbetrieb oder dichter. Eingleiſige Anlage
für 7,5, 10-Minuten- uſw. Betrieb oder ſchwächer.

Profil Phönix 8a für leichten Verkehr, Profil 18c, 18cI, 18f, 25d für mittleren
Verkehr, Profil 23c, 38 für ſchweren Verkehr, nach der Größe der Achsbrücke und
Betriebsleiſtung.

Weichenanlagen, außer Abzweigungen, für die gerade Strecke in zweigleiſiger
Anlage je Kilometer Strecke ein Gleiswechſel, in eingleiſiger Anlage je Kilometer eine
Weichenanlage von 60 m Länge, von Spitze zu Spitze gemeſſen.

Mittelſpur auf zweigleiſiger Strecke 2,55 m. Wagenbreite 2,15 m angenommen.

Gleiszone auf zweigleiſiger Strecke und bei Weichenanlagen der eingleiſigen Strecke:

        Spurweite 1,435 m : 5,10 m, 1,0 m : 4,65 m.

Gleiszone auf eingleiſiger Strecke:

        Spurweite 1,435 m : 2,55 m, 1,0 m : 2,10 m.

Preise für je 1 km zweigleisige Strecke in Mark.

Profil Spurweite ... m	8a		18c		18c I.		18f		25a		23c		38	
	1,435	1,00	1,435	1,00	1,435	1,00	1,435	1,00	1,435	1,00	1,435	1,00	1,435	1,00
Anlieferung der Schienen und Weichen frei Baustelle	26 900	26 700	36 100	35 500	37 600	36 900	35 900	35 300	34 300	33 600	38 600	37 800	44 300	43 500
Gleisverlegung, Erd- u. Pflasterarbeiten; Stoßverbindung: Laschen.														
a) Packlagerkoffer, Chaussierung	21 800	20 250	22 200	20 650	22 200	20 650	22 200	20 650	22 200	20 650	22 600	21 050	23 000	21 450
b) Packlagerkoffer, Sandpflaster, Steine III. Kl. 6 M./qm	53 820	49 570	54 320	50 070	54 320	50 070	54 320	50 070	54 320	50 070	54 820	50 570	55 220	50 970
c) Packlager durchgesetzt, Sandpflaster wie b	60 465	55 365	60 965	55 865	60 965	55 865	60 965	55 865	60 965	55 865	61 465	56 365	61 865	56 765
d) Packlager durchgesetzt, Mörtelkleinpflaster, Steine 3 M./qm	54 750	50 050	55 150	50 450	55 150	50 450	55 150	50 450	55 150	50 450	55 650	50 950	56 050	51 350
e) Kalkbetonunterlage, Zementmörtelpflaster, Steine III. Kl. 6 M./qm	74 900	68 350	76 900	70 200	76 900	70 200	76 900	70 200	78 200	71 300	78 200	71 300	79 800	74 800
f) Zementbetonunterlage, Mörtelkleinpflaster, Steine 3 M./qm	64 050	58 750	66 050	59 600	66 050	59 600	66 050	59 600	67 350	61 700	67 950	61 700	68 950	62 200
g) Asphaltpflaster	99 700	92 950	102 900	95 000	102 900	95 000	102 900	95 000	104 200	96 100	104 200	96 100	106 100	97 600
h) Holzpflaster, Schwedische Kiefer	106 400	98 550	116 200	107 400	116 200	107 400	116 200	107 400	117 400	108 500	117 400	108 500	119 050	109 950
Verlegung von Gas- und Wasserleitungen	1 000	1 000	1 000	1 000	1 000	1 000	1 000	1 000	1 000	1 000	1 000	1 000	1 000	1 000
Werkzeug, Insgemein	300	300	300	300	300	300	300	300	350	350	350	350	350	350

Preise für je 1 km eingleisige Strecke in Mark.

Profil Spurweite ... m	8a		18c		18c I.		18f		25a		23c		38	
	1,435	1,00	1,435	1,00	1,435	1,00	1,435	1,00	1,435	1,00	1,435	1,00	1,435	1,00
Anlieferung der Schienen und Weichen frei Baustelle	13 600	13 500	21 250	20 950	21 900	21 600	21 150	20 850	20 350	20 050	23 000	22 600	25 800	25 400
Gleisverlegung, Erd- u. Pflasterarbeiten; Stoßverbindung: Laschen.														
a) Packlagerkoffer, Chaussierung	11 550	10 050	11 750	10 250	11 750	10 250	11 750	10 250	11 750	10 250	11 950	10 450	12 150	10 650
b) Packlagerkoffer, Sandpflaster, Steine III. Kl. 6 M./qm	28 470	24 220	28 720	24 470	28 720	24 470	28 720	24 470	28 720	24 470	28 920	24 670	29 120	24 870
c) Packlager durchgesetzt, Sandpflaster wie b	32 070	27 070	32 320	27 320	32 320	27 320	32 320	27 320	32 320	27 320	32 520	27 520	32 720	27 720
d) Packlager durchgesetzt, Mörtelkleinpflaster, Steine 3 M./qm	29 130	24 450	29 330	24 650	29 330	24 650	29 330	24 650	29 330	24 650	29 530	24 850	29 730	25 030
e) Kalkbetonunterlage, Zementmörtelpflaster, Steine III. Kl. 6 M./qm	40 750	33 350	41 730	34 460	41 730	34 460	41 730	34 460	42 410	34 980	42 410	34 980	43 230	35 710
f) Zementbetonunterlage, Mörtelkleinpflaster, Steine 3 M./qm	33 890	28 570	34 870	29 680	34 870	29 680	34 870	29 680	35 550	30 150	35 550	30 150	36 370	30 930
g) Asphaltpflaster	52 520	45 920	53 500	47 030	53 500	47 030	53 500	47 030	54 180	47 500	54 180	47 500	55 000	48 280
h) Holzpflaster, Schwedische Kiefer	56 420	48 460	61 500	52 860	61 500	52 870	61 500	52 870	62 180	53 440	62 180	53 440	62 880	54 230
Verlegung von Gas- und Wasserleitungen	500	500	500	500	500	500	500	500	500	500	500	500	500	500
Werkzeug, Insgemein	300	300	300	300	300	300	300	300	350	350	350	350	350	350

4. Rollendes Material.

L = Streckenlänge in Kilometer.

$V = \text{Reisegeschwindigkeit} = \dfrac{10-12 \text{ km}}{\text{Stb.}}$ je nach den Verkehrs-, Steigungsverhält-

nissen und Anzahl der Haltestellen; normal 4 Stück je Kilometer d. h. in 250 m Entfernung voneinander.

B = Betriebsintervall in Minuten.

A = Anzahl der Wagen.

$$A = \left(\frac{2 \cdot L \cdot 60}{V} + 2 \cdot 5 \right) : B .$$

Hierzu 20% Reserve.

Motoren für elektrische Fahrzeuge.

Motor	Normale Leistung PS	Umdrehungen i. d. Minute bei normaler Leistung ca.	Betriebs- spannung Volt	Kleinste Spurweite mm	Kleinster Laufrad- Durchmesser mm	Gewicht ausschließlich Zahnräd. ein- schl. Zahnrad- Schutzkasten	Preis ausschließlich Zahnräder einschließlich Zahnrad- schutzkasten M.
D 54 $\left\{ \begin{matrix} 1 \\ 8 \end{matrix} \right.$	25 / 35	535 / 545	500	1000[1]	800	832	2185
D 17/30	58	800	750	1435	800	1424	3550
D 92 s	75	710	750	1435	800	1606	3950
D 45 w/a[2])	25	525	550	1000	750	762	2255
D 53 w/g[2])	35	535	550	1000	800	953	2665
D 71 w/a[2])	56	535	750	1000	800	1335	3535
g D 120 w/a[2])	80	500	500	900	900	1827	5235
D 150 w/c[2])	75	330	500	1435	900	2637	7260
g D 170 w[2])	160	630	1000	1000	1250	3200	8900

Preise gelten frei Werk Berlin.

Der jeweilige Rabatt richtet sich nach der Größe der Lieferung.

Motorwagen.

1. Motorwagen für einen Fassungsraum von 18 Sitz- und 18 Stehplätzen, zwei-
achsig, Spurweite 1,435 m, in solider, einfacher Ausstattung, Abfederung durch doppelte
Blattfedern, 8 Klotzbremsen, 4 Sandstreuer, elektrische Ausrüstung, bestehend aus
2 Motoren à 35 PS, 2 Fahrschalter, 1 Satz Widerstände, 1 Stromabnehmer, Ausschalter,
Blitzableiter, Kabel, elektrische Beleuchtung, Anschlüsse für Anhängewagenbeleuchtung,
Magnetbremse:

a) Wagenkasten . . . .   6000 M.   Gewicht 3600 kg

b) Untergestell   1200   „   „   1850   „

c) 2 Achsen, 830 mm Laufkreisdurchmesser, 110 mm
 Achsendurchmesser, 60 mm Radreifenstärke . .   430   „   „   920   „

d) Elektrische Ausrüstung frei Werk   5370   „   „   2500   „

e) Montage   300   „

                                        13 300 M.   Gewicht 8870 kg

[1] Bei Verwendung von 90 mm breiten Zahnrädern. Kleinste Spurweite für Motor D 54 s mit
120 mm breiten Zahnrädern = 1070 mm.

[2] Motoren mit Wendepolen.

2. Motorwagen für einen Fassungsraum von 20 Sitz= und 14 Stehplätzen, zweiachsig, 2 Motoren von zusammen 50 PS, sonst wie 1., frei Werk 13 000 M., Gewicht 8200 kg.

3. Motorwagen für einen Fassungsraum von 16 Sitz= und 14 Stehplätze, sonst wie 2.

    a) Wagenkasten, Untergestell, Achsen . . . . 5000 bis 5500 M.

        frei Werk, Gewicht ∼ 5000 kg.

    b) Elektrische Ausrüstung einschl. Montage . . . . . .   4800 „

        Gewicht 2300 kg.

    Gewicht 7300—7500 kg.   9800 bis 10 300 M.

4. Motorwagen für einen Fassungsraum von 36 Sitz= und 12 Stehplätze, vierachsig, 2 Motoren à 35 PS, sonst wie 1., Gewicht 13 000 kg . . . . . 16 500 bis 17 000 M.

5. Reserveteile für Motorwagen, mechanische und elektrische, ∼ 250 Mk./Wagen.

Anhängewagen.

    a) 1 Anhängewagen, zweiachsig, mit einem Fassungsraum für 16 Sitz= und 14 Stehplätze . . . . . . Gewicht 3400—3800 kg.   3800 M. frei Werk.

    b) Elektrische Bremseinrichtung

        (Solenoidbremse) . . . . .   „   160 „   325 „   „

    c) Elektrische Beleuchtung . . .   „   26 „   115 „   „

    d) Montage . . . .   60 „   „

           Gesamtgewicht 3586—3986 kg.   4300 M. frei Werk.

Arbeitswagen.

1 elektrische Schneefegemaschine mit kompletter elektrischer Ausrüstung   15 000 M.

1 Sprengwagen als Anhänger zum Motorwagen . . . .   1 750 „

5. Wagenhalle (Depot).

a) Wagenhalle mit großen Reparaturwerkstätten, Nebengebäuden, Verwaltungs= gebäude.

Größe für 50—60 Wagen, je Wagen ∼ 30 qm Halle . . . = 1700—1750 qm

Die Werkstätten im Anbau ein Drittel der Hallengröße . . = 520—550 „

Ölkeller, Magazin, Abort, Waschraum, Oberbau=Geräteraum,

    Heizkeller, Kohlenraum besonderes Gebäude . . . . . ∼ 175—200 „

Salzschuppen . . . . ∼   16 „

Verwaltungsgebäude, Keller, Parterre und 2 Stockwerke, Boden,

    für Bureau und Dienstwohnung . . . . ∼ 210—230 „

Gleisentwicklung vor der Halle erfordert Gelände in Breite der Halle und 22 m Länge + 18 m breiten Fahrdamm und Fußweg; für hinteren zweiten Ausgang dasselbe Straßenland. 2640 qm bebautes Gelände erfordern 4750 qm Depotfläche ohne Berück= sichtigung der anschließenden Straßen.

Alle Gebäude massiv, die Halle mit eisernen Dachbindern und Doppelpappdach. Be= und Entwässerung, Zentralheizung, elektrische Beleuchtung.

    I. Die einzelnen Arbeiten für die Halle und Nebengebäude:

        a) Maurerarbeiten . . . . 37 500 M.

        b) Eisenkonstruktion . . . . 21 500 „

        c) Schmiedearbeiten . . . . 2 800 „

        d) Eindeckung . . . . 4 000 „

        e) Klempnerarbeiten . . . . 1 500 „

f) Zimmerarbeiten . . . . 14 000 M.

g) Glaserarbeiten . . . . 3 100 „

h) Anstreicherarbeiten . . . . 2 100 „

i) Tischlerarbeiten . . . . 600 „

k) Revisionsgrube, 725 qm . . . . 4 600 „

l) Holzpflasterung in der Werkstatt . . . . 1 900 „

m) Gasleitungen für gewerbliche Zwecke . . . . . 600 „

n) Elektrische Beleuchtungsanlage . . . . 1 300 „

o) Blitzableiteranlage . . . . 800 „

p) Depotuhr einschl. Aufstellung . . . . 700 „

$$\overline{97\,000\ \text{M.}}$$

2430 qm bebaute Fläche, 40 bis 45 M./qm.

II. Die einzelnen Arbeiten für das Verwaltungsgebäude:

a) Maurerarbeiten . . . . 18 600 M.

b) Zimmerarbeiten . . . . 7 300 „

c) Dachdeckerarbeiten . . . . 1 100 „

d) Klempnerarbeiten . . . . 700 „

e) Anschlägerarbeiten . . . . 2 000 „

f) Tischlerarbeiten . . . . 5 000 „

g) Glaserarbeiten . . . . 700 „

h) Malerarbeiten . . . . 2 000 „

i) Eisen, Träger usw. . . . . 3 000 „

k) Stuckarbeiten . . . . 300 „

l) Töpferarbeiten . . . . 400 „

m) Tapeziererarbeiten . . . . 1 300 „

n) Steinmetzarbeiten . . . . 400 „

o) Blitzableiteranlage . . . . 300 „

p) Linoleumbelag mit Zementbetonunterlage . . . . 900 „

q) Elektrische Beleuchtungsanlage . . . . 600 „

$$\overline{44\,600\ \text{M.}}$$

210 qm bebaute Fläche, 210 bis 230 M./qm.

III. Gemeinsame Anlagen:

a) Ent- und Bewässerungsanlage . . . . 4 500 M.

b) Zentralheizungsanlage:

　　　α) Kessel, Rohrleitungen, Heizkörper . . . . 10 600 „

　　　β) Heizkelleranlage . . . . 4 600 „

c) Einfriedigung . . . . 3 000 „

d) Pflasterung des Hofes, ~ 1600 qm . . . . . . 7 700 „

e) Brausebad, Warm- und Kaltwasseranlage im Wirtschaftsgebäude . . . . 500 „

$$\overline{30\,900\ \text{M.}}$$

I. 97 000 M.

II. 44 600 „

III. 30 900 „

$$\overline{172\,500 \sim 173\,000\ \text{M. Gesamtkosten.}}$$

IV. Gleis= und Stromzuführungsanlagen:

Falls nicht besondere Gründe für die Verwendung von Rillenschienenoberbau vor=
liegen, wird Vignoloberbau gewählt.

1 lfd. Meter Gleis Vignolschiene auf eisernen Querschwellen, ∾ 77 kg schwer,
    liefern . . . . 13,00 M.
1 einfache Weiche aus Vignolschienen auf eisernen Querschwellen liefern. . 480,00 „
1 lfd. Meter Gleis Vignoloberbau mit eisernen Querschwellen auf Packlager
    verlegen . . . . 1,50 „
1 m Vignolgleis für die Revisionsgrube, 50 kg schwer . . . . 7,20 „
1 versenkte Schiebebühne mit Handwinde zum Befördern von Motorwagen
    mit 3000 mm Radstand und 9000 kg Gewicht, im Gewicht von 2500 kg,
    frei Werk . . . . 1200 „
1 Schiebebühnenbett hierzu, Ausheben der Grube, Einbringen von Klarschlag,
    20 cm stark, Abwalzen, Aufbringen der Holzkonstruktion, unterstopfen,
    ausrichten, einschl. Lieferung aller Materialien, ausschl. der Schienen,
    je lfd. Meter Bett . . . . 65 „
1 halbversenkte Schiebebühne, 1,435 m Spur, 3,2 m lang, 8500 kg
    Tragfähigkeit, einschl. Ratsche zum Transport, ohne Laufgleis und
    Bett. . . . . 1050 „
1 Drehscheibe von 4 m Durchmesser, Gewicht 2600 kg, 9000 kg Tragfähig=
    keit, frei Werk . . . . 840 „
1 Fundament hierzu . . . . 300 „
1 Drehscheibe von 2,2 m Durchmesser, 1,435 m Spurweite, 5000 kg Trag=
    fähigkeit, frei Werk . . . . 450 „

b) Kleinere Wagenhalle zur Einstellung von Wagen allein und Vornahme
kleiner Reparaturen in der Nacht; der Werkstättenraum mit Mannschaftsraum, Magazin,
Geräteraum im Anbau zur Halle.

        Größe: 30 Wagen à 30 qm = 900—950 qm . . . . à 45 M.
        Anbau: 220 qm . . . . à 50 „

1. Die Halle in Eisenfachwerk mit Wellblechdach und Anbau massiv mit Holz=
    zementdach; die Halle zu drei Viertel unterkellert . . . . 52 000 „
2. Kleines Dienstgebäude, massiv mit Ziegeldach, einfache Ausführung, für
    4 Bureauräume und vierzimmrige Dienstwohnung für Depotverwalter,
    ∾ 130 qm . . . . 16 000 „
3. Abortgebäude auf dem Hof mit Grube und Pissoirstand . . . . . 2500 „
3a. Abort, Salz= und Sandschuppen . . . . 3000 „
4. Einrichtung eines Ölraums . . . . 450 „
5. Einfriedigung, Pflasterung, Ent= und Bewässerung des Grundstücks
                                12 bis 13 000 „
6. Elektrische Beleuchtungsanlage, die installierte Lampe 25 M. . . . ∾ 1000 „
                    Gesamtsumme 1—6: 85 000 M.

c) Die Kosten der Gleis= und Stromzuführungsanlagen eines Depots
schwanken je nach Umfang und Wahl der Einrichtungen zwischen 20—30 000 M.

6. Werkstattseinrichtung.

Je nach der Größe der Bahnanlage im Umfang verschieden 15 bis 35 000 M.

a) Schlosserei und Montage.

1 Drehstrominduktionsmotor mit Schleifringanker und zugehöriger Schalttafel, 5,5 PS, 208 Volt, 600 Umdrehungen je Minute, frei Werk . .	1250 M.
Montage des Motors	80 „
Schutzvorrichtung für den Motor	50 „
1 Räderdrehbank zum Bearbeiten und Nachdrehen von Radsätzen, 460 mm Spitzenhöhe, 2200 mm Spitzenweite, Gewicht 7000 kg	5600 „
einschl. Fundament	6500 „
1 Hebezeug für Bandagendrehbank	120 „
1 Leitspindeldrehbank, 150 mm Spitzenhöhe, 1000 mm Spitzenweite, einschl. Fundament und Montage . . . . 900 bis	1100 „
1 Shapingmaschine einschl. Fundament und Montage	1150 „
1 freistehende Säulenbohrmaschine	375 „
1 Transmission für vorstehende Maschinen mit allem Zubehör und Montage	480 „
Treibriemen für vorstehende Maschinen, fertig montiert	255 „
Besondere Tragkonstruktion für die Transmission zur Entlastung des Daches und zur Anbringung einer Hebevorrichtung für Motorwagen, bestehend aus 4 Schraubenhebezeuge, 2 fest, 2 als Laufkatze ausgebildet, von je 1500 kg Tragkraft, und 2 Traversen von je 2350 mm Länge zur Auflage der Motorwagenkasten, einschl. der erforderlichen Ketten und Montage .	700 „
1 Satz Spindelhebeböcke mit 2 Querträgern für die Montage der Motorwagen für zusammen 9000 kg Tragkraft	850 „
1 Werkbank, 8 m lang, mit kräftiger Platte, verschließbarem Kasten und Fächern	240 „
3 Parallelschraubstöcke mit eingeschwalbten und geschraubten Stahlbacken, Backenbreite 120 mm, je Stück	27 „
1 Hebelblechschere, Messerlänge 240 mm, für Eisenbleche bis 4½ mm . . .	105 „
1 Schleifstein, 630 mm Durchmesser, für Motorbetrieb	80 „
Diverse Schlossereiwerkzeuge, bestehend aus Hämmer, Meißel, Feilen, Zangen, Bohrzeug	190 „

Für größere Werkstätten außerdem:

1 Stoßmaschine, 600 mm Tischdurchmesser, 440 mm Höhe, zwischen Tischoberkante und Stößelführung, Gewicht 2050 kg	2000 „
1 Hobelmaschine zum Hobeln von Schienenzungen, Gewicht 1800 kg, einschl. Montage	1600 „
1 Präzisions-Schnellbohr- und Zentriermaschine, Löcherweite bis 10 mm, Gewicht 250 kg	570 „

b) Ankerreparaturwerkstatt.

Ankertrockenofen für 2 Anker für Gasheizung mit Fundament und Anschluß an die Gasleitung	650 M.
Werkbank, Schraubstöcke, Gestelle zum Spulenwickeln usw.	1200 „
1 Präzisionsamperemeter	300 „
1 Präzisionsvoltameter	210 „

c) Holzbearbeitung (Transmission unterirdisch).

1 Drehstrominduktionsmotor mit Schleifringanker und zugehöriger Schalttafel, 7 PS, 208 Volt, 1500 Umdrehungen je Minute, frei Werk . .	850 M.
Montage des Motors	80 „
1 Bandsäge, 800 Durchmesser	450 „
1 Dickenhobelmaschine	450 „
1 Kreissäge mit verstellbarer Sägewelle	430 „
1 Spänetransportanlage für vorstehende Maschinen mit Exhauster usw. und Montage	660 „
1 Transmission für vorstehende Maschinen mit allem Zubehör und Montage	460 „
Treibriemen für vorstehende Maschinen, fertig montierte	160 „
Fundamente für Maschinen und Transmission	200 „
Gasofen zum Leimkochen und Holztrocknen mit Anschluß an die Gasleitung und Niederdruckdampfheizung	240 „
1 Schleifstein für Motorbetrieb	90 „
1 Tischlerhobelbank	48 „
1 Stellmacherhobelbank	61 „
1 Werkzeugschrank mit diversen Werkzeugen, Feilen, Hobel, Sägen, Hämmer, Bohrer, Zangen usw.	216 „

Für größere Werkstätten außerdem:

1 Universal-Füge-, Abricht- und Kehlhobelmaschine, Hobelbreite 400 mm .	500 „
1 kombinierte Kehl- und Fraismaschine, Tisch 1200 × 900	650 „
1 selbsttätige Messerschleifmaschine für Hobelmesser bis 600 mm Länge .	350 „
1 Bandsägen-Schränkapparat	180 „
1 leichte Holzdrehbank, 230 mm Spitzenhöhe, 1200 mm Spitzenweite . .	280 „

d) Schmiede.

1 gußeisernes Schmiedefeuer mit 2 Feuern, Herdgröße 1800 × 1200 mm, mit Rauchfang	250 M.
1 kräftiger Ventilator für 8 Feuer mit Röhrenleitung zum Feuer, Absperrhähnen	500 „
1 Drehstrominduktionsmotor mit Schalttafel, 2 PS, 208 Volt, 1420 Umdrehungen und Riemen zum Antrieb des Ventilators	320 „
2 Ambosse mit einem Horn, ~ 100 kg je Stück, auf buchener Platte und Kies im Eisenrohr, je Stück	160 „
1 Werkbank, 8 m lang, m. kräftiger buchener Platte u. 4 verschließbaren Fächern	110 „
1 vollständiger Satz Schmiedewerkzeuge, bestehend aus diversen Hämmern, Meißel, Zangen, Gesenke, Feilen usw.	90 „
2 geschmiedete Schraubstöcke, jeder 35 ~kg schwer, je Stück	45 „
2 Parallelschraubstöcke, Backenbreite 125 mm, je Stück	27 „
1 Loch- und Gesenkplatte, 450 × 500 mm, mit hölzernem Gestell . . .	60 „
1 Radreifenfeuer mit Leuchtgasringbrenner einschl. Fundament	900 „
1 Hebezeug für Radreifenfeuer einschl. Träger	200 „

Für größere Werkstätten außerdem:

1 Luftdruckhammer, Transmissionsantrieb, 100 kg Fallgew., einschl. Montage	2850 „
Fundament hierzu	350 „

e) Lackiererei.

1 vollständiger Satz Malerwerkzeuge, bestehend aus diversen Pinseln,
Schleppern, Stahlkämmen, Hornkämmen, Gestellen usw. . . . .   100 M.

f) Klempnerei und Sattlerei.

Werkzeuge, diverse . . . .   100 „

g) Kleine Gelbgießerei mit 3 Öfen, 60 qm je 70 M. . . . . .   4200 „

h) Magazin.

Sandtrockenofen . . . .   200 „
2 Wagenwinden für je 10 t Tragkraft je . . . .   64 „
1 Dezimalwage mit verstellbarem Gewicht für 500 kg Tragkraft . . . .   190 „
1 Luckenlaufkatze einschl. Montage . . . .   350 „

  i) Bei Verwendung von Gleichstrom zu 550 Volt Spannung im Werk-
stättenbetrieb ergeben sich die Motore zu:

1. Schlosserei: 6 PS, 310 Umdrehungen/Min. . . . .   1250 „
2. Holzbearbeitung: 8 PS, 1480 Umdrehungen/Min. . . . .   1200 „
3. Schmiede: 1½ PS, 2000 Umdrehungen/Min. . . . .   600 „
einschließlich Anlasser, Riemenscheibe und Fundamentschienen.

7. Stromzuführung.

Verbindung der stromerzeugenden Anlage mit dem Fahrdraht bzw. den Schienen
der Strecke durch eisenband-armierte-asphaltierte Bleikabel. Gesamter Spannungsverlust
im Fahrdraht, Schienen und Kabel 10%. Spannungsabfall in den Schienen 3—5 Volt.
E = Spannungsabfall in Volt. J = Stromverbrauch an der Entnahmestelle in
Ampere. L = Entfernung der Entnahmestelle von der stromerzeugenden oder -abge-
benden Anlage in Meter. q = Querschnitt des Leiters in Quadratmillimeter. c =
Koeffizient der Leitfähigkeit des Leiters bei Kabel = 58,8, bei Fahrdraht = 57, bei
Schienen = 10.

$$E = \frac{J \cdot L}{c \cdot q}.$$

a) Einzelpreise.

Bahnkabel für Gleichstrom.

Eisenbandarmiertes Papierbleikabel (A. E.=G.).

Einfachkabel ohne Prüfdraht für Gleichstrom, Type PER 700 Volt.

		16	25	35	50	70	95	120	150
Kupferquerschnitt . . . . qmm		16	25	35	50	70	95	120	150
Nettogewicht für 1000 m . . . . kg		1440	1550	2180	2490	2930	3360	4160	4760
Preis für 1000 m auf Trommeln gewickelt M.		1240	1500	1720	2100	2600	3220	3900	4620
Fabrikationslänge . . . . m		700	700	700	700	680	620	530	475

		185	210[1]	240	—	310	355[1]	400	500
Kupferquerschnitt . . . . qmm		185	210[1]	240	—	310	355[1]	400	500
Nettogewicht für 1000 m . . . . kg		5470	—	6540	—	7730	—	9160	11240
Preis für 1000 m auf Trommeln gewickelt M.		3520	6150	6900	—	8640	9750	10850	13320
Fabrikationslänge . . . . m		415	—	335	—	290	—	240	195

Zuschlag für je 1 Prüfdraht und je 1000 m bei 16 bis 50 qmm 120 M., bei 70 bis
1000 qmm 100 M.

[1] anormal.

Die Preiſe der Kabel verſtehen ſich frei Bahnhof oder frei Kahnlöſchſtelle des Ver=
wendungsortes des Empfängers innerhalb Deutſchland und baſieren auf einem Grund=
preiſe für Elektrolytkupfer von 55/60 £ Kupfer pro Tonne und erhöhen ſich um 20 Pf.
pro 1 qmm Kupferquerſchnitt und 1000 m Länge, um welches die Londoner Elektrolyt=
kupfernotierung am Tage der Auftragserteilung höher oder niedriger als 60 £ bzw.
55 £ iſt. Unter Londoner Elektrolytkupfernotierung iſt derjenige höchſte Preis zu ver=
ſtehn, welcher an dem der Auftragserteilung vorhergehenden Freitag im Mining-Jour-
nal für Elektrolytkupfer notiert iſt.

Die Trommeln werden leihweiſe geſtellt.

Zubehörteile: Verbindungsmuffen, Metallendverſchlüſſe, Schienenanſchlußmuffen,
Polaritätszeichen 1½—2% des Kabelbetrages.

Rohrmaſte. (Preiſe frei Werk, mittlerer Eiſenmarkt.)

| Beanſpruchung | 120 kg | | 200 kg | | 300 kg | | 400 kg | | 600 kg | | 1000 kg | |
| Länge | 8300 mm | | 8300 mm | | 8500 mm | | 8500 mm | | 8500 mm | | 8500 mm | |
	Preis M.	Gewicht kg	Preis M.	Gewicht kg	Preis M.	Gewicht kg	Preis M.	Gewicht kg	Preis M.	Gewicht kg	Preis M.	Gewicht kg
Rohrmaſt	66,00	139,00	86,00	182,00	98,00	206,00	108,00	230,00	142,00	300,00	174,00	370,00
Sockel	13,00	50,00	14,50	56,00	16,00	58,00	16,00	58,00	17,50	73,00	17,50	73,00
Unterer Verzierungs- ring	2,50	10,00	3,00	12,00	3,50	13,00	3,50	13,00	4,00	20,00	4,00	20,00
Oberer Verzierungs- ring	2,00	7,00	2,50	8,00	2,80	11,50	2,80	11,50	3,50	15,00	3,50	15,00
Zugring	1,00	1,70	1,00	1,90	1,20	2,40	1,20	2,40	1,50	2,80	1,50	2,80
Zinkkappe	5,50	2,90	5,50	2,90	6,50	4,80	6,50	4,80	6,50	5,50	6,50	5,50
Kompletter Maſt	90,00	210,60	112,50	262,80	128,00	295,70	138,00	319,70	175,00	416,30	207,00	486,30

Rohrmaſte der „Mannesmannröhren-Werke", Düſſeldorf. (Eiſenmarkt, Mai 1909.)

| Beanſpruchung | 120 kg | | 200 kg | | 300 kg | | 400 kg | | 600 kg | | 800 kg | | 1000 kg | | 1200 kg | |
| Länge | 8300 mm | | 8300 mm | | 8500 mm | | 8500 mm | | 8500 mm | | 8500 mm | | 8500 mm | | 8500 mm | |
	kg	M.	kg	M.	kg	M.	kg	M.	kg	M.	kg	M.	kg	M.	kg	M.
Nahtloſer Mannesmann- Stahlrohrmaſt	110	44	145	58	190	76	240	96	300	120	360	144	415	166	465	186

Berechnet nach den „Sicherheitsvorſchriften" für elektriſche Straßenbahnen und
ſtraßenbahnähnliche Kleinbahnen des Verbandes Deutſcher Elektrotechniker". Auf
Wunſch werden Maſte auch nach jeden anderen Vorſchriften geliefert. Der Preis der
gußeiſernen Bekleidungsteile wie Sockel, Verzierungsringe, Schlußköpfe und Fußplatten
richtet ſich nach der Ausführung. (Siehe Spezialkatalog.)

Gittermaſte für Queraufhängung. (Preiſe frei Werk.)

Horizontalzug	kg	Länge des Maſtes mm	Maſt Preis M.	Maſt Gewicht kg	Zugring Preis M.	Zugring Gewicht kg	Zinkkappe Preis M.	Zinkkappe Gewicht kg	Kompl. Maſt Preis M.	Kompl. Maſt Gewicht kg
In einer Richtung	180	8300	50	198	2,00	1,80	4,60	1,90	56,60	201,70
" " "	300	8300	58	240	2,50	2,40	4,60	2,80	65,10	245,20
" " "	500	8500	71	294	2,50	3,60	4,60	3,50	78,10	301,10
" jeder "	500	8500	110	420	2,50	3,60	5,35	3,50	117,85	427,10
" " "	750	8500	130	500	2,50	3,60	5,35	3,50	137,85	507,10
" " "	1000	8000	150	570	2,50	3,60	5,35	3,50	157,85	577,10

O.-Sch.

44

Gittermaste für Ausleger.

Horizontalzug	kg	Länge des Mastes mm	Mast Preis M.	Mast Gewicht kg	Zugring Preis M.	Zugring Gewicht kg	Zinkkappe Preis M.	Zinkkappe Gewicht kg	Kompl. Mast Preis M.	Kompl. Mast Gewicht kg
In einer Richtung . . .	100	8000	41	134,50	—	—	4,60	1,40	**45,60**	135,90
" " " . . .	200	8000	47	166,00	—	—	4,60	1,90	**51,60**	167,90
" " " . . .	350	8000	58	209,00	—	—	4,60	2,80	**62,60**	211,80
In beiden Richtungen . .	600/650	8000	70	273,00	—	—	5,35	3,50	**75,35**	276,50

Holzmaste für Queraufhängung und Ausleger.

In beiden Richtungen . .	200	9000	12	125	2,00	2,50	3,50	1,80	**17,50**	129,30
" " " . .	300	9000	16	170	2,00	3,20	4,60	2,50	**22,60**	175,70
" " " . .	450	9000	20	220	3,00	4,70	5,00	3,00	**28,00**	227,70

Einfacher Armausleger aus ⌶ Eisen (50 × 38 mm) mit Spannschraube und Zugstange.

Einfachgleis	—	—	—	—	—	—	—	—	**16,00**	47,00
Doppelgleis	—	—	—	—	—	—	—	—	**28,00**	70,00
Symmetrisch	—	—	—	—	—	—	—	—	**38,00**	94,00

Montage der Stromzuführungsanlage.

a) Kabelverlegung.

1 m Kabelgraben, 60—70 cm tief, in der nach Anzahl der einzulegenden Kabel erforderlichen Breite ausheben, die Kabel verlegen, die Unterscheidungszeichen anbringen, mit hartgebrannten Ziegeln, die zu liefern sind, abzudecken, den Graben verfüllen, einschlemmen, abrammen, die Straßenbefestigung wieder herstellen, Abfuhr der übrig gebliebenen Materialien, Gestellung aller Werkzeuge:

1. in Sandpflaster . . . . 1,60 bis 1,75 M.
2. in Zementmörtelpflaster 4,50 „ 4,90 „
3. in Asphaltbelag . . . . 2,50 „ 3,30 „
4. in Plattenfußweg . . . 2,65 „ 3,00 „
5. in Sandfußweg . . . . 1,15 bis 1,25 M.
6. in Klinkerplattenfußweg   2,50 „
7. in Fahrbahnchaussierung 1,35 „ 1,50 „

In vorstehenden Preisen sind die Kosten für das Einlegen eines Kabels mit 10 Pf. je lfd. Meter enthalten, mit jedem weiteren Kabel erhöht sich der Preis um 10 Pf. Der Kabeltransportwagen wird dem Unternehmer zur Verfügung gestellt. Verlegung der Kabel unter Aufsicht des Kabelmonteurs, der für jeden Tag der Abwesenheit vom Werk (den Tag zu 10 Stunden gerechnet) 12 M. erhält. Überstunden erhalten einen Aufschlag von 25%, Nacht- und Feiertagarbeit 50%, wobei als Nachtarbeit die Zeit von 8 Uhr abends bis 6 Uhr morgens gilt.

b) Mastsetzen.

Herstellung der Baugrube von entsprechender Tiefe, Transport der Maste von der Lagerstelle zum Standort, Montage der Köpfe, Bunde und Sockel der Maste, Aufstellen und Ausrichten der Maste unter Verwendung von Beton, Einfüllen des vorhandenen Bodens einschl. Einschlemmen und Abrammen, Wiederherstellen der Straßenbefestigung einschl. Zubuße von Sand und Steinmaterial, Abfahren des überschüssigen Materials, sowie aller Nebenarbeiten und Lieferung der Betonmaterialien.

1. in allen Straßenbefestigungen außer Granitplatten- und Betonfußweg, ∼ 75—85 cm von Bordkante bis Mitte Mast.

a) Gittermaste mit 180 kg Horizontalzug,
   Rohrmaste   „   120—200 kg   „
   0,54 cbm Beton, Mischung 1 : 9, 1,5—1,8 m Einsatztiefe,
   je Stück . . . .   23 M.

b) Gittermaste mit 300—500 kg Horizontalzug,
   Rohrmaste   „   300—500 kg   „
   0,75 cbm Beton, Mischung 1 : 9, 1,5—2 m Einsatztiefe,
   je Stück . . . .   29 „

c) Gittermaste mit 500—1000 kg Horizontalzug,
   Rohrmaste   „   600—1000 „   „
   1,2 cbm Beton, Mischung 1 : 9, 1,8—2,1 m Einsatztiefe,
   je Stück . . . .   42 „

Die kürzeren Einsatztiefen gelten insbesondere für die Fabrikate der Mannesmannröhren-Werke, Düsseldorf.

2. in Granitplatten und Betonfußweg erhöhen sich vorstehende Preise um   5 M.
3. Es verringern sich vorstehende Preise:

   α) bei Verwendung von altem Chausseematerial für den Klarschlag zum Beton
      um: a) 4 M.   b) 6 M.   c) 9 M.
   β) bei Verwendung von Packlager als Widerlager einschl. Lieferung des Materials
      um: a) 5 M.   b) 7,50 M.   c) 10 M.
   γ) bei Verwendung von Packlager wie unter β) ausschl. Lieferung des Materials um:
                  a) 9 M.   b) 13 M.   c) 19 M.

4. 1 Probeloch machen . . . .   5 M.
5. 1 Ausleger für einfaches Gleis am Rohrmast fertig anbringen . 16,20 bis 18 „
6. 1 einseitiger Ausleger für 2 Gleise am Rohrmast fertig anbringen 23,40 „ 26 „
7. 1 zweiseitiger Ausleger am Rohrmast fertig anbringen . . . . . 27,00 „ 35 „

Die niedrigen Preise gelten für die Fabrikate der Mannesmannröhren-W., D., ohne Verzierungen am Ausleger.

8. 1 Ausleger am Gittermast anbringen . . . .   6 M.
9. Stundenlohn für einen Monteur tags 1,25, nachts 1,80 M.
   „   „   „   Schlosser „   0,75   „   1,15   „
   „   „   „   Arbeiter   „   0,50   „   0,75   „
   für einen Montagewagen je Tag „ 20,00   „ 25,00   „

10. Anstrich der Masten:
    1 Gittermast vom Schmutz reinigen und zweimal mit Ölfarbe streichen 3,00 bis 5,00 M.
    1 Rohrmast einschl. Garniturteile vom Schmutz reinigen und zweimal
      mit Ölfarbe streichen, je nach der Größe . . . . . .   2,00 bis 6,00 „
    1 Rosette grundieren und zweimal mit Ölfarbe streichen . .   1,00 „
    1 Ausleger anstreichen wie vor . . . .   2,00 bis 3,50 „

11. Transport der Masten vom Bahnhof zum Lagerplatz einschl. Umladen
    und Abladen 0,50 bis 0,55 M. je 100 kg auf 2—4 km Transportweg,
    wovon für den Transport allein 0,20 bis 0,25 M. entfallen.

12. 1 Holzmast setzen im Packlager einschl. des Packlagers . . . 10,00 bis 12,00 „

   Oberleitungsmaterial und Montage. (Preise frei Werk.)

1. 1 Wandrosette einschl. Steinschraube . . . .   8 M.
2. 1 km Oberleitungsteile, Befestigungsösen, Drahtklemmen, Schnallen-
   isolatoren, Schalldämpfer, Spannvorrichtungen, Aufhängungen mit Iso-
   lierbolzen, Fahrdrahtklammern, Nachspannvorrichtungen, Streckenisola-

44*

toren, Blitzableiter, Gummiader, Stahldraht, Ausschalterkasten usw. mit
Löt=, Isolier= und Befestigungsmaterial:

je Kilometer Einfachgleis, Gewicht $\sim$ 210 kg . . . .   750 M.

„   „   Doppelgleis,   „ $\sim$ 350 „ . . . . . .   1500 „

3. 100 kg Hartkupferprofildraht von 55 qmm Querschnitt, mit einer Leit=
fähigkeit von 98% des chemisch reinen Kupfers und einer Bruchfestigkeit
von 40 kg je qmm bei 15° C, Kupferstand 60—65 £ . . . .   165 „

je Kilometer Einfachgleis   810 M., Gewicht $\sim$ 500 kg

„   „   Doppelgleis 1620 „   „ $\sim$ 1000 „

Montage der Oberleitungsanlage:

1. Montage einer Rosette einschl. Material und Werkzeug . . . .   5 „

2. Montage der Oberleitungsteile und Profildraht einschl. Gestellung
des Personals und Werkzeug:

je Kilometer Einfachgleis . . . .   800 „

„   „   Doppelgleis . . . .   1200 „

3. Montage der Ausschalterkästen an den Streckenunterbrechern und

Speisepunkten für die $\begin{cases} \text{eingleisige} & \text{Strecke je Stück . . .} \\ \text{doppelgleisige} & \text{„   „   „   . . .} \end{cases}$ 25 „

50 „

4. Werkzeug für Oberleitungsmontage einschl. Dynamometer . . .   454 „

4. Schienenverbindungen, bestehend aus 2 Kupferbändern von insgesamt
107 qmm, 2 Kupferstöpseln mit Stahlteilen:

a) für Schienenstoß, 1040 mm lang, frei Werk . . . .   2,90 „

„   „   1160 „   „   „   „ . . . .   3,20 „

b) „ Gleisverbindung einfach Gleis, 1655 mm lang, frei Werk . .   3,40 „

c) „ Doppelgleisverbindung:

α) Außenschienenverbindung, 4310 mm lang, frei Werk . . . .   11,00 „

β) Innenschienenverbindung, 1440 „   „   „   „ . . . .   3,85 „

d) 1 Satz Schienenverbindungen für Weichen, frei Werk . . . . . .   32,00 „

Montage der Schienenverbindungen je Stück . . . .   0,30 „

5. Werkzeug für Oberleitungsmontage mit Werkzeugkasten einschl. Galvano=
skop, Gummihandschuhe, Federdynamometer . . . .   650 „

Montagewagen mit dreh= u. verstellbarer Plattform u. Werkzeugschrank   1500 „

Montagewagen, einfach . . . .   800 „

Montageleiter, fahrbar . . . .   300 „

b) Gesamtpreise je Kilometer Strecke.

1. Ein Drittel der Stützpunkte Rosetten, zwei Drittel Rohrmasten, doppelte
Arbeitsleitung, einschl. Lieferung aller Teile, Masten, Rosetten, Isola=
toren, Fahrdraht und betriebsfertiger Montage . . . . 11100 M.

2. Dasselbe, aber zwei Drittel Gittermasten . . . .   9000 „

3. Dasselbe, aber unter zwei Drittel Masten sind zwei Fünftel Rohrmasten
und drei Fünftel Gittermasten . . . .   9850 „

4. Die Stützpunkte sind Gittermasten mit Ausleger, sonst wie vor . .   7250 „

5. Dasselbe wie 4., aber einfache Arbeitsleitung . . . .   5250 „

Bedarf an Kabeln ist in vorstehenden Preisen nicht enthalten, richtet sich von Fall
zu Fall nach der Belastung und Ausdehnung des Netzes.

8. Telephonschutz.

Hierher gehören die Ausgaben für die Vorkehrungen zum Schutze der oberirdischen Telephon= und Telegraphenleitungen einschl. der Kosten für das Verlegen, sowie das Anbringen von Schutzmaßnahmen an einzelnen unterirdischen Schwachstromleitungen. Die Kosten sind je nach den Forderungen der Reichstelegraphenverwaltung verschieden hoch: 1500 bis 3000 M. je Kilometer Bahnlänge.

a) Mechanischer Schutz durch geerdete Drähte, die über den Fahrdrahtleitungen ge= spannt sind. Telephonschutz für zweigleisige Strecke, bestehend aus je einem über dem Fahrdraht vermittelst besonderer Stützen auf den Fahrdrahtaufhängungen angebrachten Hartkupferrunddraht von 6 mm Durchmesser, einschl. Isolatoren mit Zubehör für die Abspannungen und Erdung an den Schienen:

α) für Auslegerstrecke . . . . 3,00 M.

β) „ Querdrahtstrecke . . . . 3,50 „

γ) wie vor für eingleisige Strecke, mit Auslegern . . . . 2,00 „

δ) Montage je lfd. Meter Telephonschutz . . . . 0,30 „

b) 1 Telephonschutzleiste aus in Leinöl gekochtem Holz mit Messingreiter auf die Fahr= drahtleitung aufgesattelt, fertig montiert 1 M./lfd. Meter.

c) Telephonschutz aus Gummi für Profildraht, direkt auf die Leitung aufgelegt.

d) Auswechslung der blanken Schwachstromleitungen durch Hackethaldraht.

9. Stromerzeugungsanlage.

a) Eigene Zentrale.

Strombedarf: Der Wattstundenverbrauch je Wagenkilometer hängt ab vom Gewicht des Wagens, vom Fortbewegungswiderstand, vom Wirkungsgrad des Motors, vom Über= tragungssystem, von den Schaltapparaten. Allgemeine Werte sind, am Wagen gemessen:

1. Horizontale Strecke mit kleinen Steigungen bis 1%, Wagen mit 14—18 Sitz= plätzen, 400—450 Wattstunden/Wagenkilometer.
2. Horizontale Strecke mit kleinen Steigungen bis 1%, Wagen mit 18—20 Sitz= plätzen, 600—650 Wattstunden/Wagenkilometer.
3. Größere Steigungen 7% bis 10%, Wagen mit 14—16 Sitzplätzen, 700—800 Wattstunden/Wagenkilometer.
4. Größere Steigungen 3% bis 6%, Wagen mit 18—20 Sitzplätzen, 750—850 Wattstunden/Wagenkilometer.

Leistung der Wagen 100—150 Wagenkilometer/Tag.

Betriebsdauer 14—16 Stunden/Tag.

Als Mittelwert erhält man: $\dfrac{600 \cdot 125}{15} = 5$ KW je Wagen für jeden auf der Strecke befindlichen Wagen; hierzu 10% Leitungsverluste für den Strombedarf am Schaltbrett, wozu noch der sonstige Strombedarf für Rangierbewegungen, Beleuchtung, Werkstattsbetrieb kommt.

Die Anlagekosten schwanken in ihrer Höhe nach der Anzahl der installierten Kilowatts, auch nach Wahl der Antriebsmaschinen und des Brennmaterials. Bei Benutzung von Dampfkraft und mittlerer Größe, wie Ausstattung:

1. Bau eines massiven Maschinen= und Kesselhauses mit Werkmeister= stube, Akkumulatorenraum, Schornstein, Fundamentierung und Einmauerung von Maschinen und Kesseln, je qm bebaute Fläche   200 bis 220 M.

2. Maschinelle Einrichtung der Zentrale, Dampfkessel, Maschinen, Schaltbrett usw. einschl. Montage je KW . . . . 250 bis 500 M.

b) Unterstation.

Zur Umwandlung von hochgespanntem Drehstrom in Gleichstrom; Einrichtung bestehend in Drehstrom=Gleichstromumformer, Puffer= batterie mit Hilfsmaschinen, Schaltbrett, je KW . . . . 150 „ 200 „

10. Uniformierung, Inventar, Anlernung der Angestellten und Probebetrieb.

1. Uniformierung und Inventar für den Angestellten . . . . 100 bis 150 M.

2. Leerlauf der Maschinen, Einfahren der Wagen, Einrichtung von Haltestellen, Einübung des Personals: 12% der Gesamtkosten der Anlage.

11. Vorarbeiten.

Die sachlichen und technischen Vorarbeiten, Vermessungsarbeiten, Anschläge, je km Gleis . . . . 1500 bis 2000 M.

12. Bauleitung.

Für die örtliche Bauleitung durch einen Abteilungsingenieur mit den nötigen Ingenieuren, Zeichnern, Buchhalter, Schreibhilfe, Magazinverwalter, sowie für Bureau= miete, Telephonanschluß, Bureaubedürfnisse, Drucksachen, Pläne usw. und für Reise= kosten sind zu rechnen: bei großen Anlagen pro km Gleis . . . 1200 bis 1500 M.

„ kleinen „ „ „ „ . . . 2000 „ 2500 „

13. Bauzinsen, Aktienstempel, Gerichtskosten, Notariatsgebühren, Verwaltung während der Bauzeit, Insgemein

sind für jede Anlage besonders zu berechnen.

B) Betriebskosten.

Unter der Annahme, daß es sich um Betriebe handelt, die eine angemessene Aus= nutzung der Anlage zulassen, deren Strompreis normal ist und deren Verwaltungskosten dem Betriebsumfang angemessen sind, so können die reinen Betriebskosten zu 22—24 Pf. je Wagenkilometer und günstigenfalls in großen Betrieben zu 18—20 Pf. je Wagen= kilometer angesetzt werden, wobei jeder Wagen 2 Personale, Führer und Schaffner, erhält. Die Dotierung des Erneuerungsfonds kann mit 2½%, die des Kapitaltilgungs= fonds mit 1% des Anlagekapitals bei angemessener Konzessionsdauer, mindestens 40 Jahre, angesetzt werden.

II. Straßenbahnen ohne Schienen.

A. Gleislose Bahnen.

a) Anlagekosten.

Gleislose Bahnen sind elektrisch betriebene Fahrzeuge, die zu ihrer Fortbewegung die vorhandene Straße ohne Schienen benutzen und den Betriebsstrom, Gleichstrom von 500—600 Volt Spannung, längs der Straße installierten Leitungen entnehmen. Diese Bahnen entsprechen kleineren Betriebsverhältnissen; jedoch nur auf gut ge= pflegter, harter Straße ist ein einwandfreier Betrieb ohne Schienen möglich.

Vorhandene Systeme:

a) Gesellschaft für gleislose Bahnen Max Schiemann & Co., Wurzen i. S. Fahr= drähte nebeneinander angeordnet; gewöhnliche Motoren. Ausgeführte Anlagen: Königs=

stein a. E.; Hütten-Königsbrunn; Grevenbruck i. W.; Langenfeld-Monheim a. Rh.; Grevenbrück-Bilstein-Kirchveischede; Wurzen i. S.; Neuenahr-Ahrweiler-Walporzheim; Mülhausen i. Els. u. a.

b) Mercedes-Elektrique-Stoll. Fahrdrähte nebeneinander angeordnet. Radnaben-motore. Ausgeführte Anlagen: Salmannsdorf-Pötzleinsdorf bei Wien.

c) Köhlers Bahnpatente G. m. b. H. Berlin-Bremen. Fahrdrähte übereinander an-geordnet; gewöhnliche Motoren. Ausgeführte Anlagen: Arsterdamm-Arsten; Bischofs-thor-Stadtwald bei Bremen.

Die Anlagekosten dieser Bahnen betragen $\sim$ 15 bis 25 000 M. je km einschl. Be-triebsmittel, ohne Kraftstation.

Einzelpreise: Personenmotorwagen mit 18 federgepolsterten Sitz- und 2 Steh-plätzen, gummibereiften Vorderrädern, 1 Elektromotor von 15/22 PS, Zahnradüber-setzung 1:8, Fahrschalter, elektrisches Zubehör, Beleuchtung, Lenkvorrichtung, Gewicht 3250 kg, Preis 14 bis 15 000 M.

Personenanhängewagen mit 20 Personen Fassungsraum, elektrischer Beleuchtung, mit Eisen- oder Gummibereifung, Gewicht 1650 kg, Preis 5 bis 6000 M.

1 km Oberleitung mit Gittermasten mit Ausleger, 50—60 qmm starken, doppelten Fahr-drähten aus Hartkupferprofildraht, mit allen Isolatoren, Montage usw. 9000 bis 10000 M.

1 kleine Wagenhalle, massiv gebaut, mit 3 Einfahrten auf der Giebelseite, im Lichten 17,5 m lang, 11 m breit, mit abgeschlossenem Raum für den Betriebsleiter, eine Werk-statt mit Feilbank, Bohrmaschine und Schmiede, sowie 2 kleine Revisionsgruben zur Motoruntersuchung in dem sonst ebenen Betonfußboden, 15 000 bis 17 000 M.

Bauleitung, Probebetrieb, Uniformierung des Personals, Inventar 10 000 M. für Anlagen von 5—6 km Länge.

Kraftstation:

1. Strombezug aus bestehenden Anlagen mit 10—13 Pf. je KW/Std.

2. Kleine Station von 30—50 KW Maschinengröße und einer Akkumulatoren-batterie gleicher Stärke, Antrieb durch Lokomobilen, Gasmotoren (Leuchtgas oder Generatorgas), Dieselmotoren in einfachem Fachwerksbau:

a. Baulichkeiten 30 Mk./qm bebaute Fläche.

b. Maschinelle Einrichtung 500 bis 600 Mk./KW.

b) Betriebskosten.

Kraftverbrauch für 1 Tonnenkilometer Bruttolast auf guten Wegen bei verschiedenen Jahreszeiten und Witterungsverhältnissen 80—100 W/Std. Stromverbrauch im Per-sonenverkehr je Wagenkilometer 400 W/Std. Mittelwerte aus den Ergebnissen gut ge-leiteter Betriebe sind, berechnet auf 1 Personenmotorwagenkilometer, die folgenden:

Personal	6—10 Pf. = 8 Pf.	im Mittel
Strom	4— 6 „ = 5 „	„ „
Gummi	5— 7 „ = 6 „	„ „
Reparatur und Unterhaltung . . .	3— 5 „ = 4 „	„ „
Verwaltungs- und Generalunkosten .	1— 3 „ = 2 „	„ „
Reine Betriebskosten in Summa	25 Pf. je Wagenkilometer.	

Die Verzinsungs- und Amortisationsquoten richten sich nach dem baulichen Um-fange der Anlage und betragen zwischen 10—15 Pf. pro Wagenkilometer.

Die Fahrtintervalle dieser Betriebe liegen zwischen 30 und 60 Minuten.

B. Automobil-Omnibus-Verkehr.

a) Anlagekosten.

1. **Gebäulichkeiten.**

Je Wagen 45 qm Halle und 20 qm Werkstatt.

1 qm bebaute Fläche	60 M.
1 qm Grunderwerb	15 „
Bei mehr als 2 Betriebsmittel je Wagen	5500 „

2. **Werkstattseinrichtung.**

Bis zu 5 Wagen im ganzen	6000 „
„ „ 10 „ „ „	8000 „

3. **Betriebsmittel.**

Ein 3 t-Untergestell mit 28/30 PS-Motor kostet:

ohne Reifen	~ 14 000 M.
dazu die Reifen	~ 2 500 „
„ der Kasten	~ 4 500 „
der ganze Wagen	~ 21 000 M.

mit 20—24 Plätzen; Gewicht 4300 kg.

Wagen für 12 Plätze	16 bis 17 000 „
Imperialwagen (Decksitzwagen), 38 Plätze, Gewicht 4700 kg . . .	22 000 „
Reservematerialien je Wagen	1500 „

4. **Gesamtpreis.**

Betriebslänge 5 km. Mittlere Reisegeschwindigkeit 12 km/Std. Fahrtintervall 30 Minuten.

Der fahrplanmäßige Betrieb erfordert 2 Wagen, wozu ein 3. als Reservewagen hinzukommt.

Die Gesamtkosten ergeben sich zu:

Gebäude	$3 \times 5500 + 6000 + 4500 =$	27 000 M.
Wagen	$3 \times 21\,000$ $=$	63 000 „
	in Summa:	90 000 M.

b) Betriebskosten.

1. **Allgemeine Verwaltung:**

Mittlere Betriebe erfordern je Wagenkilometer	2— 3 Pf.
2. **Fahr- und Aufsichtspersonal**	9—10 „

3. **Zugkraft:**

Brennmaterial: Benzin 42 Pf./100 kg.

Verbrauch pro Wagenkilometer	365 g	15,33 Pf.
„ „ Tonnenkilometer	122 „	5,12 „

Brennmaterial: Autonaphthalin 35,17 Pf./100 kg.

Verbrauch je Wagenkilometer	411 g	14,45 Pf.
„ „ Tonnenkilometer	75 „	2,64 „

Brennmaterial: Benzol 22 Pf.

Verbrauch je Wagenkilometer	394 g	8,67 Pf.
„ „ Tonnenkilometer	101 „	2,22 „

4. Gummibereifung:

Lebensdauer der Gummibereifung ist abhängig vom Zustande der befahrenen Straßen, von dem Raddruck, der Geschwindigkeit der Fahrzeuge und der Qualität der Reifen. Erzielte mittlere Leistung: 13 200 km. Kosten ergeben sich zu 14,7 bis 18,7 Pf.

5. Ölschmierung: Verbrauch 31 g/Wagenkilometer, Kosten 1,8 Pf./Wagenkilometer.

6. Wagenunterhaltung je Wagenkilometer 11,5 Pf.

7. Verschiedenes, Feuer-, Haftpflicht-, Sachschadenversicherung je Wagenkilometer 5,5 Pf. Gesamte Betriebskosten im Durchschnitt je Wagenkilometer 52½ Pf.

Die Abschreibungen der Anlagen können nach den bisherigen Erfahrungen mit 12½ Pf. je Wagenkilometer, die Tilgung mit 1 Pf. je Wagenkilometer angesetzt werden.

12. Bauausführungen in Beton und Eisenbeton[1].

Bearbeitet von Regierungsbaumeister Leschinsky, Berlin.

A. Geräte zur Prüfung von Beton.

1 Betonprüfmaschine für 300 t, Bauart Martens, für Würfel von 30 cm Kantenlänge mit Fahrwerk	2690,— M.
Dieselbe ohne Fahrwerk	2360,— „
1 Betonprüfmaschine ohne Fahrwerk für 400 t, Bauart Martens, für Würfel von 40 cm Kantenlänge	4000,— „
1 Einsatzstück mit Kugelgelenk für Würfel von 30 cm Kantenlänge . . .	175,— „
1 desgl. für Würfel von 20 cm Kantenlänge	105,— „
1 „ „ „ „ 10 „ „	95,— „
1 Betonwürfelform „ 40 „ „	80,— „
1 „ „ 30 „ „	62,— „
1 „ „ 20 „ „	48,— „
1 „ „ 10 „ „	22,— „
1 Aufsatzkasten „ 40 „ „	45,— „
1 „ „ 30 „ „	32,— „
1 „ „ 20 „ „	26,— „
1 „ „ 10 „ „	11,— „
1 Kiessieb von 7 mm Maschenweite in Holzrahmen von 50 cm Seitenlänge	8,50 „
1 Normalstampfer, 12 × 12 cm, 12 kg schwer	14,50 „
1 Normalspaten	6,— „
1 eisernes Lineal zum Ebnen der Oberfläche	5,— „
1 Satz Gußstahlzahlen von 15 mm Höhe zum Zeichnen der Würfel . .	10,— „

B. Materialien.

I. Kies.

Der Kiespreis muß in jedem Falle besonders ermittelt werden. Zu dem Preise frei Bahnwagen der Kiesgrube (0,75 bis 1,25 M./cbm) oder frei Kahn für Flußkies treten die folgenden Kosten:

---

[1] Drenckhahn & Sudhop, Braunschweig. Johann Odorico, Dresden-N.

a) Bahnfracht bis zum Orte der Verwendung, oder

b) Wasserfracht frei Ufer des Verwendungsortes und

c) Abfahren vom Bahnhofe oder vom Ufer bis zum Bau, einschl. Abladen daselbst.

Die mittleren Kosten frei Baustelle gibt folgende Tabelle:

	M./cbm		M./cbm
Aachen	6,30	Kiel	4,—
Berlin	6,—	Königsberg i. Pr.	4,50
Bremen	5,—	Leipzig	4,—
Breslau	5,—	Magdeburg	4,—
Bromberg	4,50	Mainz	3,50
Cassel	7,—	Mannheim	3,50
Cöln	4,—	Metz	4,50
Danzig	4,50	München	5,—
Darmstadt	5,50	Plauen	6,50
Dresden	4,50	Posen	3,80
Elberfeld	6,75	Regensburg	8,—
Frankfurt a. M.	4,—	Rostock	5,—
Gera	4,50	Stettin	5,—
Görlitz	3,50	Straßburg	4,—
Halle a. S.	4,—	Stuttgart	7,50
Hamburg	5,50	Trier	3,50
Karlsruhe	4,50	Würzburg	4,50

Bimssand, spez. Gewicht 0,8,

frei Bahnwagen in

	M./cbm		M./cbm
Aachen	5,25	Mannheim	6,50
Dortmund	7,—	Straßburg	7,75
Essen	6,—	Darmstadt	5,50
Mainz	5,—	Elberfeld	5,25
Saarbrücken	7,—	Karlsruhe	7,50
Cöln	4,50	Metz	7,50
Düsseldorf	5,25	Trier	5,—
Frankfurt a. M.	5,25		

Schotter, frei Baustelle:

Berlin	Granitschotter	12,— M.
Breslau	Desgl.	8,— „
Cassel	Basaltschotter	7,50 „
Dresden	Syenitschotter	5,— „
Görlitz	Granitschotter	7,— „

Halle a. S.	Porphyrschotter	6,50 M.
München	Div. Schotter	6,50 „
Plauen		7,50 „

II. Zemente.

Frei Bahnwagen oder Schiff des Verwendungsortes.

Spez. Gewicht 1,42.

1 Tonne = 180 kg Brutto, 170 kg Netto, enthält 120 l lose Masse.

1 Sack = 56²/₃ kg oder auch 85 kg (1 Tonne = 2 resp. 3 Sack).

Preis durchschnittlich . . . . 6,— M. pro Tonne.

Zurückgenommen werden:

Leere Tonne mit 1 Boden zu	0,30 bis 0,40 M. pro Stück.
„ Säcke zu	0,20 „ 0,30 „ „ „

	pro 100 kg
Asbestzement, frei Bahnwagen Versandstation	14,— bis 16,— M.
Zementkalk	2,— „ 2,50 „
Traß (spez. Gewicht 1)	2,50 „ 3,— „
Puzzolanzement	2,— „ 2,50 „
Lieboldzement (wasserdicht), Fabrik „Stern, Stettin" . . .	7,50 „

III. Eiseneinlagen.

Grundpreis (sehr wechselnd) für Rundeisen, Bandeisen, Flacheisen und Winkeleisen bei Lieferung ab Werk frei Bau 15,— M. pro 100 kg.

a) Rundeisen frei Baustelle.

Dicke in mm			Überpreise pro 100 kg
4 bis unter	5	. . . .	8,— M.
5 „ „	6	. . . .	5,— „
6 „ „	8	. . . .	3,50 „
8 „ „	10	. . . .	2,50 „
10 „ „	12	. . . .	1,50 „
12 „ „	14	. . . .	1,— „
14 „ „	16	. . . .	0,50 „
16 „ „	60	. . . .	0,— „
60 „ „	90 bis 7 m lang	1,— „
90 „ „	110 „ 6 „ „	. . . . .	2,— „
110 „ „	120 „ 5 „ „	. . . . .	3,— „

für lange Eisen
1,— M. extra

Fixe Längen . . . .   1,— „ Toleranz ± 20 mm

Sonst Toleranz: ± 250 mm.

Das Biegen des Eisens mit Hilfe von Schablonen kostet 3,— bis 5,— M. pro 100 kg.

Tabelle für Rundeisen.

Durch-messer mm	Gewicht kg/m	Umfang cm	Quer-schnitt f qcm	Fläche von 2 Stück qcm	3 Stück qcm	4 Stück qcm	5 Stück qcm	6 Stück qcm	8 Stück qcm	10 Stück qcm
1	0,006	0,31	0,008	0,016	0,024	0,031	0,039	0,047	0,063	0,079
2	0,025	0,63	0,031	0,063	0,094	0,128	0,157	0,188	0,25	0,31
3	0,055	0,94	0,07	0,14	0,21	0,28	0,35	0,42	0,56	0,70
4	0,099	1,26	0,13	0,25	0,38	0,50	0,63	0,76	1,00	1,26
5	0,154	1,57	0,20	0,39	0,59	0,78	0,98	1,18	1,57	1,96
6	0,222	1,89	0,28	0,56	0,85	1,13	1,41	1,70	2,26	2,82
7	0,302	2,20	0,38	0,77	1,15	1,54	1,92	2,31	3,08	3,84
8	0,395	2,51	0,50	1,00	1,51	2,01	2,51	3,01	4,02	5,02
9	0,499	2,83	0,64	1,27	1,91	2,54	3,18	3,82	5,08	6,36
10	0,617	3,14	0,79	1,57	2,36	3,14	3,93	4,71	6,28	7,85
11	0,746	3,46	0,96	1,90	2,85	3,80	4,75	5,70	7,60	9,50
12	0,888	3,77	1,13	2,26	3,30	4,52	5,65	6,79	9,05	11,31
13	1,042	4,08	1,33	2,65	3,98	5,31	6,64	7,96	10,62	13,27
14	1,208	4,40	1,54	3,08	4,62	6,16	7,70	9,24	12,32	15,39
15	1,387	4,71	1,76	3,53	5,30	7,07	8,80	10,60	14,14	17,67
16	1,578	5,03	2,01	4,02	6,03	8,04	10,05	12,06	16,08	20,11
17	1,782	5,34	2,27	4,54	6,81	9,08	11,35	13,62	18,16	22,70
18	1,998	5,65	2,54	5,09	7,63	10,18	12,72	15,26	20,36	25,45
19	2,226	5,97	2,84	5,67	8,51	11,34	14,18	17,02	22,68	28,35
20	2,466	6,28	3,14	6,28	9,42	12,57	15,70	18,84	25,14	31,42
22	2,984	6,91	3,80	7,60	11,40	15,21	19,01	22,81	30,41	38,01
24	3,551	7,54	4,52	9,05	13,57	18,10	22,62	27,14	36,19	45,24
25	3,853	7,85	4,91	9,82	14,73	19,63	24,54	29,45	39,27	49,09
26	4,168	8,17	5,31	10,62	15,93	21,24	26,55	31,86	42,47	53,10
28	4,834	8,80	6,16	12,31	18,47	24,63	30,79	36,94	49,26	61,58
30	5,549	9,42	7,07	14,14	21,21	28,27	35,34	42,41	56,55	70,68
32	6,313	10,05	8,04	16,08	24,13	32,17	40,21	48,26	64,34	80,42
34	7,127	10,68	9,08	18,16	27,24	36,32	45,40	54,48	72,63	90,79
35	7,553	11,00	9,62	19,24	28,86	38,48	48,11	57,73	76,97	96,21
36	7,990	11,31	10,18	20,36	30,54	40,74	50,90	61,07	81,43	101,79
38	8,903	11,94	11,34	22,68	34,02	45,36	56,70	68,04	90,73	113,41
40	9,865	12,57	12,56	25,13	37,70	50,26	62,83	75,40	100,53	125,66
42	10,876	13,20	13,85	27,71	41,56	55,42	69,25	83,12	110,83	138,54
44	11,936	13,82	15,20	30,41	45,61	60,82	76,00	91,23	121,64	152,05
45	12,485	14,14	15,90	31,81	47,71	63,62	79,50	95,42	127,23	159,04
46	13,046	14,45	16,62	33,24	49,86	66,48	83,10	99,71	132,95	166,19
48	14,205	15,08	18,09	36,19	54,29	72,38	90,45	108,58	144,77	180,96
50	15,413	15,71	19,63	39,27	58,90	78,54	98,15	117,81	157,08	196,35

Fünfzehnfacher Querschnitt f bei

d	1 Stück	2 Stück	3 Stück	4 Stück	5 Stück	6 Stück	8 Stück
mm	qcm	qcm	qcm	qcm	qcm	qcm	qcm
1	0,118	0,235	0,353	0,471	0,590	0,706	0,942
2	0,471	0,942	1,413	1,884	2,355	2,826	3,768
3	1,06	2,12	3,18	4,24	5,30	6,36	8,48
4	1,88	3,76	5,64	7,52	9,40	11,28	15,04
5	2,95	5,90	8,85	11,80	14,75	17,70	23,60
6	4,25	8,50	12,75	17,00	21,25	25,50	34,00
7	5,70	11,40	17,10	22,80	28,50	34,20	45,60
8	7,50	15,00	22,50	30,00	37,50	45,00	60,00
9	9,54	19,08	28,62	38,16	47,70	57,24	76,32
10	11,85	23,70	35,55	47,40	59,25	71,10	94,80
11	14,25	28,50	42,75	57,00	71,25	85,50	114,00
12	17,00	34,00	51,00	68,00	85,00	102,00	136,00
13	19,95	39,90	59,85	79,80	99,75	119,70	159,60
14	23,10	46,20	69,30	92,40	115,50	138,60	184,80
15	26,50	53,00	79,50	106,00	132,50	159,00	212,00
16	30,16	60,32	90,48	120,64	150,80	180,96	241,28
17	34,05	68,10	102,15	136,20	170,25	204,30	272,40
18	38,10	76,20	114,30	152,40	190,50	228,60	304,80
19	42,52	85,04	127,56	170,08	212,60	255,12	340,16
20	47,10	94,20	141,30	188,40	235,50	282,60	376,80
22	57,02	114,04	171,06	228,08	285,10	342,12	456,16
24	67,85	135,70	203,55	271,40	339,25	407,10	542,80
25	73,65	147,30	220,95	294,60	368,25	441,90	589,20
26	79,65	159,30	238,95	318,60	398,25	477,90	639,20
28	92,36	184,72	277,08	369,44	461,80	554,16	738,88
30	106,00	212,00	318,00	424,00	530,00	636,00	848,00
32	120,64	241,28	361,92	482,56	603,20	723,84	965,12
34	136,18	272,36	408,54	544,72	680,90	817,08	1089,40
35	144,31	288,62	432,93	577,24	721,55	865,86	1154,50
36	152,67	305,34	458,01	610,68	763,35	916,02	1221,40
38	170,10	340,20	510,30	680,40	850,50	1020,60	1360,80
40	188,50	377,00	565,50	754,00	942,50	1131,00	1508,00
42	207,75	415,50	623,25	831,00	1038,70	1246,50	1662,00
44	228,10	456,20	684,30	912,40	1140,50	1368,60	1824,80
45	238,50	477,00	715,50	954,00	1192,50	1431,00	1908,00
46	249,30	498,60	747,90	997,20	1246,50	1495,80	1994,40
48	271,35	542,70	814,05	1085,40	1356,70	1628,10	2170,80
50	294,52	589,04	883,56	1178,10	1472,60	1767,10	2356,20

b) Band- und Flacheisen.

Breite in mm	Dicke in mm		Überpreis pro 100 kg
8 bis unter 10	6 und stärker	. . . .	5,— M.
	5 bis unter 6	. . . .	6,— „
	4 „ „ 5	. . . .	7,— „
10 „ „ 13	10 und dicker	. . . .	3,— „
	6,5 bis unter 10	. . . .	4,— „
	5 „ „ 6,5	. . . .	5,— „
	4 „ „ 5	. . . .	6,— „
13 „ „ 20	10 und dicker	. . . .	1,— „
	6,5 bis unter 10	. . . .	2,— „
	5 „ „ 6,5	. . . .	3,— „
	4 „ „ 5	. . . .	4,— „
20 „ „ 26	10 und dicker	. . . .	0,50 „
	6,5 bis unter 10	. . . .	1,— „
	5 „ „ 6,5	. . . .	2,— „
	4 „ „ 5	. . . .	3,— „
26 „ „ 106	6,5 „ „ 30	. . . .	—
	5 „ „ 6,5	. . . .	1,— „
	4 „ „ 5	. . . .	2,— „
106 „ „ 131	10 „ „ 30	. . . .	—
	6,5 „ „ 10	. . . .	1,— „
	5 „ „ 6,5	. . . .	2,— „
26 „ „ 131	30 „ „ 50	. . . .	1,— „
	50 und dicker	. . . .	3,— „
131 „ „ 178	5 bis unter 6,5	. . . .	3,— „
	6,5 „ „ 9	. . . .	2,— „
	9 „ „ 30	. . . .	1,— „
	30 „ „ 50	. . . .	2,— „
	50 und dicker	. . . .	4,— „

Der Grundpreis gilt für Längen

bis 8 m bei Flacheisen bis 75 mm Breite aufwärts,
„ 7 „ „ „ über 75 „ bis 105 mm Breite,
„ 6 „ „ „ „ 105 „ Breite,

und für Stäbe bis 200 kg Gewicht.

Größere Längen bedingen einen Mehrpreis von 0,50 M. für 100 kg und pro Meter Mehrlänge, während für größere Gewichte die Vereinbarung des Aufschlages Vorbehalt ist.

c) Winkeleisen.

1. Gleichschenklig, rundkantig:

13 × 13 × 2 mm	. . . .	7,— M. Überpreis pro 100 kg.
13 × 13 × 3¼ „		6,— „ „ „ „ „
16 × 16 × 2 „	}	
16 × 16 × 3¼ „		4,50 „ „ „ „ „
20 × 20 × 3¼ „	}	

<pre>
      20 × 20 × 5   mm . . . . 3,50 M. Überpreis pro 100 kg
      23 × 23 × 3¼   „   . . . . 4,50 „   „   „   „   „
      23 × 23 × 5   „ ⎫
      26 × 26 × 3¼   „ ⎬ . . . . 3,50 „   „   „   „   „
      26 × 26 × 4   „ │
bis   30 × 30 × 3¼   „ ⎭ . . . . 3,— „   „   „   „   „
      30 × 30 × 4   „   . . . . 2,50 „   „   „   „   „
      30 × 30 × 5   „ ⎫
      30 × 30 × 6½   „ ⎭ . . . . 1,50 „   „   „   „   „
      33 × 33 × 3¼   „   . . . . 3,— „   „   „   „   „
      33 × 33 × 5   „ ⎫
      33 × 33 × 6½   „ ⎭ . . . . 1,50 „   „   „   „   „
      35 × 35 × 4   „   . . . . 2,50 „   „   „   „   „
      35 × 35 × 5   „ ⎫
      35 × 35 × 6½   „ ⎭ . . . . 1,50 „   „   „   „   „
      40 × 40 × 3¼   „   . . . . 3,— „   „   „   „   „
      40 × 40 × 4   „   . . . . 2,50 „   „   „   „   „
      40 × 40 × 5   „ ⎫
bis   45 × 45 × 5   „ ⎭ . . . . 1,50 „   „   „   „   „
      45 × 45 × 6¼   „ ⎫
bis   45 × 45 × 10   „ ⎭ . . . . 1,— „   „   „   „   „
      50 × 50 × 5   „   . . . . 1,50 „   „   „   „   „
      50 × 50 × 6½   „ ⎫
bis 100 × 100 × 20   „ ⎭ . . . . 1,— „   „   „   „   „
     110 × 110 × 10   „ ⎫
bis 120 × 120 × 20   „ ⎭ . . . . 1,50 „   „   „   „   „
     130 × 130 × 13   „ ⎫
bis 160 × 160 × 15   „ ⎭ . . . . 2,— „   „   „   „   „
</pre>

2. Ungleichschenklig, rundkantig:

<pre>
      26 × 13 × 3¼ mm ⎫
bis   30 × 20 × 3¼ „ ⎭ . . . . 5,— M. Überpreis pro 100 kg.
      30 × 20 × 4 „   . . . . 4,— „   „   „   „   „
      40 × 20 × 3¼ „   . . . . 5,— „   „   „   „   „
      40 × 20 × 4 „   . . . . 3,— „   „   „   „   „
      40 × 26 × 3¼ „   . . . . 4,— „   „   „   „   „
      40 × 26 × 5 „ ⎫
bis   40 × 26 × 6½ „ ⎭ . . . . 2,— „   „   „   „   „
      45 × 30 × 4 „   . . . . 3,— „   „   „   „   „
      45 × 30 × 5 „ ⎫
      50 × 40 × 5 „ ⎭ . . . . 2,— „   „   „   „   „
      50 × 40 × 6½ „   . . . . 1,50 „   „   „   „   „
      60 × 30 × 5 „   . . . . 2,— „   „   „   „   „
      60 × 30 × 7 „   . . . . 1,50 „   „   „   „   „
      60 × 40 × 5 „   . . . . 2,— „   „   „   „   „
</pre>

60 ×	40 ×	6½ mm	}	1,50 M. Überpreis pro 100 kg	
bis 130 ×	65 ×	10 „			
130 ×	90 ×	9 „	. . . .	2,— „	„ „ „ „ „
130 ×	90 ×	12 „	. . . .	2,— „	„ „ „ „ „
150 ×	100 ×	12 „	. . . .	2,50 „	„ „ „ „ „
160 ×	80 ×	13 „	. . . .	2,50 „	„ „ „ ♠ „
200 ×	100 ×	14 „	. . . .	4,— „	„ „ „ „ „

d) T = Eisen.

1. Von gleicher Höhe und Breite:

13 ×	13 ×	3¼ mm	. . . .	6,— M. Überpreis pro 100 kg.	
16 ×	16 ×	3¼ „	}	5,— „	„ „ „ „ „
23 ×	23 ×	3¼ „			
20 ×	20 ×	3¼ „			
26 ×	26 ×	4 „	}	4,— „	„ „ „ „ „
30 ×	30 ×	4 „			
33 ×	33 ×	5 „	}	3,50 „	„ „ „ „ „
35 ×	35 ×	4½ „	}	3,— „	„ „ „ „ „
40 ×	40 ×	5 „			
von 45 ×	45 ×	6½ „	}	2,50 „	„ „ „ „ „
bis 140 ×	140 ×	15 „			

2. Breitfüßig:

50 ×	30 ×	6 mm	. . . .	3,50 M. Überpreis pro 100 kg.	
60 ×	30 ×	5½ „	}	2,50 „	„ „ „ „
65 ×	40 ×	6 „			
70 ×	35 ×	6 „			
75 ×	50 ×	6 „	. . . .	4,— „	„ „ „ „
von 80 ×	40 ×	7 „	}	2,50 „	„ „ „ „
bis 200 ×	100 ×	16 „			

e) Träger.

Grundpreis pro 100 kg in bestellten Längen mit ± 10% Toleranz . . . . 15,— M.

Überpreise:

Nr. 8 bis 26	. . . .	0,— M. pro 100 kg.
„ 28 und 30	. . . .	0,50 „ „ „ „
„ 32 „ 34	. . . .	0,75 „ „ „ „
„ 36 bis 40	. . . .	1,25 „ „ „ „
„ 42½ „ 50	. . . .	2,— „ „ „ „
„ 55	. . . .	5,— „ „ „ „
Längen über 8 m für 1 m Mehrlänge oder einen Teil davon	. . . .	0,50 „ „ „ „
Fixe Längen	. . . .	0,50 „ „ „ „

Unterlagsplatten etwa . . . . 11,— M. pro 100 kg.

f) Differdinger Träger.

Grundpreis pro 100 kg in bestellten Längen . . . . 15,— M.

Überpreise

Nr. 18 und 20	. . . .	0,— M. pro 100 kg.
„ 22 bis 26	. . . .	1,50 „ „ „ „
„ 27 „ 30	. . . .	2,— „ „ „ „
„ 32 und 34	. . . .	2,50 „ „ „ „
„ 36 bis 40	. . . .	3,— „ „ „ „
„ 42½ „ 55	. . . .	4,— „ „ „ „
„ 60 und 65	. . . .	5,— „ „ „ „
„ 75	. . . .	6,— „ „ „ „

g) Bulbeisen.

Preis . . . . 26,— M. pro 100 kg.

Nr.	Höhe cm	Gewicht für 1 m	Als Eiseneinlage für den Betonbalken sind vorhanden	
			qcm	W Min.
C	22	29	25,3	160
D	26	44	38,2	240
E	30	61	55,6	400

h) Verwinkelung, Eisenkonstruktionen.

Die Winkel zur Verbindung von Trägern mit Trägern oder Trägern mit Säulen werden meist mit 35 M. pro 100 kg berechnet.

Löcher in Trägern kosten 25 Pf. pro Stück.

Zusammengesetzte Eisenkonstruktionen als Einlage für den Beton kosten durchschnittlich 30,— M. pro 100 kg.

Aus Trägern gebildete Säulen 26,— M. pro 100 kg.

i) Streckmetall.

Nr.	Maschen-weite (Richtung a–b) mm	Steg-breite mm	stärke mm	Gewicht pro qm (ohne Garantie) ca. kg	Zugfestig-keit Z (Richt. c–d) pro m Breite in kg	Preis pro qm Mark	Wird vorzugsweise verwendet für
14	150	4,5	3,0	1,45	2340	0,90	Einlage in Beton bei Uferböschungen usw., Hürden für Rinder, Pferde usw.
12	150	6,0	3,0	2,04	3110	1,10	
13	150	6,0	4,5	3,12	4550	1,50	
15	75	3,0	3,0	2,17	3110	1,15	Einlage in Beton- und Kalkgipsdächern
16	75	3,0	2,0	1,25	2080	0,95	
9	75	4,5	3,0	3,15	4660	1,45	
8	75	6,0	3,0	4,34	6240	2,00	Einlage in Beton-Fußböden.
11	75	4,5	4,5	5,00	7000	2,20	
10	75	6,0	4,5	6,25	9350	2,50	
17	75	8,0	5,0	9,00	13700	4,25	Einlage für Tresorwände, Gitter.

O.-Sch.

Nr.	Maschen= weite (Richtung a-b) mm	Steg= breite mm	Steg= stärke mm	Gewicht pro qm (ohne Garantie) ca. kg	Zugfestig= keit Z (Richt. c-d) pro m Breite in kg	Preis pro qm Mark	Wird vorzugsweise verwendet für
24	40	3,0	3,0	4,07	5850	2,00	Einlage in Kunststeinen, Zementplatten usw.
24a	40	3,0	2,0	2,50	3900	1,80	
25	40	6,0	4,5	10,00	16900	5,00	
18	40	4,5	4,5	8,25	13200	4,00	Gitter und Einfriedigungen, Belag für Laufstege, Laufbühnen usw. Einlage in Kunststeinen, Treppenstufen usw.
21	40	4,5	3,0	6,38	8750	3,00	
22	40	8,0	4,5	13,00	23400	6,00	
23	40	6,0	3,0	7,60	11700	3,25	
5	40	2,5	1,2	1,26	1950	1,00	Leichte Gitter, Schutzvorrichtungen, Boli- èren.
6	40	3,0	1,5	2,04	2930	1,30	
26	20	5,0	1,5	5,20	9700	2,80	
3	20	2,5	1,0	1,76	3250	1,20	
27	20	4,0	1,2	4,20	6200	2,50	
4	20	2,5	1,5	3,00	4850	1,75	
3a	20	2,0	0,6	0,90	1560	0,65	Rabitzarbeiten, Versteifung von Stuck und Putz, Herstellung von leichten Wänden und Decken.
4a	20	2,5	2,0	3,75	6500	2,20	
20	20	3,0	3,0	7,60	11700	3,25	
7	20	7,0	3,0	14,00	27400	6,50	
2	10	2,5	1,2	3,94	7800	2,40	Wurfsiebe, Einsätze für Heizkörper, Einlage in starken Wänden, Beläge.
28	10	3,0	2,0	6,50	15600	4,00	
1 { Ver= putzblech }	10	2,5	0,6	1,60	3900	1,00	Herstellung von Decken und Wänden, Ver= kleidung von Trägern und Säulen.
1a	6	2,5	0,6	2,25	6500	1,60	
1b	6	2,5	1,0	4,00	10800	3,25	
1c Wellputzblech		2,5	0,5	1,50	—	0,75	

Die vorstehenden Preise gelten nur für Verwendung des Streckmetalls in Deutsch=
land und den deutschen Kolonien oder Schutzgebieten und für rechtwinklige Tafeln
von 1000, 1100, 1200, 2000, 2200, 2400, 2500, 3000, 4000, 4800 mm Breite und
mindestens 1000 mm Länge. Für Tafeln anderer Dimensionen werden 10% Auf=
preis berechnet. Kleine Tafeln von ½ bis 1 qm Flächeninhalt unterliegen einem Auf=
preise von 25%, von unter ½ qm einem Aufpreise von 50%.

IV. Holz zum Schalungsbau.

Verwendet werden in der Regel kieferne Schalbretter von 2—3 cm Stärke, welche
alle 65—80 cm durch Lehren zu stützen sind.

Preis frei Baustelle . . . . . . 0,80 bis 1,— M. pro qm.

Die fertige Schalung für die abgewickelte Schalungsfläche kostet einschl. Verschnitt
und Verlust an Holz

durchschnittlich . . . . 1,50 bis 2,— M. pro qm.

Die Schalung einschl. der Lehrbretter wird in der Regel durch kiefernes Rund=
holz abgestützt.

Preis des Rundholzes frei Baustelle 25,— bis 35,— M. pro cbm.

Die Abstützung von Decken auf 3,5—5 m Höhe kostet einschl. Verlust an Holz
1,— bis 2,— M. pro qm Decke.

Kiefernes Kantholz kostet	35,—	bis 45,—	M. pro cbm.
Kieferne Bohlen von 6 cm Stärke	3,—	„ 4,—	„ „ qm.
Die Einschalung einer ebenen Decke kostet im ganzen	1,25	„ 2,—	„ „ „
Die Einschalung einer Plattenbalkendecke mit einer Schar Rippen kostet einschl. Abstützung	2,50	„ 3,—	„ „ „
Desgl. mit zwei Scharen von Rippen, welche aufeinander senkrecht stehen	2,50	„ 4,—	„ „ „
Desgl. nach D. R. P. Leschinsky unter Vermeidung einer provisorischen Abstützung		2,—	„ „ „

V. Beton.

Herstellungsart.

Verlangt wird stets der Preis im Bau von einer angegebenen Bruchfestigkeit, welche ermittelt wird durch Zerdrückung eines Würfels von 30 cm Seitenlänge.

Die Beziehung zwischen Bruchfestigkeit und Preis läßt sich in eine allgemeine Formel nicht kleiden. Dieselbe ist abhängig:

a) von der Bezugsquelle des Zements. Je nach der Bezugsquelle finden sich bei gleichen Mischungsverhältnissen Festigkeitsdifferenzen des Betons von 200—300%.

Es wird sonach stets zunächst durch Versuche zu ermitteln sein, wieviel Zement man auf 1 cbm Beton zu verwenden hat, um eine gewisse Festigkeit zu erzielen;

b) von der Verwendung zweckmäßiger Korngrößen des Sandes, Kieses und Steinschlages. Ein guter Beton soll dicht sein, d. h. es sollen die Zwischenräume zwischen den größeren Steinen durch kleinere Steine und kleinste Steinteilchen (Sand) ganz ausgefüllt werden. Um das Mischungsverhältnis zu ermitteln, werden zwei Verfahren angewendet.

1. Man schüttet die großen Steine in ein Gefäß von 5—10 l Inhalt und füllt alsdann dasselbe Gefäß mit Wasser. Die Menge des Wassers wird den Hohlräumen entsprechen, welche durch kleinere Steine auszufüllen sind.

Dasselbe Verfahren kann man wiederholen, um die Hohlräume zwischen den kleineren Steinen zu ermitteln, die durch Sand auszufüllen sind. Zu 3 Raumteilen Sand wird dann in der Regel 1 Teil Zement hinzugefügt.

2. Man ermittelt die Hohlräume, indem man das Gefäß von 5—10 l Inhalt, welches mit Steinen gefüllt ist, wiegt. Sodann nimmt man an, daß das Gefäß mit Steinmasse vollständig ausgefüllt sei, und multipliziert das Volumen mit dem spezifischen Gewicht des Steinmaterials. Aus dem Unterschiede beider Gewichte wird man den Hohlraum ermitteln können, der durch kleinere Steine auszufüllen ist.

Auf die beschriebene Weise wird man die zu mischenden Mengen verschiedener Korngröße erhalten.

Mischt man diese Mengen zusammen, so wird das Ergebnis nicht der Rechnung entsprechen. Man wird zuviel Masse erhalten, weil noch immer Hohlräume vorhanden sein werden. Ferner wird die ganze Masse durch das Stampfen zusammengedrückt werden. Auch diese Zusammendrückbarkeit läßt sich durch eine Rechnung vorher nicht genau ermitteln.

Für die Praxis wird daher folgender Weg am schnellsten zum Ziele führen:

Man mischt Zement verschiedener Marken mit Sand und ermittelt die Festigkeit, woraus sich die Menge des Zements ergibt, welcher zur Herstellung einer verlangten Festigkeit nötig ist.

Man ermittelt die Hohlräume, mischt den Beton nach dem sich hieraus ergebenden Rezept und füllt mit dem Gemenge ein Gefäß von etwa 5—10 l Inhalt.

Man stampft die lose eingeschüttete Menge zusammen und ermittelt das Volumen. Hieraus läßt sich ohne weiteres berechnen, wieviel Zement, Sand, Kies und Stein-schlag in dem fertigen Beton enthalten ist.

Zu diesen Mengen werden jedoch noch Zuschläge für Verluste zu machen sein.

Beispiele.

1. Beton 1 : 5 aus Grubenkies

auf 1,25 obm Kies zu 6,— M. . . . . . . = 7,50 M.

kommen $\dfrac{1250}{5}$ l Zement = 250 l oder

$\dfrac{250}{120}$ = 2,08 t zu 6,— M. . . . . = $\underline{12,50\ \text{„}}$

Beton = 20,— M.

2. Beton 1 Zement zu 3 Sand zu 6 Steinschlag. Durch einen Versuch sei fest-gestellt, daß durch Zusammenmischen und Stampfen von 10 l Zement, 30 l Sand und 60 l Steinschlag (1 : 3 : 6) ein Betonkörper von 66 l erzeugt wird. 1 cbm fertigen Betons enthält demnach

$\dfrac{1}{6,6} \cdot 1000 = 152\ \text{l} = \dfrac{152}{120} = 1,27\ \text{t Zement zu 6,—} = 7,60\ \text{M.}$

$\dfrac{3}{6,6} \cdot 1000 = 456\ \text{l Sand} \qquad\qquad\qquad \text{zu 4,—} = 1,82\ \text{„}$

$\dfrac{6}{6,6} \cdot 1000 = 910\ \text{l Steinschlag} \qquad\quad \text{zu 6,—} = \underline{5,45\ \text{„}}$

$14{,}87\ \text{M.}$

rund 15,— M.

Da der Beton in beiden Fällen etwa dieselbe Festigkeit hat, so ist die Mischung zu 2 rationeller.

Als Anhalt für die Veranschlagung dienen folgende Tabellen:

Bezeichnung	Mischungs-Verhältnisse							Es erfordert 1 cbm Beton an						1 cbm Beton kostet an			
	Zement	Gelöschter Kalk	Traß	Sand	Steine	Mörtel	Beton	losem Zement	gelöschtem Kalk	losem Traß	losem Sand	Mörtel	Steinen	Mörtel Mark	Steinen Mark	Beton Mark	im ganzen Mark
								cbm	cbm	cbm	cbm	cbm	cbm				
1. Fetter Beton	1	—	—	2	4	1,75	4,75	0,21	—	—	0,42	0,37	0,84	16,72	8,40		30,12
2. „ „	1	—	—	3	4	2,25	5,25	0,13	—	—	0,57	0,43	0,76	15,68	7,60		28,28
3. Magerer „	1	—	—	3	6	2,25	6,75	0,15	—	—	0,45	0,34	0,90	12,40	9,00		27,40
4. Zem.-Kalk-Bet. (f. Fundam.)	2	1	—	9	20	7,00	22,00	0,09	0,05	—	0,41	0,32	0,90	8,93	9,00		23,93
5. „ „ „ („ Gewölbe)	3	1	—	10	18	8,25	21,75	0,14	0,05	—	0,46	0,38	0,88	12,54	8,80		26,34
6. „ „ „ („ Mauern)	1	1	—	4	8	3,75	9,75	0,10	0,10	—	0,41	0,39	0,82	11,49	8,20		25,69
7. „ „ „ „ „	1	1	—	4	10	3,75	11,25	0,09	0,09	—	0,36	0,33	0,89	9,72	8,90		24,62
8. „ „ „ „ „	1	1	—	5	12	4,25	13,25	0,08	0,08	—	0,38	0,32	0,90	8,64	9,00		23,64
9. „ „ „ „ „	1	1	—	6	15	4,75	16,00	0,06	0,06	—	0,38	0,30	0,94	7,33	9,40		22,73
10. Traß-Beton	—	1	1	2	5	2,60	6,35	—	0,16	0,16	0,32	0,42	0,80	10,10	8,00	6,00	24,10
11. „ „	—	2	1	4	10	4,60	12,10	—	0,17	0,08	0,33	0,38	0,80	7,58	8,00		21,58
12. „ „	—	3	1	7	12	7,10	16,10	—	0,19	0,06	0,43	0,44	0,74	7,73	7,40		21,13

Hydr. Kalt	Traß	Portl.-Zement	Sand	Kies	Stein-schlag	Ziegelschlag	Betonmenge angemacht	eingestampft
Raumteile					Raumteile		Raumteile	
1	1,33	—	0,65	—	4,20	—	5,00	—
1	—	1,20	0,80	0,85	1,30	—	3,70	3,50
1	—	0,65	0,70	0,60	1,80	—	2,80	—
1	1,00	—	1,00	0,80	—	2,50	—	4,40
—	1,00	—	2,00	—	6,00	—	—	—
—	1,00	—	0,50	—	3,25	—	4,00	—
—	—	1,00	3,00	—	5,00	—	—	—
—	—	1,00	3,00	—	6,00	—	—	—
—	—	1,00	2,00	—	7,00	—	—	—
—	—	1,00	2,00	12,00	—	—	—	—
—	—	1,00	6,00	—	5,00	—	—	—
—	—	1,00	2,40	—	4,60	—	5,50	—
—	—	1,00	2,00	—	—	4,50	6,00	—
—	—	1,00	3,00	—	—	7,00	9,00	—
—	—	1,00	2,75	—	3,75	—	5,50	—
—	—	1,00	2,85	—	5,65	—	6,50	—
—	—	1,00	1,00	2,00	—	—	2,90	—
—	—	1,00	2,00	3,00	—	—	4,00	—
—	—	1,00	2,00	4,00	—	—	—	4,40
—	—	1,00	3,00	6,00	—	—	—	6,60
—	—	1,00	4,00	8,00	—	—	—	8,80
—	—	1,00	5,00	10,00	—	—	—	11,20
—	—	1,00	6,00	12,00	—	—	—	13,40
—	—	1,00	2,00	—	—	5,75	—	—

Die Kosten des Betons für Fundamente sind aus folgender Tabelle zu entnehmen:

1 cbm loser Portlandzement, Tonne 8,40 M. . . = 70,— M.

1 „ gelöschter Kalt . . . . = 20,— „

1 „ Traß . . . . = 30,— „

1 „ Sand . . . . = 2,— „

1 „ Mörtel zu bereiten . . . . = 3,— „

1 „ zerschlagene Steine . . . . = 10,— „

1 „ Beton anzumachen . . . . = 3,— „

1 „ Beton in die Baugrube zu bringen und
auszugleichen . . . . = 3,— „

1 qm Belag aus Zementbeton, 8 cm stark
(1 Z. : 3 S. : 6 St.), m. Zementestrich,
2 cm stark (1 Z. : 2 S.), kostet . . . 3,— „

1 „ Belag wie vor, zus. 15 cm stark, kostet . . 4,10 „

1 „ „ desgl., zus. 20 cm stark, kostet . . 5,30 „

1 „ Gewölbe zwischen eisernen Trägern
(1 Z. : 2 S. : 4 St.), 12 cm stark, kostet 3,50 „

1 „ wasserdichter Wandverputz (1 Z. : 2 S.),
2 cm stark, kostet . . . . 1,— „

Mischmaschinen.

Das Mischen des Betons mit Maschinen stellt sich erheblich billiger als das Mischen mit Spaten auf Mischbühnen. Maschinen stellen auch einen besseren, weil inniger gemischten Beton her. Die Maschinenmischung kostet nach Angabe von Gauhe, Gockel & Co. in Oberlahnstein a. Rh.

Zylinderbetonmaschine Nr. 5 b für Handbetrieb.

Leistung in 10 Stunden ca. 60 cbm Beton, Preis 1000,— M.

3 Mann zum Einschaufeln, pro Mann und Tag 5,— M.   15,— M.
2 Mann zum Drehen des Schwungrades, à 5,— M.   10,— „
Amortisation und Verzinsung, 30%, pro Tag . . .   1,— „
_____
26,— M.

Bei 60 cbm Leistung stellt sich also der Kubikmeter fertiger Beton auf 0,43 M.

Patentbetonmaschine Nr. 7 a, mit Beschickungshebewerk und eingebautem Benzinmotor.

Leistung in 10 Stunden 40 cbm, Preis 4600,— M.

1 Mann zum Bedienen der Maschine und des Motors   10,— M.
Benzinverbrauch 12 kg für 3 PS, pro kg 0,50 Mk.   6,00 „
Amortisation und Verzinsung, 25%, pro Tag . . .   3,25 „
Schmieröl . . . .   0,50 „
_____
19,75 M.

Bei 40 cbm Leistung stellt sich also der Kubikmeter fertiger Beton auf 0,50 M.

Patentbetonmaschine Nr. 8, mit Beschickungshebewerk und eingebautem Benzinmotor.

Leistung in 10 Stunden 60 cbm, Preis 5200,— M.

1 Mann zum Bedienen der Maschine und des Motors   10,— M.
Benzinverbrauch 20 kg für 5 PS, pro kg 0,50 Mk.   10,— „
Amortisation und Verzinsung, 25%, pro Tag . . .   3,75 „
Schmieröl . . . .   0,75 „
_____
24,50 M.

Bei 60 cbm Leistung stellt sich also der Kubikmeter fertiger Beton auf 0,41 M.

Patentbetonmaschine Nr. 9, mit Beschickungshebewerk und eingebautem Benzinmotor.

Leistung in 10 Stunden 100 cbm, Preis 6600,— M.

1 Mann zum Bedienen der Maschine und des Motors   10,— M.
Benzinverbrauch 28 kg für 7 PS, pro kg 0,50 Mk.   14,00 „
Amortisation und Verzinsung, 25%, pro Tag . . .   4,75 „
Schmieröl . . . .   1,— „
_____
29,75 M.

Bei 100 cbm Leistung stellt sich also der Kubikmeter fertiger Beton auf 0,30 M.

Patentbetonmaschine Nr. 10, mit Beschickungshebewerk und eingebautem Benzinmotor[1]).

Leistung in 10 Stunden 200 cbm, Preis 8400,— M.

1 Mann zum Bedienen der Maschine und des Motors	10,— M.
Benzinverbrauch 40 kg für 10 PS, pro kg 0,30 M.	20,— „
Amortisation und Verzinsung, 25%, pro Tag . . .	6,— „
Schmieröl	2,— „
	38,— M.

Bei 200 cbm Leistung stellt sich also der Kubikmeter fertiger Beton auf 0,19 Mk.

Bei diesen Zahlen ist das Heranschaffen und Wiederfortschaffen des Materials nicht berücksichtigt, da die Kosten hierfür je nach Lage der Baustelle und Art des Baues immer verschieden sein werden, ebenso ist nicht in Rechnung gezogen die Ersparnis an Zement, die sich infolge der innigeren Vermischung in der Maschine gegenüber der Mischung von Hand erzielen läßt. Die ermittelten Gestehungskosten für den Kubikmeter fertigen Beton lassen aber schon erkennen, wie erheblich billiger sich die maschinelle als die Handmischung stellt.

Bei Hochbauten kostet das Heraufschaffen des Betons in die oberen Stockwerke: Falls man den Beton durch Träger heraufschaffen läßt

zum	Keller	1,25 M./cbm.
„	Erdgeschoß	1,75 „
„	I. Stock	2,25 „
„	II. „	2,75 „
„	III. „	3,30 „
„	IV. „	4,— „

Bei Verwendung von maschinell betriebenen Aufzügen kostet 1 cbm nur 1,25 bis 2,50 M. für alle Geschosse.

Betonröhren.

Weitere Angaben über Abmessungen und Preise vgl. Abschn. IV, B XXIII.

Röhren mit einfachen Abzweigen 30—40%, mit doppelten Abzweigen 100% teurer.

Betonröhren, rund .	30	35	40	45	50	60	70	80	90	100 cm Durchm.
Wandstärke . . mm	40	50	55	60	65	69	75	85	90	100 licht.
Gewicht m rund kg	144	156	191	226	267	362	550	620	770	940
Preis ab Fabrik, M.	3,30	4,—	5,05	6,—	7,10	8,75	11,20	13,90	16,—	18,—

Betonröhren, eiförmig, cm:

20/30	25/37½	30/45	35/52½	40/60	50/75	60/90	70/105	80/120	90/135	100/150

Wandstärke mm:

40	45	55	58	60	80	95	100	105	115	120

Gewicht für 1 m rund kg:

93	142	170	230	292	420	600	820	950	1200	1400

Preis ab Fabrik für 1 m M.:

3,—	4,20	4,90	6,—	7,40	10,40	14,—	18,50	21,50	26,50	30,—

---

[1]) Weitere Angaben über Beton- und Mörtelmischmaschinen siehe im Abschn. IV, D.

Monierröhren mit Muffen oder stumpfen Stößen nebst Unterlagen und Drahtbandagen.

Lichtweite cm:

7½	10	12½	15	17½	20	25	30	35	40	45	50	55

Wandstärke mm:

14	15	15	18	18	26	28	30	31	32	32	33	33

Gewicht für 1 m rund kg:

11	14	19	23	29	45	49	78	80	114	120	129	145

Preis ab Fabrik für 1 m M.:

0,75	1,—	1,20	1,40	1,70	2,—	2,70	3,50	4,30	5,—	5,50	6,50	7,50

Lichtweite cm:

60	70	80	90	100	110	120	150	60/90	70/105	80/120

Wandstärke mm:

34	36	38	40	52	55	60	70	37	42	52

Gewicht für 1 m rund kg:

175	225	275	325	450	480	580	925	245	370	370

Preis ab Fabrik für 1 m M.:

8,50	11,—	13,—	15,50	18,—	28,50	32,—	41,—	12,50	15,50	22,—

Dammröhren (starkwandige Eisenbetonröhren für schwere Beanspruchungen):

nur rund Lichtweite cm	30	40	50	60	70	80	90	100	120	130	150
Wandstärke mm	45	45	50	52	55	60	64	68	75	85	90
Gewicht für 1 m rund kg	105	135	185	230	280	340	420	460	675	800	950
Preis ab Fabrik f. 1 m M.	7	9	12	15	18	21	24	28	40	48	54

Einlässe 150 mm 2,— M., 200 mm 2,20 M., 250 mm 2,50 M. Zuschlag zu den Rohrpreisen.

C. Kosten von ausgeführten Bauten.

Allgemeine Angaben über die Kosten von Decken, Stützen und Gewölben sind wertlos, weil die Kosten von der Belastung, von der Konstruktion, von der Spannweite, von der Rippenteilung, vom Stich bei Gewölben, sowie von der allgemeinen Konstruktion des Gebäudes zu sehr beeinflußt werden. Zu berücksichtigen ist besonders, daß für ein Bauwerk ein vollkommen durchgebildeter, gut durchdachter Entwurf gegenüber einem schlechten Entwurfe stets erhebliche Ersparnisse bedeutet.

Gerade bei Beton- und bei Eisenbetonbauwerken ist es daher durchaus erforderlich, mit der Berechnung der Betonkonstruktion zu beginnen und erst später die sonstigen Bauarbeiten zu entwerfen.

Bei Hochbauten, welche zum größten Teil aus Eisenbeton bestehen, muß sonach die Bearbeitung der Grundrisse zunächst in die Hand des Ingenieurs gelegt werden, welchem eventuell der Architekt zur Seite stehen darf.

Schließlich mag noch darauf hingewiesen werden, daß auch bei der Auswahl unter verschiedenen Konstruktionen in erster Linie die Standsicherheit veranschlagt werden sollte, welche durch ausreichende Eiseneinlagen, besonders auch durch eingelegte biegungs= feste Profileisen sehr erhöht wird.

a) Brücken und Durchlässe.

1. Gewölbte Brücken für Dampfwalzen und schwerstes Lastfuhrwerk ohne wasserdichte Abdeckung und ohne Überschüttung und Fahrbahn.

Spannweite	Preis für 1 qm Grundriß
5 m	10,— bis 12,50 M.
10 „	15,— „ 18,— „
15 „	22,— „ 26,— „
20 „	27,50 „ 33,— „
30 „	36,— „ 43,— „
40 „	45,— „ 55,— „
50 „	60,— „ 80,— „

2. Balkenbrücken wie vor.

Spannweite	Preis für 1 qm Grundriß
5 m	12,— bis 18,— M.
10 „	25,— „ 40,— „
15 „	40,— „ 50,— „
20 „	60,— „ 80,— „

3. Ebene Eisenbetonplatten bzw. Gewölbe für die Fahrbahnen eiserner Brücken.

1,0 m	5,— bis 6,— M.
1,5 „	6,— „ 7,50 „
2,0 „	7,50 „ 9,— „
2,5 „	10,— „ 12,— „
3,0 „	12,— „ 14,— „

Fußsteigplatten bzw. Gewölbe etwa 20 v. H. billiger.

4. Durchlässe und Unterführungen in halbelliptischer Form.

0,9 m weit,	0,9 m hoch,	für 1 lfd. m 30,— bis 40,— M.
2,0 „ „	2,0 „ „	„ 1 „ „ 60,— „ 80,— „
5,0 „ „	4,5 „ „	„ 1 „ „ 150,— „ 250,— „
8,0 „ „	6,0 „ „	„ 1 „ „ 400,— „ 600,— „

b) Hochbauten.

1. Bei der Provinzialirrenanstalt in Conradstein.

15 cm starke Gewölbe von 3,50 m Spannweite und 35 cm Stich mit Eiseneinlage für 1000 kg Tragfähigkeit pro qm im Mischungsverhältnis 1:4:8 kosten 15 M. pro qm.

Gerade Betondecke, 15 cm stark, mit Eiseneinlage für Spannweite von 3 m im Mischungsverhältnis 1:4:8 für 1000 kg Tragfähigkeit pro qm 15 M. pro qm.

Gerade Betondecke, 12 cm stark, für Spannweite bis zu 3 m zwischen T-Trägern im Mischungsverhältnis 1:4:8 für 500 kg Nutzlast 6 M. pro qm.

Ausgeführt durch die Landesverwaltung der Provinz Westpreußen.

2. Kranken- und Siechenhaus Schrimm.

Krankenhaus für 100 Kranke.

Bebaute Grundfläche rund 1117 qm.

Drei Decken übereinander, im Treppenhaus vier Decken. Höhe von Kellerfußboden Oberkante bis Dachfußboden Oberkante 10,20 m, im Treppenhaus 12,80 m.

Nutzlast der Decken 250 kg/qm, Eigengewicht je nach Stärke 220—290 kg/qm. Abdeckung der Decken Torgamentestrich mit Linoleumbelag. Material der Decken Eisenbeton, System Eggert, der Umfassungswände und Treppenhäuser Ziegelmauerwerk, Zentralheizung Dampfniederdruck.

Eigene Wasserleitung und Kanalisation. Kosten des Bauwerks: Nach überschläglicher Zusammenstellung mit allen im Gebäude befindlichen Anlagen rund 230 000 Mk. oder pro 1 qm bebauter Fläche 200 M. Für 1 cbm umbauten Raumes von Oberkante Kellerfußboden bis Dachfirst 15 M. Ausführungszeit: Juni 1905 bis Ende Dezember 1906.

Ausgeführt durch die Landesverwaltung der Provinz Posen.

3. Lagerhaus in Hannover.

Bebaute Grundfläche 700 qm.

Drei Decken aus Eisenbeton übereinander.

Die Decken für eine Nutzlast von 500 kg/qm berechnet. Umfassungsmauern in Ziegelmauerwerk, Dach mit Kehlbalkenlage aus Holz. Breite der Lagerräume 14,40 m mit zwei Reihen Säulen. Höhe des Kellergeschosses 2,96 m, des Erdgeschosses 4,15 m und des 1. Obergeschosses 3,30 m.

Preis der drei Decken, einschl. Säulenfundamente, einschl. der 20 Säulen, aber ohne Putz, ohne Estrich und ohne Maurer-, Zimmer- und sonstige Nebenarbeiten 28 000,— M. oder pro Decke 13,30 M. oder pro qm bebaute Fläche 40,— M.

Ausgeführt im Juli und August 1905.

Kiespreis franko Baustelle 5,— M.

Ausgeführt von Robert Grastorf, G. m. b. H., Hannover.

4. Modellagerhaus für eine Eisengießerei.

Bebaute Grundfläche 1300 qm.

Vier Decken aus Eisenbeton, darüber Dach aus Eisenbeton. Sämtliche Decken für 500 kg/qm Nutzlast berechnet. Breite des Gebäudes 15,80 m. Höhe von Oberkante Erdgeschoßfußboden bis Oberkante Dachfirst 19,70 m. Gefälle des Daches in der Querrichtung 1,20 m. Eine Reihe Säulen in der Mitte mit 8,12 m Teilung, eine Reihe Außensäulen mit 4,06 m Teilung. Eine Längs- und eine Querwand aus Ziegelmauerwerk, eine Längs- und eine Querwand mit Gurtungsträgern, 60 cm Brüstungsmauerwerk und sonst Fensterflächen.

Preis des ganzen Gebäudes schlüsselfertig, besenrein abgeliefert, 225 000,— M., oder pro qm bebaute Fläche 173,— M.

Preis der reinen Eisenbetonkonstruktionen mit den Säulen und den Säulenfundamenten 130 000,— M., oder pro qm bebaute Fläche 100,— M., 1 qm Eisenbetondecke einschl. aller Unterzüge und Gurtungsträger ohne Putz 16,— M.

1 qm Eisenbetondach im Grundriß gemessen ohne Putz 13,20 M.

1 stgdm. Innensäule im Durchschnitt bei einer Belastungsfläche von ca. 64 qm 52,50 M.

1 stgdm. Außensäule im Durchschnitt bei einer Belastungsfläche von ca. 16 qm, jedoch mit einer durchgehenden Breite von 45 cm durchschnittlich 26,— M.

Bauzeit: 3½ Monate, Sommer 1907.

Kiespreis franko Baustelle 5,25 M.

Ausgeführt von Robert Grastorf, G. m. b. H., Hannover.

5. Zementsilo einer Portlandzementfabrik in Schlesien.

Erbaut in drei Monaten des Sommers 1906.

Inhalt: 1900 cbm Portlandzement.

Der Silo ist erbaut auf einer durchgehenden Eisenbetonplatte, 70 cm stark. 1,40 m über der Erde, also in Höhe der Laderampe ist eine Eisenbetondecke eingebaut für eine Nutzlast von 750 kg/qm. Der Silo hat bei einer Breite von 8 m 10 Kammern für Sack=wagen und 2 Kammern für Tonnenwagen, sowie 1 Treppenhaus 8×4 m groß mit 5 Podesten, zugleich für die Elevatoren dienend. Die Kammern sind abgedeckt durch eine Eisenbetondecke. Das Dach ist aus Eisenbeton als Satteldach mit Bogenbindern. Ganze Höhe des Bauwerks 22 m, hiervon 2,50 m unter Terrain, 19,50 m über Terrain.

Vor der einen Silolängsseite ist eine Verladehalle gebaut mit 8,90 m Breite und 7 m Höhe. Hierüber ist ein massives Eisenbetondach gespannt, welches von Eisenbeton=säulen getragen ist.

Die Verladehalle wie das Dachgeschoß und das Treppenhaus erhielt 7 cm Monier=wände. Alle Silokammern wurden ebenfalls mit einer 7 cm Monierwand isoliert. Die ganze Fassade wurde in Zementputz ausgeführt.

Preis in fix und fertiger Arbeit 57 500,— M., oder pro cbm Inhalt 30,— M., einschl. der Kosten für die Verladerampe, Dach und Treppenhaus. Kies franko Bauplatz 2,50 M. pro cbm.

Ausgeführt von Robert Grastorf, G. m. b. H., Hannover.

6. Zementsilo einer Portlandzementfabrik in Hannover.

Inhalt 1500 cbm. Ganze Länge 27,80 m, Breite 8 m.

Der Silo hat 12 Stück Trichter, 4×4 m groß. Die Trichterwände ziehen sich hinauf bis zu einer Höhe von 2 m über Trichteroberkante und bilden also bis zu dieser Höhe 12 Kammern. Hierüber sind nun 3 Kammern von 8×8 m, welche inwendig durch senkrechte und wagerechte Rippen verstärkt sind. Vor dem einen Giebel ist ein Treppenhaus von 3,80 m Breite angeordnet mit 4 Podesten. Der Silo ist auf einer durchgehenden Eisenbetonplatte, 70 cm stark, fundiert. Die Kammern sind mit einer Eisenbetondecke abgedeckt. Das Dach besteht aus eisernen Bindern, getragen von Eisen=betonsäulen. Soweit der Silo aus dem ihn umfassenden Gebäude hinausragt, ist der=selbe mit einer 7 cm starken Monierwand umkleidet. Ganze Höhe des Bauwerks bis Oberkante Siloabdeckung 15,30 m, 1,30 m unter Terrain, 14 m über Terrainhöhe, bis Oberkante Dachfirst 17,20 m über Terrain.

Preis in fix und fertiger Arbeit einschl. Treppenhaus, aber ohne Dach, 41 000,— M., oder pro cbm Inhalt 27,50 M.

Kiespreis franko Baustelle 5,25 M., Bauzeit 3 Monate.

Ausgeführt von Robert Grastorf, G. m. b. H., Hannover.

7. Kohlenbunker für ein Industriewerk in Hannover.

Inhalt: 1000 cbm Kohle.

Der Kohlenbunker hat eine Länge von 28,45 m und eine Breite von 5,20 m. Es sind sechs trichterförmige Ausläufe angeordnet, deren Unterkante 5,50 m über Fußboden Oberkante liegt. Der ganze Bunker besteht aus einem einzigen Raum, welcher durch senkrechte und wagerechte Rippen versteift ist, außer den Giebelwänden sind also keine Querwände angeordnet. Über dem Bunkerraum ist eine massive Decke in einer Höhe von 13 m über Fußboden Oberkante. Hierüber ist ein Eisenbetonpultdach in einer Höhe von 15,50 m über Fußboden Oberkante. Das Dachgeschoß ist ausgemauert mit einer 13 cm starken und das Erdgeschoß mit einer 25 cm starken Ziegelwand.

Am einen Bunkerende ist eine Elevatorgrube 5,80 × 6,30 m groß, 5,50 m tief, eingefaßt durch Spundwände. Preis der ganzen Bunkeranlage ohne Putz und ohne Fenster, Türen und Klempnerarbeiten 32 000,— M., oder pro cbm Inhalt 32,— M.

Kiespreis franko Baustelle 5,— M.

Bauzeit: 2½ Monate im Herbst 1907.

Ausgeführt von Robert Grastorf, G. m. b. H., Hannover.

8. Bogendach über dem Kalandersaal einer Papierfabrik.

Erbaut 1907 in 3 Wochen.

Länge des Daches 46,50 m. Lichte Spannweite 10,26 m. Pfeilhöhe 1,25 m. Das Dach ist aufgelagert auf einer 39 cm starken Ziegelmauer und hat einen Dachüberstand von 35 cm. Scheitelstärke 10 cm, Kämpferstärke 12 cm. Höhe des Kämpfers 10,25 m über Terrain, 4 m über der Erdgeschoßdecke, welche ebenfalls in Eisenbeton ausgeführt wurde. Zur Isolierung wurde auf das Dach eine 10 cm starke Schicht aus Kesselschlacke aufgebracht, hierüber ein 2 cm starker Zementestrich und hierauf eine doppelte Lage Asphaltdachpappe.

Preis pro qm Dach im Grundriß gemessen, einschl. aller Nebenarbeiten, wie Schlacke, Estrich, Pappe und unterer Schlämmputz, aber ohne Klempnerarbeiten, 16,— M. Alle Auflagerungen und Dachüberstände wurden mitgemessen. Die Kesselschlacke wurde von der Fabrik frei Baustelle unentgeltlich geliefert.

Kiespreis franko Baustelle 3,— M. pro cbm.

Ausgeführt von Robert Grastorf, G. m. b. H., Hannover.

9. Wasserbehälter.

Bauzeit vom Mai bis Oktober 1907.

Fassungsraum 3200 cbm Wasser.

Der Wasserbehälter besteht aus zwei kreisrunden Gefäßen in einer Entfernung von 26,40 m von Mitte bis Mitte. Zwischen beiden Behältern ist eine Schiebekammer 5 × 6 m groß mit einer Eisenbetondecke und einem Eisenbetondach eingebaut. Der höchste Wasserstand beträgt 4,50 m. Der Durchmesser der beiden Behälter beträgt 23,20 m. In jedem Behälter sind 8 Säulen aufgestellt, welche in einem Kreise mit 11 m Durchmesser stehen. Hierüber ist ein kreisförmiger Unterzug angeordnet.

Das Behältergewölbe spannt sich als Kugelkalotten und als Parabelgewölbe zwischen dem Unterzug und vom Unterzug bis zum Widerlager.

Preis in fix und fertiger Arbeit mit Fassade aus Zementkunststeinen in eigener Fabrik angefertigt 56 000,— M., pro cbm Inhalt 17,50 M.

Preis für Kies, Sand und Schotter franko Baustelle durchschnittlich 8,— M. pro cbm.

Ausgeführt von Robert Grastorf, G. m. b. H., Hannover.

10. Wasserturm auf Innenbahnhof Gleiwitz.
Hochbehälter 200 cbm Inhalt.

Die bebaute Grundfläche des Wasserturmes beträgt 43 qm.

Fußböden sind vorhanden: der Terrainfußboden und zwei übereinander liegende Fußböden. Darüber befindet sich der 200 cbm fassende Behälter, welcher 8—10 cm starke Seitenwandungen aus Eisenbeton hat.

Die Nutzlast der Eisenbetondecken beträgt 500 kg/qm.

Die Fundamenthöhe von Sohle bis Terrain ist 3,50 m.

Die Schafthöhe des Turmes vom Terrain bis zum Tambour ist 9,45 m.

Von Tambour bis zur Laternenspitze beträgt die Höhe 11,96 m.

Letzterer Teil ist aus Eisenbeton hergestellt, während die Fundamente und der Schaft aus Stampfbeton gefertigt ist.

Die Gesamtkosten des Bauwerks betragen 16 150 M.

Hiermit stellt sich der Quadratmeter bebaute Fläche auf 376 M.

Der Kubikmeter umbauten Raumes kostet 16 M.

Mit der Ausführung wurde am 2. Juni begonnen. Fertiggestellt war der Bau am 5. Dezember 1910.

Der Kubikmeter Kies kostete 5 M.

Ausgeführt von der Königlichen Eisenbahndirektion Kattowitz.

11. Lokomotivwerkstatt, Zentralbahnhof Rostock.

Hallenartiges Gebäude auf Eisenbetonstützen, zwischen den Stützen in den Umfassungswänden Mauerwerk von 1½ Stein Stärke. Fußboden teils aus Stampfbeton, teils aus imprägnierten Holzklötzen. Dachhaut auf Eisenbetonbogen, 10 cm stark, aus Bimsbeton, mit Ruberoidpappe überzogen. Bebaute Grundfläche 2426 qm. Mittlere Höhe von Fußbodenoberkante bis zur Traufe 6,50 m. Preis des Betonkieses frei Baustelle 5,92 M., des Bimskieses 13,60 M. für 1 cbm.

Kosten des nackten Bauwerkes (ohne maschinelle Einrichtungen, Werkzeuge, Dampfheizanlage, Wasserleitung, Beleuchtungsanlage und Gleisanlagen, jedoch einschließlich der 12 gemauerten Arbeitsgruben unter den Lokomotivständen, der Schiebebühnengrube und der Grube für die Kanalwinde) rund 135 000 M. Das ergibt für 1 qm bebauter Fläche 55,60 M., oder für 1 cbm umbauten Raumes, gerechnet von Fußbodenoberkante bis Dachoberkante, 7,50 M. Auf Betonarbeiten allein entfallen 65 850 M., mithin betragen die Kosten dieser Arbeiten auf 1 qm bebauter Fläche rund 27 M., oder auf 1 cbm umbauten Raumes rund 3,65 M.

Ausführungszeit für die Betonarbeiten vom 1. Juli bis 15. November 1906.

Ausgeführt von der Großherzogl. Generaldirektion zu Schwerin.

12. Wagenwaschgrube auf dem Bahnhofe Lissa in Posen.

Gesamtlänge des Bauwerks . . . . 22,06 m

Breite . . . . 2,10 m

Höhe von F. U. bis Str. O. . . . . 1,50 m

Gewaschener Kies 1 : 3 : 6, für Auflagersteine 1 : 2 : 5.

Die Stufen wurden mit Klinkersteinen belegt.

Wasserstand 0,65 m unter S. O.

Gesamtkosten . . . . 2000 M.

Ausführungszeit im Mai 1908.

Ausgeführt von der Königlichen Eisenbahndirektion Posen.

13. Hauptbahnsteigüberdachung in Eisenbeton.

Nutzlast als: Schneelast = 75,00 kg/qm, Winddruck = 15,00 kg/qm zus. 90,00 kg/qm

Eigenlast als: Eigengewicht = 168,00 kg/qm, Belag = 7,00 kg/qm zus. 175,00 „

Einzellast = ... 100,00 kg
Konstruktionshöhe von Unterkante Binder bis Oberkante Binder bzw.
    Decke . . . . 0,50 m
Länge der Bahnsteigüberdachung, L . . . . 35,25 „
Breite   „   „   B . . . . 14,48 „
Höhe von Fundamentunterkante bis Überdachungoberkante an den Säulen 7,77 „
Der Steinschlag (Grauwacke-Grus) wurde aus Hüttensteinach und der
    Sand aus dem Main bei Zapfendorf entnommen.
In Fundamentunterkante befand sich guter Baugrund.
Wasser war während der Ausführung über der Fundamentsohle nicht
    vorhanden.
Die Bahnsteigüberdachung einschl. der Säulen besteht aus Eisenbeton.
Breite des überdachten Bahnsteiges . . . . 13,30 m
Höhe von Fundamentunterkante bis Bahnsteigoberkante . . . . . . 3,50 „
Höhe von Bahnsteigoberkante bis Überdachungoberkante an den Säulen 4,27 „
Binderentfernung . . . . 9,75 „
Länge des Kragträgers . . . . 2,48 „
Entfernung der Bindersäulen (Querrichtung) . . . . 9,30 „
Stützweite der Dachplatten . . . . 3,25 „
Gesamtbaukosten 14 025 M. (für bessere Ansichtsflächen).
Gesamtbaukosten pro qm der Fläche L B (ca. 510 qm) . . . . . . 27,50 M.
Ausführungszeit der Überdachung vom 1. Sept. bis 1. November 1907.
Gesamtbaukosten 12 250 M. (für gewöhnliche, geschlämmte Flächen).
Gesamtbaukosten pro qm Fläche L B (510 qm) . . . . 24,— „
Ausgeführt von der Königl. Eisenbahndirektion, Erfurt.

14. Hauptbahnsteigüberdachung in Eisenbeton.

Nutzlast als: Schneelast = 75,00 kg/qm, Winddruck 15,00 kg/qm zus. 90,00 kg/qm
Eigenlast als: Eigengewicht = 168,00 kg/qm, Belag = 7,00 kg/qm zus. 175,00   „
Einzellast = ... 100,00 kg
Konstruktionshöhe von Unterkante Binder bis Oberkante Binder bzw.
    Decke . . . . 0,50 m
Länge der Bahnsteigüberdachung, L . . . . 45,32 „
Breite   „   Fundamentunterkante   B . . . . 11,63 „
Höhe von Fundamentunterkante bis Überdachungoberkante an den
    Säulen . . . . 7,77 „
Der Steinschlag (Grauwacke-Grus) wurde aus Hüttensteinach und der
    Sand aus dem Main bei Zapfendorf entnommen.
In Fundamentunterkante befand sich guter Baugrund.
Wasser war während der Ausführung über der Fundamentsohle nicht
    vorhanden.
Die Bahnsteigüberdachung einschl. der Säulen besteht aus Eisenbeton.
Breite des überdachten Bahnsteiges . . . . 10,65 m
Höhe von Fundamentunterkante bis Bahnsteigoberkante . . . . . . 3,50 „
Höhe von Bahnsteigoberkante bis Überdachungoberkante an den Säulen 4,27 „
Binderentfernung . . . . 9,00 „

Länge des Kragträgers . . . . 2,48 m
Entfernung der Bindersäulen vom Gebäude . . . . 9,15 „
Stützweite der Dachplatten . . . . 3,00 „
Gesamtbaukosten ca. 14 756 M. (für bessere Ansichtsflächen).
Gesamtkosten pro qm der Fläche L B (ca. 527 qm) . . . . 28,— M.
Ausführungszeit der Überdachung vom 14. August bis 14. Oktober 1907.
Gesamtbaukosten ca. 12 650 M. (für gewöhnliche geschlämmte Flächen).
Gesamtbaukosten pro qm der Fläche L B (ca. 527 qm) . . . . . . 24,— „
Ausgeführt von der Königl. Eisenbahndirektion, Erfurt.

15. Zwischenbahnsteigüberdachung in Eisenbeton.

Nutzlast als: Schneelast = 75,00 kg/qm, Winddruck = 15,00 kg/qm
                zusammen 90,00 kg/qm
Eigenlast als: Eigengewicht = 144,00 kg/qm, Belag = 7,00 kg/qm
                zusammen 151,00 „
Einzellast . . . . 100,00 kg
Konstruktionshöhe von Unterkante Binder bis Oberkante Dach-
    platte i. M. . . . . 0,42 m
Länge der Bahnsteigüberdachung, L . . . . 105,00 „
Breite   „   „   B . . . . 11,46 „
Höhe von Fundamentunterkante bis Überdachungoberkante an den
    Säulen . . . . 7,30 „
Der Steinschlag (Grauwacke-Grus) wurde aus Hüttensteinach und der
    Sand aus dem Main bei Zapfendorf entnommen.
In Fundamentunterkante befand sich guter Baugrund.
Wasser war während der Ausführung über der Fundamentsohle nicht
    vorhanden.
Die Bahnsteigüberdachung einschl. der Säulen besteht aus Eisenbeton.
Breite des überdachten Bahnsteiges . . . . 9,50 „
Höhe von Fundamentunterkante bis Bahnsteigoberkante . . . . . . 3,50 „
Höhe von Bahnsteigoberkante bis Überdachungoberkante an den Säulen 3,80 „
Binderentfernung . . . . 9,00 „
Länge der Kragarme eines Binders je . . . . 5,13 „
Entfernung der Bindersäulen an der Treppe (Querrichtung) . . . . 4,40 „
Stützweite der Dachplatte . . . . 2,20 „
Gesamtbaukosten 32 480 M. (für bessere Ansichtsflächen).
Gesamtbaukosten pro qm der Fläche L B (1203 qm) . . . . 27,— M.
Ausführungszeit der Überdachung vom 22. Juli bis 1. November 1907.
Gesamtbaukosten 27 700 M. (für gewöhnliche, geschlämmte Flächen).
Gesamtbaukosten pro qm der Fläche (1203 qm) . . . . 23,— „
Ausgeführt von der Königl. Eisenbahndirektion, Erfurt.

16. Bahnsteighallen in Rheydt. Eisenbeton-Konstruktion.

Die Hallen sind teils einstielig (freistehend) oder mit Auflager, am Gebäude, teils zweistielig.

Breite im Mittel . . . . 9 m
Gesamtlänge . . . . 370 m
Säulenentfernung . . . . 8—9 m
Abdeckung mit doppellagiger Dachpappe.
Ausführung aller Teile im Eisenbeton.
Der Kies wurde aus Urdingen bezogen (Rheinkies).
Kiespreis für 1 cbm frei Baustelle. . . . . 1,50 M.
Kosten (ausschließlich des nach besonderer Angabe hergestellten Putzes)
    und der Kieslieferung bei Fundierung bis zu 1,50 m Tiefe für 1 qm
    schräger Dachfläche . . . . 17,25 „
Ausführungszeit: 1. August 1907 bis 1. August 1908.
Ausgeführt von der Königlichen Eisenbahndirektion Cöln.

17. Eilgutschuppen auf dem Bahnhofe Cöln-Gereon.

Bebaute Grundfläche. 2012 qm
Erdgeschoß, darüber Dachgeschoß.
Das Bauwerk besteht aus Eisenbeton.
Konstruktionshöhe von Oberkante Fußboden bis Oberkante Dach   5,45 bzw. 6,05 m
Der Kies kostet frei Baustelle pro cbm . . . . 2,20 M.
    Der Fußboden besteht aus 12 cm starkem Zementbeton, auf angefüllten Boden.
Die Oberfläche ist unter Beimischung von Eisenfeilspänen (10 kg auf 1 qm) in Korn=
größe von 1—4 mm abgeglättet.
    Ausführungszeit: 4. Oktober 1907 bis 1. Mai 1908.
Gesamtbaukosten . . . . 80 480,00 M.
Gesamtbaukosten pro qm der bebauten Fläche . . . . 40,00 „
Gesamtbaukosten pro cbm des umbauten Raumes, gerechnet von Fuß=
    boden Oberkante bis Dachoberkante . . . . 6,95 „
Ausgeführt von der Königlichen Eisenbahndirektion Cöln.

18. Schuppen zur Aufbewahrung feuergefährlicher Güter auf Bahnhof Gleiwitz.

Bebaute Grundfläche ausschließlich der Rampen an den Längsseiten des
    Schuppens . . . . 151 qm
Fläche der Rampen . . . . 51 qm
Dach bildet die Decke.
Fußboden liegt in Rampenhöhe, d. h. 1,10 m über S. O. K.
Höhe von Fußboden bis Dachfirst . . . . 4,0 m
Höhe von Fußboden bis Dachtraufe . . . . 3,5 m
Der Raum unterhalb des Fußbodens ist mit Erdboden ausgefüllt.
Die Nutzlast beträgt . . . . 800 kg/qm
Material des Fußbodens, Beton. . . . . 10 cm stark
Material der Umfassungswände = Eisenbeton.
Fachwerk mit ½ Stein starker Ziegelausmauerung.
Des Daches: Eisenbeton mit Pappe überklebt.
Kiespreis frei Baustelle . . . . 5,00 M.

Kosten des ganzen Bauwerkes . . . . 7585,22 M.

ober für 1 qm bebaute Fläche . . . . 50,23 „

für 1 cbm umbauten Raumes, gerechnet von Fußbodenoberkante
bis Dachoberkante . . . . 13,39 „

Ausführungszeit: vom 1. Mai bis 1. Juli 1909.

Ausgeführt von der Königlichen Eisenbahndirektion Kattowitz.

19. Viadukt unter fünf Gleisen auf dem Bahnhofe Spandau=West.

1. Bebaute Grundfläche . . . . 950 qm
2. Länge des Bauwerks L ca. . . . . 30 m
3. Breite des Bauwerksdurchschn. B . . . . 28 m
4. Nutzlast durchschnittlich . . . . 2300 kg/qm
5. Zwei Öffnungen, Lichtweite . . . . 4,40 m
   eine Öffnung, Lichtweite (Säulenunterstützung) . . . . 8,98 m
   zwei Öffnungen, Lichtweite . . . . 4,04 m
   eine Öffnung, Lichtweite . . . . 5,10 m
6. Höhe von Fußboden Oberkante bis Unterkante Deckenkonstruktion . . . 3,10 m
7. Material der Deckenkonstruktion:
   Betondecke 1 : 4 zwischen Walzträgern und Einbau von begehbaren Oberlichten.
8. Abdeckung der Decken:
   7 mm starke Asphaltfilzplatten und darüber Ziegelflachschicht.
9. Die Widerlagsmauern sind im Beton im Mischungsverhältnis 1 : 7 ausgeführt.
   Die Frontwände in Ziegelmauerwerk.
10. Die Kosten des Bauwerks betragen rd. . . . . 120 000,00 M.
    ober pro qm bebauter Fläche . . . . 126,30 „
11. Ausführungszeit von Oktober 1907 bis Juni 1910.
12. Der Baugrund war gut.
    Die Höhe des Wasserstandes lag unter Fundamentsohle.
    Ausgeführt von der Königlichen Eisenbahndirektion Berlin.

20. Futtermauer auf dem Bahnhofe Saßnitz=Hafen.

Länge des Bauwerks . . . . 600,00 m

Höhe der Mauer von Fundamentunterkante bis Oberkante wechselt zwischen
10,4 m und 3,15 m; mittlere Höhe . . . . 6,00 „

Mittlere Fundamentbreite . . . . 2,50 „

Stärke der Mauer wechselt im gefährdeten Querschnitt zwischen 2,80 m und 0,80 „

Material der Mauer: Stampfbeton, teilweise durch Eiseneinlagen verstärkt,
mit teilweiser Ziegelsteinverblendung und Granitabdeckplatten.

Kiespreis frei Baustelle pro cbm . . . . 13,70 M.

In Fundamentunterkante befand sich guter Baugrund.

Bebaute Grundfläche . . . . 1500 qm

Gesamtbaukosten: 272 000 M. oder 1 qm der bebauten Fläche . . . 180,00 M.

Ausführungszeit: Mai 1908 bis Juni 1909.

Ausgeführt von der Eisenbahndirektion Stettin.

c) Tabelle über

Lfd. Nr.	Bezeichnung	Nutzlast kg/qm	Material und Konstruktion	Öffnungen		Bauwerks-			
				Anzahl Stück	Lichte Weite m	Länge L m	Breite B m	Höhe Fund.-Unterkante bis Bauwerk-Oberkante m	Konstruktionshöhe m
1	2	3	4	5	6	7	8	9	10
1	Straßenbrücke über den Mühlgraben b. Hofheim i. Th.	1580	Eisenbetongewölbe	1	3,50	4,90	7,40	2,30	0,50
2	Wegeüberführung	Gleichmäßig verteilt 2800 oder 1500 kg Raddruck, 400 kg/qm Menschengedränge	Fahrbahn: Eisenbeton, Widerlager: gew. Beton	1	4,50	16,27	6,00	7,29	0,65
3	Straßenbrücke auf der Neubaustrecke Birnbaum-Samter	—	Beton zwischen eisernen Trägern	1	4,50	—	4 u. 6	—	77,50
4	Schiefe Chausseeüberführung (25°) bei Rheine	10 t Wagen	Walzträger mit Betonkappen 9 diff 47½ in 60 cm Abstand, 6 NP. 42½	1	4,50	21	7,90	7,20 bis Straßenoberkante	1,00 bis Straßenoberkante
5	Wie 3	Dampfpflug 7400	Wie 3	1	4,70	16,24	6,00	8,20	0,78
6	Straßenbrücke über die Berne bei Bahnhof Berne (von Hude nach Blexen)	1 Dampfwalze von 10 t Raddruck	Plattenbalken in Eisenbeton, Widerlager in Beton	1	5,00	6,60	6,50 4 m auf die Fahrbahn, 2,5 m auf die Fußwege	2,80	0,80

...geführte Straßenbrücken.

...ndamen-...ierung	Wasserstand während der Ausführung	Kiespreis frei Baustelle .	Gesamt-baukosten Mark	Kosten pro qm der Fläche $L \times B$ Mark	Aus-führungs-zeit	Ausgeführt von	Bemerkungen
11	12	13	14	15	16	17	18
...gfähiger ...tergrund	Freihaltung erst durch zwei Handpumpen, später eine Kreiselpumpe	—	2015,00	56,00	16. Mai bis 15. Juni 1893	Landes-verwaltung Wiesbaden	Die Fahrbahn ist auf 4,4 m chaussiert, auf jeder Seite eine Pflasterhalbrinne. Die Fußsteige sind je 1 m breit und abgedeckt mit Platten in Monierkonstruktion.
...ter Bau-grund	Kein Wasser	Aus der Werra entnommen	3714,72	38,00	1. Juni bis 5. Juli 1907	Eisenbahn-direktion Erfurt	Straßenbefestigung 25 cm stark (Packlage 14 cm, Decklage 11 cm).
—	—	9 M. pro cbm	1000 M. für 4 m breit, 1300 M. für 6 m breit	55,00 48,00	1 Woche für jede Fahrbahn-strecke	Königl. Eisenbahn-direktion Posen	Straßenbefestigung Granit, Bürgersteige Granitbordkante mit Zementabdeckung. Die Wegüberführungen selbst sind aus Ziegelmauerwerk, die Fahrbahndecken dagegen aus Beton zwischen I-Trägern hergestellt.
gut	0,10 m über der Fundamentsohle	Steinkies von Riesberg	20000,00	120,00	Juli bis Nov. 1911	Hartenfett in Telgte und Thelen in Rheine	Bürgersteige: 1,50 und 0,80 breit, 15 cm erhöht, Abgedeckt mit Kleinpflaster. Straßenbefestigung: Steinpflaster in Sandbett 30 cm.
Wie vor	Wie 3	9 M. pro cbm	6133,58	62,60	Wie 3	Wie 3	Wie 3
Weicher Kleiboden. Die Pfahl-...itzen des ...stes stehen in trag-...ähigem ...mdboden	1,7 m unter Straßenober-kante. Das Wasser wurde nur gegen die Flußseite durch eine Spundwand von 3,25 × 0,05 m starken Spundbohlen abgedämmt	—	4500,00	102 M. für 1 qm der Fläche $L \times B$, 140 M. für 1 qm der über-deckten Licht-öffnung	Nov. 1906 bis Jan. 1907	Großherzogl. Eisenbahn-direktion Oldenburg	Plattenbalken; mit oberer und unterer Eiseneinlage. Rundeisen 16—25 mm, Bügel 8 mm, Verbindungsstäbe 5 mm stark. Stärke der Betondecke (mit oberer und unterer Eiseneinlage) 15 cm. Höhe der Rippen 40 cm. Breite „ 30 cm. Widerlager: mittlere Stärke 0,8 m, auf zusammen 30 Rammpfählen, 5 m lang, 27 cm mittlere Stärke. Anschließend an die Widerlager 4 Flügelmauern, 3 m im Mittel lang. Befestigung der Fahrbahn: hochkantiges Klinkerpflaster auf 10 cm starker Sandbettung. Befestigung der Fußwege: flachseitiges Klinkerpflaster auf 20 cm starker Sandbettung. Eiserne Geländer an den Fußwegen und auf den Flügelmauern.

Lfd. Nr.	Bezeichnung	Nutzlast	Material und Konstruktion	Öffnungen		Bauwerks-			Konstruktions- höhe
				Anzahl	Lichte Weite	Länge L	Breite B	Höhe Fund.-Unterkante bis Bauwerk-Oberkante	
		kg/qm		Stück	m	m	m	m	m
1	2	3	4	5	6	7	8	9	10
7	Straßenbrücke bei Herrenkoich, Kr. Znin, Reg.- Bez. Bromberg	—	Bogengewölbe aus Beton (Korbboden)	1	5,00	13,00	7,00	4,30	40 cm Scheitel-, 130 cm Kämpfer- stärke
8	Gewölbter Durch- laß (Wehrüber- führung) bei Rheine	400	Betonbogen	1	5,00 Stich 3,50	9,92	11,48	9,47	3,17
9	Straßenbrücke bei Neitwalde, Kr. Znin, Reg.- Bez. Bromberg	—	Bogenbrücke aus Beton	1	5,00	7,2 m zwi- schen den äußeren Flü- gelenden, 6 m zwischen den äußeren Fundament- kanten	6,00	2,55	1,45 m Pfeil- höhe, 35 cm Scheitelstärke 85 cm Kämpferstärke
10	Straßenbrücke mit Vollbahn- gleis über den Untergraben der Waldecker Tal- sperre (Eder) Schiefe Brücke + 25° 9,5′	Staatsbahn- lokomotive	Walzträger- betondecke	3	5,09 senkrecht zur Gra- benaxe, 11,98 in der Brücken- axe	48,19	5,90	7,60 bis Straßenoberkante	0,89 m von Unterkante Betonplatte bis
11	Wegeüberfüh- rung b. Kaufering (München- Buchloe)	Für Neben- straßen	Beton zwischen N.-Pr. 47½ auf 2 eisernen Pendelpfeilern	3	5,30 + 10,25 + 6,25 = 21,80	24,50	4,50	7,74	0,765
12	Straßenbrücke über die kanali- sierte Rotte bei Mittenwalde i. d. Mark	500 kgqm Menschenge- dränge, 23 t Walze, 20 t schwerer Last- wagen mit je 5 t Raddruck	Eisenbeton- plattenbalken- brücke, Wider- lager aus Beton	1	5,40	6,40	8,00	8,13 bis Straßen- oberkante	Im Scheitel 0,78 m bis Straßenober- kante
13	Straßenbrücke über den Cheneaubach (Strecke Metz- Vigny)	800	Betongewölbe	1	5,50 Stich 4,02	12,00	12,00	7,11	Von Mitte Unterkante Gewölbe bis Straßenober- kante 1,36 m
14	Eifgenbachbrücke in Markusmühle, Straße Dünn- weg-Dabring- hausen, Station 2,2—2,3	Raddruck 5000 und für Dampfwalze von 24 t	Überbau Betonkappen zwischen eiser- nen T-Trägern	1	5,50	7,70	6,00	3,06	—

...undamentierung	Wasserstand während der Ausführung	Riespreis frei Baustelle	Gesamtbaukosten Mark	Kosten pro qm der Fläche L×B Mark	Ausführungszeit	Ausgeführt von	Bemerkungen
11	12	13	14	15	16	17	18
Auf ×20 Stück Pfählen, 4 m lang	—	—	rd. 8000	228,00	Baujahr 1904	Landesverwaltung der Provinz Posen	—
gut	0,20 m über Fundamentsohle	Rheinkies von Wesel	9000,00	80,00	Dez. 1911 bis Febr. 1912	Hardensett in Telgt und Thelen in Rheine	Straßenbefestigung: Steinschlag.
...m breit, ...75 m lang, ...40 m hoch, ...f 20 Pfählen, 4 m lang	—	—	4150,00	138,00	Baujahr 1903	Wie 7	—
...ster Felsen	2,0 m über Fundamentsohle	Kies wurde aus der Eder entnommen	44875,50	158,00	Sommer 1910	Königl. Talsperrenbauamt Hemfurth (Waldeck)	Straßenbefestigung: 6 cm starke Asphaltplatten, Fußsteige je 0,90 m breit, 15 cm erhöht, abgedeckt mit Basaltlavaplatten.
—	—	—	14500,00	132,00	Baujahr 1907	Königl. Eisenbahndirektion Augsburg	Brücke senkrecht zur Bahnachse.
Guter Baugrund	2,95 m über Sohle	—	21000,00	390,00	1909	Königl. Wasserbauamt Köpenick	Straßenbefestigung: im Mittel 10 cm starkes Kleinpflaster. Bürgersteige je 1,50 m breit, 12 cm erhöht, mit einer fetten Zementschicht abgedeckt.
...uter Baugrund	—	Vom Unternehmer geliefert	26000, einschl. Steinpackung auf dem Gewölbe, Herdmauern und Sohlenpflaster	180,00	1. Dez. 1903 bis 1. März 1904	Kaiserl. Generaldirektion der Eisenbahnen in Elsaß-Lothringen	Straßenbefestigung 25 cm starke Chaussierung einschließl. Packlage. Bürgersteige je 2 m breit, 15 cm erhöht.
Fundament aus Beton, Überlager u. Flügelmauern aus Ziegelmauerwerk	1,75 m über Fundamentsohle	—	4000,00	rd. 87,00	1. Juli bis 15. Sept. 1906	Landesbauamt Köln	Lichte Höhe des Bauwerkes 1,89 m. Straßenbefestigung Kleinpflaster aus Basalt, 10 cm hoch. Erhöhter Bürgersteig, Abdeckplatte 45 cm breit.

Lfd. Nr.	Bezeichnung	Nutzlast kg/qm	Material und Konstruktion	Öffnungen		Bauwerks-			
				Anzahl Stück	Lichte Weite m	Länge L m	Breite B m	Höhe Fund.-Unterkante bis Bauwerks-Oberkante m	Konstruktionshöhe m
1	2	3	4	5	6	7	8	9	10
15	Überbau bei Witaszyce, Kr. Jarotschin	Dampfwalze 20 t (auf 2 × 4 = 8 qm)	Eisenbeton-Plattenbalken	1	5,55	7,35	9,00	—	0,80
16	Straßenbrücke üb. die Schwalm km 20,842 der Straße Erkelenz-Kaldenkirchen	600	Beton und Eisenbeton-gewölbe	1	5,60 Stich 1,40	5,60	7,50	Fundam.-Unterkante bis Straßenoberkante 2,90	Von Mitt Unterkant Gewölbe b Straßenob kante 50 c
17	Wegeunter-führung in km 28,005 der Strecke Dortmund-Gronau	—	Betondecke zwischen Differdinger Träger	1	6,00 Lichtweite zwischen den Widerlagern	13,84 einschl. der Flügelmauern	9,60 (6,0 + 2 · 1,8) Lichtweite und Stärke der Widerlager	3,70 von Fundament-unterkante bis Straßen-oberkante	1,00 m vo Unterkant Decke bis Straßen-oberkante
18	Straßenbrücke über die Lahn und Bahn bei Bahnhof Weilburg	600	Eisenbeton-bogenbrücke 1 : 30	2	6,30 6,80	91	6,00 Fahrbahn, Fußwege 0,64 und 1,64 bezw. 0,89 und 1,89 cm	Fundament-oberkante bis Straßen-oberkante 13,00	Im Scheit von Unter kanteGewöl bis Straße oberkante 1 bezw. 0,90
19	Chausseebrücke über den Lindow-kanal in der Nähe der Stadt Lindow in der Mark	Dampfwalze 1 Vorderrad 9 t, 2 Hinter-räder je 5,5 t	Eisenbetondecke zwischen Eisen-betonplatten-balken	1	7,00	12,00	10,00	6,00 von Fundamentunter-kante bis Pflaster-oberkante	0,94 bis Pflaste oberkante
20	Straßenbrücke über den Mörs-bach, km 22,125 der Straße Geldern-Rheinberg	—	Eisenbeton-überbau aus Plattenbalken	1	7,15	12,75	8,40	Fundam.-Unterk. bis Straßen-oberkante 5,00	Von Unter kante Platte balken bis Obe kante d. Stra 0,95 m
21	Kesselbrücke in Kerpen, Straße Dormagen-Lechenich	Wie 14	Wie vor	1	7,50	10,00	8,90	3,52	—

Fundamentierung	Wasserstand während der Ausführung	Kiespreis frei Baustelle	Gesamtbaukosten Mark	Kosten pro qm der Fläche L×B Mark	Ausführungszeit	Ausgeführt von	Bemerkungen
11	12	13	14	15	16	17	18
—	—	—	1974,00	30,00	—	Landesverw. der Provinz Posen	Die Brücke ist überchaussiert. Plattendicke 18 cm, Balkenbreite 35 cm, in der Platte alle 9 cm ein Eisen von 10 mm Durchmesser, in den Balken 10 Eisen von 22 mm Durchmesser.
Auf Pfahlrost	0,40 m über Fundamentsohle	In der Nähe der Baustelle entnommen	6186,42	147,00	Septbr. 1899	Landesbauamt Krefeld	Straßenbefestigung 16 cm starkes Steinpflaster. Bürgersteige je 1 m breit, 10 cm erhöht, abgedeckt mit Asphaltfilz.
Lehmiger Sandboden	Kein Wasser	Rheinkies von Wesel	7500,00	56,45	1911	Merten in Selm	Nicht befestigt, an den Widerlagern sind gepflasterte Rinnen.
Guter Baugrund	Wasserstand 4,40 m über Fundamentsohle	Wurde aus der Lahn entnommen	ca. 90000	123,00	Sept. bis April 1912	Königl. Eisenbahndirektion Frankfurt a. Main	Straßenbefestigung 12—14 cm starkes Kopfsteinpflaster, Bürgersteige 1,5 bezw. 0,5 m breit, 12 cm erhöht, abgedeckt mit Platten.
In Fundamentunterkante befand sich schlechter Baugrund, Widerlager und Flügel auf Pfahlrost Pfähle 13,5 8,5 m lang)	Die Fundamente wurden im Trockenen ausgeführt	Der Kies ist in der Nähe von Rheinsberg beschafft	Ohne Rampenanschüttung und ohne Befestigung rd. 30000 M. Mit Rampenanschüttung usw. 41000 M.	342,00	Mai bis einschl. Dez. 1909	Kgl. Wasserbauamt Neu-Ruppin	Befestigung der Brückenfahrbahn: Kleinpflaster, 2 Bürgersteige je 1,50 m breit, 15 cm erhöht, abgedeckt mit Zementplatten.
Eisenbetonbrunnen	—	—	10 019,90	rd. 94,00	—	Landesbauamt Krefeld	Straßenbefestigung 12 cm starkes Steinpflaster, Bürgersteige je 1,65 cm breit, 9 cm erhöht, abgedeckt mit Zementestrich.
Fundament aus Beton, Widerlager u. Flügelmauern aus Bruchstein	1,80 m über Fundamentsohle	—	7900,00	rd. 89,00	18. Juli bis 31. Aug. 1903	Wie vor	Lichte Höhe des Bauwerks 1,5 m. Straßenbefestigung 10 cm starkes Setzsteinpflaster. Bürgersteige 1,3 m breit, mit Bordstein 12 cm erhöht.

Lfd. Nr.	Bezeichnung	Nutzlast kg/qm	Material und Konstruktion	Öffnungen Anzahl Stück	Öffnungen Lichte Weite m	Bauwerks-Länge L m	Breite B m	Höhe Fund.-Unterkante bis Bauwerk-Oberkante m	Konstruktionshöhe m
1	2	3	4	5	6	7	8	9	10
22	Überführung des Großschiffahrtsweges über die Eisenbahn Berlin-Stettin	2900	Eisenbeton	2	7,90	54,10	33,50	—	0,70 bis 1,0
23	Wegeüberführung der Strecke Wanne-Bremen in km 122,23	500	Betondecke zwischen eisernen Trägern	1	8,00	20,80	9,00	Bis Straßenoberkante 7,15	In der Mitte von Unterkante Gewölbe bis Straßenoberkante 0,80 m
24	Straßenbrücke durch das Flutgebiet der Ems im Zuge der Landstraße Lathen-Niederlangen, Kr. Aschendorf	Radbruck 7000 kg, Menschengedränge 500 kg	Kontinuierlicher Plattenbalken auf 9 Stützen in Eisenbeton	8 je 8 m 2 Kragstücke von je 2,8 m Länge		71,35	4,00 Fahrbahn 3 m, Schutzstreifen 2 × 0,5 m	4,20	0,85
25	Überbau über die Chaussee Kutlinow-Sandberg, Kr. Koschmin	Dampfwalze 20 t (auf 2 × 4 = 8 qm), im übrigen Menschengedränge	Eisenbeton-Plattenbalken	1	8,00	10,00	8,00	—	0,90
26	Straßen-Betonbrücke bei Robylesz, Kr. Wongrowitz, Reg.-Bez. Bromberg	Dampfwalze 20 t	„Trägerdecke" (System Prof. Möller, Braunschweig)	1	8,00	Zwischen den äußeren Flügelenden 16 m, zwischen den Außenkanten der Widerlager 9 m	8,00	von Oberkante Fundament bis Unterkante Brücke 2,70 m	0,50 davon 16 cm für die Brückenplatte
27	Landstraßenbrücke über das Abfallbecken der Freiarche in Wernsdorf, km 47,6 der Spree-Oder-Wasserstraße	Menschengedränge 400 kg/qm. Ein Wagen mit 6 t Achsbelastung	Plattenbalkenbrücke in Eisenbeton	1	8,34 u. 11,45 konisch	9,54 und 12,65	6,25	siehe Anmerkung	Unterkante Platte bis Straßenoberkante 53 cm. Von Unterkante Balken bis Straßenoberkante 1,30 m

Fundamentierung	Wasserstand während der Ausführung	Kiespreis frei Baustelle	Gesamtbaukosten Mark	Kosten pro qm der Fläche L × B Mark	Ausführungszeit	Ausgeführt von	Bemerkungen
11	12	13	14	15	16	17	18
Gut	Das Bauwerk wurde im Trockenen ausgeführt	—	285 000,00	1580,00	Oktober 1909 bis 1. Dezbr. 1911	Königliches Hauptbauamt zu Potsdam	Dichtung: Starke Bleischicht auf beiden Seiten durch eine Bitumenpappschicht geschützt. Hierauf 12 mm starke dreifache Bitumenpappschicht und 8 cm starker Bohlenbelag aus australischem Hartholz mit Eisenbeschlag.
Triebsandähnliche ganz im Grundwasser liegende Bodenart	1,0 m	Aus den Piesberger Steinbrüchen bei Osnabrück entnommen	15 000,00	80,10	1. Mai 1910 bis 10. Oktbr. 1911	Otto Thor in Osnabrück	Straßenbefestigung: 18 cm starke Packlage mit Kleinschlag gedeckt, Bürgersteige 1,0 m auf der einen und 0,3 m auf der anderen Seite, 10 cm erhöht, abgedeckt mit Beton, Bordsteine aus Basaltlava.
Betonfundament, die Sohle liegt 1,5 m unter dem Gelände	—	Aus der Ems entnommen	13 200,00	46,00	1. Sept. bis 15. Nov.	Landesverwaltung Hannover	Die einzelnen Joche sind aus 40 cm starken Wänden in Eisenbetonkonstruktion hergestellt. Fahrbahnbefestigung: Basaltkleinpflaster (8 cm hoch) auf Betonbettung, Schutzstreifen aus Beton.
—	—	—	2704,00 Überbau, 156,00 Asphaltdecke	rd. 36,00 des Überbaues	—	Landesverwaltung der Prov. Posen	Die Brücke ist überchaussiert. Plattendicke 20 cm, Balkenbreite 35 cm, in den Eisen bei je 8½ cm ein Eisen 8,2 mm Durchm.; in den Balken 5 Eisen von 27 mm Durchm. u. 4 Eisen von 30 mm Durchm. Balkenentfernung 1,71 m von Mitte zu Mitte.
Aus 18 Brunnen von 1,2 m lichterem Durchmesser aus Eisenbetonringen mit Füllbeton, 2,70 m tief	—	—	ohne Abpflasterung, Hinterfüllung des Bauwerks und Abbruch des alten Bauwerks 7300,00	111,00 pro qm Durchflußprofil (66 qm)	Baujahr 1905	Landesverwaltung der Prov. Posen	—
siehe Anmerkung	—	Neißekies geliefert von Ludwig & Co. in Berlin	3400,00	49,00	17. Nov. 1908 bis Ende April 1909	Wasserbauinspektion in Fürstenwalde a. d Spree	Die Brücke liegt auf den Seitenmauern des Abfallbedens der Freiarche. Straßenbefestigung 15 cm starkes Steinpflaster auf Kiesbett.

Lfd. Nr.	Bezeichnung	Nutzlast kg/qm	Material und Konstruktion	Öffnungen		Bauwerks-			Konstruktionshöhe
				Anzahl Stück	Lichte Weite m	Länge L m	Breite B m	Höhe Fund.-Unterkante bis Bauwerk-Oberkante m	m
1	2	3	4	5	6	7	8	9	10
28	Straßenüberführung mit Überbau aus Walzträgern in Verbindung mit Beton	Dampfwalze 3 t, sonst 400 kg	Siehe Spalte 2	1	8,50	9,30	12,64	7,20	0,60
29	Straßenüberführung der Doppelbahnstrecke Buchloe-Lindau bei km 103,510	Für Staatsstraßen	Beton mit Betonüberbau zwischen N.-Pr. 50	1	8,50 Stützweite 9 m	11,30	7,00 Breite der Brückenfahrbahn 5 m	7,80 von Bahnkrone bis Straßenoberkante 5,94 m	0,81
30	Wie vor bei km 102,086	Für Nebenstraßen	Betonüberbau zwischen N.-Pr. 45	1	8,50 Stützweite 9 m	10,90	5,00	7,59 von Bahnkrone bis Straßenoberkante 5,89 m	0,748
31	Wegeüberführung km 38,212 der Bahnstrecke München-Buchloe	Für Nebenstraßen	Betonüberbau zwischen N.-Pr. 47½	1	8,59 senkrecht gemessen	6,00 senkrecht	11,90 schief	6,62 von Bahnplanum bis Straßenoberkante 5,92 m	0,783
32	Feldwegbrücke in St. 4,5 und 6,45 des großen Vorflutgrabens der Grützer Havel	1 Wagen von 4 t Achslast	Eisenbetonplattenbalken	1	9,00	14,00	4,30	Bis Straßenoberkante 4,29 m	0,80 wie vor
33	Feldwegbrücke in St. 4,0 des Warnauer Vorfluters	400	Plattenbalken in Eisenbeton, Pfeiler und Widerlager in Stampfbeton	1	9,00	18,3	4,40	Bis Straßenoberkante 5,50 m	0,85 m in Brückenmitte von Unterkante Balken bis Straßenoberkante, 0,70 m bis Betonoberkante
34	Feldwegbrücke über den Grützer Vorfluter bei Grütz a. d. Havel	1 Wagen von 4 t Achslast	Eisenbetonplattenbalken	1	9,00	11,50	4,30	Bis Straßenoberkante 4,38 m	0,85 wie vor

Fundamentierung	Wasserstand während der Ausführung	Kiespreis frei Baustelle	Gesamtbaukosten Mark	Kosten pro qm der Fläche L×B Mark	Ausführungszeit	Ausgeführt von	Bemerkungen
11	12	13	14	15	16	17	18
Normaler Baugrund	Unter Fundamentunterkante	—	17 000,00	145,00	—	Königl. Eisenbahndirektion Essen	Straßenbefestigung Asphaltplatten. Die Bürgersteige 1,50 m breit, abgedeckt mit Asphaltplatten.
—	—	—	12 460,00 Gesamtkosten 60 800 M. einschl. 6700 M. Grunderwerb	160,00	Baujahr 1907	Königl. Eisenbahndirektion Augsburg	Gewicht des Eisenüberbaues samt Brückengeländer 10,5 t.
—	—	—	10 000	183,50	Wie vor	Wie vor	Gewicht des Eisenüberbaues samt Brückengeländer 8,0 t, Brückenfahrbahn 3,8 m breit, dazu zwei Fußwege zu je 0,6 m.
—	—	—	11 280,00	160,00	—	Wie vor	Gewicht des Eisenüberbaues samt Brückengeländer 9 t. Brückenfahrbahn 4,8 m, Fußwege 2 × 0,6 m.
Schlechter Baugrund, Pfahlrostgründung	Im Mittel 0,6 m über Fundamentsohle	Elbkies	5000,00	rd. 83,33	In St. 4,5 Sommer 1911, in St. 6,45 Sommer 1910	Wie vor	Bürgersteige nicht vorhanden.
—	—	3,30 Mark pro cbm	5224,23	65,00	Mai 1910 bis August 1911	Verbesserung der Vorflut- und Schifffahrtverhältnisse in der unteren Havel	Straßenbefestigung: Klinker in Zementmörtel, 1000 Klinker 36 Mark. Bürgersteige nicht vorhanden; dafür seitliche Schrammkante, 0,50 m breit.
Baugrund gut	Im Mittel 0,5 m über Fundamentsohle	Elbkies	5000,00	rd. 100,00	August 1911	Wie vor	Bürgersteige nicht vorhanden, Straßenbefestigung: Klinkerpflaster auf Sandbettung.

Lfd. Nr.	Bezeichnung	Nutzlast kg/qm	Material und Konstruktion	Öffnungen		Bauwerks-			Konstruktionshöhe
				Anzahl Stück	Lichte Weite m	Länge L m	Breite B m	Höhe Fund.-Unterkante bis Bauwerksoberkante m	m
1	2	3	4	5	6	7	8	9	10
35	Chaussee-überführung bei Grevesmühlen	Walze 10 t + 2 × 6,5 t u. Menschengebränge 500 kg	Eisenbetonplattenbalken auf 4 Stützen	3	9,33 + 11,72 + 9,33	31,00	6,40 Breite des Unterbaues 4,40 m	7,65	Mittelöffnung 1,10 m, Seitenöffnung 0,99 m
36	Straßenbrücke bei Schwerte (Flutbrücke der Ruhr)	23 t Dampfwalze, Menschengebränge 400 kg	Plattenbalken	2	9,60	22,20	8,00	4,30	Wie vor 0,85 m
37	Wegeunterführung in km 167,4 der Strecke Stargard-Stettin	400 kg/qm	Beton- bzw. Eisenbeton-Gewölbe	1	9,92 Stich 3,35	17,18	30,00	6,00	Von Unterkante Gewölbe bis Unterkante Schwelle 0,95 m (Gewölbestärke am Scheitel 0,55 m)
38	Wege-überführung	400 kg/qm, Lastwagen 3 t	Eisenbeton, Fahrbahn Eisenbeton, Widerlager Bruchsteinmauerwerk	2	10,00	35,74	4,25	Bis Fahrbahn Oberkante 7,886 m	Von Mitte Unterkante Träger bis Fahrbahn-Oberkante 1,00 m
39	Straßenbrücke über die Radaune bei Kahlbude (Danzig)	Menschengebränge von 400 kg/qm, 1 Lastwagen von 20 t	Plattenbalken in Eisenbeton, kontinuierlicher Träger auf 4 Stützen	3	Mittelöffnung 10,00 m, die beiden Seitenöffnungen je 6,00 m	27,85 zwischen den Hinterkanten der Fundamente der Landpfeiler	7,20 zwischen den Außenkanten der Fundamente	5,90 von Fundamentunterkante bis Straßenoberkante	In Brückenmitte 0,82 m, an den Enden der Brücke 0,70 m
40	Wegebrücke über die Spree, km 51,6 bei Coffenblatt, in Verbindung mit einem Nadelwehr	400 kg/qm und ein 6 t Wagen von 3 m Achsabstand und 1,40 m Spurweite	Eisenbetonbalken in Form flachen Bogens, Stich der flachen trapezförmigen Eisenbetonhauptträger 0,40 m	4	je 10,50	61,40 zwischen den Spundwänden	7,20	Bis Straßenoberkante 8,80 m	In Mitte der Brückenöffnung von Unterkante Träger bis Straßenoberkante 0'90 m, vom Auflagerpunkt auf den Pfeilern bis Straßenoberkante 1,30 m
41	Straßenbrücke bei Zrasim, Kr. Znin, Reg.-Bez. Bromberg	20 t schwere Dampfwalze (9 t Lenkwalze, 11 t Triebwalze)	Trägerdecken System Prof. Möller	—	11,00	16,20 m zu den äußeren Flügelenden, 12,20 m zu Außenkante Widerlager	5,40	Zwischen Fundament und Unterkante Brücke 1,30 m	0,60 m, davon Fahrbahn 0,14 m

Fundamentierung	Wasserstand während der Ausführung	Kiespreis frei Baustelle	Gesamt-Baukosten Mark	Kosten pro qm der Fläche L×B Mark	Ausführungszeit	Ausgeführt von	Bemerkungen
11	12	13	14	15	16	17	18
Guter Baugrund	Wasserfrei	in 2 km Entfernung gewonnen und mit Fuhrwerk angefahren	16 600,00	74,00	3. Juni bis 29. Aug. 1907	Großherzogl. Generaldirektion Schwerin i. M.	Straßenbefestigung: 20 cm starkes Holzpflaster. Fahrbahn 5 m, einseitiger Fußsteg aus Beton 1 m breit 18 cm erhöht.
—	—	—	14 000,00	79,00	Sommer 1907	Wie vor	Befestigungen wie vor. Entfernung der Plattenbalken 1,10 m, Fahrbahn 5,5 m, Fußwege je 1,25 m breit.
Guter Baugrund	Kein Wasser	Der Kies wurde 19 km weit mittels Arbeitszügen herangefahren	32 700,00	63,00	Sommer u. Herbst 1905	Königl. Eisenbahndirektion Stettin	—
In Fundament-Unter-kante befand sich weicher unter Felsen Baugrund	Wasserstand während der Ausführung über der Fundamentsohle 0,80 m	Der Steinschlag (Grünsteinschlag) wurde vom Stegenwaldhaus bei Hof i. Bayern entnommen, der Sand aus der Saale bei Rudolstadt i. Th.	17 000,00	112,00	Von Aug. bis Okt. 1907	Königl. Eisenbahndirektion Erfurt	Straßenbefestigung 35 cm stark, davon 20 cm Badlage, 15 cm Schotter. Besondere Bürgersteige sind vorhanden, je 50 cm breit, nicht erhöht, abgedeckt mit Sandsteinplatten, 20 cm stark.
—	Etwa 2,0 m über Fundamentunterkante	—	30 130,00	150,00	Anfang Septbr. bis Ende Nov. 1910	Königl. Wasserbauverwaltung Danzig	Fahrbahn: 5,00 m breit, mit Steinpflaster, mit Asphaltverguß. Fußwege: je 0,75 m breit, mit 3 cm starkem Zementestrich auf Magerbeton.
In Fundamentunterkante befand sich guter Baugrund tragfähiger Sand und Mergel)	3,80 bis 4,68 m über Fundamentsohle	Flußkies von den Märkischen Sandwerken Bayne & Co. in Stralau 5,50 pro obm	81 640,00	rd. 185,00	Mai 1909 bis März 1910	Königl. Wasserbauamt Beeskow	Straßenbefestigung: 10 cm starke abgewalzte Schotterfahrbahn auf 5 cm Kiesunterbettung über der mit Filzasphalt abgedeckten Eisenbetonkonstruktion. 2 Bürgersteige je 0,75 m breit, 8 cm erhöht, mit 2 cm Zementestrich.
aus 2 × 6 Stück Brunnen von 2 m äußerem Durchmesser aus Eisenbetonringen mit Füllbeton, 3,5 m tief	—	—	6200,00	106,00 des Durchlaßprofils (60 qm)	1904	Landesverwaltung der Provinz Posen	—

Lfd. Nr.	Bezeichnung	Nutzlast kg/qm	Material und Konstruktion	Öffnungen		Bauwerks-			Konstruktions- höhe
				Anzahl Stück	Lichte Weite m	Länge L m	Breite B m	Höhe Fund.-Unter- kante bis Bauwerk- Oberkante m	m
1	2	3	4	5	6	7	8	9	10
42	Straßenbrücke bei Hermannshof, Kr. Znin, Reg.-Bez. Bromberg	Wie vor	Wie vor	—	11,00	Wie vor	4,00	Zwischen Fundament- Oberkante bis Unter- kante Fahr- bahn 1,50 m	0,60 m, bo von Beton platte 0,14
43	Straßenbrücke über den Werns- dorfer See bei Wernsdorf (Kreis Beeskow- Storkow)	500 kg/qm Menschen- gedränge, 20 t Walze	Eisenbeton- plattenbalken- brücke	1	11,04	25,45	8,50	7,46 von Funda- mentunter- kante bis Staßen- oberkante	Im Scheit 1,10 m bi Straßen- oberkante
44	Straßenbrücke über den Schwarzbach bei Eppstein i. Th.	1580 kg	In den Wider- lagern aus Stampfbeton, im Gewölbe aus Beton mit Eiseneinlagen nach Monier- system	1	11,65 Stich 2,75	11,65 +2×2,30 = 16,25	7,50	—	In der Mitt von Unter- kante Ge- wölbe bis Straßenobe kante 50 cm
45	Straßenbrücke über die Rixdorf- Mittenwalde- Eisenbahn im Zuge der Ger- maniastraße, Tempelhof- Berlin	23 t Dampf- walze, rund 500 kg/qm	Eisenbeton, Widerlager reiner Beton	1	11,92	25,92	14,30	8,25	In der Mitt von Unter- kante Platte balken bis Straßen- oberkante 1,35 m
46	Straßenbeton- brücke über die Welna bei Pruisetz, Kr. Wongrowitz	—	Bogenbrücke aus Beton, ohne Eisen- einlage	3	12,3	48,00	5,70	1,35 m Pfeilhöhe, 35 cm Schei- tel-, 50 cm Kämpfer- stärke	—
47	Fußwegüberfüh- rung mit Trep- penzugängen auf Bahnhof Hosten- bach der Haupt- bahn Saar- brücken-Bous	500 kg	Betongewölbe aus Zement, Grubensand und Hochofenschlacken- kleinschlag bzw. Grus, Beton und Eisenbeton	2	12,50	39,10	5,00	7,46	In der Mitt von Unter- kante Gewöll bis Fußweg oberkante 0,35 m
48	Wegüberfüh- rung in der Station Bellheim	600	Widerlager u. Flügel aus Be- ton, Fahrbahn: Beton zwischen I-Trägern	1	14,50	17,50	7,50	7,50	Unterkante Träger bis Straßenobe kante in der Mitte 1,13 m

Fundamentierung	Wasserstand während der Ausführung	Kiespreis frei Baustelle	Gesamt-Baukosten Mark	Kosten pro qm der Fläche L×B Mark	Ausführungszeit	Ausgeführt von	Bemerkungen
11	**12**	**13**	**14**	**15**	**16**	**17**	**18**
2×5 Brunnen von 1,2 m äußerem Durchmesser aus Eisenberingen mit Stampfbeton, 25 cm tief	—	—	5500,00 ohne Hinterfüllung	125,00 des Durchlaßprofils (44 qm)	1904	Wie vor	Wie 38.
Schlechter Baugrund in Fundamentunterkante	2,00 m über Sohle	Kiesgrube Stuttgarten bei Storkow	20 000,00	92,50	15. August bis 1. Nov. 1911	Königl. Wasserbauamt Köpenick	Straßenbefestigung: 10 cm starkes Kleinpflaster. Bürgersteige je 1,25 m breit, 17 cm erhöht, abgedeckt mit einer fetten Zementschicht.
Im Fundament-Unterkante bis Katzenoberkante 6 m	Die Freihaltung der Baugrube von Wasser während der Ausführung geschah durch zwei Handpumpen, später bei größerem Wasserandrang durch eine Kreiselpumpe	Mainsand und Mainkies von der ausführenden Firma geliefert	11 900,00	92,77	Anfang Septbr. bis 28. Nov. 1893	Landesverwaltung Wiesbaden	Das Fundament setzt sich auf tragfähigen Untergrund.
Guter Baugrund	Kein Wasser	—	24 933,96 ohne Zinsen, Bauleitung und Provisorium	67,00	1905	Kreis Teltow	Straßenbefestigung Granit-Kleinpflastersteine. Bürgersteige je 2,5 m breite Mosaiksteinpflaster.
30 m lang, 20 breit, 1,30 hoch, auf je 14 Stück 3 m langen, 25 cm starken Verdichtungspfählen zwischen Spundwänden	—	—	15 400,00	73,20 des Durchflußprofils (210 qm)	—	Landesverwaltung der Provinz Posen	2 Strompfeiler 1,60 m hoch, 1,05 cm obere, 1,40 cm untere Breite. Widerlager in Richtung der Brückenachse 4,50 m lang, 5,70 m breit, 1,30 m hoch auf je 18 Stück Pfählen.
Guter Baugrund	0,20 m über Fundamentsohle	Grubensand u. Hochofenschlacke wurden in d. Nähe der Baustelle gewonnen	32 500,00	166,00	1. Nov. 1906 bis 5. Dez. 1907	Königl. Eisenbahndirektion St. Johann-Saarbrücken	Widerlager und Stirnmauern sind mit hammerrecht bearbeiteten Bruchsteinen (Vogesen-Sandstein) verblendet.
Guter Baugrund	—	Aus d. Rhein bei Germersheim 4,50 M. pro cbm frei Baustelle	18 000,00	131,25	1. Juli bis 15. Dez. 1905	Direktion der Pfälzer Bahnen	Straßenbefestigung 18 cm starkes Steinpflaster. Bürgersteige je 0,65 m breit, 10 cm erhöht aus Stampfbeton mit Asphaltbelag.

Lfd. Nr.	Bezeichnung	Nutzlast kg/qm	Material und Konstruktion	Öffnungen Anzahl Stück	Lichte Weite m	Bauwerks- Länge L m	Breite B m	Höhe Fund.-Unterkante bis Bauwerk-Oberkante m	Konstruktions-höhe m
1	2	8	4	5	6	7	8	9	10
49	Straßenbrücke über die Ems bei Wachendorf, Kr. Meppen	Kriegsautomobil mit Anhängewagen 300 kg/qm	Kontinuierliche Plattenbalken auf 6 Stützen in Eisenbeton	5	14,60	81,00	4,60	—	Wie vor 1,40 m
50	Straßenbrücke	800	Betongewölbe	1	15,00 Stich 3,25	20,00	6,38	4,20	Mitte Unterkante Gewölbe bis Straßen oberkante 0,95 m
51	Wegeüberführung km 78,617 Marienburg-Allenstein	600	Betongewölbe mit Eiseneinlage, Widerlager: Beton	1	15,12 Stich 3,40	28,40	5,00	7,25	Wie vor 0,75 m
52	Wegüberführungen der Neubaustrecke Bentschen-Birnbaum	500	Betongewölbe u. Widerlager	1	15,20 Stich 2,90	26,00	—	5,75	Mitte Unterkante Gewölbe bis Straßen oberkante 0,95 m
53	Fußwegüberführung in km 1,6 + 30 der Strecke Metz-Vigy	400	Beton und Eisenbetongewölbe	1	15,526 Stich 4,49	27,00	2,50	8,24	Wie vor 0,25 m
54	Straßenbrücke in km 55,6 + 60 der Strecke Magdeburg-Halle	Dampfwalze von 23 t	Betongewölbe	1	17,00 Stich 3,90	32,90	7,40	7,65	Wie vor 0,70 m
55	Wegüberführung in km 108,732 der Strecke Berlin-Stralsund	500	Betongewölbe	1	17,50 Stich 4,75	26,60	7,50	6,18	0,73
56	Feldweg-überführung	Dampfpflug von 17 t, Gesamtgewicht 400 kg/qm	Eisenbetongewölbe	1	17,80 Stich 4,60	32,00	4,70	7,10	0,65

Fundamentierung	Wasserstand während der Ausführung	Kiespreis frei Baustelle	Gesamt-Baukosten Mark	Kosten pro qm der Fläche L×B Mark	Ausführungszeit	Ausgeführt von	Bemerkungen
11	12	13	14	15	16	17	18
	Über Niedrigwasser sind die Zwischenräume der Pfähle mit Beton ausgefüllt, so daß die vier Pfähle eine Wand bilden	Sand aus der Ems in der Nähe	45 000,00	121,00	1. Juni bis 1. Nov.	Landesverwaltung Hannover	Die einzelnen Joche bestehen aus je 4 Eisenbetonpfählen (40×40 cm), die 5 m unter Flußsohle gerammt sind. Zwischen den Pfählen sind bis Niedrigwasser Zementrohre versenkt und mit Beton ausgefüllt.
Kalkfelsen	Nicht vorhanden	Sand aus der Saale bei Weißenfels	9164,56	71,60	25. April bis 13. Juli 1907	Königl. Eisenbahndirektion Erfurt	Steinschlag von dem niederhessisch. Basaltwerk Malzfeld entnommen. Straßenbefestigung 40 cm hohe Chaussierung, Bürgersteige nicht vorhanden.
Guter Baugrund	Rein Wasser	Kies aus der Hermannschen Grube bei Lehnhof Gr.-Waplitz	10 200,00	71,83	3 Monate	Königl. Eisenbahndirektion Königsberg i. Pr.	Straßenbefestigung 16 cm starkes Steinpflaster, Bürgersteige fehlen, Fahrbahn 3,8 m breit, durch 8 cm höher liegende, 60 cm breite Abdeckplatten begrenzt.
Guter Baugrund	Trocken	Statt Kies Kleinschlag aus bis zur Sinterung gebrannten Ziegelsteinen hergestellt	9 Bauwerke im Preise von	65,00 bis 75,00	Je 6 Wochen	Königliche Eisenbahndirektion Posen	Bürgersteig nicht vorhanden.
Guter Baugrund	—	Moselsand u. Kies vom Unternehmer geliefert	7000,00	104,00	15. Juni bis 15. Aug. 1904	Kais. General-Direktion der Eisenbahnen in Elsaß-Lothringen	Gehwegbefestigung 14 cm starke Eisenbetonplatten mit Zementestrich versehen.
Guter Baugrund	—	—	14 400,00 ohne Pflaster und Hinterschüttung	60,00	—	Königl. Eisenbahndirektion Magdeburg	Straßenbefestigung Steinpflaster, Bürgersteige je 0,70 m breit, 10 cm erhöht, abgedeckt mit Sandsteinplatten 20 cm stark. Ausführung von der Zementbau-Aktiengesellschaft Hannover.
Guter Baugrund	—	Kies wurde 23 km weit mittels Arbeitszügen herangefahren	12 000,00 einschl. Kosten der Erdarbeiten für Herstellung der Anschlußwege. Die Kosten dieser Erdarbeiten allein betragen 14 000 M.	63,00	1. Juli bis 1. Sept. 1905	Königl. Eisenbahndirektion Stettin	Straßenbefestigung 20 cm starkes Steinpflaster. Bürgersteige fehlen.
Guter lehmiger Baugrund	Rein Wasser	Kies u. Sand aus der Werra	8500,00 einschl. Rampen	57,00	Okt. 1905 bis März 1906	Königl. Eisenbahndirektion Erfurt	Steinschlag (Diorit) wurde aus Wutha entnommen. Straßenbefestigung aus 40 cm starker Pflasterung. Keine Bürgersteige.

Lfd. Nr.	Bezeichnung	Nutzlast kg/qm	Material und Konstruktion	Öffnungen Anzahl Stück	Lichte Weite m	Länge L m	Breite B m	Höhe Fund.-Unterkante bis Bauwerk-Oberkante m	Konstruktions-höhe m
1	2	3	4	5	6	7	8	9	10
57	Überführung der Belmer Land-straße in km 2,130 der Strecke Wanne-Bremen	500	Bogenbrücke in Eisenbeton, Stich 2,27, Gewölbe und Widerlager aus Eisenbeton, Flü-gel aus Beton	1	18,00	38,44	12,50	7,07 bis Straßen-oberkante	0,74 m im Scheitel bis Straßen-oberkante
58	Wegeüberführung in km 38,9 der Strecke Brack-wede-Osnabrück	400 kg/qm Dampfwalze. 6 t 6 t 1,5 ↓1,86↓1,5 3 t 3 t 0,65↓1,38↓0,55	Eisenbeton-bogenbrücke, Stirn und Widerlager aus Beton, Stich 3,10 m	1	18,00	28,60	6,40	5,15 bis Straßen-oberkante	0,63 m im Scheitel bis Straßen-oberkante
59	Straßenbrücke über den unteren Schleusenkanal bei Himmelpfort	Fuhrwerk mit 2,5 t Raddruck	Bogenbrücke in Eisenbeton	1	18,00 Stich 4,15	27,90	5,20	7,17 bis	Im Scheitel 0,52 m von Unterkante Gewölbe bis Straßenoberkante
60	Straßenüberfüh-rung auf Bahn-hof Montigny in km 156,518 der Strecke Metz-Diedenhofen	Drelingsche Dampfwalze von 20 t Ge-samtgewicht 400 kg/qm	Beton, Eisen-beton, Zement-kunststeinplatten und aus Bruch-steinmauerwerk an den Flügel-mauern	2	18,50 Stich 2,50	51,40	8,00	9,35	0,70
61	Wegüberführung	Dampfpflug von 17 t, Ge-samtgewicht 400 kg/qm	Eisenbeton-gewölbe	1	18,60 Stich 4,00	31,40	3,70	6,50	0,60
62	Chausseeüber-führung	Lastwagen von 10 t 400 kg/qm	Eisenbeton-gewölbe	1	18,60 Stich 4,70	35,70	6,20	7,40	0,85
63	Wegeüberführung bei Bosstadt	Dampfwalze von 23 t, sonst Menschenge-dränge von 500 kgqm	Eingespanntes Eisenbeton-gewölbe	1	19,00 Stich 4,30	24,00	6,40	7,00	Im Scheitel 0,60 m bis Straßenober-kante
64	Wegeüberführung bei Ludwigslust	Dampfwalze von 23 t, sonst Menschenge-dränge von 500 kg/qm	Eingespanntes Eisenbeton-gewölbe	1	19,00 Stich 4,30	24,00	6,40	7,10	Im Scheitel 0,60 m bis Straßen-oberkante

...damen- ...ierung	Wasserstand während der Ausführung	Kiespreis frei Baustelle	Gesamt- Baukosten Mark	Kosten pro qm der Fläche L × B Mark	Aus- führungs- zeit	Ausgeführt von	Bemerkungen
11	12	13	14	15	16	17	18
...er Bau- ...b (Lehm)	Lag unter Fundament- sohle	Staugraben (Steinschlag)	26 633,00	56,00	9. Mai 1908 bis 11. Nov. 1908	Aug. Sick- mann in Bünde	2 Bürgersteige je 2,25 m, 10 cm erhöht, abgedeckt mit Kohlenasche. Straßen-befestigung: Packlage 18 cm stark, gedeckt mit 12 cm starker Basalt-schottedecke.
...hmiger ...augrund nicht ge- ...end trag- ..., Funba- ...te mußten ...rbreitert ...werden	—	Kiesgrube in Porta Westfalica	11 800,00	64,48	13. Okt. 1911 bis 10. Jan. 1912	Aktiengesell- schaft für Betonbau Diß & Co. in Dortmund	Bürgersteige 0,70 m auf einer Seite, 15 cm erhöht, abgedeckt mit Zement-platten. Straßenbefesti-gung: Kopfsteinpflaster und Piesberger Kohlen-sandstein, 75 cm stark.
...Guter ...augrund	3,00 m über Fundament- sohle	—	19 900,00	140,00	1. August bis Mitte Dezember 1899	Königl. Wasserbau- amt Zehdenick	Straßenbefestigung: 15 cm starkes Steinpflaster in Kiesbettung, ein Fußweg 1 m breit, 12 cm erhöht.
...ter Bau- grund	—	Quarzsand und Flußkies vom Unter- nehmer ge- liefert	54 000	131,00	Anfang Juli bis 1. Nov. 1903	Kaif. General- direktion der Eisenbahnen in Elsaß- Lothringen	Straßenbefestigung 20 cm starkes Steinpflaster, Bürger-steige je 1 m breit, 20 cm erhöht, abgedeckt mit Zementkunststeinplatten.
Guter ...teiniger ...augrund	Kein Wasser	Kies u. Sand aus den in der Nähe befind- lichen Gruben	7600	65,00	Okt. 1905 bis Jan. 1906	Königl. Eisenbahn- direktion Erfurt	Straßenbefestigung 35 cm starke Beschotterung. Kei-ne Bürgersteige.
Guter ...teiniger ...augrund	Kein Wasser	Wie vor	9300,00 einschl. Rampen	42,00	August bis November 1905	Wie vor	Straßenbefestigung 40 cm starke Pflasterung. Bür-gersteige nicht vorhanden.
Guter ...augrund	Kein Wasser	Grubenkies	rd. 13000,00 ohne Straßen- befestigung	rd. 85,00	15. Sept. bis 1. Dez. 1911	Königl. Eisenbahn- direktion Altona	Bürgersteige je 1,25 m breit, 18 cm erhöht.
Guter ...augrund	Kein Wasser	Grubenkies	rd. 13000,00 ohne Straßen- befestigung	rd. 85,00	15. Juni bis 15. Sept. 1911	Königl. Eisenbahn- direktion Altona	Bürgersteige je 1,25 m breit, 18 cm erhöht, abgedeckt mit Kiesschicht. Straßen-befestigung: 30 cm starke Chaussierung.

47*

Lfd. Nr.	Bezeichnung	Nutzlast kg/qm	Material und Konstruktion	Öffnungen		Bauwerks-		Höhe Fund.-Unterkante bis Bauwerks-Oberkante m	Konstruktionshöhe
				Anzahl Stück	Lichte Weite m	Länge L m	Breite B m		m
1	2	3	4	5	6	7	8	9	10
65	Straßenbrücke in km 16,68 der Strecke Helmstedt-Jerxheim	Dampfwalze 23 t	Betongewölbe	1	19,00 Stich 2,50	32,6	6,50	7,35	0,95
66	Wegüberführung der Eisenbahnstrecke Hannover-Hamm zwischen Rheda und Oelde bei km 141,893	—	Betongewölbe	1	20,00 Stich 4,00	33,00	8,00	—	0,80
67	Wegüberführung b. Klein-Görnow in Mecklenburg	Chausseewalze von 10 + 2 × 6,5 t oder 400 kg/qm	Betongewölbe	1	20,00 Stich 4,30	40,05	5,60	7,35	1,05
68	Wegüberführung in km 37,56 der Strecke Elbing-Osterode	600	Betongewölbe	1	20,00 Stich 5,00	36,30	5,80	8,00	0,65
69	Wegüberführung in km 33,67 der Strecke Allenstein-Soldau	600	Betongewölbe mit Eiseneinlage	1	20,00 Stich 5,43	36,30	6,30	l. Pfeiler 9,25, r. Pfeiler 12,05	0,65
70	Wegüberführung der Strecke Wanne-Bremen-Hamburg in km 324,443	400	Bogenbrücke in Eisenbeton, Stich 3,40 und 0,65 m	3	1 zu 20 m 2 zu 4 m	35,10	6,00	5,64 bis Straßenoberkante	0,46 und 0,34 m
71	Wegüberführung in km 7 + 50 der Verbindungsbahn bei Dülmen	500	Eisenbetonbogenbrücke Stich 4,10 m	1	21,50	32,50	5,00	5,40 bis Straßenoberkante	0,50 bis Straßenoberkante
72	Überführung der Plöner Straße in Eutin	Dampfwalze von 23 t, sonst Menschengedränge von 500 kg/qm	Dreigelenkbogen aus Eisenbeton, Kreuzungswinkel rd. 70°	1	21,73 Stich 1,95	37,03	9,50	8,83	Im Scheitel 0,75 m bis Straßenoberkante

Fundamentierung	Wasserstand während der Ausführung	Kiespreis frei Baustelle	Gesamt-Baukosten Mark	Kosten pro qm der Fläche L×B Mark	Ausführungszeit	Ausgeführt von	Bemerkungen
11	12	13	14	15	16	17	18
—	—	Kies von der Eisenbahn-direktion geliefert	13 000,00	62,00	Sommer 1904	Königliche Eisenbahn-direktion Magdeburg	Straßenbefestigung Stein-pflaster. Die Bürgersteige sind 0,70 m breit u. liegen in gleicher Höhe mit der Fahrbahn.
—	—	Kies frei Baustelle 3,50 Mark bei freier Eisenbahn-fracht	26 500,00 ohne Chaussie-rung, Wege-rampen und Anlage der Böschungen	165,00	Sommer 1906 während 2½ Mon.	Robert Gras-torf, G. m. b. H., Hannover	Erbaut während des Eisenbahnbetriebes auf zwei Gleisen. Fassade in einfachem Zementputz.
Guter Bau-grund	Wasserfrei	Kies in der Nähe gefun-den und mit Fuhrwerk angefahren	16 600,00	74,00	23. Juli bis 15. Sept. 1907	Großherzogl. General-Direktion Schwerin i. M.	Straßenbefestigung 18 cm starkes Straßenpflaster. Fahrbahn 4,80 m breit. Keine Fußsteige.
Guter Bau-grund	1,50 m unter Fundament-sohle	Kies 250 m von der Bau-stelle ge-wonnen	8700,00 Die Kosten für die Anschüttung der Wege und Rampen betru-gen außerdem 7685,00 Mark	42,00	2 Monate	Königl. Eisenbahn-direktion Königsberg	Straßenbefestigung 20 cm starkes Steinpflaster. Bür-gersteige 50 cm breit u. 15 cm erhöht, abgedeckt mit Zementestrich.
unter Pfeiler er Baugrund, chter Pfeiler ter Treibsand, halb hier das Fundament 80 m tiefer	Zur Wasser-beseitigung Spundwände	Kies 100 m von der Bau-stelle ent-nommen	14 100,00 Erdarbeiten zu den Wegrampen außerdem 7600 Mark	60,00	3 Monate	Wie vor	Straßenbefestigung 20 cm starkes Kopfstein-Pflaster. Bürgersteige fehlen. Die 5 m breite Fahrbahn ist durch 8 cm höher liegende Abdeckplatten begrenzt.
fester Sand	Rein Wasser in der Baugrube	Staugraben	14 000,00	66,47	6 Wochen	Helff & Heine-mann, Cöln	Bürgersteige 1,00 m breit. 8 cm erhöht, abgedeckt mit Altkies. Straßen-befestigung: Pflastersteine 16/16/16 cm.
Sandboden	Rein Wasser	Rheinkies von Wesel	7150,00	44,00	1906	Franz Schlüter Dortmund	Bürgersteige nicht vorhan-den. Straßenbefestigung: Packlage und Schotter 18 cm stark.
Guter Baugrund	Rein Wasser	1,50 Mark pro cbm	rd. 30000,00	rd. 85,00	15. Febr. bis 1. Mai 1911	Königl. Eisenbahn-direktion Altona	Straßenbefestigung: Klein-pflaster in Beton 17 cm stark. Bürgersteige je 2,10 m breit, 16 cm er-höht, abgedeckt mit Ze-mentplatten.

Lfd. Nr.	Bezeichnung	Nutzlast kg/qm	Material und Konstruktion	Öffnungen		Bauwerks-			Konstruktions-höhe
				Anzahl Stück	Lichte Weite m	Länge L m	Breite B m	Höhe Fund.-Unterkante bis Bauwerk-Oberkante m	höhe m
1	2	3	4	5	6	7	8	9	10
73	Schiefe Chausseebrücke über den Oberländischen Kanal bei Hirschfeld. ∢ 70°	Dampfpflug von 21 t	Eisenbetonbogenbrücke	1	21,80 Stich 4,35	37,20	5,00	6,91 bis Straßenoberkante	Im Scheitel 0,56 m bis Straßenoberkante
74	Wegeüberführung der Strecke Wanne-Bremen-Hamburg, km 320,890	600	Bogenbrücke in Eisenbeton, 5 m Stich	1	22,00	31,25	5,00	8,41 Höhe von Fundamentoberkante bis Straßenoberkante	0,40 m Scheitel bis Straßenoberkante
75	Fußgängerbrücke bei der Betriebswerkstatt Kempten	—	Betongewölbe	1	23,00 Stich 7,50	29,00	2,00	8,00	—
76	Überführung des Heiligen Weges in km 1,945 der Verbindungsbahn der Strecken Löhne-Rheine und Wanne-Bremen bei Osnabrück	500	Bogenbrücke in Eisenbeton, Stich 3,35 m, Gewölbe und Widerlager aus Eisenbeton, Flügel aus Beton	1	24,00	44,80	10,50	9,04 bis Straßenoberkante	0,85 m im Scheitel bis Straßenoberkante
77	Wegüberführung der Strecke Wanne-Bremen-Hamburg, km 323,628	400	Bogenbrücke in Eisenbeton, 5 m Stich	1	24,00	31,65	11,00	8,65 Höhe von Fundamentoberkante bis Straßenoberkante	0,30 m im Scheitel bis Straßenoberkante
78	Straßenbrücke über die Leine bei Bordenau im Kreise Neustadt a. Rbg.	400 Dampfwalze 18 t	Beton	1 / 3 Seitenöffnungen von je 16,40 m	25,00	94,60	6,00	11,38	1,15

...ndamentierung	Wasserstand während der Ausführung	Riespreis frei Baustelle	Gesamt-Baukosten Mark	Kosten pro qm der Fläche L×B Mark	Ausführungszeit	Ausgeführt von	Bemerkungen
11	12	13	14	15	16	17	18
Guter Baugrund	2,0 m über Fundamentsohle	—	rd. 18310,00	98,00	5. Sept. bis Ende Okt. 1911	Königl. Wasserbauamt Osterode Ostpr.	Straßenbefestigung: 20 cm starkes Steinpflaster, in der Mitte der Brücke auf 10 m Länge Kleinpflaster, 10 cm stark. Fußwege je 0,50 m breit, 8 cm erhöht, Abdeckplatten in Zementkunststein.
Guter Baugrund, über Sand	ca. 10,0 m tiefer	Von H. H. Röhrs in Hennelingen	14 000,00	89,00	26. Okt. 1909 bis März 1910	H. F. Th. Rampe Hamburg	Bürgersteige 0,75 m breit, 15 cm erhöht, abgedeckt mit Zementplatten. Straßenbefestigung: Pflastersteine 20 cm Höhe.
—	—	Ries u. Sand aus der Umgegend	5000,00	86,20	Oktober bis November 1906	Königl. Eisenbahndirektion Augsburg	—
unter Baugrund (Lehm)	Lag unter der Fundamentsohle	Staugraben (Steinschlag)	33 818,00	72,00	9. Mai 1908 bis 11. Nov. 1908	Aug. Sickmann in Bünde	2 Bürgersteige je 2,25 m, 10 cm erhöht, abgedeckt mit Kohlenasche. Straßenbefestigung: Packlage 18 cm, gedeckt mit 12 cm starken Kohlensandsteinschotter.
Guter Baugrund, über Sand	ca. 10,0 m tiefer	Von H. Frank, Bokelmen bei Rinteln	17 000,00	49,00	4. Mai 1908 bis 1. Juli 1908	Drenkhahn & Sudhop, Braunschweig	Bürgersteige 1,50 m breit, 15 cm erhöht, abgedeckt mit Zementplatten. Straßenbefestigung: Pflastersteine 20 cm Höhe.
unter Baugrund, Beton zwischen Spundwänden	4,00	Ries aus der Nähe, mußte öfters gewaschen werden	76 300,00 ausschl. Fahrbahn und Rampen	134,4	1. Juni bis 1. Nov. 1907	Landesverwaltung Hannover	Höhe der Strompfeiler von Fundamentoberkante bis Kämpfer 3,5 m, Fundament daselbst 3,01 m, Straßengefälle von hier beiderseits 1,40 m. Fahrbahn 4,5 m. Gewölbestirnen mit Zementkunststein, die Pfeilervorköpfe stromauf mit Sandstein verblendet.

Lfd. Nr.	Bezeichnung	Nutzlast kg/qm	Material und Konstruktion	Öffnungen		Bauwerks-			Konstruktionshöhe
				Anzahl Stück	Lichte Weite m	Länge L m	Breite B m	Höhe Fund.-Unterkante bis Bauwerk-Oberkante m	m
1	2	3	4	5	6	7	8	9	10
79	Chausseestraßenbrücke über den Teltowkanal in Britz	500	Betongewölbe mit 3 Gelenken	1	39,00 Stich 1 : 7,50	53,70	15,40	13,20	1,30
80	Landstraßenbrücke bei Fluthtrug, km 88,906 der Spree-Oder-Wasserstraße	ca. 350	Dreigelenkbogen in Eisenbeton, Widerlager in Beton	1	44,22 Stich 4,02	65,22	5,00	8,80 bis Straßenoberkante	Im Scheitel 0,98 m
81	Landstraßenbrücke bei Liegenbrück, km 98,778 der Spree-Oder-Wasserstraße	ca. 350	Dreigelenkbogen mit angehängter Fahrbahn in Eisenbeton, Widerlager in Beton	1	45,00 Pfeilhöhe 6,50	48,60	6,30, Fahrbahnbreite = 4,50	6,30 bis Straßenoberkante	Im Scheitel 0,98 m
82	Straßenbrücke über den Ems-Weser-Kanal, Interessentenweg	Dampfwalze von 23 t und 400 kg/qm Menschengedränge	Bogenbrücke in Beton	1	45,50 Pfeilhöhe 4,20	63,00	4,50	10,50 bis	Im Scheitel 0,90 m von Unterkante Gewölbe bis Straßenoberkante
83	Straßenbrücke über den Ems-Weser-Kanal, Lister Mühlenweg	Dampfwalze von 23 t und 400 kg/qm Menschengedränge	Eisenbetonbogenbrücke	1	46,50 Pfeilhöhe 4,12	57,00	7,50	9,70 bis	Im Scheitel 0,75 m von Unterkante Gewölbe bis Straßenoberkante
84	Straßenbrücke über den Ems-Weser-Kanal, Marienstraße	Dampfwalze von 23 t und 400 kg/qm Menschengedränge	Bogenbrücke in Beton	1	66,7 Pfeilhöhe 4,55	69,00	11,50	11,00 bis	Im Scheitel 0,65 m von Unterkante Gewölbe bis Straßenoberkante
85	Straßenbrücke über den Ems-Weser-Kanal, Stöcken-Engelbostel	Dampfwalze von 23 t und 400 kg/qm Menschengedränge	Eisenbetonbogenbrücke mit angehängter Fahrbahn	1	47,0 Pfeilhöhe 8,30	55,00	9,00	7,50 bis	Im Scheitel 1,10 m von Unterkante Gewölbe bis Straßenoberkante

Fundamentierung	Wasserstand während der Ausführung	Kiespreis frei Baustelle Mark	Gesamt-Baukosten Mark	Kosten pro qm der Fläche L×B Mark	Ausführungszeit	Ausgeführt von	Bemerkungen
11	12	13	14	15	16	17	18
Guter Baugrund	3,00 über Fundamentsohle	—	107 340,00 ohne provisor. Verlegung und ohne Rampen, aber mit definitiver Verlegung der Fahrbahn und zweier Straßenbahngleise	130,00	—	Kreis Teltow	Theoretische Spannweite zwischen den Kämpfergelenken 36,42 m, Schnittwinkel in der Kanalachse 80—25'—20". Straßenbefestigung besteht aus Granit-Reihenpflaster, die Bürgersteige sind mit Mosaitpflaster abgedeckt. Die Ansichtsflächen sind im Mittel 60 cm stark mit Sandstein verkleidet. Die Gelenke sind ebenfalls aus Beton hergestellt.
Guter Baugrund	1,30 m über Fundamentsohle	Grubenkies	36 300,00	112,00	1. Sept. 1910 bis 1. Mai 1911	Wasserbauinspektion in Fürstenwalde a. d. Spree	Straßenbefestigung: 8 cm starkes Kleinpflaster, auf 4 cm starker Sandbettung. 0,20 m breite Radabweiser ohne besonderen Fußgängerweg.
Guter Baugrund	1,70 m über Fundamentsohle	Grubenkies	39 100,00	128,00	15. Nov. 1910 bis 1. Mai 1911	Wasserbauinspektion in Fürstenwalde a. d. Spree	Straßenbefestigung: 8 cm starkes Kleinpflaster, auf 4 cm starke Sandbettung. 0,20 m breite Radabweiser ohne Fußgängerweg.
Lehmiger Sand und Kies	—	—	65 000,00	229,00	7 Monate	Königl. Kanalbaudirektion Hannover	Fahrbahnbefestigung: Kleinpflaster. Bürgersteige: 1,25 m und 0,50 m breit Asphalt abgedeckt. Die sichtbaren Außenflächen sind mit Vorsatzbeton verblendet worden.
Triebsand	4,50 m über Fundamentsohle	—	78 000,00	183,00	7 Monate	Königl. Kanalbaudirektion Hannover	Fahrbahnbefestigung: Kleinpflaster, Bürgersteige: 2 je 1,15 m breit, 15 cm erhöht, mit Asphalt abgedeckt. Die sichtbaren Außenflächen sind mit Vorsatzbeton verblendet worden.
Kies	—	—	109 000,00	138,00	7 Monate	Königl. Kanalbaudirektion Hannover	Fahrbahnbefestigung: Kleinpflaster, Bürgersteige: 2 je 2,02 m breit, 15 cm erhöht, mit Asphalt abgedeckt. Flügelmauern in Werkstein, Stirnmauern in Vorsatzbeton.
Lehmiger Sand und Kies	2,00 m über Fundamentsohle	—	84 000,00	174,00	7 Monate	Königl. Kanalbaudirektion Hannover	Fahrbahnbefestigung: Kleinpflaster, Bürgersteige: 2 e 1,50 m breit, 15 cm überhöht, mit Asphalt abgedeckt. Die sichtbaren Außenflächen sind mit Vorsatzbeton verblendet worden.

Lfd. Nr.	Bezeichnung	Nutzlast kg/qm	Material und Konstruktion	Öffnungen		Bauwerks-			Konstruktions- höhe m
				An- zahl Stück	Lichte Weite m	Länge L m	Breite B m	Höhe Fund.-Unter- kante bis Bauwerk- Oberkante m	
1	2	3	4	5	6	7	8	9	10
86	Fußgängerbrücke über den Schleu- senoberkanal bei Döwerden	400	Bogenbrücke in Eisenbeton mit 3 Gelenken, Scheitelgelenk aus Eisen, Kämpfergelenk aus Granit- quadern	1	55,1 Stich 5,85	64,00	2,50	11,65 bis Straßen- oberkante	35 cm bis Straßen- oberkante
87	Chausseebrücke über das Schro- daer Fließ in Station 10,6 der Kurnick-Schro- daer Chaussee	Dampfwalze 23 t 400	Eisenbeton- Plattenbalken	1	56,00 schräge Licht- weite	16,32	7,65	4,90	6 Plattenbalken in Eisenbeton 0,30 m Dicke u. 0,85 m Höhe. Platte 0,15 m stark, Fußweg 0,70 m weit austragend
88	—	—	Eisenbeton- platten zwischen eisernen Trägern	—	—	—	—	—	—

d) Tabelle über ausgeführte

89	Eisenbahnbrücke der Doppelbahn- strecke Augsburg- Buchloe bei km 25,906	Belastung lt. Programm für Haupt- bahnen 1. Sept. 1905	Beton zwischen N.-Pr. 18	1	2,00	8,40	3,80	3,80	0,600
90	Personentunnel auf Bahnhof Schönermark	9000	Beton und Eisenbeton	1	3,00	40,13	5,60	Von Fun- dament- unterkante bis Ober- kante Schienen 4,06 m	0,82
91	Personentunnel auf Bahnhof Bartenstein	600	Betondecke: Beton zwischen Trägern	3	3,30	34,29	6,50	4,20	1,05
92	Gepäck- und Personentunnel auf Bahnhof Angermünde	—	Beton, Decke aus Beton- kappen zwischen ⊢⊣-Trägern	2	4,00 für Per- sonen, 3,00 für Gepäck	54,00	10,60	Bis Schienen- oberkante 3,40 m für Personentun- nel und 3,10 m für den Ge- päcktunnel	—

Fundamentierung	Wasserstand während der Ausführung	Kiespreis frei Baustelle	Gesamt-Baukosten Mark	Kosten pro qm der Fläche L×B Mark	Ausführungszeit	Ausgeführt von	Bemerkungen
11	12	18	14	15	16	17	18
Guter Baugrund	Kein Wasser	Weserkies	32 400,00	202,00	Okt. 1908 bis Nov. 1909	Weserstrombauverwaltung	Straßenbefestigung: 2 cm starker Gußasphalt.
...fahlrost mit < 24 Pfählen ... 10 m Länge ... Moor und ...hwemmsand ...s in festen Ries	0,80 m über Flußsohle resp. 2,00 m über Fundamentsohle	Ries 5,50 Mk. pro cbm	15 000,00	216,00	Herbst 1906	Landesverwaltung Posen	Straßenbefestigung 5,50 m breites Pflaster, 18 cm hoch zwischen Randsteinen, Unterbettung 20 cm, Fußwege 1,15 bez. 1,0 m breit, 0,15 m erhöht. Riesabdeckung.
—	—	—	30 Mark pro qm für 22 cm starke Betonplatten zwischen eisernen Trägern einschl. aller Materialien, jedoch ausschl. Träger		—	Königl. Eisenbahndirektion Kattowitz	—

Eisenbahnbrücken.

Fundamentierung	Wasserstand während der Ausführung	Kiespreis frei Baustelle	Gesamt-Baukosten Mark	Kosten pro qm der Fläche L×B Mark	Ausführungszeit	Ausgeführt von	Bemerkungen
—	—	—	3825,00	125,00	1908	Königl. Eisenbahndirektion Augsburg	Erdarbeiten 150 Mk. Gewicht der Eisenkonstruktion samt Geländer 1,75 t. Höhe von Fußwegkrone bis Bahnkrone 2,70 m.
—	1,50 m über Fundamentsohle	Ries wurde bauseits geliefert	15 000,00	66,90	1. Juli 1908 bis 1. März 1909	Königl. Eisenbahndirektion Stettin	
Gut	2,00 m über Fundamentsohle	Aus dem Alleflußß	42 000,00	139,50	1. Aug. bis 15. Nov. 1910	Königl. Eisenbahndirektion Königsberg i. Pr.	Abdeckung: Asphalt- und Ziegelflachschicht.
Gut	—	Aus der fiskalischen Grube Oberberg-Bralitz	60 900,00	112,00	1. Mai bis 7. Juli 1909	Königl. Eisenbahndirektion Stettin	Fußboden 30 cm stark, aus Beton mit Eiseneinlage, darüber Plattenbelag. — Der Personentunnel hat 4 Ausgänge, zum Gepäcktunnel führen 3 Fahrstühle.

| Lfd. Nr. | Bezeichnung | Nutzlast kg/qm | Material und Konstruktion | Öffnungen | | Bauwerks- | | | Konstruktions- höhe |
				Anzahl Stück	Lichte Weite m	Länge L m	Breite B m	Höhe Fund.-Unterkante bis Bauwerk-Oberkante m	m
1	2	3	4	5	6	7	8	9	10
93	Zweigleisige schiefe Eisenbahnbrücke der Straße Münster-Rheine (17°) in km 207,0 + 85	Lastenzug B von 1910	Walzträger mit Betonkappen	1	4,50	28,50	44,10	8,15 bis Straßenoberkante	0,98 bis Straßenoberkante
94	Eisenbahnbrücke in Station Kaufering der Bahnlinie München-Lindau	Belastungsprogramm vom Jahre 1901 bzw. 1904 für Hauptbahnen	Beton zwischen N.-Pr. 36	1	4,50	33,95	6,30	3,98	0,785
95	Eisenbahnbrücke km 46,58 der Doppelbahn München-Lindau in Station Schwabhausen	Belastungsprogramm vom J. 1905 für Hauptbahnen	Beton zwischen N.-Pr. 38	1	5,00	10,05	7,60	6,20	0,808
96	Eisenbahnbrücke in km 21,987 der Doppelbahnstrecke Augsburg-Buchloe (Ortsverbindungsweg)	Belastungsprogramm für Hauptbahnen vom 1. Sept. 1905	Beton zwischen N.-Pr. 45	1	5,50	schief 7,98 m, senkrecht 7,50 m	schief 8,61 m, senkrecht 8,10 m	6,20 Fundam.-Unterkante bis Bahnkrone	0,886
97	Viadukt in km 234,6 + 98 der Verbindungsbahn Beiseförth-Malsfeld	—	Beton	34	7,00	287,50	4,50	6,75 bis Schienenoberkante in der Mitte des Bauwerks	In der Mitte von Unterkante Gewölbe bis Schienenoberkante 1,45 m
98	Güterzugeinfahrtbrücke im Bezirk Peiskretscham	11 000	Die Widerlager bestehen aus Bruchsteinen und die Brückendecke aus I-Trägern N.-Pr. 55 in Beton	1	7,50	9,00	4,90	6,50	1,00

ndamentierung	Wasserstand während der Ausführung	Kiespreis frei Baustelle Mark	Gesamt-Baukosten Mark	Kosten pro qm der Fläche L×B Mark	Ausführungszeit	Ausgeführt von	Bemerkungen
11	12	13	14	15	16	17	18
Gut	Kein Grundwasser	Steinkies von Kiesberg	37 000,00	102	Sept. 1911 bis Juli 1912	Hardensett in Telgte und Thelen in Rheine	$B \cdot L = 44{,}1 \cdot 8{,}2 = 362$ qm
—	—	—	24 000,00	90,00 bei Einrechnung der Treppenaufgänge, 110,00 ohne diese	1907	Königl. Eisenbahndirektion Augsburg	Höhe von Tunnelsohle bis Bahnkrone 3,16 m. Länge der Treppen für einen Hauptperron und zwei Zwischenperrons $3 \times 7{,}62$ Meter, Breite der Treppen Hauptperron 1) 3 m, zwei Zwischenperrons $2 \times 2{,}4$ m, Überdeckung des Überbaues mit Asphaltfilzplatten, Tunnelsohle Klinkerpflasterung, Treppen aus Granit.
—	—	—	11 030,00, Gesamtkosten 20 500,00 Mk. einschl. 3020,00 Mk. Grunderwerb	145,00	1906	Wie vor	Erwerbsfläche 3020 qm = 3020 Mk., Erdarbeiten 1410 cbm = 1700 Mk., Einfriedigung 100 m Schneeschutzwand = 250 Mk., Wegebefestigung 4330 Mk. (Wegbreite 5,3 m, Grundbaubreite 4,0 m, Grundbau 210 cbm, Pflaster unter der Brücke 479 m). Wegrohrdurchlässe 0,25 m lichte Weite, Länge 29 m = 170 Mk., Eisenüberbau-Gewicht samt Brückengeländer 8,9 t.
—	—	—	10 36,000, Gesamtkosten 19 300,00 Mk. einschl. 600,00 Mk. Grunderwerb	160,00	1907	Wie vor	Erwerbsfläche 690 qm = 600 Mk., Erdarbeiten 540 qm = 6470 Mk., Wegbefestigung 1870 Mk. Wegbreite 5,5 m, Grundbaubreite 4,5 m, Grundbau 900 qm, Pflaster unter der Brücke 42 qm.
Guter Baugrund	—	—	89 000,00	68,00	Juni 1910 bis Juni 1911	Königl. Eisenbahndirektion Cassel	Fußsteig je 0,70 m breit und 20 cm stark, aus Sandsteinplatten.
Guter Baugrund	—	Von den Schüsseldorfer Kieswerken bezogen	15 000,00	340,00	1. Sept. 1909 bis Ende April 1910	Königl. Eisenbahndirektion Kattowitz	Das Gleis liegt auf eisernen Schwellen in 17 cm hohem Schotterbett. Die Brückendecke ist mit einer 2 cm starken Schicht präparierten Zement, darauf Asphaltpappe, über dieser 1 cm starken Gudron und Ziegelflachschicht abgedeckt.

Lfd. Nr.	Bezeichnung	Nutzlast kg/qm	Material und Konstruktion	Öffnungen Anzahl Stück	Öffnungen Lichte Weite m	Bauwerks Länge L m	Bauwerks Breite B m	Höhe Fund.-Unterkante bis Bauwerk-Oberkante m	Konstruktionshöhe m
1	2	3	4	5	6	7	8	9	10
99	Eisenbahnbrücke mit Überbau aus Walzträgern in Verbindung mit Beton	—	Beton zwischen I-Trägern	1	8,00	9,10	12,00	6,70	0,98
100	Eisenbahnbrücke mit Überbau aus Walzträgern in Verbindung mit Beton	—	Walzträger in Verbindung mit Beton	1	12,00	9,50	16,40	6,90 von Fundam.-Unterkante bis Schienen-Oberkante	1,20
101	Eisenbahnbrücke in Station 178+13 der Neubaustrecke Birnbaum-Samter	1,50 t pro qm	Betongewölbe	1 2 Stich bzw.	15,00 3,80 5,58 1,75	31,00	4,50	9,19 resp. 10,51	7,50
102	Unterführung der Tristtraße in Oranienburg der Bahn Nauen-Oranienburg	1930	Das Bauwerk besteht nur aus Stampfbeton. Die Ansichtsflächen sind mit Vorsatzbeton verkleidet	1	15,00	24,40	15,00	9,00 bis Schienen-oberkante	1,60 bis Schienen-oberkante
103	Eisenbahnbrücke Menden-Neuenrade, Stat. 70 + 68 bis 71 + 42	2800	Eisenbeton	3	15,00 15,00 20,00	74,00	4,90	12,50	1,35 1,35 1,45
104	Eisenbahnbrücke in Station 55 + 40 der Neubaustrecke Birnbaum-Samter	1,50 t pro qm	Betongewölbe	1	15,80 Stich 3,73	26,25	4,50	6,21 resp. 9,24	6,30
105	Eisenbahnbrücke über Volme und Obergraben der Strecke Hagen-Dieringhausen bei km 20,4 + 70	8000	Betonbögen, Bruchsteinwiderlager	2	15,96	38,50	5,15	15,61	In der Mitte von Unterkante Gewölbe bis Straße usw. 2,48
106	Unterführung der Höchsterstraße in Frankfurt a. M. unter den Gleisen der Taunusbahn	—	Bogenbrücke in Stampfbeton. Stich 5,98	1	18,00	30,81 (18,21 + 2×6,30)	9,20	12,23	Im Scheitel 0,60 m bis Unterkante, Brüstung 1,30 m, von Unterkante Gewölbe an

undamentierung	Wasserstand während der Ausführung	Kiespreis frei Baustelle Mark	Gesamt-Baukosten Mark	Kosten pro qm der Fläche $L \times B$ Mark	Ausführungszeit	Ausgeführt von	Bemerkungen
11	12	13	14	15	16	17	18
uter Baugrund	Nicht vorhanden	—	20 000,00	183,00	—	Königl. Eisenbahndirektion Essen	Straßenbefestigung 20 cm starkes Steinpflaster. Bürgersteige je 1,20 m breit abgedeckt mit Asphalt und 15—20 cm starker Betonschicht.
uter Baugrund	Tiefer wie Fundamentsohle	—	32 000,00	205,00	—	Wie vor	Straßenbefestigung 20 cm starkes Steinpflaster. Bürgersteige je 2 m breit abgedeckt mit Asphalt und 15—20 cm starker Betonschicht.
f einer Seite er Baugrund, f der anderen riebsand, es ußten daher unbpfeiler gelagen werden	1,50 m innerhalb der Spundwand	Kies 9 Mk. pro cbm	24 500,00	175,00	2½ Mon.	Königl. Eisenbahndirektion Posen	Zwischen den Stirnmauern befindet sich die Kiesbettung des Oberbaues.
Gut	Kein Wasser	Kies wurde per Bahn angeliefert	36 866,00	110,00	15. April bis 15. Aug. 1911	Königl. Eisenbahndirektion Berlin	—
Guter Baugrund	Wasserstandshöhe 2,80 m über Fundamentsohle	Rheinkies	90 000,00	250,00	Okt. 1910 bis Sept. 1911	Königl. Eisenbahndirektion Elberfeld	Straßenbefestigung: Kleinschlagbettung auf Tektolithabdeckung, und 5 cm Estrich mit Drahteinlage.
Wie 101	1,00 m innerhalb der Spundwand	Wie 101	19 500,00	161,00	3 Monate	Wie 101	Wie 101.
Felsen	Wasserstandshöhe 2,70 m über Fundamentsohle	Rheinkies	26 000,00	131,00	Sommer 1910, 6 Monate	Königl. Eisenbahndirektion Elberfeld	Straßenbefestigung: Kiesbettung.
Guter Baugrund	Kein Wasser	Kies wurde aus dem Main entnommen	120 000,00	423,00	Aug. 1910 bis Sept. 1911	Königl. Eisenbahndirektion Frankfurt a. M.	Gewölbeabdeckung besteht aus 2 Lagen, Isolierstoff Mamuth der Elsäß. Emulsionswerke. Darüber 3 cm starker Zementestrich mit Rabitzgewebe, über diesem Ziegelflachschicht in Sand.

				Öffnungen		Bauwerks-			
Lfd. Nr.	Bezeichnung	Nutzlast	Material und Konstruktion	Anzahl	Lichte Weite	Länge L	Breite B	Höhe Fund.-Unterkante bis Bauwerk-Oberkante	Konstruktionshöhe
		kg/qm		Stück	m	m	m	m	m
1	2	3	4	5	6	7	8	9	10
107	Eisenbahnbrücke in km 61,1 der Doppelbahnstrecke Buchloe-Lindau (Ortsverbindungsweg)	Menschengedränge 540 kg/qm + Lastwagen, 3 t Raddruck	Eisenarmiertes Betongewölbe	1 Stück Nebenöffnungen: 1 2	19,20 5,65 5,10 8,50	41,00	5,20	9,00	—
108	Eisenbahnbrücke über das Warchetal der Strecke Rothe Erde-St. Vith	2200	Nur aus Beton mit Bruchsteinverblendung	3	20,00	74,80	4,00	23,40 bis Schienenoberkante	2,20 bis Schienenoberkante
109	Eisenbahnbrücke über die Obermainstraße (3 Gleise)	—	Betongewölbe mit daran anschließendem Widerlager für eine Blechträgerbrücke. Korbbogen	1	20,00	16,00	40,00	Straßenoberkante bis Schienenoberkante 6,75 m, Fundamenttiefe 6,50 m	Unterkante, Bogen bis Schienenoberkante 1,30 m
110	Eisenbahnbrücke (Saale-Flutbrücke)	3000 kg	Betongewölbe	2	20,40 Stich 4,25	57,38	5,47	13,83	1,80
111	Eisenbahnbrücke III über die Iller bei Kempten i. Allg. in Bahnstrecke Buchloe-Umgehungsbahn bei Kempten	Belastungsprogramm vom Jahre 1901	Betongewölbe	3 1	21,4 64,5	151,70	8,60	36,60	—
112	Eisenbahnbrücke II wie vor	Wie vor	Betongewölbe mit Scheitel und Kämpfer, Gelenk in Stahl	3 1	21,40 63,80	155,50	17,20	31,70	—
113	Eisenbahnbrücke (Saale-strombrücke)	3000	Betongewölbe	2	26,50 Stich 3,50	81,84	5,20	13,60	2,15
114	Talbrücke bei Erbach i. Westerwald der Linie Marienberg-Erbach	2600	Halbkreisbögen in Beton	11	4 à 31,00 5 à 18,00 2 à 15,00	291,85	4,00	22,60 Fundamentoberkante bis Straßenoberkante	Von Straßenoberkante bis Gewölbeunterkante 1,88 1,44 1,44
115	Eisenbahnbrücke (Saale-Flutbrücke)	3000	Betongewölbe	1	31,38 Stich 4,25	34,52	5,47	13,83	1,73

...undamentierung	Wasserstand während der Ausführung	Kiespreis frei Baustelle	Gesamt-Baukosten Mark	Kosten pro qm der Fläche L×B Mark	Ausführungszeit	Ausgeführt von	Bemerkungen
11	12	13	14	15	16	17	18
—	—	Kies u. Sand aus der Umgegend	21 000,00	98,50	Anfang März bis Anfang Mai 1906	Königl. Eisenbahndirektion Posen	Stirn in einzelne Pfeiler mit darauf ruhender Fahrbahntafel aufgelöst. Nebenöffnungen armierte Plattenbalken. Höhe der Pfeiler u. Erdwiderlager 7,00 m, Fahrbahntafel 4,00 m, beiderseits austragende Gehsteige 2 × 0,6 m = 1,20 m, zusammen 5,20 m.
Felsen	2,10 m über Fundamentsohle	—	72 000,00	240,60	1. Sept. 1907 bis 15. Aug. 1908	Königl. Eisenbahndirektion Cöln	Straßenbefestigung: Abdeckung mit Asphalt und Ziegelflachschicht.
—	50 cm über Sohle	Betonmaterial: Basaltpreis 2,50 M. pro cbm. Sand wurde aus dem Schüttmaterial für den Bahnkörper gewonnen	95 000,00	146,00	8. Mai bis 15. Dez. 1911	Königl. Eisenbahndirektion Frankfurt a. M.	Abdeckung mit Pachytelt und Ziegelschicht. Die Stirnflächen haben Basaltlavaverkleidung, die innere Leibung Vorsatzbeton.
...ster Felsen ...s Baugrund	1,80 m über Fundamentsohle	Kies und Sand aus der Grube bei Ramburg (Tümpling)	52 752,00	168,00	12. Aug. b. 24. Nov. 1907	Königl. Eisenbahndirektion Erfurt	Steinschlag aus den Porphyrbrüchen Th. Bieler in Landsberg b. Halle a. S.
...ründung ...weise unter ...asserhaltung auf ...els in normaler Tiefe	—	Sand und Kies aus der Umgegend	360 000,00 ohne Gleis und Gleisbettung	276,00	17. Aug. 1903 bis Sept. 1906	Königl. Eisenbahndirektion Augsburg	Ausführung in Beton mit Kämpfer und Scheitelbacken aus Gußstahl für den Hauptbogen und aus Bleiplatten für die Seitenbögen. Zement von Dyckerhoff & Söhne in Amöneburg.
Wie vor	—	Wie vor	604 000,00	225,00	17. Aug. 1903 bis Sept. 1905	Wie vor	Wie vor.
Wie vor	2,50 m über Fundamentsohle	Wie vor	72 100,00	169,30	Wie vor	Wie vor	Wie vor.
...uter Baugrund, lehmiger Boden mit Basaltfindlingen	Bis 3,00 m über Fundamentsohle	Basalt-Kleinschlag, Splitt und Sand wurden von einem 10 Minuten entfernt liegenden Steinbruch mittels Schmalspurgleis geliefert	304 500,00	261,00	22. Dez. 1910 bis 27. Juni 1911	Königl. Eisenbahndirektion Frankfurt a. M.	Bettungshöhe beträgt 0,45 m. Fahrbahn ist mit Pachytelt abgedeckt, darüber eine Schutzschicht aus Zementplatten.
Wie 110	1,80 m über Fundamentsohle	Wie 110	31 752,00	168,00	Wie 110	Wie 110	Wie 110.

O.-Sch.

48

13. Hebe-, Förder- und Lagermittel (Nahtransport)[1].

Von Professor M. Buhle in Dresden.

I. Lasthebemaschinen.

A. Elemente (Zugorgane, Haken, Zangen, Lastmagnete usw.).

(Vgl. auch Räder, Achsen, Wellen, Rollen usw.)

1. Kurzgliedrige „Best-Best"-Ketten von Gebr. Bolzani in Berlin[2].

Eisenstärke . . . . Zoll	1/4	5/16	3/8	7/16	1/2	9/16	5/8	11/16	3/4 u. stärt.
„ . . . . mm	7 1/2	9	10 1/2	12	13 1/2	15	17	18 1/2	20
Best-Best-Schiffstette für 100 kg M.	48,00	43,00	42,50	39,50	38,00	36,50	35,50	35,50	35,00
„ „ Krantette „ 100 „ „	62,00	60,00	50,00	45,00	42,00	41,00	39,50	38,00	37,00
Eigengewichte (rd.) in kg lfd. m . .	1,25	1,80	2,50	3,50	4,50	6,00	7,00	8,00	9,50

Die Best-Best-Schiffskette wird von den Werten mit folgender Belastung geprüft:

Auf . . . . rd. kg	750	1100	1600	2250	3000	3750	4600	5600	6750
In Eisenstärke . . . . mm	7 1/2	9	10 1/2	12	13 1/2	15	17	18 1/2	20

Die Best-Best-Krankette wird rd. 20% höher geprüft.

2. Gelenketten (aus bestem Stahl) von Gebr. Bolzani in Berlin.

Nr.	Garantierte Belastung kg	Teilung oder Baulänge mm	Des Mittel-Bolzens Länge mm	Des Mittel-Bolzens Durchmesser mm	Zapfen-Durchmesser mm	Platten- Zahl für ein Glied	Platten- Dicke mm	Platten- Breite mm	Form	Gewicht für das lfd. m rd. kg	Preis für d. lfd. m M. a ohne vernietet	Preis für d. lfd. m M. b mit Unterlegscheiben vernietet	Preis für d. lfd. m M. c ohne versplintet	Preis für d. lfd. m M. d mit versplintet
0	75	13	10	5	4	2	1 1/2	11		0,6	4,25	6,00	7,00	9,00
1	100	15	12	5	4	2	1 1/2	12		0,7	4,50	6,50	8,00	10,00
2	250	20	15	8	6	2	2	15		1,0	5,00	7,00	9,00	11,00
3	500	25	18	10	8	2	2	18		2,0	5,50	7,50	9,50	11,50
4	750	30	20	11	9	4	2	20		2,7	6,50	8,00	10,00	12,00
4a	850	30	20	11	9	4	3	20		3,0	6,75	9,00	10,50	12,50
5	1 000	35	22	12	10	4	3	26	geschweift	3,8	7,00	10,00	11,00	13,00
5a	1 250	35	22	13	11	4	3	26		4,2	7,50	11,00	13,00	13,50
6	1 500	40	25	14	12	4	3	30		5,0	8,00	12,00	15,00	16,00
7	2 000	45	30	17	14	4	3	35		7,1	10,00	13,00	17,50	18,00
8	3 000	50	35	22	18	6	3	38		11,2	13,00	13,50	22,50	23,00
9	4 000	55	40	24	21	6	4	40		16,5	15,00	16,00	29,00	30,00
10	5 000	60	45	26	23	6	4	46		19,0	19,00	20,00	31,00	32,00
11	6 000	65	45	28	25	6	4 1/2	52		24,7	21,00	22,00	35,00	36,00
12	7 500	70	50	32	28	8	4 1/2	52		32,0	24,00	25,00	40,00	41,00
13	8 500	75	55	34	30	8	4 1/2	56		34,0	26,00	27,00	42,00	43,00
14	10 000	80	60	36	32	8	4 1/2	60		37,0	28,00	29,00	44,00	44,50
15	12 500	85	65	38	34	8	5 1/2	65	gerade	45,5	31,00	32,00	48,00	49,00
16	15 000	90	70	40	37	8	5 1/2	70		50,6	35,00	36,00	50,00	52,00
17	17 500	95	75	43	39	10	5 1/2	72		64,5	44,00	45,00	55,00	60,00
18	20 000	100	80	46	41	10	5 1/2	80		82,0	56,00	57,00	60,00	67,00
19	25 000	110	90	50	44	10	6	90		96,0	64,00	65,00	67,00	70,00
20	30 000	120	110	54	47	10	6 1/2	100		112,0	71,00	72,00	75,00	80,00

[1] Naturgemäß sind die „Durchschnitts"-Preise — das gilt allgemein für alle hier wiedergegebenen Werte — mehr oder weniger Konjunkturschwankungen unterworfen. Höher erscheinende Preise werden in Wirklichkeit sehr häufig durch entsprechende Güte bezw. durch Preisermäßigung ausgeglichen.

[2] S. Bemerkung bei Hängebahnen. Diese Elemente, sowohl wie auch die weiterhin besprochenen Hebezeuge, werden zu ähnlichen Preisen auch geliefert bzw. auf Lager gehalten von den Firmen C. Herm. Findeisen in Chemnitz, de Fries, G. m. b. H. in Düsseldorf, O. Krieger in Dresden, u. a.

3. Seile (Felten & Guilleaume-Lahmeyer-Werke in Frankfurt a. M.[1]) und St. Egydier Eisen- und Stahl-Industrie-Gesellschaft in Wien.)

a) Hanfseile (vgl. auch die Abschnitte B, C u. D) aus prima badischem Schleißhanf (nach A. Gutmann, A.-G. in Ottensen-Hamburg).

Durchmesser . . . . { Zoll engl. rd.	$\frac{5}{8}$	$\frac{11}{16}$	$\frac{3}{4}$	$\frac{7}{8}$	1	$1\frac{1}{8}$	$1\frac{1}{4}$	$1\frac{3}{8}$	$1\frac{1}{2}$	$1\frac{7}{8}$	2
mm	16	18	20	23	26	29	33	36	39	46	52
Tragfähigkeit bei 8 facher Sicherheit kg	250	300	350	500	600	750	1000	1150	1350	1900	2400
Gewicht f. d. m . . . . . . rd. kg	0,21	0,27	0,32	0,37	0,53	0,64	0,80	0,96	1,06	1,55	2,03
Preis . . . . M.	0,35	0,40	0,50	0,60	0,80	1,00	1,20	1,45	1,60	2,35	3,05

b) Verzinkte Gußstahl-Drahtseile (nach Angabe derselben Firma).

Konstruktion 6 Litzen à 30 Drähte, zusammen 180 Drähte und 7 Hanfseilen, von prima Tiegelgußstahldraht von 130 kg Bruchfestigkeit f. d. qmm.

Durchmesser des Seiles . mm	6	7	8	10	12	14	16	18	20	22	24	26	28	30
„ der Drähte . „	0,43	0,50	0,50	0,45	0,54	0,64	0,73	0,82	0,92	1,02	1,11	1,21	1,30	1,40
Tragkraft b. 8fach. Sicherheit kg	130	175	225	425	600	850	1125	1425	1800	2200	2600	3100	3600	4150
Gewicht f. d. m . . . . rd. kg	0,10	0,14	0,17	0,30	0,44	0,60	0,78	1,00	1,23	1,50	1,80	2,11	2,45	2,81
Preis f. d. m . . . . . . M.	0,50	0,60	0,70	0,85	1,00	1,10	1,30	1,50	1,75	2,00	2,35	2,60	2,90	3,10

Die Seile von 6, 7 und 8 mm Durchmesser haben 5 Litzen zu 12 = 60 Drähte und 6 Hanfseilen.

4. Besondere Hebezeug-Elemente (nach Jul. Wolff & Co. in Heilbronn).

a) Kranketten. Kurzgliedrige Kranketten, Qualität „Best Best", geprüft nach Admiralitätsvorschrift.

Eisenstärke . . . . mm	8	10	13	14	16	18	20
Zulässige Belastung . . . . kg	850	975	1950	2100	2925	3500	4375
Preis f. d. lfd. m . . . . . . M.	1,50	1,80	3,30	3,50	4,50	5,30	6,40
Kettenverbindungsglieder f. d. Stck. . . . „	0,30	0,40	0,45	0,60	0,75	1,00	1,20

Eisenstärke . . . . mm	21	23	25	26	33	40
Zulässige Belastung . . . . kg	5175	5725	6575	7375	11 250	15 000
Preis f. d. lfd. m . . . . M.	6,90	8,40	8,90	9,80	18,00	21,00
Kettenverbindungsglieder f. d. Stck. . . . „	1,40	1,90	2,10	2,50	—	—

Kalibrierte Kranketten, Eisenstärke . . . . 8—13   14—26 mm
Mehrpreis gegenüber gewöhnlicher Krankette . . . . . . 60%   35%.

b) Drahtseile.

Englische Tiegelgußstahldrahtseile verzinkt „extra spezial biegsam."

Seildurchmesser . . mm	8	10	12	14	16	18	20	22	24	26	28	30	32	36	40
Preis f. d. lfd. m . M.	1,38	1,55	1,75	2,06	2,26	2,55	2,65	3,10	3,40	3,90	4,30	4,90	5,50	6,65	8,20

[1] Hütte, 21. Aufl., I. Teil, S. 892ff.

Englische Pflugstahl-Drahtseile verzinkt „extra spezial biegsam."

Seildurchmesser . . .mm	10	11	12	13	14	16	18	20	22	24	26	28	30	32
Preis f. d. lfd. m . . . M.	1,75	1,85	2,30	2,48	2,92	3,30	4,08	4,65	5,50	6,40	7,40	8,50	9,50	10,80

Drahtseile sollen 7—8 fache Sicherheit gegenüber der gewöhnlich vorkommenden Last gewähren, nie aber mit mehr als $1/4$—$1/5$ ihrer Bruchfestigkeit belastet werden.

c) Schlingkettenhaken (D. R.-P. 65 713).

Passend zu Ketten bis mm	8	10	12	14	16	18	20	22	24	26	28	30
Preis f. d. Stück . . M.	1,40	1,80	2,90	4,40	5,90	8,00	10,00	12,50	15,30	17,50	22,00	25,00

d) Lasthaken für Kette und Drahtseil.

Tragkraft . . . . . . kg	300	600	750	1000	1250	1500	2000	2500	3500	4000	5000
Gewöhnlicher Haken . M.	5,00	8,00	8,50	9,00	9,50	11,00	12,00	15,00	20,00	27,00	35,00
Wirbelhaken . . . . „	9,00	12,00	12,75	13,50	14,00	16,00	18,00	22,00	25,00	30,00	40,00

e) Gewichtskugeln. Lose Rollen und Leitrollen.

Tragkraft . . . . kg	1000	1250	1500	2000	3000	3500	4000	5000	7500
Passend für Ketten von . . . . . mm	8	10	13	14	16	18	20	23	26
„ „ Seile „ . . . . „	10	12	16	18	20	22	24	26	30
Preis zweiteilig für 100 kg roh . . M.	35,00	32,00	32,00	32,00	30,00	30,00	30,00	30,00	30,00
„ für Rohgußrollen für 100 kg roh „	35,00	35,00	35,00	35,00	30,00	30,00	30,00	30,00	30,00
„ „ lose Rollen das Stück . . „	13,50	16,00	25,00	30,00	35,00	38,00	42,00	45,00	55,00
„ „ „ „ „ „ . . „	15,00	18,00	30,00	35,00	40,00	43,00	47,00	55,00	65,00
„ „ Leitrollen „ „ . . „	11,00	13,00	15,00	21,00	30,00	35,00	40,00	48,00	60,00
.. „ „ „ „ . . „	15,00	18,00	25,00	30,00	35,00	40,00	45,00	60,00	75,00

f) Stählerne Kniehebel-Steinzangen von Jul. Wolff & Co. in Heilbronn.

Nr.	Tragkraft kg	Fassungsweite		Eigengewicht kg	Preis M.
		kleinste mm	größte mm		
1	1800	40	500	18	55
1a	1800	40	750	20	60
1b	3000	150	1000	—	75
2	4000	230	1000	60	90
3	5000	650	1250	80	120
4	7500	850	1500	—	170

g) Kranlastmagnete der Siemens-Schuckertwerke G. m. b. H. in Berlin[1]).

Nr.	Form	Tragkraft bei 100% Sicherheit rd. kg	Energieverbrauch (etwa) Watt	Brutto-Gewicht rd. kg	Preis bei 110 Volt M.	220 Volt M.	500 Volt M.
1	rund	200	60	55	170	200	240
2	„	500	100	90	440	480	520
3	„	1500	100	300	600	650	700
4	„	3500	145	400	960	1020	1080
5	länglich	2500	470	330	1150	1150	1300
6	längl.-bewegl.	1400	570	400	1050	1050	1200
7	„	1800	660	520	1300	1300	1450
8	„	2300	800	610	1500	1500	1700
9	„	2700	900	750	1800	1800	2050
10	„	3000	880	520	1600	1600	1850
11	hufeisenförm.	6500	570	1350	2700	2700	3000
12	„	14000	1100	2400	4400	4400	4700

B. Rollen.

1. Baurollen (f. Hanfseile) von A. Gutmann, A.-G. in Ottensen-Hamburg.

Durchmesser der Rolle . . . Zoll engl.	$2\frac{1}{2}$	$3\frac{1}{2}$	4	$4\frac{3}{4}$	6	7	8	9
Stärke des Hanfseiles . . . „ „	$\frac{3}{8}$	$\frac{1}{2}$	$\frac{5}{8}$	$\frac{3}{4}$	1	$1\frac{1}{8}$	$1\frac{1}{8}$	$1\frac{1}{8}$
Preis . . . . M.	3,50	3,75	4,00	4,50	5,00	6,00	6,00	7,00
Einzelne Rollen . . . . . . „	0,30	0,40	0,60	1,00	1,20	1,50	1,80	2,10

Durchmesser der Rolle . . . Zoll engl.	10	11	12	14	16	18	20	22
Stärke des Hanfseiles . . . „ „	$1\frac{1}{8}$	$1\frac{1}{8}$	$1\frac{1}{8}$	$1\frac{3}{8}$	$1\frac{1}{2}$	$1\frac{1}{2}$	$1\frac{1}{2}$	$1\frac{1}{2}$
Preis . . . . M.	8,00	9,50	10,00	12,00	16,00	20,00	25,00	30,00
Einzelne Rollen . . . . . . „	2,40	2,70	3,35	4,50	6,60	7,20	8,75	10,00

2. Schmiedeeiserne Flaschenzug-Kloben für Hanfseil oder Kette (von derselben Firma).

Durchmesser der Rolle . . . Zoll engl.	$2\frac{1}{2}$	$3\frac{1}{2}$	4	$4\frac{3}{4}$	5	6	7	8
Stärke des Hanfseiles . . . „ „	$\frac{3}{8}$	$\frac{1}{2}$	$\frac{5}{8}$	$\frac{3}{4}$	$\frac{7}{8}$	1	$1\frac{1}{4}$	$1\frac{1}{2}$
„ der Kette . . . . . „ „	—	—	—	$\frac{3}{16}$	$\frac{1}{4}$	$\frac{5}{16}$	$\frac{3}{8}$	$\frac{7}{16}$
Preis mit 1 Rolle . . . . . . M.	2,50	3,00	3,75	5,25	6,50	7,50	9,50	12,50
Gewicht . . . . rd. kg	$\frac{1}{2}$	2	$2\frac{1}{2}$	$4\frac{1}{4}$	6	8	$11\frac{1}{2}$	19
Preis mit 2 Rollen . . . . . . M.	3,50	5,00	5,75	7,25	9,50	11,00	16,00	22,50
Gewicht . . . . rd. kg	1	$2\frac{3}{4}$	4	$7\frac{3}{4}$	$8\frac{1}{2}$	10	11	$13\frac{1}{2}$
Preis mit 3 Rollen . . . . . . M.	4,50	5,75	7,25	9,50	12,50	14,50	21,00	30,00
Gewicht . . . . rd. kg	$1\frac{3}{4}$	$3\frac{3}{4}$	6	$9\frac{1}{2}$	14	$18\frac{1}{2}$	30	42
Preis mit 4 Rollen . . . . . . M.	6,00	6,75	9,00	13,00	17,50	20,00	30,00	42,50
Gewicht . . . . rd. kg	$2\frac{1}{4}$	$4\frac{3}{4}$	$7\frac{1}{2}$	13	$18\frac{1}{2}$	$24\frac{1}{2}$	37	55
Einzelne gußeiserne Rollen . . M.	0,25	0,35	0,50	0,85	1,25	1,50	2,50	3,50
„ Messingrollen . . . . „	1,00	3,00	5,00	7,00	10,00	12,00	18,00	27,00

[1]) Über Lastmagnete vgl. Buhle, „Massentransport" S. 110 sowie Heft 87 der Sammlung Berg- und Hüttenmänn. Abhandlungen (Gebr. Böhm in Kattowitz); ferner „Stahl und Eisen" 1908, S. 469 (Lauchhammer-A.-G.-Rentabilität). Vgl. auch Fördertechnik 1911, S. 268.

Tragfähigkeiten vorstehender Flaschenzug-Kloben.

1 und 1 Rolle tragen . . . . rd. kg	100	275	450	750	1100	1650	2200	3250
2 „ 1 „ „ . . . . „ „	150	400	650	1050	1550	2350	3100	4650
2 „ 2 Rollen tragen . . . „ „	175	500	800	1300	1950	2900	3850	5800
3 „ 2 „ „ . . . „ „	225	600	950	1500	2250	3400	4500	6750
3 „ 3 „ „ . . . „ „	250	700	1100	1700	2550	3900	5100	7700
3 „ 4 „ „ . . . „ „	275	750	1200	1900	2800	4150	5600	8350
4 „ 4 „ „ . . . „ „	300	800	1300	2000	3000	4500	6000	9000

Schmiedeeiserne Flaschenzug-Kloben für Hanfseil oder Kette (Fortsetzung).

Durchmesser der Rolle . . . . . . Zoll engl.	9	10	11	12	14	15	16
Stärke des Hanfseiles . . . . . . „ „	$1^3/_4$	2	$2^1/_4$	$2^1/_2$	$2^3/_4$	3	$3^1/_4$
„ der Kette . . . . „ „	$1/_2$	$9/_{16}$	$5/_8$	$11/_{16}$	$3/_4$	$13/_{16}$	$7/_8$
Preis mit 1 Rolle . . . . M.	20	30	45	60	80	100	115
Gewicht . . . . rd. kg	$22^1/_2$	30	41	52	72	104	117
Preis mit 2 Rollen . . . . M.	32	50	90	105	126	150	175
Gewicht . . . . rd. kg	15	50	61	95	136	186	226
Preis mit 3 Rollen . . . . M.	45	70	115	140	170	200	240
Gewicht . . . . rd. kg	53	59	83	115	158	226	270
Preis mit 4 Rollen . . . . M.	65	95	140	165	200	260	300
Gewicht . . . . rd. kg	77	78	99	142	213	294	356
Einzelne gußeiserne Rollen . . . . . . M.	4,50	6	8	10	14	17	20
„ Messingrollen . . . . „	35	32	—	—	—	—	—

Tragfähigkeiten obiger Flaschenzug-Kloben.

1 und 1 Rolle tragen . . . . rd. kg	4 350	5 250	6 350	8 300	10 450	11 800	13 500
2 „ 1 „ „ . . . . „ „	6 200	7 400	9 000	11 800	14 800	17 000	19 100
2 „ 2 Rollen tragen . . . . . . „ „	7 700	9 300	11 200	14 700	18 600	21 400	24 000
3 „ 2 „ „ . . . . . . „ „	9 000	10 900	13 100	17 200	21 700	25 100	28 100
3 „ 3 „ „ . . . . . . „ „	10 250	12 100	14 700	19 350	24 500	28 200	31 500
4 „ 3 „ „ . . . . . . „ „	11 000	13 300	15 900	20 900	26 400	30 500	34 100
4 „ 4 „ „ . . . . . . „ „	11 500	13 900	16 800	22 100	27 800	32 100	36 000

3. Schmiedeeiserne Flaschenzug-Kloben für Drahtseil.

Durchmesser der Rolle . . . . Zoll engl.	5	6	7	9	10	11
„ des Stahldrahtseiles „ „	$5/_{16}$	$3/_8$	$1/_2$	$9/_{16}$	$5/_8$	$11/_{16}$
Preis mit 1 Rolle . . . . M.	16	25	32	40	56	66
Gewicht . . . . rd. kg	4	7	9	14	20	28
Preis mit 2 Rollen . . . . M.	25	34	42	54	75	95
Gewicht . . . . rd. kg	7	12	15	20	30	40
Preis mit 3 Rollen . . . . M.	32	44	55	80	105	120
Gewicht . . . . rd. kg	9	15	20	30	38	54
Preis mit 4 Rollen . . . . M.	40	56	70	98	120	145
Gewicht . . . . rd. kg	14	20	27	36	48	66
Einzelne gußeiserne Rollen . . . . M.	2	2,50	3	4,50	6	8

Tragfähigkeiten obiger Flaschenzug-Kloben.

1 und 1 Rolle tragen . . . . . rd. kg	500	800	1200	1600	2100	2800
2 „ 1 „ „ . . . . . „ „	700	1100	1700	2400	3100	4000
2 „ 2 Rollen tragen . . . . „ „	900	1400	2200	3200	4000	5300
2 „ 3 „ „ . . . . . „ „	1100	1700	2700	3900	4900	6400
3 „ 3 „ „ . . . . . „ „	1300	2000	3200	4600	5800	7500
4 „ 3 „ „ . . . . . „ „	1500	2300	3600	5000	6500	8400
4 „ 4 „ „ . . . . . „ „	1700	2700	4000	5500	7200	9300

Schmiedeeiserne Flaschenzug-Kloben für Drahtseile (Fortsetzung).

Durchmesser der Rolle . . . . Zoll engl.	12	13	15	16	18	20
„ des Stahldrahtseiles „ „	$^3/_4$	$^7/_8$	$^{15}/_{16}$	1	$1^1/_8$	$1^1/_4$
Preis mit 1 Rolle . . . . M.	74	82	95	112	135	160
Gewicht . . . . rd. kg	33	40	54	70	82	100
Preis mit 2 Rollen . . . . M.	116	135	145	175	225	265
Gewicht . . . . rd. kg	54	66	90	116	138	174
Preis mit 3 Rollen . . . . M.	145	180	205	245	310	350
Gewicht . . . . rd. kg	69	90	116	156	190	234
Preis mit 4 Rollen . . . . M.	186	215	250	290	355	460
Gewicht . . . . rd. kg	90	116	150	200	280	285
Einzelne gußeiserne Rollen . . . . M.	10	13	17	20	24	28

Tragfähigkeiten obiger Flaschenzug-Kloben.

1 und 1 Rolle tragen . . . . . rd. kg	3 700	4 600	5 500	6 800	8 000	10 200
2 „ 1 „ „ . . . . . „ „	5 400	6 800	8 100	9 900	11 600	14 900
2 „ 2 Rollen tragen . . . . „ „	7 000	8 800	10 500	12 800	15 000	19 300
3 „ 2 „ „ . . . . . „ „	8 500	10 700	12 800	15 500	18 300	23 400
3 „ 3 „ „ . . . . . „ „	10 000	12 500	15 000	18 300	21 500	27 500
3 „ 4 „ „ . . . . . „ „	11 500	14 000	16 800	20 500	24 000	30 800
4 „ 4 „ „ . . . . . „ „	12 500	15 500	18 500	22 800	26 800	34 000

C. Flaschenzüge.

a) Ortsfeste Flaschenzüge.

1. Verbesserte Weston-Differential-Flaschenzüge von A. Gutmann, A.-G. in Ottensen-Hamburg.

Tragfähigkeit k . . . . . kg	250	500	750	1000	1500	2000	3000	4000	5000	6000	8000	10 000
Flaschenzug mit gewöhnl. Kettenführ., ohne Ketten M.	6,50	10,50	12,50	14,50	20,50	29,00	37,50	54,00	—	—	—	—
Gewicht . . . . rd. kg	5	8	8,5	14	25	36	42	61	—	—	—	—
Flaschenzug mit großem Handkettenrad ohne Ketten M.	—	—	—	—	36,00	45,00	60,00	75,00	—	—	—	—
Gewicht . . . . . rd. kg	—	—	—	—	31	38	62	72	—	—	—	—
Flaschenzug mit Räderübersetzung, Patent-Kettenführung und -Handkettenrad, ohne Ketten . . . . M.	—	—	—	—	65,00	76,00	80,00	110,00	140,00	180,00	240,00	
Gewicht . . . . . rd. kg	—	—	—	—	38	49	69	85	114	155	216	
Lastkette f. d. m . . . M.	1,30	1,50	1,70	1,90	2,15	2,45	2,75	3,00	3,50	4,25	5,00	6,00
Gewicht f. d. m . . rd. kg	0,7	0,7	0,8	1	1,5	2	2,8	3,4	4,2	5,0	5,9	6,8
Handkette f. d. m . . M.	—	—	—	—	2,00	2,00	2,20	2,20	2,30	2,30	2,50	2,50
Gewicht f. d. m . . rd. kg	—	—	—	—	0,75	0,75	0,75	1	1	1	1,4	1,4

2. „Reform"-Schnell-Flaschenzüge von Gebr. Bolzani in Berlin.

Für Lasten bis kg	Brutto-Preise für Züge mit Ketten für Hub in Metern												
	3	4	5	6	7	8	9	10	11	12	13	14	15
150	62,00	66,60	71,20	75,80	80,40	85,00	89,60	94,20	98,80	103,40	108,00	112,60	117,20
200	64,50	69,10	73,70	78,30	82,90	87,50	92,10	96,70	101,30	105,90	110,50	115,10	119,70
250	66,00	70,60	75,20	79,80	84,40	89,00	93,60	98,20	102,80	107,40	112,00	116,60	121,20

3. „Viktoria"-Zahnrad-Schnell-Flaschenzüge von derselben Firma.

Raumhöheanspruch von Unterkante des Aufhänge-hakens bis Oberkante des hochgezogenen unteren Hakens in mm	Für Lasten bis kg		Brutto-Preise für Züge mit Ketten für Hub in Metern						
			3	4	5	6	7	8	9	10
350		300	70	74,80	79,60	84,40	89,20	94,00	98,80	103,60
400		500	74	78,80	83,60	88,40	93,20	98,00	102,80	107,60
440	ohne	750	85	90,20	95,40	100,60	105,80	111,00	116,20	121,40
460	untere	1000	97	102,50	108,00	113,50	119,00	124,50	130,00	135,50
560	Rolle	1500	130	136,00	142,00	148,00	154,00	160,00	166,00	172,00
600		2000	144	150,20	156,40	162,60	168,80	175,00	181,20	187,40
625		2500	156	163,00	170,00	177,00	184,00	191,00	198,00	205,00
640		1000	87	93,80	100,60	107,40	114,20	121,00	127,80	134,60
710		1500	98	105,60	113,20	120,80	128,40	136,00	143,60	151,20
800	mit	2000	114	122,30	130,60	138,90	147,20	155,50	163,80	172,10
850	unterer	3000	155	164,00	173,00	182,00	191,00	200,00	209,00	218,00
900	Rolle	4000	175	184,50	194,00	203,50	213,00	222,50	232,00	241,50
950		5000	191	202,00	213,00	224,00	235,00	246,00	257,00	268,00

4. Schrauben-(Schnecken-)Flaschenzüge mit „Maxim"-Brems-Kuppelung von derselben Firma.

Für Lasten bis kg	Brutto-Preise für Züge mit Ketten für Hub in Meter							
	3	4	5	6	7	8	9	10
500	65	69,90	74,60	79,40	84,20	89,00	93,80	98,60
1 000	80	86,80	93,60	100,40	107,20	114,00	120,80	127,60
1 500	90	97,60	105,20	112,80	120,40	128,00	135,60	143,20
Mit üblicher ovaler Kette 2 000	106	114,30	122,60	130,90	139,20	147,50	155,80	164,10
3 000	126	135,10	144,20	153,30	162,40	171,50	180,60	189,70
4 000	156	166,30	176,60	186,90	197,20	207,50	217,80	228,10
5 000	175	186,70	198,40	210,10	221,80	233,50	245,20	256,90
6 000	220	232,20	244,40	256,60	268,80	281,00	293,20	305,40
7 500	260	273,80	287,60	301,40	315,20	329,00	342,80	356,60
10 000	360	379,50	399,00	418,50	438,00	457,50	477,00	496,50
Mit fl. Stahl-Gall-Kette 10 000	430	463,50	497,00	530,50	564,00	597,50	631,00	664,50
12 500	510	553,50	597,00	640,50	684,00	727,50	771,00	814,50

5. Schrauben-Flaschenzüge mit Drucklager von E. Becker in Berlin-Reinickendorf[1].

Nr.	Ausführung	Für eine Last von kg	Preis einschließlich Ketten für 3 m Hub M.	Preis der Lastkette für 1 m größere Hubhöhe M.	Preis für Verlängerung der Handkette entsprechend 1 m größerer Hubhöhe M.	Gewicht der Züge mit Ketten für 3 m Hub rb. kg	Gewicht der Last- und Handketten für 1 m größere Hubhöhe rb. kg	Ganze Länge in zusammengezogenem Zustande (Innenkante bis Innenkante Haken ob. Traverse) rb. mm
1	Ohne lose Rolle . . . {	300	70	1,75	3,00	22	2,5	450
2		500	75	2,25	3,00	28	3,0	500
3		600	80	3,50	3,00	28	3,5	600
4		1 000	90	4,50	3,00	37	4,5	740
5		1 500	100	5,20	3,00	46	5,0	800
6	Mit loser Rolle . . .	2 000	125	6,00	3,00	65	7,0	900
7		3 000	150	7,00	3,00	78	8,0	1000
8		4 000	180	8,00	3,00	100	10,0	1120
9		5 000	210	9,00	3,00	120	12,0	1200
10		6 000	260	11,00	3,00	160	14,0	1300
11	Oben mit Traverse, unten mit drehbarem Haken .	7 500	310	13,00	3,50	195	16,5	1100
11a	Oben und unten mit drehbarem Haken	7 500	340	13,00	3,50	210	16,5	1300
12	Oben und unten mit Traverse	10 000	420	18,00	3,50	260	23,0	1050
12a	Oben mit Traverse, unten mit drehbarem Haken .	10 000	450	18,00	3,50	285	23,0	1260
12b	Oben und unten mit drehbarem Haken	10 000	480	18,00	3,50	310	23,0	1500
13	Oben und unten mit Traverse	12 500	650	24,00	3,50	390	31,0	1250
13a	Oben mit Traverse, unten mit drehbarem Haken .	12 500	690	24,00	3,50	420	31,0	1500
13b	Oben und unten mit drehbarem Haken	12 500	730	24,00	3,50	450	31,0	1770

b) Fahrbare Flaschenzüge bzw. Laufwinden oder Hebezeuge mit unbegrenztem Arbeitsfeld.

Vgl. auch I. D. (Winden) bzw. I. F. (Laufkrane) und II. Fördermittel (Hängebahnen).

1. Laufkatzen (fahrbare Flaschenzüge) mit Stirnrad-Hebewerk und Universal-Bremskupplung — auf dem unteren Flansch eines Trägers laufend — mit mechanischem Vorschub zum leichten Transport der Lasten von Gebr. Bolzani in Berlin.

a) Ohne untere Rolle, mit einem Lastkettenstrang arbeitend.

Für Lasten bis . . . . kg	300	500	750	1000	1500	2000	2500
Brutto-Preis ohne Ketten . . . . M.	120,00	125,00	140,00	165,00	210,00	260,00	300,00
Handkette zum Heben } für . . . . „	2,80	2,80	2,80	2,80	2,80	2,80	2,80
„ „ Transport } 1 m . . . „	2,80	2,80	2,80	2,80	2,80	2,80	2,80
Lastkette . . . . } Hub . . . „	2,00	2,00	2,40	2,75	3,15	3,40	4,10
Lastkette Eisenstärke . . . . mm	8	8	9½	11	12½	14	15½

[1] Vgl. die Fußnote [1] auf S. 754.

Gewicht der Laufkatze . . . . rd. kg	50	60	75	100	120	170	200
„ „ Handkette zum Heben ⎫ für „ „	1,4	1,4	1,4	1,4	1,4	1,4	1,4
„ „ „ „ Transport ⎬ 1 m „ „	1,4	1,4	1,4	1,4	1,4	1,4	1,4
„ „ Lastkette . . . . ⎭ Hub „ „	1,3	1,3	2,0	2,7	3,5	4,4	5,5
Nötige Zugkraft . . . . „ „	35	38	40	43	43	50	55
Hubgeschwindigkeit bei Bewegung von 30 m Handkette in der Minute . . . . „ m	3,00	2,20	1,40	1,02	0,66	0,60	0,50

b) Mit unterer Rolle, mit doppeltem Lastkettenstrang arbeitend.

Für Lasten bis . . . . kg	1000	1500	2000	3000	4000	5000
Brutto=Preis ohne Ketten . . . . M.	134,00	150,00	180,00	220,00	280,00	320,00
Handkette zum Heben . ⎫ für . . . . . . „	2,80	2,80	2,80	2,80	2,80	2,80
„ „ Transport ⎬ 1 m . . . . „	2,80	2,80	2,80	2,80	3,50	3,50
Lastkette . . . . ⎭ Hub . . . . . . „	4,00	4,80	5,50	6,30	6,80	8,20
Lastkette=Eisenstärke (Strang doppelt) . . . . . mm	8	9$\frac{1}{2}$	11	12$\frac{1}{2}$	14	15$\frac{1}{2}$
Gewicht der Laufkatze . . . . rd. kg	70	90	120	140	220	235
„ „ Handkette zum Heben ⎫ für „ „	1,4	1,4	1,4	1,4	1,4	1,4
„ „ „ „ Transport ⎬ 1 m „ „	1,4	1,4	1,4	1,4	1,4	1,4
„ „ Lastkette . . . . ⎭ Hub „ „	2,7	4,0	5,4	7,0	8,7	11,0
Nötige Zugkraft . . . . „ „	39	40	40	43	50	55
Hubgeschwindigkeit bei Bewegung von 30 m Handkette in der Minute . . . . „ m	1,10	0,67	0,51	0,33	0,30	0,25

c) Laufkatzen ohne mechanischen Vorschub kosten 20 M. Brutto weniger. Für Lauf=katzen, oben auf Träger laufend, ohne mechanischen Vorschub, erhöhen sich wegen des größeren Gewichts die Brutto=Preise um 10 bis 12%.

2. Laufkatzen (fahrbare Flaschenzüge) mit Schrauben=(Schnecken=)Hebezeug mit „Maxim"=Bremskupplung von Gebr. Bolzani in Berlin.

Für Lasten bis: kg	Preise der Apparate ohne Ketten: M.	Preise der Lastketten für 1 m Hubhöhe: M.	Preise der Handketten für 1 m Hubhöhe: M.	Preise der Transport=ketten für 1m Hubhöhe: M.	Gewichte der Apparate ohne Ketten: rd. kg	Gewichte der Lastketten für 1 m Hubhöhe: rd. kg	Gewichte der Handketten für 1 m Hubhöhe: rd. kg

a) ohne mechanischen Vorschub, unten auf Träger laufend.

500	93	2,00	2,80	—	49	1,3	1,4
1000	102	4,00	2,80	—	57	2,7	1,4
1500	117	4,80	2,80	—	70	4,0	1,4
2000	145	5,50	2,80	—	105	5,4	1,4
3000	175	6,30	2,80	—	120	7,0	1,4

b) ohne mechanischen Vorschub, oben auf Träger laufend, 10 bis 12% mehr.

Für Lasten bis: kg	Preise der Apparate ohne Ketten: M.	Preise der Lastketten für 1 m Hubhöhe: M.	Preise der Handketten für 1 m Hubhöhe: M.	Preise der Transportketten für 1 m Hubhöhe: M.	Gewichte der Apparate ohne Ketten: rd. kg	Gewichte der Lastketten für 1 m Hubhöhe: rd. kg	Gewichte der Handketten für 1 m Hubhöhe: rd. kg
c) mit mechanischem Vorschub, unten auf Träger laufend.							
500	112	2,00	2,80	2,80	60	1,3	2,8
1000	122	4,00	2,80	2,80	70	2,7	2,8
1500	138	4,80	2,80	2,80	90	4,0	2,8
2000	165	5,50	2,80	2,80	120	5,4	2,8
3000	195	6,30	2,80	2,80	140	7,0	2,8
4000	250	6,80	3,50	3,50	220	8,7	4,4
5000	290	8,20	3,50	3,50	235	11,0	4,4
d) mit mechanischem Vorschub auf der Laufachse, oben auf Träger laufend.							
500	130	2,00	2,80	2,80	70	1,3	2,8
1000	145	4,00	2,80	2,80	80	2,7	2,8
1500	160	4,80	2,80	2,80	100	4,0	2,8
2000	195	5,50	2,80	2,80	130	5,4	2,8
3000	225	6,30	2,80	2,80	150	7,0	2,8
e) mit mechanischem Vorschub durch Rädervorgelege, oben auf Träger laufend.							
500	153	2,00	2,80	2,80	80	1,3	2,8
1000	163	4,00	2,80	2,80	90	2,7	2,8
1500	179	4,80	2,80	2,80	110	4,0	2,8
2000	213	5,50	2,80	2,80	140	5,4	2,8
3000	255	6,30	2,80	2,80	160	7,0	2,8
4000	300	6,80	3,50	3,50	245	8,7	4,4
5000	350	8,20	3,50	3,50	270	11,0	4,4

D. Winden.

a) Zahnstangen-Winden.

1. Zahnstangen-Winden mit hölzernem Schaft von Gebr. Bolzani in Berlin.

Zahnstangen-Abmessungen mm	Tragkraft kg	Doppelte Übersetzung — Höhe in cm — Brutto-Preise in M.											Gewicht für die Normal-Höhe von 850 mm rd. kg
		60	65	70	75	80	85	92	100	105	110	120	
24 × 50	1000	—	—	—	—	—	49	—	—	—	—	—	28
28 × 52	1500	49	50	51	52	53	53	—	—	—	—	—	32
30 × 54	2000	54	54	55	56	57	57	58	59	62	—	—	36
34 × 60	3000	58	61	63	64	66	67	68	70	72	74	77	38
34 × 62	4000	67	68	71	72	73	74	76	77	79	81	84	42
36 × 64	5000	74	75	77	79	80	82	83	85	87	91	94	47
39 × 65	6000	81	83	84	86	87	90	92	93	96	98	101	55
40 × 70	8000	—	—	93	95	96	98	99	101	102	105	108	57
45 × 75	10000	—	—	101	102	104	105	106	108	110	112	115	62
50 × 80	15000	—	—	—	—	—	112	114	115	117	—	—	66
52 × 85	20000	—	—	—	—	—	119	122	125	—	—	—	70

2. Zahnstangen-Winden mit Stahlblechmantel aus einem Stück
(von derselben Firma).

Nummer	I	II	III	IV	V	VI	VII	VIII
Tragkraft, geprüft unter dem Dynamometer . . . . . . kg	3000	4000	5000	6000	8000	10000	15000	20000
Zahnstangenstärke . . . . . mm	60×34	62×34	64×36	65×39	70×40	75×45	80×50	85×52
Höhe, einschl. Horn . . . . . „	700	750	800	800	850	850	900	900
Hubhöhe . . . . „	350	350	370	370	375	375	400	400
Gewicht . . . . rd. kg	35	38	44	50	67	70	80	85
Brutto-Preis für das Stück . . M.	92	100	110	115	130	136	150	165

3. **Eiserne Sicherheits-Zahnstangenwinden mit doppeltem wechselseitigen Eingriff zweier Getriebe in das Haupttriebwerk (von derselben Firma).**

	Räderantrieb			
Unter dem Dynamometer geprüfte Tragkraft . . . . kg	5000	10000	15000	20000
Windenhöhe mit Horn . . . . mm	760	850	900	950
Hubhöhe . . . . „	350	380	380	375
Zahnstangenstärke . . . . „	35×65	45×75	50×80	52×85
Gewicht f. d. Stück . . . . rd. kg	50	70	85	95
Brutto-Preis für das Stück . . . . M.	148	188	256	310

b) Schraubenwinden.

1. **Dreifuß-Schraubenwinde mit durchlochtem Kopf, oder mit Sperrklinken-Einrichtung von Gebr. Bolzani in Berlin.**

Tragkraft	Durchmesser der Spindel	Windenhöhe	Hubhöhe	Gewicht	Preis	
					mit durchlochtem Kopf	mit Sperrklinken-Einrichtung
kg	mm	mm	mm	rd. kg	M.	M.
2000	37	250	75	6	19	—
4000	47	380	175	12	27	—
6000	55	500	275	20	37	49
8000	58	550	300	28	42	54
10000	62	550	300	32	50	62
12000	64	550	300	36	56	68
15000	70	575	300	40	67	79
18000	80	600	300	52	78	91
20000	88	600	300	60	89	101

2. Schraubenwinde mit geschlossenem Schaft (von derselben Firma).

Nr.	Tragkraft kg	Durchmesser der Spindel mm	Windenhöhe mm	Hub mm	Gewicht		Preis	
					mit Sperrklinke kg	mit durchlochtem Kopf kg	mit Sperrklinke M.	mit durchlochtem Kopf M.
1	5000	51	460	240	21	21	44	32
2	8000	58	460	240	28	24	54	42
3	10000	62	570	290	32	27	62	50
4	12000	64	585	310	36	31	68	56
5	15000	70	620	330	40	35	79	67
6	18000	80	645	355	52	39	91	78
7	20000	88	660	370	60	44	101	89

3. Schrauben-Schlittenwinden mit vierfüßigem bzw. mit geschlossenem Schaft (von derselben Firma).

Nr.	Tragkraft kg	Durchmesser der vertikal. Schraube mm	Höhe im niedrigsten Stande mm	Hub der Winde mm	Horiz. Verschiebung auf Schlitten mm	Gewicht rd. kg	Preis	
							mit Ratsche M.	mit durchlochtem Kopf M.
1	8000	58	520	260	180	55	92	80
2	10000	62	620	285	230	62	103	91
3	12000	64	650	315	300	70	116	104
4	15000	70	660	325	300	80	124	112
5	18000	80	675	340	400	90	135	120
6	20000	88	685	365	400	100	146	134

c) Räderwinden.

1. Hand=Kabelwinden[1]) (Bockwinden) von A. Gutmann, A.-G. in Ottensen-Hamburg.

a) Mit dünner Trommel für Hanfseil oder Kette.

Nummer	1	2	3	4	10	11	12	13	14	15
Übersetzung	Einfach				Doppelt					
Tragkraft bei leerer Trommel . . . . . kg	400	600	800	1000	800	1000	1250	1800	2500	3000
Stärke des Hanfseiles . . . . mm	20	23	26	30	26	30	36	39	46	52
„ der Kette . . . . „	6	7	8	10	8	10	11½	12	14	16
Preis der Winde[2]) mit gußeisernen Seitenteilen M.	55	60	70	80	80	92	117	137	220	275
„ „ „ „ schmiedeeisernen „ „	82	88	109	113	116	129	157	182	275	345
„ „ „ „ Rotgußlager mehr . . „	15	15	16	16	22	24	26	30	34	36

[1]) Unter Zuhilfenahme von Flaschenzügen kann die Hebekraft mehrfach erhöht werden. Mit einem fünfrolligen Flaschenzug heben die Winden z. B. das Vierfache der angegebenen Lasten; es ist jedoch zu berücksichtigen, daß hierbei die aufzuwickelnde Seillänge das Fünffache von derjenigen beträgt, die aufzuwinden ist, wenn die Last direkt an der Trommel hängt; der Trommeldurchmesser vergrößert sich dabei schnell und die Hebekraft nimmt ab, so daß dieselbe bei vollgewickelter Trommel nur etwa 60% von derjenigen bei leerer Trommel beträgt, d. h. die Winde wird mit zunehmender Seilaufwickelung nach und nach schwerer arbeiten. Es empfiehlt sich für solche Fälle, die Winde eine Nummer größer zu wählen.

[2]) Für fahrbare Winden tritt eine mittlere Preiserhöhung von rund 35% ein (50% ÷ 25%.)

b) Desgleichen mit dicker Trommel für Drahtseil[1]).

Nummer	1	2	3	4	10	11	12	13	14	15
Übersetzung	Einfach				Doppelt					
Tragkraft bei leerer Trommel .... kg	200	300	400	500	500	600	750	1000	1500	2000
Stärke des Stahldrahtseiles .... mm	7	9	10	11	10	11	12	13	15	17
Preis der Winde[2]) mit gußeisernen Seitenteilen M.	70	75	90	100	100	116	152	175	275	350
„ „ „ „ schmiedeeisernen „ „	100	107	119	138	138	163	188	219	330	410
„ „ „ „ Rotgußlagern mehr . . „	15	15	16	16	22	24	26	30	34	36

2. Schwere Hand-Kabelwinden mit schmiedeeisernen Seitenteilen und Schraubenbremse von derselben Firma.

a) Mit dünner Trommel für Hanfseil oder Kette.

Nummer	16	17	18	19	20
Tragkraft bei leerer Trommel .... kg	4000	6000	8000	10 000	12 000
Stärke des Hanfseiles .... mm	59	72	78	92	98
„ der Kette .... „	20	25	28	33	36
Preis[2]) .... M.	700	1000	1325	1800	2900

b) Desgleichen mit dicker Trommel für Drahtseil.

Nummer	16	17	18	19	20
Tragkraft bei leerer Trommel .... kg	3000	4000	5000	6500	8000
Stärke des Stahldrahtseiles .... mm	22	24	28	30	35
Preis[2]) .... M.	720	1000	1300	1800	2400

3. Wand-Kabelwinden (und Konsolwinden [Handbetrieb] von derselben Firma).

a) Mit dünner Trommel für Hanfseil oder Kette.

Nummer	1	2	3	4	10	11	12	13
Übersetzung	Einfach				Doppelt			
Tragkraft bei leerer Trommel .... kg	400	600	800	1000	800	1000	1250	1800
Stärke des Hanfseiles .... mm	20	23	26	29	26	29	36	39
„ der Kette .... „	6	7	8	10	8	10	11¹/₂	12
Preis der Winde .... M.	63	69	81	94	94	109	140	165

b) Desgleichen mit dicker Trommel für Drahtseil.

Nummer	1	2	3	4	10	11	12	13
Übersetzung	Einfach				Doppelt			
Tragkraft bei leerer Trommel .... kg	200	300	400	500	500	600	750	1000
Stärke des Drahtseiles .... mm	7	9	10	11	10	11	12	13
Preis der Winde .... M.	79	87	102	118	118	137	175	207

[1]) und [2]) siehe Fußnoten auf S. 765.

3a. Wandwinden (für Speicherei=, Schlachthauszwecke u. dgl.)
von Gebr. Bolzani in Berlin.

a) Kettenwandwinde mit Bremskupplung.

Für Laſten kg	Brutto=Preis M.	Gewicht rd. kg
100	46	12
150	51	15

b) Kettenwandwinde mit Stahlgußrädern und mit Univerſal=Bremskupplung.

Für Laſten kg	Brutto=Preis M.	Gewicht rd. kg
300	102	40
600	146	75
750	163	85
1000	195	105

c) Drahtſeil=Wandwinde mit Univerſal=Bremskupplung.

Für Laſten kg	Mit Trommellänge für m Hub	Brutto= Preis M.	Gewichte der Winden rd. kg	Trommel= Durchmeſſer mm	Drahtſeil= ſtärke mm	Art des Drahtſeiles	Bruch= feſtigkeit des Drahtſeiles kg
300	10	195	130	160	6½	Spezial=	1750
300	15	208	140	160	6½	Kranſeile,	1750
300	25	225	155	160	6½	„beſonders	1750
600	10	213	140	180	8	biegſam für	4400
600	15	228	150	180	8	kleinſte	4400
600	25	246	162	180	8	Trommel=	4400
750	10	256	162	210	9	durchmeſſer"	5600
750	15	270	175	210	9	aus beſtem	5600
750	25	295	200	210	9	Patentpflug=	5600
1000	10	295	215	240	10	ſtahldraht	7000
1000	15	320	230	240	10	von rd. 175 kg	7000
1000	25	340	260	240	10	auf das qmm Feſtigkeit	7000

d) Hanfſeil=Wandwinden mit Univerſal=Bremskupplung.

Für Laſten kg	Brutto=Preis M.	Gewichte der Winden rd. kg	Bei einfacher Wicklung des Seiles für Hubhöhe m		Trommel= Durchmeſſer mm	Hanftauſtärke mm
300	213	140	7	Die 300 und 600 kg	110	20
600	233	150	9	Winden ſind gut bis	115	26
750	275	175	8	zur rd. 3 fach	150	30
1000	315	230	7	größeren Hubhöhe benutzbar	175	36

4. Friktionswinden mit einfachem Riemenantrieb von A. Gutmann, A.-G., in Ottensen-Hamburg.

Nummer		1	2	3	4
Tragkraft . . . . kg		350	500	750	1000
Arbeitsbedarf bei 18 m Lasthub i. d. Minute . . . . . PS		1,80	2,75	4,00	5,50
Durchmesser des Stahldrahtseiles . . . . mm		10	12	14	16
Preis der Winde . . . . M.		300	350	500	600
„ „ Zentrifugalbremse . . . . „		100	125	150	180
„ für Rillentrommel mehr . . . . „		15	18	25	30

Hinsichtlich der Hubgeschwindigkeit wird empfohlen für mäßigen Betrieb 18 m, für lebhaften Betrieb 30—36 m und für sehr flotten Betrieb 45—48 m i. d. Minute; die entsprechenden Tabellenwerte würden sich dementsprechend vergrößern.

5. Aufzugs-Schneckenradwinden mit doppeltem Riemenantrieb (D. R. P.) von A. Gutmann, A.-G., in Ottensen-Hamburg.

Tragkraft . . . . kg	300	500	750	1000	1500	2000
Hubgeschwindigkeit in Metern . . . i. d. Min.	15	15	15	15	9	9
Arbeitsbedarf . . . . PS	1	1,75	2,5	3,5	3	4
Preis der Winde . . . . M.	500	600	750	900	1100	1300
„ „ Zeigerwinde . . . . „	20	20	20	25	25	25
„ „ Fundamentanker und Platten . „	18	18	20	20	25	25

Der angegebene Arbeitsbedarf versteht sich bei Ausbalancierung des Korbgewichtes und der halben Nutzlast.

E. Drehkrane[1]).

a) Drehkrane für Handbetrieb.

1. Säulen- (Bau-) Schwenkkrane von A. Gutmann, A.-G., in Ottensen-Hamburg.

Nummer		1	2	3	4
Tragkraft . . . . kg		250	500	750	1000
Ausladung . . . . mm		1000	1000	1250	1250
Preis des Schwenkkranes . . . . M.		75	90	110	130
„ der unteren Leitrolle . . . . „		20	25	30	35

2. Einspurige (fahrbare) Hochbaudrehkrane von Jul. Wolff & Co. in Heilbronn.

Tragkraft	Ausladung	Preis	Sicherheitskurbel und Zentrifugalbremse
1500 kg	2,0 m	1500 M.	150 M. extra
3000 „	2,5 „	2200 „	175 „ „

3. Mauerschwenkkrane von A. Gutmann, A.-G., in Ottensen-Hamburg (für Magazine, Speicher, Schuppen, Ladebühnen usw.).

Nummer		1	2	3	4	5	6
Tragkraft . . . . kg		300	500	750	1000	1500	2000
Ausladung . . . . mm		1000	1250	1250	1500	1500	1750
Gewicht . . . . rd. kg		140—175	180—240	220—300	270—350	350—410	450—520
Preis . . . . M.		100—120	130—150	160—180	200—220	250—275	300—350
Mehr für je 250 mm Ausladung . „		10	15	15	20	30	40

[1]) Über Krantarife, f. Zeitschr. f. Binnenschiffahrt 1910, S. 650.

4. Feststehende Drehkrane für Handbetrieb (von derselben Firma).

Nummer		1	2	3	4	5	6
Tragkraft	kg	500	1000	2000	3000	4000	5000
Ausladung	m	3	3	3,5	3,5	4	4,5
Gewicht	rd. kg	1200	1500	2400	3500	4100	5000
Preis	M.	600	850	1500	1950	2600	3000

5. Fahrbare Drehkrane für Handbetrieb (von derselben Firma).

Nummer		1	2	3	4	5
Tragkraft	kg	1000	2000	3000	4000	5000
Ausladung	m	3	3,5	3,5	3,5	4
Gewicht	rd. kg	2000	3000	5000	6500	7500
Preis	M.	1850	2450	3050	3600	4000

b) Drehkrane mit Dampfbetrieb[1].

1. **Normalspurige fahrbare Drehkrane für Kai=, Bau= und Fabrikzwecke der Mannheimer Maschinenfabrik Mohr & Federhaff, Mannheim.**

Preis= und Gewichtstabelle der Krane in gewöhnlicher Ausführung, mit einfachem Dreh= und Laufwerk, ohne Umsteuerung der Maschine, mit Dach.

Nr.	Tragkraft kg	Aus= ladung m	Preise der Krane M.	Annähernde Gewichte der Krane kg	Nr.	Tragkraft kg	Aus= ladung m	Preise der Krane M.	Annähernde Gewichte der Krane kg
1	1250	7,50	10 300	10 800	6	2000	7,00	10 400	11 180
2	1250	8,00	10 100	10 750	7	2500	4,00	10 350	11 100
3	1500	6,50	10 250	10 950	8	3000	4,50	10 400	11 150
4	2000	5,40	10 280	10 970	9	4000	3,00	10 450	11 200
5	2000	6,50	10 300	11 000					

Bei vorstehenden Preisen und Gewichten sind die Gegengewichte nicht inbegriffen. Die tägliche Leistungsfähigkeit dieser Krane als Kaikrane beträgt 150—200 000 kg bei einem Kohlenverbrauch von 75—120 kg.

Preiszuschläge und Mehrgewichte besonderer Ausrüstungen dieser Krane.

Umsteuerung der Maschine	190 M.,	Gew. 60 kg
Ein Laufwerk mit spez. Antriebskupplung	650 „	„ 260 „
Ausleger, von Hand verstellbar, um dessen Höhe oder Ausladung variieren zu können	360 „	„ 330 „
Ausleger, durch Dampfkraft verstellbar	920 M.,	Gew. 900 „
Eine Holzverschalung der Wände des Krans, mit verschließbaren Türen und Fenstern versehen	380 „	„ 390 „
Desgl. aus Wellblech	530 „	„ 410 „
Eine Schurvorrichtung zur Entleerung der Fördergefäße auf bestimmter Höhe	260 „	„ 150 „

---

[1] Über die Wahl einer Betriebskraft vgl. Barth, Z. d. deutsch. Ing. 1912, S. 1610ff. sowie 1913, S. 417 ff.

Eine Universalvorrichtung zur Entleerung der Fördergefäße
auf beliebiger Höhe . . . . 830 M., Gew. 1140 kg
Ein viereckiger Förderkasten mit aufklappbarem Boden von
1,35 cbm Inhalt und 1250 kg Tragkraft . . . . . . 320 „   „   360 „
Ein halbzylindrischer Förderkasten, 1,35 cbm Inhalt und
1250 kg Tragkraft . . . . 250 „   „   300 „
Traverse mit Zubehör für halbzylindrische Gefäße . . . . . 70 „   „   65 „

Preis- und Gewichtstabelle

ähnlicher Kräne derselben Firma in gewöhnlicher Ausführung, ohne Dampflaufwerk,
ohne Umsteuerung der Maschine, mit Dach.

Nr.	Tragkraft	Ausladung	Rollen-höhe	Hub des Ketten-hakens	Lichte Spurweite	Preise der Kräne	Annähernde Gewichte der Kräne	Annähernde Volumen der seemäßig ver-packten Kräne
	kg	m	m	m	m	M.	kg	cbm
1	1500	10,0	11,5	10,0	1,435	13 600	17 700	16,0
2	2000	7,0	9,0	9,0	2,360	12 850	15 480	15,0
3	2000	7,5	11,5	13,0	1,435	13 100	16 100	15,5
4	2000	9,0	11,5	16,5	1,435	13 600	17 780	16,0
5	2250	7,5	8,0	14,0	1,435	13 350	16 400	15,5
6	2250	9,5	10,0	14,0	2,900	13 900	18 340	16,5
7	2250	11,0	10,0	14,0	2,900	14 350	19 980	17,0
8	2250	11,5	10,0	14,0	2,900	14 500	20 280	17,0
9	2300	11,5	10,0	16,0	2,900	14 900	21 210	17,0
10	2500	7,0	9,0	14,0	2,360	13 500	17 230	16,0
11	2500	7,5	7,5	14,0	2,360	13 550	17 300	16,0
12	2500	8,5	10,0	16,0	2,360	13 700	17 560	16,0
13	2500	9,0	10,0	14,5	2,360	14 400	18 950	16,5
14	2500	10,5	13,0	51,0	2,900	15 250	20 880	17,0
15	2500	11,5	10,0	14,5	2,900	14 800	21 240	17,5
16	3000	5,0	6,0	10,0	1,435	13 000	16 000	15,5
17	3000	6,0	6,0	10,0	1,435	13 300	16 650	15,5
18	3000	7,0	6,0	12,0	2,360	13 750	17 400	15,5
19	3000	8,0	7,0	12,0	2,360	13 850	17 600	15,5
20	3000	9,0	10,0	14,0	2,900	14 800	19 400	17,0
21	3500	8,0	9,0	13,0	2,900	15 400	21 170	17,0
22	3750	7,5	7,0	14,5	2,360	15 200	20 660	17,0
23	3800	8,5	10,5	12,0	2,360	16 100	23 430	18,0
24	4000	5,2	4,3	3,5	1,435	13 800	16 850	16,5
25	4000	9,0	8,3	12,0	2,360	16 900	23 850	19,0
26	4000	11,0	7,5	14,0	2,900	17 400	25 200	20,0
*27	5000	5,0	6,0	5,0	1,435	13 500	16 100	15,5
*28	5000	6,0	6,0	7,0	2,360	14 400	17 570	16,0
*29	6000	4,5	6,0	6,0	2,360	14 800	18 350	16,5

Die mit * bezeichneten Kräne arbeiten mit loser Rolle.

Preise und Gewichte obiger Kräne verstehen sich ausschl. Gegengewichte. Die
Leistungsfähigkeit derselben als Kaikräne bei entsprechender Bedienung und Gleis-
anlage beträgt 200—300 000 kg f. d. Tag, bei einem Kohlenverbrauch von
100—150 kg.

Bei Förderung von losem Rohmaterial, wie Kohlen, Erzen, Kies usw., unter Anwendung von entsprechenden Gefäßen, genügen 4—6 Chargen, um einen Doppel-
wagen zu beladen.

Preiszuschläge und Mehrgewichte
besonderer Ausrüstungen dieser Kräne.

Umsteuerung der Maschine	200 M.,	Gew. 70 kg
Dampflaufwerk	910 „	„ 1040 „
Ausleger, von Hand verstellbar, um dessen Höhe oder Aus=		
ladung variieren zu können	580 „	„ 380 „
Ausleger, durch Dampfkraft verstellbar	1020 „	„ 950 „
Eine Holzverschalung der Wände des Krans, mit verschließbaren		
Türen und Fenstern versehen	440 „	„ 530 „
Desgl. aus Wellblech	620 „	„ 520 „
Eine Schuhvorrichtung zur Entleerung der Fördergefäße auf		
bestimmter Höhe	340 „	„ 180 „
Eine Universalvorrichtung zur Entleerung der Fördergefäße		
auf beliebiger Höhe	875 „	„ 1270 „
Ein viereckiger Förderkasten mit aufklappbarem Boden von		
1,35 cbm Inhalt und 1250 kg Tragkraft	320 „	„ 360 „
Desgl. von 1,63 cbm Inhalt und 1650 kg Tragkraft . . .	390 „	„ 510 „
Desgl. von 2 cbm Inhalt und 2000 kg Tragkraft	420 „	„ 600 „
Ein halbzylindrischer Förderkasten von 1,35 cbm Inhalt und		
1250 kg Tragkraft	250 „	„ 300 „
Desgl. von 1,63 cbm Inhalt und 1650 kg Tragkraft . . .	290 „	„ 365 „
Desgl. von 2 cbm Inhalt und 2000 kg Tragkraft	345 „	„ 470 „
Traverse mit Zubehör für halbzylindrische Fördergefäße . .	90 „	„ 90 „

2. Kaikräne mit gekuppelter Maschine.

Drehwerk durch Räderübersetzung mit horizontal überragendem Ausleger. Leistung bei Förderung von Massengütern rund 200—500 000 kg f. d. Tag, Kohlen= verbrauch 100—250 kg.

Preis= und Gewichtstabelle

der Kräne in gewöhnlicher Ausführung ohne Dampflaufwerk, ohne Umsteuerung der Maschine, mit Dach, ohne Gegengewichte, mit Blechausleger.

Nr.	Tragkraft kg	Ausladung m	Rollenhöhe m	Hub des Kettenhakens m	Lichte Spurweite m	Preise der Kräne M.	Annähernde Gewichte der Kräne kg
1	2000	9,0	6,50	11,00	1,435	14 850	18 100
2	2000	9,0	7,50	15,00	2,000	15 430	19 460
3	2500	9,8	8,11	13,75	2,360	16 800	21 680
4	3000	7,5	7,50	10,00	1,435	15 780	19 890
5	3000	10,0	7,50	12,00	1,435	17 400	24 480
6	3000	11,0	7,50	12,00	2,360	17 650	24 800
7	5000	5,0	6,00	8,00	1,435	15 500	18 270

Preiszuschläge und Mehrgewichte besonderer Ausrüstungen dieser Kräne.

Umsteuerung der Maschine	200 M.,	Gew. 70 kg
Dampflaufwerk	910 „	„ 1040 „
Eine Holzverschalung der Wände des Krans, mit verschließbaren Türen und Fenstern versehen	440 „	„ 530 „
Desgl. aus Wellblech	620 „	„ 520 „
Eine Universalvorrichtung zur Entleerung der Fördergefäße auf beliebiger Höhe	940 „	„ 1500 „

c) Elektrisch[1]) betriebene Drehkrane.

1. Elektrisch betriebene, feststehende Hafendrehkrane von Nagel & Kaemp, A.-G. in Hamburg.

a) Mittlere Geschwindigkeit $v = 15 \div 24$ m/Min.

Tragkraft t	Ausladung m	Preis M.	Ausladung m	Preis M.
1,5	5	8700	10	10200
3,0	5	10600	10	12100
5,0	5	12500	10	14000

b) Erhöhte Hubgeschwindigkeit $v = 24 \div 40$ m/Min.

1,5	5	9000	10	10500
3,0	5	11000	10	12500
5,0	5	13000	10	14500

Bei obigen Ausführungen ist die Drehgeschwindigkeit $v = 60 \div 100$ m/Min. (an der Spitze des Auslegers gemessen), offene Motoren.

Die Preise verstehen sich ab Werk, ausschl. Montage; der Berechnung ist Gleichstrom von 220 Volt Spannung zugrunde gelegt.

2. Elektrisch betriebener, ortsfester Säulendrehkran (für Gußstahlwerke) von **Mohr & Federhaff** in Mannheim für Tragkraft $Q = 3,5$ t, Ausladung $A = 7$ m, Hubhöhe $H = 4,5$ m, System 1 Motor, Gleichstrom 220 Volt, Eigengewicht $G \sim 9$ t, Preis ~ 8500 M.

Desgl. (für Gießereien) für $Q = 5$ t, $A = 7$ m, $H = 3,2$ m, System 1 Motor, Drehstrom 220 Volt, $G \sim 4$ t, Preis ~ 5000 M.

3a. Elektrisch betriebener Vollportaldrehkran von Nagel & Kaemp, A.-G., in Hamburg für 1500 kg Tragkraft, bei 12 m Ausladung mit je einem Motor für das Hub-, Dreh- und Fahrwerk, mit Rampnagelsteuerung:

Hubgeschwindigkeit . . . . 0,7 m/Sek. am Haken,
Drehgeschwindigkeit . . . . . . 2,0 „ „ „
Fahrgeschwindigkeit . . . . . . 0,5 „ „ „
Preis, vollständig, ab Fabrik . . . . 17000 M.

---

[1]) Über elektrische Ausrüstungen, Antriebe usw. vgl. Abschnitt VI, 15. Elektrotechnik; über Strompreise vgl. auch Kübler, Elektr. Zeitschr. 1912, S. 984.

3b. **Elektrisch betriebener Drehkran für Vollportale** (f. d.) von Nagel & Kaemp, A.-G., in Hamburg für 5000 kg Tragkraft, bei 10 m Ausladung:

Hubgeschwindigkeit	0,4 m/Sek. am Haken,
Drehgeschwindigkeit	1,5 „ „ „
Fahrgeschwindigkeit	0,3 „ „ „
Preis, vollständig, ab Fabrik	22 000 M.

· 3c. **Elektrisch betriebener Halbportaldrehkran** von Nagel & Kaemp, A.-G., in Hamburg für 2000 kg Tragfähigkeit, bei 10 m Ausladung mit je einem Motor für Heben, Drehen und Fahren:

Hubgeschwindigkeit	0,6 m/Sek.
Drehgeschwindigkeit	2,0 „
Fahrgeschwindigkeit	0,4 „
Preis ab Fabrik	17 000 M.

4. **Elektrisch betriebener Rolldrehkran** von Nagel & Kaemp, A.-G., in Hamburg für 5000 kg Tragfähigkeit bei 8 m Ausladung, mit einem Hubmotor, der auch das Fahrwerk antreibt, und 1 Drehmotor:

Hubgeschwindigkeit	0,3 m/Sek.,
Drehgeschwindigkeit	1,5 „ am Haken,
Fahrgeschwindigkeit	0,5 „
Preis ab Fabrik	17 500 M.

5. **Elektrisch betriebener Lokomotivdrehkran** von Mohr & Federhaff in Mannheim für 4,5 t Tragkraft, 4,5 m Ausladung, 4,4 m Rollenhöhe, 3,5 m Hubhöhe, Normalspur, 3 Motoren, Gleichstrom 220 Volt, Eigengewicht 21 t, Preis 19 000 M.

F. Laufkrane.
(Vgl. auch Laufwinden und Hängebahnen).

a) Laufkrane mit Handbetrieb.

1. **Baulaufkrane** (Maschinengerüstwagen) von Jul. Wolff & Co. in Heilbronn
Tragkraft ohne Kabelwinde 5000 kg.

Spannweite . . . . m	5	6	7½	10	12	16	20	22½	25
Gewicht der Eisenteile . . . . . kg ⎫ ausschl.	900	1250	1350	1520	1600	2100	2600	4070	4600
Preis derselben ohne Laufschienen M. ⎬ Kabelwinde	500	630	670	760	800	1050	1300	2000	2270
Hölzer sind erforderlich ohne Belag und Geländer cbm ⎭	2,5	2,8	3,5	5,5	6,2	7,2	9	12	15,5

2. **Eiserne Laufkrane mit Bedienung von oben** (von derselben Firma).
Preise ohne Kabelwinde (f. oben).

Tragkraft . . . . kg	3500	3500	3500	5000	5000	5000	7500	7500	7500
Spannweite . . . . m	4	5	6	4	5	6	4	5	6
Preis . . . . M.	925	1050	1120	975	1075	1220	1050	1275	1525

3. **Desgl. mit Bedienung von unten** (von derselben Firma).

Tragkraft . . . kg	500	1000	1500	3000	5000	7500	10 000	15 000
Spannweite . m	8	8	8	8	8	8	8	8
Hubhöhe . . . „	4	4	4	4	4	4	4	4
Preis . . . . M.	850	1210	1400	2150	3350	3900	4520	5920

4. Normale Laufkatzen mit Stirnräderbetrieb von E. Becker in Berlin.

							Mit umschaltbarem Vorgelege in der Lastwinde								
Für Lasten bis kg	2000	2500	3000	4000	5000	6000	8000	10 000	12 500	15 000	18 000	20 000	25 000	30 000	35 000
Preis mit Ketten für 3 m Hubhöhe u. Kettenketten für das lose Ende der Lastkette . M.	550	580	650	730	800	900	1100	1250	1400	1800	2050	2300	2550	2950	3250
Gewicht rd. kg	500	530	600	700	800	1000	1200	1400	1600	2100	2300	2650	2900	3400	3700
Preis der Ketten für 1 m größere Hubhöhe M.	11	12	13	14,50	16	17	20	24	25	29	37	42	55	65	75

Die Laufkatze von 2000 kg Tragfähigkeit erhält keine lose Rolle, die Last hängt also an einfacher Kette mit drehbarem Haken, der Kettenkasten für das lose Ende der Lastkette fällt hierbei fort.

b) Laufkrane mit elektrischem[1] Antrieb.

I. Ausführungen vom Eisenwerk vorm. Nagel & Kaemp, A.=G. in Hamburg.

Tragkraft t	Spannweite m	Preis M.	Spannweite m	Preis M.
2	8	8 800	24	12 900
3	8	9 150	24	13 530
5	8	9 850	24	14 500
7,5	8	11 630	24	15 630
10	8	12 800	24	16 950
12,5	8	13 680	24	17 770
15	8	14 180	24	18 380
20	8	16 750	24	21 200
25	8	17 980	24	22 750
30	8	20 050	24	25 220
35	8	21 600	24	26 950
40	8	22 800	24	28 700
50	8	24 600	24	30 850
60	8	27 600	24	34 650
75	8	31 250	24	39 200

Die Preise gelten für offene Motoren; bei gekapselten Motoren erhöhen sich die Preise um 6 v. H. Für die Lieferung von Kranen über 75 t Tragfähigkeit sind besondere Anfragen erforderlich; desgl. für Hilfshebevorrichtungen an den Laufkranen.

Weitere elektrisch betriebene Laufkräne je nach Anforderung. Lieferanten: Mohr & Federhaff in Mannheim, E. Becker in Berlin, A.=G. Lauchhammer, Demag in Duisburg, Gebr. Weismüller in Frankfurt a. M., Unruh & Liebig in Leipzig, Krupp-Grusonwerk in Magdeburg[1]), Maschinenfabrik Augsburg-Nürnberg, C. Schenck G. m. b. H. in Darmstadt usw.

---

[1] Bgl. Abschnitt VI, 15. Elektrotechnik; ferner „Taschenbuch für Eisenhüttenleute" (Berlin 1910). Abschnitt über Transportmittel, S. 457 ff. (Laufkrane von Krupp-Grusonwerk).

2. Besondere Beispiele.

Elektrisch betriebener Laufkran von Mohr & Federhaff in Mannheim: Tragkraft Q = 25 t, Spannweite S = 23,2 m, Hubhöhe H = 10 m, System: 3 Motoren, Gleichstrom 500 Volt, Eigengewicht G = 28 t, Preis ∼ 28 000 M.

Desgl. für Q = 25 t, S = 14 m, H = 8 m, 4 Motoren, Drehstrom 200 Volt, G ∼ 23 t, Preis ∼ 26 000 M.

Desgl. für Q = 10 t, S = 19 m, H = 6 m, 3 Motoren, Gleichstrom 220 Volt, G ∼ 18 t, Preis ∼ 34 000 M.

Desgl. für Q = 12 t, S = 9,8 m, H = 7 m, 3 Motoren, Gleichstrom 110 Volt, G ∼ 12 t, Preis ∼ 15 000 M.

Desgl. für Q = 25 t, S = 13,65 m, H = 7,2 m, 3 Motoren, Gleichstrom 220 Volt, G ∼ 20 t, Preis ∼ 21 000 M.

Desgl. für Q = 10 t, S = 14,26 m, H = 8,5 m, 3 Motoren Gleichstrom, 150 Volt, G ∼ 14 t, Preis 16 000 M.

Desgl. für Q = 10 t, S = 11,09 m, H = 9 m, 3 Motoren, Drehstrom 150 Volt, G ∼ 12 t, Preis 15 000 M.

Desgl. für Q = 8 t, S = 8,5 m, H = 5 m, 2 Motoren, Drehstrom 200 Volt, G ∼ 8,5 t, Preis 9000 M.

G. Bockkrane und Verladevorrichtungen (Brücken- oder Hochbahnkrane).

1. Bockkrane für Verladeplätze von Jul. Wolff & Co. in Heilbronn.

| Tragkraft | Lichte Spannweite | Lichte Hubhöhe | Preise vollst. einschl. Ketten oder Drahtseile mit gewöhnl. Bremse | | Mehrpreis für Ausführung mit Sicherheitskurbeln und Zentrifugalbremse, unter Beibehaltung v. zweierlei Hubgeschwindigkeit |
| | | | feststehend | fahrbar | |
kg	m	m	M.	M.	M.
3 500	7,5	5,3	2075	2500	120
5 000	7,5	5,3	2500	3100	150
7 500	7,5	5,3	3050	3550	175
10 000	7,5	5,3	3850	4400	175
15 000	7,5	5,3	4550	5200	200
20 000	7,5	5,3	5560	6500	250
25 000	7,5	5,3	6980	7900	250

Über die Wirtschaftlichkeit von Verladeanlagen, vgl. Kammerer, Z. d. V. d. J. 1912, S. 621 ff., sowie Richter, ebenda 1911, S. 1122.

2. Elektrisch betriebener, fahrbarer Bockkran von Mohr & Federhaff in Mannheim: Tragkraft 20 t, Spannweite 15 m, Hubhöhe 6 m, System: 3 Motoren, Drehstrom 110 Volt, Eigengewicht rund 27 t, Preis (rund) 23 000 M.

3. Verladebrücken mit feststehender oder fahrbarer Winde von J. Pohlig, A.-G., in Cöln (vgl. Buhle, Massentransport, S. 154 ff.).

	Länge m	Maschinelle Teile einschl. Antriebsmotor Preis M.	Gerüst in Eisenkonstruktion Preis M.
a) Feststehend	20	18 000	6 000
"	100	32 000	50 000
b) Fahrbar	20	22 000	6 000
"	100	44 000	50 000

4. **Kohlenverladebrücke mit Kran für ∼ 40 t/st von Gebr. Weismüller in Frankfurt a. M. ∼ 75 000 M.**

5. **Brückenkrane von Mohr & Federhaff in Mannheim.**

Trag- kraft des Krans kg	Aus- ladung des Krans m	Spann- weite m	Länge m	Greifer- weg m	Hub- geschwin- digkeit m/sk	Fahr- geschwin- digkeit des Krans m/sk	Dreh- geschwin- digkeit des Krans m/sk	Fahr- geschwin- digkeit der Brücke m/sk	Gewicht des Krans kg	Gewicht der Brücke voll- ständig mit Kran und allem Zubehör kg
2700	10,0	40	70	84,5	0,60	2,25	2,0	0,27	26 500	112 500
4000	12,5	20	33	51,5	0,60	1,75	2,0	0,30	32 000	84 700
4000	12,5	30	50	68,5	0,60	2,00	2,0	0,30	32 000	104 000
4000	12,5	40	66	84,5	0,60	2,25	2,0	0,27	32 000	124 000
4000	12,5	50	83	101,5	0,63	2,50	2,5	0,25	32 000	146 500
4000	12,5	60	100	118,5	0,65	2,75	2,5	0,22	32 500	172 100
4000	12,5	70	117	135,5	0,67	3,00	2,5	0,20	33 500	209 000
4000	12,5	80	133	151,5	0,70	3,25	2,5	0,18	34 500	237 000
4000	12,5	90	150	168,5	0,70	3,50	2,5	0,15	34 500	274 000
5000	12,5	50	83	101,5	0,60	2,50	2,0	0,25	35 600	162 600

6. **Verladebrücken von J. Jäger in Duisburg in Walsum a. Rh.** (vgl. Buhle, „Massentransport", S. 157 ff.).

Spannweite 90 m, Gesamtlänge 112,5 m, mit Drehkran von 10 t
Tragkraft bei 11 m Ausladung und 5 m Spurweite, Leistung
60 ÷ 160 t/st.; Kosten einschl. einer 240 m langen Bahn mit
Schleifleitungen (ohne Fundament) . . . . 175 000 M.
Spannweite 63,5 m, Ausführung sonst ähnlich . . . . 160 000 „

7. Über Krane dieser Art von der Brown Hoisting Co. in Cleveland
f. Buhle, Techn. Hilfsmittel usw., Teil I, S. 47 ff., bzw. Z. d. V. d. J., 1899, S. 49 ff.
(Krane von 136 t Eigengewicht bei rund 100 m Länge kosten rund 117 500 M.).

H. Portalkrane (f. a. Drehkrane mit elektr. Antrieb).

1. **Normale Vollportal-Hafendrehkrane der Maschinenfabrik Augsburg-Nürnberg**, 12 m Ausladung, 20 m Rollenhöhe, mit elektrischem Antrieb, für Heben, Drehen und Fahren; Hubgeschwindigkeit etwa 0,75 m, Drehgeschwindigkeit etwa 2 m/sk; Portal für eine Eisenbahndurchfahrt.

| Tragfähigkeit kg | Preise ab Werk | | Nutzlast bei Greifer kg |
	für Stückgut M.	mit Selbstgreifer für Kohle u. dgl. M.	
2000	16 500	—	—
3000	18 500	—	—
4000	20 500	23 500	2000
5000	22 500	25 500	2750
6000	24 500	27 500	3500

2. Elektrisch betriebene Halbportalkrane von Mohr & Federhaff in Mannheim.

Tragkraft Q = 2500 kg, Ausladung A = 10,75 m, Rollenhöhe R = 10 m, Hubhöhe H = 16,5 m, System 2 Motoren, Gleichstrom 550 Volt, Eigengewicht G ∼ 32 t, Preis ∼ 34 000 M.

Desgl. Q = 1500 kg, A = 8,65 m, R = 9,5 m, H = 17 m, 2 Motoren, Gleichstrom 500 Volt, G ∼ 19 t, Preis ∼ 21 000 M.

I. Schwimmkrane (s. a. Dampfdrehkrane).

Preise von 22 600 M. an für Lasten von 1000 kg, bis 27 000 M. für Lasten von 2500 kg bei geradem Ausleger (Mohr & Federhaff in Mannheim).

K. Stahlwerkskrane[1)]
der A.-G. Lauchhammer in Lauchhammer.

	Gewicht kg	Preis M.
Schrottverladekran mit Lasthebemagnet und querliegender Hilfskatzenfahrbahn, Laufbahnhöhe 9,5 m, Tragkraft 4 t, Spannweite 45 m	54 000	43 000
Fallwerkskran mit Lasthebemagnet, 15 t Tragkraft, 20 m Spannweite	25 500	23 000
Muldentransportwinde für 10 t Tragkraft	9 700	12 000
Chargierkran, 1500 kg Muldeninhalt, 12 t Hilfskatze auf bes. Bahn, 17 m Spannweite	54 000	52 000
Chargierkran, 2500 kg Muldeninhalt, 15 t Hilfskatze auf gleicher Bahn, 14,7 m Spannweite	50 000	51 500
Chargierwagen, 1500 kg Muldeninhalt	18 400	23 000
Laufkran für Kokillen, 10 t Tragkraft, 16 m Spannweite . . .	15 000	14 800
Gießlaufkran, 45 t und 10 t Tragkraft, 15 m Spannweite . . .	44 000	38 000
Gießkran, 30 t Tragkraft, 13,5 m Spannweite	22 500	20 000
Blocktransportkran mit Lasthebemagnet, 3 t Tragkraft, 11,8 m Spannweite	14 800	16 000
Blockeinsetzwagen, drehbar, 500 kg Blöcke	8 500	10 000
Blockeinsetzkran, „ 4000 „ „	29 000	31 000
Lokomotivdrehkran für Normalspur mit Edison-Akkumulatoren, 7 t Tragkraft, 5 m Ausladung[2)]	15 700	31 500

[1)] Vgl. Buhle, „Massentransport", S. 345, sowie „Taschenbuch für Eisenhüttenleute", S. 462—474; ferner Frölich, Z. d. V. d. J. 1904, S. 1170; 1905, S. 466 ff.; 1906, S. 1729 ff.; 1907, S. 47 ff.; 1908, S. 729 ff.; Stauber, Stahl u. Eisen 1907, S. 965 ff.; 1908, S. 1009 ff.; Michenfelder, „Kran- u. Transportanlagen für Hütten-, Hafen-, Werft- und Werkstattbetriebe" (Berlin 1912), [s. Sachverzeichnis unter „Anschaffungskosten"; vgl. auch daselbst „Stromverbrauch" und „Ersparniszahlen"; endlich Drews, Dingl. polyt. Journ. 1908, S. 197 ff. — Über Kosten von Hüttenwerk-Sonderkrane, vgl. auch Fördertechnik 1911, S. 59 und Klönne, „Verringerung der Selbstkosten in Adjustagen und Lagern von Stabeisenwalzwerken" (Berlin 1910). — Auch von der Deutschen Wellmann-Seaver G. m. b. H. in Düsseldorf werden Stahlwerkskrane und Transportmaschinen aller Art in Gemeinschaft mit Lauchhammer geliefert.

[2)] Buhle, Elektr. Kraftbetriebe und Bahnen 1913, S. 161 ff.

	Gewicht kg	Preis M.
Verladebrücke für Schienen und Stabeisen mit zwei Spezialhebe=magneten, 5 t Tragkraft, 40 m Spannweite	81 000	50 000
Blechverladekran mit drei Speziallasthebemagneten, 10 t Nutzlast, 24 m Spannweite	51 700	36 000
Einschienen=Rohrtransport=Motorlaufwinde	1 350	3 200
Velocipedkran, 2500 kg Tragkraft, 3,75 m Ausladung	10 000	13 000
Rohrverladekran (Bockkran), 5 t Tragkraft, 15 m Spannweite und 2 × 4 m Ausladung	30 000	25 000
Drehkran, 5 t Tragkraft, 6,5 m Ausladung (Röhrenverladung) .	17 300	13 000

L. Spills.

1. Normale Ausführung von Nagel & Kaemp, A.=G., in Hamburg.

Zugkraft	1000 kg (∾ 1300 kg Anzugkraft)			2000 kg (∾ 2400 kg Anzugkraft)		
Geschwindigkeit m/sk	0,5	1,0	1,5	0,3	0,6	0,9
Preis . . . . M.	3500	3800	4100	3700	4000	4300

2. Ausführung Patent „Kampnagel".

Zugkraft	1000 kg (∾ 1300 kg Anzugkraft)			2000 kg (∾ 2400 kg Anzugkraft)		
Geschwindigkeit m/sk	0,5	1,0	1,5	0,3	0,6	0,9
Preis . . . . M.	3800	4200	4500	4200	4500	4800

M. Aufzüge.

(S. a. Winden für Aufzüge und Druckwasserhebemaschinen.)

1. Handaufzüge für kleinere Lasten (bis 25 kg) — für Speisen, Bücher, Akten usw. — von Jul. Wolff & Co. in Heilbronn.

Preise für die vollständig fertig montierten Aufzüge mit Gestell.

Hubhöhe . . . . m	3,0	3,5	4,0	5,0	6,0
Einfacher Aufzug . . . . . M.	170	180	190	210	240
Doppelter Aufzug . . . . . „	230	240	250	270	300

Bei diesen Preisen sind Förderkörbe
bei einfachen Aufzügen bis 800 m/m hoch, 650 m/m breit, 500 m/m tief.
„ doppelten „ „ 800 „ „ 500 „ „ 500 „ „
Förderschachtgröße bei einfachen Aufzügen 840 × 600 m/m.
„ doppelten „ 1150 × 600 „

2. Fahrstühle mit und ohne Fangvorrichtungen (Gebr. Seck in Dresden).

Bezeichnung	Tragfähigkeit kg	Preise ab Fabrik M.
Fahrbühne	250	95
	400	100
Fangvorrichtung	Gurtfangvorrichtung	55
	Klauenfangvorrichtung	80

Fahrstuhlleitbäume, für beide Größen der Fahrbühnen,

<table>
<tr><td>a) für Gurtfangvorrichtung f. d. aufsteigende Meter . . . . . .</td><td>9,00 M.</td></tr>
<tr><td>b) „ Klauenfangvorrichtung f. d. aufsteigende Meter . . . . .</td><td>10,50 „</td></tr>
<tr><td>Fahrstuhlzuggurt (vierfach Hanfgurt), f. d. lfd. Meter bei 130 mm Breite</td><td>2,15 „</td></tr>
<tr><td>150 mm Breite . . . .</td><td>2,45 „</td></tr>
<tr><td>Sicherheitsgurt (sechsfach Hanfgurt), f. d. lfd. Meter bei 160 mm Breite</td><td>3,95 „</td></tr>
<tr><td>180 mm Breite . . . .</td><td>4,45 „</td></tr>
<tr><td>Handseil, 20 mm Durchmesser, f. d. lfd. Meter für beide Ausführungen</td><td>1,00 „</td></tr>
<tr><td>Zeigerseil, 4 mm Durchmesser, f. d. lfd. Meter . . . .</td><td>0,35 „</td></tr>
<tr><td>Handseil (Steuerseil aus Tiegelgußstahldraht), 6 mm Durchmesser, ohne
Kausche f. d. lfd. Meter . . . .</td><td>0,40 „</td></tr>
<tr><td>Handseil (Steuerseil aus Tiegelgußstahldraht), 7 mm Durchmesser, ohne
Kausche f. d. lfd. Meter . . . .</td><td>0,45 „</td></tr>
<tr><td>Fahrstuhlzugseil (Drahtseil aus Tiegelgußstahldraht), 11 mm Durch-
messer, f. d. lfd. Meter . . . .</td><td>1,00 „</td></tr>
<tr><td>Kausche dazu f. d. Stück . . . .</td><td>3,75 „</td></tr>
<tr><td>Fahrstuhlzugseil (Drahtseil aus Tiegelgußstahldraht), 13 mm Durch-
messer, f. d. lfd. Meter . . . .</td><td>1,20 „</td></tr>
<tr><td>Kausche dazu f. d. Stück . . . .</td><td>3,75 „</td></tr>
<tr><td>Leitrollen mit Kloben für das Handseil f. d. Stück . . . .</td><td>10,00 „</td></tr>
</table>

3. Fahrstuhlwinden.

a) Friktionswinde.

b) Schneckenradwinde.

Zugkraft kg	Preise ab Fabrik M.	Zugkraft kg	Preise ab Fabrik M.
250	370	300	600
400	480	500	700

<table>
<tr><td>1 Lastkette, 9 mm stark, f. d. lfd. Meter . . . .</td><td>1,50 M.</td></tr>
<tr><td>1 Handseil, 20 mm Durchmesser, f. d. lfd. Meter . . . .</td><td>1,00 „</td></tr>
<tr><td>1 Kettenendhaken mit Sicherheitsschlinge . . . .</td><td>7,50 „</td></tr>
<tr><td>1 Leitrolle, 400 mm Durchmesser, mit Kloben, für die Lastkette . .</td><td>16,00 „</td></tr>
<tr><td>1 Leitrolle, 200 mm Durchmesser, mit Kloben, für das Handseil . .</td><td>10,00 „</td></tr>
</table>

4. Aufzüge von C. Flohr in Berlin (Preise ohne Maurer- und Nebenarbeiten).

a) Speisen- oder Aktenaufzüge mit Seilzug kosten durchschnittlich bei rund 10 kg Lastbeförderung bis auf 2,5 m einschl.

<table>
<tr><td>Gerüst und Aufstellung . . . .</td><td>175 bis 200 M.</td></tr>
<tr><td>für jedes Meter Hubhöhe mehr . . . .</td><td>20 „ 30 „</td></tr>
</table>

b) desgl. mit Kurbelbetrieb bei 40—50 kg Lastbeförderung auf

<table>
<tr><td>2,5 m Höhe . . . .</td><td>320 „ 350 „</td></tr>
<tr><td>für jedes Meter Hubhöhe mehr . . . .</td><td>25 „ 30 „</td></tr>
</table>

c) **Aufzüge mit Handbetrieb durch Seil ohne Ende** über 300 kg Tragkraft sind nicht zur Anwendng zu empfehlen, oder nur bei geringer Benutzung.

Nutzlast	Hubhöhe in Metern (von Fußboden bis Fußbodenoberkante).					
	3	5	7,50	10	13	16
kg	M.	M.	M.	M.	M.	M.
50	275	300	350	350	400	450
100	400	450	500	525	550	600
150	500	550	600	625	650	700
200	600	650	675	700	750	900
300	750	800	850	900	950	1000

Bemerkung: Preise ohne Schachttüren, Lagergerüst und Umrahmungen.

5. **Warenaufzüge mit elektrischem Betriebe**[1]) (C. Flohr, Berlin).

Nutzlast	Hubhöhe in Metern (von Fußboden bis Fußbodenoberkante).						
	3	5	7,50	10	13	16	20
kg	M.	M.	M.	M.	M.	M.	M.
50	1250	1400	1550	1700	1850	2250	2250
100	1450	1700	1850	2250	2450	2600	3350
150	1650	2000	2150	2550	2750	2900	3750
200	1950	2300	2550	2900	2900	3200	4400
300	2350	2850	3050	3600	3700	3950	4950
400	2750	2950	3500	3700	3950	4250	5800
500	3150	3400	3550	3950	4350	4700	6050
750	3650	3850	4050	4550	5150	5450	6400

Bemerkung: Preise im gemauerten Schacht angenommen. Solche mit Eisen-gerüstumrahmungen entsprechend teurer (rund 25%).

6. **Personenaufzüge mit elektrischem Betrieb** (C. Flohr, Berlin).

Bei Ausführung mit elektrischer Druckknopfsteuerung rund 1000 M. mehr.

Nutzlast	Förderhöhe in Metern (von Fußboden bis Fußbodenoberkante).						
	3	5	7,50	10	13	16	20
kg	M.	M.	M.	M.	M.	M.	M.
150	3100	3250	3440	3630	3855	4080	4380
300	3600	3750	3940	4130	4355	4580	4880
600	4600	4750	4940	5130	5355	5580	5880
750	5200	5350	5540	5730	5955	6180	6480

7. **Transmissionsaufzüge** (derselben Firma).

250	1200	1400	1600	1800	2000	2200	2400
750	1800	2100	2350	2600	2850	3100	3350

---

[1]) Vgl. Abschnitt VI, 15. Elektrotechnik.

8. **Aufzüge** von Gebr. Weismüller in Frankfurt a. M.

Elektrisch betriebene Aufzugswinden für Lasten= oder Personenaufzüge für 0,3 bis 0,5 m/sek. Hubgeschwindigkeit.

Tragkraft	500	750	1000	1500	2000	2500	3000 kg
Preis	750	1000	1250	1400	1600	1900	2100 M.

(ab Fabrik, ohne elektrische Teile).

Aufzugswinden für Transmissionsbetrieb, Hubgeschwindigkeit wie oben:

Tragkraft	500	750	1000	1500	2000	2500	3000 kg
Preis	650	850	1000	1200	1350	1550	1800 M.

9. **Paternosteraufzüge**, 12000—20000 M. (vgl. Z. d. V. d. J. 1909, S. 547, sowie 1908, S. 563 und 1979)[1].

N. Druckwasser=Hebemaschinen.

1. **Hydraulische indirekt wirkende Warenaufzüge** (C. Flohr, Berlin).

Je höher der Wasserdruck, um so niedriger der Preis und umgekehrt. (2 Atm. Wasserdruck angenommen.)

Nutzlast	Hubhöhe in Metern (von Fußboden bis Fußbodenoberkante).						
	3	5	7,50	10	13	16	20
kg	M.	M.	M.	M.	M.	M.	M.
50	850	950	1050	1150	1250	1500	1950
200	1300	1550	1700	1950	2050	2150	3450
400	1850	2050	2250	2550	2750	3050	4500
750	2450	2600	2700	3050	3650	4000	5500

2. **Hydraulische direkt wirkende Warenaufzüge** (Stempelaufzüge).
(C. Flohr, Berlin.)

Je höher der Wasserdruck, um so niedriger der Preis und umgekehrt. (2 Atm. Wasserdruck angenommen.)

Nutzlast	Hubhöhe in Metern (von Fußboden bis Fußbodenoberkante).				
	3	5	8,00	11,00	14
kg	M.	M.	M.	M.	M.
50	1300	1570	1950	2250	2600
200	2250	2700	3350	3850	4500
400	2700	3300	4200	4800	5700
750	3350	4150	5300	6100	7350

O. Fördermaschinen usw.
(Siehe Abschnitt IV, D.)

---

[1] Paternosteraufzüge bauen Unruh & Liebig in Leipzig, Flohr in Berlin u. a.

II. Fördermittel für Sammelgut.

A. Einzelförderung in kleinen Mengen.

a) Wagerechte oder schwach geneigte Förderung.

Die Kosten für wagerechte und schwachgeneigte Förderung mit den allgemein gebräuchlichen Mitteln: Handbetrieb, Tierzug und Lokomotivzug und andere Massen=transporte sind im Abschnitt IV ausführlich behandelt[1]. Ferner:

1. Selbstentlader[2].

An zwei Beispielen möge gezeigt werden, welche Ersparnis sich gegenüber den meist noch in Europa gebräuchlichen Massentransportmitteln auf Eisenbahnen bei An=wendung von Selbstentladern erzielen lassen. Die eingesetzten Preise entsprechen den deutschen Verhältnissen bzw. den Kosten für Schnellentlader von A. Koppel, A.=G., in Berlin=Bochum, vom Jahre 1906.

Beispiel I. Auf einer 10 km langen Schleppbahn befördere ein Hüttenwerk in gewöhnlichen Kohlenwagen Kohlen von der Zeche zum Werk. Die Wagen mögen auf zwei Fahrten in jeder Richtung täglich 40 km rollen; die Entladung eines 15=t=Wagens erfordert erfahrungsgemäß 4 Stunden Zeit bei billigst 3 Mk. Lohn. Ein Seiten=entleerer gleicher Fassung erfordert kaum 2 Minuten Entladezeit. Es seien aber trotzdem die Entladekosten eines Seitenentleerers zu 10 Pf. angenommen. Die vergleichende Rentabilitätsrechnung der beiden Wagengattungen für ein Jahr stellt sich dann wie folgt:

Gewöhnlicher Kohlenwagen.

Verzinsung = 5% der Anschaffungssumme in Höhe 2500 von M. für einen Wagen	125 M.
Tilgung = 10% der Anschaffungssumme in Höhe von 2500 M. für einen Wagen	250 „
Entladekosten in Höhe von 3 M. für je zwei Entladungen an 300 Tagen = 2 × 3 × 300	1800 „
Summe	2175 M.

Seitenentleerer.

Verzinsung = 5% der Anschaffungssumme in Höhe von 3200 Mk. für einen Wagen	160 M.
Tilgung = 10% der Anschaffungssumme in Höhe von 3200 Mk. für einen Wagen	320 „
Entladekosten in Höhe von 0,10 M. für je drei Entladungen in 300 Tagen = 0,10 × 3 × 300	90 „
Summe	570 M.

Betragen die Zugkraftkosten für 1 t/km = 1 Pf., so erhöhen sich die Gesamt=betriebskosten bei gewöhnlichen Kohlenwagen von . . . . 2175 „

um $(8 + 15 + 8)\, t \times \dfrac{40}{2}\, km \times 300$ Tage $\times\, 0{,}01$ M. = ... 1860 „

auf 4035 M.

---

[1] Vgl. auch v. Littrow, Zeitschr. d. österr. Ing. u. Arch.=Ver. 1908, S. 276 und 1912, S. 81.

[2] Vgl. auch Schwabe, Fördertechnik 1912, S. 19.

Da der Seitenentleerer wegen Ersparnis der Entladezeit täglich 60 km rollen und dreimal entladen kann, so sind nur 67% an Seitenentleerern gegenüber den gewöhnlichen Kohlenwagen erforderlich.

570 Mk. jährliche Betriebskosten für Seitenentleerer vermindern sich demnach bei einer Leistung entsprechend den gewöhnlichen Kohlenwagen auf 410 Mk.

Die Gesamtbetriebskosten (einschließlich Zugkraftkosten) stellen sich folglich auf 410 + 1860 = 2270 M. für Seitenentleerer, mithin vermindern sich die Betriebskosten gegenüber den gewöhnlichen Kohlenwagen um 44%.

Beispiel II. Aus einem Kohlenbezirk befördere eine Eisenbahnverwaltung die Kohlen in gewöhnlichen 15-t-Wagen nach einem großen Flußhafen. Die mittlere Entfernung vom Zechenzentrum zum Flusse betrage 30 km, so daß bei einmaliger Entladung jeder Wagen entsprechend dem Durchschnitt auf der Preuß. Staatsbahn etwa 60 km täglich rollt. Die Zugkraftkosten für 1 t/km seien ½ Pf. Die Entladung im Flußhafen erfolge mit Wippern und koste für 1 t Wagengut 6 Pf. Zurzeit bestehe ein Zug aus 45 Wagen von 15 t Ladefähigkeit. Dieser Zug wiegt etwa 1000 t und hat eine Länge von 300 m. Beim Übergang zu Bodenentleerern von 40 t Tragfähigkeit und 16 t Eigenlast besteht ein Zug aus nur 17 Wagen, wiegt 950 t und ist etwa 170 m lang. Die aufzuwendenden Zugkraftkosten reduzieren sich demnach zunächst um 5%; sodann um weitere 15% infolge Ersparung an Zugbegleitungspersonal, Verminderung der Zugwiderstände, Verbilligung des Rangierens usw. Die vergleichende Rentabilitätsberechnung der Betriebskosten beider Wagengattungen für 1 Jahr und für 675—680 t Nutzlast stellt sich demnach wie folgt:

Gewöhnlicher 15 = t = Wagen.

Verzinsung = 5% der Anschaffungskosten von 45 Wagen à 2500 M.
= 45 × 2500 . . . . 5 625 Mk.

Tilgung = 10% der Anschaffungskosten von 45 Wagen à 2500 M.
= 45 × 2500 . . . . 11 250 „

Zugkraftkosten für 300 leere und 300 beladene Züge im Jahre = (325 + 1000)
× 30 × 300 × 0,005 . . . . 59 625 „

76 500 Mk.

Entladung mittels Wipper 675 × 300 × 0,06 . . . . 12 150 „

Summe 88 650 Mk.

40 = t = Bodenentleerer.

Verzinsung = 5% der Anschaffungskosten von 17 Wagen à 7000 M.
= 17 × 7000 . . . . 5 950 Mk.

Tilgung = 10% der Anschaffungskosten von 17 Wagen à 7000 M.
= 17 × 7000 . . . . 11 900 „

Um 15% verminderte Zugkraftkosten für 300 leere und 300 beladene Züge
im Jahre 0,85 × (272 + 952) × 30 × 300 × 0,005 . . . . 46 818 „

64 668 Mk.

Selbstentladung 17 × 0,10 × 300 . . . . 510 „

Summe 65 178 Mk.

Die Betriebskosten vermindern sich demnach im vorliegenden Fall für die Bahnverwaltung ausschließlich Entladekosten um mehr als 15% und bei Lieferung frei Schiff, also einschließlich Entladekosten um mehr als 26%.

Bei einem Park von 100 000 Stück 15-t-Wagen von durchschnittlich 7,25 t Eigengewicht würden die jährlichen Betriebskosten hiernach betragen:

$$100\,000 \times \frac{7,25 + 15 + 7,25\ t}{2} \times 60\ km \times 300\ \text{Tage} \times 0,005\ \text{M.} = 132\,750\,000\ \text{M.};$$

26% hiervon ergeben rund 34 500 000 M. jährliche Ersparnis.

Über andere Selbstentlader vgl. auch Verkehrstechn. Woche 1907, Nr. 10, S. 261 ff. (2. Jahrg.).

2. Huntsche automatische Bahnen von J. Pohlig, A.-G., in Cöln.

Die mechanischen Teile für eine vollständige Bahn von 50 m Länge einschl. eines automatischen Wagens von 15 hl Inhalt kosten rund . . . 3500 M.

Jeder Meter Mehrlänge kostet . . . . 5 „

Schienen: 65 mm hoch; sie werden ohne Schwellen auf Längsträger verlegt.

Eiserne Hochbahnen bei 6—12 m Höhe und Stützweiten von 15—30 m wiegen einschl. Stützen p. lfd. Meter rund 350 kg, wobei eine hölzerne Laufbühne besonders zu rechnen ist.

Hölzerne Hochbahnen erfordern bei 6—12 m Stützenhöhe und Stützenweiten von 10—15 m f. d. lfd. Meter Brücke einschl. Stützen 0,5 cbm Kantholz, 1 qm Laufbühne und 35 kg Anker und Holzverbindungsschrauben.

3. Streckenförderungen (mit Seil und Kette, System Heckel) der Gesellschaft für Förderanlagen Ernst Heckel m. b. H. in Saarbrücken.

(Vgl. Buhle, „Massentransport", S. 743 ff.)

In folgender Tabelle sind die Anlagekosten in Mark f. d. lfd. Meter angegeben unter der Voraussetzung, daß es sich um gerade Strecken handelt und die ganze Förderung von dem einen Ende der Strecke bis zum anderen geht. In die Preise eingeschlossen sind nur die maschinellen Teile der Seilförderungen, wie Antriebsstation, Seil, Endstation, Streckenrollen und Mitnehmervorrichtungen. Antriebsmotor sowie Gleis sind nicht eingeschlossen. Der Preis einer Kurvenstation für eine Ablenkung der Förderstrecke von 90° beträgt bei Seilgabelförderung etwa 1000 M., bei Seilschloßförderung etwa 2000 M.[1]

Länge der geraden Bahnlinie . . . . m			1000	1000	1000	5000	5000
Durchschn. Steig. d. bel. Wagen . . . . . %			0	2	4	0	2
Tägliche Förderleistung in { 500	f. d. lfd. Meter	M.	3,6	3,9	4,4	3,5	4,4
Tonnen für 10stündige { 1000		„	4,0	5,0	6,1	6,2	7,4
Schicht { 3000		„	6,1	8,3	11,5	10,6	13,6

---

[1] Vgl. auch Stahl und Eisen 1908, S. 1390 (Rentabilität). — Desgl. s. über Bleichertsche Rangier-Seilbahnen, Glasers Annalen 1909, I, S. 241 ff. (Rentabilität).

4. Hängebahnen von de Fries, G. m. b. H. in Düsseldorf[1]).

Ausführung	Vierrädrige Laufkatze zum Einhängen von Flaschenzügen				Vierrädrige Laufkatze mit eingebautem Flaschenzug für 3 m Hub				Vierrädrige Laufkatze mit fest eingebautem Kippgefäß mit Inhalt Liter			Laufkatze mit fest eingebautem Transportgestell für Ziegeleien		
									250	350	500			
Tragkraft . . . kg	250	350	500	750	250	350	500	750	250	350	500	250	350	500
Gewicht . . rd. „	13	22	23	25	36	45	51	73	145	180	200	150	165	180
Preis ohne Kugellagerung . . M.	35	40	45	50	105	110	120	145	125	145	165	100	110	120
Preis mit Kugellagerung . . M.	70	75	80	85	140	145	155	180	160	180	200	135	145	155
Laufbahn L-Eisen N. P. Nummer . .	16	18	20	22	16	18	20	22	16	18	20	16	18	20
Gewicht für den lfd. Meter der Laufbahn . . rd. kg	19	23	27	32	19	23	27	32	19	23	27	19	23	27
Preis für den lfd. Meter der Laufbahn . . . M.	7,20	8,70	9,60	11,30	7,20	8,70	9,60	11,30	7,20	8,70	9,60	7,20	8,70	9,60
Preis der zugehörigen Stahlgußweiche M.	78	90	102	120	78	90	102	120	78	90	102	78	90	102
Gewicht derselben rd. kg	22	32	36	48	22	32	36	48	22	32	36	22	32	36

5a. Elektrohängebahnanlagen. (Bauart Luther.)

Spannweiten in m	Art der Laufschiene	Art der Stütze (rd. 6 m hoch)	Die Tragkonstr. besteht aus:	Gewicht f. d. laufenden m Bahn in Eisenkonstr. (einschl. Stütze) kg	Anmerkungen
6	Wulsteisen	Holz	der Laufschiene selbst	40	Wagen ohne Windwerk bis zu einer Tragkraft v. 1800 kg.
6	desgl.	Eisen	desgl.	ca. 100	desgl.
6—10	I-Träger ev. aufgelegte Grubenschiene	desgl.	dem Träger selbst, ev. leichtem Sprengwerk	150—200	Auch für Windwerkswagen (bis zu einer Tragkraft v. 3000kg)
von 10 bis 30	beliebig	desgl.	Fachwerk-Konstruktion	200—350	Für alle Wagenarten bis zu den größten Tragfähigkeiten.

Z. B. 1 Anlage (mit Holzstützen) von 400 m Länge mit 6 Hängebahnwagen ohne Windwerk für eine Stundenleistung von 50 t kostet einschl. elektrischer Ausrüstung 14000 M.

[1]) Bemerkt sei an dieser Stelle, daß diese Firma sämtliche unter I bei den Firmen Bolzani, Gutmann usw. aufgeführten Hebe- und Transportzeuge zu ähnlichen wie den hier angegebenen Preisen liefert und auf Lager hält. — Vgl. auch I C b (Fahrbare Flaschenzüge usw.). — Über Hängebahnen in Güterschuppen vgl. Zentralbl. d. Bauverw. 1912. S. 457.

5b. Elektrohängebahnen mit selbsttätiger Fernsteuerung, der G. Luther, A.-G., Braunschweig.

α) Elektrohängebahnwagen **ohne** Windwerk.

Inhalt des Förder-gefäßes in cbm	Gewicht des Kübels in kg	Gewicht des vollstän-digen Wagens in kg	Preis
0,4	190	490	Abhängig von Fahr-
0,5	200	500	geschwindigkeit, För-
0,6	210	510	dergut und Bauart
0,8	235	540	etwa 800—1500 M.
1,0	275	580	
1,2	295	605	
1,4	315	615	
1,5	325	635	

β) Elektrohängebahnwagen **mit** Hub- und Fahrwerk.

Bauart richtet sich nach Art der Steuerung, nach der Hub- und Fahr-geschwindigkeit usw. 1 Wagen für selbsttätige Fernsteuerung kostet etwa 2500—4000 M. bei 1000—1500 kg.

6. **Normale Motorlaufwinden** von 0,5—10 t Tragfähigkeit zum Laufen auf den unteren Flanschen eines I-Eisens, G. Luther, Braunschweig.

Tragfähigkeit kg	Hubgeschw. in m	Hubmotor P.S.	Fahrantrieb von Hand		Fahrantrieb elektrisch				Mehrpreis f. b. m Hubhöhe in M.	Kleinstes Lauf-schienenprofil I-Eisen N.P.	Größte Stütz-weite des I-Eisens in m	Kleinster Kur-venrad. in m
			Gewicht kg	Preis M.	Fahrge-schw. i.m.	Fahr-motorP.S.	Gewicht in kg	Preis M.				
500	6	1	380	800	40	0,4	445	1150				
	9	1,5	390	830	60	0,6	465	1190	6	24	8,0	2,0
	12	2	410	860	80	0,8	490	1230				
1000	6	2	690	1090	30	0,7	765	1380				
	9	3	720	1150	45	1,0	800	1480	8	28	8,0	2,5
	12	4	770	1230	60	1,25	860	1600				
2000	5	3,5	800	1310	30	1,25	895	1575				
	7,5	5	845	1380	45	1,8	945	1690	10	28	7,0	2,5
	10	7	900	1480	60	2,5	1020	1820				
3000	5	5	875	1400	30	1,8	985	1800				
	7,5	7,5	950	1550	45	2,4	1070	2000	12	28	5,2	2,5
	10	10	1020	1750	60	3,0	1150	2225				
5000	4	7	1280	1920	25	2,5	1320	2350				
	6	10	1320	2150	40	3,6	1490	2700	15	32	5,2	3,0
	8	13,5	1360	2300	55	5,0	1570	2880				
7500	4	10	1400	2260	20	2,5	1520	2900				
	6	15	1550	2560	30	3,75	1730	3150	18	36	4,5	3,0
	8	20	1720	2780	40	5,0	1920	3400				
10000	3	10	1530	2350	20	3,5	1700	3150				
	4,5	15	1675	2650	30	5,0	1850	3300	20	36	3,6	3,5
	6	20	1825	2900	40	6,5	2050	3600				

Die angegebenen Preise und Gewichte gelten für eine Hubhöhe von 5 m und Gleichstrom von 220 Volt Spannung. Bei anderer Stromart und Spannung besondere Anfrage nötig.

Bei Laufkatzen mit Endausschaltung erhöht sich der Preis um 165 M.

Die angegebenen Motorleistungen und Geschwindigkeiten können bis zu 10 % unter- oder überschritten werden.

Durch Wahl eines anderen Laufschienenprofils kann die Stützweite des I-Eisens beliebig vergrößert werden, vorausgesetzt daß für eine genügende Seitensteifigkeit des I-Eisens gesorgt wird.

7. Schaukeltransporteure mit Kreuzgelenkkette von A. Stotz in Stuttgart.

	Kürzere Transporteure bis zu 200 m Länge	Längere Transporteure
1 vollständiger Antrieb samt Eisengestell	rd. 700 M.	rd. 1100 M.
1 vollständige Spannvorrichtung	„ 400 „	„ 650 „
1 „ Ablenkung	„ 110 „	„ 110 „
1 patentierter Schmierapparat	„ 40 „	„ 40 „

	Kreuzgelenkkette Nr. 120	Kreuzgelenkkette Nr. 130
f. d. Meter Transporteur bei 1 m Schaukelabstand, eintägige Schaukel und Kreuzgelenkkette Nr. 120 bzw. Kreuzgelenkkette Nr. 130, samt Laufschienen und deren Aufhängung	rd. 16 M.	rd. 21 M.
f. d. Meter Transporteur mit zweietagiger Schaukel	„ 17 „	„ 22 „
„ „ „ „ dreietagiger „	„ 18 „	„ 24 „

netto ab Station Kornwestheim ohne Verpackung und Montage.

Je nach Leistung werden die Transporteure ein-, zwei- oder dreietagig ausgeführt.

8. Luftseilbahnen[1]).

a) Kosten der mechanischen Eisenteile von Bleichertschen Drahtseilbahnen in flachem Gelände und bei einfachen Endstationen. Die Tagesleistung kann gewöhnlich gleich der zehnfachen Stundenleistung angenommen werden, die Jahresleistung gleich der 300fachen Tagesleistung.

Stundenleistung	Bahnlänge in Metern			
in t	500	1000	2000	5000
5	8 800 M.	12 300 M.	19 100 M.	39 600 M.
10	9 500 „	13 500 „	21 400 „	44 500 „
20	10 800 „	15 600 „	24 900 „	52 500 „
40	12 100 „	18 300 „	30 500 „	65 000 „
60	13 900 „	21 000 „	36 000 „	76 500 „
80	15 200 „	23 500 „	40 500 „	88 500 „
100	17 000 „	26 000 „	45 000 „	101 000 „

Diese Preise verstehen sich für Ausführungen innerhalb Deutschlands in Mark für die vollständigen Eisenteile, Drahtseile (spezial-verschlossene Seile vorausgesetzt),

---

[1]) Über vergleichende Darstellungen der Beförderungskosten von Luftseilbahnen, der normalen Eisenbahnfrachten in Deutschland und der Kosten für die Beförderung mit Pferden s. v. Hanffstengel, 3. d. V. d. Ing. 1912 S. 634; s. a. Dingl. Polyt. Journal 1910, S. 465ff.

Wagen usw. ab Leipzig=Gohlis, ohne Kosten für Verpackung und ohne Holzarbeiten. Bei größeren Bahnlängen als 5 km kann der gleiche Kilometerpreis angenommen werden wie für 5 km. Ausgeschlossen sind etwa erforderliche Betriebsmaschinen, sowie die Gerüste für die Stationen, Spannvorrichtungen und Zwischenstützen, nebst den zugehörigen Schrauben, und etwa außergewöhnliche Endumführungsschleifen. Ein= begriffen dagegen sind Telephon= und Spezialbetriebswerkzeuge für die Stationen.

b) **Tägliche Förderkosten von Bleichert'schen Drahtseilbahnen.** Die Be= träge setzen sich zusammen aus den Unterhaltungskosten, Schmieröl und Putzmaterial und den Kosten für die Bedienungsmannschaften (für deutsche Verhältnisse berechnet). Die Kosten der Betriebskraft sind nicht mit eingerechnet.

Tagesleistung in t	Bahnlänge in Metern			
	500	1000	2000	5000
50	8,50 M.	10,00 M.	13,00 M.	22,00 M.
100	9,00 „	11,00 „	14,00 „	28,00 „
200	12,50 „	15,00 „	18,50 „	34,00 „
400	16,00 „	19,00 „	24,00 „	43,00 „
600	19,50 „	23,50 „	30,00 „	53,00 „
800	23,50 „	28,00 „	36,00 „	63,00 „
1000	27,00 „	32,00 „	42,00 „	73,00 „

Nach **Abt**[1]) gelten für die Kosten ohne Betriebsmaschine und Beförderung, wenn L die Länge der Bahn in Kilometer bedeutet:

		Kosten	
Laufende Nummer	Fördermenge in t/st.	für wagerechte Bahn M.	für eine Steigung von 1 : 3 M.
1	10	L × 8 800 + 2400	L × 10 000 + 4 000
2	20	L × 12 000 + 3200	L × 13 200 + 5 600
3	30	L × 15 200 + 4000	L × 16 800 + 7 200
4	40	L × 18 400 + 4800	L × 20 000 + 11 200

Nach **Pohlig = Cöln** berechnet sich die Höhe der Anlagekosten für das nachstehende Beispiel angenähert wie folgt: Länge der Bahn 3000 m, Gesamtgefälle 1 : 30, Förder= menge 200 t/10 Arbeitsstunden, wellige Bodenfläche, eine Flußübersetzung von 150 m und eine Straßenübersetzung erforderlich, Wagenladung 250 kg; Zugseilgeschwindigkeit 1,5 m/sk. Hiernach sind stündlich $\frac{200\,000}{250 \cdot 10} = 80$ Wagen zu fördern; die Wagenentfernung beträgt $\frac{1,5 \cdot 60 \cdot 60}{80} = 67,5$ m. Die Anzahl der hin und her gehenden Wagen ergibt sich für die ganze Strecke zu $\frac{2 \cdot 3000}{67,5} = 88$ und mit Hinzurechnung von ~ 6 Stück, die sich auf den Endstationen aufhalten, zu 94 Stück. Bei ~ 50 m Stützenentfernung sind $\frac{3000}{50} \sim 60$ Pfeiler erforderlich. Als Betriebsmotor werde eine Dampfmaschine gewählt (~ 5 PS).

I. **Die Anlagekosten** werden hiernach ungefähr betragen:

a) Für Tragseile, Zugseil, Verankerungen und Spannvorrichtungen, vollständiger Antrieb, Förderwagen, Trag= und Zugseilauflager und Rollen, Hängeschienen auf den Stationen nebst Übergangsvorrichtungen zum Seil, Kosten des Entwurfs $\sim 40\,000$ M.

---

[1]) Handbuch der Ing.=Wissensch., 5. Teil, Bd. 8, 2. Aufl., Leipzig 1907.

b) Für zwei Stationen in Holz, 60 Holzpfeiler, eine Schutzbrücke für die Straße, Mauerwerk, Anker und Schrauben, Dampfmaschine und Montage rund 20 000 M.; d. h. Gesamtkosten für die betriebsfertige Anlage ∼ 60 000 M. 1 km Mehr- oder Minderlänge würden diese Summe um ∼ 14 000 M. ändern.

II. Die Betriebskosten stellen sich wie folgt: für 4 Stationsarbeiter, 2 Wagenschieber, 1 Maschinisten und 1 Aufseher mit zusammen täglich 25 M.; für Kohlen, Schmiermaterial, Reparaturen, Geländepacht zusammen täglich 9 M.; d. h. in Summa 34 M. Also kostet 1 t: $\frac{34}{200} = 0{,}17$ M. oder 1 t/km: $\frac{0{,}17}{3} = 0{,}056$ M.

Nach neueren zuverlässigen Angaben über eine von A. Bleichert & Co. in Leipzig gelieferte Anlage belaufen sich die gesamten Transportkosten auf 0,5 Pf. für 1 hl oder bei 2 km Bahnlänge und 7 Stunden für die Tonne gerechnet auf 1,75 Pf. für 1 t/km; dabei beträgt die Förderung in 10 Stunden 1100—1200 Wagen mit 7,5 hl = ¾ cbm = 550 kg Braunkohle.

Eine Bleichertsche Kabelbahn von 310 m Spannung für 6500 kg Nutzlast (Surinam) kostete 136 000 M. (Organ f. d. Fortschritte d. Eisenbahnwesens 1912, S. 67ff.); vgl. auch Deutsche Bauzeitung 1906, S. 251 (Viaduktbau, s. a. 1910, S. 722ff; ferner Z. d. V. deutsch. Ing. 1913, S. 117 (Schleusenbau) und Zeitschr. d. Verb. deutsch. Arch. u. Ing. Ver. 1912, S. 384 (Hellinge).

b) Senkrechte oder stark geneigte Förderung.

Förderung von unten nach oben.

1. Aufzüge usw. siehe Abschnitt VI, 13 I, M.

2. Huntsche Elevatoren, mit geradem, aufklappbarem Ausleger und elektrischer Winde für Kübel- oder Greiferbetrieb von J. Pohlig, A.-G., in Cöln.

	Maschinelle Teile einschl. Antriebsmotor	Gerüst in Eisenkonstruktion
a) feststehend	9 000 bis 15 000 M.	5000 bis 16 000 M.
b) fahrbar	12 000 „ 25 000 „	5000 „ 16 000 „

3. Huntsche Kübel von J. Pohlig, A.-G., in Cöln.

Inhalt	5	9	15	20	30 hl
Kohlenkübel	315	370	460	510	625 M.
Erzkübel	330	430	510	560	— „

4. Selbstgreifer von Gebr. Weismüller in Frankfurt a. M.-Bockenheim.

Für Getreide:

Größe	Preis in M.	Eigengewicht in kg	Fassung in l (rd.)
1	1200	800	1100
2	1400	1100	1600

Für Kies und Sand:

Größe	Preis in M.	Eigengewicht in kg	Fassung in l (rd.)
1	1250	1050	500
2	1350	1250	600—750
3	1600	1500	1000—1500
4	1850	2270	2000

Zugehöriger fahrbarer Dampfdrehkran (s. d.) von 3000 kg Tragkraft und 9 m Ausladung (∼ 18 t Eigengewicht) . . . . 12 500 M.

5. **Selbstgreifer** (für Kohlen, Erze usw.), von Priestman, Hone, Hunt, Pohlig, Beurath, Bleichert, Schenck, Menck & Hambrock, Baumaschinenfabrik Bünger Akt.-Ges., Düsseldorf, Mohr & Federhaff, Losenhausen, Düsseldorfer Kranbaugesellschaft, Fredenhagen, Nagel & Kaemp, Jäger usw. (s. Buhle, „Massentransport", S. 105ff.). — Beispiele:

Hone-Greifer von J. Pohlig, A.-G., in Cöln.

Inhalt	6	10	15	20	22,5 hl
Kettengreifer	1660	1980	2200	2675	3050 M.
Seilgreifer	—	2350	2680	2875	3150 „
Getreidegreifer	1280	1420	1630	2030	2170 „

Huntsche Greifer von J. Pohlig, A.-G., in Cöln.

Inhalt	17,5	25	40 hl
	2350	3100	3750 M.

Förderung von oben nach unten.

Kipper auf Gespannwagen, Autos usw.

Nach den Mitteilungen des ältesten Berliner Fuhrgeschäfts Emil Thien stellt sich der Lastwagenbetrieb mit zwei kräftigen Arbeitspferden wie folgt:

a) Anschaffungskosten·

Zwei kräftige Arbeitspferde zu 1400 M.	2800 M.
Ein solider Lastwagen zu 1200 M.	1200 „
Geschirr für zwei Pferde zu 150 M.	300 „
	4300 M.

b) Betriebskosten für ein Jahr.

Amortisation der Pferde 25%	700 M.
„ des Wagens 10%	120 „
„ „ Geschirres 33⅓%	100 „
Reparatur, Geschirr und Wagen 10%	150 „
Lohn für Fuhrknecht	1200 „
Futterkosten und Streu für Tag und Pferd 2,50 M.	1825 „
Hufbeschlag mit Winterstollen für Jahr und Pferd 75 M.	150 „
Tierarzt für Pferd und Jahr 20 M.	40 „
Stallmiete für zwei Pferde und einen Wagen für das Jahr	150 „
Zinsen des Anlagekapitals 5%	215 „
	4650 M.

c) Arbeitsleistung.

Zwei kräftige Arbeitspferde können bei 300 Arbeitstagen im Jahre für den Tag höchstens 60 Ztr. = 3 t 30 km weit dauernd befördern. Bei der Endberechnung nehmen wir an, daß das Fuhrwerk diese Strecke 15 km hin beladen und alsdann 15 km leer zurückzufahren hat. Hiernach werden also geleistet 2 × 15 km = 45 t/km × 300 Tage = 13 500 t/km. Es kostet also das Tonnenkilometer

$$\frac{465\,000}{13\,500} = 34,4 \text{ Pf.}$$

In nachstehender Berechnung des Lastwagenbetriebes mittels Motorlastwagen der Neuen Automobilgesellschaft, Type L 5, hat diese Gesellschaft ihre langjährigen Erfahrungen, welche mit Motorlastfahrzeugen an Hand ausgiebiger Versuche gemacht wurden, zugrunde gelegt:

a) Anschaffungskosten.

Betriebsfertiges Untergestell ohne Gummi . . . . 13 500 M.

Gummibereifung . . . . 3 500 „

Pritschenoberbau mit Seitenwänden . . . . 500 „

Zusammen 17 500 M.

b) Betriebskosten für ein Jahr.

10% Amortisation vom Fahrzeug ohne Gummibereifung, da der Gummi= verschleiß unten in dieser Berechnung besonders aufgeführt wird. Diese Amortisationsquote von 10% genügt bei sorgfältiger Behandlung der Maschine vollständig, speziell weil für Reparaturen noch ein besonderer Posten vorgesehen ist, wodurch es möglich wird, die eventuell schadhaft werdenden Teile dauernd auszuwechseln, so daß das Fahrzeug immer in gutem neuen Zustand gehalten werden kann . . . . 1 400 M.

7½% für Reparaturen ebenfalls vom Fahrzeug ohne Gummibereifung . 1 050 „

Ein Chauffeur für das Jahr[1]) . . . . 1 500 „

Der Benzinverbrauch beträgt für diese Fahrzeuge für das Jahr etwa[2]) . 4800 „

Für die Vollgummibereifung dieses Fahrzeuges wird seitens der zur Lieferung herangezogenen Gummifabriken eine Garantie von 15 000 km Lebens= dauer übernommen; diese 15 000 km müssen jedoch innerhalb eines Jahres abgefahren werden. Hiernach ergibt sich bei einem Gummipreis von 3500 M. für die Type L 5 ein Betrag von 22 Pf. für 1 km × 30 000, also 6600 „

An Öl, Fett und Schmiermaterial benötigt das Fahrzeug im Jahre . . 400 „

Für Unterstellung dieses Fahrzeuges wird dieselbe Summe genommen, welche für ein Pferdefuhrwerk vorgesehen ist . . . . 150 „

Des ferneren sieht die N. A. G. eine Haft= und Unfallversicherung vor, wo= durch sämtliche durch Zusammenstöße oder Unglücksfälle entstehenden Reparaturen seitens der Versicherungsgesellschaft gezahlt werden. Die Versicherungssumme hierfür beträgt im Jahre etwa . . . . 450 „

Zinsen des Anlagekapitals 5% . . . · . . . . 875 „

Zusammen 17 225 M.

---

[1]) Hierbei rechnet die N. A. G. mit einem Mann, welcher aus dem Betrieb des betreffenden Käufers heraus= gezogen wird und eventuell früher Schlosser gewesen ist. Dieser Mann wird alsdann etwa drei Wochen in der Fabrik kostenlos ausgebildet, so daß er mit der Führung und Wartung des Fahrzeuges vollkommen vertraut sein kann. Mit der Ausbildung derartiger Leute sind stets die günstigsten Erfahrungen gemacht worden, z. B. hat in Berlin die Allgemeine Berliner Omnibus=Aktiengesellschaft ihre sämtlichen Pferdekutscher für den jetzigen Motorwagenbetrieb ausgebildet, und sämtliche hier laufenden Omnibusse werden von diesen Leuten gefahren. Die Resultate, welche mit diesen Leuten erzielt werden, sind die günstigsten und Unfälle kommen nur vereinzelt vor, da solche Leute sich meistens als ruhige und vorsichtige Fahrer erwiesen haben.

[2]) Der Wagen L 5 befördert 100 Ztr. = 5 t an einem Tage 50 km hin und fährt an demselben Tage 50 km leer zurück; dies ergibt eine Gesamtleistung von 100 km für den Tag, also bei 300 Arbeits= tagen 100 × 300 = 30 000 km Jahresleistung. Der Benzinverbrauch, welcher bei Höchstleistung des Motors, d. h. also bei 15 km Stundengeschwindigkeit in der Ebene, sich auf etwa ½ l für den km stellt, bedingt eine Ausgabe von 16 Pf. für den km × 30 000 im Jahr, mithin die Endsumme von 4800 M.

c) Arbeitsleistung.

Die Type L 5 befördert nach vorstehender Berechnung bei 300 Arbeitstagen im Jahre für den Tag 100 Ztr. = 5 t ebenfalls 50 km weit und fährt alsdann auch 50 km leer zurück. Dieses ergibt für den Tag 250 t/km, also für das Jahr 250 × 300 = 75 000 t/km Hiernach betragen für das Tonnenkilometer die Betriebskosten des Motorlastwagens

$$\frac{1\,722\,500}{75\,000} = 23 \text{ Pf.}$$

Die Kosten stellen sich dagegen beim Pferdebetrieb für das Tonnenkilometer nach obigem auf 34,4 Pf.

Waggonkipper der G. Luther, A.=G., Braunschweig[1]).

Bauart	Antrieb	Tragkraft t	Gewicht t	Preis M.	Anzahl der stünd= lichen Kippungen
Windwerkkipper	elektr. (Drahtseil)	30	15	9 000	2—5
Hubspindelkipper	elektr. (Schraubenspindel)	30	18	13 000	5
Schwerkraftkipper	von Hand	30	20	15 000	5—20
Schaukelkipper	elektr. (Zahnsegment)	30	26	18 000	} 10—20
Doppelkipper	elektr. (Zahnsegment)	30	30	19 000	
Bühnenkipper	elektr. (Gallsche Kette)	30	46	25 000	

Nachstehend sind die reinen Arbeitskosten der verschiedenen Kohlenverladungs= arten in Ruhrort[2]) vergleichsweise aufgeführt. Der Verdienst eines Arbeiters im Akkord stellt sich dabei auf 5—6 M. täglich. Die Umschlagskosten für Koks stellen sich auf etwa das Doppelte.

Nr.	Verladungsart	Anzahl der Ar= beiter	Zeitraum der Entladung eines 10 t= Wagens Minuten	Ladungs= leistung in 10 Arbeits= stunden t	Ladungs= kosten für den 10 t= Wagen M.	Ladungs= kosten eines Kahns von 1000 t M.
	A. Verladung aus dem Eisenbahnwagen ins Magazin:					
1	Von der Pfeilerbahn direkt in das Magazin . .	4	20	300	0,8	—
2	Desgl. unter Benutzung von Schiebkarren . . .	2	75	80	1,5	—
	B. Verladung vom Eisenbahnwagen ins Schiff:					
3	Mit Schiebkarren über Laufgänge	2	100	60	2,0	200
4	Mit Kippwagen auf Gleisen über Ladebühnen .	2	85	70	1,6	160
5	Mittels der Kohlentrichter	4	25	240	0,9	90
6	Mittels der **Wagenkipper**	5	5	1200	0,25	25
7	Mittels Dampfkran	12	10	600	1,50	150
	C. Verladung aus dem Magazin ins Schiff:					
8	Mit Schiebkarren	8	—	200	2,2	220
9	Mit Kippwagen	8	—	250	1,8	180

[1]) Buhle, Glückauf 1911, S. 618ff.
[2]) Buhle, „Massentransport", S. 132. Weitere wirtschaftliche Daten hat Kammerer in der Wochen= schrift des Archit.=Ver. Berlin 1909 S. 111f. gegeben. Vgl. auch Aumund, Z. d. V. d. Jng. 1909, S. 1442, und Organ f. d. Fortschr. d. Eisenbahnwesens 1910, S. 416, sowie Schwabe, Fördertechnik 1912, S. 19. — Über „Wipper" (Kipper für Grubenwagen usw.) s. E. T. Z. 1911, S. 836 bzw. Glückauf 1910, S. 173 (2500 M.).

c) Beliebig gerichtete Förderung.

1. Drehkrane, s. Abschnitt VI, 13 I, E.

2. Löffelbagger[1]).

Eine der leistungsfähigsten amerikanischen Dampfschaufeln wird seit vielen Jahren von der Bucyrus Co. in Milwaukee gebaut. Die Schaufeln werden vornehmlich in zwei Größen ausgeführt:

	I	II
Gewicht der gesamten Maschine, vollständig, ohne Wasser und Kohle . . . . rund	45,7 t	66,1 t
Inhalt der Schaufel (Leistung für 1 Hub) . . . „	1,337 cbm	1,911 cbm
Größte Höhe von Schienenoberkante bis Auslegerspitze „	7,200 m	8,350 m
Freie Hubhöhe über Schiene	4,267 „	4,572 „
Leistung: Schnittweite, wenn der Becher 2440 mm hoch steht	15,240 „	15,850 „
Gesamtlänge des Wagens	8,930 „	11,429 „
Gesamtbreite „ „	2,540 „	3,048 „

Auch hier sei eine kurze Rentabilitätsberechnung angefügt:

Betriebskostenberechnung für eine 66 t = Schaufel.

a) Verzinsung und Abschreibung, 20% der Kaufsumme von 45 000 M.		9 000 M.
b) Kosten der Betriebsmaterialien für 200 Arbeitstage zu 10 Stunden:		
Kohlen: 2 t für den Tag zu je 20 M.	8000 M.	
Wasser: 10 M. für den Tag	2000 „	
Schmiermaterial usw.	1000 „	11 000 „
c) Betriebslöhne für den Tag zu 10 Stunden:		
4 Arbeiter	16,00 M.	
1 Maschinist	6,50 „	
1 Heizer	5,50 „	
1 Klappenwärter	4,00 „	
Gesamttagelohn	32,00 M.	
Zuschlag für allgemeine Unkosten	8,00 „	
Tageslohnunkosten	40,00 M.	
das ergibt für 200 Arbeitstage		8 000 „
Jährliche Gesamtunkosten		28 000 M.
oder für den Tag		140 „

Demnach kostet das Graben und Verladen von 1 cbm gewachsenem Boden bei Tagesleistungen von 1000—3000 cbm 14—4,7 Pf. (nach Richter, Z. d. B. d. J., 1907, S. 1685ff.; s. a. Vogt u. Maienthan, Dingl. polyt. Journ. 1908, S. 374ff.). Vgl. ferner H. P. Gillette, Earthwork and its cost, New York 1904, S. 93ff.

3. Hochbahnkrane, Verladevorrichtungen s. oben unter I, G.; Kabelkrane s. Luftseilbahnen.

---

[1]) Weitere Angaben über Bagger s. auch Abschn. IV, D. — Löffelbagger bauen in Deutschland Menck & Hambrock, G. m. b. H. in Altona; Carlshütte in Altwasser (Oberschlesien); Caesar Wollheim in Breslau; Orenstein & Koppel — A. Koppel, A.-G. in Berlin; und die Lübecker Maschinenbau-Gesellschaft.

B. Stetige Förderung (Dauerförderung)[1].

a) Wagerechte oder schwach geneigte Förderung.

1a. Normale Schnecken, vollständig, ohne Antrieb, von Gebr. Commichau in Magdeburg.

Netto-Preise ab Werk. Blechstärke der Tröge bei allen Schnecken 3 mm.

Umdrehzahl in der Minute		100		80		80		70		70		60		60		50		50		50		45		45	
Stündliche Leistung in hl		33		39		59		73		135		155		240		310		400		480		630		750	
Durchmesser der Schnecke mm		140		160		180		200		250		300		350		400		450		500		550		600	
Länge m	Blechst. mm	kg	M.	kg	M.	kg	M.	kg	M.	kg	M.	kg	M.	kg	M.	kg	M.	kg	M.	kg	M.	kg	M.	kg	M.
5	3	160	120	190	135	220	155	260	175	290	200	350	235	420	280	510	335	600	395	710	460	820	530	940	605
5	4	170	130	210	150	250	175	300	200	340	230	400	270	480	320	580	380	680	445	800	515	920	590	1050	670
10	3	310	220	350	240	400	275	460	320	530	370	610	425	700	485	800	550	910	620	1030	701	1160	780	1300	865
10	4	330	235	380	260	440	300	510	350	590	410	680	470	780	535	890	615	1020	690	1150	775	1300	860	1450	950
15	3	450	320	500	350	570	390	650	440	760	520	920	620	1080	720	1250	830	1420	940	1600	1050	1800	1070	2000	1300
15	4	480	340	540	380	620	430	720	490	840	580	1020	690	1200	795	1350	910	1550	1025	1740	1140	1950	1265	2160	1400
20	3	590	420	670	470	750	530	850	600	1000	700	1220	825	1400	950	1600	1080	1820	1215	2050	1355	2280	1500	2530	1650
20	4	630	445	720	510	820	575	930	655	1100	765	1340	900	1550	1035	1770	1175	2000	1320	2250	1470	2500	1625	2750	1785
25	3	730	520	880	590	940	670	1070	760	1230	870	1500	1000	1720	1150	2000	1320	2300	1500	2600	1700	2900	1920	3250	2150
25	4	770	550	920	660	1040	725	1150	820	1350	935	1630	1080	1860	1235	2150	1410	2450	1600	2780	1820	3100	2050	3500	2320
30	3	860	620	1000	700	1130	790	1280	890	1500	1020	1800	1170	2100	1350	2400	1560	2750	1780	3250	2120	3650	2370	4100	2650
30	4	910	655	1100	760	1240	855	1400	960	1650	1100	1950	1270	2250	1470	2600	1690	2950	1920	3500	2270	3900	2530	4350	2820
35	3	1060	740	1220	840	1380	950	1570	1070	1830	1230	2200	1425	2540	1650	2900	1900	3300	2160	3750	2425	4150	2700	4600	2985
35	4	1120	780	1320	910	1500	1030	1700	1160	1980	1330	2400	1550	2740	1785	3150	2040	3550	2310	4000	2585	4420	2870	4900	3165
40	3	1250	860	1420	970	1600	1090	1820	1220	2140	1420	2550	1675	3000	1940	3400	2215	3850	2500	4320	2800	4850	3120	5400	3450
40	4	1320	905	1550	1050	1750	1180	1980	1320	2300	1530	2780	1815	3270	2110	3720	2400	4150	2680	4650	2990	5160	3320	5750	3670

[1] Vgl. auch über Betriebskosten: Aumund, 3. d. Ver. deutsch. Ing. 1911, S. 417ff.; v. Hanffstengel, Dingl. polyt. J. 1910, S. 465; Berlenkamp, Glückauf 1908, S. 1825ff. — Über Kosten von Dauerförderern der A.-G. Gebr. Ged in Dresden u. a. [. Buhle, „Der Müller" 1909,

1b. Gewalzte Spiralen von Gebr. Commichau in Magdeburg, unaufgezogen (nach v. Hanffstengel).

Äußerer Spiralendurchmesser (mm)	200	250	300	350	400	450	500	600	700
Steigung (mm)	160	200	240	280	320	360	400	480	560
Abmessungen des Flacheisens (mm)	30/6	35/6	40/6	50/7	50/7	60/8	70/8	80/10	90/13
Gewicht ohne Welle (kg/m)	5,7	6,6	7,8	10,0	11,8	15,5	17,9	27,8	39,5
Preis (M/m)	4,5	5,0	6,0	7,0	8,25	9,75	12,0	14,0	16,0

1c. Förder=Schnecken. (G. Luther, A.=G., Braunschweig.)

A. Förderschnecken in Eisentrog.

Gewinde-Durchmesser	Maße in mm Kasten Höhe	Maße in mm Kasten Breite	Umdr./min.	Ungefähre stündliche Leistung in kg Weizen und Roggen	Schrot oder Mehl	Kleie	Kohle	Ungefähres Gewicht in kg für 10 m Länge	Preise in M. für 10 m Länge vollständig	für 1 m Länge mehr oder weniger
140	175	215	110	3 000	2 000	1 000	—	235	253	23,30
160	195	235	100	4 000	2 500	1 250	—	300	272	25,00
200	235	285	90	6 000	4 000	2 000	3 000	300	302	28,20
225	265	315	90	10 000	6 000	3 000	5 000	480	347	35,00
250	285	335	80	15 000	10 000	5 000	7 000	510	390	36,00
390	340	395	75	20 000	12 500	6 250	10 000	685	452	41,20
350	390	460	70	30 000	20 000	10 000	15 000	822	529	48,00

B. Förderschnecken in Holztrog.

Gewinde-Durchmesser	Kasten Höhe	Kasten Breite	Umdr./min.	Weizen und Roggen	Schrot oder Mehl	Kleie	Kohle	Ungefähres Gewicht in kg für 10 m Länge	für 10 m Länge vollständig	für 1 m Länge mehr oder weniger
120	190	185	120	2 000	1 200	600	—	196	175	16,30
140	210	205	110	3 000	2 000	1 000	—	217	184	16,80
160	230	225	100	4 000	2 500	1 250	—	257	203	18,75
200	275	270	90	6 000	4 000	2 000	—	333	246	22,50
225	305	300	90	10 000	6 000	3 000	—	399	287	24,30
250	330	325	80	15 000	10 000	5 000	—	421	321	30,00
300	385	380	75	20 000	12 500	6 250	—	543	366	34,20

2a. Gurtförderer, sowie Elevatorgurte, Fahrstuhlgurte usw. von Gebr. Sed in Dresden.

Preise für das Meter in M. ab Fabrik

Breite in mm	Köper-Gurte extraft.	Gewöhnliche Hanfgurte				Hanfg., la. Langhanfgarn z. Transportbänd.			Rote Baumwolltuchriemen			Balata-Riemen ohne Auflage		Gummiriemen			Kokosfasergurt		Breite in mm
		doppelt	dreifach	vierfach	sechsf.	doppelt	dreifach	vierfach	vierfach	sechsf.	achtfach	3 Einl.	4 Einl.	2 Einl.	3 Einl.	4 Einl.	doppelt	dreifach	
80	0,80	1,00	1,20	1,45	—	—	—	—	1,40	1,85	2,45	—	—	—	—	—	—	—	80
90	0,90	1,10	1,35	1,60	—	—	—	—	1,55	2,10	2,70	—	—	—	—	—	—	—	90
100	1,00	1,20	1,50	1,80	—	—	—	—	1,75	2,35	3,05	2,85	3,80	3,50	4,70	6,00	1,00	2,20	100
110	1,10	1,25	1,60	2,00	2,80	—	—	—	1,90	2,55	3,30	3,10	4,25	3,70	4,90	6,30	1,10	2,40	110
120	1,15	1,35	1,75	2,15	3,05	—	—	—	2,10	2,80	3,60	3,45	4,55	4,20	5,50	7,40	1,20	2,60	120
130	1,25	1,45	1,90	2,35	3,35	—	—	—	2,25	3,05	3,95	3,70	4,80	4,50	6,10	8,10	1,30	2,80	130
140	1,35	1,55	2,05	2,50	3,60	—	—	—	2,45	3,25	4,25	3,95	5,20	4,80	6,40	8,50	1,40	3,00	140
150	1,45	1,60	2,15	2,70	3,85	2,40	3,30	4,50	2,60	3,50	4,50	4,25	5,70	5,20	7,00	9,20	1,50	3,25	150
160	1,55	1,70	2,30	2,90	4,15	2,55	3,50	4,80	2,80	3,70	4,85	4,55	6,15	5,80	7,50	10,00	1,60	3,50	160
180	1,70	1,90	2,55	3,25	4,70	2,85	3,95	5,40	3,15	4,20	5,45	5,10	6,85	6,00	8,20	10,80	1,80	4,00	180
200	1,90	2,05	2,85	3,60	5,40	3,20	4,40	6,00	3,50	4,65	6,05	5,70	7,60	6,80	9,20	12,40	2,00	4,40	200
220	2,05	2,25	3,10	3,95	5,95	3,50	4,85	6,60	3,85	5,10	6,65	6,40	8,35	7,40	9,80	13,00	2,20	4,80	220
250	2,45	2,50	3,50	4,50	6,55	3,95	5,50	7,50	4,35	5,80	7,55	7,10	9,50	8,60	11,60	15,40	2,50	5,40	250
300	2,80	2,95	4,15	5,40	7,90	4,75	6,60	9,00	5,60	6,95	9,05	8,55	11,40	10,40	13,80	18,50	3,00	6,50	300
350	3,25	3,70	5,05	6,40	9,30	5,50	7,70	10,50	6,80	9,15	11,05	9,95	13,30	12,20	16,20	21,50	—	—	350
400	3,70	4,25	5,80	7,40	10,60	6,40	8,80	12,00	7,85	10,50	13,30	11,40	15,20	13,80	18,50	24,60	—	—	400
450	—	4,75	6,55	8,35	11,90	7,15	9,90	13,50	8,80	11,85	14,95	12,85	17,10	15,50	20,80	27,80	—	—	450
500	—	5,30	7,35	9,35	13,25	7,90	11,00	15,00	9,75	13,15	16,55	14,25	19,00	18,20	23,00	30,80	—	—	500
600	—	6,40	8,85	11,35	15,95	9,55	13,20	18,00	11,75	15,80	20,00	17,10	22,80	—	—	—	—	—	600
700	—	7,45	—	13,30	18,65	11,00	15,40	21,00	13,65	18,25	23,75	20,00	26,60	—	—	—	—	—	700
800	—	8,55	—	15,30	21,35	12,00	17,60	24,00	15,70	21,00	27,30	22,80	30,40	—	—	—	—	—	800

Balata-Riemen mit einseitiger Auflage kosten 5% mehr.

2b. Selbstfahrende Abwurfwagen bzw. ortsfeste Abwurfvorrichtungen für Transportbänder von Amme, Giesecke & Konegen, A.-G. in Braunschweig.

| Bandbreiten in mm | Preise in M. | |
	mit Fahrvorrichtung	ohne Fahrvorrichtung
400	750	450
450	850	550
500	940	620
600	1020	700
700	1170	800
750	1390	1050
800	1460	1100

2c. Robins = Gurtförderer von Muth = Schmidt, G. m. b. H., in Berlin, speziell für den Transport schwerer Massengüter (Kohle, Erze usw.).

Breite . . . . 305 bis 1250 mm
Leistung . . . . 35 „ 700 cbm i. d. Std.
Preis f. d. lfd. Meter ohne Traggerüst . . . . 70 „ 350 M.
Betriebskraft für 10 m wagerechte Förderlänge . 0,5 „ 3 PS.

Bei ansteigender Förderung vermehrt um die theoretische Leistung für das Heben.

2d. Gummitransportbänder der Frankfurter Gummiwarenfabrik (Carl Stoeckicht, A.-G., in Frankfurt a. M.-Niederrad).

| Breite in mm | Einlagen (Preis in Mark f. d. lfd. m) | | | | |
	2	3	4	5	6
550	15,95	19,80	23,65	27,50	31,35
600	17,40	21,60	25,80	30,00	34,20
650	18,85	23,40	27,95	32,50	37,00
700	20,30	25,20	30,10	35,00	40,00
750	21,75	27,00	32,25	37,50	42,75
800	23,20	28,80	34,40	40,00	45,60
850	24,65	30,60	36,55	42,50	48,50
900	26,10	32,40	38,70	45,00	51,30
950	27,55	34,20	40,85	47,50	54,15
1000	29,00	36,00	43,00	50,00	57,00
1050	30,45	37,80	45,15	52,50	59,85
1100	31,90	39,60	47,30	55,00	62,70
1150	33,35	41,40	49,45	57,50	65,55
1200	34,80	43,20	51,60	60,00	68,40

Vorstehende Preise verstehen sich frei Frachtgut, Eilgut und Postsendungen halbfrei ausschl. Verpackung.

2e. Rentabilität Lutherscher Gurtförderer[1].

Es seien 30 t/st gebrochener Kohlen auf 100 m wagerecht zu fördern; Förder-geschwindigkeit 90 m/min., Breite des flachen Gurtes 0,5 m; 5 PS-Elektromotor. Bei

[1] Nach Dinglers polyt. J. 1910, S. 87ff.

0,35 M. Stundenlohn würde der Transport von Hand (niedrig gerechnet) 63 M. kosten; somit würden die Förderkosten für die Tonne sich auf 0,21 M. stellen. Bei guter Ausführung kann das Anlagekapital für die Gurttransportanlage zu 8000 M. angenommen werden. Entladung durch selbstfahrende Abwurfwagen.

Bei einem Strompreis von 0,20 M./KW Std. und 0,8 Nutzeffekt des Motors belaufen sich die Betriebskosten

für den Motor auf . . . . 9,20 M.

5 v. H. Verzinsung von 8000 M. $\dfrac{400}{300}$ . . 1,33 „

10 v. H. Tilgung von 8000 M. $\dfrac{800}{300}$ . . . 2,66 „

Unterhaltung, Schmierung usw. . . . . . 0,31 „

Mithin tägliche Betriebskosten 13,50 M.

für die mechanische Bewegung von 300 t Kohlen, d. i. für die Tonne 0,045 M. gegenüber 0,21 M. bei Bewegung von Hand.

2f. Fahrbare Transportelemente für Säcke und lose Saaten, Salz, Kohle usw.[1]) von Amme, Giesecke & Konegen, A.=G., in Braunschweig.

Länge m	Gewicht rd. kg	Preis in M.
6	1500	3100
8	1600	3300
10	2200	3500
12	2460	4000

2g. Patent=Drahtflachgliederriemen aus Gußstahldraht von A. W. Kaniß (Wurzen i. S.).

Drahtstärke in mm	Gewicht f. d. Quadrat= Meter in kg	Breite in mm									
		100	150	200	250	300	350	400	500	750	1000
		Preise f. d. laufenden Meter in Mark									
1	rd. 10	4,00	5,55	7,00	8,25	9,60	10,85	12,00	14,50	—	—
1,2	„ 11	4,10	5,70	7,20	8,50	9,90	11,20	12,40	15,00	—	—
1,4	„ 12	4,20	5,85	7,40	8,75	10,20	11,55	12,80	15,50	24,50	—
1,6	„ 14	4,30	6,00	7,60	9,00	10,50	11,90	13,20	16,00	24,90	—
1,8	„ 16	4,40	6,15	7,80	9,25	10,80	12,25	13,60	16,50	25,15	—
2	„ 18	4,50	6,30	8,00	9,50	11,10	12,60	14,00	17,00	25,50	33,00
2,2	„ 19	4,60	6,45	8,20	9,75	11,40	12,95	14,40	17,50	25,85	33,50
2,5	„ 20	4,70	6,60	8,40	10,00	11,70	13,30	14,80	18,00	26,25	34,00
2,8	„ 22	—	6,75	8,60	10,25	12,00	13,65	15,20	18,50	27,00	35,00
3,1	„ 27	—	6,90	8,80	10,50	12,30	14,35	16,00	19,50	28,50	37,00
3,4	„ 36	—	—	9,40	11,50	13,50	15,40	17,20	21,00	30,75	40,00
3,8	„ 40	—	—	10,40	12,75	15,00	17,50	19,20	23,50	34,50	45,00

Verzinkt in Drahtstärken von 1—2,2 mm f. d. lfd. Meter 15% mehr, von 2,5 bis 3,8 mm 10% mehr.

[1]) Gepäck=Bandförderer von Unruh & Liebig in Leipzig (Hauptbahnhof in Hamburg) 82000 M. (s. Glasers Annalen 1908, II, S. 173 ff.).

2h. Wagerechte und geneigte Stahltransportbänder
von J. Pohlig, A.=G., in Cöln.

Die Bänder bestehen aus doppelter Laschenkette, bei der in jedem Gelenk eine Tragrolle sitzt. Zwischen den beiden Laschenketten liegen kräftige Bleche mit Seiten=borten und bei geneigten Bändern mit Querleisten (vgl. auch Buhle, „Massentransport", S. 196ff.).

	Wagerechte Bänder		Geneigte Bänder	
	750 mm Br. M.	1000 mm Br. M.	750 mm Br. M.	1000 mm Br. M.
Vollst. Band von 10 m Achsenabstand	4 300	4 500	5 500	5 675
„ „ „ 20 „ „	6 200	6 600	7 400	7 600
„ „ „ 40 „ „	10 200	10 700	11 000	11 450
„ „ „ 60 „ „	13 900	14 900	14 800	15 300

2i. Pfannentransporteur für Kohlen
von W. Fredenhagen in Offenbach.

Rund 19 m lang, Leistung rund 100 t in 24 Stunden, vollständig mit Eisenkonstruktion, Preis . . . . 3500 M.

3a. Propellerrinnen (System Marcus, Köln).

Normale Blechrinnen mit Gestell und Tragrollen, ohne Antriebsmechanis=mus, der je nach der Größe der schwingenden Teile zu bestimmen ist, kosten f. d. lfd. Meter . . . . 40 bis 60 M.

Gitterrinnen mit auswechselbaren Rinnenschüssen sind rund 30% teurer, doch kosten die Rinnenschüsse f. d. lfd. Meter (je nach der Größe und Leistung des Apparates) nur . . . . 6 bis 10 „

Kanalrinnen sind f. d. lfd. Meter teurer . . . . 25 „

Die vorstehenden Preise beziehen sich auf Rinnen, die aus 3—5 mm starken Blechen für eine Stundenleistung von 5—30 t Kohlen und von 10—60 t Steine oder Erze bei 60—90 minutl. Umdrehungen gebaut sind.

3b. Siehe S. 800.

3c. Torpedo=Rinnen (D. R. P.) von Amme, Giesecke & Konegen, A.=G., in Braunschweig[1]).

Stündliche Leistung Schotter in t	Preis in M. der ersten 5 Meter	Preis in M. jedes folgenden Meters
25—30	1750	90
30—40	2000	110
40—60	2300	145

---

[1]) Buhle, Verkehrstechn. Woche 1910, S. 109ff.

3b. Schwingförderrinnen von Gebr. Commichau in Magdeburg.

		30		38		45		52		60		68		75		90		105		120		132		150	
Stündliche Leistung in hl		30		38		45		52		60		68		75		90		105		120		132		150	
Breite der Rinne mm — mehlartige und griesige Stoffe spez. Gew. 1.		72		90		108		126		140		160		180		210		250		280		330		360	
Breite der Rinne mm — stückige u. doppelfaustgroße Stücke spez. Gew. 1 ÷ 3		200		250		300		350		400		450		500		600		700		800		900		1000	
Länge m	**Blechstärke mm**	kg	M.	kg	M.	kg	M.	kg	M.	kg	M.	kg	M.	kg	M.	kg	M.	kg	M.	kg	M.	kg	M.	kg	M.
5	1,5	450	320	470	340	500	360	520	380	550	400	580	410	610	430	650	460	700	490	760	520	820	550	870	570
5	2,0	480	340	510	370	520	390	545	400	570	420	600	470	640	500	680	520	740	550	810	600	950	630	950	650
10	1,5	670	450	720	480	760	510	790	540	820	580	850	600	880	610	970	680	1180	810	1320	900	1420	980	1520	1070
10	2,0	700	460	760	520	790	550	840	600	880	640	920	690	970	720	1070	820	1320	980	1470	1030	1540	1120	1660	1190
15	1,5	920	600	980	630	1030	660	1090	710	1140	760	1170	820	1180	860	1260	930	1730	1150	1830	1200	2030	1380	2280	1580
15	2,0	960	620	1030	660	1080	710	1180	750	1230	800	1270	860	1320	930	1480	1000	1840	1260	2160	1380	2280	1560	2480	1750
20	1,5	1160	720	1260	790	1340	840	1420	900	1500	960	1550	1020	1600	1100	1900	1320	2140	1520	2440	1640	2640	1800	3040	2140
20	2,0	1190	760	1320	840	1400	910	1520	970	1600	1030	1660	1140	1800	1240	2040	1440	2240	1600	2640	1800	2840	1920	3240	2330
25	1,5	1420	870	1560	940	1700	1030	1800	1130	1900	1250	2000	1400	2100	1430	2300	1520	2500	1670	2870	1940	3100	2180	3500	2400
25	2,0	1440	920	1600	1000	1850	1120	1950	1200	2050	1300	2100	1430	2270	1480	2550	1800	2650	1760	3150	2170	3260	2300	3650	2600
30	1,5	1660	1030	1860	1140	2060	1220	2160	1360	2240	1500	2320	1600	2460	1660	2700	1770	2820	1940	3260	2200	3800	2700	3960	2860
30	2,0	1710	1080	1960	1200	2260	1360	2340	1460	2400	1560	2600	1700	2700	1830	3060	2000	3500	2400	3760	2360	3960	2840	4560	3100
35	1,5	2000	1200	2280	1380	2450	1470	2520	1570	2580	1640	2800	1840	3000	2080	3300	2170	3450	2360	3650	2420	4300	3020	4650	3150
35	2,0	2030	1250	2300	1420	2550	1570	2700	1700	2850	1770	3030	2000	3150	2150	3500	2300	3900	2670	4300	2920	4500	3150	4900	3420
40	1,5	2350	1400	2600	1550	2850	1700	2920	1770	3000	1820	3250	2060	3400	2220	3600	2460	3800	2580	4100	2700	5000	3350	6000	4100
40	2,0	2420	1460	2800	1700	3050	1850	3140	1900	3200	2000	3400	2140	3560	2300	3980	2560	4400	2880	4800	3250	5200	3700	6300	4500
45	1,5	2700	1550	2950	1660	3100	1800	3200	1940	3250	1980	3450	2130	3650	2300	4000	2650	4400	3050	4900	3300	5400	3700	6400	4600
45	2,0	2800	1630	3100	1880	3400	2050	3450	2100	3500	2150	3650	2280	3800	2400	4150	2750	4600	3150	5400	3500	5800	3800	6800	4900
50	1,5	3100	1780	3350	1950	3450	2050	3550	2130	3600	2200	3800	2320	3950	2450	4500	4000	4900	3300	5600	3880	6200	4300	7000	4700
50	2,0	3300	1860	3600	2160	3700	2250	3850	2310	3950	2380	4050	2440	4150	2600	4900	3100	5250	3500	6200	4200	6500	4600	7200	5200

4. Kratzer.

a) Preise für einfache Kratzerschaufeln (Fredenhagen in Offenbach a. M.)[1].
Die oberen Zahlen gelten für flache, die unteren für gewölbte Schaufeln.

Breite	 200	300	400	500	600
Höhe	 80	120	180	220	250

Preise in Mark für Blechstärken von:

	Breite →	200	300	400	500	600
2½ mm	flach	0,80	—	—	—	—
	gewölbt	0,90				
3 „	flach	0,85	1,15	1,45	—	—
	gewölbt	0,95	1,35	1,60		
4 „	flach	0,90	1,25	1,60	2,00	2,45
	gewölbt	1,00	1,45	1,75	2,20	2,75
5 „	flach	0,95	1,40	1,75	2,20	2,75
	gewölbt	1,05	1,55	2,00	2,45	3,10

b) Preise für gewölbte Schaufeln mit Flacheisenverstärkung und Gleitklötzen (obere Zahlen) bzw. Rollen (untere Zahlen) (Fredenhagen in Offenbach a. M.).

Breite	 300	400	500	600
Höhe	 120	180	220	250

Preise in Mark für Blechstärken von:

	Breite →	300	400	500	600
3 mm	Gleitklötzen	4,35	5,10	—	—
	Rollen	7,05	7,65		
4 „	Gleitklötzen	4,50	5,25	6,45	7,20
	Rollen	7,15	7,70	9,70	10,75
5 „	Gleitklötzen	4,60	5,45	6,65	7,55
	Rollen	7,30	7,95	9,90	11,10

c) 12 m langer Schiebertransporteur für Formsand von W. Fredenhagen in Offenbach a. M. Leistung: 8 t/st. . . . . 1200 M.

d) Über Kratzerlabelketten nach Dodge, Monobar-Ketten, Jeffrey-Ketten und -Seile (Preise von W. Fredenhagen in Offenbach a. M.), Stahlbolzenketten und Kreuzgelenkketten von A. Stotz in Stuttgart siehe unter Ketten in v. Hanffstengel (Förderung von Massengütern), Teil I, Berlin 1908, S. 17 ff.

b) Senkrechte oder stark geneigte Förderung.

1. Elevatoren (Becherwerke).

a) Gurt-Becherwerke von G. Luther, A.-G., in Braunschweig.

Maße in mm							Umdrehung	Ungefähre Gewichte Kopf und Fuß	Preise in M.			
Gurtscheiben		Gehäusemaße							für 10 m Länge vollst. in Holzausführung	für aufsteigenden m Elevator in Holz mehr	für 10 m Länge vollst. in Eisenausführung	für aufsteigenden m Elevator in Eisen mehr
		Kopf			Fuß m. Einlf.							
Durchm.	Breite	Länge	Breite	Höhe	Länge	Breite	Min.	kg				
360	110	910	175	1250	895	175	75	130	275	13,30	590	23,30
360	135	910	200	1250	895	200	75	135	296	15,00	605	24,80
440	135	1050	200	1330	1050	200	65	170	315	15,75	620	24,90
440	150	1050	215	1330	1050	200	65	180	342	18,00	640	27,10
520	135	1130	200	1410	1130	200	55	200	323	15,75	705	25,30
520	150	1130	215	1410	1130	215	55	215	360	18,00	730	27,40
520	180	1265	250	1425	1215	250	55	280	410	22,50	770	32,10
520	200	1265	270	1425	1215	270	55	240	436	24,25	790	33,55
520	230	1265	300	1425	1215	300	55	260	466	26,50	810	35,80
620	230	1385	305	1530	1380	305	45	300	516	28,00	855	40,50
620	280	1385	355	1530	1380	355	45	380	594	34,00	925	46,30

[1] Nach v. Hanffstengel, S. 58.

O.-Sch.

b) Kettenbecherwerke (für Zementfabriken usw. in Schmiedeeisen)
von G. Luther, A.-G., in Braunschweig.

Stündliche Leistung in cbm	Kettenscheiben, Durchmesser in mm	Kettenscheiben, Abstand in m	Preis M.
2,5	450	10	900
2,5	450	20	1480
4	500	10	1060
4	500	20	1710
7,5	500	10	1470
7,5	500	20	2300
10	600	10	1660
10	600	20	2620
15	600	10	1875
15	600	20	2900
22	700	10	2070
22	700	20	3170
28	700	10	2300
28	700	20	3450
35	800	10	2600
35	800	20	3800
45	800	10	2900
45	800	20	4150

c) Senkrecht stehende Schotterbecherwerke für Steinbrech-Anlagen
in Sonderbauart von G. Luther, A.-G., in Braunschweig.

Stündliche Leistung in cbm	Kettenscheiben-Durchmesser in mm	Kettenscheiben-Abstand in m	Preis M.
12,5	500	10	2130
12,5	500	20	3300
16	500	10	2250
16	500	20	3450
20	500	10	2400
20	500	20	3675
25	500	10	2625
25	500	20	4125
32	500	10	2750
32	500	20	4350
40	500	10	3150
40	500	20	5000
50	500	10	3755
50	500	20	5220

d) Schräg stehende Schotterbecherwerke für Steinbrech-Anlagen
in Sonderbauart von G. Luther, A.-G., in Braunschweig.

Stündliche Leistung in cbm	Kettenscheiben-Durchmesser in mm	Kettenscheiben-Abstand in m	Preis M.
24	600	10	1980
24	600	20	3180
30	600	10	2115
30	600	20	3400
36	600	10	2250
36	600	20	3625
42	600	10	2550
42	600	20	4155

Stündliche Leistung in obm	Kettenscheiben-Durchmesser in mm	Kettenscheiben-Abstand in m	Preis M.
50	600	10	2700
50	600	20	4380
58	600	10	3075
58	600	20	5040
68	600	10	3225
68	600	20	5250

e) Sack- und Faßelevatoren (Leistung bis 400 Stück stündlich) von G. Luther, A.-G., in Braunschweig.

Antrieb- und Spannstation . .	780 kg	650 M.
Aufgabestation	50 „	55 „
Abgabestation	70 „	80 „
1 m Gerüst mit Kette	275 „	125 „

3. B. 1 Faßelevator für etwa $5\frac{1}{8}$ m Achsenabstand: Gewicht rund 2400 kg, Preis rund 1400 M.

f) Eiselevator für Blockeis (Kunsteis) von G. Luther, A.-G., in Braunschweig.

Achsenabstand rund 5,5 m
Leistung . . . . . 5000 kg
Gewicht . . . . . 1700 „
Preis . . . . . . 1250 M.

g) Fahrbarer Sackstapel-Elevator von G. Luther, A.-G., in Braunschweig[1]).

Bis 6 m Stapelhöhe:

Leistung 300 Sack stündlich
Gesamtgewicht 2000 kg
Preis einschließlich elektrischer Ausführung 2800 M.

Salzelevator von W. Fredenhagen in Offenbach, Leistung 15 t/st. (Länge: 7 m Scheibenachsenabstand), Preis . . . . 1300 M.

Desgl. Kohlenelevator für 8,5 m Hub einschl. Eisenkonstruktion mit Wellblechhaus und Bunker, Stundenleistung 15 t, Preis . . . . 7000 „

Fahrbarer Schiffselevator von Gebr. Weismüller in Frankfurt a. M., die auch Schnecken, Gurtförderer, Elevatoren, Speicher (s. unten) usw. bauen, 36 t/st. (s. Buhle, Massentransport, S. 213), ~ 31 t Eigengewicht, Preis . . . . 24 000 „

Die Rentabilität von Elevatoren zeigt folgendes Beispiel zur Massengüterbewegung.

In 10 Stunden seien 1000 t Kohlen aus einem Schiff zu verladen:

a) Handarbeit mit ~ 80 Mann: Lohnkosten ~ 80 · 10 · 1 = 800 M., Unternehmergewinn ~ 200 M., ergibt zusammen . . . . 1000 M.

---

[1]) Über mechan. Kohlenschaufler (J. Pohlig A.-G., Cöln) vgl. Glückauf 1912, S. 2025.

b) 6—8 Dampfwinden an Bord und 40 Mann: Lohnkosten $\sim 40 \cdot 10 \cdot 1$

= 400 M., Zinsen und Amortisation $\dfrac{50\,000}{50} \cdot \dfrac{1}{10} = 100$ M. (10% und

nach 50 Reisen), Unternehmergewinn ~ 100 M., ergibt zusammen . .   600 M.

c) Elevator und 20 Mann: Lohnkosten $20 \cdot 10 \cdot 1 = 200$ M., Zinsen und

Amortisation $\dfrac{100\,000}{50} \cdot \dfrac{1}{10} = 200$ M. (wie unter b), Unternehmer=

gewinn ~ 50 M., ergibt zusammen . . . .   450 „

Anlage= und Instandhaltungskosten (nach Zimmer).

Förderer	Anlagekosten			Geför-dertes Gut	Förder-weg	Kosten für Instandsetzung und Erneuerung			Fördergut	Be-mer-kungen
	Ge-samt M.	für b. lfd. m M.	Pf.	t	m	Gesamt M.	Pf.	für 1 t Pf.	f. 1 t×30 m Förderweg Pf.		
Elevator . . .	31 748	274	56	335 237	22,6	1758	51	0,52	0,70	Kohle	Heiß
„ . . .	16 732	411	84	178 541	17,7—21,9	13 878	77	7,76	11,94	Koks	
„ . . .	8 744	349	73	37 685	12,2	147	09	0,39	0,98	{ Eisenerz (Hämatit)	
Kratzer . .	296	161	22	149 350	9,1	1436	22	0,96	3,20	Kohle	
„ . . .	1 486	339	68	29 769	27,4—32,3	2258	78	7,57	7,97	Koks	„
Eisenförder= band . . .	2 026	236	93	149 350	{4 mal 38,1 18,3	47 213	73	31,57	17,60	{ Kleiner Koks und Grus	„
Gurtförderer .	443	294	14	10 000	29,9	817	20	8,50	8,50	„	„
„ .	296	161	21	149 350	9,1	1436	22	0,96	3,20	Kohle	
„ .	172	102	11	2 180	33,5	859	17	39,36	35,79	Ammoniumsulfat	
Förderrinne .	1 767	67	01	250 000	525	306	45	0,97	0,00255	Kohle	

2. **Rieseleinrichtungen** bestehen in einer der Balkenabteilung von größeren (maschinell betriebenen) Bodenspeichern (s. unten) entsprechenden reihenweisen Durchlochung des Fußbodens und aus entsprechend gelochten, durch Handhebel stell=baren Flacheisenschiebern unter dem Fußboden. Durchmesser der Rissellöcher für Weizen und Roggen 3—4 cm, für den sperrigeren Hafer 6 cm, Abstand etwa 0,6 m. Das Ab=rieseln einer Getreidescheibe von 1,2 m Schütthöhe erfordert nach den Beobachtungen in den neuen Speichern der Heeresverwaltung in Berlin (das Fassungsvermögen eines Bodens beträgt dort rund 250—300 t) etwa 10 Minuten, während bei Handarbeit nur rund 2,5 t in 1 Stunde umgestochen werden können. Die Kosten der Rieseleinrichtung betragen für 1 qm Bodenfläche etwa . . . .   2,75 bis 3,00 M.

c) Beliebig gerichtete Förderung.

1. Konveyor.

A. **Huntscher Konveyor** (Becherkette) von J. Pohlig, A.=G., in Cöln.

Kettenlänge in m	Stündl. Leistung in t	Preis in Mark
50	30	7 000
100	30	11 000

Nicht einbegriffen sind die Eisenkonstruktionen zur Unterstützung obiger Teile, die sich nach den Gebäuden richten.

B. Konveyor für eine Ebene mit elastischen Zwischengliedern für Ketten=
spannungsausgleich (D. R. P. a) und Antriebsrädern mit federnd gelagerten
Greifern (D. R. P. a) von G. Luther, A.=G., in Braunschweig.

Gattung	Becherabstand in mm	Becher= inhalt in l	Leistung in obm/std	t Kohlen std	Preis[1]) f. d. l. m in M.	Gewicht d. l. m[1]) in kg	Kraftbedarf[2]) in PS
E. C. 400	1000	16	13—20	10—15	92	105	5
E. C. 500	1200	32	26—32	20—25	94	114	7
E. C. 600	1400	60	40—53	30—40	116	147	9
E. C. 800	1800	140	67—93	50—70	145	212	12
E. C. 1000	2200	290	106—146	80—110	167	250	15

Für Konveyor für zwei Ebenen (senkrechte und wagrechte Kurven) mit wagrech=
ten Spurrollen statt der Spurkränze (D. R. P. a) erhöhen sich die Preise durchschnitt=
lich um 12%.

C. Universal=Konveyor für alle Ebenen von G. Luther, A.=G. (D. R. P. a)
für senkrechte und wagrechte Kurven und Spiralen mit Kugelgelenken und
wagrechten Spurrollen anstatt der Spurkränze, ohne Querstange im Becher
mit selbsttätiger Schmierung aller Dreh= und Laufstellen.

Gattung	Becherabstand in mm	Becher= inhalt in l	Leistung in obm/std	t Kohlen std	Preis[1]) f. d. l. m in M.	Gewicht d. l. m[1]) in kg	Kraftbedarf[2]) in PS
U. C. 400	750	12	13—26	10—20	126	112	6—8
U. C. 600	1000	50	32—64	25—50	132	135	8—12
U. C. 800	1250	100	67—134	50—100	155	180	12—15

2. **Eimerförderer (Eimerbagger).** Die für Bauingenieure gebräuchlisten For=
men sind in Abschnitt IV, D enthalten. Vgl. auch Contag (Dissertation, Ernst & Sohn
in Berlin) und 3. b. B. b. J. 1910, S. 1579.

3. Allgemeine Preisangaben über Rutschen und Fallrohre, sowie über Saug=
und Druckluft=, bzw. Saug= und Druckwasser=Förderer[3]) lassen sich nicht machen,
so daß hier nur bezüglich ihrer Verwendung, ihrer Abmessungen bzw. ihres Arbeits=
aufwandes usw. verwiesen sei auf Buhle, „Massentransport", S. 237ff. Im beson=
deren seien jedoch aufgeführt:

3a. Wendelrutschen von G. Luther, A.=G., in Braunschweig.

Baustoff	Bauart	Durchmesser in m	Gewicht f. d. m in kg	Preis in M. f. d. m
Gußeisen	offen	1,6	200	160
Schmiedeeisen	geschlossen	1,6	270	200
Holz	offen	1,7	130	165

[1]) Alle Preise und Gewichte sind Durchschnittswerte und verstehen sich einschließlich der Laufschienen,
der durchschnittlich erforderlichen Eisenkonstruktionen, des vollständigen Antriebes und der normalen Be=
und Entlader fertig montiert.

[2]) Der Kraftbedarf versteht sich für 100 m Stranglänge und 10 m Förderhöhe.

[3]) Über die Kosten der „Spülentladung" von Fölsche in Halle (Rüben) vgl. Buhle, Fördertechnik
1912, S. 125.

3b. Pneumatische Transportanlagen von G. Luther, A.-G., in Braunschweig[1]).

1. Kleinpneumatik meist ortsfest, Leistung 1 bis 80 t
2. Großpneumatik a) ortsfest,   „   „ 125 t
   b) fahrbar,   „   „ 125 t
   c) schwimmend „   „ 250 t

Beispiele von ausgeführten Anlagen:

Verwendungs-zweck	Fördergut	Art der Förderung	Maschine	Antrieb	Leistung in t	Länge des Förderweges m	Kraft PS	Gewicht kg	Preis M.
Förderanlage von den Silos nach d. Mälzerei	Braumalz	Saug- und Drucktr.	Gebläse	Transm.	1,5	18 Saug 7 Druck	3	2 800	3 000
Förderanlage vom Speicher nach der Eisenbahn	Mais	Drucktr.	Gebläse	Elektr.	6	100	15	5 000	4 500
Schiffsent-ladungsanlage	Getreide jeder Art	Saugtr.	Pumpe	Elektr.	20	70	35	15 000	18 000
Förderanlage vom Speicher nach der Mühle	Weizen	Saugtr.	Pumpe	Transm.	30	160	60	20 000	23 000
Fahrbarer pneum. Heber	Getrei-de jeder Art	Saugtr.	Pumpe	Diesel-motor	140	50	200	110 000	120 000
Schwimmender pneum. Heber		Saugtr.	Pumpe	Dampf-maschine	250	50	sehr verschieden		

An dieser Stelle sei ergänzend bemerkt, daß fast sämtliche dieser stetig arbeiten-den Fördermittel außer von allen hier genannten Firmen gebaut werden von: A. Bleichert & Co., Leipzig; J. Pohlig, A.-G., Cöln; Unruh & Liebig in Leipzig; Amme, Giesecke & Konegen, A.-G. in Braunschweig, Nagel & Kaemp, A.-G. in Hamburg; H. A. Schmidt in Wurzen i. S.; W. Stöhr in Offenbach; C. Scholtz in Hamburg; Berlin-Anhaltische Maschinenbau-A.-G. in Berlin; C. Eitle in Stuttgart; Maschinenfabrik Geislingen; Maschinenbauanstalt Hum-boldt in Kalk bei Köln; G. F. Lieder in Wurzen; C. Schenck in Darmstadt[2]) usw.

III. Lagermittel.

Speicher und Haufenlager sind meist als Bindeglieder und elastische (Puffer-) Ein-schaltungen (nach Art der Windkessel bei Pumpen) zwischen die das Angebot und die Nach-frage bewältigenden maschinellen Lösch- und Ladevorrichtungen in Verbindung mit den ge-wählten Fördermitteln und mit Rücksicht auf sie zu entwerfen; sie dienen als Vorrats-anlagen für den Winterbedarf, Streitreserven, eiserne Bestände (Krieg) usw. oder als Ausgleichsmittel in Häfen, auf Bahnhöfen u. dgl.

---

[1]) Vgl. Buhle, Z. d. Ver. deutsch. Ing. 1913, S. 362 ff. „Neue Saugluft-Getreideheber usw."
[2]) Vgl. Brix, „Neuere Kesselbekohlanlagen", Z. d. V. d. J. 1909, S. 361 ff. und Buhle, „Hütte", 21. Aufl. (1911), II. Teil, S. 554.

A. Gebäudelager.

1. **Als Beispiel eines Bodenspeichers** für Waren aller Art sei gewählt das Niederlagegebäude des „Packhofes" in Berlin. Die Kosten des in Backsteinrohbau mit Vollklinkerverblendung hergestellten Gebäudes haben sich — ausschließlich der 107 900 M. erfordernden künstlichen Gründung auf 1 068 380 M. belaufen. Bei einem Inhalt der bebauten Grundfläche von 4595 qm kommt auf das Quadratmeter der Einheitsbetrag von 232,50 M. (ohne Gründung). Der Rauminhalt des Bodenspeichers beträgt 95 116,50 cbm, der Einheitspreis für das Kubikmeter also 11,20 M. Die nutzbare Lagerfläche mißt 17 300 qm, demnach berechnet sich der Einheitspreis der Gesamtkosten für das Quadratmeter auf 68 M.

2. **Als Beispiel für einen Getreide = Silospeicher** sei gewählt der von Gebr. Weismüller und Simon, Bühler & Baumann in Frankfurt a. M. gebaute neue Speicher (Buhle, Massentransport, S. 294 ff.), der 20 000 t faßt. Die Baukosten betrugen für:

Grunderwerb	181 000	M.
Gebäude	1 052 800	„
maschinelle Einrichtungen	221 400	„
Transportbrücke	20 000	„
Entleerungsrohre	61 500	„
Silohof	33 500	„
Gleisanlagen	77 900	„

Die Gesamtkosten betrugen daher 1 648 000 M.; für einen Sack des Fassungsraumes ergibt sich ein Anteil von 8,37 M. der Anlagekosten. — Vgl. auch Mühlen= und Speicherbau 1910, S. 278 ff. und 1911, S. 106.

3. Landwirtschaftliche Kornhäuser.

Ort	Fassungs- raum t	Grund- erwerb und Auf- schüttung M.	Gründung M.	Gleis- an- schluß M.	Bauliche und maschinelle Ein- richtung M.		Ver- schiedenes M.	Ins- gesamt M.	Preis[1] für 1 t Fassungs- raum M.
1. Colberg . . .	1500	250,00	—	5 100	60 807,92	26 970	9 072,08	102 500	68,33
2. Anklam . . .	4000	6 973,35	47 514,87	23 500	198 991,38		20 020,40	297 000	74,25
3. Stargard . .	2000	9 520,00	3 161,92	7 000	100 000		7 048,08	127 000	63,50
4. Schivelbein .	800	2 500,00	—	8 800	39 424,55	19 130	7 145,45	77 000	96,25
5. Gramenz . .	800	100,00	—	2 842	38 947,04	19 130	10 980,96	72 000	90,00
6. Stolp i. P. .	2000	8 100,00	—	4 600	85 000	24 900	17 400,00	140 000	70,00
7. Pyritz . . .	2000	11 207,45	—	6 300	100 000		16 492,55	134 000	67,00
8. Plathe . . .	1500	679,50	—	3 700	59 000	26 970	15 650,50	106 000	70,66
9. Barth . . .	3000	3 600,00	44 000,00	9 500	150 000		23 900,00	231 000	77,00
10. Callies . . .	800	900,00	—	6 500	37 620	19 130	3 850,00	68 000	85,00
11. Falkenburg .	800	100,00	—	2 842	43 683	19 130	6 245,00	72 000	90,00
12. Neustettin . .	1500	—	—	10 000	—	26 970	—	100 000	66,66
13. Belgard . . .	1500	—	—		—	26 970	—	118 231	78,82

[1] Um diese Preise vergleichen zu können mit den für große Getreidelagerhäuser gebräuchlichen sei erwähnt, daß in Königsberg (s. Buhle, „Massentransport", S. 284 ff.) der Preis für 1 t Fassungsraum bei Annahme von 37 500 t rund 65,00 M. beträgt. Dabei muß aber berücksichtigt werden, daß dort sehr schlechter Baugrund vorhanden war, so daß allein für die Gründung des Speichers rund 253 200 M. verausgabt wurden. Rechnet man daher etwa 7,00 M. von obiger Summe ab, so würde sich der Preis für 1000 kg eingelagerter Frucht auf rund 58,00 M. stellen. Diese den normalen Satz für derartige Anlagen um ungefähr 3,00 M. übersteigenden Kosten sind verursacht durch die von vornherein für einen wesentlich größeren Zukunftsbetrieb vorgesehenen Verladevorrichtungen und Kraftanlagen. Vgl. Buhle, Z. d. V. d. Ing. 1913, S. 44 ff. (Erweiterungsbauten).

Rentabilitätsberechnung (nach Amme, Giesecke & Konegen, A.-G., in Braunschweig) für einen Ausfuhrspeicher von 50 000 t Fassung (Schwergetreide) bestehend aus:

1. Silo-Anlage . . . . etwa 35 000 t Fassung
2. Bodenspeicher . . . . „ 15 000 t Fassung

Anlagekosten:		Jährl. Verzins. u. Tilgung:
A. Grundstück 5000 qm	50 000 M.	2 000 M.
B. Bauten einschl. Erdarbeiten, Fundamente, Bandkanäle, Wagenschuppen, Masch.-Zentrale und Bureau	1 600 000 „	96 000 „
C. Maschinelle Einrichtung mit 4 × 3000 t tägl. Annahmeleistung und 4 × 6500 t tägl. Verschiffungsleistung	750 000 „	75 000 „
D. Elektromotoren	52 000 „	4 000 „
E. Beleuchtungsanlage	35 000 „	2 800 „
F. Dampfkraftzentrale (350 PS)	100 000 „	8 000 „
Anlagekosten	2 587 000 M.	187 800 M.

Betriebskosten:

A. Verwaltungs-, Aufsichts- und Arbeitskosten:	
Verwaltung	20 000 M.
Speichermeister	2 400 „
Maschinenmeister ⎫	
Wächter ⎬ zusammen	17 000 „
Arbeitslöhne ⎭	
B. Stromverbrauch für Beleuchtung	5 000 „
Stromverbrauch für Elektromotoren	22 000 „
Summe:	66 400 M.

Ausgaben:

Verzinsung und Tilgung der Anlagekosten . . . . für 1 Jahr	187 800 M.
Betriebskosten . . . . „ 1 „	66 400 „
Ausgaben:	254 200 M.

Einnahmen:

a) Empfang, Wiegen und Verschiffen von 100 000 t à 0,4 M.	40 000 M.
b) Empfang, Wiegen und Einlagern von 350 000 t à 0,5 M.	175 000 „
c) Lagerzins im Silo und Bodenspeicher. einschl. Versicherung	120 000 „
d) Vergütung für Umstechen, Mischen und Reinigen	30 000 „
e) Ausspeichern, Verwiegen u. Verschiffen von 350 000 t à 0,45 M.	157 500 „
Einnahmen:	522 500 M.

Einnahmen	522 500 M.
Ausgaben	254 200 „
Überschuß	268 300 M.

4. Kohlenspeicher (nach Gebr. Rank in München):

a) Bodenspeicher: Schütthöhe nicht über 6 m, Entnahme durch Greifer von oben her. Seiten- und Zwischenwände bis Oberkante Kohlenlager in Stampfbeton oder Eisenbeton, Aufbau für Greiferbrücken und Dach in Eisenkonstruktionen. Große Türen in den Seitenwänden sind vorzusehen für schnelle Entleerung bei Kohlenbränden. — Baukosten für das Gebäude 12—20 M. f. d. Tonne Nutzinhalt.

b) Silos: Schütthöhe kann größer sein als bei den Bodenlagern; ferner kann durch besondere Bauart der Zwischenwände auf derselben Grundfläche ein Mehrfaches der zulässigen Schütthöhe lagern (beim Rankschen Schrägtaschensilo (D. R. P. 107 890 und 219 395) bis 13 t f. d. Quadratmeter Grundfläche).

Der ganze Siloraum ist durch feuersichere Zwischenwände in einzelne Kammern zu teilen, deren Größe so zu bemessen ist, daß der Inhalt einer Kammer durch die Fördereinrichtung innerhalb 2—3 Tagen herausgeschafft werden kann. Als Baustoff kommt fast nur Eisenbeton in Frage. — Baukosten für das Gebäude bei normaler Gründung 18—25 M. f. d. Tonne Nutzinhalt. Bei schlechtem Baugrund können die Baukosten bis 35 M. f. d. Tonne wachsen.

c) Kohlenbehälter: In Kesselhäusern u. dgl. (Betriebsbunker in Gasanstalten)[1]. Ausführung in Eisenkonstruktionen oder neuerdings vielfach in Eisenbeton. — Baukosten 30—50 M. f. d. Tonne Nutzinhalt.

5. Feuersicherheitsvorrichtungen in Speichern usw.

Die Kosten einer vollständigen Feueralarmeinrichtung richten sich je nach den zu schützenden Baulichkeiten. Für überschlägige Kostenangaben hat die Firma Oscar Schöppe in Leipzig auf Grund von vielen ausgeführten Alarmanlagen ermittelt, daß je nach Größe der Einrichtung für die fertig montierte Anlage 50—85 Pf./qm für die zu schützende Bodenfläche zu berechnen sind, und zwar

$$\begin{array}{llll}
\text{bis} & 2\,000 \text{ qm} & 80\text{—}85 \text{ Pf./qm} \\
\text{„} & 4\,000 \text{ „} & 70\text{—}75 \text{ „} \\
\text{„} & 8\,000 \text{ „} & 60\text{—}65 \text{ „} \\
\text{„} & 12\,000 \text{ „} & \text{und darüber } 50\text{—}55 \text{ Pf./qm}
\end{array}$$

Nach diesen Angaben lassen sich die Kosten für eine vollständig selbsttätige Feueralarmvorrichtung angenähert leicht berechnen. Der Preis der einzelnen Apparate beträgt 4,50 M.

6. Wägevorrichtungen in Speichern usw.

Die Hennefer Maschinenfabrik C. Reuther & Reisert m. b. H., Hennef (Sieg), fertigen derartige, für spezielle Zwecke oft benötigten Anlagen in ihren Chronoswagen.

B. Hoch- und Tiefbehälter, Taschen usw.
(für Häfen, Bahnhöfe, Städteversorgung, Kesselhäuser, Gasanstalten, Hüttenwerke, Müllager usw.).

I. Kohlenbunker, sowie Kohlen- und Asche-Transportanlagen für Kesselhäuser (Amme, Giesecke u. Konegen, A.-G., in Braunschweig).

Neubau eines Kesselbunkers für 4 Wasserrohrkessel.

Gesamtsumme . . . . 53 600 M.

A. Kohlenbunker in Eisenfachwerk für ein Stein starke Ziegelausmauerung, Länge 18 m, Breite 5,5 m, Höhe der Stapelung der Kohle 7 m, Gesamtfassung rd. 700 cbm Steinkohle . . . . 27 000 „

B. Bekohlungsanlage, Leistung 20 000 kg i. d. Stunde
mit 1 Becherwerk von 22 m Höhe und
1 Bandtransporteur von rd. 17 m Länge mit Antriebsmotor . 9 000 „

---

[1] Buhle, Dingl. polyt. J. 1910, S. 712.

C. 4 selbsttätige Kohlen = Waagen zur Kontrolle des Kohlenver=
brauches eines jeden Kessels von je mindestens 1800 kg stündlicher
Leistung, zus. . . . . 3 600 M.

D. Aschetransportanlage mit
    1 Förderrinne 22 m´ lang und
    1 Becherwerk 18 m Höhe
    einschl. 1 eisernen Bunkers von rd. 10 cbm Fassung, zus. . . . . 14 000 M.

2. **Lokomotivbekohlungsanlage in München** (J. Pohlig, A.=G. in Köln).
    Fassungsvermögen der Tiefbehälter . . . .   1100 t
        „   „ Hochbehälter (34 m × 4,2 m) . . . . . .   180 „
    In 10 Stunden sind 120 Lokomotiven mit rd. 300 t zu bekohlen.
    Kosten der Eisenkonstruktion und der mechanischen Teile (Becher=
        kette mit 300 t Stundenleistung) . . . . 99 200 M.
    Kosten der Tiefbehälter (einschl. Kanal) . . . . 25 600 „

C. Freilager.

Über die Anlage= und Betriebskosten von Freilagern vgl. Nübling, Journ. f.
Gasbel. und Wasserversorg. 1912, S. 1193ff. (1222).

Schlußbemerkung.

Die Verwendung mechanischer Transportmittel behebt bis zu einem gewissen
Grade die Leutenot, befreit von unberechtigter Willkür, wandelt die körperlich schwere
und sich in geisttötender Weise wiederholende in eine menschenwürdigere, gesündere
und wirtschaftlichere Tätigkeit, fördert dadurch zugleich das Wohlbehagen der
Arbeiter bei Ausübung ihres Berufes und ihre Genußfähigkeit in den Mußestunden
und sichert ihnen außerdem noch meist höhere Löhne.

14. Tunnelbauten.

(Die nachfolgenden Angaben gründen sich in der Hauptsache auf Rziha: Tunnelbau, sowie auf das
Handbuch der Ingenieurwissenschaften, Teil I, Abschnitt 5, dritte Auflage 1902.)
Bearbeitet vom Geheimen Hofrat Professor Lucas, Dresden.

1. Herstellung der Bohrlöcher.

a) Tiefe der Bohrlöcher.

Bei gleichem Gestein sollen die zweckmäßigen Lochtiefen annähernd proportional
den zweiten Wurzeln aus den Größen der abzubauenden Querschnittsflächen sein;
daher im zweigleisigen Tunnel:

	Ungefähre Querschnitts-größe qm	Tiefe t der Bohrlöcher		
		bei Handbohrung cm	im Mittel cm	bei Maschinen-bohrung cm
Stollen	5—7	30—60	45	meist
Bogenausweitung	20	50—80	60	120—180,
Vollausbruch . .	40	80—120	100	neuerdings vielfach gleichmäßig 80—120	dann u. wann auch mehr.

b) Weite der Bohrlöcher[1]).

Im Durchschnitt: $1/20$ der Bohrlochtiefe oder d cm = 2,34 + 0,02 t cm.

		Weite d der Bohrlöcher				
	Handbohrung				Maschinenbohrung	
Tiefe t der Bohrlöcher	für Pulver		für Dynamit		Tiefe t der Bohrlöcher	Druckluft-, Stoß- und Drehbohrmaschinen	Druckwasser-Drehbohrmaschinen
		im Mittel		im Mittel			
cm	mm	mm	mm	mm	cm	mm	mm
30—50	27—33	30	20—25	23	70	60	
50—80	33—48	40	25—35	30	100	55	
80—120	48—60	55	35—45	40	130	50[2])	
					160	45	65—88
					190	40	
					220	35	
					250	32	

c) Arbeitsaufwand beim Bohren.

α) In einer Arbeitsstunde können etwa von Hand ausgebohrt werden:

in sehr schwer schießbarem Gestein: 30— 50 ccm Gestein,

„ schwer „ „ : 60—100 „ „

„ leichter „ „ : 120—160 „ „

β) Ein Bohrloch von d cm Durchmesser erfordert für 1 m Bohrtiefe bei Handbohrung im Durchschnitt $k \cdot d^2$ Arbeitsstunden, worin einzusetzen ist:

für sehr schwer schießbares Gestein: k = 2,6 — 1,3,

„ schwer —„ „ : k = 1,3 — 0,8,

„ leichter „ „ : k = 0,6 — 0,5.

γ) Stoßbohrmaschinen, einschließlich der Preßlufthämmer, bohren in der Minute, je nach der Gesteinshärte und dem Bohrerdurchmesser, 50—300 mm Lochtiefe, Druckwasserbohrmaschinen 10—140 mm.

δ) 1 m Bohrloch erforderte am Lötschbergtunnel bei Maschinenbohrung:

im kristallinen Kalk (Nordseite): 0,20 bis 0,36; im Durchschnitt: 0,26 Stunden

„ Granit des Gebirgskerns (Nordseite): 0,24 „ 0,27; „ „ : 0,25 „

„ „ „ „ (Südseite): 0,36 „ 0,60; „ „ : 0,51 „

„ kristallinischen Schiefer (Südseite): 0,30 „ 0,46; „ „ : 0,39 „

bei einer reinen Bohrarbeitszeit von 0,06 Stunden.

d) Bohrer- und Bohrmaschinenverbrauch.

Im Sohlstollen des Lötschbergs waren erforderlich:

Gesteinsart	Für 1 cbm zu gewinnendes Gestein Bohrer		Ein neuer Bohrer nach einer Bohrtiefe von		Eine neue Bohrmaschine nach			
					einer Bohrung von		der Gewinnung von	
	Stück	im Durchschnitt Stück	m	im Durchschnitt m	m	im Durchschnitt m	cbm	im Durchschnitt cbm
Kristalliner Kalk (Nordseite) . . .	1,0—3,3	1,9	0,70—2,85	1,70	100—700	315	70—300	170
Granit des Gebirgskerns (Nordseite)	5,6—6,6	6,1	0,45—0,47	0,46	60—80	70	21—29	25
„ „ (Südseite)	7,6—11,3	8,6	0,27—0,40	0,32	50—110	86	20—45	31
Kristallinischer Schiefer (Südseite)	2,7—4,8	3,7	0,54—1,01	0,70	90—270	156	33—100	49

[1]) Handbuch der Ingenieurwissenschaften, Bd. I, Abt. V, Kap. IX, S. 57.

[2]) Im Lötschbergtunnel 70—90 mm bei 1,4 m durchschnittlicher Bohrtiefe.

Für 1 cbm zu gewinnendes Gestein ist erforderlich:

e) Bohrtiefe und Bohrlochanzahl.

Bezeichnung des Tunnels	Anzahl der Gleise	Länge m	Gesteinsart	Durchschnittlich im gesamten Profil Querschnitt qm	Bohrtiefe m	Anzahl der Bohrlöcher	Im Stollen: Sohlstollen Querschnitt qm	Bohrtiefe m	Anzahl der Bohrlöcher	Firststollen Querschnitt qm	Bohrtiefe m	Anzahl der Bohrlöcher	In der Bogenausweitung Querschnitt qm	Bohrtiefe m	Anzahl der Bohrlöcher	Im sonstigen Vollausbruch Querschnitt qm	Bohrtiefe m	Anzahl der Bohrlöcher
Spitzberg-Tunnel im Zuge der Bahnlinie Pilsen-Eisenstein	2	1748	Glimmerschiefer, Quarzschiefer	47,5	3,80	7,80	Handbohrung 6,10	6,10	15	4,40	6,50	17	17,1	3,00	6,30	26,0	2,50	3,70
Tunnel bei Marienthal im Zuge der Eisenbahn Altenkirchen-Au	1	1040	Fester Tonschiefer; milder Tonschiefer mit Lettenschichten	35,2	1,70 / 0,66	2,00 / 0,80	7,50	2,70 Masch.-Bohr. / 1,00	1,70 / 0,67	4,60	4,20 / 2,20	5,80 / 2,80	2×3,2 =6,4	2,00 / 0,35	3,10 / 0,65	4,4 +2×6,3 =17,0	0,40 / 0,20	0,70 / 0,33
Gotthard-Tunnel	2	14900	Gneisgranit, Glimmerschiefer	—	—	—	—	—	—	Maschinenbohrung 6,10	7,40	6,70	—	—	—	—	—	—
Versuchsstollen der Gotthardbahn	—	—	Gneisgranit, Glimmerschiefer	—	—	—	—	—	—	Handbohrung 6,00	2,50 bis 3,80	4,50 bis 9,10	—	—	—	—	—	—
Arlberg-Tunnel	2	10240	Glimmerschiefer (Ostseite); Desgl. (Westseite) mit verwitterten Schiefereinlagen und Lettenschichten	—	—	—	Maschinenbohrung 6,50	4,90 / 1,80	4,30 / 1,70	—	—	—	—	—	—	—	—	—
Lötschberg-Tunnel — Krystalliner Kalk (Nordseite)	2	14536	Krystalliner Kalk (Nordseite)	—	—	—	Maschinenbohrung 5,9 bis 6,6	2,2 bis 2,5	1,5 bis 1,9	Maschinenbohrung im Firstschlitz —	1,7 bis 5,2	—	—	—	—	Maschinenbohrung mit Bohrhämmern	—	1,8 bis 3,0
Granit (im Gebirgstern)			Granit (im Gebirgstern)	—	—	—	5,9 bis 6,2	2,5 bis 3,2	1,8 bis 2,2	—	3,9 bis 12,5	—	—	—	—	—	—	—
Krystallinischer Schiefer (Südseite)			Krystallinischer Schiefer (Südseite)	—	—	—	5,7 bis 6,5	2,0 bis 2,65	1,6 bis 2,1	—	—	—	—	—	—	—	—	1,8 bis 2,5

Bezeichnung des Tunnels	Anzahl der Gleiſe	Länge m	Geſteinsart	Durchſchnittlich im geſamten Profil			Im Stollen: Sohlſtollen			Im Stollen: Firſtſtollen			In der Bogenauswettung			Im ſonſtigen Vollausbruch		
				Querſchnitt qm	Bohrtiefe m	Anzahl der Bohrlöcher	Querſchnitt qm	Bohrtiefe m	Anzahl der Bohrlöcher	Querſchnitt qm	Bohrtiefe m	Anzahl der Bohrlöcher	Querſchnitt qm	Bohrtiefe m	Anzahl der Bohrlöcher	Querſchnitt qm	Bohrtiefe m	Anzahl der Bohrlöcher
Lötſchberg-Tunnel	—	—	pro Angriff in Kalk } Schiefer } Granit	—	—	—	Maſchinenbohrung 5,9 bis 6,6 / 5,7 bis 6,5 / 5,9 bis 6,2	17,4 bis 20,2 / 15,9 bis 16,9 / 18,9 bis 23,5	12,5 bis 14,5 / 11,5 bis 12,7 / 14,0 bis 16,6	6,5 / 5,7	Maſchinenbohrung 5,6 bis 6,3 / Handbohrung 3,0 bis 3,0	3,5 / 3,0	—	—	—	Maſchinenbohrung 4,5 / Handbohrung 8,8	3,4 bis 3,8 / 2,5	2,1 / 2,5
Umlaufſtollen der Talſperren bei a) Walter	—	200	Dichter Biotit-Gneis	11,0	Maſchinenbohrung 4,7 bis 5,3	2,9	—	—	—	—	—	—	—	—	—	—	—	—
b) Klingenberg	—	172	Biotit-Gneis mit einzelnen Verwitterungsgängen	14,5	Handbohrung 2,7	2,7	—	—	—	—	—	—	—	—	—	—	—	—
Stollen in ungariſchen Eiſenſteingruben	—	—	Feldſpat, Tonſchiefer, Grünſtein	—	—	—	3,80 bis 5,00	Maſchinenbohrung		5,00 bis 4,00	3,60 bis 2,80	—	—	—	—	—	—	—
Förderſtrecken in den Mansfelder Kupfergruben	—	—	Feſtes Rotliegendes mit ſehr feſten Konglomeraten	—	—	—	4,00 bis 5,80	Maſchinenbohrung		4,30 bis 6,50	3,70 bis 5,50	—	—	—	—	—	—	—
Querſchläge in weſtfäliſchen Steinkohlengruben	—	—	Kohlenſchiefer, Sandſchiefer und Sandſtein	—	—	—	5,80 bis 8,30			2,50 bis 3,50	1,50 bis 2,30	—	—	—	—	—	—	—
Im allgemeinen m Bohrtiefe	—	—	ſehr ſchwer ſchießbar	—	2,50—4,00	—	—	5,00—7,00	—	—	—	—	—	2,20—3,50	—	—	1,00—2,10	—
			ſchwer ſchießbar	—	1,30—3,00	—	—	2,50—5,00	—	—	—	—	—	1,10—2,50	—	—	0,50—1,50	—
			leichter ſchießbar	—	0,50—1,50	—	—	1,00—2,50	—	—	—	—	—	0,40—1,30	—	—	0,20—0,80	—
				50—60 %			100 %						40—50 %			20—30 %		

2. Sprengstoffverbrauch.

a) Gewichtsverhältnis von Pulver und Dynamit für verschiedene Bohrlochweiten[1]).

Durchmesser des Bohrloches cm	Gewicht des Pulvers auf 1 cm Tiefe des Bohrloches Gramm	1 kg Pulver erfordert eine Bohrlochtiefe von cm	Gewicht des Dynamits auf 1 cm Tiefe des Bohrloches Gramm	1 kg Dynamit erfordert eine Bohrlochtiefe von cm
1,00	0,80	1272	1,30	796
1,50	1,80	565	2,80	353
2,00	3,10	319	5,00	199
2,50	4,90	204	7,80	127
3,00	7,10	142	11,60	86
3,50	9,60	104	15,40	65
4,00	12,60	79	20,00	50
4,50	15,90	63	25,40	39
5,00	19,60	51	31,40	32
6,00	28,30	35	45,30	22
7,00	38,50	26	61,40	16
8,00	50,30	20	80,50	12
9,00	63,60	16	101,80	10
10,00	78,50	13	125,70	8

b) Größe der Ladung L bei einer Tiefe t der Sprengladung unter der Oberfläche:

$$L \text{ (in Kilogramm)} = k \cdot t^3 \text{ (in Meter)},$$

worin für Pulver: k = 0,45 — 0,65,

„ Dynamit: k = 0,09 — 0,13

zu setzen ist.

c) Bedarf an Zündschnur und Zündkapseln.

Auf 100 kg Pulver sind etwa zu rechnen:

400—800 m Zündschnur im Stollen;

300—400 „ „ in der Bogenausweitung;

200—300 „ „ im Vollausbruch;

300—500 „ im Durchschnitt;

desgl. auf 100 kg Dynamit oder ein ähnliches Sprengmittel:

60—150 m Zündschnur und 100—200 Zündkapseln im Stollen bei Ma-schinenbohrung;

250—650 m Zündschnur und 250—550 Zündkapseln im Stollen und im weiteren Ausbruch bei Handbohrung.

Die Kosten der Zündleitungen betragen daher bei Maschinenbohrung 2,5—5%, bei Handbohrung 8—10% von den Kosten des Dynamits, entsprechend 10—15% von den Kosten des Pulvers.

d) Materialpreise ab Fabrik.

Sprengpulver: 60—72 M. für 100 kg;

Zündschnur: einfache 0,16, doppelte 0,20, Guttaperchazündschnur 0,35 M. für den Ring von 8 m Länge;

Gurdynamit oder Sprenggelatine Nr. 1, Gelatineastralit, Ammon=Carbonat: 145—150 M. für 100 kg;

Zündkapseln Nr. 3: 12 M., Nr. 7: 34,5 M. für 1000 Stück, solche mit stärkerer Füllung entsprechend teurer.

---

[1]) Handbuch der Ingenieurwissenschaften, Bd. I, Abt. V, Kap. IX, S. 56.

e) Sprengstoff-Bedarf zur Gewinnung von 1 cbm Gestein.

Bezeichnung des Tunnels	Anzahl der Gleise	Länge m	Gesteinsart	Durchschnittlich im gesamten Profil Fläche qm	Durchschnittlich im gesamten Profil Dynamit kg	Durchschnittlich im gesamten Profil (n. Rziha) kg Pulver	Im Stollen: Sohlstollen Fläche qm	Sohlstollen Dynamit kg	Firststollen Fläche qm	Firststollen Dynamit kg	In der Bogenausweitung oder dem Sohlvorbruch Fläche qm	Dynamit kg	Im sonstigen Vollausbruch Fläche qm	Dynamit kg
...tzberg-Tunnel im ...e der Eisenbahn ...illen-Eisenstein	2	1748	Glimmerschiefer, Quarzitschiefer	47,5	0,90	—	Handbohrung 6,10	2,20	4,40	2,00 bis 3,00	17,1	0,70 bis 1,30	26,0	0,40 bis 1,20
...nel bei Cochem, Moselbahn	2	4200	Ton- und Grauwackenschiefer mit festen Grauwackenbänken	68,4	1,00	—	Maschinenbohrung 9,50	2,00	6,00	2,25	14,0 12,0 Schwellenvorbruch	0,80 1,00	25,5	0,40
...nel bei Marien...al im Zuge der Eisenbahn ...ltenkirchen-Au	1	1040	fester Tonschiefer; milder Tonschiefer mit Lettenschichten	35,2	0,80 / 0,30	—	Masch.-Bohr. 7,50	2,10 / 0,80	4,60	1,30 / 0,60	2×3,2 =6,4	0,60 / 0,10	4,40 + 2×6,3 =16,7	0,12 / 0,06
Gotthard-Tunnel	2	14900	Gneisgranit, Glimmerschiefer	—	—	—	—	—	Maschinenbohrung 6,10	4,90	—	—	—	—
...ersuchsstollen der Gotthardbahn	—	—	Gneisgranit, Glimmerschiefer	—	—	—	—	—	Handbohrung 6,00	1,10 bis 1,80	—	—	—	—
Arlberg-Tunnel	2	10240	Glimmerschiefer (Ostseite); desgl. mit verwitterten Schiefereinlagen und Lettenschichten (Westseite)	—	—	—	6,50	2,80 bis 4,00 1,00 bis 2,20	} Maschinenbohrung		—	—	—	—
Albula-Tunnel	2 v. 1 m Spurweite	5866	Gneis	—	—	—	6,00	2,20 bis 3,90			—	—	—	—
Simplon-Tunnel	1	19770	Gneis (im größten Teil)	—	0,40 bis 0,90	—	5,50 bis 6,15	4,00 bis 5,00			—	—	—	—
...ötschberg-Tunnel	2	14586	Kristalliner Kalk (Nordseite)	—	1,00	—	5,90 bis 6,60	8,50	Firstschlitz	0,80	—	—	—	0,46
			Granit des Gebirgskerns	—	1,07	—	5,90 bis 6,20	4,25	—	1,00	—	—	—	0,51
			Kristallinischer Schiefer (Südseite)	—	—	—	5,70 bis 6,50	3,80			—	—	—	—
Umlaufstollen der Talsperren bei a) Malter b) Klingenberg 1910/11	—	200 172	dichter Biotit-Gneis Biotit-Gneis mit einzelnen Verwitterungsgängen	Maschinenbohrung 11,0 14,5 Handbohrung	3,07 0,82	—	—	—	Maschinenbohrung 6,50 5,70 Handbohrung	3,40 0,90	—	—	Maschinenbohrung 4,50 8,80 Handbohrung	2,60 0,75
...ollen in ungarischen Eisensteingruben	—	—	Feldspat, Tonschiefer, Grünstein	—	—	—	3,80 bis 5,00	3,20 bis 2,80	} Maschinenbohrung		—	—	—	—
...orderstrecken in den ...ansfelder Kupfergruben	—	—	festes Rotliegendes mit sehr harten Konglomeraten	—	—	—	4,00 bis 5,80	3,70			—	—	—	—
...uerschläge in west...ischen Steinkohlengruben	—	—	Kohlenschiefer, Sandschiefer und Sandstein	—	—	—	5,30 bis 8,30	2,60 bis 1,40			—	—	—	—
Im allgemeinen kg Dynamit:			sehr schwer schießbar	1,30–2,10		1,40	3,00–5,00				1,30–2,10		0,80–1,30	
			schwer schießbar	0,70–1,80		1,00	1,50–3,00				0,70–1,80		0,40–0,80	
			leichter schießbar	0,80–0,70		0,90	0,80–1,50				0,80–0,70		0,10–0,40	
				40—45 %			100 %				40—45 %		20—30 %	

3. Arbeitslöhne.

a) Treiben von Stollen.

Die Kosten betragen für die Gewinnung von 1 cbm Ausbruch ausschließlich Materialien und Transport:

Bezeichnung des Tunnels	Anzahl der Gleise	Länge m	Gesteinsart	Durchschnittlich im gesamten Profil			Im Stollen: Sohlstollen			Im Stollen: Firststollen			In der Bogen-ausweitung oder dem Sohlvorbruch			Im sonstigen Vollausbruch		
				Querschnitt qm	Arbeits-schichten	M.	Querschnitt qm	Arbeits-schichten	M.	Querschnitt qm	Arbeits-schichten	M.	Querschnitt qm	Arbeits-schichten	M.	Querschnitt qm	Arbeits-schichten	M.
Spitzberg-Tunnel im Zuge der Eisenbahn Pilsen-Eisenstein	2	1748	Glimmerschiefer, Quarzitschiefer	47,5	3,00 (Schichtlohn M.)	7,20	Handbohrung 6,10	—	13,41	4,40	—	15,55	17,1	—	7,15	26,0	—	5,81
Tunnel bei Cochem, Moselbahn	2	4200	Ton- und Grauwackenschiefer mit festen Grauwackenbänken	67,0	—	6,00	Maschinenbohrung 9,50	—	18,0	6,00	—	10,0 / 6,30	14,0 / 12,0	—	5,00 / 6,30	25,5	—	3,50
Tunnel bei Marienthal im Zuge der Eisenbahn Altenkirchen-Au	1	1040	fester Tonschiefer; mild. Tonschiefer m. Lettenschicht.	35,2	0,91 / 1,20	3,46	Maschinenbohrung 7,50	0,63 / 0,72	2,41	4,60	1,54 / 1,37	4,40	2×3,2 = 6,4	1,56 / 3,10	7,58	4,40 + 2×6,3 = 17,0	0,62 / 0,65	2,03
										einschließlich Löhne für die Bergzimmerung								
Versuchsstollen der Gotthardbahn	—	—	Gneisgranit, Glimmerschiefer	—	—	—	—	—	—	Handbohrung 6,00	—	12,0 bis 18,4	—	—	—	—	—	—
Lötschberg-Tunnel (pro Tag 3 Schichten von je 8 Stunden)	—	—	Kristalliner Kalk (Nordseite)	—	—	—	Handbohrung 5,90 bis 6,60 / Masch.-Bohr. 4,50 bis 5,00	0,80 bis 1,60	—	Handbohrung 3,00 bis 4,00 / Masch.-Bohr. 1,23	—	—	—	—	—	Handbohrung 2,50 bis 3,00 / Masch.-Bohr. 1,40	—	—
	2	14536	Granit des Gebirgsterns (Nordseite) / (Südseite)	—	—	—	5,90 bis 6,20	0,90 bis 1,10 / 1,70 bis 2,00	—	1,05	—	—	—	—	—	2,40 / 1,20	—	—
	—	—	Kristallinischer Schiefer Südseite	—	—	—	5,70 bis 6,50	1,60 bis 2,00	—	—	—	—	—	—	—	1,80	—	—

Bezeichnung des Tunnels	Anzahl der Gleise	Länge m	Gesteinsart	Durchschnittlich im gesamten Profil			Im Stollen: Sohlstollen			Im Stollen: Firststollen			In der Bogenausweitung oder dem Sohlvorbruch			Im sonstigen Vollausbruch		
				Querschnitt qm	Arbeitsschichten	M.	Querschnitt qm	Arbeitsschichten	M.	Querschnitt qm	Arbeitsschichten	M.	Querschnitt qm	Arbeitsschichten	M.	Querschnitt qm	Arbeitsschichten	M.
Umfassstollen der Talsperren bei a) Malter	—	200	Dichter Biotit-Gneis	—	—	—	Maschinenbohrung 11,0	—	7,20	Maschinenbohrung 6,50	—	8,00	—	—	—	Maschinenbohrung 4,50	—	6,00
b) Klingenberg	—	172	Biotit-Gneis mit einzelnen Verwitterungsgängen	—	—	—	Handbohrung 14,5	—	8,60	Handbohrung 5,70	—	9,50	—	—	—	Handbohrung 8,80	—	8,00
Tunnel bei Altenburg	2	375	feuchter zäher Diluviallehm	82,5	—	5,20	10,5	—	5,20	einschl. Bolzungsarbeit			einschl. Zimmererlohn nach Rziha Tunnelbau			72,0	—	5,20
			sehr feste Grauwacke	—	—	—	4,8	—	—	—	—	18,8						
			Quarzit	—	—	—	6,0	—	—	—	—	10,8						
			leichte Grauwacke	—	—	—	6,0	—	—	—	—	7,5						
			fester Dolomit	—	—	—	6,2	—	—	—	—	5,0						
			leichter Muschelkalk	—	—	—	12,5	—	—	—	—	2,2						
			Mergel	—	—	—	12,5	—	—	—	—	1,4						
			sehr schwer schießbar	52,0	3,70 bis 7,00	11,1 bis 21,0	5,00	—	—	—	9,30 bis 17,5	27,9 bis 52,5	13,0	5,20 bis 10,0	15,6 bis 30,0	34,0	2,50 bis 4,70	7,50 bis 14,1
			schwer schießbar	52,0	1,90 bis 3,70	5,70 bis 11,1	5,00	—	—	—	4,70 bis 8,80	14,1 bis 26,4	13,0	2,60 bis 5,00	7,80 bis 15,0	34,0	1,20 bis 2,40	3,60 bis 7,20
			leichter schießbar	52,0	1,30 bis 2,50	3,90 bis 7,50	5,00	—	—	—	3,10 bis 5,80	9,30 bis 17,4	13,0	1,80 bis 3,40	5,40 bis 10,2	34,0	0,80 bis 1,60	2,40 bis 4,80
Im allgemeinen (nach Rziha, Tunnelbau) (Schichtlohn 3,00 Mt.)				40 %						100 %			55—60 %			25—30 %		
			gebräch	—	1,33	4,00												
			rollig	—	0,50	1,50												
			mild	—	0,25	0,75												
			schwimmend	—	0,16	0,50												

Anmerkung: Die Anzahl der Arbeitstage beträgt bei größeren Tunnelarbeiten — größere Störungen ausgenommen — im Durchschnitt etwa 348 im Jahre, 29 im Monat.

D.-Sch.

52

Als bestes Verhältnis bezeichnet Rziha[1]): Stollenort 10%, Bogenausweitung 30%, sonstiger Vollausbruch 60% des Tunnelquerschnitts; der Stollenquerschnitt soll nicht unter gewissen Grenzen liegen, als Mindestmaße gelten 2,3—2,5 m Höhe, 2,5 bis 2,75 m Breite, entsprechend 5,75—6,9 qm Querschnittsfläche.

Die Gewinnung des Sprenggesteins verteuert sich mit dem Kleinerwerden des Querschnitts, die Häuerleistungen verhalten sich nach Rziha[1]) umgekehrt wie die Quadratwurzeln aus den Querschnittsflächen der Baue.

Der langsame Betrieb mit Maschinenbohrung — etwa zwei Maschinen an einer Spannsäule bei mindestens 2,0 m Stollenbreite — gibt im Stollen ein- bis zweifachen Fortschritt gegen Handarbeit und kostet 25—33% mehr als diese; beim angestrengten Betrieb — etwa 4—6 Maschinen an 2—3 Spannsäulen in einem mindestens 2,5 m breiten Stollen — wird ein vier- bis achtfacher Fortschritt gegen Handarbeit mit 1½—2 mal so hohen Kosten erzielt.

b) Abteufen von Schächten.

α) Die Arbeitslöhne für 1 cbm Ausbruch betragen:

	Gesteinsart	Schachttiefe m	Fläche des Schachtes qm	Arbeitslohn M.	Bemerkungen
Spitzberg-Tunnel im Zuge der Bahnlinie Pilsen-Eisenstein (1874—1877)	Glimmerschiefer, Quarzitschiefer	120 bis 130	17,0	21,00	Bohrlochtiefe: 4,1 m Anzahl der Bohrlöcher: 6,5 } für 1 cbm. Dynamit: 1,45 kg Zündschnur: 580 m } für 100 kg Dynamit. Zündkapseln: 490 Schichtlohn: 3,00 M.; Dynamit: 2,00 M./kg.
	Keupermergel	bis 10 10—20 20—30	10,7	2,50 3,50 4,50	} Nach: Rziha, Tunnelbau.

β) Beim Bau des Altenburger Tunnels[2]) stellten sich die Kosten eines 20 m tiefen, 2,8 × 2,0 = 5,6 qm großen Hilfsschachtes auf:

	Für das fallende m Schacht	für das cbm Ausschachtung	
Gewinnung u. Förderung d. Massen (feuchter, zäher Diluvialton)	21,00	3,80	
Schachtausbau	75,00	13,40	
Wasserhaltung (Arbeitslöhne)	11,40	2,00	21,90
Beschaffung und Unterhaltung von Göpel, Pumpe, Eimer usw.	15,00	2,70	
Herstellung einer Schachtbude	9,00	1,60	
Zusammen	131,40	23,50	

An gleicher Baustelle kostete ein 15,7 m tiefer Schacht 94,10 M. für das fallende Meter, entsprechend 16,80 M. für das Kubikmeter Ausschachtung.

γ) Bei dem Bau der 25 und 24 m tiefen, im lichten Querschnitt 12,0 und 13,4 (im Durchschnitt) qm großen Schieberschächte der Umlaufstollen für die Talsperren bei Malter und Klingenberg betrugen die Kosten für 1 cbm Ausschachtung:

	in Malter	in Klingenberg
Gewinnung und Förderung der Massen (Biotit-Gneis, in Klingenberg von einem Verwitterungsgang durchzogen)	9,5 M.	21,4 M.
Bergmännischer Ausbau des Schachtes	2,8 „	6,0 „
Zusammen	12,3 M.	27,4 M.
		für 1 cbm Ausschachtung

entsprechend 246 und 424,7 M. für das fallende Meter Schacht.

---

[1]) Zentralblatt der Bauverwaltung 1886, S. 395.
[2]) Zeitschrift des Ingenieur- und Architektenvereins zu Hannover, Jahrgang 1880.

4. Gesamte Gewinnungskosten im Stollen= und im Vollausbruch.

Anmerkungen:

1. Im Remsfelder Tunnel (Strecke Nordhausen=Wetzlar), 904 m lang, kostete unter ungünstigsten Verhältnissen — wenig standfestes Gebirge, Wasserandrang — die Herstellung des Richtstollens 128,00 M./m. Hiervon entfielen 42,00 M. auf Holzverbrauch, 75,00 M. auf Arbeitslohn, Ausbruch und Verzimmerung, 11,00 M. auf Wasserhaltung.

2. Im festen Porphyr des Plauenschen Grundes bei Dresden kostete das Auffahren eines Ortes von 7,5 qm Querschnitt bei Handbetrieb 26,00 M., bei Maschinen= arbeit 16,00 M. für das Kubikmeter Ausbruch (ohne Kosten der Maschinenanlage).

3. Bei dem Albulatunnel (zweigleisiger Tunnel, 1 m Spurweite) wurden berechnet: 36,00 M. für das Kubikmeter Ausbruch im Sohlstollen, 20,00 M./cbm für die zweispurige Verbreiterung und eine 0,5 m breite Zone am Tunnelumfang, 16,00 M./cbm für den Rest des Ausbruchs.

4. Im Simplonstollen kostete der Ausbruch im Stollen 40,00 M. für das Kubik= meter, ausschließlich der Kosten der Zentralverwaltung.

5. Es kann gerechnet werden bei einem Stollenquerschnitt von 5—6 qm ein Ein= heitspreis von 45,00 bis 50,00 M. für das Kubikmeter Ausbruch einschließlich Betriebsanlage; 22,00 bis 25,00 M./cbm ausschließlich Betriebsanlage.

a) Überschlägige Kosten des Ausbruchs.

Sejourné[1]) hat für festes Gestein (wenigstens 2 M. Lösepreis), dessen Lösepreis im offenen Einschnitt P=Mark beträgt, ermittelt:

die Kosten für ein Kubikmeter Ausbruch eines Richtstollens von etwa 7 qm Querschnitt zu . . . . 9 P bis 11 P

„ „ für ein Kubikmeter Vollausbruch des ganzen Querschnitts eines eingleisigen Tunnels bis etwa 600 m Länge zu 5 P

„ „ für ein Kubikmeter Vollausbruch des ganzen Querschnitts eines zweigleisigen Tunnels bis etwa 600 m Länge zu 4 P

b) Die Gewinnungskosten der Tunnelmassen (ausschl. Transport und Bölzung) für 1 m der Tunnellänge betragen:

Fläche des Aus- bruches qm	Sehr schwer schießbares Gestein M.	Schwer schießbares Gestein M.	Leichter schießbares Gestein M.	Gebräches Gebirge M.	Rolliges Gebirge M.	Mildes Gebirge M.	Schwim- mendes Gebirge M.
35	860	445	280	175	56	28	18
40	980	510	320	200	64	32	20
45	1100	570	360	225	72	36	23
50	1225	635	400	250	80	40	25
55	**1350**	700	440	275	88	44	28
60	1470	**760**	480	300	96	48	30
65	1590	825	**520**	325	104	52	33
70	1715	890	560	350	112	56	35
75	1840	955	600	**375**	120	60	38
80	1960	1015	640	400	128	64	40
85	2080	1080	680	425	**136**	68	43
90	2205	1145	720	450	144	**72**	**45**

Die stärker gedruckten Zahlen bezeichnen die Kosten des zwei- gleisigen Eisenbahntunnels

[1]) Annales des ponts et chaussées 1879.

c) Die Gewinnungskosten (ausschl. Transport)

Bezeichnung des Tunnels	Anzahl der Gleise	Länge m	Baujahr	Gesteinsart	durchschnittlich im gesamten Profil					im Sohlstollen				
					Fläche qm	Arbeitslohn M.	Sprengmaterialien M.	Bohrgerätekosten M.	insgesamt M.	Fläche qm	Arbeitslohn M.	Sprengmaterialien M.	Bohrgerätekosten M.	ins... M.
Spitzberg-Tunnel im Zuge der Eisenbahn Pilsen-Eisenstein	2	1748	1874 bis 1877	Glimmerschiefer, Quarzitschiefer	47,5	7,20	2,29	0,64	10,83	6,1 *Handbohrung*	13,41	4,87	1,12	19
Tunnel bei Cochem (Moselbahn)	2	4200	1874 bis 1877	Ton- und Grauwackenschiefer mit festen Grauwackenbänken	67,0	6,0 + 2,7¹) + 2,3²)	2,3	2,7³) + 2,2⁴)	18,20	9,5 *Stoßbohrmaschinen*	18,0 + 2,1¹) + 1,8²)	4,80	4,0²) + 15,9⁴)	46
Tunnel bei Marienthal im Zuge der Eisenbahn Altenkirchen-Au	1	1040	1885 bis 1886	Fester Tonschiefer und milder Tonschiefer mit Lettenschichten	35,9	3,46	1,11	0,04	4,61	7,5 *Stoßbohrmaschinen*	2,41	2,95	0,14	5,₈
Mont Cenis-Tunnel	2	12200	1858 bzw. 1861 bis 1870	Schiefersandstein und Kalkschiefer	—	—	—	—	—	7,5 bis 9,0 *Stoßbohrmaschinen*	23,4	11,7	20,3¹)	56 *Pulver*
Gotthard-Tunnel	2	14900	1873 bis 1880	Gneisgranit und Glimmerschiefer	—	—	—	—	—					
Versuchsstollen der Gotthardbahn	—	—	—	Gneisgranit, Glimmerschiefer	—	—	—	—	—	6,0 *Handbohrung*	12,0 bis 18,4	3,6 bis 5,8	2,4 bis 3,2	18 b 27
Sonnstein-Tunnel im Zuge der Salzkammergut-Bahn	1	1430; Maschinenbohrung: 290 m	1876 bis 1877	fester massiger Dolomit und fester Kalkstein	—	—	—	—	—	6,5 *Druckwasser-Bohrmaschinen*	10,3	14,7	9,2¹) +6,0²) +10,3³)	5
Tunnel bei Altenburg im Zuge der Linie Leipzig-Hof	2	375	1877 bis 1878	Feuchter zäher Diluvialton	82,5	3,0 + 2,2¹)	—	3,0²) +2,0¹) +0,7	10,9	10,5	5,2	—	4,6²) +4,3³) +2,1	1
Stollen in ungarischen Eisensteingruben	—	—	—	Feldspat, Tonschiefer, Grünstein	—	—	—	—	—	3,8 bis 5,0				2 b 1
Förderstrecken in den Mansfelder Kupfergruben	—	—	—	festes Rotliegendes mit sehr festen Konglomeraten	—	—	—	—	—	4,0 bis 5,8	} *Maschinenbohrung*			2 b 2
Querschläge in westfälischen Steinkohlengruben	—	—	—	Kohlenschiefer, Sandschiefer und Sandstein	—	—	—	—	—	5,5 5,3 bis 8,3	}	{		1 1
Umlaufstollen der Talsperren bei a) Malter	—	200	1910 bis 1911	Dichter Biotit-Gneis	11,0 *Stoßbohrmaschinen*	10,18	4,98	1,09	16,25	6,5 *Stoßbohrmaschinen*	11,00	5,38	1,15	1
b) Klingenberg	—	172		Biotit-Gneis mit einzelnen Verwitterungsgängen	14,5 *Handbohrung*	12,11	1,32	0,76	14,19	5,7 *Handbohrung*	12,95	1,48	0,71	1
Im allgemeinen: (nach Rziha: Tunnelbau) — sehr schwer schießbar					52,0	16,00	3,7	30%	24,5	5,0	—	—	—	
schwer schießbar					52,0	8,40	2,2	25%	12,7	5,0	—	—	—	
leicht schießbar					52,0	5,80	1,1	18%	8,0	5,0	—	—	—	
gebräch					—	4,00	0,6	10%	5,0					
rollig					—	1,50	—	5%	1,6					
mild					—	0,75	—	4%	0,8					
schwimmend					—	0,50	—	2% vom Arbeitslohn	0,5					

etragen für 1 cbm Ausbruch:

im Firſtſtollen				in der Bogenausweitung oder dem Sohlvorbruch					im ſonſtigen Vollausbruch					Bemerkungen
Arbeitslohn M.	Sprengmaterialien M.	Bohrgezähekoſten M.	insgeſamt M.	Fläche qm	Arbeitslohn M.	Sprengmaterialien M.	Bohrgezähekoſten M.	insgeſamt M.	Fläche qm	Arbeitslohn M.	Sprengmaterialien M.	Bohrgezähekoſten M.	insgeſamt M.	
15,55	5,55	1,18	22,28	17,1	7,15	2,29	0,66	10,1	26,0	5,81	1,74	0,54	8,09	Schichtlohn: 3,00 M. 1 kg Dynamit: 2,00 M. 100 m Zündſchnur: 2,00 M. 100 Stück Kapſeln: 1,40 M.
10,0 + 1,7[1) + 2,5[2)	5,5	3,6[3)	23,3	14,0	5,0 + 2,9[1) + 2,4[2)	1,9	2,3[3)	14,5	25,5	3,5 + 2,9[1) + 2,4[2)	0,9	2,3[2)	12,0	[1) Berzimmerung. [2) Transport. [3) Berſchiedenes. [4) Allgemeine Inſtallationsanlagen.
				12,0	6,3 + 2,9[1) + 2,4[2)	2,3	2,3[3)	16,2						
4,4	2,02	—	6,42	2×3,4 = 6,8	7,58	0,75	—	8,33	4,4 + 2×6,3 = 17,0	2,03	0,20	—	2,23	Sohlſtollen, Maſchinenbetrieb. Geſamtkoſten der Maſchinenanlage 40 000 M., b. i. 40 M. für das m Stollen, 5,80 M. für das cbm Ausbruch.
—	—	—	—	—	—	—	—	—						[1) Beſchaffung und Unterhaltung der Bohrmaſchinenanlage (Dampfbetrieb) ohne Amortiſation. Pulver: 1,8 M./kg; Zündſchnur: 0,021 M./m.
26,2[1) + 11,5[2)	16,6	9,3[3)	63,6	Stoßbohrmaſchinen										[1) Mineure und Schütter. [2) Ingenieure, Werkmeiſter ꝛc. [3) Ausſchl. Bohrmaſchinenbeſchaffung.
—	—	—	—	Dynamit: 3,2 M./kg Zündſchnur: 0,048 M./m Zündkapſeln: 0,016 M./Stück										
Ausbeſſerungs- u. Schmierkoſten der Maſchinen- und Bohranlage. Maſchinenkoſten an Kohlen. Maſchinenkoſten an Löhnen.														Anlagekoſten der Maſchinen- u. Bohranlage 69 660 M.; Altwert 26 100 M.; demnach 150 M./m Stollen, 23,1 M. für das cbm Ausbruch.
—	—	—	—											[1) Bölzungsarbeit. [2) Koſten der Eiſenrahmen. [3) Koſten des Bölzungsholzes.
inſchl. Stellung der Luftpumpe, der Druckluftleitung, der Bohrmaſchinen, der Sprengmittel und Gezähe ſowie einſchl. der Förberung bis zur Halbe.														Geſamtkoſten der Maſchinen- und Bohranlage etwa 30 000 bis 40 000 M.
inſchl. Sprengmaterial und Gezähe ſowie einſchl. der Förderung der Berge bis zum Schacht, aber ausſchl. Stellung der Bohrmaſchinen, der Rohrleitung und der Luftpumpe.														Geſamtkoſten der Maſchinen- und Bohranlage: 50 000 M. Handbohrung: 12–32 M./cbm.
Wie vorſtehend.[1)														[1) Geſamtkoſten der Maſchinen- und Bohranlage: 30 000 M.
Wie vorſtehend, aber auch einſchl. Stellung der Bohrmaſchinen und der Rohrleitungen.														
									4,5	Stoßbohrmaſchinen 9,00	4,44	1,00	14,44	
									8,8	Handbohrung 11,56	1,22	0,79	13,57	
40,2	8,4	12,1	60,7	13,0	22,8	3,7	6,8	22,8	34,0	10,8	2,3	3,2	16,3	
20,2	4,7	5,1	30,0	13,0	11,4	2,2	2,9	16,5	34,0	5,4	1,3	1,4	8,1	
13,4	2,4	2,4	18,2	13,0	7,8	1,1	1,4	10,3	34,0	3,6	0,6	0,6	4,8	

5. Baufortschritt im Monat.

a) Stollenbauten.

Bezeichnung des Bauwerks	Baujahr	Querschnitts-abmessungen m	Länge des Tunnels m	Gebirgsbeschaffenheit	Fortschritt von einem Angriffspunkt aus in m	Bemerkungen
Firststollen des Spitz-berg-Tunnels; Pil-sen-Eisenstein	1874 bis 1877	Höhe: 2,0 Breite: 2,2	1748	Glimmerschiefer, Quarzitschiefer	16,5—22,3 (max. 32,0)	Handbohrung mit Dynamit
Sohlstollen des Tunnels bei Cochem, Moselbahn	1874 bis 1877	Höhe: 2,7 Breite: 3,5	4200	Grauwackenschiefer	76—98,5 (max. 105)	Maschinenbohrung mit Dynamit
Sohlstollen des Tunnels bei Marienthal; Altenkirchen-Au	1885 bis 1886	Höhe: 2,25 Breite: 2,35	1040	Tonschiefer	70 (max. 85)	Maschinenbohrung m. Gelatinedynamit
Sohlstollen des Mont-Cenis	1858 bis 1870	Höhe: 3,0 Breite: 3,0	12 200	Schiefersandstein und Kalkschiefer	19,2—32,5 56,5—65,4 (max. 89,2)	Handbohrung m. Pulver Maschinenbohr. „
Firststollen des St. Gotthard	1872 bis 1878	Höhe: 2,5 Breite: 2,6	14 900	Glimmerschiefer, Gneisgranit, Kalkstein	21—25 57—109 (max. 171,7)	Handbohr. mit Dynamit Maschinenbohr. „
Stollen der neueren österreichischen Alpentunnel	—	—	—	fester Kalkstein, dünnblättriger Tonschiefer mit Kalksteineinlagen, Granitgneis und Glimmerschiefer, festes Kalkgebirge, Kohlenschiefer, Granitgneis und Glimmerschiefer, Liaskalk	80—90 max. 126 20—25 max. 194 max. 139 max. 160 150—170	Handbohrung mit Dynamit (Wocheiner Tunnel) Karawanken-tunnel Maschinenbohrung mit Dynamit Tauerntunnel Wocheiner Tunnel
Sohlstollen des Albula-Tunnels	1902	6 qm Fläche	5866	harter Granit (4346 m)	5,0—7,28 m Tagesleistung	Maschinenbohrung mit Dynamit
Sohlstollen des Jeschken-Tunnels; nordböhmische Transversalbahn	1900	5,7 qm Fläche	816	Tonschiefer mit talkigen und quarzigen Einlagen	45	Handbohrung mit Dynamit
Sohlstollen des Brandleithetunnels; Eisenbahnlinie Erfurt-Ritschenhausen	1881 bis 1883	Höhe: 2,5 Breite: 2,8	3031	Konglomeratschichten des Rotliegenden, feste kristallinische und harte Hornsteinporphyrstöcke	21 60—90 (max. 144,6)	Handbohrung mit Dynamit Maschinenbohrung mit Dynamit
Sohlstollen des Altenburger Tunnels	1876 bis 1877	Höhe: 2,5 Breite: 3,0	375	Diluvialer Ton	25 (max. 38)	—
Sohlstollen des Arlberg	1880 bis 1883	Höhe: 2,5 Breite: 2,75	10 300	Glimmerschiefer	125—142 (max. 196)	Maschinenbohrung mit Dynamit
Sohlstollen des Simplon	1899 bis 1905	Höhe: 2,1 Breite: 2,4	19 770	Gneis (im größten Teil)	150 (max. 194)	Maschinenbohrung mit Dynamit
Sohlstollen des Lötschberg-Tunnels		5,9—6,6 qm 5,9—6,2 „ 5,7—6,5 „	14 536	Kristalliner Kalk Granit { Nordseite Südseite } Kristallinischer Schiefer	150—300 230—255 140—180 130—175	Maschinenbohrung mit 3—4, durchschn. 3,48 4—5, „ 4,27 4—5, „ 4,15 2—4, „ 3,73 Maschinen vor Ort

Bezeichnung des Bauwerks	Bau-jahr	Querschnitts-abmessungen m	Länge des Tunnels m	Gebirgsbeschaffen-heit	Fortschritt von einem Angriffspunkt aus in m	Bemerkungen
Firststollen des Um-laufstollen an den Talsperren bei a) Malter	1910 und	6,5 qm	200	Dichter Biotit-Gneis	27	Maschinenbohrung mit Gelatineastralit
b) Klingenberg	1911	5,7 „	172	Biotit-Gneis mit einzelnen Verwitte-rungsgängen	31,5	Handbohrung mit Ammon-Karbonit

				bei Hand-bohrung m	bei Maschi-nenbohrung m	
Bei Bearbeitung von Bauentwürfen kann ein Fortschritt zugrunde gelegt werden von etwa:			sehr fest	10—15	20—40	bei 1 Bohrmasch. vor Ort
			fest	15—25	40—80	bei gleichzeitig 2 Bohr-maschinen vor Ort
			gebräch	25—60	80—120 bis 150	bei 4 Bohrmasch. vor Ort bei bis 6 Bohrmaschinen vor Ort
			mild	10—30	—	—
			schwimmend	5—8	—	—

Im Sohlstollen des Lötschberg-Tunnels betrug der Fortschritt für jeden Angriff 1,0—1,48, im Durchschnitt 1,20 m. Die Zeit für einen Angriff schwankte zwischen 6,4 und 3,4 Stunden, wovon 2,5—1,1 Stunde auf das Bohren (bis auf 1,25 Stunde im Granit), 3,6—2,0 Stunden auf das Schuttern entfielen. Die für 1 cbm Ausbruch nötige Schutterzeit betrug 0,5—0,35, im Durchschnitt 0,45 Stunden.

b) Schachtanlagen.

Bezeichnung des Schachtes	Bau-jahr	Querschnitts-abmessungen m	Tiefe m	Gebirgs-Beschaffenheit	Fortschritt im Monat m	Bemerkungen
Hilfsschächte des Spitzberg-Tunnels	1874 bis 1875	2,1 × 6,0	112 und 128	sandiger Lehm und fauler Felsen harter Glimmer-schiefer mit Wasser	22,0 9,0—13,4	Handbohrung mit Dynamit
Hilfsschächte des Schwelmer Tunnels	1875 bis 1877	1,3 × 3,5	32	fauler Grauwacken-schiefer mit wenig Wasser desgl. m. viel Wasser (3,0 cbm/Minute) Tonboden ohne Wasser fester Kalkstein ohne Wasser	12,0 2,5 30,0 12,0	Handbohrung mit Dynamit Handbohrung mit Dynamit
Schieberschacht des Talsperrenumlaufes bei a) Malter	1910 bis	20 qm	25	Biotit-Gneis	19,5	Handbohrung mit Gelatineastralit
b) Klingenberg	1911	6,0 qm später 14,5 qm	24	Biotit-Gneis mit einzelnen Verwitte-rungsgängen	12,0	Handbohrung mit Ammon-Karbonit

				bei Hand-bohrung m	bei Maschi-nenbohrung m	
Bei Bearbeitung von Bauentwürfen kann ein Fortschritt zugrunde gelegt werden von etwa:			sehr fest	5—10	20—40	
			fest	10—15	20—40	
			gebräch	10—20	20—40	
			mild	5—10		
			schwimmend	2—5		

c) Im Vollausbruch.

Bezeichnung des Bauwerkes	Bau-jahr	Länge des Tunnels m	Gebirgsbeschaffen-heit	Fortschritt im Monat von einem An-griffspunkt aus m	Bemerkungen
Spitzberg-Tunnel; Pilsen-Eisenstein	1874 bis 1877	1748	sehr fester Glimmer-schiefer	14,2—21,6	2 Schächte
Tunnel bei Cochem, Moselbahn	1877	4200	Grauwackenschiefer	17,7	—
Tunnel bei Marienthal, Westerwald	1885 bis 1886	1040	Grauwacken- und Ton-schiefer	45,0	eingleisig
Tunnel bei Altenburg	1877 bis 1878	375	Diluvialton	6,0	0,08 bis 0,35 m im Tage
Bei Bearbeitung von Bauentwürfen kann ein Fortschritt zugrunde gelegt werden von etwa:			sehr fest fest gebräch mild schwimmend	15—25 20—30 10—15 5—10 2—5	} mit Handbohrung

d) Bei Schildbauweisen[1]).

Name des Tunnels	Lichte Weite m	Vom Schild durch-fahrene Strecke m	Höchste Vortriebs-geschwindigkeit in 24 Stunden m	Durch-schnittliche Vortriebs-geschwindigkeit in 24 Stunden m	Preis für das lfd. m M.	Bemerkungen
Düker von La Concorde	1,82	240	3,00	2,15	1450	Einschl. der Platten.
London Tower	2,00	410	2,74	2,58	530	
Düker von Clichy	2,30	470	2,50	1,80	1600	Einschl. der Schächte.
Mersey	2,74	245	2,40	1,50	—	
East River	3,10	50	—	1,22	—	
City- u. Süd-London-Bahn	3,20	400	4,80	3,52	990	
Glasgower Distriktbahn	3,35	250	—	1,00	1760	{ Nur für den nicht unter Druckluft ausgeführten Teil.
Waterloo- und Citybahn	3,70	800	—	3,05	1840	
Glasgower Hafen	4,88	215	0,90	0,60	1760	
Hudson	5,48	350	3,04	1,50	4000	
St. Clair-Fluß	6,04	915	4,67	2,32	4570	
Blackwell	7,62	940	3,81	2,50	12000	
Clichy extra muros	6,00 × 5,00	1250	9,10	5,45	—	
„ intra „	6,00 × 5,00	—	6,00	3,20	—	
Spree-Tunnel	3,75	375	2,00	1,40	—	

[1]) Handbuch der Ingenieurwissenschaften, Bd. I, Abt. V, S. 235.

6. Bölzungskosten.

a) Holzabmessungen der Zimmerung für die verschiedenen Gebirgsklassen[1]).

Bezeichnung der Hölzer	Gebirgsklasse				
	fest	gebräch	mild	rollig	schwimmend
A. Stollenzimmerung.					
Entfernung der Türstöcke von Mitte zu Mitte . . . . m	2,0	1,5	1,0	0,8	0,6
		Stärke der Hölzer in Zentimetern				
Kappen und Stempel bei einer Länge von 2,8 m	15	20	25	30	35
Sohlenschwellen bei einer Länge von 2,8 m	—	—	20	25	30
Sprengbolzen	12	12	15	18	20
B. Tunnelzimmerung.					
a) Sparrenzimmerung.					
Entfernung der Sparrenzimmer von Mitte zu Mitte m	2,0	1,5	1,2	1,0	1,0
		Stärke der Hölzer in Zentimetern				
Kappen, Sparren, Sparrenfüße, 3 m lang	20	25	30	35	40
Stroßensparren, 3 m lang	—	20	25	30	35
Obere Bocksäulen bei einer Länge von 3,5 m	25	30	35	40	45
Untere Bocksäulen bei einer Länge von 3,5 m	30	35	40	45	50
Hilfsbocksäulen bei einer Länge von 3,5 m	—	—	30	40	45
Streben bis zu 3 m	20	20	25	30	35
Mittelschwellen	30	35	40	50	60
Sohlenschwellen	—	—	30	40	45
Spreizen für die Ulmwandruten, 3 m lang	—	20	25	30	35
Kappenunterzüge, bis 8 m lang	25	25	30	35	40
Schwellenunterzüge, bis 8 m lang	25	25	30	35	40
Sparrenwandruten, bis 8 m lang	25	25	25	30	30
Ulmwandruten, bis 8 m lang	—	—	20	25	30
Sprengbolzen verschiedener Länge	15	15	20	20	25
Schubstreben 5 bis 10 m lang	30	30	35	40	40
b) Jochzimmerung.					
Freitragende Länge der Joche . . . . m	6,0	4,0	3,0	—	—
Entfernung der Joche von Mitte zu Mitte . . . . . m	1,5	1,3	1,0	—	—
		Stärke der Hölzer in Zentimetern				
Joche	30	35	35	—	—
Bolzen	20	20	25	—	—
Brustschwellen	25	30	35	—	—
Stempel	20	20	25	—	—
Schubstreben	25	30	30	—	—
C. Schachtzimmerung.					
Entfernung der Geviere von Mitte zu Mitte . . . . m	2,0	1,5	1,2	1,0	0,8
		Stärke der Hölzer in Zentimetern				
Joche und Stempel, bis 4 m lang	20	20	25	30	35
Einstriche	20	20	20	25	30
Wandruten	20	20	25	30	30
Bolzen	15	15	20	20	20
Führungslatten	$\frac{10}{12}$	$\frac{10}{12}$	$\frac{10}{12}$	$\frac{10}{12}$	$\frac{10}{12}$
Pfähle	4 bis 6 Zentimeter				

Anmerkung. Die bei der Jochzimmerung zur Anwendung kommenden Mittelgespärre zur Unterstützung der Joche sind den Bockgespärren der Sparrenzimmerung ähnlich und die entsprechenden Hölzer erhalten ähnliche Stärken.

---

[1]) Handbuch der Ingenieurwissenschaften, Bd. I, Abt. V, S. 168.

b) Die Kosten der Bölzung in zweigleisigen Tunneln[1]) betragen für 1 m Tunnel:

In höchst festem Gesteine . . . . —
„ sehr „ „ . . . . 40,00 M.
„ festem „ . . . . 100,00 „
„ gebrächem „ . . . . 200,00 „
„ mildem Gebirge . . . . 400,00 „
„ rolligem „ . . . . 1000,00 „
„ schwimmendem Gebirge . . . . 1600,00 „

Bei nicht zu schwierigem Gebirge beträgt der Holzverbrauch 7,5—8% der Ausbruchsmasse, am Tunnel bei Remsfeld der Linie Nordhausen-Wetzlar — rund 900 m
lang — stellte er sich in wenig standfestem Gebirge auf 10,86% für Auszimmerung,
5,5% für Bohlen, zusammen auf 16,36%, also bei einer Ausbruchsmasse von insgesamt
50—60 cbm auf 9 cbm Holz für das lfd. Meter Tunnel, im Richtstollen auf rund 1 cbm
für das lfd. Meter. Der neue Hauensteintunnel (zweigleisig) erfordert nach Abzug der
Wiedergewinnung 3 cbm Holz für das lfd. Meter.

Der größte Teil der Hölzer kann eine mehrmalige Verwendung finden, und zwar
kann angenommen werden, daß sich verwenden lassen:

in festem   Gebirge: die Pfähle 3 mal, die übrigen Hölzer 6 mal,
„ gebrächem   „ : „ „ 2 „ „ „ „ 5 „
„ mildem   „ : „ „ 1½ „ „ „ „ 4 „ und
„ schwimmendem   „ : „ „ 1 „ „ „ „ 3 „

Preis des Holzes durchschnittlich 40 M./cbm.

c) Kosten der Eisenrüstung im Altenburger Tunnel.

Beim Bau des 375 m langen Altenburger Tunnels, der mit Getriebezimmerung unter Verwendung eiserner Stollen- und Tunnelrahmen im zähen
Diluvialton vorzutreiben war, kostete:

1 Stollenrahmen aus Altschienen (2,6 × 3,0 im Lichten groß)
einschließlich allen erforderlichen Kleineisenzeuges (1 Stück
für das Meter Stollen) . . . . 48,32 M.

Rund- und Schnittholz für Schwellen, Lagerhölzer, Stempel,
Feldbolzen, Pfändelatten und Keile . . . . 10,30 „ ⎫ für das lfd. m
Pfosten zu Pfählen, Laufdielen, Brustverzug . . . . 34,20 „ ⎭ Stollen

1 eiserner Lehrbogen für den Vollausbau nebst allem Zubehör an Auswechselrahmen, Traversen, Schrauben usw. 2040,00 „
(8 Stück zu einem Ortvortrieb).

	für das lfd. m Tunnel	für das cbm Ausbruch
Eisenrüstung insgesamt (bei Vortrieb von 5 Orten aus)	240,00 M.	3,00 M.
Holz zum Ausbau einschl. der Schalhölzer für die Wölbung	159,00 „	2,00 „

[1]) Rziha, Tunnelbau, II. Band, S. 192.

7. Schildabmessungen und Gewichte[1]).

Bezeichnung des Schildes	Äußerer Durchmesser des Schildmantels m	Gesamtstärke m	Zahl der Mantelbleche	Längenabmessungen des Schildes Schwanz m	Rumpf m	Arbeitsraum m	Gesamtlänge m	Gesamtzahl	Druckwasserpressen Gesamtdruckkraft t	Reibungsfläche qm	Bemerkung	Gewicht des Schildes t
Düker von La Concorde . .	2,06	20	1	0,77	0,78	0,36	1,91	4	60	13,16	Vorausbruch	—
Düker von Clichy	2,56	20	1	—	—	—	1,88	6	60	13,16	„	—
Wasserleitung u. dem Mersey	3,04	19	2	1,71	0,91	0,91	3,53	10	180—700	33,70	Kein Vorausbruch	—
Gasleitung East River . .	3,35	22	2	1,07	0,10	1,12	2,29	12	540	24,09	„	12
City- und Süd-London-Bahn	3,35	25	2	0,81	0,86	0,31	1,98	6	90	20,83	Vorausbruch	—
Glasgower Distriktbahn . .	3,68	13	2	0,81	0,86	0,31	1,98	6	90	22,88	„	—
Waterloo- und Citybahn . .	3,96	13	2	0,84	0,91	0,38	2,13	7	122	26,49	„	—
Glasgower Hafen-Tunnel .	5,26	19	2	0,89	0,91	0,33	2,13	13	228	42,78	„	—
Hudson-Tunnel	6,07	32	2	1,47	1,00	1,73	3,20	16	1400	69,99	Kein Vorausbruch	80
St. Clair-Tunnel	6,56	25	1	1,22	—	3,43	4,65	24	363—1633	95,78	„	72,6
Hauptstiel Clichy intra mures	7,25	14	1	2,96	1,82	2,50	7,28	6	135—762	108,34	„	—
Blackwall-Tunnel	8,23	63	4	2,13	1,80	2,01	5,94	28	2800—4000	153,50	„	220
Waterloo-Station	7,57	—	—	1,02	1,68	0,35	3,05	22	660	72,59	„	100
Spree-Tunnel Berlin . . .	4,20	10	2	1,15	2,20	{4,70 / 1,00}	{8,05 / 4,35}	16	630	86,00	„	54
Sielbau Hamburg	3,20	24	2	1,64	1,41	2,80	5,85	8	—	58,79	„	—

8. Förderungskosten.

Die Transportkosten der Tunnelausbruchmassen sind 2—3mal so hoch als die Kosten der Massenbewegungen im Freien. Ferner betragen die Kosten der Förderung durch die Schächte etwa 1,5—2mal so viel als durch die Mundlöcher.

Für Überschläge können folgende Tabellen dienen:

a) Förderung im Stollen.

Transportweite in m	Kosten für 1 cbm in M.	Transportweite in m	Kosten für 1 cbm in M.	Transportweite in m	Kosten für 1 cbm in M.	Transportweite in m	Kosten für 1 cbm in M.
20	0,40	150	0,75	1000	1,40	2200	2,60
30	0,45	200	0,85	1100	1,50	2400	2,80
40	0,48	300	0,90	1200	1,60	2600	3,00
50	0,51	400	0,95	1300	1,70	2800	3,20
60	0,54	500	1,05	1400	1,80	3000	3,40
70	0,60	600	1,15	1500	1,90	3500	3,80
80	0,63	700	1,20	1600	2,00	4000	4,20
90	0,66	800	1,30	1800	2,20	4500	4,60
100	0,70	900	1,35	2000	2,40	5000	5,00

[1]) Handbuch der Ingenieurwissenschaften, Bd. I, Abt. 5, S. 230.

b) Förderung im Schachte¹).

Förderhöhe m	Haspelförderung 100 kg kosten zu heben Pfg.	Pferdegöpel-Förderung einspännig 100 kg kosten zu heben Pfg.	zweispännig 100 kg kosten zu heben Pfg.	Dampfmaschinen-Förderung 100 kg kosten zu heben Pfg.	Bemerkungen
15	13,8	6,2	5,0	2,8	Schichtlohn eines Arbeiters: 3 M.
30	17,0	7,0	5,6	3,6	Kosten eines Pferdes nebst Knecht:
45	20,6	8,0	6,4	4,0	8 M. für die Schicht.
60	24,4	9,0	7,4	4,6	Maschinist, Anschläger und Ab
90	32,8	12,2	8,8	6,0	schläger zusammen: 10 M. für
120	42,8	15,6	10,8	7,4	die Schicht.
150	57,8	19,2	12,6	8,6	100 kg Kohlen frei Schacht: 1,6 M.

In den vorstehenden Kosten sind die Kosten für Schmieren und kleinere Ausbesserungen der Maschinen und Fördergefäße — nicht für Beschaffung und Abschreibungen —, sowie das Weiterschaffen der Massen auf einen naheliegenden Haldensturz einbegriffen. Ist der Haldensturz jedoch so weit vom Schachte entfernt, daß zur Besorgung dieses Transportes mehr Zeit erforderlich ist als zur Aufhebung aus dem Schacht, so muß die Förderung bis zur Halde noch besonders berechnet werden.

9. Lüftung.

a) Lüftung während des Baues.

Während einer Zeit von 24 Stunden erfordert:²)

1 Arbeiter nebst Grubenlampe eine Zuführung frischer Luft von . . . . 240 cbm,

1 Pferd (das 3—4fache des Betrags für einen Menschen) . . . . 850 „

1 kg verbrauchtes Schwarzpulver . . . . 200 „

1 „   „   Dynamit . . . . 300 „

Eine Druckluftbohrmaschine liefert während der Arbeit in der Minute 2,7 bis 3,8 cbm Luft, ein Bohrhammer 0,75, eine Druckluftlokomotive 20 cbm. An der Südseite des Lötschberges wurden insgesamt durchschnittlich von den Bohrmaschinen 90—150, von den Druckluftlokomotiven 21 cbm Frischluft in der Minute abgegeben.

Bis zu etwa 3000 m Länge kann bei Verwendung von Druckluftbohrmaschinen und von Druckluftlokomotiven die auspuffende Luft zur Leistung genügen.

Bei Tunneln, die mit Druckluftbohrmaschinen vorgetrieben wurden, ist außerdem an Frischluft zugeführt worden:

Am Gotthard (14 944 m lang, 1706 m größte Überlagerungshöhe, 31° C größte Gesteinswärme): 90 cbm/Minute;

am Arlberg (10 240 m lang, 720 m größte Überlagerungshöhe, 18,5° C größte Gesteinswärme): anfangs 180, später bis 360 cbm/Minute;

am Lötschberg (14 536 m lang, 1569 m größte Überlagerungshöhe, 34° C größte Gesteinswärme): anfangs 20, später bis 280 cbm/Minute;

am Bosrück: Nordseite 150, Südseite bis 350 cbm/Minute.

---

¹) Handbuch der Ingenieurwissenschaften, Bd. I, Abt. V, S. 151.

²) Ebd. S. 331.

Auch bei den ohne Anwendung von Preßluft vorgetriebenen Tunneln schwankt die Luftzuführung von 150 cbm/Minute (Wocheiner Tunnel) bis 420 cbm/Minute (Tauerntunnel). Am Simplon (19770 m lang, 2135 m größte Überlagerungshöhe, 52° C größte Gesteinswärme) wurden bis 3400 cbm/Minute zugeführt.

b) Lüftung im Betrieb befindlicher Tunnel.

α) Lüftung des Severntunnels[1]).

Der Severntunnel liegt im Zuge der zweigleisigen Hauptstrecke der Westbahn von London nach Wales, er ist 7 km lang, besitzt an seinen Enden Steigungen von 10—11,1‰ und liegt in seinem mittleren Teile wagrecht.

Die Lüftung wird durch einen Absauger Guibalscher Bauart bewirkt, der 2600 m von dem einen Tunnelende in einem 5,5 m weiten Schachte steht und in der Sekunde 185,5 cbm Luft — 104 von der Nordseite, 81,5 von der Südseite — bei einem Querschnitt des Tunnels von 47,5 qm mit einer Geschwindigkeit von 2,5 m/Sekunde auf der Nordseite, 1,95 m auf der Südseite fördert.

Die Gesamtbaukosten der Anlage stellten sich auf:

3 Kessel	24 000 M.	⎫
Kesselhaus	16 000 „	⎪
Dampfmaschinen und Luftsauger .	25 600 „	⎬ zusammen 88 000 M.
Übertragungen	6 400 „	⎪
Maschinenhaus	16 000 „	⎭

Die jährlichen Betriebskosten berechnen sich zu:

Tilgung und Zinsen des Anlagekapitals (10% von 56 800 M. und 5% von 32 000 M.) . . . . 7 200 M.,
für 3 Maschinisten und 3 Heizer bei 8stündigem Dienst . . . . 10 868 „
„ Kohlen (1035 t zu 10 M.) . . . . 10 350 „
„ Aufsicht, allgemeine Ausgaben usw. . . . . 2 120 „

zusammen: 30 538 M.,

oder 84 M. für den Tag entsprechend, bei 158 Zügen täglich, einem Aufwand von 0,52 M. für jeden Zug.

β) Lüftung des Gotthardtunnels.[2])

Die Bauanlage zur Lüftung des Gotthardtunnels nach Saccardos Verfahren mit eingepreßter Luft hat ohne die Anlage für die Beschaffung der Betriebskraft einen Aufwand von 145 000 M. verursacht.

---

[1]) Handbuch der Ingenieurwissenschaften, Bd. I, Abt. V, S. 345.
[2]) Ebd. S. 346.

10. Installationen.

Bezeichnung des Tunnel- oder Stollenbaues	Bauzeit	Länge m	Anzahl der Bohrmaschinen vor jedem Ort	Art der Anlage	Kosten der Installationen insgesamt M.	für 1 m Länge M.
Sonnstein-Tunnel	1876 bis 1877	1430 290 m mit Maschinen von 2 Angriffsstellen aus aufgefahren	1 Druckwasser-Bohrmaschine	Bauplatz und Maschinenhaus . 3 870 M. Dampfkessel, Vorwärmer, Lokomobile, Druckpumpen, Kraftsammler, Kreiselpumpen, Drehbank, Werkzeuge, Aufstellung 25 020 „ 4 vollständig ausgerüstete Druckwasser-Bohrmaschinen . . . 21 330 „ Druckwasser- und Luftleitungen 12 330 „ Fracht, Zoll, Besoldungen . . 7 110 „ Nach Abzug des Altwertes der Maschinen	69 660 43 560	240 150
Tunnel bei Marienthal	1885 bis 1886	1040 nur von einer Seite aus aufgefahren	2, ausnahmsweise 3	Maschinenanlage einschließlich Stoßbohrmaschinenbeschaffung; Betrieb nur von einer Seite	40 000	40
Arlberg-Tunnel	1880 bis 1883	10 270	Westseite: 4 Druckwasserbohrmaschinen; Ostseite: 6—8 Preßluft-Stoßbohrmasch.	Gesamtkosten der Installationen . . . . davon auf der Ostseite . . 1 137 120 M. die sich verteilen auf: Werkplätze und Wege . . 32 850 „ Kraftbeschaffung . . . . 287 700 „ maschinelle Einrichtung . . 662 970 „ Wohn- und Kanzleigebäude, Arbeiterhäuser, Werkstätten, Maschinenhaus . . . . . . 203 600 „	2 611 666	256
Tunnel bei Cochem	1874 bis 1877	4200	6 Preßluft-Stoßbohrmaschinen	Zurichtung der Baustelle, Lagerplätze, Materialschuppen, Baubuden . Anlagen zum Betrieb der Stoßbohrmaschinen und zur Lufterneuerung . Beschaffung der Transportmittel und Gleise . . . . Antransportkosten . . . . Insgesamt . . . . nach Abzug des Altwertes der Anlagen im Betrage von etwa 300 000 M. . . .	48 500 511 300 608 600 322 700 1 491 100 1 191 100	12 122 145 77 356 284
Simplon-Tunnel	1898 bis 1905	19 770	2—3 Druckwasserbohrmaschinen	Gesamtkosten der Installationen . . .	5 600 000	283
—	—	—	—	Die Installationsanlagen langer Tunnel kosten je nach Kraftbeschaffung, Gebirgsbeschaffenheit und allgemeiner Lage	—	240—320
Mansfelder Kupferschiefer bauende Gewerkschaft	1883 bis 1889	—	4 Preßluft-Stoßbohrmaschinen	Gesamtkosten der Maschinenanlage für die Stoßbohrung der Querschläge und Förderstreben, also Maschinenanlage, Dampfkessel, Luftpumpe, Luftbehälter, Druckfäulen für jede Grube je	50 000	—
Steinkohlengrube Mansfeld im westfäl. Kohlenrevier	1890 bis 1891	—	4 dgl.	Kosten der Maschinenanlage: Luftpumpe, Luftbehälter, Druckluftleitung, Stoßbohrmaschinen, Bohrfäulen, ohne Dampfkessel	35 000	—
Ungarische Eisensteingruben bei Krompach und Markusfalva	1896 bis 1899	—	2 ausnahmsweise 3 dgl.	Gesamtkosten der Maschinenanlage: Lokomobile, Elektromotor, Luftpumpen, Luftbehälter, Druckluftleitung, Stoßbohrmaschinen, Bohrfäulen; bei 2 gleichzeitig in Angriff genommenen Vortrieben . . . . bei 1 Vortrieb	40 000 30 000	—

Höchstverbrauch an Druckluft für jede Bohrmaschine: 2,7—3,8 cbm in der Arbeitsminute, entsprechend etwa 16—23 Pferdekräften.

Höchstverbrauch an Druckwasser für jede Bohrmaschine: 2 cbm in der Stunde.

Elektrische Stoßbohrmaschinen erfordern etwa 2—4 Pferdekräfte für jede Maschine.

11. Tunnelauskleidung.

a) Abmessungen der Tunnelmauerung.

α) Bei zweigleisigen Tunneln:[1]

Art der Wölbung	Art des Mauerwerkes	Verkleidungsmauerung in festem u. sehr festem Gebirge m	Gebräches Gestein m	Mildes Gestein m	Rolliges und schwimmendes Gebirge m	Bemerkungen
Gewölbe und gekrümmtes Widerlager	Eisenbeton *)	0,15	0,25—0,40	0,60—0,90	—	*) Teils mit Rundeisen, bei größeren Stärken auch mit Profileisen-Einlagen.
	Quader	0,30	0,50—0,65	0,75	1,00	In den Druckstrecken des Gotthardtunnels und des Karawankentunnels sind die Quaderringe bis 1,50 m stark notwendig geworden, an der Südseite des Simplon bis 1,67 m.
	Betonsteine	0,30	0,50—0,65	0,75	1,00	
	Beton	0,30	0,50—0,65	0,75—1,00	—	
	Haustein	0,40	0,55—0,75	1,00	1,10	
	Klinker	0,45	0,70—0,90	—	—	
	Moëllons (gespitzte Bruchsteine)	0,50	0,70—0,95	—	—	
	ausgezeichnete Bruchsteine	0,55	0,75—1,00	—	—	
	gewöhnl. lagerhafte Bruchsteine	0,65	0,95—1,20	—	—	
Sohlengewölbe	Quader	—	0,30—0,50	0,65	0,75	
	Betonsteine	—	0,30—0,50	0,65	0,75	
	Haustein	—	0,40—0,55	0,75	—	
	Beton	—	0,45—0,60	0,80	—	
	Klinker	—	0,45—0,70	—	—	
	Moëllons (gespitzte Bruchsteine)	—	0,50—0,70	—	—	
	ausgezeichnete Bruchsteine	—	0,55—0,75	1,00	—	
	gewöhnl. lagerhafte Bruchsteine	—	0,65—0,95	—	—	

Bei dem Bau württembergischer Bahnstrecken erhielt die Tunnelmauerung bei Herstellung in Beton die nachstehend angegebenen Abmessungen[2]:

	Druckfrei und trocken m	Geringer Druck und günstige Steinschichtung m	Geringer Druck, trocken, aber wenig guter Felsen m	Stärkere und nasse Druckstellen; Felsen auf Widerlagshöhe fest m	locker m	Starker Druck und naß; Felsen auf Widerlagshöhe fest m	locker m	Bemerkungen
Widerlager . .	0,40	0,40	0,60	0,40	0,60	0,50	0,75	Gründung mit Stampfbeton 1:10; in druckfreiem Gebirge auch die Widerlager aus Stampfbeton 1:7. Sonst wurden Betonsteine — Mischung 1:6 oder 1:7 — verwendet.
Gewölbe am Widerlager .	0,50	0,60	0,60	0,60	0,60	0,75	0,75	
Gewölbe am Scheitel . . .	0,45	0,50	0,50	0,50	0,50	0,60	0,60	

[1] In der Hauptsache aus Rziha, Tunnelbau, II. Band, S. 297.
[2] Deutsche Bauzeitung 1895, S. 453.

β) Für eingleisige Tunnel (Tunnelnormalien der österreichischen Staatseisenbahnen)[1].

Profil Nr.	Gewölbe- stärke	Stärke des Widerlagers			Stärke des Sohl- gewölbes	Einheitspreis für das lfd. m Tunnelröhre beim Bau der Linie Teplitz- Reichenberg	Bemerkungen
		3,00 m	2,40 m	0,50 m			
		über Schwellenoberkante gemessen					
	m	m	m	m	m	M.	
3 ⎱ Verkleidungs-	0,40	0,40	0,40	0,44	—	670	Der Einheitspreis für das lfd. m Tunnelröhre umfaßt das Stollentreiben, den Ausbruch, die Zimmerung, die Förderung, die Mauerung, die Zurichtung und Betonierung der Sohle, sowie die Ausführung des Sohlkanales.
4 ⎰ profile	0,40	0,55	0,70	1,29	—	760	
5 ⎱ Profile für	0,50	0,65	0,80	1,39	0,45	825 825 / 880	ohne ⎱ Sohlgewölbe mit ⎰
6 ⎰ leichten Druck	0,55	0,70	0,85	1,44	0,45	840 / 900	ohne ⎱ „ mit ⎰
7 ⎱ Profile	0,65	0,80	0,95	1,54	0,45	950	ohne Sohlgewölbe
8 ⎟ für	0,65	0,80	0,95	1,54	0,45	1000	mit „
9 ⎟	0,75	0,90	1,05	1,64	0,55	1030	ohne „
10 ⎰ starken Druck	0,75	0,90	1,05	1,64	0,55	1100	mit „

b) Größen der Ausbruchs- und Mauerwerksflächen[2].

Eingleisiges Profil: 5,65 m lichte Höhe über Schienenoberkante und 5,0 m größte lichte Breite,

Zweigleisiges Profil: 6,1 m lichte Höhe über Schienenoberkante und 8,2 m größte lichte Breite.

1. Eingleisige Tunnel.

α) ohne Sohlengewölbe:

Gewölbstärke im Scheitel	Fläche des Aushubes	Fläche des Mörtel- mauerwerkes
0,50 m	35,3 qm	8,6 qm
0,60 „	37,1 „	10,4 „
0,75 „	39,8 „	13,1 „
0,90 „	42,7 „	16,0 „
1,00 „	44,6 „	17,9 „

β) mit Sohlengewölbe:

Gewölbstärke im Scheitel	Sohlengewölb- stärke	Fläche des Aushubes	Fläche des Mörtel- mauerwerkes
0,50 m	0,40 m	40,97 qm	12,71 qm
0,50 „	0,50 „	41,03 „	12,77 „
0,60 „	0,40 „	42,79 „	14,50 „
0,60 „	0,50 „	42,84 „	14,55 „
0,60 „	0,60 „	43,08 „	14,79 „

[1] Schweizerische Bauzeitung 1901, S. 255.   [2] Rziha, Tunnelbau, II. Bd., S. 556 u. f.

Gewölbstärke im Scheitel	Sohlengewölb-stärke	Fläche des Aushubes	Fläche des Mörtel-mauerwerkes
0,75 m	0,40 m	45,54 qm	17,23 qm
0,75 „	0,50 „	45,58 „	17,27 „
0,75 „	0,60 „	45,83 „	17,52 „
0,75 „	0,75 „	46,14 „	17,82 „
0,90 „	0,40 „	48,35 „	20,01 „
0,90 „	0,50 „	48,41 „	20,07 „
0,90 „	0,60 „	48,65 „	20,31 „
0,90 „	0,75 „	49,20 „	20,86 „
0,90 „	0,90 „	49,81 „	21,47 „
1,00 „	0,40 „	50,48 „	22,12 „
1,00 „	0,50 „	50,53 „	22,17 „
1,00 „	0,60 „	50,77 „	22,40 „
1,00 „	0,75 „	51,32 „	22,96 „
1,00 „	0,90 „	51,91 „	23,55 „

2. Zweigleisige Tunnel.

α) ohne Sohlengewölbe:

Gewölbstärke im Scheitel	Fläche des Aushubes	Fläche des Mörtel-mauerwerkes
0,50 m	58,7 qm	10,0 qm
0,60 „	60,8 „	13,0 „
0,75 „	64,0 „	16,5 „
0,90 „	67,1 „	19,2 „
1,00 „	69,5 „	20,7 „

β) mit Sohlengewölbe:

Gewölbstärke im Scheitel	Sohlengewölb-stärke	Fläche des Aushubes	Fläche des Mörtel-mauerwerkes
0,50 m	0,40 m	68,30 qm	15,95 qm
0,50 „	0,50 „	68,84 „	16,49 „
0,60 „	0,40 „	70,37 „	17,99 „
0,60 „	0,50 „	70,84 „	18,46 „
0,60 „	0,60 „	71,42 „	19,04 „
0,75 „	0,40 „	73,78 „	21,47 „
0,75 „	0,50 „	74,25 „	21,94 „
0,75 „	0,60 „	74,82 „	22,51 „
0,75 „	0,75 „	75,76 „	23,44 „
0,90 „	0,40 „	77,11 „	24,74 „
0,90 „	0,50 „	77,57 „	25,21 „
0,90 „	0,60 „	78,12 „	25,76 „
0,90 „	0,75 „	79,06 „	26,69 „
0,90 „	0,90 „	80,12 „	27,76 „
1,00 „	0,40 „	79,72 „	27,25 „
1,00 „	0,50 „	80,16 „	27,69 „
1,00 „	0,60 „	80,75 „	28,28 „
1,00 „	0,75 „	81,67 „	29,19 „
1,00 „	0,90 „	82,69 „	30,24 „

c) Annähernde Kosten eines Kubikmeters Tunnelmauerwerk.

Für je 2 Maurer nebst der erforderlichen Anzahl Handlanger — je nach den örtlichen Verhältnissen, den in Frage kommenden Transportweiten für Mörtel und Steinen usw. 1—5 Mann — kann als Leistung in 12 stündiger Schicht durchschnittlich gerechnet werden:

bei Bruchsteinmauerwerk . . . . 0,8 cbm
„ Quadermauerwerk . . . . 1,0 „
„ Ziegelmauerwerk . . . . 1,4 „

1. Aus lagerhaften Bruchsteinen[1].

1,33 cbm Bruchsteine, je 6,00 M.	7,98 M.
0,33 cbm hydr. Mörtel, je 12,00 M. (ohne Bereitung) . . .	3,96 „
Gewölbrüstung und Schablonen, einschl. Material und Arbeit	2,25 „
Nägel und Klammern	0,25 „
Versetzen, Mörtelbereiten, Transport	4,50 „
Nasse Hintermauerung, einschl. Material	2,50 „
Auswechselung der Bölzung, einschl. Material	2,50 „
Ausfugen und Drains	1,50 „
Geräte und insgemein	1,56 „
Kosten für 1 cbm:	27,00 M.

2. Aus Moëllons (gespitzten Bruchsteinen)[1].

1,5 cbm Bruchsteine, je 6,00 M.	9,00 M.
1,0 „ desgl. zu bearbeiten	1,45 „
0,3 „ hydr. Mörtel (ausschl. Bereitung), je 12,00 M. . . .	3,60 „
Gewölbausrüstung und Schablonen, einschl. Material und Arbeiten	2,25 „
Nägel und Klammern	0,25 „
Versetzen, einschl. Mörtelbereiten und Transport	5,70 „
Nasse Hintermauerung, einschl. Transport, Steine und Mörtel	2,50 „
Auswechseln der Bölzung, einschl. Material	2,50 „
Ausfugen und Drains	1,25 „
Geräte und insgemein	1,50 „
Kosten für 1 cbm:	30,00 M.

3. Aus Klinkern[1].

420 Stück Klinker (davon 20 Stück Bruch), für 1000 Stück einschl.

Anfuhr und Aussuchen = 60,00 M.	25,20 M.
Mörtel, Rüstung, Nägel, Klammern (wie 1)	2,50 „
Versetzen, einschl. Mörtelbereitung und Transport	6,50 „
Nasse Hintermauerung, einschl. Transport der Materialien . .	2,50 „
Auswechseln der Bölzung, einschl. Material	2,50 „
Ausfugen und Drains	1,25 „
Geräte und insgemein	1,55 „
Kosten für 1 cbm:	42,00 M.

---

[1] Rziha, Tunnelbau, II. Bd., S. 314 u. f.

4. Aus Stampfbeton (1:4:6).

175 kg Zement beschaffen und anliefern, je 0,04 M.	7,00 M.
0,50 cbm Kiessand desgl. „ 6,00 „	3,00 „
0,75 „ Klarschlag desgl. „ 8,50 „	6,38 „
1,00 „ Beton zur Verwendungsstelle fördern, mischen u. einstampfen	8,50 „
Gewölbrüstung und Schalung, einschl. des Umbauens	6,00 „
Putz und Gewölbeentwässerung	6,00 „
Geräte und insgemein	2,12 „
Kosten für 1 cbm:	39,00 M.

5. Aus Hausteinen[1]).

0,75 cbm Haustein, je 20,00 M.	15,00 M.
0,33 „ Bruchsteine zur Ausfüllung, je 6,00 M.	1,98 „
0,75 „ Haustein schablonenmäßig auf 5 Seiten abzuarbeiten, je 10 M.	7,50 „
0,25 „ Zementmörtel, je 30,00 M.	7,50 „
Versetzen des Haussteinmauerwerks, einschl. Mörtelbereiten u. Transport	7,25 „
Gewölbausrüstung und Schablonen, einschl. Material	2,25 „
Nägel und Klammern	0,25 „
Nasse Hintermauerung, einschl. Material	3,00 „
Auswechslung der Zimmerung, einschl. Material	3,00 „
Ausfugen und Drains	1,00 „
Geräte und insgemein	2,27 „
Kosten für 1 cbm:	51,00 M.

6. Aus Betonsteinen.

1,00 cbm Betonsteine, einschl. Transport	29,00 M.
0,15 „ Zementmörtel, je 30,00 M.	4,50 „
1,00 „ Betonsteine zu versetzen	7,00 „
Schablonen und Gewölbrüstung	2,25 „
Nägel und Klammern	0,25 „
Auswechseln der Zimmerung, einschl. Material	3,00 „
Ausfugen	1,50 „
Geräte und insgemein	2,50 „
Kosten für 1 cbm:	50,00 M.

7. Aus Quadern[1]).

1,00 cbm Quader, einschl. Transport	35,00 M.
0,15 „ Zementmörtel, je 30,00 M.	4,50 „
1,00 „ Quader schablonenmäßig zu bearbeiten	15,00 „
1,00 „ Quader zu versetzen, einschl. Transport und Mörtelbereiten	8,00 „
Schablonen und Gewölbrüstung	3,00 „
Nägel und Klammern	0,25 „
Nasse Hintermauerung, einschl. Material	4,00 „
Auswechseln der Zimmerung, einschl. Material	4,00 „
Ausfugen und Drains	1,25 „
Geräte und insgemein	3,00 „
Kosten für 1 cbm:	78,00 M.

---

[1]) Rziha, Tunnelbau, II. Bd., S. 314 u. f.

53*

8. Aus Eisenbeton (1 : 3 : 3) (als Verkleidung).

300 kg Zement beschaffen und anliefern, je 0,04 M.	12,00 M.
0,65 cbm Kiessand desgl. „ 6,00 „	3,90 „
0,65 „ Feinschlag desgl. „ 9,00 „	5,85 „
1,00 „ Beton zur Verwendungsstelle fördern, mischen und einstampfen	12,00 „
60 kg Rundeiseneinlagen beschaffen, anliefern u. verlegen je 0,40 M.	24,00 „
Gewölberüstung und Schalung, einschl. des Umbauens	6,00 „
Putz und Gewölbeentwässerung	6,00 „
Geräte und insgemein	3,25 „
Kosten für 1 cbm:	73,00 M.

In stützenden Eisenbetonkonstruktionen betragen die Eiseneinlagen, die dann meist als Eisenrippen auszubilden sind, je nach der Art des jeweilig vorliegenden Falles 2—40% des gesamten Gewichtes.

Anmerkung zu 4. Bei dem Bau von Tunneln an württembergischen Bahnstrecken kostete ein Kubikmeter Stampfbeton 1 : 7 der Widerlager in druckfreiem Gebirge: 23,50 M.; bei dem Bau der Umlaufstollen an der Talsperre

a) bei Malter: 1 cbm Betonverkleidung 1 : 3 : 6 (3,3 cbm auf 1 m Länge), im Mittel 0,5 stark . . . . 37,0 M.
 1 qm 2 cm starker Putz der Innenflächen 1 : 2 . . . . 2,80 „
b) bei Klingenberg: 1 cbm Betonverkleidung 1 : 3 : 6 (5,2 cbm auf 1 m Länge) 0,3—0,7 stark . . . . 31,0 „
 1 qm 2 cm starker Putz: 1 Zement, ½ Kalk, 2 Sand . . . . 2,50 „

Anmerkung zu 6. Bei dem Bau von Tunneln an württembergischen Bahnstrecken kosteten Betonsteine 26,00 bis 30,00 M./cbm bei einer Portlandzementmischung 1 : 6, 23,00 bis 27,00 M./cbm bei einer Mischung 1 : 7. Vermauert kostete

1 cbm Widerlagsmauerwerk aus solchen Steinen: 46,30 M.,
1 „ Gewölbemauerwerk „ „ „ : 47,80 „

d) Kosten der Mauerung für 1 m Länge eines zweigleisigen Tunnels.

Stärke der Mauerung	Die Mauerung enthält für 1 m Tunnellänge cbm	Kosten für 1 m in Mark						
		Lagerhafte Bruchsteine 27 M. pro cbm	Moëllons (gespitzte Bruchsteine) 30 M. pro cbm	Stampfbeton 39 M. pro cbm	Klinker 42 M. pro cbm	Betonsteine 50 M. pro cbm	Hausstein 51 M. pro cbm	Quader 78 M. pro cbm
0,30 m starke Tunnelmauerung ohne Sohlengewölbe . . .	6,5	—	—	255	—	325	—	510
0,40 m desgl.	8,0	—	—	310	—	400	—	625
0,50 m „	10,0	—	300	390	420	500	510	780
0,55 m „	11,5	—	350	450	480	575	590	900
0,60 m „	13,0	350	390	510	550	650	660	1010
0,65 m „	14,2	380	430	550	600	710	720	1110
0,70 m „	15,4	420	460	600	650	770	790	1200
0,75 m „	16,5	450	500	645	700	825	840	1290
0,80 m „	17,5	470	530	680	740	875	890	1370
0,85 m „	18,4	500	550	720	770	920	940	1440
0,90 m „	19,2	520	580	750	810	960	980	1500

Stärke der Mauerung	Die Mauerung enthält für 1 m Tunnellänge cbm	Kosten für 1 m in Mark						
		Lagerhafte Bruchsteine 27 M. pro cbm	Moëllons (gespitzte Bruchsteine) 30 M. pro cbm	Stampfbeton 39 M. pro cbm	Klinker 42 M. pro cbm	Betonsteine 50 M. pro cbm	Haustein 51 M. pro cbm	Quader 78 M. pro cbm
0,95 m starke Tunnelmauerung ohne Sohlengewölbe . . .	20,0	540	600	780	840	1000	1020	1560
1,00 m desgl.	20,7	560	620	810	870	1035	1060	1620
0,60 m Tunnelmauerung mit 0,50 m starkem Sohlbogen .	18,5	500	560	720	780	925	950	1450
0,75 m Tunnelmauerung mit 0,60 m starkem Sohlbogen .	22,5	610	680	880	950	1125	1150	1760
1,00 m Tunnelmauerung mit 0,75 m starkem Sohlbogen .	29,2	790	880	1140	1230	1460	1490	2280

e) Abmessungen und Gewichte eiserner Tunnelverkleidungen[1].

Name des Tunnels	Äußerer Durchmesser m	Länge der Tunnelringe cm	Bogenstücke		Breite des Schlußstücks cm	Wandstärke der Tunnelauskleidung mm	Flanschen		Gewicht der Tunnelverkleidung für das m kg
			Zahl	Breite m			Höhe cm	Stärke mm	
Kanalisation Glasgow . .	1,41	45,7	5	0,80	—	19	9,5	—	—
Düker La Concorde . · .	2,00	50,0	4	1,20	28	20	9,0	23	1 332
London Tower	2,13	45,7	3	2,00	28	—	6,0	23	1 418
Düker von Clichy	2,50	50,0	5	1,40	24	25	10,0	25	2 162
Mersey	3,05	45,7	10	0,91	25	42	15,5	42	4 556
East River	3,30	40,6	9	0,91	20	32	10,0	32	3 500
City- u. Süd-London-Bahn .	3,43	50,8	6	1,64	23	22	11,5	30	2 800
Glasgow-Distriktbahn . .	3,66	45,7	9	1,25	23	25	15,5	25	3 334
Waterloo- und Citybahn .	3,96	50,8	7	—	—	22	13,0	30	3 460
Glasgow-Hafen	5,18	45,7	13	1,23	27	25	15,0	—	6 781
Edinburg	5,34	45,7	14	1,34	23	44	18,0	36	10 551
Hudson	5,94	45,7	9	—	—	32	23,0	38	9 519
St. Clair-Tunnel	6,40	46,3	13	1,52	25	51	18,0	60	13 900
Waterloo-Station	7,47	45,7	14	—	—	—	23,0	—	—
Blackwall	8,23	76,0	14	—	—	51	30,5	64	22 000
Spree-Tunnel	4,00	{65,0 / 50,0}	9	1,37	—	10	10,0	10	4 800

f) Schachtverkleidungen.

An dem 25 m tiefen Schieberschacht des Umlaufstollens für die Talsperre bei Malter kostete:

1 cbm Beton 1 : 3 : 4: 39,0 M.; der Holzeinbau, bezogen auf 1 cbm Beton: 7,50 M., zusammen also 1 cbm Beton: 46,50 M.; 1 qm 2 cm starker Putz der Innenflächen, 1 : 2: 2,80 M. und dementsprechend 1 fallendes m rechteckiger, 3,0 × 4,0 m großer, durchschnittlich 0,5 m mit Beton verkleideter Schacht: 8,0 × 46,5 + 14.2,80 = 411,2 M.

---

[1] Handbuch der Ingenieurwissenschaften, Bd. I, Abt. V, Seite 232.

Die gleiche 24 m tiefe Schachtanlage des Umlaufstollens für die Talsperre bei Klingenberg verursachte an Kosten:
1 cbm Beton einschl. Holzeinbau: 46,0 M.; 1 qm 2 cm starker Putz der Innenflächen im Mischungsverhältnis 1 Zement, ½ Kalk, 2 Sand: 2,50 M.; 1 fallendes m elliptischer Schacht, 3,2 m breit, 4,2—6,0 m lang, im Mittel 0,65, mindestens aber 0,3 m stark mit Beton verkleidet, im Mittel: $8,0 \cdot 46,0 + 14,5 \cdot 2,5 = 404,25$ M.

12. Tunnelportale.

Die Kosten der Tunnelportale betragen je nach der Gebirgsart, der Masse des Mauerwerks und der architektonischen Ausschmückung:

bei eingleisigen Tunneln 4000 bis 10 000 M.,
„   zweigleisigen   „   6000 „ 15 000 „
„   reicherer architektonischer Ausschmückung bis 24 000 M. für jedes Portal.

So kostet

1. an den eingleisigen Tunneln:
   a) der Bahnlinie Teplitz—Reichenberg:
      ein Kranzportal (3 m lang) . . . . 3 700 M.,
      „ Stirnportal (mit Ansatz für die Böschungsflügel, aber ohne dieselben) . . . . 5 800 „
   b) der Strecke Chemnitz-Wechselburg:
      ein Stirnportal . . . . je 6000, 7700 und 10 300 „
      unter gleichzeitiger Überführung einer Straße über das Tunnel-
      ende . . . . 17 300 „
2. an den zweigleisigen Tunneln:
   a) der Strecke Nordhausen—Wetzlar ein Portal
      5 000 bis 7 500 M. im Kalkstein,
      9 500 „ 11 500 „ „ Buntsandstein und Kalkmergel,
      12 000 „ 14 000 „ „ Schieferton (hoher Preis durch Rutschungen veranlaßt),
   b) am Tunnel bei Niederschlema (Linie Zwickau—Schwarzenberg):
      9000 M. im festen, dichten Hornblendeaugitschiefer,
   c) am Tunnel bei Altenburg (Linie Leipzig—Hof):
      24 170 M. im zähen schwarzen Diluvialton.

13. Gesamtkosten.

a) Überschlägige Kosten.

1. Zwei eingleisige Tunnel kosten etwa 120—160%, im Mittel 130—140%, bei langen Tunneln 120% eines zweigleisigen Tunnels. Bei langen Tunneln steigen die Kosten in jedem Kilometer um etwa 5% gegen die im vorhergehenden Kilometer.

Sie betragen bei langen Tunneln, wenn k in Mark die Kosten für 1 m Tunnel, L die Länge des Tunnels in Kilometer bedeutet: $K = k + (L - 1) 80$ in Mark für 1 m.

2. Sejourné[1]) hat für festes Gestein (wenigstens 2,00 M. Lösepreis), dessen Löse=kosten im offenen Einschnitt P Mark betragen, ermittelt, daß die Gesamtkosten einschließlich der Ausmauerung für ein Kubikmeter Lichtraum der fertigen Tunnelröhre sich bestimmen zu:

	für eingleisige Tunnel	für zweigleisige Tunnel
bei 0,4 m starker Kappe aus lagerhaften Bruchsteinen, Ulmen frei	$5{,}1 + 6{,}4 \cdot P$	$4{,}0 + 5{,}0 \cdot P$
„ Kappe wie vorher, Ulmen 0,4 m stark mit gewöhn= lichem Mauerwerk verkleidet	$7{,}5 + 7{,}0 \cdot P$	$5{,}7 + 5{,}4 \cdot P$
„ 0,6 m starker Kappe aus auf 0,3 m Tiefe keilförmig bearbeiteten Bruchsteinen und Ulmen, die 0,6 m stark in gewöhnlichem Bruchsteinmauer= werk verkleidet sind	$8{,}8 + 8{,}0 \cdot P$ M.	$6{,}8 + 6{,}2 \cdot P$ M.

3. Nach anderen französischen Ausführungen finden sich die Kosten von zwei=gleisigen Tunneln zu:

α) Ausbruchskosten.

Lfd. Nr.	Gebirgsart	Mittlerer Preis		Geringster	Höchster
		des Aus= bruchs für 1 obm M.	des Meter Tunnel im ganzen M.	Preis im ganzen für 1 m	M.
1	Granit, Gneis	16—20	1314	806	2498
2	Schiefer, Sandstein	7—8	990	566	1327
3	Trias	7—8	1192	1152	1225
4	Jurakalk	6—7	1042	462	2062
5	Kreide	3—4	782	360	1222
6	Tertiär	2—3	1390	716	2471

β) Mauerwerkskosten.

Lfd. Nr.	Gebirgsart	Kosten für 1 obm Mauerwerk		
		geringste	größte	mittlere
		Mark		
1	Schiefer, Sandstein	16	18	17
2	Jurakalk	18	24	22
3	Kreide	22	25	23
4	Tertiär	20	32	26

---

[1]) Annales des ponts et chaussées, 1879, II.

4. **Rziha** gibt als überschlägige Kosten für 1 m zweigleisiger Tunnel die nach-folgenden Werte.

α) Tunnel, durchweg zu schießen, ohne Zimmerung und Mauerung:

1. Tunnel in massigem Sandstein	800,00	M.
2. „ „ „ Kalkstein	900,00	„
3. „ „ geschlossenem Rotliegenden	1000,00	„
4. „ „ geschlossener Grauwacke	1300,00	„
5. „ „ massigem Eruptivgestein	1500,00	„

β) Tunnel, bei welchen das Gestein noch durchweg geschossen werden muß, aber schon teilweise leichte Zimmerung und desgl. Blendmauerung nötig ist . . . . 1300,00 „

γ) Tunnel desgl., aber durchweg mit leichter Mauerung . 1500,00 „

δ) Tunnel in teilweise zu schießendem Gesteine, mit kräftiger Bölzung, sowie mit durchgehendem u. stärkerem Mauerwerk 1600,00 „

ε) Tunnel, welche fast ohne Sprengarbeit ausgegraben, je-doch durchgehends mit starkem Mauerwerk und teilweise mit Sohlengewölbe versehen werden müssen . . . . . 1800,00 „

ζ) Tunnel ohne Sprengarbeit, aber unter starkem Druck und vorwiegend mit Sohlengewölbe . . . . 2000,00 „

η) Tunnel unter schwierigen Terrainverhältnissen und mit durchgehendem Sohlengewölbe . . . . 2500,00 „

Hiernach kann angenommen werden:

a) Zweigleisige Tunnel ohne Wölbung (leichtes Gestein) .	800,00	M.
b) „ „ mit teilweiser leichter Wölbung . .	1200,00	„
c) „ „ „ durchgehender Wölbung . . .	1600,00	„
d) „ „ teilweise mit Sohlengewölbe . . .	2000,00	„
e) „ „ durchgehends mit Sohlengewölbe .	2400,00	„

b) Kosten eines zweigleisigen Tunnels in wasserreichem Sande [1].

(Tunnel bei Habas, 286 m lang.)

α) Die Entwässerung erforderte für 1 m der Tunnellänge bei 6 Stollen-geschossen 12 m Parallelstollen und etwa 2 Verbindungsstollen:

2 m Stollen des obersten Geschosses, je 36,00 M. . .	72,00	M.
2 „ „ „ zweiten „ „ 56,00 „ . .	112,00	„
8 „ „ der folgenden Geschosse „ 64,00 „ . .	512,00	„
2 „ Verbindungsstollen „ 56,00 „ . .	112,00	„
140 „ Zimmerungsholz (etwa 4,00 M. für 1 m) . . .	560,00	„
12 „ Schotter- und Steinfüllung der Stollen (etwa 16,00 M. für 1 m)	192,00	„
Kosten der Entwässerung für 1 m des Tunnels:	1560,00	M.

β) Die Ausführung des Tunnels in dem so entwässerten Sande kostete für 1 m der Tunnellänge:

für Kopfdurchbruch samt Zimmerung und Verbreiterung	108,00	M.
„ Aufstellung der Lehrgerüste	24,00	„
zu übertragen	132,00	M.

---

[1] **Rziha**, Tunnelbau, II. Band, S. 674 und 675.

Übertrag 132,00 M.

für Abbrechen derselben	4,00 „
„ Herstellung und Entfernung der Lehrgerüstverschalung	10,00 „
„ Entfernung der Zimmerung	10,00 „
„ Aushub der Strosse	48,00 „
„ Aushub und Zimmerung der Widerlager	32,00 „
„ Holzbeistellung	160,00 „
„ verschiedene Baumaterialien	392,00 „
„ Arbeitslöhne für Mauerwerk, 15,75 cbm Gewölbe und	
7,25 cbm Widerlager, je 8,00 M.	184,00 „
„ zentralen Wasserkanal	24,00 „
„ verschiedene Nacharbeiten	8,00 „
Kosten der Ausführung für 1 m des Tunnels:	1004,00 M.
Im ganzen also für 1 m des Tunnels:	2564,00 „
rund:	2600,00 „

c) Kosten eines zweigleisigen Tunnels im mittelfesten Konglomerate[1].

Die Kosten für 1 m des Tunnels werden betragen:

für Kopfdurchbruch samt Zimmerung und Verbreiterung	216,00 M.
„ Aufstellen und Abbrechen der Lehrbögen, samt Ver=	
schalung und Entfernung der Zimmerung	44,00 „
„ Entfernung der Strosse	72,00 „
„ Aushub und Zimmerung für die Widerlager . . .	48,00 „
„ Holzbeistellung	160,00 „
„ verschiedene Baumaterialien	392,00 „
„ Arbeitslöhne für Mauerwerk, 23 cbm, je 8,00 M. .	184,00 „
„ zentralen Wasserkanal	24,00 „
„ verschiedene Nacharbeiten	12,00 „
Kosten für 1 m des Tunnels:	1152,00 M.
rund:	1200,00 „

d) Kosten eines zweigleisigen Tunnels in Mergel oder hartem Lehm[1].

Die Kosten werden für 1 m der Tunnellänge betragen:

für Kopfdurchbruch, samt Zimmerung und Verbreiterung	360,00 M.
„ Aufstellen und Abbrechen der Lehrbögen, samt Ver=	
schalung und Entfernung der Zimmerung	44,00 „
„ Aushub der Strosse	96,00 „
„ Aushub und Zimmerung für die Widerlager . . .	96,00 „
„ Holzbeistellung	120,00 „
„ verschiedene Baumaterialien	392,00 „
„ Arbeitslöhne für Mauerwerk, 23 cbm, je 8,00 M. .	184,00 „
„ zentralen Wasserkanal	24,00 „
„ verschiedene Nacharbeiten	12,00 „
Kosten für 1 m des Tunnels:	1328,00 M.
oder rund:	1400,00 „

Weitere Beispiele vgl. Nr. 17—28.

---

[1] Rziha, Tunnelbau, II. Band, S. 674 und 675.

e) Veranschlagung der Baukosten

Lfd. Nr.	Bezeichnung des Tunnels	Gebirgsverhältnisse	Länge des Tunnels	Ausbruchs-Querschnitt	Gewölbestärke	Bezeichnung der Maßgattung und Preise
			m	qm	cm	
1	St. Antonio und Molinzero. (Eingleisig)	Glimmerschiefer, stark glimmerführende, verwitterbare Schichten enthaltend. Fester Gneis	53 und 65	35,64	40	Kubikmeter Preis M. f. d. lfd. m M
2	Monte Ceneri. (Eingleisig)	Fester Gneisglimmerschiefer. Betrieb von den Mundlöchern und einem 93 m tiefen Schacht	1675	35,64 und 34,06	40	Kubikmeter Preis M. f. d. lfd. m M.
3	Gutsch-Tunnel bei Brunnen	Kalkfels, festes Gestein	104	57,50	teils ohne, sonst 40	Kubikmeter Preis M. f. d. lfd. m M.
4	Pension Mythenstein- und Kleiner Hohe Fluh-Tunnel	Kalkfels, hartes bzw. klüftiges Gestein	33 und 56	60,17	50	Kubikmeter Preis M. f. d. lfd. m M.
5	Kehr-Tunnel bei Pfaffensprung	Gneisgranit; Betrieb mittels Maschinenbohrung im Sohlenstollen	1510	57,50	ohne bzw. 40	Kubikmeter Preis M. f. d. lfd. m M.
6	Kirchbergtunnel in Wasen	Festgelagerter Moränenschutt mit großen Blöcken und festem Gneisgranit	296	55,60	ohne bzw. 40	Kubikmeter Preis M. f. d. lfd. m M.
				60,19	60	Kubikmeter Preis M. f. d. lfd. m M.
7	Leggissteiner Kehrtunnel	Teils zerklüfteter, teils festgelagerter Gneisgranit	2100	57,50	ohne bzw. 40	Kubikmeter Preis M. f. d. lfd. m M.
8	Calcaciatunnel	Mittelfester Glimmerschiefer. Starke Wasserzuflüsse zu gewärtigen	200	57,50	ohne bzw. 40	Kubikmeter Preis M. f. d. lfd. m M.
9	Oberer und unterer Kehrtunnel der Sektion Faido	Fester Gneisglimmerschiefer. Maschinenbohrung im Sohlenstollen	1600 bzw. 1528	57,50	ohne bzw. 40	Kubikmeter Preis M. f. d. lfd. m M.

[1] Handbuch der Ingenieurwissenschaften, Bd. I, Teil V, S. 391.

inzelner Tunnel der Gotthardbahn[1]).

Allgemeine Kosten	Ausbruch										Mauerung					Gesamtpreis f. d. lfd. Meter Tunnel
	Sohlstollen	Zuschlag für Lüftung	Firststollen	Zuschlag für Lüftung	Bogenerweiterung	Vollausbruch	Nachbruch der Schale	Zimmerung	Förderung	Für Ausbruch zusammen	Kanalmauerwert	Gewöhnliches Bruchstein-mauerwert	Häuftiges Bruchstein-mauerwert	Gewölbemauerwert	Für Mauerung zusammen	
	Für das laufende Meter															M.
—	—	—	5,0	—	—	30,6	—	—	35,6	—	—	0,95	4,0	2,8	—	—
—	—	—	10,8	—	—	5,6	—	—	—	—	—	19,20	22,4	64,0	—	—
—	—	—	54,0	—	—	171,6	—	22	113,6	361	12,80	18,20	89,6	179,2	300	661
—	8,4	—	5,0	—	4,33	16,8	—	—	34,8	—	—	0,95	4,0	2,7	—	—
—	12,0	—	12,0	—	9,60	8,0	—	—	—	—	—	20,00	23,2	64,0	—	—
80	101,4	36	60,0	24	41,70	134,0	—	—	200,0	777	18,80	19,00	92,8	173,4	304	1081
—	—	—	5,0	—	6,00	39,5	7,0	—	—	—	—	1,00	5,0	4,2	—	—
—	—	—	20,8	—	10,00	6,8	10,4	—	—	—	—	25,60	32,0	63,2	—	—
04	—	—	104,0	—	57,60	268,6	72,8	—	89,6	699	19,63	25,60	160,0	264,8	470	1169
—	—	—	5,0	—	7,00	48,2	—	—	—	—	—	1,75	5,8	5,3	—	—
—	—	—	17,2	—	8,00	56,0	—	—	—	—	—	25,60	32,0	63,2	—	—
80	—	—	86,0	—	56,00	269,7	—	32	83,2	607	19,60	44,80	185,6	333,0	583	1190
—	6,0	—	5,0	—	6,00	33,5	7,0	—	58,5	—	—	1,00	5,0	4,2	—	—
—	24,0	—	24,0	—	12,00	8,0	11,2	—	2,6	—	—	24,00	26,4	59,2	—	—
60	144,0	64	120,0	48	72,00	268,0	78,4	—	154,4	1108	20,00	24,00	132,0	248,0	424	1532
—	—	—	5,0	—	6,00	37,6	7,0	—	56,6	—	—	1,00	5,0	4,2	—	—
—	—	—	22,4	—	11,20	7,6	10,4	—	1,4	—	—	24,00	26,4	59,2	—	—
96	—	—	112,0	—	67,20	285,7	72,8	—	81,5	715	20,00	24,00	132,0	248,0	424	1139
—	—	—	5,0	—	8,00	47,2	—	—	61,2	—	—	2,00	7,0	6,4	—	—
—	—	—	13,6	—	6,80	4,4	—	—	1,4	—	—	24,00	26,4	59,2	—	—
96	—	—	68,0	—	54,40	207,6	—	184	85,6	696	20,00	48,00	184,0	377,6	630	1326
—	6,0	—	5,0	—	6,00	33,5	7,0	—	58,5	—	—	1,00	5,0	4,2	—	—
—	25,6	—	25,6	—	12,40	8,4	11,6	—	2,3	—	—	24,80	27,2	65,6	—	—
60	153,6	40	128,0	28	74,40	281,4	81,2	—	141,7	1088	20,00	24,80	136,0	274,4	455	1543
—	—	—	5,0	—	6,00	39,5	7,0	—	57,5	—	—	1,00	5,0	4,2	—	—
—	—	—	20,8	—	10,80	7,2	10,0	—	1,2	—	—	26,40	30,4	67,2	—	—
20	—	—	104,0	—	64,80	284,4	10,0	—	69,0	712	20,00	26,40	152,0	281,5	480	1192
—	6,0	—	5,0	—	6,00	33,5	7,0	—	57,5	—	—	1,00	5,0	4,2	—	—
—	24,0	—	24,0	—	12,00	8,0	11,2	—	2,8	—	—	25,60	29,6	67,2	—	—
60	144,0	64	120,0	48	72,00	268,0	78,4	—	161,0	1116	20,00	25,60	148,0	264,8	458	1574

f) Baukosten ausgeführter Tunnel.

Bezeichnung des Tunnels	Eisenbahnlinie	Baujahr	Länge des Tunnels m	Größte lichte Weite m	Gebirgsbeschaffenheit	Gesamtkosten für das lfd. m Tunnel M.	Bemerkungen
					a) Eingleisige Tunnel.		
Mühlberg . .	Westerwaldbahn	1881—83	226	5,08	Rheinische Grauwacke	457	Gewölbe und Widerlager aus Bruchsteinen 0,5 m stark
Hüttenfeld .	„	1883	41	5,08	Grauwacke mit Tonadern	502	
Marienthal .	Altenkirchen-Au	1885—87	1041	5,08	Grauwackenschiefer	588	
Neuland . .	Teplitz-Reichenberg	1900	816	5,50	Tonschiefer, Dioritschiefer, Quarzit und Kalk	840—1000 1660	Endstrecken Mittelstrecken
Rehberg . .	„	1900	317	5,50		720 940	südliche Hälfte nördliche Hälfte
Jägerhaus .	„	1900	40	5,50		1100	
Auerswalde .	Chemnitz-Wechselburg	1900	125	5,24	Gneisglimmer mit Gängen von Granulit und Hornblendeschiefer	1004	
					b) Zweigleisige Tunnel.		
Cochem . . .	Koblenz-Trier	1874—78	4205	8,20	Grauwacken- und Tonschiefer	2100	
Remsfeld . .	Berlin-Nordhausen-Wetzlar	1876—79	904	8,20	Schieferton, Braunkohlenton, Letten, Sandstein	2389	Widerlager aus Sandstein-Bruchsteinen u. aus Kalkstein, Gewölbe aus Sandstein-Quadern
Bischofferode	„	1876—79	1501	8,20	Buntsandstein	1415	
Küllstädt . .	„	1876—79	1529	8,20	Kalkstein, Keupermergel	1728	
Mühlenberg .	„	1876—79	341	8,20	Schieferton, klüftiger Kalkstein	1349	
Entenberg . .	„	1876—79	280	8,20	Kalkstein	1160	
Altenburg . .	Leipzig-Hof	1877—78	375	8,50	zäher schwarzer Diluvialton	2753	
Niederschlema	Zwickau-Schwarzenberg	1898—99	347,5	9,24	Augit-Hornblendeschiefer, Tonschiefer	1475	

c) Mit Schilden durchfahrene Strecken.
Vgl. die Zusammenstellung zu 5 d.

		d) Im offenen Einschnitt hergestellte Untergrundstrecken.					
	Berlin	1896—1901	2000	6,24	—	2250	Bauaufwand ausschl. Grunderwerb u. Nebenentschädigungen

e) Anderweite Stollenbauten.

Malter . . .	Umlaufstollen der Talsperren	1910—11	200	3,00 bei 3,50 lichter Höhe	Dichter Biotitgneis	324	Auskleidung aus Beton 1 : 3 : 6. Ovaler Querschnitt
Klingenberg .			172		Biotitgneis, an einigen Stellen von Verwitterungsschichten durchsetzt	370	

g) Baukosten von Schächten.

Die gesamten Baukosten der im Biotitgneis niederzutreibenden Schieberschächte in den Umlaufstollen betrugen für das fallende Meter an den Talsperren bei

	Malter: 25 m tief, 3 × 4 im Lichten groß, rechteckig	Klingenberg: 24 m tief, 3,2×4,2—6,0 im Lichten groß, elliptisch
Ausbruch	246,0	429,17
Betonverkleidung	411,0	404,25
zusammen	657,0 M.	833,42 M.
oder für das cbm Lichtraum	54,75 M.	62,3 M.

14. Trockenlegung nasser Tunnel.

a) Beim Neubau.

1. Ist nach den geologischen Verhältnissen Wasserandrang im Tunnel zu erwarten, so ist es rätlich, von vornherein für künstliche Entwässerung nasser Tunnelstrecken 20,00 bis 25,00 M. für 1 m der Tunnellänge zu veranschlagen.

2. Die Mehrkosten einer sofort beim Bau hergestellten, unter 1 : 2 geneigten Aufmauerung im Scheitel, die mit Ziegelflachschicht und Asphaltfilzplatten abgedeckt ist, können veranschlagt werden mit:

1,5 cbm Mehrausbruch,	je 9,00 M.	= 13,50 M.
1,2 „ Hintermauerung,	„ 15,00 „	= 18,00 „
9,0 qm Ziegelflachschicht,	„ 4,00 „	= 36,00 „
10,0 „ Asphaltfilzplatten,	„ 5,00 „	= 50,00 „
	zusammen:	117,50 M.

für 1 m zweigleisigen Tunnel.

Für den eingleisigen Tunnel stellen sich diese Kosten auf etwa 70,00 M. für 1 m. An den eingleisigen Tunneln bei Bidingen und Ebersweiler kostete eine solche Abdichtung durch Ziegelflachschicht mit Asphaltplatten einschließlich aller Ausbruchs= und Maurerarbeiten 90,00 bis 95,00 M. für 1 m Tunnellänge.

3. An württembergischen Eisenbahntunneln ergaben sich ohne Ausbruch die Kosten für 1 qm Fläche bei einer Abdichtung nach vorherigem sorgfältigen Ausstreichen der Gewölbefugen mit Zementmörtel 1 : 2:

a) mit 10 cm dickem Betonmantel 1 : 6 mit Glattstrich und Asphaltplatten zu . . . . 5,36 M.

b) mit 10 cm starkem Portlandzementmörtelmantel 1 : 2 zu . . . . 7,80 „

c) mit Bleiisolierplatten mit darüber liegender 10 cm starker Lehmschicht zu . . . . 7,00 „

b) Nachträglich auszuführende Dichtungen.

1. Nachträgliches Überfahren einer durchlässigen Strecke von einem Aufbruche aus kann veranschlagt werden mit:

$$12,0 \text{ cbm Aufbruch, je } 12,00 \text{ M.} \ldots\ldots\ldots\ldots = 144,00 \text{ M.}$$
$$3,5 \quad\text{„ Mauerung und Decke, je } 25,00 \text{ M.} \ldots\ldots = 87,50 \text{ „}$$
$$8,5 \quad\text{„ Trockenpackung, je } 12,00 \text{ M.} \ldots\ldots\ldots = 102,00 \text{ „}$$

zusammen: 333,50 M.
für 1 m Tunnellänge.

2. Das nachträgliche Dichten nasser Tunnelstrecken mittels Einpumpen von Zement=
milch nach Einbohren der notwendigen Löcher durch das Tunnelgewölbe und, wo nötig,
nach vorherigem Kalfatern der Fugen mit Werg hat gekostet:

Bezeichnung des Tunnels	Bahnlinie	Jahr der Trocken= legung	Gebirgsbeschaffenheit	Behan= delte Fläche qm	Durch= schnittliche Kosten für 1 qm M.	Zement= verbrauch auf 1 qm kg
Forsttunnel . .	Württembergische Schwarzwaldbahn	1871—72	Wellendolomit	1660	4,63	22,6
Ender Tunnel .	Rheinische Bahn	1880	Steinkohlengebirge	1300	11,80	98,0
Heinzkyller „ .	Köln=Trier	1883—85	Zerklüfteter Buntsandstein	2028	11,74	73,5
Mettericher „ .	„	1882—90	Eifelkalk und Mergel, Schlammablagerung über dem Gewölbe	6065	14,93	61,5
Loostyller „ .	„	1886—89	Buntsandstein mit Schlammablagerung	3893	7,46	36,0
Kuckuckslay „ .	„	1889	Buntsandstein mit Tonlager	378	15,77	123,0
Ritteler „ .	Moselbahn	1885—90	Muschelkalk und Sandstein	2366	13,73	58,5
Cochener „ .	„	1878	Tonschiefertrümmer mit Ton= und Sandlagen	30	5,00	67,0

15. Erweiterungsbauten bestehender Tunnel.

1. An der Gotthardbahn[1] kostete bei dem Nachbruch der Strossen in den zwar
zweigleisig angelegten, aber zunächst nur für ein Gleis ausgeweiteten Tunneln:
1 cbm Gestein zu beseitigen in längeren Tunneln . . . . 8,80 bis 11,20 M.

„ kürzeren „ . . . . . 5,60 „ 9,20 „

(„ offenen Einschnitten . . . . . 2,00 „ 6,40 „)

1 „ Widerlagsmauerwerk im Tunnel . . . . 12,00 „ 20,00 „

2. An badischen Tunneln[2] verursachte die Beseitigung der alten Gewölbe und
Widerlager, die Ausweitung des Lichtraumes nach dem Profil des Vereins deutscher
Eisenbahnverwaltungen für zweigleisige Tunnel und die Herstellung neuer Gewölbe
und Widerlager aus Sandsteinquadern einen Aufwand von 800,00 M. für 1 m Tunnel=
länge. Ebenso kostete die Beseitigung einer Ziegelausmauerung von 35 cm Stärke
und deren Ersatz durch 38 cm starkes Bruchsteinmauerwerk in Zementmörtel, während=
dessen der Betrieb in dem sonst zweigleisigen Tunnel eingleisig aufrecht erhalten wurde,
im 672 m langen Tunnel bei Condray, französische Nordbahn, einschließlich aller Neben=
arbeiten 560,00 M. für 1 m Tunnellänge[3].

16. Schutz des Oberbaues im Tunnel gegen Rosten.

Der Schutz des Tunneloberbaues gegen Rosten durch Bestreichen mit Kalkmilch
in monatlicher Wiederholung kostet etwa 30,00 M. für 1 km und Jahr.

[1] Zentralblatt der Bauverwaltung 1893, S. 496.
[2] Deutsche Bauzeitung 1900, S. 306.
[3] Zentralblatt der Bauverwaltung 1900.

17. Zweigleisiger Tunnel am Ulrichsberge im Zuge der Bahn Plattling-Eisenstein [1]).

Der Tunnel ist 475 m lang und liegt in einem sehr harten, quarzreichen Gneis. Es wurde ein Schacht abgeteuft von 54,5 m Länge und einem Querschnitte von 4,0 × 1,4 m und dieser mit 2 Förder- und 1 Fahrabteilung versehen.

a) Die Kosten dieses Schachtes betrugen:

1.	1392	zwölfstündige Mineur-Schichten, je 5,00 M.	. . . .	6 960,00	M.
2.	362	„ Schütter- „ „ 4,50 „	. . . .	1 448,00	„
3.	1363	„ Haspler- „ „ 3,50 „	. . . .	4 770,50	„
4.	294	„ Taglöhner- „ „ 3,00 „	. . . .	882,00	„
5.	131	„ Aufseher- „ „ 5,00 „	. . . .	655,00	„
6.	Sprengmittel			2 130,15	„
7.	Beleuchtung			309,40	„
8.	Auszimmerung			4 792,16	„
9.	Schmiedearbeiten			1 826,88	„
10.	Seile			120,00	„
			zusammen:	23 894,09	M.

also für 1 m Schacht: 438,00 M.

b) Die Länge der vier Sohlenstollen betrug zusammen 603 m. Davon waren 166 m ausgezimmert. Für die ganze Stollenlänge waren 2171 Schichten (von 12 Stunden) benötigt, somit ein Fortschritt von 0,282 m für 1 Schicht vorhanden. Die Gesamtkosten des Sohlenstollens betrugen:

1.	8472 Mineurakkordschichten, je 5,00 M.	42 360,00	M.
2.	4864 Schütter-Schichten, je 3,50 M.	17 024,00	„
3.	1529 Handlanger- „ „ 2,50 „	3 862,50	„
4.	752 Aufseher- „ „ 5,00 „	3 760,00	„
5.	Sprengmittel	21 708,90	„
6.	Beleuchtung	1 275,00	„
7.	Auszimmerung	2 502,00	„
8.	Schmiedearbeiten	10 044,00	„
9.	Förderung durch den Schacht	8 960,00	„
10.	Wasserhaltung	3 565,00	„
		zusammen:	115 061,40	M.

also für 1 m Sohlenstollen: 190,81 M.

c) Die Firststollen waren zusammen 475 m lang und 2,5 m breit und 2,0 m hoch. Die Kosten betrugen:

1.	6650 Mineur-Schichten, je 5,00 M.	33 250,00	M.
2.	1660 Schütter- „ „ 3,50 „	5 810,00	„
3.	Sprengmittel	14 885,00	„
4.	Schmiedearbeiten	8 520,00	„
		zusammen:	62 465,00	M.

also für 1 m Firststollen: 131,50 M.

d) Der Vollausbruch hatte einen Fortschritt von 31 m für 1 Monat im Durchschnitte und bedurfte nur eines Holzeinbaues auf 75 m Länge.

---

[1]) Zeitschrift für Baukunde, 1882, S. 359.

Die Kosten betrugen:

1. 38 720 Mineur-Schichten, je 5,00 M. . . . . 193 600,00 M.
2. 15 090 Schütter=   „   „ 3,50 „   . . . . . . 52 815,00 „
3. 4 886 Handlanger=   „   „ 2,50 „   . . . . . . 12 215,00 „
4. Sprengmittel . . . . 73 071,75 „
5. Schärfen der Bohrer . . . . 36 932,00 „
6. Aufsicht . . . .   7 910,00 „
7. Holzeinbau . . . .   3 880,00 „

zusammen: 380 423,75 M.

also für 1 m Tunnel: 800,88 M.

e) **Die Ausmauerung.** Die beiden Portalringe erhielten auf einer Länge von je 5 m eine Gewölbstärke im Scheitel von 0,6 m, am Widerlager von 0,75 m. Die Gewölbstärke der übrigen Tunnelausmauerung betrug im Scheitel 0,45 m, am Widerlager 0,6 m. Die ganze Länge der Ausmauerung betrug 160 m.

Die Gesamtkosten der Ausmauerung betrugen:

1. Wölbsteinmaterial, 1465,8 cbm, je 75,00 M. . . . . . 109 935,00 M.
2. 2 Portalringe und der 10 m lange Ring unter dem Schacht, zusammen 20 m Tunnelmauerung von 0,60 m Scheitelstärke, 268,4 cbm, je 75,00 M. . . . . . . 20 130,00 „
3. Für Lehrbögen und Rüstungen . . . .   8 118,10 „
4. „ Arbeitslohn und Mörtel . . . . 29 808,00 „
5. „ Verfugen von 160 m Tunnel, je 7,55 M. . . .   1 208,00 „

zusammen   169 199,10 M.

also für 1 m Ausmauerung: 1057,50 M.
 „   „ 1„ Tunnel: 356,29 „

f) **Die Gesamtkosten** des 475 m langen Tunnels betrugen:

		Kosten	
		im Ganzen M.	für 1 m Tunnel M.
1	Förderschacht	23 894,09	50,30
2	Sohlenstollen	115 061,40	242,23
3	Firststollen	62 465,00	131,51
4	Ausbruch	380 423,75	800,88
5	Ausmauerung	169 199,10	356,21
6	Einfüllen des Schachtes	1 333,60	2,81
7	Schmiedearbeiten	8 431,25	17,75
8	Wagnerarbeiten	7 253,25	15,27
9	Herstellung der beiden Portale	20 000,00	42,11
10	Zufahrtstraße	5 500,00	11,58
	Zusammen	793 561,44	1670,65

(Zeilen 1–4: 1224,92)

18. Zweigleisiger Tunnel bei Hirschhorn in der Neckartalbahn[1].

Der Tunnel ist 312 m lang und liegt im Bundsandstein. Davon sind 52 m ganz ausgewölbt und 260 m nur mit ausgewölbter Kappe versehen.

[1] Zeitschrift für Baukunde, 1881, S. 27.

Der Unternehmer erhielt folgende Preise:

1. Ausbruch für 1 cbm . . . . 6,00 M.
2. Förderung auf etwa 300 m, für 1 cbm . . . . 0,66 „
3. Widerlagsmauerwerk, für 1 cbm . . . . 20,00 „
4. Gewölbmauerwerk, für 1 cbm . . . . 28,00 „
5. Aufbesserung, für 1 qm Ansichtsfläche . . . . 4,00 „
6. Abzugskanal, für 1 m . . . . 5,50 M.
7. Einbau des Richtstollens im ganzen . . . . 4001,00 „
8. „   „ Vollprofils „   „ . . . . 1627,50 „
9. Portale, für 1 Stück . . . . 3550,00 „

Hiernach kostete das Meter Tunnel:

für 1 m mit ganzer Wölbung . . . . 914,86 M.
„ 1 „ „ gewölbter Kappe . . . . 624,88 „
Der ganze Tunnel war veranschlagt zu . . . . 227,230 „
also durchschnittlich für 1 m zu . . . . 728,30 „

Der Sohlenstollen hatte mit den Strecken in den Voreinschnitten 372,8 m Länge; davon waren 79 m eingebaut.

Der Stollen mit Einbau hatte 3,3 m Breite und 2,5 m Höhe und einen lichten Querschnitt von 2,5 m Breite und 2,1 m Höhe. Mittlere Entfernung der Einbautenrahmen: 1,3 m. Ständer und Kappenhölzer: 27 cm, Schalung 6 cm stark. Transportentfernung: 200 m; durchschnittlicher täglicher Fortschritt: 1,2 m.

Der Stollen ohne Einbau hatte 3,0 m Breite und 2,2 m Höhe und einen täglichen Fortschritt von 1,0 m.

Es kostet hiernach der Ausbruch des vollen Tunnelprofils für 1 m Tunnel:

a) Für das Profil mit voller Ausmauerung bei . . . . 67,00 qm Ausbruch,
ab für den Stollen . . . . 8,25 „   „
bleibt: 58,75 qm Ausbruch,
also Vollausbruch für 1 m: $58{,}75 \cdot 5{,}57 = 327{,}24$ M.
plus Stollen mit . . . . 72,63 „
also ganzer Ausbruch für 1 m: 399,87 M.

b) Für das Profil mit Kappenausmauerung bei . . . . . . 58,00 qm Ausbruch,
ab für den Stollen . . . . 6,60 „   „
bleibt: 51,40 qm Ausbruch,
also Vollausbruch für 1 m: $51{,}4 \cdot 5{,}57 = 286{,}30$ M.
plus Stollen mit . . . . 71,04 „
also ganzer Ausbruch für 1 m: 357,34 M.

Der Unternehmer erhielt laut Vertrag für 1 m Tunnel:

Für Ausbruch . . . . 348,00 M.
„ Transport . . . . 38,28 „
„ Holzeinbau . . . . 65,70 „
zusammen: 451,98 M.
ab 5,6% Abgebot: 25,31 „
also für 1 m Tunnel: 426,67 M.

Zu 18. Schloßberg-Tunnel bei Hirschhorn.

Lfd. Nr.	Es waren erforderlich:	Stollen mit Holzeinbau				Stollen ohne Einbau				Vollausbruch	
		für 1 m Stollen		für 1 obm Stollenausbruch		für 1 m Stollen		für 1 obm Stollenausbruch			
		Vordersatz	Kosten M.	Vordersatz	Kosten M.	Vordersatz	Kosten M.	Vordersatz	Kosten M.	Vordersatz	Kosten für 1 obm M.
1	Mineurschichten für Ausbruch, je 3,30 M.	5,62 Sch.	18,55	0,66 Sch.	2,24	11,23 Sch.	37,06	1,70 Sch.	5,61	0,65 Sch.	2,14
2	Mineurschichten für Einbau, je 3,30 M.	3,90 "	12,87	0,47 "	1,55	—	—	—	—	0,15 "	0,49
3	Schlepperschichten, je 2,80 M.	1,70 "	4,76	0,21 "	0,59	2,34 "	6,55	0,36 "	1,03	0,34 "	0,95
4	Pulver, für 1 kg = 0,68 M.	3,40 kg	2,31	0,42 kg	0,28	5,00 kg	3,40	0,76 kg	0,52	0,45 kg	0,31
5	Dynamit, für 1 kg = 2,50 M.	1,70 "	4,25	0,21 "	0,53	5,13 "	12,83	0,78 "	1,95	0,07 "	0,17
6	Zünder, für 1 m = 0,0225 M.	24,10 m	0,54	3,00 m	0,07	39,00 m	0,89	5,92 m	0,13	2,25 m	0,05
7	Papier, für 1 kg = 0,36 M.	1,40 kg	0,50	0,17 kg	0,06	2,04 kg	0,79	0,31 kg	0,11	0,06 kg	0,02
8	Zündkapseln, für 1 Stück = 0,018 M.	8,30 Stck.	0,15	1,00 Stck.	0,02	14 Stck.	0,25	2,10 Stck.	0,04	0,33 Stck.	0,06
9	Holz, 27 cm stark, für 1 obm = 14,00 M.	0,28 obm	5,52	0,047 obm	0,66	—	—	—	—	0,019 obm	0,40
10	Reise, nach Abzug des Altwertes, für 1 Stück = 0,10 M.	17,8 Stck.	1,78	2 Stck.	0,20	—	—	—	—	0,13 Stck.	0,01
11	Bohlen, 6 cm stark, nach Abzug des Altwertes, für 1 qm = 3,00 M.	3,50 qm	10,50	0,42 qm	1,26	—	—	—	—	0,087 qm je 2,50 M.	0,22
12	Klammern, nach Abzug des Altwertes, für 1 Stück = 0,25 M.	5,80 Stck.	1,45	0,70 Stck.	0,18	—	—	—	—	0,095 Stck.	0,02
13	Für Dienstbahn, Geschirre, Aufsicht, Reparaturen, Bohrschärfen usw.	15 %	9,45	15 %	1,15	15 %	9,27	15 %	1,40	15 %	0,73
	Kosten des Stollens		72,63		8,79		71,04		10,79		5,57

Vollausbr. ohne Holz 4,82
das Holz 0,75
Zus. 5,57

Lfd. Nr.	Gegenstand	Widerlagsmauerwerk		Gewölbmauerwerk	
		Vordersätze	Kosten für 1 obm M.	Vordersätze	Kosten für 1 obm M.
1	Maurerschichten, je 3,50 M.	0,80 Sch.	2,80	1,10 Sch.	3,85
2	Handlangerschichten, je 2,80 M.	0,90 „	2,52	1,20 „	3,36
3	Für Sprengmittel, um Steine zu gewinnen	—	0,80	—	0,10
4	Widerlagsteine, für 1 qm: 5,50 M.	1,10 qm	6,05	—	—
5	Gewölbsteine, für 1 qm: 8,00 M.	—	—	1,78 qm	14,24
6	Für Steintransport	—	0,75	—	1,30
7	Kalk, für 1 kg: 0,02 M.	68,00 kg	1,36	47,50 kg	0,95
8	Traß, für 1 kg: 0,024 M.	33,00 „	0,79	20,50 „	0,49
9	Zement, für 1 kg: 0,054 M.	—	—	15,50 „	0,84
10	Sand, für 1 obm: 4,50 M.	0,12 obm	0,54	0,10 obm	0,45
11	Für Gerüste, Lehrbogen usw.	—	0,10	—	1,90
12	Für Geschirre, Reparaturen, Aufsicht usw.	12 %	1,79	12 %	3,30
	Summe		17,50		30,78
a)	Nach den Vertrags-Preisen erhielt der Unternehmer .		20,00		28,00
b)	Dazu Sichtfläche, für 1 qm: 4 M.	1,10 qm	4,40	1,78 qm	7,12
			24,40		35,12
	Ab 5,60 % Abgebot		1,37		1,97
	Preis des Unternehmers		23,03		33,15

Hieraus ergeben sich folgende Kosten:

1. Das Gewölbe bei voller Ausmauerung kostet für 1 m Tunnel:

8,48 cbm Gewölbmauerwerk, je 30,78 M. . . . . 261,01 M.

4,4 „ Widerlagsmauerwerk, „ 17,50 „ . . . . 77,00 „

zusammen für 1 m: 338,01 M.

2. Das Kappengewölbe kostete für 1 m Tunnel:

4,6 cbm Gewölbmauerwerk, je 30,78 M. . . . . 141,59 M.

Die Gesamttunnelkosten betragen:

1. Für den vollständig ausgemauerten Tunnelteil für 1 m:

Ausbruch . . . . 399,87 M.

Mauerung . . . . 338,01 „ = 737,88 M.

2. Für den Teil, dessen Kappe nur gewölbt ist, für 1 m:

Ausbruch . . . . 357,34 M.

Mauerung . . . . 141,59 „ = 498,93 M.

19. Sieben zweigleisige Tunnel im Pegnitztale[1]).

Die zweigleisigen Tunnels hatten ein lichtes Profil von 44,5 qm. Die Seitenwandungen bis 2,3 m über Schwellenoberkante waren nach einem Radius von 8,2 m gekrümmt, während die halbkreisförmige Kappe den Halbmesser 4,1 m besaß.

---

[1]) Zeitschrift für Baukunde, 1879, S. 603.

a) Tunnel durch den wafferreichen Ornatenton.

Es kamen fünf Normalprofile, A bis E, zur Anwendung:

Tunnel-Profil	Ausbruch für 1 m				Mauerwerk für 1 m			Gewölbstärke		
	Firſt-ſtollen	Sohlen-ſtollen	Reſt	Zu-ſammen	Hauſtein-Gewölb-Mauerwerk	Bruchſtein-Mauerwerk	Zu-ſammen	im Scheitel	im Widerlager	in der Sohle
	cbm	cbm	cbm	cbm	cbm	cbm	cbm	m	m	m
A	5,50	10,20	50,00	65,70	11,24	4,24	15,48	0,45	0,60	kein
B	5,50	10,20	53,40	69,10	14,61	4,36	18,97	0,50	0,75	Sohlen-
C	5,50	10,20	56,80	72,50	17,99	4,48	22,47	0,65	0,90	Gewölbe
D	6,00	12,20	54,70	72,90	17,73	4,36	22,09	0,50	0,75	0,45
E	6,00	12,20	59,30	77,50	22,27	4,48	26,75	0,65	0,90	0,60

1. Der Tunnel durch den Vogelherd iſt 256 m lang. Es wurden 200,45 m nach Profil D und 43,55 m nach Profil E ausgeführt.

Die Koſten betrugen:

a) 200,45 m Tunnel nach Profil D fertig herzuſtellen, je 1770 M.   354 796 M.

b) 43,55 m Tunnel nach Profil E desgl., je 2050 M. . . . . .   89 277 „

c) eine Niſche herzuſtellen (3,0 × 2,95 × 1,5 m Lichtmaß) . . .   857 „

d) Herſtellung zweier Portale, durchſchnittlich je 26 529,50 M. .   53 059 „

e) Entwäſſerung und Verſchiedenes . . . .   34 631 „

Zuſammen: 532 620 M.

alſo im Durchſchnitt für 1 m: 2080 M.

2. Der Tunnel durch die Platte iſt 268 m nach Profil A bis E ausgeführt. Davon ſind 138 m ohne und 130 m mit Sohlengewölbe verſehen. Der ganze Tunnel koſtete 468 380 M., alſo für 1 m: 1748 M.

Lfd. Nr.	a) Tunnels durch den Ornatenton	Koſten des Profils für 1 m Tunnel					Bemerkungen
		A M.	B M.	C M.	D M.	E M.	
1	Ausbruch des Firſtſtollens . . .	52	45	45	45	45	Enthält die Ausbruchs-Arbeiten
2	„ „ Sohlenſtollens . .	61	55	55	55	55	einſchl. Spreng- und Beleuch-
3	Geſamt-Ausbruch	244	220	220	220	220	tungs-Material
4	Auszimmerung	51	82	113	130	165	
5	Lehrgerüſt	40	45	49	49	49	
6	Wölbmaterial	538	695	836	832	1027	Hau- u. Bruchſteine u. Mörtel,
7	Maurerarbeiten	216	260	294	317	367	einſchl. Beleuchtungs-Material
8	Entwäſſerungs-Kanal	41	41	41	26	26	
9	Ausfugen	14	14	14	14	14	
10	Insgemein	43	43	43	82	82	Inbeſondere für Wegeanlagen und Entwäſſerungen
	Geſamtkoſten für 1 m Tunnel .	1300	1500	1710	1770	2050	

b) Tunnel durch Dolomit.

3. Der Tunnel durch den Gotthardsberg ist 318 m lang und nach den Profilen A bis C (ohne Sohlengewölbe) und nach Profil A_0 (ohne jegliche Auswölbung) ausgeführt.

Die Kosten dieses Tunnels betrugen . . . . 406 950 M.

also für 1 m . . . . 1 528 „

4. Der Tunnel durch den Rothenfels ist 218 m lang und vollständig ausgewölbt nach Profil A bis C.

Die Kosten betrugen . . . . 336 770 M.

also für 1 m . . . . 1 545 „

5. Der Tunnel durch die Hufstätte ist 80 m lang und gewölbt.

Die Kosten betrugen . . . . 139 640 M.

also für 1 m . . . . 1 740 „

6. Der Tunnel durch die Sonnenburg ist 190 m lang und nicht gewölbt (nach Profil A_0).

Die Kosten betrugen . . . . 145 930 M.

also für 1 m . . . . 768 „

7. Der Tunnel durch den Haidenhübel ist 170 m lang und ausgewölbt.

Die Kosten betrugen . . . . 266 090 M.

also für 1 m . . . . 1 565 „

Lfd. Nr.	b) Tunnel durch Dolomit	Kosten für 1 m Tunnel nach Profil			
		A_0 M.	A M.	B M.	C M.
1	Firstsstollen	103	86	75	65
2	Sohlenstollen	120	102	88	78
3	Ausbruch	463	412	350	312
4	Auszimmerung	—	36	48	76
5	Lehrgerüst	—	40	45	50
6	Wölbmaterial	—	488	616	747
7	Maurer-Arbeiten	—	207	249	283
8	Entwässerungskanal	41	41	41	41
9	Ausfugen	9[1]	14	14	14
10	Insgemein	34	34	34	34
	Zusammen für 1 m Tunnel:	770	1460	1560	1700

20. Zweigleisiger Tunnel bei Oberwappenöst im Zuge der Eisenbahn Kirchenlaibach-Redwitz[2].

Der Tunnel liegt im Urgebirge, welches aus Tonschiefer, Phyllit und Phyllitquarzschiefer besteht, ist mit Höhenschutt von 6 m Mächtigkeit überdeckt und 840 m lang. Es wurden die Normalprofile A, B, C und E (s. 19a) angewandt.

---

[1] Abspitzen.

[2] Zeitschrift für Baukunde, 1881, S. 551.

Die Baukosten betrugen:

Lfd. Nr.		Normalprofile			
		A	B	C	E
1	**a) Mineur-Arbeit:** Firststollen:				
	Querschnitt	3,0 qm	4,0 qm	5,0 qm	5,0 qm
	Kosten der Arbeit für 1 m Tunnel .	44,70 M.	34,10 M.	28,80 M.	26,20 M.
	Kosten des Materials für 1 m Tunnel	14,60 „	11,20 „	2,70 „	2,60 „
	Zusammen	59,30 M.	45,30 M.	31,50 M.	28,80 M.
2	Sohlenstollen:				
	Querschnitt	8,0 qm	9,7 qm	11,0 qm	11,0 qm
	α) bei Mundlochbetrieb:				
	Kosten der Arbeit für 1 m Tunnel .	106,20 M.	81,20 M.	63,90 M.	61,30 M.
	Kosten des Materials für 1 m Tunnel	30,00 „	22,70 „	14,10 „	7,40 „
	Zusammen	136,20 M.	103,90 M.	78,00 M.	68,70 M.
	β) bei Schachtbetrieb:				
	Kosten der Arbeit für 1 m Tunnel .	131,10 M.	106,10 M.	62,40 M.	—
	Kosten des Materials für 1 m Tunnel	29,90 „	22,70 „	15,60 „	—
	Zusammen	161,00 M.	128,80 M.	78,00 M.	—
3	Der übrige Teil des Ausbruches:				
	Querschnitt	54,0 qm	55,3 qm	58,0 qm	60,4 qm
	Kosten der Arbeit für 1 m Tunnel .	320,00 M.	269,10 M.	242,70 M.	365,60 M.
	Kosten des Materials für 1 m Tunnel	71,80 „	46,60 „	32,60 „	27,40 „
	Zusammen	391,80 M.	315,70 M.	275,30 M.	393,00 M.
1	**b) Zimmerung** (nur Materialbeschaffung): Firststollen, Kosten des Materials für 1 m Tunnel	—	17,00 M.	31,00 M.	31,00 M.
2	Sohlenstollen, Kosten des Materials für 1 m Tunnel	26,00 M.	40,00 „	61,00 „	69,00 „
3	Der übrige Ausbruch, Kosten des Materials für 1 m Tunnel	51,00 „	75,00 „	135,00 „	169,00 „
4	Mauergerüst, Kosten des Materials für 1 m Tunnel	27,00 „	27,00 „	27,00 „	29,00 „
5	Lehrbögen, Kosten des Materials für 1 m Tunnel	11,00 „	11,00 „	13,00 „	13,00 „
	Zusammen	115,00 M.	170,00 M.	267,00 M.	311,00 M.
	Auf 100 cbm Ausbruch kamen an Rund- und Schnittholz für den Einbau und die Mauergerüste	3,90 cbm	6,22 cbm	9,50 cbm	11,22 cbm
1	**c) Maurer-Arbeit:** Wölbung: Querschnitt	15,0 qm	19,0 qm	24,0 qm	27,0 qm
	Kosten der Arbeit und Beleuchtung für 1 m Tunnel	217,00 M.	257,00 M.	307,00 M.	382,00 M.
	Kosten des Materials für 1 m Tunnel	591,00 „	779,00 „	980,00 „	1145,00 „
	Zusammen	808,00 M.	1036,00 M.	1287,00 M.	1527,00 M.
2	Kanal: Querschnitt	0,78 qm	0,78 qm	0,78 qm	0,50 qm
	Kosten der Arbeit für 1 m Tunnel .	10,90 M.	10,90 M.	10,90 M.	8,30 M.
	Kosten des Materials für 1 m Tunnel	42,60 „	42,60 „	42,60 „	27,30 „
	Zusammen	53,50 M.	53,50 M.	53,50 M.	35,60 M.

Lfd. Nr.		Normalprofile:			
		A	B	C	E
3	Verfugen:				
	Kosten der Arbeit für 1 m Tunnel .	10,80 M.	10,80 M.	10,80 M.	10,80 M.
	Kosten des Materials für 1 m Tunnel	3,20 „	3,20 „	3,20 „	3,20 „
	Zusammen	14,00 M.	14,00 M.	14,00 M.	14,00 M.
	1,0 cbm Wölbmauerwerk erforderte an 12-Stunden-Schichten:				
	Maurer im minimum	1,20 Sch.	1,10 Sch.	1,05 Sch.	—
	Handlanger	1,20 „	1,10 „	1,20 „	—
	Zusammen	2,40 Sch.	2,20 Sch.	2,25 Sch.	—
	Maurer im maximum	1,80 Sch.	1,60 Sch.	2,00 Sch.	—
	Handlanger im maximum . . .	1,20 „	1,30 „	1,20 „	—
	Zusammen	3,00 Sch.	2,90 Sch.	3,20 Sch.	—
	Maurer im Mittel	1,60 Sch.	1,50 Sch.	1,50 Sch.	—
	Handlanger im Mittel	1,20 „	1,20 „	1,20 „	—
	Zusammen	2,80 Sch.	2,70 Sch.	2,70 Sch.	—
	Die Kosten für Reparatur der Werkzeuge mit 7,48% und für Aufsicht mit 2,6%, zusammen mit 10,08% der Kosten der Löhne sind in obigen Kosten der Arbeit enthalten.				
	d) Nebenleistungen:				
	Lagerplätze, Wegunterhaltung, Baubude, Zementschuppen usw. usw. für 1 m Tunnel	73,00 M.	87,00 M.	99,00 M.	108,00 M.
1	e) Gesamtkosten des Tunnels:				
	Bei Mundlochbetrieb für 1 m Tunnel .	1650,00 M.	1825,00 M.	2105,00 M.	2390,00 M.
2	Bei Schachtbetrieb für 1 m Tunnel . .	1675,00 „	1850,00 „	—	—

Es kosteten ferner:

1. Zurüstung der Baustelle, 6,2 km Zufuhrstraßen, Ausführung einer Bauhütte usw. . . . . 57 300 M.
2. Schachtanlage, Abstufung, Maschinen usw. . . . . 82 926 „
3. Wasserförderung beim Schacht- und Streckenbetrieb . . . 68 570 „
4. Ventilation . . . . 2 380 „
5. Ausführung der beiden Portale . . . . 80 300 „
6. Tunnelnischen . . . . 6 400 „
7. Verschiedenes nach Abzug des Holzerlöses . . . . 744 „
   298 620 M.

oder für 1 m Tunnel: 355,50 M.

Der ganze Tunnel kostete . . . . 1 919 000 M.

also bei 840 m Länge für 1 m: 2284,50 M.

21. Zweigleisiger Tunnel zu Langentheile im Zuge der Fichtelgebirgsbahn[1]).

Der Tunnel ist 761 m lang und durchschneidet den zersetzten, mit Quarz- und Wasseradern durchzogenen Urtonschiefer (Phyllit). Der Vollausbruch wurde mittels schmiedeeiserner Rahmen (System Rziha) in einer Länge von 90,5 m in der Mitte des Tunnels ausgesteift.

Das lichte Profil zwischen der Ausmauerung beträgt etwa 48,8 qm, das Ausbruchs= profil etwa 78 qm.

Die Kosten des Tunnels bei Anwendung eiserner Tunnelrahmen betrugen:

1. Die Kosten an Arbeitslöhnen:

a) Sohlenstollen mit Holzzimmerung, für 1 m Tunnel:

4,0 Mineurschichten, je 5,30 M. . . .	21,20 M.	
7,5 Schlepperschichten, „ 3,60 „ . . .	27,00 „	48,20 M.
Es entfielen auf 1 cbm Vollausbruch (78 qm)	0,62 M.	

b) Vollausbruch, für 1 m Tunnel:

22,5 Mineurschichten, je 5,30 M. . . .	119,25 M.	
35,0 Schlepperschichten, „ 3,60 „ . . .	126,00 „	245,25 „

Es wurden benötigt für 1 cbm: 0,30 Mineur= und 0,45 Schlepperschichten. Es kostete das Kubikmeter 3,14 M.

c) Mauerung des Sohlengewölbes, für 1 m Tunnel:

6,0 Maurerschichten, je 5,80 M. . . .	34,80 M.	
6,0 Handlangerschichten, „ 3,80 „	22,80 „	57,60 „
Es entfielen auf 1 cbm Vollausbruch (78 qm)	0,74 M.	

d) Bogenablassen, für 1 m Tunnel:

5,5 Mineurschichten, je 5,30 M. . . .	29,15 M.	
2,0 Schlepperschichten, „ 3,60 „ . . .	7,20 „	36,35 „
Es entfielen auf 1 cbm Vollausbruch (78 qm)	0,47 M.	

e) Bogenstellen, für 1 m Tunnel:

7,25 Mineurschichten, je 5,30 M. . . .	38,42 M.	
10,25 Schlepperschichten, „ 3,60 „ . . .	36,90 „	75,32 „
Es entfielen auf 1 cbm Vollausbruch (78 qm)	0,96 M.	

f) Widerlager und Gewölbmauerwerk, für 1 m Tunnel:

17,25 Maurerschichten, je 5,80 M. . .	100,05 M.	
26,75 Handlangerschichten, „ 3,80 „ . .	101,65 „	201,70 „
Es entfielen auf 1 cbm Vollausbruch (78 qm)	2,59 M.	

g) Ausfugen, für 1 m Tunnel:

1,0 Maurerschicht, je 5,00 M.	5,00 M.	5,00 „
Es entfielen auf 1 cbm Vollausbruch (78 qm)	0,06 M.	

Zu übertragen: 669,42 M.

[1]) Zeitschrift für Baukunde, 1880, S. 11.

Übertrag: 669,42 M.

h) **Herstellen des Entwässerungskanals** von 0,3 m Stärke der Seitenwände, 0,25 m Stärke der Deckplatten, 0,5 m Weite und Höhe im Lichten, für 1 m Tunnel:

0,5 Maurerschichten,	je 5,60 M.	. .	2,80 M.	
0,5 Handlangerschichten,	„ 3,50 „	. .	1,70 „	4,50 „
Es kostete 1 cbm Vollausbruch (78 qm):			0,06 M.	

i) **Wasserschöpfen**, für 1 m Tunnel:

12,0 Arbeiterschichten, je 2,80 M. . . . .   33,60 „

Es kostete 1 cbm Vollausbruch (78 qm): 0,43 M.

k) **Beihilfe zum Auswechseln der Rahmen**, für 1 m Tunnel:

4,0 Mineurschichten, je 4,00 M. . . . .   16,00 „

Es kostete ein cbm Vollausbruch (78 qm): 0,21 M.

Summe der Kosten der Arbeiten für 1 m Tunnel . .   723,52 M.

oder für 1 cbm Vollausbruch (78 qm): 9,28 M.

2. **Die Kosten des Materials, für 1 m Tunnel:**

a)	Eisen	480,00	M.
b)	Holz	305,94	„
c)	Steine	924,84	„
d)	Zement	56,50	„
e)	Sand	18,00	„
f)	Rüböl	27,90	„
g)	Docht	2,80	„
h)	Schmiere	1,29	„
i)	Dynamit	10,20	„
k)	Zündschnure	1,00	„
l)	Drainröhren	6,30	„

Summe der Kosten des Materials für 1 m Tunnel . . . . .   1834,77 M.

oder für 1 cbm Vollausbruch (78 qm): 23,52 M.

3. Verschiedenes, für Herstellung und Instandhaltung der Zufahrts-wege, Legen, Unterhalten und Abrüsten der Arbeitsbahn, An-schaffen der Werkzeuge und des Fahrmaterials, Aufstellen einer Bauhütte, der Schmieden, Wagnereien und Schuppen, Repara-turen an Eisenrüstungen, Reinigen der Sohlengewölbe usw., nach Abzug des Wertes beim Verkaufe des alten Eisens und Holzes: 180 000 M. für die Länge des Tunnels von 749 m. Also für 1 m Tunnel . . . .   241,71 M.

oder für 1 cbm Vollausbruch (78 qm): 3,10 M.

Gesamtkosten für 1 m Tunnel . . . .   2800,00 M.

oder für 1 cbm Vollausbruch (78 qm): 35,90 M.

22. Der zweigleisige Tunnel bei Altenburg[1]).

Der Tunnel an der Linie Leipzig-Hof der sächsischen Staatseisenbahn, ist in den Jahren 1877/78 erbaut worden, besitzt 375 m Länge und liegt mit 18—19 m Über-lagerung im zähen, feuchten, schwarzen Diluvialton, der nur mit der Hacke zu gewinnen ist, wenngleich er an der Luft sehr schnell unter Vermehrung seines Volumens um 70—80% zerfällt. Der Vortrieb erfolgte bei ziemlich starkem Wasserandrang und erheblichem Gebirgsdruck von fünf Angriffsstellen aus unter Verwendung eiserner Tunnelrahmen (je 8 Stück), durchgängig mit Getriebezimmerung.

Das Lichtprofil des Tunnels enthält 53,4 qm, der auszubrechende Raum maß 82,5 qm, davon kamen 10,5 qm auf den Sohlstollen, dessen Geviere aus Altschienen gebogen waren, 34,5 qm auf den übrigen Lichtraum des Tunnels über dem Planum, 28,6 qm auf die Gewölbe mit Hinterfüllung, auf die Widerlager und Fundamente, 8,9 qm auf den Raum unter Planum mit Sohlengewölbe.

Die Kosten der einzelnen Bauarbeiten stellten sich wie folgend angegeben:

a) Herstellung zweier Schächte von 2,8 × 2,0 m Querschnitt, 19,0 und 15,7 m tief (vgl. vorstehend 3b).

b) Herstellung des Sohlstollens durch die Voreinschnitte und den Tunnel, 3,0 m breit, 2,6 m in der Mitte hoch, 10,5 qm gesamter auszuschachtender Querschnitt.

	Kosten	
	für das lfd. m Stollen M.	für das cbm Ausbruch M.
Beschaffung und Anlieferung der Eisenrahmen aus Alt-schienen nebst Zubehör (1 Stück für das lfd. Meter) . .	48,32	4,60
Rund- und Schnittholz zu Schwellen, Lagerhölzern, Stem-peln, Feldbolzen, Pfändelatten und Keilen	10,30	1,00
Pfosten zu Pfählen, Laufdielen und Brustverzug	34,20	3,30
Vortreiben des Stollens einschließlich Gewinnung und Förderung der Massen	58,81	5,60
Herstellen des Entwässerungskanales unter dem Stollen .	4,00	0,40
Beschaffung der Schienen zu Bau- und Transportgleisen, Legen und Unterhalten der Gleise im Tunnel und auf der Schüttung	17,57	1,70
insgesamt:	173,20	16,60
nach Abzug d. Altwertes d. Bogenrahmen u. d. Transportgleise	131,25	12,50

c) Gewinnungsarbeiten im Tunnel.

1 cbm Tongebirge im Sohlstollen gewinnen . . 5,50 M.
1 „ desgl im Vollausbruch dgl., einschließlich Beleuchtung, Beschaffung und Unterhaltung der Geräte, sowie Wasserhaltung . . . . 3,00 „

d) Förderung der Tunnelmassen.

1 cbm Ausbruchsmasse auf 700 m Weite transpor-tieren: Arbeitslöhne . . . . 1,50 „
Geräteabschreibung (50%) . . 0,50 „
zusammen: 2,00 M.

---

[1]) Zeitschrift des Ingenieur- und Architekten-Vereins zu Hannover, Jahrgang 1880.

	Kosten	
	für das lfd. m Tunnel M.	für das cbm Ausbruch M.

e) **Bergmännische Zimmerung des Vollausbruches.**

44 eiserne Lehrbögen (für 5 Angriffsorte) nebst allem Zu=
behör an Auswechselrahmen, Traversen, Schrauben usw.
beschaffen (insgesamt 89 815,57 M. oder 2040,00 M.
für einen Rahmen) . . . . — 239,50 — 3,00

Holz zum Ausbau, einschl. der Schalhölzer für die Wölbung — 158,70 — 2,00

Bölzungsarbeit (1 Tunnelrahmen versetzen kostete 110,00 M.) — 180,60 — 2,20

Beschaffung und Unterhaltung der Geräte und sonst. Arbeiten — 60,40 — 0,70

zusammen: 639,20 — 7,90

f) **Mauerung (ausschließlich der Portale).**

Für das lfd. Meter Tunnel wurden erforderlich:

12,1 cbm Bruchsteinmauerwerk der Widerlager und
Fundamente,

15,8 cbm Quader-gewölbe {
11,7 „ 0,4 m starkes Kappengewölbe aus Sand=
steinquadern,
0,9 „ Sohlenkämpferquader für das Sohlgewölbe
3,2 „ 0,4 m starkes Sohlengewölbe aus Sand=
steinquadern
}

insgesamt 27,9 cbm/m Mauer=
werk auf 372,5 m
Länge (nach Abzug
der Portale).

Die Kosten der Auskleidung betrugen im Durchschnitt:

1399,00 M. für das lfd. Meter Tunnel,
50,50 „ „ „ Kubikmeter Mauerwerk.

g) **Portale.**

Jedes der beiden Portale stellte sich auf 24 120,00 M.

h) **Sohlenkanal.**

Der Entwässerungskanal kostete einschließlich der 9 Einsteigeschächte 26,00 M. für
das lfd. Meter Tunnel.

Die Gesamtkosten des Tunnels betrugen ohne Berücksichtigung des Erlöses aus
altem Materiale 1 135 456,26 M., entsprechend 3028,00 M. für das lfd. Meter, oder
nach Abzug der bergmännischen Vorarbeiten 1 032 518,00 M., entsprechend 2753,00 M.
für das lfd. Meter Tunnellänge, nämlich:

	Kosten		
	für das lfd. m Tunnellänge M.	für das cbm Tunnellichtraum M.	% des Gesamt-betrages
Gewinnung	300,00	5,62	11,50
Förderung	174,00	3,26 } 21,97	6,70
Bölzung (einschließlich Stollen)	699,00	13,09	26,70
Mauerung	1399,00	26,20	53,30
Entwässerung und insgemein	52,00	0,98	1,80
zusammen:	2624,00	49,15	100,00
Hierüber:			
Portale	129,00	2,41	—
insgesamt:	2753,00	51,56	—

23. Der eingleisige Tunnel bei Auerswalde.

Der Tunnel (Linie Chemnitz-Wechselburg der sächsischen Staatsbahn) wurde im Jahre 1900 erbaut und durchfährt mit 125 m Länge (einschließlich Portale) lasenreichen Gneisglimmer mit Gängen von Granulit und Hornblendeschiefer. Der Tunnel wurde durchgängig mit Bruchsteinmauerwerk in Zementmörtel 1 : 4 ausgemauert, zu dem die im Tunnel gewonnenen Steine Verwendung nicht finden konnten.

Die Rückfläche des Gewölbes ist mit Zementmörtel 1 : 2 abgeglichen und mit Dachpappe abgedeckt, der verbleibende Hohlraum mit gewonnenen Steinen ausgepackt worden.

Am Sohlstollen wurde 140 je 12stündige Schichten gearbeitet, demnach Fortschritt in jeder Schicht durchschnittlich 0,87 m.

Die Querschnittsgröße des Lichtprofiles beträgt 26,21, des Mauerprofiles 11,22, des Vollausbruches 42,3 qm (einschließlich 20 cm Hohlraum hinter der äußeren Gewölbelaibung).

Die Kosten des Tunnels ergaben sich zu:	Kosten			in % des Gesamt-betrages
	insgesamt M.	für das lfd. m Tunnel-länge M.	für das obm Licht-raum M.	
a) Ausbruch.				
1 lfd. Meter Vollausbruch herstellen, einschließlich Abtransport der Massen auf 400 m Entfernung . . . . . . 400,00 M.				
1 qm Tunnelsohle einebnen . . . . . 0,75 „				
1 cbm Einbruchsmassen im Tunnel zerkleinern, laden und abtransportieren 3,00 M.				
1 Nische ausbrechen . . . . 40,00 „				
insgesamt:	49 899,84	399,20	15,23	44,60
b) Mauerung.				
1 qm Tunnelsohle mit Beton überziehen 5,80 M.				
1 cbm Bruchsteinmauerwerk für Widerlager und Gewölbe herstellen . . . 29,50 M.				
1 cbm Gründungsbeton der Nischen desgl. 24,40 „				
insgesamt:	45 095,02	360,76	13,76	40,30
c) Abdeckung und Auspackung.				
1 qm Gewölberückfläche mit Zementmörtel überziehen und mit Dachpappe abdecken, sowie die Zwischenräume ausmauern und auspacken . . . . . 7,00 M.				
1 cbm Bruchsteinkontretmauerwerk an der Stelle eines Masseneinbruches herstellen . . . . 25,00 „				
insgesamt:	14 286,71	114,29	4,36	12,80
zu übertragen:	109 281,57	874,25	33,35	97,70

Die Kosten des Tunnels ergaben sich zu:	Kosten			in % des Gesamt-betrages
	insgesamt M.	für das lfd. m Tunnel-länge M.	für das cbm Licht-raum M.	
Übertrag:	109 281,57	874,25	33,55	97,70

d) Entwässerung.

1 m Drainrohr, 10 cm weit, beschaffen und verlegen	1,00 M.				
1 m Drainrohr, 5 cm weit, desgl. . .	0,70 „				
1 Stück Drainrohr mit Löchern, desgl.	0,20 „				
1 m Steinzeugrohr, 20 cm weit, desgl.	2,50 „				
1 m „ 15 cm „ „	2,30 „				
1 Bogenstück zur Drainrohr-Entwässe-rung, desgl.	2,30 „				
1 Aufsatzscheibe auf die Bogenstücke, desgl.	1,00 „				
1 Entwässerungsschrot, 0,5 × 05 m groß, in den Wandungen 25 cm stark, her-stellen, einschließlich der gußeisernen Einlaufsplatte	50,00 „				
	insgesamt:	2 633,14	21,06	0,81	2,30
	zusammen:	111 914,71	895,31	34,16	100,00

Hierüber:

e) Portale.

1 cbm Gründungsmassen gewinnen und abtransportieren	4,00 M.				
1 cbm Gründungsbeton einbringen . .	24,40 „				
1 cbm Stirnmauerwerk herstellen . . .	29,50 „				
1 qm Ansichtsfläche der Stirnmauer als Zyklopenmauerwerk aus Granit, Por-phyr oder Granulit herstellen . . .	10,00 „				
1 qm Rückfläche ausschweißen	0,80 „				
1 qm Sandsteindeckplatten anliefern und verlegen	18,00 „				
1 qm Ziegelrollschicht in Zementmörtel herstellen	5,00 „				
1 qm Ansichtsfläche des Gewölbe-mauerwerks mit Zementmörtel 1:3 putzen und fugen	2,00 „				
insgesamt Südportal:		7 712,99	109,02	4,16	—
Nordportal:		5 914,03			
zusammen:		125 541,73	1004,33	38,32	—

1 cbm Ausbruch) (a) kostet 10,60 M., 1 cbm Mauerung einschl. Abdeckung und Entwässerung (b, c und d) 44,20 M.

An der gleichen Bahnlinie ist bei Mohlsdorf ein 214 m langer eingleisiger Tunnel in Granulit und Gneisgranit hergestellt worden, der gleichfalls in voller Länge mit Bruchsteinmauerwerk in Zementmörtel 1:4, hier aber aus im Tunnel gewonnenen Steinen ausgekleidet wurde.

Für Herstellung eines Vollausbruches von 50,50 qm Fläche sind hier 625,00 M., für einen Vollausbruch von 48,3 qm 605,00 M. gezahlt worden.

Die gesamten Baukosten ergaben sich zu:	Kosten			in % des Gesamt= betrages
	insgesamt M.	für das lfd. m Tunnel= länge M.	für das cbm Licht= raum M.	
a) Ausbruch	134 792,37	629,87	24,04	56,20
b) Mauerung	85 019,98	397,28	15,16	35,50
c) Abdeckung und Auspackung	17 019,04	79,53	3,04	7,10
d) Entwässerung	2 855,04	13,34	0,51	1,20
zusammen:	239 686,43	1120,02	42,75	100,00
Hierüber:				
e) Portale, und zwar:				
1. Nordportal	10 330,83	} 128,98	4,92	—
2. Südportal einschl. 7 m Verlängerung für Überführung der Chemnitztalstraße	17 270,38			
zusammen:	267 287,64	1249,00	47,67	—
Hiervon ab:				
Erlös aus brauchbaren Steinen des Tunnelaus= bruches	15 457,24	72,23	2,76	—
Demnach verbleiben:	251 830,40	1176,77	44,91	—

24. Der zweigleisige Tunnel bei Niederschlema.

Der Tunnel (Linie Zwickau=Schwarzenberg der sächsischen Staatseisenbahn) ist in den Jahren 1898/99 erbaut worden, besitzt 347,45 m Länge und durchschneidet im Haupt= teil der Länge — 235 m — festen, dichten Augit=Hornblendeschiefer, in kürzerer Strecke — 105 m — Tonschiefer. Der Tunnel ist durchgängig ausgemauert. Die Widerlager sind aus im Tunnel gewonnenen Steinen in Zementmörtel 1:4, die Gewölbe aus gleichen Steinen in Zementmörtel 1:3 hergestellt. Die Rückfläche des Gewölbes ist mit Zement= mörtel 1:2 abgeglichen, an Stellen mit Wasserzudrang ist Asphaltfilz oder Dachpappe über die Gewölbe gelegt worden. Der tägliche Fortschritt betrug bei ununterbrochenem Betrieb in den Stollen durchschnittlich 1,0 m, im Vollausbruch 0,4 m, bei der Mauerung 0,7 m.

Die Größe des Lichtprofils beträgt rund 54,0, des Widerlagerquerschnitts 10,26, des Gewölbequerschnitts 5,58, des Vollausbruchs 70,8 qm.

Die Kosten des Tunnels belaufen sich auf:	Kosten			
	insgesamt M.	für das lfd. m Tunnellänge (347,45 m) M.	für das cbm Lichtraum (54,0 qm) M.	in % des Gesamtbetrages
a) Ausbruch				
1 lfd. Meter Vollausbruch herstellen . 890,00 M.				
1 qm Tunnelsohle einebnen . . . . . 0,50 „				
1 cbm Steine aufladen, abtransportieren, abladen und aufschichten . 1,00—1,10 „				
b) Mauerung. insgesamt:	334 658,93	963,19	17,84	67,70
1 cbm Widerlagsmauerwerk herstellen. 17,50 M.				
1 cbm Gewölbemauerwerk herstellen . 30,00 „				
1 Tunnelnische, 1 m tief, 1,5 m breit, 2,0 m hoch, herstellen, ein Zuschlag . 75,00 „				
c) Abdeckung. insgesamt:	132 055,20	380,11	7,04	26,70
1 qm Zementmörtelfurnier herstellen . 2,35 M.				
1 qm Zementputz auf dem Mörtelfurnier aufbringen . . . . 1,50 „				
1 qm Gewölbefläche mit starken Asphaltfilzplatten bedecken . . . . 4,50 „				
1 qm Gewölbefläche mit Dachpappe bedecken . . . . 0,30 „				
d) Entwässerung. insgesamt:	11 342,65	32,64	0,60	2,30
1 m Entwässerungsschlitze, 0,2/0,2 m weit, hinter der Tunnelausmauerung aussprengen und auspacken . . . . 3,00 M.				
1 qm Asphaltgoudronanstrich an den Ringstößen herstellen . . . . 0,50 „				
1 lfd. m Steinzeugrohre, 0,10 m weit, anliefern, verlegen und einmauern . 1,50 „				
1 lfd. m Sickerkanal von der Laibung nach der Mittelschleuse trocken einsetzen (als Zuschlag zum Packlager) . 0,25 „				
1 m gemauerten Entwässerungskanal herstellen . . . . 15,00 „				
1 qm Granitplatten zur Abdeckung des Entwässerungskanals anliefern u. verlegen 8,30 „				
1 Entwässerungsschrot, 0,75/0,75 m weit, 1,8 m tief, aus hartgebrannten Ziegeln in Zementmörtel herstellen . . . . 75,00 „				
insgesamt:	16 192,36	46,63	0,86	3,30
e) Insgemein	383,32	1,13	0,02	—
zusammen:	494 632,46	1423,70	26,36	100,00

| Die Kosten des Tunnels belaufen sich auf: | Kosten | | | in % des Gesamt= betrages |
	insgesamt M.	für das lfd. m Tunnel= länge M.	für das cbm Licht= raum M.	
Übertrag:	494 632,46	1423,70	26,36	100,00

Hierüber:

f) Portale.

1 cbm Grundgrabungsmassen (Felsen) gewinnen, abtransportieren und ab= laden	3,00 M.				
1 cbm Bruchsteinmauerwerk herstellen	30,75 „				
1 cbm Eckverkleidung der Widerlager aus Quadern herstellen (ein Zuschlag) . .	50,00 „				
1 cbm Quadergewölbe der Portale desgl.	75,00 „				
1 cbm Steinpackung zur Hinterfüllung einbringen	1,50 „				
insgesamt:		18 013,81	51,75	0,96	—
zusammen:		512 646,27	1475,45	27,32	—

Hiervon ab:

Erlös aus brauchbaren Steinen des Tunnelaus= bruches	13 507,44	38,88	0,77	—
Demnach verbleiben:	499 138,83	1384,82	26,55	—

1 cbm Vollausbruch (a) kostet 13,60 M., 1 cbm Mauerwerk, einschl. Abdeckung und Entwässerung (b, c und d): 28,50 M.

25. Kosten der nachträglichen Ausmauerung in dem zweigleisigen Buchholzer Tunnel bei Altena in Westfalen[1]).

Der 1857—1861 hergestellte und teilweise unverkleidet gelassene Tunnel wurde 1894 in einem 56,5 m langen Teile nachträglich mit lagerhaften Bruchsteinen in Kalk= zementmörtel 1:4:10 in einer Stärke von 60 cm ausgemauert. Der Betrieb in dem zweigleisig angelegten Tunnel wurde auf einem in die Tunnelmitte verlegten Gleis aufrecht erhalten.

Die Kosten haben betragen:

1. Vorarbeiten, Heranschaffen einer Stationsbude, Signaleinrich= tung, Gleisverschiebung, Weicheneinlegung . . . . = 2 091,26 M.
2. Felsarbeiten:
    a) Dynamit, Zündschnur, Kapseln . . . .   491,76 M.
    b) 566,9 Tagewerke der Felsarbeiter, welche
        rund 55 cbm Felsen gelöst haben, zu 4 M. 2267,60 „ = 2 759,36 „
                       zu übertragen: 4 850,62 M.

---

[1]) Zentralblatt der Bauverwaltung 1895, S. 298.

Übertrag: 4 850,62 M.

3. Maurerarbeiten:

a) 709,26 cbm Bruchsteine . . . . 3714,08 M.
b) 210 000 kg Hochofenschlackensand . . . 378,50 „
c) 95 t Zement . . . . 665,00 „
d) 64 000 kg Beckumer Wasserkalk . . . . 905,67 „
e) 700 kg Petroleum . . . . 133,00 „
f) 350 kg Brennöl . . . . 168,00 „
g) Unterhaltung der Lampen und Geräte . 134,93 „
h) 1029 Tagewerke der Maurer zu 4,20 Mk. 4321,80 „
i) 810,3 Tagewerke der Mörtelmacher zu
3,20 M. . . . . 2592,96 „
k) 652,7 Tagewerke der Rottenarbeiter zu
2,20 M. . . . . 1435,94 „ = 14 449,88 „

4. Gerüst:

a) Lehrgerüst (12 cbm Holz). . . . . . . 740,26 M.
b) Lehrbogeninstandsetzen, Schallatten, Boh=
len, Geräte . . . . 1306,70 „
c) 7maliges Verschieben des Lehrgerüstes . 512,60 „ = 2 559,56 „

Gesamtkosten: 21 860,06 M.

Die hergestellte Mauerwerksmenge der Widerlager und des Gewölbes
beträgt . . . . 543 cbm
Hierzu etwa 50 cbm Hinterpackung, in Mauerwerk umgerechnet . . . 40 „

Masse des Mauerwerks: 583 cbm

Somit kostete 1 cbm Mauerwerk:

a) an Arbeitslohn . . . . 14,32 M.
b) an Arbeitslohn und Material . . . . 24,48 „
c) einschließlich aller Ausgaben . . . . 37,49 „

Ferner kostete 1 m der im ganzen 66,5 m langen Tunnelausmauerung: 386,90 „

26. Abwassertunnel unter dem Bahnhof Altenburg[1].

Zur Abführung städtischer Abwässer 1894 unter dem etwa 5 m hohen, aus tonigem und lehmigem Materiale bestehenden 16 Jahre alten Bahndamme, bei Aufrechterhaltung des Betriebes auf den Gleisen, mit kreisrundem, 3 m im Lichten weitem Querschnitt, mittels Getriebezimmerung, aber ohne Mittelrahmen, unter Verwendung eiserner, aus Eisenbahnschienen gebogener Rahmen in 165 m Länge vorgetrieben.

Die Rahmen standen in 1 m Entfernung.

---

[1] Zivilingenieur 1894, S. 297.

Die Herstellung der aus drei Ringen Ziegelmauerwerk von je 0,12 m Stärke in Zementmörtel 1:3 gebildeten Mauerung folgte dem Ort in 5 m Entfernung, der zwischen dem Mauerwerk und der Verkleidung verbleibende 35 cm hohe Zwischenraum wurde durch Kalkzementbeton im Mischungsverhältnis 1:2:6:10 ausgefüllt.

Die Kosten der Anlage stellen sich für das lfd. Meter zu:

a) Stollenvortrieb.

Anteilige Beschaffungskosten der 10 eisernen Rahmen zu je 90,00 M., auf 160 Rahmenstellungen verteilt	5,63 M.
2 cbm fichtenes Ausbauholz für die Pfähle, Stempel, Säulen usw., die hinter der Mauerung verbleiben, je 35,00 M.	70,00 „
5,6 Bergarbeiterschichten, Schichtlohn 8,00 M.	44,80 „
22,4 Handlangerschichten, „ 3,00 „	67,20 „
(Für jedes Meter Vortrieb waren 2,8 Schichten erforderlich.)	
Beleuchtung	4,20 „
Meistergebühren, Darleihung der Geräte	8,27 „
	1 m Stollenvortrieb: 200,10 M.

b) Mauerung.

6,5 Maurerschichten, Schichtlohn 3,50 M.	22,75 M.
1,3 Handlangerschichten, „ 3,00 „	3,90 „
(1 m Mauerung erforderte 1,3 Schichten.)	
1600 Stück Ziegel für 4 cbm Mauerwerk anliefern, das Tausend 22,00 M.	35,20 „
Für 4 cbm Ziegelmauerwerk:	
0,36 cbm Zement, je 60,00 M.	21,60 „
1,08 „ Sand, „ 3,50 „	3,78 „
Für 4,5 cbm Beton im Mischungsverhältnis 1:2:6:10:	
0,30 cbm Zement, je 60,00 M.	18,00 „
0,60 „ Kalk, „ 13,00 „	7,80 „
1,80 „ Sand, „ 3,50 „	6,30 „
3,00 „ Klarschlag, „ 4,10 „	12,30 „
Beleuchtung	3,90 „
Tonrohre	4,00 „
Meistergebühren, Darleihung der Geräte	2,47 „
	1 m Mauerung: 142,00 M.

Somit stellen sich die Kosten für 1 m fertigen Kanaltunnel auf 342,00 M., für das Kubikmeter Lichtraum (7,07 qm Lichtquerschnitt) auf 48,40 M. Weiter haben die Ausgaben für die Sicherung der sich stark senkenden Gleise noch 21,00 M. für 1 m Tunnel erfordert, und zwar 8,00 M. Arbeitslöhne und 13,00 M. Bettungsmaterial, so daß die gesamten Aufwendungen sich zu 363,00 M. für 1 m Tunnellänge berechnen, entsprechend 51,30 M. für das Kubikmeter Licht=raum oder 21,00 M. für 1 cbm Aushubmasse (bei 18 qm Querschnittsfläche des Aushubs).

Für den Aushub allein ergeben sich 11,00 M. für 1 cbm, einschließlich der Gleis=sicherung.

27. Sammelkanal in der Johannisstraße in Köln[1].

Kanalquerschnitt $\frac{1,8 \text{ hoch}}{1,2 \text{ breit}}$ im Lichten, mit 38 cm starkem Widerlager.

Getriebezimmerung mit eisernen Türstöcken, deren äußere Abmessungen $\frac{2,47 \text{ hoch}}{1,96 \text{ breit}}$.

Untergrund: bis 1,30 m Tiefe: aufgefüllter Boden, bis 2,50 m: Lehmschicht mit Muschelsand, darunter: scharfer Flußsand und Kies.

Sohltiefe: 7,5—9,1 m; Kanallänge: 285 m.

Ein eiserner Rahmen kostete 15,00 M., 1 qm Schwartenholz 1,75 M.; die Stadt lieferte die Sohlstücke, die Verblend= und Hintermauerungsziegel, den Zement, den Traß und das nötige Eisenwerk.

Die Herstellung des Stollens und die Maurerarbeiten im Stollen kosteten 125,00 M./m; einschließlich Materiallieferung, Aufsicht usw., sowie einschließlich der Schächte können 190,00 M./m gerechnet werden.

28. Kanal unter der Donau für das Budapester Wasserwerk.[2]

Eiförmiger Querschnitt $\frac{1,8 \text{ hoch}}{1,2 \text{ breit}}$ im Lichten; 25 cm starker Beton 1:5 in der Sohle, 15 cm stark in der Wand.

Grundverhältnisse: harter, blauer Tegel, unter dessen Oberfläche der Kanal in 9—10 m Tiefe liegt.

Länge 497 m.

Kosten: 220,00 M./m einschließlich aller Materialien, ausschließlich der beiden kreisförmigen Kopfschächte von 2,83 m Durchmesser, deren Preis sich auf 580,00 M. für das fallende Meter stellte.

29. Sammelkanäle in Hamburg.[3]

In Geschiebemergel, Glacialton, Kies und reichlich wasserführenden Sandschichten in Tiefen bis zu 20,7 m 1899—1904 vorgetrieben und ausgemauert.

Es kostete:

1 m im offenen Einschnitt hergestellter Schleusenteil (265 m) . . . . 700 M.
1 m Tunnelstrecke, kreisrund, 2,4 m im Lichten weit, vorgetrieben
  a) bergmännisch, ohne Verwendung von Preßluft (270 m) . . . . . 420 „
  b) bergmännisch, unter Verwendung von Preßluft (507 m) . . . . . 670 „
  c) mit Schild, unter Verwendung von Preßluft (2210 m) . . . . . . 890 „

---

[1] Zentralblatt der Bauverwaltung 1893, S. 365.
[2] Deutsche Bauzeitung 1896, S. 539.
[3] Deutsche Bauzeitung 1907, S. 254.

1 m Tunnelstrecke, kreisrund, 3,0 m im Lichten weit, mit Schild ohne Verwendung von Preßluft vorgetrieben (1058 m). . . . . 1100 M.
Fortschritt in 24 Stunden durchschnittlich 1,3 m, im Höchstfalle 3,8 m; Luftüberdruck
0,6—1,45 Atm.

30. Stollen durch den Eisenbahndamm bei Station Eichkamp.

(Linie Berlin-Wetzlar.)

Zur Durchlegung eines 800 mm weiten Wasserleitungsrohres in 54 m Länge
unter den Hauptgleisen der Berlin-Wetzlarer Bahn und mehreren Gleisen der
Zugbildungsstation Eichkamp bei Aufrechterhaltung des Eisenbahnbetriebes, in
einem etwa 8 m hohen Damme aus feinem Sand mittels Getriebezimmerung
vorgetrieben.

Stollenquerschnitt: $\frac{1,5 \text{ hoch}}{1,2 \text{ breit}}$ im Lichten; Türstockentfernung: 0,75 m.

Als Türstockhölzer dienten alte Eisenbahnschwellen, für die Verpfählung der Firste
und der Seitenwände standen alte Rüstbohlen zur Verfügung.

Der Arbeitsfortschritt betrug in 10 stündiger Schicht 2,5 m; die Arbeitslöhne
für die Zurichtung der Hölzer und für den Stollenvortrieb stellten sich für diese
Länge auf:

1 Vorarbeiterschicht . . . . 9,00 M.
2 Zimmermannsschichten je 7,50 M. . . . . 15,00 „ } zusammen 42,50 M.
4 Handlangerschichten (1 zu 5,00; 3 zu 4,50 M.) 18,50 „

d. i.

für das lfd. Meter Stollen . . . . 17,00 „
„ ein cbm Lichtraum des Stollens . . . . 9,44 „
„ „ „ insgesamt ausgeschachtetes Profil . . . . 4,96 „

31. Sammelkanal in Stampfbeton unter dem Güterbahnhof Cöln-Nippes[1].

Parabelförmiger Querschnitt 3,20 hoch, 3,25 breit im Lichten, unten durch Seiten-
banketts und die Mittelrinne abgeschlossen; Beton im Scheitel 0,38, unten an den
Seiten 0,88, in der Sohle im Mittel 0,8 stark; in der Sohle und auf 0,4 m Höhe der
Widerlager mit Klinkern verblendet. Tieflage des Scheitels unter den Gleisen 3,54 m;
Länge des Tunnels: 75 m.

Lichter Querschnitt des in Sand und Kies vorzutreibenden Tunnels 5,00 m breit,
3,54 m hoch; Vortrieb im Getriebebau mit Stollengerinnen aus gebogenen Haupt-
bahnschienen, die mit einbetoniert wurden.

Beton im Mischungsverhältnis von 2 Zement, 1 Traß, 5 Rheinsand, 7 Rheinkies, an den Innenflächen verputzt. Kosten: 670 M. für das lfd. m Tunnel.

---

[1] Bericht der IX. Hauptversammlung des Deutschen Betonvereins 1906.

15. Elektrotechnik.

Bearbeitet von Oberingenieur Rühle-Friedenau.

I. Starkstromtechnik.

1. Generatoren, Transformatoren, Akkumulatoren.

Gleichstrom-Nebenschlußmaschine.

Raumbedarf ohne Riemenspanner Länge mm	Breite mm	Höhe mm	Riemenscheibe Durchmesser mm	Riemenscheibe Breite mm	Gewicht kg Maschine netto	Maschine brutto	Riemenscheibe	Preis der Maschine Mark	Als Dynamo Leistung in KW	Kraftbedarf PS	Umdrehungen pro Minute	Regulator Gewicht kg	Regulator Preis Mark	Als Motor Leistung in PS	Stromverbrauch in KW	Umdrehungen pro Minute	Anlasser normal Gew. kg	Anlasser normal Preis Mark	mit 15% Tourenerhöhung Gew. kg	mit 15% Tourenerhöhung Preis Mark	Preis der Riemenscheibe	Preis des Riemenspanners
440	226	285	100	40	35	60	1,15	180,00	0,50	0,96	2200	6,7	32,00	0,5	0,50	1700	4,2	30,00	6,5	55,00	3,00	15,00
525	260	322	120	60	48	75	1,50	250,00	0,90	1,60	1800	6,8	32,00	1,0	0,94	1480	4,2	30,00	7,0	65,00	3,50	15,00
500	345	400	120	70	80	110	2,00	400,00	1,85	3,25	1750	7,0	35,00	2,0	1,90	1300	4,2	30,00	7,5	70,00	4,00	16,00
605	400	455	150	100	120	165	4,50	500,00	2,75	4,80	1700	7,0	35,00	3,0	2,85	1250	5,8	35,00	12,0	85,00	6,00	16,00
715	410	465	150	130	165	230	6,00	600,00	4,60	7,50	1530	7,0	35,00	5,0	4,40	1180	5,8	35,00	12,0	85,00	9,00	16,00
770	540	603	200	120	275	375	11,00	750,00	6,70	10,50	1420	7,3	40,00	7,5	6,40	960	11,5	50,00	24,5	110,00	10,00	25,00
840	550	613	245	150	330	450	14,00	850,00	8,00	12,50	1200	7,3	40,00	10,0	8,50	900	11,5	50,00	24,5	110,00	15,00	25,00
975	670	753	305	150	480	590	16,00	1000,00	11,00	17,50	1200	7,6	45,00	12,5	10,60	910	23,5	100,00	25,0	130,00	25,00	35,00
1010	710	793	335	150	550	675	17,00	1200,00	14,00	22,00	1100	14,3	60,00	16,0	13,50	840	23,5	100,00	25,0	130,00	25,00	35,00
1145	720	798	335	180	730	930	19,00	1600,00	20,00	30,50	930	14,3	60,00	23,0	19,00	735	23,5	160,00	52,0	165,00	35,00	35,00
1235	880	970	460	250	1230	1450	33,00	2200,00	30,00	45,00	850	15,0	60,00	35,0	28,60	685	55,0	160,00	52,0	210,00	40,00	60,00
1370	900	990	460	320	1420	1720	50,00	2700,00	40,00	60,00	780	18,5	70,00	47,0	38,50	620	70,0	200,00	—	—	40,00	60,00
1245	992	1130	540	300	1660	2000	55,00	3200,00	50,00	75,00	710	19,5	80,00	60,0	48,50	590	100,0	230,00	—	—	70,00	110,00
1380	1010	1140	600	360	2050	2450	90,00	3800,00	65,00	97,00	620	19,5	80,00	78,0	63,00	530	100,0	230,00	—	—	110,00	110,00
1645	1240	1420	660	500	2950	3550	150,00	5300,00	80,00	119,00	560	40,0	150,00	95,0	76,50	500	135,0	350,00	—	—	145,00	120,00
1745	1260	1430	760	550	3500	4300	200,00	6700,00	100,00	145,00	500	40,0	150,00	120,0	96,05	430	195,0	410,00	—	—	190,00	120,00

Allgemeine Elektrizitäts-Gesellschaft, Berlin. — Siemens-Schuckertwerke, Berlin.

Drehstrommaschinen für 50 Perioden.

Spalten:
Leistung — Kilo Volt × Amp. | Kilo Watt bei cos φ = 0,8 · **Kraftbedarf m. Erregung** — bei cos φ = 1 PS | bei cos φ = 0,8 = 0,8 PS · wird gebaut bis Volt · Max. Gleichstromübertragung bei cos φ = 0,8 · Schwungmoment m² kg · **Dimensionen mm der Dynamomaschine** — Länge ohne / mit Erregermaschine | Breite | Höhe · **der Riemenscheibe** — Durchmesser | Breite · **Gewicht kg** — der Dynamomaschine netto / brutto | der Erregermaschine | der Riemenscheibe | des Magnetstromregulators | der Stellschienen · **Preise Mark** — der Dynamomaschine ohne Riemenscheibe | der Erregermaschine | der Riemenscheibe | des Magnetstromregulators | der Stellschienen

kVA	kW	PS cos φ=1	PS cos φ=0,8	geb. bis Volt	Gleichstrom	Schwungmoment	Länge ohne	Länge mit Err.	Breite	Höhe	Durchm.	Breite Riem.	Gew. netto	Gew. brutto	Erregermasch.	Riemenscheibe	Magnetregul.	Stellschienen	Preis Dynamo	Preis Erreger	Preis Riemen	Preis Magnet	Preis Stell
1000 Umdrehungen pro Minute.																							
10	8	16,0	13,5	1000	0,55	8,0	750	1150	735	745	380	120	610	740	120	17	14	75	1600,00	625,00	20,00	60,00	60,00
15	12	24,0	20,0	2000	0,65	10,0	805	1205	735	745	380	120	660	800	120	17	14	75	1750,00	625,00	20,00	60,00	60,00
20	16	31,0	26,0	2000	0,78	13,5	860	1260	735	745	380	150	730	880	120	20	15	75	1900,00	625,00	25,00	62,00	60,00
30	24	46,5	38,5	3000	0,85	28,0	870	1270	950	940	450	160	825	995	120	26	15	140	2200,00	625,00	30,00	62,00	90,00
40	32	61,0	50,5	3000	1,00	34,0	910	1310	950	940	480	180	940	1140	120	30	16	140	2400,00	625,00	36,00	65,00	90,00
50	40	75,5	62,0	4000	1,10	36,0	992	1392	950	940	480	220	1050	1275	120	36	16	140	2700,00	625,00	40,00	65,00	90,00
75	60	112,0	92,0	5000	1,45	52,0	1147	1547	950	940	480	325	1320	1570	120	56	20	140	3300,00	625,00	65,00	80,00	90,00
100	80	148,0	121,0	5000	1,60	120,0	1120	1510	1160	1180	—	—	1620	1920	130	—	20	—	3800,00	725,00	—	80,00	—
125	100	184,0	150,0	6000	1,80	140,0	1238	1628	1160	1180	—	—	1860	2185	130	—	22	—	4250,00	725,00	—	90,00	—
750 Umdrehungen pro Minute.																							
20	16	31,0	26,0	2000	0,70	30,0	855	1245	870	865	520	170	920	1120	130	30	15	140	2200,00	725,00	35,00	62,00	90,00
30	24	46,0	38,0	3000	1,00	45,0	890	1280	950	940	540	210	1040	1290	130	40	16	140	2500,00	725,00	45,00	65,00	90,00
40	32	61,0	50,0	3000	1,20	70,0	965	1355	950	940	560	280	1150	1450	130	60	20	140	2700,00	725,00	70,00	80,00	90,00
50	40	75,0	62,0	4000	1,30	80,0	1190	1580	1110	1080	560	350	1260	1585	130	70	20	215	3000,00	725,00	85,00	80,00	110,00
75	60	111,0	92,0	5000	1,50	100,0	1280	1670	1110	1080	640	320	1560	1935	130	82	20	215	3600,00	725,00	95,00	80,00	110,00
100	80	148,0	120,0	5000	1,75	135,0	1400	1790	1110	1080	640	420	1840	2240	130	100	22	215	4200,00	725,00	110,00	90,00	110,00
125	100	184,0	150,0	6000	2,15	220,0	1350	1745	1390	1195	640	480	2360	2810	130	120	22	350	5000,00	725,00	130,00	90,00	175,00
600 Umdrehungen pro Minute.																							
50	40	76,0	62,0	4000	1,60	125,0	1035	1425	1150	1160	800	210	1460	1835	130	80	20	215	4000,00	725,00	70,00	80,00	110,00
75	60	111,0	92,0	5000	2,10	170,0	1135	1585	1150	1160	800	310	1800	2250	225	120	22	215	4450,00	1000,00	110,00	90,00	110,00
100	80	148,0	121,0	6000	2,30	220,0	1310	1760	1150	1160	800	400	2080	2735	225	140	42	215	4900,00	1000,00	130,00	155,00	110,00
125	100	184,0	150,0	6000	2,45	330,0	1430	1880	1390	1195	800	440	2640	3340	225	160	42	350	5500,00	1000,00	150,00	155,00	175,00

Dampfdynamos.

Gleichstrom.

Leistung KW		Kraftbedarf PS		Umdrehungen pro Minute		Kilogr. Dampfverbrauch pro Stunde und PS		Anzahl der Zylinder	Gewicht kg		Preis in Mark	
Max.	Min.	Max.	Min.	Max.	Min.	ohne	mit Kondensation		netto	brutto	der Maschine	des Regulators
3,8	1,67	6,0	3,2	920	440	17,0	13,5	1	600	850	2200,00	40,00
5,5	2,75	9,0	4,8	620	320	17,0	13,5	1	1125	1450	2900,00	45,00
10,0	5,00	16,5	8,5	480	275	16,3	12,8	1	1950	2300	3900,00	60,00
20,0	10,00	32,0	16,5	410	200	15,0	12,0	1	3100	3500	5200,00	70,00
32,5	16,10	50,0	26,5	320	170	14,5	11,5	1	4690	5240	8100,00	80,00
10,0	5,00	15,4	8,2	470	275	13,8	10,0	2	2150	2550	5300,00	60,00
15,0	7,50	23,0	12,0	420	230	13,2	9,6	2	2900	3250	6400,00	60,00
20,6	10,00	31,0	15,8	380	200	12,8	9,3	2	3700	4200	7000,00	70,00
25,0	12,60	39,0	21,0	370	190	12,5	9,0	2	4610	5210	8100,00	80,00
32,5	16,10	50,0	26,5	320	170	12,5	9,0	2	5690	6390	10 500,00	80,00

A. E.-G., Berlin.

Turbodynamos.

1. Gleichstrom.

Normale Leistung KW	Umdrehungen pro Minute	Dimensionen			Gewicht mit allem Zubehör ca. kg	Dampfverbrauch bei 12 kg/cm² 300° C kg pro KW	Preis pro KW ca. M.
		Größte Länge mm	Größte Breite mm	Höhe der Achse über Flur mm			
50	2600	2700	1200	800	5000	12,5	500,00
75	2400	bis	bis	bis	bis	bis	bis
100	2200	3600	1500	900	7200	9,5	290,00
150	2000	4100	1700	1000	10 000	9,5 bis	280,00 bis
200	1800	4300	1700	1000	12 500	9,0	260,00

2. Drehstrom.

| 150 | 3000 | 4000 | 2000 | 1000 | 13 000 | 9,8 | 215,00 |
| 200 | 3000 | 4430 | 2090 | 1000 | 17 000 | 9,0 | 218,00 |

A. E.-G., Berlin.

Drehstrom-Transformatoren
mit natürlicher Luftkühlung.
Primär max. 6000 Volt.

Dauer-Leistung KW bei $\cos \varphi = 1$	Wirkungsgrad bei Vollast und $\cos \varphi = 1$		Spannungs-abfall bei Vollast und $\cos \varphi = 1$		Dimensionen in mm			Gewicht in kg		Preis in Mark	
	Primärspannung 600	6000	Primärspannung 600	6000	Länge	Breite	Höhe	netto	brutto	Primärspannung 600	6000
1	94,4	93,4	2,8	2,8	325	250	560	65—85	115—140	252,00	390,00
2	95,5	94,9	2,3	2,2	415	250	560	86—95	140—155	295,00	420,00
3	96,2	95,2	2,1	2,1	480	250	560	95—110	155—180	335,00	450,00
5	96	95,5	2,2	2,4	380	300	655	110	180	440,00	515,00
7,5	96,4	95,9	2,2	2,4	470	300	655	150	230	525,00	600,00
10	96,6	96,2	2,0	2,2	450	350	755	180	270	630,00	700,00
15	97,0	96,8	1,8	1,9	540	350	755	240	340	800,00	860,00
20	97,3	97,0	1,6	1,7	550	400	910	300	410	950,00	1015,00
30	97,4	97,2	1,5	1,6	610	400	910	360	490	1190,00	1320,00
50	97,6	97,5	1,5	1,5	700	450	985	500	650	1700,00	1850,00
70	97,8	97,8	1,35	1,35	745	500	1090	690	860	2250,00	2400,00
100	98,05	98,05	1,2	1,2	945	500	1090	870	1100	2975,00	3175,00

Drehstrom-Transformatoren.
Öltransformatoren.
Primär max. 6000 Volt.

Leistung KW bei $\cos \varphi = 1$	Wirkungs-grad bei Vollast und $\cos \varphi = 1$	Span-nungs-abfall bei Vollast und $\cos \varphi = 1$	Dimensionen in mm			Gewicht in kg			Preis in Mark		
			Länge	Breite	Höhe	des Trans-formators netto	brutto	des Öles	des Trans-formators 500 Volt	6000 Volt	des Öles
1	93,5	3,7	450	425	555	115	190	25	240,00	345,00	7,50
2	94,5	3,25	450	425	555	125	200	25	270,00	370,00	7,50
3	95,2	3,0	470	485	615	150	235	40	300,00	405,00	12,00
5	95,7	2,7	470	485	615	160	245	40	360,00	460,00	12,00
7,5	96,2	2,4	640	582	715	220	320	75	430,00	530,00	22,50
10	96,5	2,2	640	582	715	235	335	75	500,00	610,00	22,50
15	96,7	2,1	640	582	815	265	385	90	640,00	750,00	27,00
20	96,95	2,1	671	612	915	310	445	120	770,00	875,00	36,00
30	97,2	1,95	671	612	1115	360	520	155	1010,00	1110,00	46,5
50	97,4	1,9	644	807	1115	515	695	190	1410,00	1520,00	57,00
70	97,7	1,7	674	867	1320	665	860	260	1750,00	1850,00	78,00
100	97,95	1,5	674	867	1520	765	975	330	2175,00	2310,00	100,00

Akkumulatoren.

Kapazität in Amph. 3stündige Entladung	10stündige Entladung	Entladestromstärke in Amp. 3stündige Entladung	10stündige Entladung	Des Elementes Raumbedarf mm Länge	Breite	Höhe	Gewicht in kg	60 Elemente Raumbedarf mm Länge	Breite	Höhe	Gewicht kg der Batterie mit Säure	der Verpackung	der Säure mit Ballons	ohne Ballons	Preis† der aufgestellten Batterie Mark	120 Elemente Raumbedarf mm Länge	Breite	Höhe	Gewicht kg der Batterie mit Säure	der Verpackung	der Säure mit Ballons	ohne Ballons	Preis† der aufgestellten Batterie Mark
27	36	9	3,6	80	215	295	8,5	2600	1900	2200	900	270	310	250	852,80	2600	5600	2000	1 640	540	630	490	1 586,10
54	73	18	7,3	130	215	295	13,5	3300	1900	2200	1 390	420	480	390	1 152,80	3300	5600	2000	2 540	840	920	740	2 186,10
81	109	27	10,9	180	215	295	18,5	4100	1900	2200	1 930	540	690	570	1 465,20	4100	5600	2000	3 780	1 080	1 570	1 330	2 792,90
108	145	36	14,5	215	230	295	23,0	5100	1800	2200	2 370	690	860	710	1 798,20	5100	5300	2000	4 510	1 380	1 740	1 440	3 458,90
135	181	45	18,1	215	230	295	26,0	5100	1800	2200	2 620	810	930	780	2 059,20	5100	5300	2000	5 110	1 620	1 980	1 680	3 992,90
162	218	54	21,8	215	165	530	32,5	5200	1600	2500	3 250	990	1 120	920	2 308,20	5200	4900	2000	6 140	1 980	2 240	1 850	4 472,90
216	290	72	29,0	215	200	530	41,0	5200	1700	2500	3 920	1 140	1 290	1 060	2 839,20	5200	5100	2000	7 440	2 280	2 570	2 120	5 480,90
324	435	81	43,5	215	280	545	58,0	5200	1900	2500	5 290	1 500	1 710	1 390	3 992,00	5200	5800	2000	10 350	3 000	3 610	2 980	7 774,50
432	580	144	58,0	215	410	530	82,0	5200	3400	2500	7 450	2 280	2 580	2 130	5 361,60	5200	6800	2000	15 010	4 560	5 220	4 320	10 699,70
*594	798	198	79,8	215	530	545	108,0	5200	3900	2000	9 660	2 880	3 350	2 760	7 101,80	5200	7800	2000	19 460	5 760	6 790	5 620	14 175,10
972	1305	324	130,5	455	435	635	193,0	8400	3500	2200	16 750	2400	5 670	4 680	11 439,80	8400	6900	2200	33 710	4 800	11 330	9 350	22 851,10
1836	2466	612	296,6	465	740	640	344,0	8400	4700	2200	29 230	4080	9 700	8 000	19 809,20	8400	9400	2200	58 850	8 160	19 400	16 000	39 600,90
3384	4496	1116	449,6	465	1255	645	608,0	8400	8100	2200	51 510	6900	16 830	13 880	34 252,80	8400	15 800	2200	103 590	13 800	33 650	27 750	68 536,10

Bis * Glasgefäße, dann Holzkästen.   † Ohne Transport.

Akk.-Fabrik A.-G., Berlin.

2. Schaltanlagen.

Schaltanlagen für Gleichstrom.

Die Schaltanlage ist bestimmt für	Die Schaltanlage enthält folgende Apparate	30 Amp.			60 Amp.			120 Amp.			300 Amp.			600 Amp.		
		der Schalttafel	der Zuleitung 6 m	10 m	der Schalttafel	der Zuleitung 6 m	10 m	der Schalttafel	der Zuleitung 6 m	10 m	der Schalttafel	der Zuleitung 6 m	10 m	der Schalttafel	der Zuleitung 6 m	10 m
1 Dynamo	1 Voltmeter, 1 Amperemeter, 2 Sicherungen, 1 doppelpoliger Ausschalter, 1 Marmorplatte, Kupferverbindungen, Montage	110	24	36	120	28	46	145	60	90	180	130	195	250	250	370
2 Dynamos	1 Voltmeter, 1 Umschalter, 2 Amperemeter, 4 Sicherungen, 2 doppelpolige Ausschalter, 1 Marmortafel, Kupferverbindungen, Montage	190	47	70	205	55	90	270	118	178	330	260	390	470	500	750
3 Dynamos	Wie oben, nur 3 Amperemeter, 6 Sicherungen, 3 doppelpolige Ausschalter	260	68	104	290	80	134	370	175	265	470	400	590	680	750	1120
1 Akkumulatorenbatterie Einfachzellenschalter	Dynamoumschalter, Voltmeterumschalter, 1 einpoliger Schalter, 1 Umschalter, 2 Sicherungen, 1 Amperemeter, Skala nach zwei Seiten, 1 Zellenschalter für 21 Kontakte, Marmortafel, Kupferverbindungen, Montage	155	220	340	190	295	462	260	610	890	355	1370	2050	570	2600	3900
1 Akkumulatorenbatterie Doppelzellenschalter	1 Dynamoumschalter, Voltmeterumschalter, 3 einpolige Schalter, 3 Sicherungen, 1 Amperemeter, Skala nach 2 Seiten, 1 Doppelzellenumschalter für 21 Kontakte, sonst wie vorher	200	245	375	240	325	510	350	670	980	660	1500	2250	1100	2850	4300

Für jeden Anschluß an die Schaltanlage in der Stromstärke von

	6	10	20—30	60	100 Amp.
	15	20	30	60	80 Mark.

Für das Eisengerüst ist zu rechnen 10—20%.

Schaltanlagen für Drehstrom.

Die Schalt-anlage ist bestimmt für	Die Schaltanlage enthält folgende Apparate	Preis in Mark							
		bis 500-Volt					bis 3000 Volt		
		Schalt-anlage	Zuleitung				Schalt-anlage	Zuleitung	
			6 m		10 m			6 m	10 m
			50 Amp.	100 Amp.	50 Amp.	100 Amp.			
1 Dynamo	3 Sicherungen, 1 dreipoliger Ausschalter, 1 Voltmeter, 1 Strommesser für Wechsel- und 1 für Gleichstrom, 1 Wattmeter, Marmorplatte, Kupferverbindungen, Montage	320	110	160	150	170	750	100	145
2 Dynamos	6 Sicherungen, 2 dreipolige Ausschalter, 1 Voltmeter, 1 Umschalter, 1 Phasenvergleicher, 2 Strommesser für Wechselstrom und 2 für Gleichstrom, 2 Wattmeter, Marmorplatten, Kupferverbindungen, Montage . .	650	200	300	280	310	1500	190	270
3 Dynamos	9 Sicherungen, 3 dreipolige Ausschalter, 1 Voltmeter, 1 Umschalter, 1 Phasenvergleicher, 3 Strommesser für Wechselstrom und 3 für Gleichstrom, 3 Wattmeter, Marmorplatten, Kupferverbindungen, Montage . .	1000	290	440	410	450	2250	275	400

Für jeden Anschluß an die Schaltanlage bei $\frac{500}{40-100}$ $\frac{3000 \text{ Volt.}}{200 \text{ Mark.}}$

Für das Eisengerüst ist zu rechnen 7,5—15%.

Meßinstrumente.

220 mm Durchmesser mit Dämpfung.

Konstruktion	Gleichstrom				Drehstrom										
	Voltmeter		Amperem.		Voltmeter			Amperem.		Wattmeter					
										15 Amp.			500 Amp.		
	120	550	30	800	120	550	3000	30	800	120 Volt	600 Volt	3000 Volt	120 Volt	600 Volt	3000 Volt
Induktion	30	40	28	49	30	41	141	28	49	—	—	—	—	—	—
Präzision	60	65	54	80	130	165	265	160	210	90	112	325	140	160	375

Schaltkästen für 3000 Volt Drehstrom M. 350,00, mit Amperemeter M. 500,00, mit Amperemeter und Voltmeter M. 650,00, mit Amperemeter, Voltmeter und Wattmeter M. 960,00.

In **Akkumulatorenräumen** wird der Fußboden mit säurefesten Fließen belegt und die Fugen mit Asphalt ausgegossen, je qm M. 11,00.

Wände und Metallteile werden mit säurebeständiger Farbe gestrichen, je qm M. 1,20—1,50, Eisenkonstruktion Ansichtsfläche.

Transformatorenstationen von M. 600,00 an für einen Transformator, ohne innere Ausrüstung, durchschnittlich M. 1000,00 für zwei Transformatoren. Die innere Ausrüstung von M. 600,00 an für einen und M. 800,00 für zwei Transformatoren.

Schutzvorrichtungen an elektrischen Anlagen gegen Blitz und Überspannungen.

1. Gleichstrom bis 550 Volt . . . . 9,50 M.
2. Wechsel= (Dreh=) Strom bis 3000 Volt.

Durchschlagsicherung zur Erdung des neutralen Punktes der Nieder=spannungswicklung von Transformatoren . . . . 3,50 „

Funkenstrecken. Einpolig mit Rollen × Widerständen . . . . 11—19 „
für Innen=, 29—36 M. für Außen=Räume.

Einpoliger Blitzbügel . . . . 20 „

Einpolige Karborundumwiderstände für: 1000 Volt . . . . 8 „
2000 „ . . . . 13 „
3000 „ . . . . 19 „

Einpolige Drosselspule . . . . 29—70 „
Dreipoliger Wasserstrahlender . . . . 360 „

Zentralstationen.

Das Anlagekapital von Zentralstationen wird annähernd berechnet, wenn man pro Kilowatt Gesamtleistung setzt bei einer Größe von

bis 100 Kilowatt	2500 M.		1—2000 Kilowatt	1575 M.	
100— 250 „	2100 „		2—5000 „	1360 „	
250— 500 „	1900 „		über 5000 „	1250 „	
500—1000 „	1700 „				

wovon 21,5% für Grundstücke, Gebäude, Schornstein und Fundamente,

28% für Kessel, Kesseleinmauerung, Speisepumpen, Kondensation und Kühl=
vorrichtungen,

8% für Akkumulatoren und Transformatoren,

33,5% für Leitungsnetze einschl. Hausanschlüsse,

5% für Zähler,

4% für Beleuchtung, Laufkran, Heizung, Werkzeug, Kohlentransportvor=
richtung, Straßen, Wege, Einfriedigungen und sonstiges entfallen.

Für große Zentralstationen rechnet man in Amerika auf das Kilowatt bezogen für

Gebäude für Zentralen bis 5000 Kilowatt	65,00 bis 105,00	M.
„ „ „ über 5000 „	42,50 „ 85,00	„
Schornstein aus Ziegeln	7,20 „ 9,80	„
„ aus Betoneisen oder Stahl	6,40 „ 8,50	„
Kohlen= und Aschenförderung	6,40 „ 12,50	„
Wasserrohrkessel	34,00 „ 42,50	„
Mechanische Heizvorrichtung	8,50 „ 12,50	„
Ventilation für künstlichen Zug	4,25	
Vorwärmer	8,50	
Speisepumpen	2,10	
Dampfrohrleitung bis 10 000 Kilowatt	12,50 „ 25,00	„
„ 10—20 000 Kilowatt	8,50 „ 17,00	„
Turbogeneratoren, 5000 Kilowatt=Einheiten	85,00 „ 95,00	„
Dampfmaschinen und Generatoren, 5000 Kilowatt=Einheiten .	127,50	
„ 600—3000 Kilowatt=Einheiten	85,00 „ 105,00	„
Einspritzkondensatoren	12,50 „ 21,50	„
Oberflächenkondensation	21,50 „ 34,00	„
Erregung mit eigener Antriebsmaschine	1,70	
Schalttafeln für Hochspannungsanlagen	8,50 „ 13,00	„
„ „ Niederspannungsanlagen über 23 000 Volt . .	4,00 „ 9,00	„
Laufkran im Maschinenhaus	1,00 „ 2,20	„
Gesamtkosten für Dampfturbinenanlagen	275/440/530	„
„ „ Dampfmaschinenanlagen	300/440/640	„

3. Leitungen.

Zur **Bestimmung der Leitungen** bedient man sich folgender Gesetze:

1. Das Joulesche Gesetz.

$Q = c \cdot J^2 \, wt = $ Grammkalorien $ = 0,24 \cdot J^2 \cdot w \cdot t$, wo J die Stromstärke in Ampere und w der Widerstand der Leitung in Ohm bedeutet.

2. Das Ohmsche Gesetz.

$J = \dfrac{E}{w}$, wo J und w wie oben und E die elektromotorische Kraft in Volt bedeutet.

Ist q der Querschnitt der Leitung in Quadratmillimeter, l die einfache Länge in Meter, p der Prozentsatz des Spannungsverlustes, $\dfrac{p}{100} E$ der Spannungsverlust, W die

Watts am Anfang der Leitung, φ der Phasenverschiebungswinkel, dann bekommt das Ohmsche Gesetz folgende Form für Kupferleitungen:

a) für Zweileiter $\quad q = \dfrac{21 \cdot J \cdot 100}{E \cdot p \cdot 57} = \dfrac{21 \cdot W \cdot 100}{E^2 \cdot p \cdot 57}$

b) für Dreileiter $\quad\quad\quad\quad q = \dfrac{21 \cdot W \cdot 100}{4\,E^2 \cdot p \cdot 57}$

c) für Einphasenwechselstrom $\quad q = \dfrac{21 \cdot W \cdot 100}{E^2 \cdot p \cdot \cos\varphi \cdot 57}$

d) für Drehstrom $\quad\quad\quad\quad q = \dfrac{1 \cdot W \cdot 100}{E^2 \cdot p \cdot \cos^2\varphi \cdot 57}$

Für Aluminiumleitungen ist an Stelle von 57 34 zu setzen.

3. Die Kirchhoffschen Gesetze.

a) An jeder Abzweigstelle ist die algebraische Summe der Ströme gleich Null

$$\Sigma J = 0.$$

b) In einem geschlossenen Polygon von Leitern ist die algebraische Summe aller in ihm enthaltenen elektromotorischen Kräfte gleich der Summe der Produkte der Stromstärken der einzelnen Seiten und den zugehörigen Widerständen

$$\Sigma E = \Sigma J w.$$

Freileitungen.
(Auszug aus den Normalien des Verbandes Deutscher Elektrotechniker.)

Für Freileitungen darf weicher Kupferdraht nur mit 5 kg/qmm, harter[1]) Kupferdraht mit 12 kg/qmm, für Aluminiumdraht bis zu 9 kg/qmm beansprucht werden. Es ist zu rechnen sowohl eine Temperatur von −20° C ohne zusätzliche Belastung, als auch −5° C und eine Eisbelastung, wobei das Gewicht des Eises 0,015 × q kg pro Meter zu setzen ist. q ist der Querschnitt des Drahtes in Quadratmillimeter.

Zur Berechnung für die mechanische Belastung dienen folgende Formeln:

$$d = \frac{g\,a^2}{8\,S} = \sqrt{\frac{3\,a\,(1-a)}{8}}.$$

$$l = l_0\,(1 + \alpha\,t),$$

wo a die Spannweite in Meter,
  S die Spannung in Kilogramm,
  d der Durchhang in Meter,
  g das Gewicht des Drahtes von 1 m in Kilogramm,
  l die Länge des Drahtes in Meter,
  l_0 die Länge des Drahtes bei 0° C in Meter,
  α der Ausdehnungskoeffizient der Temperatur des Drahtmaterials,
  t der Temperaturunterschied von 0° C in Zentigraden.

Höchste zulässige dauernde Strombelastung in Ampere für blanken Draht:

Querschnitt in .... qmm	6	10	16	25	35	50	70	95
Höchste zulässige Stromstärke in Amp.	31	43	75	100	125	160	200	240
Nennstromstärke für die Abschmelzsicherung in Amp.	25	35	60	80	100	125	160	190

---

[1]) Über die Bestimmung des „harten" Kupfers siehe Abschnitt IV 2.

Holzmaste sind zu berechnen nach:

$$Z = 1{,}2\sqrt{D \cdot H}\,,$$

wo Z die Zopfstärke in Zentimeter, D die Summe der Durchmesser der an dem Maste befestigten Drähte in Millimeter und H die mittlere Höhe der Leitungen von der Erde in Meter ist.

Masten unter 13 cm Zopf dürfen nicht verwendet werden.

Für Hochspannungen[1]) bis 1000 Volt müssen die Stangen mindestens 15 cm, für höhere Spannungen mindestens 18 cm Zopfstärke haben.

Dabei ist gerechnet, daß die Entfernung der Stangen in gerader Strecke folgende Maximalabstände nicht überschreitet:

Für Linien mit einem Gesamtquerschnitt der Leitungsdrähte und Schutzdrähte

bis 105 qmm . . . . 80 m,
über 105 bis 210 qmm . . . . 60 m,
über 210 bis 300 qmm . . . . 50 m,
über 300 qmm . . . . 40 m.

Holzgestänge können beansprucht werden mit 70 kg/qcm, Windbelastung 125 kg pro Quadratmeter senkrecht getroffener Fläche, bei zylindrischen Körpern das 0,7 fache des Durchmessers × Länge, Flußeisen mit 1500 kg/qcm, Gußeisen mit 300 kg/qcm, andere Materialien mit ein Drittel der vom Lieferanten garantierten Bruchfestigkeit.

Porzellanisolatoren für Niederspannung bis zu Drähten von 16 qmm für 100 Stück 22—35 M. Für Drähte bis 70 qmm für 100 Stück 38 M.

Für Hochspannung 3000 Volt für 100 Stück 60 M.

Ambroinisolatoren 3000 Volt für 100 Stück 50 M.

Bezugsquellen: Porzellanfabrik Hermsdorf, Niederlausitz. Schomburg Söhne, Rosenthal. A.-G. Selb, Bayern.

Gestänge, Stützen je kg 0,50—0,80 M.

Blanker Kupferdraht, elektrolyt. rein, je kg 2 M.[2])

Blanker Aluminiumdraht, je kg 2,50 M.[2])

Holzmasten, imprägniert.

Zopfstärke		13—14 cm	15—16 cm	17—18 cm
Preise in M. ⎧	8	8,00	10,00	13,00
für Masten ⎪	10	11,00	14,40	18,50
von einer ⎨	12	15,40	20,00	25,00
Länge von m ⎩	14	21,50	28,00	35,00

Erdschuhe für Holzmasten 18—22 M.

Eiserne Rohrenmaste.

Für horizont. Zug an der Spitze		150 kg		200 kg	
		glatt	verziert	glatt	verziert
Preise in Mark ⎧	8	60	95	70	105
bei einer Länge der Masten ⎪	10	85	120	95	130
⎨	12	105	140	125	160
von Meter ⎩	14	145	180	160	195

Bezugsquelle: Rheinische Stahlwerke, Duisburg.

---

[1]) Als Hochspannungsanlagen gelten alle, deren Gebrauchs-Spannung zwischen irgend einer Leitung und Erde mehr als 250 Volt betragen kann. Bei Akkumulatoren ist die Entladespannung maßgebend.

[2]) Die Preise wechseln und müssen für genaue Kostenanschläge von Fall zu Fall eingeholt werden.

Betonmaste.

Beim Bau der Linie Albula-Zürich wurden Betonmaste vom Querschnitt I, System Jäger & Cie., und o, System Siegwart verwendet. Es kam der fertig gestellte Mast für 162 kg Zug auf gerader Strecke einschließlich Kulturschaden

10,5 m hoch über dem Boden . . . . 192 M.
11 m „   „   „   „   . . . . 205 „
12 m „   „   „   „   . . . . 224 „
13 m „   „   „   „   . . . . 248 „

Werkzeuge, komplett.

Montagekästen für Freileitungsmonteure . . . . 150—250 M.
Sicherheitsgürtel mit Karabinerhaken und Tasche   11   „
Das Paar Steigeisen . . . . 10—20   „
Benzinlötlampe . . . . 12—20   „
1 Flaschenzug mit Seil, 2 Froschklemmen, 1 Kniehebelklemme
  mit Parallel-Bronzebecken, 1 Feilkloben   38   „

Bezugsquelle: W. Rücke & Co., Elberfeld.

Montage von:

Porzellanisolatoren, Gestängen und Leitungen 0,06—0,10 M. pro lauf. Meter bei durchschnittlich 25—28 Masten pro Kilometer gerader Linie.

Leitungsmaste in leichtem Boden . . . . 3—8 M.
          in schwerem Boden . . . . 4,50—10 „
          in felsigem Boden . . . . 10—28   „
je nach Länge der Maste.

Preis von Schutznetzen, flach, je lauf. Meter . . . . . . 1,20—1,80 M.
          kastenförmig, je lauf. Meter . . . . 3,00—5,00 „

Man rechnet (Uppenborn, Kalender) für Freileitungen zu den Preisen des Leitungsmateriales pro Kilometer Strecke als Verlegung von:

Holzmasten und Wandkonsolen . . . . 800—1200 M.
Dachständern . . . . 1200—1500 „
Rohrmasten (glatt oder mit einfacher Garnitur) . 2400—3500 „
Gittermasten . . . . 2500—5000 „

Diese Zuschläge enthalten die Kosten der Maste und deren Aufstellung einschließlich Erdarbeiten und eventuell erforderlichen Ankern und Streben, der Isolatoren nebst Stützen, Bindedraht und Zubehör.

In Ortschaften erhöhen sich die Preise um 100—200 M. Instandhaltung von Holzmasten je Stück und Jahr 0,30—0,60 M. bei jährlichem Anstrich mit Karbolineum 0,5 m unter und über dem Erdreich, ohne Pflaster- und Straßenregulierung. Bei Eisenmasten 1—2 M. bei jährlichem Teeren an dem Erdboden und frischem Anstrich alle 4 Jahre mit Rostschutzfarbe.

Einfach Kabel
700 Volt, eisenarmiert ohne Prüfdraht.

	6	10	16	25	35	50	70	95	120	150	185	240	310	400	500
Querschnitt des Kupfers 1 × qmm	6	10	16	25	35	50	70	95	120	150	185	240	310	400	500
Max. zulässige Belastung in Amp.	70	95	130	170	210	260	320	385	450	510	575	670	785	940	1035
Durchmesser des arm. Kabels mm	22	26	27	28	29	31	33	34	36	38	40	43	46	49	53
Gewicht für 100 m kg	120	175	200	215	240	280	330	380	430	490	560	650	800	940	1105
Fabrikationslänge m	500	500	500	500	450	400	350	350	250	250	250	200	150	150	125
Kabeltrommel { Durchmesser mm	1000	1250	1250	1250	1250	1250	1250	1250	1250	1250	1250	1500	1500	1500	1500
Kabeltrommel { Gewicht kg	50	150	150	150	150	150	150	150	150	150	150	300	300	300	300
Preis für 100 m Mk.	71,50	85,50	118,50	150	192	244	315	395	482	587	702	883	1104	1381	1703
Muffe { Preis M.	5,00	8,00	8,00	8,00	8,00	10,00	10,00	10,00	14,00	14,00	14,00	17,00	17,00	20,00	20,00
Muffe { Gewicht kg	2,50	3,00	3,00	3,00	6,00	6,00	6,00	6,00	8,00	8,00	8,00	10,00	10,00	13,00	13,00
Muffe { Montage¹) M.	5,50	5,50	5,50	5,50	7,50	7,50	7,50	7,50	7,50	7,50	7,50	7,50	7,50	7,50	7,50
Abzweig-Muffe ohne Sicherung { Preis M.	7,50	12,00	12,00	12,00	12,00	15,00	15,00	15,00	21,00	21,00	21,00	25,00	25,00	30,00	30,00
Abzweig-Muffe ohne Sicherung { Gewicht kg	6,33	6,33	6,33	6,53	6,53	6,53	6,53	6,53	10,72	10,72	10,72	10,72	15,36	15,36	15,36
Abzweig-Muffe ohne Sicherung { Montage¹) M.	5,50	5,50	5,50	5,50	7,50	7,50	7,50	7,50	7,50	10,00	10,00	10,00	10,00	10,00	10,00
Endverschluß für Innenräume { Preis M.	2,50	2,50	3,00	3,50	4,00	4,00	4,50	5,00	6,50	6,50	6,50	8,00	8,00	10,00	10,00
Endverschluß für Innenräume { Gewicht kg	0,55	0,55	0,55	0,81	0,64	0,64	0,64	1,00	1,00	1,00	1,42	1,42	1,42	1,80	3,00
Endverschluß für Innenräume { Montage¹) M.	2,85	2,85	2,85	3,40	3,40	3,40	3,40	4,25	4,25	4,25	4,25	4,25	4,25	5,70	5,70
Endverschluß zum Übergang in Freileitung { Preis M.	15,00	15,00	15,00	15,00	15,00	20,00	20,00	20,00	25,00	25,00	—	—	—	—	—
Endverschluß zum Übergang in Freileitung { Gewicht kg	0,81	0,81	0,81	0,81	1,42	1,42	1,42	2,15	2,15	2,15	—	—	—	—	—
Endverschluß zum Übergang in Freileitung { Montage¹) M.	7,50	7,50	7,50	10,00	10,00	10,00	10,00	10,00	10,00	10,00	—	—	—	—	—

¹) Ohne Transport.

O.=Sch.

56

Verseiltes Dreileiter-Kabel
700 Volt, eisenarmiert ohne Prüfdraht.

		6	10	16	25	35	50	70	95	120	150	185	240
Querschnitt des Kupfers 3 × qmm													
Max. zulässige Belastung in Amp.		47	65	85	110	135	165	200	240	280	315	360	420
Durchmesser des arm. Kabels mm		31	35	37	40	43	47	51	55	59	63	67	72
Gewicht für 100 m kg		270	335	395	480	565	705	840	1006	1155	1340	1540	1815
Fabrikationslänge m		710	710	710	550	530	390	370	305	280	260	240	160
Kabeltrommel	Durchmesser mm	1500	1750	1750	1750	1750	1750	1750	2030	2030	2030	2030	2030
	Gewicht kg	300	500	500	500	500	500	500	670	670	670	670	670
Preis für 100 m Mk.		167	218	305	414	522	700	904	1163	1424	1739	2098	2346
Muffe	Preis M.	9,00	14,00	14,00	16,00	16,00	21,00	21,00	27,50	27,50	27,50	34,00	34,00
	Gewicht kg	8,00	8,00	11,50	11,50	11,50	17,50	17,50	17,50	24,00	24,00	31,50	31,50
	Montage¹) M.	7,00	7,00	7,00	7,00	7,00	10,00	10,00	10,00	10,00	10,00	10,00	10,00
Abzweig-Muffe	Preis M.	12,00	19,00	19,00	22,00	22,00	29,00	29,00	36,00	36,00	39,00	47,00	47,00
	Gewicht kg	29,00	29,00	29,00	29,50	29,50	44,00	44,00	45,00	45,00	55,00	55,00	65,00
	Montage¹) M.	7,00	7,00	7,00	7,00	10,00	10,00	10,00	10,00	10,00	10,00	10,00	10,00
Endverschluß für Innenräume	Preis M.	22,00	24,00	24,00	28,00	28,00	28,00	36,00	36,00	46,00	46,00	70,00	70,00
	Gewicht kg	0,44	0,44	1,00	1,00	1,42	1,42	1,80	1,80	3,00	4,30	4,30	5,20
	Montage¹) M.	4,25	4,25	4,25	4,25	5,70	5,70	5,70	5,70	5,70	8,50	8,50	8,50
Endverschluß zum Übergang in Freileitung	Preis M.	30,00	30,00	30,00	35,00	35,00	45,00	45,00	50,00	60,00	60,00	—	—
	Gewicht kg	11,25	11,25	11,25	14,75	14,75	17,50	17,50	21,50	21,50	21,50	—	—
	Montage¹) M.	7,00	7,00	7,00	7,00	10,00	10,00	10,00	10,00	10,00	10,00	—	—

¹) Ohne Transport.

Verseiltes Dreileiter-Kabel
3000 Volt eisenarmiert ohne Prüfdraht.

Querschnitt des Kupfers 3 × qmm . .	6	10	16	25	35	50	70	95	120
Max. zulässige Belastung in Amp. . .	47	65	85	110	135	165	200	240	280
Durchmesser des arm. Kabels mm . . .	30	32	35	38	41	45	49	54	57
Gewicht für 100 m kg	235	280	355	440	520	660	795	955	1100
Fabrikationslänge m	850	710	710	680	550	420	370	280	280
Kabeltrommel . . { Durchmesser mm	1500	1500	1750	1750	1750	1750	1750	1750	2030
Gewicht kg . .	300	300	500	500	500	500	500	500	670
Preis für 100 m Mk.	241	299	391	501	613	794	1016	1281	1547
Muffe . . . . . . { Preis M. . . .	14,00	14,00	19,00	21,00	21,00	27,50	27,50	27,50	32,00
Gewicht kg . . .	5,75	8,00	8,00	11,50	11,50	11,50	17,50	17,50	24,00
Montage [1]) M. .	10,00	10,00	10,00	10,00	10,00	10,00	10,00	10,00	10,00
Endverschluß für Innenräume { Preis M. . . .	22,00	24,00	24,00	28,00	28,00	28,00	36,00	36,00	46,00
Gewicht kg . .	8,20	10,20	10,20	10,20	12,70	12,70	12,70	12,70	20,10
Montage [1]) M. .	5,70	5,70	5,70	8,50	8,50	8,50	8,50	8,50	8,50
Endverschluß zum Übergang in Freileitung { Preis M. . . .	35,00	35,00	35,00	45,00	45,00	50,00	60,00	60,00	60,00
Gewicht kg . .	20,00	20,00	20,00	28,00	28,00	28,00	28,00	40,00	40,00
Montage [1]) M. .	7,50	7,50	7,50	10,00	10,00	10,00	10,00	10,00	10,00

Kosten der Kabelverlegung je Meter.

Anzahl der Kabel	Aufheben und Wiedereinfüllen eines Grabens mit Einschlemmen d. Bodens, Abfahren d. überflüssigen u. Zufahren d. fehlenden Materiales, sowie Herstellung von Probelöchern für eine Grabentiefe von			Herstellung der Wege mit Ersatzmaterial								Kabelpanzer mit Betonsäcken und Beton 1:7 bei Kabeldurchmesser von 70 mm
	1,25 M.	1,00 M.	0,75 M.	Promenadenweg M.	Chaussee M.	Kopfsteinpfl. M.	Reihensteinpfl. M.	Mosaik M.	Gußasphalt mit Unterbettung M.	Stampfasphalt mit Unterbettung M.	Granitplatten M.	M.
1	0,58	0,50	0,40	0,42	0,50	0,70	0,78	1,05	2,80	11,00	1,50	1,00
2	0,68	0,60	0,45	0,50	0,60	0,70	0,78	1,05	3,20	12,00	1,50	1,00
3	0,82	0,69	0,51	0,52	0,70	0,83	0,90	1,20	3,65	13,50	1,50	1,45
4	0,98	0,79	0,60	0,58	0,80	0,92	1,08	1,45	4,10	15,50	1,50	1,85
5	1,20	0,97	0,72	0,65	0,90	1,10	1,20	1,70	5,00	20,00	1,50	2,30
6	1,33	1,10	0,82	0,70	1,00	1,20	1,38	1,90	5,50	22,00	2,50	2,70

Verlegen der Kabel, Anbringen von Kabelzeichen je Meter 0,10—0,20 M.
Abdecken der Kabel mit Tonschalen je Meter . . . . 0,05 M.

[1]) Ohne Transport.

Kabel-Werkzeug.

Werkzeugkasten für Kabelmonteure . . . . 220—440 M.

Ablaufwinden:

niedrigster Stand	560	590	610 mm,
Hubhöhe	310	310	310 mm,
Tragkraft	8000	10 000	15 000 kg,
Preis d. Paares	108	114	142,00 M.

2,5 m Stahlwelle, 60 mm Durchm.	27,00 „
Feldschmiede mit Ventilator für Handantrieb . . .	52,50 „
Petroleum-Gas-Lötgebläse	56,50 „
Finger-Gummi-Handschuhe, 330 mm lang	16,00 „
Löter-Zelte, 2 m lang, 1,75 breit, 1,75 hoch . . .	90,00 „
2,50 m lang, 2,15 breit, 2 hoch . . .	150,00 „

Leitungen für Innenräume.

Für Leitungen mit Gummiaderdraht erhält man für Querschnitt von 1 bis 95 qmm gute Annäherungswerte, wenn man $a + b\,q = M.$ setzt, wo q der Querschnitt in Quadratmillimeter und M. der Preis in Mark für das Meter Länge ist und für a und b folgende Werte eingeführt werden:

1. Für Gummiaderdraht . . . . $a = 12$ $b = 3,4$
2. Gummiaderdraht auf Rollen . . . . $a = 17,5$ $b = 5,0$
3.   „   „ Tropfrollen . . . . . $a = 26$ $b = 5,0$
4.   „   in Isolierrohre:
    a) eine Ader in einem Rohr . . . . $a = 15$ $b = 5,8$
    b) zwei Adern in einem Rohr . . . . $a = 66$ $b = 13$
    c) drei   „   „   „   „ . . . . . . $a = 98$ $b = 18$
5. Gummiaderdraht in Panzerrohr:
    a) eine Ader in einem Rohr . . . . $a = 160$ $b = 8,3$
    b) zwei Adern in einem Rohr . . . . $a = 200$ $b = 24$
    c) drei   „   „   „   „ . . . . . . $a = 270$ $b = 32$

4. Beleuchtung.

Glühlampen.

Metallfadenlampen und metallisierte Kohlenfadenlampen sind empfindlicher für mechanische Erschütterungen als die Kohlenfadenlampen, dagegen weniger empfindlich gegen Spannungsschwankungen. Die Nernstlampe kann Spannungsschwankungen nicht vertragen.

Die installierte Lampe in trockenen Räumen, mit Schaltern und Sicherungen und einfachem Pendel kostet fertig installiert 15,00—20,00 M., in feuchten Räumen 20,00—25,00 M., für Werkstätten, verschiebbar, 20,00—25,00 M., im Freien ohne Kandelaber 20,00—25,00 M., Handlampen mit Steckkontakt 25,00 bis 30,00 M., geerdet 30,00—40,00 M., Handlampen für Gruben (Taucherlampen) 100,00—160,00 M.

Art der Lampe	Bezugs- quelle	120 Volt				220 Volt				Bemerkungen
		HK	Watt je HK	Lebensdauer in Stunden	Preis je Lampe in M.	HK	Watt je HK	Lebensdauer in Stunden	Preis je Lampe in M.	
Kohlen- faden	Verkaufsstelle vereinigter Glühlampen- fabriken	5, 10, 16, 25, 32	3,5	800	0,50	10, 16, 25, 32	3,50	800	0,65	
		50	3,5	800	1,25	50	3,50	800	1,75	
		100	3,5	800	2,75	100	3,50	800	3,50	
Metallis. Kohlen- faden- lampen	do.	10, 25, 32	2,5	500	0,75					
		50	2,5	500	1,35					
		100	2,5	500	2,00					
Metall- faden- lampe	*	16—50	1,0	1000	1,50	25—50	1,00 bis 1,25	800 bis 1000	2,50	für jede Stellung
	*	100	1,0	1000	3,50	100	1,00	1000	3,50	
	*	400	1,0	1000	12,00	400	1,00	1000	12,00	
	*	1000	1,0	1000	20,00	1000	1,00	1000	20,00	

*) Bezugsquellen: A. E. G., Deutsche Gasglühlicht-A.-G., Julius Pintsch, A.-G., Zirkon-Glüh- lampenfabrik Dr. Hollefreund & Cie., Bergmann Elektr. Werk.

Bogenlampen.

Absorptionsverlust der Glocken ist für solche von Klarglas 3—10%, gewöhnliche Überfangglocken 15—25% und Alabasterglocken 30—50% zu rechnen.

Die Installation der Leitungen, Ausschalter, Sicherungen, gewöhnliche Aufzug- vorrichtung ohne Maste, Ausleger und Lampe 60—100 M. je nach Entfernung das Stück.

Ausleger von 12,00 M. an, Winde 12,00 M., eiserne Kandelaber, 10 m hoch, 140,00 M.

A. Gleichstrom.

Art der Lampe	wird gebaut für Amp.	Lichtausbeute¹) mittl. hemisphär. Lichtst. HK	Brenndauer Stund.	Länge jeder Kohle mm	Preis in Mark der Lampe	der Laterne für Innen	Außen	Widerstand 110 Volt Zahl d. brenn. Lamp.	Preis	220 Volt Zahl d. brenn. Lamp.	Preis	Kohlenersatz je Brennperiode für die Stromstärke	Preis M.	Bemerkungen
Kleine Nebenschlußlampe	3 **4** 5	575	12 bis 14	250	39	7,50	8,50	2	5,50	4	10,50	4	0,11	
Große Nebenschlußlampe	**6,** 8 **10,** 12 **15**	380 820 1400	16	290	38	13,50	25,50	2	6,00 bis 10,00	4	11,00 bis 18,50	10	0,28	
Differentiallampe	6, 8 10, 12 15		16	290	43	13,50	25,50	2	6,00 bis 10,00	4	11,00 bis 18,50	10	0,28	
Für Serienschaltung u. autom. Ersatz	6, 8 10, 12 15		16	290	61	13,50	25,50	Anlaßwiderstand für 3	20,00	6	25,00	10	0,28	
Dauerbrandlampe	4 **5** 6	430	130 300/150		53	mit Laterne		1	15,00	2	30,00	5	0,15	
Intensiv-Kohlen im spitzen Winkel	**6,** 8 **10, 12**	1000 2750	16	650	75	25,00		2	8,00 bis 14,50	4	12,00 bis 16,00	10	0,46 0,50	gelbes Licht weißes „

B. Wechselstrom.

Art der Lampe	wird gebaut für Amp.	Lichtausbeute mittl. hemisphär. Lichtst. HK	Brenndauer Stund.	Länge jeder Kohle mm	der Lampe	Innen	Außen	Bogenlampentransformatoren 110 Volt für 1	2	220 Volt für 2	4	für die Stromstärke	Preis M.	Bemerkungen
Differentiallampe	**10,** 12 **15, 20**	300 720	15	325	49	18	26	54,00	61	84	115	10 20	0,22 0,33	
Dauerbrandlampe	6 **7** 8	250	60 50 40 300/150		70	mit Laterne		57,00		63		7	0,16	
Intensiv-Kohlen im spitzen Winkel	6, **8** 10, 12	1200 2500	16	650	75	25		48,50	56	70	115	10	0,44 0,50	gelbes Licht weißes „

¹) Nach Uppenborn, Kalender für Elektrotechniker.

Quecksilberlampen
nur für Gleichstrom.

Die Quecksilberlampen sind sehr empfindlich gegen falschen Anschluß der Pole.

1. Cooper = Hewitt = Lampe der Westinghouse = El. = A. = G., Berlin.

Anzahl der Röhren in Serie bei		der Röhren		Lebensdauer	Kraft- verbrauch	Preis Mark	
120 Volt	220 Volt	Länge mm	Lichtstärke HK	Stunden	Watt je HK	der kompl. Lampe	der Ersatz- röhre
2	4	550	300—400	1000/2000	0,45	120	35
1	2	1150	700—800	1000/2000	0,45	160	52

2. Die Quarzlampe der Quarzlampengesellschaft m. b. H., Hanau.

Amp.	Volt	Licht- ausbeute HK	Lebensdauer Stunden	Watt je HK	Preis Mark		
					der kompl. Lampe	des Brenners	b. Brenners[1]) bei Rückgabe
4,00	110	1200	1000/2000	0,37	120	110	20
2,50	220	1500	1000/2000	0,37	180	110	20
3,50	220	3000	1000/2000	0,25	210	130	20

Installation wie bei den Bogenlampen.

Nach Bloch[2]) ist die Aufhängehöhe vom Fußboden in Straßen, Plätzen und Höfen für Glühlampen 3—4 m bei einem Abstand von 25—50 m, für gewöhnliche Bogen= lampen 6—8 m bei einem Abstand von 30—80 m und für Intensivbogenlampen 8—14 m. Bei Innenräumen gewöhnlicher Höhe wählt man oft zwei Drittel als Aufhängehöhe.

Praktische Zahlenwerte:

Es soll beleuchtet werden:	Lux[3])	Es soll beleuchtet werden:	Lux[3])
Straßen mit schwachem Verkehr . .	0,50—1,00	Werkstätten für einfache Handarbeit	20,00—30,00
„ „ mittlerem „ . .	1,50—3,00	„ „ Masch. u. Schlosser	25,00—35,00
„ „ starkem „ . .	3,00—6,00	„ „ Feinmechanik . .	35,00—50,00
Nebenräume	5,00—10,00	Bureaus	35,00—50,00
Lagerräume	10,00—15,00	Zeichensäle	60,00—80,00

Die Beleuchtung erfolgt durch:	Verbrauch je Lux[3]) und qm	
	Straßenbeleucht.	Innenbeleucht.
Kohlenfaden=Glühlampen . . .	0,80—1,20 Watt	0,50—1,20 Watt
Metallfaden „ . . .	0,25—0,40 „	0,15—0,40 „
Gew. Gleichstrom=Bogenlampen	0,15—0,25 „	0,15—0,30 „
Gleichstrom=Intensivlampen . .	0,05—0,12 „	—

[1]) Bei Einsendung des alten Brenners.
[2]) Bloch, Grundzüge der Beleuchtungstechnik.
[3]) Erklärung umstehend.

Man bezeichnet mit 1 Lux (Lx) die Einheit der Beleuchtung, die durch die Lichtquelle von der Lichtstärke einer Hefner-Einheit im Abstande von 1 m auf einem zur Strahlungsrichtung senkrechten Flächenelement hervorgebracht wird.

5. Kraftübertragung.

Vor= und Nachteile von Gleich= und Drehstrommotoren.

a) Gleichstrommotoren.

Vorteile:

1. Bequeme und rationelle Regulierung der Umdrehungszahl.
2. Ausführbarkeit jeder Umdrehungszahl.
3. Hohe Anzugskraft.
4. Verwendung von Akkumulatoren.
5. Leichte Abbremsung ev. unter Rückgewinnung der in Schwungmassen aufgespeicherten Arbeit.
6. Bequeme Anlaßmethode.
7. Hohe Überlastungsfähigkeit.
8. Unempfindlichkeit gegen starke Spannungsschwankungen.

Nachteile:

1. Der Kommutator.
2. Die Begrenzung in der Verwendbarkeit der Spannung.

b) Drehstrommotoren.

Vorteile:

1. Einfache Bauart.
2. Fehlen des Kommutators.
3. Anwendung hoher Spannung.
4. Abbremsung unter ev. Rückgewinnung der in Schwungmassen aufgespeicherten Arbeit.
5. Bequeme Anlaßmethode.
6. Hohe Überlastungsfähigkeit.

Nachteile:

1. Beschränkung in der Regulierung der Umdrehungszahl.
2. Beschränkung in der Ausführbarkeit der Umdrehungszahl.
3. Unmöglichkeit der direkten Akkumulierung.
4. Abhängigkeit der Umdrehungszahl vom Netz.
5. Verminderung des Anzugmomentes mit Fallen der Spannung.

Kleine Drehstrommotoren mit Kurzschlußanker.
50 Perioden.

Leistung des offenen Motors in PS mit Nutzeffekt 0,85—0,6 und Umdrehungen je Minute					Abmessungen mm					Gewicht kg				Preis Mark			
					des Motors			d. Riemenscheibe		des Motors	der Riemenscheibe	der Stellschiene	der Wippe	des Motors	der Riemenscheibe	der Stellschiene	der Wippe
1430	935	700	460	340	Länge der Welle	Breite	Höhe	Durchmesser	Breite	net./brut.							
1	0,60	0,50	—	—	372	295	285	120	60	42/70	1,50	15	12	190	3,50	15	16
2	1,50	1,00	0,45	—	417	315	353	130	80	60/92	2,50	15	12	290	4,50	15	16
3	2,50	1,80	0,80	0,45	476	337	372	150	100	85/118	4,50	15	20	340	6,00	15	20
5	4,00	2,80	1,50	0,80	527	360	400	150	100	112/165	4,50	15	20	420	6,00	15	20

Drehstrommotoren.

1500 Umdrehungen in der Minute. 50 Period. cos je Sekunde.

Leistung PS bis 500 Volt	Stromverbrauch KW bis 500 Volt	cos φ bis 500 Volt	Umdr./Min. bei Vollast	Motor Länge	Motor Breite	Motor Höhe	Riemensch. Durchm.	Riemensch. Breite	Gew. Schleifring	Gew. Stufen	Gew. Riemensch.	Gew. Stellsch.	Gew. Anlasser	Preis Schleifring	Preis Stufen	Preis Riemensch.	Preis Stellsch.	Preis Anlasser	Motor geb. bis Volt	dann Leistg. PS	dann Strom KW	dann cos φ	Mehrpreis M
7,5	6,40	0,87	1450	835	430	430	185	120	230/290	270/330	9	25	12	750	950	11	25	65	1000	5,0	4,3	0,86	100
10,0	8,50	0,87	1450	915	430	430	215	120	266/346	305/385	10	25	12	850	1100	12	25	80	1000	7,5	6,4	0,86	100
15,0	12,50	0,88	1450	945	525	530	215	150	330/410	380/460	12	45	22	1100	1500	15	35	110	1000	15,0	12,5	0,88	150
20,0	16,50	0,89	1450	1045	525	530	245	150	410/510	460/560	12	45	22	1200	1600	17	35	140	2000	15,0	12,7	0,88	150
30,0	24,60	0,89	1450	1060	675	680	275	190	520/645	580/705	16	45	23	1500	2000	22	35	140	3000	20,0	16,7	0,88	200
50,0	40,50	0,90	1460	1120	735	745	335	220	720/930	790/1000	21	75	129	2000	2500	30	60	350	3000	50,0	40,0	0,90	200
75,0	60,00	0,91	1460	1340	795	800	335	280	945/1195	—	30	75	203	2600	—	40	60	475	3000	60,0	60,0	0,91	200
100,0	80,00	0,91	1470	1370	795	800	o. Riemenscheibe		1100/1370	—	—	—	243	3000	—	—	—	535	3000	100,0	80,0	0,91	300

1000 Umdrehungen in der Minute.

Leistung PS bis 500 Volt	Stromverbrauch KW bis 500 Volt	cos φ bis 500 Volt	Umdr./Min. bei Vollast	Motor Länge	Motor Breite	Motor Höhe	Riemensch. Durchm.	Riemensch. Breite	Gew. Schleifring	Gew. Stufen	Gew. Riemensch.	Gew. Stellsch.	Gew. Anlasser	Preis Schleifring	Preis Stufen	Preis Riemensch.	Preis Stellsch.	Preis Anlasser	Motor geb. bis Volt	dann Leistg. PS	dann Strom KW	dann cos φ	Mehrpreis M
5,0	4,44	0,84	950	835	430	480	245	120	230/290	270/340	10	25	22	750	950	13	25	130	—	—	—	—	—
7,5	6,50	0,85	965	880	525	530	245	120	295/365	345/415	10	45	22	900	1300	13	35	130	1000	7,5	6,5	0,86	150
10,0	8,60	0,87	965	920	525	530	260	150	335/415	385/465	13	45	24	1000	1400	17	35	160	1000	15,0	12,7	0,87	150
15,0	12,70	0,87	965	1020	525	580	320	150	405/505	455/555	16	45	24	1200	1600	20	35	160	2000	15,0	12,7	0,87	200
20,0	16,50	0,88	965	995	675	680	320	160	475/600	535/760	17	45	76	1300	1800	22	35	220	3000	20,0	16,7	0,89	200
30,0	24,60	0,88	965	1095	675	680	400	200	605/755	665/815	24	45	79	1600	2100	30	35	220	3000	50,0	40,5	0,90	300
50,0	40,50	0,89	975	1175	735	745	480	230	845/1065	915/1135	37	75	151	2300	2800	45	60	370	3000	75,0	60,0	0,90	300
75,0	60,00	0,90	975	1370	795	800	560	200	1110/1380	1185/1455	37	75	205	2900	3500	49	60	475	3000	100,0	80,0	0,90	400
100,0	80,00	0,90	975	1415	920	900	560	260	1330/1630	1420/1720	48	140	243	3500	4200	55	90	535					

600 Umdrehungen in der Minute.

Leistung PS bis 500 Volt	Stromverbrauch KW bis 500 Volt	cos φ bis 500 Volt	Umdr./Min. bei Vollast	Motor Länge	Motor Breite	Motor Höhe	Riemensch. Durchm.	Riemensch. Breite	Gew. Schleifring	Gew. Stufen	Gew. Riemensch.	Gew. Stellsch.	Gew. Anlasser	Preis Schleifring	Preis Stufen	Preis Riemensch.	Preis Stellsch.	Preis Anlasser	Motor geb. bis Volt	dann Leistg. PS	dann Strom KW	dann cos φ	Mehrpreis M
5,0	4,50	0,78	570	820	590	585	245	120	450/530	500/580	10	45	22	1300	1700	13	35	110	—	—	—	—	—
10,0	8,70	0,79	570	895	600	590	305	150	535/625	585/675	16	45	23	1500	1900	20	35	140	1000	10,0	8,7	0,79	200
15,0	12,70	0,82	570	985	600	590	365	170	620/740	670/790	24	45	70	1700	2100	25	35	200	2000	15,0	12,7	0,82	200
20,0	16,70	0,84	570	1040	735	742	420	180	710/835	770/895	24	75	70	1900	2400	30	60	200	2000	15,0	12,8	0,84	200
30,0	24,80	0,85	570	1170	735	742	460	220	850/1050	910/1110	31	75	122	2300	2800	37	60	325	2000	20,0	17,1	0,86	300
50,0	41,00	0,87	580	1410	794	800	540	280	1170/1420	1240/1490	51	75	131	3000	3500	58	60	370	3000	50,0	41,0	0,87	300
60,80																							
75,0	60,80	0,88	585	1575	1010	1000	600	400	1550/1950	1640/2040	81	140	181	3700	4400	100	90	535	5000	60,0	49,7	0,87	500
100,0	80,00	0,88	585	1645	1010	1000	800	400	1880/2280	1975/2375	132	140	214	4400	5100	130	90	535	5000	75,0	65,5	0,87	600

Gleichstrom-Hauptstrommotoren für intermittierende Betriebe.
110—440 Volt.

Bei normaler Belastung 60 Minuten Vollast				Abmessungen mm				Gewicht kg		Preis	bei minimal zulässigem Drehmoment					bei 50% des normalen Drehmomentes					bei maximalem Drehmoment				
Leistung PS	Drehmoment m/kg	η	Umdreh. pro Minut.	Länge des Motors	freien Wellenendes	Breite	Höhe	netto	brutto	Mark	Leistung PS	Drehmoment m/kg	η	Umdreh. pro Minut.	Dauer der Bel. i.Minut.	Leistung PS	Drehmoment m/kg	η	Umdreh. pro Minut.	Dauer der Bel. i.Minut.	Leistung PS	Drehmoment m/kg	η	Umdreh. pro Minut.	Dauer der Bel. i.Minut.
1,14	1,65	68,0	495	506	84	348	411	90	120	445	0,28	0,165	62,3	1215	d	0,79	0,825	75,5	690	d	1,35	2,475	60,0	390	35
1,70	1,50	72,8	810								0,40	0,150	64,0	1930	d	1,15	0,750	77,2	1100	230	2,12	2,250	66,8	675	32
2,32	1,36	77,6	1220								0,65	0,204	65,0	2290	d	1,48	0,680	77,6	1560	142	3,02	2,040	76,0	1060	29
2,82	1,27	80,6	1590								0,96	0,254	65,5	2710	d	1,77	0,635	77,8	2000	160	3,72	1,905	79,7	1400	36
1,70	2,46	68,4	495	610	109	400	470	140	185	550	0,37	0,246	59,0	1100	d	1,19	1,230	77,6	695	d	1,91	3,200	63,8	430	31
2,51	2,25	72,0	800								0,85	0,338	75,0	1800	d	1,68	1,125	78,6	1075	d	3,16	3,375	65,4	670	30
3,45	2,00	80,7	1235								1,25	0,400	75,0	2230	d	2,24	1,000	79,8	1610	d	4,47	3,000	79,0	1070	36
4,25	1,85	81,0	1650								1,56	0,370	66,0	3020	d	2,75	0,925	76,6	2120	220	5,52	2,775	80,5	1425	38
2,97	4,60	75,8	465	705	119	400	470	175	240	675	0,88	0,460	78,0	1380	d	2,04	2,300	82,1	635	270	3,60	6,900	69,5	373	34
4,56	4,25	81,1	770								1,58	0,640	81,4	1770	d	3,12	2,120	84,0	1050	200	5,78	6,380	74,0	650	33
5,83	3,90	84,1	1070								2,24	0,780	80,0	2050	d	3,82	1,950	84,0	1400	133	7,60	5,850	83,5	930	31
6,58	3,60	87,1	1310								2,40	0,720	75,4	2390	d	4,21	1,800	85,6	1675	200	8,59	5,400	85,5	1140	33
3,50	8,36	76,2	300	670	85	520	500	240	320	1000	0,86	0,840	75,0	730	d	2,28	4,180	81,8	390	d	4,61	12,530	68,1	263	30
5,20	7,84	79,3	475								1,13	0,780	76,0	1035	d	3,26	3,920	82,8	596	d	6,34	10,930	75,3	414	30
8,00	7,90	84,0	725								2,82	1,560	79,5	1280	d	4,96	3,950	84,2	900	d	10,55	11,850	81,6	638	30
10,00	6,25	86,8	1150								3,36	1,250	75,0	1930	d	6,17	3,130	84,9	1420	d	12,78	8,750	86,2	1050	30
8,40	15,04	81,8	400	773	110	576	548	385	475	1300	1,90	1,500	75,0	910	d	5,30	7,520	84,5	505	d	10,90	22,550	77,4	345	32
12,50	14,20	85,0	630								2,90	1,420	80,0	1430	d	7,60	7,100	85,9	770	240	16,70	21,300	82,6	560	30
17,70	14,70	87,5	860								5,20	2,800	80,0	1340	120	10,40	7,400	84,5	1040	95	22,00	22,100	79,5	725	30
11,50	20,99	84,0	400	859	120	640	603	510	610	1600	2,10	2,060	80,0	720	d	7,00	10,300	84,7	487	d	15,00	30,890	81,7	349	33
17,00	20,29	86,5	600								6,20	4,060	83,0	1095	d	10,60	10,150	86,9	747	d	22,40	30,440	84,0	531	30
23,60	20,00	87,5	850								10,50	6,000	81,0	1250	125	15,00	10,000	84,3	1050	100	32,00	30,000	87,0	760	40
16,50	31,10	86,5	380	990	140	670	633	670	780	2000	4,20	3,110	86,2	965	d	10,30	15,550	88,0	470	d	23,40	39,760	82,9	336	30
24,00	29,13	88,5	590								8,20	5,830	85,0	1025	d	14,40	14,570	86,0	705	74	32,00	43,700	86,7	525	31
34,00	30,40	88,5	800								14,00	9,100	82,0	1100	80	20,50	15,200	86,0	950	d	46,00	45,600	86,0	725	20
23,50	48,09	85,8	350	1050	165	716	661	845	965	2400	5,00	4,810	80,0	750	d	14,40	24,040	88,9	430	158	32,90	76,940	79,2	306	30
36,00	47,75	89,7	540								9,60	7,160	86,0	960	d	21,40	23,870	90,7	640	146	48,40	71,620	87,5	484	32
48,80	46,70	89,0	750								19,60	13,900	84,0	1010	160	29,00	23,100	88,0	910	130	65,50	69,500	88,2	670	25
36,50	81,70	88,8	320	1105	160	830	770	1140	1270	2900	7,10	8,200	86,0	620	d	22,00	40,800	90,5	386	170	50,20	130,700	85,0	275	30
55,00	82,10	90,2	480								16,40	12,300	88,3	950	d	33,70	41,000	91,4	590	159	73,80	123,100	88,3	429	30

Drehstrommotoren für intermittierende Betriebe.

1500 Umdrehungen je Minute, 50 Per. je Sekunde.

Leistung PS offen	gekapselt	Auszugsmoment m/kg	Drehmoment m/kg offen	gekapselt	Stromverbrauch KW bis 500 Volt offen	gekapselt	cos φ offen	gekapselt	Abmessungen mm Länge	freies Wellenende	Breite	Höhe	Gewicht kg offen netto	offen brutto	gekapselt netto	gekapselt brutto	Preis Mark offen	gekapselt
4,5	3,6	6,0	2,3	1,8	4,1	3,3	0,82	0,79	548	95	324	372	85	130	95	140	450	500
7,5	6,0	10,0	3,8	3,0	6,6	5,3	0,83	0,80	605	105	350	390	125	180	136	190	550	600
11,2	8,0	15,6	5,6	3,9	9,6	6,9	0,82	0,71	830	115	415	520	220	280	225	285	850	910
15,0	10,0	22,2	7,4	4,9	12,7	8,6	0,82	0,72	910	115	418	520	255	335	260	340	950	1010
22,5	16,0	30,2	11,2	7,9	18,8	13,5	0,83	0,73	940	140	510	620	320	400	330	410	1200	1280
30,0	21,0	41,7	14,9	10,3	25,0	17,8	0,84	0,74	1040	140	510	643	390	490	400	500	1300	1380

1000 Umdrehungen je Minute, 50 Per. je Sekunde.

Leistung PS offen	gekapselt	Auszugsmoment m/kg	Drehmoment m/kg offen	gekapselt	Stromverbrauch KW bis 500 Volt offen	gekapselt	cos φ offen	gekapselt	Abmessungen mm Länge	freies Wellenende	Breite	Höhe	Gewicht kg offen netto	offen brutto	gekapselt netto	gekapselt brutto	Preis Mark offen	gekapselt
4,5	3,6	8,5	3,5	2,7	4,2	3,4	0,73	0,70	605	105	350	390	125	180	136	190	580	680
7,5	5,5	14,5	5,6	4,1	6,7	5,0	0,73	0,70	830	115	415	520	220	280	225	285	850	910
11,2	8,0	23,2	8,3	5,9	9,7	7,0	0,78	0,71	871	125	506	620	285	355	295	365	1000	1080
15,0	10,0	31,4	11,2	7,4	12,7	8,6	0,82	0,72	915	140	510	620	320	400	330	410	1100	1180
22,5	16,0	46,0	16,7	11,8	18,8	13,5	0,82	0,73	1015	140	510	643	390	490	400	500	1300	1380
30,0	21,0	67,0	22,3	15,5	25,0	17,8	0,83	0,74	965	150	660	802	455	580	470	595	1400	1490
45,0	30,0	99,0	33,0	22,0	36,8	24,8	0,83	0,75	1095	180	660	802	580	730	595	745	1700	1790
60,0	40,0	124,0	44,5	29,4	49,0	33,1	0,84	0,75	1090	190	725	864	700	900	715	915	2150	2250

600 Umdrehungen je Minute, 50 Per. je Sekunde.

Leistung PS offen	gekapselt	Auszugsmoment m/kg	Drehmoment m/kg offen	gekapselt	Stromverbrauch KW bis 500 Volt offen	gekapselt	cos φ offen	gekapselt	Abmessungen mm Länge	freies Wellenende	Breite	Höhe	Gewicht kg offen netto	offen brutto	gekapselt netto	gekapselt brutto	Preis Mark offen	gekapselt
7,5	5,0	25,2	9,3	6,2	6,9	4,7	0,75	0,65	835	165	570	675	440	520	450	530	1400	1490
15,0	10,0	50,5	18,7	12,4	13,0	8,8	0,76	0,66	895	145	570	703	520	610	530	620	1600	1690
22,5	16,0	75,0	27,8	19,6	19,0	13,7	0,77	0,67	975	145	570	712	600	720	610	730	1800	1890
30,0	21,0	104,0	37,9	25,7	25,0	17,8	0,81	0,70	1020	170	725	864	680	910	695	825	2000	2100
45,0	30,0	156,0	55,5	36,7	37,2	25,1	0,81	0,71	1140	190	725	864	820	1020	835	1035	2450	2550
90,0	55,0	286,0	110,0	67,0	73,0	45,0	0,84	0,74	1400	240	880	1063	1160	1630	1280	1550	3450	3590
150,0	90,0	460,0	184,0	109,7	121,2	73,6	0,85	0,76	1585	285	1135	1343	1750	2150	1775	2175	4550	4700

Anlaßtransformatoren
für max. 3000 Volt.

Für Motoren von einer Leistung PS	Abmessungen mm				Gewicht kg			Preis Mark	
	Breite	Länge	Höhe ohne Hebel	mit Hebel	des Transformators netto	brutto	des Ölers	des Transformators	des Ölers
20	305	475	725	1020	140	230	40	620	14,0
60	305	475	725	1020	180	280	40	670	14,0
150	330	575	925	1330	260	370	70	850	24,5

Kontroller und Widerstände
für intermittierende Betriebe.

Motoren		PS	Gleichstrom-Hauptstrom									Drehstrom								
			1	2,2	4,5	10	15	20	32	54	65	4,5	7,5	11,2	15	22,5	30	45	60	90
Reversier-Kontroller ohne Endschaltung, ohne Bremsschaltung	Gewicht kg netto		26	26	26	56	56	120	120	170	170	20	20	47	47	100	100	130	130	130
	brutto		24	24	24	73	73	160	160	220	220	28	28	64	64	140	140	180	180	180
	Preis M.		250	250	250	330	330	500	500	720	720	230	230	330	330	500	500	630	630	630
Widerstände	Gewicht kg netto		7	7	12	25	30	60	85	116	130	15	17	55	72	82	90	98	120	160
	brutto		29	29	34	60	70	130	150	191	205	24	26	90	130	140	150	160	180	240
	Preis M.		45	50	80	120	150	180	200	235	240	80	95	110	130	150	170	190	210	260

Kraftbedarf einiger Maschinen.

Bezeichnung der Maschine	Arbeitsbedingungen resp. Leistungen	Kraftbedarf in PS
Bohrmaschine	pro 1 kg in der Minute bei weichem Stahl .	0,150—0,25
	bei Gußeisen .	0,075—0,135
	die kleineren Zahlen gelten für Löcher von 50 mm Durchm., die größeren für kleinere.	
Gesteinsbohrmaschine	Näheres siehe unten	0,7—1,5
Betonmischmaschine	6 cbm pro Stunde	12—15
Drehbänke, kleine	—	$\frac{1}{3}$—3
„ größere	—	3—15
Fräsmaschinen	—	$\frac{1}{2}$—6
Hobelmaschinen	Spanndicke $\frac{1}{32}$ engl. Zoll	18
	„ $\frac{3}{64}$ „ „	25
	„ $\frac{1}{16}$ „ „	28
	„ $\frac{3}{32}$ „ „	34

Bezeichnung der Maschine	Arbeitsbedingungen resp. Leistungen	Kraftbedarf in PS
Holzhobelmaschinen	—	3—15
Kaltsägen	—	1—8
Kreissägen	—	5—12
Mörtelmischmaschine	3 cbm in einer Stunde	2—3
Mechanische Roste für	Kessel	1,0—1,5
Pflüge	Näheres siehe unten	30—70
Sandstrahlgebläse	—	3—15
Scheren	—	1—5
Schlichtmaschinen	—	¾—1
Schmiedehämmer	—	5—10
Schmiedeventilatoren	je Esse	1—2,5
Tonschneider	stehend 6 cbm je Stunde	8
	liegend 6 cbm je Stunde	6—10
Torfpressen	4000 Stück, 130 × 130 × 350 mm je Stunde, je nach Wassergehalt	20—35
Ziegelpressen	1700 Steine je Stunde	16—18

Elektrisch angetriebene Laufkatzen.

Tragfähigkeit kg	Hubgeschwindig- keit je Min. m	Mit Ketten für 3 m Hub		Für je 1 m vergröß. Hub	
		Gewicht kg	Preis Mark	der Lastkette M.	der Handkette M.
1500	1,20	300	1050	4,50	3,00
3000	1,00	420	1275	6,00	3,00
5000	0,90	530	1500	8,00	3,75

Bezugsquelle: F. Piechutzek, Berlin.

Gesteinsbohrmaschinen.

Bauart	Leistung		Strom- art	Strom- verbrauch KW	Gewicht kg	Preis M.
Stoß- bohr- maschine	In einer Minute bei 35 mm Bohrer- weite in hartem Granit 8—10 cm, in Sandstein 15—30 cm	für Tiefbau	Gleich. Dreh.	0,8 1,1	480 485	3600 3900
		für Tagebau	Gleich. Dreh.	0,8 1,1	920 925	3950 4200
Dreh- bohr- maschine	In Steinsalz bei 40 mm Bohrerweite 30—35 cm, in der mit Kalkschichten durchsetzten Minette Luxemburgs ca. 20 cm	Antrieb mit biegsamer Welle, mit direkt angebautem Elektromotor	Gleich. Dreh.	0,8 1,1	300 305	2760 2980
			Gleich. Dreh.	0,8 1,1	220 220	2160 2170

Einbegriffen sind die Gestelle und Abspannvorrichtung für die Bohrer. Bei unter-
irdischem Betriebe ist eine Streckenbreite von 1,8 m wünschenswert. Bei 2,4—2,6 m
Breite können zwei Maschinen gleichzeitig arbeiten. Bei Arbeiten mit Freigestell ist
eine angenäherte horizontale Bodenfläche von 3 × 2,5 m erforderlich.

Bezugsquelle: Siemens-Schuckert-Werke, Allg. Elektrizitäts-Gesellschaft.

Für Diamantbohrer geben Hirsch-WilKing an:

Gestein	Bohrleistung in der Minute mm	Durchschnittliche Betriebskosten mit Krone für 1 m in Pfg.	Kraft- verbrauch in PS	Durchschnittliche Bohrleistung im Tag mit aller Nebenarbeit in m
Milder Schiefer	50—60	5	0,70	—
Harter Jurakalk	33—42	15	0,70	12—15
Grünstein, Diabas, Basalt	20—25	28	1,00	12—15
Spateisenstein	30—60	48	0,80	10—20
Konglomerat (Quarzrotsandstein)	70—115	58	0,70	20—25

Elektrischer Pflug.

Der Einmaschinenpflug, System Fritz Brutschke, Zehlendorf, kostet ohne Primär-station und ohne Feldleitung 18—22000 M. Die Feldleitung kann man mit 12—20 M. je Hektar annehmen. Erzielt wurden 0,5—0,8 Hektar je Stunde Leistung mit einem Gesamtkostenaufwand von 12—22 M. (inkl. Bedienung, Stromkosten, Amortisation und Verzinsung).

Versuchsresultate mit einem Dreischarenpflug, 35 cm Tiefe.

Ort des Versuches	Boden-beschaffen-heit	Zug-kraft am Pfluge kg	Ge-schwindig-keit m/Sek.	Kraft-ver-brauch PS	Breite des Pflugs m	10 stünd. Tages-leistung Hektar	Kosten je Hektar[1] M.
Klein-Wanzleben, Kreis Wanz-leben	schwer	3250	1,50	65	1,20	5,63	100—220
	mittelschwer	1750	1,50	35	1,20	4,00	72

Der Baukran

von Voß & Wolter, Kranbaugesellschaft, Berlin, ist ein Mastenkran mit drehbarem Ausleger von 2—6 m Ausladung, der an einer Bahn, die zugleich als Versteifung gegen Umkippen dient, die ganze Bauflucht bestreicht. Tragkraft mit loser Rolle 1500—6000 kg bei 4,5—10 m Hubgeschwindigkeit. Antrieb und Steuerung von einer Plattform 8 m über dem Erdboden. Verengung der Straße einschl. Maurerrüstung 2—3 m. Gesamt-gewicht 7500 kg. Elektromotor 5—7 PS. Leistet das 2¼—4½fache mehr als eine Schiebebühne. In Berlin stellen sich die Kosten je Quadratmeter Baufront auf höchstens 3 M., an Stromverbrauch bei elektrischem Antrieb je Tag auf 0,70 M.

Transportabler Motor.

Einpferdig, 950 Watt Kraftverbrauch für Gleich- und Drehstrom bis 220 Volt,
220 Umdrehungen an der Anschlußwelle, 155 kg schwer . . . .   750 M.
Für Gegenspitzen-Bohrapparate von einem Übersetzungsverhältnis von
1 : 1,25, 15 mm größter Bohrdurchm., 85 mm größte Bohrtiefe, 7 kg schwer   140 „
1 : 4,00, 50 mm   „   125 mm   „   23 kg   „   240 „
2,6 m biegsame Welle . . . . 190 bis 260 „

---

[1] Bei 10—15 Pfg. Stromkosten pro Kilowattstunde auf dem Felde.

Hand-Bohrmaschine.

Leistung $^1/_{10}$ PS, 130 Watt, 600 Umdrehungen, 9 mm in Eisen, 12 mm in Messing größter Lochdurchmesser, Gewicht für Gleichstromantrieb 10 kg, für Drehstrom 12 kg.

Preis für Gleichstromantrieb . . . . 195 M.
„ „ Drehstrom bei 220 Volt . . . . 185 „
„ „ das Bohrfutter . . . . 25 „

Ventilatoren.

Durch-messer mm	Bauart	Mit Gleichstrommotor					Mit Drehstrommotor				
		Der Ventilator befördert		Um-drehungen je Min.	Kraftver-brauch	Preis mit Anlasser	Der Ventilator befördert		Um-drehungen je Min.	Kraftver-brauch	Preis mit Anlasser
		Luft-menge cbm	bei mittl. Pressung mm Wasser-höhe		Watt	M.	Luft-menge cbm	bei mittl. Pressung mm Wasser-höhe		Watt	M.
500	Schrauben	70—95	2,5—4,5	890—1280	175—370	285	75	3	970	145	180
1100	„	390—510	3—5,5	450—590	860—1580	590	300—400	2—3,5	350—460	410—800	480
254	Sirocco	29—17	45—62	1500—1750	500	600	30—45	40—6	1440—950	420—300	480
508	„	232—239	35—6	780—600	3050—2370	1450	235	20	700	2570	1300
450	Hochdruck	12—18	78—38	1770	460	490	12	40	1440	420	430
900	„	108—48	60—200	980—1250	3450—4800	1600 [1])	120—48	60—250	1440	4250	1460 [1])

6. Wärmeerzeugung.

Lötkolben

mit Lichtbogenheizung . . . . 16 M.
Vorschaltwiderstand für 110 Volt . . . . 7 „
„ „ 220 „ . . . . 11 „
Stromverbrauch 4,5 Ampere.

Leimkocher

für 1 Liter in 20 Minuten, 550 Watt . . . . 29 M.
„ 5 „ „ 20 „ 1650 „ . . . . 160 „
475 Watt zum Warmhalten.

Härteöfen der Allgemeinen Elektricitäts-Gesellschaft.

	Ofen Größe I.	Ofen Größe IV.
Länge des Schmelzbades	120 mm	300 mm
Breite „ „	120 „	300 „
Tiefe „ „	120 „	370 „
Kraftverbrauch in Kilowatt bei 750° C ca. . .	2,5	17,5
850° „ „ . .	3,0	20,0
1150° „ „ . .	5,5	36,0
1300° „ „ . .	7,5	48,0
Preis der kompletten Härteanlage zum Anschluß an Wechselstromnetze von 50 Perioden zirka	3500 M.	6200 M.

[1]) Dient für fünf Schmiedefeuer. Es entsprechen einander die Zahlen gleicher Reihe.

Es werden 100 Fräser in den besten amerikanischen Gasöfen mit einem Kostenaufwand von 83,23 Mk. bei einem Gaspreis von 12,33 Pf. je cbm gehärtet, im elektrischen Härteofen mit einem solchen von 28,55 Mk. bei einem Preise von 10 Pf. je Kilowattstunde.

Elektrische Schweißmaschinen.

a) Das Lichtbogenschweißverfahren wird mit Gleichstrom betrieben und für Eisen- und Stahlgießereien, sowie für verschiedene Reparaturarbeiten angewendet.

Eine komplette Anlage mit Spezial-Gleichstromdynamo für 30 KW,
460 Amp., 65 Volt kostet etwa . . . . 5500 M.

b) Das Widerstandsschweißen ist nur mit Wechselstrom möglich und findet Anwendung
1. für Blechschweißen:

maximale Leistung der Apparate	3	7,5	15 KW
für Eisenbleche von maximaler Stärke	1	3	7 mm
Preise der Apparate etwa	3200	3700	4900 M.

2. für Stumpf- bzw. Querschnittsschweißung:

Leistung des Apparates	1,5	3	7,5	15	40	60 KW
für Eisen bis maximal runden oder quadratischen Querschnitt in offenen Längen[1]	30	60	160	600	1000	2000 qmm
Preis des Apparates zirka	1200	1700	2500	3300	5000	10 000 M.

Die Arbeitsdauer des Schweißens ist außerordentlich gering, daher kommt der Stromverbrauch nicht in Frage.

Es kann Wechselstrom bis 300 Volt verwendet werden.

Bezugsquelle: Allgem. Elektricitäts-Gesellschaft.

II. Schwachstromtechnik[2].
Elemente.

Name	Verwendung	Spannung in Volt	Höhe cm	Preis Mark
Leclanché	Arbeitsstrom	1,50	16	1,35
			25	2,00
Meidinger	Ruhestrom	0,95	23	1,70
			29	2,50
Bunsen	für besondere Zwecke	1.88	16	2,80
			20	3,80
Trockenelemente . .	Arbeitsstrom	1,50	14	1,70
			17,5	2,40

Transportable Akkumulatoren.
1,8—2 Volt pro Element.

Kapazität bei 10stündiger Entladung in Amperestunden	37	74	111
Gewicht je Element mit Säure	9	14	20 kg.
Preis	15	23	30 M.

[1] Ring, Reifen usw. bis 50% des Querschnitts je nach Durchmesser derselben.

[2] Über Eisenbahnsignalleitungen, Telegraphenleitungen usw. sind ausführliche Angaben im Abschnitt VI, 11 VIII gemacht.

Freileitungen für Schwachstromzwecke.

kann man veranschlagen, wenn man in der Gleichung z = a + b x für x die Anzahl der Drähte, für a bei 1—10 Drähten pro Gestänge 110 M., über 10 Drähte 190 M., für b bei Eisendraht von 4 mm Durchmesser 65 M., bei Bronzedraht von 1,5 mm Durchmesser 72 M. setzt. — Dachgestänge von 10 M. an.

Fernschreiber[1]).

Die komplette Endstation . . . . . ohne Relais 250 M., mit Relais 320 M.
    „   „   Zwischenstation . . . „   „   280 „   „   „   360 „
Die Einrichtung in der Station mit Erdplatte, Elementenschrank, 22 Elementen (Meidinger), Arbeitslohn . . . . 280 „

Fernsprecher[2]).

1 Wandstation . . . . 70 M.
1 Tischstation . . . . 80 „
Klappenschränke mit Mithörerbetrieb für 4   8   12   20 Klappen
kosten . . . . 78 125 155 240 M.
Wandstation mit Selbstwähler für 4   8   12   20 Linien
kosten mehr 24   32   40   56 M.
Tischstationen mit Selbstwähler für 4   8   12   20 Linien
kosten mehr 8   20   34   60 M.

Die Leitungen in Gebäuden kosten 0,25 bis 0,30 M. je m. Die Montage des Apparates 10—15% ohne Linienwähler, 20—25% mit Linienwähler, des Klappenschrankes 15—25% vom Wert des Apparates.

Eine tragbare Telephonstation . . . . 110 M.

Signalglocken[3]).

Gewöhnliche, wasserdichte, mit 20 cm Glocke . . . . 30 M.
Mit besonders lautem Schlag für Gruben und 50 cm Glocke . . . . 175 „
Drücker dazu, wasserdicht . . . . 5 bis 20 „
Läutewerke für Bahnen[4]). . . . . 100 „
Zu letzterem ein Magnetinduktor mit Umschalter und Zubehör, fertig montiert . . . . 300 „
Die Leitungen in einer Station zirka . . . . 70 bis 80 „
Elektrische Huppen[4]) . . . . 30 „ 50 „

Fernzeiger[4]) (Kommandoapparate).

Geberapparate für Außenmontage 350 M., für Innenräume 280 M.
Empfänger   „   „   260 „   „   „   235 „
Mit Rückmeldung „   „   430 „   „   „   410 „

Bezugsquellen: [1]) Siemens & Halske, Berlin. [2]) Siemens & Halske, Berlin, Mix & Genest, Berlin.
[3]) Mix & Genest, Berlin. [4]) Siemens & Halske, Berlin.

Wasserstandsanzeiger [1]) [2]).

Bezeichnung des Apparates	Endstation für einen Wasserstand bis		Zwischenstation für einen Wasserstand bis	
	3 m	6 m	3 m	6 m
Wasserstandsfernmelder	151	155	165	169
Wasserstandsanzeiger	150	135	160	145
Registrierender Wasserstandsanzeiger	225	210	235	220

1 Alarmwecker mit Klappe . . . . 20 M.

1 eiserne Bude für den Geber . . . . 115 „

Elektrischer Wächterkontrollapparat [3]) „Monitor" von Mix & Genest,

der an beliebigem Ort ein Alarmsignal gibt, wenn der Wächter den Apparat nicht vorschriftsmäßig bedient oder Hilfe notwendig hat.

Für 2 Kontrollinien mit halbstündigen Alarm . . . . 165 M.

„ 4 „ „ viertelstündigen „ . . . . 190 „

Kontaktapparat (wird vom Wächter bedient und wird an den verschiedenen Punkten seines Rundganges aufgestellt) . . . . 26 „

Endkontaktapparat (letzter Apparat des Rundganges) . . . . 30 „

Temperaturmelder.

Für Temperaturen bis 150° C [4]) . . . . 30 bis 40 M.

„ Feuerungsanlagen [5]) bis 1000° C, 1—1,5 m lang . . . . 190 „ 240 „

„ „ über 1000° C, 1—1,5 m lang . . . 200 „ 250 „

Minenzündapparate [5]).

Magnetelektrische, mit Kurbelantrieb und Ledertasche

für 1 Schuß bei 1 Ohm Leitungswiderstand . . . . 42 M.

bis 5 „ „ 2 „ „ . . . . 57 „

„ 10 „ „ 3 „ „ . . . . 72 „

Dynamoelektrische mit Feder

für 25 Schuß bei 17 Ohm Leitungswiderstand . . . . 168 „

„ 50 „ „ 17 „ „ . . . . 218 „

Zündbatterie „ 5 „ „ 3 „ „ . . . . 33 „

„ 20 „ „ 4 „ „ . . . . 60 „

1 Leitungsprüfer . . . . 22 „

1 Universalmontagezange . . . . 20 „

Kabel für Zündzwecke:

Einfachkabel, 1000 m 13 Ohm, Widerstand je m . . . . 0,37 M.

dasselbe mit Traglitze . . . . 0,54 „

Doppelkabel, 1000 m 26 Ohm, Widerstand je m . . . . 0,79 „

dasselbe mit Traglitze . . . . 0,96 „

Asphaltierter Eisendraht, 1,5 mm Durchmesser, je kg . . . . 2,50 „

„ Kupferdraht, 1,5 „ „ „ „ . . . . 3,60 „

Bezugsquellen: [1]) Siemens & Halske, Berlin. [2]) Allg. Elektricitäts-Gesellschaft, Berlin. [3]) Mix & Genest, Berlin.
[4]) Töpffer & Schädel, Berlin. [5]) Siemens & Halske, Berlin.

Glühzünder mit Platindraht:

1. Ohne Sprengkapsel mit konischer Papphülse ⁰/₀₀ mit 1 m Eisendraht 70,00 M.

   mit Messinghülse „ „ 1 „ „ 75,00 „

   Mit Kupferdraht 15 M. mehr. Pulverzünder 15 M. mehr.

2. Mit adjustierter Sprengkapsel:

Nummer der Sprengkapsel	Ladung der Sprengkapsel	Preis ⁰/₀₀ mit 1,0 m Eisendraht
3	540 g	95,00 M.
4	650 „	97,00 „
5	800 „	100,50 „
6	1000 „	105,00 „
7	1500 „	114,50 „
8	2000 „	125,00 „
9	2500 „	135,00 „
10	3000 „	145,00 „

Mit 1 m Kupferdraht 15,00 M. mehr.

Zeitzünder mit 1 m langen Kupferdrähten und 10 cm Zündschnur ⁰/₀₀ 135,00 M.

Gebäudeblitzableiter [1].

Alle hervorragenden Stellen eines Gebäudes sind als Auffangestangen aus Metall auszubilden oder mit solchen zu versehen.

Die Gebäudeleitungen sind möglichst direkt und unter Vermeidung von Krümmungen an Erde zu führen und mit Wasser= und Abflußleitungen metallisch gut und oft zu verbinden. Die Erdleitungen sollen sich an möglichst feuchten Stellen weit ausbreiten.

Kupferspitze . . . . 2,60 M.

   mit Platin . . . . 7,00 „

Stachelspitze, Messing vergoldet . . . . 22,00 „

Auffangestangen, 4 m hoch . . . . 8,25 „

   „ 5 „ „ . . . . 11,00 „

Befestigung derselben . . . . 5,00 bis 8,00 „

Leitungen. Erdleitung aus Kupfer pro m und Auffangestange . . . 4,00 „

Gebäudeleitung aus Kupfer je m . . . . 4,00 „

   aus Eisen . . . . 3,00 „

Erdplatten aus Eisen, 50 × 100 × 3 mm . . . . 5,50 „

   „ „ Kupfer, 50 × 100 × 1,5 mm . . . . 20,00 „

Telephonmastbrücke zur Untersuchung von Blitzableitern . . . . 75,00 „

Erdleitungspflock . . . . 9,00 „

Bezugsquellen: [1] Siemens & Halske, Berlin. Mix & Genest, Berlin.

Anhang.

I. Deutsche Normen für einheitliche Lieferung und Prüfung von Portlandzement und von Eisenportlandzement.

Aufgestellt vom Königlich preußischen Ministerium der öffentlichen Arbeiten.

Runderlaß, betreffend Deutsche Normen für einheitliche Lieferung und Prüfung von Portlandzement und von Eisenportlandzement.

Berlin, den 16. März 1910.

An Stelle der „Normen für einheitliche Lieferung und Prüfung von Portlandzement" vom 28. Juli 1887 (M.-Bl. f. d. g. i. V. 1887, S. 189 und Zentralblatt der Bauverwaltung 1887, S. 309) treten von jetzt ab die „Deutschen Normen für einheitliche Lieferung und Prüfung von Portlandzement und von Eisenportlandzement" vom Dezember 1909.

Beide Normen, von denen je ... Abdrucke beigefügt sind, unterscheiden sich lediglich in den beiden Abschnitten:

I. Begriffserklärung und
II. Verpackung und Gewicht.

Bereits mehrere Jahre vor Aufstellung dieser neuen Normen waren in meinem Auftrage, und zwar auf Veranlassung des Vereins Deutscher Portlandzementfabrikanten und des Vereins Deutscher Eisenportlandzementwerke umfangreiche vergleichende Versuche mit Portland- und Eisenportlandzement vorgenommen worden; ich verweise deswegen auf das 5. und 6. Heft der „Mitteilungen aus dem Kgl. Materialprüfungsamt in Groß-Lichterfelde-West", Jahrg. 1909.

Daselbst ist auf S. 338—353 die Prüfung von Eisenportlandzement im Vergleich zu Portlandzement in den Versuchsreihen I, II a und b mitgeteilt (Tabelle 1 bis 23). Das Ergebnis der Prüfung befindet sich auf S. 353.

Ein Auszug aus dieser Veröffentlichung wird Euer ... demnächst zur Verteilung an die nachgeordneten Behörden und Beamten zugehen.

Die obengenannten Versuchsreihen können gegebenenfalls bereits vor der im Erlaß vom 6. März 1909 — III. 189 A. I. D. 4686 — erwähnten Untersuchung einen Anhalt geben, ob nach dem Gegenstande der Bauausführung die eine oder andere Zementart vorzugsweise geeignet erscheint; dabei ist hinsichtlich des Eisenportlandzements, besonders wenn es sich um Lufthärtung handelt, die Bewährung mit besonderer Sorgfalt durch Versuche festzustellen. Die in der Regel für beide Zementarten zu veranlassende Ausschreibung kann hiernach ausnahmsweise auch von vornherein auf eine Zementart beschränkt werden.

Im übrigen bemerke ich zu den neuen Normen folgendes:

zu I, Begriffserklärung von Portlandzement.

Die in der Begründung und Erläuterung erwähnten Naturzemente sind den Portlandzementen ähnliche, aus natürlichen Steinen durch einfaches Brennen hergestellte Erzeugnisse, die jedoch mangels inniger Mischung der Bestandteile nicht die erforderliche Gleichmäßigkeit gewährleisten. Solche Zemente dürfen nicht als Portlandzemente bezeichnet werden.

zu I, Begriffserklärung von Eisenportlandzement.

Um die Erfahrung bei Verwendung dieses Zements zu erweitern, ist von etwaigen Erscheinungen, die eine schädliche Zusammensetzung der Schlacke vermuten lassen, dem Materialprüfungsamt in Groß-Lichterfelde Mitteilung zu machen.

Insbesondere wird eine Nachprüfung durch das Materialprüfungsamt erforderlich sein, falls die Vermutung vorliegen sollte, daß die Mischung des gelieferten Zements der Probe nicht entspricht.

zu VII, Festigkeit.

Bei Vergebung von größeren Zementlieferungen empfiehlt es sich, vor der Zuschlagserteilung nicht nur Proben mit Normensand und in der Normalmischung 1 : 3 anzustellen, sondern, wie dies in der Begründung und Erläuterung hervorgehoben wird, auch mit denjenigen Mischungen und Sandsorten, die bei dem Bau wirklich verwandt werden sollen (z. B. 1 : 5 oder 1 : 7).

Es sei hier noch besonders darauf hingewiesen, daß die Druckprobe in Zukunft in erster Linie maßgebend sein soll, die Zugprobe jedoch daneben beibehalten ist, da sie als Vorprobe genügt und auf den Baustellen meist leichter auszuführen sein wird.

Ich ersuche, hiernach alle nachgeordneten Behörden und Beamten mit Anweisung zu versehen.

Der Minister der öffentlichen Arbeiten.

v. Breitenbach.

An die Herren Oberpräsidenten in Danzig, Breslau, Magdeburg, Hannover, Koblenz und Münster (Strombau= bzw. Kanalverwaltung), die Herren Regierungspräsidenten (bei Potsdam auch Verwaltung der Märkischen Wasserstraßen), den Herrn Polizeipräsidenten in Berlin, den Herrn Präsidenten der Königlichen Ministerial=, Militär= und Baukommission, die Königlichen Kanalbaudirektionen in Hannover und Essen und das Königliche Hauptbauamt in Potsdam; ferner die Königlichen Eisenbahndirektionen und das Königliche Eisenbahn=Zentralamt. III. 295. A/B. I. D. 4208.

II. Deutsche Normen für einheitliche Lieferung und Prüfung von Portlandzement.

Dezember 1909.

I. Begriffserklärung von Portlandzement.

Portlandzement ist ein hydraulisches Bindemittel mit nicht weniger als 1,7 Gewichtsteilen Kalk (CaO) auf 1 Gewichtsteil lösliche Kieselsäure (SiO$_2$) + Tonerde (Al$_2$O$_3$) + Eisenoxyd (Fe$_2$O$_3$), hergestellt durch feine Zerkleinerung und innige Mischung der Rohstoffe, Brennen bis mindestens zur Sinterung und Feinmahlen. Dem Portlandzement dürfen nicht mehr als 3 v. H. Zusätze zu besonderen Zwecken zugegeben sein.

Der Magnesiagehalt darf höchstens 5 v. H., der Gehalt an Schwefelsäure=Anhydrid nicht mehr als 2½ v. H. im geglühten Portlandzement betragen.

Begründung und Erläuterung.

Portlandzement unterscheidet sich von allen anderen hydraulischen Bindemitteln durch seinen hohen Kalkgehalt, welcher eine innige Mischung der Rohstoffe in ganz bestimmtem Verhältnisse bedingt, wie sie (sehr wenige natürliche Vorkommen ausgenommen) mit Sicherheit nur auf künstliche Weise durch feinstes Mahlen oder Schlämmen und innigste Mischung unter chemischer Kontrolle zu erreichen ist.

Es muß im Interesse der Abnehmer verlangt werden, daß ähnliche, aus natürlichen Steinen durch einfaches Brennen hergestellte Erzeugnisse als „Naturzemente" bezeichnet werden.

Durch das Brennen bis zur Sinterung (beginnende Schmelzung) erhält das Erzeugnis eine sehr große Dichte (Raumgewicht), welche eine wesentliche Eigenschaft des Portlandzements ist.

Ein Magnesiagehalt bis zu 5 v. H., wie er bei Verwendung dolomithaltigen Kalksteins im Portlandzement vorkommen kann, hat sich als unschädlich erwiesen, wenn bei Bemessung des Kalkgehalts der Magnesiagehalt berücksichtigt wurde.

Um den Portlandzement langsam bindend zu machen, ist es üblich, ihm beim Mahlen rohen Gips (wasserhaltiger schwefelsaurer Kalk) zuzusetzen, außerdem enthalten fast alle Portlandzemente schwefelsaure Verbindungen aus den Rohstoffen und Brennstoffen.

Zusätze zu besonderen Zwecken, namentlich zur Regelung der Bindezeit, sind nicht zu entbehren, jedoch in Höhe von 3 v. H. begrenzt, um die Möglichkeit von Zusätzen lediglich zur Gewichtvermehrung auszuschließen.

Ein Gehalt bis zu 2½ v. H. Schwefelsäure=Anhydrid hat sich als unschädlich erwiesen.

II. Verpackung und Gewicht.

Portlandzement wird in der Regel in Säcken oder Fässern verpackt. Die Verpackung soll außer dem Bruttogewicht und der Bezeichnung „Portlandzement" die Firma oder Marke des Werkes in deutlicher Schrift tragen.

Streuverlust sowie etwaige Schwankungen im Einzelgewicht können bis zu 2 v. H. nicht beanstandet werden.

Begründung und Erläuterung.

Da bei Verpackung sowohl in Säcken wie in Fässern verschiedene Gewichte im Gebrauch sind, so ist die Aufschrift des Bruttogewichts unbedingt nötig.

Durch die Bezeichnung „Portlandzement" soll dem Käufer die Gewißheit gegeben werden, daß die Ware der diesen Normen vorgedruckten Begriffserklärung entspricht[1]).

III. Abbinden.

Der Erhärtungsbeginn von normal bindendem Portlandzement soll nicht früher als eine Stunde nach dem Anmachen eintreten. Für besondere Zwecke kann rascher bindender Portlandzement verlangt werden, welcher als solcher gekennzeichnet sein muß.

Begründung und Erläuterung.

Der Erhärtungsbeginn von normal bindendem Portlandzement wurde auf mindestens eine Stunde festgesetzt, weil der Beginn des Abbindens von Wichtigkeit ist; dagegen ist von der Festsetzung einer bestimmten Bindezeit Abstand genommen, weil es bei der Verwendung von Portlandzement von geringer Bedeutung ist, ob der Abbindeprozeß in kürzerer oder längerer Zeit beendet wird. Etwaige Vorschriften über die Bindezeit sollten daher nicht zu eng begrenzt werden.

Um ein Urteil über das Abbinden eines Portlandzements zu gewinnen, rühre man 100 g des reinen, langsam bindenden Portlandzements 3 Minuten, des rasch bindenden 1 Minute lang mit Wasser zu einem steifen Brei an und bilde auf einer Glasplatte einen etwa 1,5 cm dicken, nach dem Rande hin dünn auslaufenden Kuchen. Die zur Herstellung dieses Kuchens erforderliche Dickflüssigkeit des Portlandzementbreies soll so beschaffen sein, daß der mit einem Spatel auf die Glasplatte gebrachte Brei erst durch mehrmaliges Aufstoßen der Glasplatte nach dem Rande hin ausläuft, wozu in den meisten Fällen 27—30 v. H. Anmachwasser genügen. Man beobachte die beginnende Erstarrung.

Zur Feststellung des Erhärtungsbeginns und zur Ermittlung der Bindezeit bedient man sich der zylindrischen Normalnadel von 1 qmm Querschnitt und 300 g Gewicht, die senkrecht zur Achse abgeschnitten ist.

---

[1]) Der Verein deutscher Portlandzementfabrikanten verpflichtet und kontrolliert seine Mitglieder auf die Innehaltung der den Normen vorgedruckten Begriffserklärung und der darin festgelegten Eigenschaften des Portlandzements.

Diese Verpflichtung lautet:

„Die Vereinsmitglieder dürfen unter der Bezeichnung ‚Portlandzement' nur ein Erzeugnis in den Handel bringen, welches dadurch entsteht, daß eine innige Mischung von feinzerkleinerten, kalk und tonhaltigen Stoffen oder Kalk-Tonerde-Silikaten bis zur Sinterung gebrannt und bis zur Mehlfeinheit zerkleinert wird. Sie verpflichten sich, jedes Erzeugnis, welches auf andere Weise, als oben angegeben, entstanden ist oder welchem während oder nach dem Brennen fremde Körper beigemischt wurden, nicht als Portlandzement anzuerkennen und den Verkauf derartiger Erzeugnisse unter der Bezeichnung „Portlandzement" als eine Täuschung des Käufers anzusehen. Doch sollen von dieser Verpflichtung kleine Zusätze unbetroffen bleiben, welche zur Regelung der Abbindezeit des Portlandzements oder zu anderen besonderen Zwecken bis zur Höhe von 3 v. H. erforderlich sein können.

Die Vereinsmitglieder verpflichten sich ferner, den Portlandzement in allen Beziehungen gemäß den Bestimmungen dieser Normen zu liefern.

Wenn ein Konsument für besonderen Zweck ausnahmsweise gröber gemahlenen Portlandzement, als in den Normen vorgeschrieben, oder gefärbten Portlandzement verlangt, so ist diese Lieferung gestattet.

Wenn ein Vereinsmitglied den vorstehend angegebenen Verpflichtungen zuwiderhandelt, soll dasselbe vom Verein ausgeschlossen werden. Der erfolgte Ausschluß ist öffentlich bekannt zu machen."

Die Fabrikate der Vereinsmitglieder werden alljährlich im Vereinslaboratorium in Karlshorst bei Berlin nach jeder Richtung auf Einhaltung dieser Verpflichtung geprüft, das Resultat wird in der Generalversammlung bekanntgegeben.

Man füllt einen auf eine Glasplatte gesetzten konischen Hartgummiring von 4 cm Höhe und 7 cm mittlerem, lichtem Durchmesser mit dem Portlandzementbrei (aus etwa 300 g Portlandzement) von der oben angegebenen Dickflüssigkeit und bringt ihn unter die Nadel. Der Zeitpunkt, in welchem die Normalnadel den Portlandzementkuchen nicht mehr gänzlich zu durchdringen vermag, gilt als der „Beginn des Abbindens". Die Zeit, welche verfließt, bis die Normalnadel auf dem erstarrten Kuchen keinen merklichen Eindruck mehr hinterläßt, ist die „Bindezeit".

Da das Abbinden von Portlandzement durch die Wärme der Luft und des zur Verwendung gelangenden Wassers beeinflußt wird, insofern hohe Temperatur das Abbinden beschleunigt, niedrige Temperatur es dagegen verzögert, so ist es nötig, die Versuche, um zu übereinstimmenden Ergebnissen zu gelangen, bei 15—18° C mittlerer Zement-, Wasser- und Luftwärme vorzunehmen und auch Geräte und Sand vorher auf diese Temperatur zu bringen.

Die Meinung, daß Portlandzement bei längerem Lagern an Güte verliere, ist irrig, sofern der Portlandzement trocken und zugfrei gelagert wird. Vertragsbestimmungen, welche nur frische Ware vorschreiben, sollten deshalb in Wegfall kommen.

IV. Raumbeständigkeit.

Portlandzement soll raumbeständig sein. Als entscheidende Probe soll gelten, daß ein auf einer Glasplatte hergestellter und vor Austrocknung geschützter Kuchen aus reinem Portlandzement, nach 24 Stunden unter Wasser gelegt, auch nach längerer Beobachtungszeit durchaus keine Verkrümmungen oder Kantenrisse zeigen darf.

Erläuterung.

Zur Ausführung der Probe wird der zur Beurteilung des Abbindens angefertigte Kuchen bei langsam bindendem Portlandzement nach 24 Stunden, jedenfalls aber erst nach erfolgtem Abbinden, unter Wasser gelegt. Bei rasch bindendem Portlandzement kann dies schon nach kürzerer Frist geschehen. Die Kuchen, namentlich von langsam bindendem Portlandzement, müssen bis nach erfolgtem Abbinden vor Trocknung geschützt werden, am besten durch Aufbewahren in einem bedeckten Kasten. Es wird hierdurch die Entstehung von Schwindrissen vermieden, welche in der Regel in der Mitte des Kuchens entstehen und von Unkundigen für Treibrisse gehalten werden können.

Zeigen sich bei der Erhärtung unter Wasser Verkrümmungen oder Kantenrisse, so deutet dies unzweifelhaft „Treiben" des Portlandzements an, d. h. es findet infolge einer Raumvermehrung Zerklüften des Portlandzements unter allmählicher Lockerung des zuerst gewonnenen Zusammenhangs statt, welches bis zu gänzlichem Zerfallen des Portlandzementes führen kann.

Die Erscheinungen des Treibens zeigen sich an den Kuchen in der Regel bereits nach 3 Tagen; jedenfalls genügt eine Beobachtung bis zu 28 Tagen.

V. Feinheit der Mahlung.

Portlandzement soll so fein gemahlen sein, daß er auf dem Siebe von 900 Maschen auf ein Quadratzentimeter höchstens 5 v. H. Rückstand hinterläßt. Die Maschenweite des Siebes soll 0,222 mm betragen

Begründung und Erläuterung.

Zu der Siebprobe sind 100 g Portlandzement zu verwenden.

Genaue Siebe sind im Handel nicht zu haben, deshalb sollen Schwankungen der Maschenweite zwischen 0,215 mm bis 0,240 mm zulässig sein.

Da Portlandzement fast nur mit Sand, in vielen Fällen sogar mit hohem Sandzusatz verarbeitet wird, die Festigkeit eines Mörtels aber um so größer ist, je feiner der dazu verwendete Portlandzement gemahlen war (weil dann mehr Teile des Portlandzements zur Wirkung kommen), so ist die feine Mahlung des Portlandzements von Wichtigkeit.

Es wäre indessen irrig, wollte man aus der feinen Mahlung allein auf die Güte eines Portlandzements schließen.

VI. Festigkeitsproben.

Der Portlandzement soll auf Druckfestigkeit in einer Mischung von Portlandzement und Sand nach einheitlichem Verfahren geprüft werden, und zwar an Würfeln von 50 qcm Fläche.

Begründung.

Da man erfahrungsgemäß aus den mit Portlandzement ohne Sandzusatz gewonnenen Festigkeitsergebnissen nicht einheitlich auf die Bindefähigkeit zu Sand schließen kann, namentlich wenn es sich um Vergleichung von Portlandzementen aus verschiedenen Fabriken handelt, so ist es geboten, die Prüfung von Portlandzement auf Bindekraft mittels Sandzusatz vorzunehmen.

Weil bei der Verwendung die Mörtel in erster Linie auf Druck in Anspruch genommen werden und die Druckfestigkeit sich am zuverlässigsten ermitteln läßt, ist nur die Prüfung auf Druckfestigkeit entscheidend.

Um die erforderliche Einheitlichkeit bei den Prüfungen zu wahren, wird empfohlen, derartige Apparate und Geräte zu benutzen, wie sie beim Königlichen Materialprüfungsamt Groß-Lichterfelde in Gebrauch sind [1]).

VII. Festigkeit.

Langsam bindender Portlandzement soll mit 3 Gewichtsteilen Normensand auf 1 Gewichtsteil Portlandzement nach 7 Tagen [Erhärtung — 1 Tag in feuchter Luft und 6 Tage unter Wasser — mindestens 120 kg/qcm erreichen (Vorprobe); nach weiterer Erhärtung von 21 Tagen in Luft von Zimmertemperatur (15—20° C) soll die Druckfestigkeit mindestens 250 kg/qcm betragen. Im Streitfalle entscheidet nur die Prüfung nach 28 Tagen.

Portlandzement, der für Wasserbauten bestimmt ist, soll nach 28 Tagen Erhärtung — 1 Tag in feuchter Luft, 27 Tage unter Wasser — mindestens 200 kg/qcm Druckfestigkeit zeigen.

Zur Erleichterung der Kontrolle auf der Baustelle kann eine Prüfung auf Zugfestigkeit dienen. Der Zement soll in einer Mischung von 1 Teil Zement zu 3 Teilen Normensand nach 7 Tagen Erhärtung (1 Tag in der Luft, 6 Tage unter Wasser) mindestens 12 kg/qcm Zugfestigkeit aufweisen.

Bei schnell bindenden Portlandzementen ist die Festigkeit nach 28 Tagen im allgemeinen geringer, als die oben angegebene. Es soll deshalb bei Nennung von Festigkeitszahlen stets auch die Bindezeit aufgeführt werden.

Begründung und Erläuterung.

Da verschiedene Portlandzemente hinsichtlich ihrer Bindekraft zu Sand, worauf es bei ihrer Verwendung vorzugsweise ankommt, sich sehr verschieden verhalten können, so ist insbesondere beim Vergleich mehrerer Portlandzemente die Prüfung mit hohem Sandzusatz unbedingt erforderlich. Als normales Verhältnis wird angenommen: 3 Gewichtsteile Sand auf 1 Gewichtsteil Portlandzement, da mit 3 Teilen Sand der Grad der Bindefähigkeit bei verschiedenen Portlandzementen in hinreichendem Maße zum Ausdruck gelangt.

Wenn aber die Ausnutzungsfähigkeit eines Portlandzements voll dargestellt werden soll, empfiehlt es sich, auch noch Versuchsreihen mit höheren Sandzusätzen auszuführen.

Portlandzement, welcher eine höhere Festigkeit zeigt, gestattet in vielen Fällen einen größeren Sandzusatz und hat, aus diesem Gesichtspunkte betrachtet, sowie auch schon wegen seiner größeren Festigkeit bei gleichem Sandzusatz, Anrecht auf einen entsprechend höheren Preis.

Da die weitaus größte Menge des Portlandzements Verwendung im Hochbau findet und in kürzerer Zeit die Bindekraft sich nicht genügend erkennen läßt, so wird als maßgebende Prüfung die auf Druckfestigkeit nach 28 Tagen Erhärtung — 1 Tag in feuchter Luft, 6 Tage unter Wasser und dann 21 Tage in Luft von Zimmertemperatur (15—20° C) — bestimmt und damit den Verhältnissen der Praxis angepaßt.

Für den zu Wasserbauten bestimmten Portlandzement wird der praktischen Verwendung entsprechend die Prüfung nach 27 Tagen Wassererhärtung beibehalten.

Da aus der Zugfestigkeit des Zements nicht in allen Fällen auf eine entsprechende Druckfestigkeit geschlossen werden kann, empfiehlt es sich bei sehr hohen Zugfestigkeitszahlen, nach 7 tägiger Erhärtung die Druckfestigkeit des Zements besonders zu prüfen.

Um zu übereinstimmenden Ergebnissen zu gelangen, muß überall Sand von gleicher Korngröße und gleicher Beschaffenheit (Normensand) benutzt werden.

Der deutsche Normensand wird aus einem tertiären Quarzlager der Braunkohlenformation in der Nähe von Freienwalde a. d. Oder gewonnen. Der fast weiße Rohsand wird in einer Waschmaschine gewaschen und künstlich getrocknet. Die Absiebung des trockenen Sandes geschieht auf Schwingsieben, die pendelnd aufgehängt sind. Auf dem einen Siebe wird erst das Grobe abgesiebt und dann auf dem anderen das Feine. Von jeder Tagesfertigung wird eine Probe auf Korngröße und Reinheit im Königlichen Materialprüfungsamt Groß-Lichterfelde kontrolliert.

Zur Kontrolle der Korngröße dienen Siebe aus 0,25 mm dickem Messingblech mit kreisrunden Löchern von 1,350 und 0,775 mm Durchmesser [2]).

---

[1]) Das Königliche Materialprüfungsamt führt auf Antrag die Prüfung und den Vergleich aller Geräte und Vorrichtungen zur Materialprüfung aus.

[2]) Die Kontrollsiebe fertigt das Königliche Materialprüfungsamt in Groß-Lichterfelde.

Der nach wiederholten Kontrollproben für gut befundene Normensand wird gesackt und jeder Sack mit der Plombe des Königlichen Materialprüfungsamts verschlossen[1]).

Beschreibung der Proben zur Ermittlung der Festigkeit.

Da es darauf ankommt, daß bei Prüfung desselben Portlandzements an verschiedenen Orten über=einstimmende Ergebnisse erzielt werden, so ist auf die genaue Einhaltung der im nachstehenden gegebenen Regeln ganz besonders zu achten.

Zur Erzielung richtiger Durchschnittszahlen sind für jede Prüfung mindestens 5 Probekörper anzu=fertigen.

Die aus 400 g Portlandzement und 1200 g Normensand angemachte Mörtelmenge reicht zur Anfertigung von zwei Druckproben aus.

Der Apparat soll haben:

Hubhöhe des Hammers (a)	= 168	mm
Länge des Hammerhebels (b)	= 250	„
Höhe des Hammerkopfes (c)	= 112	„
Breite des Hammerkopfes (d)	= 51	„
Dicke des Hammerkopfes (e)	= 51	„
Länge des Schwanzstückes (f)	= 85	„
Höhe des Schwanzstückes (g)	= 70	„
Länge des kurzen Hebels (h)	= 61	„
Lagerhöhe (i)	= 170	„

Die Körper werden mit der Form auf nicht absaugender Unterlage in feucht gehaltene bedeckte Kästen gebracht und nach etwa 20 Stunden entformt; 24 Stunden nach erfolgter Herstellung kommen die Körper aus den Kästen unter Wasser von 15—18° C.

Die für die Erhärtung unter Wasser bestimmten Probekörper dürfen erst unmittelbar vor der Prüfung dem Wasser entnommen werden. Das Wasser soll nicht mehr als 2 cm über den Probekörpern stehen und alle 14 Tage erneuert werden.

Die für die Erhärtung in Luft bestimmten Probekörper müssen einzeln freistehend auf dreikantigen Holzleisten im geschlossenen Raum zugfrei bei Zimmertemperatur gelagert werden.

Behandlung der Proben bei der Prüfung.

Bei der Prüfung soll, um einheitliche Ergebnisse zu erhalten, der Druck stets auf zwei Seitenflächen der Würfel ausgeübt werden, nicht aber auf die Bodenfläche und die bearbeitete obere Fläche. Das Mittel aus den 5 Proben soll als die maßgebende Druckfestigkeit gelten.

III. Deutsche Normen für einheitliche Lieferung und Prüfung von Eisenportlandzement.
Dezember 1909.

I. Begriffserklärung von Eisenportlandzement.

Eisenportlandzement ist ein hydraulisches Bindemittel, das aus mindestens 70 v. H. Portlandzement und höchstens 30 v. H. gekörnter Hochofenschlacke besteht. Der Portlandzement wird gemäß der Begriffser=klärung der Normen des Vereins Deutscher Portlandzementfabrikanten hergestellt. Die Hochofenschlacken sind Kalk=Tonerde=Silikate, die beim Eisen=Hochofenbetrieb gewonnen werden. Sie sollen auf 1 Gewichts=teil lösliche Kieselsäure (SiO$_2$) + Tonerde (Al$_2$O$_3$) mindestens 1 Gewichtsteil Kalk und Magnesia enthalten. Der Portlandzement und die Hochofenschlacke müssen fein vermahlen, im Fabrikbetriebe regelrecht und innig miteinander vermischt werden. Zusätze zu besonderen Zwecken, namentlich zur Regelung der Bindezeit, sind nicht zu entbehren, jedoch in Höhe von 3 v. H. der Gesamtmasse begrenzt, um die Möglichkeit von Zu=sätzen lediglich zur Gewichtsvermehrung auszuschließen.

---

[1]) Den Verkauf dieses plombierten „Deutschen Normensandes" hat das Laboratorium des Vereins Deutscher Portlandzementfabrikanten, Karlshorst, übernommen.

Begründung und Erläuterung.

Durch langjährige, staatlich ausgeführte Versuche ist festgestellt worden, daß, wenn geeignete, gekörnte Hochofenschlacke bis zu 30 v. H. mit Portlandzementklinker fabrikmäßig innig gemischt wird, der so erhaltene Zement „Eisenportlandzement" dem Portlandzement als gleichwertig zu erachten ist und nach dessen Normen beurteilt werden kann.

Der Eisenportlandzement steht unter der regelmäßigen Kontrolle des Vereins Deutscher Eisenport=landzementwerke, dessen Mitglieder sich gegenseitig verpflichtet haben, den Eisenportlandzement genau nach der vorstehenden Begriffserklärung herzustellen.

II. Verpackung und Gewicht.

Eisenportlandzement wird in der Regel in Säcken oder Fässern verpackt. Die Verpackung soll außer dem Bruttogewicht und der Bezeichnung „Eisenportlandzement" die Firma oder Marke des Werkes, sowie das in die Zeichenrolle des Patentamtes eingetragene Warenzeichen des Vereins in deutlicher Ausführung tragen.

Streuverlust sowie etwaige Schwankungen im Einzelgewicht können bis zu 2 v. H. nicht beanstandet werden.

Begründung und Erläuterung.

Da bei Verpackung sowohl in Säcken wie in Fässern verschiedene Gewichte im Gebrauch sind, so ist die Aufschrift des Bruttogewichts unbedingt nötig. Durch die Bezeichnung Eisenportlandzement und Führung des Warenzeichens des Vereins soll dem Käufer die Gewißheit gegeben werden, daß die Ware der diesen Normen vorgedruckten Begriffserklärung entspricht.

III. Abbinden[1].
IV. Raumbeständigkeit.
V. Feinheit der Mahlung.
VI. Festigkeitsproben.
VII. Festigkeit.

Anfertigung der Portlandzement=Sandproben.
Herstellung des Normenmörtels (1 : 3) und der Probekörper für die Festigkeitsversuche.

a) Mischen des Mörtels.

Das Mischen des Mörtels aus 1 Gewichtsteil Portlandzement + 3 Gewichtsteilen Normensand soll mit der Mörtelmischmaschine Bauart Steinbrück=Schmelzer (siehe die Abbildung) wie folgt geschehen: 400 g

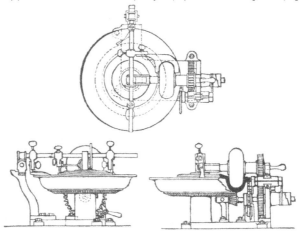

Portlandzement und 1200 g Normensand werden zunächst trocken mit einem leichten Löffel in einer Schüssel eine Minute lang gemischt. Dem trockenen Gemisch wird die vorher zu bestimmende Wassermenge zugesetzt. Die feuchte Masse wird sodann eine weitere Minute lang gemischt, dann in dem Mörtelmischer gleichmäßig verteilt und durch 20 Schalenumdrehungen bearbeitet.

[1] Die Normen für einheitliche Lieferung und Prüfung von Eisenportlandzement sind von III (siehe Seite 902 und Folge) ab gleichlautend mit den entsprechenden Normen für Portlandzement vom Dezember 1909.

Der Apparat soll haben:

Gewicht		Dicke	Durchmesser	Abstand der Walze von der Schale	Abstand vom Drehpunkt der Schale bis Mitte Walze
der Mischwalzen					
mit Achse	ohne Achse				
kg	kg	cm	cm	cm	cm
21,5—22,0	19,1—19,4	8,08	20,25—20,35	0,50—0,60	19,7—19,8

b) Bestimmung des Wasserzusatzes.

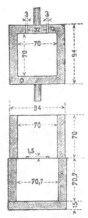

Die Ermittlung des Wasserzusatzes zum Normenmörtel erfolgt unter Benutzung von Würfelformen in folgender Weise:

Trockene Mörtelgemische in oben angegebener Menge werden beim ersten Versuch mit 128 g (8 v. H.) und, wenn nötig, beim zweiten Versuch mit 160 g (10 v. H.) Wasser angemacht und im Mörtelmischer, wie vorgeschrieben, gemischt.

850—860 g des fertig gemischten Mörtels werden in die Druckform, deren Aufsatzkasten am unteren Rande mit zwei Nuten nach nebenstehender Abbildung versehen ist, gefüllt und im Hammerapparat von Böhme mit Festhaltung (nach Martens) mit 150 Schlägen eingeschlagen.

Nach dem Verhalten des Mörtels beim Einschlagen ist zu beurteilen, welcher Grenze der richtige Wasserzusatz am nächsten liegt; danach sind die Versuche mit verändertem Wasserzusatz fortzusetzen.

Der Wasserzusatz ist richtig gewählt, wenn zwischen dem 90. und 110. Schlage aus einer der beiden Nuten Portlandzementbrei auszufließen beginnt.

Das Mittel aus drei Versuchskörpern mit gleichem Wasserzusatz ist maßgebend und gilt für Anfertigung der Proben.

Der Austritt des Wassers erfolgt bei noch trockenen Aufsatzkästen langsamer als bei schon einmal benutzten, deshalb ist der Versuch bei erstmaliger Benutzung des Aufsatzkastens unsicher.

(Maße in Millimetern)
Skizze der Druckform für die Versuchskörper.

c) Herstellung der Probekörper.

Die Anfertigung der Probekörper aus Normenmörtel soll wie folgt geschehen:

850—860 g des vorschriftsmäßig gemischten Mörtels werden in die Normalwürfelformen[1]) gebracht

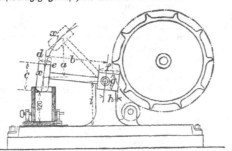

(Entnommen aus den Mitteilungen der Kgl. technischen Versuchsanstalt in Berlin, Jahrgang 1898, 2. Heft.)

und im Hammerapparat (Bauart Böhme, siehe die Abbildung) mit Festhaltung (Bauart Martens) unter Anwendung von 150 Schlägen eingeschlagen.

Die so hergestellten Probekörper werden an der Oberfläche mit einem Messer abgestrichen, geglättet und gezeichnet.

[1]) Die Formen müssen vor Ingebrauchnahme gut gereinigt und leicht geölt sein. Am besten verwendet man eine Mischung aus ²/₃ Rüböl und ¹/₃ Petroleum.

Sachregister.

D.-Sch. 58

Bezugsquellen-Nachweis.

Die *Kursiv*-Zahl hinter der Firmenangabe bedeutet die Seite, auf welcher das Inserat zu finden ist.

Asphaltkitt.

Deutsche Asphalt = Actien = Gesellschaft der Limmer und Vorwohler Grubenfelder, Hannover, Georgsplatz 9. (*18.*)

Neuchatel Asphalt = Company, Berlin. (*16.*)

Asphaltlack.

Aktiengesellschaft Jeserich, Charlottenburg= Berlin. (*13.*)

Asphaltmastix.

Aktiengesellschaft Jeserich, Charlottenburg= Berlin. (*13.*)

Neuchatel Asphalt = Company, Berlin. (*16.*)

Asphaltmühlen.

Fried. Krupp Aktiengesellschaft Grusonwerk, Magdeburg. (*18.*)

Asphaltplatten.

Aktiengesellschaft Jeserich, Charlottenburg= Berlin. (*13.*)

Asphaltwerk Robert Köllner, Inhaber Robert Emil Köllner, Leipzig, Plösener Weg 54. (*19.*)

Deutsche Asphalt = Actien = Gesellschaft der Limmer und Vorwohler Grubenfelder, Hannover, Georgsplatz 9. (*18.*)

Neuchatel Asphalt = Company, Berlin. (*16.*)

Asphaltstraßen.

Deutsch = Sizilianische Asphaltwerke, Louis Schier & Co., Berlin N 39. (*21.*)

Asphaltstraßenwalzen.

Jacob & Becker, Leipzig. (Siehe Inserat auf farbigem Karton.)

Asphaltwerke.

Louis Schier & Co., Berlin N, Chausseestraße 88. (*21.*)

Aufzüge.

Wilhelm Fredenhagen, Offenbach. (*22.*)

Leipziger Cementindustrie Dr. Gaspary & Co., Markranstädt. (Siehe Inserat auf far= bigem Karton.)

[Gebrüder Weismüller, Frankfurt a. M.=Bok= kenheim. (*14.*)

Jul. Wolff & Co., Heilbronn.

Aufzugsgurte.

A. W. Kanitz, Wurzen i. S. (Siehe Inserat auf farbigem Karton.)

Aufzugsseile.

A. W. Kanitz, Wurzen i. S. (Siehe Inserat auf farbigem Karton.)

Baggerbauanstalten.

Orenstein & Koppel = Arthur Koppel Ak= tiengesellschaft, Berlin SW 61. (Siehe In= serat gegenüber Textbeginn.)

Bänder für Gurtförderung.

A. W. Kanitz, Wurzen i. S. (Siehe Inserat auf farbigem Karton.)

Bandtransporteure.

Max Schönert, G. m. b. H., Wurzen. (*26.*)

Bassins.

B. Liebold & Co., A.=G., Holzminden. (*25.*)

Mölders & Cie., Hildesheim. (*26.*)

Johann Odorico, Dresden. (Siehe Inserat auf farbigem Karton.)

Baugeräte u. Werkzeuge.

Bopp & Reuther, Mannheim=Waldhof. (*21.*)

F. C. Glaser & R. Pflaum, G. m. b. H., Allein= verkauf der Feld=, Forst= & Industriebahnen der Firma Fried. Krupp, A.=G., Essen/Ruhr, Berlin SW 68, Lindenstraße 80/81. (*13.*)

Leipziger Cementindustrie Dr. Gaspary & Co., Markranstädt. (Siehe Inserat auf farbi= gem Karton.)

Baulokomobilen, Baumaschinen.

Menck & Hambrock, G. m. b. H., Altona. (Siehe Inserat gegenüber Titelblatt.)

Baumaschinen.

Philipp Deutsch & Co., G. m. b. H., Berlin W 35. (Siehe Inserat am Anfang des Bezugsquellen= Nachweises.)

Leipziger Cementindustrie Dr. Gaspary & Co., Markranstädt. (Siehe Inserat auf farbi= gem Karton.)

Bauten, landwirtschaftliche.

B. Liebold & Co., A.=G., Holzminden. (*25.*)

Bauwinden.

Philipp Deutsch & Co., G. m. b. H., Berlin W 35. (Siehe Inserat am Anfang des Bezugsquellen= Nachweises.)

Kgl. Bayr. Hüttenwerk Sonthofen. (Siehe Inserat auf der Innenseite des vorderen Deckels.)

Leipziger Cementindustrie Dr. Gaspary & Co., Markranstädt. (Siehe Inserat auf far= bigem Karton.)

Becherwerke.

Wilhelm Fredenhagen, Offenbach. (*22.*)

Fried. Krupp, Aktiengesellschaft Grusonwerk, Magdeburg. (*18.*)

Max Schönert, G. m. b. H., Wurzen. (*26.*)

Behälterbauten.

B. Liebold & Co., A.=G., Holzminden. (*25.*)

Bekohlungsanlagen für Dampfkessel.

Wilhelm Fredenhagen, Offenbach. (*22.*)

Max Schönert, G. m. b. H., Wurzen. (*26.*)

Betonbau.

Betonwerke Biesenthal, Merk & Co., Berlin W. (*14.*)

Dyckerhoff & Widmann, A.=G., Biebrich a. Rh., Dresden, Karlsruhe, Nürnberg, Berlin, Hamburg, Leipzig, München, Straßburg i. E., Stuttgart. (Inserat auf Rückseite des Titelblattes.)

Cementbau = Aktiengesellschaft, Hannover. (*22.*)

Emil Jacob, Niedersedlitz=Dresden. (*16.*)

B. Liebold & Co., A.=G., Holzminden. (*25.*)

Mölders & Cie., Hildesheim. (*26.*)

Johann Odorico, Dresden. (Siehe Inserat auf farbigem Karton.)

Louis Schier & Co., Deutsch=Sizilianische Asphalt= werke, Berlin N 39. (*21.*)

Betoneisenkonstruktionen.

Drenckhahn & Sudhop, Braunschweig. (*23.*)

B. Liebold & Co., A.=G., Holzminden. (*25.*)

Mölders & Cie., Hildesheim. (*26.*)

Johann Odorico, Dresden. (Siehe Inserat auf farbigem Karton.)

Betonmiſchmaſchinen.
Philipp Deutſch & Co., G. m. b. H., Berlin W 35.
(Siehe Inſerat am Anfang des Bezugsquellen-
Nachweiſes.)
Kgl. Bayr. Hüttenwerk Sonthofen. (Siehe
Inſerat auf der Innenſeite des vorderen Deckels.)
Fried. Krupp, Aktiengeſellſchaft Gruſonwerk,
Magdeburg. (18.)
Leipziger Cementinduſtrie Dr. Gaspary
& Co., Markranſtädt. (Siehe Inſerat auf far-
bigem Karton.)

Betonpfahlrammen.
Kgl. Bayr. Hüttenwerk Sonthofen. (Siehe Inſerat auf Innenſeite des vorderen Deckels.)

Biologiſche Abwäſſerreinigungsanlagen.
Alfred Vogelſang, Dresden. (Siehe Inſerat
auf Innenſeite des hinteren Deckels.)

Blechbehälter aller Art.
Max Schönert, G. m. b. H., Wurzen. (26.)

Bleche, verzinkte.
Thyſſen & Co., Mülheim/Ruhr. (19.)

Bohrrohre.
Thyſſen & Co., Mülheim/Ruhr. (19.)

Bouſſolen.
F. Sartorius, Göttingen. (17.)

Brückenbau.
Betonwerke Bieſenthal, Merk & Co., Berlin
W. (14.)
Cementbau-Aktiengeſellſchaft, Hannover. (22.)
Dyckerhoff & Widmann, A.-G., Biebrich/Rh.,
Dresden, Karlsruhe, Nürnberg, Berlin, Hamburg,
Leipzig, München, Straßburg i. E., Stuttgart.
(Inſerat auf Rückſeite des Titelblattes.)
Robert Grastorf, G. m. b. H., Hannover.
(Siehe Inſerat auf farbigem Karton.)
B. Liebold & Co., A.-G., Holzminden. (25.)
Mölders & Cie., Hildesheim. (26.)
Johann Odorico, Dresden. (Siehe Inſerat auf
farbigem Karton.)

Brunnengründungen.
B. Liebold & Co., A.-G., Holzminden. (25.)
Mölders & Cie., Hildesheim. (26.)

„Brunsviga“-Rechenmaſchine.
Grimme, Natalis & Co., Komm.-Geſellſchaft
auf Aktien, Braunſchweig. (Siehe Inſerat auf
farbigem Karton.)

Buckelplatten.
Thyſſen & Co., Mülheim a. Ruhr. (19.)

Bunkeranlagen.
Robert Grastorf, G. m. b. H., Hannover. (Siehe
Inſerat auf farbigem Karton.)

Cementbau-Aktiengeſellſchaft, Hannover.
Betonausführungen, Brücken, Dachkonſtruktionen
(maſſiv-feuerſicher), Eiſenbetonfundierungen,
Hochbauausführungen, Kanaliſationsarbeiten,
Kläranlagen, Maſſivdecken, Monierarbeiten, Ra-
bitzausführungen, Streckmetallkonſtruktionen, Tief-
bauausführungen, Waſſerbehälter. (22.)

Chauſſeebau.
Deutſch-Sizilianiſche Asphaltwerke, Louis
Schier & Co., Berlin N 39, Chauſſeeſtraße 88. (21.)

Dachdeckungen, Dachdeckungsmaterialien.
Aktiengeſellſchaft Jeſerich, Charlottenburg-
Berlin. (13.)
Asphaltwerk Robert Köllner, Inhaber Ro-
bert Emil Köllner, Leipzig, Plöſener Weg 54.
(19.)

Dachkonſtruktionen.
Cementbau-Aktiengeſellſchaft, Hannover.
(22.)
Robert Grastorf, G. m. b. H., Hannover. (Siehe
Inſerat auf farbigem Karton.)
B. Liebold & Co., A.-G., Holzminden. (25.)
Johann Odorico, Dresden. (Siehe Inſerat auf
farbigem Karton.)

Dachpappen.
Aktiengeſellſchaft Jeſerich, Charlottenburg-
Berlin. (13.)
Asphaltwerk Robert Köllner, Inh. Robert
Emil Köllner, Leipzig, Plöſener Weg 54. (19.)

Dampflaſtwagen.
Jacob & Becker, Leipzig. (Siehe Inſerat auf farbigem Karton.)

Dampfmaſchinen.
Menck & Hambrock, G. m. b. H., Altona. (Siehe
Inſerat gegenüber Titelblatt.)

Dampfſtraßenwalzen.
Jacob & Becker, Leipzig. (Siehe Inſerat auf
farbigem Karton.)

Deckenkonſtruktionen.
Robert Grastorf, G. m. b. H., Hannover. (Siehe
Inſerat auf farbigem Karton.)
B. Liebold & Co., A.-G., Holzminden. (25.)

Desinfektionsanlagen.
Alfred Vogelſang, Dresden. (Siehe Inſerat
auf Innenſeite des hinteren Deckels.)

Deutſch-Sizilianiſche Asphaltwerke.
Louis Schier & Co., Berlin N, Chauſſeeſtr. 88. (21.)

**Deutſch & Co., G. m. b. H., Philipp, Ber-
lin W 35.**
Baumaſchinen, Bauwinden, Betonmiſchmaſchinen, eiſerne Spundwände Syſtem Ransome,
Handmiſchmaſchine Syſtem Ransome, Hebezeuge,
Miſchmaſchinen und Apparate, Mörtel-Miſchma-
ſchinen, Motorwinden. (Siehe Inſerat am Anfang des Bezugsquellen-Verzeichniſſes.)

Diopterinſtrumente.
F. Sartorius, Göttingen. (17.)

Drahtflachgliederriemen.
A. W. Kaniß, Wurzen i. S. (Siehe Inſerat auf
farbigem Karton.)

Drahtſeile aller Art.
A. W. Kaniß, Wurzen i. S. (Siehe Inſerat auf
farbigem Karton.)

Drehſcheiben.
Orenſtein & Koppel-Arthur Koppel Aktiengeſellſchaft, Berlin SW 61. (Siehe Inſerat gegenüber Textbeginn.)

Drenckhahn u. Sudhop, Braunschweig.
Betoneisenkonstruktionen, Eisenbeton, Eisenbetonpfähle und Spundwände, Eisenbetonrohre, Kanäle, Massivdecken, Möllerkonstruktionen, Monierarbeiten; Schwimmbassins, Stampfbetonrohre,
Wasserbehälter, Zementarbeiten, Zementbeton-
arbeiten. (23.)

Druckluftgründungen.
B. Liebold & Co., A.-G., Holzminden. (25.)

Durchlässe.
B. Liebold & Co., A.-G., Holzminden. (25.)
Mölders & Cie., Hildesheim. (26.)
Johann Odorico, Dresden. (Siehe Inserat auf
farbigem Karton.)

Dyckerhoff u. Widmann, A.-G.
Biebrich/Rh., Dresden, Karlsuhe, Nürnberg, Berlin,
Hamburg, Leipzig, München, Straßburg i. Els.,
Stuttgart. Tiefbau-Unternehmung. Spezialge-
schäft für Beton- und Eisenbetonbauten im Hoch-
und Tiefbau, Fabriken für Zementwaren. (Siehe
Inserat auf Rückseite des Titelblattes.)

Eisenbahnbauten.
Emil Jacob, Niedersedlitz-Dresden. (16.)
B. Liebold & Co., A.-G., Holzminden. (25.)

Eisenbetonbau.
Betonwerke Biesenthal, Merk & Co., Ber-
lin W. (14.)
Cementbau-Aktiengesellschaft, Hannover.
(22.)
Drenckhahn & Sudhop, Braunschweig. (23.)
Franke & Berghold, Radebeul-Dresden. (15.)
Dyckerhoff & Widmann, A.-G., Biebrich a. Rh.,
Dresden, Karlsruhe, Nürnberg, Berlin, Hamburg,
Leipzig, München, Straßburg i. Els., Stuttgart.
(Siehe Inserat auf Rückseite des Titelblattes.)
Emil Jacob, Niedersedlitz-Dresden. (16.)
B. Liebold & Co., A.-G., Holzminden. (25.)
Mölders & Cie., Hildesheim. (26.)
Johann Odorico, Dresden. (Siehe Inserat auf
farbigem Karton.)

Eisenbetonpfähle.
Drenckhahn & Sudhop, Braunschweig. (23.)
B. Liebold & Co., A.-G., Holzminden. (25.)
Mölders & Cie., Hildesheim. (26.)
Johann Odorico, Dresden. (Siehe Inserat auf
farbigem Karton.)

Eisenbetonrohre.
Drenckhahn & Sudhop, Braunschweig. (23.)
B. Liebold & Co., A. G., Holzminden. (25.)
Mölders & Cie., Hildesheim. (26.)

Eiserne Spundwände, System Ransome.
Philipp Deutsch & Co., G. m. b. H., Berlin W 35.
(Siehe Inserat am Anfang des Bezugsquellen-
Nachweises.)

Elektrische Beleuchtung.
Vereinigte Windturbinen-Werke, G.m.b.H.,
Niedersedlitz. (Siehe Inserat am Schluß des
Inhaltsverzeichnisses.)

Elektrohängebahnen.
Orenstein & Koppel-Arthur Koppel Aktiengesellschaft, Berlin SW 61. (Siehe Inserat gegenüber Textbeginn.)

Elevatoren.
Wilhelm Fredenhagen, Offenbach. (22.)
Leipziger Cementindustrie Dr. Gaspary
& Co., Markranstädt. (Siehe Inserat auf farbigem
Karton.)
Max Schönert, G. m. b. H., Wurzen. (26.)
Gebrüder Weismüller, Frankfurt a. M.-
Bockenheim. (14.)

Elevatorbecher.
Max Schönert, G. m. b. H., Wurzen. (26.)

Elevatorgurte.
A. W. Kanitz, Wurzen i. S. (Siehe Inserat auf
farbigem Karton.)

Enteisenungsanlagen.
Franke & Berghold, Radebeul-Dresden. (15.)
Robert Grastorf, G. m. b. H., Hannover. (Siehe
Inserat auf farbigem Karton.)
Mölders & Cie., Hildesheim. (26.)
Johann Odorico, Dresden. (Siehe Inserat auf
farbigem Karton.)
Alfred Vogelsang, Dresden. (Siehe Inserat
auf Innenseite des hinteren Deckels.)

Entwässerungs-Anlagen.
Vereinigte Windturbinen-Werke, G. m.
b. H., Niedersedlitz. (Siehe Inserat am Schluß
des Inhaltsverzeichnisses.)
Alfred Vogelsang, Dresden. (Siehe Inserat
auf Innenseite des hinteren Deckels.)

Estriche für Linoleum.
Aktiengesellschaft Jeserich, Charlottenburg-
Berlin. (13.)
Johann Odorico, Dresden. (Siehe Inserat auf
farbigem Karton.)

Ewartketten.
Max Schönert, G. m. b. H., Wurzen. (26.)

Fabrikbauten.
Betonwerke Biesenthal, Merk&Co., BerlinW.
(14.)
Robert Grastorf, G. m. b. H., Hannover. (Siehe
Inserat auf farbigem Karton.)
B. Liebold & Co., A.-G., Holzminden. (25.)
Mölders & Cie., Hildesheim. (26.)
Johann Odorico, Dresden. (Siehe Inserat auf
farbigem Karton.)

Fahrstühle.
Wilhelm Fredenhagen, Offenbach. (22.)

Fäkalienkläranlagen.
Alfred Vogelsang, Dresden. (Siehe Inserat auf
Innenseite des hinteren Deckels.)

Fassonstücke.
Bopp v. Reuther, Mannheim-Waldhof. (21.)

Faß-Packmaschinen.
Max Schönert, G. m. b. H., Wurzen. (26.)

Feldbahnfabriken.
F. C. Glaser & R. Pflaum, G. m. b. H., Alleinverkauf der Feld-, Forst- und Industriebahnen
der Firma Fried. Krupp, A.-G., Essen/Ruhr,
Berlin SW 68, Lindenstraße 80/81. (13.)
Orenstein & Koppel-Arthur Koppel Aktiengesellschaft, Berlin SW 61. (Siehe Inserat gegenüber Textbeginn.)

Ferngläser, Fernrohre.
Ed. Sprenger, Berlin SW. (15.)
F. Sartorius, Göttingen. (17.)

Felsenitplatten.
Aktiengesellschaft Jeserich, Charlottenburg-Berlin. (13.)

Fettfänger für Abwasserklärung.
Alfred, Vogelsang, Dresden. (Siehe Inserat auf Innenseite des hinteren Deckels.)

Filteranlagen.
Franke & Berghold, Radebeul-Dresden. (15.)
B. Liebold & Co., A.-G., Holzminden. (25.)
Mölders & Cie., Hildesheim. (26.)
Johann Odorico, Dresden. (Siehe Inserat auf farbigem Karton.)

Filtrationsanlagen.
Alfred Vogelsang, Dresden. (Siehe Inserat auf Innenseite des hinteren Deckels.)

Filzplatten.
Aktiengesellschaft Jeserich, Charlottenburg-Berlin. (13.)

Flachgründungen.
B. Liebold & Co., A.-G., Holzminden. (25.)
Mölders & Cie., Hildesheim. (26.)

Fluchtstäbe.
Ed. Sprenger, Berlin SW. (15.)

Förderanlagen.
Wilhelm Fredenhagen, Offenbach. (22.)
Leipziger Cementindustrie Dr. Gaspary & Co., Markranstädt. (Siehe Inserat auf farbigem Karton.)
Max Schönert, G. m. b. H., Wurzen. (26.)

Fördermaschinen.
Gebrüder Weismüller, Frankfurt a. M.-Bokenheim. (14.)

Förderbänder.
Max Schönert, G. m. b. H., Wurzen. (26.)

Förderbunker.
Max Schönert, G. m. b. H., Wurzen. (26.)

Förderhaspel.
Gebrüder Weismüller, Frankfurt a. M.-Bokenheim. (14.)

Förderrinnen.
Max Schönert, G. m. b. H., Wurzen. (26.)

Förderseile.
A. W. Kaniß, Wurzen i. S. (Siehe Inserat auf farbigem Karton.)

Fundierungen.
Betonwerke Biesenthal, Merk & Co., Berlin W. (14.)
Cementbau-Aktiengesellschaft, Hannover. (22.)
Robert Grastorf, G. m. b. H., Hannover. (Siehe Inserat auf farbigem Karton.)
Dyckerhoff & Widmann, A.-G., Biebrich a. Rh., Dresden, Karlsruhe, Nürnberg, Berlin, Hamburg, Leipzig, München, Straßburg i. Els., Stuttgart. (Siehe Inserat Rückseite des Titelblattes.)
B. Liebold & Co., A.-G., Holzminden. (25.)
Mölders & Cie., Hildesheim. (26.)
Johann Odorico, Dresden. (Siehe Inserat auf farbigem Karton.)

Gartenwalzen.
Jacob & Becker, Leipzig. (Siehe Inserat auf farbigem Karton.)

Gasleitungsrohre.
Thyssen & Co., Mülheim/Ruhr. (19.)

Gefällmesser.
Ed. Sprenger, Berlin SW. (15.)
F. Sartorius, Göttingen. (17.)

Gelenkketten.
Max Schönert, G. m. b. H., Wurzen. (26.)

Geschäftshäuser.
Robert Grastorf, G. m. b. H., Hannover. (Siehe Inserat auf farbigem Karton.)

Getreidespeichereinrichtungen.
Gebrüder Weismüller, Frankfurt a. M.-Bokenheim. (14.)

Gichtglockenwinden.
Gebrüder Weismüller, Frankfurt a. M.-Bokenheim. (14.)

Granitoidplatten.
Betonwerke Biesenthal, Merk & Co., Berlin W. (14.)

Granitoidplattenpressen.
Fried. Krupp Aktiengesellschaft Grusonwerk, Magdeburg. (18.)

Greifbagger.
Menck & Hambrock, G. m. b. H., Altona. (Siehe Inserat gegenüber Titelblatt.)

Grundwasserabdichtungen.
Betonwerke Biesenthal, Merk & Co., Berlin W. (14.)
B. Liebold & Co., A.-G., Holzminden. (25.)
Johann Odorico, Dresden. (Siehe Inserat auf farbigem Karton.)

Gurtförderer.
Max Schönert, G. m. b. H., Wurzen. (26.)

Gurttransporteure.
Max Schönert, G. m. b. H., Wurzen. (26.)

Gußasphalt.
Louis Schier & Co., Berlin N 39, Chausseestr. 88. (21.)

Grundwassersenkungen.
B. Liebold & Co., A.-G., Holzminden. (25.)

Hallenbauten.
Robert Grastorf, G. m. b. H., Hannover. (Siehe Inserat auf farbigem Karton.)

Handmischmaschinen, System Ransome.
Philipp Deutsch & Co., G. m. b. H., Berlin W 35. (Siehe Inserat am Anfang des Bezugsquellen-Nachweises.)

Hanfseile aller Art.
A. W. Kaniß, Wurzen i. S. (Hanfseile mit regulierbaren Kupplungen, Hanfdrahtseile.) (Siehe Inserat auf farbigem Karton.)

Hängebahnen.
Orenstein & Koppel-Arthur Koppel Aktiengesellschaft, Berlin SW. 61. (Siehe Inserat gegenüber Textbeginn.)

Hartgußasphalt.

Deutsche Asphalt = Actien = Gesellschaft der
Limmer und Vorwohler Grubenfelder,
Hannover, Georgsplatz 9. (*18.*)
Neuchatel Asphalt = Company, Berlin. (*16.*)

Hartzerkleinerungsmaschinen.

Leipziger Cementindustrie Dr. Gaspary
& Co., Markranstädt. (Siehe Inserat auf far=
bigem Karton.)

Hebewerkzeuge.

Leipziger Cementindustrie Dr. Gaspary
& Co., Markranstädt. (Siehe Inserat auf far=
bigem Karton.)

Hebezeuge.

Philipp Deutsch & Co., G. m. b. H., Berlin W 35.
(Siehe Inserat am Anfang des Bezugsquellen=
Nachweises.)
Friedr. Krupp Aktiengesellschaft Gruson=
werk Magdeburg. (*18.*)

Hochbehälter (Reservoire).

Robert Grastorf, G. m. b. H., Hannover.
(Siehe Inserat auf farbigem Karton.)
B. Liebold & Co., A.=G., Holzminden. (*25.*)
Mölders & Cie., Hildesheim. (*26.*)
Johann Odorico, Dresden. (Siehe Inserat auf
farbigem Karton.)

Hochdruckventilatoren.

Jacob & Becker, Leipzig. (Siehe Inserat auf
farbigem Karton.)

Hohlsteinbauten.

B. Liebold & Co., A.=G., Holzminden. (*25.*)

Holzpflasterungen.

Asphaltwerk Robert Köllner, Inh. Robert
Emil Köllner, Leipzig, Plösener Weg 54. (*19.*)

Holzzementdächer.

Asphaltwerk Robert Köllner, Inh. Robert
Emil Köllner, Leipzig, Plösener Weg 54. (*19.*)

Holzzement u. Teerproduktenfabriken.

Aktiengesellschaft Jeserich, Charlottenburg=
Berlin. (*13.*)
Asphaltwerk Robert Köllner, Inh. Robert
Emil Köllner, Leipzig, Plösener Weg 54. (*19.*)

Hydraulische Preßanlagen.

Leipziger Cementindustrie Dr. Gaspary
& Co., Markranstädt. (Siehe Inserat auf far=
bigem Karton.)

Installationsartikel.

Bopp & Reuther, Mannheim=Waldhof. (*21.*)

Instrumente, geodätische.

Ed. Sprenger, Berlin SW. (*15.*)

Isolierplatten.

Aktiengesellschaft Jeserich, Charlottenburg=
Berlin. (*13.*)

Kalksandsteinfabriks-Einrichtungen.

Leipziger Cementindustrie Dr. Gaspary
& Co., Markranstädt. (Siehe Inserat auf farbi=
gem Karton.)

Kanäle.

Drenckhahn & Sudhop, Braunschweig. (*23.*)
Dyckerhoff & Widmann, A.=G., Biebrich a. Rh.,
Dresden, Karlsruhe, Nürnberg, Berlin, Hamburg,
Leipzig, München, Straßburg i. E., Stuttgart.
(Siehe Inserat auf Rückseite des Titelblattes.)
B. Liebold & Co., A.=G., Holzminden. (*25.*)
Mölders & Cie., Hildesheim. (*26.*)
Johann Odorico, Dresden. (Siehe Inserat auf
farbigem Karton.)

Kanalisationsanlagen.

Alfred Vogelsang, Dresden. (Siehe Inserat
auf Innenseite des hinteren Deckels.)

Kanalisationsarbeiten.

Cementbau=Aktiengesellschaft, Hannover.
(*22.*)
Dyckerhoff & Widmann, A.=G., Biebrich a. Rh.,
Dresden, Karlsruhe, Nürnberg, Berlin, Hamburg,
Leipzig, München, Straßburg i. Elf., Stuttgart.
(Siehe Inserat auf Rückseite des Titelblattes.)
Franke & Berghold, Radebeul=Dresden. (*15.*)
Robert Grastorf, G. m. b. H., Hannover. (Siehe
Inserat auf farbigem Karton.)
B. Liebold & Co., A.=G., Holzminden. (*25.*)
Mölders & Cie., Hildesheim. (*26.*)
Johann Odorico, Dresden. (Siehe Inserat auf
farbigem Karton.)

Kanalisationsrohre.

Deutsche Steinzeugwarenfabrik für Kanali=
sation und Chemische Industrie, Friedrichs=
feld (Baden). (*25.*)
Dyckerhoff & Widmann, A.=G., Biebrich a. Rh.,
Dresden, Karlsruhe, Nürnberg, Berlin, Hamburg,
Leipzig, München, Straßburg i. Elf., Stuttgart.
(Siehe Inserat auf Rückseite des Titelblattes.)
Fr. Chr. Fikentscher, G. m. b. H., Zwickau i. S.,
(*17.*)
B. Liebold & Co., A.=G., Holzminden. (*25.*)
Mölders & Cie., Hildesheim. (*26.*)

Kehrmaschinen.

Jacob & Becker, Leipzig. (Siehe Inserat auf
farbigem Karton.)

Ketten (Treibketten).

Wilhelm Fredenhagen, Offenbach. (*22.*)
Max Schönert, G. m. b. H., Wurzen. (*26.*)

Kiesbagger.

Orenstein & Koppel = Arthur Koppel Ak=
tiengesellschaft, Berlin SW 61. (Siehe In=
serat gegenüber Textbeginn.)

Kies=, Wasch= und Sortiermaschinen.

Kgl. Bayr. Hüttenwerk Sonthofen. (Siehe
Inserat auf Innenseite des vorderen Deckels.)
Fried. Krupp Aktiengesellschaft Gruson=
werk Magdeburg. (*18.*)
Leipziger Cementindustrie Dr. Gaspary
& Co., Markranstädt. (Siehe Inserat auf far=
bigem Karton.)

Kipp=Vorrichtungen für Eisenbahnwagen

Fried. Krupp Aktiengesellschaft Gruson=
werk, Magdeburg. (*18.*)

Kippregeln.

F. Sartorius, Göttingen. (*17.*)

Kippwagen.

F. C. Glaser & R. Pflaum, Alleinverkauf der Feld-, Forst- und Industriebahnen der Firma Fried. Krupp A.-G., Essen a. Ruhr, Berlin SW 68, Lindenstraße 80/81. (*13.*)

Orenstein & Koppel - Arthur Koppel Aktiengesellschaft, Berlin SW 61. (Siehe Inserat gegenüber Textbeginn.)

Kläranlagen.

Cementbau - Aktiengesellschaft, Hannover. (*22.*)

B. Liebold & Co., A.-G., Holzminden. (*25.*)

Mölders & Cie., Hildesheim. (*26.*)

Johann Odorico, Dresden. (Siehe Inserat auf farbigem Karton.)

Alfred Vogelsang, Dresden. (Siehe Inserat Innenseite des hinteren Deckels.)

Kohlenbunker.

Robert Grastorf, G. m. b. H., Hannover. (Siehe Inserat auf farbigem Karton.)

Kohlentransportanlagen.

Max Schönert, G. m. b. H., Wurzen. (*26.*)

Kohlenwäschen.

Robert Grastorf, G. m. b. H., Hannover. (Siehe Inserat auf farbigem Karton.)

Koksbrecher.

Leipziger Cementindustrie Dr. Gaspary & Co., Markranstädt. (Siehe Inserat auf farbigem Karton.)

Kollergänge.

Leipziger Cementindustrie Dr. Gaspary & Co., Markranstädt. (Siehe Inserat auf farbigem Karton.)

Korkplatten.

Asphaltwerk Robert Köllner, Inh. Robert Emil Köllner, Leipzig, Plösener Weg 54. (*19.*)

Korkplattenpressen.

Leipziger Cementindustrie Dr. Gaspary & Co., Markranstädt. (Siehe Inserat auf farbigem Karton.)

Krane aller Art.

Fried. Krupp Aktiengesellschaft Grusonwerk Magdeburg. (*18.*)

Menck & Hambrock, G. m. b. H., Altona. (Siehe Inserat gegenüber Titelblatt.)

Gebrüder Weismüller, Frankfurt a. M.-Bockenheim. (*14.*)

Julius Wolff & Co., Heilbronn.

Kranketten.

Max Schönert, G. m. b. H., Wurzen. (*26.*)

Kratzertransporteure.

Max Schönert, G. m. b. H., Wurzen. (*26.*)

Krystallisatoren.

Max Schönert, G. m b. H., Wurzen. (*26.*)

Kunststeine.

Betonwerke Biesenthal, Merk & Co., Berlin W. (*14.*)

B. Liebold & Co., A.-G., Holzminden. (*25.*)

Kunststeinfabrik-Einrichtungen.

Fried. Krupp Aktiengesellschaft Grusonwerk, Magdeburg. (*18.*)

Kunststeinstufen.

B. Liebold & Co., A.-G., Holzminden. (*25.*)

Landwirtschaftliche Maschinen.

Vereinigte Windturbinen-Werke, G. m. b. H., Niedersedlitz. (Siehe Inserat am Schluß des Inhaltsverzeichnisses.)

Lastenaufzüge.

Leipziger Cementindustrie Dr. Gaspary & Co., Markranstädt. (Siehe Inserat auf farbigem Karton.)

Leipziger Cementindustrie.

Dr. Gaspary & Co., Markranstädt. (Siehe Inserat auf farbigem Karton.)

Löffelbagger.

Menck & Hambrock, G. m. b. H., Altona. (Siehe Inserat gegenüber Titelblatt.)

Orenstein & Koppel - Arthur Koppel Aktiengesellschaft, Berlin SW 61. (Siehe Inserat gegenüber Textbeginn.)

Lokomotivfabriken.

Orenstein & Koppel - Arthur Koppel Aktiengesellschaft, Berlin SW 61. (Siehe Inserat gegenüber Textbeginn.)

Massivdecken.

Cementbau-Aktiengesellschaft, Hannover. (*22.*)

Drenckhahn & Sudhop, Braunschweig. (*23.*)

B. Liebold & Co., A.-G., Holzminden. (*25.*)

Mölders & Cie., Hildesheim. (*26.*)

Johann Odorico, Dresden. (Siehe Inserat auf farbigem Karton.)

Maste (Eisenbeton).

B. Liebold & Co., A. G., Holzminden. (*25.*)

Mercedes-Rechenmaschine.

Mercedes-Bureau-Masch. Ges. m. b. H., Mehlis i. Th. (Siehe Inserat auf hinterer Vorsatzseite.)

Meßgerätschaften.

Ed. Sprenger, Berlin SW. (*15.*)

Mischmaschinen- und Apparate.

Philipp Deutsch & Co., G. m. b. H., Berlin W 35. (Siehe Inserat am Anfang des Bezugsquellen-Nachweises.)

Kgl. Bayr. Hüttenwerk Sonthofen. (Siehe Inserat auf Innenseite des vorderen Deckels.)

Fried. Krupp, Aktiengesellschaft Grusonwerk, Magdeburg. (*18.*)

Leipziger Cementindustrie Dr. Gaspary & Co., Markranstädt. (Siehe Inserat auf farbigem Karton.)

Möllerkonstruktionen.

Drenckhahn & Sudhop, Braunschweig. (*23.*)

Monierarbeiten.

Cementbau - Aktiengesellschaft, Hannover. (*22.*)

Drenckhahn & Sudhop, Braunschweig. (*23.*)

B. Liebold & Co., A.-G., Holzminden. (*25.*)

Mölders & Cie., Hildesheim. (*26.*)

Johann Odorico, Dresden. (Siehe Inserat auf farbigem Karton.)

Mörtel-Mischmaschinen.

Philipp Deutsch & Co., G, m. b. H., Berlin W 35. (Siehe Inserat am Anfang des Bezugsquellen-Nachweises.)

Kgl. Bayr. Hüttenwerk Sonthofen. (Siehe Inserat auf Innenseite des vorderen Deckels.)

Leipziger Cementindustrie Dr. Gaspary & Co., Markranstädt. (Siehe Inserat auf farbigem Karton.)

Motorlokomotiven.

Orenstein & Koppel = Arthur Koppel Aktiengesellschaft, Berlin SW 61. (Siehe Inserat gegenüber Textbeginn.)

Motorstraßenwalzen.

Jacob & Becker, Leipzig. (Siehe Inserat auf farbigem Karton.)

Motorwinden.

Philipp Deutsch & Co., G. m. b. H., Berlin W 35. (Siehe Inserat am Anfang des Bezugsquellen-Nachweises.)

Muffenkitt.

Deutsche Asphalt = Actien = Gesellschaft der Limmer und Vorwohler Grubenfelder, Hannover, Georgsplatz 9. (18.)

Neuchatel Asphalt Company, Berlin. (16.)

Muffenröhren.

Thyssen & Co., Mülheim/Ruhr. (19.)

Müllverbrennungsöfen.

H. Kori, Berlin W, Dennewitzstr. 35. (23.)

Nivellierinstrumente.

Ed. Sprenger, Berlin SW. (15.)

F. Sartorius, Göttingen. (17.)

Nivellierlatten.

Ed. Sprenger, Berlin SW. (15.)

Odorico, Johann, Dresden-N.

(Siehe Inserat auf farbigem Kartonblatt.) Betonbaugeschäfte, Brückenbau, Bauweise Hennebique und Monier, Dachausführungen, Deckenausführungen, Wände, Gewölbe, Eisenbetonkonstruktionen, Enteisenungsanlagen, Estriche für Linoleum, feuersichere Decken und Wände, Gipsestrich, Hochbehälter (Reservoire), Bassins (Gasometer), Massivdecken, Monierdächer, =decken, =wände, Mosaik= (Terrazzo=) Fußboden und Wandbekleidung, Rabitzarbeiten, Terrazzoausführung, Terrazzoböden, wasserdichter Putz, wasserdichte Reservoire und Bassins.

Ofen.

H. Kori, Berlin W, Dennewitzstr. 35. (23.)

Pappdächer.

Asphaltwerk Robert Köllner, Inh. Robert Emil Köllner, Leipzig, Plösener Weg 54. (19.)

Pfahlgründungen.

Dyckerhoff & Widmann, A.=G., Biebrich a. Rh., Dresden, Karlsruhe, Nürnberg, Berlin, Hamburg, Leipzig, München, Straßburg i. Els., Stuttgart. (Siehe Inserat auf Rückseite des Titelblattes.)

B. Liebold & Co., A.=G., Holzminden. (25.)

Mölders & Cie., Hildesheim. (26.)

Johann Odorico, Dresden. (Siehe Inserat auf farbigem Karton.)

Pfannentransporteure.

Max Schönert, G. m. b. H., Wurzen. (26.)

Pflasterfugenkitt.

Aktiengesellschaft Jeserich, CharlottenburgBerlin. (13.)

Pflasterkitt.

Aktiengesellschaft Jeserich, CharlottenburgBerlin. (13.)

Deutsche Asphalt = Actien = Gesellschaft der Limmer und Vorwohler Grubenfelder, Hannover, Georgsplatz 9. (18.)

Neuchatel Asphalt Company, Berlin. (16.)

Pressen, hydraulische.

Leipziger Cementindustrie Dr. Gaspary & Co., Markranstädt. (Siehe Inserat auf farbigem Karton.)

Pumpen.

Bopp & Reuther, Mannheim=Waldhof. (21.)

Kgl. Bayr. Hüttenwerk Sonthofen. (Siehe Inserat auf Innenseite des vorderen Deckels.)

Putz, wasserdichter.

B. Liebold & Co., A.=G., Holzminden. (25.)

Johann Odorico, Dresden. (Siehe Inserat auf farbigem Karton.)

Quaimauern.

B. Liebold & Co., A.=G., Holzminden. (25.)

Mölders & Cie., Hildesheim. (26.)

Querrohrkessel.

Menck & Hambrock, G. m. b. H., Hamburg. (Siehe Inserat gegenüber Titelblatt.)

Radsätze.

F. C. Glaser & R. Pflaum, G. m. b. H., Alleinverkauf der Feld=, Forst= & Industriebahnen der Firma Fried. Krupp, A.=G., Essen a. Ruhr, Berlin SW 68, Lindenstr. 80/81. (13.)

Fried. Krupp, Aktiengesellschaft Grusonwerk, Magdeburg. (18.)

Rammarbeiten.

Robert Grastorf, G. m. b. H., Hannover. (Siehe Inserat auf farbigem Karton.)

Rammen.

Menck & Hambrock, G. m. b. H., Altona. (Siehe Inserat gegenüber Titelblatt.)

Ransome=Betonmischmaschinen und eiserne Ransome=Spundwände.

Philipp Deutsch & Co., G. m. b. H., Berlin W 35. (Siehe Inserat am Anfang des BezugsquellenNachweises.)

Rangierseilanlagen.

Orenstein & Koppel = Arthur Koppel Aktiengesellschaft, Berlin SW 61. (Siehe Inserat gegenüber Textbeginn.)

Rechenmaschinen.
Grimme, Natalis & Co., Komm.-Gesellschaft
auf Aktien, Braunschweig. (Siehe Inserat gegen-
überstehend.)
Mercedes-Bureau-Masch., Ges.m.b.H., Mehlis
i. Th. (Siehe Inserat auf hinterer Vorsatzseite.)

Refraktoren.
F. Sartorius, Göttingen. (17.)

Reservoire.
B. Liebold & Co., A.-G., Holzminden. (25.)
Mölders & Cie., Hildesheim. (26.)
Johann Odorico, Dresden. (Siehe Inserat auf
farbigem Karton.)

Rohrbrunnen.
Bopp & Reuther, Mannheim-Waldhof. (21.)

Röhren, schmiedeeiserne, verzinkte.
Thyssen & Co., Mülheim/Ruhr. (19.)

Säurefester Asphaltmastix.
Aktiengesellschaft Jeserich, Charlottenburg-
Berlin. (13.)
Deutsche Asphalt-Actien-Gesellschaft der
Limmer und Vorwohler Grubenfelder,
Hannover, Georgsplatz 9. (18.)
Neuchatel Asphalt Company, Berlin. (16.)

Schaukelaufzüge.
Max Schönert, G. m. b. H., Wurzen. (26.)

Schiebebühnen.
Orenstein & Koppel-Arthur Koppel Aktiengesellschaft, Berlin SW 61. (Siehe Inserat gegenüber Textbeginn.)

**Schier & Co., Louis, Chaussee- und Stra-
ßenbaugeschäft, Berlin N, Chausseestraße 88. (21.)**

Schlammabzugmaschinen.
Jacob & Becker, Leipzig. (Siehe Inserat auf
farbigem Karton.)

Schleif- und Poliermaschinen.
Leipziger Cementindustrie Dr. Gaspary
& Co., Markranstädt. (Siehe Inserat auf far-
bigem Karton.)

Schleifsteine.
Bruno Mädler, Berlin SO. (Siehe Inserat auf
Vorderseite des vorderen Vorsatzblattes.)

**Schnelltrockenapparate, System Bühler,
D. R. P.**
Max Schönert, G. m. b. H., Wurzen. (26.)

Schottermaschinen.
Fried. Krupp Aktiengesellschaft Gruson-
werk, Magdeburg. (18.)
Leipziger Cementindustrie Dr. Gaspary
& Co., Markranstädt. (Siehe Inserat auf far-
bigem Karton.)

Schuppenbauten.
B. Liebold & Co., A.-G., Holzminden. (25.)

Schüttelrinnen.
Max Schönert, G. m. b. H., Wurzen. (26.)

Schwimmbassins.
Drenckhahn & Sudhop, Braunschweig. (23.)
B. Liebold & Co., A.-G., Holzminden. (25.)
Mölders & Cie., Hildesheim. (26.)
Johann Odorico, Dresden. (Siehe Inserat auf
farbigem Karton.)

Schwingförderrinnen.
Max Schönert, G. m. b. H., Wurzen. (26.)

Selbstgreifer.
Gebrüder Weismüller, Frankfurt a. M.-Bok-
kenheim. (14.)

Separationsanlagen.
Robert Grastorf, G. m. b. H., Hannover. (Siehe
Inserat auf farbigem Karton.)

Siebbandtrockner.
Max Schönert, G. m. b. H., Wurzen. (26.)

Signalbauanstalten.
Orenstein & Koppel-Arthur Koppel Aktiengesellschaft, Berlin SW 61. (Siehe Inserat gegenüber Textbeginn.)

Silos.
Dyckerhoff & Widmann, A.-G., Biebrich a. Rh.,
Dresden, Karlsruhe, Nürnberg, Berlin, Hamburg,
Leipzig, München, Straßburg i. Els., Stuttgart.
(Siehe Inserat auf Rückseite des Titelblattes.)
Robert Grastorf, G. m. b. H., Hannover. (Siehe
Inserat auf farbigem Karton.)
B. Liebold & Co., A.-G., Holzminden. (25.)
Mölders & Cie., Hildesheim. (26.)
Johann Odorico, Dresden. (Siehe Inserat auf
farbigem Karton.)

Sinkkasten.
Dyckerhoff & Widmann, A. G., Biebrich a. Rh.,
Dresden, Karlsruhe, Nürnberg, Berlin, Ham-
burg, Leipzig, München, Straßburg i. Els.,
Stuttgart. (Siehe Inserat auf Rückseite des
Titelblattes.)
B. Liebold & Co., A. G., Holzminden. (25.)
Mölders & Cie., Hildesheim. (26.)

Speicher.
Robert Grastorf, G. m. b. H., Hannover.
(Siehe Inserat auf farbigem Karton.)
Mölders & Cie., Hildesheim. (26.)
Johann Odorico, Dresden. (Siehe Inserat auf
farbigem Karton.)

Spills.
Gebrüder Weismüller, Frankfurt a. M.-Bok-
kenheim. (14.)
Julius Wolff & Co., Heilbronn.

Spülvorrichtungen.
Menck & Hambrock, G. m. b. H., Altona. (Siehe
Inserat gegenüber Titelblatt.)

Spundwände, System Ransome.
Philipp Deutsch & Co., G. m. b. H., Berlin
W 35. (Siehe Inserat am Anfang des Bezugs-
quellen-Nachweises.)

Spundwände.
Drenckhahn & Sudhop, Braunschweig. (23.)
B. Liebold & Co., A.-G., Holzminden. (25.)
Johann Odorico, Dresden. (Siehe Inserat auf
farbigem Karton.)

Stahlbolzenketten.
Max Schönert, G. m. b. H., Wurzen. (26.)

Stahldraht-Elevatorgurte.
A. W. Kaniß, Wurzen i. Sa. (Siehe Inserat auf
farbigem Karton.)

Stahldraht-Transportbänder.
A. W. Kaniß, Wurzen i. Sa. (Siehe Inserat auf
farbigem Karton.)

Stampfasphalt.

Deutsche Asphalt = Actien = Gesellschaft der Limmer und Vorwohler Grubenfelder, Hannover, Georgsplatz 9. (*18.*)

Neuchatel Asphalt Company, Berlin. (*16.*)

Stampfasphaltplatten.

Aktiengesellschaft Jeserich, Charlottenburg=Berlin. (*13.*)

Asphaltwerk Robert Köllner, Inh. Robert Emil Köllner, Leipzig, Plösener Weg 54. (*19.*)

Stampfasphaltstraßen.

Asphaltwerk Robert Köllner, Inh. Robert Emil Köllner, Leipzig, Plösener Weg 54. (*19.*)

Stampfbetonbauten.

Dyckerhoff & Widmann, A.=G., Biebrich a. Rh., Dresden, Karlsruhe, Nürnberg, Berlin, Hamburg, Leipzig, München, Straßburg i. Elf., Stuttgart. (Siehe Inserat auf Rückseite des Titelblattes.)

Franke & Berghold, Radebeul=Dresden. (*15.*)

B. Liebold & Co., A.=G., Holzminden. (*25.*)

Mölders & Cie., Hildesheim. (*26.*)

Johann Odorico, Dresden. (Siehe Inserat auf farbigem Karton.)

Stampfbetonrohre.

Drenckhahn & Sudhop, Braunschweig. (*23.*)

Dyckerhoff & Widmann, A.=G., Biebrich a. Rh., Dresden, Karlsruhe, Nürnberg, Berlin, Hamburg, Leipzig, München, Straßburg i. Elf., Stuttgart, (Inserat auf Rückseite des Titelblattes.)

B. Liebold & Co., A.=G., Holzminden. (*25.*)

Mölders & Cie., Hildesheim. (*26.*)

Steine (feuer= und säurefeste).

Deutsche Steinzeugwarenfabrik für Kanalisation und chemische Industrie, Friedrichsfeld (Baden). (*25.*)

Fr. Chr. Fikentscher, G. m. b. H., Zwickau i. Sa. (*17.*)

Steinbrecher.

Jacob & Becker, Leipzig. (Siehe Inserat auf farbigem Karton.)

Straßenaufreißer.

Jacob & Becker, Leipzig. (Siehe Inserat auf farbigem Karton.)

Straßenbau.

Louis Schier & Co., Berlin N 39., Chausseestraße 88. (*21.*)

Straßenkehr= u. Schlammabzugmaschinen.

Jacob & Becker, Leipzig. (Siehe Inserat auf farbigem Karton.)

Straßenlokomotiven und Straßenwalzen.

Jacob & Becker, Leipzig. (Siehe Inserat auf farbigem Karton.)

Streckenförderseile.

A. W. Kaniß, Wurzen i. Sa. (Siehe Inserat auf farbigem Karton.)

Streckmetallkonstruktionen.

Cementbau = Aktiengesellschaft, Hannover. (*22.*)

Stützmauern.

B. Liebold & Co., A.=G., Holzminden. (*25.*)

Talsperren.

B. Liebold & Co., A.=G., Holzminden. (*25.*)

Teermakadamwalzen.

Jacob & Becker, Leipzig. (Siehe Inserat auf farbigem Karton.)

Teerprodukte aller Art.

Aktiengesellschaft Jeserich, Charlottenburg=Berlin. (*13.*)

Asphaltwerk Robert Köllner, Inh. Robert Emil Köllner, Leipzig, Plösener Weg 54. (*19.*)

Terrazzoböden.

Johann Odorico, Dresden. (Siehe Inserat auf farbigem Karton.)

Theodolite.

Ed. Sprenger, Berlin. SW. (*15.*)

F. Sartorius, Göttingen. (*17.*)

Tiefbauten.

Cementbau = Aktiengesellschaft, Hannover. (*22.*)

Dyckerhoff & Widmann, A.=G., Biebrich a. Rh., Dresden, Karlsruhe, Nürnberg, Berlin, Hamburg, Leipzig, München, Straßburg i. Elf., Stuttgart. (Siehe Inserat auf Rückseite des Titelblattes.)

Emil Jacob, Niedersedlitz=Dresden. (*16.*)

B. Liebold & Co., A. G., Holzminden. (*25.*)

Mölders & Cie., Hildesheim. (*26.*)

Johann Odorico, Dresden. (Siehe Inserat auf farbigem Karton.)

Tiefbohrungen.

Bopp & Reuther, Mannheim=Waldhof. (*21.*)

Tonrohre.

Deutsche Steinzeugwarenfabriken für Kanalisation und Chemische Industrie, Friedrichsfeld (Baden). (*25.*)

Fr. Chr. Fikentscher, G. m. b. H., Zwickau i. Sa. (*17.*)

Tonrohrmuffenkitt.

Aktiengesellschaft Jeserich, Charlottenburg=Berlin. (*13.*)

Transmissionsteile.

A. W. Kaniß, Wurzen i. Sa. (Siehe Inserat auf farbigem Karton.)

Transportanlagen, Transportbänder, Transporteure, Transportgurte, Transportrinnen, Transportschnecken.

Wilhelm Fredenhagen, Offenbach. (*22.*)

Max Schönert, G. m. b. H., Wurzen. (*26.*)

Gebrüder Weismüller, Frankfurt a. M.=Bockenheim. (*14.*)

Treibketten.

Max Schönert, G. m. b. H., Wurzen. (*26.*)

Treppenanlagen.

Betonwerke Biesenthal, Merk & Co., Berlin W. (*14.*)

Robert Grastorf, G. m. b. H., Hannover. (Siehe Inserat auf farbigem Karton.)

B. Liebold & Co., A. G., Holzminden. (*25.*)

Mölders & Cie., Hildesheim. (*26.*)

Johann Odorico, Dresden. (Siehe Inserat auf farbigem Karton.)

Trinks =Rechenmaschine.

Grimme, Natalis & Co., Komm.=Gesellschaft auf Aktien, Braunschweig. (Siehe Inserat auf farbigem Karton.)

Trockenapparate, System Bühler, D.R.P.

Max Schönert, G. m. b. H., Wurzen. (*26.*)

Trottoirplatten.
Deutsche Steinzeugwarenfabrik für Kanalisation und Chemische Industrie, Friedrichsfeld (Baden). (25.)
Fr. Chr. Fikentscher, G. m. b. H., Zwickau i. Sa. (17.)
B. Liebold & Co., A.=G., Holzminden. (25.)

Tunnelbauten.
Dyckerhoff & Widmann, A. G., Biebrich a. Rh., Dresden, Karlsruhe, Nürnberg, Berlin, Hamburg, Leipzig, München, Straßburg i. Elf., Stuttgart. (Siehe Inserat auf Rückseite des Titelblattes.)

Turbinen.
Johann Odorico, Dresden. (Siehe Inserat auf farbigem Karton.)

Türme (Wassertürme).
Mölders & Cie., Hildesheim. (26.)

Turmkrane.
Julius Wolff & Co., Heilbronn.

Uferbefestigungen.
B. Liebold & Co., A.=G., Holzminden. (25.)
Johann Odorico, Dresden. (Siehe Inserat auf farbigem Karton.)

Umwehrungsmauern.
B. Liebold & Co., A.=G., Holzminden. (25.)

Universaleisen.
Thyssen & Co., Mülheim/Ruhr. (19.)

Ventilationsanlagen und Apparate.
Jacob & Becker, Leipzig. (Siehe Inserat auf farbigem Karton.)

Verbrennungsöfen.
H. Kori, Berlin W, Dennewitzstr. 35. (23.)

Verlade = Anlagen, Verlade = Vorrichtungen.
Fried. Krupp Aktiengesellschaft Grusonwerk. (18.)
Max Schönert, G. m. b. H., Wurzen. (26.)

Vermessungsinstrumente.
F. Sartorius, Göttingen. (17.)

Waggonfabriken.
F. C. Glaser & R. Pflaum, G. m. b. H., Alleinverkauf der Feld=, Forst= und Industriebahnen der Firma Fried. Krupp, A.=G., Essen/Ruhr, Berlin SW. 68, Lindenstraße 80/81. (13.)
Orenstein & Koppel = Arthur Koppel Aktiengesellschaft, Berlin SW 61. (Siehe Inserat gegenüber Textbeginn.)

Walzwerk=Anlagen.
Friedr. Krupp Aktiengesellschaft Grusonwerk, Magdeburg. (18.)

Wasserbauten.
B. Liebold & Co., A.=G., Holzminden. (25.)

Wasserbehälter.
Cementbau = Aktiengesellschaft, Hannover. (22.)
Drenckhahn & Sudhop, Braunschweig. (23.)
B. Liebold & Co., A.=G., Holzminden. (25.)
Mölders & Cie., Hildesheim. (26.)
Johann Odorico, Dresden. (Siehe Inserat auf farbigem Karton.)

Wasser=Enteisenung und =Reinigung.
Alfred Vogelsang, Dresden. (Siehe Inserat auf Innenseite des hinteren Deckels.)

Wasser=Enthärtung und =Filtration.
Alfred Vogelsang, Dresden. (Siehe Inserat auf Innenseite des hinteren Deckels.)

Wasserförderung.
Vereinigte Windturbinen=Werke, G. m. b. H., Niedersedlitz. (Siehe Inserat am Schluß des Inhaltsverzeichnisses.)

Wasserkraftanlagen.
B. Liebold & Co., A.=G., Holzminden. (25.)

Wasserleitungen und Wassergewinnung.
Bopp & Reuther, Mannheim=Waldhof. (21.)

Wasserleitungsröhren.
Thyssen & Co., Mülheim/Ruhr. (19.)

Wasser= und Abwasserreinigung und Reinigungsanlagen.
Alfred Vogelsang, Dresden. (Siehe Inserat auf Innenseite des hinteren Deckels.)

Wassertürme.
Robert Grastorf, G. m. b. H., Hannover. (Siehe Inserat auf farbigem Karton.)

Wasserversorgungsanlagen.
Francke & Berghold, Radebeul=Dresden. (15.)

Wehre.
B. Liebold & Co., A.=G., Holzminden. (25.)
Johann Odorico, Dresden. (Siehe Inserat auf farbigem Karton.)

Weichenbauanstalten.
F. C. Glaser & R. Pflaum, G. m. b. H., Alleinverkauf der Feld=, Forst= und Industriebahnen der Firma Fried. Krupp, A.=G., Essen/Ruhr, Berlin SW 68, Lindenstraße 80/81. (13.)
Orenstein & Koppel = Arthur Koppel Aktiengesellschaft, Berlin SW 61. (Siehe Inserat gegenüber Textbeginn.)

Winden aller Art.
Leipziger Cementindustrie Dr. Gaspary & Co., Markranstädt. (Siehe Inserat auf farbigem Karton.)
Menck & Hambrock, G. m. b. H., Altona. (Siehe Inserat gegenüber Titelblatt.)

Winden, elektrische.
Fried. Krupp Aktiengesellschaft Grusonwerk, Magdeburg. (18.)

Windturbinen.
Vereinigte Windturbinen=Werke, G.m.b.H., Niedersedlitz. (Siehe Inserat am Schluß des Inhaltsverzeichnisses.)

Winkelmeßinstrumente.
Ed. Sprenger, Berlin SW. (Winkelprismen.) (15.)
F. Sartorius, Göttingen. (17.)

Zementarbeiten.
Drenckhahn & Sudhop, Braunschweig. (23.)
B. Liebold & Co., A.=G., Holzminden. (25.)
Mölders & Cie., Hildesheim. (26.)
Johann Odorico, Dresden. (Siehe Inserat auf farbigem Karton.)

Zementarbeiter-Werkzeuge und -Maschinen.

Leipziger Cementinduſtrie Dr. Gaſpary & Co., Markranſtädt. (Siehe Inſerat auf farbigem Karton.)

Bruno Mädler, Berlin SO. (Siehe Inſerat auf Vorderſeite des vorderen Vorſaßblattes.)

Zementbetonarbeiten.

Drenckhahn & Sudhop, Braunſchweig. (23.)

B. Liebold & Co., A.-G., Holzminden. (25.)

Mölders & Cie., Hildesheim. (26.)

Johann Odorico, Dresden. (Siehe Inſerat auf farbigem Karton.)

Zementfabrikeinrichtungen.

Fried. Krupp Aktiengeſellſchaft Gruſonwerk, Magdeburg. (18.)

Zementrohre.

Betonwerke Bieſenthal, Merk & Co., Berlin W. (14.)

Dyckerhoff & Widmann, A.-G., Biebrich a. Rh., Dresden, Karlsruhe, Nürnberg, Berlin, Hamburg, Leipzig, München, Straßburg i. Elf., Stuttgart. (Siehe Inſerat auf Rückſeite des Titelblattes.)

Franke & Berghold, Radebeul-Dresden. (15.)

B. Liebold & Co., A.-G., Holzminden. (25.)

Mölder & Cie., Hildesheim. (26.)

Zementwarenfabriken.

Dyckerhoff & Widmann, A.-G., Biebrich a. Rh., Dresden, Karlsruhe, Nürnberg, Berlin, Hamburg, Leipzig, München, Straßburg i. Elf., Stuttgart. (Siehe Inſerat auf Rückſeite des Titelblattes.)

B. Liebold & Co., A.-G., Holzminden. (25.)

Mölders & Cie., Hildesheim. (26.)

Zementwarenfabriks-Einrichtungen.

Leipziger Cementinduſtrie Dr. Gaſpary & Co., Markranſtädt. (Siehe Inſerat auf farbigem Karton.)

Zentrifugalpumpen.

Menck & Hambrock, G. m. b. H., Altona. (Siehe Inſerat gegenüber Titelblatt.)

Zerkleinerungsmaſchinen.

Fried. Krupp Aktiengeſellſchaft Gruſonwerk, Magdeburg. (18.)

Leipziger Cementinduſtrie Dr. Gaſpary & Co., Markranſtädt. (Siehe Inſerat auf farbigem Karton.)

Ziegelwagen.

Orenſtein & Koppel-Arthur Koppel Aktiengeſellſchaft, Berlin SW 61. (Siehe Inſerat gegenüber Textbeginn.)

Zimmermannswerkzeuge.

Bruno Mädler, Berlin SO. (Siehe Inſerat auf der vorderen Vorſaßſeite.)

Zwiſchenwände.

B. Liebold & Co., A.-G., Holzminden. (25.)

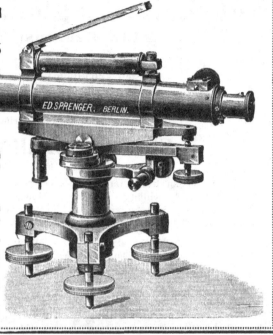

Wasserbau-Entwürfe

Für Studierende an techn. Hoch- und Mittelschulen, für den Gebrauch in der Praxis und zum Selbstunterricht. Von Prof. **C. Schiffmann**, Bauingenieur u. Oberlehrer am Technikum der freien Hansestadt Bremen. 50 Blatt mit Text u. 12 in den Text gedruckten Abbild. 12 Mark.

Verzeichnis der in den 50 Tafeln enthaltenen Entwürfe:

Stromkarte, Stationierung, Peilung — Peilstöcke, Pegel, gußeiserne Pegelzahlen — Aufnahme eines Lageplanes und von Querprofilen der Ochtum oberhalb Wahrdamm b. Bremen — Aufnahme eines Längenprofiles der Ochtum oberhalb Wahrdamm b. Bremen — Uferschutz — Bauwerke zur Verbesserung von Flußläufen; Lagepläne — Buhne — Konstruktion der Flußregulierungswerke — Pfähle, Spundwände, Rammringe, Pfahl- und Spundbohlenschuhe — Einzelteile für Eisenkonstruktionen — Hölzerne einfache Bohlwerke — Hölzerne einfache und aufgesetzte Bohlwerke — Großes hölzernes Bohlwerk, Doppelbohlwerk — Hölzerne Ladebühne mit eisernem Kran — Bohlwerk aus Eisen und Stein mit Holztreppe — Bohlwerk aus Eisen und Stein mit Steintreppe — Bohlwerk aus Eisen und Stein mit Steintreppe und Eisenbeton-Ankerplatten — Bohlwerke ganz aus Eisen — Ufermauer auf Schwellrost an stehendem Gewässer — Hafenmauer auf Pfahlrost an stehendem Gewässer — Ufermauer auf Beton an stehendem oder fließendem Gewässer — Ufermauer auf Eisenbeton mit freitragender Treppe an stehendem Gewässer — Hafenmauer auf Pfahlrost an stehendem oder fließendem Gewässer — Hafenmauer auf Betonpfahlrost an stehendem oder fließendem Gewässer (2 Blätter) — Hafenmauer auf Steinschüttung und Beton an stehendem Gewässer — Hafenmauer auf Senkbrunnen an stehendem oder fließendem Gewässer (2 Blätter) — Deiche — Hölzerner Deichschart (Deichdurchfahrt) — Deichdurchfahrt aus Mauerwerk — Einzelteile zur Deichdurchfahrt — Schiffahrtskanäle (2 Blätter) — Schiffahrtskanäle. Unterführung eines Baches — Stauanlagen. Massives gekrümmtes Wehr — Massives Stufen- und Dammbalkenwehr — Massives gekrümmtes Wehr mit Schütze (Grundablaß) — Massives Dammbalkenwehr mit gewölbter Brücke — Hölzerner Klappstau für einen kleinen Schiffahrtskanal oder zur Schiffbarmachung eines kleinen Flusses — Nadelwehr mit massiven Pfeilern — Talsperre aus Erde — Gußeiserner Wasserabsperrschieber — Hölzernes Siel im Winterdeich — Gewölbtes Siel im Sommerdeich — Röhrensiel aus Beton und Mauerwerk im Winterdeich — Gemauertes Röhrensiel im Winterdeich — Gußeisernes Hebersiel im Winterdeich — Kanalschleuse oder Flußschleuse (Kammerschleuse) — Doppelte Schutzschleuse in einem Seedeich.

Tiefbau: Mit Freuden werden alle Studierenden diese vorzüglich ausgestattete Ausgabe begrüßen und werden aus ihr Rat und Belehrung schöpfen können. Aber auch der Ingenieur in der Praxis wird gern auf diese Blätter zurückgreifen, findet er doch hier die Beispiele so zusammengestellt, wie er sie vielfach bei seinen Entwürfen verwerten kann; er hat nicht mehr die Mühe, in vielen Werken sich das einzelne aus Zeichnungen in kleinem Maßstabe heraussuchen zu müssen.

Der Eisenbeton

Kolloidchemische und physikalisch-chemische Untersuchungen von **Dr. Paul Rohland**, a. o. Professor an der Technischen Hochschule Stuttgart. Mit 2 Tafeln. Geheftet 3 M.

Zeitschrift für das Baugewerbe: Er hat seine Aufgabe in vollem Umfange gelöst. Nur genaue Kenntnis der chemischen und physikalischen Eigenschaften der Baustoffe gewährleistet Bauten, die Jahrzehnte überdauern, und darum ist es Pflicht der Bauleute, die sich mit Eisenbetonbauten beschäftigen, sich diese Kenntnis zu erwerben, diese aber gibt ihnen das vorliegende empfehlenswerte Buch.

Beton und Eisen: Dieses Werk füllt eine wesentliche Lücke der technischen Literatur aus und kann nicht nur den wissenschaftlich gebildeten Chemikern, sondern, insbesondere wegen der klaren und einfachen Darstellung der für die Praxis wichtigen chemischen Probleme, auch den mit der theoretischen Chemie minder vertrauten Bauingenieuren bestens empfohlen werden.

Verlag von Otto Spamer in Leipzig-Reudnitz

Das Recht der Bauwelt

Eine populäre Darstellung baurechtlicher Fragen des täglichen Lebens
von Dr. Hans Lieske, Leipzig.

8°, 291 Seiten. Gebunden 4,50 Mark.

Baugewerks-Zeitung: Man muß bekennen, daß mit dem vorliegenden Werke ein wirklich populäres Rechtsauskunftsbuch in den Handel gelangt. Für den Praktiker sind die meisten vorhandenen Bücher aus dem Gebiete des Baurechtes zu umfangreich und mit Stoff angefüllt, welcher die wirkliche Bedürfnisfrage nicht deckt. Kurze und bündige Belehrung in Rechtsfragen, welche mit der Praxis in engem Zusammenhange stehen, hat sich der Verfasser in seinem Buche zur Erörterung gewählt und hat damit das Richtige getroffen. Wir können das Buch angelegentlichst empfehlen.

Zentralblatt für Wasserbau und Wasserwirtschaft: Der Praktiker des Baufachs hat keine Zeit sich durch wissenschaftliche Erörterungen hindurchzuarbeiten, es fehlt ihm auch in der Regel die erforderliche juristische Vorbildung. Diese schon oft recht schmerzlich empfundene Lücke füllt das vorliegende Werk aus. Es setzt sich aus einzelnen Abhandlungen zusammen, die zum Teil in geradezu mustergültiger Weise an praktischen Fällen die schwierigen Gesetzesbestimmungen erläutern. Kurz, es ist ein Werk, dem man wegen seiner großen praktischen Brauchbarkeit einen wohlverdienten Erfolg prophezeien kann.

Diagramme für eiserne Stützen

von Joh. Schmidt, Oberingenieur in Dortmund,
und Walter Schmidt, Ingenieur in Leipzig.

18 Tafeln mit Text. Gebunden 4 Mark.

Eisenbau: Es ist zu begrüßen, daß bei der Fülle der Ansichten eine Arbeit erschienen ist, die in einer Zusammenstellung einen Vergleich der einzelnen Tragfähigkeiten ermöglicht.

Der Industriebau: Die vorliegende Arbeit dürfte besonders bei den Industriebauten eine wertvolle Unterstützung bieten, auch manche Unklarheit beseitigen. Ich möchte daher diese Neuerscheinung zum Studium und zur Verwendung am Arbeitstisch bestens empfehlen.

Armierter Beton: Möge das Buch sich in der Praxis gut einführen, es verdient dies nicht nur wegen der praktischen und klaren Form der Diagramme, sondern auch im Hinblick auf die große Wichtigkeit der ganzen Knickfrage und den Grundzug des Werkes, die für viele Fälle nicht ausreichende und zu falschen Ergebnissen führende Euler-Formel durch bessere zu ersetzen. Professor M. Foerster-Dresden.

Zeitschrift für Architektur und Ingenieurwesen: Rechnerisch durchgeführte Beispiele erleichtern die Benutzung der Tafeldiagramme. Für vergleichende rasch durchzuführende Berechnungen bieten diese Tafeln ein sehr schätzbares Hilfsmittel und sind daher für solche Fälle besonders zu empfehlen.

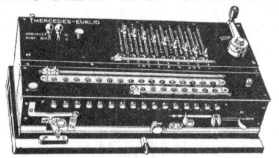

SPAMERSCHE BUCHDRUCKEREI LEIPZIG

ÜBERNIMMT DIE
HERSTELLUNG VON

BROSCHÜREN
KATALOGEN
PROSPEKTEN
PREISLISTEN

EIN- UND MEHRFARBIG
IN EINFACHER UND GEDIEGENER
ZWECKMÄSSIGER AUSSTATTUNG